TINTAS IMOBILIÁRIAS DE QUALIDADE

LIVRO DE RÓTULOS DA ABRAFATI

Tintas imobiliárias de qualidade:
livro de rótulos da ABRAFATI

3ª edição - 2012
Editora Edgard Blücher Ltda.

Blucher

Rua Pedroso Alvarenga, 1.245, 4º andar
04531-012 – São Paulo – SP – Brasil
Tel.: 55 (11) 3078-5366
editora@blucher.com.br
www.blucher.com.br

Segundo Novo Acordo Ortográfico, conforme 5. ed.
do *Vocabulário Ortográfico da Língua Portuguesa*,
Academia Brasileira de Letras, março de 2009.

FICHA CATALOGRÁFICA

Tintas imobiliárias de qualidade: livro de rótulos da ABRAFATI / [Jorge M. R. Fazenda]. - - 3ª ed. - - São Paulo: Blucher, 2012.

ISBN 978-85-212-0636-1

1. Tintas I. Fazenda, Jorge M. R.

11-09340 CDD-667.6

Índices para catálogo sistemático:
1. Tintas: Engenharia química: Tecnologia 667.6

TINTAS IMOBILIÁRIAS DE QUALIDADE

LIVRO DE RÓTULOS DA ABRAFATI

ABRAFATI – ASSOCIAÇÃO BRASILEIRA DOS FABRICANTES DE TINTAS

CONSELHO DIRETIVO

Presidente

Antonio Carlos de Oliveira	DUPONT

1º Vice-Presidente

Antonio Carlos M. Lacerda	BASF

2º Vice-Presidente

Fernando Val y Val Peres	SHERWIN-WILLIAMS

Conselheiros

Antonio Roberto P. da Cruz	ISOCOAT
Claudio Ferreira de Oliveira	EUCATEX
Douver Gomes Martinho	UNIVERSO
Elaine Cristina Eiras Poço	AKZO-NOBEL
Fernando José da Costa	PPG
Marcelo Cenacchi	RENNER SAYERLACK
Milton José Killing	KILLING
Reinaldo Richter	WEG INDÚSTRIAS
Rogildo Gallo	MONTANA QUÍMICA

PRESIDENTE EXECUTIVO

Dilson Ferreira	ABRAFATI

CONSELHO FISCAL

Amado Góis	HYDRONORTH
Áurea Rangel	HOT LINE
Clayton Claudinei Nogueira	VALSPAR
José Carlos Martins	RENNER SAYERLACK
Miguel Salazar	TINTAS IQUINE
Roberto H. Ritter	RENNER HERRMANN

Apresentação

Esta edição de *Tintas Imobiliárias de Qualidade – Livro de Rótulos da ABRAFATI* é, de certa forma, comemorativa, pois em 2012 completam-se 10 anos desde que foi implantado o Programa Setorial da Qualidade – Tintas Imobiliárias. Conduzida pela ABRAFATI – Associação Brasileira dos Fabricantes de Tintas, essa iniciativa mudou o panorama das tintas no País, contribuindo para o aprimoramento dos produtos e o ordenamento do mercado. Com a aprovação de duas dezenas de normas ABNT (NBR), foram criados parâmetros claros, concretos e científicos de avaliação das tintas imobiliárias, que permitiram diferenciar os produtos com qualidade daqueles fora da conformidade técnica.

A evolução decorrente desse Programa é visível e traz benefícios significativos para o consumidor e a sociedade. Hoje, 90% do volume de tintas imobiliárias vendidas no Brasil atendem aos requisitos mínimos de qualidade. Esse percentual continuará aumentando gradualmente, associado ao crescimento do grau de exigência dos usuários e dos especificadores.

Desde o lançamento de sua primeira edição, em 2007, este livro vem sendo uma importante ferramenta para divulgar informações que apoiem a escolha e a utilização de tintas imobiliárias qualificadas pelo Programa Setorial da Qualidade. Ele foi concebido com base na ideia de que a sociedade tem o direito de saber quais são os produtos de qualidade comercializados no mercado brasileiro, que cumprem os requisitos estabelecidos nas normas ABNT – cumprimento este que, como exige o Código de Defesa do Consumidor, é obrigatório.

Trata-se, portanto, de mais uma ação alinhada ao objetivo da ABRAFATI de disseminar conhecimento, para o qual desenvolvemos inúmeras outras ações. Neste caso, a palavra "disseminar" mostra-se extremamente adequada, no seu sentido próximo ao de semear: gradualmente temos plantado as sementes para ajudar na germinação de uma sociedade mais informada e mais consciente dos seus direitos, que consideramos fundamental para o desenvolvimento do País.

Lutamos por um mercado mais ordenado, com competição leal, defendendo os interesses do consumidor, por acreditar que esse é um caminho indispensável para o fortalecimento da cadeia de tintas no Brasil e a sua valorização diante dos diversos públicos com os quais se relaciona. Por isso, temos sempre de ampliar as possibilidades de que as pessoas tenham acesso a informações de qualidade sobre as tintas e sobre a pintura.

Este livro é parte importante desse esforço e tem se mostrado efetivo, como revelam os depoimentos que recebemos de quem utilizou as edições anteriores. Ainda mais completa e com a possibilidade de atualização constante na versão eletrônica, esta versão é mais uma contribuição da ABRAFATI para a formação de uma bibliografia nacional sobre as tintas e sobre a de sua qualidade.

Antonio Carlos de Oliveira
Presidente do Conselho Diretivo da ABRAFATI

TINTAS IMOBILIÁRIAS DE QUALIDADE
LIVRO DE RÓTULOS DA ABRAFATI

COORDENAÇÃO GERAL

Telma Lúcia Florêncio — ABRAFATI

COORDENAÇÃO TÉCNICA

Gisele Bonfim — ABRAFATI
Jorge Manuel Rodrigues Fazenda — ABRAFATI

PARTICIPAÇÃO

AKZO NOBEL LTDA. – UNIDADE TINTAS DECORATIVAS
ANJO QUÍMICA DO BRASIL LTDA.
BASF S.A. (SUVINIL)
CARTINT INDÚSTRIA E COMÉRCIO DE TINTAS LTDA. (FUTURA)
DACAR QUÍMICA DO BRASIL S.A.
DOVAC INDÚSTRIA E COMÉRCIO LTDA. (LUKSCOLOR)
EUCATEX TINTAS E VERNIZES LTDA.
HIDROTINTAS INDÚSTRIA E COMÉRCIO DE TINTAS LTDA.
HYDRONORTH S.A.
KILLING S.A. TINTAS E ADESIVOS
MAZA PRODUTOS QUÍMICOS LTDA.
MONTANA QUÍMICA S.A.
NACIONAL ARCO-ÍRIS INDÚSTRIA E COMÉRCIO DE TINTAS LTDA. (HIPERCOR)
NOVA ROCHA INDÚSTRIA DE TINTAS LTDA. (LEINERTEX)
PPG INDUSTRIAL DO BRASIL TINTAS E VERNIZES LTDA.
RESICOLOR INDÚSTRIA DE PRODUTOS QUÍMICOS LTDA.
RENNER SAYERLACK S.A.
SHERWIN WILLIAMS DO BRASIL INDÚSTRIA E COMÉRCIO LTDA.
TINTAS HIDRACOR S.A.
TINTAS IQUINE LTDA.
UNIVERSO TINTAS E VERNIZES LTDA.
VERBRAS INDÚSTRIA E COMÉRCIO DE TINTAS LTDA.

CONTRIBUIÇÃO

Mariana Teixeira Cervantes de Menezes — ABRAFATI

Prefácio

Este livro vem evoluindo continuamente, desde que foi lançada a sua primeira edição, no final de 2007. Novas informações foram agregadas e seu conteúdo foi revisado, atualizado e, principalmente, aprimorado, de forma a atender às demandas de um setor dinâmico como o de tintas, que investe continuamente em inovações tecnológicas e aperfeiçoamentos, sendo lançados a cada ano inúmeros produtos mais avançados e com novas funcionalidades.

Com o ingresso de novos fabricantes no Programa Setorial da Qualidade – Tintas Imobiliárias, são em número muito maior os "rótulos" aqui apresentados: mais de 200 tintas látex (Premium, Standard e Econômicas), massas niveladoras, esmaltes sintéticos Standard, tintas a óleo e vernizes de uso interior, todos eles qualificados, sem contar a grande variedade de produtos correlatos. Todas as 22 empresas participantes estão aqui representadas, o que garante uma amplitude inédita ao livro – que, em função disso, viu crescer significativamente o seu número de páginas. Com todas essas melhorias, temos a certeza de estar oferecendo, aos profissionais envolvidos com a revenda, especificação e aplicação de tintas, um importante e completo catálogo de referência – que é a função principal para a qual foi desenvolvida esta obra.

Queremos, com esta obra, estimular a escolha de tintas de qualidade reconhecida, apresentando produtos com essa característica disponíveis no mercado brasileiro. Com isso, por um lado, estamos atendendo às necessidades de informação de um público amplo, que envolve profissionais do varejo, arquitetos, engenheiros, decoradores, construtores, pintores, responsáveis por licitações e consumidores, além de outros interessados no produto. Por outro lado, *Tintas Imobiliárias de Qualidade – Livro de Rótulos da ABRAFATI* contribui para agregar valor às marcas que atendem às especificações das normas técnicas, diferenciando-as daquelas que não têm qualquer compromisso com a qualidade e, consequentemente, com o usuário.

Visando prestar um serviço adicional a esses públicos, são apresentadas dicas úteis para a aplicação das tintas e para solucionar os problemas mais comumente enfrentados, esclarecimentos e recomendações para a atividade de pintura, juntamente com informações técnicas e de caráter geral.

Duas inovações significativas foram introduzidas nesta edição, sempre com o intuito de melhorar. A primeira delas é uma versão eletrônica do livro, em CD, com as características positivas que esse formato propicia, como a sua portabilidade. A segunda, mais impactante do ponto de vista da possibilidade de atualização e da ampliação da repercussão, é a criação de um *website* exclusivo para essa iniciativa, no endereço www.tintasimobiliarias.com.br.

Com as mudanças promovidas nesta edição, procuramos seguir o que vem ocorrendo no segmento de tintas imobiliárias, onde níveis cada vez mais altos de qualidade são alcançados a cada dia.

Dilson Ferreira
Presidente-executivo da ABRAFATI

Conteúdo

Índice de fabricantes 11

Índice de produtos por fabricante 13

Índice de produtos por tipo de superfície 28

PARTE I - Seção informativa e técnica

Tintas e a pintura: proteção e decoração 43

Preparação de superfícies 53

Sistemas de pintura 67

Ferramentas de pintura 78

Recomendações para manutenção da pintura 84

As cores 85

Orçamento de pintura 101

Advertências e precauções 105

Dúvidas e respostas 108

PARTE II - Rótulos

Produtos 116 a 772

Índice de Fabricantes

Fabricante	Página
AkzoNobel Tomorrow's Answers Today	116
ANJO A vida com mais cor.	186
TINTAS DACAR	212
TINTAS eucatex	236
FUTURA TINTAS Mais vida nos ambientes	272
Hidracor A tinta que o Brasil aprovou.	298
Hidrotintas	320
Tintas hipercor Muito mais vida	330
Tintas e Resinas Hydronorth Preservando o seu bem estar	350
TINTAS Iquine	380
TINTAS Killing	406

LEINERTEX A EVOLUÇÃO DA TINTA	418
LUKSCOLOR TINTAS	432
Tintas Maza Paixão por Qualidade	488
montana Montana Química S.A.	506
PPG	518
Resicolor Tintas	566
SAYERLACK SOLUÇÕES PARA MADEIRAS	582
SHERWIN WILLIAMS	596
Suvinil	664
Universo tintas	734
TINTAS VERBRAS	754

Índice de Produtos por Fabricante

Coral Decora Cores Premium .... Parede acabamento 118
Coral Decora Brancos & Neutros Premium .... Parede acabamento 119
Coral Decora Acabamento Acetinado Premium .... Parede acabamento 120
Coral Super Lavável Premium .... Parede acabamento 121
Coral Decora Luz & Espaço Premium .... Parede acabamento 122
Coral Rende Muito Standard .... Parede acabamento 123
Coralmur Zero Odor Premium .... Parede acabamento 124
Coral Sol & Chuva Premium .... Parede acabamento 125
Coral Brilho e Proteção Standard .... Parede acabamento 126
Coralar Acrílico Econômica .... Parede acabamento 127
Coralar Látex Econômica .... Parede acabamento 128
Coral Textura Rústica .... Parede acabamento 129
Coral Textura Efeito .... Parede acabamento 130
Coral Textura Design .... Parede acabamento 131
Coral Gel para Texturas .... Parede acabamento 132
Coral Textura Acrílica .... Parede acabamento 133
Coral Brilho para Tinta .... Parede acabamento 134
Coral Massa Corrida .... Parede complemento 135
Coral Massa Acrílica .... Parede complemento 136
Coral Fundo Preparador de Paredes Base Água .... Parede complemento 137
Coral Selador Acrílico .... Parede complemento 137
Coralit Secagem Rápida Premium .... Metais e madeira acabamento 138
Coralit Tradicional Premium .... Metais e madeira acabamento 139
Coralit Zero Odor Base Água Premium .... Metais e madeira acabamento 140
Coral Wandepoxy .... Metais e madeira acabamento 141
Coral Esmalte Sintético Ferrolack .... Metais e madeira acabamento 142
Coral Esmalte Secagem Rápida Premium .... Metais e madeira acabamento 143
Coral Esmalte Sintético Martelado .... Metais e madeira acabamento 144
Coralar Esmalte Sintético Standard .... Metais e madeira acabamento 145
Hammerite Esmalte Sintético Anti-ferrugem Premium .... Metais e madeira acabamento 146
Coral Tinta Grafite Standard .... Metais e madeira acabamento 147
Solvente Hammerite .... Metais e madeira complemento 148
Aguarrás Coral .... Metais e madeira complemento 149
Coral Fundo Preparador Coralit Zero .... Metais e madeira complemento 150
Zarcoral .... Metais e madeira complemento 151
Coral Fundo para Galvanizado Branco .... Metais e madeira complemento 151
Coral Tinta a Óleo .... Madeira acabamento 152
Coral Verniz Coralar .... Madeira acabamento 153
Coral Massa para Madeira .... Madeira complemento 154
Coral Fundo Sintético Nivelador Branco .... Madeira complemento 154
Coral Pinta Piso Premium .... Outras superfícies 155

Produto	Categoria	Página
Coral Chega de Mofo Premium	Outras superfícies	156
Coral Verniz Acrílico	Outras superfícies	157
Coral Direto no Gesso Standard	Outras superfícies	158
Coral Embeleza Cerâmica	Outras superfícies	159
Coral Resina Acrílica Base Solvente	Outras superfícies	160
Coral Tira Teima	Outros produtos	161
Coral Corante Líquido Base Água	Outros produtos	162
Látex Coral Construtora Econômica	Outros produtos	163
Massa Corrida PVA Coral Construtora Econômica	Outros produtos	164
Coral Fundo para Gesso Branco Econômica	Outros produtos	165
Sparlack Cetol	Madeira acabamento	166
Sparlack Cetol Deck	Madeira acabamento	167
Sparlack Cetol Deck Antiderrapante	Madeira acabamento	168
Sparlack Solgard	Madeira acabamento	169
Sparlack Stain	Madeira acabamento	170
Sparlack Efeito Natural	Madeira acabamento	171
Sparlack Óleo Protetor	Madeira acabamento	172
Sparlack Duplo Filtro Solar	Madeira acabamento	173
Sparlack Duplo Filtro Secagem Rápida	Madeira acabamento	174
Sparlack Neutrex	Madeira acabamento	175
Sparlack Extra Marítimo	Madeira acabamento	176
Sparlack Extra Marítimo Base Água	Madeira acabamento	177
Sparlack Extra Marítimo Fosco	Madeira acabamento	178
Sparlack Copal	Madeira acabamento	179
Sparlack Seladora para Madeira	Madeira acabamento	180
Sparlack Pintoff	Madeira complemento	181
Sparlack Seladora Concentrada	Madeira complemento	182
Sparlack Knotting	Madeira complemento	182
Sparlack Tingidor	Madeira complemento	183
Sparlack Redutor	Madeira complemento	183
Ypiranga Paredex Econômica	Parede acabamento	184

Produto	Categoria	Página
Tinta Acrílica Premium	Parede acabamento	188
Tinta Acrílica Standard	Parede acabamento	189
Tinta Acrílica Econômica	Parede acabamento	190
Textura Lisa Hidrorrepelente	Parede acabamento	191
Massa Corrida Super Leve G2	Parede complemento	192
Massa Corrida	Parede complemento	193
Massa Acrílica	Parede complemento	194
Selador Acrílico Pigmentado	Parede complemento	195
Fundo Preparador	Parede complemento	195
Esmalte Sintético Premium	Metais e madeira acabamento	196
Esmalte Imobiliário Base Água Premium	Metais e madeira acabamento	197
Esmalte Altos Sólidos Premium	Metais e madeira acabamento	198
Esmalte Sintético Metálico	Metais e madeira acabamento	199
Esmalte Sintético Standard	Metais e madeira acabamento	200

Fundo Acabamento Premium .... Metais e madeira complemento 201
Fundo para Galvanizado .... Metais e madeira complemento 202
Primer Universal .... Metais e madeira complemento 202
Fundo Nivelador Branco .... Metais e madeira complemento 203
Fundo Laranja (Cor Zarcão) .... Metais e madeira complemento 203
Verniz PU Marítimo .... Madeira acabamento 204
Seladora Fundo Acabamento 8030 .... Madeira complemento 205
Tinta para Piso Premium .... Outras superfícies 206
Tinta Emborrachada .... Outras superfícies 207
Resina Acrílica .... Outras superfícies 208
Esmalte Epóxi PDA Clássico .... Outras superfícies 209
Thinners Ecoeficientes .... Outros produtos 210

TINTAS DACAR

Acrílico Premium .... Parede acabamento 214
Acrílico Standard .... Parede acabamento 215
Mega Rendimento Standard .... Parede acabamento 216
Acrílico Profissional Econômica .... Parede acabamento 217
Textura Acrílica Rústica .... Parede acabamento 218
Textura Acrílica Desenho .... Parede acabamento 219
Textura Acrílica Lisa .... Parede acabamento 220
Selador Acrílico Pigmentado .... Parede complemento 221
Massa Acrílica .... Parede complemento 222
Massa Corrida .... Parede complemento 223
Fundo Preparador de Paredes .... Parede complemento 224
Fundo Sintético Nivelador .... Parede complemento 224
Esmalte Ecológico Premium .... Metais e madeira acabamento 225
Esmalte Sintético Premium .... Metais e madeira acabamento 226
Esmalte Sintético Standard .... Metais e madeira acabamento 227
Tinta a Óleo Standard .... Metais e madeira acabamento 228
Fundo para Galvanizado .... Metais e madeira complemento 229
Zarcão Universal .... Metais e madeira complemento 229
Verniz Filtro Solar .... Madeira acabamento 230
Verniz Marítimo .... Madeira acabamento 231
Verniz Tingidor .... Madeira acabamento 232
Verniz Copal .... Madeira acabamento 233
Acrílico Pisos, Quadras e Telhados Premium .... Outras superfícies 234
Resina Acrílica .... Outras superfícies 235

TINTAS eucatex

Eucatex Acrílico Marítimo Super Premium .... Parede acabamento 238
Eucatex Acrílico Premium Suave Perfume .... Parede acabamento 239
Eucatex Acrílico Acetinado Toque Suave Premium .... Parede acabamento 240
Eucatex Impermeabilizante Parede .... Parede acabamento 241
Eucatex Acrílico Rendimento Extra Standard .... Parede acabamento 242

Produto	Uso	Página
Eucatex Látex PVA X-Power Standard	Parede acabamento	243
Peg & Pinte Tinta Acrílica Econômica	Parede acabamento	244
Peg & Pinte Látex Acrílico Profissional Econômica	Parede acabamento	245
Eucalar Látex Acrílico Econômica	Parede acabamento	246
Eucatex Textura Acrílica Premium	Parede acabamento	247
Eucatex Massa Corrida PVA	Parede complemento	248
Eucatex Massa Acrílica	Parede complemento	249
Eucatex Complementos	Parede complemento	250
Eucatex Esmalte Premium Base Água Premium	Metais e madeira acabamento	251
Eucatex Esmalte Premium Eucalux	Metais e madeira acabamento	252
Eucatex Esmalte Secagem Extra Rápida Premium	Metais e madeira acabamento	253
Peg & Pinte Esmalte Extra Standard	Metais e madeira acabamento	254
Eucalar Esmalte Sintético Standard	Metais e madeira acabamento	255
Eucatex Complementos Sintéticos	Metais e madeira complemento	256
Eucatex Verniz Ultratex	Madeira acabamento	257
Eucatex Stain	Madeira acabamento	258
Eucatex Verniz Duplo Filtro Solar	Madeira acabamento	259
Eucatex Verniz Restaurador	Madeira acabamento	260
Eucatex Verniz Marítimo	Madeira acabamento	261
Eucatex Verniz Tingidor	Madeira acabamento	262
Eucatex Verniz Copal	Madeira acabamento	263
Eucatex Seladora Concentrada	Madeira complemento	264
Eucatex Seladora Extra	Madeira complemento	265
Eucatex Acrílico Pisos Premium	Outras superfícies	266
Eucatex Impermeabilizante Branco para Lajes	Outras superfícies	267
Eucatex Gesso e Drywall	Outras superfícies	268
Eucatex Resina Acrílica Premium	Outras superfícies	269
Eucatex Silicone	Outras superfícies	270

FUTURA TINTAS

Mais vida nos ambientes

Produto	Uso	Página
Tinta Acrílica Fosca Futura Super Premium	Parede acabamento	274
Tinta Acrílica Semibrilho Futura Super Premium	Parede acabamento	275
Tinta Acrícila Acetinada Futura Super Premium	Parede acabamento	276
Tinta Látex Acrílica Futura Super Standard	Parede acabamento	277
Tinta Látex Vinil Acrílica Texcor Futura Econômica	Parede acabamento	278
Tinta Acrílica Texcor Futura Econômica	Parede acabamento	279
Textura Rústica Riscada Futura Super	Parede acabamento	280
Textura Média Criativa Futura Super	Parede acabamento	281
Textura Lisa Versátil Futura Super	Parede acabamento	282
Gel de Efeitos Futura Super	Parede acabamento	283
Selador Acrílico Futura Super	Parede complemento	284
Fundo Preparador de Paredes Futura Super	Parede complemento	285
Massa Corrida Futura Super	Parede complemento	286
Massa Acrílica Futura Super	Parede complemento	287
Esmalte Base Água Futura Super Premium	Metais e madeira acabamento	288
Esmalte Sintético Futura Super Standard	Metais e madeira acabamento	289
Grafite Fosco Futura Super	Metais e madeira acabamento	290

Fundo Cinza Anticorrosivo Futura Super ..... Metais e madeira complemento 291
Zarcão Futura Super ..... Metais e madeira complemento 292
Verniz Duplo Filtro Solar Futura Super ..... Madeira acabamento 293
Verniz Marítimo Futura Super ..... Madeira acabamento 294
Fundo Branco para Madeiras Futura Super ..... Madeira complemento 295
Tinta para Piso Futura Super Premium ..... Outras superfícies 296
Tinta para Gesso Futura Super ..... Outros produtos 297

Hidracor

A tinta que o Brasil aprovou.

Hidralacril Tinta Acrílica Super Lavável Premium ..... Parede acabamento 300
Extraturbo Tinta Acrílica Concentradíssima Premium ..... Parede acabamento 301
Extralatex Tinta Acrílica Fosca Standard ..... Parede acabamento 302
Hidralatex Tinta Acrílica Profissional Econômica ..... Parede acabamento 303
Rendmais Tinta Acrílica Fosca Econômica ..... Parede acabamento 304
Hgesso Tinta Acrílica para Gesso e Drywall ..... Parede acabamento 305
Texturax Lisa Textura para Fachadas Premium ..... Parede acabamento 306
Texturax Rústica Textura para Fachadas Premium ..... Parede acabamento 307
Textura Decorax Textura para Interiores Standard ..... Parede acabamento 308
Massa Acrílica ..... Parede complemento 309
Massa Corrida ..... Parede complemento 310
Selador Acrílico ..... Parede complemento 311
Verniz Acrílico ..... Parede complemento 312
Líquido para Brilho ..... Parede complemento 312
Fundo Preparador de Parede ..... Parede complemento 312
Hidralit Eco Esmalte à Base D'Água Premium ..... Metais e madeira acabamento 313
Hidra+ Esmalte Ultrarrápido Standard ..... Metais e madeira acabamento 314
Hidralar Esmalte Secagem Rápida Standard ..... Metais e madeira acabamento 315
Massa para Madeira ..... Metais e madeira complemento 316
Fundo Sintético Nivelador ..... Metais e madeira complemento 316
Hfer ..... Metais e madeira complemento 316
Hpiso Tinta Acrílica para Pisos e Cimentados Premium ..... Outras superfícies 317
Corante HX ..... Outros produtos 318
Hraz ..... Outros produtos 319
Hthinner ..... Outros produtos 319

Hidrotintas

Ambients Tinta Acrílica Premium ..... Parede acabamento 322
Extra Látex Acrílica Standard ..... Parede acabamento 323
Demais Látex Acrílica Econômica ..... Parede acabamento 324
Renovar Látex Acrílica Econômica ..... Parede acabamento 325
Massa Acrílica ..... Parede complemento 326
Massa Corrida ..... Parede complemento 327
Maxlit Esmalte Sintético Standard ..... Metais e madeira acabamento 328
Verniz Extra Rápido ..... Madeira acabamento 329

Tinta Látex Acrílica Premium .... Parede acabamento 332
Tinta Látex acrílica Standard .... Parede acabamento 333
Tinta Látex Acrílica Econômica .... Parede acabamento 334
Tinta para Gesso e Drywall Econômica .... Parede acabamento 335
Textura Acrílica Rústica Premium .... Parede acabamento 336
Textura Acrílica Lisa Premium .... Parede acabamento 337
Líquido para Brilho .... Parede acabamento 338
Massa Acrílica .... Parede complemento 339
Massa Corrida .... Parede complemento 340
Selador Acrílico Pigmentado .... Parede complemento 341
Esmalte Base Água Premium .... Metais e madeira acabamento 342
Esmalte Sintético Premium .... Metais e madeira acabamento 343
Esmalte Sintético Standard .... Metais e madeira acabamento 344
Complementos Sintéticos .... Metais e madeira complemento 345
Verniz Sintético Copal .... Madeira acabamento 346
Tinta Acrílica Pisos e Cimentados .... Outras superfícies 347
Corante Líquido .... Outros produtos 348

Tintas e Resinas
Hydronorth
Preservando o seu bem estar

Tinta Acrílica Hydronorth Premium .... Parede acabamento 352
Tinta Acrílica Ecológica Premium .... Parede acabamento 353
Tinta Acrílica Hydronorth Rende+ Standard .... Parede acabamento 354
Tinta Acrílica Ecológica Standard .... Parede acabamento 355
Tinta Látex Hydronorth Standard .... Parede acabamento 356
Tinta Acrílica Hydronorth Econômica .... Parede acabamento 357
Tinta Acrílica Pinta Gesso Econômica .... Parede acabamento 358
Tinta Acrílica Ecológica Econômica .... Parede acabamento 359
Graffiato Premium .... Parede acabamento 360
Revestimento Ecológico Graffiato .... Parede acabamento 361
Tinta Impermeabilizante Paredes e Muros .... Parede acabamento 362
Base Protetora para Paredes: Selador Acrílico .... Parede complemento 363
Selador Acrílico Ecológico .... Parede complemento 364
Massa Acrílica Hydronorth .... Parede complemento 365
Massa Corrida PVA Hydronorth .... Parede complemento 366
Esmalte Multiuso para Metais e Madeiras Standard .... Metais e madeira acabamento 367
Esmalte Base Água Ecológico Premium .... Metais e madeira acabamento 368
Verniz Base Água Ecológico Premium .... Madeira acabamento 369
Resina Impermeabilizante Multiuso .... Outras superfícies 370
Resina Impermeabilizante Multiuso Acqua .... Outras superfícies 371
Resina Impermeabilizante Super Multiuso (Northseal) Solvente .... Outras superfícies 372
Resina Telha Cimento Acqua .... Outras superfícies 372
Base Protetora para Telhas .... Outras superfícies 373
Resina Impermeabilizante Super Multiuso Acqua .... Outras superfícies 373
Novopiso Premium .... Outras superfícies 374

Super Novopiso Premium . . . . . Outras superfícies 375
Impermeabilizante Telhados e Lajes . . . . . Outras superfícies 376
Telhado Branco . . . . . Outras superfícies 377
Spray Pinta Fácil Uso Geral . . . . . Outras superfícies 378
Solvcryll . . . . . Outros produtos 379
Limpador de Telhas Concentrado . . . . . Outros produtos 379

TINTAS Iquine

Delacryl Tinta Acrílica Premium . . . . . Parede acabamento 382
Delacryl Tinta Acrílica Toque Suave Premium . . . . . Parede acabamento 383
Decorama Tinta Látex Premium . . . . . Parede acabamento 384
Decoratto Textura Acrílica Qualitá Premium . . . . . Parede acabamento 385
Decoratto Clássico Premium . . . . . Parede acabamento 386
Icores Pinturas Especiais . . . . . Parede acabamento 387
Delanil Tinta Acrílica Standard . . . . . Parede acabamento 388
Diagesso Tinta Acrílica Standard . . . . . Parede acabamento 389
Diatex Tinta Acrílica Econômica . . . . . Parede acabamento 390
Pintalar Látex Vinil-Acrílica Econômica . . . . . Parede acabamento 391
Delanil Textura Acrílica . . . . . Parede complemento 392
Delacryl Textura Acrílica . . . . . Parede complemento 393
Decorama Esmalte Base Água Premium . . . . . Metais e madeira acabamento 394
Dialine Esmalte Sintético Premium . . . . . Metais e madeira acabamento 395
Dialine Esmalte Sintético Spray Premium . . . . . Metais e madeira acabamento 396
Delanil Esmalte Sintético Standard . . . . . Metais e madeira acabamento 397
Verniz Duplo Filtro Solar . . . . . Madeira acabamento 398
Verniz Extra-Rápido . . . . . Madeira acabamento 399
Verniz Copal . . . . . Madeira acabamento 400
Laca Seladora Nitrocelulose . . . . . Madeira complemento 401
Delacryl Pisos e Cimentados Tinta Acrílica Premium . . . . . Outras superfícies 402
Resina Acrílica . . . . . Outros produtos 403
Corante Líquido . . . . . Outros produtos 404

TINTAS Killing

Kisacril Tinta Acrílica Sem Cheiro Premium . . . . . Parede acabamento 408
Bellacasa Pinta Mais Tinta Acrílica Standard . . . . . Parede acabamento 409
Bellacasa Tinta Acrílica Econômica . . . . . Parede acabamento 410
Bellacasa Massa Acrílica . . . . . Parede complemento 411
Bellacasa Massa Corrida . . . . . Parede complemento 412
Bellacasa Esmalte Sintético Standard . . . . . Metais e madeira acabamento 413
Kisacril Esmalte Sintético Premium . . . . . Metais e madeira acabamento 414
Bellacasa Tinta a Óleo . . . . . Metais e madeira acabamento 415
Kisalack Verniz Filtro Solar . . . . . Madeira acabamento 416
Kisalack Verniz Sintético . . . . . Madeira acabamento 417

Produto	Aplicação	Página
Super Premium	Parede acabamento	420
Evolution Acrílica Standard	Parede acabamento	421
Vivacor Acrílica Econômica	Parede acabamento	422
Savana Acrílica Econômica	Parede acabamento	423
Revestimentos Hidrorrepelentes Rústico e Textura	Parede acabamento	424
Massa Acrílica	Parede complemento	425
Massa PVA	Parede complemento	426
Selador Acrílico	Parede complemento	427
Esmalte Sintético Standard	Metais e madeira acabamento	428
Esmalte Metálico	Metais e madeira acabamento	429
Verniz Copal	Madeira acabamento	430
Pisos e Cimentados	Outras superfícies	431

LUKSCOLOR TINTAS

Produto	Aplicação	Página
Acrílico Premium Plus Lukscolor	Parede acabamento	434
LuksSeda Acrílico Premium Plus Lukscolor	Parede acabamento	435
LuksClean Acrílico Premium Plus Lukscolor	Parede acabamento	436
Látex Premium Plus Lukscolor	Parede acabamento	437
LuksGesso: Tinta para Gesso Lukscolor	Parede acabamento	438
Textura Acrílica LuksArte Ateliê Lukscolor Premium	Parede acabamento	439
Textura Acrílica LuksArte Creative Lukscolor Premium	Parede acabamento	440
Textura Acrílica LuksArte Graf Lukscolor Premium	Parede acabamento	441
Textura Acrílica LuksArte Remov Fácil Lukscolor Premium	Parede acabamento	442
LuksGel Envelhecedor Lukscolor Premium	Parede acabamento	443
LuksGlaze Lukscolor Premium	Parede acabamento	444
Verniz Acrílico Lukscolor Premium	Parede acabamento	445
Massa Corrida Lukscolor Premium	Parede complemento	446
Massa Acrílica Lukscolor Premium	Parede complemento	447
Primer LuksMagnetic Lukscolor Premium	Parede complemento	448
Fundo Preparador Base Água Lukscolor Premium	Parede complemento	449
Poupa Tempo Selador Acrílico Lukscolor Premium	Parede complemento	450
Fundo Especial para Texturização Lukscolor	Parede complemento	451
Esmalte Premium Plus Lukscolor	Metais e madeira acabamento	452
Ferroluks Lukscolor Premium	Metais e madeira acabamento	453
Tinta Grafite Lukscolor Premium	Metais e madeira acabamento	454
Esmalte Base Água Premium Plus Lukscolor	Metais e madeira acabamento	455
Esmalte Sintético Extra Rápido Lukscolor Premium	Metais e madeira acabamento	456
Protetor de Metais Primer Cromato de Zinco Verde Lukscolor	Metais e madeira complemento	457
LuksGalv Lukscolor Premium	Metais e madeira complemento	458
Protetor de Metais Zarcão Lukscolor Premium	Metais e madeira complemento	459
Fundo Universal Base Água Lukscolor Premium	Metais e madeira complemento	460
Verniz Premium Plus Power Plus Lukscolor	Madeira acabamento	461
Verniz Premium Plus Duplo Filtro Solar Lukscolor	Madeira acabamento	462
Verniz Premium Plus Restaurador Lukscolor	Madeira acabamento	463
Verniz Premium Plus Tingidor Lukscolor	Madeira acabamento	464

Stain Premium Plus Lukscolor .... Madeira acabamento 465
Verniz Premium Plus Marítimo Lukscolor .... Madeira acabamento 466
Verniz Premium Plus Copal Lukscolor .... Madeira acabamento 467
Verniz Premium Plus Base Água Duplo Filtro Solar Lukscolor .... Madeira acabamento 468
Verniz Premium Plus Base Água Interior Lukscolor .... Madeira acabamento 469
Verniz Premium Plus Base Água Tingidor Lukscolor .... Madeira acabamento 470
Seladora Premium Plus Lukscolor .... Madeira Complemento 471
Fundo Nivelador Lukscolor Premium .... Madeira Complemento 472
Massa para Madeira Lukscolor Premium .... Madeira Complemento 473
LuksPiso Acrílico Premium Plus Lukscolor .... Outras superfícies 474
Resina Acrílica Impermeabilizante Base Água Lukscolor .... Outras superfícies 475
Resina Acrílica Impermeabilizante Lukscolor Premium .... Outras superfícies 476
Esmalte Epóxi Catalisável Lukscolor Premium .... Outras superfícies 477
Fundo Epóxi Catalisável Lukscolor Premium .... Outras superfícies 478
Catalisador para Epóxi Lukscolor Premium .... Outras superfícies 479
Lukscolor Spray Premium Multiuso .... Outros produtos 480
Lukscolor Spray Premium Metalizada .... Outros produtos 481
Lukscolor Spray Premium Alumínio .... Outros produtos 482
Lukscolor Spray Premium Luminosa .... Outros produtos 483
Lukscolor Spray Premium Madeira e Móveis .... Outros produtos 484
Lukscolor Spray Premium Alta Temperatura .... Outros produtos 485
Lukscolor Spray Premium Lubrificante .... Outros produtos 486
Nova-Raz Innovation Lukscolor .... Outros produtos 487
Diluente para Epóxi Lukscolor .... Outros produtos 487

Tintas Maza
Paixão por Qualidade

Acrílico Premium .... Parede acabamento 490
Acrílico Ultra Standard .... Parede acabamento 491
Acrílico Extra Econômica .... Parede acabamento 492
Acrílico Profissional Econômica .... Parede acabamento 493
Textura Riscada Original Premium .... Parede acabamento 494
Massa Acrílica Premium .... Parede complemento 495
Massa Corrida Premium .... Parede complemento 496
Esmalte Sintético Madeira e Metais Standard .... Metais e madeira acabamento 497
Verniz Copal Standard .... Madeira acabamento 498
SV Acrílico Premium .... Parede acabamento 499
SV Acrílico Standard .... Parede acabamento 500
SV Acrílico Renova Econômica .... Parede acabamento 501
SV Textura Riscada Criativa Premium .... Parede acabamento 502
SV Massa Acrílica Premium .... Parede complemento 503
SV Massa Corrida Premium .... Parede complemento 504
SV Esmalte Sintético Madeiras e Metais Standard .... Metais e madeira acabamento 505

Produto	Categoria	Página
Osmocolor Stain Castanho UV Deck	Madeira acabamento	508
Osmocolor Stain Preservativo	Madeira acabamento	509
Osmocolor Stain Cores Sólidas	Madeira acabamento	510
Solare Premium Verniz Duplo Filtro Solar	Madeira acabamento	511
Goffrato Esmalte PU Texturizado	Madeira acabamento	512
Pentox Preservativo Cupinicida	Madeira complemento	513
Mazza – Massa para Nivelar e Calafetar	Madeira complemento	514
Linha Deck – Removedores e Restauradores	Madeira complemento	515
Striptizi Gel Removedor para Stains, Tintas e Texturas	Outros produtos	516

Produto	Categoria	Página
Renner Tinta Acrílica Ecológica Premium	Parede acabamento	520
Renner Tinta Acrílica Dura Mais Premium	Parede acabamento	521
Renner Rekolor Acrílico Praia e Campo Premium	Parede acabamento	522
Renner Tinta Acrílica Sempre Limpo Premium	Parede acabamento	523
Renner Frentes & Fachadas Elástica Premium	Parede acabamento	524
Renner Tinta Acrílica Emborrachada Premium	Parede acabamento	525
Renner Extravinil Acrílico Sem Cheiro Premium	Parede acabamento	526
Renner Tinta Acrílica Toque de Classe Premium	Parede acabamento	527
Renner Extravinil Látex Híper Premium	Parede acabamento	528
Renner Látex Nivelador	Parede acabamento	529
Renner Tinta Acrílica Gesso	Parede acabamento	530
Renner Textura Acrílica Adornare Lisa Premium	Parede acabamento	531
Renner Textura Acrílica Adornare Média Premium	Parede acabamento	532
Renner Textura Acrílica Adornare Rústica Premium	Parede acabamento	533
Renner Efeitos Especiais Supreme	Parede complemento	534
Renner Massa Acrílica	Parede complemento	535
Renner Massa Corrida	Parede complemento	536
Renner Selador Acrílico	Parede complemento	537
Renner Esmalte Base Água Ultra-Rápido Premium	Metais e madeira acabamento	538
Renner Extra Esmalte Rápido Premium	Metais e madeira acabamento	539
Renner Tinta Óleo Reko Standard	Metais e madeira acabamento	540
Renner Tinta Óleo Triunfo Standard	Metais e madeira acabamento	541
Renner Verniz Copal Premium	Madeira acabamento	542
Renner Linha Spray Color Jet Premium	Outras superfícies	543
Renner Tinta Acrílica Pisos Premium	Outras superfícies	544
Renner Tinta Térmica para Telhas Premium	Outras superfícies	545
Renner Tinta Acrílica Telhas Premium	Outras superfícies	546
Renner Silicone Hidrorrepelente Premium	Outras superfícies	547
Renner Corante Tingidor	Outros produtos	548
Renner Aquabloc Premium	Outros produtos	549
Renner Esmalte PU Piscinas Premium	Outros produtos	550
Renner Polipar Multiuso Premium	Outros produtos	551

Renner Multimassa Tapa-Tudo .... Outros produtos 552
Majestic Stain .... Madeira acabamento 553
Majestic Verniz Triplo Filtro Solar .... Madeira acabamento 554
Majestic Verniz PU Flex Premium .... Madeira acabamento 555
Majestic Verniz Copal Premium .... Madeira acabamento 556
Ducryl Mais Tinta Acrílica Fosca Standard .... Parede acabamento 557
Ducryl Tinta Acrílica Semibrilho Standard .... Parede acabamento 558
Dulit Esmalte Sintético Standard .... Metais e madeira acabamento 559
Profissional ACR Econômica .... Parede acabamento 560
Profissional Látex PVA Econômica .... Parede acabamento 561
Pinta Casa Vinil Acrílico Econômica .... Parede acabamento 562
Pinta Casa Massa Corrida Econômica .... Parede complemento 563
Top Gun .... Parede complemento 564

Resicolor Tintas

Tinta Acrílica Ouro Toque de Arte/Bases Premium .... Parede acabamento 568
Acrílico Classic Inverno & Verão/Bases Premium .... Parede acabamento 569
Acrilatex Super Cobertura/Bases Standard .... Parede acabamento 570
Acrílico Pinta Mais/Bases Econômica .... Parede acabamento 571
Látex Cobre Bem/Bases Econômica .... Parede acabamento 572
Textura Quartzo Hidrorrepelente/Bases .... Parede acabamento 573
Massa Corrida .... Parede complemento 574
Massa Acrílica .... Parede complemento 575
Esmalte Sintético Bases/Premium .... Metais e madeira acabamento 576
Esmalte Color Standard .... Metais e madeira acabamento 577
Tinta a Óleo Standard .... Madeira acabamento 578
Verniz Copal .... Madeira acabamento 579
Telhabril Acqua Line/Bases Premium .... Outras superfícies 580
Pisos e Cimentados Premium .... Outras superfícies 581

SAYERLACK
SOLUÇÕES PARA MADEIRAS

Esmalte – Base Água – Aquaris Premium .... Metais e madeira acabamento 584
Esmalte Sintético – Poliesmalte Premium .... Metais e madeira acabamento 585
Verniz Alto Desempenho Polikol .... Madeira acabamento 586
Verniz Restaurador – Polirex .... Madeira acabamento 587
Verniz Marítimo – Poliulack .... Madeira acabamento 588
Vernix Marítimo – Base Água Aquaris .... Madeira acabamento 589
Stain Impregnante – Polisten .... Madeira acabamento 590
Verniz para Deck – Polideck .... Madeira acabamento 591
Verniz para Piso – Base Água Aquaris .... Madeira acabamento 592
Verniz Copal .... Madeira acabamento 593
Sintelack – Verniz Sintético .... Madeira acabamento 594
Tinta para Azulejos Sayerdur Acqua .... Outras superfícies 595

Metalatex Tinta Acrílica Premium Sem Cheiro ... Parede acabamento ... 598
Metalatex Requinte Superlavável Sem Cheiro Premium ... Parede acabamento ... 599
Metalatex Litoral Sem Cheiro Premium ... Parede acabamento ... 600
Metalatex Bacterkill Banheiros e Cozinhas Sem Cheiro Premium ... Parede acabamento ... 601
Metalatex Eco Acrílico Premium ... Parede acabamento ... 602
Metalatex Eco Flex Microfissuras Premium ... Parede acabamento ... 603
Metalatex Texturarte ... Parede acabamento ... 604
Aquacryl Látex Mais Rendimento Standard ... Parede acabamento ... 605
Novacor Parede Acrílico Sem Cheiro Mais Rendimento Standard ... Parede acabamento ... 606
Novacor Látex Mais Rendimento Standard ... Parede acabamento ... 607
Novacor Gesso & Drywall Econômica ... Parede acabamento ... 608
Kem Tone Tinta Acrílica Econômica ... Parede acabamento ... 609
Duraplast Acrílico Econômica ... Parede acabamento ... 610
SW Obras Tinta Látex Econômica ... Parede acabamento ... 611
Prolar Acrílico Econômica ... Parede acabamento ... 612
Metalatex Massa Corrida ... Parede complemento ... 613
Metalatex Massa Acrílica ... Parede complemento ... 614
Metalatex Selador Acrílico ... Parede complemento ... 615
Metalatex Textura Acrílica ... Parede complemento ... 616
Metalatex Verniz Acrílico Incolor ... Parede complemento ... 617
Aquacryl Massa Corrida ... Parede complemento ... 618
Aquacryl Massa Acrílica ... Parede complemento ... 619
Aquacryl Selador Acrílico ... Parede complemento ... 620
Sherwin-Williams Massa Corrida ... Parede complemento ... 621
Sherwin-Williams Massa Acrílica ... Parede complemento ... 622
Metalatex Eco Fundo Preparador de Paredes ... Parede complemento ... 623
Sherwin-Williams Restauração Complemento Acrílico Flexível ... Parede complemento ... 624
Sherwin-Williams Restauração Selatrinca ... Parede complemento ... 625
Sherwin-Williams Obras Fundo para Gesso ... Parede complemento ... 626
Metalatex Fundo Preparador de Paredes ... Parede complemento ... 627
Metalatex Eco Esmalte Premium ... Metais e madeira acabamento ... 628
Metalatex Esmalte Sintético Premium ... Metais e madeira acabamento ... 629
Novacor Esmalte Sintético Standard ... Metais e madeira acabamento ... 630
Metalatex Eco Super Galvite ... Metais e madeira complemento ... 631
Metalatex Eco Fundo Antiferrugem ... Metais e madeira complemento ... 632
Metalatex Eco Fundo Branco para Madeira ... Metais e madeira complemento ... 633
Novacor Fundo Antiferrugem ... Metais e madeira complemento ... 634
Metalatex Aguarrás ... Metais e madeira complemento ... 635
Sherwin-Williams Super Galvite ... Metais e madeira complemento ... 636
Sherwin-Williams Verniz Premium ... Madeira acabamento ... 637
Sherwin-Williams Verniz Filtro Solar ... Madeira acabamento ... 638
Sherwin-Williams Verniz Marítimo ... Madeira acabamento ... 639
Sherwin-Williams Verniz Copal ... Madeira acabamento ... 640
Novacor Fundo Branco Fosco para Madeira ... Madeira complemento ... 641
Novacor Massa Óleo ... Madeira complemento ... 642
Metalatex Eco Massa Niveladora ... Madeira complemento ... 643

Sherwin-Williams Seladora para Madeira ..... Madeira complemento 644
Novacor Epóxi Base Água ..... Outras superfícies 645
Metalatex Eco Resina Impermeabilizante ..... Outras superfícies 646
Metalatex Eco Telha Térmica Premium ..... Outras superfícies 647
Novacor Piso Premium ..... Outras superfícies 648
Novacor Piso Ultra Premium ..... Outras superfícies 649
Novacor Azulejo ..... Outras superfícies 650
Prove e Aprove ..... Outros produtos 651
Corante Líquido Xadrez ..... Outros produtos 652
Colorgin Uso Geral Premium ..... Outros produtos 653
Colorgin Esmalte Sintético ..... Outros produtos 654
Colorgin Metallik Interior ..... Outros produtos 655
Colorgin Arts ..... Outros produtos 656
Colorgin Eco Esmalte ..... Outros produtos 657
Colorgin Alta Temperatura ..... Outros produtos 658
Colorgin Plásticos ..... Outros produtos 659
Colorgin Luminosa ..... Outros produtos 660
Colorgin Metallik Exterior ..... Outros produtos 661
Colorgin Alumen ..... Outros produtos 662
Colorgin Esmalte Anti Ferrugem 3 em 1 ..... Outros produtos 663

Suvinil

Suvinil Acrílico AntiBactéria Premium ..... Parede acabamento 666
Suvinil Acrílico Premium Fosco ..... Parede acabamento 667
Suvinil Acrílico Premium Toque de Seda ..... Parede acabamento 668
Suvinil Acrílico Premium Semibrilho ..... Parede acabamento 669
Suvinil Acrílico Contra Mofo & Maresia Premium ..... Parede acabamento 670
Suvinil Acrílico Contra Microfissuras Premium ..... Parede acabamento 671
Suvinil Látex Premium MAXX ..... Parede acabamento 672
Suvinil Texturatto Rústico Premium ..... Parede acabamento 673
Suvinil Texturatto Clássico Premium ..... Parede acabamento 674
Suvinil Texturato Liso Premium ..... Parede acabamento 675
Suvinil Texturatto Liso Interiores Premium ..... Parede acabamento 676
Suvinil Acrílico com Microesferas ..... Parede acabamento 677
Suvinil Gel ..... Parede acabamento 678
Suvinil Texturatto Especial ..... Parede acabamento 679
Suvinil Acrílico Metalizado ..... Parede acabamento 680
Suvinil Construções Acrílico Econômico ..... Parede acabamento 681
Suvinil Fundo Magnético ..... Parede complemento 682
Suvinil Massa Acrílica ..... Parede complemento 683
Suvinil Massa Corrida ..... Parede complemento 684
Suvinil Liqui-Base ..... Parede complemento 685
Suvinil Liqui-Brilho ..... Parede complemento 686
Suvinil Selador Acrílico ..... Parede complemento 687
Suvinil Verniz Acrílico ..... Parede complemento 688
Suvinil Suviflex ..... Parede complemento 689
Suvinil Selatrinca ..... Parede complemento 690

Suvinil Construções Massa Acrílica	Parede complemento	691
Suvinil Construções Massa Corrida	Parede complemento	692
Suvinil Construções Fundo para Reboco, Gesso e Drywall	Parede complemento	693
Suvinil Construções Selador Acrílico	Parede complemento	694
Suvinil Fundo Preparador Base Água	Parede complemento	695
Suvinil Esmalte Sintético Premium	Metais e madeira acabamento	696
Suvinil Esmalte Seca Rápido Base Água Premium	Metais e madeira acabamento	697
Suvinil Esmalte Grafite Premium	Metais e madeira acabamento	698
Suvinil Tinta a Óleo	Metais e madeira acabamento	699
Suvinil Fundo para Galvanizados	Metais e madeira complemento	700
Suvinil Zarcão Universal	Metais e madeira complemento	701
Suvinil Fundo Branco Epóxi	Metais e madeira complemento	702
Suvinil Fundo Branco Fosco	Metais e madeira complemento	703
Suvinil Verniz Premium Ultra Proteção	Madeira acabamento	704
Suvinil Verniz Premium Tingidor	Madeira acabamento	705
Suvinil Verniz Premium Triplo Filtro Solar	Madeira acabamento	706
Suvinil Verniz Premium Copal	Madeira acabamento	707
Suvinil Verniz Premium Stain Impregnante	Madeira acabamento	708
Suvinil Verniz Premium Marítimo	Madeira acabamento	709
Suvinil Massa para Madeira	Madeira complemento	710
Suvinil Seladora Premium para Madeiras	Madeira complemento	711
Suvinil Piso Premium	Outras superfícies	712
Suvinil Resina Acrílica Base Água	Outras superfícies	713
Suvinil Resina Acrílica	Outras superfícies	714
Suvinil Silicone	Outras superfícies	715
Suvinil Acrílico Tetos Standard	Outras superfícies	716
Suvinil Tinta para Gesso Standard	Outras superfícies	717
Suvinil Spray Multiuso	Outras superfícies	718
Suvinil Esmalte Epóxi	Outras superfícies	719
Suvinil Selacril Textura Acrílica	Outros produtos	720
Suvinil Catalisador Epóxi	Outros produtos	721
Suvinil Aguarrás	Outros produtos	722
Suvinil Diluente Epóxi	Outros produtos	722
Suvinil Colortest	Outros produtos	723
Suvinil Corante	Outros produtos	724
Glasurit Acrílico Standard	Parede acabamento	725
Glasurit Acrílico Econômica	Parede acabamento	726
Glasurit Massa Corrida	Parede complemento	727
Glasurit Selador Acrílico	Parede complemento	728
Glasurit Massa Acrílica	Parede complemento	729
Glasurit Esmalte Sintético Standard	Metais e madeira acabamento	730
Glasurit na Medida Certa Econômica	Outros produtos	731
Glasurit Teste em Casa	Outros produtos	732

Tinta Higiênica Acrílica Premium Universo	Parede acabamento	736
Acrílico Premium Universo	Parede acabamento	737
Acrílico Standard Universo	Parede acabamento	738
Unilar Acrílico Econômico Universo	Parede acabamento	739
Unilar Acrílico Econômico para Gesso Universo	Parede acabamento	740
Textura Acrílica Premium Universo	Parede acabamento	741
Tinta Higiênica Epóxi Base Água Premium Universo	Parede acabamento	742
Massa Corrida Universo Premium	Parede complemento	743
Massa Acrílica Universo Premium	Parede complemento	744
Selador Acrílico Universo Premium	Parede complemento	745
Tinta Higiênica Esmalte Base Água Premium Universo	Metais e madeira acabamento	746
Esmalte Base Água Premium Universo	Metais e madeira acabamento	747
Esmalte Sintético Premium Universo	Metais e madeira acabamento	748
Esmalte Sintético Standard Universo	Metais e madeira acabamento	749
Tinta Óleo Standard Universo	Metais e madeira acabamento	750
Verniz Universo	Madeira acabamento	751
Tinta para Piso Premium Universo	Outras superfícies	752

TINTAS VERBRAS

Vercryl Acrílico Toque Suave Premium	Parede acabamento	756
Vercryl Acrílico Semi Brilho Premium	Parede acabamento	757
Vercryl Acrílico Fosco Premium	Parede acabamento	758
Verlatex Max + Premium	Parede acabamento	759
Vertex Textura Acrílica Nobre Premium	Parede acabamento	760
Vertex Textura Design Decorativo Premium	Parede acabamento	761
Acrílico Fosco Standard Turbo Standard	Parede acabamento	762
Vertex Vinil Acrílica Econômica	Parede acabamento	763
Verbras Tinta Gesso Acrílica Econômica	Parede acabamento	764
Vercryl Massa Acrílica	Parede complemento	765
Verlatex Massa Corrida	Parede complemento	766
Vertex Esmalte Sintético Premium	Metais e madeira acabamento	767
Esmalte Sintético Secagem Rápida Standard	Metais e madeira acabamento	768
Esmalte Base Água Secagem Rápida Premium	Metais e madeira acabamento	769
Verbras Tinta a Óleo	Metais e madeira acabamento	770
Verniz Copal	Madeira acabamento	771
Cimentados e Pisos Verbras Premium	Outras superfícies	772

Índice de Produtos por Tipo de Superfície

Parede acabamento

Coral Decora Cores Premium ..... AkzoNobel 118
Coral Decora Brancos & Neutros Premium ..... AkzoNobel 119
Coral Decora Acabamento Acetinado Premium ..... AkzoNobel 120
Coral Super Lavável Premium ..... AkzoNobel 121
Coral Decora Luz & Espaço Premium ..... AkzoNobel 122
Coral Rende Muito Standard ..... AkzoNobel 123
Coralmur Zero Odor Premium ..... AkzoNobel 124
Coral Sol & Chuva Premium ..... AkzoNobel 125
Coral Brilho e Proteção Standard ..... AkzoNobel 126
Coralar Acrílico Econômica ..... AkzoNobel 127
Coralar Látex Econômica ..... AkzoNobel 128
Coral Textura Rústica ..... AkzoNobel 129
Coral Textura Efeito ..... AkzoNobel 130
Coral Textura Design ..... AkzoNobel 131
Coral Gel para Texturas ..... AkzoNobel 132
Coral Textura Acrílica ..... AkzoNobel 133
Coral Brilho para Tinta ..... AkzoNobel 134
Ypiranga Paredex Econômica ..... AkzoNobel 184
Tinta Acrílica Premium ..... Anjo 188
Tinta Acrílica Standard ..... Anjo 189
Tinta Acrílica Econômica ..... Anjo 190
Textura Lisa Hidrorrepelente ..... Anjo 191
Acrílico Premium ..... Dacar 214
Acrílico Standard ..... Dacar 215
Mega Redimento Standard ..... Dacar 216
Acrílico Profissional Econômica ..... Dacar 217
Textura Acrílica Rústica ..... Dacar 218
Textura Acrílica Desenho ..... Dacar 219
Textura Acrílica Lisa ..... Dacar 220
Eucatex Acrílico Marítimo Super Premium ..... Eucatex 238
Eucatex Acrílico Premium Suave Perfume ..... Eucatex 239
Eucatex Acrílico Acetinado Toque Suave Premium ..... Eucatex 240
Eucatex Impermeabilizante Parede ..... Eucatex 241
Eucatex Acrílico Rendimento Extra Standard ..... Eucatex 242
Eucatex Látex PVA X-Power Standard ..... Eucatex 243
Peg & Pinte Tinta Acrílica Econômica ..... Eucatex 244
Peg & Pinte Látex Acrílico Profissional Econômica ..... Eucatex 245
Eucalar Látex Acrílico Econômica ..... Eucatex 246
Eucatex Textura Acrílica Premium ..... Eucatex 247
Tinta Acrílica Fosca Futura Super Premium ..... Futura 274
Tinta Acrílica Semibriho Futura Super Premium ..... Futura 275
Tinta Acrílica Acetinada Futura Super Premium ..... Futura 276
Tinta Látex Acrílica Futura Super Standard ..... Futura 277
Tinta Látex Vinil Acrílica Texcor Futura Econômica ..... Futura 278
Tinta Acrílica Texcor Futura Econômica ..... Futura 279
Textura Rústica Riscada Futura Super ..... Futura 280
Textura Média Criativa Futura Super ..... Futura 281

Textura Lisa Versátil Futura Super	Futura	282
Gel de Efeitos Futura Super	Futura	283
Hidralacril Tinta Acrílica Super Lavável Premium	Hidracor	300
Extraturbo Tinta Acrílica Concentradíssima Premium	Hidracor	301
Extralatex Tinta Acrílica Fosca Standard	Hidracor	302
Hidralatex Tinta Acrílica Profissional Econômica	Hidracor	303
Rendmais Tinta Acrílica Fosca Econômica	Hidracor	304
Hgesso Tinta Acrílica para Gesso e Drywall	Hidracor	305
Texturax Lisa Textura para Fachadas Premium	Hidracor	306
Texturax Rústica Textura para Fachadas Premium	Hidracor	307
Textura Decorax Textura para Interiores Standard	Hidracor	308
Ambients Tinta Acrílica Premium	Hidrotintas	322
Extra Látex Acrílica Standard	Hidrotintas	323
Demais Látex Acrílica Econômica	Hidrotintas	324
Renovar Látex Acrílica Econômica	Hidrotintas	325
Tinta Látex Acrílica Premium	Hipercor	332
Tinta Látex Acrílica Standard	Hipercor	333
Tinta Látex Acrílica Econômica	Hipercor	334
Tinta para Gesso e Drywall Econômica	Hipercor	335
Textura Acrílica Rústica Premium	Hipercor	336
Textura Acrílica Lisa Premium	Hipercor	337
Líquido para Brilho	Hipercor	338
Tinta Acrílica Hydronorth Premium	Hydronorth	352
Tinta Acrílica Ecológica Premium	Hydronorth	353
Tinta Acrílica Hydronorth Rende+ Standard	Hydronorth	354
Tinta Acrílica Ecológica Standard	Hydronorth	355
Tinta Látex Hydronorth Standard	Hydronorth	356
Tinta Acrílica Hydronorth Econômica	Hydronorth	357
Tinta Acrílica Pinta Gesso Econômica	Hydronorth	358
Tinta Acrílica Ecológica Econômica	Hydronorth	359
Graffiato Premium	Hydronorth	360
Revestimento Ecológico Graffiato	Hydronorth	361
Tinta Impermeabilizante Paredes e Muros	Hydronorth	362
Delacryl Tinta Acrílica Premium	Iquine	382
Delacryl Tinta Acrílica Toque Suave Premium	Iquine	383
Decorama Tinta Látex Premium	Iquine	384
Decoratto Textura Acrílica Qualitá Premium	Iquine	385
Decoratto Clássico Premium	Iquine	386
Icores Pinturas Especiais	Iquine	387
Delanil Tinta Acrílica Standard	Iquine	388
Diagesso Tinta Acrílica Standard	Iquine	389
Diatex Tinta Acrílica Econômica	Iquine	390
Pintalar Látex Vinil-Acrílica Econômica	Iquine	391
Delanil Textura Acrílica	Iquine	392
Delacryl Textura Acrílica	Iquine	393
Kisacril Tinta Acrílica Sem Cheiro Premium	Killing	408
Bellacasa Pinta Mais Tinta Acrílica Standard	Killing	409
Bellacasa Tinta Acrílica Econômica	Killing	410
Super Premium	Leinertex	420
Evolution Acrílica Standard	Leinertex	421

Vivacor Acrílica Econômica .... Leinertex 422
Savana Acrílica Econômica .... Leinertex 423
Revestimentos Hidrorrepelentes Rústico e Textura .... Leinertex 424
Acrílico Premium Plus Lukscolor .... Lukscolor 434
LuksSeda Acrílico Premium Plus Lukscolor .... Lukscolor 435
LuksClean Acrílico Premium Plus Lukscolor .... Lukscolor 436
Látex Premium Plus Lukscolor .... Lukscolor 437
Luks Gesso: Tinta para Gesso Lukscolor Premium .... Lukscolor 438
Textura Acrílica LuksArte Ateliê Lukscolor Premium .... Lukscolor 439
Textura Acrílica LuksArte Creative Lukscolor Premium .... Lukscolor 440
Textura Acrílica LuksArte Graf Lukscolor Premium .... Lukscolor 441
Textura Acrílica LuksArte Remov Fácil Lukscolor Premium .... Lukscolor 442
LuksGel Envelhecedor Lukscolor Premium .... Lukscolor 443
LuksGlaze Lukscolor Premium .... Lukscolor 444
Verniz Acrílico Lukscolor Premium .... Lukscolor 445
Acrílico Premium .... Maza 490
Acrílico Ultra Standard .... Maza 491
Acrílico Extra Econômica .... Maza 492
Acrílico Profissional Econômica .... Maza 493
Textura Riscada Original Premium .... Maza 494
SV Acrílico Premium .... Maza 499
SV Acrílico Standard .... Maza 500
SV Acrílico Renova Econômica .... Maza 501
SV Textura Riscada Criativa Premium .... Maza 502
Renner Tinta Acrílica Ecológica Premium .... PPG 520
Renner Tinta Acrílica Dura Mais Premium .... PPG 521
Renner Rekolor Acrílico Praia e Campo Premium .... PPG 522
Renner Tinta Acrílica Sempre Limpo Premium .... PPG 523
Renner Frentes & Fachadas Elástica Premium .... PPG 524
Renner Tinta Acrílica Emborrachada Premium .... PPG 525
Renner Extravinil Acrílico Sem Cheiro Premium .... PPG 526
Renner Tinta Acrílica Toque de Classe Premium .... PPG 527
Renner Extravinil Látex Híper Premium .... PPG 528
Renner Látex Nivelador .... PPG 529
Renner Tinta Acrílica Gesso .... PPG 530
Renner Textura Acrílica Adornare Lisa Premium .... PPG 531
Renner Textura Acrílica Adornare Média Premium .... PPG 532
Renner Textura Acrílica Adornare Rústica Premium .... PPG 533
Ducryl Mais Tinta Acrílica Fosca Standard .... PPG 557
Ducryl Tinta Acrílica Semibrilho Standard .... PPG 558
Profissional ACR Econômica .... PPG 560
Profissional Látex PVA Econômica .... PPG 561
Pinta Casa Vinil Acrílico Econômica .... PPG 562
Pinta Casa Massa Corrida Econômica .... PPG 563
Tinta Acrílica Ouro Toque de Arte/Bases Premium .... Resicolor 568
Acrílico Classic Inverno & Verão/Bases Premium .... Resicolor 569
Acrilatex Super Cobertura/Bases Standard .... Resicolor 570
Acrílico Pinta Mais/Bases Econômica .... Resicolor 571
Látex Cobre Bem/Bases Econômica .... Resicolor 572
Textura Quartzo Hidrorrepelente/Bases .... Resicolor 573

Metalatex Tinta Acrílica Premium Sem Cheiro ..... Sherwin-Williams 598
Metalatex Requinte Superlavável Sem Cheiro Premium ..... Sherwin-Williams 599
Metalatex Litoral Sem Cheiro Premium ..... Sherwin-Williams 600
Metalatex Bacterkill Banheiros e Cozinhas Sem Cheiro Premium ..... Sherwin-Williams 601
Metalatex Eco Acrílico Premium ..... Sherwin-Williams 602
Metalatex Eco Flex Microfissuras Premium ..... Sherwin-Williams 603
Metalatex Texturarte ..... Sherwin-Williams 604
Aquacryl Látex Mais Rendimento Standard ..... Sherwin-Williams 605
Novacor Parede Acrílico Sem Cheiro Mais Rendimento Standard ..... Sherwin-Williams 606
Novacor Látex Mais Rendimento Standard ..... Sherwin-Williams 607
Novacor Gesso & Drywall Econômica ..... Sherwin-Williams 608
Kem Tone Tinta Acrílica Econômica ..... Sherwin-Williams 609
Duraplast Acrílico Econômica ..... Sherwin-Williams 610
SW Obras Tinta Látex Econômica ..... Sherwin-Williams 611
Prolar Acrílico Econômica ..... Sherwin-Williams 612
Suvinil Acrílico AntiBactéria Premium ..... Suvinil 666
Suvinil Acrílico Premium Fosco ..... Suvinil 667
Suvinil Acrílico Premium Toque de Seda ..... Suvinil 668
Suvinil Acrílico Premium Semibrilho ..... Suvinil 669
Suvinil Acrílico Contra Mofo & Maresia Premium ..... Suvinil 670
Suvinil Acrílico Contra Microfissuras Premium ..... Suvinil 671
Suvinil Látex Premium MAXX ..... Suvinil 672
Suvinil Texturatto Rústico Premium ..... Suvinil 673
Suvinil Texturatto Clássico Premium ..... Suvinil 674
Suvinil Texturatto Liso Premium ..... Suvinil 675
Suvinil Texturatto Liso Interiores Premium ..... Suvinil 676
Suvinil Acrílico com Microesferas ..... Suvinil 677
Suvinil Gel ..... Suvinil 678
Suvinil Texturatto Especial ..... Suvinil 679
Suvinil Acrílico Metalizado ..... Suvinil 680
Suvinil Construções Acrílico Econômico ..... Suvinil 681
Glasurit Acrílico Standard ..... Suvinil 725
Glasurit Acrílico Econômico ..... Suvinil 726
Tinta Higiênica Acrílica Premium Universo ..... Universo 736
Acrílico Premium Universo ..... Universo 737
Acrílico Standard Universo ..... Universo 738
Unilar Acrílico Econômico Universo ..... Universo 739
Unilar Acrílico Econômico para Gesso Universo ..... Universo 740
Textura Acrílica Premium Universo ..... Universo 741
Tinta Higiênica Epóxi Base Água Premium Universo ..... Universo 742
Vercryl Acrílico Toque Suave Premium ..... Verbras 756
Vercryl Acrílico Semi Brilho Premium ..... Verbras 757
Vercryl Acrílico Fosco Premium ..... Verbras 758
Verlatex Max+ Premium ..... Verbras 759
Vertex Textura Acrílica Nobre Premium ..... Verbras 760
Vertex Textura Design Decorativo Premium ..... Verbras 761
Acrílico Fosco Standard Turbo ..... Verbras 762
Vertex Vinil Acrílica Econômica ..... Verbras 763
Verbras Tinta Gesso Acrílica Econômica ..... Verbras 764

Parede complemento

Coral Massa Corrida .... AkzoNobel 135
Coral Massa Acrílica .... AkzoNobel 136
Coral Fundo Preparador de Paredes Base Água .... AkzoNobel 137
Coral Selador Acrílico .... AkzoNobel 137
Massa Corrida Super Leve G2 .... Anjo 192
Massa Corrida .... Anjo 193
Massa Acrílica .... Anjo 194
Selador Acrílico Pigmentado .... Anjo 195
Fundo Preparador .... Anjo 195
Selador Acrílico Pigmentado .... Dacar 221
Massa Acrílica .... Dacar 222
Massa Corrida .... Dacar 223
Fundo Preparador de Paredes .... Dacar 224
Fundo Sintético Nivelador .... Dacar 224
Eucatex Massa Corrida PVA .... Eucatex 248
Eucatex Massa Acrílica .... Eucatex 249
Eucatex Complementos .... Eucatex 250
Selador Acrílico Futura Super .... Futura 284
Fundo Preparador de Paredes Futura Super .... Futura 285
Massa Corrida Futura Super .... Futura 286
Massa Acrílica Fututra Super .... Futura 287
Massa Acrílica .... Hidracor 309
Massa Corrida .... Hidracor 310
Selador Acrílico .... Hidracor 311
Verniz Acrílico .... Hidracor 312
Líquido para Brilho .... Hidracor 312
Fundo Preparador de Parede .... Hidracor 312
Massa Acrílica .... Hidrotintas 326
Massa Corrida .... Hidrotintas 327
Massa Acrílica .... Hipercor 339
Massa Corrida .... Hipercor 340
Selador Acrílico Pigmentado .... Hipercor 341
Base Protetora para Paredes: Selador Acrílico .... Hydronorth 363
Selador Acrílico Ecológico .... Hydronorth 364
Massa Acrílica Hydronorth .... Hydronorth 365
Massa Corrida PVA Hydronorth .... Hydronorth 366
Bellacasa Massa Acrílica .... Killing 411
Bellacasa Massa Corrida .... Killing 412
Massa Acrílica .... Leinertex 425
Massa PVA .... Leinertex 426
Selador Acrílico .... Leinertex 427
Massa Corrida Lukscolor Premium .... Lukscolor 446
Massa Acrílica Lukscolor Premium .... Lukscolor 447
Primer LuksMagnetic Lukscolor Premium .... Lukscolor 448
Fundo Preparador Base Água Lukscolor Premium .... Lukscolor 449
Poupa Tempo Selador Acrílico Lukscolor Premium .... Lukscolor 450
Fundo Especial para Texturização Lukscolor Premium .... Lukscolor 451
Massa Acrílica Premium .... Maza 495
Massa Corrida Premium .... Maza 496

SV Massa Acrílica Premium .... Maza 503
SV Massa Corrida Premium .... Maza 504
Renner Efeitos Especiais Supreme .... PPG 534
Renner Massa Acrílica .... PPG 535
Renner Massa Corrida .... PPG 536
Renner Selador Acrílico .... PPG 537
Top Gun .... PPG 564
Massa Corrida .... Resicolor 574
Massa Acrílica .... Resicolor 575
Metalatex Massa Corrida .... Sherwin-Williams 613
Metalatex Massa Acrílica .... Sherwin-Williams 614
Metalatex Selador Acrílico .... Sherwin-Williams 615
Metalatex Textura Acrílica .... Sherwin-Williams 616
Metalatex Verniz Acrílico Incolor .... Sherwin-Williams 617
Aquacryl Massa Corrida .... Sherwin-Williams 618
Aquacryl Massa Acrílica .... Sherwin-Williams 619
Aquacryl Selador Acrílico .... Sherwin-Williams 620
Sherwin-Williams Massa Corrida .... Sherwin-Williams 621
Sherwin-Williams Massa Acrílica .... Sherwin-Williams 622
Metalatex Eco Fundo Preparador de Paredes .... Sherwin-Williams 623
Sherwin-Williams Restauração Complemento Acrílico Flexível .... Sherwin-Williams 624
Sherwin-Williams Restauração Selatrinca .... Sherwin-Williams 625
Sherwin-Williams Obras Fundo para Gesso .... Sherwin-Williams 626
Metalatex Fundo Preparador de Paredes .... Sherwin-Williams 627
Suvinil Fundo Magnético .... Suvinil 682
Suvinil Massa Acrílica .... Suvinil 683
Suvinil Massa Corrida .... Suvinil 684
Suvinil Liqui-Base .... Suvinil 685
Suvinil Liqui-Brilho .... Suvinil 686
Suvinil Selador Acrílico .... Suvinil 687
Suvinil Verniz Acrílico .... Suvinil 688
Suvinil Suviflex .... Suvinil 689
Suvinil Selatrinca .... Suvinil 690
Suvinil Construções Massa Acrílica .... Suvinil 691
Suvinil Construções Massa Corrida .... Suvinil 692
Suvinil Construções Fundo para Reboco, Gesso e Drywall .... Suvinil 693
Suvinil Construções Selador Acrílico .... Suvinil 694
Suvinil Fundo Preparador Base Água .... Suvinil 695
Glasurit Massa Corrida .... Suvinil 727
Glasurit Selador Acrílico .... Suvinil 728
Glasurit Massa Acrílica .... Suvinil 729
Massa Corrida Universo Premium .... Universo 743
Massa Acrílica Universo Premium .... Universo 744
Selador Acrílico Universo Premium .... Universo 745
Vercryl Massa Acrílica .... Verbras 765
Verlatex Massa Corrida .... Verbras 766

Metais e madeira acabamento

Coralit Secagem Rápida Premium .... AkzoNobel 138
Coralit Tradicional Premium .... AkzoNobel 139

Coralit Zero Odor Base Água Premium	AkzoNobel	140
Coral Wandepoxy	AkzoNobel	141
Coral Esmalte Sintético Ferrolack	AkzoNobel	142
Coral Esmalte Secagem Rápida Premium	AkzoNobel	143
Coral Esmalte Sintético Martelado	AkzoNobel	144
Coralar Esmalte Sintético Standard	AkzoNobel	145
Hammerite Esmalte Sintético Anti-ferrugem Premium	AkzoNobel	146
Coral Tinta Grafite Standard	AkzoNobel	147
Esmalte Sintético Premium	Anjo	196
Esmalte Imobiliário Base Água Premium	Anjo	197
Esmalte Alto Sólidos Premium	Anjo	198
Esmalte Sintético Metálico	Anjo	199
Esmalte Sintético Standard	Anjo	200
Fundo Acabamento Premium	Anjo	201
Esmalte Ecológico Premium	Dacar	225
Esmalte Sintético Premium	Dacar	226
Esmalte Sintético Standard	Dacar	227
Tinta a Óleo Standard	Dacar	228
Eucatex Esmalte Premium Base Água	Eucatex	251
Eucatex Esmalte Premium Eucalux	Eucatex	252
Eucatex Esmalte Secagem Extra Rápida Premium	Eucatex	253
Eucatex Peg & Pinte Esmalte Extra Standard	Eucatex	254
Eucalar Esmalte Sintético Standard	Eucatex	255
Esmalte Base Água Futura Super Premium	Futura	288
Esmalte Sintético Futura Super Standard	Futura	289
Grafite Fosco Futura Super	Futura	290
Hidralit Eco Esmalte à Base D'Água Premium	Hidracor	313
Hidra+ Esmalte Ultrarrápido Standard	Hidracor	314
Hidralar Esmalte Secagem Rápida Standard	Hidracor	315
Maxlit Esmalte Sintético Standard	Hidrotintas	328
Esmalte Base Água Premium	Hipercor	342
Esmalte Sintético Premium	Hipercor	343
Esmalte Sintético Standard	Hipercor	344
Esmalte Multiuso para Metais e Madeiras Standard	Hydronorth	367
Esmalte Base Água Ecológico Premium	Hydronorth	368
Decorama Esmalte Base Água Premium	Iquine	394
Dialine Esmalte Sintético Premium	Iquine	395
Dialine Esmalte Sintético Spray Premium	Iquine	396
Delanil Esmalte Sintético Standard	Iquine	397
Bellacasa Esmalte Sintético Standard	Killing	413
Kisacril Esmalte Sintético Premium	Killing	414
Bellacasa Tinta a Óleo	Killing	415
Esmalte Sintético Standard	Leinertex	428
Esmalte Metálico	Leinertex	429
Esmalte Premium Plus Lukscolor	Lukscolor	452
Ferroluks Lukscolor Premium	Lukscolor	453
Tinta Grafite Lukscolor Premium	Lukscolor	454
Esmalte Base Água Premium Plus Lukscolor	Lukscolor	455
Esmalte Sintético Extra Rápido Lukscolor Premium	Lukscolor	456
Esmalte Sintético Madeira e Metais Standard	Maza	497

SV Esmalte Sintético Madeira e Metais Standard . . . Maza . . . 505
Renner Esmalte Base Água Ultra-Rápido Premium . . . PPG . . . 538
Renner Extra Esmalte Rápido Premium . . . PPG . . . 539
Renner Tinta Óleo Reko Standard . . . PPG . . . 540
Renner Tinta Óleo Triunfo Standard . . . PPG . . . 541
Dulit Esmalte Sintético Standard . . . PPG . . . 559
Esmalte Sintético Bases/Premium . . . Resicolor . . . 576
Esmalte Color Standard . . . Resicolor . . . 577
Tinta a Óleo Standard . . . Resicolor . . . 578
Esmalte – Base Água – Aquaris Premium . . . Sayerlack . . . 584
Esmalte Sintético – Poliesmalte Premium . . . Sayerlack . . . 585
Metalatex Eco Esmalte Premium . . . Sherwin-Williams . . . 628
Metalatex Esmalte Sintético Premium . . . Sherwin-Williams . . . 629
Novacor Esmalte Sintético Standard . . . Sherwin-Williams . . . 630
Suvinil Esmalte Sintético Premium . . . Suvinil . . . 696
Suvinil Esmalte Seca Rápido Base Água Premium . . . Suvinil . . . 697
Suvinil Esmalte Grafite Premium . . . Suvinil . . . 698
Suvinil Tinta a Óleo . . . Suvinil . . . 699
Glasurit Esmalte Sintético Standard . . . Suvinil . . . 730
Tinta Higiênica Esmalte Base Água Premium Universo . . . Universo . . . 746
Esmalte Base Água Premium Universo . . . Universo . . . 747
Esmalte Sintético Premium Universo . . . Universo . . . 748
Esmalte Sintético Standard Universo . . . Universo . . . 749
Tinta Óleo Standard Universo . . . Universo . . . 750
Vertex Esmalte Sintético Premium . . . Verbras . . . 767
Esmalte Sintético Secagem Rápida Standard . . . Verbras . . . 768
Esmalte Base Água Secagem Rápida Premium . . . Verbras . . . 769
Verbras Tinta a Óleo . . . Verbras . . . 770

Metais e madeira complemento

Solvente Hammerite . . . AkzoNobel . . . 148
Aguarrás Coral . . . AkzoNobel . . . 149
Coral Fundo Preparador Coralit Zero . . . AkzoNobel . . . 150
Zarcoral . . . AkzoNobel . . . 151
Coral Fundo para Galvanizado Branco . . . AkzoNobel . . . 151
Fundo para Galvanizado . . . Anjo . . . 202
Primer Universal . . . Anjo . . . 202
Fundo Nivelador Branco . . . Anjo . . . 203
Fundo Laranja (cor Zarcão) . . . Anjo . . . 203
Fundo para Galvanizado . . . Dacar . . . 229
Zarcão Universal . . . Dacar . . . 229
Eucatex Complementos Sintéticos . . . Eucatex . . . 256
Fundo Cinza Anticorrosivo Futura Super . . . Futura . . . 291
Zarcão Futura Super . . . Futura . . . 292
Massa para Madeira . . . Hidracor . . . 316
Fundo Sintético Nivelador . . . Hidracor . . . 316
Hfer . . . Hidracor . . . 316
Complementos Sintéticos . . . Hipercor . . . 345
Protetor de Metais Primer Cromato de Zinco Verde Lukscolor . . . Lukscolor . . . 457
LuksGalv Lukscolor Premium . . . Lukscolor . . . 458

Protetor de Metais Zarcão Lukscolor Premium .... Lukscolor 459
Fundo Universal Base Água Lukscolor Premium .... Lukscolor 460
Metalatex Eco Super Galvite .... Sherwin-Williams 631
Metalatex Eco Fundo Antiferrugem .... Sherwin-Williams 632
Metalatex Eco Fundo Branco para Madeira .... Sherwin-Williams 633
Novacor Fundo Antiferrugem .... Sherwin-Williams 634
Metalatex Aguarrás .... Sherwin-Williams 635
Sherwin-Williams Super Galvite .... Sherwin-Williams 636
Suvinil Fundo para Galvanizados .... Suvinil 700
Suvinil Zarcão Universal .... Suvinil 701
Suvinil Fundo Branco Epóxi .... Suvinil 702
Suvinil Fundo Branco Fosco .... Suvinil 703

Madeira acabamento

Coral Tinta a Óleo Standard .... AkzoNobel 152
Coral Verniz Coralar .... AkzoNobel 153
Sparlack Cetol .... AkzoNobel 166
Sparlack Cetol Deck .... AkzoNobel 167
Sparlack Cetol Deck Antiderrapante .... AkzoNobel 168
Sparlack Solgard .... AkzoNobel 169
Sparlack Stain .... AkzoNobel 170
Sparlack Efeito Natural .... AkzoNobel 171
Sparlack Óleo Protetor .... AkzoNobel 172
Sparlack Duplo Filtro Solar .... AkzoNobel 173
Sparlack Duplo Filtro Secagem Rápida .... AkzoNobel 174
Sparlack Neutrex .... AkzoNobel 175
Sparlack Extra Marítimo .... AkzoNobel 176
Sparlack Extra Marítimo Base Água .... AkzoNobel 177
Sparlack Extra Marítimo Fosco .... AkzoNobel 178
Sparlack Copal .... AkzoNobel 179
Verniz PU Marítimo .... Anjo 204
Verniz Filtro Solar .... Dacar 230
Verniz Marítimo .... Dacar 231
Verniz Tingidor .... Dacar 232
Verniz Copal .... Dacar 233
Eucatex Verniz Ultratex .... Eucatex 257
Eucatex Stain .... Eucatex 258
Eucatex Verniz Duplo Filtro Solar .... Eucatex 259
Eucatex Verniz Restaurador .... Eucatex 260
Eucatex Verniz Marítimo .... Eucatex 261
Eucatex Verniz Tingidor .... Eucatex 262
Eucatex Verniz Copal .... Eucatex 263
Verniz Duplo Filtro Solar Futura Super .... Futura 293
Verniz Marítimo Futura Super .... Futura 294
Verniz Extra Rápido .... Hidrotintas 329
Verniz Sintético Copal .... Hipercor 346
Verniz Base Água Ecológico .... Hydronorth 369
Verniz Duplo Filtro Solar .... Iquine 398
Verniz Extra-Rápido .... Iquine 399
Verniz Copal .... Iquine 400

Kisalack Verniz Filtro Solar .... Killing 416
Kisalack Verniz Sintético .... Killing 417
Verniz Copal .... Leinertex 430
Verniz Premium Plus Power Plus Lukscolor .... Lukscolor 461
Verniz Premium Plus Duplo Filtro Solar Lukscolor .... Lukscolor 462
Verniz Premium Plus Restaurador Lukscolor .... Lukscolor 463
Verniz Premium Plus Tingidor Lukscolor .... Lukscolor 464
Stain Premium Plus Lukscolor .... Lukscolor 465
Verniz Premium Plus Marítimo Lukscolor .... Lukscolor 466
Verniz Premium Plus Copal Lukscolor .... Lukscolor 467
Verniz Premium Plus Base Água Duplo Filtro Solar Lukscolor .... Lukscolor 468
Verniz Premium Plus Base Água Interior Lukscolor .... Lukscolor 469
Verniz Premium Plus Base Água Tingidor Lukscolor .... Lukscolor 470
Verniz Copal Standard .... Maza 498
Osmocolor Stain Castanho UV Deck .... Montana 508
Osmocolor Stain Preservativo .... Montana 509
Osmocolor Stain Cores Sólidas .... Montana 510
Solare Premium Verniz Duplo Filtro Solar .... Montana 511
Goffrato Esmalte PU Texturizado .... Montana 512
Renner Verniz Copal Premium .... PPG 542
Majestic Stain .... PPG 553
Majestic Verniz Triplo Filtro Solar .... PPG 554
Majestic Verniz Pu Flex Premium .... PPG 555
Majestic Verniz Copal Premium .... PPG 556
Verniz Copal .... Resicolor 579
Verniz Alto Desempenho Polikol .... Sayerlack 586
Verniz Restaurador – Polirex .... Sayerlack 587
Verniz Marítimo – Poliulack .... Sayerlack 588
Verniz Marítimo – Base Água Aquaris .... Sayerlack 589
Stain Impregnante – Polisten .... Sayerlack 590
Verniz para Deck – Polideck .... Sayerlack 591
Verniz para Piso – Base Água Aquaris .... Sayerlack 592
Verniz Copal .... Sayerlack 593
Sintelack – Verniz Sintético .... Sayerlack 594
Sherwin-Williams Verniz Premium .... Sherwin-Williams 637
Sherwin-Williams Verniz Filtro Solar .... Sherwin-Williams 638
Sherwin-Williams Verniz Marítimo .... Sherwin-Williams 639
Sherwin-Williams Verniz Copal .... Sherwin-Williams 640
Suvinil Verniz Premium Ultra Proteção .... Suvinil 704
Suvinil Verniz Premium Tingidor .... Suvinil 705
Suvinil Verniz Premium Triplo Filtro Solar .... Suvinil 706
Suvinil Verniz Premium Copal .... Suvinil 707
Suvinil Verniz Premium Stain Impregnante .... Suvinil 708
Suvinil Verniz Premium Marítimo .... Suvinil 709
Verniz Universo .... Universo 751
Verniz Copal .... Verbras 771

Madeira complemento

Coral Massa para Madeira .... AkzoNobel 154
Coral Fundo Sintético Nivelador Branco .... AkzoNobel 154

Sparlack Seladora para Madeira ... AkzoNobel ... 180
Sparlack Pintoff ... AkzoNobel ... 181
Sparlack Seladora Concentrada ... AkzoNobel ... 182
Sparlack Knotting ... AkzoNobel ... 182
Sparlack Tingidor ... AkzoNobel ... 183
Sparlack Redutor ... AkzoNobel ... 183
Seladora Fundo Acabamento 8030 ... Anjo ... 205
Eucatex Seladora Concentrada ... Eucatex ... 264
Eucatex Seladora Extra ... Eucatex ... 265
Fundo Branco para Madeiras Futura Super ... Futura ... 295
Laca Seladora Nitrocelulose ... Iquine ... 401
Seladora Premium Plus Lukscolor ... Lukscolor ... 471
Fundo Nivelador Lukscolor Premium ... Lukscolor ... 472
Massa para Madeira Lukscolor Premium ... Lukscolor ... 473
Pentox Preservativo Cupinicida ... Montana ... 513
Mazza - Massa para Nivelar e Calafetar ... Montana ... 514
Linha Deck – Removedores e Restauradores ... Montana ... 515
Novacor Fundo Branco Fosco para Madeira ... Sherwin-Williams ... 641
Novacor Massa Óleo ... Sherwin-Williams ... 642
Metalatex Eco Massa Niveladora ... Sherwin-Williams ... 643
Sherwin-Williams Seladora para Madeira ... Sherwin-Williams ... 644
Suvinil Massa para Madeira ... Suvinil ... 710
Suvinil Seladora Premium para Madeira ... Suvinil ... 711

Outras superfícies

Coral Pinta Piso Premium ... AkzoNobel ... 155
Coral Chega de Mofo Premium ... AkzoNobel ... 156
Coral Verniz Acrílico ... AkzoNobel ... 157
Coral Direto no Gesso Standard ... AkzoNobel ... 158
Coral Embeleza Cerâmica ... AkzoNobel ... 159
Coral Resina Acrílica Base Solvente ... AkzoNobel ... 160
Tinta para Piso Premium ... Anjo ... 206
Tinta Emborrachada ... Anjo ... 207
Resina Acrílica ... Anjo ... 208
Esmalte Epóxi PDA Clássico ... Anjo ... 209
Acrílico Pisos, Quadras e Telhados ... Dacar ... 234
Resina Acrílica ... Dacar ... 235
Eucatex Acrílico Pisos Premium ... Eucatex ... 266
Eucatex Impermeabilizante Branco para Lajes ... Eucatex ... 267
Eucatex Gesso e Drywall ... Eucatex ... 268
Eucatex Resina Acrílica Premium ... Eucatex ... 269
Eucatex Silicone ... Eucatex ... 270
Tinta para Piso Futura Super Premium ... Futura ... 296
Hpiso Tinta Acrílica para Pisos e Cimentados Premium ... Hidracor ... 317
Tinta Acrílica Pisos e Cimentados Premium ... Hipercor ... 347
Resina Impermeabilizante Multiuso ... Hydronorth ... 370
Resina Impermeabilizante Multiuso Acqua ... Hydronorth ... 371
Resina Impermeabilizante Super Multiuso (Northseal) Solvente ... Hydronorth ... 372
Resina Telha Cimento Acqua ... Hydronorth ... 372

Base Protetora para Telhas ..... Hydronorth 373
Resina Impermeabilizante Super Multiuso Acqua ..... Hydronorth 373
Novopiso Premium ..... Hydronorth 374
Super Novopiso Premium ..... Hydronorth 375
Impermeabilizante Telhados e Lajes ..... Hydronorth 376
Telhado Branco ..... Hydronorth 377
Spray Pinta Fácil Uso Geral ..... Hydronorth 378
Delacryl Pisos e Cimentados Tinta Acrílica Premium ..... Iquine 402
Pisos e Cimentados ..... Leinertex 431
LuksPiso Acrílico Premium Plus Lukscolor ..... Lukscolor 474
Resina Acrílica Impermeabilizante Base Água Lukscolor ..... Lukscolor 475
Resina Acrílica Impermeabilizante Lukscolor Premium ..... Lukscolor 476
Esmalte Epóxi Catalisável Lukscolor Premium ..... Lukscolor 477
Fundo Epóxi Catalisável Lukscolor Premium ..... Lukscolor 478
Catalisador para Epóxi Lukscolor Premium ..... Lukscolor 479
Renner Linha Spray Color Jet Premium ..... PPG 543
Renner Tinta Acrílica Pisos Premium ..... PPG 544
Renner Tinta Térmica para Telhas Premium ..... PPG 545
Renner Tinta Acrílica Telhas Premium ..... PPG 546
Renner Silicone Hidrorrepelente Premium ..... PPG 547
Telhabril Acqua Line/Bases Premium ..... Resicolor 580
Pisos e Cimentados Premium ..... Resicolor 581
Tinta para Azulejos – Sayerdur Acqua ..... Sayerlack 595
Novacor Epóxi Base Água ..... Sherwin-Williams 645
Metalatex Eco Resina Impermeabilizante ..... Sherwin-Williams 646
Metalatex Eco Telha Térmica Premium ..... Sherwin-Williams 647
Novacor Piso Premium ..... Sherwin-Williams 648
Novacor Piso Ultra Premium ..... Sherwin-Williams 649
Novacor Azulejo ..... Sherwin-Williams 650
Suvinil Piso Premium ..... Suvinil 712
Suvinil Resina Acrílica Base Água ..... Suvinil 713
Suvinil Resina Acrílica ..... Suvinil 714
Suvinil Silicone ..... Suvinil 715
Suvinil Acrílico Tetos Standard ..... Suvinil 716
Suvinil Tinta para Gesso Standard ..... Suvinil 717
Suvinil Spray Multiuso ..... Suvinil 718
Suvinil Esmalte Epóxi ..... Suvinil 719
Tinta para Piso Premium Universo ..... Universo 752
Cimentados e Pisos Verbras Premium ..... Verbras 772

Outros produtos

Coral Tira Teima ..... AkzoNobel 161
Coral Corante Líquido Base Água ..... AkzoNobel 162
Látex Coral Construtora Econômica ..... AkzoNobel 163
Massa Corrida PVA Coral Construtora Econômica ..... AkzoNobel 164
Coral Fundo para Gesso Branco Econômica ..... AkzoNobel 165
Thinners Ecoeficientes ..... Anjo 210
Tinta para Gesso Futura Super ..... Futura 297
Corante HX ..... Hidracor 318

Hraz	Hidracor	319
Hthinner	Hidracor	319
Corante Líquido	Hipercor	348
Solvcryll	Hydronorth	379
Limpador de Telhas Concentrado	Hydronorth	379
Resina Acrílica	Iquine	403
Corante Líquido	Iquine	404
Lukscolor Spray Premium Multiuso	Lukscolor	480
Lukscolor Spray Premium Metalizada	Lukscolor	481
Lukscolor Spray Premium Alumínio	Lukscolor	482
Lukscolor Spray Premium Luminosa	Lukscolor	483
Lukscolor Spray Premium Madeira e Móveis	Lukscolor	484
Lukscolor Spray Premium Alta Temperatura	Lukscolor	485
Lukscolor Spray Premium Lubrificante	Lukscolor	486
Nova-Raz Innovation Lukscolor	Lukscolor	487
Diluente para Epóxi Lukscolor	Lukscolor	487
Striptizi Gel Removedor para Stains, Tintas e Texturas	Montana	516
Renner Corante Tingidor	PPG	548
Renner Aquabloc Premium	PPG	549
Renner Esmalte PU Piscinas Premium	PPG	550
Polipar Multiuso Premium	PPG	551
Renner Multimassa Tapa-Tudo	PPG	552
Prove e Aprove	Sherwin-Williams	651
Corante Líquido Xadrez	Sherwin-Williams	652
Colorgin Uso Geral Premium	Sherwin-Williams	653
Colorgin Esmalte Sintético	Sherwin-Williams	654
Colorgin Metallik Interior	Sherwin-Williams	655
Colorgin Arts	Sherwin-Williams	656
Colorgin Eco Esmalte	Sherwin-Williams	657
Colorgin Alta Temperatura	Sherwin-Williams	658
Colorgin Plásticos	Sherwin-Williams	659
Colorgin Luminosa	Sherwin-Williams	660
Colorgin Metallik Exterior	Sherwin-Williams	661
Colorgin Alumen	Sherwin-Williams	662
Colorgim Esmalte Anti Ferrugem 3 em 1	Sherwin-Williams	663
Suvinil Selacril Textura Acrílica	Suvinil	720
Suvinil Catalisador Epóxi	Suvinil	721
Suvinil Aguarrás	Suvinil	722
Suvinil Diluente Epóxi	Suvinil	722
Suvinil Colortest	Suvinil	723
Suvinil Corante	Suvinil	724
Glasurit na Medida Certa Econômica	Suvinil	731
Glasurit Teste em Casa	Suvinil	732

PARTE I

Seção Informativa e Técnica

Conteúdo da Seção Informativa e Técnica

Tintas e pintura: proteção e decoração **43**
- Por que pintar? 43
- Relação custo/benefício 44
- Tintas 45
- Características fundamentais e qualidade 46
- Programa Setorial de Qualidade – Tintas Imobiliárias 47
- Formação do revestimento 50
- Tintas, preparação da superfície e aplicação 52

Preparação de superfície **53**
- Alvenaria 54
- Madeira 55
- Metais ferrosos 56
- Metais não ferrosos — alumínio e aço galvanizado 57
- Preparação de superfícies para o esquema epóxi 57
- Defeitos mais comuns na pintura de superfícies 59
- Atenção às infiltrações de água 66

Sistemas de pintura **67**
- Sistema básico 67
- Preparação básica das tintas e complementos 68
- Sistemas de pintura — Exemplos 68
  - Alvenaria 69
  - Metais ferrosos e não ferrosos 73
  - Madeira — aplicação de esmalte e verniz 74
  - Sistema Epóxi 76

Ferramentas de pintura **78**
- Dicas de pintura 81

Recomendações para manutenção da pintura **84**

As cores **85**
- A cor e a pintura 85
- O que é cor 85
- Percepção visual 86
- Dimensões da cor 87
- Significado das cores 87
- Guia de orientação do uso da cor 88
- Usos e truques 90
- Como sugerir cores 91
- Cores e ambientes 93
- Cores de segurança 97
- Cores para canalização 98
- Sistema tintométrico 99

Orçamentos de pintura **101**
- Cronograma/tempo de execução 101
- Cálculo das quantidades dos produtos 102

Advertências e precauções **105**
- Precauções de caráter geral 105
- O que fazer com os resíduos da pintura 106

Dúvidas e respostas **108**

Um pouco de história **111**

TINTAS E PINTURA: PROTEÇÃO E DECORAÇÃO

POR QUE PINTAR?

A finalidade fundamental de uma pintura é proteger e embelezar edifícios, instalações industriais e uma ampla gama de produtos industriais, tais como automóveis, caminhões, geladeiras, móveis, navios, material ferroviário etc. A sinalização de estradas, ruas e aeroportos também constituem exemplos marcantes da utilização das tintas.

As tintas aqui referidas são aquelas que podem ser transformadas no revestimento das mais variadas superfícies.

As tintas gráficas não estão englobadas nesta categoria de produtos por apresentarem características e utilização completamente diferentes.

As tintas imobiliárias, objeto desta publicação, são utilizadas no revestimento de edificações para uso residencial, comercial, escolar, hospitalar, dentre outros, conferindo-lhes simultaneamente proteção contra as intempéries, embelezamento, boa distribuição da luz e melhores condições de higiene.

Com o passar do tempo, todas as superfícies sofrem algum tipo de desgaste, seja devido ao uso, ao intemperismo natural ou a outros agentes externos; de acordo com a superfície ou substrato, a pintura tem funções específicas conforme demonstramos nos seguintes exemplos.

Alvenaria

A pintura evita o esfarelamento, a absorção de água da chuva e da sujeira, o desenvolvimento do mofo e de algas etc.

A pintura é importante na decoração de ambientes, pois permite acabamentos com uma ampla variedade de cores, de textura e de brilho, dando um toque pessoal e preservando o patrimônio.

Madeira

Além de contribuir para o efeito decorativo, a pintura e o envernizamento são a solução para o problema da absorção de água e de umidade que geram rachaduras e o apodrecimento deste material.

Metal ferroso – aço-carbono

A pintura é a solução mais econômica que atualmente se conhece para combater a corrosão, principal problema deste tipo de superfície.

Metal não ferroso (alumínio, zinco etc.)

A pintura é a forma mais eficiente de decorar (colorir), proteger e sinalizar estas superfícies.

Produtos de qualidade

Para decorar e proteger essas superfícies, bloqueando ou retardando possíveis desgastes, os produtores de tintas participantes do Programa Setorial da Qualidade (PSQ) de Tintas Imobiliárias disponibilizam no mercado uma enorme gama de produtos, aliando tecnologia e versatilidade.

Trata-se de produtos de alta qualidade que oferecem ao usuário uma infinidade de cores, tipos de acabamentos e texturas e, ao mesmo tempo, possibilitam revestimentos com alta durabilidade.

RELAÇÃO CUSTO/BENEFÍCIO

A avaliação das tintas sob este ponto de vista mostra que elas constituem o produto industrial mais favorável ao usuário dentro de uma gama extensa deles. Assim, o custo da pintura de um automóvel representa menos de 1% do custo total e é fator essencial para sua existência. O revestimento com a espessura menor que a de um fio de cabelo de latas de alumínio destinadas ao envasamento de bebidas possibilita, simultaneamente, a proteção dessa superfície metálica, sem que ocorra a contaminação do conteúdo, a um custo muito pequeno quando comparado com o preço de aquisição da bebida assim envasada.

Da mesma forma, o custo das tintas e complementos na pintura de uma edificação representa um valor em torno de 1,7% do custo total da construção. É fácil verificar o benefício obtido com a pintura quando se compara uma edificação pintada com outra similar não pintada.

TINTAS

Definição

A tinta é uma composição química formada por uma dispersão de pigmentos numa solução ou emulsão de um ou mais polímeros, que, ao ser aplicada na forma de uma película fina sobre uma superfície, se transforma num revestimento a ela aderente com a finalidade de colorir, proteger e embelezar.

Quando a composição não contém pigmentos, é denominada verniz.

Componentes básicos

Os componentes básicos das tintas são: resinas, pigmentos, diluentes e aditivos.

Resinas

Entre os componentes das tintas, as resinas têm papel de destaque, pois são responsáveis pela formação da película protetora, na qual se converte a tinta depois de seca. Existem vários tipos de resinas, tais como as dispersões (emulsões) aquosas de vários polímeros como, por exemplo, acetato de polivinila (PVA), poliacrílicos puros, copolímeros acrilo-estireno, vinilacrílico etc. As resinas alquídicas são também muito importantes.

As dispersões aquosas ou emulsões são utilizadas em tintas látex e seus complementos, enquanto as resinas alquídicas são usadas em tintas a óleo, esmaltes sintéticos e complementos, vernizes etc.

As resinas epóxi e poliuretanas são utilizadas em produtos mais sofisticados, de alta resistência ao atrito e/ou à umidade e a produtos químicos.

As tintas industriais utilizam uma variedade muito grande de resinas e polímeros e a sua escolha é feita em função do tipo de substrato, da forma de aplicação, do método de cura ou secagem, das especificações do cliente etc.

Pigmentos

Os pigmentos são partículas (pó) sólidas e insolúveis. Podem ser divididos em dois grandes grupos: ativos e inertes. Os pigmentos ativos conferem cor e poder de cobertura à tinta, enquanto os inertes (ou cargas) se encarregam de proporcionar lixabilidade, dureza, consistência e outras características. Uma tinta normalmente é composta por vários pigmentos.

O dióxido de titânio é o pigmento branco mais importante na indústria de tintas e é usado na preparação de produtos com cores brancas e/ou claras.

São exemplos de pigmentos coloridos: óxido de ferro amarelo, óxido de ferro vermelho, azul ftalocianina, verde ftalocianina, azul da Prússia etc.

Os pigmentos anticorrosivos são indicados com tintas e fundos destinados à pintura de superfícies metálicas.

As cargas ou pigmentos inertes mais comuns são: carbonato de cálcio, caulim, agalmatolito, dolomita etc.

Diluentes

Os diluentes, também chamados de solventes, são líquidos voláteis utilizados nas diversas fases de fabricação das tintas e possibilitam que o produto se apresente na forma líquida e sempre com o mesmo padrão de viscosidade. Eles são empregados para conferir à tinta as condições ideais de pintura, visando facilitar sua aplicação e o seu alastramento.

Nos produtos látex, a fase líquida é água, que também é utilizada na sua diluição. Nas tintas a óleo e esmaltes sintéticos, a fase líquida é solvente orgânico (na maioria das vezes é aguarrás), solvente este também usado na diluição de tais produtos e na limpeza dos acessórios para pintura.

Aditivos

Aditivos são componentes que participam em pequena quantidade na composição da tinta. Geralmente, são produtos químicos sofisticados, com alto grau de eficiência, capazes de modificar significativamente as propriedades da tinta. Os aditivos mais comuns são: secantes, antiespumantes, antissedimentantes, antipele, bactericidas, fungicidas etc.

CARACTERÍSTICAS FUNDAMENTAIS E A QUALIDADE

A análise das características fundamentais permite ao pintor/consumidor avaliar a qualidade de tintas, vernizes e complementos. Conheça a seguir algumas de suas principais características técnicas.

Estabilidade

Estabilidade é a propriedade que o produto deve ter em manter-se inalterado durante o seu prazo de validade; isto é válido para as embalagens que não foram abertas.

Cobertura

Cobertura é a capacidade que o produto possui em ocultar a cor da superfície em que for aplicado. Alertamos que a diluição interfere diretamente nesta propriedade, razão pela qual a diluição deve ser feita conforme indicado pelo fabricante.

Observação:

O item cobertura não se aplica aos vernizes.

Rendimento

Rendimento é a área que se consegue pintar com um determinado volume de tinta. Geralmente, é expresso em m^2/galão/demão. Se dois produtos são diluídos nas proporções recomendadas e apresentam poder de cobertura equivalente, o melhor rendimento é obtido por aquele que atingir a maior metragem quadrada, por demão, por uma determinada unidade de volume consumida, como por exemplo, o galão.

Aplicabilidade/pintabilidade

Aplicabilidade ou pintabilidade é a característica que se traduz em facilidade de aplicação, isto é, o produto não deve oferecer dificuldade para sua utilização. Em uma aplicação convencional, não podem haver respingos e escorrimento da tinta

Nivelamento/alastramento

Nivelamento ou alastramento é a propriedade que a tinta possui de formar uma película uniforme, sem deixar marcas de aplicação.

Secagem

Secagem é o processo pelo qual uma tinta em seu estado líquido, se converte em uma película sólida. Em tintas imobiliárias, este processo ocorre principalmente em duas formas: coalescência (tintas látex) e oxidação (tintas a óleo e esmaltes sintéticos). Cada produto deve ser avaliado comparativamente com outro similar, e o ideal é que a tinta permita sua aplicação sem dificuldade e que seque no menor espaço de tempo possível.

Lavabilidade

Lavabilidade é a qualidade que a tinta deve ter em resistir à limpeza com produtos de uso doméstico, tais como sabão, detergente e outros, possibilitando a remoção de manchas sem afetar a integridade da película.

Durabilidade

Durabilidade é a resistência que a tinta deve ter sob a ação das intempéries (sol, chuva, maresia etc.). A tinta com maior durabilidade é aquela que demora mais tempo para sofrer alterações em sua película, mantendo suas propriedades originais de proteção e embelezamento. Lembramos que a durabilidade é influenciada pela adequada preparação da superfície e pela correta escolha do sistema de pintura.

PROGRAMA SETORIAL DA QUALIDADE – TINTAS IMOBILIÁRIAS

O Programa Brasileiro da Qualidade e Produtividade do Hábitat (PBQP-H) é um programa federal ligado ao Ministério das Cidades e tem como objetivo principal a melhoria da qualidade dos produtos que compõem a cesta básica de materiais para a construção civil, bem como a melhoria da prestação de serviços relacionados com

esse importante setor industrial; são exemplos de prestadores serviços: eletricistas, encanadores, pintores etc.

Atualmente, em termos de produtos o Programa do PBQP-H é a somatória de 26 Programas Setoriais da Qualidade, cada um dos quais é relativo a um tipo de produto. Para cada Programa há uma instituição responsável pela sua implementação e funcionamento em todo o território nacional. São exemplos:

Programa Setorial da Qualidade – Cimento Portland

Programa Setorial da Qualidade – Tubos e Conexões de PVC para Sistemas Hidráulicos Prediais

Programa Setorial da Qualidade – Cal Hidratada para a Construção Civil

Programa Setorial da Qualidade – Tintas Imobiliárias

O Programa Setorial da Qualidade – Tintas Imobiliárias é implementado e administrado pela Associação Brasileira dos Fabricantes de Tintas (ABRAFATI) e tem abrangência em todo o território brasileiro.

O objetivo fundamental é a obtenção da melhoria da qualidade das tintas imobiliárias. As ações principais para se conseguir tal objetivo são:

- **Criação de Normas Técnicas**

  Para padronizar os métodos de testes e para definir as propriedades dos produtos e os respectivos valores que deverão ser usados na determinação da qualidade mínima de um produto. A ABRAFATI colabora com a Associação Brasileira de Normas Técnicas (ABNT) na elaboração destas normas que permitem avaliar a qualidade de diversas tintas e complementos.

  Na presente data, o programa já dispõe de especificações de métodos de avaliação suficientes para o seu funcionamento, como por exemplo:

  NBR 14942 – Determinação da Cobertura Seca de Tintas Látex

  NBR 14943 – Determinação da Cobertura Úmida

  NBR 15078 – Determinação da Resistência à Abrasão sem Pasta Abrasiva de Tintas Látex

  NBR 14940 – Determinação da Resistência à Abrasão com Pasta Abrasiva de Tinta Látex

  NBR 15303 – Determinação da Absorção de Água de Massas Niveladoras

  NBR 15312 – Determinação da Resistência à Abrasão de Massas Niveladoras

  NBR 15299 – Determinação de Brilho em Acabamentos

  NBR 15311 – Determinação do Tempo de Secagem de Esmaltes Sintéticos e Tintas a Óleo de Secagem ao Ar

  NBR 15315 – Determinação do Teor de Sólidos

  NBR 15314 – Determinação da Cobertura Seca por Extensão

- **Avaliação da Qualidade**

O Programa avalia atualmente a qualidade dos seguintes produtos:

Tinta Látex fosca Premium
Tinta Látex fosca Standard
Tinta Látex fosca Econômica (interior)
Massa Niveladora para Alvenaria (Massa Corrida) para Interiores
Massa Niveladora para Alvenaria (Massa Acrílica) para Interior/Exterior
Esmalte Sintético Standard e Tinta a Óleo
Esmalte Sintético Premium
Verniz de Uso Interior (Copal)

Para cada um destes produtos já estão definidas as especificações no âmbito da ABNT que indicam o valor numérico para cada propriedade correspondente à qualidade mínima.

NBR 15079/2011 – Especificação dos requisitos mínimos de desempenho de tintas para edificações não industriais – Tinta látex nas cores claras

NBR 15348/2006 – Massa niveladora monocomponentes à base de dispersão aquosa para alvenaria – Requisitos

NBR 15494/2010 – Tinta brilhante à base de solvente com secagem oxidativa – Requisitos de desempenho de tintas para edificações não industriais

PNO2: 115.29-053 – Verniz brilhante à base de solvente para uso interior – Requisitos de desempenho de tintas para edificações não industriais

Os ensaios de avaliação são feitos pela Escola SENAI Mário Amato que possui laboratório específico e credenciado pelo INMETRO para esta finalidade. As amostras dos produtos estão descaracterizadas, de tal forma que o laboratório citado não conhece quais são os fabricantes e as marcas correspondentes a essas amostras.

A avaliação é feita trimestralmente e as amostras destes produtos são coletadas pela Tesis, empresa contratada para ser a gestora técnica do programa, nas fábricas e compradas em lojas de diferentes regiões do Brasil.

- **Divulgação dos resultados da avaliação**

Os produtos avaliados pelo Programa fabricados pelos participantes têm de apresentar qualidade igual ou superior à especificada, já que o regulamento do Programa assim o exige.

Noutras palavras, a utilização destes produtos fabricados por qualquer um dos participantes do programa é uma garantia da utilização de produtos com qualidade.

A ABRAFATI divulga sistematicamente quais são os fabricantes de tintas participantes do Programa Setorial da Qualidade de Tintas Imobiliárias.

A ABRAFATI também divulga, de uma forma sistemática, quais os produtos que apresentam qualidade inferior à especificada, isto é, os produtos que não estão em conformidade com um ou mais itens da especificação.

FORMAÇÃO DO REVESTIMENTO

A transformação da tinta no revestimento é chamada de secagem ou cura da mesma e ocorre evidentemente após a sua aplicação.

O mecanismo desta transformação depende da natureza da tinta. A seguir, descrevemos em uma forma resumida estes mecanismos.

1 — Evaporação do solvente

Após a aplicação ocorre a evaporação do solvente resultando numa película sólida dura, suficientemente flexível e aderente à superfície pintada. Esta evaporação ocorre, na maioria das vezes, à temperatura ambiente, podendo em alguns processos industriais ocorrer a temperaturas moderadas (50 °C a 80 °C).

A transformação da tinta no revestimento é um fenômeno físico e reversível, pois a película p1ermanece sensível ao solvente.

As lacas nitrocelulósicas e acrílicas são exemplos típicos.

2 — Coalescência das partículas poliméricas

É o mecanismo da formação do revestimento das tintas látex. É um fenômeno físico irreversível, o que significa que esse revestimento, uma vez formado, não pode ser reemulsionado.

A evaporação da água após aplicação da tinta provoca uma fusão das partículas poliméricas resultando na formação da película seca e aderente ao substrato.

3 — Secagem oxidativa

Depois da evaporação do solvente logo após a aplicação, a formação do revestimento ocorre por meio da reação química entre grupos reativos presentes na resina da tinta sob a ação do oxigênio do ar e do efeito catalítico dos secantes.

As tintas a óleo e os esmaltes sintéticos são exemplos deste tipo de formação do revestimento.

4 — Reação entre dois componentes à temperatura ambiente

A formação do revestimento ocorre à temperatura ambiente por meio da reação química entre a resina base e um agente convertedor. Os sistemas epóxi e os poliuretanos são exemplos típicos e importantes.

Os produtos que formam o revestimento desta forma são apresentados para venda em duas embalagens (uma para cada componente), já que a velocidade da reação química entre os dois componentes é muito alta. O conteúdo das duas embalagens deve ser misturado no momento da aplicação sob condições descritas pelo fabricante.

Os revestimentos assim obtidos apresentam excelentes propriedades físicas e químicas (dureza, flexibilidade, resistência química etc).

5 — Reação entre dois componentes a temperaturas elevadas

As tintas e complementos denominados termoconvertíveis secam-se por meio da reação química entre a resina base e um agente convertedor a temperaturas que variam entre 150 °C e 250 °C e intervalos de tempo variando entre 10 minutos e 30 minutos.

À temperatura ambiente, a velocidade desta reação é muito baixa e, por esta razão, os produtos assim curados são apresentados em uma única embalagem, o que significa que as duas resinas estão presentes simultaneamente na sua composição.

Os esmaltes acrílicos termoconvertíveis e os fundos utilizados na pintura de automóveis e em eletrodomésticos são exemplos importantes. As tintas em pó do tipo termoconvertível utilizadas na pintura de uma extensa gama de produtos industriais constituem outro exemplo significativo.

6 — Ação de energia radiante sobre a tinta aplicada

Há tintas com uma composição específica que se transformam no respectivo revestimento, quando são submetidas à ação de energia radiante em condições controladas.

A energia radiante mais comum neste tipo de cura é a luz ultravioleta. A secagem ocorre por meio da reação química entre a resina, o solvente específico para tal finalidade e aditivos fotoiniciadores provocada pela exposição à energia radiante em períodos de tempo muito curtos e à temperatura ambiente. Os vernizes e as tintas de cura por UV (ultravioleta) utilizados no acabamento de móveis, carpetes de madeira, plásticos, dentre outros, são exemplos típicos.

Observações:

A transformação das tintas imobiliárias nos respectivos revestimentos ocorre principalmente por meio dos seguintes mecanismos:

- Coalescência: produtos látex.
- Secagem oxidativa: tintas a óleo, esmaltes sintéticos e complementos e vernizes.

Os outros mecanismos descritos são mais importantes na pintura de produtos industriais. Quando se utilizam sistemas epóxi e/ou de poliuretano, a formação do revestimento se dá por meio da reação da base com o convertedor como foi citado acima.

TINTAS, PREPARAÇÃO DA SUPERFÍCIE E APLICAÇÃO

A qualidade da pintura de uma superfície depende basicamente de três fatores:

- Tinta
- Preparação da superfície
- Aplicação

Estes três fatores são igualmente importantes para se conseguir a qualidade desejada na pintura. Pode-se considerar a pintura como se fosse uma mesa com três pernas.

Tinta

A tinta tem de ser fabricada com a melhor tecnologia de formulação, com controle rigoroso de qualidade das matérias-primas e de todas as fases da produção, usando as técnicas mais eficientes de fabricação e com ótima assistência técnica no pré e no pós-venda. A tinta deve ser formulada de modo a adequar-se à superfície na qual será aplicada e o revestimento resultante deve resistir às condições a que estará sujeita a superfície pintada.

Preparação da superfície

Tem de ser benfeita para proporcionar limpeza completa com remoção de materiais estranhos ou contaminantes da superfície e criar condições adequadas para que o revestimento respectivo tenha as características desejadas.

Posteriormente, a preparação da superfície será abordada com mais detalhes.

Aplicação das tintas

Tem de ser por meio de equipamentos adequados, observando as condições atmosféricas, por profissionais treinados e conscientes e apoiada nas melhores técnicas de boa pintura. Os pintores são profissionais extremamente importantes nos processos de pintura. A experiência aliada a uma formação técnica adequada e a conhecimentos simples, porém muito importantes, fazem toda a diferença quando se quer uma pintura de primeira.

PREPARAÇÃO DE SUPERFÍCIES

A correta preparação das superfícies é de fundamental importância para se obter uma pintura durável e de qualidade. Portanto, alguns cuidados devem ser rigorosamente observados.

A superfície deve estar firme, coesa, limpa, seca, sem poeira, gordura, graxa, sabão ou mofo, segundo a Norma ABNT NBR 13245 de 02/95. Caso contrário, poderão ocorrer problemas de aderência do revestimento na superfície mais tarde vindo a descascar ou a apresentar outros problemas.

A seguir, descrevemos os exemplos mais comuns de tratamento de superfícies; inicialmente são apresentadas sugestões de caráter geral e adequadas para a aplicação de sistemas convencionais de pintura; por fim é apresentada a preparação das superfícies necessária para a aplicação do sistema epóxi de pintura, como um exemplo de sistemas mais sofisticados que necessitam de formas adequadas de preparação das superfícies.

Recomenda-se, portanto, que o pintor/consumidor, em caso de dúvida, consulte o fabricante de sua preferência entre os Participantes do Programa Setorial da Qualidade de Tintas Imobiliárias para o respectivo esclarecimento e correta orientação, objetivando uma adequada preparação das superfícies. A maioria das empresas participantes dispõe de serviços de atendimento ao consumidor (SAC) e equipe de atendimento técnico gratuitos aptos a orientar pequenas e/ou grandes obras de pintura.

ALVENARIA

- Reboco novo: aguardar a secagem e cura (28 dias no mínimo).
- Partes soltas ou mal aderidas devem ser eliminadas, raspando, lixando ou escovando a superfície.
- Manchas de gordura ou graxa devem ser eliminadas com solução de água e detergente. Em seguida, enxaguar e aguardar a secagem.
- Partes mofadas devem ser eliminadas, lavando-se a superfície com água sanitária e água potável, na proporção 1:2. Deixar atuar por quatro horas e, em seguida, enxaguar e aguardar a secagem. Esta operação deve ser repetida até a eliminação total do mofo.

  Outra opção é utilizar produtos específicos para esse tipo de limpeza à venda nas lojas de tintas e que eliminam mofo, bolor e algas.
- Imperfeições profundas do reboco/cimentado devem ser corrigidas com argamassa de cimento: areia média, traço 1:3 (aguardar secagem ou cura por 28 dias no mínimo).
- Concreto novo, aguardar a secagem e cura (28 dias no mínimo). Aplicar uma demão de Selador Acrílico Pigmentado, diluído conforme indicação do fabricante, quando o acabamento for de tinta látex (PVA ou acrílico).
- Reboco fraco (baixa coesão): aguardar a secagem e cura (28 dias no mínimo). Aplicar uma demão de Fundo Preparador para Paredes, diluído conforme indicações do fabricante.
- Superfície altamente absorvente (gesso, fibrocimento e tijolo): aplicar uma demão de Fundo Preparador para Paredes, diluído conforme indicado pelo fabricante.
- Superfícies caiadas e superfícies com partículas soltas ou mal aderidas: raspar e/ou escovar a superfície eliminando as partes soltas. Aplicar uma demão de Fundo Preparador para Paredes, diluído na forma indicada pelo fabricante.
- Superfícies de baixa aderência (azulejos, cerâmicas vitrificadas, cimento queimado, pastilhas etc.): aplicar Fundo Promotor de Aderência conforme indicações na sua embalagem.
- As imperfeições rasas da superfície devem ser corrigidas com: Massa Niveladora para alvenaria (Massa Corrida) para exteriores/interiores (reboco externo e interno) e Massa Niveladora para alvenaria (Massa Corrida) para interiores (reboco interno).
- Caso se necessite de um acabamento liso na superfície, aplicar com desempenadeira de aço duas demãos consecutivas de Massa Niveladora para alvenaria (Massa Corrida) para interiores (superfícies internas) ou duas demãos de Massa Nveladora (Massa Corrida) para interior/exterior (superfícies externas ou internas); aguardar o tempo de secagem indicado na embalagem e lixar com lixa de grana 150-180; eliminar o pó com pano umedecido em água.
- Repintura: eliminar qualquer espécie de brilho, usando lixa de grana 360/400.

MADEIRA

- **Tratamento geral**:
  - Madeira nova resinosa: lavar toda a superfície com thinner, deixar secar e repetir a operação. Lixar com lixa de grana 180-220 para eliminar as farpas. Outra alternativa é usar um verniz selador de extrativos da madeira na primeira demão, há vários produtos à venda no mercado.
  - Madeira nova verde ou úmida: deixar secar em lugar ventilado e à sombra; uma forma de avaliar se a madeira já está seca é ensacar uma parte da superfície com um saco plástico e observar de um dia para o outro se ocorre a formação de vapor ou de gotículas de água na parte ensacada; se houver a formação de vapor ou gotícula de água, a madeira ainda não está seca.
  - Madeira acinzentada por exposição ao tempo sem qualquer tipo de pintura: fazer lixamento vigoroso com lixa 80 até eliminar a capa acinzentada e, em seguida, use lixa 180-240 para eliminar as farpas.

    Outra opção é fazer um tratamento químico com produtos disponíveis no mercado que clareiam a madeira, eliminando o aspecto acinzentado.
  - Partes soltas ou mal aderidas devem ser eliminadas, lixando, raspando ou escovando a superfície.
  - Manchas de gordura ou graxa devem ser eliminadas. Usar uma solução de água e detergente, enxaguar e aguardar a secagem e na madeira nova utilizar estopa embebida em aguarrás ou thinner.
  - Partes mofadas devem ser eliminadas, limpando-se a superfície com água sanitária e água potável na proporção de 1:2; deixar atuar por quatro horas e, em seguida, enxaguar. Aguardar a secagem. Repetir este procedimento até a completa eliminação do mofo. Alguns fabricantes oferecem produtos protetores de madeira com propriedades fungicida e inseticida.
- **Para envernizar:**
  - Madeira nova: lixar no sentido dos veios com lixa 180 a 240 para eliminar farpas. Aplicar uma demão de Seladora para Madeira (somente para superfícies internas). Após a secagem, lixar com lixa de grana 360/400 e eliminar o pó com estopa ou pano umedecido em aguarráz.

    No envernizamento de madeira nova que está sujeita ao tempo (superfícies externas) aplique para selar uma demão de verniz adequado para exteriores diluído a 40% no solvente indicado pela embalagem. Após secagem, lixar com lixa 360-400 e elimine o pó.
  - Madeira já envernizada que deverá ser envernizada novamente: lixar com lixa para madeira de grana 360/400 e eliminar o pó.

Se o vernizamento não está em boas condições é necessário removê-lo completamente.

- **Para aplicação de esmalte ou tinta a óleo:**
  - Madeira nova: lixar com lixa para madeira de grana 180/240 para eliminar farpas. Aplicar uma demão de Fundo Branco Fosco diluído conforme indicado pelo fabricante. Corrigir as imperfeições com Massa Niveladora para Madeira. Após a secagem, lixar com lixa para madeira de grana 360-400 e eliminar o pó.
  - Repintura de madeira (pintura em boas condições). Lixar com lixa 360-400 para eliminação total do brilho e eliminar o pó. Corrigir as imperfeições com Massa Niveladora para Madeira. Após a secagem, lixar com a mesma lixa e eliminar o pó.

    Após repinturas sucessivas, é necessário remover a camada de tinta com o uso de um removedor adequado. A aplicação deste produto deverá ser feita conforme a indicação do fabricante.

    É importante eliminar completamente os resíduos do removedor antes de iniciar a nova pintura.

METAIS FERROSOS

Superfícies novas

- Eliminar qualquer espécie de brilho, usando lixa para metal de grana 150 a 220.
- Eliminar a carepa de laminação, se existir. A forma mais fácil é deixar a superfície do aço sob a ação do tempo (intempérie) por um período de tempo necessário para que essa carepa se transforme em ferrugem. Remover a ferrugem com lixa para metais de grana 150/220 e, em seguida, eliminar o pó com estopa embebida em aguarrás. Aplicar uma demão de Fundo Anticorrosivo diluído, conforme indicado pelo fabricante.
- Partes soltas ou mal aderidas devem ser eliminadas, raspando ou escovando a superfície.
- Manchas de gordura ou graxa devem ser eliminadas com aguarrás. Em seguida, enxaguar e aguardar a secagem.
- Partes mofadas devem ser eliminadas, limpando-se a superfície com água sanitária e água potável na proporção de 1:2; deixar atuar por quatro horas e, em seguida, enxaguar. Aguardar a secagem. Repetir este procedimento até a completa eliminação do mofo.
- Ferro com ferrugem: remover totalmente a ferrugem, utilizando lixa para metais de grana 80 a 150 e/ou escova de aço. Aplicar uma demão de Fundo Anticorrosivo diluído conforme informações do fabricante.
- Repintura de ferro: lixar com lixa para metais de grana 360/400 até remoção total do brilho e dos pontos de ferrugem e eliminar o pó

com estopa ou pano umedecido com aguarráz. Tratar as partes da superfície nas quais foi eliminada a ferrugem com a aplicação de Fundo Anticorrosivo.

METAIS NÃO FERROSOS – ALUMÍNIO E AÇO GALVANIZADO

- São superfícies críticas em relação à sua pintura, devido à difícil aderência que os sistemas convencionais de acabamento apresentam e, por isso, é necessária a utilização de um fundo adequado.
- Superfícies novas: aplicar Fundo Fosfatizante ou um Fundo Especial Promotor de Aderência, conforme indicações na embalagem.
- Repintura: quando a pintura velha está em boas condições, lixar com lixa para metais de grana 360/400 para eliminar qualquer brilho superficial e eliminar o pó.
- Repintura de superfície com descascamentos: eliminar totalmente a pintura anterior por meio do lixamento com lixa de grana 180/220 e aplicar Fundo Fosfatizante ou Fundo Promotor de Aderência conforme indicações na sua embalagem.
- Atualmente já existem esmaltes de acabamento com excelente aderência sobre este tipo de superfície e, por isso, não necessitam de aplicação prévia do Fundo Promotor de Aderência.

PREPARAÇÃO DE SUPERFÍCIES PARA O SISTEMA EPÓXI

Importante:

Os produtos epóxi devem ser aplicados seguindo-se rigorosamente as informações do fabricante.

ALVENARIA

- Concreto e reboco novos: a superfície deve estar limpa e isenta de cal e umidade (aguardar secagem e cura por 28 dias no mínimo). Aplicar uma demão de Fundo Branco Epóxi diluído conforme indicado pelo fabricante. Após a secagem, lixar levemente com lixa fina e eliminar o pó.
- Azulejo: deverá estar limpo, seco e desengordurado, principalmente nos rejuntes. Caso seja necessário, lavar com água e detergente, enxaguando bem.

Aplicar uma demão de Fundo Branco Epóxi diluído conforme indicado pelo fabricante. Se necessário ou se desejar nivelar os rejuntes, aplicar Massa Epóxi lixando para retirar o excesso; aplicar outra demão e Fundo Branco Epóxi. Após a secagem, lixar levemente e eliminar o pó. Alguns fabricantes indicam a Massa Niveladora para alvenaria (Massa Corrida) exterior/interior no lugar da Massa Epóxi; para este uso consulte o fabricante.

- Piso de concreto novo: a superfície deverá estar isenta de cal e umidade. Aguardar secagem e cura por 28 dias no mínimo. As partes mal aderidas devem ser eliminadas raspando, escovando ou lixando a superfície. Aplicar uma demão de Fundo Branco Epóxi diluído conforme indicado pelo fabricante.
- Piso de concreto velho ou cimento queimado: lavar com água e detergente para a remoção da sujeira. Enxaguar com água potável e deixar secar.

  Quando houver necessidade de fazer consertos no piso, aguardar no mínimo 28 dias para secagem e cura do concreto utilizado no conserto e, em seguida, continuar o sistema descrito no parágrafo anterior
- Repintura: verificar se a pintura antiga resiste ao Esmalte Epóxi que será usado no acabamento. Este teste não deverá apresentar enrugamento.
  - Caso resista (sem enrugamento), lixar para eliminar o brilho superficial da pintura anterior e, em seguida, eliminar o pó. Aplicar diretamente o Esmalte Epóxi ou o Sistema de Pintura Epóxi.
  - Caso não resista (ocorrência de enrugamento): a pintura antiga deverá ser totalmente removida. Em seguida, aplicar uma demão de Fundo Branco Epóxi diluído conforme indicado pelo fabricante e, após a secagem, lixar levemente, eliminar o pó e aplicar o restante do sistema de pintura epóxi.

> **Observação:**
>
> Para verificar se a pintura velha resiste à tinta epóxi basta aplicá-la sobre a pintura velha numa pequena área; se houver enrugamento não há resistência e, ao contrário, se não houver enrugamento, há resistência.

MADEIRA

- Madeira nova: deverá estar seca. As madeiras verdes e resinosas não deverão ser pintadas.
- Madeira seca e não resinosa: aplicar uma demão de Fundo Branco Epóxi diluído conforme indicado pelo fabricante. Após a secagem, lixar levemente com lixa grana 360/400 e eliminar o pó com estopa ou pano embebido no solvente de diluição.

- Repintura: verificar se a pintura antiga resiste ao Esmalte Epóxi sem apresentar enrugamento.
  - Caso resista (sem ocorrência de enrugamento): lixar até eliminar o brilho da pintura anterior e eliminar o pó com pano umedecido em solvente. Aplicar diretamente o Esmalte Epóxi ou o sistema de pintura epóxi conforme indicações do fabricante.
  - Caso não resista (ocorrência de enrugamento): a pintura antiga deverá ser totalmente removida. Aplicar uma demão de Fundo Branco Epóxi. Após a secagem, lixar levemente, eliminar o pó e aplicar o restante do sistema de pintura epóxi conforme in-formações do fabricante.

METAIS

- Novo sem ferrugem: lixar e eliminar o pó, aplicar uma demão de Fundo Anticorrosivo Epóxi. Após a secagem, lixar levemente e eliminar o pó.
- Novo com ferrugem: remover totalmente a ferrugem, usando lixa ou escova de aço e eliminar o pó com estopa ou pano embebido no solvente de diluição, aplicar uma demão de Fundo Anticorrosivo Epóxi. Após a secagem, lixar levemente e eliminar o pó.
- Repintura: verificar se a pintura antiga resiste ao Esmalte Epóxi sem apresentar enrugamento.
  - Caso resista (sem ocorrência de enrugamento): lixar a fim de abrir a porosidade (ou fosquear, caso a pintura anterior apresente brilho) e eliminar totalmente eventuais pontos de ferrugem e tirar o pó. Retocar as áreas onde a ferrugem foi removida com Fundo Anticorrosivo Epóxi.
  - Caso não resista (ocorrência de enrugamento): a pintura antiga deverá ser totalmente removida. Eliminar totalmente eventuais pontos de ferrugem e eliminar o pó. Aplicar uma demão de Fundo Anticorrosivo Epóxi. Após a secagem, lixar levemente e eliminar o pó.

DEFEITOS MAIS COMUNS NA PINTURA DE SUPERFÍCIES

É de fundamental importância seguir exatamente as recomendações durante o processo de pintura, sobre a preparação básica das superfícies contidas neste manual, pois os problemas que serão vistos a seguir são ocasionados, na sua grande maioria, pela má preparação das superfícies. Estes problemas podem reaparecer se o procedimento para sua correção não for devidamente seguido.

É necessário corrigir estes defeitos na repintura, o que constitui uma etapa a mais da preparação da superfície.

Eflorescência

São manchas esbranquiçadas que surgem na superfície pintada. Isto acontece quando a tinta foi aplicada sobre o reboco úmido.

A secagem do reboco dá-se pela eliminação de água sob a forma de vapor, que arrasta materiais alcalinos solúveis do interior para a superfície pintada, onde se deposita, causando a mancha. A eflorescência pode ocorrer, também, em superfícies de cimento-amianto, concreto, tijolo etc.

Para evitar esse inconveniente, basta que se tenha o cuidado de aguardar a secagem de superfície, antes de aplicar a tinta. Todo reboco, concreto ou argamassa deve aguardar o período de cura de 28 dias.

Para corrigir a eflorescência, deve-se aguardar a secagem da superfície, eliminar eventuais infiltrações, aplicar uma demão de Fundo Preparador para Paredes, diluído de acordo com as informações do fabricante.

Lembramos que, havendo vazamentos ou infiltrações de água, o fenômeno da eflorescência pode ocorrer mesmo após a cura completa do reboco. Portanto, deve-se observar atentamente o item "Atenção às infiltrações de água".

Saponificação

Manifesta-se pelo aparecimento de manchas na superfície pintada (frequentemente provocada pelo descascamento ou destruição da tinta látex PVA) ou pelo retardamento indefinido da secagem de tintas à base de resinas alquídicas (esmaltes e tintas a óleo). Neste caso, a superfície apresenta-se sempre pegajosa, podendo até escorrer uma certa oleosidade. A saponificação é causada pela alcalinidade natural da cal e do cimento que compõem o reboco. Essa alcalinidade, na presença de certo grau de umidade, reage com alguns tipos de resinas não adequadas, acarretando a saponificação.

Para evitar esse problema, repetimos: antes de pintar o reboco, aguarde até que o mesmo esteja seco e curado, o que demora no mínimo 28 dias.

Para corrigir a saponificação em tinta látex, recomenda-se raspar, escovar ou lixar a superfície, eliminando as partes soltas ou mal aderidas. Isto feito, aplica-se uma demão de Fundo Preparador para Paredes, diluído conforme indicado pelo fabricante.

É importante salientar que as superfícies que apresentam permanentemente uma alcalinidade razoável devem ser pintadas com sistemas de pintura resistentes a essa condição. Assim, deve-se usar produtos acrílicos (acrílicos puros ou acrilo-estireno) em sistemas de pintura baseados em látex. Evitar o uso de produtos PVA e de esmaltes e tintas a óleo. O fibrocimento, o concreto aparente e a barra lisa são exemplos de superfícies alcalinas.

A correção de saponificação em pintura alquídica (esmalte sintético e tinta a óleo) é feita conforme segue: remover totalmente a tinta mediante lavagem com solventes, raspando e lixando. Às vezes, pela dificuldade em remover esse tipo de tinta, costuma-se aquecer a pintura com um maçarico até que esta estoure, raspando-se em seguida, ainda quente (este procedimento somente é aconselhável quando executado por profissionais experientes). Depois, aplicar uma demão de Fundo Preparador para Paredes, diluído conforme indicado pelo fabricante. Na sequência, aplicar um sistema de pintura apropriado. Consulte o fabricante de sua preferência.

Desagregamento

Caracteriza-se pela destruição da pintura, que se esfarela, destacando-se da superfície juntamente com partes do reboco.

Este problema ocorre quando a tinta foi aplicada antes que o reboco estivesse curado. Portanto, antes de pintar um reboco novo, deve-se aguardar no mínimo 28 dias para que o mesmo esteja curado. Outro fator que provoca o desagregamento é a falta de lixamento do reboco novo ou ainda a utilização de um traço fraco na argamassa, tornando o reboco pulverulento (grãos soltos).

Para corrigir o desagregamento, deve-se raspar as partes soltas, corrigir as imperfeições profundas com reboco; esperar 28 dias para a cura do reboco e aplicar uma demão de Fundo Preparador para Paredes, diluído conforme indicado pelo fabricante.

Quando as imperfeições não são profundas, a sua correção deve ser feita com Massa Niveladora para alvenaria (Massa Corrida) para interiores ou para interiores/exteriores, conforme o caso.

Descascamentos em Alvenaria

O descascamento da tinta pode ocorrer quando a pintura for executada sobre caiação, sem que se tenha preparado a superfície. A aderência da cal sobre a superfície não é boa, constituindo camada cheia de pó, devido à sua baixa coesão. Portanto, qualquer tinta aplicada sobre caiação sem a preparação adequada, está sujeita a descascar rapidamente.

Tintas expostas durante anos às intempéries também provocam descascamentos, pois ficam calcinadas, similares às cais. Para que isso não ocorra na pintura subsequente, antes de pintar sobre caiação ou tintas calcinadas, elimine as partes soltas ou mal aderidas, raspando ou escovando a superfície. No caso de paredes externas, o uso de máquinas de hidrojateamento é uma excelente forma de remover os resíduos. Depois, aplique uma demão de Fundo Preparador para Paredes, diluído conforme indicado pelo fabricante.

O descascamento da tinta também pode ocorrer quando, na primeira pintura sobre reboco, a primeira demão, não foi bem diluída ou havia excesso de poeira na superfície. Neste caso, lembramos que, quando se desejar aplicar a tinta diretamente sobre o reboco, a superficie deve estar firme e coesa e a primeira demão deve ser bem diluída (30% a 50%).

Para corrigir o descascamento, recomenda-se raspar ou escovar a superfície até a remoção total das partes soltas ou mal aderidas. Em seguida, deve-se aplicar uma demão de Fundo Preparador para Paredes, diluído conforme indicado pelo fabricante.

A utilização de Massa Niveladora para alvenaria (massa corrida) para interiores em superfícies externas constitui outra causa do descascamento em alvenaria. Para corrigir o problema, recomenda-se remover a Massa Niveladora para alvenaria para interiores e substituí-la pela aplicação de Massa Niveladora para alvenaria exteriores/interiores, sempre que desejar uma superfície lisa. Se se quiser uma superfície rugosa, aplicar Fundo Preparador de Paredes, após a remoção da Massa Niveladora para interiores.

Manchas causadas por pingos de chuva

Tais manchas ocorrem quando se trata de pingos isolados, em paredes recentemente pintadas.

Os pingos isolados, ao molharem a pintura, trazem à superfície os materiais solúveis da tinta, surgindo as manchas. Para eliminá-las, basta lavar a superfície pintada com água, sem esfregar, de maneira a molhar a superfície por igual.

Vale lembrar que uma chuva de intensidade normal e contínua não provoca o aparecimento de manchas na superfície recém pintada.

Bolhas em pinturas sobre alvenaria

Normalmente, o principal fator gerador de bolhas é a presença de umidade no substrato, devido a falhas nas impermeabilizações, presença de trincas, fissuras e vazamentos nas tubulações de água, entre outras causas.

Em paredes externas, geralmente são causadas pelo uso da Massa Niveladora para alvenaria (Massa Corrida) para interiores, que, como se sabe, é um produto indicado apenas para superfícies internas.

Neste caso, a Massa Niveladora para alvenaria (Massa Corrida) deve ser removida, aplicando-se em seguida uma demão de Fundo Preparador para Paredes, diluído conforme indicado pelo fabricante. Depois, corrigir as imperfeições com Massa Niveladora para alvenaria exteriores/interiores, lixar e aplicar o acabamento.

Em paredes internas, estas bolhas podem ocorrer quando, após o lixamento da Massa Corrida, a poeira não é eliminada ou quando a tinta não foi devidamente diluída. O uso de Massa Corrida muito fraca, de baixa qualidade (com pouca coesão), também pode provocar bolhas. A correção deve ser feita com a remoção (raspagem) das partes afeta-das. Isto feito, recomenda-se aplicar uma demão de Fundo Preparador para Paredes, diluído conforme indicado pelo fabricante, corrigir as imperfeições com Massa Niveladora para alvenaria de boa qualidade, lixar e aplicar o acabamento.

Mais um caso de formação de bolhas acontece quando a nova tinta aplicada umedece a película de tinta anterior (de qualidade inferior), causando a sua dilatação. Para corrigir, recomenda-se raspar as partes afetadas, aplicar uma demão de Fundo Preparador para Paredes, diluído conforme indicado pelo fabricante, retocar a superfície com Massa Niveladora para alvenaria interiores/exteriores ou para interiores, conforme o caso; lixar e aplicar acabamento.

Manchas escuras provenientes de mofo

São manchas que aparecem normalmente sobre a superfície e, por se tratar de um grupo de seres vivos (fungos, algas e bactérias), proliferam em condições de clima favoráveis, como em ambientes úmidos, mal ventilados ou mal iluminados. Para corrigir, recomenda-se:

- Lavar toda a área afetada com escova de náilon ou pano e uma mistura de água sanitária e água potável na proporção de 1:2.
- Deixar a solução agir por aproximadamente quatro horas.
- Lavar com água a fim de eliminar resíduos de água sanitária.
- Repetir a operação até a eliminação total do mofo.
- Em áreas externas, o uso do hidrojateamento é recomendado.
- Deixar secar e repintar.

Manchamento amarelado em áreas internas

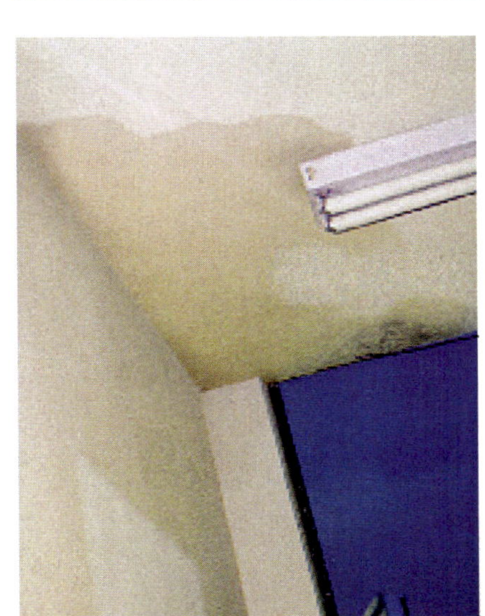

Pode ser provocado por gordura, óleo ou fumaça de cigarro (nicotina). Antes de repintar os ambientes atacados por tais manchas, recomenda-se lavar a superfície com uma solução de água com 10% de amoníaco ou com detergente à base dessa substância. Este procedimento, quando desejado, pode ser complementado pela aplicação de uma demão de Selador Acrílico Pigmentado diluído conforme indicado pelo fabricante. O acabamento pode ser aplicado sobre o fundo ou diretamente na superfície lavada.

Também é comum aparecer este tipo de manchas em forros com placa de gesso, devido ao tipo de desmoldante utilizado na confecção dessas placas. A melhor solução é isolar estas manchas com a aplicação de uma demão de Fundo Preparador de Paredes diluído conforme indicado pelo fabricante.

Fissuras

Fissuras são trincas estreitas, rasas e sem continuidade. Ocorrem por várias causas, entre as quais se destacam a má qualidade da argamassa fina e o tempo insuficiente de hidratação da cal antes da aplicação de reboco e a camada muito grossa da massa fina.

Para corrigir, recomenda-se:

- Raspar/escovar a superfície, eliminando as partes soltas, poeira, manchas de gordura, sabão ou mofo. Em áreas externas, o hidrojateamento é recomendado.

- Aplicar uma demão de Fundo Preparador para Paredes, diluído conforme indicado pelo fabricante.
- Aplicar três demãos de Restaurador de Fachada, ou de outro produto similar na diluição indicada pelo fabricante, aplicando-se em seguida o acabamento.
- Uma alternativa é aplicar duas demãos de Tinta Elastomérica, diluída conforme o indicado pelo fabricante e aplicar em seguida o acabamento.

Trincas

De modo geral, são causadas por movimentos da estrutura. Para corrigir:

- Abrir a trinca com ferramenta específica para este fim, como, por exemplo, a esmerilhadeira elétrica, para se obter uma abertura com perfil em "V"; escovar para eliminar a poeira na abertura.
- Aplicar uma demão de Fundo Preparador para Paredes, diluído conforme indicado pelo fabricante.
- Preencher a trinca com massa acrílica elastomérica.
- Sobre a trinca já vedada, aplicar uma demão de Tinta Elastomérica ou Fundo Elástico Impermeabilizante diluídos, conforme indicado pelo fabricante.
- Aguardar a secagem inicial e estender uma tela de poliéster de aproximadamente 20 cm de largura, fixando-a com uma nova demão de Tinta Elastomérica (igualmente diluída) e aplicar acabamento.

Manchas e retardamento da secagem da pintura na madeira

Podem ocorrer quando a repintura foi feita sobre madeira com resíduos de produtos usados na remoção da pintura anterior. Para prevenir este problema, antes de repintar, deve-se eliminar por completo qualquer resíduo de tais produtos, lavando a superfície com bastante água.

Aguarde a secagem e repinte. Se o problema persistir, remova a pintura e siga as mesmas instruções acima.

Os defeitos em questão também podem ser causados pela migração de ácidos orgânicos ou resinas naturais, existentes em certos tipos de madeira. Por serem raros e de difícil solução, nestes casos, recomendamos consultar o Serviço de Atendimento ao Consumidor do fabricante de sua preferência entre os participantes do Programa de Qualidade de Tintas Imobiliárias.

Trincas e má aderência em madeira

Geralmente ocorrem quando se utiliza incorretamente Massa Niveladora para alvenaria (produto a base látex) para corrigir imperfeições da madeira, principalmente em portas. As imperfeições devem ser corrigidas com Massa Niveladora para Madeira.

Para correção, remova a Massa Niveladora para alvenaria e aplique uma demão de Fundo Branco Fosco Sintético diluído conforme indicado pelo fabricante. Depois, corrija as imperfeições com Massa Niveladora para Madeira, lixe, elimine o pó e aplique acabamento.

A madeira apresenta pequenas trincas que tornam a superfície rachada. Isto acontece devido à influência da temperatura, envelhecimento do verniz, movimentação da madeira, utilização de produtos incompatíveis ou preparação inadequada da superfície. Para solucionar este problema, recomenda-se a restauração com a remoção do verniz antigo, correção do defeito com Massa Niveladora para madeira, lixamento com lixa 360-400 e aplicação de um verniz adequado.

Enrugamento

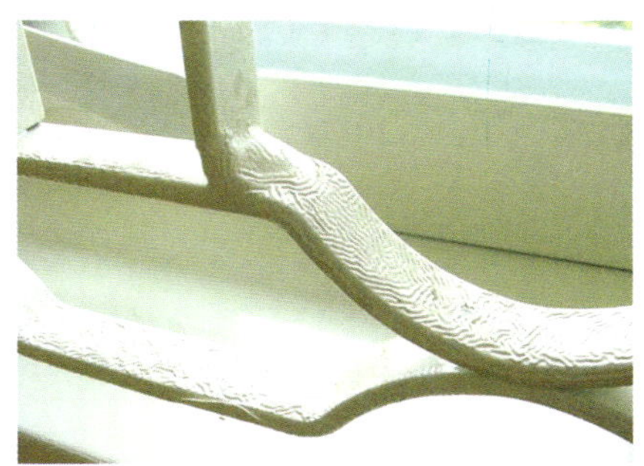

Este problema ocorre quando a camada de tinta se torna muito espessa, devido a uma aplicação excessiva de produto, seja em uma demão ou em sucessivas demãos sem aguardar o intervalo entre demãos adequado, ou quando a superfície no momento da pintura se encontra com alta temperatura.

É um problema típico na pintura com esmaltes sintéticos e tintas a óleo, principalmente na aplicação a revólver e em camadas grossas.

A utilização de solventes não recomendados pelo fabricante do produto na diluição também pode ocasionar enrugamento.

Para corrigir, recomenda-se:

- Remover toda a tinta aplicada com espátula e/ou escova de aço e removedor apropriado.
- Limpar toda a superfície com Aguarrás, a fim de eliminar vestígios de removedor.
- Deixar secar e repintar.

Crateras

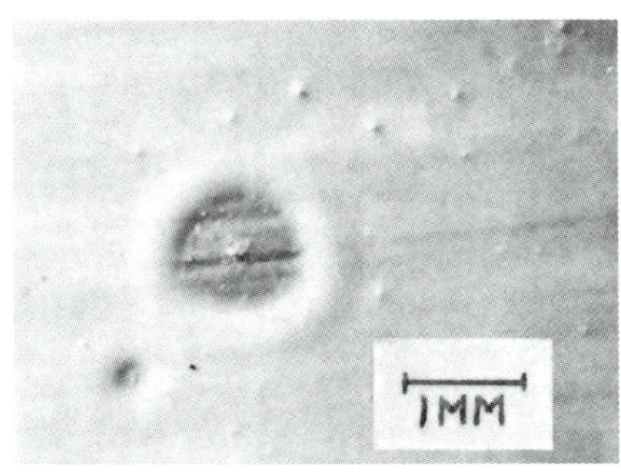

Este problema ocorre principalmente na pintura com esmaltes sintéticos e tintas a óleo e é ocasionado pela presença de óleo, graxa ou água na superfície a ser pintada. Ocorre também quando a tinta é diluída com materiais não recomendados como gasolina, querosene etc.

Para corrigir, recomenda-se:

- Remover toda a tinta aplicada com espátula e/ou escova de aço e removedor apropriado.
- Limpar toda a superfície com Aguarrás, a fim de eliminar vestígios de removedor. Deixar secar e pintar.

ATENÇÃO ÀS INFILTRAÇÕES DE ÁGUA

As infiltrações de água são as causas mais frequentes da deterioração das pinturas em alvenaria, provocando, na maioria das vezes, descascamentos, desplacamentos, bolhas e outros inconvenientes.

Antes de iniciar qualquer pintura, elimine completamente todos os focos de umidade. Veja abaixo dicas de pontos críticos que devem ser observados.

1. No andar térreo, as áreas próximas do rodapé, normalmente a 30 cm ou 40 cm acima do solo, devido à possível infiltração de água pelos alicerces (baldrames). Esta infiltração ocorre por falta de impermeabilização, ou por sua má execução ou ainda pelo seu desgaste natural. Também pode ser resultante de umidade retida proveniente de chuva ou execução da obra.
2. Muros, por falta de proteção no topo, onde ocorre grande penetração de água das chuvas ou pintura de apenas um lado deste muro, deixando o outro exposto à penetração de água. Observa-se também em muros de arrimo, devido à falta ou falha de impermeabilização na face em contato direto com a terra.
3. Tetos em geral, quando a moradia não possui telhado, deixando a laje exposta ao tempo sem impermeabilização ou devido ao seu desgaste. Pode-se notar também o problema devido ao entupimento de calhas, causando transbordamento de água das chuvas encharcando a laje.
4. Telhados e tubulações: infiltrações e vazamentos de água, em pontos isolados.
5. Jardineiras, quando a impermeabilização interna inexiste ou não foi devidamente executada com produtos adequados ou encontra-se desgastada.
6. Áreas de banheiros e cozinhas: rejuntes de azulejos, pisos e rodapés, consequência do desgaste da argamassa do rejunte, devido ao contato direto com água ou umidade.
7. Esquadrias de janelas e portas: onde não existe calafetação ou houve seu desgaste.

Importante:

Caso necessário, recomenda-se contatar uma empresa especializada em impermeabilizações, para que seja feito um diagnóstico preciso, bem como a adequada correção.

SISTEMAS DE PINTURA

SISTEMA BÁSICO

A observação da apresentação das linhas de produtos imobiliários pela grande maioria dos fabricantes mostra a presença das seguintes categorias de produtos: fundos, massas e acabamentos. As principais funções de cada categoria são:

- **Fundos**: também chamados de primers e seladores, são produtos que têm a finalidade de preparar as superfícies corrigindo defeitos que o substrato apresenta e/ou uniformizando a absorção da superfície, proporcionando durabilidade à pintura e economia de tinta de acabamento. Alguns fundos têm características específicas como, por exemplo, proteção anticorrosiva do substrato e/ou promover a aderência do sistema de pintura em certas superfícies.
- **Massas niveladoras**: esta classe de produtos tem a finalidade de regularizar defeitos ou imperfeições apresentados pela superfície. Boa parte da beleza e requinte da pintura deve-se ao ótimo nivelamento do acabamento proporcionado pelas massas niveladoras.
- **Acabamentos**: são as partes visíveis da pintura; cabe ao produto, aplicado como acabamento, conferir à pintura todas as características visíveis de qualidade, desempenho e beleza esperadas.

Portanto, o que se chama de Sistema de Pintura ou Esquema de Pintura, nada mais é do que a adequada combinação entre:

FUNDO + MASSA + ACABAMENTO

ou

MASSA + ACABAMENTO

ou

FUNDO + ACABAMENTO

ou

FUNDO + MASSA + FUNDO + ACABAMENTO

PREPARAÇÃO BÁSICA DAS TINTAS E COMPLEMENTOS

As tintas e seus complementos antes do seu uso devem ser submetidos aos seguintes passos fundamentais para facilitar sua aplicação e garantir que o resultado final seja o esperado:

- **Homogeneização**: agitar todos os produtos antes de serem utilizados. Esta homogeneização precisa ser feita de forma a garantir que todo o conteúdo da embalagem esteja perfeitamente uniforme. Utilizar como ferramenta, preferencialmente, um instrumento que tenha o formato de uma régua escolar, "colher de pau" ou um pedaço de madeira. Nunca utilizar uma chave de fenda para homogeneizar a tinta!
- **Diluição**: observe as especificações dos produtos na embalagem, e siga as informações indicadas para diluição. Isto facilitará a aplicação e garantirá um acabamento mais bonito.
- **Catálise**: nos sistemas de dois componentes, como são os produtos epóxi e os poliuretanos, é fundamental misturar o componente A com o componente B na proporção indicada pelo fabricante para garantir que os produtos atingirão a sua secagem completa (cura). Só assim estarão asseguradas as propriedades de alta durabilidade e resistência, características da tecnologia destes sistemas.

SISTEMAS DE PINTURA – EXEMPLOS

Considerando-se as diversas superfícies geralmente encontradas na Construção Civil, são indicados a seguir alguns sistemas de pintura já consagrados para ambientes interiores e exteriores, levando-se em conta aspectos como qualidade, durabilidade e economia.

Cada fabricante pode recomendar sistemas de pintura diferentes daqueles que serão apresentados neste capítulo, devido à linha particular de produtos associados à experiência própria.

Por isso, recomenda-se que o usuário consulte o fabricante de sua preferência entre os participantes do Programa da Qualidade de Tintas Imobiliárias para obtenção de informações relacionadas com o sistema de pintura.

Há vários motivos para determinar a escolha do sistema de pintura, como por exemplo:

1. Tipo e características da superfície a pintar.
2. Condições ambientais a que estão sujeitas as superfícies, tais como ambientes rurais, ambientes urbanos (poluição), orla marítima, proximidade de grandes instalações industriais, áreas internas ou externas etc.
3. Relação custo/benefício mais favorável.
4. Acabamento desejado – cor, aparência, brilho, resistência etc.

Neste capítulo, quando é indicado o sistema de pintura, pressupõe-se que a superfície esteja devidamente preparada e pronta para receber pintura, conforme recomendações contidas no capítulo Preparação/Tratamento das Superfícies, e livre de qualquer defeito (veja capítulo Defeitos em Pinturas).

Nos esquemas de pintura que são apresentados a seguir, a operação "lixamento" não é citada em todos os exemplos. Entretanto, ela deverá ser efetuada conforme indicado no capítulo "Preparação de Superfícies".

De uma forma geral, o lixamento deverá ser feito nas seguintes fases da pintura:

- Superfícies novas: lixar antes da aplicação de qualquer produto.
- Superfícies já pintadas (repintura): lixar antes da aplicação de qualquer produto, com o objetivo de fosquear as superfícies brilhantes e melhorar a aderência.
- Após a aplicação e secagem do fundo, efetuar lixamento suave.
- As massas niveladoras também devem ser lixadas após a sua secagem.
- As massas niveladoras e os fundos, uma vez aplicados, não podem ficar muito tempo expostos às intempéries sem a aplicação da tinta de acabamento.

Alvenaria

1. Acabamento interno liso fosco, acetinado ou semibrilho

Superfície: reboco curado e firme

Massa corrida
3 demãos de tinta

- Aplicar Massa Niveladora para alvenaria (Massa Corrida) para interiores. Dependendo da rugosidade do reboco, aplicar uma ou duas demãos; lixar e eliminar o pó.
- Aplicar três demãos de tinta látex fosco de qualidade Standard ou Premium ou Tinta Látex acetinada ou semibrilho. Diluição conforme indicado pelo fabricante; a primeira demão deverá ser mais diluída do que as demais.

Observações:

O acabamento correspondente à primeira demão pode ser substituído por Fundo Selador Pigmentado ou Fundo Preparador para Paredes.

Uma alternativa é aplicar uma demão de Fundo Selador Pigmentado diretamente sobre o reboque e, em seguida, aplicar a Massa Niveladora.

- Nos tetos, o acabamento pode ser Tinta Látex Fosca Econômica ou Standard.

2. Acabamento externo liso fosco acetinado ou semibrilho

Superfície: reboco curado e firme

Massa corrida
1 demão de fundo
2 demãos de tinta

- Aplicar Massa Niveladora para alvenaria (Massa Corrida) para Exteriores. Dependendo da rugosidade do reboco aplicar uma ou duas demãos; lixar e eliminar o pó.

- Aplicar uma demão de Fundo Selador Pigmentado ou Fundo Preparador de Paredes.
- Aplicar duas demãos de Tinta Látex Fosca Acetinada ou Semibrilho.
- Diluições: conforme indicado pelo fabricante.
- Recomenda-se que a tinta látex seja de qualidade Standard ou Premium.

1 demão de fundo
2 demãos de tinta
ou
3 demãos de tinta

3. Acabamento interno convencional

Superfície: reboco (argamassa fina) curado e firme.

- Aplicar uma demão de Fundo Selador Pigmentado.
- Aplicar duas demãos de Tinta Látex Fosca Standard ou Premium.

Observação:

Em sistemas econômicos aplicar diretamente sobre o reboco três demãos de Tinta Látex Econômica.

- Diluições: conforme indicado pelo fabricante.

1 demão de fundo
2 demãos de tinta

4. Acabamento externo convencional

Superfície: reboco (argamassa fina) curado e firme

- Aplicar uma demão de Fundo Selador Pigmentado.
- Aplicar duas demãos de Tinta Látex Fosca Standard ou Premium.
- Diluições: conforme indicado pelo fabricante.

Massa niveladora
2 a 3 demãos de tinta

5. Repintura de alvenaria

Superfície: reboco pintado em boas condições – rústico ou liso

- Corrigir as imperfeições com Massa Niveladora para alvenaria Interiores (superfícies internas) e com Massa Niveladora para alvenaria Exterior/Interior (superfícies externas).
- Aplicar duas a três demãos do acabamento conforme indicado nos itens anteriores.

1 demão de produto texturizável diluído
e
1 demão de produto texturizável

6. Acabamento texturizado interno e externo

Superfície: reboco curado e blocos de concreto

- Os fabricantes de tintas e complementos disponibilizam uma gama ampla de produtos que possibilitam acabamentos texturizados com os mais diferentes aspetos: rústico, liso, em forma de X, em forma de meia lua, envelhecido etc., tudo isto em uma extensa variedade de cores.

  Consulte o fabricante de sua preferência entre os participantes do Programa da Qualidade de Tintas Imobiliárias para obter as informações necessárias para a escolha do acabamento texturizado e para sua respectiva aplicação.

Texturizado rústico

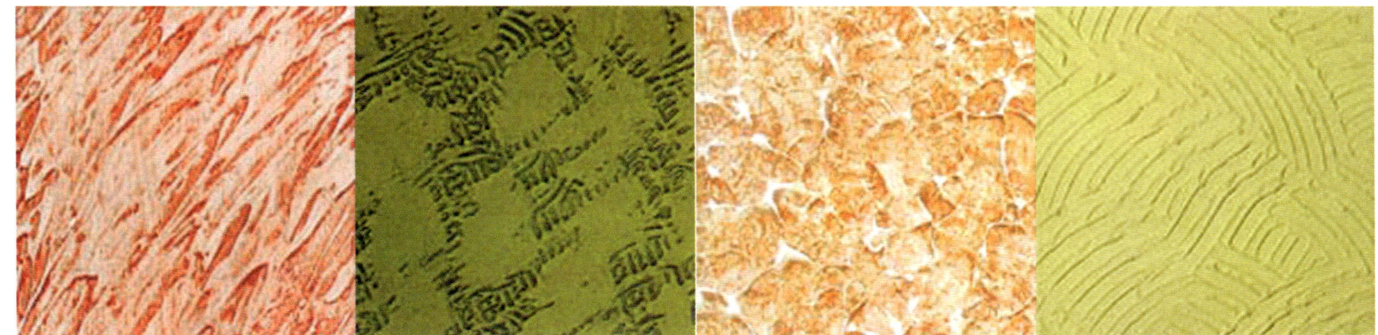

Texturizado liso

Esquema genérico para aplicação de um acabamento texturizado:

- Aplicar uma demão de produto texturizável diluído como fundo do acabamento ou Fundo Selador Pigmentado.
- Aplicar uma demão do Produto Texturizável, utilizando rolo específico para texturização ou a ferramenta adequada para a obtenção do aspecto desejado como, por exemplo, desempenadeira de aço.
- Diluições: conforme informado pelo fabricante.

7. Acabamento em telha de fibrocimento e em barra lisa de cimento externo/interno

Superfície: fibrocimento, barra lisa e telhas cerâmicas ou de cimento

1 demão de fundo
2 demãos de tinta

- Aplicar uma demão de Fundo Selador Pigmentado ou Fundo Preparador de Paredes.
- Aplicar duas demãos de Tinta Látex Standard ou Premium; utilizar tintas foscas, acetinadas ou semibrilhantes de acordo com o brilho desejado.
- Diluições: conforme indicado pelo fabricante.

Observação:

É necessária a utilização de produtos resistentes à alcalinidade. Os produtos látex de base acrílica são adequados.

1 demão de fundo
2 demãos de tinta

8. Acabamento em pisos de cimento

Superfície: cimentado rústico

- Aplicar uma demão de Fundo Selador Pigmentado ou Fundo Preparador de Paredes.
- Aplicar duas demãos de Tinta Látex para Pisos.
- Diluições: conforme indicado pelo fabricante.

Observações:

1. A resistência à alcalinidade é necessária e por isso os produtos látex utilizados devem ser de base acrílica.
2. Se o cimentado for "queimado" ou "polido", ou ainda no caso de pisos cerâmicos desgastados, deve-se consultar o fabricante da tinta para piso para a indicação do correto sistema de pintura.
3. A aplicação direta do acabamento também pode ser feita em três demãos, sendo a primeira demão diluída com 50% de água e as demais diluídas conforme indicado pelo fabricante.
4. Deve-se aguardar um período de secagem de 24 horas antes da circulação de pedestres e de 72 horas antes da circulação de veículos. Para mais informações contate o fabricante da tinta para piso.

2 ou 3 demãos de verniz

9. Acabamento brilhante para alvenarias aparentes

Superfície: concreto e tijolo

- Aplicar duas ou três demãos de Verniz incolor látex base acrílica.
- Diluição: conforme indicado pelo fabricante.

1 demão de silicone

10. Acabamento à vista natural para alvenaria

Superfície: concreto, tijolo e pedra

- Aplicar uma demão carregada de Silicone hidrorrepelente, até saturar a superfície.

1 demão de fundo
1 demão de tinta impermeabilizante
e
2 ou 3 demãos de tinta

11. Pintura com impermeabilização – superfícies externas

- Aplicar uma demão de Fundo Selador Pigmentado.
- Aplicar uma demão de Fundo Elástico Impermeabilizante ou similar.
- Aplicar duas ou três demãos de Tinta Látex Standard ou Premium.
- Diluições: conforme indicado pelo fabricante.

Observação:

Sistema indicado para superfícies que não estejam sujeitas a tráfego e tenham uma inclinação mínima de 2%.

Metais ferrosos e não ferrosos

12. Acabamento brilhante interno e externno

1 demão de fundo anticorrosivo
2 demãos de esmalte

Superfície: ferro e aço-carbono novos

- Aplicar uma demão de Fundo Anticorrosivo,
- Aplicar duas demãos de Esmalte Sintético Brilhante, diluído conforme indicado pelo fabricante.
- Diluições conforme indicado pelo fabricante
- Há no mercado Esmaltes que podem ser aplicados diretamente nessa superfície dispensando o uso do Fundo Anticorrosivo.

13. Acabamento brilhante interno e externo

1 demão de fundo aderência
2 demãos de esmalte

Superfície: alumínio e aço galvanizado novos

- Aplicar uma demão de Fundo Aderência ou outro similar, conforme indicações do fabricante.
- Aplicar duas demãos de Esmalte Sintético Brilhante, diluído conforme indicado pelo fabricante.
- Uma alernativa é a aplicação direta na superfície metálica do acabamento aquoso especialmente formulado para galvanizados e alumínios. Consulte o fabricante respectivo.

14. Repintura de superfícies metálicas

Aplicação de fundo
2 a 3 demãos de esmalte

Superfície: metálica pintada em boas condições

- Corrigir as imperfeições com a aplicação pontual do Fundo, conforme indicado nos itens anteriores.
- Aplicar duas ou três demãos do acabamento indicado nos itens anteriores, conforme o caso.
- Veja no capítulo "Preparação de Superfícies" como preparar esta superfície.

15. Acabamento grafite

1 demão de fundo anticorrosivo
2 demãos de esmalte

Superfície: ferro e aço-carbono.

- Aplicar uma demão de Fundo Anticorrosivo diluído conforme indicado pelo fabricante.
- Aplicar duas demãos de Esmalte Grafite, diluído conforme indicado pelo fabricante.

Madeira – aplicação de esmalte

1 demão de fundo branco fosco massa niveladora 2 demãos de esmalte

16. Acabamento brilhante liso externo e interno

Superfície: madeira nua (nova)

- Aplicar uma demão de Fundo Branco Fosco sintético, diluído conforme indicado pelo fabricante.
- Aplicar Massa Niveladora para Madeira.
- Aplicar duas demãos de Esmalte Sintético Brilhante, diluído conforme indicado pelo fabricante.
- Em sistemas econômicos dispensar a Massa Niveladora e utilizar Tinta a Óleo como acabamento no lugar do Esmalte Sintético.

1 demão de fundo branco fosco massa niveladora 2 demãos de esmalte

17. Acabamentos acetinados ou foscos

Superfície: madeira nova (nua)

- No esquema escrito no item anterior substituir o Esmalte Sintético Brilhante por Esmalte Sintético Acetinado ou Fosco, conforme o aspecto que se deseja.

Observação:

O Esmalte Sintético Fosco não é recomendado para a aplicação em exterior.

2 a 3 demãos de esmalte

18. Repintura de madeira

Superfície: madeira pintada em boas condições

- Aplicar duas a três demãos de Esmalte Sintético ou Tinta a Óleo, diluídos conforme indicado pelo fabricante.
- A preparação da superfície para a repintura de madeira está descrita no capítulo "Preparação de Superfícies".

19. Esmalte e Fundos aquosos

Atualmente já existem no mercado Esmaltes e Fundos aquosos de excelente qualidade. Além de serem ecologicamente corretos, pois a parte que se evapora é água, estes produtos podem substituir os tradicionais sintéticos (base solvente).

Madeira – aplicação de verniz

3 demãos de verniz brilhante com filtro solar

20. Acabamento brilhante, acetinado ou fosco externo/interno

Superfície: madeira nua (nova)

- Aplicar três demãos de Verniz Brilhante com Filtro Solar, acetinado ou fosco, conforme o caso.
- A diluição deve ser feita de acordo com informações do fabricante. Recomenda-se que a primeira demão seja feita com o verniz diluído 1:1 com o solvente indicado.

- Para acabamentos internos, os vernizes do tipo Copal podem ser utilizados.

21. Acabamento de qualidade superior com aspecto encerado para superfícies internas

Superfície: madeira nua (nova)

- Aplicar uma demão de Seladora para Madeira, diluída conforme indicado pelo fabricante.
- Aplicar duas demãos de Verniz Marítimo Fosco ou Acetinado, diluído conforme indicado pelo fabricante.

1 demão de seladora
2 demãos de verniz marítimo

22. Acabamento de qualidade superior brilhante para superfícies externas

Superfície: madeira nua (nova)

- Aplicar três demãos de Verniz Sintético Marítimo Brilhante. Recomenda-se que a primeira demão seja diluída a 40% e as demais conforme indicado pelo fabricante.
- Há no mercado vernizes com duplo ou triplo filtro solar que apresentam excelente desempenho em ambientes externos.

3 demãos de verniz marítimo brilhante

Madeira – aplicação de "stains"

23. O que são "stains"?

"Stains" são acabamentos que penetram na madeira e conferem proteção contra fungos e umidade. Não necessitam de diluição uma vez que vêem prontos para uso. São encontrados nas versões transparente e com cobertura chamadas de cores sólidas. Devem ser aplicados diretamente sobre a madeira nova usando uma trincha.

24. Acabamento de qualidade superior acetinado para superfícies internas

Superfície: madeira nova (nua)

- Aplicar duas ou três demãos de "stain", conforme indicado pelo fabricante, sobre madeira nova previamente lixada, sem diluição.

2 demãos de "stain"

25. Acabamento de qualidade superior acetinado para superfícies externas

Aplicar duas ou três demãos no caso de "stains" transparentes; duas ou três demãos no caso de "stains" de cores sólidas, conforme indicação do fabricante.

3 demãos de "stain" de cores sólidas

Sistema Epóxi

26. Observação importante

Os produtos epóxi possuem dois componentes. Para que a secagem ocorra é necessário misturá-los na proporção indicada pelo fabricante. Uma vez feita esta operação, o produto deve ser aplicado dentro do período de tempo indicado pelo fabricante. Nunca deixar o produto já misturado para ser aplicado no dia seguinte.

O material de pintura deve ser lavado imediatamente após a pintura. É fundamental seguir as informações do fabricante relacionadas com a mistura dos dois componentes, com a diluição, com o intervalo de tempo disponível para a pintura e com a limpeza do material de pintura.

A massa epóxi, após completamente curada, é muito dura e por isso muito difícil de lixar; recomenda-se que o lixamento seja feito antes da cura total. Consulte o fabricante para obter mais informações.

Os sistemas epóxi apresentam excelentes propriedades físicas, mecânicas e químicas, isto é, tem excelente resistência à abrasão, ótima aderência, ótima dureza, excelente resistência a água etc.

Entretanto, devido à sua natureza química, o acabamento (esmalte) epóxi não pode ser utilizado em ambientes externos pois sofre calcinação (esfarelamento) sob a ação da intempérie (sol e chuva).

1 demão de fundo epóxi
2 ou 3 demãos de esmalte epóxi

27. Acabamento rústico (direto) sobre azulejos

Superfície: azulejos

- Aplicar uma demão de Fundo Branco Epóxi, diluído conforme indicado pelo fabricante.
- Aplicar duas ou três demãos de Esmalte Epóxi, diluído conforme indicado pelo fabricante.

1 demão de fundo epóxi
2 ou 3 demãos de massa epóxi
1 demão de fundo epóxi
2 ou 3 demãos de esmalte epóxi

28. Acabamento epóxi liso sobre azulejos

Superfície: azulejos

- Aplicar uma demão de Fundo Branco Epóxi, diluído conforme indicado pelo fabricante.
- Aplicar duas ou três demãos de Massa Epóxi, sem diluição.
- Novamente aplicar uma demão de Fundo Branco Epóxi, diluído conforme indicado pelo fabricante.
- Aplicar duas ou três demãos de Esmalte Epóxi, diluído conforme indicado pelo fabricante.
- Alguns fabricantes indicam Massa Niveladora para alvenaria (massa corrida) para exterior/interior, no lugar de massa epóxi.

29. Acabamento epóxi liso sobre reboco ou concreto – especial para banheiros e cozinhas

Superfície: reboco ou concreto

- Aplicar uma demão de Fundo Branco Epóxi, diluído conforme indicado pelo fabricante.
- Aplicar duas ou três demãos de Massa Epóxi, sem diluição.
- Novamente aplicar uma demão de Fundo Branco Epóxi, diluído conforme indicado pelo fabricante.
- Aplicar duas ou três demãos de Esmalte Epóxi, diluído conforme indicado pelo fabricante.

1 demão de fundo epóxi
2 ou 3 demãos de massa epóxi
1 demão de fundo epóxi
2 ou 3 demãos de esmalte epóxi

30. Acabamento epóxi rústico sobre piso cimentado

Superfície: piso cimentado rústico ou liso

- Aplicar uma demão de Fundo Branco Epóxi, diluído conforme indicado pelo fabricante.
- Aplicar duas ou três demãos de Esmalte Epóxi, diluído conforme indicado pelo fabricante.

1 demão de fundo epóxi
2 ou 3 demãos de esmalte epóxi

31. Acabamento epóxi em superfícies ferrosas

Superfície: ferro e aço novos

- Aplicar uma demão de Fundo Anticorrosivo Epóxi, diluído conforme indicado pelo fabricante.
- Aplicar duas ou três demãos de Epóxi, diluído conforme indicado pelo fabricante.

1 demão de fundo anticorrosivo epóxi
2 ou 3 demãos de epóxi

32. Acabamento epóxi rústico sobre madeira

Superfície: madeira seca não resinosa

- Aplicar uma demão de Fundo Branco Epóxi, diluído conforme indicado pelo fabricante.
- Aplicar duas ou três demãos de Esmalte Epóxi, diluído conforme indicado pelo fabricante.

1 demão de fundo epóxi
2 ou 3 demãos de esmalte epóxi

33. Acabamento epóxi liso sobre madeira

Superfície: madeira seca não resinosa

- Aplicar uma demão de Fundo Branco Epóxi, diluído conforme indicado pelo fabricante.
- Aplicar duas ou três demãos de Massa Epóxi, sem diluição.
- Novamente aplicar uma demão de Fundo Branco Epóxi, diluído conforme indicado pelo fabricante.
- Aplicar duas ou três demãos de Esmalte Epóxi, diluído conforme indicado pelo fabricante.

1 demão de fundo Epóxi
2 ou 3 demãos de massa epóxi
1 demão de fundo epóxi
2 ou 3 demãos de esmalte epóxi

FERRAMENTAS DE PINTURA

Pincéis e trinchas

Os pincéis e trinchas são utilizados para aplicação de esmaltes, vernizes, tintas a óleo, tintas látex e complementos, tais como fundos para madeiras, fundos para metais, seladores, dentre outros, principalmente para pintar detalhes, cantos e "recortes". Também são muito utilizados em superfícies maiores e lisas como portas e janelas.

As suas medidas são expressas em polegadas e variam de 1/2 a 4 polegadas.

Recomendações:

Para conservação dos pincéis e trinchas, após o seu uso, retire o excesso de tinta passando-os em um pedaço de papel ou jornal. Se a tinta utilizada for à base de aguarrás, lave-os com este solvente e, em seguida, com água e sabão ou detergente. No caso de tintas látex, lave-os apenas com água e sabão ou detergente.

Rolos

Existem vários tipos de rolos, dentre eles podemos citar:

- Rolos de lã de carneiro ou lã sintética: são usados para aplicação de tintas à base d'água: látex PVA e acrílico. Suas medidas são expressas em centímetro que variam de 7,5 cm a 23 cm de largura.
- Rolos de lã para epóxi: este tipo de rolo foi desenvolvido para aplicação de tintas à base de resina epóxi, porém, por ter pêlos mais curtos, proporciona um ótimo acabamento em tintas à base de água, principalmente acrílicas. Sua medida é de 23 cm de largura e são confeccionados em lã de carneiro e lã sintética.

Recomendações:

Antes de usar o rolo na pintura com produtos látex, umedeça-o ligeiramente com água retirando o excesso deslizando-o na parede, a fim de facilitar seu manuseio.

- Rolos de espuma: são rolos desenvolvidos para aplicação de esmaltes, vernizes, tintas a óleo, e complementos, tais como fundos para madeiras, fundos para metais etc.

  São confeccionados em espuma de poliéster, suas medidas são expressas em centímetro e variam de 4 cm a 15 cm de largura.

Recomendações:

Para manutenção destes rolos recomendamos, logo após o uso, lavar com aguarrás a fim de remover resíduos de tinta. Lavar em seguida com água e sabão ou detergente.

- Rolos de espuma rígida (para texturização): estes rolos são utilizados para aplicações de produtos que proporcionam acabamentos texturizados. São confeccionados em espuma rígida de poliéster e sua medida é de 23 cm de largura.

Recomendação:

Para uma manutenção deste rolo recomendamos, logo após o uso, lavar com bastante água.

Espátulas de aço

São normalmente usadas para aplicação de massas em pequenas áreas e remoção de tintas.

Desempenadeiras de aço

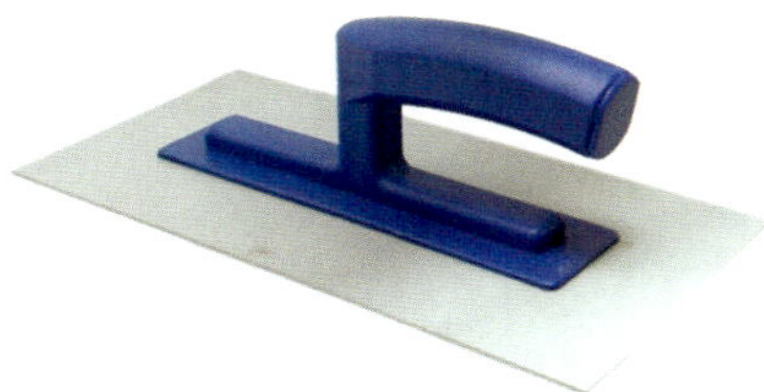

São usadas para a aplicação de massas em grandes áreas.

Recomendação:

Para manutenção e limpeza da espátula ou desempenadeira recomendamos, logo após o uso, retirar o excesso de massa com outra espátula e lavar com água, não se esquecendo de enxugar com um pano para evitar a ferrugem.

Observação:

Cuidado! Após várias utilizações, a lâmina se torna cortante.

Bandejas ou caçambas de pintura

Tem a função de acondicionar a tinta durante sua aplicação facilitando a transferência da tinta para a ferramenta (rolo ou pincel).

Lixas

Têm a função de uniformizar a superfície e criar pontos de aderência para a pintura. Nos sistemas de pintura mais comuns são usados basicamente quatro tipos de lixas, com várias granas:

Lixas para alvenaria – grana 150-180

Lixas para massas – grana 150-180; 360-400

Lixas para madeira – grana 80-150; 360-400

Lixas para metais – grana 150-220

Revólver ou pistola de pintura

Esta ferramenta é largamente usada em pinturas de automóveis, porém também é usada em pinturas imobiliárias principalmente para aplicação de esmaltes, vernizes e tintas óleo. O mais usado é o de pressão, com calibragem entre 30 lbs/pol^2 e 35 lbs/pol^2 ou entre 2,2 kgf/cm^2 e 2,8 kgf/cm^2 para uso em produtos imobiliários.

Atenção:

Na diluição quando o produto é aplicado com revólver; é diferente da diluição quando é feita a aplicação com rolo ou pincel. Consulte o fabricante.

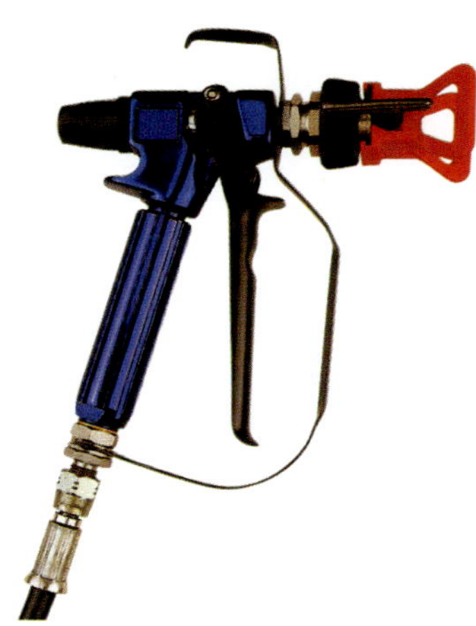

Airless

Esta ferramenta tem a capacidade de aplicar qualquer tipo de tinta látex (PVA ou acrílica), esmalte, vernizes e tintas a óleo.

Trabalha com sistema de pressão, com pistola própria e um recipiente central de tinta. É muito usado em áreas internas e externas para pintura de locais de difícil acesso ou em grandes áreas. A principal vantagem deste equipamento é a rapidez na execução da pintura. Entretanto, apresenta como desvantagem o cuidado maior que se deve ter com móveis, janelas, portas etc. os quais devem ser muito bem protegidos.

DICAS DE PINTURA

Existe uma ordem para pintar um ambiente?

As áreas externas devem ser pintadas primeiro visando evitar a absorção da água para as paredes internas por meio do reboco novo que é altamente absorvente.

Pintar um ambiente na ordem correta economiza tempo e dinheiro. Comece pelo teto (1), paredes (2), portas (3), janelas (4) e finalmente o rodapé (5). Se o acabamento for feito com papel de parede, toda a pintura deve ser terminada primeiro.

Que tipo de rolo devo usar?

Os rolos são ideais para superfícies grandes, como paredes e tetos.

Existem vários tipos de rolos para pintura e a escolha apropriada depende do tipo de tinta que se deseja aplicar:

Rolo de lã de pelo baixo (sintética ou de carneiro) é indicado para tintas PVA e Acrílicas.

Os rolos de pelo grande são mais usados em superfícies rústicas (reboco, texturizados e chapiscos) e para aplicação sobre superfícies muito absorventes ou de produtos muito líquidos (líquido preparador para paredes sobre superfícies caiadas). Os rolos de pelos mais curtos servem para aplicar acabamentos sobre superfícies lisas.

Rolos de espuma são indicados para aplicação de esmaltes sintéticos, tintas a óleo e complementos.

Rolos de espuma rígida ou de borracha são indicados para aplicar texturas.

Para mais informações, veja capítulo "Ferramentas de Pintura".

Que tipo de pincel devo usar?

Para melhores resultados use sempre pincéis de boa qualidade. A qualidade do pincel tem um efeito direto na qualidade do acabamento e na facilidade da aplicação.

Os pincéis, também chamados de trinchas, podem ser encontrados em vários tamanhos e cores:

- Cerdas escuras: indicadas para a aplicação de esmaltes sintéticos, tintas a óleo e complementos.
- Cerdas grisalhas: indicadas apara a aplicação de tintas látex e respectivos fundos.
- Cerdas brancas: ideais para aplicação de vernizes e "stains".

O tamanho do pincel varia de acordo com a área a ser pintada. Para mais informações veja capítulo "Ferramentas de Pintura".

É possível conservar os materiais de pintura após o uso?

Para aumentar a vida útil dos rolos e dos pincéis é necessário limpá-los imediatamente após o seu uso.

Os pincéis e rolos utilizados na pintura de tintas sintéticas e vernizes (base solvente) devem ser lavados com o solvente de diluição dos produtos que foram aplicados.

> **Observação:**
>
> Existem thinners que atacam certo tipo de pincéis e rolos.

Os rolos e pincéis usados na pintura de produtos látex devem ser lavados inicialmente com água e, em seguida, com água e sabão.

> **Importante:**
>
> O solvente usado na lavagem deverá, sempre que possível, ser utilizado na diluição da mesma tinta; a primeira água de lavagem do material de pintura de tintas ao látex deverá ser usada, sempre que possível, na diluição da mesma tinta.

Os pincéis e rolos usados na pintura de tintas à base solvente deverão ser lavados com água e detergente após a lavagem com solvente, sempre que forem guardados por períodos relativamente longos (dias ou meses).

O que faço com a tinta que sobrou?

Necessitando guardar a tinta que sobrou, armazene-a em um lugar coberto em embalagem bem fechada e na posição vertical. O lugar não pode ter nem calor nem umidade excessiva.

Se não deseja guardar a tinta, doe-a a alguém que necessita pintar alguma superfície. Nunca a despeje no ralo ou em outros cursos de água.

No caso de esmaltes sintéticos, tintas a óleo e vernizes, recomendamos colocar uma pequena quantidade de aguarrás, de tal forma a formar uma película líquida sobre a superfície da tinta.

> **Importante:**
>
> Informamos que a validade de um produto está condicionada ao período de estocagem a que a embalagem resiste. O prazo de validade está descrito na embalagem. Após a abertura, recomendamos a utilização mais breve possível do produto.

Como sanar a baixa cobertura?

- Em primeiro lugar, use sempre produtos de qualidade que atendam as especificações da ABNT.
- Efetuar a diluição conforme indicado pelo fabricante. A diluição maior do que a recomendada pelo fabricante resulta numa cobertura baixa por demão devido à camada obtida ser muito fina.

- Algumas cores vivas e limpas como, por exemplo, amarelo limpo, vermelho vivo, não têm boa cobertura, porque não há pigmentos adequados de boa cobertura necessários para a obtenção dessas cores.

  Neste caso, recomendamos que seja aplicada uma demão de tinta de boa cobertura, nas cores branca ou branco gelo, previamente à aplicação do acabamento de cores críticas.

- A homogeneização deficiente pode acarretar uma baixa cobertura; certifique-se de que todo o conteúdo foi devidamente homogeneizado.

Como corrigir as diferenças de tonalidade?

Existem várias causas que provocam diferença de tonalidade.

- Homogeneização deficiente: Duas tintas com a mesma cor homogeneizadas diferentemente apresentarão diferença de tonalidade. Portanto, certifique-se de que as tintas sejam homogeneizadas adequadamente antes de sua aplicação.
- Iluminação do ambiente: Duas paredes de um mesmo ambiente, porém com iluminação diferente, apresentarão tonalidades distintas, mesmo sendo pintadas com a mesma tinta (mesma cor). Este fato não constitui um problema.
- Retoques de pintura: Frequentemente o retoque da pintura, mesmo quando feito com a mesma tinta, pode provocar uma diferença de tonalidade entre a parte retocada e o resto da superfície. Evite retocar a pintura após 24 horas da aplicação e, quando necessário, repinte a superfície delimitada por alguma descontinuidade, como, por exemplo, toda a parede, todo o teto etc.
- Tintas da mesma cor fabricadas por produtores diferentes. Evite utilizar acabamentos da mesma cor produzidos por fabricantes diferentes, principalmente em um mesmo ambiente.

Como evitar o escorrimento?

Existem várias causas que provocam o escorrimento.

- Diluição com solventes não apropriados: a diluição deverá ser feita conforme indicado pelo fabricante.
- Aplicação de camada muito espessa: causa o escorrimento e o enrugamento. Na pintura espalhe muito bem a tinta no sentido de evitar camadas grossas.
- Tintas de baixa qualidade: as tintas devem ter características de viscosidade e de reologia adequadas para evitar o escorrimento e possibilitar um bom nivelamento.

RECOMENDAÇÕES PARA MANUTENÇÃO DA PINTURA

- Para garantir os benefícios de durabilidade, aguardar no mínimo duas semanas para limpeza da superfície pintada.
- Para a manutenção do aspecto estético da pintura, recomendamos que sejam feitas limpezas periódicas anuais da superfície pintada para a remoção de maresia, poluição, microorganismos e outros contaminantes/sujeiras.
- Para limpeza da superfície pintada, usar água com detergente líquido neutro e esponja macia. A limpeza deverá ser efetuada de forma suave e homogênea, em toda a superfície pintada. Enxaguar com água limpa. O uso de produtos abrasivos pode danificar a superfície pintada.
- Não limpar a pintura com pano seco ou somente umedecido com água, pois poderá ocorrer o polimento da superfície (manchas brilhantes).
- Não recomendamos o uso de equipamentos que utilizam água quente ou vapor, pois podem gerar manchas indesejáveis.
- Para manchas mais agressivas, como caneta, lápis, gorduras, respingos de alimentos etc., que não sejam removíveis utilizando detergente líquido neutro e esponja macia, deve ser realizada a repintura de toda a superfície atingida.
- Quanto ao aparecimento de mofo, a superfície deve ser limpa utilizando-se uma solução de água sanitária e água na proporção de 1:2 e deixar atuar por 4 horas e depois, enxaguar com água potável. Este procedimento deve ser repetido após 15 dias para evitar o reaparecimento do problema.
- Caso seja necessário efetuar reparos/retoques de pintura, pintar a parede por inteiro até uma descontinuidade (como um canto), pois a tinta sofre um envelhecimento natural, e quando retocada somente em uma parte de uma parede, pode ocorrer diferença de aspecto, textura e cor.
- Para remoção de pichações, aplicar o Removedor adequado (consultar o fabricante de sua preferência), deixar agir por alguns minutos e com o auxílio de um pano ou estopa, executar movimentos circulares e contínuos. Repetir este procedimento até total remoção. Ao final do processo, a limpeza de superfície pode ser efetuada com água e sabão.

AS CORES

A COR E A PINTURA

Foi dito anteriormente que as tintas têm por finalidade proteger e embelezar produtos industriais, edifícios etc. O embelezamento ocorre principalmente por meio da coloração das superfícies correspondentes.

A pintura é a maneira mais eficiente de colorir o nosso mundo artificial. Esta forma de colorir é pessoal, isto é, a cor final do produto/edifício é escolhida pelo usuário.

A disponibilidade da obtenção de uma extensa gama de cores por meio do sistema tintométrico das tintas imobiliárias permite que o usuário praticamente personalize o aspecto cromático da sua casa/apartamento.

O QUE É COR

A cor de um objeto pode ser descrita como o efeito das ondas da luz visível que o ilumina; uma parte dessa luz é absorvida pelo objeto enquanto a outra parte é refletida ou, no caso dos corpos transparentes, atravessa por ele. A cor desse objeto é o resultado desta porção da luz refletida ou que passa por meio dele.

A luz visível é a parte do espectro eletromagnético e corresponde à região compreendida entre o ultravioleta e o infravermelho, isto é, corresponde à faixa entre os comprimentos de onda de 400 nm a 700 nm.

A luz branca corresponde à luz que contém toda a porção visível do espectro eletromagnético. A decomposição da luz branca de acordo com o comprimento de onda resulta nas cores do arco-íris, isto é, luzes que vão do violeta até o vermelho.

Para visualizarmos a cor, é necessária a presença simultânea de três fatores: fonte luminosa, objeto e observador. A cor de um objeto é determinada sob diversas circunstâncias, tais como:

- Características da fonte luminosa: fontes de luz diferentes provocam cores diferentes no objeto.
- Características intrínsecas do objeto que se referem à propriedade de absorção da luz incidente. A cor, como foi dito anteriormente, é o resultado da luz refletida (corpos opacos) ou da luz que passa por meio dele (corpos transparentes).

  Assim, um objeto é amarelo porque a porção da luz refletida corresponde ao comprimento de onda de cor amarela. Quando um corpo absorve toda a luz que incide sobre ele, a cor é preta.
- Características do observador: a percepção de uma mesma cor por diferentes observadores é com certeza diferente.

Em uma forma resumida:

A cor de um objeto depende da fonte luminosa, do objeto e da capacidade de percepção do observador.

A cor é o resultado da presença simultânea desses três fatores: sem luz não há cor, sem o objeto a cor não se manifesta e sem o observador não há a percepção dessa cor.

PERCEPÇÃO VISUAL

Se perguntarmos a pessoas qual é a cor de um determinado objeto, provavelmente obteremos respostas diferentes e vagas.

Algumas pessoas ao se referirem à cor, o fazem por meio de expressões como azul-piscina, verde-bandeira, amarelo-canário, etc. Por vezes escutamos respostas do tipo: azul-claro, azul-escuro, azul médio etc.

Embora expressando a percepção das pessoas, estas frases não são suficientes para determinar uma cor.

DIMENSÕES DA COR

A necessidade de organizar um sistema de classificação das cores levou Albert Münsel a definir as três dimensões da cor que constituem um esquema tridimensional: luminosidade, tonalidade e saturação.

Luminosidade

É a coordenada que vai do branco até o preto mostrando nos seus valores intermediários a escala dos cinzas; ao branco é dado o valor 100 e ao preto o valor 0 (zero). Desta forma, os cinzas claros têm valores próximos de 100 (90, 85, 80 etc.) e os cinzas escuros valores próximos de 0 (20, 10, 5 etc.).

Tonalidade

Distingue as cores correspondentes aos diferentes comprimentos de onda da região visível do espectro eletromagnético. Assim temos azul, amarelo, verde, laranja e vermelho e, evidentemente, todas as cores intermediárias entre as citadas.

Saturação

Mede a pureza da cor diferenciando cores intensas ((puras) de cores sujas, como por exemplo vermelho vivo, vermelho escuro ou vermelho claro.

Estas três dimensões são associadas a valores numéricos que possibilitam definir quantitativamente uma determinada cor e são fundamentais para a existência dos sistemas de tintas.

SIGNIFICADO DAS CORES

A escolha das cores é fundamental para manter o equilíbrio da casa, podendo influenciar beneficamente os ambientes em que são utilizadas. Cada cor provoca estímulos variados no nosso sistema nervoso, afetando nossas emoções e até o nosso humor.

Vermelho

É a cor do fogo, da paixão, do entusiasmo e dos impulsos. Estimula movimentos, ajuda a combater o estresse e a falta de energia. Indicado em pequenas doses em tons avermelhados para salas de estar e jantar.

Amarelo

É a cor do sol, trazendo luz para as situações difíceis, ativando o intelecto, a comunicação, a harmonia do todo. É utilizado em áreas de acesso, salões sociais e quartos de estudo. Gera calor e por isso é recomendado para climas frios.

Violeta

O violeta representa o mistério, expressa sensação de individualidade, personalidade, e é associado à intuição e à espiritualidade, influenciando emoções e humores. Não é aconselhável pintar o ambiente inteiro com esta cor, mas num tom mais azulado é ideal para locais de meditação.

Laranja

É a cor da comunicação, do calor efetivo, equilíbrio, da segurança, da confiança, cor das pessoas que crêem que tudo é possível. Estimula otimismo, generosidade e entusiasmo, é a escolha certa para aumentar o apetite. Somada ao azul gera força. Ideal para salas de estudo/reunião ou locais onde a família se encontra para conversar.

Rosa

Relacionada com o coração, amor e alegria. Favorece a empatia e o companheirismo.

Azul

Transmite seriedade e confiabilidade, fluidez, tranquilidade. É a cor da purificação, do bem-estar e raciocínio lógico. Favorece paciência, amabilidade e serenidade. Acalma, ideal para quartos de crianças e adultos hiperativos.

Verde

Traz paz, segurança, esperança em abundância, confiança, inteligência, movimento e ação. É a cor de desvendar mistérios, indicada para todos os ambientes. No banheiro é aconselhável ter toalhas ou detalhes de acabamento em verde vivo, pois é ali que se purifica o corpo, energizando-o.

Branco

Contém todas as cores, é purificador e transformador. Representa o amor divino, estimula humildade e imaginação criativa, sensação de limpeza e claridade. Ótima para qualquer ambiente, mas um local totalmente branco pode resultar em tédio.

Preto

É a cor do poder, induz a sensação de elegância e sobriedade. Onde o que está fora não entra e o que está dentro não sai. É a "não" cor, ausência de vibração, cor das pessoas que buscam proteção ou afastamento ao seu redor. Indicada só para detalhes de acabamento ou objeto, pois pode deixar o ambiente muito escuro.

GUIA DE ORIENTAÇÃO DO USO DA COR

A tinta permite inúmeras possibilidades de criação para inovar a decoração da sua casa. Se você tiver alguma dúvida sobre o resultado, comece usando cores mais suaves com pequenos detalhes em tons

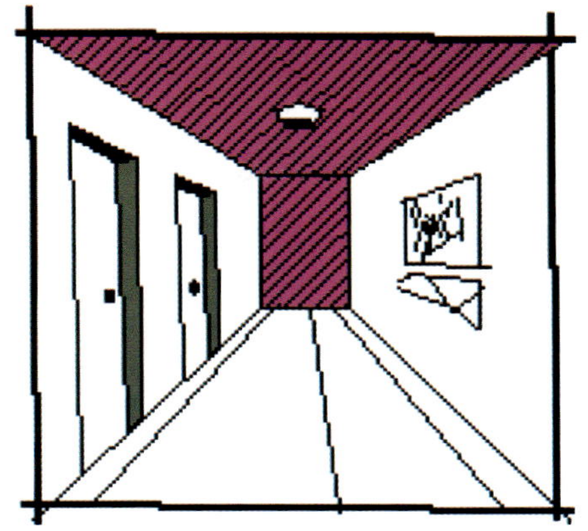
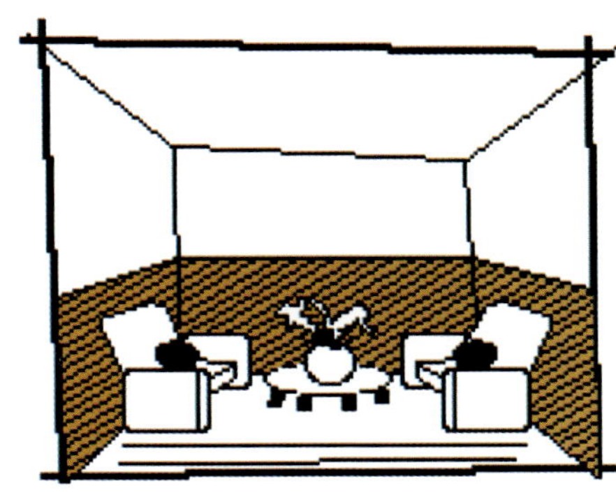

intensos. Com o tempo, você vai se surpreender, criando propostas cromáticas cada vez mais ousadas e personalizadas.

Encurtar o ambiente

Para uma sala retangular muito comprida, por exemplo, pinte as paredes menores com uma cor mais escura.

Alongar ambiente quadrado

Aplique cor mais escura em duas paredes, uma de frente para a outra.

Esconder objetos

Pinte a parede no mesmo tom do objeto que você quer esconder.

Destacar objetos

Aplique uma cor intensa ou contrastante na parede de fundo.

Rebaixar o teto

Pinte o teto com uma cor mais escura do que a das paredes.

Elevar o teto

Pinte o teto com uma cor mais clara do que a das paredes.

Alargar o corredor

Pinte as extremidades do corredor (paredes menores) e o teto com uma cor mais escura do que a das paredes que acompanham o sentido do corredor.

Alongar a parede

Nesse caso, é fundamental que a parede seja bicolor, com a divisa entre as duas cores à meia altura (nessa separação, pode-se inclusive aplicar um barrado). Na parte de cima da parede, o tom deve ser mais claro do que a cor da parte de baixo.

Encurtar a parede

Exatamente a situação inversa do item acima. A parte de cima da parede deve ser de um tom mais escuro do que a cor da parte de baixo.

USOS E TRUQUES

Atmosfera

Se você quer criar um ambiente luminoso e amplo, utilize cores frescas e neutras. Para uma atmosfera aconchegantes, tons aconchegantes, levemente acinzentados, como terracotas e mostardas. Para a atmosfera de serenidade tons calmos. E para um clima intenso, cores vibrantes e esquemas contrastantes são a escolha certa.

Em direção ao sol

Passar um tempo maior no ambiente é uma boa ideia para ver o quanto de luz natural entra na casa antes de decidir entre esquemas de cores ou sensações. Pouca luz solar tornará o ambiente frio e escuro. Abuse das cores frescas para iluminar os espaços. Quando o ambiente recebe bastante luz natural, cores aconchegantes mais intensas criarão uma atmosfera equilibrada.

Luminosidade

O tamanho de janelas e portas define a quantidade de luz solar que entrará na casa, porém é necessário considerar também o tipo de luz artificial, analisando a cor escolhida ao dia e à noite.

Influências das cores

Dificilmente começamos uma pintura com o espaço completamente vazio. Tapetes, cortinas e pisos existentes podem ser muito caros para serem substituídos, mas podem ser coordenados e misturados ao esquema novo de cores. Por exemplo, você pode aplicar na parede uma cor complementar à cor das cortinas. Outra pergunta importante é: há alguma característica arquitetônica em seu ambiente que seja interessante realçar no seu esquema de cores? Por exemplo: rodapé, tetos, molduras de quadros, móveis, lareiras, molduras de gesso etc.

Destaques

As características criam o estilo. Este pode ser: clássico, contemporâneo e moderno e você pode completar esse clima usando cores e sensações adequadas.

COMO SUGERIR CORES

Como tudo na decoração, a cor também é elemento pessoal que pode e deve ser usado para alegrar, acalmar e integrar as pessoas que convivem em um mesmo ambiente. Se gostamos de uma cor, pode ser porque ela exerce grande influência sobre nós – e deveríamos procurar descobrir a razão disso e, assim, usufruir o bem que as cores nos fazem.

Com os tons pastéis, não corremos o risco de errar na combinação. Porém, deixamos de usufruir as sensações que as cores possuem, pois esses tons emanam menos quantidade de energia. Experimente! Cor é alegria!

1. Reconhecer o ambiente

- Definição dos objetivos: estéticos e funcionais.
- Classificação dos ambientes segundo o tempo de permanência dos usuários:
  a) Ambientes de longa permanência: usuários mais afetados pelo ambiente.
  b) Ambientes de curta permanência: usuários menos afetados pelo ambiente.
- Conhecer as atividades a serem exercidas no ambiente.
- Identificar os usuários: quantidade, quais os prioritários, faixa etária, aspectos culturais, influências regionais e aspectos psicológicos envolvidos.
- Estudar a questão do conforto da iluminação no ambiente em função dos objetivos.
- Levantar as cores disponíveis em função dos materiais adotados.

2. Abordagem por ambientes:

a) **Hospitais**: diversidade de funções e ambientes; diversidade de usuários (funcionários, médicos, pacientes e parentes). Caracterização das atividades ali exercidas, tendo a cor como instrumento de auxílio no desenvolvimento das diversas funções. Em ambientes de internação, como quartos e enfermarias, priorize as cores aconchegantes. Salas de cirurgia pedem concentração e as cores calmas são as mais indicadas. Salas de exames pedem cores frescas, que ajudam a distribuir a iluminação. Nos consultórios e áreas de circulação, as cores podem ter uma combinação cromática mais alegre, com detalhes vibrantes, aumentando o bem-estar.

b) **Escolas**: composições cromáticas de acordo com a faixa etária dos alunos – saturação das cores conforme a idade, visando facilitar aspectos de concentração. Nas salas de aula e biblio-

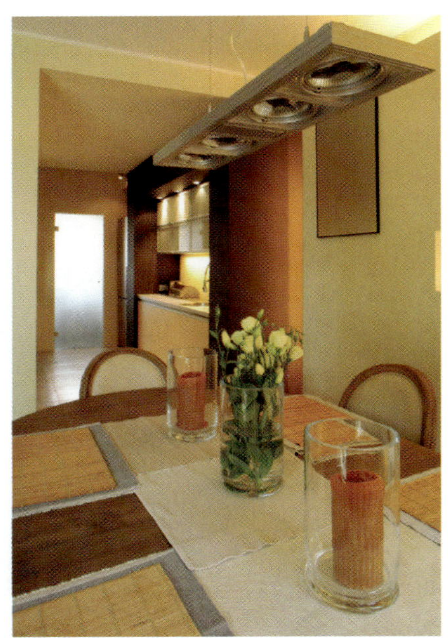

tecas, cores calmas induzem à concentração e à criatividade. Nas áreas de circulação, utilize cores vibrantes para influenciar a atividade e a interação.

c) **Restaurantes**: análise da tipologia do local (*fast-food*, regional, clássico, choperia) voltada ao estímulo visual e ao tempo de permanência exigido. É importante frisar que cores vibrantes e muito intensas podem deixar o ambiente cansativo. Opte por cores quentes e aconchegantes quando o objetivo é fazer com que as pessoas permaneçam um período maior de tempo no local.

d) **Residências**: preferências e características do morador, visando diferentes sensações. Consulte a seção Cores e Ambientes.

e) **Indústrias**: utilização da cor no auxílio e aumento da produtividade. Em ambientes administrativos, cores frescas deixam o ambiente agradável e favorecem a criatividade. Áreas de produção podem possuir detalhes vibrantes para estimular as atividades.

3. Contrastes cromáticos:

a) **Monocromático**: contraste mais simples. Elege-se uma cor ou matiz como base, e tonalidades da mesma com diferentes intensidades (claro e/ou escuro).

b) **Complementar**: mais forte nos contrastes — uso de duas cores diametralmente opostas no círculo cromático.

c) **Análogo**: contraste suave, pela utilização de cores vizinhas no círculo cromático.

d) **Divisão complementar**: é o mais complexo dos contrastes, mas pode ser mais suave que o complementar. Usa uma cor ou matiz e mais duas análogas à sua complementar.

e) **Triádico**: contraste máximo, visualmente excitante. Três cores dispostas em triângulo no círculo cromático formam este esquema. O mais comum deles usa as três cores primárias (vermelho, azul e amarelo).

CORES E AMBIENTES

Ao usarmos cores em nossos ambientes, devemos considerar que elas nos afetam diretamente. Portanto, devemos eleger uma cor predominante, escolhida de acordo com a utilidade do espaço e com a sensação que desejamos e jogar, em alguns detalhes como tecidos e adornos, tons desta mesma cor, ou contrários, ou complementares.

Hall de entrada e escadaria

O *hall* de entrada e a escadaria constituem lugares em que a maioria dos visitantes obtém a primeira e, quase sempre a mais forte impressão de uma casa. Normalmente, estes ambientes são bem iluminados e arrumados, por isso pode-se utilizar uma grande quantidade de cores, desenhos e texturas, sem ter de se preocupar com as complicações ligadas aos mobiliários e acessórios. Dê preferência às tonalidades quentes e aconchegantes, que "convidam" as pessoas a entrar na casa.

Salas de estar

A sala de estar é onde muitas pessoas passam boa parte do seu tempo quando estão em casa, e por isso deve receber a maior atenção no que se refere à decoração: estes ambientes são normalmente os mais espaçosos, melhor iluminados e bem mobiliados. Uma combinação de cor adequada deverá criar um conjunto harmônico em que se possa viver alegremente e desfrutar durante alguns anos antes de querer mudar. Cores aconchegantes ou vibrantes em tonalidades de amarelo e laranja melhoram a comunicação entre as pessoas. Evite cores muito frias, como tons acinzentados.

Estúdio e escritório

Os estúdios são ambientes visualmente "cheios", pilhas de livros, arquivo, mesas de trabalho e lâmpadas direcionais. As cores devem induzir a concentração e serem vibrantes e estimulantes sem incomodar, ou calmas e que ofereçam uma luminosidade limpa. Se desejar celebrar reuniões de trabalho em casa, seu estúdio deve oferecer um local adequado. Os ambientes de trabalho, por outro lado, são espaços essencialmente práticos: as pinturas devem ser duradouras e geralmente neutras para que os objetos se destaquem claramente perante elas, sem ser opacas, negativas ou deprimentes. Cores frescas em tons de amarelo luminoso, verde e marrons calmos induzem à concentração, e, portanto, são indicados para estes ambientes.

Cozinhas

Mesmo sendo principalmente lugares práticos, as cozinhas têm um potencial decorativo imenso. Do ponto de vista de estilo, existem poucos limites com respeito a cores; os revestimentos e os móveis pintados combinam muito bem nestes ambientes. Sem dúvida, deve-se lembrar que as superfícies pintadas nas cozinhas devem ser duráveis e fáceis de limpar, já que estes ambientes estão sujeitos a temperaturas extremas, vapor e umidade. Detalhes em tons vibrantes como laranja, amarelo e terracota favorecem o apetite.

Salas de jantar

Formais ou informais, as salas de jantar oferecem quase tantas possibilidades decorativas quanto às cozinhas. Podem oferecer um aspecto rústico ou real, de uma elegância relaxante ou cômoda e familiar, porém deve-se lembrar quando e como vão ser utilizadas: pela tarde e à noite, para diversão com a família ao longo de todo o dia, já que isto influenciará a escolha da pintura. As salas de jantar são lugares apropriados para móveis e acessórios pintados. Escolha cores aconchegantes se deseja estimular o apetite; as cores calmas são ideais para quem faz dieta.

Dormitórios

Os dormitórios são, com frequência, os ambientes mais difíceis de decorar. São espaços privados e íntimos: nosso refúgio pessoal do mundo exterior. Também são os lugares nos quais nos retiramos quando nos encontramos bem. Idealmente, deveriam ser relaxantes e ligeiramente estimulantes ao mesmo tempo. Isto pode parecer difícil, porém com algumas cores, como o azul escuro em tonalidades calmas ou aconchegantes, podemos cumprir ambos os objetivos. Em relação a isso, podemos recordar que um vermelho intenso ou amarelo brilhante podem parecer maravilhosos quando se vai dormir depois de uma festa, porém podem ser horríveis quando se acorda de manhã.

Banheiros

Nos banheiros pode-se aplicar uma gama de efeitos de pintura, como marmorizado, *stêncil* ou *tromp l'oeil* para se criar um aspecto exuberante e encantador. Porém, em banheiros pequenos existem limitações como falta de espaço, de luz e a necessidade de superfícies que devem ser tanto duráveis como resistentes ao vapor. Um enfoque imaginativo assegura que estes aparentes problemas se convertam em vantagens. Utilize cores frescas e luminosas para ter a sensação de um espaço mais amplo.

Exteriores

Ainda que um acabamento resistente possa ser o objetivo principal ao pintar o exterior de uma edificação, as possibilidades decorativas são imensas. As cores e os efeitos normalmente serão escolhidos pelo clima e pela forma, proporção e época da construção da edificação. As cores brilhantes oferecem um melhor aspecto sobre as portas e janelas.

CORES DE SEGURANÇA

NBR – 7195 (jun/95)

BRANCO

Assinala localização de coletores de resíduos, bebedouros, áreas em torno de equipamentos de emergência.

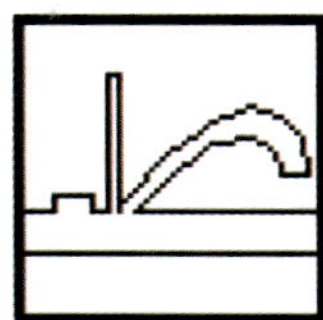

AMARELO

"Cuidado!" Usado em corrimão, parapeitos, diferenças de nível, faixas de circulação, equipamentos de transporte e movimentação de materiais (empilhadeiras, pontes rolantes, tratores, guindastes, etc.), cavaletes, partes salientes, avisos e letreiros.

PRETO

Identifica coletores de resíduos.

VERMELHO

Distingue e indica locais, equipamentos e aparelhos de proteção para combate a incêndio. Portas e saídas de emergência.

LARANJA

Indica "Perigo". Identifica partes móveis e perigosas de máquinas e equipamentos.

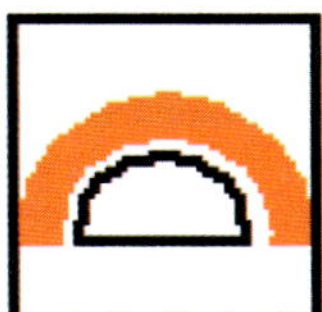

VERDE

"Segurança". Identifica porta de atendimento de urgência, caixas de primeiros socorros, faixas de delimitação de áreas de vivência de fumantes, de descanso etc.

AZUL

Indica ação obrigatória como, por exemplo, determinar o uso de EPI (equipamento de proteção individual), ou impedir a movimentação ou energização de equipamentos ("não acione").

A NBR 7195 especifica as cores citadas de acordo com escala Munsell.

CORES PARA CANALIZAÇÃO

NBR – 6493 (out/94)

VERMELHO
Água e substâncias para combate a incêndio.

AZUL
Ar comprimido.

VERDE
Água, exceto destinada a combater incêndio.

PRETO
Inflamável e combustíveis de alta viscosidade (óleo combustível, óleo lubrificante, asfalto, alcatrão, piche etc.).

AMARELO
Gases não liquefeitos.

LARANJA
Produtos químicos não gasosos.

MARROM
Materiais fragmentados (minérios).

ALUMÍNIO
Gases liquefeitos, inflamáveis e combustíveis de baixa viscosidade (gasolina, querosene, solventes etc.).

CINZA PLATINA
Vácuo.

CINZA MÉDIO
Eletrodutos.

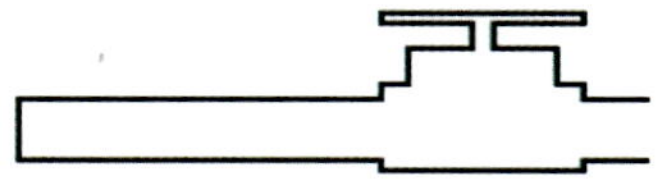

BRANCO
Vapor.

A NBR 6493 especifica estas cores de acordo com a escala Munsell.

SISTEMA TINTOMÉTRICO

Pintar é a forma mais rápida e barata de decorar.

O Sistema Tintométrico permite rapidez, precisão e reprodutibilidade na obtenção no ponto de venda de mais de centanas e até milhares de cores nos principais produtos (látex, esmaltes, texturas etc.).

O Sistema Tintométrico é composto por bases e corantes especiais; as bases diferem por marca de produto e os corantes são universais, isto é, servem para todos os produtos inseridos no sistema.

O equipamento que compõe o Sistema Tintométrico é formado por:

a) Computador tipo PC onde estão armazenados todas as informações (fórmulas, instruções de operação etc.) e o programa que controla a operação (seleção da base, seleção e medição dos corantes etc.).

b) Bombas dosadoras de alta precisão para medir as quantidades de corantes necessários para cada cor.

c) Agitador para homogeneizar o conteúdo da embalagem.

d) Cartelas de cores e displays.

Por vezes, o equipamento possui um espectrofotômetro acoplado que permite a formulação de qualquer cor e a sua reprodução no Sistema Tintométrico.

Para cada produto/cor há uma fórmula que indica os corantes, as respectivas quantidades e a base correspondente.

As quantidades de corantes que serão adicionadas dependem, para cada produto, da embalagem selecionada: lata de 18 litros, galão, 0,9 litro etc.

O Sistema Tintométrico é encontrado nos principais revendedores por todo o Brasil.

Vantagens

- Reprodutibilidade da cor ao longo do tempo.
- Imensa gama de cores e tonalidades.
- Possibilidade de obtenção da mesma cor em diferentes superfícies, tais como metais, madeira, alvenaria e outras.
- Disponibilidade imediata de cores e tonalidades em diferentes produtos.
- Possibilidade de combinação de cores entre móveis, paredes, carpetes e outros itens de decoração.
- Diferenciação na decoração de ambientes.

- Uma opção versátil de decorar ou redecorar o lar de excelente custo benefício.
- Produtos disponíveis para pronta entrega.

Importante:

Cada fabricante de tintas tem o seu próprio sistema tintométrico, o que significa que os sistemas tintométricos existentes em um determinado ponto de venda são diferentes entre si se forem de fabricantes diferentes.

Nunca utilize componentes de um determinado sistema tintométrico (fabricante A) noutro sistema tintométrico (fabricante B); os resultados serão negativos pois não há certeza de compatibilidade, além da perda da garantia da qualidade.

Por exemplo, nunca utilize bases do fabricante A com concentrados do fabricante B.

ORÇAMENTOS DE PINTURA

Considerações Gerais

O orçamento deve conter as seguintes informações:

Identificação do cliente: anotar o nome do cliente, o endereço do local a ser pintado e a data de execução do serviço. Indicar também o nome e endereço do profissional.

Diagnóstico das superfícies a serem pintadas: descrever se a superfície é nova. No caso de repintura comentar o estado da pintura velha, descrever os possíveis problemas dessa superfície, como por exemplo, a existência de trincas, fissuras, descascamentos, infiltrações de umidade etc.

Descrição dos serviços: relacionar todos os serviços que serão executados, tais como preparação das superfícies, sistema de pintura, produtos a serem aplicados, número de demãos etc.

Cronograma/tempo de execução

Indicar as datas de início e de término do serviço; se a obra for longa separar por etapas (preparação de superfícies, pintura interna, pintura externa, pintura de portas e de janelas etc.) Seguir o cronograma e caso ocorram atrasos comunicar ao cliente e justificar o ocorrido.

Preço do serviço: mencionar claramente o preço cobrado pelo serviço. Para chegar ao preço do serviço de uma pintura devem ser analisados os seguintes pontos:

a) Considerar o tipo de pintura e os produtos que serão utilizados (massas, látex, texturas, esmaltes etc.).

b) Os equipamentos de pintura que serão usados: pintura convencional, revólver, necessidade de andaimes etc.

c) Estimar o custo diário/mensal de transporte, almoço, ferramentas, pagamento dos ajudantes etc.

d) Tempo de serviço.

e) Considerar o lucro pretendido na execução do serviço.

Abrangência do preço: o orçamento deve mencionar claramente se inclui mão de obra e produtos ou se refere somente à mão de obra. No primeiro caso é necessário citar as marcas dos produtos que serão utilizados.

Forma de pagamento: descrever o cronograma do pagamento, que deverá ser compatível com o cronograma de execução.

Assinatura do profissional e do cliente

Cálculo das quantidades dos produtos

a) Paredes, tetos e fachadas

Determinar a área bruta a ser pintada

Paredes: medir a altura e o comprimento das paredes de cada cômodo.

Tetos: medir o comprimento e a largura de cada teto.

Fachadas (áreas externas): medir a altura e o comprimento de cada fachada.

As áreas correspondentes são obtidas multiplicando-se as duas grandezas: altura × comprimento ou largura × comprimento. Sendo a unidade de medida o metro, a área é obtida em metros quadrados.

Observação:

Desconsiderar as paredes revestidas com azulejos ou com qualquer outro tipo de revestimento que seja mantido.

Determinar a área real

Quando for o caso, deduzir da área bruta as áreas relativas a janelas, portas, vitrais etc. A área real deverá ser utilizada no cálculo dos produtos necessários para a pintura.

Cálculo da quantidade dos produtos

Considerar o rendimento dos produtos informado pelo fabricante. Geralmente este rendimento está expresso em:

Metros quadrados/por galão/por demão

Considerar o número de demãos. O total de galões de um dado produto, por exemplo tinta látex acabamento, necessário para pintar uma determinada área real é:

$$\text{Consumo de galões} = \frac{\text{área real} \times \text{número de demãos}}{\text{rendimento por galão/por demão}}$$

Esta expressão também é válida para massas, fundos, seladores, texturas etc.

b) Esquadrias, grades e portas de ferro ou alumínio, portas de madeira, janelas etc.

Determinar a área correspondente multiplicando o comprimento pela largura; de acordo com o tipo de esquadria (porta, grade, vitrô etc.) considerar um fator de correção conforme tabela a seguir:

Tipo de esquadria	Fator de correção
Veneziana metálica (2 folhas)	3
Vitrô basculante	3
Portão com barras lisas (sem enfeite)	3
Grades simples	3
Portões e gradres com florões	4
Vitrô tipo "maxim-ar"	2
Estruturas metálicas (tipo treliça)	2
Portão de chapa plana	2
Elementos vazados	5
Portas e janelas guilhotina de madeira com batentes	3
Portas e janelas guilhotina de madeira sem batente	2
Veneziana de madeira	5
Estrutura em arco metálica ou de madeira	2,6

Cálculo da quantidade produtos

A expressão a seguir é válida para calcular a quantidade de qualquer produto (acabamento, fundos, massas etc.); dependendo do tipo de esquadria, usar o fator de correção conforme a tabela acima.

$$\text{Consumo em galões} = \frac{\text{área} \times \text{número de demãos} \times \text{fator de correção}}{\text{rendimento por galão/por demão}}$$

Exemplo:

Porta de madeira com batente – determinar a quantidade de esmalte:

Altura: 2,10 metros; Largura: 0,80 metros
Área real: 2,10 × 0,80 × 3 = 5,04 metros quadrados.

$$\text{Consumo de esmalte} = \frac{5{,}04 \times \text{número de demãos}}{\text{rendimento por galão/por demão}}$$

Cálculo da quantidade de produto conforme especificação ABNT – Associação Brasileira de Normas Técnicas

A especificação NBR 15079 define a qualidade mínima das tintas látex foscas nos diferentes níveis de qualidade: Econômica, Standard e Premiun; uma das características definidas é o rendimento que é medido em metros quadrados pintados por litro de tinta (m^2/L).

Tinta látex Econômica: 4,0 m^2/L
Tinta látex Standard: 5,0 m^2/L
Tintas látex Premiun: 6,0 m^2/L

Para saber a quantidade de tinta látex necessária para pintar uma determinada superfície basta dividir a área real que vai ser pintada pelo rendimento definido na especificação.

Exemplo:

área real = 100 m^2.
Tinta látex Econômica: 100 : 4,0 = 25 litros
Tinta látex Standard: 100 : 5,0 = 20 litros
Tinta látex Premiun: 100 : 6,0 = 16,7 litros

Os valores referem-se à quantidade de tinta necessária para pintar 100 m^2 e não depende do número de demãos, dependendo porém do nível de qualidade.

Em breve haverá outras especificações que permitirão um cálculo similar para outros produtos como, por exemplo, esmaltes sintéticos, tintas látex acetinada e semibrilho etc.

ADVERTÊNCIAS E PRECAUÇÕES

Advertências:

Evite pintar em dias chuvosos ou com ocorrência de ventos fortes que podem transportar, para a pintura, poeira ou partículas suspensas no ar.

Não recomendamos pintar em ambientes com temperaturas inferiores a 10 °C e umidade relativa do ar superior a 90%.

PRECAUÇÕES DE CARÁTER GERAL

Manter a embalagem fechada.

Não reutilizar a embalagem.

Armazenar em local coberto, fresco, ventilado e longe de fontes de calor. Manter fora do alcance de crianças e animais.

Manter o ambiente ventilado durante a preparação, aplicação e secagem.

Durante a aplicação, principalmente de produtos à base de solventes, recomenda-se a utilização de óculos de segurança, máscara e luvas de látex ou PVC.

Em caso de contato da tinta com a pele lavar com água potável corrente por 15 minutos; no caso do contato com os olhos, procure imediatamente auxílio médico.

Em caso de inalação, afaste-se do local.

Se ingerir qualquer tinta ou produto correlato, não provoque vômito; consulte um médico, levando a embalagem do produto.

Os produtos à base de solventes são inflamáveis e por isso requerem cuidados adicionais, como não fumar durante o manuseio, manter-se longe de qualquer fonte de calor ou de chama etc.

Para mais informações, consulte a Ficha de Informações de Segurança de Produto Químico – FISPQ. Se necessário, telefone para o serviço de atendimento ao consumidor do fabricante correspondente.

O QUE FAZER COM OS RESÍDUOS DA PINTURA

1.º Passo: evitar o desperdício

A resolução nº 307/2002 do CONAMA (Conselho Nacional do Meio Ambiente) refere-se especificamente aos resíduos da construção civil, o que, naturalmente, também inclui as tintas e suas embalagens.

O Artigo 4 dessa resolução não deixa margem a dúvidas: "Os geradores deverão ter como objetivo prioritário a não geração de resíduos e, secundariamente, a redução, a reutilização, a reciclagem e a destinação final".

Para o profissional da construção civil, a diretriz é clara e relativamente simples: evitar o desperdício. Mas como fazer isso?

- Primeiramente, adquirir apenas o volume de tinta necessário para a obra, o que significa fazer alguns cálculos básicos, levando em conta a área a ser pintada e o rendimento da tinta. Para isso, devem ser consultados a embalagem e/ou o fabricante da tinta.
- Durante o trabalho, a tinta deve ser armazenada corretamente. As latas de tintas em uso devem ser fechadas para evitar que ressequem ou estraguem.
- Pincéis, rolos, bandejas e outros instrumentos só devem ser limpos no final do dia. Nos intervalos do trabalho, as ferramentas devem ficar imersas na tinta que está sendo aplicada, coberta com saco plástico.
- Se houver sobra, não se deve guardá-la para uma obra futura: depois de aberta a embalagem, a tinta dura pouco tempo. O melhor é doá-la a uma instituição onde possa ser utilizada imediatamente – como orfanatos, escolas, igrejas e outras – ou misturar todas as tintas que sobraram para pinturas de grades, tapumes etc. Porém, ao misturar as tintas, lembre-se de só fazê-lo com produtos do mesmo tipo e com as mesmas características. Não dá para juntar uma tinta base água com outra base solvente.

2.º Passo: reciclar, reutilizar e evitar a contaminação do meio ambiente

Após o uso, a preocupação principal passa a ser o que fazer com os resíduos. É fundamental tomar as atitudes corretas para reduzir o volume de resíduos, reciclar e reutilizar o que for possível, evitando-se danos ao meio ambiente. Veja como fazer isso:

- As latas devem ser limpas e seu conteúdo esgotado, escorrido e raspado com espátula (com a tinta ainda úmida). Não se deve lavar a lata, para não gerar efluentes poluidores.
- Resíduos de tinta seca devem ser direcionados a uma ATT (área de transbordo e triagem autorizada pela prefeitura) ou a pontos de coleta indicados pelo órgão municipal responsável pelo meio am-

biente. Já as latas com filme seco devem ser encaminhadas para uma ATT ou para reciclagem, juntamente com outras sucatas metálicas. Lembre-se de que as sucatas metálicas têm um bom valor comercial, não devendo assim ser misturadas com outros tipos de entulho.

- No momento do descarte, as embalagens devem ser inutilizadas (com furos, cortes, amassamento ou prensagem), evitando seu uso para outras finalidades.
- Os solventes merecem atenção especial: o que sobrou deve ser guardado em recipientes bem fechados para evitar a evaporação, pois eles poderão ser utilizados na próxima obra. Os solventes utilizados na limpeza dos instrumentos de pintura deverão ser guardados para a diluição de outras tintas similares. Quando isso não for possível, os solventes devem ser enviados para uma empresa de recuperação ou de incineração.

DÚVIDAS E RESPOSTAS

Neste capítulo comentaremos algumas dúvidas mais frequentes com suas respectivas respostas.

O uso de fundos ou seladores sobre a massa é obrigatório?

O uso dos fundos ou seladores sobre as massas tem a função de uniformizar a absorção e economizar acabamento, o que resulta em maior rendimento. Este uso é recomendado, porém não obrigatório.

A tinta acrílica pode ser aplicada pura, sem diluição?

Não, pois a diluição correta do produto aumentará sua aderência, ajudará seu alastramento, tornando o acabamento mais bonito, além de facilitar sua aplicação; faça a diluição conforme recomendado pelo fabricante.

A tinta acrílica pode ser aplicada sobre Massa Niveladora para alvenaria (massa corrida) para interiores?

Sim, desde que a massa para interiores esteja totalmente seca, lixada, sem pó e aplicada em superfícies internas. Para aplicação dos acabamentos acrílicos acetinados, ou semibrilho, recomendamos utilizar Líquido Selador Pigmentado diluído conforme indicado pelo fabricante, sobre Massa Niveladora para alvenaria (Massa Corrida) para interiores, obtendo-se assim um acabamento de alto padrão.

É necessário aplicar Fundo Preparador para Paredes sobre a tinta antiga?

Sim, se a tinta antiga apresentar calcinação, bolhas ou descascamentos. Porém, caso a tinta esteja em perfeitas condições, o fundo pode ser dispensado.

Os produtos à base de látex (acabamentos, fundos e massas) podem ser aplicados sobre a madeira?

Os produtos à base de látex (aquosos) não devem ser aplicados em madeira, pois o contato do solvente (água) causa dilatação das fibras da madeira, ocasionando trincamentos e descascamentos na pintura.

O que é o verniz filtro solar?

O filtro solar é um aditivo adicionado ao verniz que funciona como um protetor solar para a pele, filtrando e/ou absorvendo os raios ultravioleta do sol, evitando que eles ataquem a madeira e causem o descascamento do verniz.

Qual tinta é recomendada para pintura de caixas d'água internamente?

A pintura fica em contato com a água potável e por isso precisa ser atóxica. Existem sistemas especiais de pintura para tal finalidade. Consulte o fabricante de sua preferência entre aqueles mencionados neste livro. Nunca utilize produtos comuns em tal pintura!

O thinner *pode ser utilizado para diluição das tintas esmalte, tinta a óleo ou vernizes?*

Não, o uso do *thinner* como solvente para estas tintas pode causar problemas, como esbranquiçamento, enrugamento e descascamento da película de tinta.

A pintura sobre papel de parede é recomendada?

Não, pois os papéis de parede não propiciam aderência necessária para os produtos causando, com o passar do tempo, descascamento da tinta aplicada. Entretanto, atualmente existem alguns tipos de papéis de parede que podem receber aplicação de tintas látex (PVA ou Acrílicas), desde que as superfícies estejam limpas, sem gordura ou graxa.

Qual tinta deve ser usada na pintura de uma superfície de fórmica?

Qualquer tinta pode ser usada, desde que se use um fundo apropriado para proporcionar aderência.
Consulte o fabricante de sua preferência para a obtenção das informações necessárias.

Qual tinta é recomendada e qual é o procedimento para pintar tubos de plástico PVC?

Os esmaltes sintéticos e as tintas látex de base acrílica podem ser usados. Apenas lixe a superfície, limpe bem e aplique o acabamento.

O verniz marítimo ou filtro solar são recomendados para pintura em deck de piscina ou embarcações?

Os fabricantes apontados neste livro podem indicar qual o sistema de envernizamento destas superfícies, entretanto, de uma forma geral, os vernizes da linha imobiliária não são apropriados para estas finalidades.

O que é acabamento acetinado?

É o acabamento que possui brilho intermediário entre fosco e semi-brilho. A sua intensidade de brilho tem a capacidade de disfarçar ou não revelar imperfeições da parede, propiciando ainda facilidade de limpeza.

Pode-se pintar após a retirada do papel de parede?

Sim, desde que as superfícies recebam tratamento específico, como: eliminação total da cola utilizada para a fixação do papel, bem como eventuais pontos de mofo, sujeira, oleosidade, etc. Estas ações são necessárias, pois o contato das tintas látex PVA ou acrílicas com a cola do papel de parede pode originar problemas, como bolhas e descascamentos.

O que são "stains"?

Os "stains" possibilitam acabamentos protetores para madeira, podendo ser classificados em "stains" preservativos e "stains" de acabamento. São formulados para aplicação em áreas externas de intensa exposição ao tempo mas também podem ser utilizados em ambientes internos.
O acabamento respectivo é caracterizado pela facilidade de manutenção uma vez que não trinca nem desprende da madeira na medida que vai envelhecendo.
O acabamento depois de muito tempo esmaece e nesse ponto pode-se fazer nova aplicação de "stain" sem problemas.

Os "stains" possuem filtro solar?

Os "stains" possuem filtro solar e outros aditivos para proteger a madeira contra a umidade. Os "stains" preservativos possuem fungicidas para a proteção contra fungos e algas que atacam a madeira.

Os "stains" podem ser usados na pintura de decks de piscina?

Sim, são indicados para acabamentos de todos os tipos decks.

UM POUCO DE HISTÓRIA

A história do uso das cores e da pintura se confunde com o próprio trajeto da humanidade. O ser humano na pré-história, possuidor de limitados recursos verbais para transmitir suas experiências, viu-se obrigado a desenvolver alternativas que complementassem sua comunicação e que perpetuassem a informação.

A cor na pré-história

Descobertas recentes demonstram que algumas gravuras encontradas em cavernas remetem ao último Período Glacial.

Os nossos ancestrais perceberam que certos produtos, como, por exemplo, o sangue, uma vez espalhados nas rochas, deixavam marcas que não desapareciam. Logo, estes materiais começaram a ser utilizados para transmitir informações.

Com a necessidade de aumentar a durabilidade das pinturas e diversificar as cores, as chamadas pinturas rupestres passaram a utilizar óxidos naturais, presumivelmente abundantes junto à superfície do solo naquele tempo, como os ocres e vermelhos. Para que fosse possível "pintar", era necessário uma ligante que pudesse fixar os pigmentos à superfície conferindo alguma durabilidade. A solução foi misturá-los com sebo ou seiva vegetal.

Com o aprimoramento da competência artesanal, ainda no período glacial, começaram a surgir as primeiras ferramentas e equipamentos auxiliares para executar as pinturas, bem como para manufaturar as matérias-primas utilizadas na preparação das tintas. Depois disso, durante milhares de anos, pouco se acrescentou às descobertas iniciais.

Egito

Durante o período de 8.000 a 5.800 a.C. surgiram, desenvolvidos pelos egípcios, os primeiros pigmentos sintéticos.

Estes eram derivados de compostos de cálcio, alumínio, silício e cobre, razão pela qual possuíam grande gama de azuis, como até hoje é utilizado Azul do Egito.

Além do desenvolvimento de pigmentos baseados em materiais minerais, também foram desenvolvidos alguns de origem orgânica.

Os produtos usados como ligantes incluíam goma arábica, albumina de ovo, cera de abelha, entre outros.

Grécia e Roma

Gregos e romanos utilizavam pigmentos, como os egípcios, tendo desenvolvido grande variedade de pigmentos minerais, derivados de chumbo, zinco, ferro e orgânicos, derivados de ossos. Assim como no Egito, os bálsamos naturais eram utilizados como proteção para navios, revestindo os cascos.

Neste período da história são relatados usos de ferramentas, como espátulas e trinchas.

A pintura no Oriente

Os orientais utilizavam diversos materiais orgânicos e minerais para suas pinturas.

Os chineses e japoneses preparavam materiais para decoração de suas porcelanas, enquanto que os indianos e persas faziam uso de trinchas e ferramentas de corte para executar a pintura.

Ainda neste período, os maiores desenvolvimentos se davam em função do uso decorativo da pintura, sem grande importância quanto ao aspecto de conservação.

As Américas

Os índios das Américas, especialmente na região que hoje conhecemos como América do Norte, faziam uso de vários materiais de origem vegetal nas suas pinturas e em seus cosméticos, além dos minerais retirados de rios e lagos.

Os nativos da América do Sul utilizavam penas de pássaros para a confecção de seus apetrechos de pintura.

Neste período, algumas pinturas já possuíam boa durabilidade.

Idade Média

Neste período surgem os primeiros registros da utilização de vernizes como proteção para superfícies.

Estes materiais eram preparados a partir do cozimento de óleos naturais e adição de algumas ligantes.

O impulso da Revolução Industrial

Assim como em outros setores industriais, foi durante o período da Revolução Industrial que a produção de tintas e vernizes se desenvolveu com maior rapidez. O copal e o âmbar eram as resinas mais comumente utilizadas.

As primeiras indústrias surgiram na Inglaterra, França, Alemanha e Áustria. Fórmulas eram tratadas sob sigílo absoluto, tidas como uma informação de poucos privilegiados.

Novos desenvolvimentos

Durante o século XX, a indústria de tintas passou por grande evolução tecnológica, o que gerou o surgimento de novos materiais, cada vez mais adequados ao usuário. Os desenvolvimentos também trouxeram produtos de maior resistência, garantindo longevidade às superfícies tratadas.

O desenvolvimento tecnológico das tintas na era moderna é consequência do desenvolvimento da química em geral e da petroquímica em particular.

Atualmente, a maioria das matérias-primas utilizadas em tintas é de origem petroquímica e/ou da química fina.

A polimerização é muito importante na tecnologia de tintas e na sua transformação nos respectivos revestimentos; a grande disponibilidade de polímeros e resinas permite um constante desenvolvimento de novas tintas e de novos processos de cura (transformação no revestimento) mais eficientes.

Início desta atividade industrial no Brasil

A história da indústria de tintas brasileira teve início por volta do ano 1900, quando os pioneiros Paulo Hering, fundador das Tintas Hering, e Carlos Kuenerz, fundador da Usina São Cristóvão, ambos imigrantes alemães, iniciaram suas atividades na nova pátria e no novo lar. Sucessivamente, outras empresas, atraídas pelo novo mercado potencial, começaram a se instalar em nosso País e a desenvolver fortemente o setor.

Fonte: A INDÚSTRIA DE TINTAS NO BRASIL – Cem Anos de Cor e História, ABRAFATI (Associação Brasileira dos Fabricantes de Tintas).

O mercado brasileiro de tintas

Atualmente, o mercado brasileiro de tintas está entre os cinco maiores mercados do mundo, com ampla possibilidade de crescer rapidamente, já que o consumo per capita anual é muito pequeno, cerca de 5,5 litros; nos países desenvolvidos, o consumo per capita situa-se acima de 10 litros anuais.

É importante notar que as tintas produzidas no Brasil apresentam qualidade similar a dos países desenvolvidos pois são produzidas com tecnologia do mesmo nível; noutras palavras as tintas brasileiras utilizam princípios de formulação, matérias-primas e processos de fabricação similares às dos países do primeiro mundo.

A indústria brasileira de tintas produz uma ampla variedade de produtos que possibilitam o atendimento de todos os mercados consumidores, tais como: imobiliário, automotriz, eletrodomésticos, manutenção industrial etc.

PARTE II

Rótulos

A AkzoNobel é a maior companhia global de tintas e revestimentos e uma das principais fabricantes de especialidades químicas. A empresa fornece produtos inovadores para indústrias e consumidores no mundo inteiro e trabalha com paixão no desenvolvimento de soluções sustentáveis para seus clientes. O portfólio inclui marcas como Coral, Eka, Wanda, Dulux, Sikkens e International. Com sede em Amsterdã, na Holanda, é classificada como uma das companhias do Global Fortune 500 e ocupa posição de destaque na área de sustentabilidade. Com operações em mais de 80 países, seus 55 mil colaboradores no mundo inteiro estão comprometidos com a excelência e com o cumprimento da filosofia "As Respostas do Amanhã Hoje" (Tomorrow's Answers Today™).

Certificações

Unidade no Recife (PE)

Unidade em Mauá (SP)

Informações de Serviço ao Consumidor:

A empresa dispõe de Serviço de Atendimento ao Consumidor

0800 0117711 ou site www.akzonobel.com.br

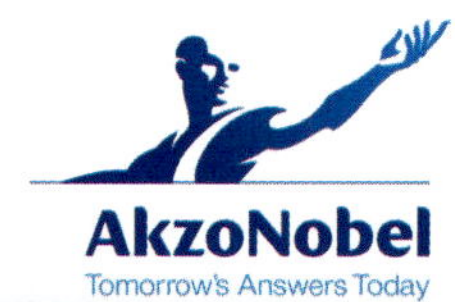

Decora Cores

PREMIUM ★★★★★

Decora ajuda você a deixar sua casa com a sua cara. Porque a cor da parede é um elemento de decoração muito importante para criar o ambiente que você tanto quer, com o **seu toque pessoal**. Para ajudá-lo, a Coral conta com tecnologia internacional para o desenvolvimento de **Cores** e você pode escolher uma das cores prontas disponíveis no catálogo ou, ainda, preparar na máquina uma das mais de duas mil cores do leque. **Decora** é um acrílico de **qualidade muito superior** e é indicado para ambientes externos e internos. É sem cheiro, de fácil aplicação, oferece excelente cobertura e um **acabamento sofisticado** perfeito para as paredes.

Embalagens/Rendimento

Lata (18 L): 200 a 300 m² por demão.
Lata (16 L)*: 180 a 270 m² por demão.
Galão (3,6 L): 40 a 60 m² por demão.
Galão (3,2 L)*: 35 a 54 m² por demão.
Quarto (0,8 L)*: 9 a 14 m² por demão.
* Embalagem disponível somente no sistema tintométrico.

Acabamento

Fosco, semibrilho.

Aplicação

Rolo de lã de pelo baixo ou pincel de cerdas macias. Limpe as ferramentas com água e sabão.

Diluição

Superfícies não seladas: diluir a 1ª demão em até 50%; para outras demãos e demais superfícies: diluir em até 20% com água potável.

Cor

Cores prontas: 13.
Disponível no sistema tintométrico.

Secagem

Ao toque: 30 minutos.
Entre demãos: 4 horas.
Final: 4 horas.

Dicas e preparação de superfície

Superfícies de gesso, concreto e blocos de cimento: lixar e eliminar o pó. Aplicar previamente Fundo Preparador de Paredes Coral.
Reboco novo: aguardar a cura e secagem por no mínimo 30 dias, lixar e eliminar o pó. Aplicar Selador Acrílico Coral (interior e exterior), caso não seja possível aguardar a cura, esperar a secagem da superfície e aplicar uma demão de Fundo Preparador de Paredes Coral.
Reboco fraco, caiação e partes soltas: lixar e eliminar o pó e partes soltas. Aplicar Fundo Preparador de Paredes Coral.
Imperfeições acentuadas na superfície: lixar e eliminar o pó. Corrigir com Massa Acrílica Coral (exteriores) ou Massa Corrida Coral (interiores).
Partes mofadas: lavar com solução de água e água sanitária em partes iguais, esperar 6 horas e enxaguar bem. Aguardar a secagem.
Superfícies com brilho: lixar e eliminar o pó e o brilho. Limpar com pano umedecido com água e aguardar a secagem.
Superfícies com gordura ou graxa: lavar com solução de água e detergente neutro e enxaguar. Aguardar a secagem.
Superfícies em bom estado: lixar e eliminar o pó.
Superfícies com umidade: identificar a origem e tratar de maneira adequada.

Outros produtos relacionados

Fundo Preparador de Paredes

Desenvolvido para solucionar problemas da superfície e garantir maior durabilidade à pintura.

Selador Acrílico

Indicado para uniformizar a absorção e selar paredes em ambientes externos e internos que nunca foram pintados.

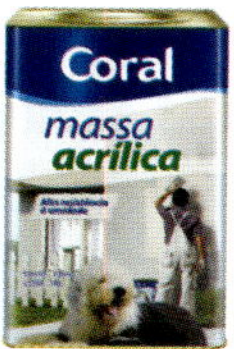

Massa Acrílica Coral

Indicada para uniformizar, nivelar e corrigir pequenas imperfeições de paredes e tetos em ambientes externos e internos.

Decora Brancos & Neutros

PREMIUM ★★★★★

Decora ajuda você a deixar a sua casa com a sua cara. Porque a cor da parede é um elemento de decoração muito importante para criar o ambiente que você tanto quer, com o **seu toque pessoal**. Para ajudá-lo, a Coral conta com tecnologia internacional para o desenvolvimento de **Cores** e você pode escolher uma das cores prontas disponíveis no catálogo ou, ainda, preparar na máquina uma das mais de duas mil cores do leque. **Decora** é um acrílico de **qualidade muito superior** e é indicado para ambientes externos e internos. É sem cheiro, de fácil aplicação, oferece excelente cobertura e um **acabamento sofisticado** perfeito para as paredes.

Embalagens/Rendimento
Lata (18 L): 200 a 300 m² por demão.
Galão (3,6 L): 40 a 60 m² por demão.

Acabamento
Fosco, semibrilho.

Aplicação
Rolo de lã de pelo baixo ou pincel de cerdas macias.
Limpe as ferramentas com água e sabão.

Diluição
Superfícies não seladas: diluir a 1ª demão em até 50%; as demais: de 10% a 30% de água potável; e demais superfícies: diluir em 20% com água potável.

Cor
Cores prontas: 9.

Secagem
Ao toque: 30 minutos.
Entre demãos: 4 horas.
Final: 4 horas.

Dicas e preparação de superfície

Superfícies de gesso, concreto e blocos de cimento: lixar e eliminar o pó. Aplicar previamente Fundo Preparador de Paredes Coral.
Reboco novo: aguardar a cura e secagem por no mínimo 30 dias, lixar e eliminar o pó. Aplicar Selador Acrílico Coral (interior e exterior), caso não seja possível aguardar a cura, esperar a secagem da superfície e aplicar uma demão de Fundo Preparador de Paredes Coral.
Reboco fraco, caiação e partes soltas: lixar e eliminar o pó e partes soltas. Aplicar Fundo Preparador de Paredes Coral.
Imperfeições acentuadas na superfície: lixar e eliminar o pó. Corrigir com Massa Acrílica Coral (exteriores) ou Massa Corrida Coral (interiores).
Partes mofadas: lavar com solução de água e água sanitária em partes iguais, esperar 6 horas e enxaguar bem. Aguardar a secagem.
Superfícies com brilho: lixar e eliminar o pó e o brilho. Limpar com pano umedecido com água e aguardar a secagem.
Superfícies com gordura ou graxa: lavar com solução de água e detergente neutro e enxaguar. Aguardar a secagem.
Superfícies em bom estado: lixar e eliminar o pó.
Superfícies com umidade: identificar a origem e tratar de maneira adequada.

Outros produtos relacionados

Fundo Preparador de Paredes
Desenvolvido para solucionar problemas da superfície e garantir maior durabilidade à pintura.

Selador Acrílico
Indicado para uniformizar a absorção e selar paredes em ambientes externos e internos que nunca foram pintados.

Massa Acrílica Coral
Indicada para uniformizar, nivelar e corrigir pequenas imperfeições de paredes e tetos em ambientes externos e internos.

Decora Acabamento Acetinado

PREMIUM ★★★★★

Decora ajuda você a deixar a sua casa com a sua cara. Porque a cor da parede é um elemento de decoração muito importante para criar o ambiente que você tanto quer, com o **seu toque pessoal**. Para ajudá-lo, a Coral conta com tecnologia internacional para o desenvolvimento de **Cores** e você pode escolher uma das cores prontas disponíveis no catálogo ou, ainda, preparar na máquina uma das mais de duas mil cores do leque. **Decora** é um acrílico de **qualidade muito superior** e é indicado para ambientes externos e internos. É sem cheiro, de fácil aplicação, oferece excelente cobertura e um **acabamento sofisticado** perfeito para as paredes.

Embalagens/Rendimento

Lata (18 L): 200 a 300 m² por demão.
Lata (16 L)*: 180 a 270 m² por demão.
Galão (3,6 L): 40 a 60 m² por demão.
Galão (3,2 L)*: 35 a 54 m² por demão.
Quarto* (0,8 L)*: 9 a 14 m² por demão.
* Embalagem disponível somente no sistema tintométrico.

Acabamento

Acetinado.

Aplicação

Rolo de lã de pelo baixo ou pincel de cerdas macias. Limpe as ferramentas com água e sabão.

Diluição

Superfícies não seladas: diluir a 1ª demão em até 50%; para outras demãos e demais superfícies: diluir em até 20% com água potável.

Cor

Cores Prontas: 7.
Disponível no sistema tintométrico.

Secagem

Ao toque: 30 minutos.
Entre demãos: 4 horas.
Final: 4 horas.

Dicas e preparação de superfície

Superfícies de gesso, concreto e blocos de cimento: lixar e eliminar o pó. Aplicar previamente Fundo Preparador de Paredes Coral.
Reboco novo: aguardar a cura e secagem por no mínimo 30 dias, lixar e eliminar o pó. Aplicar Selador Acrílico Coral (interior e exterior), caso não seja possível aguardar a cura, esperar a secagem da superfície e aplicar uma demão de Fundo Preparador de Paredes Coral.
Reboco fraco, caiação e partes soltas: lixar e eliminar o pó e partes soltas. Aplicar Fundo Preparador de Paredes Coral.
Imperfeições acentuadas na superfície: lixar e eliminar o pó. Corrigir com Massa Acrílica Coral (exteriores) ou Massa Corrida Coral (interiores).
Partes mofadas: lavar com solução de água e água sanitária em partes iguais, esperar 6 horas e enxaguar bem. Aguardar a secagem.
Superfícies com brilho: lixar e eliminar o pó e o brilho. Limpar com pano umedecido com água e aguardar a secagem.
Superfícies com gordura ou graxa: lavar com solução de água e detergente neutro e enxaguar. Aguardar a secagem.
Superfícies em bom estado: lixar e eliminar o pó.
Superfícies com umidade: identificar a origem e tratar de maneira adequada.

Outros produtos relacionados

Fundo Preparador de Paredes

Desenvolvido para solucionar problemas da superfície e garantir maior durabilidade à pintura.

Selador Acrílico

Indicado para uniformizar a absorção e selar paredes em ambientes externos e internos que nunca foram pintados.

Massa Acrílica Coral

Indicada para uniformizar, nivelar e corrigir pequenas imperfeições de paredes e tetos em ambientes externos e internos.

Super Lavável

PREMIUM ★★★★★

Mude a cor de sua casa sem que a cor mude depois de limpar. Quem tem criança ou cachorro em casa, sabe que não é fácil manter as paredes ou muros limpos. Foi por isso que a AkzoNobel desenvolveu a Super Lavável, uma tinta acrílica especialmente formulada para que você limpe facilmente manchas de café, chocolate, gordura, catchup, mostarda, batom, grafite, lápis de cor e solado de sapato. Além disso, Coral Super Lavável é sem cheiro*, é fácil de aplicar e rende bem, dando excelente cobertura e acabamento acetinado. E como sujeira não escolhe lugar, Coral Super Lavável é indicado para paredes internas e externas.

* Em teste de percepção de odor realizado com consumidores, pelo menos 80% avaliaram os produtos Coral como sendo de cheiro fraco ou sem cheiro.

Embalagens/Rendimento

Lata (18 L): 200 a 300 m² por demão.
Lata (16 L)**: 180 a 270 m² por demão.
Galão (3,6 L): 40 a 60 m² por demão.
Galão (3,2 L)**: 35 a 54 m² por demão.
Quarto (0,8 L)**: 9 a 14 m² por demão.

** Embalagem disponível somente no sistema tintométrico.

Acabamento

Acetinado.

Aplicação

Rolo de lã de pelo baixo ou pincel de cerdas macias.
Limpe as ferramentas com água e sabão.

Diluição

Superfícies não seladas: diluir a 1ª demão em até 50%; as demais, a 20% de água potável.
Superfícies já seladas, diluir todas as demãos a 20% de água potável.

Cor

Cores prontas: 4.
Disponível no sistema tintométrico.

Secagem

Ao toque: 30 minutos.
Entre demãos: 4 horas.
Final: 4 horas.

Dicas e preparação de superfície

Superfícies de gesso, concreto e blocos de cimento: lixar e eliminar o pó. Aplicar previamente Fundo Preparador de Paredes Coral.
Reboco novo: aguardar a cura e secagem por no mínimo 30 dias, lixar e eliminar o pó. Aplicar Selador Acrílico Coral (interior e exterior), caso não seja possível aguardar a cura, esperar a secagem da superfície e aplicar uma demão de Fundo Preparador de Paredes Coral.
Reboco fraco, caiação e partes soltas: lixar e eliminar o pó e partes soltas. Aplicar Fundo Preparador de Paredes Coral.
Imperfeições acentuadas na superfície: lixar e eliminar o pó. Corrigir com Massa Acrílica Coral (exteriores) ou Massa Corrida Coral (interiores).
Partes mofadas: lavar com solução de água e água sanitária em partes iguais, esperar 6 horas e enxaguar bem. Aguardar a secagem.
Superfícies com brilho: lixar e eliminar o pó e o brilho. Limpar com pano umedecido com água e aguardar a secagem.
Superfícies com gordura ou graxa: lavar com solução de água e detergente neutro e enxaguar. Aguardar a secagem.
Superfícies em bom estado: lixar e eliminar o pó.
Superfícies com umidade: identificar a origem e tratar de maneira adequada.

Outros produtos relacionados

Fundo Preparador de Paredes

Desenvolvido para solucionar problemas da superfície e garantir maior durabilidade à pintura.

Selador Acrílico

Indicado para uniformizar a absorção e selar paredes em ambientes externos e internos que nunca foram pintados.

Massa Acrílica Coral

Indicada para uniformizar, nivelar e corrigir pequenas imperfeições de paredes e tetos em ambientes externos e internos.

Decora Luz & Espaço

PREMIUM ★★★★★

É uma tinta que ajuda a iluminar o ambiente, por contar com a tecnologia *LUMITEC*. Essa tecnologia traz sensação de maior luminosidade e espaço para o seu ambiente, pois apresenta partículas que refletem até o dobro de luminosidade comparada a uma tinta convencional*. Decora Luz & Espaço é um acrílico, de qualidade muito superior, sem cheiro**. Apresenta rápida secagem, finíssimo acabamento, ótima cobertura e fácil aplicação.

*O valor da reflexão da luz é sempre maior quando comparado a uma tinta convencional que seja da mesma família de cores em ambientes internos.

**Em teste de percepção de odor realizado com consumidores, pelo menos 85% avaliaram os produtos Coral como sendo de cheiro fraco ou sem cheiro, após 4 horas.

Embalagens/Rendimento

Lata (18 L): 175 a 275 m² por demão.
Galão (3,6 L): 35 a 50 m² por demão.

Acabamento

Fosco.

Aplicação

Rolo de lã de pelo baixo ou pincel de cerdas macias. Limpe as ferramentas com água e sabão.

Diluição

Superfícies não seladas: diluir a 1ª demão em até 50%; para outras demãos e demais superfícies: diluir em até 20% com água potável.

Cor

Cores prontas: 1.

Secagem

Ao toque: 30 minutos.
Entre demãos: 4 horas.
Final: 4 horas.

Dicas e preparação de superfície

Superfícies de gesso, concreto e blocos de cimento: lixar e eliminar o pó. Aplicar previamente Fundo Preparador de Paredes Coral.
Reboco novo: aguardar a cura e secagem por no mínimo 30 dias, lixar e eliminar o pó. Aplicar Selador Acrílico Coral (interior e exterior), caso não seja possível aguardar a cura, esperar a secagem da superfície e aplicar uma demão de Fundo Preparador de Paredes Coral.
Reboco fraco, caiação e partes soltas: lixar e eliminar o pó e partes soltas. Aplicar Fundo Preparador de Paredes Coral.
Imperfeições acentuadas na superfície: lixar e eliminar o pó. Corrigir com Massa Acrílica Coral (exteriores) ou Massa Corrida Coral (interiores).
Partes mofadas: lavar com solução de água e água sanitária em partes iguais, esperar 6 horas e enxaguar bem. Aguardar a secagem.
Superfícies com brilho: lixar e eliminar o pó e o brilho. Limpar com pano umedecido com água e aguardar a secagem.
Superfícies com gordura ou graxa: lavar com solução de água e detergente neutro e enxaguar. Aguardar a secagem.
Superfícies em bom estado: lixar e eliminar o pó.
Superfícies com umidade: identificar a origem e tratar de maneira adequada.

Outros produtos relacionados

Fundo Preparador de Paredes

Desenvolvido para solucionar problemas da superfície e garantir maior durabilidade à pintura.

Selador Acrílico

Indicado para uniformizar a absorção e selar paredes em ambientes externos e internos que nunca foram pintados.

Massa Acrílica Coral

Indicada para uniformizar, nivelar e corrigir pequenas imperfeições de paredes e tetos em ambientes externos e internos.

Rende Muito

STANDARD ★★★

Pintar com qualidade ficou ainda mais fácil. Coral Rende Muito é uma tinta de alta consistência que permite uma diluição superior aos produtos convencionais. Você consegue 80% de diluição com água, podendo pintar até 500 m² (lata) por demão. Com sua nova fórmula, possui 30% mais cobertura que a fórmula anterior. É muito mais rendimento com uma excelente cobertura e o melhor custo/benefício.

Embalagens/Rendimento

Lata (18 L): até 500 m²/demão.
Lata (16 L)*: até 450 m²/demão.
Galão (3,6 L): até 100 m²/demão.
Galão (3,2 L)*: até 90 m²/demão.
Quarto (0,9 L): até 25 m²/demão.
Quarto (0,8 L)*: até 22 m²/demão.
*Embalagem disponível somente no sistema tintométrico.

Acabamento

Fosco.

Aplicação

Rolo de lã de pelo baixo ou pincel de cerdas macias. Limpe as ferramentas com água e sabão.

Diluição

Independente de a superfície já ter sido pintada ou não, adicione 80% de água potável para 1 L de tinta (por exemplo, 800 mL de água para 1 L de tinta) e misture bem.

Cor

Cores prontas: 28.

Secagem

Ao toque: 30 minutos.
Entre demãos: 4 horas.
Final: 4 horas.

Dicas e preparação de superfície

Em bom estado (com ou sem pintura): Lixe e elimine o pó.
De gesso, concreto ou blocos de cimento: Lixe e elimine o pó. Antes de pintar, aplique o Fundo Preparador de Paredes Coral.
Reboco novo: o reboco da sua casa estará pronto para receber a pintura após 30 dias. Depois desse tempo, lixe e elimine o pó. Aplique o Selador Acrílico Coral para paredes externas e internas. Se não for possível aguardar os 30 dias e a secagem total do reboco, aplique uma demão do Fundo Preparador de Paredes Coral.
Com reboco fraco, paredes pintadas com cal ou que tenham partes soltas: Lixe e elimine o pó e as partes soltas. Aplique o Fundo Preparador de Paredes Coral.
Com pequenas imperfeições: Lixe e elimine o pó. Corrija a parede. Para paredes externas, use Massa Acrílica Coral e, para paredes internas, use Massa Corrida Coral.
Com mofo: Misture água e água sanitária em partes iguais. Lave bem a área. Espere 6 horas e enxágue com bastante água. Espere que seque bem e pinte.

Outros produtos relacionados

Fundo Preparador de Paredes

Desenvolvido para solucionar problemas da superfície e garantir maior durabilidade à pintura.

Selador Acrílico

Indicado para uniformizar a absorção e selar paredes em ambientes externos e internos que nunca foram pintados.

Massa Acrílica Coral

Indicada para uniformizar, nivelar e corrigir pequenas imperfeições de paredes e tetos em ambientes externos e internos.

Coralmur Zero Odor

PREMIUM ★★★★★

Embeleze suas paredes, sem sentir o cheiro da mudança. Coralmur Zero Odor é um látex Premium que, três horas após a aplicação,* não deixa rastro de cheiro característico de pintura. Além disso, ele tem maior cobertura e ficou até 3 vezes mais resistente. É indicado para paredes internas e externas.

*Sem cheiro em até três horas após a aplicação, segundo pesquisa realizada em que 80% dos consumidores avaliaram a intensidade do cheiro como fraco/sem cheiro.

Embalagens/Rendimento

Lata (18 L): Até 300 m² por demão.
Lata (16 L)**: Até 270 m² por demão.
Galão (3,6 L): Até 60 m² por demão.
Galão (3,2 L)**: Até 54 m² por demão.
Quarto (0,9 L): Até 15 m² por demão.
Quarto (0,8 L)**: Até 13 m² por demão.
** Embalagem disponível somente no sistema tintométrico.

Acabamento

Fosco.

Aplicação

Rolo de lã de pelo baixo ou pincel de cerdas macias. Limpe as ferramentas com água e sabão. Aplicar 2 a 3 demãos.

Diluição

Independente de a superfície já ter sido pintada ou não, adicione 40% de água potável para 1 L de tinta. Misture bem até a completa homogeneização.

Cor

Cores Prontas: Fosco 18.
Disponível no sistema tintométrico.

Secagem

Ao toque: 30 minutos.
Entre demãos: 4 horas.
Final: 4 horas.

Dicas e preparação de superfície

Em bom estado (com ou sem pintura): Lixe e elimine o pó.
De gesso, concreto ou blocos de cimento: Lixe e elimine o pó. Antes de pintar, aplique o Fundo Preparador de Paredes Coral.
Reboco novo: o reboco da sua casa estará pronto para receber a pintura após 30 dias. Depois desse tempo, lixe e elimine o pó. Aplique o Selador Acrílico Coral para paredes externas e internas. Se não for possível aguardar os 30 dias e a secagem total do reboco, aplique uma demão do Fundo Preparador de Paredes Coral.
Com reboco fraco, paredes pintadas com cal ou que tenham partes soltas: Lixe e elimine o pó e as partes soltas. Aplique o Fundo Preparador de Paredes Coral.
Com pequenas imperfeições: Lixe e elimine o pó. Corrija a parede. Para paredes externas, use Massa Acrílica Coral e, para paredes internas, use Massa Corrida Coral.
Com mofo: Misture água e água sanitária em partes iguais. Lave bem a área. Espere 6 horas e enxágue com bastante água. Espere que seque bem e pinte.
Com brilho: Lixe até tirar o brilho e elimine o pó. Limpe com um pano molhado e espere que seque bem antes de pintar.
Com gordura: Misture água com detergente neutro e lave. Depois enxágue com bastante água. Espere que seque bem e pinte.

Outros produtos relacionados

Fundo Preparador de Paredes

Desenvolvido para solucionar problemas da superfície e garantir maior durabilidade à pintura.

Selador Acrílico

Indicado para uniformizar a absorção e selar paredes em ambientes externos e internos que nunca foram pintados.

Massa Acrílica Coral

Indicada para uniformizar, nivelar e corrigir pequenas imperfeições de paredes e tetos em ambientes externos e internos.

Sol & Chuva

PREMIUM ★★★★★

Esta é a tinta para quem quer proteger as paredes externas da casa, faça sol ou faça chuva, agora com nova fórmula que protege as paredes contra algas e mofo, além da maresia. É uma tinta acrílica elástica, que forma uma película impermeável flexível, capaz de acompanhar a dilatação e a retração de paredes em alvenaria ou concreto, causadas pela mudança de temperatura. Nem a umidade consegue atingir a parede. Ela é fácil de aplicar e possui excelente cobertura. Você ainda pode contar com a tecnologia internacional para o desenvolvimento de Cores da Coral, que permite escolher entre as mais de mil cores do leque.

Embalagens/Rendimento

Lata (18 L): 150 a 200 m² por demão.
Lata (16 L)*: 120 a 160 m² por demão.
Galão (3,6 L): 30 a 40 m² por demão.
Galão (3,2 L)*: 24 a 32 m² por demão.
*Embalagem disponível somente no sistema tintométrico.

Acabamento

Fosco.

Aplicação

Rolo de lã de pelo baixo ou pincel de cerdas macias.
Limpe as ferramentas com água e sabão.

Diluição

Diluir todas as demãos em 10% com água potável.

Cor

Cores prontas: 1.
Disponível no sistema tintométrico.

Secagem

Ao toque: 2 horas.
Entre demãos: 4 horas.
Final: 24 horas.

Dicas e preparação de superfície

Superfícies de gesso, concreto e blocos de cimento: lixar e eliminar o pó. Aplicar previamente Fundo Preparador de Paredes Coral.
Reboco novo: aguardar a cura e secagem por no mínimo 30 dias, lixar e eliminar o pó. Aplicar Selador Acrílico Coral (interior e exterior); caso não seja possível aguardar a cura, esperar a secagem da superfície e aplicar uma demão de Fundo Preparador de Paredes Coral.
Reboco fraco, caiação e partes soltas: lixar e eliminar o pó e partes soltas. Aplicar Fundo Preparador de Paredes Coral.
Imperfeições acentuadas na superfície: lixar e eliminar o pó. Corrigir com Massa Acrílica Coral (exteriores) ou Massa Corrida Coral (interiores).
Partes mofadas: lavar com solução de água e água sanitária em partes iguais, esperar 6 horas e enxaguar bem. Aguardar a secagem.
Superfícies com brilho: lixar e eliminar o pó e o brilho. Limpar com pano umedecido com água e aguardar a secagem.
Superfícies com gordura ou graxa: lavar com solução de água e detergente neutro e enxaguar. Aguardar a secagem.
Superfícies em bom estado: lixar e eliminar o pó.
Superfícies com umidade: identificar a origem e tratar de maneira adequada.

Outros produtos relacionados

Fundo Preparador de Paredes

Desenvolvido para solucionar problemas da superfície e garantir maior durabilidade à pintura.

Selador Acrílico

Indicado para uniformizar a absorção e selar paredes em ambientes externos e internos que nunca foram pintados.

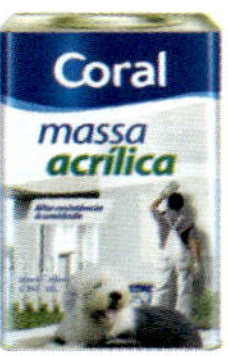

Massa Acrílica Coral

Indicada para uniformizar, nivelar e corrigir pequenas imperfeições de paredes e tetos em ambientes externos e internos.

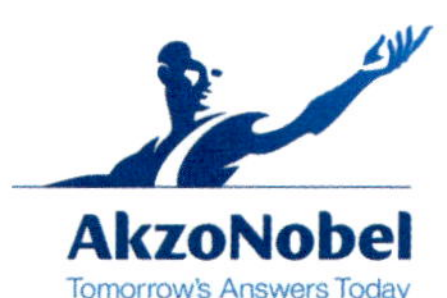

Brilho e Proteção

STANDARD ★★★

A tinta acrílica semibrilho Brilho e Proteção é de fácil aplicação, com mínimo de respingamento, o que a torna muito prática na sua utilização. Indicada para paredes internas e externas, além de conferir um belo acabamento estético, a aplicação de Brilho e Proteção forma na superfície uma película protetora resistente, que facilita a limpeza e oferece maior durabilidade.

Embalagens/Rendimento

Lata (18 L): 275 m² por demão.
Lata (16 L)*: 250 m² por demão.
Galão (3,6 L): até 55 m² por demão.
Galão (3,2 L)*: até 50 m² por demão.
Quarto (0,8 L)*: até 12 m² por demão.
* Embalagem disponível somente no sistema tintométrico.

Acabamento

Semibrilho.

Aplicação

Rolo de lã de pelo baixo ou pincel de cerdas macias.
Limpe as ferramentas com água e sabão.

Diluição

Superfícies não seladas: diluir a 1ª demão em até 30%; as demais a 20% de água potável.
Superfícies já seladas: diluir todas as demãos a 20% de água potável.

Cor

Cores Prontas: 1.
Disponível no sistema tintométrico.

Secagem

Ao toque: 30 minutos.
Entre demãos: 4 horas.
Final: 4 horas.

Dicas e preparação de superfície

Superfícies em bom estado (com ou sem pintura): lixe e elimine o pó.
Superfícies de gesso, concreto e blocos de cimento: lixar e eliminar o pó. Antes de pintar, aplique o Fundo Preparador de Paredes. A Coral tem um ótimo.
Reboco novo: o reboco da sua casa estará pronto para receber a pintura após 30 dias. Depois desse tempo lixe e elimine o pó. Aplique o Selador Acrílico da Coral para paredes externas e internas. Se não for possível aguardar os 30 dias e a secagem total do reboco, aplique uma demão do fundo preparador de paredes Coral.
Reboco fraco, caiação e partes soltas: lixar e eliminar o pó e as partes soltas. Aplique o Fundo Preparador de Paredes da Coral.
Pequenas Imperfeições: lixe e elimine o pó. Corrija a parede. Para paredes exteriores, utilize Massa Acrílica da Coral, para paredes interiores, use Massa Corrida da Coral.
Superfícies com mofo: misture água e água sanitária em partes iguais. Lave bem a área. Espere seis horas e enxágue com bastante água. Espere secar bem para aplicar.
Superfícies com umidade: antes de pintar, resolva o que está causando o problema.
Superfícies com brilho: lixe até tirar o brilho. E depois tire o pó. Limpe com um pano molhado e espere que seque bem antes de pintar.
Superfícies com gordura: misture água com detergente neutro e lave. Depois enxágue com bastante água. Espere secar bem para aplicar.

Outros produtos relacionados

Fundo Preparador de Paredes

Desenvolvido para solucionar problemas da superfície.

Selador Acrílico

Indicado para uniformizar a absorção e selar paredes.

Massa Acrílica Coral

Indicada para uniformizar, nivelar e corrigir pequenas imperfeições de paredes e tetos.

Coralar Acrílico

ECONÔMICA ★

Coralar é uma tinta acrílica para quem deseja economia com qualidade. É de fácil aplicação, rápida secagem, mínimo de respingamento e oferece bom acabamento. Coralar tem uma boa cobertura e rendimento. A qualidade de sua película propicia boa aderência às mais diferentes superfícies. Indicado para pintura de superfícies de alvenaria, cerâmica não vitrificada e blocos de cimentos em ambientes internos.

Embalagens/Rendimento

Lata (18 L): 150 a 250 m² por demão.
Galão (3,6 L): até 50 m² por demão.

Acabamento

Fosco.

Aplicação

Rolo de lã de pelo baixo ou pincel de cerdas macias. Aplicar 2 a 3 demãos.

Diluição

Superfícies não seladas: diluir a 1ª demão em até 50% e as demais de 10% a 20% com água potável. Superfícies já seladas: diluir todas as demãos de 10% a 20% com água potável.

Cor

Cores Prontas: 16

Secagem

Ao toque: 30 minutos.
Entre demãos: 4 horas.
Final: 4 horas.

Dicas e preparação de superfície

Superfícies de gesso, concreto e blocos de cimento: lixar e eliminar o pó. Aplicar previamente Fundo Preparador Base Água Coral.
Reboco novo: aguardar a cura e secagem por no mínimo 30 dias, lixar e eliminar o pó. Aplicar Selador Acrílico Coral (interior e exterior); caso não seja possível aguardar a cura, esperar a secagem da superfície e aplicar uma demão de Fundo Preparador Base Água Coral.
Reboco fraco, caiação e partes soltas: lixar e eliminar o pó e partes soltas. Aplicar Fundo Preparador Base Água Coral.
Imperfeições acentuadas na superfície: lixar e eliminar o pó. Corrigir com Massa Acrílica Coral ou Massa Corrida Coral.
Partes mofadas: lavar com solução de água e água sanitária em partes iguais, esperar 6 horas e enxaguar bem. Aguardar a secagem.
Superfícies com brilho: lixar e eliminar o pó e o brilho. Limpar com pano umedecido com água e aguardar a secagem.
Superfícies com gordura ou graxa: lavar com solução de água e detergente neutro e enxaguar. Aguardar a secagem.
Superfícies em bom estado: lixar e eliminar o pó.
Superfícies com umidade: identificar a origem e tratar de maneira adequada.

Outros produtos relacionados

Fundo Preparador de Paredes

Desenvolvido para solucionar problemas da superfície e garantir maior durabilidade à pintura.

Selador Acrílico

Indicado para uniformizar a absorção e selar paredes em ambientes externos e internos que nunca foram pintados.

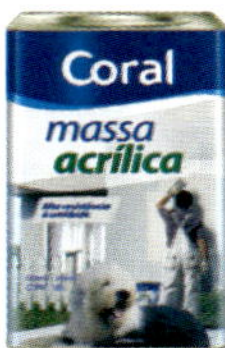

Massa Acrílica Coral

Indicada para uniformizar, nivelar e corrigir pequenas imperfeições de paredes e tetos em ambientes externos e internos.

Coralar Látex

ECONÔMICA ★

Coralar é uma tinta látex para quem deseja economia com qualidade. É de fácil aplicação, rápida secagem e mínimo respingamento. Tem boa cobertura e rendimento, além do bom poder de aderência aos mais diferentes tipos de superfície. Indicado para pintura de superfícies de alvenaria, concreto ou blocos de cimento. Em ambientes internos.

Embalagens/Rendimento
Lata (18 L): 150 a 250 m² por demão.
Galão (3,6 L): até 50 m² por demão.

Acabamento
Fosco.

Aplicação
Rolo de lã de pelo baixo ou pincel de cerdas macias. Aplicar 2 a 3 demãos.

Diluição
Superfícies não seladas: diluir a 1ª demão em até 50% e as demais de 10% a 20% com água potável. Superfícies já seladas: diluir todas as demãos de 10% a 20% com água potável.

Cor
Cores Prontas: 16.

Secagem
Ao toque: 30 minutos.
Entre demãos: 4 horas.
Final: 4 horas.

Dicas e preparação de superfície

Superfícies de gesso, concreto e blocos de cimento: lixar e eliminar o pó. Aplicar previamente Fundo Preparador Base Água Coral.
Reboco novo: aguardar a cura e secagem por no mínimo 30 dias, lixar e eliminar o pó. Aplicar Selador Acrílico Coral; caso não seja possível aguardar a cura, esperar a secagem da superfície e aplicar uma demão de Fundo Preparador Base Água Coral.
Reboco fraco, caiação e partes soltas: lixar e eliminar o pó e partes soltas. Aplicar Fundo Preparador Base Água Coral.
Imperfeições acentuadas na superfície: lixar e eliminar o pó. Corrigir com Massa Acrílica Coral ou Massa Corrida Coral (interiores).
Partes mofadas: lavar com solução de água e água sanitária em partes iguais, esperar 6 horas e enxaguar bem. Aguardar a secagem.
Superfícies com brilho: lixar e eliminar o pó e o brilho. Limpar com pano umedecido com água e aguardar a secagem.
Superfícies com gordura ou graxa: lavar com solução de água e detergente neutro e enxaguar. Aguardar a secagem.
Superfícies em bom estado: lixar e eliminar o pó.
Superfícies com umidade: identificar a origem e tratar de maneira adequada.

Outros produtos relacionados

Fundo Preparador de Paredes

Desenvolvido para solucionar problemas da superfície e garantir maior durabilidade à pintura.

Selador Acrílico

Indicado para uniformizar a absorção e selar paredes em ambientes externos e internos que nunca foram pintados.

Massa Acrílica Coral

Indicada para uniformizar, nivelar e corrigir pequenas imperfeições de paredes e tetos em ambientes externos e internos.

Textura Rústica

Com Textura Rústica fica fácil deixar até a superfície da parede com seu jeito, criando um efeito decorativo e sofisticado. O efeito mais comum é o arranhado, com riscos em baixo-relevo que dão a sensação de ambiente rústico. Porém, com ferramentas apropriadas e usando a sua imaginação, a Textura Rústica permite a obtenção de diversos outros efeitos, deixando o ambiente ainda mais personalizado.
A AkzoNobel conta também com tecnologia internacional para o desenvolvimento de Cores e você pode escolher uma das cores prontas disponíveis no catálogo ou, ainda, preparar na máquina uma das diversas cores do leque. Além disso, é muito simples aplicar o produto, pois dispensa o uso de massa fina em superfícies de alvenaria e pode ser aplicado em ambientes internos e externos.

Embalagens/Rendimento
Lata (18 L): 9 a 14 m² por demão.
Lata (14 L)*: 6,5 a 11 m² por demão.
Galão (3,6 L): 2 a 3 m² por demão.
Galão (3,2 L)*: 1,5 a 2,5 m² por demão.
Varia de acordo com a irregularidade da superfície e/ou efeito desejado.
* Embalagem disponível somente no sistema tintométrico.

Acabamento
Fosco.

Aplicação
Desempenadeira de aço, espátula e desempenadeira de plástico. Limpe as ferramentas com água e sabão.

Diluição
Produto pronto para uso; não diluir.

Cor
Cores Prontas: 6.
Disponível no sistema tintométrico.

Secagem
Ao toque: 1 hora.
Entre demãos: 4 horas.
Final: 4 horas.

Dicas e preparação de superfície

Em bom estado (com ou sem pintura): Lixe e elimine o pó.
Com umidade: Antes de aplicar, resolva o que está causando o problema.
Com reboco novo: O reboco da sua casa estará pronto para receber a pintura após 30 dias. Depois desse tempo, lixe e elimine o pó. Aplique o Selador Acrílico Coral para paredes externas e internas. Se não for possível aguardar os 30 dias e a secagem total do reboco, aplique uma demão do Fundo Preparador de Paredes Coral.
Com reboco fraco, paredes pintadas com cal ou que tenham partes soltas: Lixe e elimine o pó e as partes soltas. Aplique o Fundo Preparador de Paredes Coral.
Com mofo: Misture água e água sanitária em partes iguais. Lave bem a área. Espere seis horas e enxágue com bastante água. Espere que seque bem e aí pinte.
Com gordura: Misture água com detergente neutro e lave. Depois enxágue com bastante água. Espere que seque bem e aí pinte.

Outros produtos relacionados

Gel para Texturas
É um produto desenvolvido para obtenção de efeitos envelhecidos sobre os produtos: Textura Rústica, Design e Efeito.

Fundo Preparador Base Água Coral
Desenvolvido para solucionar problemas da superfície e garantir maior durabilidade à pintura.

Selador Acrílico
Indicado para uniformizar a absorção e selar paredes em ambientes externos e internos que nunca foram pintados.

Textura Efeito

Com Textura Efeito fica fácil deixar até a superfície da parede com seu jeito de uma maneira criativa e com um efeito decorativo, sofisticado e delicado. Como o próprio nome já diz, com esta Textura você consegue criar diversas opções de efeitos mais finos, usando ferramentas apropriadas e principalmente a sua imaginação. Desta maneira o ambiente ficará ainda mais personalizado. A AkzoNobel conta também com tecnologia internacional para o desenvolvimento de Cores e você pode escolher uma das diversas cores do leque e preparar na máquina. Além disso, é muito simples aplicar o produto, pois dispensa o uso de massa fina em superfícies de alvenaria e pode ser aplicado em ambientes internos e externos

Embalagens/Rendimento

Lata (16 L)*: 12 a 15 m² por demão.
Galão (3,2 L)*: 2,5 a 3 m² por demão.
Varia de acordo com a irregularidade da superfície e/ou efeito desejado.
* Embalagem disponível somente no sistema tintométrico.

Acabamento

Fosco.

Aplicação

Desempenadeira de aço, espátula e desempenadeira de plástico. Limpe as ferramentas com água e sabão.

Diluição

Altos relevos: produto pronto para uso; não diluir.
Baixos relevos: diluir com até 10% de água potável.

Cor

Disponível no sistema tintométrico.

Secagem

Ao toque: 30 minutos.
Entre demãos: 4 horas.
Final: 4 horas.

Dicas e preparação de superfície

Em bom estado (com ou sem pintura): Lixe e elimine o pó.
Com umidade: Antes de aplicar, resolva o que está causando o problema.
Com reboco novo: O reboco da sua casa estará pronto para receber a pintura após 30 dias. Depois desse tempo, lixe e elimine o pó. Aplique o Selador Acrílico Coral para paredes externas e internas. Se não for possível aguardar os 30 dias e a secagem total do reboco, aplique uma demão do Fundo Preparador de Paredes Coral.
Com reboco fraco, paredes pintadas com cal ou que tenham partes soltas: Lixe e elimine o pó e as partes soltas. Aplique o Fundo Preparador de Paredes Coral.
Com mofo: Misture água e água sanitária em partes iguais. Lave bem a área. Espere 6 horas e enxágue com bastante água. Espere que seque bem e aí pinte.
Com gordura: Misture água com detergente neutro e lave. Depois enxágue com bastante água. Espere que seque bem e aí pinte.

Outros produtos relacionados

Gel para Texturas

É um produto desenvolvido para obtenção de efeitos envelhecidos sobre os produtos: Textura Rústica, Design e Efeito.

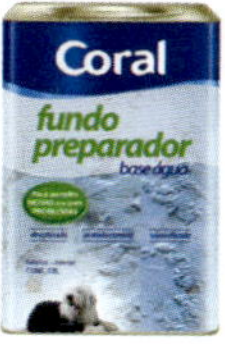

Fundo Preparador Base Água Coral

Desenvolvido para solucionar problemas da superfície e garantir maior durabilidade à pintura.

Selador Acrílico

Indicado para uniformizar a absorção e selar paredes em ambientes externos e internos que nunca foram pintados.

Textura Design

Com Textura Design ficou fácil deixar a parede com seu jeito, de uma maneira criativa e com efeito decorativo, sofisticado e moderno. É possível criar diversas opções de efeitos com a Textura Design usando ferramentas apropriadas e, principalmente, com sua imaginação e criatividade, o ambiente ficará ainda mais personalizado. A AkzoNobel conta também com tecnologia internacional para o desenvolvimento de cores e você pode escolher uma das diversas cores do leque e preparar na máquina. Além disso, é muito simples aplicar o produto, pois dispensa o uso de massa fina em superfícies de alvenaria e pode ser aplicado em ambientes internos e externos.

Embalagens/Rendimento

Lata (15 L): diluído: 14 a 23 m² por demão.
Sem diluição: 12 a 14 m² por demão.
Galão (3,2 L): diluído: 3 a 5 m² por demão.
Sem diluição: 2,5 a 3 m² por demão.
Pode variar de acordo com a irregularidade da superfície e/ou com efeito desejado.

Acabamento

Fosco.

Aplicação

Rolo de espuma rígida, desempenadeira e espátula de aço. Limpe as ferramentas com água e sabão.

Diluição

Produto pronto para uso. Para aplicação com rolo de espuma rígida, diluir com até 15% de água potável.

Cor

Disponível no sistema tintométrico.

Secagem

Ao toque: 1 hora.
Entre demãos: 4 horas.
Final: 4 horas.

Dicas e preparação de superfície

Em bom estado (com ou sem pintura): Lixe e elimine o pó.
Com umidade: Antes de aplicar, resolva o que está causando o problema.
Com reboco novo: O reboco da sua casa estará pronto para receber a pintura após 30 dias. Depois desse tempo, lixe e elimine o pó. Aplique o Selador Acrílico Coral para paredes externas e internas. Se não for possível aguardar os 30 dias e a secagem total do reboco, aplique uma demão do Fundo Preparador de Paredes Coral.
Com reboco fraco, paredes pintadas com cal ou que tenham partes soltas: Lixe e elimine o pó e as partes soltas. Aplique o Fundo Preparador de Paredes Coral.
Com mofo: Misture água e água sanitária em partes iguais. Lave bem a área. Espere 6 horas e enxágue com bastante água. Espere que seque bem e aí pinte.
Com gordura: Misture água com detergente neutro e lave. Depois enxágue com bastante água. Espere que seque bem e aí pinte.

Outros produtos relacionados

Gel para Texturas

É um produto desenvolvido para obtenção de efeitos envelhecidos sobre os produtos: Textura Rústica, Design e Efeito.

Fundo Preparador Base Água Coral

Desenvolvido para solucionar problemas da superfície e garantir maior durabilidade à pintura.

Selador Acrílico

Indicado para uniformizar a absorção e selar paredes em ambientes externos e internos que nunca foram pintados.

Gel para Texturas

O Gel para Texturas complementa a linha de decoração Coral, pois usando qualquer uma das opções (Perolizado ou Envelhecedor), fica fácil personalizar ainda mais o ambiente com efeitos decorativos e exclusivos. O Gel Perolizado proporciona efeitos como: esponjado, trapeado, manchado e muitas outras opções, que podem ser obtidas com criatividade e ferramentas diferenciadas. Já o Gel Envelhecedor proporciona um efeito envelhecido sobre os produtos Textura Rústica, Textura Design e Textura Efeito. Como se já não bastassem os diversos efeitos proporcionados pelo Gel para texturas, os produtos apresentam excelente resistência, inclusive à água, por causa da sua formulação acrílica. Além disso, a AkzoNobel conta também com tecnologia internacional para o desenvolvimento de cores e você pode escolher uma das diversas cores do leque e preparar na máquina.

Embalagens/Rendimento
Galão (3,2 L): até 48 m² por demão.
Quarto (0,8 L): até 12 m² por demão.

Acabamento
Gel Envelhecedor: brilhante.
Gel Perolizado: perolizado.

Aplicação
Gel Perolizado: utilizar o equipamento de acordo com o efeito desejado.
Gel Envelhecedor: rolo de lã de pelo baixo e pano.

Diluição
Pronta para uso; Não diluir.

Cor
Disponível no sistema tintométrico.

Secagem
Ao toque: 30 minutos.
Entre demãos: 2 horas.
Final: 4 horas.

Dicas e preparação de superfície

Preparação Gel para Texturas (Perolizado ou Envelhecedor): Este é um ponto fundamental para você conseguir um excelente resultado. Toda superfície deve ser preparada para receber o Gel para Texturas. Isso quer dizer que ela precisa estar firme, uniforme, limpa, seca e sem qualquer tipo de gordura ou mofo. Vale lembrar que, além da preparação, outros fatores, como homogeneização, diluição, aplicação, temperatura, tempo de secagem, influenciam na obtenção de um excelente resultado. Por isso leia as dicas e orientações desta embalagem antes de aplicar o produto.
Preparação Gel Perolizado:
Texturas: Recomendamos aplicar 1 demão de látex Decora ou Coralmur Zero Odor na cor desejada e aguardar a secagem antes da aplicação do Gel.
Paredes: Preparar a superfície com Massa Corrida ou Acrílica Coral.
Madeira: Lixar a superfície e corrigir as imperfeições com Massa para Madeira e Fundo Sintético Nivelador Coral.
Gesso: Aplicar 1 demão de Fundo Preparador de Paredes Coral.

Outros produtos relacionados

Textura Rústica

É o produto para quem busca criar em suas paredes um efeito decorativo, sofisticado e moderno. Poderão ser criados diversos tipos de acabamento, sendo o mais comum o efeito arranhado, com riscos em baixo relevo. Indicado para paredes externas e internas.

Textura Design

É o produto para quem busca criar em suas paredes um efeito decorativo, sofisticado e moderno, com acabamento levemente arenoso. Poderão ser criados diversos tipos de acabamento. Indicado para paredes externas e internas.

Textura Efeito

É o produto para quem busca criar em suas paredes um efeito decorativo, sofisticado e moderno. Poderão ser criados diversos tipos de acabamento de acordo com o equipamento/ferramenta utilizado e conforme a imaginação do aplicador. Indicado para paredes externas e internas.

Textura Acrílica

A Textura Acrílica é a maneira mais prática de se obter um efeito de textura em suas paredes, pois ela pode ser aplicada direta sobre o reboco e disfarça pequenas imperfeições da superfície. É de cor branca, mas você pode obter um efeito decorativo com outras cores, é só aplicar tinta de acabamento sobre a Textura. Além disso, é muito simples aplicar o produto: ele dispensa o uso de massa fina em superfícies de alvenaria e pode ser aplicado em ambientes internos e externos.

Embalagens/Rendimento
Lata (18 L): 20 a 35 m² por demão.
Galão (3,6 L): 4 a 7 m² por demão.

Acabamento
Fosco.

Aplicação
Rolo de borracha, rolo de lã, rolo de espuma, desempenadeira, espátula, escova etc. Limpe as ferramentas com água e sabão.

Diluição
Altos-relevos: produto pronto para uso; não diluir. Baixos-relevos: diluir com até 10% de água potável (por exemplo, 100 mL de água para 1 L de Textura).

Cor
Branca.

Secagem
Ao toque: 2 horas.
Para pintura: 4 horas.

Dicas e preparação de superfície

Em bom estado (com ou sem pintura): Lixe e elimine o pó.
Com umidade: Antes de aplicar, resolva o que está causando o problema.
Com reboco novo: O reboco da sua casa estará pronto para receber a pintura após 30 dias. Depois desse tempo, lixe e elimine o pó. Aplique o Selador Acrílico Coral para paredes externas e internas. Se não for possível aguardar os 30 dias e a secagem total do reboco, aplique uma demão do Fundo Preparador de Paredes Coral.
Com reboco fraco, paredes pintadas com cal ou que tenham partes soltas: Lixe e elimine o pó e as partes soltas. Aplique o Fundo Preparador de Paredes Coral.
Com mofo: Misture água e água sanitária em partes iguais. Lave bem a área. Espere 6 horas e enxágue com bastante água. Espere que seque bem e aí pinte.
Com gordura: Misture água com detergente neutro e lave. Depois enxágüe com bastante água. Espere que seque bem e aí pinte.

Outros produtos relacionados

Selador Acrílico

Indicado para uniformizar a absorção e selar paredes em ambientes externos e internos que nunca foram pintados.

Fundo Preparador de Paredes

Desenvolvido para solucionar problemas da superfície e garantir maior durabilidade à pintura.

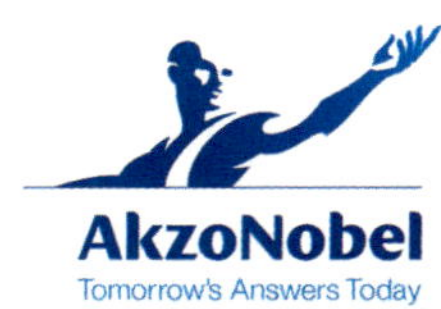

Brilho para Tinta

BRILHO PARA TINTA é um líquido incolor que aumenta o brilho das tintas quando aplicado como acabamento sobre tintas látex em ambientes internos. Porém, se a intenção for apenas regular o brilho da tinta, misture gradualmente sobre tinta látex na última demão, também em ambientes internos. Além disso, o Brilho para Tinta oferece maior impermeabilidade à superfície, que proporciona maior facilidade de limpeza, e possui secagem rápida e baixo odor.

Embalagens/Rendimento
Lata (18 L): Até 225 m² por demão.
Galão (3,6 L): 35 a 45 m² por demão.

Acabamento
Não aplicável.

Aplicação
Rolo de lã de pelo baixo e pincel de cerdas macias. Limpe as ferramentas com água e sabão. Aplicar 1 ou mais demãos.

Diluição
Como acabamento: 10% a 20% com água limpa.
Como regulador de brilho: 10% a 15% com água limpa e misturar a tinta na última demão.

Cor
Incolor.

Secagem
Ao toque: 1 hora.
Entre demãos: 4 horas.
Final: 4 horas.

Dicas e preparação de superfície

Com gordura: Misture água com detergente neutro e lave. Depois enxágue com bastante água. Espere secar bem para aplicar a tinta.
Com mofo: Misture água e água sanitária em partes iguais. Lave bem a área. Espere seis horas e enxágue com bastante água. Espere secar bem para aplicar a tinta.
Com umidade: Antes de pintar, resolva o que está causando o problema.
Superfícies em bom estado: Lixe e elimine o pó.

Outros produtos relacionados

Fundo Preparador de Paredes

Desenvolvido para solucionar problemas da superfície e garantir maior durabilidade à pintura.

Selador Acrílico

Indicado para uniformizar a absorção e selar paredes em ambientes externos e internos que nunca foram pintados.

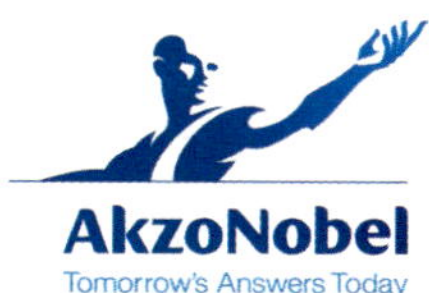

Massa Corrida

A Massa Corrida Coral tem alto poder de enchimento, elevada consistência, ótima aderência, além de secagem rápida e baixo odor. É cremosa e mais fácil de aplicar, econômica e mais resistente. Sua fórmula proporciona uma maior facilidade para lixar. Uso em interiores.

Embalagens/Rendimento
Massa Grossa:
Lata (18 L): 25 a 30 m² por demão.
Galão (3,6 L): 5 a 6 m² por demão.
Quarto (0,9 L): 1,25 a 1,5 m² por demão.
Massa Fina:
Lata (18 L): 40 a 60 m² por demão.
Galão (3,6 L): 8 a 12 m² por demão.
Quarto (0,9 L): 2 a 3 m² por demão.

Acabamento
Não aplicável.

Aplicação
Espátula ou desempenadeira de aço. Limpe as ferramentas com água e sabão.

Diluição
Produto pronto para uso; não diluir.

Cor
Branca.

Secagem
Ao toque: 30 minutos.
Entre demãos: 3 horas.
Final: 5 horas.

Dicas e preparação de superfície

Superfícies de gesso, concreto e blocos de cimento: Lixar e eliminar o pó. Para a aplicação de Massa Acrílica Coral, aplicar uma demão de Fundo Preparador de Paredes Coral.
Reboco fraco, caiação, desagregado ou partes soltas: Lixar e eliminar o pó e as partes soltas. Aplicar o Fundo Preparador de Paredes Coral. Nestes casos não se utiliza o Selador Acrílico Coral. Se desejar acabamento liso e uniforme, aplicar Massa Acrílica Coral após a secagem do Fundo.
Reboco novo: Lixar e eliminar o pó. Aguardar a cura por no mínimo 28 dias e aplicar o Selador Acrílico Coral (exteriores e interiores). Caso não seja possível aguardar a cura, esperar a secagem da superfície e aplicar uma demão de Fundo Preparador de Paredes Coral.
Partes mofadas: Lavar com uma solução de água e água sanitária, em partes iguais, esperar seis horas e enxaguar bem. Aguardar a secagem.
Superfícies com brilho: Lixar e eliminar o pó. Limpar com um pano embebido em água e aguardar a secagem.
Superfícies com gordura ou graxa: Lavar com uma solução de água e detergente neutro e enxaguar. Aguardar a secagem.

Outros produtos relacionados

Fundo Preparador de Paredes

Desenvolvido para solucionar problemas da superfície e garantir maior durabilidade à pintura.

Selador Acrílico

Indicado para uniformizar a absorção e selar paredes em ambientes externos e internos que nunca foram pintados.

Massa Acrílica

A Massa Acrílica Coral tem alto poder de preenchimento, ótima aderência, é fácil de lixar e aplicar, além de possuir secagem rápida, elevada consistência, excelente resistência à alcalinidade e à intempérie. Indicado para uniformizar, nivelar e corrigir pequenas imperfeições em superfícies externas e internas de alvenaria e concreto.

Embalagens/Rendimento

Massa Grossa:
Lata (18 L): 25 a 30 m² por demão.
Galão (3,6 L): 5 a 6 m² por demão.
Quarto (0,9 L): 1,25 a 1,50 m² por demão.
Massa Fina:
Lata (18 L): 40 a 60 m² por demão.
Galão (3,6 L): 8 a 12 m² por demão.
Quarto (0,9 L): 2 a 3 m² por demão.

Acabamento

Não aplicável.

Aplicação

Espátula ou desempenadeira de aço. Limpe as ferramentas com água e sabão.

Diluição

Produto pronto para uso; não diluir.

Cor

Branca.

Secagem

Ao toque: 30 minutos.
Entre demãos: 4 horas.
Final: 5 horas.

Dicas e preparação de superfície

Superfícies de gesso, concreto e blocos de cimento: Lixar e eliminar o pó. Para a aplicação de Massa Acrílica Coral, aplicar uma demão de Fundo Preparador de Paredes Coral.
Reboco fraco, caiação, desagregado ou partes soltas: Lixar e eliminar o pó e as partes soltas. Aplicar o Fundo Preparador de Paredes Coral. Nestes casos não se utiliza o Selador Acrílico Coral. Se desejar acabamento liso e uniforme, aplicar Massa Acrílica Coral após a secagem do Fundo.
Reboco novo: Lixar e eliminar o pó. Aguardar a cura por no mínimo 28 dias e aplicar o Selador Acrílico Coral (exteriores e interiores). Caso não seja possível aguardar a cura, esperar a secagem da superfície e aplicar uma demão de Fundo Preparador de Paredes Coral.
Partes mofadas: Lavar com uma solução de água e água sanitária, em partes iguais, esperar seis horas e enxaguar bem. Aguardar a secagem.
Superfícies com brilho: Lixar e eliminar o pó. Limpar com um pano embebido em água e aguardar a secagem.
Superfícies com gordura ou graxa: Lavar com uma solução de água e detergente neutro e enxaguar. Aguardar a secagem.

Outros produtos relacionados

Fundo Preparador de Paredes

Desenvolvido para solucionar problemas da superfície e garantir maior durabilidade à pintura.

Selador Acrílico

Indicado para uniformizar a absorção e selar paredes em ambientes externos e internos que nunca foram pintados.

Fundo Preparador de Paredes Base Água

O Fundo Preparador Base Água foi especialmente desenvolvido para preparar paredes novas que receberão pintura ou para solucionar os problemas da superfície, que pode estar descascada, saponificada ou pintada com cal. O Fundo Preparador Base Água pode ser aplicado facilmente tanto em ambientes internos quanto externos e garante maior durabilidade à pintura. Além disso, com seu uso, a parede adere melhor à tinta de acabamento e forma uma barreira contra a alcalinidade. Não indicamos a aplicação direta deste produto em superfícies de gesso corrido. Neste caso, recomendamos utilizar a tinta Coral Direto no Gesso.

Embalagens/Rendimento
Lata (18 L): 150 a 275 m² por demão.
Galão (3,6 L): 30 a 55 m² por demão.

Diluição
Produto pronto para uso; não diluir.

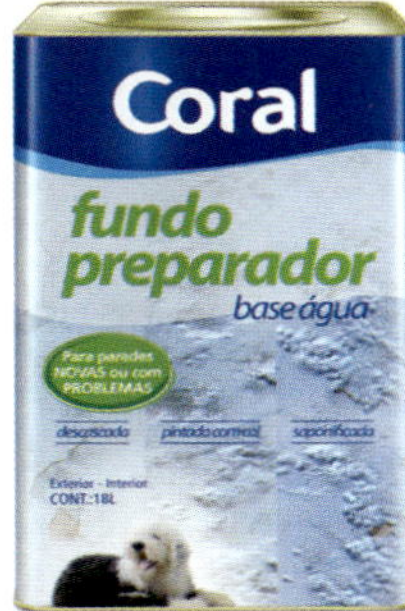

Aplicação
Rolo de lã ou pincel. Limpe as ferramentas com água e sabão.

Secagem
Ao toque: 30 minutos.
Entre demãos: 4 horas.
Final: 4 horas.

Selador Acrílico

Indicado para paredes novas, o SELADOR ACRÍLICO impermeabiliza e uniformiza as mais diversas superfícies de alvenaria devido ao seu poder selante e ótima aderência. É um fundo de cor branco fosco, diluível em água e de rápida secagem. Com grande poder de preenchimento e cobertura, pode ser aplicado em ambientes internos e externos e prepara a superfície para os demais cuidados que sua parede necessita.

Embalagens/Rendimento
Lata (18 L): 75 a 100 m² por demão.
Galão (3,6 L): 15 a 20 m² por demão.

Diluição
Deve ser diluído de 5 a 15% com água potável.

Aplicação
Rolo de lã ou pincel. Limpe as ferramentas com água e sabão. Aplicar 1 ou mais demãos.

Secagem
Ao toque: 30 minutos.
Entre demãos: 4 horas.
Final: 5 horas.

Dicas e preparação de superfície

FUNDO PREPARADOR DE PAREDES BASE ÁGUA
Superfície com gordura: Misture água com detergente neutro e enxágue com bastante água. Aguarde a secagem e pinte. **Superfície com mofo**: Misture água e água sanitária em partes iguais e lave bem a área. Espere 6 horas e enxágue com bastante água. Aguarde a secagem e pinte. **Reboco fraco, desagregado, com partes soltas, caiação, paredes calcinadas ou antigas, em mal estado**: remova o máximo que puder. Lixe, escove a superfície e elimine o pó. **Reboco novo**: deixe a superfície secar, lixe e elimine o pó. **Superfície com umidade**: antes de pintar, identifique e resolva o que está causando o problema.
SELADOR ACRÍLICO
Reboco novo: Lixar e eliminar o pó. Aguardar a cura e a secagem por no míninmo 30 dias e aplicar o Selador Acrílico Coral. **Superfície em bom estado**: Lixar e eliminar o pó. **Superfície com gordura**: Misture água com detergente neutro e lave. Depois enxágue com bastante água. Espere secar bem para aplicação. **Superfície com mofo**: Misture água e água sanitária em partes iguais. Lave bem a área. Espere seis horas e enxágue com bastante água. Espere secar bem para aplicação. **Superfícies com umidade**: Identificar a origem e tratar de maneira adequada. **Apenas para Selador Acrílico – Superfícies com imperfeições acentuadas**: Lixar e eliminar o pó. Corrigir com Massa Acrílica Coral (exteriores) ou Massa Corrida Coral (interiores).

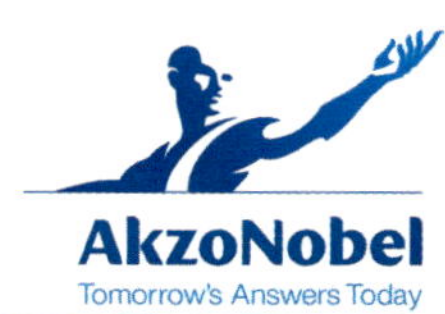

Coralit Secagem Rápida

PREMIUM ★★★★★

Coralit Secagem Rápida é um esmalte sintético que possui uma secagem muito mais rápida do que os esmaltes convencionais. Isso porque permite aplicar a segunda demão após 45 minutos, independente da fase de secagem da primeira demão. A secagem rápida torna o processo de pintura ágil e rápido. Possui película que dura por muito mais tempo, além da otima cobertura, como você já conhece na Família Coralit. Alem disso, possui durabilidade de 10 anos. Ideal para superfícies externas e internas de madeiras, metais ferrosos, galvanizados, alumínio, cerâmica não vitrificada.

Embalagens/Rendimento

Galão (3,6 L): até 50 m² por demão.
Quarto (0,9 L): até 12,5 m² por demão.

Acabamento

Brilhante e Acetinado.

Aplicação

Áreas grandes: rolo de lã de pelo baixo, rolo de espuma ou revólver. Áreas pequenas: pincel de cerdas macias. Limpe as ferramentas com água e sabão. Aplicar de 2 a 3 demãos.

Diluição

Usar diluente Aguarrás Coral. Aplicação a pincel/rolo: diluir no máximo 10%. Aplicação a revólver: diluir no máximo 30%.

Cor

Cores Prontas: 16 brilhantes e 2 acetinadas.

Secagem

Entre demãos: 45 minutos.
Final: 5 a 7 horas.

Dicas e preparação de superfície

Madeira nova: Lixar e eliminar as farpas, retirando a poeira com um pano umedecido com Aguarrás Coral. Aplicar uma demão de Fundo Sintético Nivelador Coral. Caso as superfícies apresentem imperfeições, corrigi-las utilizando Massa para Madeira Coral e em seguida aplicar uma demão de Fundo Sintético Nivelador Coral.
Metal (nova): Lixar e limpar a superfície com um pano umedecido em Aguarrás Coral. Aplicar uma demão de Fundo para Metais (metais ferrosos) ou Fundo para Galvanizado Coral (alumínio e galvanizado).
Metal (com ferrugem): Lixar e eliminar possíveis pontos de ferrugem ou qualquer outra impureza. Limpar a superfície com um pano umedecido em Aguarrás. Aplicar uma demão de Fundo para Metais (metais ferrosos) ou Fundo para Galvanizado Coral (alumínio e galvanizado).
Madeira e metal (repintura): Lixar certificando-se da total eliminação do brilho e limpar com um pano umedecido em Aguarrás Coral.
Caso as superfícies apresentem imperfeições: **Madeira** – corrigir utilizando Massa para Madeira Coral e em seguida aplicar uma demão de Fundo Sintético Nivelador Coral. **Metal** – aplicar uma demão de Fundo para Metais (metais ferrosos) ou Fundo para Galvanizado Coral (alumínio e galvanizado).

Outros produtos relacionados

Zarcoral

Protege por muito mais tempo a beleza do acabamento de superfícies internas e externas de metais. Fácil de aplicar e de lixar, possui excelente rendimento, ótima aderência e elevado poder anticorrosivo.

Massa para madeira

É uma massa branca ideal para corrigir imperfeições em superfícies de madeira, podendo ser utilizada em ambientes internos e externos.

Aguarrás Coral

Aguarrás Coral é o solvente com melhor desempenho para tintas sintéticas da Coral. Indicado para limpeza de ferramentas e diluição de tintas esmalte, óleo, vernizes, fundos para metais e complementos para madeira.

Coralit Tradicional

PREMIUM ★★★★★

Coralit Tradicional é o esmalte sintético de alta qualidade e durabilidade. Sua fórmula com silicone cria uma película com proteção prolongada, que conserva o brilho e a aparência de novo por muito mais tempo. Possui excelente acabamento, alto poder de cobertura, ótimo rendimento e fácil aplicação. Além disso, possui durabilidade de 10 anos. Ideal para superfícies externas e internas de madeiras, metais ferrosos, galvanizados, alumínio, cerâmica não vitrificada.

Embalagens/Rendimento

Galão (3,6 L): até 75 m² por demão.
Galão (3,2 L)*: até 67 m² por demão.
Quarto (0,9 L): até 20 m² por demão.
Quarto (0,8 L)*: até 18 m² por demão.
(0,225 L): até 5 m² por demão.
(0,112,5 L): 2 m² por demão.
* Embalagem disponível somente no sistema tintométrico.

Acabamento

Alto brilho, acetinado e fosco.

Aplicação

Áreas grandes: rolo de espuma ou revólver. Áreas pequenas: pincel com cerdas macias. Limpe as ferramentas com Coralraz. Aplicar 2 a 3 demãos.

Diluição

Usar diluente Aguarrás. Aplicação a pincel/rolo: diluir no máximo 10%. Aplicação a revólver: diluir no máximo 30%.

Cor

Cores Prontas: 29.
Disponível no sistema tintométrico.

Secagem

Ao toque: 1 a 3 horas.
Entre demãos: 8 horas.
Final: 18 horas.

Dicas e preparação de superfície

Madeira nova: Lixar e eliminar as farpas, retirando a poeira com um pano umedecido com Aguarrás. Aplicar uma demão de Fundo Sintético Nivelador Coral. Caso as superfícies apresentem imperfeições, corrigi-las utilizando Massa para Madeira Coral e em seguida aplicar uma demão de Fundo Sintético Nivelador Coral.
Metal (nova): Lixar e limpar a superfície com um pano umedecido em Aguarrás. Aplicar uma demão de Fundo para metal (metais ferrosos) ou Fundo para Galvanizado Coral (alumínio e galvanizado).
Metal (com ferrugem): Lixar e eliminar possíveis pontos de ferrugem ou qualquer outra impureza. Limpar a superfície com um pano umedecido em Aguarrás. Aplicar uma demão de Fundo para Metal (metais ferrosos) ou Fundo para Galvanizado Coral (alumínio e galvanizado).
Madeira e metal (repintura): Lixar certificando-se da total eliminação do brilho e limpar com um pano umedecido em Aguarrás.
Caso as superfícies apresentem imperfeições: Madeira – corrigir utilizando Massa para Madeira Coral e em seguida aplicar uma demão de Fundo Sintético Nivelador Coral. **Metal** – aplicar uma demão de Fundo para Metal (metais ferrosos) ou Fundo para Galvanizado Coral (alumínio e galvanizado).

Outros produtos relacionados

Aguarrás Coral

Aguarrás Coral é o solvente com melhor desempenho para tintas sintéticas da Coral. Indicado para limpeza de ferramentas e diluição de tintas esmalte, óleo, vernizes, fundos para metais e complementos para madeira.

Fundo para Metais

Protege por muito mais tempo a beleza do acabamento de superfícies internas e externas de metais. Fácil de aplicar e de lixar, possui excelente rendimento, ótima aderência e elevado poder anticorrosivo.

Massa para Madeira

É uma massa branca ideal para corrigir imperfeições em superfícies de madeira, podendo também ser utilizada em ambientes internos e externos.

Coralit Zero Odor Base Água

PREMIUM ★★★★★

Coralit Zero Odor é um esmalte base água e SEM CHEIRO* da Coral. Agora ele está ainda melhor, pois sua Nova Fórmula apresenta maior resistência, e no caso do acabamento brilhante apresenta maior brilho. Além disso, foi reduzido o COV, quantidade de compostos orgânicos voláteis que são emitidos para a atmosfera, ajudando a preservar o meio ambiente**. Justamente por ser à base de água, ele não tem aquele cheiro forte, não amarela em ambientes fechados e, além disso, seca bem mais rápido. Até a limpeza das ferramentas fica mais fácil, pois pode ser feita com água, dispensando a aguarrás. Possui durabilidade de 10 anos. Ideal para superfícies internas e externas de madeiras e metais.

* Segundo pesquisa realizada pelo Instituto Perception em janeiro de 2011, 66,6% dos consumidores avaliaram Coralit Zero Odor como sem cheiro ou com cheiro fraco após 1 hora da aplicação. ** Em relação à fórmula anterior.

Embalagens/Rendimento

Galão (3,6 L): até 75 m² por demão.
Galão (3,2 L)*: até 67 m² por demão.
Quarto (0,9 L): até 20 m² por demão.
Quarto (0,8 L)*: até 18 m² por demão.
*Embalagem disponível somente no sistema tintométrico.

Acabamento

Brilhante e Acetinado.

Aplicação

Áreas grandes: rolo de lã de pelo baixo, rolo de espuma ou revólver. Áreas pequenas: pincel de cerdas macias. Limpe as ferramentas com água e sabão. Aplicar de 2 a 3 demãos.

Diluição

Diluir com água.
Aplicação com pincel/rolo: diluir no máximo 10%.
Aplicação com revólver: diluir no máximo 20%.

Cor

Cores Prontas: 14.
Disponível no sistema tintométrico.

Secagem

Ao toque: 30 minutos.
Entre demãos: 4 horas.
Final: 5 horas.

Dicas e preparação de superfície

Madeira nova: Lixar e eliminar as farpas, retirando a poeira com um pano umedecido com Aguarrás Coral. Aplicar uma demão de Fundo Sintético Nivelador Coral. Caso as superfícies apresentem imperfeições, corrigi-las utilizando Massa para Madeira Coral e em seguida aplicar uma demão de Fundo Sintético Nivelador Coral.
Metal (nova): Lixar e limpar a superfície com um pano umedecido em Aguarrás Coral. Aplicar uma demão de Fundo para Metais (metais ferrosos) ou Fundo para Galvanizado Coral (alumínio e galvanizado).
Metal (com ferrugem): Lixar e eliminar possíveis pontos de ferrugem ou qualquer outra impureza. Limpar a superfície com um pano umedecido em Aguarrás. Aplicar uma demão de Fundo para Metais (metais ferrosos) ou Fundo para Galvanizado Coral (alumínio e galvanizado).
Madeira e metal (repintura): Lixar certificando-se da total eliminação do brilho e limpar com um pano umedecido em Aguarrás Coral.
Caso as superfícies apresentem imperfeições: **Madeira** – corrigir utilizando Massa para Madeira Coral e em seguida aplicar uma demão de Fundo Sintético Nivelador Coral. **Metal** – aplicar uma demão de Fundo para Metais (metais ferrosos) ou Fundo para Galvanizado Coral (alumínio e galvanizado).

Outros produtos relacionados

Fundo Preparador Coralit Zero

Prepara as superfícies de madeira e metais para aplicação do Coralit Zero. Nas superfícies de madeira, corrige pequenas imperfeições e uniformiza a absorção, Nas superfícies de metais, ele protege contra ferrugem e funciona como promotor de aderência, aumentando a resistência e durabilidade do Esmalte.

Massa para Madeira

É uma massa branca ideal para corrigir imperfeições em superfícies de madeira, podendo ser utilizada em ambientes interiores e exteriores.

Wandepoxy

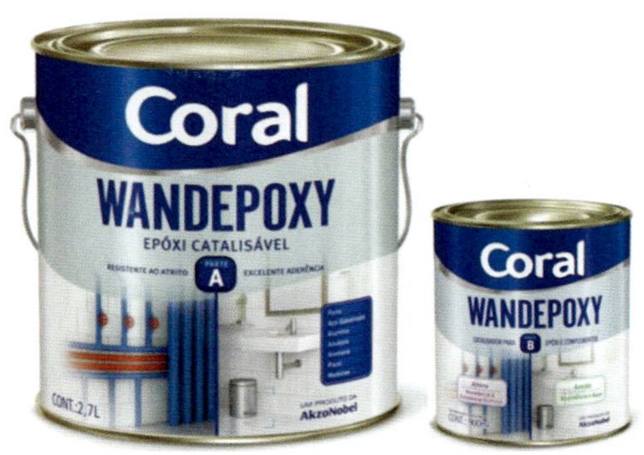

Esmalte Epóxi Catalisável de alto brilho possui alta resistência à umidade e a produtos químicos, alta dureza e resistência à abrasão, além de ótima aderência aos mais diversos tipos de superfícies. Exclusivo com 2 tipos de catalisadores: resistência química (catalisador amina) e resistência à água (catalisador amida). Indicação Esmalte Wandepoxy + Catalisador Amina, proporciona a melhor resistência química para a superfície. Indicando para tubulações, pisos de oficinas e indústrias. Esmalte Wandepoxy + Catalisador Amida, proporciona a melhor resistência à água. Indicado para banheiros, cozinhas, áreas molhadas etc.

Embalagens/Rendimento

Galão (2,7 L): de 40 a 50 m² por demão.
Galão (2,56 L)*: de 42 a 47 m² por demão.
*Embalagem disponível somente no sistema tintométrico. O catalisador da parte B para o sistema tintométrico é hibrido (resistência química ou água).

Acabamento

Brilhante.

Aplicação

Pincel, rolo para epóxi ou pistola convencional. Aplicar 2 a 3 demãos com intervalo de 24 horas.

Diluição

Sobre a tinta catalisada use Diluente Wandepoxy. Pincel, trincha: até 10% do volume; rolo, pistola convencional: até 20% do volume.

Cor

Cores Prontas: 16 cores.
Disponível no sistema tintométrico: 959.

Secagem

Ao toque: 2 horas.
Manuseio: 6 horas.
Completa: 24 horas. Cura total: 7 dias.

Dicas e preparação de superfície

Alvenaria Superfícies de reboco e concreto: deverão estar curadas por pelo menos 30 dias, apresentando-se firmes, bem agregadas e isentas de cal. Aplique uma demão de Fundo Branco Epoxy. Se necessário, corrija as imperfeições com Massa Wandepoxy (bicomponente), lixe e aplique outra demão de Fundo Branco Wandepoxy. Deixe secar e aplique 2 a 3 demãos do Wandepoxy Esmalte Brilhante. **Pisos**: Deverão estar curados por pelo menos 30 dias, perfeitamente limpos, isentos de graxa, óleos ou qualquer outro contaminante. Aplique uma demão de Fundo Branco Wandepoxy. Se necessário, corrija as imperfeições com Massa Wandepoxy Catalisável, lixe e aplique outra demão de Fundo Branco Wandepoxy. Deixe secar e aplique 2 a 3 demãos do Wandepoxy Esmalte Brilhante. **Pisos de cimento queimado**: Antes da pintura, deverão sofrer tratamento com solução a 10% em volume de ácido muriático. Nesta situação, enxágue e deixe secar por completo. Aplique uma demão de Fundo Branco Wandepoxy. Se necessário, corrija as imperfeições com Massa Wandepoxy Catalisável, lixe e aplique outra demão de Fundo Branco Wandepoxy. Deixe secar e aplique 2 a 3 demãos do Wandepoxy Esmalte Brilhante. **Madeiras internas**: Deverão estar secas e com menos de 18% de umidade. Madeiras verdes ou úmidas não deverão ser pintadas. Para um melhor acabamento, aplique previamente 1 demão de Fundo Branco Wandepoxy. Se necessário, corrija imperfeições com Massa Wandepoxy bicomponente, lixe e aplique outra demão de Fundo Branco Wandepoxy. Deixe secar e aplique 2 a 3 demãos do Wandepoxy Epóxi Catalisável. **Azulejos**: Devem estar desengordurados, principalmente na região dos rejuntes. Pode-se aplicar o Wandepoxy Esmalte Brilhante diretamente sobre o azulejo ou, para a obtenção de um melhor padrão de acabamento, aplique previamente o Fundo Branco Wandepoxy. **Ferro e Aço**: Elimine totalmente a ferrugem, graxas ou outros contaminantes. Aplique previamente uma demão de Fundo Misto Wandepoxy. Se necessário, corrija as imperfeições com Massa Wandepoxy (bicomponente), lixe e aplique outra demão de Fundo Misto Wandepoxy. Deixe secar e aplique 2 a 3 demãos do Wandepoxy Esmalte

Outros produtos relacionados

Massa Bicomponente Wandepoxy: Massa a base de resinas epóxi, fornecida em 2 componentes. Parte A e Parte B (catalisador) indicada para imperfeições em paredes de banheiro, cozinhas, pisos de concreto, superfícies metálicas, madeira etc.

Verniz Epóxi Catalisável Wandepoxy: Verniz de acabamento incolor, não pigmentado para interiores. Indicado principalmente para superfícies de madeira interna e alvenaria.

Fundo Misto Epóxi Catalisável Wandepoxy: Fundo anticorrosivo, pigmentado com zarcão e óxido de ferro. Indicado para aplicações em ferro e aço.

Esmalte Sintético Ferrolack

Ferrolack é um esmalte sintético com excelente poder anticorrosivo para superfícies metálicas, com dupla ação: fundo e acabamento, que dispensa a aplicação prévia de fundos ou primers anticorrosivos. Fácil de aplicar apresenta secagem rápida, excelente cobertura e rendimento. Ferrolack possui bom alastramento, flexibilidade, aderência, dureza e ótima resistência ao atrito. Quando utilizado como acabamento, apresenta ótima durabilidade às intempéries. Indicação: Superfícies externas e internas de metais, madeira. Aplicado em ferro, protege contra a ferrugem e em madeira, contra a umidade.

Embalagens/Rendimento

Galão (3,6 L): até 60 m² por demão.
Quarto (0,9 L): até 15 m² por demão.
1/16 L (0,2 L): até 3,5 m² por demão.

Acabamento

Brilhante.

Aplicação

Pincel ou trincha de cerdas macias, rolo de espuma ou do tipo pelo baixo para epóxi, ou pistola.
Aplicar 2 a 3 demãos com intervalo de 24 horas.

Diluição

Diluir até 10% com Aguarrás Coral ou Sparlack Redutor.
Para aplicação à pistola: diluir até 20% com Aguarrás Coral ou Sparlack Redutor. Homogeneizar bem o produto com espátula adequada, antes e durante a diluição e aplicação.

Cor

Branco, cinza, preto, verde folha, azul Del Rey e vermelho óxido.

Secagem

Ao toque: 8 horas.
Entre demãos: 8 a 12 horas.
Final: 18 a 24 horas.

Dicas e preparação de superfície

Ferro e aço: Lixar para eliminar ferrugem solta e outras impurezas. Em seguida, limpe a superfície com um pano embebido com Diluente Aguarrás ou similar, aplicando a seguir o Ferrolack.
Galvanizados e Alumínio: Aplicar previamente ao Ferrolack o Fundo para Galvanizado Coral, a fim de garantir a perfeita aderência do produto a essas superfícies.
Madeira: Lixar para eliminar as farpas. Para madeiras resinosas aplicar previamente o Sparlack Knotting, a fim de impedir o retardamento da secagem do Ferrolack, e também a migração de manchas provenientes das resinas naturais da madeira. Em seguida, opcionalmente poderá ser aplicado o Fundo Sintético Nivelador Coral, o que proporcionará acabamento mais liso e uniforme às superfícies de madeira.
Alvenaria, Fibrocimento, Concreto e Cerâmicas não vitrificadas: aplicar previamente Fundo Preparador de Paredes Coral. Imperfeições deverão ser corrigidas previamente com Massa para Madeira Coral.

Coral Esmalte Secagem Rápida

PREMIUM ★★★★★

Esmalte Secagem Rápida é o esmalte sintético para quem deseja qualidade e praticidade*. Sua fórmula especial garante uma secagem muito mais rápida do que os esmaltes comuns. Possui ótimo rendimento e bom poder de cobertura. É fácil de aplicar e oferece boa resistência. Sua fórmula de secagem rápida facilita o trabalho de pintura.

*Produto disponível na Região Norte e Nordeste.

Embalagens/Rendimento

Galão (3,6 L): até 50 m² por demão.
Quarto (0,9 L): até 12,5 m² por demão.
Lata (0,112,5 L): até 1,56 m² por demão.

Acabamento

Brilhante.

Aplicação

Áreas grandes: rolo de espuma ou revólver. Áreas pequenas: pincel com cerdas macias. Limpe as ferramentas com Aguarrás Coral. Aplicar 2 a 3 demãos.

Diluição

Produto pronto para uso; não diluir. Se necessário, utilizar Aguarrás Coral até 10% para pincel e rolo de espuma. Para pistola, utilizar 20% de Aguarrás Coral ou até atingir a viscosidade desejada.

Cor

Cores Prontas: 27.

Secagem

Ao toque: 20 minutos.
Entre demãos: 30 minutos a 2 horas.
Final: 5 a 7 horas.

Dicas e preparação de superfície

Madeira nova: Lixar e eliminar as farpas, retirando a poeira com um pano umedecido com Aguarrás Coral. Aplicar uma demão de Fundo Sintético Nivelador Coral. Caso as superfícies apresentem imperfeições, corrigi-las utilizando Massa para Madeira Coral e em seguida aplicar uma demão de Fundo Sintético Nivelador Coral.
Metal (nova): Lixar e limpar a superfície com um pano umedecido em Aguarrás Coral. Aplicar uma demão de Fundo para Metais (metais ferrosos) ou Fundo para Galvanizado Coral (alumínio e galvanizado).
Metal (com ferrugem): Lixar e eliminar possíveis pontos de ferrugem ou qualquer outra impureza. Limpar a superfície com um pano umedecido em Aguarrás. Aplicar uma demão de Fundo para Metais (metais ferrosos) ou Fundo para Galvanizado Coral (alumínio e galvanizado).
Madeira e metal (repintura): Lixar certificando-se da total eliminação do brilho e limpar com um pano umedecido em Aguarrás Coral.
Caso as superfícies apresentem imperfeições: Madeira – corrigir utilizando Massa para Madeira Coral e em seguida aplicar uma demão de Fundo Sintético Nivelador Coral. **Metal** – aplicar uma demão de Fundo para Metais (metais ferrosos) ou Fundo para Galvanizado Coral (alumínio e galvanizado).

Outros produtos relacionados

Aguarrás Coral

Aguarrás Coral é o solvente com melhor desempenho para tintas sintéticas da Coral. Indicado para limpeza de ferramentas e diluição de tintas esmalte, óleo, vernizes, fundos para metais e complementos para madeira.

Fundo para Metais

Protege por muito mais tempo a beleza do acabamento de superfícies internas e externas de metais. Fácil de aplicar e de lixar, possui excelente rendimento, ótima aderência e elevado poder anticorrosivo.

Massa para Madeira

É uma massa branca ideal para corrigir imperfeições em superfícies de madeira, podendo também ser utilizada em ambientes internos e externos.

Esmalte Sintético Martelado

Esmalte Sintético Martelado é uma tinta de secagem ao ar, resistente ao tempo, que transforma e embeleza as superfícies através de suas cores modernas e resistentes. Fácil de aplicar, secagem extrarrápida, boa cobertura e rendimento, alem de resistir até 100 °C de temperatura. Após sua aplicação dá origem a uma película de aspecto metalizado e com desenho característico, denominado "martelado". Apresenta ótima dureza e aderência, alem de uma película lisa, impermeável e repelente a água, que reduz a incrustação de sujeira, facilitando a limpeza. Pelas suas características antioxidantes, pode ser aplicado sobre superfícies de ferro e aço novas e enferrujadas. O Esmalte sintético martelado previne e interrompe o processo de ferrugem.

Embalagens/Rendimento
Galão (3,6 L): até 48 m² por demão.
Quarto (0,9 L): até 12 m² por demão.

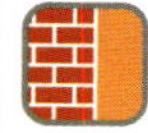

Acabamento
Martelado.

Aplicação
Rolo, pincel ou trincha de cerdas macias.
Pistola. 2 a 3 demãos.

Diluição
Produto pronto para uso; não diluir. Caso seja necessária diluição, utilizar 5% de aguarrás Coral.

Cor
Cores Prontas: Cinza claro, Verde Verssalles, Azul Real, Cinza escuro, Verde Azul da Prússia, Verde cana, Verde Brasil e Verde esmeralda.

Secagem
Ao toque: 1 hora.
Entre demãos: 5 a 7 horas.
Final: 5 horas.

Dicas e preparação de superfície

Ferro e aço: Pode ser aplicado diretamente sobre sueprficies ferrosas, pintadas ou sem pintura, enferrujadas ou não.
Sobre ferrugem: Não é necessário eliminar a ferrugem encrustada. Basta apenas lixar a superfície para eliminar as partículas soltas de ferrugem e outras impurezas. Em seguida, limpe a superfície com um pano embebido em Aguarrás Coral, aplicando a seguir o Esmalte Sintético Martelado. Desejando aumentar ainda mais a proteção anticorrosiva, pode-se usar previamente ao Esmalte Sintético Martelado um Fundo com ação anticorrosiva.
Sobre pinturas antigas: Lixar para remover partes soltas e abrandar o brilho. Eliminar o pó e outros contaminantes, em seguida aplicar o Esmalte Sintético Martelado.
Sobre superfícies novas: Lixar para melhorar a aderência. Eliminar o pó e outros contaminantes, em seguida aplicar o Esmalte Sintético Martelado.
Galvanizado e Alumínio: Neste caso, para garantir a aderência, é essencial a aplicação prévia do Fundo para Metais Coral.

Coralar Esmalte Sintético

STANDARD ★★★

Coralar é o esmalte sintético para quem deseja economia com qualidade. Possui bom rendimento e poder de cobertura. É fácil de aplicar e oferece boa resistência. Indicado para uso interior e exterior em superfícies de metais ferrosos, alumínio, galvanizados e madeiras.

Embalagens/Rendimento
Galão (3,6 L): 40 a 50 m² por demão.
Quarto (0,9 L): 10 a 12,5 m² por demão.

Acabamento
Brilhante, acetinado e fosco.

Aplicação
Áreas grandes: rolo de espuma ou revólver. Áreas pequenas: pincel com cerdas macias. Limpe as ferramentas com diluente Aguarrás Coral. Aplicar 2 a 3 demãos.

Diluição
Usar diluente Aguarrás Coral. Aplicação a pincel/rolo: diluir no máximo 10%. Aplicação a revólver: diluir no máximo 30%.

Cor
Cores prontas: 24.

Secagem
Ao toque: 4 a 6 horas.
Entre demãos: 8 horas.
Final: 14 a 18 horas.

Dicas e preparação de superfície

Madeira nova: Lixar e eliminar as farpas, retirando a poeira com um pano umedecido com Aguarrás Coral. Aplicar uma demão de Fundo Sintético Nivelador Coral. Caso as superfícies apresentem imperfeições, corrigi-las utilizando Massa para Madeira Coral e em seguida aplicar uma demão de Fundo Sintético Nivelador Coral.
Metal (nova): Lixar e limpar a superfície com um pano umedecido em Aguarrás Coral. Aplicar uma demão de Fundo para Metais (metais ferrosos) ou Fundo para Galvanizado Coral (alumínio e galvanizado).
Metal (com ferrugem): Lixar e eliminar possíveis pontos de ferrugem ou qualquer outra impureza. Limpar a superfície com um pano umedecido em Aguarrás. Aplicar uma demão de Fundo para Metais (metais ferrosos) ou Fundo para Galvanizado Coral (alumínio e galvanizado).
Madeira e metal (repintura): Lixar certificando-se da total eliminação do brilho e limpar com um pano umedecido em Aguarrás Coral.
Caso as superfícies apresentem imperfeições: **Madeira** – corrigir utilizando Massa para Madeira Coral e em seguida aplicar uma demão de Fundo Sintético Nivelador Coral. **Metal** – aplicar uma demão de Fundo para Metais (metais ferrosos) ou Fundo para Galvanizado Coral (alumínio e galvanizado).

Outros produtos relacionados

Aguarrás Coral
Aguarrás Coral é o solvente com melhor desempenho para tintas sintéticas da Coral. Indicado para limpeza de ferramentas e diluição de tintas esmalte, óleo, vernizes, fundos para metais e complementos para madeira.

Fundo para Metais
Protege por muito mais tempo a beleza do acabamento de superfícies internas e externas de metais. Fácil de aplicar e de lixar, possui excelente rendimento, ótima aderência e elevado poder anticorrosivo.

Massa para Madeira
É uma massa branca ideal para corrigir imperfeições em superfícies de madeira, podendo também ser utilizada em ambientes internos e externos.

Hammerite Esmalte Sintético Anti-ferrugem

PREMIUM ★★★★★

O Esmalte Sintético Anti-Ferrugem Hammerite é um esmalte antioxidante que se aplica diretamente sobre ferro limpo ou enferrujado. Não necessita de fundo prévio. Previne e interrompe o processo de ferrugem. Seca em 1 hora. Forma uma película impermeável. Repele a água. Possui um grande poder de cobertura e rendimento. Para superfícies exteriores e interiores.

Embalagens/Rendimento

Galão (2,4 L): pincel 16,2 a 18 m² por demão e rolo 21,6 a 24 m² por demão.
Quarto (0,8 L): pincel 5,4 a 6 m² por demão e rolo 7,2 a 8 m² por demão.

Acabamento

Brilhante.

Aplicação

Recomenda-se a aplicação com pincel sobre superfícies pequenas (como grades) e aplicação com rolo sobre superfícies grandes (como portões). Aplicar 2 a 3 demãos.

Diluição

Aplicação a pincel: não diluir. Aplicação a rolo: diluir na proporção de 10% com Solvente Hammerite. Aplicação a revólver: diluir na proporção de 50% com Solvente Hammerite. NÃO usar aguarrás.

Cor

Cores Prontas: 8. Branco, Azul, Preto, Amarelo, Cinza, Verde, Prata e Marrom.

Secagem

Ao toque: 1 hora.
Entre demãos: 1 a 8 horas.
Final: 1 hora.
Obs: Passando o tempo de repintura, deve-se esperar duas semanas para nova aplicação.

Dicas e preparação de superfície

Sobre ferrugem: não é necessário eliminar ou remover a oxidação incrustada. Basta lixar a superfície para eliminação das partículas soltas. Limpar em seguida, com Solvente Hammerite.
Repintura: lixar a superfície até remoção completa do brilho e partes soltas, lavar com água e sabão ou detergente neutro para eliminar o pó. Enxaguar e aguardar secagem. Recomendamos fazer um teste antes em uma pequena área e esperar 1 hora. Se não ocorrer reação (enrugamento da película), realizar a pintura. Se ocorrer, remover a tinta velha e proceder como no caso de metal novo.
Metal novo: lixar levemente, se necessário para melhor aderência. Limpar a superfície com Solvente Hammerite para eliminação de manchas de graxa ou gordura.

Outro produto relacionado

Solvente Hammerite

O Solvente Hammerite é indicado para: limpar e desengordurar as superfícies antes de pintar, lavar as ferramentas, diluir os produtos da marca Hammerite quando aplicados com rolo ou revólver.

Tinta Grafite

STANDARD ★★★

Coralar é o esmalte sintético para quem deseja economia com qualidade. Possui bom rendimento e poder de cobertura. É fácil de aplicar e oferece boa resistência. Indicado para uso interior e exterior em superfícies de metais ferrosos, alumínio, galvanizados e madeiras.

Embalagens/Rendimento
Galão (3,6 L): até 50 m² por demão.
Quarto (0,9 L): até 12,5 m² por demão.

Acabamento
Fosco.

Aplicação
Áreas grandes: rolo de espuma ou revólver. Áreas pequenas: pincel com cerdas macias. Limpe as ferramentas com Aguarrás Coral.

Diluição
Usar diluente Aguarrás Coral. Aplicação a pincel/rolo: diluir no máximo 10%. Aplicação a revólver: diluir no máximo 30%.

Cor
Cores Prontas: 2 (Grafite Escuro e Grafite Claro).

Secagem
Ao toque: 4 a 6 horas.
Entre demãos: 8 horas.
Final: 18 a 24 horas.

Dicas e preparação de superfície

Metais novos: lixar e limpar com um pano umedecido com Aguarrás Coral.
Metais com ferrugem: lixar e remover toda a ferrugem, limpar com um pano umedecido com Aguarrás Coral.
Repintura: lixar até eliminar o brilho e limpar toda a superfície com um pano umedecido com Aguarrás Coral.

Outro produto relacionado

Aguarrás Coral

Aguarrás Coral é o solvente com melhor desempenho para tintas sintéticas da Coral. Indicado para limpeza de ferramentas e diluição de tintas esmalte, óleo, vernizes, fundos para metais e complementos para madeira.

Solvente Hammerite

O Solvente Hammerite é indicado para: limpar e desengordurar as superfícies antes de pintar, lavar as ferramentas, diluir os produtos da marca Hammerite quando aplicados com rolo ou revólver.

Embalagens/Rendimento Lata (0,5 L): não aplicável.	**Acabamento** Não aplicável.
Aplicação Para limpeza e diluição.	**Diluição** Produto pronto para uso; não diluir.
Cor Não aplicável.	**Secagem** Não aplicável

Aguarrás Coral

Aguarrás Coral é o solvente com melhor desempenho para tintas sintéticas da Coral. Sua formulação exclusiva foi desenvolvida especialmente para a perfeita combinação com nossos produtos. Indicado para limpeza de ferramentas e diluição de tintas esmalte, óleo, vernizes, fundos para metais e complementos para madeira.

Embalagens/Rendimento Lata (0,9 L). Lata (5 L).	**Acabamento** Não aplicável.
Aplicação Para limpeza e diluição.	**Diluição** Produto pronto para uso; não diluir.
Cor Não aplicável.	**Secagem** Não aplicável.

Dicas e preparação de superfície

Observar a proporção de diluição recomendada para cada produto e para cada tipo de aplicação. Limpar as ferramentas imediatamente após o uso.

Fundo Preparador Coralit Zero

Fundo Preparador Base Água é fundo Sem Cheiro* e secagem rápida. Indicado para preparar superfícies de madeira e metais ferrosos. Na madeira ele corrige pequenas imperfeições e uniformiza a absorção do Coralit Zero Odor, melhorando o acabamento. No metal, ele protege contra a ação da ferrugem além de aumentar a aderência do esmalte. Indicado para superfícies externas e internas de madeiras e metais.

*Segundo pesquisa realizada pelo Instituto Perception em janeiro de 2011, 74,2% dos consumidores avaliaram o Fundo Preparador Coralit Zero Odor como sem cheiro ou com cheiro fraco após 2 horas da aplicação.

Embalagens/Rendimento
Galão (3,6 L): até 64 m² por demão.
Quarto (0,9 L): até 16 m² por demão.

Acabamento
Fosco.

Aplicação
Áreas grandes: rolo de lã de pelo baixo, rolo de espuma ou revólver. Áreas pequenas: pincel de cerdas macias. Limpe as ferramentas com água e sabão.

Diluição
Usar água potável.
Aplicação a pincel/rolo: diluir com 10%.
Aplicação a revólver: diluir com 30%.

Cor
Branca.

Secagem
Ao toque: 30 minutos.
Entre demãos: 3 horas.
Total: 4 horas.

Dicas e preparação de superfície

Madeira nova: Lixar e eliminar as farpas, retirando a poeira com um pano umedecido com Aguarrás Coral. Aplicar uma demão de Fundo Sintético Nivelador Coral. Caso as superfícies apresentem imperfeições, corrigi-las utilizando Massa para Madeira Coral e em seguida aplicar uma demão de Fundo Sintético Nivelador Coral.
Metal (nova): Lixar e limpar a superfície com um pano umedecido em Aguarrás Coral. Aplicar uma demão de Fundo para **Metais (metais ferrosos)** ou Fundo para Galvanizado Coral (alumínio e galvanizado).
Metal (com ferrugem): Lixar e eliminar possíveis pontos de ferrugem ou qualquer outra impureza. Limpar a superfície com um pano umedecido em Aguarrás. Aplicar uma demão de Fundo para Metais (metais ferrosos) ou Fundo para Galvanizado Coral (alumínio e galvanizado).
Madeira e metal (repintura): Lixar certificando-se da total eliminação do brilho e limpar com um pano umedecido em Aguarrás Coral.
Caso as superfícies apresentem imperfeições: **Madeira** – corrigir utilizando Massa para Madeira Coral e em seguida aplicar uma demão de Fundo Sintético Nivelador Coral. **Metal** – aplicar uma demão de Fundo para Metais (metais ferrosos) ou Fundo para Galvanizado Coral (alumínio e galvanizado).

Outro produto relacionado

Massa para Madeira

É uma massa branca ideal para corrigir imperfeições em superfícies de madeira, podendo ser utilizada em ambientes interiores e exteriores.

Zarcoral

Fundo sintético laranja fosco, inibidor de ferrugem em metais ferrosos. Protege por muito mais tempo a beleza do acabamento final em superfícies internas e externas de metais. Fácil de aplicar e de lixar, possui excelente rendimento, ótima aderência e elevado poder anticorrosivo. Indicado como fundo para os seguintes produtos: Esmaltes Sintéticos Coralit e Coralar.

Embalagens/Rendimento

Galão (3,6 L): 30 a 40 m² por demão.
Quarto (0,9 L): 7,5 a 10 m² por demão.
Quarto (0,225 L): 1,8 a 2,5 m² por demão.

Diluição

Usar diluente Aguarrás Coral. Aplicação a pincel/rolo: diluir no máximo 10%. Aplicação a revólver: diluir no máximo 30%.

Aplicação

Áreas grandes: rolo de espuma ou revólver. Áreas pequenas: pincel com cerdas macias ou boneca. Limpe as ferramentas com Aguarrás Coral.

Secagem

Ao toque: 4 a 6 horas.
Entre demãos: 8 horas.
Final: 18 a 24 horas.

Fundo para Galvanizado Branco

Fundo sintético branco fosco, proporciona película de alta aderência em galvanizados e alumínio. Protege por muito mais tempo a beleza do acabamento final em superfícies internas e externas. Fácil de aplicar e de lixar, possui excelente rendimento, ótima aderência e elevado poder anticorrosivo. Indicado como fundo para os seguintes produtos: Esmaltes Sintéticos Coralit e Coralar.

Embalagens/Rendimento

Galão (3,6 L): 27 a 31 m² por demão.
Quarto (0,9 L): 6,75 a 7,75 m² por demão.

Diluição

Aplicação a pincel/rolo: diluir no máximo 10% com *Thinner*. Aplicação a revólver: diluir no máximo 30% com *Thinner*.

Aplicação

Áreas grandes: rolo de espuma ou revólver. Áreas pequenas: pincel com cerdas macias ou boneca. Limpe as ferramentas com *Thinner*.

Secagem

Ao toque: 15 minutos.
Entre demãos: 1 hora.
Final: 24 horas.

Dicas e preparação de superfície

ZARCORAL
Galvanizado ou alumínio novo: remover toda a oleosidade característica com um pano umedecido com diluente recomendado (Thinner). Usar lixa grana 320 e limpar novamente.

FUNDO PARA GALVANIZADOS
Ferro novo: Lixar e limpar com um pano umedecido com o diluente recomendado.

Tinta a Óleo

STANDARD ★★★

Tinta a Óleo é a tinta brilhante formulada especialmente para madeiras. Fácil de aplicar proporciona a melhor proteção colorida, com boa resistência e rendimento. Indicada para superfícies externas e internas de madeiras, como: portas, esquadrias, portões, beirais, lambris, entre outras.

Embalagens/Rendimento

Galão (3,6 L): até 40 m² por demão.
Quarto (0,9 L): até 10 m² por demão.

Acabamento

Brilhante.

Aplicação

Áreas grandes: rolo de espuma ou revólver. Áreas pequenas: pincel com cerdas macias. Limpe as ferramentas com Aguarrás Coral. Aplicar 2 a 3 demãos.

Diluição

Usar diluente Aguarrás Coral. Aplicação a pincel/rolo: diluir no máximo 10%. Aplicação a revólver: diluir no máximo 30%.

Cor

Cores Prontas: 15.

Secagem

Ao toque: 6 a 8 horas.
Entre demãos: 12 horas.
Final: 24 horas.

Dicas e preparação de superfície

Madeira nova: lixar as farpas e limpar a poeira com um pano umedecido com Coralraz. Aplicar uma demão de Fundo Sintético Nivelador. Em caso de fissuras e imperfeições, utilizar Massa para Madeira e em seguida mais uma demão de Fundo Sintético Nivelador.
Repintura: lixar até eliminar o brilho e limpar a superfície com um pano umedecido com Coralraz. Superfície pronta para pintura.

Outros produtos relacionados

Aguarrás Coral

Aguarrás Coral é o solvente com melhor desempenho para tintas sintéticas da Coral. Indicado para limpeza de ferramentas e diluição de tintas esmalte, óleo, vernizes, fundos para metais e complementos para madeira.

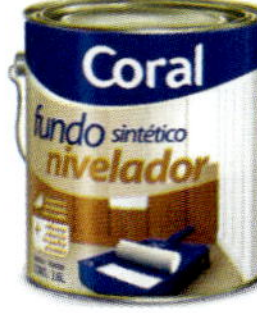

Fundo Sintético Nivelador

Indicado para uniformizar a absorção nas superfícies de madeira nova, melhorando o aspecto final da pintura e aumentando o rendimento da tinta de acabamento.

Massa para Madeira

É uma massa branca ideal para corrigir imperfeições em superfícies de madeira, podendo também ser utilizada em ambientes internos e externos.

Verniz Coralar

Verniz Coralar é o verniz sintético para quem deseja economia com qualidade. Possui bom rendimento, é de fácil aplicação e possui bom acabamento. É indicado para decorar e proteger superfícies de madeira em ambientes internos, como: portas, esquadrias, móveis, forros etc.

Embalagens/Rendimento
Galão (3,6 L): 50 a 70 m² por demão.
Quarto (0,9 L): 12 a 17 m² por demão.

Acabamento
Brilhante.

Aplicação
Aplicar 2 a 3 demãos. Áreas grandes: trincha, revólver ou rolo de espuma. Áreas pequenas: pincel com cerdas macias ou boneca. Limpe as ferramentas com diluente Aguarrás Coral.

Diluição
Usar diluente Aguarrás Coral. Aplicação a pincel/rolo: diluir no máximo 10%. Aplicação a revólver: diluir no máximo 20%.

Cor
Incolor e Mogno.

Secagem
Ao toque: 6 horas.
Entre demãos: 12 horas.
Final: 24 horas.

Dicas e preparação de superfície

Madeira nova: lixar as farpas e limpar a poeira com um pano umedecido com diluente Aguarrás Coral. Aplicar uma demão de Fundo Sintético Nivelador Coral. Em caso de fissuras e imperfeições, utilizar Massa para Madeira Coral e em seguida mais uma demão de Fundo Sintético Nivelador Coral.
Repintura: lixar até eliminar o brilho e limpar a superfície com um pano umedecido com diluente Aguarrás Coral. Superfície pronta para pintura.

Outros produtos relacionados

Aguarrás Coral

Aguarrás Coral é o solvente com melhor desempenho para tintas sintéticas da Coral. Indicado para limpeza de ferramentas e diluição de tintas esmalte, óleo, vernizes, fundos para metais e complementos para madeira.

Fundo Sintético Nivelador

Indicado para uniformizar a absorção nas superfícies de madeira nova, melhorando o aspecto final da pintura e aumentando o rendimento da tinta de acabamento.

Massa para Madeira

É uma massa branca ideal para corrigir imperfeições em superfícies de madeira, podendo também ser utilizada em ambientes internos e externos.

Massa para Madeira

A Massa para Madeira é ideal para corrigir imperfeições, podendo ser utilizada em interiores e exteriores. É de fácil aplicação, possui alto poder de enchimento e ótima lixabilidade. Tem baixíssimo odor e secagem rápida.

Embalagens/Rendimento
Galão (3,6 L): até 15 m² por demão.
Quarto (0,9 L): até 3,5 m² por demão.

Diluição
Produto pronto para uso; não diluir.

Aplicação
Espátula ou desempenadeira de aço. Limpe as ferramentas com água.

Secagem
Entre demãos: 3 horas.
Final: 6 horas.

Fundo Sintético Nivelador Branco

É um fundo branco fosco com alto poder de enchimento. Indicado para uniformizar a absorção nas superfícies de madeira nova, melhorando o aspecto final da pintura e aumentando o rendimento da tinta de acabamento. É fácil de aplicar, de lixar e tem ótimo rendimento. É indicado como fundo para os seguintes acabamentos: Tinta a Óleo e os Esmaltes Sintéticos Coralit e Coralar.

Embalagens/Rendimento
Galão (3,6 L): até 34 m² por demão.
Quarto (0,9 L): até 8,5 m² por demão.

Diluição
Usar diluente Aguarrás Coral. Aplicação a pincel/rolo: diluir no máximo 10%. Aplicação a revólver: diluir no máximo 20%.

Aplicação
Áreas grandes: rolo de espuma ou revólver. Áreas pequenas: pincel com cerdas macias. Limpe as ferramentas com Aguaráz Coral.

Secagem
Ao toque: 4 a 6 horas.
Entre demãos: 8 horas.
Final: 18 a 24 horas.

Dicas e preparação de superfície

MASSA PARA MADEIRA
Madeira nova: lixar as farpas e eliminar o pó com um pano umedecido com Aguarrás Coral. Recomendamos o uso do Fundo Sintético Nivelador Coral antes da aplicação da Massa para Madeira Coral.
Madeira com graxa ou gordura: limpar com água e sabão ou detergente neutro. Enxaguar bem e esperar a secagem. Recomendamos o uso do Fundo Sintético Nivelador Coral antes da aplicação da Massa para Madeira Coral.

FUNDO SINTÉTICO NIVELADOR BRANCO
Madeira nova: lixar as farpas e limpar a poeira com um pano umedecido com Coralraz. Aplicar uma demão de Fundo Sintético Nivelador. Em caso de fissuras e imperfeições, utilizar Massa para Madeira e em seguida mais uma demão de Fundo Sintético Nivelador.
Repintura: Lixar até eliminar o brilho e limpar a superfície com um pano umedecido com Aguarrás Coral.

Pinta Piso

PREMIUM ★★★★★

A nova fórmula do Pinta Piso está duas vezes mais durável e foi especialmente desenvolvida para ser aplicada em áreas onde há grande circulação, pois é resistente ao tráfego. Locais como estacionamentos, garagens, pisos comerciais, quadras poliesportivas, varandas, calçadas, escadarias, áreas de lazer e outras áreas de concreto rústico, se pintados com Pinta Piso, estarão sempre protegidos das ações do sol e da chuva e também dos desgastes causados por atritos. Além disso, Pinta Piso possui acabamento fosco, bom rendimento e ótima cobertura.

Embalagens/Rendimento

Lata (18 L): 100 a 175 m² por demão
Galão (3,6 L): 20 a 35 m² por demão.

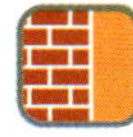

Acabamento

Fosco.

Aplicação

Rolo de lã de pelo baixo ou pincel de cerdas macias.
Limpe as ferramentas com água e sabão.
Aplicar 2 a 3 demãos.

Diluição

Para superfícies não pintadas, adicione 30% de água potável para 1 L de tinta (por exemplo, 300 mL de água para 1 L de tinta) e para superfícies pintadas, adicione 20% de água potável para 1 L de tinta (por exemplo, 200 mL de água para 1 L de tinta) e misture bem até completa homogeneização, para a primeira demão. Para as demais, dilua 20% de água potável em 1 L de tinta (por exemplo, 200 mL de água para 1 L de tinta).

Cor

Cores Prontas: 9.

Secagem

Ao toque: 30 minutos.
Entre demãos: 4 horas.
Final: 4 horas.
Para o tráfego de pessoas, aguardar secagem de 48 horas e para tráfego de veículos, 72 horas.

Dicas e preparação de superfície

Cimentado novo liso/queimado ou de difícil limpeza: Aguardar a secagem e a cura por 30 dias. Após esse período, lavar com uma solução de água com ácido muriático na proporção de 80:20, respectivamente, e enxaguar bem.
Cimentado novo rústico/não queimado: Lixe e elimine o pó e as partes soltas. Aguardar a cura e a secagem por 30 dias.
Cimentado antigo ou pouco absorvente: Se estiver desagregado, raspar e lixar. Lavar com uma solução de água com ácido muriático na proporção de 80:20, respectivamente, e enxaguar bem. Aguardar a secagem.
Imperfeições na superfície: Lixar e eliminar o pó. Corrigir as imperfeições utilizando argamassa de areia e cimento e proceder como no caso de cimento novo.
Superfícies com mofo: Lavar com uma solução de água e água sanitária em partes iguais, esperar seis horas e enxaguar bem.
Superfícies com gordura, óleo ou graxa: Lavar com uma solução de água e detergente neutro e enxaguar. Aguardar a secagem e certificar-se da total eliminação da gordura, óleo ou graxa.
Com umidade: Antes de pintar, resolva o que está causando o problema.

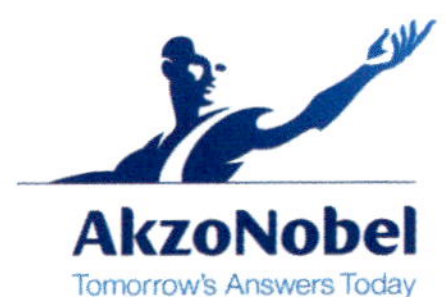

Resina Acrílica Base Solvente

A Resina Acrílica é um produto especialmente desenvolvido para aplicação interna e externa, sobre superfícies de pedras porosas, tijolos e telhas. Protege e realça a tonalidade natural das superfícies através da formação de uma película brilhante, transparente, incolor, de rápida secagem e alta resistência. Indicado para impermeabilização de superfícies internas e externas de pedras porosas (ardósia, pedra mineira, São Tomé, pedra goiana, Miracema, além de outras), revestimentos cerâmicos porosos e não vitrificados, fibrocimento, concreto aparente, telhas de barro, tijolos aparentes e pisos porosos em geral.

Embalagens/Rendimento
Lata (18 L): até 175 m² por demão.
Galão (5 L): até 49 m² por demão.

Acabamento
Brilhante.

Aplicação
Utilizar rolo de lã para epóxi, pincel ou trincha de cerdas macias, pistola convencional.
Aplicar 2 demãos com intervalo de 4 horas.

Diluição
Produto pronto para uso; não diluir.

Cor
Incolor.

Secagem
Ao toque: 30 minutos.
Entre demãos: mínimo 4 horas.
Total: 12 horas.

Dicas e preparação de superfície

Superfícies de alvenaria: deverão estar curadas (aguardar 30 dias).
Superfícies em pedra mineira, ardósia e cerâmica porosa em bom estado: escovar para tirar a sujeira acumulada, eliminar o pó com água, deixar secar e aplicar a Resina Acrílica Base Água / Base Solvente Ypiranga.
Superfícies com cimentados lisos ou queimados: efetuar tratamento prévio com solução de ácido muriático (2 partes de água: 1 parte de ácido), cuja finalidade é permitir melhor aderência do acabamento. Enxaguar bem a superfície para remoção da solução de ácido, e depois aguardar a sua secagem completa.
Superfícies com manchas de gordura ou graxa: lavar mais de uma vez, se necessário, com solventes ou solução de água e detergente, enxaguando bem e aguardando a total secagem.
Superfícies sujas ou envelhecidas: escovar previamente e lavar com jato de água de alta pressão. Aguardar secagem total para aplicação do produto.
Repintura
Em boas condições: lixar bem até retirar o brilho, lavar com água e sabão, enxaguar bem e aguardar a secagem total.
Em más condições: remover completamente o acabamento anterior e proceder como em superfícies novas.

Verniz Acrílico

VERNIZ ACRÍLICO deve ser utilizado para dar maior proteção e melhor acabamento às paredes externas e internas de concreto, pedra mineira, ardósia e tijolo à vista. Possui resistência à alcalinidade, à ação da maresia e também ao sol e à chuva. É diluível em água e, quando seco, fica incolor, proporcionando maior brilho, beleza e facilidade de limpeza à superfície.

Embalagens/Rendimento
Lata (18 L): 225 a 275 m² por demão.
Galão (3,6 L): 45 a 55 m² por demão.

Acabamento
Brilhante.

Aplicação
Rolo de lã, pincel ou trincha.
Limpe as ferramentas com água e sabão. Aplicar 2 ou mais demãos.

Diluição
Diluir em até 10% com água limpa. Em superfícies não seladas, aplicar a primeira demão diluída com 30% de água limpa.

Cor
Incolor.

Secagem
Ao toque: 2 horas.
Entre demãos: 4 horas.
Final: 4 horas.

Dicas e preparação de superfície

Reboco novo: Lixar e eliminar o pó. Aguardar a cura e a secagem por no míninmo 30 dias e aplicar o Selador Acrílico Coral.
Superfície em bom estado: Lixar e eliminar o pó.
Superfície com gordura: Misture água com detergente neutro e lave. Depois enxágue com bastante água. Espere secar bem para aplicar.
Superfície com mofo: Misture água e água sanitária em partes iguais. Lave bem a área. Espere seis horas e enxágue com bastante água. Espere secar bem para aplicar.
Superfícies com umidade: Identificar a origem e tratar de maneira adequada.
Apenas para Selador Acrílico – Superfícies com imperfeições acentuadas: Lixar e eliminar o pó. Corrigir com Massa Acrílica Coral (exteriores) ou Massa Corrida Coral (interiores).
Apenas para Verniz Acrílico – Paredes de concreto aparente, pedra mineira, tijolo à vista e ardósia: Lixar e eliminar o pó. Caso não seja possível aguardar a cura ou a superfície não esteja coesa, aguardar a secagem e aplicar uma demão de Fundo Preparador Base Água Coral.

Direto no Gesso

STANDARD ★★★

Direto no Gesso é a tinta especialmente desenvolvida para aplicação diretamente sobre o gesso sem a necessidade de uso de fundo, pois a tinta não amarela com o tempo e fixa o "pó" solto específico do gesso, de forma que a superfície não sofra descascamento. Como se não bastasse, Direto no Gesso tem boa cobertura, rendimento e fácil retoque. Possui acabamento fosco e está disponível na cor branca, mas você pode obter outras cores fazendo misturas com o Corante Base Água Coral.

Embalagens/Rendimento
Lata (18 L): 150 a 200 m² por demão.
Galão (3,6 L): 30 a 40 m² por demão.

Acabamento
Fosco.

Aplicação
Rolo de lã de pelo baixo ou pincel de cerdas macias.
Limpe as ferramentas com água e sabão.
Aplicar 2 a 3 demãos.

Diluição
Para a primeira demão, adicione 40% de água potável e 1 parte de tinta (por exemplo, 400 mL de água para 1 L de tinta) e misture bem até completa homogeneização. Para as demais demãos, dilua 20% de água potável e 1 parte de tinta (por exemplo, 200 mL de água para 1 L de tinta).

Cor
Branca.

Secagem
Ao toque: 30 minutos.
Entre demãos: 4 horas.
Final: 4 horas.

Dicas e preparação de superfície

Em bom estado (com ou sem pintura): Lixe e elimine o pó.
Com umidade: Antes de pintar, resolva o que está causando o problema.
Imperfeições acentuadas na superfície: Lixe e elimine o pó. Corrigir com argamassa de gesso, Massa Acrílica Coral (exteriores) ou Massa Corrida Coral (interiores). Se for utilizar massa Corrida ou Acrílica, aplique antes uma demão de Direto no Gesso para selar.
Com mofo: Misture água e água sanitária em partes iguais. Lave bem a área. Espere seis horas e enxágue com bastante água. Espere que seque bem e aí pinte.
Com gordura: Misture água com detergente neutro e lave. Depois enxágue com bastante água. Espere que seque bem e aí pinte.

Outros produtos relacionados

Massa Acrílica Coral

Indicada para uniformizar, nivelar e corrigir pequenas imperfeições de paredes e tetos em ambientes externos e internos.

Massa Corrida Coral

Indicada para uniformizar, nivelar e corrigir pequenas imperfeições de paredes e tetos em ambientes somente internos.

Embeleza Cerâmica

EMBELEZA CERÂMICA é a tinta capaz de renovar e deixar as telhas e tijolos de sua casa bonitos como novos. É fácil de aplicar e possui boa cobertura, oferecendo proteção por muito mais tempo. Disponível em sua cor tradicional, Embeleza Cerâmica também é indicada para objetos cerâmicos não vitrificados (tipo porcelanato ou com brilho) e elementos vazados. Veja as dicas de aplicação para que suas telhas fiquem tão bonitas quanto as paredes de sua casa.

Embalagens/Rendimento
Galão (3,6 L): até 50 m² por demão.
Quarto (0,9 L): até 12,5 m² por demão.

Acabamento
Brilhante.

Aplicação
Áreas grandes: rolo de espuma ou revólver. Áreas pequenas: pincel com cerdas macias ou boneca. Limpe as ferramentas com Coralraz. Aplicar 2 a 3 demãos.

Diluição
Usar diluente Aguarrás Coral. Aplicação a pincel/rolo: diluir 10%. Aplicação a revólver: diluir 30%.

Cor
Cerâmica.

Secagem
Ao toque: 4 a 6 horas.
Entre demãos: 8 horas.
Final: 18 a 24 horas.

Dicas e preparação de superfície

Tijolo de barro à vista, cerâmica ou telha nova: lixar e eliminar o pó. Aplicar a primeira demão com uma diluição de 20% com Aguarrás Coral.
Manchas de gordura ou graxa: lavar com uma solução de água e detergente neutro, enxaguar e esperar a secagem.
Partes mofadas: lavar com solução de água e água sanitária em partes iguais, esperar 6 horas, enxaguar e esperar a secagem.
Repintura em bom estado: lixar até a perda do brilho. Eliminar o pó.

Chega de Mofo

PREMIUM ★★★★★

Mofo é uma das visitas mais desagradáveis que as paredes da sua casa poderiam receber. Mas, felizmente, você já tem como se livrar desse inconveniente sem muito trabalho. É que, com a Coral Chega de Mofo, você aplica a tinta diretamente sobre o mofo, sem limpar antes. As paredes ficam livres desses hóspedes desagradáveis por muito mais tempo. Chega de Mofo é uma tinta acrílica indicada para paredes internas e externas, que possui uma secagem rápida, ótima cobertura e acabamento fosco, além de boa aderência e resistência.

Embalagens/Rendimento
Lata (18 L): 125 a 225 m^2 por demão.
Galão (3,6 L): 25 a 45 m^2 por demão.
Quarto (0,9 L): 6 a 11,5 m^2 por demão.

Acabamento
Fosco.

Aplicação
Rolo de lã de pelo baixo ou pincel de cerdas macias. Limpe as ferramentas com água e sabão.

Diluição
Produto pronto para uso; não diluir.

Cor
Cores prontas: 1.
Disponível no sistema tintométrico.

Secagem
Ao toque: 30 minutos.
Entre demãos: 4 horas.
Final: 4 horas.

Dicas e preparação de superfície

Superfícies de gesso, concreto e blocos de cimento: lixar e eliminar o pó. Aplicar previamente Fundo Preparador de Paredes Coral.
Reboco novo: aguardar a cura e secagem por no mínimo 30 dias, lixar e eliminar o pó. Aplicar Selador Acrílico Coral (interior e exterior); caso não seja possível aguardar a cura, esperar a secagem da superfície e aplicar uma demão de Fundo Preparador de Paredes Coral.
Reboco fraco, caiação e partes soltas: lixar e eliminar o pó e partes soltas. Aplicar Fundo Preparador de Paredes Coral.
Imperfeições acentuadas na superfície: lixar e eliminar o pó. Corrigir com Massa Acrílica Coral (exteriores) ou Massa Corrida Coral (interiores).
Partes mofadas: lavar com solução de água e água sanitária em partes iguais, esperar 6 horas e enxaguar bem. Aguardar a secagem.
Superfícies com brilho: lixar e eliminar o pó e o brilho. Limpar com pano umedecido com água e aguardar a secagem.
Superfícies com gordura ou graxa: lavar com solução de água e detergente neutro e enxaguar. Aguardar a secagem.
Superfícies em bom estado: lixar e eliminar o pó.
Superfícies com umidade: identificar a origem e tratar de maneira adequada.

Outros produtos relacionados

Fundo Preparador de Paredes

Desenvolvido para solucionar problemas da superfície e garantir maior durabilidade à pintura.

Selador Acrílico

Indicado para uniformizar a absorção e selar paredes em ambientes externos e internos que nunca foram pintados.

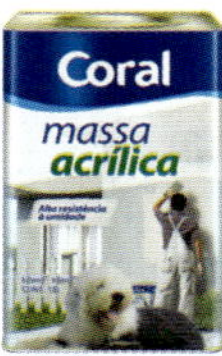

Massa Acrílica Coral

Indicada para uniformizar, nivelar e corrigir pequenas imperfeições de paredes e tetos em ambientes externos e internos.

Tira Teima

O Tira Teima é um teste de cor. É uma base para fazer no sistema tintométrico a cor que o consumidor quiser, dentre as milhares de opções disponíveis no leque de cores da Coral. Fazendo o teste, ele tira suas dúvidas e ajuda a escolher a cor para acabamento na mesma cor. O produto não deve ser aplicado sobre madeiras e metais, apenas paredes.

Embalagens/Rendimento
Quarto (0,3 L): 1 m².

Acabamento
Não aplicável.

Aplicação
Rolo de espuma ou pincel de cerdas macias. Aplicar 2 a 3 demãos.

Diluição
Produto pronto para uso; não diluir.

Cor
Disponível apenas no sistema tintométrico.

Secagem
Ao toque: 1 hora.
Entre demãos: 1 hora.
Final: 4 horas.

Dicas e preparação de superfície

Antes de pintar, limpe bem a parede e retire o pó. A superfície deverá estar firme, limpa e seca.

Corante Líquido Base Água

Indicado para tingir tintas látex à base de água – PVA e Acrílica. Disponível em nove tonalidades, que combinadas possibilitam a obtenção de milhares de cores.

Embalagens/Rendimento
Frasco (50 mL): máximo um frasco de corante por galão (3,6 L).

Acabamento
Não aplicável.

Aplicação
Agitar o corante antes de usar adicionando-o aos poucos à tinta, sempre sob agitação, até atingir a cor desejada.

Diluição
Produto pronto para uso; não diluir.

Cor
Cores Disponíveis: 9.

Secagem
Não aplicável.

Dicas e preparação de superfície

Para cada galão de tinta, utilize apenas 1 bisnaga. Adicione o corante aos poucos e mexa até alcançar a cor desejada. Antes de aplicar, teste a cor em um papel branco. Lave o bico antes e depois do uso.

Outros produtos relacionados

Rende Muito

Tem maior consistência, permitindo uma diluição superior aos produtos convencionais. Você consegue 20% mais rendimento, ou seja, você pode pintar até 380 m^2 sem perder cobertura.

Coralar Acrílico

Tinta acrílica para quem deseja economia com qualidade. Indicado para pinturas de superfícies de alvenaria em ambientes internos e externos.

Coralar Látex

É o látex para quem deseja economia com qualidade. Indicado para pintura de superfícies de alvenaria em ambientes internos.

Látex Coral Construtora

ECONÔMICA ★

Coral Construtora foi desenvolvida para atender a necessidade da construção civil, são produtos de aplicações especificas nos mais diversos tipos de superfície. Para uso interno, tem boa cobertura seca e rendimento/cobertura.

Embalagens/Rendimento

Sobre Massa corrida/acrílica: 190 a 210 m²/lata/demão.
Sobre textura: 100 a 200 m²/lata/demão.
Sobre superfície de gesso: 170 a 190 m²/lata/demão.

Acabamento

Fosco.

Aplicação

Rolo de lã de pelo baixo, pincel de cerdas macias, trincha e pistola de pintura do tipo airless.
Aplicar 2 a 3 demãos.Dependendo o tipo de superfície é necessário um numero maior de demãos.

Diluição

Diluição: 30 a 40%.

Cor

Branca.

Secagem

Toque: 30 minutos.
Entre demãos: 4 horas.

Dicas e preparação de superfície

Superfícies de gesso, concreto e blocos de cimento: Aguardar a Cura de 28 dias lixar e eliminar o pó com pano úmido. Aplicar previamente Fundo para Gesso Coral Construtora (uso interior). **Reboco novo**: aguardar a cura e secagem por no mínimo 28 dias, lixar e eliminar o pó. Aplicar previamente Fundo para Gesso Coral Construtora (uso interior); caso não seja possível aguardar a cura, esperar a secagem da superfície e aplicar uma demão de Fundo Preparador Base Água Coral. **Reboco fraco, caiação e partes soltas**: lixar e eliminar o pó e partes soltas. Aplicar Fundo Preparador Base Água Coral. **Drywall**: Aplicar Fundo para Gesso Coral Construtora (uso interior) Esse tipo de substrato é muito absorvente e têm muitas emendas, as emendas são brancas e a superfície marrom dificultando o nivelamento por completo, nesses casos se faz necessário um numero maior de demãos para atingir a cobertura. **Imperfeições acentuadas na superfície**: lixar e eliminar o pó. Corrigir com Massa Acrílica Coral nas áreas frias, banheiro, cozinha, lavanderia, lavabo etc. Massa Corrida Coral Construtora nas áreas quentes, quartos, salas, corredor etc. **Partes mofadas**: lavar com solução de água e água sanitária em partes iguais, esperar 6 horas e enxaguar bem. Aguardar a secagem. **Superfícies com brilho**: lixar e eliminar o pó e o brilho. Limpar com pano umedecido com água e aguardar a secagem. **Superfícies com gordura ou graxa**: lavar com solução de água e detergente neutro e enxaguar. Aguardar a secagem. **Superfícies em bom estado**: lixar e eliminar o pó. **Superfícies com umidade**: identificar a origem e tratar de maneira adequada.

Outros produtos relacionados

Fundo Preparador de Paredes base água

Desenvolvido para solucionar problemas da superfície e garantir maior durabilidade à pintura.

Massa Acrílica Coral

Indicada para uniformizar, nivelar e corrigir pequenas imperfeições de paredes e tetos em ambientes internos e externos; internos conhecidos como áreas frias, banheiro, cozinha, lavanderia, lavabo etc.

Massa Corrida Coral Construtora

Indicada para uniformizar, nivelar e corrigir pequenas imperfeições de paredes e tetos em ambientes internos conhecidos como áreas quentes, quartos, salas, corredor etc.

Massa Corrida PVA Coral Construtora

ECONÔMICA ★

Coral Construtora foi desenvolvida para atender a necessidade da construção civil, são produtos de aplicações específicas nos mais diversos tipos de superfície. Para uso interno, indicado para nivelar e corrigir imperfeições, propiciando um acabamento uniforme e liso.

Embalagens/Rendimento
Sobre Massa grossa: 25 a 30 m²/lata/demão.
Sobre Massa fina: 40 a 60 m²/lata/demão.

Acabamento
Fosco.

Aplicação
Acessórios de Pintura: Espátula ou desempenadeira de aço.

Diluição
Produto pronto para uso; não diluir.

Cor
Branca.

Secagem
Toque: 30 minutos.
Entre demãos: 3 horas.
Final: 5 horas.

Dicas e preparação de superfície

Superfícies de gesso, concreto e blocos de cimento: Aguardar a Cura de 28 dias lixar e eliminar o pó com pano úmido. Aplicar previamente Fundo para Gesso Coral Construtora (uso interior). **Reboco novo**: aguardar a cura e secagem por no mínimo 28 dias, lixar e eliminar o pó. Aplicar previamente Fundo para Gesso Coral Construtora (uso interior), caso não seja possível, aguardar a cura, esperar a secagem da superfície e aplicar uma demão de Fundo Preparador Base Água Coral. **Reboco fraco, caiação e partes soltas**: lixar e eliminar o pó e partes soltas. Aplicar Fundo Preparador Base Água Coral. **Drywall**: Aplicar Fundo para Gesso Coral Construtora (uso interior). Esse tipo de substrato é muito absorvente e têm muitas emendas, as emendas são brancas e a superfície marrom dificultando o nivelamento por completo, nesses casos se faz necessário um numero maior de demãos para atingir a cobertura. **Imperfeições acentuadas na superfície**: lixar e eliminar o pó. Corrigir com Massa Acrílica Coral nas áreas frias, banheiro, cozinha, lavanderia, lavabo etc. Massa Corrida Coral Construtora nas áreas quentes, quartos, salas, corredor etc. **Partes mofadas**: lavar com solução de água e água sanitária em partes iguais, esperar 6 horas e enxaguar bem. Aguardar a secagem. **Superfícies com brilho**: lixar e eliminar o pó e o brilho. Limpar com pano umedecido com água e aguardar a secagem. **Superfícies com gordura ou graxa**: lavar com solução de água e detergente neutro e enxaguar. Aguardar a secagem. **Superfícies em bom estado**: lixar e eliminar o pó. **Superfícies com umidade**: identificar a origem e tratar de maneira adequada.

Outros produtos relacionados

Fundo Preparador de Paredes base água

Desenvolvido para solucionar problemas da superfície e garantir maior durabilidade à pintura.

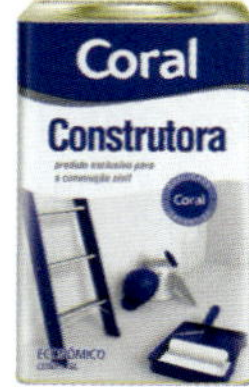

Coral Fundo para Gesso Construtora

Indicada para uniformizar, nivelar e corrigir pequenas imperfeições de paredes e tetos em ambientes internos e externos; Internos conhecidos como áreas frias, banheiro, cozinha, lavanderia, lavabo e etc.

Látex Coral Construtora

Coral Construtora foi desenvolvida para atender a necessidade da construção civil, são produtos de aplicações específicas nos mais diversos tipos de superfície. Para uso interno, tem boa cobertura seca e redimento.

Coral Fundo para Gesso Branco

ECONÔMICA ★

Coral Construtora foi desenvolvida para atender a necessidade da construção civil. São produtos de aplicações específicas nos mais diversos tipos de superfície. Para uso interno, indicado para superfícies de gesso, reboco, drywall, blocos de concreto, fibrocimento e concreto aparente Produto de fácil aplicação, secagem rápida e com bom poder de enchimento.

Embalagens/Rendimento

Sobre Gesso e Drywall: 150 a 200 m²/lata/demão
Sobre Alvenaria (reboco, blocos de concreto, fibrocimento e concreto aparente): 75 a 100 m²/lata/demão.

Acabamento

Fosco.

Aplicação

Rolo de lã de pelo baixo, pincel de cerdas macias, trincha e pistola de pintura do tipo airless.
Aplicar 1 demão. Dependendo o tipo de superfície é necessário um numero maior de demãos.

Diluição

15 a 25% para Gesso e Drywall e até 10% para alvenaria (reboco, blocos de concreto, fibrocimento e concreto aparente).

Cor

Branca.

Secagem

Toque: 30 minutos.
Entre demãos: 4 horas.

Dicas e preparação de superfície

Superfícies de gesso, concreto e blocos de cimento: Aguardar a Cura de 28 dias lixar e eliminar o pó com pano úmido. Aplicar previamente Fundo para Gesso Coral Construtora (uso interior). **Reboco novo**: aguardar a cura e secagem por no mínimo 28 dias, lixar e eliminar o pó. Aplicar previamente Fundo para Gesso Coral Construtora (uso interior), caso não seja possível, aguardar a cura, esperar a secagem da superfície e aplicar uma demão de Fundo Preparador Base Água Coral. **Reboco fraco, caiação e partes soltas**: lixar e eliminar o pó e partes soltas. Aplicar Fundo Preparador Base Água Coral. **Drywall**: Aplicar Fundo para Gesso Coral Construtora (uso interior), Esse tipo de substrato é muito absorvente e têm muitas emendas, as emendas são brancas e a superfície marrom dificultando o nivelamento por completo, nesses casos se faz necessário um numero maior de demãos para atingir a cobertura. **Imperfeições acentuadas na superfície**: lixar e eliminar o pó. Corrigir com Massa Acrílica Coral nas áreas frias, banheiro, cozinha, lavanderia, lavabo etc. Massa Corrida Coral Construtora nas áreas quentes, quartos, salas, corredor etc. **Partes mofadas**: lavar com solução de água e água sanitária em partes iguais, esperar 6 horas e enxaguar bem. Aguardar a secagem. **Superfícies com brilho**: lixar e eliminar o pó e o brilho. Limpar com pano umedecido com água e aguardar a secagem. **Superfícies com gordura ou graxa**: lavar com solução de água e detergente neutro e enxaguar. Aguardar a secagem. **Superfícies em bom estado**: lixar e eliminar o pó. **Superfícies com umidade**: identificar a origem e tratar de maneira adequada.

Outros produtos relacionados

Fundo Preparador de Paredes base água

Desenvolvido para solucionar problemas da superfície e garantir maior durabilidade à pintura.

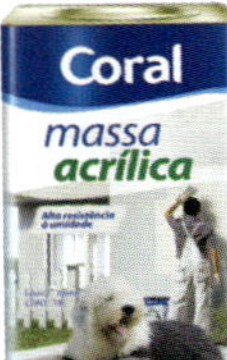

Massa Acrílica Coral

Indicada para uniformizar, nivelar e corrigir pequenas imperfeições de paredes e tetos em ambientes internos e externos; internos conhecidos como áreas frias, banheiro, cozinha, lavanderia, lavabo etc.

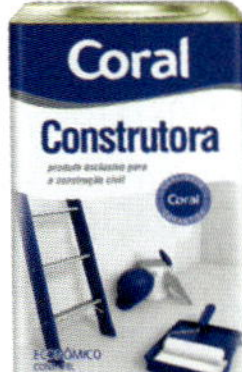

Massa Corrida Coral Construtora

Indicada para uniformizar, nivelar e corrigir pequenas imperfeições de paredes e tetos em ambientes internos conhecidos como áreas quentes, quartos, salas, corredor etc.

Sparlack Cetol

Sparlack Cetol possui tecnologia inovadora, exclusiva da marca Sparlack. Cetol é um revestimento colorido de alto desempenho e altíssima qualidade desenvolvido para formar uma película flexível, capaz de acompanhar os movimentos naturais da madeira, **sem permitir que ela trinque ou descasque**. Proporciona uma excelente ação contra fungos e bolor, dupla ação contra raios solares, isola a madeira das agressividades externas, repelente a água e pronto para uso. Indicado para ambientes externos sobre qualquer tipo de madeira industrializada como: casas de madeira, portas de entrada e esquadrias de madeira. Possui **6 ANOS DE DURABILIDADE.**

Embalagens/Rendimento
Galão (3,6 L): 70 a 120 m² por demão.
Quarto (0,9 L): 17,5 a 30 m² por demão.

Acabamento
Brilhante e Acetinado.

Aplicação
Pincel e trincha de cerdas macias. Aplicar 3 demãos diretamente sobre a madeira, com intervalos de 24 horas entre demãos.

Diluição
Produto pronto para uso; não diluir.

Cor
Canela, Cedro, Imbuia, Ipê e Mogno.

Secagem
Ao toque: 4 horas.
Entre demãos: 16 horas.
Final: 24 horas.

Dicas e preparação de superfície

Toda madeira deverá estar firme, seca (com menos de 20% de umidade), coesa, limpa, livre de partes soltas e sem mofo, óleos, graxas, ceras e outros contaminantes. Madeiras "verdes" ou úmidas não podem ser revestidas.
Madeiras novas: lixe na direção dos veios, removendo toda a poeira antes de aplicar o verniz. Arestas e cantos devem ser arredondados e frestas devem ser bem rejuntadas. Não selar a madeira.
Madeiras revestidas com outros produtos (*): remova completamente, através de raspagem e lixamento, até expor a madeira original. Depois, proceda como no caso de madeiras novas.
Madeiras já revestidas com Sparlack Cetol: basta um leve lixamento, aplicando a seguir uma demão restauradora, sempre de cor mais clara, no caso o Sparlack Cetol Canela brilhante ou acetinado.
Madeiras resinosas e superfícies muito absorventes: para ambientes internos, aplique uma demão prévia de verniz Sparlack Knotting sobre madeiras resinosas (peroba, ipê, vinhático, sucupira, maçaranduba, etc.) ou superfícies muito absorventes, como chapa dura. Essa prática impedirá retardamentos de secagem. Em ambientes externos, a aplicação direta de Sparlack Cetol sobre a madeira é garantia de máxima durabilidade.
Observações: 1) Se aplicado sobre vernizes antigos (diferentes de Sparlack Cetol), pode prejudicar a durabilidade externa. Aplique pelo menos duas demãos nas partes não visíveis. 2) Dependendo das variações climáticas, tipo e absorção da madeira, o Sparlack Cetol Brilhante pode ter perda parcial de brilho nos primeiros anos, porém mantém intactas todas as suas propriedades de proteção a madeira.

Outros produtos relacionados

Sparlack Cetol Deck

Verniz para madeira de elevado rendimento, excepcional durabilidade de 6 anos.

Sparlack Cetol Deck Antiderrapante

Verniz especial para decks, com película antiderrapante, de excepcional durabilidade de 6 anos.

Sparlack Cetol Deck

Sparlack Cetol Deck possui tecnologia inovadora, exclusiva da marca Sparlack. Confere aos decks de madeira um revestimento de alto desempenho e elevada durabilidade. Depois de aplicado e seco, sua película proporciona uma excelente ação contra fungos e bolor, efetiva ação contra raios solares, repele a água, acompanha a contração e dilatação da madeira, produto de fácil aplicação, pronto para uso e elevado rendimento. Indicado para decks,varandas e móveis de jardim e possui **6 ANOS DE DURABILIDADE.**

Embalagens/Rendimento
Galão (3,6 L): 70 a 120 m² por demão.
Quarto (0,9 L): 17,5 a 30 m² por demão.

Acabamento
Semibrilho.

Aplicação
Pincel e trinchas de cerdas macias. Aplicar 3 demãos diretamente sobre a madeira, com intervalos de 24 horas entre demãos. Aplicar o produto nos 6 lados da madeira.

Diluição
Produto pronto para uso; não diluir.

Cor
Natural.

Secagem
Ao toque: 2 a 3 horas.
Entre demãos: 8 a 12 horas.
Total: 24 horas.

Dicas e preparação de superfície

Toda madeira deverá estar firme, seca (com menos de 20% de umidade), coesa, limpa, livre de partes soltas e sem mofo, óleos, graxas, ceras e outros contaminantes. Madeiras “verdes” ou úmidas não podem ser revestidas.
Madeira nova: é a condição ideal para utilização do Sparlack Cetol Deck, pois o contato direto do produto com a superfície da madeira é garantido. Não selar a madeira. Mesmo que as madeiras estejam perfeitamente lisas e aparelhadas, faça um lixamento antes da aplicação, no sentido dos veios, para abrir os poros necessários à boa penetração e impregnação do Sparlack Cetol Deck. Remova toda a poeira antes da aplicação. Arredonde bem arestas, cantos, cavidades e áreas em que os veios ou fibras da madeira estiverem perpendiculares à superfície (end grains). Aplique três demãos em camadas fartas e bem distribuídas, sempre obedecendo ao intervalo recomendado entre demãos. Aplique o produto nas seis faces da madeira para obter uma película protetora, garantindo sua máxima durabilidade.
Madeira revestida com outros produtos: remova completamente, através da raspagem e lixamento, até expor a madeira original. Depois, proceda como no caso de madeiras novas.
Madeira já revestida com Sparlack Cetol Deck: dependendo do estado do revestimento, você pode optar por um lixamento geral, aplicando a seguir uma demão restauradora. Outra opção é lixar e aplicar uma demão restauradora apenas nas áreas onde houver falhas na película.
Observações: Se aplicado sobre vernizes antigos (diferentes de Sparlack Cetol Deck), pode prejudicar a durabilidade externa. Aplique pelo menos duas demãos nas partes não visíveis. Não utilize nenhum selador na madeira.

Outros produtos relacionados

Sparlack Cetol
Verniz para madeira de elevado rendimento, excepcional durabilidade e 6 anos.

Sparlack Cetol Deck Antiderrapante
Verniz especial para decks, com película antiderrapante, de excepcional durabilidade de 6 anos.

Sparlack Cetol Deck Antiderrapante

Sparlack Cetol Deck Antiderrapante é um revestimento de alto desempenho especial para madeira, sua formulação inovadora confere às superfícies aplicadas característica antiderrapante mesmo quando molhadas, evitando quedas ocasionadas por deslizamento. Possui ação contra fungos e bolor, efetiva ação contra raios solares e radiação UV, repelente a água, isola a madeira das agressividades externas. Depois de aplicado e seco, Sparlack Cetol Deck Antiderrapante dá origem a uma película com característica flexível, capaz de acompanhar os movimentos normais de dilatação e contralção da madeira. Indicado para decks de piscinas, sacadas, terraços, varandas. Possui **DURABILIDADE DE 6 ANOS.**

Embalagens/Rendimento
Galão (3,6 L): 70 a 120 m² por demão.
Quarto (0,9 L): 17,5 a 30 m² por demão.

Acabamento
Semibrilho.

Aplicação
Pincel e trinchas de cerdas macias. Aplicar 3 demãos diretamente sobre a madeira, com intervalos de 24 horas entre demãos. Aplicar o produto nos 6 lados da madeira.

Diluição
Produto pronto para uso; não diluir.

Cor
Natural.

Secagem
Ao toque: 2 a 3 horas.
Entre demãos: 8 a 12 horas.
Total: 24 horas.

Dicas e preparação de superfície

Toda madeira deverá estar firme, seca (com menos de 20% de umidade), coesa, limpa, livre de partes soltas e sem mofo, óleos, graxas, ceras e outros contaminantes. Madeiras "verdes" ou úmidas não podem ser revestidas.
Madeira nova: é a condição ideal para utilização do Sparlack Cetol Deck Antiderrapante, pois o contato direto do produto com a superfície da madeira é garantido. Não selar a madeira. Mesmo que as madeiras estejam perfeitamente lisas e aparelhadas, faça um lixamento antes da aplicação, no sentido dos veios, para abrir os poros necessários à boa penetração e impregnação do Sparlack Cetol Deck Antiderrapante. Remova toda a poeira antes da aplicação. Arredonde bem arestas, cantos, cavidades e áreas em que os veios ou fibras da madeira estiverem perpendiculares à superfície (end grains).
Madeira revestida com outros produtos: remova completamente, através da raspagem e lixamento, até expor a madeira original. Depois, proceda como no caso de madeiras novas.
Madeira já revestida com Sparlack Cetol Deck Antiderrapante: dependendo do estado do revestimento, você pode optar por um lixamento geral, aplicando a seguir uma demão restauradora. Outra opção é lixar e aplicar uma demão restauradora apenas nas áreas onde houver falhas na película.
Observações: Se aplicado sobre vernizes antigos (diferentes do Sparlack Cetol Deck Antiderrapante), pode prejudicar a durabilidade externa. Aplique pelo menos duas demãos nas partes não visíveis. Não utilize nenhum selador na madeira

Outros produtos relacionados

Sparlack Cetol

Verniz de elevado rendimento, com excepcional durabilidade de 6 anos.

Sparlack Cetol Deck

Verniz especial para Decks em geral, com excepcional durabilidade de 6 anos.

Sparlack Solgard

Sparlack Solgard é um revestimento transparente que oferece alta proteção às superfícies de madeira, sua película possui ótima elasticidade, acompanhando os movimentos naturais da madeira. Proporciona tripla proteção contra a ação dos raios solares. Indicado para ambientes externos, como: portas, portões, janelas e deck. Possui **5 ANOS DE DURABILIDADE**.

Embalagens/Rendimento
Galão (3,6 L): 70 a 110 m² por demão.
Quarto (0,9 L): 17,5 a 27,5 m² por demão.

Acabamento
Brilhante e acetinado

Aplicação
Pincel e trincha de cerdas macias rolo de pelo baixo ou pistola. Aplicar 3 demãos diretamente sobre a madeira, com intervalos de 24 horas entre demãos.

Diluição
Diluir com Redutor Sparlack: até 5% para aplicar com pincel, trincha ou rolo, e até 15% para aplicar com pistola.

Cor
Natural.

Secagem
Ao toque: 2 horas.
Entre demãos: 8 horas.
Final: 24 horas.

Dicas e preparação de superfície

Toda madeira deverá estar firme, seca (com menos de 20% de umidade), coesa, limpa, livre de partes soltas e sem mofo, óleos, graxas, ceras e outros contaminantes. Madeiras "verdes" ou úmidas não podem ser revestidas.
Madeiras novas: lixe na direção dos veios, removendo toda a poeira antes de aplicar o verniz. Arestas e cantos devem ser arredondados e frestas devem ser bem rejuntadas. Não sele a madeira.
Madeiras já envernizadas: quando em boas condições, lixe para quebrar o brilho e, então, aplique o verniz. Se em más condições, remova todo o verniz antigo e depois proceda como nas madeiras novas.
Madeiras resinosas e superfícies muito absorventes: para ambientes internos, aplique uma demão prévia de Verniz Sparlack Knotting sobre madeiras resinosas (peroba, ipê, vinhático, sucupira, maçaranduba, etc.) ou superfícies muito absorventes, como chapa dura. Essa prática impedirá o retardamento da secagem. Em ambientes externos, aplique o verniz diretamente sobre a madeira, para obter máxima durabilidade. Após aplicar Sparlack Knotting ou a primeira demão de Sparlack Solgard, lixe levemente para eliminar as fibras da madeira.
Decks de piscinas e embarcações: deverão receber no mínimo 4 demãos (mesmo procedimento das superfícies novas), sendo porém obrigatório envernizar as duas faces da madeira e as quatro bordas (6 lados), para que futuramente não haja problemas de penetração de umidade na madeira, e consequente descascamento da película do verniz.

Outros produtos relacionados

Sparlack Cetol
Verniz para madeira de alto desempenho e elevada durabilidade, excepcional durabilidade de 6 anos.

Sparlack Cetol Deck Antiderrapante
Verniz especial para decks, com película antiderrapante, de excepcional durabilidade de 6 anos.

Sparlack Stain

Sparlack Stain é um impregnante para madeira dotado de ação fungicida, que repele a água e contém filtros solares. Formulado com rigoroso controle de qualidade, para oferecer a máxima durabilidade e proteção às superfícies, penetra fundo na madeira, tratando e realçando a beleza natural dos seus veios sem formar película. É fácil de aplicar, pois já vem pronto para o uso. Tem secagem rápida e ótimo rendimento, proporcionando um belo acabamento acetinado. Indicado para ambientes internos e externos sobre qualquer tipo de madeira industrializada como: portas, paisagismos e beirais e possui **DURABILIDADE DE 3 ANOS**.

Embalagens/Rendimento
Lata (18 L): 300 a 500 m² por demão.
Galão (3,6 L): 60 a 100 m² por demão.
Quarto (0,9 L): 15 a 25 m² por demão.

Acabamento
Acetinado.

Aplicação
Pincel ou trincha de cerdas macias, rolo de espuma ou do tipo pelo baixo ou pistola. Aplicar 2 a 3 demãos diretamente sobre a madeira, com intervalo de 24 horas entre demãos. Utilizar A primeira demão deve ser aplicada com pincel ou a trincha.

Diluição
Produto pronto para uso; não diluir.

Cor
3 cores disponíveis: Natural, Imbuia, Mogno.
Disponível também no sistema tintométrico.

Secagem
Ao toque: 2 horas.
Entre demãos: 12 horas.
Final: 24 horas.

Dicas e preparação de superfície

Toda madeira deverá estar firme, seca (com menos de 20% de umidade), coesa, limpa, livre de partes soltas e sem mofo, óleos, graxas, ceras e outros contaminantes. Madeiras “verdes” ou úmidas não podem ser revestidas.
Madeiras novas: lixe na direção dos veios, removendo toda a poeira antes de aplicar o stain. Arestas e cantos devem ser arredondados e frestas devem ser bem rejuntadas. Não sele a madeira.
Madeiras revestidas com outros produtos (*): remova completamente, através de raspagem e lixamento, até expor a madeira original. Depois, proceda como no caso de madeiras novas.
Madeiras já revestidas com Sparlack Stain: basta um leve lixamento, aplicando a seguir uma demão restauradora, sempre na cor mais clara, no caso, o Sparlack Stain Natural.
Madeiras resinosas e superfícies muito absorventes: poderá haver retardamento da secagem, porém não recomendamos a utilização de qualquer tipo de selador, já que o mesmo impediria a penetração do Sparlack Stain na madeira.

(*) Removedores podem ocasionar problemas de secagem e acabamento. Nesse caso, fazer uma limpeza efetiva da madeira para diminuir a ocorrência desses problemas.

Outros produtos relacionados

Sparlack Tingidor

Linha de produtos especialmente desenvolvida para tingimento de vernizes dos tipos sintético ou poliuretano, seladoras à base de nitrocelulose e Stains.

Sparlack Efeito Natural

Impregnante que não forma película, mantendo a naturalidade da madeira. Não possui cheiro, pois sua fórmula é a base de água.

Sparlack Efeito Natural

Sparlack Efeito Natural é um impregnante a base de água que mantém a naturalidade da madeira, pois não forma película, possui ação fungicida e filtro solar. Penetra na madeira, protegendo e realçando a beleza de seus veios. É um produto sem cheiro (após 1 hora de aplicação segundo pesquisa realizada em que 76% dos consumidores avaliaram a intensidade do cheiro como fraco/sem cheiro) e com secagem rápida. Indicado para ambientes externos e internos como portas, janelas, decks e móveis de jardim. Possui **3 ANOS DE DURABILIDADE.**

Embalagens/Rendimento
Galão (3,6 L): 50 a 90 m² por demão.
Quarto (0,9 L): 12,5 a 22,5 m² por demão.

Acabamento
Acetinado.

Aplicação
Utilizar pincel, trincha ou rolo de pelo baixo para epóxi. Aplicar três demãos com intervalo entre demãos de secagem de 4 horas. A primeira demão deve ser aplicada com pincel ou trincha.

Diluição
Produto pronto para uso; não diluir.

Cor
5 cores disponíveis: Natural, imbuia, mogno, ipê e cedro. Disponível também no sistema tintométrico.

Secagem
Ao toque: 3 horas.
Entre demãos: 4 a 5 horas.
Final: 4 a 5 horas.

Dicas e preparação de superfície

Toda madeira deverá estar firme, seca (com menos de 20% de umidade), coesa, limpa, livre de partes soltas e sem mofo, óleos, graxas, ceras e outros contaminantes. Madeiras "verdes" ou úmidas não podem ser revestidas.
Madeiras novas: lixe na direção dos veios, removendo toda a poeira antes de aplicar o verniz. Arestas e cantos devem ser arredondados e frestas devem ser bem rejuntadas. Não sele a madeira.
Madeiras revestidas com outros produtos (*): remova completamente, através de raspagem e lixamento, até expor a madeira original. Depois, proceda como no caso de madeiras novas.
Madeiras já revestidas com Efeito Natural: basta um leve lixamento, aplicando a seguir uma demão restauradora, sempre na cor mais clara, no caso, o Sparlack Efeito Natural Transparente.
(*) Removedores podem ocasionar problemas de secagem e acabamento. Nesse caso, faça uma limpeza efetiva da madeira para diminuir a ocorrência desses problemas.

Outros produtos relacionados

Sparlack Tingidor

Linha de produtos especialmente desenvolvida para tingimento de vernizes dos tipos sintético ou poliuretano, seladoras à base de nitrocelulose e Stains.

Sparlack Stain

Impregnante para madeira dotado de ação fungicida, que repele a água e contém filtros solares. Não forma película mantendo a naturalidade da madeira.

Sparlack Óleo Protetor

Sparlack Óleo Protetor foi especialmente desenvolvido para nutrir a madeira e realçar seu aspecto natural, eliminando o aspecto opaco decorrente de ações do tempo. É um produto fácil de aplicar, rápida manutenção, secagem rápida, além de impermeabilizar a superficie da madeira, protegendo-a contra água e outros impregnantes, indicado para aplicação de móveis de jardim como mesas, cadeiras, bancos, entre outros artefatos de madeira, tais como cercas, em ambientes internos e externos.

Embalagens/Rendimento

Lata (0,5 L): 7 a 8 m² por demão.

Acabamento

Fosco.

Aplicação

Retire a esponja contida na tampa da embalagem e umedeça com Sparlack Óleo Protetor, tomando cuidado para não encharcá-la em demasia. Em seguida, aplique o produto com a esponja na direção dos veios da madeira. Aguarde 10 minutos e aplique uma segunda demão. Aguarde 10 minutos e em seguida passe um pano limpo sobre a suferfície aplicada, para retirar o excesso. Para limpeza da esponja e respingos, utilize Redutor Sparlack.

Diluição

Produto pronto para uso; não diluir.

Cor

Disponível na cor natural.

Secagem

Entre demãos: 10 minutos.
Final: 6 horas

Dicas e preparação de superfície

Toda e qualquer madeira deverá estar firme e seca (contendo menos de 20% de umidade, madeiras "verdes" ou úmidas não podem ser revestidas), coesa, limpa, livre de partes soltas, isenta de mofo, óleos, graxas, ceras e outros contaminantes. **Madeiras novas**: Aplique diretamente sobre a madeira. Se necessário, realize um prévio lixamento com uma lixa de grana fina. Elimine o pó do lixamento e aplique Sparlack Óleo Protetor. **Madeiras envelhecidas (acinzentadas)**: Lixe para eliminar a camada acinzentada, elimine o pó do lixamento e aplique Sparlack Óleo Protetor. **Madeiras pintadas ou envernizadas**:(*) Remova completamente a pintura ou o verniz antigo, em seguida proceda como madeiras novas. **Madeiras com mofo**: Lave com uma solução de água sanitária (1 parte de água sanitária para 1 parte de água), aguarde de 10 a 15 minutos, enxágue com água ou com um pano umedecido. Se necessário, repita a operação. Aguarde 72 horas para a secagem total e proceda como madeiras novas. **Madeiras molhadas**: Aguarde 72 horas para secagem completa, em seguida proceda como madeiras novas. **Madeiras já revestidas com Sparlack Óleo Protetor**: Realize aplicações de manutenção periodicamente, a fim de manter seu móvel sempre protegido e com aspecto de novo. Ou sempre que observar perda de vitalidade do aspecto da madeira ou penetração de água.

(*) Removedores podem ocasionar problemas de secagem, repelência e acabamento aos revestimentos aplicados em seguida à remoção. Caso utilize removedores, efetue uma limpeza efetiva da madeira com aguarrás, a fim de minimizar a ocorrência desses problemas.

Outros produtos relacionados

Sparlack Stain

Impregnante para madeira dotado de ação fungicida, que repele a água e contém filtros solares. Não forma película mantendo a naturalidade da madeira.

Sparlack Efeito Natural

Impregnante que não forma película, mantendo a naturalidade da madeira. Não possui cheiro, pois sua fórmula é a base de água.

Sparlack Duplo Filtro Solar

Sparlack Duplo Filtro Solar é um verniz poliuretano formulado com rigoroso controle de qualidade, para oferecer máxima durabilidade e proteção às superfícies de madeira, que absorve os raios ultravioletas agindo como filtro solar. Resiste à maresia, às intempéries e à água. Indicado para superfícies externas e internas da madeira, como portas, portões e janelas. E possui **3 ANOS DE DURABILIDADE**.

Embalagens/Rendimento

Galão (3,6 L): 70 a 110 m² por demão.
Quarto (0,9 L): 17,5 a 27,5 m² por demão.

Acabamento

Brilhante e acetinado.

Aplicação

Pincel ou trincha de cerdas macias, rolo de espuma ou do tipo pelo baixo ou pistola convencional. Aplicar duas demãos para interiores e três demãos para exteriores, com intervalo de secagem de cinco horas. A primeira demão deve ser aplicada com pincel ou trinhca.

Diluição

Diluir com diluente Aguarrás Coral ou Redutor Sparlack em até 20% para pincel, rolo ou trincha e 30% para pistola.

Cor

3 cores disponíveis: Natural*, mogno, cerejeira, jacarandá.

*Versão natural pode ser usada para tingimento no sistema tintométrico.

Secagem

Ao toque: 2 horas.
Entre demãos: 8 horas.
Final: 24 horas.

Dicas e preparação de superfície

Toda madeira deverá estar firme, seca (com menos de 20% de umidade), coesa, limpa, livre de partes soltas e sem mofo, óleos, graxas, ceras e outros contaminantes. Madeiras "verdes" ou úmidas não podem ser revestidas.
Madeira nova: lixe na direção dos veios, removendo toda a poeira antes de aplicar o verniz. Arestas e cantos devem ser arredondados e frestas devem ser bem rejuntadas. Não sele a madeira.
Madeiras já envernizadas: quando em boas condições, lixe para quebrar o brilho e, então, aplique o verniz. Se em más condições, remova todo o verniz antigo e depois proceda como nas madeiras novas.
Madeira resinosa e superfície muito absorvente: para ambientes internos, aplique uma demão prévia de verniz Sparlack Knotting sobre madeiras resinosas (peroba, ipê, vinhático, sucupira, maçaranduba etc.) ou superfícies muito absorventes, como chapa dura. Essa prática impedirá retardamentos de secagem. Em ambientes externos, aplique o verniz diretamente sobre a madeira, para obter máxima durabilidade. Após aplicar Sparlack Knotting ou a primeira demão de Sparlack Duplo Filtro Solar, lixe levemente para eliminar as fibras da madeira.

Outros produtos relacionados

Sparlack Duplo Filtro Secagem Rápida

Verniz com fórmula a base de água que tem dupla proteção solar, tem baixo odor e secagem rápida, protegendo superfícies de madeira.

Sparlack Tingidor

Linha de produtos especialmente desenvolvida para tingimento de vernizes dos tipos sintético ou poliuretano, seladoras à base de nitrocelulose e Stains.

Sparlack Duplo Filtro Secagem Rápida

Verniz especialmente desenvolvido para madeiras, à base de água e com baixíssimo odor. Apresenta secagem rápida, contendo absorvedores de raios ultravioletas que protegem efetivamente as superfícies de madeira da degradação ocasionada pela ação das intempéries (sol e chuva) por um longo período. Além de conferir excelente proteção à madeira, a película do Sparlack Duplo Filtro Secagem Rápida transforma e enobrece as madeiras claras, reforça as madeiras escuras, realçando seus veios além de seu aspecto natural, protegendo e embelezando as superfícies envernizadas por muito mais tempo. Fácil de aplicar, elevado rendimento. Indicado para superfícies de madeiras externas e internas, como portas, janelas e varandas e possui **DURABILIDADE DE 3 ANOS**.

Embalagens/Rendimento

Galão (3,6 L): 60 a 100 m² por demão.
Quarto (0,9 L): 15 a 25 m² por demão.

Acabamento

Brilhante e acetinado.

Aplicação

Pincel ou trincha de cerdas macias, rolo de espuma ou do tipo pelo baixo ou pistola. Aplicar 2 demãos para uso em interiores, 3 demãos para uso em exteriores, aplicadas diretamente sobre a madeira, com intervalos de 5 horas entre demãos.

Diluição

Produto pronto para uso; não diluir.

Cor

4 cores disponíveis: Natural, Mogno, Imbuia e Ipê.

Secagem

Ao toque: 3 horas.
Entre demãos: 4 a 5 horas.
Final: 4 a 5 horas.

Dicas e preparação de superfície

Toda madeira deverá estar firme, seca (com menos de 20% de umidade), coesa, limpa, livre de partes soltas e sem mofo, óleos, graxas, ceras e outros contaminantes. Madeiras "verdes" ou úmidas não podem ser revestidas.
Madeira nova: lixe na direção dos veios, removendo toda a poeira antes de aplicar o verniz. Arestas e cantos devem ser arredondados e frestas devem ser bem rejuntadas. Não sele a madeira em ambientes externos.
Madeira já envernizada: quando em boas condições, lixe para quebrar o brilho e, então, aplique o verniz. Se em más condições, remova todo o verniz antigo e depois proceda como nas madeiras novas.
Madeira resinosa e superfície muito absorvente: no caso de superfícies internas, aplicar duas a três demãos, e para uso em superfícies externas, aplicar uma demão do Sparlack Duplo Filtro Secagem Rápida diluída a 10% com água diretamente na madeira e, em seguida, realizar 3 demãos sem diluição. Em ambas as situações, lixar levemente entre demãos a fim de eliminar fibras e obter um acabamento de melhor qualidade, para obter a máxima durabilidade.

Outro produto relacionado

Sparlack Duplo Filtro Solar

Verniz com dupla proteção solar é resistente aos efeitos do sol e da água, além de enobrecer e revitalizar a madeira.

Sparlack Neutrex

Verniz de acabamento extremamente brilhante e de excepcional transparência. Fácil de aplicar, alto rendimento, secagem rápida, bom alastramento, boa resistência ao atrito e dureza. Possui ótima durabilidade, resistência à alcalinidade, às intempéries e à água. Devido a sua excelente resistência à alcalinidade, pode ser usado como impermeabilizante ou acabamento de superfícies de reboco, concreto ou fibrocimento. Indicado para tingimento e envernizamento de madeiras em ambientes externos e internos tais como: esquadrias, portões de madeira e alvenaria e possui **3 ANOS DE DURABILIDADE**.

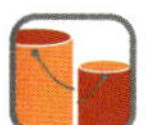

Embalagens/Rendimento

Lata (18 L): 350 a 600 m² por demão.
Galão (3,6 L): 70 a 120 m² por demão.
Quarto (0,9 L): 17,5 a 30 m² por demão.
1/16 (0,2 L): 4 a 7 m² por demão.

Acabamento

Brilhante.

Aplicação

Pincel ou trincha de cerdas macias, rolo de espuma ou do tipo pelo baixo ou pistola convencional. Aplicar 2 a 3 demãos com intervalo de 12 horas entre elas.

Diluição

Como acabamento sobre madeiras: diluir com Aguarrás Coral ou Redutor Sparlack em até 20% para aplicar com pincel, trincha ou rolo e até 30% para aplicar com pistola. Como restaurador sobre alvenaria (impermeabilizante): diluir até 100% com Redutor Sparlack, para a máxima penetração do produto na superfície a ser restaurada.

Cor

3 cores disponíveis:
Mogno, Imbuia e Castanho avermelhado.

Secagem

Ao toque: 4 horas.
Entre demãos: 12 horas.
Final: 24 horas.

Dicas e preparação de superfície

Toda madeira deverá estar firme, seca (com menos de 20% de umidade), coesa, limpa, livre de partes soltas e sem mofo, óleos, graxas, ceras e outros contaminantes. Madeiras "verdes" ou úmidas não podem ser revestidas.
Madeiras novas: lixe na direção dos veios, removendo toda a poeira antes de aplicar o verniz.
Madeiras já envernizadas: quando em boas condições, lixe para quebrar o brilho e, então, aplique o verniz. Se em más condições, remova todo o verniz antigo e depois proceda como nas madeiras novas.
Madeiras resinosas e superfícies muito absorventes: para ambientes internos, aplique uma demão prévia de verniz Sparlack Knotting sobre madeiras resinosas (peroba, ipê, vinhático, sucupira, maçaranduba, etc.) ou superfícies muito absorventes, como chapa dura. Essa prática impedirá retardamentos de secagem. Em ambientes externos, aplique o verniz diretamente sobre a madeira.
Sobre alvenaria: raspe ou lixe as partes soltas da superfície. Em seguida, aplique Sparlack Neutrex diluído, para permitir a máxima penetração do produto na superfície.

Outros produtos relacionados

Sparlack Seladora

Acabamento semibrilhante de uso interno, indicado para reduzir a porosidade e absorção de madeiras novas, antes da aplicação do acabamento.

Sparlack Knotting

Verniz selador incolor, indicado para madeiras novas do tipo resinoso e outras em geral.

Sparlack Extra Marítimo

Sparlack Extra Marítimo é um verniz transparente brilhante, formulado com rigoroso controle de qualidade, para oferecer máxima durabilidade e proteção às superfícies de madeira. Fácil de aplicar, com alto rendimento, secagem rápida, bom alastramento, boa resistência ao atrito e dureza. Ótima resistência à maresia, às intempéries e à água. Sua película realça os veios e o aspecto natural da madeira, protegendo e embelezando as superfícies envernizadas. É indicado para acabamentos externos e internos em superfícies como: portas, esquadrias e forros de madeira. **DURABILIDADE DE 2 ANOS**.

Embalagens/Rendimento

Lata (18 L): 350 a 500 m²/demão.
Galão (3,6 L): 70 a 110 m²/demão.
Quarto (0,9 L): 17,5 a 27,5 m²/demão.
1/16 (0,2 L): 4 a 6 m²/demão.

Acabamento

Brilhante e Acetinado.

Aplicação

Pincel ou trincha de cerdas macias, rolo de espuma ou do tipo pelo baixo, ou pistola convencional. Aplicar 2 a 3 demãos para uso em interiores, 3 demãos para uso em exteriores, aplicadas diretamente sobre a madeira com intervalos de 8 a 12 horas entre demãos.

Diluição

Diluir com Aguarrás Coral ou Redutor Sparlack em até 10% para pincel, rolo ou trincha e 30% para pistola.

Cor

Natural.

Secagem

Ao toque: 2 horas.
Entre demãos: 8 horas.
Total: 24 horas.

Dicas e preparação de superfície

Toda e qualquer madeira a ser envernizada deverá estar, firme, seca (contendo menos de 20% de umidade – madeiras "verdes" ou úmidas não podem ser revestidas), coesa, limpa, livre de partes soltas, isenta de mofo, óleos, graxas, ceras e outros contaminantes.

Madeira nova: para aparelhá-las efetue lixamento, sempre na direção dos veios da madeira, removendo a seguir toda a poeira, antes de aplicar Sparlack Extra Marítimo ou Sparlack Marítimo Fosco.

Madeira já envernizada: em boas condições: lixar para quebrar o brilho e, em seguida, aplicar o Sparlack Extra Marítimo ou Sparlack Marítimo Fosco. Em más condições: remover completamente o verniz antigo e, em seguida, proceder como no caso de madeiras novas.

Madeira resinosa e superfície muito absorvente: para ambientes internos, recomendamos aplicar uma demão prévia do verniz Sparlack Knotting, sobre madeiras resinosas (peroba, ipê, vinhático, sucupira, maçaranduba etc) ou superfícies muito absorventes como chapa dura. Esta prática impedirá retardamentos de secagem. Para ambientes externos, a aplicação direta do Sparlack Extra Marítimo ou Sparlack Marítimo Fosco sobre a madeira é a forma mais recomendável para se obter a máxima durabilidade do verniz. Após aplicar o verniz Sparlack Knotting ou a primeira demão do Sparlack Extra Marítimo ou Sparlack Maritimo Fosco, lixar levemente para eliminar as fibras da madeira.

Outros produtos relacionados

Sparlack Seladora

Acabamento semibrilhante de uso interno, indicado para reduzir a porosidade e absorção de madeiras novas, antes da aplicação do acabamento.

Sparlack Knotting

Verniz selador incolor, indicado para madeiras novas do tipo resinoso e outras em geral.

Sparlack Extra Marítimo Base Água

Sparlack Extra Marítimo Base Água é um verniz transparente brilhante ou acetinado, com formula a base de água com rigoroso controle de qualidade, para oferecer máxima durabilidade e proteção às superfícies de madeira. Sem cheiro (após 1 hora da aplicação, segundo pesquisa realizada em que 76% dos consumidores avaliaram a intensidade do cheiro como fraco/sem cheiro.), fácil de aplicar, com alto rendimento, secagem rápida, bom alastramento, boa resistência ao atrito e dureza. Ótima resistência à maresia, às intempéries e à água. Sua película realça os veios e o aspecto natural da madeira, protegendo e embelezando as superfícies envernizadas. É indicado para acabamentos externos e internos em superfícies como: portas, esquadrias e forros. **DURABILIDADE DE 2 ANOS**.

Embalagens/Rendimento

Galão (3,6 L): 70 a 110 m² por demão.

Quarto (0,9 L): 17,5 a 27,5 m² por demão.

Acabamento

Brilhante e Acetinado.

Aplicação

2 a 3 demãos diretamente sobre a madeira, com intervalo mínimo de 4 horas entre demãos. Utilizar pincel ou trincha de cerdas macias, rolo de espuma ou do tipo pelo baixo para epóxi, ou pistola convencional. A primeira demão deve ser aplicada a pincel ou a trincha.

Diluição

Produto pronto para uso; não diluir.

Cor

Natural.

Secagem

Ao toque: 3 horas.
Entre demãos: 4 a 5 horas.
Final: 4 a 5 horas.

Dicas e preparação de superfície

Toda madeira deverá estar, firme, seca (contendo menos de 20% de umidade), coesa, limpa, livre de partes soltas, sem mofo, óleos, graxas, ceras e outros contaminantes. Madeiras "verdes" ou úmidas nãopodem ser revestidas.

Madeiras novas: Efetuar o lixamento, sempre na direção dos veios da madeira, removendo a seguir toda a poeira antes de aplicar o verniz. Arestas e cantos devem ser arredondados e frestas devem ser bem rejuntadas.

Madeiras já envernizadas: 1 - Em boas condições: lixar para quebrar totalmente o brilho do verniz antigo, remover a poeira e em seguida aplicar Sparlack Extra Marítimo Base Água Brilhante ou Acetinado. 2 - Em más condições: remover completamente o verniz antigo e, em seguida, proceder como no caso de madeiras novas.

Outros produtos relacionados

Sparlack Seladora

Acabamento semibrilhante de uso interno, indicado para reduzir a porosidade e absorção de madeiras novas, antes da aplicação do acabamento.

Sparlack Knotting

Verniz selador incolor, indicado para madeiras novas do tipo resinoso e outras em geral.

Sparlack Extra Marítimo Fosco

Sparlack Marítimo Fosco é um verniz de finíssimo acabamento fosco aveludado, formulado com rigoroso controle de qualidade, para oferecer a máxima durabilidade e proteção a superfícies de madeira. Fácil de aplicar, com alto rendimento, secagem rápida, bom alastramento, boa resistência ao atrito e dureza. Ótima resistência à maresia, às intempéries e à água. Sua película realça os veios e o aspecto natural da madeira, protegendo e embelezando as superfícies envernizadas. É indicado para acabamentos externos e internos em superfícies como: portas, forros e esquadrias de madeira. **DURABILIDADE 2 ANOS**.

Embalagens/Rendimento
Lata (18 L): 350 a 550 m²/demão.
Galão (3,6 L): 70 a 110 m²/demão.
Quarto (0,9 L): 17,5 a 27,5 m²/demão.

Acabamento
Fosco.

Aplicação
Pincel ou trincha de cerdas macias, rolo de espuma ou do tipo pelo baixo, ou pistola convencional. Aplicar 2 a 3 demãos para uso em interiores, 3 demãos para uso em exteriores, aplicadas diretamente sobre a madeira com intervalos de 8 a 12 horas entre demãos.

Diluição
Diluir com Diluente Aguarrás Coral ou Redutor Sparlack:
Até 10% com pincel, rolo ou trincha.
Até 30% com pistola convencional.

Cor
Natural.

Secagem
Ao toque: 1 hora.
Entre demãos: 8 a 12 horas.
Total: 24 horas.

Dicas e preparação de superfície

Toda madeira deverá estar firme, seca (com menos de 20% de umidade), coesa, limpa, livre de partes soltas e sem mofo, óleos, graxas, ceras e outros contaminantes. Madeiras "verdes" ou úmidas não podem ser revestidas.
Madeiras novas: lixe na direção dos veios, removendo toda a poeira antes de aplicar o verniz.
Madeiras envernizadas: quando em boas condições, lixe para quebrar o brilho e, então, aplique o verniz. Se em más condições, remova todo o verniz antigo e depois proceda como nas madeiras novas.
Madeiras resinosas e superfícies muito absorventes: para ambientes internos, aplique uma demão prévia de verniz Sparlack Knotting sobre madeiras resinosas (peroba, ipê, vinhático, sucupira, maçaranduba, etc.) ou superfícies muito absorventes, como chapa dura. Essa prática impedirá retardamentos de secagem. Em ambientes externos, aplique o verniz diretamente sobre a madeira. Após aplicar Sparlack Knotting ou a primeira demão de Sparlack Marítimo Fosco, lixe levemente para eliminar as fibras da madeira.

Outros produtos relacionados

Sparlack Seladora
Acabamento semibrilhante de uso interno, indicado para reduzir a porosidade e absorção de madeiras novas, antes da aplicação do acabamento.

Sparlack Knotting
Verniz selador incolor, indicado para madeiras novas do tipo resinoso e outras em geral.

Sparlack Copal

Verniz brilhante e transparente, formulado com rigoroso controle de qualidade, para oferecer a máxima durabilidade e proteção às superfícies de madeira. Fácil de aplicar, alto rendimento, secagem rápida, bom alastramento, boa aderência, elasticidade. Sua película realça os veios e o aspecto natural da madeira, com boa resistência ao atrito e dureza. Indicado para acabamentos internos e externos em superfícies de madeira em geral, tais como: móveis, tapumes e trabalhos manuais e possui **1 ANO DE DURABILIDADE**.

Embalagens/Rendimento

Lata (18 L): 350 a 550 m² por demão.
Galão (3,6 L): 70 a 110 m² por demão.
Quarto (0,9 L): 17,5 a 27,5 m² por demão.
1/16 (0,2 L): 4 a 6 m² por demão.

Acabamento

Brilhante.

Aplicação

Pincel ou trincha de cerdas macias, rolo de espuma ou do tipo pelo baixo, ou pistola. Aplicar 2 a 3 demãos para uso em interiores, 3 demãos para uso em exteriores, aplicadas diretamente sobre a madeira com intervalos de 8 a 12 horas entre demãos.

Diluição

Diluir com Aguarrás Coral ou Redutor Sparlack em até 10% para pincel, rolo ou trincha e 20% para pistola convencional.

Cor

Natural.

Secagem

Ao toque: 2 horas.
Entre demãos: 8 a 12 horas.
Final: 24 horas.

Dicas e preparação de superfície

Toda madeira deverá estar firme, seca (com menos de 20% de umidade), coesa, limpa, livre de partes soltas e sem mofo, óleos, graxas, ceras e outros contaminantes. Madeiras "verdes" ou úmidas não podem ser revestidas.
Madeiras novas: lixe na direção dos veios, removendo toda a poeira antes de aplicar o verniz.
Madeiras já envernizadas: quando em boas condições, lixe para quebrar o brilho e, então, aplique o verniz. Se em más condições, remova todo o verniz antigo e depois proceda como nas madeiras novas.
Madeiras resinosas e superfícies muito absorventes: para ambientes internos, aplique uma demão prévia de verniz Sparlack Knotting sobre madeiras resinosas (peroba, ipê, vinhático, sucupira, maçaranduba, etc.) ou superfícies muito absorventes, como chapa dura. Essa prática impedirá retardamentos de secagem. Em ambientes externos, aplique o verniz diretamente sobre a madeira para obter máxima durabilidade. Após aplicar Sparlack Knotting ou a primeira demão de Sparlack Copal, lixe levemente para eliminar as fibras da madeira.

Outros produtos relacionados

Sparlack Seladora

Acabamento semibrilhante de uso interno, indicado para reduzir a porosidade e absorção de madeiras novas, antes da aplicação do acabamento.

Sparlack Knotting

Verniz selador incolor, indicado para madeiras novas do tipo resinoso e outras em geral.

Sparlack Seladora para Madeira

Sparlack Seladora para Madeira é um produto à base de água e sem cheiro (após duas horas da aplicação) desenvolvido especialmente para aplicação sobre madeiras novas em ambientes internos. Apresenta acabamento acetinado, incolor e transparente, proporcionando excelente selagem e aderência. Fácil de aplicar, alto rendimento, secagem rápida, fácil lixamento, podendo ser lixado de 2 a 3 horas após sua aplicação. Sparlack Seladora para Madeira permite preparar as madeiras para receberem, como acabamento, qualquer verniz da Linha Sparlack à base de solvente ou à base de água, com a garantia de um excelente acabamento final.

Embalagens/Rendimento
Galão (3,6 L): 36 a 44 m²/demão.
Quarto (0,9 L): 10 a 12 m²/demão.

Acabamento
Semibrilhante.

Aplicação
Normalmente 1 a 2 demãos são suficientes para um ótimo acabamento, com intervalo mínimo de 2 horas entre demãos. Utilize pincel, trincha de cerdas macias, boneca ou pistola convencional.

Diluição
Para aplicação com pincel, trincha, boneca: produto pronto para uso; não diluir.
Aplicação com pistola convencional: dilua no máximo 10% com água. Homogeneize bem o produto com espátula de plástico, metal ou madeira, antes e durante a aplicação.

Cor
Incolor.

Secagem
Ao toque: 1 hora.
Entre demãos: 2 horas.
Final: de 3 a 4 horas.

Dicas e preparação de superfície

Toda e qualquer madeira a ser enverzinada deverá estar firme, seca (contendo menos de 20% de umidade, madeiras “verdes” ou úmidas não podem ser revestidas), coesa, limpa, livre de partes soltas e sem mofo, óleos, graxas, ceras e outros contaminantes.

Madeiras novas: Efetue o lixamento na direção dos veios da madeira utilizando inicialmente lixa grana 80 a 100 até 220, remova a seguir toda a poeira antes de aplicar Sparlack Seladora para Madeira. Após a secagem lixe com lixa grana 280/320, aplicando como acabamento a linha de Vernizes Sparlack. Para obter acabamento do tipo encerado, aplique a cera após um cuidadoso lixamento.

Madeiras já revestidas: Remova completamente o verniz antigo em seguida proceda como no caso de madeiras novas.

Sparlack Pintoff

Sparlack Pintoff é um removedor de fácil aplicação, pronto para uso e elevado poder de remoção de esmaltes e vernizes. Remove películas dos mais variados tipos de superfícies, como: ferro, aço, madeiras, pisos etc. Indicado para remoção de esmaltes de base alquídica e base água, vernizes base solvente e base água, nitrocelulose, acrílica. Não é apropriado para remoção de tintas de estufa ou catalisadas (dois componentes), como epóxi e poliuretano.

Embalagens/Rendimento

1 L e 5 L.

Acabamento

Não aplicável.

Aplicação

Após a aplicação do Sparlack Pintoff é necessário aguardar poucos minutos, dependendo da natureza da tinta a ser removida, ele amolece e provoca enrugamento da tinta antiga, possibilitando sua remoção com auxílio de uma espátula ou palha de aço. Observação: No caso de aplicação sobre superfícies porosas, como madeira, cerâmica etc., a superfície deverá ser bem limpa com Redutor Sparlack e lixada até a completa remoção da parafina residual deixada por ele, a fim de evitar deficiência de secagem e defeitos no acabamento de novos produtos que vierem a ser aplicados.

Diluição

Produto pronto para uso; não diluir.

Cor

Incolor.

Secagem

Não aplicável.

Dicas e preparação de superfície

Aplicar uma ou mais camadas fartas, a pincel ou trincha forçando contra as reentrâncias que existirem. Aguardar 10 a 20 minutos para obter-se pleno efeito de remoção. Esse tempo poderá variar. Quando a camada de tinta estiver visivelmente estufada, remova-a com uma espátula ou palha de aço. Camadas de tinta ou vernizes muito espessos, ou muito antigos podem precisar de aplicações extras.

Outro produto relacionado

Sparlack Redutor

Sparlack Redutor é uma Aguarrás Mineral para diluição de vernizes, esmaltes sintéticos e tintas a óleo, que facilita a aplicação e ajuda na obtenção de uma cobertura homogênea, evitando marcas das ferramentas na pintura da superfície.

Sparlack Seladora Concentrada

Sparlack Seladora Concentrada é um complemento para a preparação de superfícies de madeira, que elimina a porosidade, impermeabiliza, protege contra a umidade e melhora o rendimento da aplicação do verniz. Sparlack Seladora Concentrada é indicada para o tratamento de superfícies novas de madeira em ambientes internos.

Embalagens/Rendimento
Galão (3,2 L): 32 m².
Quarto (0,9 L): 8 m².

Diluição
Até 100% com Thinner para nitrocelulose.

Aplicação
Utilizar pincel, trincha, rolo, pistola ou boneca. Aplicar de uma a duas demãos, dependendo da selagem desejada, com intervalo mínimo de secagem de 2 horas. Importante: Não aplicar Sparlack Seladora Concentrada quando utilizar vernizes de Alto Desempenho ou ilmpregnantes como: Cetol, Cetol Deck, Cetol Deck Antiderrapante, Solgard, Duplo Filtro Solar, Duplo Filtro Secagem Rápida, Stain e Efeito Natural.

Secagem
Ao toque: 15 minutos.
Entre demãos: 1 hora.
Final: 3 horas.

Sparlack Knotting

Sparlack Knotting é um isolador da resina natural da madeira, alguns tipos de madeira possuem muitos nós e esses nós soltam uma resina natural que interferem na aplicação do verniz, o Knotting sela e isola esta resina. É indicado para áreas internas e externas como seladora para madeiras novas em geral, principalmente do tipo resinosas, como: ipê, maçaranduba, vinhático, cabreúva, peroba, sucupira, etc., além das áreas de madeiras ricas em nós.

Embalagens/Rendimento
Galão (3,2 L): 32 m².
Quarto (0,9 L): 8 m².

Diluição
Produto pronto para uso; não diluir.

Aplicação
Normalmente duas a três demãos são suficientes, com intervalos de 2 horas entre demãos. Utilizar pincel ou trincha de cerdas macias, rolo de espuma ou do tipo pelo baixo para epóxi, pistola ou imersão.

Secagem
Ao toque: em 20 minutos.
Ao manuseio: em 1 hora.
Completa, em 2 horas.

Dicas e preparação de superfície

Toda e qualquer madeira a ser envernizada deverá estar firme, seca (contendo menos de 20% de umidade – madeiras "verdes" ou úmidas não podem ser revestidas), coesa, limpa, livre de partes soltas, isenta de mofo, óleos, graxas,ceras e outros contaminantes.
Madeiras novas: efetuar lixamento na direção dos veios da madeira, utilizando inicialmente lixa grana 80 a 100 até 220, remover a seguir toda a poeira antes de aplicar Sparlack Seladora. Após a secagem, lixar com lixa grana 280/320, aplicando como acabamento a linha de Vernizes Sparlack. Para obter acabamento do tipo encerado, aplicar a cera após um cuidadoso lixamento. **Madeiras já revestidas** (*): remover completamente o revestimento antigo, em seguida proceder como no caso de madeiras novas. (*) Removedores podem ocasionar problemas de secagem e acabamento. Nesse caso, faça uma limpeza efetiva da madeira para diminuir a ocorrência desses problemas. **Observação**: Todos os acabamentos da AkzoNobel das marcas Sparlack, Coral, Wanda e Ypiranga podem ser aplicados sobre o verniz Sparlack Knotting, tais como: tintas a óleo, esmaltes sintéticos, látex PVA e acrílicos, vernizes etc.

Sparlack Tingidor

Sparlack Tingidor é desenvolvido para dar cor a vernizes do tipo sintéticos ou poliuretanos, seladoras à base de nitrocelulose e stains. Indicado para enobrecimento e personalização de madeiras e móveis, em ambientes externos e internos.

Embalagens/Rendimento
(0,1 L): Tinge até 3,6 L (um galão).

Aplicação
Conforme verniz a ser tingido. Despejar o produto direto na embalagem do verniz a ser tingido. Não utilizar o produto puro sobre a superfície a ser utilizada.

Diluição
Não diluir este produto; a diluição deverá seguir a indicação do produto a ser tingido.

Secagem
Não aplicável.

Sparlack Redutor

Sparlack Redutor é uma aguarrás mineral para diluição de vernizes, esmaltes sintéticos e tintas a óleo, que facilita a aplicação e ajuda na obtenção de uma cobertura homogênea, evitando marcas das ferramentas na pintura da superfície. Indicado para diluição de primers sintéticos, vernizes sintéticos e poliuretanos monocomponentes, esmaltes sintéticos, e tintas a óleo em geral.

Embalagens/Rendimento
0,9 L e 5 L.

Aplicação
Para rendimento, aplicação e diluição: Consultar a orientação do produto a ser diluído.

Diluição
Produto pronto para uso; não diluir.

Secagem
Não aplicável.

Dicas e preparação de superfície

SPARLACK TINGIDOR
Tinge vernizes sintéticos, poliuretanos, seladoras à base de nitrocelulose e stains. Melhora a durabilidade final do verniz a ser tingido. O acabamento varia de acordo com o verniz tingido.

SPARLACK REDUTOR
Diluição de vernizes, esmaltes sintéticos e tintas a óleo.Proporciona maior facilidade de aplicação. Preserva as propriedades originais do produto. Limpeza de ferramentas, respingos. Remoção de graxas, óleos e gorduras

Ypiranga Paredex

ECONÔMICA ★

Produto de excelente desempenho em superfícies internas e externas, para quem deseja a relação ideal entre qualidade e economia. Fácil aplicação, secagem rápida proporciona às superfícies bom acabamento do tipo fosco. Apresenta boa cobertura, boa resistência ao sol e a chuva, além de bom rendimento, aderência e resistência ao mofo e à alcalinidade. Indicado para a pintura de superfícies de reboco, massa acrílica, texturas, concreto, fibrocimento e superfícies internas de massa corrida e gesso.

Embalagens/Rendimento
Lata (18 L): 250 m² por demão.
Galão (3,6 L): 50 m² por demão.
Variável de acordo com: espessura, diluição, absorção da superfície, técnicas de aplicação e também tonalidade da cor escolhida.

Acabamento
Fosco.

Aplicação
Trincha de cerdas macias e rolo de lã de pelo curto, ou pistola, aplicar 2 a 3 demãos com intervalo de 5 horas.

Diluição
Em superfícies não seladas, adicione 50% de água potável e 1 parte de tinta (por exemplo, 500 mL de água para 1 litro de tinta) e misture bem até completa homogeneização, para a primeira demão. Para as demais demãos e superfícies, adicione de 15 a 25% de água e 1 parte de tinta (por exemplo, 250 mL de água para 1 litro de tinta). Antes e durante a aplicação, a tinta precisa estar homogênea, para isso use uma espátula de plástico, metal ou madeira.

Cor
19 cores.

Secagem
Ao toque: 30 minutos.
Entre demãos: 4 horas.
Final: 4 horas.

Dicas e preparação de superfície

Superfícies novas: Deverão estar curadas (aguardar 30 dias), secas, coesas e isentas de óleo, gordura e mofo.
Superfícies já pintadas: Em boas condições: lixar e limpar bem a superfície, aplicando a seguir a Paredex Vinil Acrílico Ypiranga.
Em más condições (superfícies porosas, reboco fraco, caiação, pintura antiga calcinada, superfícies com partículas soltas, gesso cola ou mal aderidas): remover completamente a tinta antiga, escovar para eliminar poeiras, e iniciar a pintura aplicando como 1ª demão o Fundo Preparador de Paredes Coral e a seguir, o Paredex Vinil Acrílico Ypiranga.
Superfícies mofadas: lavar com solução de água sanitária (1 parte de água sanitária para 1 parte de água potável), enxaguar com água limpa ou com um pano úmido. Se necessário, repetir a operação. Aguardar a secagem total antes de iniciar a aplicação do produto. Umidade de qualquer natureza deverá ser eliminada completamente.

Outros produtos relacionados

Fundo Preparador de Paredes
Desenvolvido para solucionar problemas da superfície e garantir maior durabilidade à pintura.

Selador Acrílico
Indicado para uniformizar a absorção e selar paredes em ambientes externos e internos que nunca foram pintados.

Massa Acrílica Coral
Indicada para uniformizar, nivelar e corrigir pequenas imperfeições de paredes e tetos em ambientes externos e internos.

Anjo Tintas e Solventes

Missão: Servir ao cliente provendo tintas e solventes com inovação, em harmonia com a vida.

Fundada em abril de 1986 em Criciúma/SC, a Anjo Tintas e Solventes é uma empresa que atua em quatro segmentos de mercado: automotivo, imobiliário, industrial e impressão.

Atualmente possui três unidades fabris situadas na cidade de Criciúma/SC, uma unidade na cidade de Morro da Fumaça/SC e três Centros de Distribuição: Bragança Paulista/SP, Vitória de Santo Antão/PE e Aparecida de Goiânia/GO.

Possui uma linha completa de produtos nas categorias premium, standard e econômica, sendo o foco principal de atuação produtos de alto desempenho.

A Anjo também é reconhecida como uma empresa inovadora e de produtos inovadores. Para isso, conta com uma grande equipe e estrutura interna de pesquisa e desenvolvimento, além de possuir uma parceria com a Universidade Federal de Santa Catarina (UFSC) para desenvolvimento de novas tecnologias.

Outro foco muito forte da empresa é a Ecossustentabilidade. Em 2010 colocou no mercado o selo Ecoeficiente com produtos diferenciados e que reduzem o impacto ao meio ambiente.

Essa é a Anjo Tintas e Solventes, uma empresa reconhecida como inovadora e de qualidade que está em harmonia com a vida.

Certificações

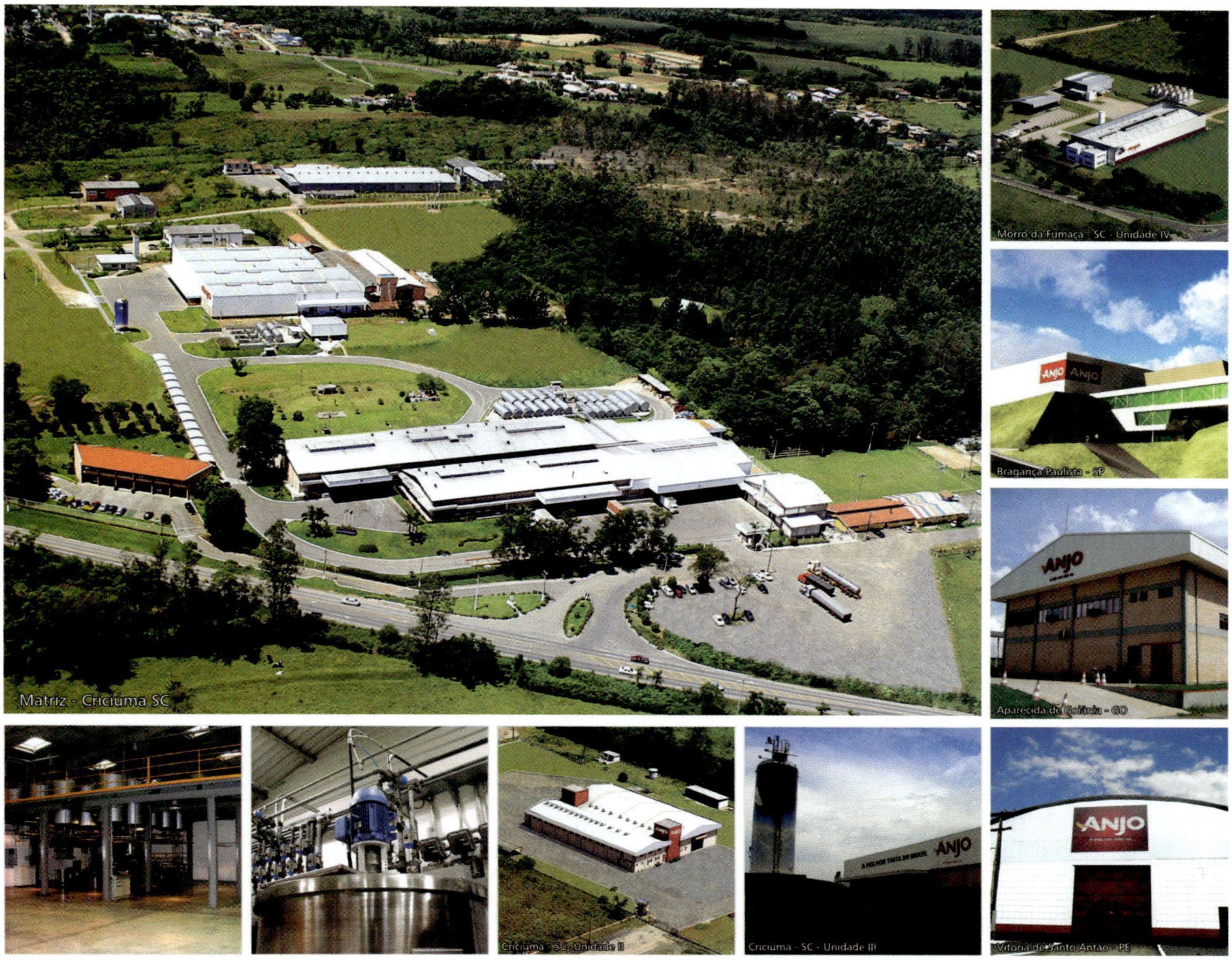

Morro da Fumaça - SC - Unidade IV

Bragança Paulista - SP

Matriz - Criciúma SC

Aparecida de Goiânia - GO

Criciúma - SC - Unidade II

Criciuma - SC - Unidade III

Vitória de Santo Antão - PE

Em harmonia com a vida

Informações de Serviço ao Consumidor:

A empresa dispõe de Serviço de Atendimento ao Consumidor

0800 487777 ou site www.anjo.com.br

Tinta Acrílica Premium

PREMIUM ★★★★★

É uma tinta acrílica sem cheiro*, indicada para proteção e decoração de superfícies externas e internas de reboco, concreto, gesso, massa acrílica, massa corrida, texturas e fibrocimento. Possui excelente cobertura e rendimento, de fácil aplicação, secagem rápida, resistência ao intemperismo e fungos (mofo).

*Sem cheiro após 3 h da aplicação, segundo pesquisas realizadas, onde 80% dos consumidores avaliam a intensidade do cheiro como suave ou sem cheiro.

Embalagens/Rendimento
Lata (0,9 L): 16 a 18 m²/demão.
Lata (3,6 L): 65 a 75 m²/demão.
Lata (18 L): 325 a 375 m²/demão.

Acabamento
Fosco, semibrilho, acetinado.

Aplicação
Rolo, pincel ou pistola.
2 a 3 demãos com intervalo mínimo de 4 horas.

Diluição
Reboco novo selado e reboco com massa: diluir a 1ª demão de 20% a 30% com água potável e as demais de 15% a 20%. Repintura: todas as demãos de 15% a 20% com água potável. Pistola: 20% a 30% com água potável.

Cor
Além das cores do catálogo, mais de 2.000 cores estão disponíveis no Universal Paint System Anjo.

Secagem
Toque: 2 horas.
Entre demãos: 4 horas.
Final: 12 horas.

Dicas e preparação de superfície

A superfície deve estar firme, coesa, limpa, seca, sem poeira, gordura ou graxa, sabão ou mofo. Antes de iniciar a pintura, seguir as orientações abaixo:
Reboco novo: Aguardar secagem e cura (mínimo 28 dias). Aplicar Selador Acrílico Pigmentado Anjo. (Ver diluição do produto.)
Concreto novo: Aguardar secagem e cura (mínimo 28 dias). Aplicar Fundo Preparador de Paredes Anjo. (Ver diluição do produto.)
Gesso, fibrocimento: Aplicar Fundo Preparador de Paredes Anjo. (Ver diluição do produto.)
Reboco fraco: Aguardar secagem e cura (mínimo 28 dias). Aplicar Fundo Preparador de Paredes Anjo. (Ver diluição do produto.)
Imperfeições rasas: Corrigir com Massa Acrílica Anjo (superfícies externas e internas) ou Massa Corrida Anjo (superfícies internas) seguida de uma demão do Fundo Preparador de Paredes Anjo. (Ver diluição do produto.)
Superfícies caiadas ou com partículas soltas ou mal aderidas: Raspar e/ou escovar a superfície, eliminando as partes soltas. Aplicar Fundo Preparador de Paredes Anjo. (Ver diluição do produto.)
Manchas de gordura ou graxa: Lavar com água e detergente, enxaguar e aguardar secagem.
Partes mofadas: Lavar com água sanitária e água na proporção de 1:1, enxaguar e aguardar secagem.

Outros produtos relacionados

Massa Corrida Super Leve G2 Anjo

É um produto inovador, com características de aplicação, lixamento e formação de pó, totalmente diferenciadas em relação aos produtos convencionais do mercado.

Fundo Preparador Anjo

É um produto que tem o poder de aglutinar as partículas soltas, melhorando a aderência das tintas em reboco fraco.

Selador Acrílico Pigmentado Anjo

É um selador de superfície, com bom poder de cobertura e enchimento. Proporciona um melhor desempenho do acabamento final, aumentando o rendimento das tintas de acabamento.

Tinta Acrílica Standard

STANDARD ★★★

É uma tinta acrílica com odor suave, ótima cobertura, secagem rápida, fácil aplicação, ótimo acabamento. Indicada para a pintura de superfícies externas e internas de reboco, massa acrílica e corrida, concreto, fibrocimento, gesso e texturas.

Embalagens/Rendimento
Lata (3,6 L): 35 a 50 m²/demão.
Lata (18 L): 175 a 250 m²/demão.

Acabamento
Fosco.

Aplicação
Rolo, pincel ou pistola.
2 a 3 demãos com intervalo mínimo de 4 horas.

Diluição
Pincel ou rolo: 10% a 20% com água potável.
Pistola: 25% com água potável.

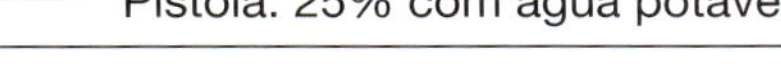

Cor
Além das cores do catálogo, mais de 400 cores estão disponíveis no Universal Paint System Anjo.

Secagem
Toque: 2 horas.
Entre demãos: 4 horas.
Final: 12 horas.

Dicas e preparação de superfície

A superfície deve estar firme, coesa, limpa, seca, sem poeira, gordura ou graxa, sabão ou mofo. Antes de iniciar a pintura, seguir as orientações abaixo:
Reboco novo: Aguardar secagem e cura (mínimo 28 dias). Aplicar Selador Acrílico Pigmentado Anjo. (Ver diluição do produto.)
Concreto novo: Aguardar secagem e cura (mínimo 28 dias). Aplicar Fundo Preparador de Paredes Anjo. (Ver diluição do produto.)
Gesso, fibrocimento: Aplicar Fundo Preparador de Paredes Anjo. (Ver diluição do produto.)
Reboco fraco: Aguardar secagem e cura (mínimo 28 dias). Aplicar Fundo Preparador de Paredes Anjo. (Ver diluição do produto.)
Imperfeições rasas: Corrigir com Massa Acrílica Anjo (superfícies externas e internas) ou Massa Corrida Anjo (superfícies internas) seguida de uma demão do Fundo Preparador de Paredes Anjo. (Ver diluição do produto.)
Superfícies caiadas ou com partículas soltas ou mal aderidas: Raspar e/ou escovar a superfície, eliminando as partes soltas. Aplicar Fundo Preparador de Paredes Anjo. (Ver diluição do produto.)
Manchas de gordura ou graxa: Lavar com água e detergente, enxaguar e aguardar secagem.
Partes mofadas: Lavar com água sanitária e água na proporção de 1:1, enxaguar e aguardar secagem.

Outros produtos relacionados

Massa Corrida Super Leve G2 Anjo
É um produto inovador, com características de aplicação, lixamento e formação de pó, totalmente diferenciadas em relação aos produtos convencionais do mercado.

Fundo Preparador Anjo
É um produto que tem o poder de aglutinar as partículas soltas, melhorando a aderência das tintas em reboco fraco.

Selador Acrílico Pigmentado Anjo
É um selador de superfície, com bom poder de cobertura e enchimento. Proporciona um melhor desempenho do acabamento final, aumentando o rendimento das tintas de acabamento.

Tinta Acrílica Econômica

ECONÔMICA ★

É uma tinta acrílica com boa cobertura, rendimento e odor suave. É indicada para a pintura de superfícies internas de reboco, massa acrílica e corrida, concreto, fibrocimento, gesso e texturas.

Embalagens/Rendimento

Lata (3,6 L): 25 a 40 m²/demão.
Lata (18 L): 125 a 200 m²/demão.

Acabamento

Fosco.

Aplicação

Rolo, pincel ou pistola.
2 a 3 demãos com intervalo mínimo de 4 horas.

Diluição

Reboco novo selado: 15% a 20% com água potável.
Repintura: todas as demãos de 10% a 20% com água potável.
Pistola: 25% com água potável.

Cor

Catálogo disponível com 14 cores.

Secagem

Toque: 2 horas.
Entre demãos: 4 horas.
Final: 12 horas.

Dicas e preparação de superfície

A superfície deve estar firme, coesa, limpa, seca, sem poeira, gordura ou graxa, sabão ou mofo. Antes de iniciar a pintura, seguir as orientações abaixo:
Reboco novo: Aguardar secagem e cura (mínimo 28 dias). Aplicar Selador Acrílico Pigmentado Anjo.
Concreto novo: Aguardar secagem e cura (mínimo 28 dias). Aplicar Fundo Preparador de Paredes Anjo. (Ver diluição do produto.)
Gesso, fibrocimento: Aplicar Fundo Preparador de Paredes Anjo. (Ver diluição do produto.)
Reboco fraco: Aguardar secagem e cura (mínimo 28 dias). Aplicar Fundo Preparador de Paredes Anjo. (Ver diluição do produto.)
Imperfeições rasas: Corrigir com Massa Acrílica Anjo (superfícies externas e internas) ou Massa Corrida Anjo (superfícies internas) seguida de uma demão do Fundo Preparador de Paredes Anjo. (Ver diluição do produto.)
Superfícies caiadas ou com partículas soltas ou mal aderidas: Raspar e/ou escovar a superfície, eliminando as partes soltas. Aplicar Fundo Preparador de Paredes Anjo. (Ver diluição do produto.)

Outros produtos relacionados

Massa Corrida Super Leve G2 Anjo

É um produto inovador, com características de aplicação, lixamento e formação de pó, totalmente diferenciadas em relação aos produtos convencionais do mercado.

Fundo Preparador Anjo

É um produto que tem o poder de aglutinar as partículas soltas, melhorando a aderência das tintas em reboco fraco.

Selador Acrílico Pigmentado Anjo

É um selador de superfície, com bom poder de cobertura e enchimento. Proporciona um melhor desempenho do acabamento final, aumentando o rendimento das tintas de acabamento.

Textura Lisa Hidrorrepelente

A Textura Lisa Anjo é um acabamento para efeitos mais suaves. Fácil aplicação, secagem rápida, boa aderência e sua hidrorrepelência impedem a entrada de água, protegendo mais a superfície a ser aplicada. Indicada para texturar superfícies externas e internas de reboco, concreto, fibrocimento, massa corrida e massa acrílica.

Embalagens/Rendimento
Lata (3,6 L): 3,5 a 5 m^2/demão.
Lata (18 L): 17,5 a 25 m^2/demão.

Acabamento
Fosco.

Aplicação
Desempenadeira de aço ou rolos especiais para textura, podendo-se obter diversos tipos de desenhos.

Diluição
Pronta para uso.

Cor
Branca. Após secagem final de 24 horas pintar com Tinta Acrílica Premium ou Standard na cor desejada.

Secagem
Toque: 1 hora.
Final: 12 horas.
Cura total: 30 dias.

Dicas e preparação de superfície

A superfície deve estar firme, coesa, limpa, seca, sem poeira, gordura ou graxa, sabão ou mofo. Antes de iniciar a pintura, seguir as orientações abaixo:
Reboco novo: Aguardar secagem e cura (mínimo 28 dias). Aplicar Selador Acrílico Pigmentado Anjo. (Ver diluição do produto.)
Concreto novo: Aguardar secagem e cura (mínimo 28 dias). Aplicar Fundo Preparador de Paredes Anjo. (Ver diluição do produto.)
Gesso, fibrocimento: Aplicar Fundo Preparador de Paredes Anjo. (Ver diluição do produto.)
Reboco fraco: Aguardar secagem e cura (mínimo 28 dias). Aplicar Fundo Preparador de Paredes Anjo. (Ver diluição do produto.)
Superfícies caiadas ou com partículas soltas ou mal aderidas: Raspar e/ou escovar a superfície, eliminando as partes soltas. Aplicar Fundo Preparador de Paredes Anjo. (Ver diluição do produto.)
Manchas de gordura ou graxa: Lavar com água e detergente, enxaguar e aguardar secagem.
Partes mofadas: Lavar com água sanitária e água na proporção de 1:1, enxaguar e aguardar secagem.

Outros produtos relacionados

Tinta Acrílica Premium Anjo

É uma tinta acrílica sem cheiro, excelente cobertura e acabamento. Indicada para proteção e decoração de superfícies externas e internas.

Fundo Preparador Anjo

É um produto que tem o poder de aglutinar as partículas soltas, melhorando a aderência das tintas em reboco fraco.

Selador Acrílico Pigmentado Anjo

É um selador de superfície, com bom poder de cobertura e enchimento. Proporciona um melhor desempenho do acabamento final, aumentando o rendimento das tintas de acabamento.

Massa Corrida Super Leve G2

A Massa Corrida Super Leve G2 é um produto inovador, com características de aplicação, lixamento e formação de pó, totalmente diferenciadas em relação aos produtos convencionais do mercado. Nas características de aplicação é mais leve e fácil de aplicar. Em relação ao peso, apresenta-se muito mais leve do que os produtos convencionais, facilitando o manuseio da embalagem. Proporciona melhor lixamento. A formação de pó é menor em relação aos produtos convencionais do mercado, facilitando a limpeza, pois o residual do lixamento é muito fácil de ser retirado do ambiente. As características que diferenciam este produto proporcionam melhor qualidade no trabalho e limpeza final, antes da continuidade do processo de pintura. Indicada para corrigir imperfeições de paredes internas de reboco, concreto, gesso, fibrocimento, proporcionando um acabamento liso.

Embalagens/Rendimento

Lata (0,9 L): 2,4 a 3,8 m^2/demão.
Lata (14 L): 38 a 60 m^2/demão.
Lata (18 L): 50 a 76 m^2/demão.

Acabamento

Fosco.

Aplicação

Desempenadeira ou espátula. Aplicar camadas finas e sucessivas até o nivelamento desejado com intervalos de 2 a 3 horas.

Diluição

Pronto para uso.

Cor

Branco.

Secagem

Entre demãos: 2 a 3 horas.
Final: 3 a 4 horas.

Dicas e preparação de superfície

A superfície deve estar firme, coesa, limpa, seca, sem poeira, gordura ou graxa, sabão ou mofo. Antes de iniciar a pintura, seguir as orientações abaixo:
Reboco novo: aguardar cura mais ou menos 28 dias. Aplicar Fundo Preparador de Paredes Anjo. (Ver diluição do produto.)
Pintada, porosa e poeirenta: aplicar Fundo Preparador de Paredes Anjo. (Ver diluição do produto.)
Brilhantes: lixar até eliminação total do brilho.
Mofadas: limpar com solução de água sanitária na proporção de 1:1, enxaguar bem e aguardar a secagem.
Cera e manchas gordurosas: limpar com sabão ou detergente neutro, enxaguar bem e aguardar a secagem.

Outros produtos relacionados

Tinta Acrílica Premium Anjo

É uma tinta acrílica sem cheiro, excelente cobertura e acabamento. Indicada para proteção e decoração de superfícies externas e internas.

Fundo Preparador Anjo

É um produto que tem o poder de aglutinar as partículas soltas, melhorando a aderência das tintas em reboco fraco.

Selador Acrílico Pigmentado Anjo

É um selador de superfície, com bom poder de cobertura e enchimento. Proporciona um melhor desempenho do acabamento final, aumentando o rendimento das tintas de acabamento.

Massa Corrida

Massa para uso interno, de grande poder de enchimento, ótima aderência, fácil aplicação e lixamento. Indicada para nivelar e corrigir pequenas imperfeições rasas de superfícies internas de reboco, concreto, gesso, fibrocimento, proporcionando um acabamento liso.

Embalagens/Rendimento

Lata (3,6 L): 7 a 9 m^2/demão.
Lata (18 L): 38 a 45 m^2/demão.

Acabamento

Fosco.

Aplicação

Desempenadeira ou espátula. Aplicar camadas finas e sucessivas até o nivelamento desejado.

Diluição

Pronto para uso.

Cor

Branco.

Secagem

Entre demãos: 2 a 3 horas.
Final: 3 a 4 horas.

Dicas e preparação de superfície

A superfície deve estar firme, coesa, limpa, seca, sem poeira, gordura ou graxa, sabão ou mofo. Antes de iniciar a pintura, seguir as orientações abaixo:
Reboco novo: aguardar cura mais ou menos 28 dias. Aplicar Fundo Preparador de Paredes Anjo. (Ver diluição do produto.)
Pintada, porosa e poeirenta: aplicar Fundo Preparador de Paredes Anjo. (Ver diluição do produto.)
Brilhantes: lixar até eliminação total do brilho.
Mofadas: limpar com solução de água sanitária na proporção de 1:1, enxaguar bem e aguardar a secagem.
Cera e manchas gordurosas: limpar com sabão ou detergente neutro, enxaguar bem e aguardar a secagem.

Outros produtos relacionados

Tinta Acrílica Premium Anjo

É uma tinta acrílica sem cheiro, excelente cobertura e acabamento. Indicada para proteção e decoração de superfícies externas e internas.

Tinta Acrílica Standard Anjo

É uma tinta acrílica com odor suave, ótima cobertura e acabamento. Indicada para pintura de superfícies externas e internas de reboco, massa acrílica, massa corrida, concreto, fibrocimento, gesso e texturas.

Fundo Preparador Anjo

É um produto que tem o poder de aglutinar as partículas soltas, melhorando a aderência das tintas em reboco fraco.

Massa Acrílica

Massa à base de resina acrílica de excelente resistência ao intemperismo, grande poder de enchimento, fácil aplicação e lixamento, secagem rápida, ótima resistência à alcalinidade, ótima aderência e elevada consistência. Indicada para nivelar e corrigir imperfeições rasas de superfícies externas e internas de reboco, concreto aparente, gesso, fibrocimento e paredes pintadas com látex, proporcionando um acabamento liso.

Embalagens/Rendimento
Lata (3,6 L): 7 a 9 m²/demão.
Lata (18 L): 38 a 45 m²/demão.

Acabamento
Fosco.

Aplicação
Desempenadeira ou espátula. Aplicar camadas finas e sucessivas até o nivelamento desejado.

Diluição
Pronto para uso.

Cor
Branca.

Secagem
Entre demãos: 1 a 3 horas.
Final: 4 horas.

Dicas e preparação de superfície

A superfície deve estar firme, coesa, limpa, seca, sem poeira, gordura ou graxa, sabão ou mofo. Antes de iniciar a pintura, seguir as orientações abaixo:
Reboco novo: aguardar cura mais ou menos 30 dias. Aplicar Fundo Preparador de Paredes Anjo. (Ver diluição do produto.)
Pintada, porosa e poeirenta: aplicar Fundo Preparador de Paredes Anjo. (Ver diluição do produto.)
Brilhantes: lixar até eliminação total do brilho.
Mofadas: limpar com solução de água sanitária na proporção de 1:1, enxaguar bem e aguardar a secagem.
Cera e manchas gordurosas: limpar com sabão ou detergente neutro, enxaguar bem e aguardar a secagem.

Outros produtos relacionados

Tinta Acrílica Premium Anjo

É uma tinta acrílica sem cheiro, excelente cobertura e acabamento. Indicada para proteção e decoração de superfícies externas e internas.

Tinta Acrílica Standard Anjo

É uma tinta acrílica com odor suave, ótima cobertura e acabamento. Indicada para pintura de superfícies externas e internas de reboco, massa acrílica, massa corrida, concreto, fibrocimento, gesso e texturas.

Fundo Preparador Anjo

É um produto que tem o poder de aglutinar as partículas soltas, melhorando a aderência das tintas em reboco fraco.

Selador Acrílico Pigmentado

Embalagens/Rendimento
Lata (3,6 L): 20 a 40 m²/demão.
Lata (18 L): 100 a 200 m²/demão.

Acabamento
Fosco.

Aplicação
Rolo, pincel ou pistola.
Uma demão.

Diluição
Diluir até 20% com água potável.

Cor
Branca.

Secagem
Final: 6 horas.

Fundo Preparador Anjo

Embalagens/Rendimento
Lata (3,6 L): 30 a 55 m²/demão.
Lata (18 L): 195 a 275 m²/demão.

Acabamento
Fosco.

Aplicação
Rolo, pincel.
Uma demão.

Diluição
Diluir até 10% a 100% com água potável. Dependendo do tipo da superfície (porosidade).

Cor
Incolor.

Secagem
Final: 4 horas.

Outros produtos relacionados

Tinta Acrílica Premium Anjo

É uma tinta acrílica sem cheiro, excelente cobertura e acabamento. Indicada para proteção e decoração de superfícies externas e internas.

Tinta Acrílica Standard Anjo

É uma tinta acrílica com odor suave, ótima cobertura e acabamento. Indicada para pintura de superfícies externas e internas de reboco, massa acrílica, massa corrida, concreto, fibrocimento, gesso e texturas.

Massa Corrida Super Leve G2 Anjo

É um produto inovador, com características de aplicação, lixamento e formação de pó, totalmente diferenciadas em relação aos produtos convencionais do mercado.

Esmalte Sintético Premium

PREMIUM ★★★★★

É um produto de excelente qualidade e brilho. Possui elevada resistência ao intemperismo, fácil aplicação e limpeza, ótimo alastramento, aderência e cobertura, excelente acabamento e rendimento. Indicado para pintura de superfícies externas e internas de madeira, ferro, galvanizado e alumínio.

Embalagens/Rendimento
Lata (0,225 L): 2,5 a 3 m²/demão.
Lata (0,9 L): 10 a 12,5 m²/demão.
Lata (3,6 L): 40 a 50 m²/demão.
Lata (18 L): 200 a 250 m²/demão.

Acabamento
Brilhante, Acetinado, Fosco (algumas cores).

Aplicação
Rolo, pincel ou pistola.
2 a 3 demãos com intervalo mínimo de 7 horas.

Diluição
Pincel ou rolo: 10% a 15% com Anjo Raz.
Pistola: 20% a 30% com Anjo Raz.

Cor
Além das cores do catálogo, mais de 2.000 cores estão disponíveis no Universal Paint System Anjo.

Secagem
Toque: 2 a 4 horas.
Entre demãos: 7 horas.
Final: 21 horas.

Dicas e preparação de superfície

A superfície deve estar firme, coesa, limpa, seca, sem poeira, gordura ou graxa, sabão ou mofo. Antes de iniciar a pintura, seguir as orientações abaixo:
Madeira nova: Lixar as farpas da madeira. Aplicar uma demão do Fundo Nivelador Branco Anjo. Após 24 horas, lixar e remover o pó.
Repintura: Lixar para eliminar o brilho.
Ferro com indício de ferrugem: Lixar e aplicar uma demão do Fundo Laranja (Cor Zarcão) Anjo. Aguardar 24 horas.
Ferro com ferrugem: Remover totalmente a ferrugem com lixa e/ou escova de aço. Aplicar uma demão do Fundo Laranja (Cor Zarcão) Anjo. (Ver diluição do produto.)
Alumínio e galvanizado novo: Aplicar antes Wash Primer (alumínio) e Fundo para Galvanizado Anjo (galvanizado). (Ver diluição do produto.)
Repintura: Remover a tinta antiga e mal aderida e aplicar fundo apropriado.
Manchas de gordura ou graxa: Lavar com água e detergente, enxaguar e aguardar secagem.
Partes mofadas: Lavar com água sanitária e água na proporção de 1:1, enxaguar e aguardar secagem.

Outros produtos relacionados

Fundo Laranja (Cor Zarcão) Anjo

É um fundo sintético laranja fosco, com a função de inibir a ferrugem em metais ferrosos, protegendo por mais tempo o acabamento final de superfícies externas e internas.

Fundo Nivelador Branco Anjo

É um fundo branco com alto poder de enchimento. Indicado para aplicar em madeiras externas e internas com a função de uniformizar a absorção nas superfícies da madeira nova.

Anjo Raz

Indicado na diluição de esmaltes sintéticos e para limpeza de ferramentas após pintura.

Esmalte Imobiliário Base Água

PREMIUM ★★★★★

É um produto de excelente qualidade e brilho. É a base de água, oferecendo baixo odor e dispensando o uso do aguarrás. Possui elevada resistência ao intemperismo, fácil aplicação e limpeza, ótimo alastramento, aderência e cobertura, excelente acabamento e rendimento. Indicado para a pintura de superfícies externas e internas de madeira, metais ferrosos, galvanizado, alumínio e PVC. É um produto de secagem rápida, com ótima resistência aos fungos e não amarela com ação das intempéries.

Embalagens/Rendimento
Lata (0,9 L): 13 a 18 m²/demão.
Lata (3,6 L): 55 a 75 m²/demão.

Acabamento
Brilhante.

Aplicação
Rolo, pincel ou pistola.

Diluição
Diluir de 10-15% com água potável para aplicação com pincel ou rolo.
Para pistola 30-40% com pressão a 30-40 lbs/pol².

Cor
Catálogo disponível com 10 cores.

Secagem
Ao toque: 30-40 minutos.
Entre demãos: 4 horas.
Final: 5 horas.

Dicas e preparação de superfície

A superfície deve estar firme, coesa, limpa, seca sem poeira, gordura ou graxa, sabão ou mofo. As partes soltas ou mal aderidas deverão ser raspadas e/ou escovadas. O brilho deve ser eliminado através de lixamento. Antes de iniciar a pintura, observe as seguintes instruções:
Madeira: Nova: Lixar as farpas da madeira. Aplicar uma demão do Fundo Nivelador Branco Anjo diluído 10-15% com Solvente Anjo Raz. Após 24 horas lixar e remover o pó. **Repintura**: Eliminar brilho antes da aplicação.
Ferro: Novo com indício de ferrugem: Lixar e aplicar uma demão do Fundo Laranja (cor Zarcão) Anjo. Aguardar 24 horas.
Com ferrugem: Remover totalmente a ferrugem com lixa e/ou escova de aço. Aplicar uma demão do Fundo Laranja (cor Zarcão) Anjo. **Repintura**: Lixar e eliminar totalmente o brilho. Tratar os pontos com ferrugem conforme instruções acima.
Alumínio/Galvanizado/PVC: Novo: Não é necessária a aplicação de fundo. **Repintura**: Raspar e lixar até eliminar o brilho e remover a tinta antiga e mal aderida.
Zincado: Novo: Aplicar Fundo para Galvanizado Anjo. **Repintura**: Raspar e lixar até eliminar o brilho e remover a tinta antiga e mal aderida.

Outros produtos relacionados

Fundo Laranja (Cor Zarcão) Anjo

É um fundo sintético laranja fosco, com a função de inibir a ferrugem em metais ferrosos, protegendo por mais tempo o acabamento final de superfícies externas e internas.

Fundo para Galvanizado Anjo

Produto de excelente aderência em galvanizado e alumínio. Indicado para promover aderência da pintura de acabamento.

Fundo Nivelador Branco Anjo

É um fundo branco com alto poder de enchimento. Indicado para aplicar em madeiras externas e internas com a função de uniformizar a absorção nas superfícies da madeira nova.

Esmalte Altos Sólidos

PREMIUM ★★★★★

É um produto de baixo VOC (compostos orgânicos voláteis), inovador no conceito de *demão única** e *ecoeficiente*. Possui alto teor de sólidos, altíssima cobertura, pronto para uso. Sua resistência ao intemperismo é elevada, de fácil aplicação e limpeza, ótima aderência, acabamento brilhante e alto rendimento. Indicado para a pintura de superfícies externas e internas de madeira, ferro, galvanizado e alumínio.

*Demão única (com uso de Fundo Nivelador ou Fundo Laranja Anjo e aplicado com pistola).

Embalagens/Rendimento

Lata (0,9 L): 13 a 16 m²/demão.
Lata (3,6 L): 55 a 65 m²/demão.

Acabamento

Brilhante.

Aplicação

Pistola (após uso de Fundo Nivelador ou Fundo Laranja Anjo): 1 demão cruzada.
Pincel/rolo (após uso de Fundo Nivelador ou Fundo Laranja Anjo): 2 demãos.

Diluição

Pronto para uso (rolo e pincel). Para aplicação com pistola utilizar no máximo 5% de Solvente Anjo Raz se necessário.

Cor

Branco

Secagem

Toque: 2 a 4 horas.
Entre demãos: 7 horas.
Final: 21 horas.

Dicas e preparação de superfície

A superfície deve estar firme, coesa, limpa, seca sem poeira, gordura ou graxa, sabão ou mofo. As partes soltas ou mal aderidas deverão ser raspadas e/ou escovadas. O brilho deve ser eliminado através de lixamento. Antes de iniciar a pintura, observe as seguintes instruções:

Madeira Nova: Lixar as farpas da madeira. Aplicar uma demão do Fundo Nivelador Branco Anjo diluído 10-15% com Solvente Anjo Raz. Após 24 horas lixar e remover o pó. **Repintura**: Eliminar o brilho antes da aplicação.

Ferro novo com indício de ferrugem: Lixar e aplicar uma demão do Fundo Laranga (cor Zarcão) Anjo. Aguardar 24 horas.

Com ferrugem: Remover totalmente a ferrugem com lixa e/ou escova de aço. Aplicar uma demão do Fundo Laranja (cor Zarcão) Anjo. **Repintura**: Lixar e eliminar totalmente o brilho. Tratar os pontos com ferrugem conforme instruções acima.

Alumínio e Galvanizado novo: Aplicar antes Wash Primer (alumínio) e Fundo para Galvanizado (galvanizado). **Repintura**: Remover a tinta antiga e mal aderida e aplicar fundo apropriado.

Manchas de gordura ou graxa: Lavar com água e detergente, enxaguar e aguardar secagem.

Partes mofadas: Lavar com água sanitária e água na proporção de 1:1, enxaguar e aguardar secagem.

Outros produtos relacionados

Fundo Laranja (Cor Zarcão) Anjo

É um fundo sintético laranja fosco, com a função de inibir a ferrugem em metais ferrosos, protegendo por mais tempo o acabamento final de superfícies externas e internas.

Fundo para Galvanizado Anjo

Produto de excelente aderência em galvanizado e alumínio. Indicado para promover aderência da pintura de acabamento.

Fundo Nivelador Branco Anjo

É um fundo branco com alto poder de enchimento. Indicado para aplicar em madeiras externas e internas com a função de uniformizar a absorção nas superfícies da madeira nova.

Esmalte Sintético Metálico

Esmalte à base de resinas alquídicas de elevada resistência. Indicado para pintura de metais em geral. Possui boa resistência, excelente acabamento e ótimo brilho.

Embalagens/Rendimento
Lata (0,9 L): 6 a 8 m^2/demão.
Lata (3,6 L): 25 a 32 m^2/demão.

Acabamento
Brilhante.

Aplicação
Pistola.
2 a 3 demãos com intervalo de 10 a 15 minutos entre demãos.

Diluição
Diluir de 5% a 10% com Thinner 2750 Anjo.

Cor
Catálogo disponível com 12 cores.

Secagem
Toque: 2 a 3 horas.
Manuseio: 12 a 18 horas.
Final: 72 horas.

Dicas e preparação de superfície

A superfície deve estar firme, coesa, limpa, seca, sem poeira, gordura ou graxa, sabão ou mofo. Antes de iniciar a pintura, seguir as orientações abaixo:
Ferro novo: Aplicar uma demão do Fundo Laranja (Cor Zarcão) Anjo. Aguardar 24 horas.
Ferro com ferrugem: Remover totalmente a ferrugem com lixa e/ou escova de aço. Aplicar uma demão do Fundo Laranja (Cor Zarcão) Anjo. Aguardar 24 horas.
Galvanizado: Aplicar antes Fundo para Galvanizado Anjo.
Alumínio: Aplicar antes Wash Primer Anjo.
Manchas de gordura ou graxa: Lavar com água e detergente, enxaguar e aguardar secagem.

Outros produtos relacionados

Fundo Laranja (Cor Zarcão) Anjo

É um fundo sintético laranja fosco, com a função de inibir a ferrugem em metais ferrosos, protegendo por mais tempo o acabamento final de superfícies externas e internas.

Fundo para Galvanizado Anjo

Produto de excelente aderência em galvanizado e alumínio. Indicado para promover aderência da pintura de acabamento.

Thinner EcoEficiente Econômico

Indicado para diluição de esmaltes sintéticos industriais, automotivos, primers sintéticos, primers nitrocelulose (condições favoráveis) e desengraxante de superfícies em geral.

Esmalte Sintético Standard

STANDARD ★★★

É um produto de ótima qualidade e brilho. Possui boa resistência ao intemperismo, fácil aplicação e limpeza, bom alastramento, aderência e cobertura, ótimo acabamento e rendimento. Indicado para a pintura de superfícies externas e internas de madeira, ferro, galvanizado e alumínio.

Embalagens/Rendimento
Lata (0,9 L): 5 a 10 m^2/demão.
Lata (3,6 L): 20 a 40 m^2/demão.

Acabamento
Brilhante.

Aplicação
Rolo, pincel ou pistola.
2 a 3 demãos com intervalo mínimo de 7 horas.

Diluição
Pincel ou rolo: 10% a 15% com Anjo Raz.
Pistola: 20% a 30% com Anjo Raz..

Cor
Catálogo disponível com 12 cores.

Secagem
Toque: 2 a 4 horas.
Entre demãos: 7 horas.
Final: 21 horas.

Dicas e preparação de superfície

A superfície deve estar firme, coesa, limpa, seca, sem poeira, gordura ou graxa, sabão ou mofo. Antes de iniciar a pintura, seguir as orientações abaixo:
Madeira nova: Lixar as farpas da madeira. Aplicar uma demão do Fundo Nivelador Branco Anjo. Após 24 horas, lixar e remover o pó.
Repintura: Lixar para eliminar o brilho.
Ferro com indício de ferrugem: Lixar e aplicar uma demão do Fundo Laranja (Cor Zarcão) Anjo. Aguardar 24 horas.
Ferro com ferrugem: Remover totalmente a ferrugem com lixa e/ou escova de aço. Aplicar uma demão do Fundo Laranja (Cor Zarcão) Anjo. (Ver diluição do produto.)
Alumínio e galvanizado novo: Aplicar antes Wash Primer (alumínio) e Fundo para Galvanizado Anjo (galvanizado). (Ver diluição do produto.)
Repintura: Remover a tinta antiga e mal aderida e aplicar fundo apropriado.
Manchas de gordura ou graxa: Lavar com água e detergente, enxaguar e aguardar secagem.
Partes mofadas: Lavar com água sanitária e água na proporção de 1:1, enxaguar e aguardar secagem.

Outros produtos relacionados

Fundo Laranja (Cor Zarcão) Anjo

É um fundo sintético laranja fosco, com a função de inibir a ferrugem em metais ferrosos, protegendo por mais tempo o acabamento final de superfícies externas e internas.

Fundo Nivelador Branco Anjo

É um fundo branco com alto poder de enchimento. Indicado para aplicar em madeiras externas e internas com a função de uniformizar a absorção nas superfícies da madeira nova.

Anjo Raz

Indicado na diluição de esmaltes sintéticos e para limpeza de ferramentas após pintura.

Fundo Acabamento

PREMIUM ★★★★★

É um produto de ação dupla (fundo e acabamento). Possui excelente ação inibidora à ferrugem, dispensando o uso de fundo. Excelente resistência ao intemperismo, ótima cobertura e rendimento e secagem rápida. Indicado para a pintura de superfícies externas e internas de metais dispensando o uso de fundo ou primer. Pode ser usado também para aplicações em madeira, galvanizado e alumínio desde que seja feita a preparação de superfície com os fundos apropriados.

Embalagens/Rendimento
Lata (0,9 L): 10 a 12 m^2/demão.
Lata (3,6 L): 40 a 50 m^2/demão.

Acabamento
Brilhante.

Aplicação
Rolo, pincel ou pistola: 2 a 3 demãos, com intervalo de 8 horas.

Diluição
Diluir com Solvente Anjo Raz.
Pincel/rolo: diluir de 10-15%.
Para revólver/pistola: 20-30%.

Cor
Catálogo disponível com 6 cores.

Secagem
Ao toque: 2-4 horas.
Entre demãos: 8 horas.
Final: 24 horas.

Dicas e preparação de superfície

A superfície deve estar firme, coesa, limpa, seca sem poeira, gordura ou graxa, sabão ou mofo. As partes soltas ou mal aderidas deverão ser raspadas e/ou escovadas. O brilho deve ser eliminado através de lixamento. Antes de iniciar a pintura, observe as seguintes instruções:

Madeira: Lixar as farpas da madeira. Aplicar uma demão do Fundo Nivelador Branco Anjo diluído 10-15% com Solvente Anjo Raz. Após 24 horas lixar e remover o pó.

Ferro: Eliminar vestígios de ferrugem com lixa e/ou escova de aço.

Alumínio e Galvanizado: Aplicar antes Wash Primer Anjo (alumínio) e Fundo para Galvanizado Anjo (galvanizado) a fim de promover perfeita aderência.

Outros produtos relacionados

Fundo para Galvanizado Anjo

Produto de excelente aderência em galvanizado e alumínio. Indicado para promover aderência da pintura de acabamento..

Anjo Raz

Indicado na diluição de esmaltes sintéticos e para limpeza de ferramentas após pintura.

Fundo para Galvanizado

Embalagens/Rendimento
Lata (0,9 L): 7 a 10 m²/demão.
Lata (3,6 L): 30 a 40 m²/demão.

Acabamento
Fosco.

Aplicação
Pistola.
Uma a duas demãos cruzadas com intervalo de 24 horas.

Diluição
Pistola: 10% a 15% com Thinner 2750 Anjo.

Cor
Branca.

Secagem
Toque: 1 hora.
Demãos: 24 horas.

Primer Universal

Embalagens/Rendimento
Lata (0,9 L): 9 m²/demão.
Lata (3,6 L): 36 m²/demão.
Lata (18 L): 180 m²/demão.

Acabamento
Fosco.

Aplicação
Pistola
Aplicar demãos cruzadas com intervalo de 5 minutos.

Diluição
Pistola: 80 a 100% em volume com Thinner 2900 Anjo.

Cor
Branco e cinza.

Secagem
Toque: 5 minutos.
Manuseio: 10 minutos.
Lixamento madeira: após 2 horas com lixa para madeira 320-360.
Lixamento lataria: após 2 horas com lixa d'água 400.
Estufa 60 °C: 30 minutos.

Outros produtos relacionados

Esmalte Sintético Premium Anjo

É um produto de excelente qualidade e brilho. Possui elevada resistência ao intemperismo, fácil aplicação e limpeza, ótimo alastramento, aderência e cobertura, excelente acabamento e rendimento. Indicado para pintura de superfícies externas e internas de madeira, ferro, galvanizado e alumínio.

Removedor Pastoso Anjo

Indicado para remoção de tintas antigas e repinturas.

Solução Desengraxante Anjo

Indicado para limpar superfícies, remover resíduos, pó de lixa, cera e graxa.

Fundo Nivelador Branco

Embalagens/Rendimento
Lata (0,9 L): 8 a 10 m²/demão.
Lata (3,6 L): 35 a 40 m²/demão.

Acabamento
Fosco.

Aplicação
Rolo, pincel ou pistola.
Uma demão.

Diluição
Pincel ou rolo: 10% a 15% com Anjo Raz.
Pistola: 20% a 30% com Anjo Raz.

Cor
Branca.

Secagem
Toque: 1 hora.
Lixamento: 24 horas.

Fundo Laranja (Cor Zarcão)

Embalagens/Rendimento
Lata (0,9 L): 8 a 10 m²/demão.
Lata (3,6 L): 35 a 40 m²/demão.

Acabamento
Fosco.

Aplicação
Rolo, pincel, pistola.
Uma demão cruzada.

Diluição
Pincel ou rolo: 10% a 15% com Anjo Raz.
Pistola: 20% a 30% com Anjo Raz.

Cor
Laranja.

Secagem
Toque: 1 a 2 horas.
Final: 24 horas.

Outros produtos relacionados

Esmalte Sintético Premium Anjo

É um produto de excelente qualidade e brilho. Possui elevada resistência ao intemperismo, fácil aplicação e limpeza, ótimo alastramento, aderência e cobertura, excelente acabamento e rendimento. Indicado para pintura de superfícies externas e internas de madeira, ferro, galvanizado e alumínio.

Esmalte Sintético Standard Anjo

É um produto de ótima qualidade e brilho. Possui elevada resistência ao intemperismo, fácil aplicação e limpeza, bom alastramento, aderência e cobertura, ótimo acabamento e rendimento. Indicado para a pintura de superfícies externas e internas de madeira, ferro, galvanizado e alumínio.

Anjo Raz

Indicado na diluição de esmaltes sintéticos e verniz PU e ainda para limpeza de ferramentas após pintura.

Verniz PU Marítimo

É um verniz de fino acabamento que renova e protege a cor natural das madeiras externas e internas. Boa resistência ao intemperismo, ótimo acabamento, rendimento, fácil de aplicar e secagem rápida.

Embalagens/Rendimento Lata (0,9 L): 7,5 a 12,5 m²/demão. Lata (3,6 L): 30 a 50 m²/demão.	**Acabamento** Brilhante e acetinado.
Aplicação Rolo, pincel e pistola. Interior: 2 a 3 demãos. Exterior: 3 a 4 demãos.	**Diluição** Pincel ou rolo: 10% a 15% com Anjo Raz. Pistola: 20% a 30% com Anjo Raz.
Cor Natural.	**Secagem** Toque: 2 a 4 horas. Entre demãos: 6 horas. Final: 20 a 24 horas.

Dicas e preparação de superfície

A superfície deve estar firme, coesa, limpa, seca, sem poeira, gordura ou graxa, sabão ou mofo. Antes de iniciar a pintura, seguir as orientações abaixo:

Lixar para eliminar as farpas e remover o pó.

Internamente, aplicar antes Seladora 8030 Anjo. Externamente, na primeira demão aplicar o próprio verniz diluído 100% como fundo.

Repintura (já envernizada), lixar até que o brilho desapareça, remover as partes soltas e remover o pó.

Outros produtos relacionados

Seladora Fundo Acabamento 8030 Anjo

É um fundo que pode ser usado tanto para selar superfícies internas antes da aplicação dos vernizes, quanto para dar acabamento acetinado.

Thinner 3020 Anjo

Indicado na diluição de produtos à base de nitrocelulose, especialmente seladoras, pois possui elevada resistência ao branqueamento (blush).

Anjo Raz

Indicado na diluição de esmaltes sintéticos e verniz PU e ainda para limpeza de ferramentas após pintura.

Seladora Fundo Acabamento 8030

É um fundo que pode ser usado tanto para selar superfícies internas antes da aplicação dos vernizes, bem como para dar acabamento acetinado. Melhora o rendimento e acabamento, proporcionando ótimo enchimento.

Embalagens/Rendimento
Lata (0,9 L): 5 a 7,5 m^2/demão.
Lata (3,6 L): 20 a 30 m^2/demão.

Acabamento
Fosco ou acetinado (conforme aplicação).

Aplicação
Fundo: aplicar uma demão cruzada com pistola e esperar no mínimo 30 minutos para fazer o lixamento com lixa 320 ou 400.
Acabamento: entre demãos lixar com lixa 320 ou 400, depois limpar novamente a peça e aplicar outra demão cruzada. Repetir até 3 demãos.

Diluição
Diluir de 20% a 30% com Thinner 3020 Anjo.

Cor
Natural.

Secagem
Toque: 5 a 10 minutos.
Manuseio: 20 a 30 minutos.
Final: 1 hora.

Dicas e preparação de superfície

A superfície deve estar firme, coesa, limpa, seca, sem poeira, gordura ou graxa, sabão ou mofo. Antes de iniciar a pintura, seguir as orientações abaixo:
Lixar para eliminar as farpas e remover o pó.

Outros produtos relacionados

Verniz PU Marítimo Anjo

É um verniz de fino acabamento que renova e protege a cor natural das madeiras externas e internas. Boa resistência ao intemperismo, ótimo acabamento, rendimento, fácil de aplicar e secagem rápida.

Thinner 3020 Anjo

Indicado na diluição de produtos à base de nitrocelulose, especialmente seladoras, pois possui elevada resistência ao branqueamento (blush).

Tinta para Piso Premium

PREMIUM ★★★★★

É uma tinta acrílica com alta resistência a intempéries e ao tráfego de pessoas e carros. Tem boa cobertura, rendimento e secagem rápida. É indicada para a pintura e repintura de superfícies externas e internas de fibrocimento, pisos cimentados, concreto e pisos cerâmicos com acabamento fosco. Seu uso protege e embeleza quadras poliesportivas, áreas de lazer, escadas e varandas.

Embalagens/Rendimento

Lata (3,6 L): 35 a 55 m²/demão.
Lata (18 L): 175 a 250 m²/demão.

Acabamento

Fosco.

Aplicação

Rolo, pincel: 2 a 3 demãos, com intervalo de 4 horas.

Diluição

Diluir com 10% de água potável em todas as demãos para cimentado novo queimado, repintura ou piso cerâmico. Na primeira demão diluir 30% para cimentado novo não queimado, fibrocimento ou concreto conforme superfície e nas demais demãos 10%.

Cor

Catálogo disponível com 14 cores.

Secagem

Ao toque: 2 horas.
Entre demãos: 4 horas.
Final: 12 horas.

Dicas e preparação de superfície

A superfície deve estar firme, coesa, limpa, seca sem poeira, gordura ou graxa, sabão ou mofo. As partes soltas ou mal aderidas deverão ser raspadas e/ou escovadas. O brilho deve ser eliminado através de lixamento. Antes de iniciar a pintura, observe as seguintes instruções:
Cimentado novo não queimado: Aguardar secagem e cura (mínimo 28 dias). Aplicar Fundo Preparador de Paredes Anjo (ver diluição do produto).
Cimentado novo queimado: Preparar uma solução de ácido muriático na proporção de 2 partes de água para 1 de ácido. Deixar agir por 30 minutos e enxaguar com água em abundância. Após secagem total iniciar a pintura.
Piso e imperfeições profundas: Corrigir com argamassa e aguardar a cura (mínimo 28 dias).
Superfícies com partículas soltas ou mal aderidas: Raspar e/ou escovar a superfície eliminando as partes soltas. Aplicar Fundo Preparador de Paredes Anjo (ver diluição do produto).
Manchas de gordura ou graxa: Lavar com água e detergente, enxaguar e aguardar secagem.
Partes mofadas: Lavar com água sanitária e água na proporção de 1:1, enxaguar e aguardar secagem.

Outros produtos relacionados

Fundo Preparador Anjo

É um produto que tem o poder de aglutinar as partículas soltas melhorando a aderência das tintas em reboco fraco.

Tinta Emborrachada

É um revestimento elástico, indicado para pintura de telhados externos com aderência direta em cimento amianto, barro, concreto, zinco, alumínio e galvanizado com a propriedade de redução térmica e acústica do ambiente que está sob sua cobertura. Possui excelente aderência, resistência à alcalinidade, à ação da maresia, às intempéries e sua composição antimofo lhe confere superior durabilidade. Sua película impermeável e elástica permite acompanhar a dilatação e retração conforme a variação da temperatura. Reduz calor e ruído.

Embalagens/Rendimento
Lata (0,9 L): 5 a 11 m²/demão.
Lata (3,6 L): 20 a 45 m²/demão.
Lata (18 L): 100 a 225 m²/demão.

Acabamento
Fosco.

Aplicação
Rolo, pincel ou pistola.
2 a 3 demãos com intervalo mínimo de 4 horas.

Diluição
Pincel ou rolo: 10% com água potável.

Cor
Além das cores do catálogo, mais de 600 cores estão disponíveis no Universal Paint System Anjo.

Secagem
Toque: 20 a 30 minutos.
Manuseio: 3 horas.
Final: 12 a 18 horas.

Dicas e preparação de superfície

A superfície não deve apresentar partes soltas ou mal aderidas, deve estar lixada e limpa, seca, isenta de poeira e umidade, gordura ou graxa, sabão, pó, mofo, brilho ou caiação.
Superfícies com brilho devem ser lixadas antes e limpas para remover a poeira.
Telhados velhos devem ser lavados com uma solução aquosa de água sanitária na proporção de 1:1, utilizando uma escova de cerdas duras. Enxaguar com água corrente e deixar secar por 3 dias, com tempo seco/ensolarado. A superfície deve estar limpa, isenta de umidade, mofo e partículas soltas. Remova o pó com pano úmido.
Em telhados de zinco, alumínio e galvanizado velhos que não apresentem nenhum ponto de oxidação, limpar e aplicar a Tinta Emborrachada. No caso de telhados de galvanizado, aplicar Fundo para Galvanizado Anjo e depois a Tinta Emborrachada Anjo.
Em telhados de zinco, alumínio e galvanizado novos (sem oxidação), limpar e aplicar diretamente a Tinta Emborrachada Anjo.
Em telhados de barro e fibrocimento, limpar bem antes com jato d'água tirando toda a sujeira (limo, poeira etc).
Em materiais ferrosos, deve-se aplicar antes o Fundo Laranja (Cor Zarcão) Anjo.

Outros produtos relacionados

Tinta Acrílica Premium Anjo

É uma tinta acrílica sem cheiro, excelente cobertura e acabamento. Indicada para proteção e decoração de superfícies externas e internas.

Tinta Acrílica Standard Anjo

É uma tinta acrílica com odor suave, ótima cobertura e acabamento. Indicada para pintura de superfícies externas e internas de reboco, massa acrílica, massa corrida, concreto, fibrocimento, gesso e texturas.

Tinta para Piso Premium

É uma tinta acrílica com alta resistência a intempéries e ao tráfego de pessoas e carros. Tem boa cobertura, rendimento e secagem rápida. É indicada para a pintura e repintura de superfícies externas e internas de fibrocimento, pisos cimentados, concreto e pisos cerâmicos com acabamento fosco.

Resina Acrílica

É um verniz impermeabilizante de grande durabilidade, fácil aplicação e secagem rápida. Possui excelente resistência à alcalinidade, à ação da maresia e às intempéries. Indicada para telhas de amianto, barro, fachadas de concreto e pedras de revestimento.

Embalagens/Rendimento
Lata (0,9 L): 7,5 a 10 m²/demão.
Lata (3,6 L): 30 a 40 m²/demão.
Lata (18 L): 150 a 200 m²/demão.

Acabamento
Brilhante.

Aplicação
Rolo, pincel ou pistola
2 ou 3 demãos com intervalos de 3 horas entre as demãos.

Diluição
Pronto para uso.
Caso seja necessário, diluir 10% com Thinner 2750 Anjo.

Cor
Incolor.

Secagem
Ao toque: 2 horas.
Entre demãos: 4 horas.
Final: 12 horas.

Dicas e preparação de superfície

A superfície deve estar firme, coesa, limpa, seca, sem poeira, gordura ou graxa, sabão ou mofo. Antes de iniciar a pintura, seguir as orientações abaixo:
Lavar toda a superfície a ser pintada com água e sabão.
No caso de oleosidade, utilize Thinner 2750 ou Solução Desengraxante.
No caso de mofo, usar uma solução de água sanitária na proporção de 1:1, enxágue bem e deixe a superfície secar totalmente.
Caso a superfície já seja pintada, remova com Removedor Pastoso, limpando bem para não haver contaminações.

Outros produtos relacionados

Removedor Pastoso Anjo

Indicado para remoção de tintas antigas e repinturas.

Thinner 3020 Anjo

Indicado na diluição de produtos à base de nitrocelulose, especialmente seladoras, pois possui elevada resistência ao branqueamento (blush).

Solução Desengraxante Anjo

Indicado para limpar superfícies, remover resíduos, pó de lixa, cera e graxa.

Esmalte Epóxi PDA Clássico

É um produto bicomponente. Indicado para aplicação em estruturas metálicas em geral, madeiras, pisos cimentados e alvenaria. Ótima resistência a ataques químicos, físicos e umidade.

Embalagens/Rendimento

Lata (0,72 L): 12 m^2/demão.
Lata (2,88 L): 50 m^2/demão.
Lata (14,4 L): 240 m^2/demão.

Acabamento

Brilhante, semibrilho e fosco.

Aplicação

Pincel, rolo ou pistola.
2 a 3 demãos cruzadas com intervalo mínimo de 16 a 24 horas.

Diluição

Pincel, rolo ou pistola: 10% a 15% com Thinner 4000 Anjo.
Relação de quatro partes do componente A com uma parte do componente B. Adicionar o componente A ao componente B sob agitação e diluir. Aguardar 10 minutos para iniciar a aplicação.

Cor

Além das cores disponíveis no catálogo, está disponível também no Universal Paint System Anjo.

Secagem

Toque: 1 hora.
Manuseio: 5 horas.
Final: 7 dias.

Dicas e preparação de superfície

Estruturas metálicas: Lixar a superfície, eliminando a ferrugem ou partes soltas. Eliminar contaminantes oleosos ou pó com pano umedecido em Solução Desengraxante. Aplicar Primer Epóxi PDA Clássico e aguardar o tempo de intervalo entre demãos de 16 a 24 horas.
Madeira: Lixar a superfície, eliminando farpas e/ou partes soltas. Eliminar o pó. Aplicar Primer Epóxi PDA Clássico e aguardar o tempo de intervalo entre demãos de 16 a 24 horas. Madeiras verdes não deverão ser pintadas.
Piso de Concreto: Superfícies de reboco e concreto aguardar a cura de no mínimo 28 dias, apresentando-se bem firmes e isentas de cal. Lavar previamente com solução a 10% de ácido muriático. Enxaguar com água em abundância e deixar secar por completo. Aplicar Primer Epóxi PDA Clássico e aguardar o tempo de intervalo entre demãos de 16 a 24 horas.
Paredes de Alvenaria: Aguardar a cura do cimento no mínimo 28 dias. Caso deseje aplicar massa, obrigatoriamente aplicarr Massa Acrílica. Aplicar uma demão de Primer Epóxi PDA Clássico.

Outros produtos relacionados

Primer Epóxi PDA Clássico Anjo

Indicado como fundo preparador em pinturas de estruturas metálicas que ficarão expostas a ataques químicos e físicos, madeiras e pisos cimentados.

Thinner 4000 Anjo

Indicado para diluição de tintas epóxi industrial.

Solução Desengraxante Anjo

Indicada para remoção de resíduos, pó de lixa, cera e graxa.

Thinners Ecoeficientes

Os thinners Ecoeficientes Anjo são diferentes de tudo o que existe no mercado. São produtos que apresentam características que reduzem o impacto a natureza e que podem substituir os thinners convencionais já existentes. Esses thinnes ecoeficientes da Anjo são o Premium, Standard e Econômico.

O principal benefício destes produtos é a diminuição do impacto ao meio ambiente e ao ser humano. Ao comparar os thinners ecoeficientes com os thinners de mercado, a redução de emissão de poluentes na atmosfera pode chegar até 80%. A base desses percentuais é o índice MIR (Maximum Incremental Reactivity) adotado pela EPA - EUA (Environmental Protection Agency).

Outras características que diferenciam os thinners ecoeficientes são o fato de não utilizar em suas fórmulas produtos que atacam o sistema nervoso central (SNC) como o tolueno, xileno, benzeno e outros solventes aromáticos e, com isso, eles não causam efeito alucinógeno, além de possuir 40% das matérias-primas provenientes de fontes renováveis.

Embalagens/Rendimento
Lata (0,9 L).
Lata (5 L).
Lata (18 L).
Tambor (100 L).
Tambor (200 L).

Acabamento
Não aplicável.

Aplicação
Não aplicável.

Diluição
Não aplicável.

Cor
Não aplicável.

Secagem
Não aplicável.

Dicas e preparação de superfície

Thinner Econômico: Indicado para diluição de esmaltes sintéticos industriais, automotivos, primers sintéticos, primers nitrocelulose somente em condições favoráveis (com temperaturas acima de 25 °C e umidade relativa do ar inferior a 50%) e desengraxante de superfícies em geral.

Thinner Standard: Indicado para diluição de produtos à base de nitrocelulose. Boa resistência ao branqueamento.

Thinner Premium: Indicado para diluição de tintas e primers poliuretano, tintas poliéster e para retoque.

TINTAS DACAR – Fazendo Sua Vida Melhor

Tintas Dacar, 100% brasileira, desde 1985, mantém o seu planejado índice de crescimento direcionado à qualidade de seus produtos. O Parque Industrial Dacar, ecologicamente correto, movimenta 60 mil metros quadrados em São José dos Pinhais, região metropolitana de Curitiba, local próximo das principais rodovias federais norte-sul do Brasil e Mercosul, porto de Paranaguá e aeroporto Afonso Pena.

Pesquisas, estudos e desenvolvimento industrial e mercadológico fazem parte do dia-a-dia de uma equipe de profissionais treinados e reciclados no exterior. Equipamentos de última geração e alta tecnologia compõem o parque fabril.

A agilidade de relacionamento entre indústria, vendedor, cliente, desde a formulação do pedido até a entrega, está fundamentada no exclusivo SGI (Sistema de Gestão Integrada) cujo funcionamento é reconhecido por todos como eficiente.

Todas as metas têm o comprometimento integrado dentro da afirmação "Tintas Dacar – Fazendo Sua Vida Melhor" e a resposta tem sido privilegiada pela aceitação e fidelização de consumo de seus produtos.

Certificações

Informações de Serviço ao Consumidor:

A empresa dispõe de Serviço de Atendimento ao Consumidor

55 41 3382-3332 ou site www.dacar.ind.br

Acrílico Premium

PREMIUM ★★★★★

A Tinta Acrílica Premium Dacar é uma tinta indicada para paredes externas e internas de alvenaria, massa corrida ou acrílica, reboco, concreto, fibrocimento, cerâmica não vitrificada, gesso, texturas e repintura sobre tinta látex. Apresenta finíssimo acabamento com altíssima resistência às intempéries, alcalinidade e ao mofo. Por possuir consistência mais viscosa, oferece fácil aplicação e baixo índice de respingos. Baixo odor.

Embalagens/Rendimento
Lata (18 L): 200 a 350 m² por demão.
Galão (3,6 L): 40 a 70 m² por demão.
Quarto (0,81 L): 6 a 11 m² por demão (Servcor).

Acabamento
Fosco e Semibrilho.

Aplicação
Utilizar rolo, trincha ou pistola.
Aplicar 2 a 3 demãos de acordo com o estado da superfície.

Diluição
10% a 20% com água limpa.

Cor
Catálogo com 22 tonalidades prontas. Disponível no Sistema Tintométrico Servcor.

Secagem
Ao toque: 1 hora.
Entre demãos: 4 horas.
Final: 12 horas.

Dicas e preparação de superfície

Raspe a superfície para remover partes soltas. Lixe para eliminar o brilho, impurezas e para uniformizar a superfície.
Superfície com graxa ou gordura: limpe com sabão ou detergente neutro.
Superfície com mofo: limpe com uma solução de 1/1 de água sanitária com água potável.
Reboco novo: aguardar a total secagem e cura da superfície num prazo mínimo de 28 dias.
Reboco fraco: aguardar a secagem e cura. Aplicar uma demão de Fundo Preparador de Paredes diluído na proporção 2:1 com Aguarrás Dacar.
Gesso e fibrocimento: aplicar Fundo Preparador de Paredes diluído na proporção 1:1 com Aguarrás Dacar.
Imperfeições na superfície: corrigir com Massa Corrida Dacar (paredes internas) e Massa Acrílica Dacar (paredes externas e internas) ou, em casos de imperfeições profundas, deve-se corrigir com reboco, aguardando a total secagem e cura da superfície num prazo mínimo de 28 dias.
PRECAUÇÕES DE USO: evite pintar em dias chuvosos, com ventos fortes, temperaturas abaixo de 10 °C e umidade superior a 85%. Até duas semanas após a pintura, pingos de chuva podem provocar manchas. Se isso ocorrer, lave toda a superfície com água imediatamente.

Outros produtos relacionados

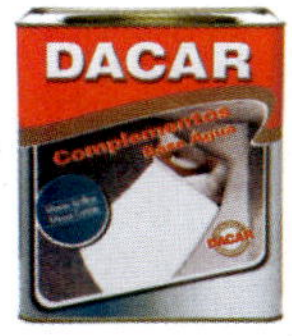

Dacar Massa Corrida

Massa de grande poder de enchimento, ótima aderência e fácil aplicação. Indicada para nivelar e corrigir imperfeições de paredes internas.

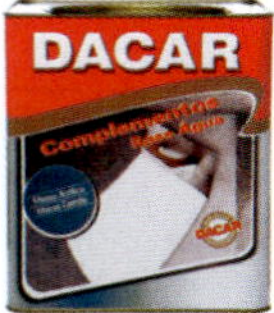

Dacar Massa Acrílica

Massa indicada para nivelar e corrigir pequenas imperfeições em ambientes internos e externos.

Dacar Fundo Preparador de Paredes

Fundo utilizado para preparar a superfície, aumentando a aderência de superfícies porosas em ambientes externos e internos.

Acrílico Standard

STANDARD ★★★

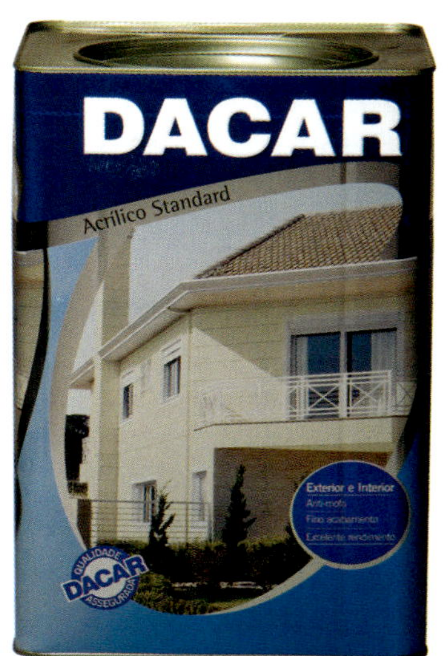

Produto indicado para paredes externas e internas de alvenaria, massa corrida ou acrílica, reboco, concreto, fibrocimento, cerâmica não vitrificada, gesso, texturas e repintura sobre tinta látex.

Oferece ótima relação custo/benefício, pois apresenta bom rendimento e boa cobertura, além de excelente acabamento e resistência aos rigores do sol e da chuva. Fácil aplicação, rápida secagem e baixo índice de respingos.

Embalagens/Rendimento
Lata (18 L): 180 a 300 m² por demão.
Galão (3,6 L): 36 a 60 m² por demão.

Acabamento
Fosco.

Aplicação
Utilizar rolo, trincha ou pistola.
Aplicar 2 a 3 demãos de acordo com o estado da superfície.

Diluição
10% a 20% com água limpa.

Cor
Catálogo com 21 tonalidades.

Secagem
Ao toque: 1 hora.
Entre demãos: 4 horas.
Final: 12 horas.

Dicas e preparação de superfície

Raspe a superfície para remover partes soltas. Lixe para eliminar o brilho, impurezas e para uniformizar a superfície.
Superfície com graxa ou gordura: limpe com sabão ou detergente neutro.
Superfície com mofo: limpe com uma solução de 1/1 de água sanitária com água potável.
Reboco novo: aguardar a total secagem e cura da superfície num prazo mínimo de 28 dias.
Reboco fraco: aguardar a secagem e cura. Aplicar uma demão de Fundo Preparador de Paredes diluído na proporção 2:1 com Aguarrás Dacar.
Gesso e fibrocimento: aplicar Fundo Preparador de Paredes diluído na proporção 1:1 com Aguarrás Dacar.
Imperfeições na superfície: corrigir com Massa Corrida Dacar (paredes internas) e Massa Acrílica Dacar (paredes externas e internas) ou, em casos de imperfeições profundas, deve-se corrigir com reboco, aguardando a total secagem e cura da superfície num prazo mínimo de 28 dias.
PRECAUÇÕES DE USO: evite pintar em dias chuvosos, com ventos fortes, temperaturas abaixo de 10 °C e umidade superior a 85%. Até duas semanas após a pintura, pingos de chuva podem provocar manchas. Se isso ocorrer, lave toda a superfície com água imediatamente.

Outros produtos relacionados

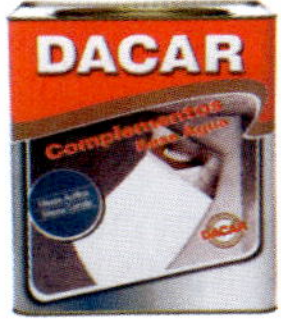

Dacar Massa Corrida

Massa de grande poder de enchimento, ótima aderência e fácil aplicação. Indicada para nivelar e corrigir imperfeições de paredes internas.

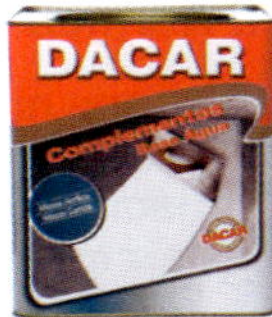

Dacar Massa Acrílica

Massa indicada para nivelar e corrigir pequenas imperfeições em ambientes internos e externos.

Dacar Fundo Preparador de Paredes

Fundo utilizado para preparar a superfície, aumentando a aderência de superfícies porosas em ambientes externos e internos.

Mega Rendimento

STANDARD ★★★

A tinta MEGA RENDIMENTO DACAR é uma tinta com grande consistência e alto poder de cobertura. Permite um excelente rendimento pela maior capacidade de diluição. É superior aos produtos convencionais, sem perder as suas características. Indicada para quem necessita de um bom desempenho em pinturas de paredes de alvenaria externa ou interna. Fácil aplicação, baixo respingo, excelente alastramento e resistente às ações de intempéries e mofo.

Embalagens/Rendimento
Lata (18 L): até 300 m² por demão.
Galão (3,6 L): até 60 m² por demão.

Acabamento
Fosco.

Aplicação
Utilizar rolo, trincha ou pistola.
Aplicar 3 a 4 demãos de acordo com o estado da superfície.

Diluição
60% com água limpa.
Exemplo: 600 mL de água para 1 L de tinta.

Cor
Catálogo com 12 tonalidades.

Secagem
Ao toque: 1 hora.
Entre demãos: 4 horas.
Final: 12 horas.

Dicas e preparação de superfície

Raspe a superfície para remover partes soltas. Lixe para eliminar o brilho, impurezas e para uniformizar a superfície.
Superfície com graxa ou gordura: limpe com sabão ou detergente neutro.
Superfície com mofo: limpe com uma solução de 1/1 de água sanitária com água potável.
Reboco novo: aguardar a total secagem e cura da superfície num prazo mínimo de 28 dias.
Reboco fraco: aguardar a secagem e cura. Aplicar uma demão de Fundo Preparador de Paredes diluído na proporção 2:1 com Aguarrás Dacar.
Gesso e fibrocimento: aplicar Fundo Preparador de Paredes diluído na proporção 1:1 com Aguarrás Dacar.
Imperfeições na superfície: corrigir com Massa Corrida Dacar (paredes internas) e Massa Acrílica Dacar (paredes externas e internas) ou, em casos de imperfeições profundas, deve-se corrigir com reboco, aguardando a total secagem e cura da superfície num prazo mínimo de 28 dias.
PRECAUÇÕES DE USO: evite pintar em dias chuvosos, com ventos fortes, temperaturas abaixo de 10 °C e umidade superior a 85%. Até duas semanas após a pintura, pingos de chuva podem provocar manchas. Se isso ocorrer, lave toda a superfície com água imediatamente.

Outros produtos relacionados

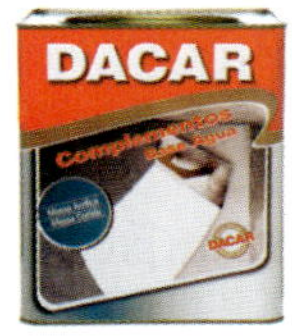

Dacar Massa Corrida

Massa de grande poder de enchimento, ótima aderência e fácil aplicação. Indicada para nivelar e corrigir imperfeições de paredes internas.

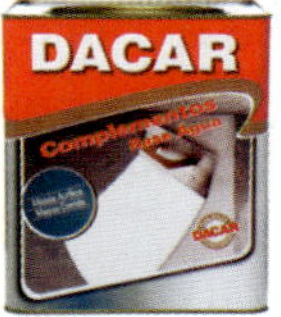

Dacar Massa Acrílica

Massa indicada para nivelar e corrigir pequenas imperfeições em ambientes internos e externos.

Dacar Fundo Preparador de Paredes

Fundo utilizado para preparar a superfície, aumentando a aderência de superfícies porosas em ambientes externos e internos.

Acrílico Profissional

ECONÔMICA ★

Tinta indicada para uso em paredes internas de reboco, massa corrida, massa acrílica, texturas, gesso, concreto e cimento amianto. Possui excelente qualidade permitindo uma boa cobertura, aderência e bom acabamento.

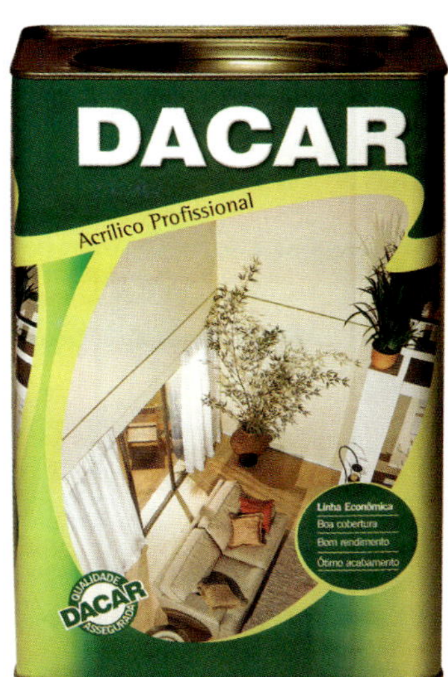

Embalagens/Rendimento
Lata (18 L): 190 a 240 m² por demão.
Galão (3,6 L): 40 a 48 m² por demão.

Acabamento
Fosco.

Aplicação
Utilizar rolo, trincha ou pistola.
Aplicar 2 a 3 demãos de acordo com o estado da superfície.

Diluição
10% a 20% com água limpa.

Cor
Catálogo com 24 tonalidades.

Secagem
Ao toque: 1 hora.
Entre demãos: 4 horas.
Final: 12 horas.

Dicas e preparação de superfície

Raspe a superfície para remover partes soltas. Lixe para eliminar o brilho, impurezas e para uniformizar a superfície.
Superfície com graxa ou gordura: limpe com sabão ou detergente neutro.
Superfície com mofo: limpe com uma solução de 1/1 de água sanitária com água potável.
Reboco novo: aguardar a total secagem e cura da superfície num prazo mínimo de 28 dias.
Reboco fraco: aguardar a secagem e cura. Aplicar uma demão de Fundo Preparador de Paredes diluído na proporção 2:1 com Aguarrás Dacar.
Gesso e fibrocimento: aplicar Fundo Preparador de Paredes diluído na proporção 1:1 com Aguarrás Dacar.
Imperfeições na superfície: corrigir com Massa Corrida Dacar (paredes internas) e Massa Acrílica Dacar (paredes externas e internas) ou, em casos de imperfeições profundas, deve-se corrigir com reboco, aguardando a total secagem e cura da superfície num prazo mínimo de 28 dias.
PRECAUÇÕES DE USO: evite pintar em dias chuvosos, com ventos fortes, temperaturas abaixo de 10 °C e umidade superior a 85%. Até duas semanas após a pintura, pingos de chuva podem provocar manchas. Se isso ocorrer, lave toda a superfície com água imediatamente.

Outros produtos relacionados

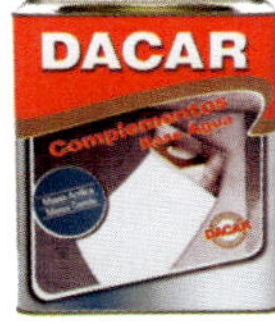

Dacar Massa Corrida

Massa de grande poder de enchimento, ótima aderência e fácil aplicação. Indicada para nivelar e corrigir imperfeições de paredes internas.

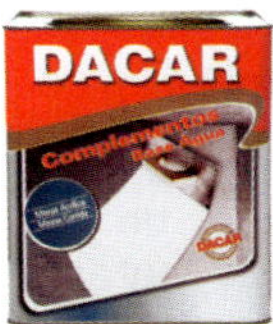

Dacar Massa Acrílica

Massa indicada para nivelar e corrigir pequenas imperfeições em ambientes internos e externos.

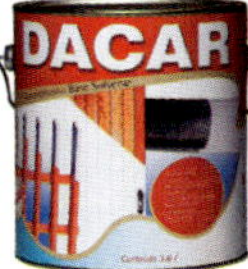

Dacar Fundo Preparador de Paredes

Fundo utilizado para preparar a superfície, aumentando a aderência de superfícies porosas em ambientes externos e internos.

Textura Acrílica Rústica

Produto indicado para aplicação em superfícies internas e externas de reboco, blocos de concreto, fibrocimento, concreto aparente e pinturas sobre PVA e Acrílico. A Textura Acrílica Rústica possui característica hidrorrepelente, com grande resistência à alcalinidade e abrasão.

Embalagens/Rendimento
Lata (25 kg): 7,5 a 14 m² por demão.
Refil Plástico (15 kg): 4,5 a 7 m² por demão.

Acabamento
Fosco.

Aplicação
Rolo para texturas e desempenadeira.

Diluição
Pronto para uso.

Cor
Branca e Natural.
Disponível no sistema tintométrico Servcor.

Secagem
Ao toque: 2 horas.
Final: 6 horas.
Cura total: 5 dias.

Dicas e preparação de superfície

Raspe a superfície para remover partes soltas. Lixe para eliminar o brilho, impurezas e para uniformizar a superfície.
Superfície com graxa ou gordura: limpe com sabão ou detergente neutro.
Superfície com mofo: limpe com uma solução de 1/1 de água sanitária com água potável.
Reboco novo: aguardar a total secagem e cura da superfície num prazo mínimo de 28 dias.
Reboco fraco: aguardar a secagem e cura. Aplicar uma demão de Fundo Preparador de Paredes diluído na proporção 2:1 com Aguarrás Dacar.
Gesso e fibrocimento: aplicar Fundo Preparador de Paredes diluído na proporção 1:1 com Aguarrás Dacar.
Imperfeições na superfície: corrigir com Massa Corrida Dacar (paredes internas) e Massa Acrílica Dacar (paredes externas e internas) ou, em casos de imperfeições profundas, deve-se corrigir com reboco, aguardando a total secagem e cura da superfície num prazo mínimo de 28 dias.
PRECAUÇÕES DE USO: evite pintar em dias chuvosos, com ventos fortes, temperaturas abaixo de 10 °C e umidade superior a 85%. Até duas semanas após a pintura, pingos de chuva podem provocar manchas. Se isso ocorrer, lave toda a superfície com água imediatamente.

Outros produtos relacionados

Dacar Fundo Preparador de Paredes

Fundo utilizado para preparar a superfície, aumentando a aderência de superfícies porosas em ambientes externos e internos.

Dacar Gel Envelhecedor

Produto desenvolvido para personalizações de superfícies dando características envelhecidas.

Dacar Selador Acrílico

Produto indicado para uniformizar a absorção em superfícies de alvenaria nova, proporcionando grande economia por seu poder selante.

Textura Acrílica Desenho

Produto indicado para aplicação em superfícies internas e externas de reboco, blocos de concreto, fibrocimento, concreto aparente e pinturas sobre PVA e Acrílico. A Textura Acrílica Desenho possui característica hidrorrepelente, com grande resistência à alcalinidade e abrasão.

Embalagens/Rendimento
Lata (25 kg): 18 a 27 m² por demão.
Refil Plástico (15 kg): 12,5 a 16 m² por demão.

Acabamento
Fosco.

Aplicação
Rolo para texturas e desempenadeira.

Diluição
10% com água limpa.

Cor
Branca e natural.
Disponível no sistema tintométrico Servcor.

Secagem
Ao toque: 2 horas.
Final: 6 horas.
Cura total: 5 dias.

Dicas e preparação de superfície

Raspe a superfície para remover partes soltas. Lixe para eliminar o brilho, impurezas e para uniformizar a superfície.
Superfície com graxa ou gordura: limpe com sabão ou detergente neutro.
Superfície com mofo: limpe com uma solução de 1/1 de água sanitária com água potável.
Reboco novo: aguardar a total secagem e cura da superfície num prazo mínimo de 28 dias.
Reboco fraco: aguardar a secagem e cura. Aplicar uma demão de Fundo Preparador de Paredes diluído na proporção 2:1 com Aguarrás Dacar.
Gesso e fibrocimento: aplicar Fundo Preparador de Paredes diluído na proporção 1:1 com Aguarrás Dacar.
Imperfeições na superfície: corrigir com Massa Corrida Dacar (paredes internas) e Massa Acrílica Dacar (paredes externas e internas) ou, em casos de imperfeições profundas, deve-se corrigir com reboco, aguardando a total secagem e cura da superfície num prazo mínimo de 28 dias.
PRECAUÇÕES DE USO: evite pintar em dias chuvosos, com ventos fortes, temperaturas abaixo de 10 °C e umidade superior a 85%. Até duas semanas após a pintura, pingos de chuva podem provocar manchas. Se isso ocorrer, lave toda a superfície com água imediatamente.

Outros produtos relacionados

Dacar Fundo Preparador de Paredes

Fundo utilizado para preparar a superfície, aumentando a aderência de superfícies porosas em ambientes externos e internos.

Dacar Gel Envelhecedor

Produto desenvolvido para personalizações de superfícies dando características envelhecidas.

Dacar Selador Acrílico

Produto indicado para uniformizar a absorção em superfícies de alvenaria nova, proporcionando grande economia por seu poder selante.

Textura Acrílica Lisa

Produto indicado para aplicação em superfícies internas e externas de reboco, blocos de concreto, fibrocimento, concreto aparente e pinturas sobre PVA e Acrílico. De fácil aplicação, excelente aderência e uma grande resistência à alcalinidade.

Embalagens/Rendimento
Lata (25 kg): 26 a 30 m² por demão.
Refil Plástico (15 kg): 15 a 17 m² por demão.

Acabamento
Fosco.

Aplicação
Rolo para texturas e desempenadeira.

Diluição
10% com água limpa.

Cor
Branca.
Disponível no sistema tintométrico Servcor.

Secagem
Ao toque: 2 horas.
Final: 6 horas.
Cura total: 5 dias.

Dicas e preparação de superfície

Raspe a superfície para remover partes soltas. Lixe para eliminar o brilho, impurezas e para uniformizar a superfície.
Superfície com graxa ou gordura: limpe com sabão ou detergente neutro.
Superfície com mofo: limpe com uma solução de 1/1 de água sanitária com água potável.
Reboco novo: aguardar a total secagem e cura da superfície num prazo mínimo de 28 dias.
Reboco fraco: aguardar a secagem e cura. Aplicar uma demão de Fundo Preparador de Paredes diluído na proporção 2:1 com Aguarrás Dacar.
Gesso e fibrocimento: aplicar Fundo Preparador de Paredes diluído na proporção 1:1 com Aguarrás Dacar.
Imperfeições na superfície: corrigir com Massa Corrida Dacar (paredes internas) e Massa Acrílica Dacar (paredes externas e internas) ou, em casos de imperfeições profundas, deve-se corrigir com reboco, aguardando a total secagem e cura da superfície num prazo mínimo de 28 dias.
PRECAUÇÕES DE USO: evite pintar em dias chuvosos, com ventos fortes, temperaturas abaixo de 10 °C e umidade superior a 85%. Até duas semanas após a pintura, pingos de chuva podem provocar manchas. Se isso ocorrer, lave toda a superfície com água imediatamente.

Outros produtos relacionados

Dacar Fundo Preparador de Paredes

Fundo utilizado para preparar a superfície, aumentando a aderência de superfícies porosas em ambientes externos e internos.

Dacar Gel Envelhecedor

Produto desenvolvido para personalizações de superfícies dando características envelhecidas.

Dacar Selador Acrílico

Produto indicado para uniformizar a absorção em superfícies de alvenaria nova, proporcionando grande economia por seu poder selante.

Selador Acrílico Pigmentado

O Selador Acrílico Dacar é indicado para uniformizar a absorção em superfícies de alvenaria nova e proporcionar um excelente poder de enchimento e cobertura em exteriores e interiores. Sua formulação contém partículas micronizadas que proporcionam excelente acabamento. Possui rápida secagem, baixo odor e ótima aderência às mais diversas superfícies de alvenaria. Oferece excelente rendimento, além de fácil aplicação com o mínimo respingo. Por possuir grande poder selante, proporciona maior economia da tinta de acabamento.

Embalagens/Rendimento
Galão (3,6 L): 20 a 25 m² por demão.
Lata (18 L): 100 a 125 m² por demão.

Acabamento
Fosco.

Aplicação
Utilizar rolo, trincha ou pistola.
Aplicar 1 a 2 demãos de acordo com o estado da superfície.

Diluição
10% a 20% com água limpa.

Cor
Branca.

Secagem
Ao toque: 1 hora.
Entre demãos: 2 horas.
Final: 24 horas.

Dicas e preparação de superfície

Raspe a superfície para remover partes soltas. Lixe para eliminar o brilho, impurezas e para uniformizar a superfície.
Superfície com graxa ou gordura: limpe com sabão ou detergente neutro.
Superfície com mofo: limpe com uma solução de 1/1 de água sanitária com água potável.
Reboco novo: aguardar a total secagem e cura da superfície num prazo mínimo de 28 dias.
Reboco fraco: aguardar a secagem e cura. Aplicar uma demão de Fundo Preparador de Paredes diluído na proporção 2:1 com Aguarrás Dacar.
Gesso e fibrocimento: aplicar Fundo Preparador de Paredes diluído na proporção 1:1 com Aguarrás Dacar.
Imperfeições na superfície: corrigir com Massa Corrida Dacar (paredes internas) e Massa Acrílica Dacar (paredes externas e internas) ou, em casos de imperfeições profundas, deve-se corrigir com reboco, aguardando a total secagem e cura da superfície num prazo mínimo de 28 dias.
PRECAUÇÕES DE USO: evite pintar em dias chuvosos, com ventos fortes, temperaturas abaixo de 10 °C e umidade superior a 85%. Até duas semanas após a pintura, pingos de chuva podem provocar manchas. Se isso ocorrer, lave toda a superfície com água imediatamente.

Outros produtos relacionados

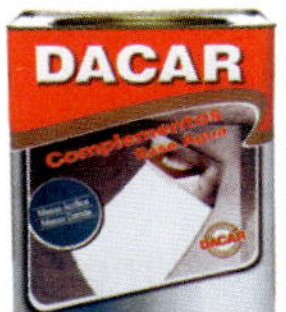

Dacar Massa Corrida
Massa de grande poder de enchimento, ótima aderência e fácil aplicação. Indicada para nivelar e corrigir imperfeições de paredes internas.

Dacar Massa Acrílica
Massa indicada para nivelar e corrigir pequenas imperfeições em ambientes internos e externos.

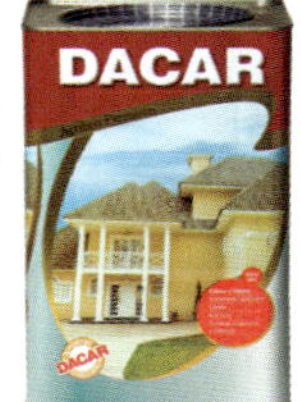

Dacar Tinta Acrílica Premium
É uma tinta indicada para paredes externas e internas de alvenaria, massa corrida ou acrílica, reboco, concreto, fibrocimento, cerâmica não vitrificada, gesso, texturas e repintura sobre tinta látex.

Massa Acrílica

A Massa Acrílica Dacar é indicada para nivelar, corrigir pequenas imperfeições e uniformizar ambientes internos e externos de alvenaria, reboco, gesso, concreto e paredes pintadas com látex em geral. Possui elevada consistência, excelente resistência à alcalinidade e aos rigores do sol e da chuva, alto poder de enchimento, além de excelente aderência. Fácil de aplicar e lixar, com secagem rápida e baixo odor.

Embalagens/Rendimento
Quarto (0,9 L): 2 a 2,5 m² por demão.
Galão (3,6 L): 8 a 10 m² por demão.
Lata (25 L): 30 a 40 m² por demão.
Refil plástico (15 kg): 20 a 40 m² por demão.

Acabamento
Fosco.

Aplicação
Desempenadeira de metal.

Diluição
Pronta para uso.

Cor
Branca.

Secagem
Ao toque: 40 minutos.
Entre demãos: 1 hora.
Final: 4 horas.

Dicas e preparação de superfície

Raspe a superfície para remover partes soltas. Lixe para eliminar o brilho, impurezas e para uniformizar a superfície.
Superfície com graxa ou gordura: limpe com sabão ou detergente neutro.
Superfície com mofo: limpe com uma solução de 1/1 de água sanitária com água potável.
Reboco novo: aguardar a total secagem e cura da superfície num prazo mínimo de 28 dias.
Reboco fraco: aguardar a secagem e cura. Aplicar uma demão de Fundo Preparador de Paredes diluído na proporção 2:1 com Aguarrás Dacar.
Gesso e fibrocimento: aplicar Fundo Preparador de Paredes diluído na proporção 1:1 com Aguarrás Dacar.
Imperfeições na superfície: corrigir com Massa Corrida Dacar (paredes internas) e Massa Acrílica Dacar (paredes externas e internas) ou, em casos de imperfeições profundas, deve-se corrigir com reboco, aguardando a total secagem e cura da superfície num prazo mínimo de 28 dias.
PRECAUÇÕES DE USO: evite pintar em dias chuvosos, com ventos fortes, temperaturas abaixo de 10 °C e umidade superior a 85%. Até duas semanas após a pintura, pingos de chuva podem provocar manchas. Se isso ocorrer, lave toda a superfície com água imediatamente.

Outros produtos relacionados

Dacar Fundo Preparador de Paredes

Fundo utilizado para preparar a superfície, aumentando a aderência de superfícies porosas em ambientes externos e internos.

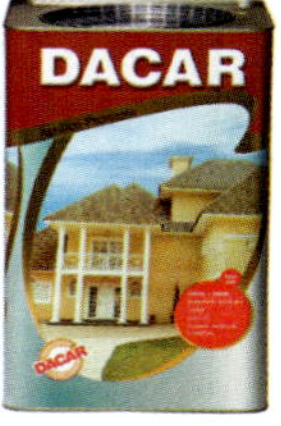

Dacar Tinta Acrílica Premium

É uma tinta indicada para paredes externas e internas de alvenaria, massa corrida ou acrílica, reboco, concreto, fibrocimento, cerâmica não vitrificada, gesso, texturas e repintura sobre tinta látex.

Massa Corrida

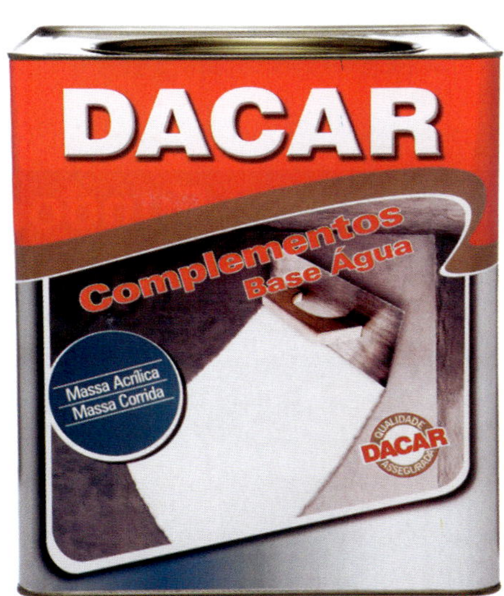

Massa de grande poder de enchimento, ótima aderência e fácil aplicação. Indicado para nivelar e corrigir imperfeições de paredes internas.

Embalagens/Rendimento

Quarto (0,9 L): 2 a 2,5 m² por demão.
Galão (3,6 L): 8 a 10 m² por demão.
Lata (25 kg): 30 a 40 m² por demão.
Refil plástico (15 kg): 20 a 40 m² por demão.

Acabamento

Fosco.

Aplicação

Desempenadeira de metal.

Diluição

Pronta para uso.

Cor

Branca.

Secagem

Ao toque: 40 minutos.
Entre demãos: 1 hora.
Final: 4 horas.

Dicas e preparação de superfície

Raspe a superfície para remover partes soltas. Lixe para eliminar o brilho, impurezas e para uniformizar a superfície.
Superfície com graxa ou gordura: limpe com sabão ou detergente neutro.
Superfície com mofo: limpe com uma solução de 1/1 de água sanitária com água potável.
Reboco novo: aguardar a total secagem e cura da superfície num prazo mínimo de 28 dias.
Reboco fraco: aguardar a secagem e cura. Aplicar uma demão de Fundo Preparador de Paredes diluído na proporção 2:1 com Aguarrás Dacar.
Gesso e fibrocimento: aplicar Fundo Preparador de Paredes diluído na proporção 1:1 com Aguarrás Dacar.
Imperfeições na superfície: corrigir com Massa Corrida Dacar (paredes internas) e Massa Acrílica Dacar (paredes externas e internas) ou, em casos de imperfeições profundas, deve-se corrigir com reboco, aguardando a total secagem e cura da superfície num prazo mínimo de 28 dias.
PRECAUÇÕES DE USO: evite pintar em dias chuvosos, com ventos fortes, temperaturas abaixo de 10 °C e umidade superior a 85%. Até duas semanas após a pintura, pingos de chuva podem provocar manchas. Se isso ocorrer, lave toda a superfície com água imediatamente.

Outros produtos relacionados

Dacar Fundo Preparador de Paredes

Fundo utilizado para preparar a superfície, aumentando a aderência de superfícies porosas em ambientes externos e internos.

Dacar Tinta Acrílica Premium

É uma tinta indicada para paredes externas e internas de alvenaria, massa corrida ou acrílica, reboco, concreto, fibrocimento, cerâmica não vitrificada, gesso, texturas e repintura sobre tinta látex.

Fundo Preparador de Paredes

Fundo especialmente formulado para preparação de pinturas sobre alvenaria, uniformizando a absorção e aumentando a aderência de superfícies porosas em pinturas externas e internas.

Embalagens/Rendimento
Quarto (0,9 L): 6 a 7 m² por demão.
Galão (3,6 L): 25 a 30 m² por demão.

Acabamento
Fosco.

Aplicação
Utilizar rolo, pincel ou pistola.

Diluição
Pincel ou rolo de espuma: diluir 50% a 100% com Aguarrás Dacar. Pistola: diluir até 100% com Aguarrás Dacar.

Cor
Incolor.

Secagem
Ao toque: 30 minutos.
Final: 4 horas.

Fundo Sintético Nivelador

Produto especialmente indicado para primeira demão em madeiras, formando uma película que reduz a absorção dos poros na área aplicada, garantindo assim um melhor rendimento das tintas de acabamento. Pode ser usado em superfícies externas e internas.

Embalagens/Rendimento
Quarto (0,9 L): 6 a 7 m² por demão.
Galão (3,6 L): 25 a 30 m² por demão.

Acabamento
Fosco.

Aplicação
Utilizar rolo, pincel ou pistola.

Diluição
Pincel ou rolo de espuma: diluir 10% com Aguarrás Dacar. Pistola: diluir até 30% com Aguarrás Dacar.

Cor
Branco.

Secagem
Ao toque: 1 hora.
Entre demãos: 2 horas.
Final: 18 a 24 horas.

FUNDO PREPARADOR DE PAREDES: Raspe a superfície para remover partes soltas. Lixe para eliminar o brilho, impurezas e para uniformizar a superfície. **Reboco fraco**: aguardar a secagem e cura. Aplicar uma demão de Fundo Preparador de Paredes diluído na proporção 2:1 com Aguarrás Dacar. **Gesso e fibrocimento**: aplicar Fundo Preparador de Paredes diluído na proporção de 1:1 com Aguarrás Dacar. **Imperfeições na superfície**: corrigir com Massa Corrida Dacar (paredes internas) e Massa Acrílica Dacar (paredes externas e internas) ou, em casos de imperfeições profundas, deve-se corrigir com reboco, aguardando a total secagem e cura da superfície num prazo mínimo de 28 dias. **Precauções de uso**: evite pintar em dias chuvosos, com ventos fortes, temperaturas de 10 °C e umidade superior a 85%. Até duas semanas após a pintura, pingos de chuva podem provocar manchas. Se isso ocorrer, lave toda a superfície com água imediatamente.
FUNDO SINTÉTICO NIVELADOR: Raspe a superfície para remover partes soltas. Lixe para eliminar o brilho, impurezas e para uniformizar a superfície. **Madeira nova**: lixar a superfície para eliminação de farpas. Aplicar uma demão de Dacar Fundo Sintético Nivelador. Após a secagem, lixar e eliminar o pó. **Madeira repintura**: lixar a superfície para eliminação de farpas e de pó.

Outro produto relacionado

Aguarrás Dacar

Solvente específico para diluição de produtos à base de resina alquídica, tais como esmalte sintético, óleo, vernizes e complementos.

Esmalte Ecológico Premium

PREMIUM ★★★★★

Produto indicado para aplicação em superfícies internas e externas de madeiras, metais ferrosos, galvanizados e alumínio. Sua formulação de alta tecnologia e qualidade superior, solúvel em água, proporciona facilidade de aplicação, secagem rápida e baixíssimo odor.
Por ser um produto à base de água, é ecologicamente correto, contribuindo para a preservação do meio ambiente, além de facilitar a limpeza de rolos, trinchas e pincéis, permitindo o aumento da vida útil dessas ferramentas.

Embalagens/Rendimento
Quarto (0,9 L): 10 a 12 m² por demão.
Galão (3,6 L): 40 a 50 m² por demão.

Acabamento
Brilhante, acetinado e fosco.

Aplicação
Utilizar rolo, pincel ou pistola.
Aplicar 1 a 2 demãos de acordo com o estado da superfície.

Diluição
Pincel ou rolo de espuma: diluir 10% com água limpa.
Pistola: diluir até 30% com água limpa.

Cor
Catálogo com12 tonalidades prontas.

Secagem
Ao toque: 5 a 6 horas.
Entre demãos: 12 a 16 horas.
Final: 24 horas.

Dicas e preparação de superfície

Raspe a superfície para remover partes soltas. Lixe para eliminar o brilho, impurezas e para uniformizar a superfície.
MADEIRA:
Partes soltas ou mal aderidas: eliminar as partes com problema, raspando ou escovando a superfície.
Partes mofadas: lavar com uma solução de água sanitária na proporção 1:1 (1 parte de água para 1 parte de água sanitária). Enxaguar e secar a superfície com pano.
Madeira nova: lixar a superfície para eliminação de farpas. Aplicar uma demão de Dacar Fundo Sintético Nivelador. Após a secagem, lixar e eliminar o pó.
Madeira repintura: lixar a superfície para eliminação de farpas e de pó.
FERRO:
Ferro novo (sem ferrugem): lixar a superfície, eliminar o pó e aplicar uma demão de Zarcão Universal Dacar. Aguardar secagem e aplicar a tinta de acabamento.
Ferro com ferrugem: fazer a total remoção da ferrugem utilizando lixa ou escova de aço. Aplicar uma demão de Zarcão Universal Dacar. Após a secagem, lixar novamente a superfície e eliminar o pó.
Ferro (repintura): lixar a superfície e eliminar o pó.
Galvanizado (novo): deve-se aplicar uma demão de Fundo para Galvanizados Dacar.

Outros produtos relacionados

Dacar Fundo Sintético Nivelador
Produto especialmente indicado para primeira demão em madeiras, formando uma película que reduz a absorção dos poros na área aplicada, garantindo assim um melhor rendimento das tintas de acabamento.

Dacar Zarcão Universal
Fundo anticorrosivo laranja fosco, específico para proteção de superfícies metálicas ferrosas em geral, tais como grades, esquadrias e portões.

Dacar Fundo para Galvanizados
Fundo especialmente formulado para preparação de pinturas sobre metais galvanizados.

Esmalte Sintético Premium

PREMIUM ★★★★★

Produto específico para aplicações em superfícies externas e internas de metais ferrosos, galvanizados, alumínio, madeira, cerâmica não vitrificada e alvenaria. Proporciona superior acabamento e super resistência ao intemperismo, excelente poder de cobertura e rendimento, além de secagem rápida.

Embalagens/Rendimento
Quarto (0,9 L): 8 a 10 m² por demão.
Galão (3,6 L): 35 a 45 m² por demão.

Acabamento
Brilhante.

Aplicação
Utilizar rolo, pincel ou pistola.
Aplicar 1 a 2 demãos de acordo com o estado da superfície.

Diluição
Pincel ou rolo de espuma: diluir 10% com aguarrás Dacar.
Pistola: diluir até 30% com aguarrás Dacar.

Cor
Catálogo com 25 tonalidades prontas.
Disponível no sistema tintométrico Servcor.

Secagem
Ao toque: 5 a 6 horas.
Entre demãos: 12 a 16 horas.
Final: 24 horas.

Dicas e preparação de superfície

Raspe a superfície para remover partes soltas. Lixe para eliminar o brilho, impurezas e para uniformizar a superfície.
MADEIRA:
Partes soltas ou mal aderidas: eliminar as partes com problema, raspando ou escovando a superfície.
Partes mofadas: lavar com uma solução de água sanitária na proporção 1:1 (1 parte de água para 1 parte de água sanitária). Enxaguar e secar a superfície com pano.
Madeira nova: lixar a superfície para eliminação de farpas. Aplicar uma demão de Dacar Fundo Sintético Nivelador. Após a secagem, lixar e eliminar o pó.
Madeira repintura: lixar a superfície para eliminação de farpas e de pó.
FERRO:
Ferro novo (sem ferrugem): lixar a superfície, eliminar o pó e aplicar uma demão de Zarcão Universal Dacar. Aguardar secagem e aplicar a tinta de acabamento.
Ferro com ferrugem: fazer a total remoção da ferrugem utilizando lixa ou escova de aço. Aplicar uma demão de Zarcão Universal Dacar. Após a secagem, lixar novamente a superfície e eliminar o pó.
Ferro (repintura): lixar a superfície e eliminar o pó.
Galvanizado (novo): deve-se aplicar uma demão de Fundo para Galvanizados Dacar.

Outros produtos relacionados

Dacar Fundo Sintético Nivelador

Produto especialmente indicado para primeira demão em madeiras, formando uma película que reduz a absorção dos poros na área aplicada, garantindo assim um melhor rendimento das tintas de acabamento.

Dacar Zarcão Universal

Fundo anticorrosivo laranja fosco, específico para proteção de superfícies metálicas ferrosas em geral, tais como grades, esquadrias e portões.

Dacar Fundo para Galvanizados

Fundo especialmente formulado para preparação de pinturas sobre metais galvanizados.

Esmalte Sintético Standard

STANDARD ★★★

Produto ideal para superfícies externas e internas de metais ferrosos, galvanizados, alumínio, madeira, cerâmica não vitrifcada e alvenaria. Sua formulação é de boa qualidade, garantindo maior proteção e facilidade de limpeza, reduzindo a aderência de sujeira.

Embalagens/Rendimento

Quarto (0,9 L): 7 a 9 m² por demão.
Galão (3,6 L): 30 a 40 m² por demão.

Acabamento

Brilhante.

Aplicação

Utilizar rolo, pincel ou pistola.
Aplicar 1 a 2 demãos de acordo com o estado da superfície.

Diluição

Pincel ou rolo de espuma: diluir 10% com Aguarrás Dacar.
Pistola: diluir até 30% com Aguarrás Dacar.

Cor

Catálogo com 24 tonalidades prontas.

Secagem

Ao toque: 4 a 6 horas.
Entre demãos: 12 a 16 horas.
Final: 24 horas.

Dicas e preparação de superfície

Raspe a superfície para remover partes soltas. Lixe para eliminar o brilho, impurezas e para uniformizar a superfície.
MADEIRA:
Partes soltas ou mal aderidas: eliminar as partes com problema, raspando ou escovando a superfície.
Partes mofadas: lavar com uma solução de água sanitária na proporção 1:1 (1 parte de água para 1 parte de água sanitária). Enxaguar e secar a superfície com pano.
Madeira nova: lixar a superfície para eliminação de farpas. Aplicar uma demão de Dacar Fundo Sintético Nivelador. Após a secagem, lixar e eliminar o pó.
Madeira repintura: lixar a superfície para eliminação de farpas e de pó.
FERRO:
Ferro novo (sem ferrugem): lixar a superfície, eliminar o pó e aplicar uma demão de Zarcão Universal Dacar. Aguardar secagem e aplicar a tinta de acabamento.
Ferro com ferrugem: fazer a total remoção da ferrugem utilizando lixa ou escova de aço. Aplicar uma demão de Zarcão Universal Dacar. Após a secagem, lixar novamente a superfície e eliminar o pó.
Ferro (repintura): lixar a superfície e eliminar o pó.
Galvanizado (novo): deve-se aplicar uma demão de Fundo para Galvanizados Dacar.

Outros produtos relacionados

Dacar Fundo Sintético Nivelador

Produto especialmente indicado para primeira demão em madeiras, formando uma película que reduz a absorção dos poros na área aplicada, garantindo assim um melhor rendimento das tintas de acabamento.

Dacar Zarcão Universal

Fundo anticorrosivo laranja fosco, específico para proteção de superfícies metálicas ferrosas em geral, tais como grades, esquadrias e portões.

Dacar Fundo para Galvanizados

Fundo especialmente formulado para preparação de pinturas sobre metais galvanizados.

Tinta a Óleo

STANDARD ★★★

Produto indicado para superfícies externas e internas de madeiras, como: portas, esquadrias, portões, beirais, lambris, entre outras. Pode ser aplicado também em superfícies de metal e alvenaria. Fácil de aplicar, proporciona excelente proteção, com ótima resistência e bom rendimento.

Embalagens/Rendimento

Quarto (0,9 L): 10 a 12 m² por demão.
Galão (3,6 L): 40 a 50 m² por demão.
Balde (18 L): 150 a 200 m² por demão.

Acabamento

Brilhante.

Aplicação

Utilizar rolo, pincel ou pistola.
Aplicar 1 a 2 demãos de acordo com o estado da superfície.

Diluição

Pincel ou rolo de espuma: diluir 10% com aguarrás Dacar.
Pistola: diluir até 30% com aguarrás Dacar.

Cor

Catálogo com 24 tonalidades prontas.

Secagem

Ao toque: 40 minutos.
Entre demãos: 4 horas.
Final: 5 horas.

Dicas e preparação de superfície

Raspe a superfície para remover partes soltas. Lixe para eliminar o brilho, impurezas e para uniformizar a superfície.
MADEIRA:
Partes soltas ou mal aderidas: eliminar as partes com problema, raspando ou escovando a superfície.
Partes mofadas: lavar com uma solução de água sanitária na proporção 1:1 (1 parte de água para 1 parte de água sanitária). Enxaguar e secar a superfície com pano.
Madeira nova: lixar a superfície para eliminação de farpas. Aplicar uma demão de Dacar Fundo Sintético Nivelador. Após a secagem, lixar e eliminar o pó.
Madeira repintura: lixar a superfície para eliminação de farpas e de pó.
FERRO:
Ferro novo (sem ferrugem): lixar a superfície, eliminar o pó e aplicar uma demão de Zarcão Universal Dacar. Aguardar secagem e aplicar a tinta de acabamento.
Ferro com ferrugem: fazer a total remoção da ferrugem utilizando lixa ou escova de aço. Aplicar uma demão de Zarcão Universal Dacar. Após a secagem, lixar novamente a superfície e eliminar o pó.
Ferro (repintura): lixar a superfície e eliminar o pó.
Galvanizado (novo): deve-se aplicar uma demão de Fundo para Galvanizados Dacar.

Outros produtos relacionados

Dacar Fundo Sintético Nivelador

Produto especialmente indicado para primeira demão em madeiras, formando uma película que reduz a absorção dos poros na área aplicada, garantindo assim um melhor rendimento das tintas de acabamento.

Dacar Zarcão Universal

Fundo anticorrosivo laranja fosco, específico para proteção de superfícies metálicas ferrosas em geral, tais como grades, esquadrias e portões.

Dacar Fundo para Galvanizados

Fundo especialmente formulado para preparação de pinturas sobre metais galvanizados.

Fundo para Galvanizado

Fundo especialmente formulado para preparação de pinturas sobre metais galvanizados. Possui ótima aderência sobre ferro galvanizado e superfícies recobertas com zinco em pinturas externas e internas.

Embalagens/Rendimento
Quarto (0,9 L): 12 a 16 m² por demão.
Galão (3,6 L): 50 a 70 m² por demão.

Acabamento
Fosco.

Aplicação
Utilizar rolo, pincel ou pistola.

Diluição
Pincel ou rolo de espuma: diluir 10% com Aguarrás Dacar.
Pistola: diluir até 30% com Aguarrás Dacar.

Cor
Branco.

Secagem
Ao toque: 1 hora.
Entre demãos: 2 horas.
Final: 18 a 24 horas.

Zarcão Universal

Fundo anticorrosivo laranja fosco, específco para proteção de superfícies metálicas ferrosas em geral, tais como grades, esquadrias e portões.

Embalagens/Rendimento
Quarto (0,9 L): 8,5 a 10 m² por demão.
Galão (3,6 L): 35 a 40 m² por demão

Acabamento
Fosco.

Aplicação
Utilizar rolo, pincel ou pistola.

Diluição
Pincel ou rolo de espuma: diluir 10% com Aguarrás Dacar.
Pistola: diluir até 30% com Aguarrás Dacar.

Cor
Laranja.

Secagem
Ao toque: 1 hora.
Entre demãos: 4 horas.
Final: 18 a 24 horas.

FUNDO PARA GALVANIZADO:
Lixar a superfície e eliminar o pó.
ZARCÃO UNIVERSAL:
Ferro novo (sem ferrugem): lixar a superfície, eliminar o pó e aplicar uma demão de Zarcão Universal Dacar. Aguardar secagem e aplicar a tinta de acabamento.
Ferro com ferrugem: fazer a total remoção da ferrugem utilizando lixa ou escova de aço. Aplicar uma demão de Zarcão Universal Dacar. Após a secagem, lixar novamente a superfície e eliminar o pó. Aguardar secagem e aplicar a tinta de acabamento.

Outro produto relacionado

Aguarrás Dacar

Solvente específico para diluição de produtos à base de resina alquídica, tais como esmalte sintético, óleo, vernizes e complementos.

Verniz Filtro Solar

Produto extrabrilhante formulado com inibidores de raios ultravioletas, o que permite uma maior proteção por um longo período de tempo mantendo assim as características naturais da madeira.

Embalagens/Rendimento
Quarto (0,9 L): 8 a 10 m² por demão.
Galão (3,6 L): 32 a 40 m² por demão.

Acabamento
Brilhante.

Aplicação
Utilizar rolo, pincel ou pistola.

Diluição
10% a 20% com Aguarrás Dacar.

Cor
Natural.

Secagem
Ao toque: 1 hora.
Entre demãos: 2 a 4 horas.
Final: 24 horas.

Dicas e preparação de superfície

Raspe a superfície para remover partes soltas. Lixe para eliminar o brilho, impurezas e para uniformizar a superfície.
MADEIRA
Partes soltas ou mal aderidas: eliminar as partes com problema, raspando ou escovando a superfície.
Partes mofadas: lavar com uma solução de água sanitária na proporção 1:1 (1 parte de água para 1 parte de água sanitária). Enxaguar e secar a superfície com pano.
Madeira nova: lixar a superfície para eliminação de farpas. Aplicar uma demão do Verniz Filtro Solar Dacar diluído na proporção 1:1 com Aguarrás Dacar a fim de nivelar a absorção das demãos posteriores.
Madeira repintura: lixar a superfície para eliminação de farpas e de pó.
PRECAUÇÕES DE USO: em casos de formação de bolhas na aplicação, deve-se corrigir o defeito imediatamente para evitar um possível descascamento. Recomendamos a aplicação de 2 a 3 demãos de tinta sobre a superfície. Evite pintar em dias chuvosos, com ventos fortes, temperaturas abaixo de 10 °C e umidade superior a 85%.

Outro produto relacionado

Aguarrás Dacar

Solvente específico para diluição de produtos à base de resina alquídica, tais como esmalte sintético, óleo, vernizes e complementos.

Verniz Marítimo

Produto indicado para pinturas internas e externas de madeira, proporcionando uma boa aderência e resistência.

Embalagens/Rendimento
Quarto (0,9 L): 8 a 11 m² por demão.
Galão (3,6 L): 32 a 44 m² por demão.

Acabamento
Brilhante e fosco.

Aplicação
Utilizar rolo, pincel ou pistola.

Diluição
10% a 20% com Aguarrás Dacar.

Cor
Natural.

Secagem
Ao toque: 1 hora.
Entre demãos: 4 a 6 horas.
Final: 24 horas.

Dicas e preparação de superfície

Raspe a superfície para remover partes soltas. Lixe para eliminar o brilho, impurezas e para uniformizar a superfície.
MADEIRA:
Partes soltas ou mal aderidas: eliminar as partes com problema, raspando ou escovando a superfície.
Partes mofadas: lavar com uma solução de água sanitária na proporção 1:1 (1 parte de água para 1 parte de água sanitária). Enxaguar e secar a superfície com pano.
Madeira nova: lixar a superfície para eliminação de farpas. Aplicar uma demão do Verniz Marítimo Dacar diluído na proporção 1:1 com Aguarrás Dacar a fim de nivelar a absorção das demãos posteriores.
Madeira repintura: lixar a superfície para eliminação de farpas e de pó.
PRECAUÇÕES DE USO: em casos de formação de bolhas na aplicação, deve-se corrigir o defeito imediatamente para evitar um possível descascamento. Recomendamos a aplicação de 2 a 3 demãos de tinta sobre a superfície. Evite pintar em dias chuvosos, com ventos fortes, temperaturas abaixo de 10 °C e umidade superior a 85%.

Outro produto relacionado

Aguarrás Dacar

Solvente específico para diluição de produtos à base de resina alquídica, tais como esmalte sintético, óleo, vernizes e complementos.

Verniz Tingidor

Produto utilizado para proteger e realçar a superfície da madeira. Indicado para pinturas internas.

Embalagens/Rendimento
Quarto (0,9 L): 8 a 10 m² por demão.
Galão (3,6 L): 32 a 40 m² por demão.

Acabamento
Brilhante.

Aplicação
Utilizar rolo, pincel ou pistola.

Diluição
10% a 15% com Aguarrás Dacar.

Cor
Mogno e imbuia.

Secagem
Ao toque: 1 hora.
Entre demãos: 4 a 6 horas.
Final: 24 horas.

Dicas e preparação de superfície

Raspe a superfície para remover partes soltas. Lixe para eliminar o brilho, impurezas e para uniformizar a superfície.
MADEIRA:
Partes soltas ou mal aderidas: eliminar as partes com problema, raspando ou escovando a superfície.
Partes mofadas: lavar com uma solução de água sanitária na proporção 1:1 (1 parte de água para 1 parte de água sanitária). Enxaguar e secar a superfície com pano.
Madeira nova: lixar a superfície para eliminação de farpas. Aplicar uma demão do Verniz Tingidor Dacar diluído na proporção 1:1 com Aguarrás Dacar a fim de nivelar a absorção das demãos posteriores.
Madeira repintura: lixar a superfície para eliminação de farpas e de pó.
PRECAUÇÕES DE USO: em casos de formação de bolhas na aplicação, deve-se corrigir o defeito imediatamente para evitar um possível descascamento. Recomendamos a aplicação de 2 a 3 demãos de tinta sobre a superfície. Evite pintar em dias chuvosos, com ventos fortes, temperaturas abaixo de 10 °C e umidade superior a 85%.

Outro produto relacionado

Aguarrás Dacar

Solvente específico para diluição de produtos à base de resina alquídica, tais como esmalte sintético, óleo, vernizes e complementos.

Verniz Copal

Produto utilizado para proteger e realçar a superfície da madeira. Indicado para pinturas internas.

Embalagens/Rendimento
Quarto (0,9 L): 8 a 10 m² por demão.
Galão (3,6 L): 32 a 40 m² por demão.

Acabamento
Brilhante.

Aplicação
Utilizar rolo, pincel ou pistola.

Diluição
10% a 20% com Aguarrás Dacar.

Cor
Natural.

Secagem
Ao toque: 1 hora.
Entre demãos: 4 a 6 horas.
Final: 24 horas.

Dicas e preparação de superfície

Raspe a superfície para remover partes soltas. Lixe para eliminar o brilho, impurezas e para uniformizar a superfície.
MADEIRA:
Partes soltas ou mal aderidas: eliminar as partes com problema, raspando ou escovando a superfície.
Partes mofadas: lavar com uma solução de água sanitária na proporção 1:1 (1 parte de água para 1 parte de água sanitária). Enxaguar e secar a superfície com pano.
Madeira nova: lixar a superfície para eliminação de farpas. Aplicar uma demão do Verniz Copal Dacar diluído na proporção 1:1 com Aguarrás Dacar a fim de nivelar a absorção das demãos posteriores.
Madeira repintura: lixar a superfície para eliminação de farpas e de pó.
PRECAUÇÕES DE USO: em casos de formação de bolhas na aplicação, deve-se corrigir o defeito imediatamente para evitar um possível descascamento. Recomendamos a aplicação de 2 a 3 demãos de tinta sobre a superfície. Evite pintar em dias chuvosos, com ventos fortes, temperaturas abaixo de 10 °C e umidade superior a 85%.

Outro produto relacionado

Aguarrás Dacar

Solvente específico para diluição de produtos à base de resina alquídica, tais como esmalte sintético, óleo, vernizes e complementos.

Acrílico Pisos, Quadras e Telhados

PREMIUM ★★★★★

Produto especialmente formulado para aplicação sobre superfícies internas e externas de pisos cimentados em quadras poliesportivas, varandas, calçadas, escadarias, áreas de lazer, demarcações de garagens, pisos comerciais e outras áreas de concreto rústico. Oferece grande resistência à abrasão, além de ótimo rendimento, excelentes cobertura e acabamento.

Embalagens/Rendimento

Lata (18 L): 175 a 275 m² por demão.
Galão (3,6 L): 35 a 55 m² por demão.
Quarto (0,9 L): 8 a 11 m² por demão.

Acabamento

Fosco.

Aplicação

Utilizar rolo, trincha ou pistola.
Aplicar 1 a 2 demãos de acordo com o estado da superfície.

Diluição

10% a 20% com água limpa.

Cor

Catálogo com 11 tonalidades prontas.

Secagem

Ao toque: 1 hora.
Entre demãos: 4 horas.
Final: 12 horas.

Dicas e preparação de superfície

Raspe para remover partes soltas. Lixe para eliminar o brilho, impurezas e para uniformizar a superfície.
Superfície com graxa ou gordura: limpe com sabão ou detergente neutro.
Superfície com mofo: limpe com uma solução de 1/1 de água sanitária com água potável.
Reboco novo rústico/não queimado: lixar partes soltas, aguardar a total secagem e cura da superfície num prazo mínimo de 28 dias.
Reboco fraco/liso/queimado: lixar partes soltas, lavar a superfície, com solução de ácido muriático na proporção 70:30 em água limpa. Lavar com água e deixar a superfície secar por 72 horas.
Imperfeições na superfície: corrigir com argamassa de areia e cimento. Aguardar a cura por 28 dias.
PRECAUÇÕES DE USO: evite pintar em dias chuvosos, com ventos fortes, temperaturas abaixo de 10 °C e umidade superior a 85%. Até duas semanas após a pintura, pingos de chuva podem provocar manchas. Se isto ocorrer, lave toda a superfície com água imediatamente.

Outros produtos relacionados

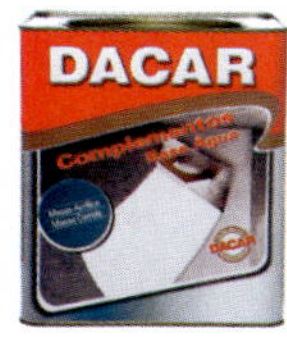

Dacar Massa Corrida

Massa de grande poder de enchimento, ótima aderência e fácil aplicação. Indicada para nivelar e corrigir imperfeições de paredes internas.

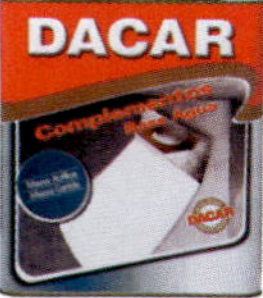

Dacar Massa Acrílica

Massa indicada para nivelar e corrigir pequenas imperfeições em ambientes internos e externos.

Dacar Fundo Preparador de Paredes

Fundo utilizado para preparar a superfície, aumentando a aderência de superfícies porosas em ambientes externos e internos.

Resina Acrílica

Este produto possui características impermeabilizantes desenvolvidas para telhas em geral, fachadas de concreto, tijolos à vista, pedras, revestimentos e pisos cimentados. Pode ser utilizado para aplicação de áreas internas e externas, formando assim uma camada impermeabilizada com alta resistência à ação do tempo.

Embalagens/Rendimento

Galão (3,6 L).
Balde (18 L).
Para cada 1 L:
Telhas romanas: 80 unidades.
Telhas amianto: 6 m^2.
Telhas cimentado: 9 m^2.
Concreto aparente: 9 m^2.
Pedras naturais: 9 m^2.
Tijolo à vista: 7 m^2.

Acabamento

Brilhante.

Aplicação

Utilizar rolo, pincel ou pistola.

Diluição

Pronto para uso.

Cor

Líquido transparente.

Secagem

Ao toque: 1 hora.
Entre demãos: 4 a 6 horas.
Final: 24 horas.

Dicas e preparação de superfície

Raspe a superfície para remover partes soltas. Lixe para eliminar o brilho, impurezas e para uniformizar a superfície.
Superfície com graxa ou gordura: limpe com sabão ou detergente neutro.
Superfície com mofo: limpe com uma solução de 1/1 de água sanitária com água potável.
Reboco novo: aguardar a total secagem e cura da superfície num prazo mínimo de 28 dias.
Reboco fraco: aguardar a secagem e cura. Aplicar uma demão de Fundo Preparador de Paredes diluído na proporção 2:1 com Aguarrás Dacar.
PRECAUÇÕES DE USO: em casos de formação de bolhas na aplicação, deve-se corrigir o defeito imediatamente para evitar um possível descascamento. Para aplicação em tijolos à vista poderá haver um branqueamento se houver infiltração de água em alguns pontos da superfície. Recomendamos a aplicação de 2 a 3 demãos de tinta sobre a superfície. Evite pintar em dias chuvosos, com ventos fortes, temperaturas abaixo de 10 °C e umidade superior a 85%.

A unidade Tintas e Vernizes da Eucatex é apontada como uma das fábricas de tintas mais modernas da América Latina. Está localizada no município de Salto, Estado de São Paulo.
Detentora da certificação ISO 9001:2000 conta com equipamentos de última geração e laboratórios que empregam as melhores tecnologias na fabricação de tintas imobiliárias.

Fundada em 1994, tem área total de 960 mil metros quadrados, sendo 36 mil metros quadrados de área construída. A capacidade anual de produção é de 36 milhões de galões de tintas.

Com as linhas Eucatex e Peg & Pinte, a Eucatex oferece uma grande variedade de opções em tintas e complementos para um acabamento de qualidade a qualquer obra. A Linha Eucatex é composta de tintas Acrílicas, Látex PVA, Texturas, Pisos, Esmaltes, Vernizes e Complementos. Já a Peg & Pinte é composta por Tinta Acrílica, Esmalte e Látex Acrílico. Além disso, profissionais e consumidores contam com o sistema tintométrico E-Colors®, com mais de duas mil cores.

A Eucatex Tintas e Vernizes integra o Programa Setorial da Qualidade, inserido no PBQP-H - Programa Brasileiro da Qualidade e Produtividade do Habitat, da Abrafati - Associação Brasileira dos Fabricantes de Tintas.

A empresa também está em conformidade com a norma NBR 15079 (ABNT), que através do Programa Setorial da Qualidade da Abrafati (Associação Brasileira dos Fabricantes de Tintas), classifica as tintas látex como Premium, Standard e Econômica, levando ao cliente informações na embalagem que facilitam a escolha do produto.

A marca conta ainda com o certificado Coatings Care – programa internacional de atuação responsável em tintas. Implantado no Brasil pela Abrafati, ele estabelece diretrizes para que os fabricantes assumam e administrem as suas responsabilidades em relação à saúde e segurança dos usuários, bem como diante dos cuidados com o meio ambiente.

Certificações

Informações de Serviço ao Consumidor:

A empresa dispõe de Serviço de Atendimento ao Consumidor

0800 172554 ou site www.eucatex.com.br

Eucatex Acrílico Marítimo Super Premium

PREMIUM ★★★★★

Eucatex Acrílico Marítimo Super Premium é uma tinta de alta performance indicada para ambientes externos e internos que sofrem constantes agressões, tais como: ação do sol e chuva, exposição aos raios UV e mudanças climáticas bruscas. Sua fórmula proporciona maior facilidade de remoção de sujidades críticas, como graxa, molho, chocolate, etc, além de manter as cores das áreas externas vivas e firmes por muito mais tempo, dificultando a proliferação de fungos, algas e mofo. Sua exclusiva coleção de cores e seu finíssimo acabamento acetinado permitem que os ambientes internos tornem-se mais sofisticados e acolhedores. Indicada para máxima proteção e embelezamento de superfícies de reboco, massas corrida e acrílica, concreto, fibrocimento e gesso.

Embalagens/Rendimento
Lata (18 L): 250 a 380 m² por demão.
Galão (3,6 L): 50 a 76 m² por demão.

Acabamento
Acetinado.

Aplicação
Rolo de lã, pincel ou trincha e pistola.

Diluição
Com água potável, primeira demão 20% a 30%, demais 20%.

Cor
Além das cores de catálogo, pode-se obter outros tons misturando as cores entre si ou ainda por meio do Eucatex E-Colors em mais de 2.000 cores.

Secagem
Ao toque: 2 horas.
Entre demãos: 4 horas.
Final: 12 horas.

Dicas e preparação de superfície

Preparação: A superfície deve estar firme, coesa, limpa, seca, isenta de poeira, materiais gordurosos sabão e mofo. Antes de iniciar a pintura, observe as orientações a seguir:
Superfícies com partes soltas ou caiadas: Devem ser raspadas ou escovadas até completa remoção e em seguida aplicar Eucatex Fundo Preparador de Paredes, conforme indicação da embalagem.
Superfícies mofadas: Lavar com solução de água com água sanitária na proporção de 1:1, enxaguar e aguardar a secagem. (deve-se corrigir as possíveis causas da geração do mofo).
Superfícies com manchas gordurosas: Lavar com solução de água e detergente neutro, enxaguar e aguardar a secagem.
Reboco Novo: Deve-se aguardar a cura por no mínimo 30 dias. Aplicar 1 ou 2 demãos de Eucatex Selador Acrílico, conforme recomendação da embalagem, se necessário nivelar a superfície aplicando 2 a 3 demãos de Eucatex Massa Acrílica (áreas molháveis) ou Eucatex Massa Corrida (áreas não-molháveis)
Reboco Fraco (baixa coesão): Aplicar Eucatex Fundo Preparador de Paredes conforme recomendação da embalagem e nivelar a superfície aplicando 2 a 3 demãos de Eucatex Massa Acrílica (áreas molháveis) ou Eucatex Massa Corrida (áreas não-molháveis);

Outros produtos relacionados

Eucatex Massa Acrílica

Indicada para nivelar e corrigir imperfeições rasas de superfícies externas e internas de alvenaria.

Eucatex Selador Acrílico

Indicado para selar e uniformizar a absorção de superfícies novas externas e internas de reboco, blocos de concreto, fibrocimento e massa fina.

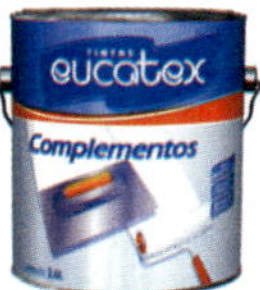

Eucatex Fundo Preparador de Paredes

Indicado para aglutinar partículas soltas e aumentar a coesão de superfícies porosas externas e internas.

Eucatex Acrílico Premium Suave Perfume

PREMIUM ★★★★★

Eucatex Acrílico Premium Suave Perfume é uma tinta de alta performance para quem busca maior desempenho, durabilidade e rendimento em pinturas de áreas externas e internas. Produto de fácil aplicação, tem ótima cobertura, baixo respingamento, é resistente às intempéries, tem excelente alastramento e ótimo acabamento. É indicada para a pintura de superfícies externas e internas de reboco, massa acrílica, texturas, concreto, fibrocimento, repinturas sobre PVA e acrílico, superfícies internas de massa corrida e gesso.

Embalagens/Rendimento
Lata (18 L): 250 a 380 m² por demão.
Galão (3,6 L): 50 a 76 m² por demão.

Acabamento
Fosco e Semibrilho.

Aplicação
Rolo de lã, pincel ou trincha e pistola.

Diluição
Com água potável, 30% em todas as demãos.

Cor
Além das cores de catálogo, pode-se obter outros tons misturando as cores entre si ou ainda por meio do Eucatex E-Colors em mais de 2.000 cores.

Secagem
Ao toque: 2 horas.
Entre demãos: 4 horas.
Final: 12 horas.

Dicas e preparação de superfície

Preparação: A superfície deve estar firme, coesa, limpa, seca, isenta de poeira, materiais gordurosos sabão e mofo. Antes de iniciar a pintura, observe as orientações a seguir:
Superfícies com partes soltas ou caiadas: Devem ser raspadas ou escovadas até completa remoção e em seguida aplicar Eucatex Fundo Preparador de Paredes, conforme indicação da embalagem.
Superfícies mofadas: Lavar com solução de água com água sanitária na proporção de 1:1, enxaguar e aguardar a secagem. (deve-se corrigir as possíveis causas da geração do mofo).
Superfícies com manchas gordurosas: Lavar com solução de água e detergente neutro, enxaguar e aguardar a secagem.
Reboco Novo: Deve-se aguardar a cura por no mínimo 30 dias. Aplicar 1 ou 2 demãos de Eucatex Selador Acrílico, conforme recomendação da embalagem, se necessário nivelar a superfície aplicando 2 a 3 demãos de Eucatex Massa Acrílica (áreas molháveis) ou Eucatex Massa Corrida (áreas não-molháveis).
Reboco Fraco (baixa coesão): Aplicar Eucatex Fundo Preparador de Paredes conforme recomendação da embalagem e nivelar a superfície aplicando 2 a 3 demãos de Eucatex Massa Acrílica (áreas molháveis) ou Eucatex Massa Corrida (áreas não-molháveis);

Outros produtos relacionados

Eucatex Massa Acrílica

Indicada para nivelar e corrigir imperfeições rasas de superfícies externas e internas de alvenaria.

Eucatex Selador Acrílico

Indicado para selar e uniformizar a absorção de superfícies novas externas e internas de reboco, blocos de concreto, fibrocimento e massa fina.

Eucatex Fundo Preparador de Paredes

Indicado para aglutinar partículas soltas e aumentar a coesão de superfícies porosas externas e internas.

Eucatex Acrílico Acetinado Toque Suave

PREMIUM ★★★★★

Eucatex Acrílico Acetinado Toque Suave é uma tinta de acabamento acetinado; possui alta performance para quem busca maior desempenho, durabilidade e rendimento em pinturas de áreas externas e internas. Produto de fácil aplicação, tem ótima cobertura, baixo respingamento, ótima lavabilidade, facilitando a limpeza e a remoção de sujeiras. É indicada para a pintura de superfícies externas e internas de reboco, massa acrílica, texturas, concreto, fibrocimento, repinturas sobre PVA e acrílico e superfícies internas de massa corrida e gesso.

Embalagens/Rendimento
Lata (18 L): 180 a 330 m² por demão.
Galão (3,6 L): 36 a 66 m² por demão.

Acabamento
Acetinado.

Aplicação
Rolo de lã, pincel, trincha ou pistola.

Diluição
Com água potável. Primeira demão 20% a 30%, demais 10% a 20%.

Cor
Além das cores de catálogo, pode-se obter outros tons misturando as cores entre si ou ainda por meio do Eucatex E-Colors em mais de 2.000 cores.

Secagem
Ao toque: 2 horas.
Entre demãos: 4 horas.
Final: 12 horas.

Dicas e preparação de superfície

Preparação: A superfície deve estar firme, coesa, limpa, seca, isenta de poeira, materiais gordurosos sabão e mofo. Antes de iniciar a pintura, observe as orientações a seguir:
Superfícies com partes soltas ou caiadas: Devem ser raspadas ou escovadas até completa remoção e em seguida aplicar Eucatex Fundo Preparador de Paredes, conforme indicação da embalagem.
Superfícies mofadas: Lavar com solução de água com água sanitária na proporção de 1:1, enxaguar e aguardar a secagem. (deve-se corrigir as possíveis causas da geração do mofo).
Superfícies com manchas gordurosas: Lavar com solução de água e detergente neutro, enxaguar e aguardar a secagem.
Reboco Novo: Deve-se aguardar a cura por no mínimo 30 dias. Aplicar 1 ou 2 demãos de Eucatex Selador Acrílico, conforme recomendação da embalagem, se necessário nivelar a superfície aplicando 2 a 3 demãos de Eucatex Massa Acrílica (áreas molháveis) ou Eucatex Massa Corrida (áreas não molháveis).
Reboco Fraco (baixa coesão): Aplicar Eucatex Fundo Preparador de Paredes conforme recomendação da embalagem e nivelar a superfície aplicando 2 a 3 demãos de Eucatex Massa Acrílica (áreas molháveis) ou Eucatex Massa Corrida (áreas não-molháveis).

Outros produtos relacionados

Eucatex Massa Acrílica

Indicada para nivelar e corrigir imperfeições rasas de superfícies externas e internas de alvenaria.

Eucatex Selador Acrílico

Indicado para selar e uniformizar a absorção de superfícies novas externas e internas de reboco, blocos de concreto, fibrocimento e massa fina.

Eucatex Fundo Preparador de Paredes

Indicado para aglutinar partículas soltas e aumentar a coesão de superfícies porosas externas e internas.

Eucatex Impermeabilizante Parede

Eucatex Impermeabilizante para Paredes 5 em 1 é indicado contra batida de chuva nas paredes e os consequentes males que a infiltração provoca. É indicado para selar, impermeabilizar, eliminar microfissuras e pintar superfícies externas (novas e repinturas) de reboco, blocos e calhas de concreto, telhas de fibrocimento, massa acrílica, telhas cerâmicas e blocos cerâmicos (não vitrificados). Possui excelente resistência ao intemperismo, impedindo o surgimento de manchas causadas por fungos e bolor, com ótima resistência às ações da natureza, como raios UV, maresias e variações térmicas.

Embalagens/Rendimento
Lata (18 kg): 56 a 66 m² por demão.
Galão (3,6 L): 11 a 13 m² por demão.

Acabamento
Fosco.

Aplicação
Rolo de lã, pincel ou trincha.

Diluição
Diluir 30% na primeira demão e 10% nas demais.

Cor
Além das cores de catálogo, pode-se obter outros tons misturando as cores entre si ou ainda por meio do Eucatex E-Colors.

Secagem
Ao toque: 2 horas.
Entre demãos: 4 horas.
Final: 12 horas.

Dicas e preparação de superfície

Em pinturas ou repinturas, onde existam aplicações ou retoques de massas (acrílicas ou argamassa), podem ser notadas diferenças de brilho após a aplicação. Isso se deve à falta de uniforme de absorção de substrato. Para evitar o efeito, recomendamos a aplicação diluída a 30% com água somente nos pontos que tiveram as correções de massa.

Remoção de sujeiras: no local afetado, utilizar pano ou esponja macia com detergente neutro. Em seguida, limpar com pano umedecido. Efetue a limpeza com movimentos suaves, apenas no local afetado, para preservar o acabamento original. No caso de sujidades mais profundas, esse processo poderá ocasionar polimento do filme da tinta (diferença de brilho), não afetando a resistência e durabilidade.

Evite retoques isolados após a secagem da tinta.

O rendimento prático pode variar em função do método de aplicação, geometria da estrutura, rugosidade e absorção da superfície, espessura da camada de produto depositada, condições atmosféricas e técnica de aplicação.

O produto é indicado para cobrir microfissuras de até 0,2 mm de largura. Aberturas maiores são consideradas trincas e devem receber tratamento com outros produtos de uso específico para esta finalidade.

Recomenda-se a aplicação de no mínimo três demãos do produto, para que seja atingida a proteção máxima da superfície.

Outros produtos relacionados

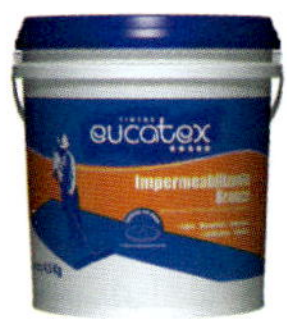

Eucatex Impermeabilizante Laje

É indicado para impermeabilização de áreas não sujeitas ao tráfego de veículos ou pedestres (lajes, marquises e coberturas inclinadas).

Eucatex Silicone

É indicado para proteger superfícies externas e internas de tijolo à vista, concreto aparente, cerâmica porosa, telhas de barro e blocos de concreto. Fácil de aplicar, tem secagem rápida e excelente repelência à água.

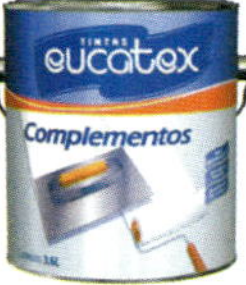

Eucatex Fundo Preparador de Paredes

Indicado para aglutinar partículas soltas e aumentar a coesão de superfícies porosas externas e internas.

Eucatex Acrílico Rendimento Extra

STANDARD ★★★

Eucatex Acrílico Rendimento Extra é uma tinta de alta performance, indicada para quem deseja o maior desempenho na aplicação, tanto em áreas externas como internas, aderindo a diferentes superfícies de alvenaria. Apresenta maior consistência e permite uma diluição superior aos produtos convencionais, obtendo **25% mais rendimento**, sem perder cobertura e resistência. É uma tinta acrílica com baixíssimo respingamento e fácil aplicação, alto poder de cobertura e resistência ao mofo e ainda conta com uma coleção exclusiva de cores no acabamento fosco, além do **Suave Perfume** que é um atributo bastante valorizado atualmente. Indicada para máxima proteção e embelezamento de superfícies de reboco, massas corrida e acrílica, repintura, texturas, concreto, fibrocimento e gesso.

Embalagens/Rendimento

Lata (18 L): 250 a 375 m² por demão.
Galão (3,6 L): 50 a 75 m² por demão.

Acabamento

Fosco.

Aplicação

Rolo de lã, pincel ou trincha.

Diluição

Com água potável.
60% em todas as demãos.

Cor

Além das cores de catálogo, pode-se obter outros tons misturando as cores entre si.

Secagem

Ao toque: 2 horas.
Entre demãos: 4 horas.
Final: 12 horas.

Dicas e preparação de superfície

Preparação: A superfície deve estar firme, coesa, limpa, seca, isenta de poeira, materiais gordurosos sabão e mofo. Antes de iniciar a pintura, observe as orientações a seguir:
Superfícies com partes soltas ou caiadas: Devem ser raspadas ou escovadas até completa remoção e em seguida aplicar Eucatex Fundo Preparador de Paredes, conforme indicação da embalagem.
Superfícies mofadas: Lavar com solução de água com água sanitária na proporção de 1:1, enxaguar e aguardar a secagem. (deve-se corrigir as possíveis causas da geração do mofo).
Superfícies com manchas gordurosas: Lavar com solução de água e detergente neutro, enxaguar e aguardar a secagem.
Reboco Novo: Deve-se aguardar a cura por no mínimo 30 dias. Aplicar 1 ou 2 demãos de Eucatex Selador Acrílico, conforme recomendação da embalagem, se necessário nivelar a superfície aplicando 2 a 3 demãos de Eucatex Massa Acrílica (áreas molháveis) ou Eucatex Massa Corrida (áreas não molháveis).
Reboco Fraco (baixa coesão): Aplicar Eucatex Fundo Preparador de Paredes conforme recomendação da embalagem e nivelar a superfície aplicando 2 a 3 demãos de Eucatex Massa Acrílica (áreas molháveis) ou Eucatex Massa Corrida (áreas não molháveis).

Outros produtos relacionados

Eucatex Massa Acrílica

Indicada para nivelar e corrigir imperfeições rasas de superfícies externas e internas de alvenaria.

Eucatex Selador Acrílico

Indicado para selar e uniformizar a absorção de superfícies novas externas e internas de reboco, blocos de concreto, fibrocimento e massa fina.

Eucatex Fundo Preparador de Paredes

Indicado para aglutinar partículas soltas e aumentar a coesão de superfícies porosas externas e internas.

Eucatex Látex PVA X-Power

STANDARD ★★★

Eucatex Látex PVA X-Power é indicada para pinturas de superfícies externas e internas de reboco, massa acrílica, texturas, concreto, fibrocimento, repinturas sobre PVA e acrílico e superfícies internas de massa corrida e gesso. É um produto de fácil aplicação, baixo respingamento, ótima cobertura, suave perfume e que proporciona finíssimo acabamento fosco aveludado, trazendo requinte e sofisticação aos ambientes.

Embalagens/Rendimento

Lata (18 L): 225 a 275 m² por demão.
Galão (3,6 L): 45 a 55 m² por demão.
Quarto (0,9 L): 11,25 a 13,75 m² por demão.

Acabamento

Fosco aveludado.

Aplicação

Rolo de lã, pincel, trincha ou pistola.

Diluição

Com água potável, 25% em todas as demãos.

Cor

Disponível nas cores Branco e Gelo. Pode-se obter outros tons misturando as cores entre si ou ainda por meio do Eucatex E-Colors em mais de 2.000 cores.

Secagem

Ao toque: 2 horas.
Entre demãos: 4 horas.
Final: 12 horas.

Dicas e preparação de superfície

Preparação: A superfície deve estar firme, coesa, limpa, seca, isenta de poeira, materiais gordurosos sabão e mofo. Antes de iniciar a pintura, observe as orientações a seguir:
Superfícies com partes soltas ou caiadas: Devem ser raspadas ou escovadas até completa remoção e em seguida aplicar Eucatex Fundo Preparador de Paredes, conforme indicação da embalagem.
Superfícies mofadas: Lavar com solução de água com água sanitária na proporção de 1:1, enxaguar e aguardar a secagem. (deve-se corrigir as possíveis causas da geração do mofo).
Superfícies com manchas gordurosas: Lavar com solução de água e detergente neutro, enxaguar e aguardar a secagem.
Reboco Novo: Deve-se aguardar a cura por no mínimo 30 dias. Aplicar 1 ou 2 demãos de Eucatex Selador Acrílico, conforme recomendação da embalagem, se necessário nivelar a superfície aplicando 2 a 3 demãos de Eucatex Massa Acrílica (áreas molháveis) ou Eucatex Massa Corrida (áreas não molháveis).
Reboco Fraco (baixa coesão): Aplicar Eucatex Fundo Preparador de Paredes conforme recomendação da embalagem e nivelar a superfície aplicando 2 a 3 demãos de Eucatex Massa Acrílica (áreas molháveis) ou Eucatex Massa Corrida (áreas não molháveis).

Outros produtos relacionados

Eucatex Massa Acrílica

Indicada para nivelar e corrigir imperfeições rasas de superfícies externas e internas de alvenaria.

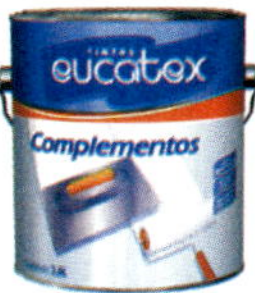

Eucatex Selador Acrílico

Indicado para selar e uniformizar a absorção de superfícies novas externas e internas de reboco, blocos de concreto, fibrocimento e massa fina.

Eucatex Fundo Preparador de Paredes

Indicado para aglutinar partículas soltas e aumentar a coesão de superfícies porosas externas e internas.

Peg & Pinte Tinta Acrílica

ECONÔMICA ★

Peg & Pinte Tinta Acrílica é um produto indicado para pintura de áreas internas de reboco, massa acrílica, texturas, concreto, fibrocimento, repinturas sobre PVA e superfícies internas de massa corrida e gesso. É uma tinta acrílica fosca de custo econômico, ótima qualidade, cobertura e rendimento, maior resistência e fácil aplicação.

Embalagens/Rendimento
Lata (18 L): 200 a 250 m² por demão.
Galão (3,6 L): 40 a 50 m² por demão.

Acabamento
Fosco.

Aplicação
Rolo de lã, pincel, trincha ou pistola.

Diluição
Com água potável. 20% em todas as demãos.

Cor
Além das cores de catálogo, pode-se obter outros tons misturando as cores entre si.

Secagem
Ao toque: 2 horas.
Entre demãos: 4 horas.
Final: 12 horas.

Dicas e preparação de superfície

Preparação: A superfície deve estar firme, coesa, limpa, seca, isenta de poeira, materiais gordurosos sabão e mofo. Antes de iniciar a pintura, observe as orientações a seguir:
Superfícies com partes soltas ou caiadas: Devem ser raspadas ou escovadas até completa remoção e em seguida aplicar Eucatex Fundo Preparador de Paredes, conforme indicação da embalagem.
Superfícies mofadas: Lavar com solução de água com água sanitária na proporção de 1:1, enxaguar e aguardar a secagem. (deve-se corrigir as possíveis causas da geração do mofo).
Superfícies com manchas gordurosas: Lavar com solução de água e detergente neutro, enxaguar e aguardar a secagem.
Reboco Novo: Deve-se aguardar a cura por no mínimo 30 dias. Aplicar 1 ou 2 demãos de Eucatex Selador Acrílico, conforme recomendação da embalagem; se necessário nivelar a superfície aplicando 2 a 3 demãos de Eucatex Massa Acrílica (áreas molháveis) ou Eucatex Massa Corrida (áreas não molháveis).
Reboco Fraco (baixa coesão): Aplicar Eucatex Fundo Preparador de Paredes conforme recomendação da embalagem e nivelar a superfície aplicando 2 a 3 demãos de Eucatex Massa Acrílica (áreas molháveis) ou Eucatex Massa Corrida (áreas não molháveis).

Outros produtos relacionados

Eucatex Massa Acrílica

Indicada para nivelar e corrigir imperfeições rasas de superfícies externas e internas de alvenaria.

Eucatex Selador Acrílico

Indicado para selar e uniformizar a absorção de superfícies novas externas e internas de reboco, blocos de concreto, fibrocimento e massa fina.

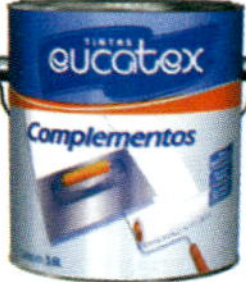

Eucatex Fundo Preparador de Paredes

Indicado para aglutinar partículas soltas e aumentar a coesão de superfícies porosas externas e internas.

Peg & Pinte Látex Acrílico Profissional

ECONÔMICA ★

Peg & Pinte Látex Acrílico Profissional é um produto indicado para pintura de áreas internas de reboco, massa acrílica, texturas, concreto, fibrocimento, repinturas sobre PVA e superfícies internas de massa corrida e gesso. É um látex de custo econômico, ótima qualidade e cobertura, excelente rendimento e fácil aplicação.

Embalagens/Rendimento
Lata (18 L): 200 a 250 m² por demão.
Galão (3,6 L): 40 a 50 m² por demão.

Acabamento
Fosco.

Aplicação
Rolo de lã, pincel, trincha ou pistola.

Diluição
Com água potável. 20% em todas as demãos.

Cor
Além das cores de catálogo, pode-se obter outros tons misturando as cores entre si.

Secagem
Ao toque: 2 horas.
Entre demãos: 4 horas.
Final: 12 horas.

Dicas e preparação de superfície

Preparação: A superfície deve estar firme, coesa, limpa, seca, isenta de poeira, materiais gordurosos sabão e mofo. Antes de iniciar a pintura, observe as orientações a seguir:
Superfícies com partes soltas ou caiadas: Devem ser raspadas ou escovadas até completa remoção e em seguida aplicar Eucatex Fundo Preparador de Paredes, conforme indicação da embalagem.
Superfícies mofadas: Lavar com solução de água com água sanitária na proporção de 1:1, enxaguar e aguardar a secagem. (deve-se corrigir as possíveis causas da geração do mofo).
Superfícies com manchas gordurosas: Lavar com solução de água e detergente neutro, enxaguar e aguardar a secagem.
Reboco Novo: Deve-se aguardar a cura por no mínimo 30 dias. Aplicar 1 ou 2 demãos de Eucatex Selador Acrílico, conforme recomendação da embalagem, se necessário nivelar a superfície aplicando 2 a 3 demãos de Eucatex Massa Acrílica (áreas molháveis) ou Eucatex Massa Corrida (áreas não molháveis).
Reboco Fraco (baixa coesão): Aplicar Eucatex Fundo Preparador de Paredes conforme recomendação da embalagem e nivelar a superfície aplicando 2 a 3 demãos de Eucatex Massa Acrílica (áreas molháveis) ou Eucatex Massa Corrida (áreas não molháveis).

Outros produtos relacionados

Eucatex Massa Acrílica

Indicada para nivelar e corrigir imperfeições rasas de superfícies externas e internas de alvenaria.

Eucatex Selador Acrílico

Indicado para selar e uniformizar a absorção de superfícies novas externas e internas de reboco, blocos de concreto, fibrocimento e massa fina.

Eucatex Fundo Preparador de Paredes

Indicado para aglutinar partículas soltas e aumentar a coesão de superfícies porosas externas e internas.

Eucalar Látex Acrílico

ECONÔMICA ★

Eucalar Látex Acrílico é uma tinta com acabamento fosco, indicada para pintura de superfícies internas de reboco, reboco, massa acrílica, texturas, concreto, fibrocimento, repinturas sobre PVA, massa corrida e gesso.

Embalagens/Rendimento
Lata (18 L): 200 a 250 m² por demão.
Galão (3,6 L): 40 a 50 m² por demão.

Acabamento
Fosco.

Aplicação
Rolo de lã, pincel, trincha ou pistola.

Diluição
Com água potável.
Primeira demão: 20% a 30%, demais 20%.

Cor
Além das cores de catálogo, pode-se obter outros tons misturando as cores entre si.

Secagem
Ao toque: 2 horas.
Entre demãos: 4 horas.
Final: 12 horas.

Dicas e preparação de superfície

Preparação: A superfície deve estar firme, coesa, limpa, seca, isenta de poeira, materiais gordurosos sabão e mofo. Antes de iniciar a pintura, observe as orientações a seguir:
Superfícies com partes soltas ou caiadas: Devem ser raspadas ou escovadas até completa remoção e em seguida aplicar Eucatex Fundo Preparador de Paredes, conforme indicação da embalagem.
Superfícies mofadas: Lavar com solução de água com água sanitária na proporção de 1:1, enxaguar e aguardar a secagem. (deve-se corrigir as possíveis causas da geração do mofo).
Superfícies com manchas gordurosas: Lavar com solução de água e detergente neutro, enxaguar e aguardar a secagem.
Reboco Novo: Deve-se aguardar a cura por no mínimo 30 dias. Aplicar 1 ou 2 demãos de Eucatex Selador Acrílico, conforme recomendação da embalagem, se necessário nivelar a superfície aplicando 2 a 3 demãos de Eucatex Massa Acrílica (áreas molháveis) ou Eucatex Massa Corrida (áreas não molháveis).
Reboco Fraco (baixa coesão): Aplicar Eucatex Fundo Preparador de Paredes conforme recomendação da embalagem e nivelar a superfície aplicando 2 a 3 demãos de Eucatex Massa Acrílica (áreas molháveis) ou Eucatex Massa Corrida (áreas não molháveis).

Outros produtos relacionados

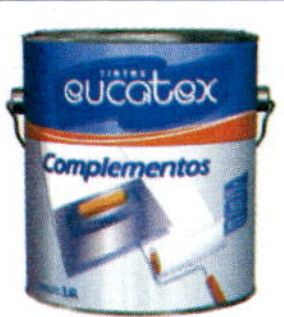

Eucatex Massa Acrílica

Indicada para nivelar e corrigir imperfeições rasas de superfícies externas e internas de alvenaria.

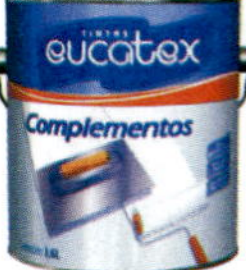

Eucatex Selador Acrílico

Indicado para selar e uniformizar a absorção de superfícies novas externas e internas de reboco, blocos de concreto, fibrocimento e massa fina.

Eucatex Massa Corrida PVA

Indicado para nivelar e corrigir imperfeições rasas de superfícies internas de reboco, gesso, massa fina, fibrocimento, concreto, blocos de concreto e paredes pintadas com látex PVA ou acrílico.

Eucatex Textura Acrílica

PREMIUM ★★★★★

Eucatex Textura Acrílica, além de decorativo e fácil de aplicar, é um revestimento de alta resistência e qualidade superior. Disponível nos acabamentos Liso, Desenho e Riscado para quem não abre mão de um toque de criatividade.

Embalagens/Rendimento

Lisa: Lata (16 L): 15 a 25 m²/demão.
Lata (12 L): 12 a 19 m²/demão.
Riscada: Lata (14 L): 7 a 11 m²/demão.
Lata (12 L): 6 a 10 m²/demão.
Desenho: Lata (15 L): 12 a 16 m²/demão.
Lata (12 L): 10 a 13 m²/demão.

Acabamento

Disponível em três versões:
Riscada, Desenho e Lisa.

Aplicação

Para as Texturas com acabamentos Desenho ou Lisa, é recomendado aplicação com rolo de espuma rígida, rolo de borracha, brocha, escova, desempenadeira de aço ou plástico. Já para acabamento Riscado, desempenadeira de aço ou plástico.

Diluição

Pronto para uso, podendo ser diluído em até 5% com água potável, se necessário.

Cor

Branca. Pode-se obter outros tons através do sistema E-Colors.

Secagem

Ao toque: 4 horas.
Final: 18 horas.
Cura: 7 dias.

Dicas e preparação de superfície

Preparação: A superfície deve estar firme, coesa, limpa, seca, isenta de poeira, materiais gordurosos sabão e mofo. Antes de iniciar a pintura, observe as orientações a seguir:
Superfícies com partes soltas ou caiadas: Devem ser raspadas ou escovadas até completa remoção e em seguida aplicar Eucatex Fundo Preparador de Paredes, conforme indicação da embalagem. **Superfícies mofadas**: Lavar com solução de água com água sanitária na proporção de 1:1, enxaguar e aguardar a secagem. (deve-se corrigir as possíveis causas da geração do mofo). **Superfícies com manchas gordurosas**: Lavar com solução de água e detergente neutro, enxaguar e aguardar a secagem. **Reboco Novo**: Deve-se aguardar a cura por no mínimo 30 dias. Aplicar 1 ou 2 demãos de Eucatex Selador Acrílico, conforme recomendação da embalagem, se necessário nivelar a superfície aplicando 2 a 3 demãos de Eucatex Massa Acrílica (áreas molháveis) ou Eucatex Massa Corrida (áreas não molháveis). **Reboco Fraco (baixa coesão)**: Aplicar Eucatex Fundo Preparador de Paredes conforme recomendação da embalagem e nivelar a superfície aplicando 2 a 3 demãos de Eucatex Massa Acrílica (áreas molháveis) ou Eucatex Massa Corrida (áreas não molháveis). **OBS.**: A textura Lisa é indicada para ambientes internos ou externos, desde que seja aplicada uma demão de tinta acrílica Premium posteriormente. A textura Riscada e Desenho são hidrorrepelentes, podendo ser aplicadas em ambientes externos e internos.

Outros produtos relacionados

Eucatex Gel Envelhecedor

Produto desenvolvido para proporcionar uma grande variedade de efeitos especiais em pinturas lisas e sobre acabamento em texturas, obtendo efeito envelhecido.

Eucatex Selador Acrílico

Indicado para selar e uniformizar a absorção de superfícies novas externas e internas de reboco, blocos de concreto, fibrocimento e massa fina.

Eucatex Fundo Preparador de Paredes

Indicado para aglutinar partículas soltas e aumentar a coesão de superfícies porosas externas e internas.

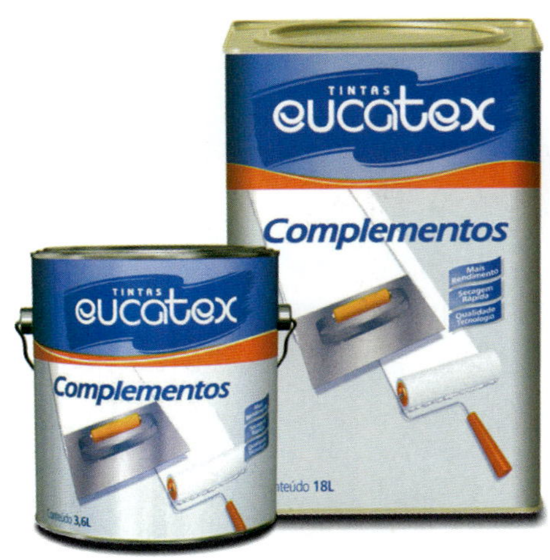

Massa Corrida PVA

Eucatex Massa Corrida PVA também faz parte da linha de Complementos da Eucatex.
Indicado para nivelar e corrigir imperfeições rasas de superfícies internas de reboco, gesso, massa fina, fibrocimento, concreto, blocos de concreto e paredes pintadas com látex PVA ou acrílico, proporcionando um acabamento liso e sofisticado. É um produto de fácil aplicação, secagem rápida e excelente poder de enchimento.

Embalagens/Rendimento
Lata (18 L): 40 a 50 m²/demão.
Lata (12 L): 26 a 40 m²/demão.
Galão (3,6 L): 8 a 10 m²/demão.
Quarto (0,9 L): 2 a 2,5 m²/demão.

Acabamento
Consultar dicas e preparação de superfície.

Aplicação
Desempenadeira ou espátula de aço. Aplicar em camadas finas até obter o nivelamento desejado.

Diluição
Pronto para uso.

Cor
Branca.

Secagem
Ao toque: 2 horas.
Entre demãos: 4 horas.
Final: 12 horas.

Dicas e preparação de superfície

Para garantir a aderência da tinta de acabamento sobre a Massa é de fundamental importância eliminar totalmente o pó proveniente do lixamento. Para isso utilizar preferencialmente um pano úmido e aguardar aproximadamente 30 minutos para iniciar a pintura.
Muito embora seja prática comum a aplicação da Massa Corrida sobre superfície de madeira, este procedimento não é recomendado pelo fabricante.
Aplicar o produto em camadas finas e sucessivas, lixando entre demãos quando necessário.
Para acabamentos Acetinados ou Semi brilhantes, recomendamos aplicar uma demão prévia da própria tinta diluída em 30% sobre a massa, para minimizar ou solucionar os efeitos de diferenças de brilho.

Outros produtos relacionados

Eucatex Acrílico Acetinado Premium Toque Suave

Produto de fino acabamento acetinado, indicado para pinturas internas e externas, oferecendo ótima cobertura.

Eucatex Acrílico Premium

Produto de alta performance para quem busca maior desempenho, durabilidade e rendimento em pinturas de áreas internas e externas.

Eucatex Látex PVA X-Power

Produto de fácil aplicação, fino acabamento fosco aveludado, ótima cobertura e suave produto, trazendo requinte e sofisticação aos ambientes.

Massa Acrílica

Eucatex Massa Acrílica também faz parte da linha de Complementos da Eucatex.
Indicado para nivelar e corrigir imperfeições rasas de superfícies externas de reboco, massa fina, fibrocimento, concreto, blocos de concreto e paredes pintadas com látex PVA ou acrílico, proporcionando um acabamento liso e sofisticado.
É um produto de fácil aplicação, secagem rápida, resistente ao intemperismo e excelente poder de enchimento.

Embalagens/Rendimento
Lata (18 L): 40 a 50 m²/demão.
Lata (12 L): 26 a 40 m²/demão.
Galão (3,6 L): 8 a 10 m²/demão.
Quarto (0,9 L): 2 a 2,5 m²/demão.

Acabamento
Consultar dicas e preparação de superfície.

Aplicação
Desempenadeira ou espátula de aço. Aplicar em camadas finas até obter o nivelamento desejado.

Diluição
Pronto para uso.

Cor
Branca.

Secagem
Ao toque: 2 horas.
Entre demãos: 4 horas.
Total: 12 horas.

Dicas e preparação de superfície

Para garantir a aderência da tinta de acabamento sobre a Massa é de fundamental importância eliminar totalmente o pó proveniente do lixamento. Para isso utilizar preferencialmente um pano úmido e aguardar aproximadamente 30 minutos para iniciar a pintura.
Muito embora seja prática comum a aplicação da Massa Acrílica sobre superfície de madeira, este procedimento não é recomendado pelo fabricante.
Aplicar o produto em camadas finas e sucessivas, lixando entre demãos quando necessário.
Para acabamentos Acetinados ou Semi Brilhantes, recomendamos aplicar uma demão prévia da própria tinta diluída em 30% sobre a massa, para minimizar ou solucionar os efeitos de diferenças de brilho.

Outros produtos relacionados

Eucatex Acrílico Marítimo Super Premium

Produto de alta performance indicado para ambientes externos e internos que sofrem constantes agressões, tais como: sol e chuva, exposição aos raios UV e mudanças climáticas bruscas.

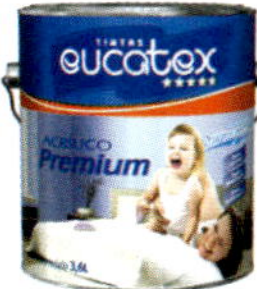

Eucatex Acrílico Premium

Produto de alta performance para quem busca maior desempenho, durabilidade e rendimento em pinturas de áreas internas e externas.

Eucatex Impermeabilizante Parede

Produto indicado para selar, impermeabilizar, eliminar microfissuras e pintar superfícies externas novas ou repinturas.

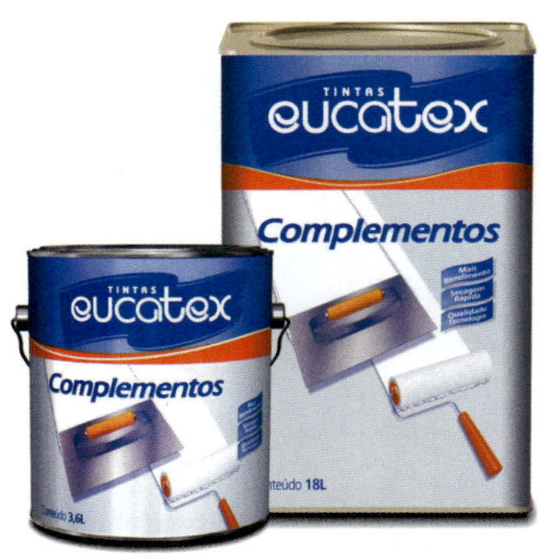

Eucatex Complementos

A Linha Eucatex Complementos é composta de produtos que auxiliam na preparação e acabamento de superfícies internas e externas de alvenaria. São eles:
Eucatex Selador Acrílico, Fundo Preparador de Paredes, Verniz Acrílico, Gel Envelhecedor e Fundo Preparador.

Embalagens/Rendimento
Consultar dicas e preparação de superfície.

Acabamento
Consultar dicas e preparação de superfície.

Aplicação
Fundos/Gel Envelhecedor: Rolo de lã e pincel de cerdas macias

Diluição
Com água potável.

Cor
Consultar dicas e preparação de superfície.

Secagem
Tempo de secagem pode variar de acordo com o produto. Consultar embalagem.

Dicas e preparação de superfície por complemento

Eucatex Selador Acrílico: Indicado para selar e uniformizar a absorção de superfícies novas externas e internas de reboco, bloco de concreto, concreto, fibrocimento e massa fina. Diluição: Até 10% com água potável.
Rendimento: Lata (18 L) 75 a 100 m²/demão – Galão (3,6 L) 15 a 20 m²/demão.

Eucatex Fundo Preparador de Paredes: Indicado para aglutinar partículas soltas e aumentar a coesão de superfícies porosas externas e internas, como: reboco fraco, concreto, pintura descascada ou calcinada, paredes caiadas, gesso, fibrocimento e demais superfícies pulverulentas. Diluição: De 10% até 100% com água potável.
Rendimento: Lata (18 L) 150 a 275 m²/demão – Galão (3,6 L) 30 a 55 m²/demão.

Eucatex Verniz Acrílico: Indicado para aplicação em superfícies internas e externas de tijolo ou concreto aparente, fibrocimento e paredes pintadas com tintas PVA ou acrílicas, proporcionando proteção, impermeabilização e realce do aspecto natural. Diluição: 1ª demão 30%, demais 10%.
Rendimento: Lata (18 L) 200 a 275 m²/demão – Galão (3,6 L) 40 a 55 m²/demão.

Eucatex Gel Envelhecedor: Produto desenvolvido para proporcionar uma grande variedade de efeitos especiais em pinturas lisas, ou também sobre acabamento em texturas, obtendo efeito envelhecido. Diluição: Até 25% com água.
Rendimento: Galão (3,89 kg): 16 a 32 m²/demão e Quarto (870 g): 4 a 8 m²/demão.

Outros produtos relacionados

Eucatex Acrílico Rendimento Extra

É uma tinta de alta performance para que busca maior desempenho na aplicação em áreas externas e internas. Apresenta maior consistência e permite uma diluição superior aos produtos convencionais, obtendo 25% mais rendimento sem perder cobertura e rendimento.

Eucatex Acrílico Premium

Produto de alta performance para quem busca maior desempenho, durabilidade e rendimento em pinturas de áreas internas e externas.

Eucatex Textura Acrílica

Além de decorar o ambiente e ser de fácil aplicação, possui um revestimento de alta resistência e qualidade superior.

Eucatex Esmalte Premium Base Água

PREMIUM ★★★★★

Eucatex Esmalte Premium Base Água é um esmalte ecologicamente correto desenvolvido para facilitar ainda mais o processo de pintura. Um produto que proporciona ótima aplicação e fácil limpeza das ferramentas. Apresenta baixíssimo odor, oferece ótima resistência às intempéries, seu acabamento possui grande poder de cobertura e rendimento, com mínimo respingamento e secagem rápida. Indicado para aplicação em superfícies internas e externas de metais, madeiras e alvenaria.

Embalagens/Rendimento
Quarto (0,9 L): 10 a 12 m² por demão.
Galão (3,6 L): 40 a 50 m² por demão.

Acabamento
Brilhante e acetinado.

Aplicação
Rolo de espuma ou de lã pelo baixo, pincel ou trincha e pistola.

Diluição
Com água potável.
Primeira demão 15%, demais 10%.

Cor
Branco, porém pode-se obter outros tons misturando as cores entre si ou ainda por meio do Eucatex E-Colors em mais de 2.000 cores.

Secagem
Ao toque: 30 minutos.
Entre demãos: 4 horas.
Final: 12 horas.

Dicas e preparação de superfície

Para a diluição, utilizar sempre água limpa para que as características do produto sejam mantidas. Nunca utilizar thinner, Aguarrás, gasolina, benzina, ou outros solventes.
Até duas semanas após a pintura, o contato isolado com água pode provocar manchas. Se isso ocorrer, lave imediatamente toda a superfície com água.
Antes de iniciar a pintura, homogeneizar adequadamente o produto com o auxílio de uma ferramenta apropriada.
Após a utilização de qualquer removedor de tinta, atentar para que a superfície esteja isenta de resíduos do removedor utilizado, antes da aplicação do Eucatex Esmalte Premium Base D'água. Esta remoção deve ser feita com pano embebido em Thinner.

Outros produtos relacionados

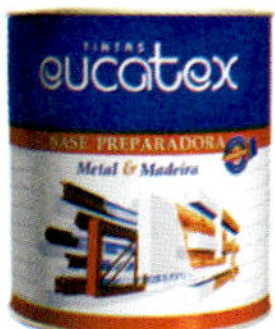

Eucatex Zarcão

Indicado como fundo anticorrosivo para superfícies ferrosas, externas e internas, novas ou com indícios de corrosão.

Eucatex Fundo para Galvanizado

Indicado para aplicação sobre superfícies galvanizadas, externas e internas, novas ou com indícios de corrosão.

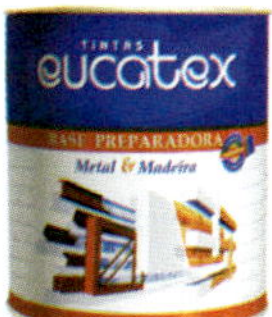

Eucatex Fundo Cromato de Zinco

Indicado como fundo anticorrosivo para ferro, galvanizado e alumínio, em áreas externas e internas, que ainda não tenham indícios de corrosão.

Eucatex Esmalte Premium Eucalux

PREMIUM ★★★★★

Eucatex Esmalte Premium Eucalux é indicado para aplicação em superfícies de Madeira e Metal, com características de alta resistência às intempéries. Possui ótima secagem, além de proporcionar excelente acabamento, sua fórmula siliconada permite uma menor aderência de sujeira, facilitando a limpeza.

Embalagens/Rendimento
Lata (0,225 L): 2,5 a 3 m² por demão.
Quarto (0,9 L): 10 a 12 m² por demão.
Galão (3,6 L): 40 a 50 m² por demão.

Acabamento
Brilhante, Acetinado e Fosco.

Aplicação
Rolo de espuma, pincel, trincha ou pistola.

Diluição
Com aguarrás.
Primeira demão 20% a 30%; demais 20%.

Cor
Além das cores de catálogo, pode-se obter outros tons misturando as cores entre si ou ainda por meio do Eucatex E-Colors em mais de 2.000 cores.

Secagem
Ao toque: 2 a 4 horas.
Entre demãos: 12 horas.
Final: 24 horas.

Dicas e preparação de superfície

Consideramos de fundamental importância, para obter fino acabamento e garantir uma perfeita aderência, que seja feito o lixamento antes de iniciar a pintura e entre as demãos. Tão importante quanto o lixamento é observar o intervalo entre demãos.
Para a diluição, utilizar sempre Eucatex Aguarrás para que as características do produto sejam mantidas. Nunca utilizar Thinner, gasolina, benzina, ou outros solventes.
Quanto ao brilho, salientamos que as opções, de acabamentos acetinado e fosco podem apresentar alguma diferença de resistência à intempérie, quando comparados ao acabamento brilhante.
Antes de iniciar a pintura, homogeneizar adequadamente o produto com o auxílio de uma ferramenta apropriada retangular.
Após a utilização de qualquer removedor de tinta, atentar para que a superfície esteja isenta de resíduos do removedor utilizado, antes da aplicação do Eucatex Esmalte Sintético Premium. Esta remoção deve ser feita com pano embebido em Eucatex Thinner.

Outros produtos relacionados

Eucatex Zarcão

Indicado como fundo anticorrosivo para superfícies ferrosas, externas e internas, novas ou com indícios de corrosão.

Eucatex Fundo para Galvanizado

Indicado para aplicação sobre superfícies galvanizadas, externas e internas, novas ou com indícios de corrosão.

Eucatex Fundo Cromato de Zinco

Indicado como fundo anticorrosivo para ferro, galvanizado e alumínio, em áreas externas e internas, que ainda não tenham indícios de corrosão.

Eucatex Esmalte Secagem Extra Rápida

PREMIUM ★★★★★

Eucatex Esmalte Secagem Extra Rápida é indicado para aplicação em superfícies de madeira, metal ferroso, alumínio, galvanizados e alvenaria com características de alta resistência às intempéries. Possui secagem extra rápida, muito superior aos esmaltes comuns, podendo ser aplicado em ambientes externos e internos, permitindo uma menor aderência de sujeira, facilitando a limpeza. Pode ser utilizado em ambientes rurais para a pintura de máquinas, implementos agrícolas e ferramentas.

Embalagens/Rendimento
Quarto (0,9 L): 10 a 12 m² por demão.
Galão (3,6 L): 40 a 50 m² por demão.

Acabamento
Brilhante.

Aplicação
Rolo de espuma, pincel, trincha ou pistola.

Diluição
Rolo e pincel: diluir no máximo com 10% de Eucatex Aguarrás.
Pistola: diluir no máximo com 30% de Eucatex Thinner.

Cor
Além das cores de catálogo, pode-se obter outros tons misturando as cores entre si.

Secagem
Ao toque: 30 minutos.
Entre demãos: 2 a 4 horas.
Final: 6 a 8 horas.

Dicas e preparação de superfície

Consideramos de fundamental importância, para obter fino acabamento e garantir uma perfeita aderência, que seja feito o lixamento antes de iniciar a pintura e entre as demãos. Tão importante quanto o lixamento é observar o intervalo entre demãos.
Para a diluição, utilizar sempre Eucatex Aguarrás ou Eucatex Thinner para que as características do produto sejam mantidas. Nunca utilizar gasolina, benzina, ou outros solventes.
Antes de iniciar a pintura, homogeneizar adequadamente o produto com o auxílio de uma ferramenta apropriada retangular.
Após a utilização de qualquer removedor de tinta, atentar para que a superfície esteja isenta de resíduos do removedor utilizado, antes da aplicação do Eucatex Esmalte Secagem Extra Rápida. Esta remoção deve ser feita com pano embebido em Eucatex Thinner.

Outros produtos relacionados

Eucatex Zarcão

Indicado como fundo anticorrosivo para superfícies ferrosas, externas e internas, novas ou com indícios de corrosão.

Eucatex Fundo para Galvanizado

Indicado para aplicação sobre superfícies galvanizadas, externas e internas, novas ou com indícios de corrosão.

Eucatex Fundo Cromato de Zinco

Indicado como fundo anticorrosivo para ferro, galvanizado e alumínio, em áreas externas e internas, que ainda não tenham indícios de corrosão.

Peg & Pinte Esmalte Extra

STANDARD ★★★

Peg & Pinte Esmalte Extra é um produto de custo econômico e boa qualidade, indicado para aplicação em superfícies externas e internas de madeiras e metais, disponível nos acabamentos Brilhante e Acetinado. É um produto de fácil aplicação, boa resistência às intempéries e bom alastramento.

Embalagens/Rendimento
Quarto (0,9 L): 10 a 12 m² por demão.
Galão (3,6 L): 40 a 50 m² por demão.

Acabamento
Brilhante, Acetinado.

Aplicação
Rolo de espuma, pincel, trincha ou pistola.

Diluição
Com aguarrás.
Primeira demão 15%; demais 10%.

Cor
Além das cores de catálogo, pode-se obter outros tons misturando as cores entre si.

Secagem
Ao toque: 4 a 5 horas.
Entre demãos: 12 horas.
Final: 24 horas.

Dicas e preparação de superfície

Consideramos de fundamental importância, para obter fino acabamento e garantir uma perfeita aderência, que seja feito o lixamento antes de iniciar a pintura e entre as demãos. Tão importante quanto o lixamento é observar o intervalo entre demãos.
Para a diluição, utilizar sempre Eucatex Aguarrás para que as características do produto sejam mantidas. Nunca utilizar Thinner, gasolina, benzina, ou outros solventes.
Antes de iniciar a pintura, homogeneizar adequadamente o produto com o auxílio de uma ferramenta apropriada retangular.
Após a utilização de qualquer removedor de tinta, atentar para que a superfície esteja isenta de resíduos do removedor utilizado, antes da aplicação do Peg & Pinte Esmalte Extra. Esta remoção deve ser feita com pano embebido em Eucatex Thinner.

Outros produtos relacionados

Eucatex Zarcão

Indicado como fundo anticorrosivo para superfícies ferrosas, externas e internas, novas ou com indícios de corrosão.

Eucatex Fundo para Galvanizado

Indicado para aplicação sobre superfícies galvanizadas, externas e internas, novas ou com indícios de corrosão.

Eucatex Fundo Cromato de Zinco

Indicado como fundo anticorrosivo para ferro, galvanizado e alumínio, em áreas externas e internas, que ainda não tenham indícios de corrosão.

Eucalar Esmalte Sintético

STANDARD ★★★

Eucalar Esmalte Sintético é indicado para pintura de superfícies externas e internas de metais, madeiras e alvenaria. É um produto de alta qualidade, fácil aplicação, secagem rápida, excelente rendimento e durabilidade, proporcionando um ótimo acabamento final e grande resistência às intempéries.

Embalagens/Rendimento
Quarto (0,9 L): 10 a 12 m² por demão.
Galão (3,6 L): 40 a 50 m² por demão.

Acabamento
Brilhante.

Aplicação
Rolo de espuma, pincel, trincha ou pistola.

Diluição
Primeira demão: 15%, demais 10%.

Cor
Além das cores de catálogo, pode-se obter outros tons misturando as cores entre si.

Secagem
Ao toque: 4 a 5 horas.
Entre demãos: 12 horas.
Final: 24 horas.

Dicas e preparação de superfície

Consideramos de fundamental importância, para obter fino acabamento e garantir uma perfeita aderência, que seja feito o lixamento antes de iniciar a pintura e entre as demãos. Tão importante quanto o lixamento é observar o intervalo entre demãos.
Para a diluição, utilizar sempre Eucatex Aguarrás para que as características do produto sejam mantidas. Nunca utilizar Thinner, gasolina, benzina, ou outros solventes.
Antes de iniciar a pintura, homogeneizar adequadamente o produto com o auxílio de uma ferramenta apropriada retangular.
Após a utilização de qualquer removedor de tinta, atentar para que a superfície esteja isenta de resíduos do removedor utilizado, antes da aplicação do Eucalar Esmalte Sintético. Esta remoção deve ser feita com pano embebido em Eucatex Thinner.

Outros produtos relacionados

Eucatex Zarcão

Indicado como fundo anticorrosivo para superfícies ferrosas, externas e internas, novas ou com indícios de corrosão.

Eucatex Fundo para Galvanizado

Indicado para aplicação sobre superfícies galvanizadas, externas e internas, novas ou com indícios de corrosão.

Eucatex Fundo Cromato de Zinco

Indicado como fundo anticorrosivo para ferro, galvanizado e alumínio, em áreas externas e internas, que ainda não tenham indícios de corrosão.

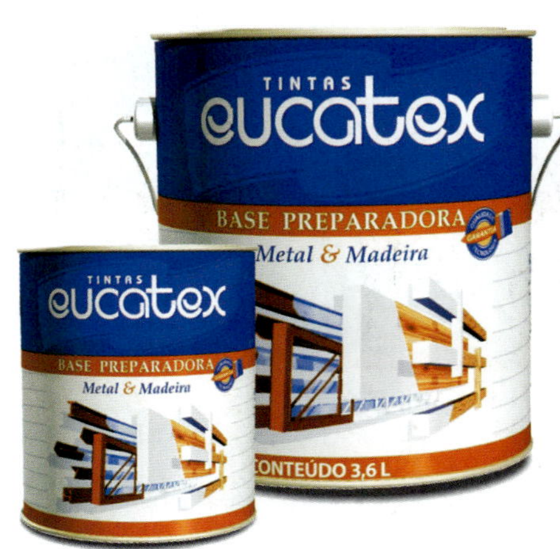

Eucatex Complementos Sintéticos

A Linha Eucatex Complementos Sintéticos é composta de produtos que auxiliam na preparação e acabamento de superfícies internas e externas de madeiras e metais. São eles:
Eucatex Zarcão, Fundo para Galvanizado, Cromato de Zinco, Eucafer Cinza, Fundo para Madeira, Massa para Madeira e Gel Removedor.

Embalagens/Rendimento
Consultar dicas e preparação de superfície.

Acabamento
Consultar dicas e preparação de superfície.

Aplicação
Massa: desempenadeira e espátula de aço.
Fundos/Gel Removedor: rolo de espuma e pincel de cerdas macias.

Diluição
Diluir em até 10% com aguarrás.
Massa para Madeira: Pronto para uso.
Gel Removedor: Pronto para uso.

Cor
Consultar dicas e preparação de superfície.

Secagem
Ao toque: 4 horas.
Entre demãos: 12 horas.
Final: 24 horas.

Dicas e preparação de superfície por complemento

Eucatex Zarcão: Fundo anticorrosivo para superfícies ferrosas, externas e internas, novas ou com indícios de corrosão. Rendimento: Galão (3,6 L) 25 a 30 m²/demão – Quarto (0,900 L) 6,5 a 7,5 m²/demão.

Eucatex Fundo para Galvanizado: Indicado para superfícies galvanizadas, externas e internas, novas ou com indícios de corrosão. Rendimento: Galão (3,6 L) 50 a 70 m²/demão – Quarto (0,900 L) 12,5 a 17,5 m²/demão.

Eucatex Cromato de Zinco: Fundo anticorrosivo para superfícies metálicas novas (alumínio, galvanizados e ferro) ou repinturas, externas e internas, que ainda não tenham indícios de corrosão.
Rendimento: Galão (3,6 L) 25 a 30 m²/demão – Quarto (0,900 L) 6,5 a 7,5 m²/demão.

Eucatex Eucafer Cinza: Fórmula de dupla ação, permitindo uso como fundo anticorrosivo e acabamento em superfícies ferrosas, externas e internas. Rendimento: Galão (3,6 L) 25 a 30 m²/demão – Quarto (0,900 L) 6,5 a 7,5 m²/demão.

Eucatex Fundo para Madeira: Fundo para pintura de madeiras novas externas e internas. Produto de fácil aplicação, ótimo enchimento e ótima aderência. Rendimento: Galão (3,24 L) 16 a 36 m²/demão – Quarto (0,810 L) 4 a 8 m²/demão

Eucatex Massa para Madeira: Indicada para nivelar e corrigir imperfeições rasas de superfícies internas e externas de madeira, proporcionando um acabamento mais liso e requintado. Fácil de aplicar e lixar, possui ótimo poder de enchimento. Rendimento: Galão (3,6 L) 10 a 15 m²/demão – Quarto (0,900 L) 2,5 a 4 m²/demão

Eucatex Gel Removedor: Produto de fácil aplicação e elevado poder de remoção para tintas em geral. Indicado para remover os seguintes tipos de tintas: nitrocelulósicas, acrílicas poliuretânicas, epoxídicas, sistemas bi componentes e também tintas de secagem em estufa e automotivas.

Outros produtos relacionados

Eucatex Esmalte Premium Eucalux

Esmalte Premium indicado para pintura de madeiras e metais em ambientes externos e internos.

Eucatex Esmalte Premium Base Água

Esmalte à base de água para madeiras e metais, disponível nos acabamentos Acetinado e Brilhante.

Eucatex Esmalte Secagem Extra Rápida

Indicado para aplicação em madeira, metal ferroso, alumínio, galvanizados e alvenaria com alta resistência.

Eucatex Verniz Ultratex

Eucatex Verniz Ultratex é o 3 em 1 da Eucatex: Verniz Tingido, Impermeabilizante e Fundo Preparador de Paredes num só produto. Sua composição exclusiva lhe confere essa versatilidade nas mais diversas situações, proporcionando proteção, beleza e durabilidade às superfícies. Fácil de aplicar, oferece alto rendimento, secagem rápida e bom alastramento. Possui excepcional transparência, o que ressalta os veios e o aspecto natural da madeira. Sua tripla função embeleza e tinge as madeiras, impermeabiliza e dá acabamento às superfícies de reboco, fibrocimento e tijolos aparentes, além de promover maior coesão do substrato quando utilizado como Fundo Preparador de Paredes. Ultratex, o verniz Ultra da Eucatex, tem 5 anos de altíssima durabilidade.

Embalagens/Rendimento
Galão (3,6 L): 40 a 50 m² por demão.
Quarto (0,9 L): 10 a 12 m² por demão.

Acabamento
Brilhante.

Aplicação
Rolo de espuma, pincel ou trincha e pistola.

Diluição
Com Eucatex Aguarrás.
Primeira demão: 20% a 25%, demais 15%.

Cor
Transparente (Castanho Avermelhado).

Secagem
Ao toque: 4 a 6 horas.
Entre demãos: 12 horas.
Final: 24 horas.

Dicas e preparação de superfície

A superfície deve estar firme, coesa, limpa, seca, isenta de poeira, materiais gordurosos e mofo.
Superfícies que apresentam brilho: deverão receber lixamento até o completo fosqueamento antes de ser iniciada a aplicação do verniz.
Superfícies com manchas gordurosas: devem ser tratadas com solução de água e detergente neutro. Feito o tratamento, enxaguar bem, aguardar a secagem e aplicar o produto.
Madeiras novas e não secas: deverão receber sucessivas aplicações de *thinner* até completa eliminação da resina natural da madeira, que pode causar danos à pintura.
Madeiras novas secas: lixar a superfície para eliminar farpas, remover os resíduos. Em áreas não molháveis, aplicar uma demão de Eucatex Seladora para Madeira Concentrada diluído em 100% com Eucatex Thinner. Após secagem, lixar novamente e eliminar o pó.
Repintura: remover partes soltas, lixar para remoção do brilho e seguir com nova aplicação.

Outros produtos relacionados

Eucatex Seladora Concentrada
Produto de fácil aplicação e elevado poder de enchimento, para aplicação em madeiras novas em áreas internas.

Eucatex Verniz Duplo Filtro Solar
Indicado para dar alta proteção de 2 anos, em madeiras expostar às ações do sol, oferecendo dupla proteção.

Eucatex Verniz Restaurador
Indicado para tratar, tingir e restaurar madeiras velhas ou que sofreram desgastes ocasionados pela exposição ao sol e chuva.

Eucatex Stain

Eucatex Stain oferece alta performance e máxima tecnologia no tratamento e proteção de madeiras novas, externas e internas. Sua fórmula diferenciada é hidrorrepelente e penetra nas fibras da madeira sem formar filme, o que impede possíveis trincas, descascamentos ou aparecimento de bolhas. É indicado para proteção e decoração de casas de madeira, portas, janelas, lambris, *decks* e madeiras decorativas em geral. O acabamento acetinado valoriza ainda mais os veios naturais da madeira e, em conjunto com o filtro solar presente na composição, garante inigualável durabilidade.

Embalagens/Rendimento
Galão (3,6 L): 67 a 77 m² por demão.
Quarto (0,9 L): 17 a 19 m² por demão.

Acabamento
Acetinado.

Aplicação
Rolo de espuma, pincel ou trincha e pistola.

Diluição
Pronto para uso. Caso seja necessário, diluir com até 10% de Eucatex Aguarrás.

Cor
Natural, Mogno, Imbuia e Eucatex E-Colors.

Secagem
Ao toque: 4 a 6 horas.
Entre demãos: 12 horas.
Final: 24 horas.

Dicas e preparação de superfície

A superfície deve estar firme, coesa, limpa, seca, isenta de poeira, materiais gordurosos e mofo.
Superfícies que apresentam brilho: deverão receber lixamento até o completo fosqueamento antes de ser iniciada a aplicação do verniz.
Superfícies com manchas gordurosas: devem ser tratadas com solução de água e detergente neutro. Feito o tratamento, enxaguar bem, aguardar a secagem e aplicar o produto.
Madeiras novas e não secas: deverão receber sucessivas aplicações de *thinner* até completa eliminação da resina natural da madeira, que pode causar danos à pintura.
Madeiras novas secas: lixar a superfície para eliminar farpas, remover os resíduos. Aplicar diretamente na madeira o Eucatex Stain.
Repintura: remover partes soltas, lixar para remoção completa do acabamento anterior, chegando na madeira e seguir com nova aplicação.

Outros produtos relacionados

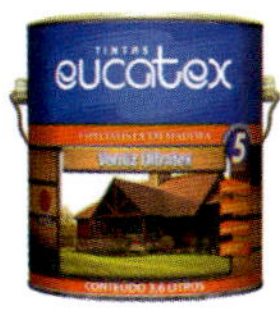

Eucatex Verniz Ultratex
Verniz com altíssima durabilidade de 5 anos, para áreas externas e internas, no padrão de cor Castanho Avermelhado.

Eucatex Verniz Duplo Filtro Solar
Indicado para dar alta proteção de 2 anos, em madeiras expostar às ações do sol, oferecendo dupla proteção.

Eucatex Verniz Restaurador
Indicado para tratar, tingir e restaurar madeiras velhas ou que sofreram desgastes ocasionados pela exposição ao sol e chuva.

Eucatex Verniz Duplo Filtro Solar

Eucatex Verniz Duplo Filtro Solar Brilhante foi desenvolvido para oferecer a máxima proteção às superfícies externas e internas de madeira, tais como: portões, esquadrias, portas, móveis para jardins ou piscinas, casas de madeira, balcões etc. Sua composição contém ação fungicida (anti-mofo) e duplo filtro solar que bloqueia o efeito dos raios ultravioleta emitidos pelo Sol, evitando assim a deterioração prematura da película do verniz e da madeira. Por isso, o Verniz Eucatex Duplo Filtro Solar proporciona 2 anos de alta durabilidade e proteção.

Embalagens/Rendimento
Galão (3,6 L): 40 a 50 m² por demão.
Quarto (0,9 L): 10 a 12 m² por demão.

Acabamento
Brilhante.

Aplicação
Rolo de espuma, pincel, trincha ou pistola.

Diluição
Com Eucatex Aguarrás.
Primeira demão 20% a 25%; demais 15%.

Cor
Natural (âmbar).

Secagem
Ao toque: 4 a 6 horas.
Entre demãos: 12 horas.
Final: 24 horas.

Dicas e preparação de superfície

Preparação: A superfície deve estar firme, coesa, limpa, seca, isenta de poeira, materiais gordurosos e mofo.
Superfícies que apresentam brilho: deverão receber lixamento até o completo fosqueamento antes de ser iniciada a aplicação do verniz.
Superfícies com manchas gordurosas: devem ser tratadas com solução de água e detergente neutro. Feito o tratamento, enxaguar bem, aguardar a secagem e aplicar o produto.
Madeiras novas e não secas: deverão receber sucessivas aplicações de thinner até completa eliminação da resina natural da madeira, que pode causar danos à pintura.
Madeiras novas secas: lixar a superfície para eliminar farpas, remover os resíduos. Em áreas não molháveis aplicar uma demão de Eucatex Seladora para Madeira Concentrada, diluído em 100% com Eucatex Thinner. Após secagem, lixar novamente e eliminar o pó.
Repintura: Remover partes soltas, lixar para remoção do brilho e seguir com nova aplicação.

Outros produtos relacionados

Eucatex Seladora Extra

Produto de fácil aplicação e elevado poder de enchimento para aplicação em madeiras novas em áreas internas.

Eucatex Verniz Copal

Verniz de fino acabamento brilhante e natural de fácil aplicação, elevado poder de penetração, rápida secagem, alto rendimento e grande aderência ao substrato.

Eucatex Verniz Marítimo

Indicado para proteção e decoração de superfícies de madeira como: casas de madeira, portas, janelas, móveis e madeiras decorativas em geral, conferindo boa resistência às intempéries

Eucatex Verniz Restaurador

Eucatex Verniz Restaurador trata, tinge e restaura madeiras velhas ou que sofreram desgastes ocasionados pela exposição ao sol e chuva. Indicado para superfícies externas e internas, oferecendo ótima proteção e um fino acabamento. Sua fórmula diferenciada contém filtro solar e ação fungicida (antimofo), que garante alta durabilidade e excelente resistência, renovando a aparência das madeiras.

Embalagens/Rendimento
Galão (3,6 L): 35 a 45 m² por demão.
Quarto (0,9 L): 8 a 12 m² por demão.

Acabamento
Brilhante.

Aplicação
Rolo de espuma, pincel ou trincha e pistola.

Diluição
Com Eucatex Aguarrás.
Primeira demão: 20% a 25%, demais 15%.

Cor
Mogno e Imbuia.

Secagem
Ao toque: 4 a 6 horas.
Entre demãos: 12 horas.
Final: 24 horas.

Dicas e preparação de superfície

Preparação: A superfície deve estar firme, coesa, limpa, seca, isenta de poeira, materiais gordurosos e mofo.
Superfícies que apresentam brilho: deverão receber lixamento até o completo fosqueamento antes de ser iniciada a aplicação do verniz.
Superfícies com manchas gordurosas: devem ser tratadas com solução de água e detergente neutro. Feito o tratamento, enxaguar bem, aguardar a secagem e aplicar o produto.
Madeiras novas e não secas: deverão receber sucessivas aplicações de *thinner* até completa eliminação da resina natural da madeira, que pode causar danos à pintura.
Madeiras novas secas: lixar a superfície para eliminar farpas, remover os resíduos. Em áreas não molháveis, aplicar uma demão de Eucatex Seladora para Madeira Concentrada diluído em 100% com Eucatex Thinner. Após secagem, lixar novamente e eliminar o pó.
Repintura: remover partes soltas, lixar para remoção do brilho e seguir com nova aplicação.

Outros produtos relacionados

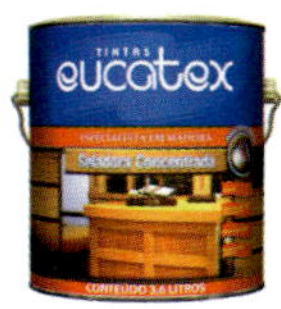

Eucatex Seladora Concentrada

Produto de fácil aplicação e elevado poder de enchimento para aplicação em madeiras novas em áreas internas.

Eucatex Verniz Ultratex

Verniz com altíssima durabilidade de 5 anos, para áreas externas e internas, no padrão de cor Castanho Avermelhado.

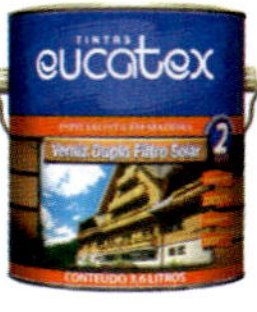

Eucatex Verniz Duplo Filtro Solar

Indicado para dar alta proteção de 2 anos, em madeiras expostar às ações do sol, oferecendo dupla proteção.

Eucatex Verniz Marítimo

Eucatex Verniz Marítimo é um produto de fácil aplicação, bom alastramento, boa aderência, secagem rápida e que realça o aspecto natural da madeira proporcionando acabamento brilhante transparente. É indicado para proteção e decoração de superfícies internas e externas de madeira como: casas de madeira, portas, janelas, móveis e madeiras decorativas em geral, conferindo boa resistência às intempéries.

Embalagens/Rendimento
Galão (3,6 L): 35 a 45 m² por demão.
Quarto (0,9 L): 8 a 12 m² por demão.
1/16 de Galão (0,225 L): 2 a 3 m² por demão.

Acabamento
Brilhante.

Aplicação
Rolo de espuma, pincel, trincha ou pistola.

Diluição
Com Eucatex Aguarrás.
Primeira demão 20% a 25%; demais 15%.

Cor
Natural (âmbar).

Secagem
Ao toque: 4 a 6 horas.
Entre demãos: 12 horas.
Final: 24 horas.

Dicas e preparação de superfície

Preparação: A superfície deve estar firme, coesa, limpa, seca, isenta de poeira, materiais gordurosos e mofo.
Superfícies que apresentam brilho: deverão receber lixamento até o completo fosqueamento antes de ser iniciada a aplicação do verniz.
Superfícies com manchas gordurosas: devem ser tratadas com solução de água e detergente neutro. Feito o tratamento, enxaguar bem, aguardar a secagem e aplicar o produto.
Madeiras novas e não secas: deverão receber sucessivas aplicações de *thinner* até completa eliminação da resina natural da madeira, que pode causar danos à pintura.
Madeiras novas secas: lixar a superfície para eliminar farpas, remover os resíduos. Em áreas não molháveis, aplicar uma demão de Eucatex Seladora para Madeira Concentrada diluído em 100% com Eucatex Thinner. Após secagem, lixar novamente e eliminar o pó.
Repintura: remover partes soltas, lixar para remoção do brilho e seguir com nova aplicação.

Outros produtos relacionados

Eucatex Verniz Copal
Verniz de fino acabamento brilhante e natural de fácil aplicação, elevado poder de penetração, rápida secagem, alto rendimento e grande aderência ao substrato.

Eucatex Seladora Extra
Produto de fácil aplicação e elevado poder de enchimento, para aplicação em madeiras novas em áreas internas

Eucatex Verniz Duplo Filtro Solar
Indicado para dar alta proteção de 2 anos, em madeiras expostar às ações do sol, oferecendo dupla proteção.

Eucatex Verniz Tingidor

Eucatex Verniz Tingidor é um produto indicado para envernizar e alterar a tonalidade de madeiras novas internas e externas, além de embelezar e renovar superfícies que sofreram desbotamento e desgaste de sua tonalidade original pela ação do tempo e intempéries. Seu acabamento brilhante realça ainda mais os veios naturais das madeiras. Possui fino acabamento e fácil aplicação, elevado poder de penetração, rápida secagem, alto rendimento e grande aderência ao substrato.

Embalagens/Rendimento

Galão (3,6 L): 35 a 45 m² por demão.
Quarto (0,9 L): 8 a 12 m² por demão.
1/16 de Galão (0,225 L): 2 a 3 m² por demão.

Acabamento

Brilhante.

Aplicação

Rolo de espuma, pincel, trincha ou pistola.

Diluição

Com Eucatex Aguarrás.
Primeira demão 20% a 25%; demais 15%.

Cor

Mogno e Imbuia.

Secagem

Ao toque: 4 a 6 horas.
Entre demãos: 12 horas.
Final: 24 horas.

Dicas e preparação de superfície

Preparação: A superfície deve estar firme, coesa, limpa, seca, isenta de poeira, materiais gordurosos e mofo.
Superfícies que apresentam brilho: deverão receber lixamento até o completo fosqueamento antes de ser iniciada a aplicação do verniz.
Superfícies com manchas gordurosas: devem ser tratadas com solução de água e detergente neutro. Feito o tratamento, enxaguar bem, aguardar a secagem e aplicar o produto.
Madeiras novas e não secas: deverão receber sucessivas aplicações de *thinner* até completa eliminação da resina natural da madeira, que pode causar danos à pintura.
Madeiras novas secas: lixar a superfície para eliminar farpas, remover os resíduos. Em áreas não molháveis, aplicar uma demão de Eucatex Seladora para Madeira Concentrada diluído em 100% com Eucatex Thinner. Após secagem, lixar novamente e eliminar o pó.
Repintura: remover partes soltas, lixar para remoção do brilho e seguir com nova aplicação.

Outros produtos relacionados

Eucatex Verniz Copal

Verniz de fino acabamento brilhante e natural de fácil aplicação, elevado poder de penetração, rápida secagem, alto rendimento e grande aderência ao substrato.

Eucatex Seladora Extra

Produto de fácil aplicação e elevado poder de enchimento, para aplicação em madeiras novas em áreas internas

Eucatex Verniz Duplo Filtro Solar

Indicado para dar alta proteção de 2 anos, em madeiras expostar às ações do sol, oferecendo dupla proteção.

Eucatex Verniz Copal

Eucatex Verniz Copal é um produto de fino acabamento brilhante e natural de fácil aplicação, elevado poder de penetração, rápida secagem, alto rendimento e grande aderência ao substrato. É indicado para aplicação em superfícies internas de madeira como portões, portas, corrimão, balcões, móveis, forros etc.

Embalagens/Rendimento
Galão (3,6 L): 35 a 45 m² por demão.
Quarto (0,9 L): 8 a 12 m² por demão.

Acabamento
Brilhante.

Aplicação
Rolo de espuma, pincel, trincha ou pistola.

Diluição
Com Eucatex Aguarrás.
Primeira demão 20% a 25%; demais 15%.

Cor
Natural (âmbar).

Secagem
Ao toque: 4 a 6 horas.
Entre demãos: 12 horas.
Final: 24 horas.

Dicas e preparação de superfície

Preparação: A superfície deve estar firme, coesa, limpa, seca, isenta de poeira, materiais gordurosos e mofo.
Superfícies que apresentam brilho: deverão receber lixamento até o completo fosqueamento antes de ser iniciada a aplicação do verniz.
Superfícies com manchas gordurosas: devem ser tratadas com solução de água e detergente neutro. Feito o tratamento, enxaguar bem, aguardar a secagem e aplicar o produto.
Madeiras novas e não secas: deverão receber sucessivas aplicações de até completa eliminação da resina natural da madeira, que pode causar danos à pintura.
Madeiras novas secas: lixar a superfície para eliminar farpas, remover os resíduos. Em áreas não molháveis, aplicar uma demão de Eucatex Seladora para Madeira Concentrada diluído em 100% com Eucatex Thinner. Após secagem, lixar novamente e eliminar o pó.
Repintura: remover partes soltas, lixar para remoção do brilho e seguir com nova aplicação.

Outros produtos relacionados

Eucatex Seladora Extra

Produto de fácil aplicação e elevado poder de enchimento, para aplicação em madeiras novas em áreas internas.

Eucatex Verniz Marítimo

Indicado para proteção e decoração de superfícies de madeira como: casas de madeira, portas, janelas, móveis e madeiras decorativas em geral, conferindo boa resistência às intempéries

Eucatex Verniz Duplo Filtro Solar

Indicado para dar alta proteção de 2 anos, em madeiras expostar às ações do sol, oferecendo dupla proteção.

Eucatex Seladora Concentrada

Eucatex Seladora Concentrada para madeira possui ótimo poder de enchimento, formando uma película flexível e transparente. Fácil de aplicar, oferece acabamento sedoso e encerado. Sua fórmula concentrada proporciona maior rendimento, aumentando ainda mais a performance dos vernizes da linha Eucatex. É indicado para selar e uniformizar superfícies novas de madeira em geral, tais como: portas, janelas, móveis, gabinetes, além de aglomerados e compensados em ambientes internos.

Embalagens/Rendimento

Lata (18 L): 150 a 200 m² por demão.
Galão (3,6 L): 30 a 40 m² por demão.
Quarto (0,9 L): 7,5 a 10 m² por demão.

Acabamento

Acetinado.

Aplicação

Rolo de espuma, pincel ou trincha e pistola.

Diluição

Com Eucatex Thinner para Nitrocelulose.
De 30% a 100% em todas as demãos.

Cor

Natural.

Secagem

Ao toque: 15 minutos.
Entre demãos: 1 hora.
Final: 2 horas.

Dicas e preparação de superfície

Preparação: A superfície deve estar firme, coesa, limpa, seca, isenta de poeira, materiais gordurosos e mofo.
Superfícies que apresentam brilho: deverão receber lixamento até a completa remoção do acabamento anterior, antes de ser iniciada a aplicação da seladora.
Superfícies com manchas gordurosas: devem ser tratadas com solução de água e detergente neutro. Feito o tratamento, enxaguar bem, aguardar a secagem e aplicar o produto.
Madeiras novas e não secas: deverão receber sucessivas aplicações de até completa eliminação da resina natural da madeira, que pode causar danos à pintura.
Madeiras novas secas: lixar a superfície para eliminar farpas, remover os resíduos e limpar com Eucatex Thinner.
Repintura: remover partes soltas, lixar para remoção do brilho e seguir com nova aplicação.

Outros produtos relacionados

Eucatex Seladora Extra

Produto de fácil aplicação e elevado poder de enchimento, para aplicação em madeiras novas em áreas internas

Eucatex Verniz Copal

Verniz de fino acabamento brilhante e natural de fácil aplicação, elevado poder de penetração, rápida secagem, alto rendimento e grande aderência ao substrato.

Eucatex Verniz Duplo Filtro Solar

Indicado para dar alta proteção de 2 anos, em madeiras expostar às ações do sol, oferecendo dupla proteção.

Eucatex Seladora Extra

Eucatex Seladora Extra para Madeira é indicada para selar e uniformizar superfícies novas de madeira em geral, tais como portas, janelas, móveis, gabinetes, além de aglomerados e compensados em ambientes internos.

É um produto de fácil aplicação, boa cobertura dos poros e de fácil lixamento.

Embalagens/Rendimento
Lata (18 L): 120 a 160 m² por demão.
Galão (3,6 L): 24 a 32 m² por demão.
Quarto (0,9 L): 6 a 8 m² por demão.

Acabamento
Acetinado.

Aplicação
Rolo de espuma, pincel, trincha, pistola ou boneca.

Diluição
Com Eucatex Thinner 9800 para Nitrocelulose.
De 30% a 80% em todas as demãos.

Cor
Natural.

Secagem
Ao toque: 15 minutos.
Entre demãos: 1 hora.
Final: 2 horas.

Dicas e preparação de superfície

Preparação: A superfície deve estar firme, coesa, limpa, seca, isenta de poeira, materiais gordurosos e mofo.
Superfícies que apresentam brilho: deverão receber lixamento até a completa remoção do acabamento anterior, antes de ser iniciada a aplicação da seladora.
Superfícies com manchas gordurosas: devem ser tratadas com solução de água e detergente neutro. Feito o tratamento, enxaguar bem, aguardar a secagem e aplicar o produto.
Madeiras novas e não secas: deverão receber sucessivas aplicações de *thinner* até completa eliminação da resina natural da madeira, que pode causar danos à pintura.
Madeiras novas secas: lixar a superfície para eliminar farpas, remover os resíduos e limpar com Eucatex Thinner.
Repintura: remover partes soltas, lixar para remoção do brilho e seguir com nova aplicação.

Outros produtos relacionados

Eucatex Verniz Duplo Filtro Solar

Indicado para dar alta proteção de 2 anos, em madeiras expostar às ações do sol, oferecendo dupla proteção.

Eucatex Verniz Copal

Verniz de fino acabamento brilhante e natural de fácil aplicação, elevado poder de penetração, rápida secagem, alto rendimento e grande aderência ao substrato.

Eucatex Verniz Marítimo

Indicado para proteção e decoração de superfícies de madeira como: casas de madeira, portas, janelas, móveis e madeiras decorativas em geral, conferindo boa resistência às intempéries

Eucatex Acrílico Pisos Premium

PREMIUM ★★★★★

Eucatex Acrílico Pisos Premium é um produto de primeira linha, indicado para pintura externa e interna de pisos cimentados, áreas de lazer, escadas, varandas, quadras poliesportivas e outras superfícies de concreto rústico, liso ou ainda para repintura de pisos. É um produto de fácil aplicação e secagem rápida, permitindo uma boa cobertura e aderência, resistente a alcalinidade, maresia e abrasão. Todos estes atributos tornam o produto uma ótima opção econômica, para renovar e embelezar pisos.

Embalagens/Rendimento
Lata (18 L): 250 a 350 m² por demão.
Galão (3,6 L): 50 a 70 m² por demão.
¼ (0,9 L): 12,5 a 17,5 m² por demão.

Acabamento
Fosco.

Aplicação
Rolo de lã, pincel ou trincha.

Diluição
Com água potável.
Primeira demão 30% a 50%; demais 10% a 20%.

Cor
Além das cores de catálogo, podem-se obter outros tons misturando as cores entre si.

Secagem
Ao toque: 2 horas.
Entre demãos: 4 horas.
Final: 12 horas.
Tráfego de pessoas: 48 horas.
Tráfego de veículos: 72 horas.

Dicas e preparação de superfície

O contado imediato com o piso após a aplicação do produto pode ocasionar danos à pintura, portanto recomendamos aguardar 48 horas para utilização do mesmo para tráfego de pessoas e 72 horas para trafego de veículos.

Não recomendamos aplicação em locais com exposição a altas temperaturas, tráfego pesado, assim como ambientes industriais.

Sugerimos que qualquer lavagem no piso seja feita após 15 dias de aplicado o produto, a fim de garantir sua total resistência.

Para pintura sobre pisos de Cimentado Queimado, indicamos a aplicação prévia de uma demão de Fundo Fosfatizante Bi componente ou Fundo Promotor de Aderência Base Epóxi (de acordo com instruções do fabricante), a fim de promover uma melhor ancoragem da tinta de acabamento.

Outros produtos relacionados

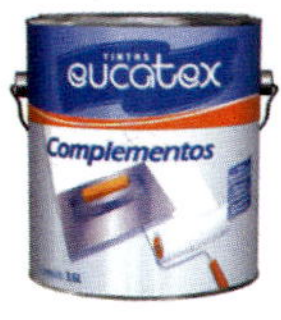

Eucatex Selador Acrílico

Indicado para selar e uniformizar a absorção de superfícies novas externas e internas de reboco, blocos de concreto, fibrocimento e massa fina.

Eucatex Resina Acrílica

Indicada para superfícies externas e internas de pedras naturais (ardósia, pedra mineira, miracema, São Tomé, entre outras).

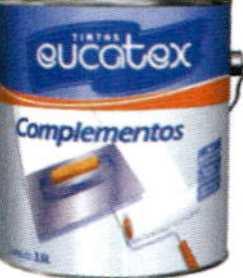

Eucatex Fundo Preparador de Paredes

Indicado para aglutinar partículas soltas e aumentar a coesão de superfícies porosas externas e internas.

Eucatex Impermeabilizante Branco para Lajes

Eucatex Impermeabilizante Branco é uma manta acrílica de alta elasticidade, para aplicação a frio, que forma uma membrana elástica moldada no local. É indicado para impermeabilização de áreas não sujeitas ao tráfego de veículos ou pedestres. É indicado para impermeabilização de lajes, marquises e coberturas inclinadas.

Embalagens/Rendimento
Balde (18 kg)/Galão (4,5 kg).
Consumo aproximado: 400 g/m²/demão.
ou 2.400 g/m²/ em 6 demãos cruzadas.

Acabamento
Fosco.

Aplicação
Pode ser usado vassourão / escovão de pelo macio, pincel, trincha ou broxa.

Diluição
Primeira demão com 15% de água limpa; para as demais aplicar puro.

Cor
Branco.

Secagem
Ao toque: 4 horas.
Entre demãos: 6 horas.
Final: 12 horas.

Dicas e preparação de superfície

Áreas sujeitas à movimentação, como lajes pré, juntas e trincas, devem receber um reforço entre a primeira e a segunda camada com manta de poliéster.
O rendimento prático pode variar em função do método de aplicação, geometria da estrutura, rugosidade e absorção da superfície, espessura da camada de produto depositada, condições atmosféricas e técnica de aplicação.
Visto que os serviços de impermeabilização requerem conhecimentos específicos, recomenda-se que sejam executados por profissionais habilitados.
Aplicar com tempo estável.

Outros produtos relacionados

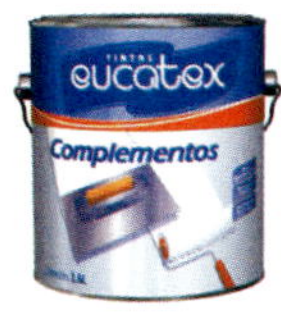

Eucatex Fundo Preparador de Paredes

Indicado para aglutinar partículas soltas e aumentar a coesão de superfícies porosas externas e internas.

Eucatex Impermeabilizante Parede 5 em 1

Indicado para proteção contra batida de chuva em áreas externas.

Eucatex Silicone

Eucatex Silicone é indicado para proteger superfícies externas e internas de tijolo à vista, concreto aparente, cerâmica porosa, telhas de barro e blocos de concreto.

Eucatex Gesso e Drywall

Eucatex Gesso & Drywall é uma tinta desenvolvida para aplicação direta em superfícies de gesso, sem a necessidade de um fundo específico. Penetra profundamente no gesso e no drywall, proporcionando maior aderência e cobertura. Atua como aglutinante das partículas de gesso, evitando o descascamento e protege do amarelamento causado pelo tempo. Tem acabamento fosco, fácil aplicação, secagem rápida e alta durabilidade.

Embalagens/Rendimento
Lata (18 L): 150 a 250 m² por demão.
Galão (3,6 L): 30 a 50 m² por demão.

Acabamento
Fosco.

Aplicação
Pode ser usado rolo de lã de pelo baixo ou pincel de cerdas macias.

Diluição
Com água potável. Diluir 30 a 50% na primeira demão e 10 a 20% nas demais.

Cor
Branco.

Secagem
Ao toque: 2 horas.
Entre demãos: 4 horas.
Final: 12 horas.

Dicas e preparação de superfície

Evite aplicação do produto em dias chuvosos, temperatura abaixo de 10 °C ou acima de 40 °C e umidade relativa do ar superior a 90%.
Respeitar a diluição e o intervalo entre demãos recomendado. Tais procedimentos são necessários para uma boa performance deste produto.
Não é indicada a utilização combinada, ou em mistura, com outros produtos não especificados na embalagem.
Após a aplicação e secagem final do Eucatex Gesso & Drywall, pode-se repintar a superfície com outra tinta látex das Linhas Eucatex e Peg & Pinte.

Outros produtos relacionados

Eucatex Acrílico Acetinado Premium Toque Suave

Tinta de fino acabamento acetinado, indicado para pinturas internas e externas, oferecendo ótima cobertura.

Eucatex Massa corrida

Indicada para corrigir imperfeições rasas de superfícies externas e internas.

Eucatex Fundo Preparador de Paredes

Indicado para aglutinar partículas soltas e aumentar a coesão de superfícies porosas externas e internas.

Eucatex Resina Acrílica Premium

Eucatex Resina Acrílica é indicado para superfícies externas e internas de pedras naturais (Ardósia, Miracema, Pedra Mineira, São Tomé, Pedra Goiana, entre outras), concreto aparente, fibrocimento, telhas de barro, tijolos aparentes. Sua fórmula à base de resina acrílica impermeabiliza a superfície protegendo-a contra a ação das intempéries, devido a sua excelente resistência e acabamento brilhante. É um produto de fácil aplicação, excelente rendimento e manutenção de brilho, além de proporcionar belíssimo acabamento.

Embalagens/Rendimento
Lata (18 L): 150 a 180 m² por demão.
Galão (5 L): 40 a 50 m² por demão.
Quarto (0,9 L): 7 a 9 m² por demão.

Acabamento
Brilhante.

Aplicação
Rolo de lã, pincel ou trincha de cerdas macias.

Diluição
Pronta para uso.

Cor
Incolor após secagem.

Secagem
Ao toque: 2 horas.
Entre demãos: 6 horas.
Final: 12 horas.

Dicas e preparação de superfície

Dar atenção especial ao item preparação de superfície, pois devido ao alto poder de penetração, a aplicação direta do produto poderá alterar a cor natural dos substratos.
Para substratos com ceras, polidores, gorduras e manchas de óleos, recomendamos: utilizar palha de aço e/ou estopa embebida em Eucatex Thinner. Observar atentamente para que não permaneçam resíduos destes materiais, pois podem comprometer a secagem / aderência da Resina. A repetição do processo por duas ou três vezes garante a completa remoção destes materiais.
Certificar-se que o piso esteja livre de água ou umidade, pois tais ocorrências comprometem a performance do produto.
Não é recomendada a aplicação sobre superfícies vitrificadas.

Outros produtos relacionados

Eucatex Fundo Preparador de Paredes

Indicado para aglutinar partículas soltas e aumentar a coesão de superfícies porosas externas e internas.

Eucatex Verniz Acrílico

Indicado para aplicação em superfícies internas e externas de tijolo ou concreto aparente, fibrocimento e paredes pintadas com PVA ou acrílico.

Eucatex Acrílico Pisos Premium

Indicado para pintura externa e interna de pisos cimentados, áreas de lazer, escadas, varandas, telhas, quadras e outras superfícies de concreto.

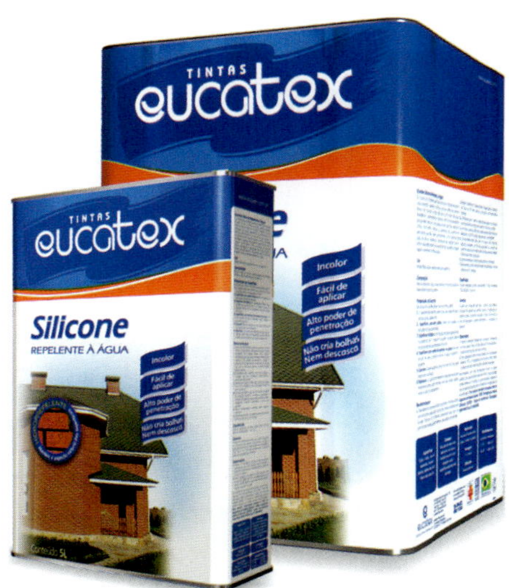

Eucatex Silicone

Eucatex Silicone é indicado para proteger superfícies externas e internas de tijolo à vista, concreto aparente, cerâmica porosa, telhas de barro e blocos de concreto. Protege impedindo a infiltração de água da chuva, evitando o aparecimento de manchas, escurecimento precoce dos rejuntes e penetração de umidade no interior das edificações. É um produto incolor que não modifica o brilho, mantendo inalterada a aparência da superfície e permitindo que ela "respire" normalmente. É fácil de aplicar, tem secagem rápida e excelente repelência à água.

Embalagens/Rendimento
Lata (18 L): 25 a 65 m²/demão.
Lata (5 L): 7 a 18 m²/demão.

Acabamento
Incolor.

Aplicação
Pode ser usado rolo de lã pelo alto, pincel, trincha ou pistola.

Diluição
Pronta para uso.
Para limpeza de ferramentas, utilize Aguarrás.

Cor
Incolor. Não altera a aparência natural da superfície.

Secagem
Ao toque: 30 minutos.
Total: 1 a 2 horas.

Dicas e preparação de superfície

Para substratos com ceras, polidores, gorduras e manchas de óleo, é recomendado utilizar palha de aço e/ou estopa embebida com Eucatex Thinner 9116. Observar atentamente para que não permaneçam resíduos desses materiais, pois podem comprometer a secagem/aderência do Eucatex Silicone. A repetição do processo por duas ou três vezes garante a completa remoção desses materiais.
Certifique-se de que a superfície esteja livre de água ou umidade, pois tais ocorrências comprometem a performance do produto.
Remoção de sujeiras: Utilize pano úmido ou esponja macia com detergente neutro. Em seguida, limpe com pano umedecido.
O rendimento prático pode variar em função do método de aplicação, geometria da estrutura, rugosidade e absorção da superfície, espessura da camada de produto depositada, condições atmosféricas e técnica de aplicação.
Não é recomendada a aplicação sobre superfícies vitrificadas.
Recomendamos cobrir os objetos ao redor da aplicação, a fim de evitar danos com respingos.

Outros produtos relacionados

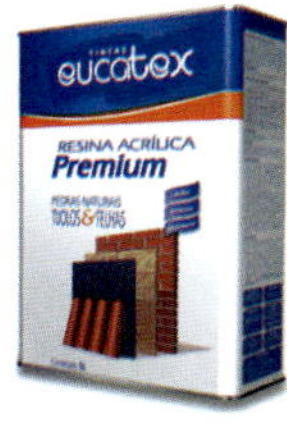

Eucatex Resina Acrílica

É indicado para superfícies externas e internas de pedras naturais (Ardósia, Pedra Mineira, São Tomé, Pedra Goiana, entre outras), concreto aparente, fibrocimento, telhas de barro, tijolos aparentes.

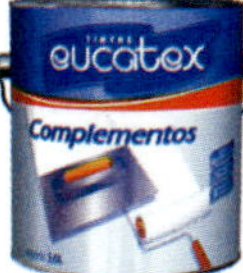

Eucatex Verniz Acrílico

É indicado para aplicação em superfícies externas e internas de tijolo ou concreto aparente, fibrocimento e paredes pintadas com tintas PVA ou acrílicas.

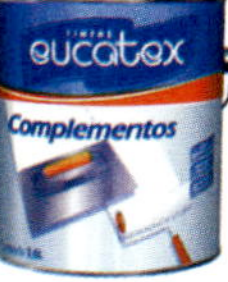

Eucatex Fundo Preparador de Paredes

Indicado para aglutinar partículas soltas e aumentar a coesão de superfícies porosas externas e internas.

HISTÓRIA

Com 30 anos de existência e instalada em uma área de 10 mil m², a Futura alcançou a excelência na produção de tintas, vernizes, esmaltes e massas através de constantes modernizações e reciclagens tanto de seu parque industrial como de seus colaboradores. Com equipamentos de última geração e alta tecnologia em seu laboratório para desenvolvimento de produtos, a empresa faz com que chegue ao mercado o que há de melhor e mais moderno em tintas e complementos imobiliários.

Um dos segredos do sucesso da Futura Tintas é a empresa acreditar que existe em primeiro lugar para servir e que um negócio, para ter êxito, tem que ter "na mente e na alma" a convicção de que deve satisfazer a quem destina, superando expectativas. É no cliente que a empresa encontra a sua razão de existir.

Além de oferecer produtos de alta qualidade com preços justos, a empresa proporciona em diversos Estados brasileiros, cursos de capacitação profissional de pintores, colaboradores e lojistas. A Futura faz isso porque acredita que, com mais informação e qualificação está construindo um mercado de tintas mais ético, humano e próspero.

MAGIA DAS CORES

O Magia das Cores, sistema tintométrico da Futura Tintas é um sistema de alta qualidade desenvolvido para personalizar e reproduzir tonalidades, garantindo fiel repetitividade e diversas cores.

O Magia das Cores conta com mais de 1.000 tonalidades (sugeridas no catálogo) e pode ser encontrado nas seguintes linhas:

- Tintas Imobiliárias Premium
- Tintas Imobiliárias Standard
- Esmalte base água brilhante e acetinado
- Esmalte sintético brilhante e acetinado
- Texturas rústica, média e lisa
- Gel de efeitos
- Verniz marítimo

Certificações

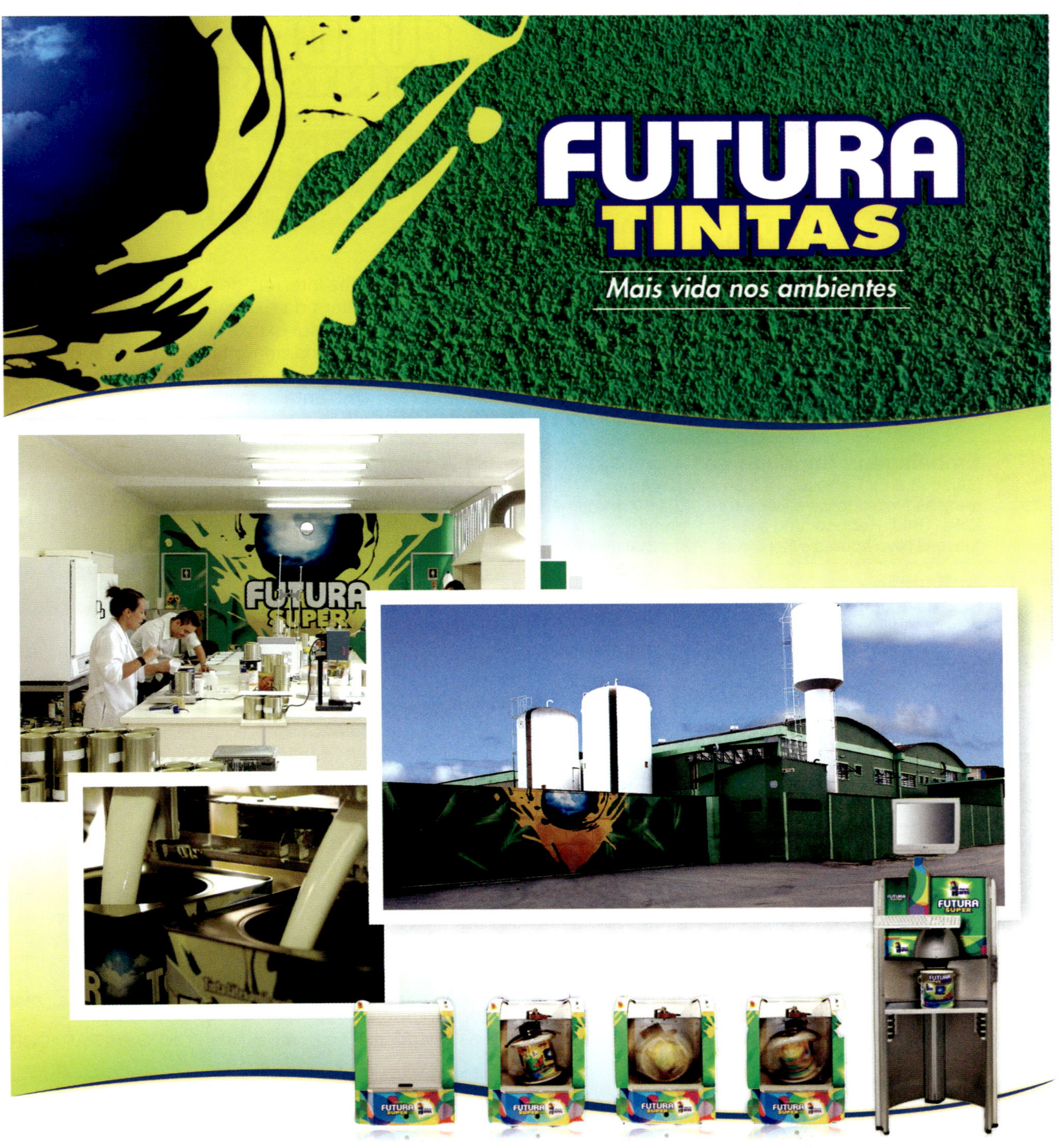

Informações de Serviço ao Consumidor:

A empresa dispõe de Serviço de Atendimento ao Consumidor

0800 773 2900 ou site www.futuratintas.com.br

Tinta Acrílica Fosca Futura Super Premium

PREMIUM ★★★★★

Indicada para pintura de superfícies internas de alvenaria, massa corrida ou acrílica, texturas e gesso, além de externas de alvenaria, massa acrílica, fibrocimento e texturas. Possui excelente poder de cobertura, alastramento e rendimento, com acabamento finíssimo, além de obter boa resistência às intempéries. A **Tinta Acrílica Fosca Futura Super Premium** proporciona um ambiente sem cheiro em até três horas após a aplicação, garantindo praticidade e bem estar.

Embalagens/Rendimento

Galão (3,6 L): Reboco: 40 a 55 m²/demão.
Massas Niveladoras e Repintura: 40 a 60 m²/demão.
Lata (18 L): Reboco: 200 a 275 m²/demão.
Massas Niveladoras e Repintura: 200 a 300 m²/demão.

Acabamento

Fosco.

Aplicação

Rolo de lã de pelo baixo ou pincel macio, trincha ou pistola. Aplicar 2 a 3 demãos. Misture a tinta antes e durante a aplicação com espátula apropriada isenta de impurezas ou contaminantes.

Diluição

Pincel ou Trincha: 20% a 30%.
Rolo: 30%.

Cor

Cores de catálogo: 24.
Disponível no sistema tintométrico Magia das Cores.

Secagem

Ao toque: 1 hora.
Entre demãos: 4 horas.
Final: 12 horas.
A cura total da película da tinta ocorre aproximadamente 30 dias após a aplicação.

Dicas e preparação de superfície

Antes de aplicar a TINTA ACRÍLICA FOSCA FUTURA SUPER PREMIUM, seja qual for a superfície, limpe-a previamente eliminando partes soltas, manchas gordurosas (lavando com água e sabão ou detergente neutro), mofo (limpe com solução de água sanitária com água na proporção de 1:1 e enxágue bem), poeiras e demais sujeiras.
Reboco novo: aguardar a cura de no mínimo 30 dias e aplicar uma demão de SELADOR ACRÍLICO FUTURA SUPER ou uma demão da própria tinta diluída a 50% com água limpa, em volume.
Repintura: eliminar partes soltas, sendo que as superfícies brilhantes devem ser lixadas até a perda total do brilho. Para obter melhor acabamento em ambientes internos, aplique MASSA CORRIDA FUTURA SUPER.
Superfícies que apresentam baixa coesão, calcinação e partículas mal aderidas: aplicar previamente FUNDO PREPARADOR DE PAREDES FUTURA SUPER.

Outros produtos relacionados

Selador Acrílico Futura Super

Indicado para selar e uniformizar a absorção de superfícies de áreas internas de reboco novo, concreto aparente e superfícies externas de reboco novo, concreto aparente, blocos de concreto, fibrocimento e massa fina.

Massa Corrida Futura Super

Indicado para nivelar e corrigir imperfeições de superfícies internas de reboco, gesso, gesso cartonado e áreas já pintadas anteriormente, proporcionando um acabamento liso e fino.

Fundo Preparador de Paredes Futura Super

Indicado para superfícies que apresentam baixa coesão em áreas internas e externas de reboco fraco, massa fina, superfícies caiadas, calcinadas, descascadas, gesso, gesso cartonado e pintura antiga.

Tinta Acrílica Semibrilho Futura Super Premium

PREMIUM ★★★★★

Indicada para pintura de superfícies internas de alvenaria, massa corrida ou acrílica, texturas e gesso, além de externas de alvenaria, massa acrílica, fibrocimento e texturas. Possui excelente poder de cobertura, alastramento e rendimento, com acabamento de brilho acentuado, além de obter boa resistência às intempéries. A **Tinta Acrílica Semibrilho Futura Super Premium** proporciona um ambiente sem cheiro em até três horas após a aplicação, garantindo praticidade e bem estar.

Embalagens/Rendimento

Galão (3,6 L): Reboco: 40 a 50 m²/demão.
Massas Niveladoras e Repintura: 40 a 55 m²/demão.
Lata (18 L): Reboco: 200 a 250 m²/demão
Massas Niveladoras e Repintura: 200 a 275 m²/demão.

Acabamento

Semibrilho.

Aplicação

Rolo de lã de pelo baixo ou pincel macio, trincha ou pistola. Aplicar 2 a 3 demãos. Misture a tinta antes e durante a aplicação com espátula apropriada isenta de impurezas ou contaminantes.

Diluição

Pincel ou Trincha: 20% a 30%.
Rolo: 30%.

Cor

Cores de catálogo: 14.
Disponível no sistema tintométrico Magia das Cores.

Secagem

Ao toque: 1 hora.
Entre demãos: 4 horas.
Final: 12 horas.
A cura total da película da tinta ocorre aproximadamente 30 dias após a aplicação.

Dicas e preparação de superfície

Antes de aplicar a TINTA ACRÍLICA ACETINADA FUTURA SUPER PREMIUM, seja qual for a superfície, limpe-a previamente eliminando partes soltas, manchas gordurosas (lavando com água e sabão ou detergente neutro), mofo (limpe com solução de água sanitária com água na proporção de 1:1 e enxágue bem), poeiras e demais sujeiras.
Reboco novo: aguardar a cura de no mínimo 30 dias e aplicar uma demão de SELADOR ACRÍLICO FUTURA SUPER ou uma demão da própria tinta diluída a 50% com água limpa, em volume.
Repintura: eliminar partes soltas, sendo que as superfícies brilhantes devem ser lixadas até a perda total do brilho. Para obter melhor acabamento em ambientes internos, aplique MASSA CORRIDA FUTURA SUPER.
Superfícies que apresentam baixa coesão, calcinação e partículas mal aderidas: aplicar previamente FUNDO PREPARADOR DE PAREDES FUTURA SUPER.

Outros produtos relacionados

Selador Acrílico Futura Super

Indicado para selar e uniformizar a absorção de superfícies de áreas internas de reboco novo, concreto aparente e superfícies externas de reboco novo, concreto aparente, blocos de concreto, fibrocimento e massa fina.

Massa Corrida Futura Super

Indicado para nivelar e corrigir imperfeições de superfícies internas de reboco, gesso, gesso cartonado e áreas já pintadas anteriormente, proporcionando um acabamento liso e fino.

Fundo Preparador de Paredes Futura Super

Indicado para superfícies que apresentam baixa coesão em áreas internas e externas de reboco fraco, massa fina, superfícies caiadas, calcinadas, descascadas, gesso, gesso cartonado e pintura antiga.

Tinta Acrílica Acetinada Futura Super Premium

PREMIUM ★★★★★

Indicada para pintura de superfícies internas de alvenaria, massa corrida ou acrílica, texturas e gesso, além de externas de alvenaria, massa acrílica, fibrocimento e texturas. Possui excelente poder de cobertura, alastramento e rendimento, com acabamento sofisticado e de brilho suave, além de obter boa resistência às intempéries. A **Tinta Acrílica Acetinada Futura Super Premium** proporciona um ambiente sem cheiro em até três horas após a aplicação, garantindo praticidade e bem estar.

Embalagens/Rendimento

Galão (3,6 L): Reboco: 40 a 55 m²/demão.
Massas Niveladoras e Repintura: 40 a 60 m²/demão.
Lata (18 L): Reboco: 200 a 275 m²/demão.
Massas Niveladoras e Repintura: 200 a 300 m²/demão.

Acabamento

Acetinado (brilho suave).

Aplicação

Rolo de lã de pelo baixo ou pincel macio, trincha ou pistola. Aplicar 2 a 3 demãos. Misture a tinta antes e durante a aplicação com espátula apropriada isenta de impurezas ou contaminantes.

Diluição

Pincel ou Trincha: 20% a 30%.
Rolo: 30%.

Cor

Cores de catálogo: 2.
Disponível no sistema tintométrico Magia das Cores.

Secagem

Ao toque: 1 horas.
Entre demãos: 4 horas.
Final: 12 horas.
A cura total da película da tinta ocorre aproximadamente 30 dias após a aplicação.

Dicas e preparação de superfície

Antes de aplicar a TINTA ACRÍLICA SEMIBRILHO FUTURA SUPER PREMIUM, seja qual for a superfície, limpe-a previamente eliminando partes soltas, manchas gordurosas (lavando com água e sabão ou detergente neutro), mofo (limpe com solução de água sanitária com água na proporção de 1:1 e enxágue bem), poeiras e demais sujeiras.
Reboco novo: aguardar a cura de no mínimo 30 dias e aplicar uma demão de SELADOR ACRÍLICO FUTURA SUPER ou uma demão da própria tinta diluída a 50% com água limpa, em volume.
Repintura: eliminar partes soltas, sendo que as superfícies brilhantes devem ser lixadas até a perda total do brilho. Para obter melhor acabamento em ambientes internos, aplique MASSA CORRIDA FUTURA SUPER.
Superfícies que apresentam baixa coesão, calcinação e partículas mal aderidas: aplicar previamente FUNDO PREPARADOR DE PAREDES FUTURA SUPER.

Outros produtos relacionados

Selador Acrílico Futura Super

Indicado para selar e uniformizar a absorção de superfícies de áreas internas de reboco novo, concreto aparente e superfícies externas de reboco novo, concreto aparente, blocos de concreto, fibrocimento e massa fina.

Massa Corrida Futura Super

Indicado para nivelar e corrigir imperfeições de superfícies internas de reboco, gesso, gesso cartonado e áreas já pintadas anteriormente, proporcionando um acabamento liso e fino.

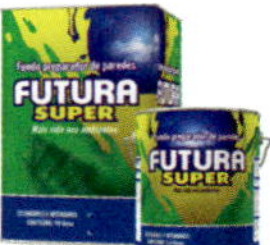

Fundo Preparador de Paredes Futura Super

Indicado para superfícies que apresentam baixa coesão em áreas internas e externas de reboco fraco, massa fina, superfícies caiadas, calcinadas, descascadas, gesso, gesso cartonado e pintura antiga.

Tinta Látex Acrílica Futura Super

STANDARD ★★★

Indicada para pintura de superfícies internas de alvenaria, massa corrida ou acrílica, texturas e gesso, além de externas de alvenaria, massa acrílica, fibrocimento e texturas. Possui excelente poder de cobertura e alastramento, com acabamento finíssimo, além de obter boa resistência às intempéries. A **Tinta Látex Acrílica Futura Super** proporciona alta diluição e máximo rendimento.

Embalagens/Rendimento

Galão (3,6 L): Reboco: 50 a 75 m^2/demão.
Massas Niveladoras e Repintura: 55 a 75 m^2/demão.
Lata (18 L): Reboco: 250 a 375 m^2/demão.
Massas Niveladoras e Repintura: 275 a 375 m^2/demão.

Acabamento

Fosco aveludado.

Aplicação

Rolo de lã de pelo baixo ou pincel macio. Aplicar 2 a 4 demãos. Misture a tinta antes e durante a aplicação com espátula apropriada isenta de impurezas ou contaminantes.

Diluição

Rolo ou Pincel: 20% a 50%.

Cor

Cores de catálogo: 29.
Disponível no sistema tintométrico Magia das Cores.

Secagem

Ao toque: 1 horas
Entre demãos: 4 horas.
Final: 12 horas.
A cura total da película da tinta ocorre aproximadamente 30 dias após a aplicação.

Dicas e preparação de superfície

Antes de aplicar a TINTA LÁTEX ACRÍLICA FUTURA SUPER, seja qual for a superfície, limpe-a previamente eliminando partes soltas, manchas gordurosas (lavando com água e sabão ou detergente neutro), mofo (limpe com solução de água sanitária com água na proporção de 1:1 e enxágue bem), poeiras e demais sujeiras.
Reboco novo: aguardar a cura de no mínimo 30 dias e aplicar uma demão de SELADOR ACRÍLICO FUTURA SUPER ou uma demão da própria tinta diluída a 50% com água limpa, em volume.
Repintura: eliminar partes soltas, sendo que as superfícies brilhantes devem ser lixadas até a perda total do brilho. Para obter melhor acabamento em ambientes internos, aplique MASSA CORRIDA FUTURA SUPER.
Superfícies que apresentam baixa coesão, calcinação e partículas mal aderidas: aplicar previamente FUNDO PREPARADOR DE PAREDES FUTURA SUPER.

Outros produtos relacionados

Selador Acrílico Futura Super

Indicado para selar e uniformizar a absorção de superfícies de áreas internas de reboco novo, concreto aparente e superfícies externas de reboco novo, concreto aparente, blocos de concreto, fibrocimento e massa fina.

Massa Corrida Futura Super

Indicado para nivelar e corrigir imperfeições de superfícies internas de reboco, gesso, gesso cartonado e áreas já pintadas anteriormente, proporcionando um acabamento liso e fino.

Fundo Preparador de Paredes Futura Super

Indicado para superfícies que apresentam baixa coesão em áreas internas e externas de reboco fraco, massa fina, superfícies caiadas, calcinadas, descascadas, gesso, gesso cartonado e pintura antiga.

Tinta Látex Vinil Acrílica Texcor Futura

ECONÔMICA ★

Indicada para pintura de superfícies internas de alvenaria, massa corrida ou acrílica, texturas e gesso. Possui ótima cobertura e rendimento. A **Tinta Látex Vinil Acrílica Texcor Futura** apresenta alta qualidade com economia.

Embalagens/Rendimento

Galão (3,6 L): Reboco: 30 a 35 m²/demão.
Massas Niveladoras e Repintura: 30 a 40 m²/demão.
Lata (18 L): Reboco: 150 a 175 m²/demão.
Massas Niveladoras e Repintura: 150 a 200 m² /demão.

Acabamento

Fosco.

Aplicação

Rolo de lã de pelo baixo, pincel macio, trincha ou pistola. Aplicar 2 a 3 demãos. Misture a tinta antes e durante a aplicação com espátula apropriada isenta de impurezas ou contaminantes.

Diluição

Rolo ou Pincel: 10% a 30%.

Cor

Cores de catálogo: 17.

Secagem

Ao toque: 1 hora
Entre demãos: 4 horas.
Final: 12 horas.
A cura total da película da tinta ocorre aproximadamente 30 dias após a aplicação.

Dicas e preparação de superfície

Antes de aplicar a TINTA ACRÍLICA TEXCOR FUTURA, seja qual for a superfície, limpe-a previamente eliminando partes soltas, manchas gordurosas (lavando com água e sabão ou detergente neutro), mofo (limpe com solução de água sanitária com água na proporção de 1:1 e enxágue bem), poeiras e demais sujeiras.
Reboco novo: aguardar a cura de no mínimo 30 dias e aplicar uma demão de SELADOR ACRÍLICO FUTURA SUPER ou uma demão da própria tinta diluída a 50% com água limpa, em volume.
Repintura: eliminar partes soltas, sendo que as superfícies brilhantes devem ser lixadas até a perda total do brilho. Para obter melhor acabamento em ambientes internos, aplique MASSA CORRIDA FUTURA SUPER.
Superfícies que apresentam baixa coesão, calcinação e partículas mal aderidas: aplicar previamente FUNDO PREPARADOR DE PAREDES FUTURA SUPER.

Outros produtos relacionados

Selador Acrílico Futura Super

Indicado para selar e uniformizar a absorção de superfícies de áreas internas de reboco novo, concreto aparente e superfícies externas de reboco novo, concreto aparente, blocos de concreto, fibrocimento e massa fina.

Massa Corrida Futura Super

Indicado para nivelar e corrigir imperfeições de superfícies internas de reboco, gesso, gesso cartonado e áreas já pintadas anteriormente, proporcionando um acabamento liso e fino.

Fundo Preparador de Paredes Futura Super

Indicado para superfícies que apresentam baixa coesão em áreas internas e externas de reboco fraco, massa fina, superfícies caiadas, calcinadas, descascadas, gesso, gesso cartonado e pintura antiga.

Tinta Acrílica Texcor Futura

ECONÔMICA ★

Indicada para pintura de superfícies internas de alvenaria, massa corrida ou acrílica, texturas e gesso. Possui ótima cobertura, rendimento e acabamento. A **Tinta Acrílica Texcor Futura** apresenta alta qualidade com economia.

Embalagens/Rendimento

Galão (3,6 L): Reboco: 30 a 35 m²/demão.
Massas Niveladoras e Repintura: 30 a 40 m²/demão.
Lata (18 L): Reboco: 150 a 175 m²/demão.
Massas Niveladoras e Repintura: 150 a 200 m²/demão.

Acabamento

Fosco.

Aplicação

Rolo de lã de pelo baixo, pincel macio, trincha ou pistola. Aplicar 2 a 3 demãos. Misture a tinta antes e durante a aplicação com espátula apropriada isenta de impurezas ou contaminantes.

Diluição

Rolo ou Pincel: 10% a 30%.

Cor

Cores de catálogo: 17.

Secagem

Ao toque: 1 hora
Entre demãos: 4 horas.
Final: 12 horas.
A cura total da película da tinta ocorre aproximadamente 30 dias após a aplicação.

Dicas e preparação de superfície

Antes de aplicar a TINTA LÁTEX VINIL ACRÍLICA TEXCOR FUTURA, seja qual for a superfície, limpe-a previamente eliminando partes soltas, manchas gordurosas (lavando com água e sabão ou detergente neutro), mofo (limpe com solução de água sanitária com água na proporção de 1:1 e enxágue bem), poeiras e demais sujeiras.
Reboco novo: aguardar a cura de no mínimo 30 dias e aplicar uma demão de SELADOR ACRÍLICO FUTURA SUPER ou uma demão da própria tinta diluída a 50% com água limpa, em volume.
Repintura: eliminar partes soltas, sendo que as superfícies brilhantes devem ser lixadas até a perda total do brilho. Para obter melhor acabamento em ambientes internos, aplique MASSA CORRIDA FUTURA SUPER.
Superfícies que apresentam baixa coesão, calcinação e partículas mal aderidas: aplicar previamente FUNDO PREPARADOR DE PAREDES FUTURA SUPER.

Outros produtos relacionados

Selador Acrílico Futura Super

Indicado para selar e uniformizar a absorção de superfícies de áreas internas de reboco novo, concreto aparente e superfícies externas de reboco novo, concreto aparente, blocos de concreto, fibrocimento e massa fina.

Massa Corrida Futura Super

Indicado para nivelar e corrigir imperfeições de superfícies internas de reboco, gesso, gesso cartonado e áreas já pintadas anteriormente, proporcionando um acabamento liso e fino.

Fundo Preparador de Paredes Futura Super

Indicado para superfícies que apresentam baixa coesão em áreas internas e externas de reboco fraco, massa fina, superfícies caiadas, calcinadas, descascadas, gesso, gesso cartonado e pintura antiga.

Textura Rústica Riscada Futura Super

Tem como característica melhorar imperfeições da superfície, sendo indicada para áreas internas de alvenaria, massa corrida ou acrílica e gesso, e externas de alvenaria, massa acrílica e fibrocimento (para corrigir imperfeições mais profundas, utilize massa de reboco e aguarde a cura). A **Textura Rústica Riscada Futura Super** tem seu acabamento contemporâneo e nobre. Contém partículas maiores de minerais especiais, que obtém o efeito riscado, e ainda possui um exclusivo componente que a torna hidrorrepelente, impedindo que líquidos penetrem, e, portanto, protegendo a superfície que foi aplicada. Possui excelente resistência às intempéries.

Embalagens/Rendimento

Galão (3,2 L): Reboco: 1 a 2 m²/demão.
Massas Niveladoras: 1,5 a 2,5 m²/demão.
Lata (14 L): Reboco: 6 a 8 m²/demão.
Massas Niveladoras: 6 a 10 m²/demão.
Balde (35 kg): Reboco: 8 a 11 m²/demão.
Massas Niveladoras: 9 a 14 m²/demão.

Acabamento

Rústico fosco.

Aplicação

Desempenadeira de aço lisa para aplicação, para efeito usar desempenadeira plástica lisa e sem coloração (recomendamos branca, leitosa ou transparente). É necessária 1 demão. Misture a Textura antes e durante a aplicação com espátula apropriada, isenta de impurezas ou contaminantes.

Diluição

Produto pronto para uso.

Cor

Cores de catálogo: 13.
Disponível no sistema tintométrico Magia das Cores.

Secagem

Para efeito: 3 minutos, podendo variar.
Ao toque: 1 hora.
Final: 24 horas.

Dicas e preparação de superfície

Antes de aplicar a TEXTURA RÚSTICA RISCADA FUTURA SUPER, seja qual for a superfície, limpe-a previamente eliminando partes soltas, manchas gordurosas (lavando com água e sabão ou detergente neutro), mofo (limpe com solução de água sanitária com água na proporção de 1:1 e enxágue bem), poeiras e demais sujeiras.
Reboco novo: aguardar a cura de no mínimo 30 dias e aplicar uma demão de SELADOR ACRÍLICO FUTURA SUPER ou uma demão da própria tinta diluída a 50% com água limpa, em volume.
Repintura: eliminar partes soltas, sendo que as superfícies brilhantes devem ser lixadas até a perda total do brilho. Para obter melhor acabamento em ambientes internos, aplique MASSA CORRIDA FUTURA SUPER.
Superfícies que apresentam baixa coesão, calcinação e partículas mal aderidas: aplicar previamente FUNDO PREPARADOR DE PAREDES FUTURA SUPER.
OBS: Para um melhor acabamento, o ideal é aplicar uma ou duas demãos de tinta, da mesma cor da textura como fundo.

Outros produtos relacionados

Gel de Efeitos Futura Super

Indicado para proporcionar efeitos envelhecidos em texturas e efeitos decorativos como pátina, trapeado, esponjado, manchado, espatulado, escovado, entre outros, em superfícies de alvenaria, madeiras e metais.

Textura Média Criativa Futura Super

Tem como característica disfarçar imperfeições, pois é indicada para superfícies internas de alvenaria, massa corrida ou acrílica e gesso, externa de alvenaria, massa acrílica, fibrocimento.

Textura Lisa Versátil Futura Super

Tem como característica disfarçar imperfeições, pois é indicada para superfícies internas de alvenaria, massa corrida ou acrílica e gesso, externa de alvenaria, massa acrílica, fibrocimento.

Textura Média Criativa Futura Super

Tem como característica melhorar imperfeições da superfície, sendo indicada para áreas internas de alvenaria, massa corrida ou acrílica e gesso, e externas de alvenaria, massa acrílica e fibrocimento (para corrigir imperfeições mais profundas, utilize massa de reboco e aguarde a cura). A **Textura Média Criativa Futura Super** tem seu acabamento inovador e sofisticado. Contém partículas finas de minerais especiais para obter os efeitos mais originais, e ainda possui um exclusivo componente que a torna hidrorrepelente, impedindo que líquidos penetrem, e, portanto, protegendo a superfície que foi aplicada. Possui excelente resistência às intempéries.

Embalagens/Rendimento
Galão (3,2 L): Reboco: 2 a 3 m²/demão.
Massas Niveladoras: 3 a 4 m²/demão.
Lata (16,2 L): Reboco: 10 a 15 m²/demão.
Massas Niveladoras: 15 a 20 m²/demão.

Acabamento
Texturizado Fosco.

Aplicação
Desempenadeira de aço lisa para aplicação, para efeito sugerimos as ferramentas mais diversas e apropriadas. É necessária 1 demão. Misture a Textura antes e durante a aplicação com espátula apropriada, isenta de impurezas ou contaminantes.

Diluição
Produto pronto para uso.

Cor
Cores de catálogo: 9.
Disponível no sistema tintométrico Magia das Cores.

Secagem
Para efeito: 3 minutos, podendo variar.
Ao toque: 1 hora.
Final: 24 horas.

Dicas e preparação de superfície

Antes de aplicar a TEXTURA MÉDIA CRIATIVA FUTURA SUPER, seja qual for a superfície, limpe-a previamente eliminando partes soltas, manchas gordurosas (lavando com água e sabão ou detergente neutro), mofo (limpe com solução de água sanitária com água na proporção de 1:1 e enxágue bem), poeiras e demais sujeiras.

Reboco novo: aguardar a cura de no mínimo 30 dias e aplicar uma demão de SELADOR ACRÍLICO FUTURA SUPER ou uma demão da própria tinta diluída a 50% com água limpa, em volume.

Repintura: eliminar partes soltas, sendo que as superfícies brilhantes devem ser lixadas até a perda total do brilho. Para obter melhor acabamento em ambientes internos, aplique MASSA CORRIDA FUTURA SUPER.

Superfícies que apresentam baixa coesão, calcinação e partículas mal aderidas: aplicar previamente FUNDO PREPARADOR DE PAREDES FUTURA SUPER.

OBS: Para um melhor acabamento, o ideal é aplicar uma ou duas demãos de tinta, da mesma cor da textura como fundo.

Outros produtos relacionados

Gel de Efeitos Futura Super

Indicado para proporcionar efeitos envelhecidos em texturas e efeitos decorativos como pátina, trapeado, esponjado, manchado, espatulado, escovado, entre outros, em superfícies de alvenaria, madeiras e metais.

Textura Lisa Versátil Futura Super

Tem como característica disfarçar imperfeições, pois é indicada para superfícies internas de alvenaria, massa corrida ou acrílica e gesso, externa de alvenaria, massa acrílica, fibrocimento.

Textura Rústica Riscada Futura Super

Tem como característica disfarçar imperfeições, pois é indicada para superfícies internas de alvenaria, massa corrida ou acrílica e gesso, externa de alvenaria, massa acrílica, fibrocimento.

Textura Lisa Versátil Futura Super

Tem como característica melhorar imperfeições da superfície, sendo indicada para áreas internas de alvenaria, massa corrida ou acrílica e gesso, e externas de alvenaria, massa acrílica e fibrocimento (para corrigir imperfeições mais profundas, utilize massa de reboco e aguarde a cura). A **Textura Lisa Versátil Futura Super** tem seu acabamento mais clássico para efeitos suaves, não possuindo nenhuma gramatura de minerais, motivo que indica o aspecto mais delicado. Possui ainda um exclusivo componente que a torna hidrorrepelente, impedindo que líquidos penetrem, e, portanto, protegendo a superfície que foi aplicada. Possui excelente resistência às intempéries.

Embalagens/Rendimento

Pode variar de acordo com a espessura da textura.
Galão (3,2 L): Reboco: 2 a 3 m²/demão.
Massas Niveladoras: 3 a 4 m²/demão.
Lata (16 L): Reboco: 10 a 15 m²/demão.
Massas Niveladoras: 15 a 20 m²/demão.

Acabamento

Texturizado Fosco.

Aplicação

Desempenadeira de aço lisa para aplicação, para efeito sugerimos as ferramentas mais diversas e apropriadas. É necessária 1 demão. Misture a Textura antes e durante a aplicação com espátula apropriada, isenta de impurezas ou contaminantes.

Diluição

Produto pronto para uso.

Cor

Cores de catálogo: 5
Disponível no sistema tintométrico Magia das Cores.

Secagem

Para efeito: 3 minutos, podendo variar.
Ao toque: 1 hora.
Final: 24 horas.

Dicas e preparação de superfície

Antes de aplicar a TEXTURA LISA VERSÁTIL FUTURA SUPER, seja qual for a superfície, limpe-a previamente eliminando partes soltas, manchas gordurosas (lavando com água e sabão ou detergente neutro), mofo (limpe com solução de água sanitária com água na proporção de 1:1 e enxágue bem), poeiras e demais sujeiras.
Reboco novo: aguardar a cura de no mínimo 30 dias e aplicar uma demão de SELADOR ACRÍLICO FUTURA SUPER ou uma demão da própria tinta diluída a 50% com água limpa, em volume.
Repintura: eliminar partes soltas, sendo que as superfícies brilhantes devem ser lixadas até a perda total do brilho. Para obter melhor acabamento em ambientes internos, aplique MASSA CORRIDA FUTURA SUPER.
Superfícies que apresentam baixa coesão, calcinação e partículas mal aderidas: aplicar previamente FUNDO PREPARADOR DE PAREDES FUTURA SUPER.
OBS: Para um melhor acabamento, o ideal é aplicar uma ou duas demãos de tinta, da mesma cor da textura como fundo.

Outros produtos relacionados

Gel de Efeitos Futura Super

Indicado para proporcionar efeitos envelhecidos em texturas e efeitos decorativos como pátina, trapeado, esponjado, manchado, espatulado, escovado, entre outros, em superfícies de alvenaria, madeiras e metais.

Textura Média Criativa Futura Super

Tem como característica disfarçar imperfeições, pois é indicada para superfícies internas de alvenaria, massa corrida ou acrílica e gesso, externa de alvenaria, massa acrílica, fibrocimento.

Textura Rústica Riscada Futura Super

Tem como característica disfarçar imperfeições, pois é indicada para superfícies internas de alvenaria, massa corrida ou acrílica e gesso, externa de alvenaria, massa acrílica, fibrocimento.

Gel de Efeitos Futura Super

Indicado para proporcionar efeitos envelhecidos em texturas e também efeitos decorativos como pátina, trapeado, esponjado, manchado, espatulado, escovado, entre outros, em superfícies de alvenaria, madeiras e metais. O **Gel de Efeitos Futura Super** possui ainda um exclusivo componente que o torna hidrorrepelente, impedindo que líquidos penetrem, e, portanto, protegendo a superfície aplicada.

Embalagens/Rendimento
Quarto (0,81 L): Sobre texturas: 4 a 8 m²/demão.
Para efeitos decorativos: 6 a 10 m²/demão.

Acabamento
Acetinado.

Aplicação
Rolo de lã ou pincel macio e, para efeitos decorativos sugerimos as ferramentas mais diversas e apropriadas. Para limpeza de ferramentas utilize água e sabão. É necessária 1 demão. Misture o Gel de Efeitos antes e durante a aplicação com espátula apropriada.

Diluição
Pincel: 20% a 30%.
Rolo: 30%.

Cor
Disponível no sistema tintométrico Magia das Cores.

Secagem
Para efeito: 3 minutos, podendo variar.
Final: 12 horas.

Dicas e preparação de superfície

Antes de aplicar o GEL DE EFEITOS FUTURA SUPER, seja qual for a superfície, limpe-a previamente eliminando partes soltas, manchas gordurosas (lavando com água e sabão ou detergente neutro), mofo (limpe com solução de água sanitária com água na proporção de 1:1 e enxágue bem), poeiras e demais sujeiras.
As superfícies brilhantes devem ser lixadas até perda total do brilho, após o lixamento aplicar TINTA LÁTEX ACRÍLICA FUTURA SUPER (no caso de texturas ou alvenaria) ou ESMALTE SINTÉTICO ACETINADO FUTURA SUPER (no caso de madeiras ou metais) na cor branca.
Repintura: eliminar partes soltas.
Superfícies que apresentam baixa coesão, calcinação e partículas mal aderidas: aplicar previamente FUNDO PREPARADOR DE PAREDES FUTURA SUPER.

Outros produtos relacionados

Textura Rústica Riscada Futura Super
Tem como característica disfarçar imperfeições, pois é indicada para superfícies internas de alvenaria, massa corrida ou acrílica e gesso, externa de alvenaria, massa acrílica, fibrocimento.

Textura Média Criativa Futura Super
Tem como característica disfarçar imperfeições, pois é indicada para superfícies internas de alvenaria, massa corrida ou acrílica e gesso, externa de alvenaria, massa acrílica, fibrocimento.

Textura Lisa Versátil Futura Super
Tem como característica disfarçar imperfeições, pois é indicada para superfícies internas de alvenaria, massa corrida ou acrílica e gesso, externa de alvenaria, massa acrílica, fibrocimento.

Selador Acrílico Futura Super

Indicado para selar e uniformizar a absorção de superfícies de áreas internas de reboco novo, concreto aparente e superfícies de áreas externas como reboco novo, concreto aparente, blocos de concreto e fibrocimento. **Selador Acrílico Futura Super** possui excelente poder de cobertura, enchimento e rendimento com facilidade de aplicação.

Embalagens/Rendimento
Galão (3,6 L): Reboco novo: 15 a 20 m²/demão.
Lata (18 L): Reboco novo: 75 a 100 m²/demão.

Acabamento
Fosco.

Aplicação
Rolo de lã de pelo baixo ou pincel macio, trincha ou pistola. Para limpeza de ferramentas, utilize água e sabão. Aplicar 1 demão. Misture o produto, antes e durante a aplicação com espátula apropriada isenta de impurezas ou contaminantes.

Diluição
Pincel ou Trincha: 20% a 30%.
Rolo: 30%.

Cor
Branco.

Secagem
Ao toque: 1 hora.
Final: 5 horas.
Não é recomendado deixar o Selador Acrílico sem acabamento por mais de 15 dias.

Dicas e preparação de superfície

Antes de aplicar o SELADOR ACRÍLICO FUTURA SUPER, seja qual for a superfície, limpe-a previamente eliminando partes soltas, manchas gordurosas (lavando com água e sabão ou detergente neutro), mofo (limpe com solução de água sanitária com água na proporção de 1:1 e enxágue bem), poeiras e demais sujeiras.
Reboco novo: aguardar a cura por, no mínimo 30 dias, lixar e aplicar uma demão de SELADOR ACRÍLICO FUTURA SUPER.
Superfícies com baixa coesão, calcinação e partículas mal aderidas: aplicar previamente uma demão de FUNDO PREPARADOR DE PAREDES.

Outros produtos relacionados

Massa Acrílica Futura Super
Indicada para nivelar e corrigir imperfeições de superfícies internas e externas de reboco, gesso, gesso cartonado, fibrocimento e áreas já pintadas anteriormente.

Massa Corrida Futura Super
Indicada para nivelar e corrigir imperfeições de superfícies internas de reboco, gesso, gesso cartonado e áreas já pintadas anteriormente, proporcionando um acabamento liso e fino.

Fundo Preparador de Paredes Futura Super
Indicado para superfícies que apresentam baixa coesão em áreas internas e externas de reboco fraco, massa fina, superfícies caiadas, calcinadas, descascadas, gesso, gesso cartonado e pintura antiga.

Fundo Preparador de Paredes Futura Super

Indicado para superfícies que apresentam baixa coesão em áreas internas e externas de reboco fraco, massa fina, superfícies caiadas, calcinadas, desgastadas, gesso, gesso cartonado e pinturas antigas. **Fundo Preparador de Paredes Futura Super** possui excelente poder de aglutinação de partículas soltas, pois penetra na superfície, melhorando a aderência.

Embalagens/Rendimento
Galão (3,6 L): Reboco selado: 30 a 50 m²/demão.
Repintura: 40 a 55 m²/demão.
Lata (18 L): Reboco selado: 150 a 250 m²/demão.
Repintura: 200 a 275 m²/demão.

Acabamento
Transparente.

Aplicação
Rolo de lã de pelo baixo ou pincel macio, trincha ou pistola. Aplicar 1 demão. Misture o produto, antes e durante a aplicação com espátula apropriada isenta de impurezas ou contaminantes.

Diluição
Áreas de gesso, aplicar com diluição de ate 10% em volume.
Reboco fraco ou áreas que apresentam baixa coesão aplicar sem diluição.

Cor
Leitosa.

Secagem
Ao toque: 1 hora.
Final: 6 horas.

Dicas e preparação de superfície

Antes de aplicar o FUNDO PREPARADOR DE PAREDES FUTURA SUPER, seja qual for a superfície, limpe-a previamente eliminando partes soltas, manchas gordurosas (lavando com água e sabão ou detergente neutro), mofo (limpe com solução de água sanitária com água na proporção de 1:1 e enxágue bem), poeiras e demais sujeiras.
Repintura de tintas antigas: eliminar partes soltas, sendo que as superfícies brilhantes devem ser lixadas até a perda total do brilho.
Superfícies caiadas, calcinadas e descascadas: raspar e escovar toda área afetada eliminando a cal e as partes soltas.
Reboco fraco/desagregado: raspar e escovar toda área afetada eliminando partes soltas, aplicar uma demão de FUNDO PREPARADOR DE PAREDES, refazer a massa de reboco, aguardar a cura de 30 dias, lixar toda superfície e aplicar novamente o FUNDO PREPARADOR DE PAREDES.

Outros produtos relacionados

Massa Acrílica Futura Super
Indicada para nivelar e corrigir imperfeições de superfícies internas e externas de reboco, gesso, gesso cartonado, fibrocimento e áreas já pintadas anteriormente.

Massa Corrida Futura Super
Indicada para nivelar e corrigir imperfeições de superfícies internas de reboco, gesso, gesso cartonado e áreas já pintadas anteriormente, proporcionando um acabamento liso e fino.

Selador Acrílico Futura Super
Indicado para selar e uniformizar a absorção de superfícies de áreas internas de reboco novo, concreto aparente e superfícies externas de reboco novo, concreto aparente, blocos de concreto, fibrocimento e massa fina.

Massa Corrida Futura Super

Indicada para nivelar e corrigir imperfeições de superfícies internas de reboco, gesso, gesso cartonado e áreas já pintadas anteriormente, proporcionando um acabamento liso e fino (para corrigir imperfeições mais profundas, utilize massa de reboco e aguarde a cura de 30 dias). **Massa Corrida Futura Super** possui excelente poder de cobertura, enchimento e rendimento sendo fácil de lixar e super macia.

Embalagens/Rendimento

Em superfícies não seladas, poderá haver uma perda no rendimento
Galão (3,6 L): Reboco selado: 6 a 8 m²/demão.
Repintura: 7 a 10 m²/demão.
Lata (18 L): Reboco selado: 30 a 40 m²/demão.
Repintura: 35 a 50 m²/demão.

Acabamento

Fosco.

Aplicação

Desempenadeira de aço lisa e espátula apropriada. Aplicar 1 a 3 demãos dependendo da superfície. Misture a massa, antes e durante a aplicação com espátula apropriada isenta de impurezas ou contaminantes.

Diluição

Não é recomendado diluir a Massa Corrida Futura Super.

Cor

Branca.

Secagem

Ao toque: 1 hora.
Entre demãos: 2 a 3 horas.
Final: 12 horas. Não é recomendado deixar a massa sem acabamento por mais de 15 dias.

Dicas e preparação de superfície

Antes de aplicar a MASSA CORRIDA FUTURA SUPER, seja qual for a superfície, limpe-a previamente eliminando partes soltas, manchas gordurosas (lavando com água e sabão ou detergente neutro), mofo (limpe com solução de água sanitária com água na proporção de 1:1 e enxágue bem), poeiras e demais sujeiras.
Reboco novo: aguardar a cura de no mínimo 30 dias e aplicar uma demão de SELADOR ACRÍLICO FUTURA SUPER ou uma demão da própria tinta diluída a 50% com água limpa, em volume.
Repintura: eliminar partes soltas, sendo que as superfícies brilhantes devem ser lixadas até a perda total do brilho.
Superfície que apresentam baixa coesão, calcinação e partículas mal aderidas: aplicar previamente FUNDO PREPARADOR DE PAREDES FUTURA SUPER.

Outros produtos relacionados

Massa Acrílica Futura Super

Indicada para nivelar e corrigir imperfeições de superfícies internas e externas de reboco, gesso, gesso cartonado, fibrocimento e áreas já pintadas anteriormente.

Fundo Preparador de Paredes Futura Super

Indicado para superfícies que apresentam baixa coesão em áreas internas e externas de reboco fraco, massa fina, superfícies caiadas, calcinadas, descascadas, gesso, gesso cartonado e pintura antiga.

Selador Acrílico Futura Super

Indicado para selar e uniformizar a absorção de superfícies de áreas internas de reboco novo, concreto aparente e superfícies externas de reboco novo, concreto aparente, blocos de concreto, fibrocimento e massa fina.

Massa Acrílica Futura Super

Indicada para nivelar e corrigir imperfeições de superfícies internas de reboco, gesso, gesso cartonado e áreas já pintadas anteriormente, além de superfícies externas de alvenaria, fibrocimento e áreas já pintadas anteriormente, proporcionando um acabamento liso e fino (para corrigir imperfeições mais profundas, utilize massa de reboco e aguarde a cura de 30 dias). **Massa Acrílica Futura Super** possui excelente poder de cobertura, enchimento e rendimento sendo fácil aplicar e super resistente.

Embalagens/Rendimento

Em superfícies não seladas, poderá haver uma perda no rendimento
Galão (3,6 L): Reboco selado: 6 a 8 m²/demão.
Repintura: 7 a 10 m²/demão.
Lata (18 L): Reboco selado: 30 a 40 m²/demão.
Repintura: 35 a 50 m²/demão.

Acabamento

Fosco.

Aplicação

Desempenadeira de aço lisa e espátula apropriada. Aplicar 1 a 3 demãos dependendo da superfície. Misture a massa, antes e durante a aplicação com espátula apropriada isenta de impurezas ou contaminantes.

Diluição

Não é recomendado diluir a Massa Acrílica Futura Super.

Cor

Branca.

Secagem

Ao toque: 1 hora.
Entre demãos: 2 a 3 horas.
Final: 12 horas. Não recomendamos deixar a massa sem acabamento por mais de 15 dias.

Dicas e preparação de superfície

Antes de aplicar a MASSA ACRÍLICA FUTURA SUPER, seja qual for a superfície, limpe-a previamente eliminando partes soltas, manchas gordurosas (lavando com água e sabão ou detergente neutro), mofo (limpe com solução de água sanitária com água na proporção de 1:1 e enxágue bem), poeiras e demais sujeiras.
Reboco novo: aguardar a cura de no mínimo 30 dias e aplicar uma demão de SELADOR ACRÍLICO FUTURA SUPER ou uma demão da própria tinta diluída a 50% com água limpa, em volume.
Repintura, eliminar partes soltas: eliminar partes soltas, sendo que as superfícies brilhantes devem ser lixadas até a perda total do brilho.
Superfície que apresentam baixa coesão, calcinação e partículas mal aderidas: aplicar previamente FUNDO PREPARADOR DE PAREDES FUTURA SUPER.

Outros produtos relacionados

Massa Acrílica Futura Super

Indicada para nivelar e corrigir imperfeições de superfícies internas e externas de reboco, gesso, gesso cartonado, fibrocimento e áreas já pintadas anteriormente.

Fundo Preparador de Paredes Futura Super

Indicado para superfícies que apresentam baixa coesão em áreas internas e externas de reboco fraco, massa fina, superfícies caiadas, calcinadas, descascadas, gesso, gesso cartonado e pinturas antigas.

Selador Acrílico Futura Super

Indicado para selar e uniformizar a absorção de superfícies de áreas internas de reboco novo, concreto aparente e superfícies externas de reboco novo, concreto aparente, blocos de concreto, fibrocimento e massa fina.

Esmalte Base Água Futura Super Premium

PREMIUM ★★★★★

Indicado para pintura de superfícies internas ou externas de madeiras ou metais ferrosos, podendo ser aplicado direto sobre galvanizados, alumínio e PVC. Fácil aplicação, possui ótimo poder de cobertura, alastramento e rendimento, além de proporcionar boa resistência às intempéries. **Esmalte Base Água Futura Super Premium** é um produto com mínimo cheiro, já que não utiliza aguarrás, oferecendo resistência a fungos, além de não amarelar.

Embalagens/Rendimento

Quarto (0,9 L): Madeiras e metais: 10 a 12,5 m²/demão.
Galão (3,6 L): Madeiras e metais: 40 a 50 m²/demão.

Acabamento

Brilhante e acetinado.

Aplicação

Rolo de espuma ou pincel macio. Aplicar 2 a 3 demãos, dependendo da cor escolhida, cor de fundo e superfície. Para limpeza de ferramentas, utilize água. Misture o esmalte antes e durante a aplicação com espátula apropriada isenta de impurezas ou contaminantes.

Diluição

Rolo ou pincel em água: até 20%.
Pistola em água: até 30%.

Cor

Cores de catálogo (brilhante): 8.
Cores de catálogo (acetinado): 1.
Disponível no sistema tintométrico Magia das Cores.

Secagem

Ao toque: 30 a 40 minutos.*
Entre demãos: 4 horas.
Final: 5 horas.
*A secagem de 30 minutos é obtida em condições adequadas de temperatura e umidade relativa do ar (25 °C e umidade de 70%). A cura total da película da tinta ocorre aproximadamente 30 dias após a aplicação.

Dicas e preparação de superfície

Antes de aplicar o ESMALTE BASE ÁGUA FUTURA SUPER PREMIUM, seja qual for a superfície, limpe-a previamente eliminando partes soltas, poeiras e demais sujeiras. Lixar toda superfície e limpar com pano umedecido.
No caso de pinturas novas, prepare a superfície a ser pintada adequadamente, pois este é o ponto principal para se obter um bom resultado em seu acabamento. Aplique fundo apropriado para cada tipo de acabamento:
Madeiras: Aplicar 1 a 2 demãos de FUNDO BRANCO PARA MADEIRAS FUTURA SUPER, seguindo orientação do produto.
Metais: Aplicar o fundo apropriado (ZARCÃO FUTURA SUPER ou FUNDO CINZA ANTICORROSIVO FUTURA SUPER, em metais ferrosos), seguindo orientação dos produtos.
Repintura: eliminar partes soltas e demais sujeiras com pano umedecido e as superfícies brilhantes devem ser lixadas até a perda total do brilho.

Outros produtos relacionados

Fundo Cinza Anticorrosivo Futura Super

É indicado para proteção de superfícies de metais ferrosos, em ambientes internos e externos.

Fundo Branco Para Madeiras Futura Super

Indicado para preparação de superfícies de madeiras novas, em ambientes internos e externos.

Grafite Fosco Futura Super

Indicado para acabamento de superfícies internas ou externas de metais.

Esmalte Sintético Futura Super

STANDARD ★★★

Indicado para pintura de superfícies internas ou externas de madeiras ou metais. **Esmalte Sintético Futura Super** é de fácil aplicação, possui ótimo poder de cobertura, alastramento e rendimento, além de proporcionar boa resistência às intempéries.

Embalagens/Rendimento

Quarto (0,9 L): Madeiras e metais: 10 a 12,5 m²/demão.
Galão (3,6 L): Madeiras e metais: 40 a 50 m²/demão.

Acabamento

Brilhante, acetinado e fosco.

Aplicação

Rolo de espuma ou pincel macio. Aplicar 2 a 3 demãos, dependendo da cor escolhida, cor de fundo e superfície. Para limpeza de ferramentas, utilize aguarrás. Misture o esmalte antes e durante a aplicação com espátula apropriada isenta de impurezas ou contaminantes.

Diluição

Rolo ou pincel em aguarrás: 10% a 20%.
Pistola em aguarrás: até 30%.

Cor

Cores de catálogo (brilhante): 25.
Cores de catálogo (acetinado): 2.
Cores de catálogo (fosco): 2.
Disponível no sistema tintométrico Magia das Cores.

Secagem

Ao toque: 4 horas.
Entre demãos: 8 horas.
Final: 24 horas.
A cura total da película do esmalte ocorre aproximadamente 30 dias após a aplicação.

Dicas e preparação de superfície

Antes de aplicar o ESMALTE SINTÉTICO FUTURA SUPER, seja qual for a superfície, limpe-a previamente eliminando partes soltas, poeiras e demais sujeiras. Lixar toda superfície e limpar com pano umedecido em aguarrás.
Pinturas novas: prepare a superfície a ser pintada adequadamente, pois este é o ponto principal para se obter um bom resultado em seu acabamento. Aplique fundo apropriado para cada tipo de acabamento:
Madeiras: aplicar 1 a 2 demãos de FUNDO BRANCO PARA MADEIRAS FUTURA SUPER, seguindo orientação do produto.
Metais: aplicar o fundo apropriado (ZARCÃO FUTURA SUPER ou FUNDO CINZA ANTICORROZIVO FUTURA SUPER, em metais ferrosos), seguindo orientação dos produtos. Em superfícies como galvanizados ou alumínio, utilize fundo apropriado.
Repintura: eliminar partes soltas e demais sujeiras com pano umedecido em aguarrás e as superfícies brilhantes devem ser lixadas até a perda total do brilho.

Outros produtos relacionados

Fundo Cinza Anticorrosivo Futura Super

É indicado para proteção de superfícies de metais ferrosos, em ambientes internos e externos.

Fundo Branco Para Madeiras Futura Super

Indicado para preparação de superfícies de madeiras novas, em ambientes internos e externos.

Grafite Fosco Futura Super

Indicado para acabamento de superfícies internas ou externas de metais.

Grafite Fosco Futura Super

Indicado para acabamento de superfícies internas ou externas de metais. **Grafite Fosco Futura Super** possui ótimo poder de cobertura, alastramento e rendimento, além de atuar como inibidor da corrosão, não sendo necessária aplicação de fundo em repintura.

Embalagens/Rendimento
Quarto (0,9 L): Metais: 7,5 a 10 m²/demão.
Galão (3,6 L): Metais: 30 a 40 m²/demão.

Acabamento
Fosco.

Aplicação
Rolo de espuma ou pincel macio. Aplicar 1 a 3 demãos, dependendo da cor escolhida, cor de fundo e superfície. Para limpeza de ferramentas, utilize aguarrás. Misture o esmalte antes e durante a aplicação com espátula apropriada isenta de impurezas ou contaminantes.

Diluição
Rolo ou pincel em aguarrás: 10% a 20%.
Pistola em aguarrás: até 30%.

Cor
Cinza grafite.

Secagem
Ao toque: 2 horas.
Entre demãos: 12 horas.
Final: 24 horas.
A cura total da película da tinta ocorre aproximadamente 30 dias após a aplicação.

Dicas e preparação de superfície

Antes de aplicar o GRAFITE FOSCO FUTURA SUPER, seja qual for a superfície, limpe-a previamente eliminando partes soltas, poeiras e demais sujeiras. Lixar toda superfície e limpar com pano umedecido em aguarrás.
Pinturas novas: prepare a superfície a ser pintada adequadamente, pois este é o ponto principal para se obter um bom resultado em seu acabamento.
Metais galvanizados ou alumínio: utilize fundos apropriados antes de aplicar o acabamento.
Repintura: eliminar partes soltas e demais sujeiras com pano umedecido em aguarrás e as superfícies brilhantes devem ser lixadas até a perda total do brilho.

Outros produtos relacionados

Fundo Cinza Anticorrosivo Futura Super

Indicado para proteção de superfícies de metais ferrosos, em ambientes internos e externos.

Esmalte Sintético Futura Super

indicado para pintura de superfícies internas ou externas de madeiras ou metais.

Esmalte Base Água Futura Super Premium

indicado para pintura de superfícies internas ou externas de madeiras ou metais ferrosos, galvanizados, alumínio e PVC.

Fundo Cinza Anticorrosivo Futura Super

Indicado para proteção de superfícies internas ou externas de metais. **Fundo Cinza Anticorrosivo Futura Super** possui ótimo poder de cobertura, alastramento e rendimento, além de atuar como inibidor da corrosão. Com sua fórmula especial, aumenta a proteção contra ferrugem e maresia. Com acabamento fosco na cor cinza, facilita a aplicação dos produtos de acabamento.

Embalagens/Rendimento

Quarto (0,9 L): Metais: 8 a 10 m²/demão.
Galão (3,6 L): Metais: 30 a 40 m²/demão.

Acabamento

Fosco.

Aplicação

Rolo de espuma ou pincel macio. Aplicar 1 a 3 demãos em ambientes internos e de 3 a 4 em ambientes externos. Para limpeza de ferramentas, utilize aguarrás. Para melhor acabamento, recomendamos uso de lixa fina entre uma demão e outra. Misture o produto antes e durante a aplicação com espátula apropriada isenta de impurezas ou contaminantes.

Diluição

Rolo ou pincel em aguarrás: 10% a 20%.
Pistola em aguarrás: até 30%.

Cor

Cinza.

Secagem

Ao toque: 2 horas.
Final: 24 horas.
A cura total da película da tinta ocorre aproximadamente 30 dias após a aplicação.

Dicas e preparação de superfície

Lixar com uma lixa para ferro grana 100 até eliminação das impurezas do metal, remover o pó com pano umedecido em aguarrás e aplicar uma demão do FUNDO CINZA ANTICORROSIVO FUTURA SUPER.
Repintura: Lixar com uma lixa para ferro grana 80 até eliminação das impurezas do metal, pontos de ferrugem e perda do brilho da tinta, remover o pó com pano umedecido em aguarrás e aplicar uma demão do FUNDO CINZA ANTICORROSIVO FUTURA SUPER. (recomendamos em alguns casos de ferrugem, raspar ou escovar a área afetada até remoção das “fuligens” da ferrugem).

Outros produtos relacionados

Esmalte Sintético Futura Super

Indicado para pintura de superfícies internas ou externas de madeiras ou metais.

Esmalte Base Água Futura Super Premium

Indicado para pintura de superfícies internas ou externas de madeiras ou metais ferrosos, galvanizados, alumínio e PVC.

Grafite Fosco Futura Super

Indicado para acabamento de superfícies internas ou externas de metais.

Zarcão Futura Super

Indicado para proteção de superfícies internas ou externas de metais ferrosos. **Zarcão Futura Super** possui ótimo poder de cobertura, alastramento e rendimento, além de atuar como inibidor da corrosão.

Embalagens/Rendimento
Quarto (0,9 L): Metais: 7,5 a 10 m²/demão.
Galão (3,6 L): Metais: 30 a 40 m²/demão.

Acabamento
Fosco.

Aplicação
Rolo de espuma ou pincel macio. Aplicar 1 a 3 demãos. Para limpeza de ferramentas, utilize aguarrás. Misture o produto antes e durante a aplicação com espátula apropriada isenta de impurezas ou contaminantes.

Diluição
Rolo ou pincel em aguarrás: 10% a 20%.
Pistola em aguarrás: até 30%.

Cor
Laranja óxido

Secagem
Ao toque: 2 horas.
Entre demãos: 12 horas.
Final: 24 horas.
A cura total da película da tinta ocorre aproximadamente 30 dias após a aplicação.

Dicas e preparação de superfície

Antes de aplicar o ZARCÃO FUTURA SUPER seja qual for a superfície, limpe-a previamente eliminando partes soltas, poeiras e demais sujeiras. Lixar toda superfície e limpar com pano umedecido em aguarrás.
Pinturas novas: prepare a superfície a ser pintada adequadamente, pois este é o ponto principal para se obter um bom resultado em seu acabamento.
Metais galvanizados ou alumínio: utilize fundos apropriados antes de aplicar o acabamento.
Repintura: eliminar partes soltas e demais sujeiras com pano umedecido em aguarrás e as superfícies brilhantes devem ser lixadas até a perda total do brilho.

Outros produtos relacionados

Fundo Cinza Anticorrosivo Futura Super

Indicado para proteção de superfícies de metais ferrosos, em ambientes internos e externos.

Esmalte Sintético Futura Super

Indicado para pintura de superfícies internas ou externas de madeiras ou metais.

Esmalte Base Água Futura Super Premium

Indicado para pintura de superfícies internas ou externas de madeiras ou metais ferrosos, galvanizados, alumínio e PVC.

Verniz Duplo Filtro Solar Futura Super

É um verniz com aditivos absorvedores de raios ultravioletas que agem como filtro solar, protegendo e embelezando a madeira por mais tempo. Sendo de fácil aplicação e ótima resistência, pode ser aplicado em madeiras novas (previamente seladas) em áreas internas ou externas ou em repintura sobre verniz. **Verniz Duplo Filtro Solar Futura Super** possui acabamento brilhante e três versões: incolor, mogno e imbuia.

Embalagens/Rendimento

Quarto (0,9 L): Madeiras: 8 a 10 m²/demão.
Galão (3,6 L): Madeiras: 30 a 40 m²/demão.

Acabamento

Brilhante.

Aplicação

Rolo de espuma, pincel macio ou pistola. Aplicar 2 a 3 demãos em ambientes internos e 3 a 4 em ambientes externos. Para limpeza de ferramentas, utilize aguarrás. Para melhor acabamento, recomendamos o uso de lixa fina entre uma demão e outra. Misture o produto antes e durante a aplicação com espátula apropriada isenta de impurezas ou contaminantes.

Diluição

Rolo ou pincel em aguarrás: 10% a 20%.
Pistola em aguarrás: até 30%.

Cor

Cores de catálogo: 3.

Secagem

Ao toque: 4 horas.
Entre demãos: 8 horas.
Final: 24 horas.
A cura total da película da tinta ocorre aproximadamente 30 dias após a aplicação.

Dicas e preparação de superfície

Antes de aplicar o VERNIZ DUPLO FILTRO SOLAR FUTURA SUPER, seja qual for a superfície, limpe-a previamente eliminando partes soltas, poeiras e demais sujeiras. Lixar toda superfície e limpar com pano umedecido em aguarrás.
Pinturas em madeiras novas: prepare a superfície a ser pintada adequadamente, pois este é o ponto principal para se obter um bom resultado em seu acabamento. Lixe com uma lixa para madeiras, remova o pó e aplique Seladora para madeiras (em ambientes internos que não tenham contato com água, vapor, umidade e sol) ou dilua o próprio verniz com 50% de aguarrás em volume.
Repintura em madeiras já envernizadas: eliminar partes soltas e demais sujeiras com pano umedecido em aguarrás e as superfícies brilhantes devem ser lixadas até a perda total do brilho.
Madeiras resinosas (imbuia, peroba, ipê etc.): faça um teste em uma área pequena antes da aplicação para verificar se ocorre amarelamento ou outras reações.

Outros produtos relacionados

Verniz Marítimo Futura Super

É um verniz cristalino de fino acabamento que realça os veios e a cor natural da madeira, sendo de fácil aplicação e ótima resistência.

Esmalte Sintético Futura Super

Indicado para pintura de superfícies internas ou externas de madeiras ou metais.

Esmalte Base Água Futura Super

Indicado para pintura de superfícies internas ou externas de madeiras ou metais ferrosos, galvanizados, alumínio e PVC.

Verniz Marítimo Futura Super

É um verniz cristalino de fino acabamento que realça os veios e a cor natural da madeira, sendo de fácil aplicação e ótima resistência. **Verniz Marítimo Futura Super** pode ser aplicado em madeiras novas (previamente seladas) em áreas internas, externas ou em repintura sobre verniz.

Embalagens/Rendimento

Quarto (0,9 L): Madeiras: 8 a 10 m²/demão.
Galão (3,6 L): Madeiras: 30 a 40 m²/demão.

Acabamento

Brilhante.

Aplicação

Rolo de espuma, pincel macio ou pistola. Aplicar 2 a 3 demãos em ambientes internos e 3 a 4 em ambientes externos. Para limpeza de ferramentas, utilize aguarrás. Para melhor acabamento, recomendamos o uso de lixa fina entre uma demão e outra. Misture o produto antes e durante a aplicação com espátula apropriada isenta de impurezas ou contaminantes.

Diluição

Rolo ou pincel em aguarrás: 10% a 20%.
Pistola em aguarrás: até 30%.

Cor

Incolor.
Disponível no sistema tintométrico Magia das Cores com 6 tonalidades.

Secagem

Ao toque: 4 horas.
Entre demãos: 8 horas.
Final: 24 horas.
A cura total da película da tinta ocorre aproximadamente 30 dias após a aplicação.

Dicas e preparação de superfície

Antes de aplicar o VERNIZ MARÍTIMO FUTURA SUPER, seja qual for a superfície, limpe-a previamente eliminando partes soltas, poeiras e demais sujeiras. Lixar toda superfície e limpar com pano umedecido em aguarrás.
Pinturas em madeiras novas: prepare a superfície a ser pintada adequadamente, pois este é o ponto principal para se obter um bom resultado em seu acabamento. Lixe com uma lixa para madeiras, remova o pó e aplique Seladora para madeiras (em ambientes internos que não tenham contato com água, vapor, umidade e sol) ou dilua o próprio verniz com 50% de aguarrás em volume.
Repintura em madeiras já envernizadas: eliminar partes soltas e demais sujeiras com pano umedecido em aguarrás e as superfícies brilhantes devem ser lixadas até a perda total do brilho.
Madeiras resinosas (imbuia, peroba, ipê, etc.): faça um teste em uma área pequena antes da aplicação para verificar se ocorre amarelamento ou outras reações.

Outros produtos relacionados

Esmalte Sintético Futura Super

indicado para pintura de superfícies internas ou externas de madeiras ou metais.

Esmalte Base Água Futura Super Premium

indicado para pintura de superfícies internas ou externas de madeiras ou metais ferrosos, galvanizados, alumínio e PVC.

Verniz Duplo Filtro Solar Futura Super

É um verniz com aditivos absorvedores de raios ultravioletas que agem como Filtro Solar, protegendo e embelezando a madeira por mais tempo.

Fundo Branco para Madeiras Futura Super

Indicado para preparação de superfícies de madeiras novas, em ambientes internos ou externos. Com seu alto poder de enchimento, o **Fundo Branco para Madeiras Futura Super** confere excelente nivelamento e uniformidade de absorção, aumentando o rendimento e melhorando o acabamento final das tintas de acabamento.

Embalagens/Rendimento

Quarto (0,9 L): Madeiras novas: 7 a 10 m²/demão.
Galão (3,6 L): Madeiras novas: 30 a 40 m²/demão.

Acabamento

Fosco.

Aplicação

Rolo de espuma ou trincha/pincel macio. Aplicar 1 a 3 demãos dependendo da superfície. Misture o produto antes e durante a aplicação com espátula apropriada isenta de impurezas ou contaminantes.

Diluição

Rolo ou pincel em aguarrás: 10% a 20%.
Pistola em aguarrás: até 30%.

Cor

Branca.

Secagem

Ao toque: 2 horas.
Entre demãos: 12 horas.
Final: 24 horas.
A cura total da película da tinta ocorre aproximadamente 30 dias após a aplicação.

Dicas e preparação de superfície

Lixar com uma lixa para ferro grana 100 até eliminação das "farpas", remover o pó com pano umedecido em aguarrás e aplicar uma demão do FUNDO BRANCO PARA MADEIRAS FUTURA SUPER. Aguardar a secagem de 12 horas, lixar com uma lixa para madeiras grana 150 apenas para alisar a superfície, remover o pó com pano seco e aplicar a tinta de acabamento.
Este produto também pode ser utilizado para correção de manchas amareladas persistentes (que não são removíveis com detergente neutro) de gordura, nicotina, outros fungos e manchas em forros e gesso.

Outros produtos relacionados

Esmalte Sintético Futura Super

indicado para pintura de superfícies internas ou externas de madeiras ou metais.

Esmalte Base Água Futura Super Premium

indicado para pintura de superfícies internas ou externas de madeiras ou metais ferrosos, galvanizados, alumínio e PVC.

Tinta para Piso Futura Super

PREMIUM ★★★★★

Indicada para superfícies de pisos cimentados, quadras poliesportivas, demarcação de estacionamentos e garagens, áreas de recreação, pisos comerciais, mesmo que já tenham sido pintados anteriormente, em áreas internas e externas. **Tinta para Piso Futura Super** possui excelente poder de cobertura, resistência e acabamento fosco.

Embalagens/Rendimento

Galão (3,6 L): Contra piso cimentado: 28 a 35 m²/demão. Repintura: 30 a 40 m²/demão.
Lata (18 L): Contra piso cimentado: 140 a 175 m²/demão. Repintura: 150 a 200 m²/demão.

Acabamento

Fosco.

Aplicação

Rolo de lã de pelo baixo ou pincel/trincha apropriado. Aplicar 2 a 3 demãos, dependendo da superfície. Misture a tinta antes e durante a aplicação com espátula apropriada isenta de impurezas ou contaminantes.

Diluição

Rolo ou Pincel: 30%.

Cor

Cores de catálogo: 9.

Secagem

Ao toque: 1 hora.
Entre demãos: 4 horas.
Final (Tráfego de pessoas): 24 horas.
Final (Tráfego de veículos): 72 horas.

Dicas e preparação de superfície

Antes de aplicar a TINTA PARA PISO FUTURA SUPER, seja qual for a superfície, limpe-a previamente eliminando partes soltas, manchas gordurosas (lavando com água e sabão ou detergente neutro), mofo (limpe com solução de água sanitária com água na proporção de 1:1 e enxágue bem), poeiras e demais sujeiras.
Repintura sobre tintas antigas: eliminar partes soltas, sendo que as superfícies brilhantes devem ser lixadas até a perda total do brilho.
Superfícies caiadas, calcinadas e descascadas: raspar e escovar toda área afetada eliminando a cal e as partes soltas.
Reboco fraco/desagregado: raspar e escovar toda área afetada eliminando partes soltas, aplicar uma demão de FUNDO PREPARADOR DE PAREDES, refazer a massa de reboco, aguardar a cura de 30 dias, lixar toda superfície e aplicar novamente o FUNDO PREPARADOR DE PAREDES.
OBS.: TINTA PARA PISO FUTURA SUPER deve ser aplicada sobre superfícies limpas e secas. Caso seja necessário, lavar, raspar ou escovar a área eliminando todas as partes soltas, poeira, areia, manchas de gordura, cera, graxa e óleo. Não deve ser aplicada sobre superfícies esmaltadas, vitrificadas, enceradas ou qualquer outra área não porosa. Para cimentados ou pisos de cimento queimado, lave-os com uma solução de água potável e ácido muriático (2 partes de água e 1 parte de acido) deixando agir por 30 minutos, enxágue com água em abundância e aguarde a secagem total.

Outros produtos relacionados

Selador Acrílico Futura Super

Indicado para selar e uniformizar a absorção de superfícies de áreas internas de reboco novo, concreto aparente e superfícies externas de reboco novo, concreto aparente, blocos de concreto, fibrocimento e massa fina.

Fundo Preparador de Paredes Futura Super

Indicado para superfícies que apresentam baixa coesão em áreas internas e externas de reboco fraco, massa fina, superfícies caiadas, calcinadas, descascadas, gesso, gesso cartonado e pintura antiga.

Tinta para Gesso Futura Super

Indicada para pintura direta sobre superfícies de gesso e placas de gesso ou cartonado (Drywall). Sua fórmula especial age como fixadora de partículas soltas sobre o gesso, proporcionando um melhor acabamento sem a necessidade de Fundo Preparador de Paredes. **Tinta para Gesso Futura Super**, possui ótimo poder de cobertura, secagem rápida, alastramento e rendimento, com acabamento fosco, além de obter boa resistência às intempéries.

Embalagens/Rendimento

Galão (3,6 L): Gesso novo: 25 a 30 m²/demão.
Massas Niveladoras: 30 a 40 m²/demão.
Repintura: 30 a 45 m²/demão.
Lata (18 L): Gesso novo: 100 a 150 m²/demão.
Massas Niveladoras: 150 a 200 m²/demão.
Repintura: 150 a 225 m²/demão.

Acabamento

Fosco.

Aplicação

Rolo de lã de pelo baixo ou pincel macio, trincha ou pistola. Aplicar 2 a 3 demãos com intervalos de 4 horas. Misture a tinta antes e durante a aplicação com espátula apropriada isenta de impurezas ou contaminantes.

Diluição

Primeira demão sobre gesso novo: 50%.
Pincel ou Trincha: 20% a 30%.
Rolo: 30%.

Cor

Branca.

Secagem

Ao toque: 1 hora.
Entre demãos: 4 horas.
Final: 12 horas.

Dicas e preparação de superfície

Antes de aplicar a TINTA PARA GESSO FUTURA SUPER, seja qual for a superfície, limpe-a previamente eliminando partes soltas, manchas gordurosas (lavando com água e sabão ou detergente neutro), mofo (limpe com solução de água sanitária com água na proporção de 1:1 e enxágue bem), poeiras e demais sujeiras. **Repintura**: eliminar partes soltas, sendo que as superfícies brilhantes devem ser lixadas até a perda total do brilho. Pata obter melhor acabamento em ambientes internos, aplique MASSA CORRIDA FUTURA SUPER. **Gesso novo**: aguardar a secagem total do gesso, remover todo o pó e aplicar uma demão da TINTA PARA GESSO FUTURA SUPER diluída em até 50% com água potável. **OBS.**: Na fabricação de placas de gesso pré-moldadas, eventualmente podem ser utilizados desmoldantes não indicados ou adequados, que ocasionem manchas amareladas na superfície. Para correção deste problema, aconselhamos aplicar 1 demão de FUNDO BRANCO PARA MADEIRAS FUTURA SUPÉR, seguindo diluição e secagem da embalagem. Após esse procedimento, aplicar nova demão de TINTA PARA GESSO FUTURA SUPER.

Outros produtos relacionados

Massa Acrílica Futura Super

Indicada para nivelar e corrigir imperfeições de superfícies internas e externas de reboco, gesso, gesso cartonado, fibrocimento e áreas já pintadas anteriormente.

Massa Corrida Futura Super

Indicada para nivelar e corrigir imperfeições de superfícies internas de reboco, gesso, gesso cartonado e áreas já pintadas anteriormente, proporcionando um acabamento liso e fino.

Fundo Preparador de Paredes Futura Super

Indicado para superfícies que apresentam baixa coesão em áreas internas e externas de reboco fraco, massa fina, superfícies caiadas, calcinadas, descascadas, gesso, gesso cartonado e pintura antiga.

A Hidracor é uma empresa fundada em 1963, cujo controle acionário pertence ao Grupo J. Macêdo, um dos maiores grupos do Norte-Nordeste do Brasil com faturamento global de R$ 1,9 bilhões em 2010 e atuação nacional. Na área de alimentos, é proprietário de marcas como Dona Benta, Petybon, Sol, Fama, Branca de Neve, Brandini, Águia, entre outras.

Iniciou suas atividades com a produção de tinta em pó hidrossolúvel e supercal e é líder nacional nessa categoria desde sua fundação. É a primeira do Brasil em tintas hidrossolúveis, tudo isso graças a um trabalho feito com profissionalismo e um rigoroso controle de qualidade que vai desde o início do processo, com a extração do calcário dolomítico nas minas, à queima da pedra nos fornos, moagem, hidratação, processo de colorimetria micronização e embalagem.

Com mais de 45 anos no mercado, busca sempre: garantir a satisfação dos seus clientes, oferecer produtos de qualidade, atender em todos os produtos aos requisitos técnicos e normas do setor, melhorar continuamente seus processos e recursos e desenvolver o capital humano. Isso lhe rendeu a certificação de qualidade ISO 9001 e a qualificação no Programa Setorial da Qualidade – Tintas Imobiliárias, do PBQP-H, gerenciado pela ABRAFATI.

Ao longo de todos esses anos, tem ampliado o portfólio de produtos. Possuindo, hoje, uma linha completa de tintas látex, esmaltes, texturas, complementos acrílicos, solventes, corantes, tinta em pó e supercal.

Seu moderno parque fabril e seu rigoroso controle de qualidade asseguram ao consumidor produtos com a mais alta tecnologia e qualidade. Totalmente mecanizada e informatizada, sua concepção obedece aos mais rígidos e avançados controles de processo, o que garantiu em 2009 a premiação da FIEC-CE com o certificado de produção limpa.

Atualmente, possui três unidades fabris no estado do Ceará – Maracanaú, Acarape e Canindé e um Centro de Distribuição na cidade de Recife – Pernambuco. Conta ainda com uma equipe de mais de 450 funcionários. A Hidracor , também, possui uma das maiores redes de pontos de venda no mercado onde atua, indo de Minas Gerais a Roraima. São mais de 20.000 pontos de venda, 8000 clientes diretos, com distribuição de seus produtos para 1.200 municípios brasileiros.

Nosso desafio é muito mais do que produzir tintas para a construção civil, buscamos desenvolver atividades que garantam satisfação dos nossos clientes e consumidores. Por tudo isso, fabricamos as tintas que deixam o nosso Brasil muito mais verde, amarelo, azul e branco.

Certificações

Vista Aérea - Unidade Fabril - Maracanaú

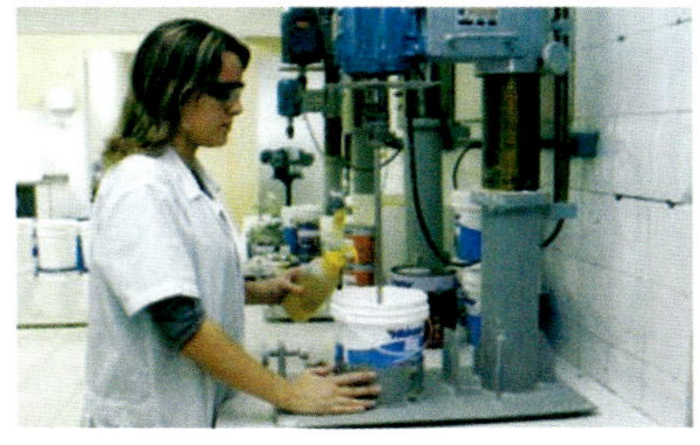

Laboratório de Desenvolvimento

Centro de Treinamento

Expedição

Informações de Serviço ao Consumidor:

A empresa dispõe de Serviço de Atendimento ao Consumidor

0800 703 4445 ou site www.hidracor.com.br

Hidralacril Tinta Acrílica Super Lavável

PREMIUM ★★★★★

É uma tinta acrílica premium de alto desempenho, com zero odor e super lavável. Além disso, tem ótima cobertura e excelente resistência. Sua fórmula exclusiva confere à película alta durabilidade e finíssimo acabamento. Possui duas opções de acabamento: semibrilho e acetinado, que proporcionam beleza e sofisticação para os ambientes. Produtos classificado conforme norma NBR-11702 de julho de 2010 da ABNT tipo 4.5.4. Tinta à base de dispersão aquosa acrílico-estirenada, pigmentos ativos, cargas minerais, coalescentes, espessantes acrílicos, microbicidas não metálicos e água. É indicada para superfície de alvenaria, bloco de concreto ou cimento amianto em áreas externas e internas de fino acabamento.

Embalagens/Rendimento por demão

Balde (18 L): Até 325 m²/demão.
Galão (3,6 L): Até 65 m²/demão.

Acabamento

Semibrilho ou Acetinado.

Aplicação

Pincel, rolo de lã, trincha ou pistola.

Diluição

Em superfícies seladas ou repintura, diluir até 20% com água limpa. Sobre reboco novo, diluir a primeira demão a 50%.

Cor

Damasco SB, Amarelo Canário SB, Ocre SB, Marfim SB, Pêssego SB, Palha SB, Laranja Cítrico SB, Verde Limão SB, Vermelho Caribe SB, Azul Profundo SB, Vermelho Rubi SB, Violeta SB, Verde Kiwi SB, Azul Mediterrâneo SB, Laranja Havaí SB, Branco Neve SB/AC, Areia SB/AC, Branco Gelo SB/AC, Amorisi SB/AC, Malva SB, Pérola SB.Cores disponíveis, também, no sistema tintométrico- Hidracores.

Secagem

Ao toque: 30 minutos.
Entre demãos: 4 horas.
Final: 4 horas.

Dicas e preparação de superfície

Para atingir o resultado esperado, cuidados prévios devem ser rigorosamente observados. A superfície deve estar firme, coesa, limpa, seca, sem poeira, gordura ou graxa, sabão ou mofo. Conforme norma ABNT NBR 13245, antes de iniciar a pintura, observe as seguintes orientações: **Reboco ou concreto novo**: Aguardar secagem e cura (28 dias no mínimo). **Reboco fraco (baixa coesão) ou altamente absorvente (fibrocimento)**: Aguardar secagem e cura (28 dias no mínimo).Aplicar uma demão de Hidracor Fundo Preparador de Paredes, conforme a recomendação da embalagem. **Imperfeições rasas**: Aplicar uma demão de Hidracor Fundo Preparador de Paredes, conforme a recomendação da embalagem. Corrigir com Hidracor Massa Acrílica (superfícies externas ou internas), ou Hidracor Massa Corrida (superfícies internas). **Imperfeições profundas**: Corrigir com reboco e aguardar. **Superfícies caiadas e superfícies c/ partículas soltas ou mal-aderidas**: Raspar ou escovar a superfície eliminando as partes soltas. Aplicar uma demão de Hidracor Fundo Preparador de Paredes, conforme recomendação da embalagem. **Manchas de gordura ou graxa**: Lavar com solução de água e detergente, enxaguar e aguardar a secagem. **Partes mofadas**: Lavar com água sanitária, enxaguar e aguardar a secagem.

Outros produtos relacionados

Massa Acrílica

Indicada para correção e nivelamento de superfícies externas e internas de reboco, concreto, fibrocimento e gesso.

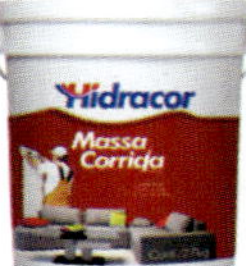

Massa Corrida

Indicada para nivelar e corrigir imperfeições rasas de reboco, gesso, massa fina, fibrocimento e concreto proporcionando um acabamento mais liso e sofisticado.

Selador Acrílico

É indicado para uniformizar absorção em superfícies externas e internas de alvenaria, concreto e fibrocimento. Proporcionando um maior rendimento aos produtos de acabamento.

Extraturbo Tinta Acrílica Concentradíssima

PREMIUM ★★★★★

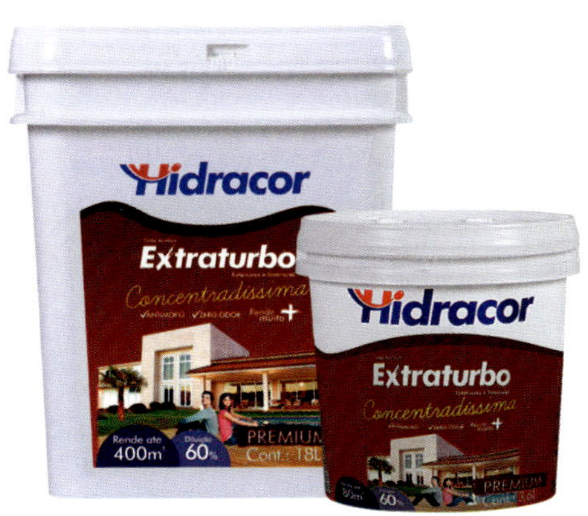

É uma tinta acrílica premium com excelente rendimento, ótima cobertura e zero odor. Possui acabamento fosco-aveludado e é indicada para quem deseja maior desempenho na aplicação, tanto em áreas externas como internas de alvenaria. Este produto está classificado conforme norma NBR-11702 de julho de 2010 da ABNT tipo 4.5.1. Tinta à base de resina de dispersão aquosa de polímeros acrílicos e vinílicos, pigmentos isentos de metais pesados, cargas inertes, glicóis e tenso ativos etoxilados e carboxilados, microbicidas não metálicos e água. É indicada para superfície de alvenaria, bloco de concreto ou cimento amianto em áreas externas e internas de fino acabamento.

Embalagens/Rendimento

Balde (18 L): Até 400 m²/demão.
Galão (3,6 L): Até 80 m²/demão.

Acabamento

Fosco-aveludado.

Aplicação

Pincel, rolo de lã, trincha ou pistola.

Diluição

Diluir com até 60% de água potável. A tinta deve estar homogênea antes e durante a aplicação. Utilize para isso uma espátula.

Cor

Laranja Cítrico, Verde Limão, Vermelho Caribe, Amarelo Canário, Damasco, Ocre, Laranja Havaí, Mostarda, Gerânio, Pérola, Barcelona, Palha, Branco Gelo, Verde Lima, Marfim, Branco Neve, Rosa Lótus, Azul Oceano, Areia, Verde Cítrico, Amarelo Vanila.

Secagem

Ao toque: 30 minutos.
Entre demãos: 4 horas.
Final: 4 horas.

Dicas e preparação de superfície

Para atingir o resultado esperado, cuidados prévios devem ser rigorosamente observados. A superfície deve estar firme, coesa, limpa, seca, sem poeira, gordura ou graxa, sabão ou mofo. Conforme norma ABNT NBR 13245, antes de iniciar a pintura, observe as seguintes orientações: **Reboco ou concreto novo**: Aguardar secagem e cura (28 dias no mínimo). **Reboco fraco (baixa coesão) ou altamente absorvente (fibrocimento)**: Aguardar secagem e cura (28 dias no mínimo).Aplicar uma demão de Hidracor Fundo Preparador de Paredes, conforme a recomendação da embalagem. **Imperfeições rasas**: Aplicar uma demão de Hidracor Fundo Preparador de Paredes, conforme a recomendação da embalagem. Corrigir com Hidracor Massa Acrílica (superfícies externas ou internas), ou Hidracor Massa Corrida (superfícies internas). **Imperfeições profundas**: Corrigir com reboco e aguardar. **Superfícies caiadas e superfícies c/ partículas soltas ou mal-aderidas**: Raspar ou escovar a superfície eliminando as partes soltas. Aplicar uma demão de Hidracor Fundo Preparador de Paredes, conforme recomendação da embalagem. **Manchas de gordura ou graxa**: Lavar com solução de água e detergente, enxaguar e aguardar a secagem. **Partes mofadas**: Lavar com água sanitária, enxaguar e aguardar a secagem.

Outros produtos relacionados

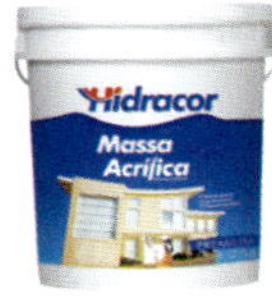

Massa Acrílica

Indicada para correção e nivelamento de superfícies externas e internas de reboco, concreto, fibrocimento e gesso.

Massa Corrida

Indicada para nivelar e corrigir imperfeições rasas de reboco, gesso, massa fina, fibrocimento e concreto proporcionando um acabamento mais liso e sofisticado.

Selador Acrílico

É indicado para uniformizar absorção em superfícies externas e internas de alvenaria, concreto e fibrocimento. Proporcionando um maior rendimento aos produtos de acabamento.

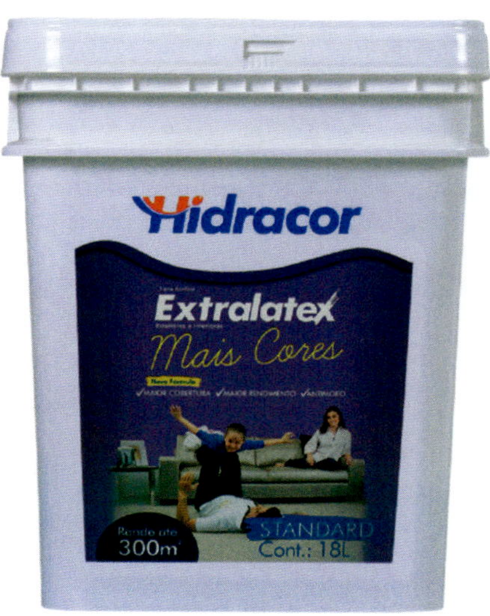

Extralatex Tinta Acrílica Fosca

STANDARD ★★★

É uma tinta acrílica standard de acabamento fosco-aveludado, formulada à base de resina copolímera de alta resistência às intempéries, proporcionando excelente cobertura, ótimo rendimento, fácil aplicação e finíssimo acabamento. Produto classificado conforme norma NBR-11702 de julho de 2010 da ABNT tipo 4.5.2. Tinta à base de dispersão aquosa acrílica estirenada, pigmentos ativos, cargas minerais, coalescentes, espessantes acrílicos, microbicidas não metálicos e água. Produto classificado conforme a norma da ABNT NBR-15079. É indicada para superfície de alvenaria, bloco de concreto ou cimento amianto em áreas externas e internas de fino acabamento.

Embalagens/Rendimento

Balde (18 L): Até 300 m²/demão.
Galão (3,6 L): Até 60 m²/demão.

Acabamento

Fosco-aveludado.

Aplicação

Pincel, rolo de lã, trincha ou pistola.

Diluição

Em superfícies seladas ou repintura, diluir até 20% com água limpa. Sobre reboco novo, diluir a primeira demão a 50%.

Cor

Laranja Cítrico,Verde Limão,Vermelho Caribe,Amarelo Canário, Damasco, Ocre, Laranja Havaí, Mostarda, Gerânio, Pérola, Barcelona, Palha, Branco Gelo, Verde Lima, Marfim, Branco Neve, Rosa Lótus, Verde Kiwi, Violeta Claro, Cerâmica, Concreto, Rosa Grená, Amarelo Floral, Verde Água, Lilás Intenso, Amarelo Óxido, Chocolate, Verde Floresta. Cores disponíveis, também no sistema tintométrico - Hidracores.

Secagem

Ao toque: 30 minutos.
Entre demãos: 4 horas.
Final: 4 horas.

Dicas e preparação de superfície

Para atingir o resultado esperado, cuidados prévios devem ser rigorosamente observados. A superfície deve estar firme, coesa, limpa, seca, sem poeira, gordura ou graxa, sabão ou mofo. Conforme norma ABNT NBR 13245, antes de iniciar a pintura, observe as seguintes orientações: **Reboco ou concreto novo**: Aguardar secagem e cura (28 dias no mínimo). **Reboco fraco (baixa coesão) ou altamente absorvente (fibrocimento)**: Aguardar secagem e cura (28 dias no mínimo). Aplicar uma demão de Hidracor Fundo Preparador de Paredes, conforme a recomendação da embalagem. **Imperfeições rasas**: Aplicar uma demão de Hidracor Fundo Preparador de Paredes, conforme a recomendação da embalagem. Corrigir com Hidracor Massa Acrílica (superfícies externas ou internas), ou Hidracor Massa Corrida (superfícies internas). **Imperfeições profundas**: Corrigir com reboco e aguardar. **Superfícies caiadas e superfícies c/ partículas soltas ou mal-aderidas**: Raspar ou escovar a superfície eliminando as partes soltas. Aplicar uma demão de Hidracor Fundo Preparador de Paredes, conforme recomendação da embalagem. **Manchas de gordura ou graxa**: Lavar com solução de água e detergente, enxaguar e aguardar a secagem. **Partes mofadas**: Lavar com água sanitária, enxaguar e aguardar a secagem.

Outros produtos relacionados

Massa Acrílica

Indicada para correção e nivelamento de superfícies externas e internas de reboco, concreto, fibrocimento e gesso.

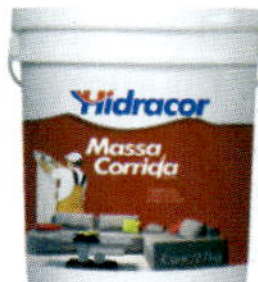

Massa Corrida

Indicada para nivelar e corrigir imperfeições rasas de reboco, gesso, massa fina, fibrocimento e concreto proporcionando um acabamento mais liso e sofisticado.

Selador Acrílico

É indicado para uniformizar absorção em superfícies externas e internas de alvenaria, concreto e fibrocimento. Proporcionando um maior rendimento aos produtos de acabamento.

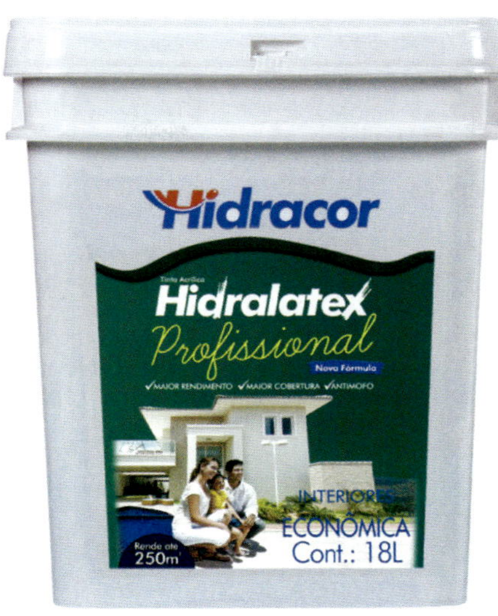

Hidralatex
Tinta Acrílica Profissional

ECONÔMICA ★

É uma tinta látex à base de emulsão acrílica modificada, com ótimo rendimento e cobertura, de baixo respingamento e fácil aplicação. Sua formulação contém aditivos antimofo e bactericidas. Possui uma película com acabamento fosco, levemente aveludado, que proporciona um toque agradável. Produto classificado conforme norma NBR-11702 de julho de 2010 da ABNT tipo 4.5.3. Tinta à base de emulsão acrílica modificada, pigmentos ativos, cargas minerais, coalescentes, espessantes celulósicos e acrílicos, microbicidas não metálicos e água. Produto classificado conforme a norma da ABNT NBR-15079. É indicada para superfície de alvenaria em ambientes internos.

Embalagens/Rendimento

Balde (18 L): Até 250 m²/demão.
Galão (3,6 L): Até 50 m²/demão.

Acabamento

Fosco levemente aveludado.

Aplicação

Pincel, rolo de lã, trincha ou pistola.

Diluição

Em superfícies seladas ou repintura, diluir até 20% com água limpa. Sobre reboco novo, diluir a primeira demão a 50%.

Cor

Areia, Azul Céu, Pérola, Palha, Verde Primavera, Amarelo Vanila, Branco Neve, Marfim, Branco Gelo, Camurça, Pêssego, Cromo Suave, Verde Cítrico, Malva, Violeta Claro, Amarelo Canário, Preto, Barcelona, Verde Folha, Vermelho Caribe, Azul Profundo, Laranja Cítrico, Verde Limão, Laranja Propaganda, Lilás, Caranguejo, Azul Turquesa. Cores disponíveis, também, no sistema tintométrico - Hidracores.

Secagem

Ao toque: 30 minutos.
Entre demãos: 4 horas.
Final: 4 horas.

Dicas e preparação de superfície

Para atingir o resultado esperado, cuidados prévios devem ser rigorosamente observados. A superfície deve estar firme, coesa, limpa, seca, sem poeira, gordura ou graxa, sabão ou mofo. Conforme norma ABNT NBR 13245, antes de iniciar a pintura, observe as seguintes orientações: **Reboco ou concreto novo**: Aguardar secagem e cura (28 dias no mínimo). **Reboco fraco (baixa coesão) ou altamente absorvente (fibrocimento)**: Aguardar secagem e cura (28 dias no mínimo). Aplicar uma demão de Hidracor Fundo Preparador de Paredes, conforme a recomendação da embalagem. **Imperfeições rasas**: Aplicar uma demão de Hidracor Fundo Preparador de Paredes, conforme a recomendação da embalagem. Corrigir com Hidracor Massa Acrílica (superfícies externas ou internas), ou Hidracor Massa Corrida (superfícies internas). **Imperfeições profundas**: Corrigir com reboco e aguardar. **Superfícies caiadas e superfícies c/ partículas soltas ou mal-aderidas**: Raspar ou escovar a superfície eliminando as partes soltas. Aplicar uma demão de Hidracor Fundo Preparador de Paredes, conforme recomendação da embalagem. **Manchas de gordura ou graxa**: Lavar com solução de água e detergente, enxaguar e aguardar a secagem. **Partes mofadas**: Lavar com água sanitária, enxaguar e aguardar a secagem.

Outros produtos relacionados

Massa Acrílica

Indicada para correção e nivelamento de superfícies externas e internas de reboco, concreto, fibrocimento e gesso.

Massa Corrida

Indicada para nivelar e corrigir imperfeições rasas de reboco, gesso, massa fina, fibrocimento e concreto proporcionando um acabamento mais liso e sofisticado.

Selador Acrílico

É indicado para uniformizar absorção em superfícies externas e internas de alvenaria, concreto e fibrocimento. Proporcionando um maior rendimento aos produtos de acabamento.

A tinta que o Brasil aprovou.

Rendmais Tinta Acrílica Fosca

ECONÔMICA ★

É uma tinta acrílica econômica formulada à base de emulsão acrílica modificada, de acabamento fosco, boa cobertura, bom nivelamento e com antimofo, que lhe confere ótima resistência. Este produto está classificado conforme norma NBR-11702 de julho de 2010 da ABNT tipo 4.5.3. Tinta à base de emulsão acrílica modificada, pigmentos orgânicos e inorgânicos, cargas inertes, coalescentes, microbicidas não metálicos e água. Produto classificado conforme a norma da ABNT NBR -15079. Indicada para pintura de superfícies de alvenaria em ambientes internos, proporcionando um acabamento fosco.

Embalagens/Rendimento por demão
Balde (18 L): Até 240 m²/demão.
Galão (3,6 L): Até 48 m²/demão.

Acabamento
Fosco.

Aplicação
Pincel, trincha, rolo de lã ou pistola

Diluição
Diluir até 10% com água limpa.

Cor
Areia, Azul Céu, Pérola, Palha, Verde Primavera, Amarelo Vanila, Branco Neve, Marfim, Branco Gelo, Camurça, Pêssego, Cromo Suave, Verde Cítrico, Malva, Violeta Claro, Azul Nobre, Azul Pavão, Damasco, Flamingo, Verde Amazonas, Rosa Pétala.

Secagem
Ao toque: 30 minutos.
Entre demãos: 4 horas.
Final: 4 horas.

Dicas e preparação de superfície

Para atingir o resultado esperado, cuidados prévios devem ser rigorosamente observados. A superfície deve estar firme, coesa, limpa, seca, sem poeira, gordura ou graxa, sabão ou mofo. Conforme norma ABNT NBR 13245, antes de iniciar a pintura, observe as seguintes orientações: **Reboco ou concreto novo**: Aguardar secagem e cura (28 dias no mínimo). **Reboco fraco (baixa coesão) ou altamente absorvente (fibrocimento)**: Aguardar secagem e cura (28 dias no mínimo). Aplicar uma demão de Hidracor Fundo Preparador de Paredes, conforme a recomendação da embalagem. **Imperfeições rasas**: Aplicar uma demão de Hidracor Fundo Preparador de Paredes, conforme a recomendação da embalagem. Corrigir com Hidracor Massa Acrílica (superfícies externas ou internas), ou Hidracor Massa Corrida (superfícies internas). **Imperfeições profundas**: Corrigir com reboco e aguardar. **Superfícies caiadas e superfícies c/ partículas soltas ou mal-aderidas**: Raspar ou escovar a superfície eliminando as partes soltas. Aplicar uma demão de Hidracor Fundo Preparador de Paredes, conforme recomendação da embalagem. **Manchas de gordura ou graxa**: Lavar com solução de água e detergente, enxaguar e aguardar a secagem. **Partes mofadas**: Lavar com água sanitária, enxaguar e aguardar a secagem.

Outros produtos relacionados

Massa Acrílica
Indicada para correção e nivelamento de superfícies externas e internas de reboco, concreto, fibrocimento e gesso.

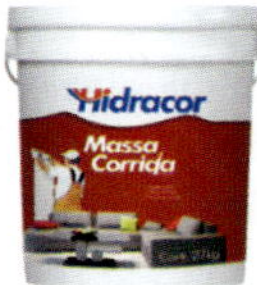

Massa Corrida
Indicada para nivelar e corrigir imperfeições rasas de reboco, gesso, massa fina, fibrocimento e concreto proporcionando um acabamento mais liso e sofisticado.

Selador Acrílico
É indicado para uniformizar absorção em superfícies externas e internas de alvenaria, concreto e fibrocimento. Proporcionando um maior rendimento aos produtos de acabamento.

Hgesso Tinta Acrílica para Gesso e Drywall

É uma tinta à base de emulsão acrilíca, desenvolvida especialmente para aplicação sobre gesso e drywall (gesso acartonado), proporcinando um efeito decorativo de proteção à supefície. Disponível na cor branca, tem acabamento fosco aveludado. Produto classificado conforme norma NBR-11702 de julho de 2010 da ABNT tipo 4.5.5. Tinta formulada à base de resina acrílica modificada, pigmentos ativos e inertes, coalescentes, aditivos, microbicidas não metálicos e água. Possui ótima aderência e poder de penetração. Economiza tempo e mão de obra, pois atua como fundo e acabamento, fixando partículas soltas e secando rapidamente.

Embalagens/Rendimento
Balde (18 L): Até 200 m²/demão.

Acabamento
Fosco.

Aplicação
Pincel, rolo de lã ou pistola.

Diluição
Diluir o Hgesso com água potável. 1° demão, para selar, de 30% a 50%. Demais demãos: de 10% a 20%. Em superfícies seladas ou repintura, diluir até 20% com água limpa.

Cor
Branca.

Secagem
Ao toque: 30 minutos.
Entre demãos: 4 horas.
Final:4 horas.

Dicas e preparação de superfície

Para atingir o resultado esperado, cuidados prévios devem ser rigorosamente observados. A superfície deve estar firme, coesa, limpa, seca, sem poeira, gordura ou graxa, sabão ou mofo. Conforme norma ABNT NBR 13245, antes de iniciar a pintura, observe as seguintes orientações: **Reboco ou concreto novo**: Aguardar secagem e cura (28 dias no mínimo). **Reboco fraco (baixa coesão) ou altamente absorvente (fibrocimento)**: Aguardar secagem e cura (28 dias no mínimo). Aplicar uma demão de Hidracor Fundo Preparador de Paredes, conforme a recomendação da embalagem. **Imperfeições rasas**: Aplicar uma demão de Hidracor Fundo Preparador de Paredes, conforme a recomendação da embalagem. Corrigir com Hidracor Massa Acrílica (superfícies externas ou internas), ou Hidracor Massa Corrida (superfícies internas). **Imperfeições profundas**: Corrigir com reboco e aguardar. **Superfícies caiadas e superfícies c/ partículas soltas ou mal-aderidas**: Raspar ou escovar a superfície eliminando as partes soltas. Aplicar uma demão de Hidracor Fundo Preparador de Paredes, conforme recomendação da embalagem. **Manchas de gordura ou graxa**: Lavar com solução de água e detergente, enxaguar e aguardar a secagem. **Partes mofadas**: Lavar com água sanitária, enxaguar e aguardar a secagem.

Outros produtos relacionados

Massa Acrílica
Indicada para correção e nivelamento de superfícies externas e internas de reboco, concreto, fibrocimento e gesso.

Massa Corrida
Indicada para nivelar e corrigir imperfeições rasas de reboco, gesso, massa fina, fibrocimento e concreto proporcionando um acabamento mais liso e sofisticado.

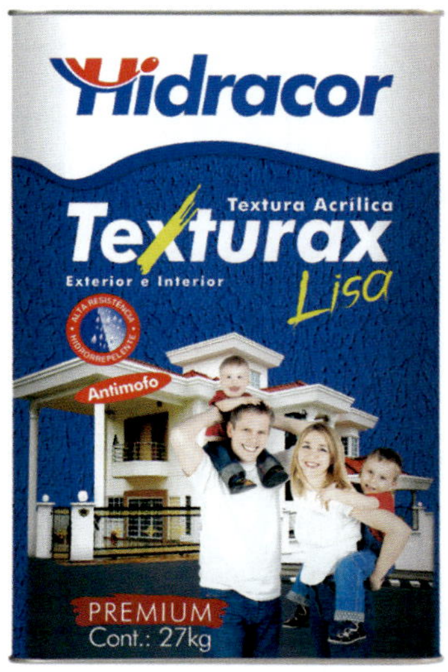

Texturax Lisa
Textura para Fachadas

PREMIUM ★★★★★

É um revestimento texturizado à base de emulsão acrílica estirenada, de elevada consistência e resistência, disfarçando as imperfeições da superfície. Possui também um grande poder de dureza e aderência, além de ser hidrorrepelente. Sua aplicação é simples, mas recomenda-se mão de obra qualificada. Produto classificado conforme norma NBR-11702 de julho de 2010 da ABNT tipo 4.6.1. Textura à base de emulsão acrílica estirenada, cargas minerais, pigmentos ativos e inertes, espessantes celulósicos e acrílicos, solventes alifáticos, microbicidas não metálicos e água. É indicado para personalização de ambientes externos (fachadas, blocos de concreto, fibrocimento etc.) ou internos (salas, hall, corredores etc.) em alvenaria e blocos de concreto.

Embalagens/Rendimento por demão
Lata (27 kg): Até 38 m²/demão.

Acabamento
Fosco.

Aplicação
Rolo de texturizar, desempenadeira, espátulas, escovas etc.

Diluição
Pronto para uso, se necessário diluir até 10% de água potável para facilitar a aplicação.

Cor
Flamingo, Pêssego, Branco Gelo, Branco Neve, Verde Amazonas, Verde Primavera, Palha, Marfim, Pérola, Areia, Damasco, Verde Cítrico, Amarelo Vanila, Cromo Suave, Gerânio, Amarelo Girassol, Vermelho Caribe, Verde Kiwi, Pistache, Verde Musgfo, Florense, Verde Limão, Laranja Cítrico, Camurça, Chocolate, Amarelo Floral, Cerâmica, Rosa Grená, Ocre Colonial, Laranja Havaí, Preto, Barcelona, Azul Profundo, Mostarda. Cores, também, disponíveis no sistema tintométrico - Hidracores.

Secagem
Ao toque: 1 a 2 horas.
Final: 4 a 6 horas.
Cura total: 4 dias.

Dicas e preparação de superfície

Para atingir o resultado esperado, cuidados prévios devem ser rigorosamente observados. A superfície deve estar firme, coesa, limpa, seca, sem poeira, gordura ou graxa, sabão ou mofo. Conforme norma ABNT NBR 13245, antes de iniciar a pintura, observe as seguintes orientações: **Reboco ou concreto novo**: Aguardar secagem e cura (28 dias no mínimo). **Reboco fraco (baixa coesão) ou altamente absorvente (fibrocimento)**: Aguardar secagem e cura (28 dias no mínimo). Aplicar uma demão de Hidracor Fundo Preparador de Paredes, conforme a recomendação da embalagem. **Imperfeições rasas**: Aplicar uma demão de Hidracor Fundo Preparador de Paredes, conforme a recomendação da embalagem. Corrigir com Hidracor Massa Acrílica (superfícies externas ou internas), ou Hidracor Massa Corrida (superfícies internas). **Imperfeições profundas**: Corrigir com reboco e aguardar. **Superfícies caiadas e superfícies c/ partículas soltas ou mal-aderidas**: Raspar ou escovar a superfície eliminando as partes soltas. Aplicar uma demão de Hidracor Fundo Preparador de Paredes, conforme recomendação da embalagem. **Manchas de gordura ou graxa**: Lavar com solução de água e detergente, enxaguar e aguardar a secagem. **Partes mofadas**: Lavar com água sanitária, enxaguar e aguardar a secagem.

Outros produtos relacionados

Massa Acrílica
Indicada para correção e nivelamento de superfícies externas e internas de reboco, concreto, fibrocimento e gesso.

Selador Acrílico
É indicado para uniformizar absorção em superfícies externas e internas de alvenaria, concreto e fibrocimento. Proporcionando um maior rendimento aos produtos de acabamento.

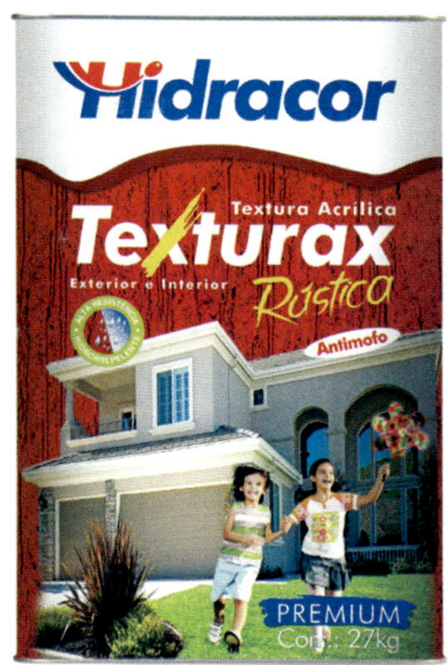

Texturax Rústica
Textura para Fachadas

PREMIUM ★★★★★

É um revestimento texturizado à base de emulsão acrílica estirenada, de elevada consistência e resistência, disfarçando as imperfeições de superfície. Possui também um grande poder de dureza e aderência, além de ser hidrorrepelente. Sua aplicação é simples, mas recomenda-se mão-de-obra qualificada. Produto classificado conforme norma NBR-11702 de julho de 2010 da ABNT tipo 4.6.3. Textura à base de emulsão acrílica estirenada, cargas minerais de diferentes granulometrias, pigmentos ativos e inertes, espessantes celulósicos e acrílicos, solventes alifáticos, microbicidas não metálicos e água. É indicado para personalização de ambientes externos ou internos em alvenaria e blocos de concreto.

Embalagens/Rendimento
Lata (27 kg): Até 11 m²/demão.

Acabamento
Fosco.

Aplicação
Desempenadeira e espátula.

Diluição
Pronto para uso, se necessário diluir até 10% de água potável para facilitar a aplicação.

Cor
Gerânio, Marfim, Cerâmica, Verde Kiwi, Pérola, Amarelo Floral, Palha, Flamingo Areia, Damasco, Branco Gelo, Laranja Havaí, Cromo Suave, Pêssego,Verde Limão, Azul Profundo, Ocre Colonial, Vermelho Caribe, Branco. Cores, também, disponíveis no sistema tintométrico - Hidracores.

Secagem
Ao toque: 1 a 2 horas.
Final: 4 a 6 horas.
Cura total: 4 dias.

Dicas e preparação de superfície

Para atingir o resultado esperado, cuidados prévios devem ser rigorosamente observados. A superfície deve estar firme, coesa, limpa, seca, sem poeira, gordura ou graxa, sabão ou mofo. Conforme norma ABNT NBR 13245, antes de iniciar a pintura, observe as seguintes orientações: **Reboco ou concreto novo**: Aguardar secagem e cura (28 dias no mínimo). **Reboco fraco (baixa coesão) ou altamente absorvente (fibrocimento)**: Aguardar secagem e cura (28 dias no mínimo). Aplicar uma demão de Hidracor Fundo Preparador de Paredes, conforme a recomendação da embalagem. **Imperfeições rasas**: Aplicar uma demão de Hidracor Fundo Preparador de Paredes, conforme a recomendação da embalagem. Corrigir com Hidracor Massa Acrílica (superfícies externas ou internas), ou Hidracor Massa Corrida (superfícies internas). **Imperfeições profundas**: Corrigir com reboco e aguardar. **Superfícies caiadas e superfícies c/ partículas soltas ou mal-aderidas**: Raspar ou escovar a superfície eliminando as partes soltas. Aplicar uma demão de Hidracor Fundo Preparador de Paredes, conforme recomendação da embalagem. **Manchas de gordura ou graxa**: Lavar com solução de água e detergente, enxaguar e aguardar a secagem. **Partes mofadas**: Lavar com água sanitária, enxaguar e aguardar a secagem.

Outros produtos relacionados

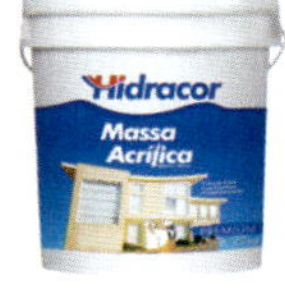

Massa Acrílica
Indicada para correção e nivelamento de superfícies externas e internas de reboco, concreto, fibrocimento e gesso.

Selador Acrílico
É indicado para uniformizar absorção em superfícies externas e internas de alvenaria, concreto e fibrocimento. Proporcionando um maior rendimento aos produtos de acabamento.

Textura Decorax
Textura para Interiores

STANDARD ★★★

É um revestimento texturizado de fácil aplicação, que possui excelente resistência à alcalinidade. Seu alto poder de enchimento permite disfarçar as imperfeições da superfície, possui como característica ser hidrorrepelente após seco conferindo uma maior durabilidade à pintura, por repelir a umidade. Produto classificado conforme norma NBR-11702 de julho de 2010 da ABNT tipo 4.6.1. Textura à base de resina acrílica estirenada, pigmentos ativos e inertes, espessantes celulósicos e acrílicos, hidrocarbonetos alifáticos, coalescentes, surfactantes, microbicidas não metálicos e água. É indicada para ambientes internos em alvenaria e bloco de concreto.

Embalagens/Rendimento por demão
Balde (27 kg): Até 30 m²/demão.

Acabamento
Fosco.

Aplicação
Rolo de texturizar, desempenadeira, espátulas, escovas etc.

Diluição
Pronto para uso, se necessário diluir no máximo com 10% de água potável para facilitar a aplicação.

Cor
Flamingo, Pêssego, Branco Gelo, Branco Neve, Verde Amazonas, Verde Primavera, Palha, Marfim, Pérola, Areia, Damasco, Verde Cítrico, Amarelo Vanila, Cromo Suave.

Secagem
Ao toque: 1 a 2 horas.
Final:4 a 6 horas.
Cura total: 4 dias.

Dicas e preparação de superfície

Para atingir o resultado esperado, cuidados prévios devem ser rigorosamente observados. A superfície deve estar firme, coesa, limpa, seca, sem poeira, gordura ou graxa, sabão ou mofo. Conforme norma ABNT NBR 13245, antes de iniciar a pintura, observe as seguintes orientações: **Reboco ou concreto novo**: Aguardar secagem e cura (28 dias no mínimo). **Reboco fraco (baixa coesão) ou altamente absorvente (fibrocimento)**: Aguardar secagem e cura (28 dias no mínimo). Aplicar uma demão de Hidracor Fundo Preparador de Paredes, conforme a recomendação da embalagem. **Imperfeições rasas**: Aplicar uma demão de Hidracor Fundo Preparador de Paredes, conforme a recomendação da embalagem. Corrigir com Hidracor Massa Acrílica (superfícies externas ou internas), ou Hidracor Massa Corrida (superfícies internas). **Imperfeições profundas**: Corrigir com reboco e aguardar. **Superfícies caiadas e superfícies c/ partículas soltas ou mal-aderidas**: Raspar ou escovar a superfície eliminando as partes soltas. Aplicar uma demão de Hidracor Fundo Preparador de Paredes, conforme recomendação da embalagem. **Manchas de gordura ou graxa**: Lavar com solução de água e detergente, enxaguar e aguardar a secagem. **Partes mofadas**: Lavar com água sanitária, enxaguar e aguardar a secagem.

Outros produtos relacionados

Massa Acrílica
Indicada para correção e nivelamento de superfícies externas e internas de reboco, concreto, fibrocimento e gesso.

Selador Acrílico
É indicado para uniformizar absorção em superfícies externas e internas de alvenaria, concreto e fibrocimento. Proporcionando um maior rendimento aos produtos de acabamento.

Massa Acrílica

Formulada à base de emulsão acrílica modificada, com grande poder de aderência e excelente resistência às intempéries. Tem alto poder de enchimento e facilidade de aplicação e lixamento. Pronta para uso. Produto classificado conforme norma NBR-11702 de julho de 2010 da ABNT tipo 4.7.1. Massa à base de emulsão acrílica modificada, pigmentos ativos, cargas inertes, coalescentes, hidrocarbonetos alifáticos, microbicidas não metálicos e água. Indicada para correção e nivelamento de superfícies externas e internas de reboco, concreto, fibrocimento e gesso.

Embalagens/Rendimento
Balde (27 kg): Até 55 m²/demão.
Galão (5,5 kg): Até 12 m²/demão.

Acabamento
Fosco.

Aplicação
Desempenadeira ou espátula de aço.

Diluição
Produto pronto para uso. Não precisa diluir.

Cor
Branca.

Secagem
Ao toque:1 a 2 horas.
Entre demãos: 4 horas.
Final: 5 horas.
Cura: 4 dias.

Dicas e preparação de superfície

Para atingir o resultado esperado, cuidados prévios devem ser rigorosamente observados. A superfície deve estar firme, coesa, limpa, seca, sem poeira, gordura ou graxa, sabão ou mofo. Conforme norma ABNT NBR 13245, antes de iniciar a pintura, observe as seguintes orientações: **Reboco ou concreto novo**: Aguardar secagem e cura (28 dias no mínimo). **Reboco fraco (baixa coesão) ou altamente absorvente (fibrocimento)**: Aguardar secagem e cura (28 dias no mínimo). Aplicar uma demão de Hidracor Fundo Preparador de Paredes, conforme a recomendação da embalagem. **Imperfeições rasas**: Aplicar uma demão de Hidracor Fundo Preparador de Paredes, conforme a recomendação da embalagem. Corrigir com Hidracor Massa Acrílica (superfícies externas ou internas), ou Hidracor Massa Corrida (superfícies internas). **Imperfeições profundas**: Corrigir com reboco e aguardar. **Superfícies caiadas e superfícies c/ partículas soltas ou mal-aderidas**: Raspar ou escovar a superfície eliminando as partes soltas. Aplicar uma demão de Hidracor Fundo Preparador de Paredes, conforme recomendação da embalagem. **Manchas de gordura ou graxa**: Lavar com solução de água e detergente, enxaguar e aguardar a secagem. **Partes mofadas**: Lavar com água sanitária, enxaguar e aguardar a secagem.

Outros produtos relacionados

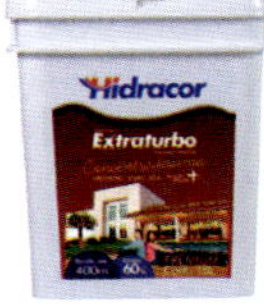

Extraturbo
Tinta acrílica concentradíssima indicada para superfície de alvenaria, bloco de concreto ou cimento amianto em áreas externas e internas de fino acabamento.

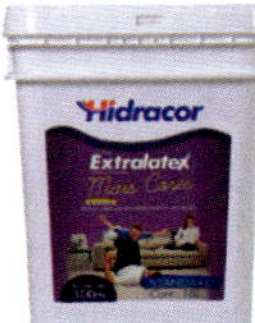

Extralatex
Tinta acrílica fosca indicada para superfície de alvenaria, bloco de concreto ou cimento amianto em áreas externas e internas de fino acabamento.

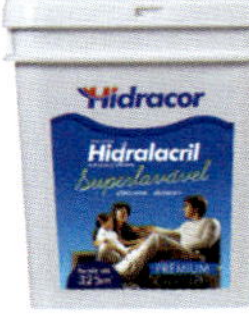

Hidralacril
Tinta acrílica super lavável indicada para superfície de alvenaria, bloco de concreto ou cimento amianto em áreas externas e internas de fino acabamento.

Massa Corrida

É uma massa corrida formulada à base de emulsão vinílica modificada, tem grande poder de enchimento, é fácil de lixar e supermacia, o que facilita sua aplicação. Produto classificado conforme norma NBR-11702 de julho de 2010 da ABNT tipo 4.7.2. Massa à base de emulsão vinílica modificada, pigmentos, cargas inertes, coalescentes, microbicidas não metálicos e água. É indicada para nivelar e corrigir imperfeições rasas de reboco, gesso, massa fina, fibrocimento, concreto, proporcionando um acabamento mais liso e sofisticado.

Embalagens/Rendimento por demão
Balde (27 kg): Até 55 m²/demão.
Galão (5,5 kg): Até 12 m²/demão.

Acabamento
Fosco.

Aplicação
Desempenadeira ou espátula de aço.

Diluição
Produto pronto para uso. Não precisa diluir.

Cor
Branca.

Secagem
Ao toque: 30 minutos.
Entre demãos: 3 horas.
Final: 4 horas.

Dicas e preparação de superfície

Para atingir o resultado esperado, cuidados prévios devem ser rigorosamente observados. A superfície deve estar firme, coesa, limpa, seca, sem poeira, gordura ou graxa, sabão ou mofo. Conforme norma ABNT NBR 13245, antes de iniciar a pintura, observe as seguintes orientações: **Reboco ou concreto novo**: Aguardar secagem e cura (28 dias no mínimo). **Reboco fraco (baixa coesão) ou altamente absorvente (fibrocimento)**: Aguardar secagem e cura (28 dias no mínimo). Aplicar uma demão de Hidracor Fundo Preparador de Paredes, conforme a recomendação da embalagem. **Imperfeições rasas**: Aplicar uma demão de Hidracor Fundo Preparador de Paredes, conforme a recomendação da embalagem. Corrigir com Hidracor Massa Acrílica (superfícies externas ou internas), ou Hidracor Massa Corrida (superfícies internas). **Imperfeições profundas**: Corrigir com reboco e aguardar. **Superfícies caiadas e superfícies c/ partículas soltas ou mal-aderidas**: Raspar ou escovar a superfície eliminando as partes soltas. Aplicar uma demão de Hidracor Fundo Preparador de Paredes, conforme recomendação da embalagem. **Manchas de gordura ou graxa**: Lavar com solução de água e detergente, enxaguar e aguardar a secagem. **Partes mofadas**: Lavar com água sanitária, enxaguar e aguardar a secagem.

Outros produtos relacionados

RendMais
Tinta acrílica fosca indicada para pintura de superfícies de alvenaria em ambientes internos, proporcionando um acabamento fosco.

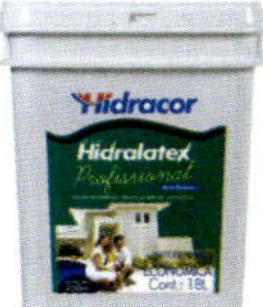

Hidralatex
Tinta acrílica profissional indicada para superfície de alvenaria em ambientes internos, proporcionando um acabamento fosco aveludado.

Hgesso
É indicado para aplicação sobre gesso e drywall (gesso acartonado), proporcionando um efeito decorativo de proteção à superfície. Também pode ser aplicada em superfície interna de reboco e massa corrida.

Selador Acrílico

Formulado à base de emulsão acrílica modificada, de ótima aderência e excelente resistência às intempéries. De boa cobertura e fácil de aplicar.Acabamento na cor branca. Produto classificado conforme norma NBR-11702 de julho de 2010 da ABNT tipo 4.1.2.5. Formulado à base de emulsão acrílica modificada, pigmentos ativos e inertes, cargas minerais, coalescentes, hidrocarbonetos alifáticos microbicidas não metálicos e água. É indicado para uniformizar a absorção em superfícies externas e internas de alvenaria, concreto e fibrocimento. Proporcionando um maior rendimento, e melhor aderência aos produtos de acabamento.

Embalagens/Rendimento
Balde (18 L): Até 125 m²/demão.
Galão (3,6 L): Até 25 m²/demão.

Acabamento
Fosco.

Aplicação
Rolo de lã, pincel, trincha ou pistola.

Diluição
Diluir até 20% com água.

Cor
Branca.

Secagem
Ao toque: 30 minutos.
Entre demãos: 3 horas.
Final: 4 horas.

Dicas e preparação de superfície

Para atingir o resultado esperado, cuidados prévios devem ser rigorosamente observados. A superfície deve estar firme, coesa, limpa, seca, sem poeira, gordura ou graxa, sabão ou mofo. Conforme norma ABNT NBR 13245, antes de iniciar a pintura, observe as seguintes orientações: **Reboco ou concreto novo**: Aguardar secagem e cura (28 dias no mínimo). **Reboco fraco (baixa coesão) ou altamente absorvente (fibrocimento)**: Aguardar secagem e cura (28 dias no mínimo). Aplicar uma demão de Hidracor Fundo Preparador de Paredes, conforme a recomendação da embalagem. **Imperfeições rasas**: Aplicar uma demão de Hidracor Fundo Preparador de Paredes, conforme a recomendação da embalagem. Corrigir com Hidracor Massa Acrílica (superfícies externas ou internas), ou Hidracor Massa Corrida (superfícies internas). **Imperfeições profundas**: Corrigir com reboco e aguardar. **Superfícies caiadas e superfícies c/ partículas soltas ou mal-aderidas**: Raspar ou escovar a superfície eliminando as partes soltas. Aplicar uma demão de Hidracor Fundo Preparador de Paredes, conforme recomendação da embalagem. **Manchas de gordura ou graxa**: Lavar com solução de água e detergente, enxaguar e aguardar a secagem. **Partes mofadas**: Lavar com água sanitária, enxaguar e aguardar a secagem.

Outros produtos relacionados

RendMais
Tinta acrílica fosca indicada para pintura de superfícies de alvenaria em ambientes internos, proporcionando um acabamento fosco.

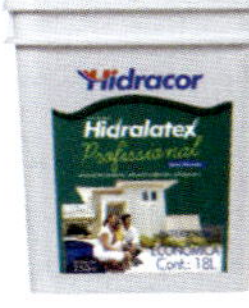

Hidralatex
Tinta acrílica profissional indicada para superfície de alvenaria em ambientes internos, proporcionando um acabamento fosco aveludado.

Hgesso
É indicado para aplicação sobre gesso e drywall (gesso acartonado), proporcionando um efeito decorativo de proteção à superfície. Também pode ser aplicada em superfície interna de reboco e massa corrida.

Verniz Acrílico

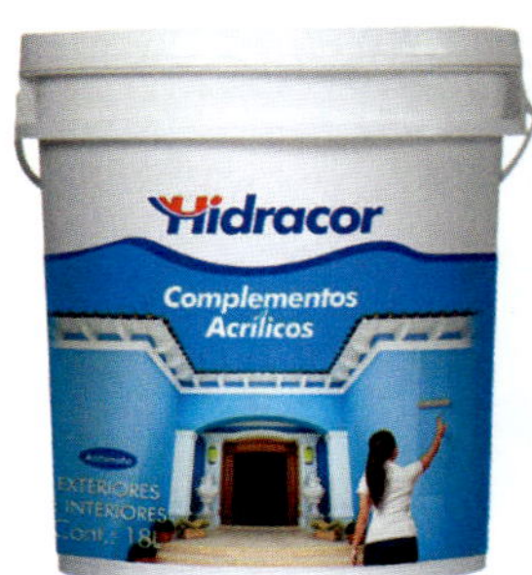

Embalagens/Rendimento
Balde (18 L): Até 250 m²/demão.
Galão (3,6 L): Até 50 m²/demão.

Diluição
Diluir até 20% com água limpa.

Aplicação
Rolo de lã, pincel, trincha ou pistola.

Secagem
Ao toque: 30 minutos.
Entre demãos:4 horas.
Final:4 horas.

Líquido para Brilho

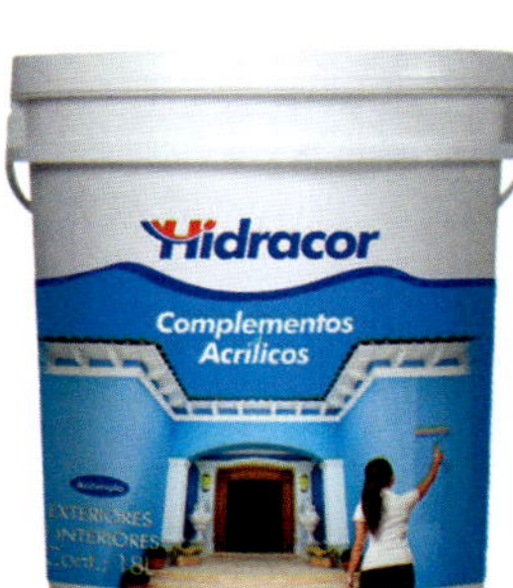

Embalagens/Rendimento
Balde (18 L): Até 225 m²/demão.
Galão (3,6 L): Até 45 m²/demão.

Diluição
Diluir até 20% com água limpa.

Aplicação
Rolo de lã, pincel, trincha ou pistola.

Secagem
Ao toque: 30 minutos.
Entre demãos:4 horas.
Final:4 horas.

Fundo Preparador de Parede

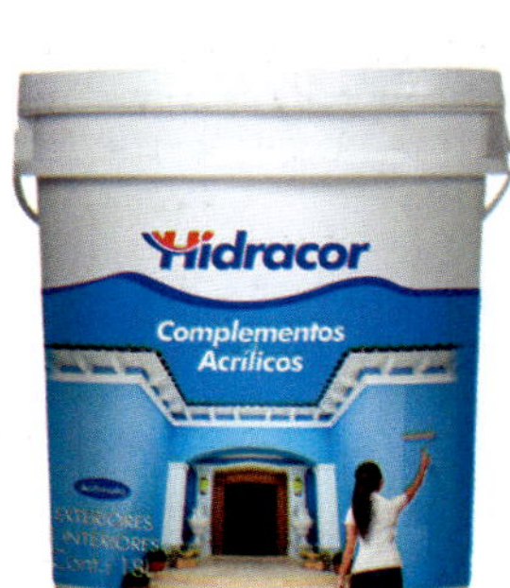

Embalagens/Rendimento
Balde (18 L): Até 200 m²/demão.
Galão (3,6 L): Até 40 m²/demão.

Diluição
Diluir até 20% com água limpa.
Sobre gesso diluir até 100%.

Aplicação
Rolo de lã, pincel, trincha ou pistola.

Secagem
Ao toque: 30 minutos.
Entre demãos:4 horas.
Final:4 horas.

Outros produtos relacionados

Extraturbo
Tinta acrílica concentradíssima indicada para superfície de alvenaria, bloco de concreto ou cimento amianto em áreas externas e internas de fino acabamento.

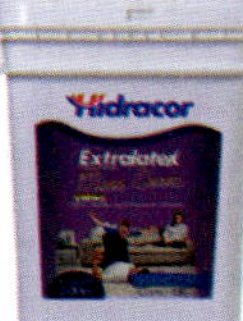

Extralatex
Tinta acrílica fosca indicada para superfície de alvenaria, bloco de concreto ou cimento amianto em áreas externas e internas de fino acabamento.

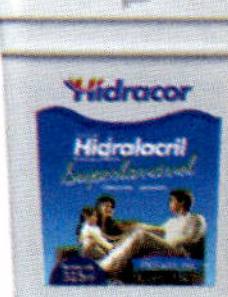

Hidralacril
Tinta acrílica super lavável indicada para superfície de alvenaria, bloco de concreto ou cimento amianto em áreas externas e internas de fino acabamento.

Hidralit Eco
Esmalte à Base D'Água

PREMIUM ★★★★★

Hidralit Eco é um esmalte premium indicado para embelezar e proteger superfícies de metal e madeira. À base de água, possui baixo odor e facilita a limpeza das ferramentas, já que dispensa o uso de Hraz. É um produto de secagem rápida, fácil de aplicar, ótimo alastramento e aderência. Oferece resistência a fungos e não amarela. Produto classificado conforme norma NBR-11702 de julho de 2010 da ABNT tipo 4.2.2.1. Esmalte à base de resina acrílica modificada, pigmentos orgânicos e inorgânicos, coalescentes, espessantes, microbicidas não metálicos e água. É indicado para superfícies externas e internas de madeira, metais ferrosos, galvanizados, alumínio e PVC.

Embalagens/Rendimento
Galão (3,6 L): Até 50 m²/demão.
Lata (0,9 L): Até 13 m²/demão.

Acabamento
Brilhante e Acetinado.

Aplicação
Rolo de lã de pelo baixo, rolo de espuma ou pistola.

Diluição
Diluir até 10% com água potável. Para aplicar a pistola, diluir até 30% com água potável.

Cor
Branco BR/AC, Platina BR/AC, Verde BR, Marfim BR/AC, Branco Gelo BR/AC, Vermelho BR, Azul Del Rey BR, Laranja Cítrico BR, Verde Limão BR, Tabaco BR, Amarelo BR, Preto BR.

Secagem
Ao toque: 28 minutos.
Entre demãos: 3 a 4 horas.
Final: 5 horas.

Dicas e preparação de superfície

A superfície deve estar firme, coesa, limpa, seca, sem poeira, gordura ou graxa, farpas, ferrugem ou mofo. Antes de iniciar a pintura, observe as seguintes orientações: **Mancha de gordura ou graxa**: Desengordurar esfregando pano embebido com Hthinner Hidracor. **Mofo**: Limpar com água sanitária e água, enxaguar e aguardar a secagem. **Ferro**: Remover totalmente a ferrugem com lixa ou escova de aço. Limpar com pano embebido com Hthinner Hidracor. Aplicar uma demão de Hfer. Aguardar secagem. **Galvanizado**: Desengordurar. Aplicar uma demão de Hidracor Fundo para Galvanizado. **Madeira**: Retirar as farpas com lixa, eliminar sujeira com pano embebido com Hthinner. Aplicar uma demão de Fundo Sintético Nivelador Hidracor. **Pequenas imperfeições**: Aplicar Massa para Madeira Hidracor. Sobre a massa aplicar uma nova demão de Fundo Sintético Nivelador. **Repintura**: Lixar a superfície até a perda total do brilho.

Outros produtos relacionados

Fundo Sintético Nivelador
É indicada para aplicação em superfícies externas e internas de madeira nova não resinosa (seca).

Massa para madeira
É indicada para áreas externas e internas em superfícies de madeiras.

Hfer
É indicado para proteção de superfícies externas e internas de metal ferroso.

Hidra+ Esmalte Ultrarrápido

STANDARD ★★★

É um esmalte standard sintético à base de resina alquídica desenvolvido para superfície de madeira e metal. De fácil aplicação e secagem extrarrápida, o Hidra+ possui um alto poder de cobertura nos acabamentos brilhantes, garantindo um ótimo padrão de qualidade à pintura e muita praticidade. Produto classificado conforme norma NBR-11702 de julho de 2010 da ABNT tipo 4.2.1.2. Tinta à base de resinas alquídicas, pigmentos orgânicos, inorgânicos e inertes, aditivos, hidrocarbonetos alifáticos e aromáticos. É indicado para pintura de superfícies externas e internas de metal ferroso, PVC, madeira, cerâmica não vitrificada e alvenaria.

Embalagens/Rendimento por demão

Galão (3,6 L): Até 55 m²/demão.
Lata (0,9 L): Até 14 m²/demão.
Lata (0,112,5 L): Até 1,5 m²/demão.

Acabamento

Alto Brilho e fosco.

Aplicação

Pincel, rolo de espuma ou pistola.

Diluição

Para aplicação a pincel e rolo de espuma: até 10% com Hraz ou Hthinner. Para aplicação com pistola: até 20% com Hthinner.

Cor

Verde Folha, Amarelo, Azul França, Platina, Marfim, Conhaque, Creme, Branco,Preto, Cinza Médio, Branco Gelo, Vermelho, Verde Nilo, Vermelho Goya (vinho), Platina, Tabaco, Preto, Azul Del Rey, Laranja, Azul Mar, Alumínio, Cerâmica, Camurça, Areia, Verde Colonial, Laranja Cítrico, Verde Limão, Branco Fosco, Alumínio, Preto Fosco, Ouro, Bronze, Ouro Antigo, Azul Bike, Prata, Verde Bike, Grafite Metálico.

Secagem

Ao toque: 20 minutos.
Entre demãos: 2 horas.
Final: 8 horas.

Dicas e preparação de superfície

A superfície deve estar firme, coesa, limpa, seca, sem poeira, gordura ou graxa, farpas, ferrugem ou mofo. Antes de iniciar a pintura, observe as seguintes orientações: **Mancha de gordura ou graxa**: Desengordurar esfregando pano embebido com Hthinner Hidracor. **Mofo**: Limpar com água sanitária e água, enxaguar e aguardar a secagem. **Ferro**: Remover totalmente a ferrugem com lixa ou escova de aço. Limpar com pano embebido com Hthinner Hidracor. Aplicar uma demão de Hfer. Aguardar secagem. **Galvanizado**: Desengordurar. Aplicar uma demão de Hidracor Fundo para Galvanizado. **Madeira**: Retirar as farpas com lixa, eliminar sujeira com pano embebido com Hthinner. Aplicar uma demão de Fundo Sintético Nivelador Hidracor. **Pequenas imperfeições**: Aplicar Massa para Madeira Hidracor. Sobre a massa aplicar uma nova demão de Fundo Sintético Nivelador. **Repintura**: Lixar a superfície até a perda total do brilho.

Outros produtos relacionados

Fundo Sintético Nivelador

É indicada para aplicação em superfícies externas e internas de madeira nova não resinosa (seca).

Massa para madeira

É indicada para áreas externas e internas em superfícies de madeiras.

Hfer

É indicado para proteção de superfícies externas e internas de metal ferroso.

Hidralar Esmalte Secagem Rápida

STANDARD ★★★

É um esmalte standard sintético à base de resina alquídica desenvolvida especialmente para superfícies de madeira e metal. De fácil aplicação, o Hidralar possui um alto poder de cobertura e brilho, garantindo um excelente padrão de qualidade à pintura e ao mesmo tempo mais economia. Produto classificado conforme norma NBR-11702 de julho de 2010 da ABNT tipo 4.2.1.2.Tinta à base de resina alquídica, pigmentos orgânicos, inorgânicos e inertes, aditivos, solventes alifáticos e pequena fração de aromáticos. É indicado para pintura de superfície externas e internas de metal ferroso, madeira, cerâmica não vitrificada e alvenaria.

Embalagens/Rendimento
Galão (3,6 L): Até 50 m²/demão.
Lata (0,9 L): Até 13 m²/demão.
Lata (0,225 L): Até 3 m²/demão.
Lata (0,112,5 L): Até 1,5 m²/demão.

Acabamento
Alto brilho.

Aplicação
Pincel, rolo de espuma ou pistola.

Diluição
Para aplicação a pincel e rolo de espuma até 10% com Hraz. Para aplicação com pistola até 30% com Hraz.

Cor
Verde Folha, Amarelo, Azul França, Marfim, Conhaque, Creme, Branco, Cinza Médio, Branco Gelo, Vermelho, Verde Nilo, Vermelho Goya (vinho), Platina, Tabaco, Preto, Azul Del Rey, Laranja, Azul Mar, Cerâmica.

Secagem
Ao toque:1 hora.
Entre demãos:4 horas.
Final:12 horas.

Dicas e preparação de superfície

A superfície deve estar firme, coesa, limpa, seca, sem poeira, gordura ou graxa, farpas, ferrugem ou mofo. Antes de iniciar a pintura, observe as seguintes orientações: **Mancha de gordura ou graxa**: Desengordurar esfregando pano embebido com Hthinner Hidracor. **Mofo**: Limpar com água sanitária e água, enxaguar e aguardar a secagem. **Ferro**: Remover totalmente a ferrugem com lixa ou escova de aço. Limpar com pano embebido com Hthinner Hidracor. Aplicar uma demão de Hfer. Aguardar secagem. **Galvanizado**: Desengordurar. Aplicar uma demão de Hidracor Fundo para Galvanizado. **Madeira**: Retirar as farpas com lixa, eliminar sujeira com pano embebido com Hthinner. Aplicar uma demão de Fundo Sintético Nivelador Hidracor. **Pequenas imperfeições**: Aplicar Massa para Madeira Hidracor. Sobre a massa aplicar uma nova demão de Fundo Sintético Nivelador. **Repintura**: Lixar a superfície até a perda total do brilho.

Outros produtos relacionados

Fundo Sintético Nivelador
É indicada para aplicação em superfícies externas e internas de madeira nova não resinosa (seca).

Massa para madeira
É indicada para áreas externas e internas em superfícies de madeiras.

Hfer
É indicado para proteção de superfícies externas e internas de metal ferroso.

Massa para Madeira

Embalagens/Rendimento
Galão (3,6 L): Até 16 m²/demão.
Lata (0,9 L): Até 4 m²/demão.

Diluição
Produto pronto para uso.
Não precisa diluir.

Aplicação
Desempenadeira de aço e espátula.

Secagem
Ao toque: 30 minutos.
Entre demãos: 4 horas.
Final: 5 horas.

Fundo Sintético Nivelador

Embalagens/Rendimento
Galão (3,6 L): Até 40 m²/demão.
Lata (0,9 L): Até 10 m²/demão.

Diluição
Diluir todas as demãos até 10% com Hraz. A pistola diluir até 30% com Hraz.

Aplicação
Rolo de espuma, pincel, trincha ou pistola.

Secagem
Ao toque: 4 horas.
Entre demãos: 8 a 12 horas.
Final: 12 a 18 horas.

Hfer – Zarcão

Embalagens/Rendimento
Galão (3,6 L): Até 40 m²/demão.
Lata (0,9 L): Até 10 m²/demão.

Diluição
Diluir todas as demãos até 10% com Hraz. À pistola diluir até 30% com Hraz.

Aplicação
Rolo de espuma, trincha ou pistola.

Secagem
Ao toque: 2 a 4 horas.
Entre demãos: 4 a 8 horas.
Final: 12 a 18 horas.

Outros produtos relacionados

Hidralit Eco
Esmalte à base d'água indicado para superfícies externas e internas de madeira, metais ferrosos, galvanizados, alumínio e PVC.

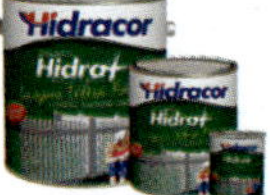

Hidra +
Esmalte Ultrarrápido indicado para pintura de superfícies externas e internas de metal ferroso, PVC, madeira, cerâmica não vitrificada e alvenaria.

Hidralar
Esmalte secagem rápida indicado para pintura de superfície externas e internas de metal ferroso, madeira, cerâmica não vitrificada e alvenaria.

Hpiso Tinta Acrílica Para Pisos e Cimentados

PREMIUM ★★★★★

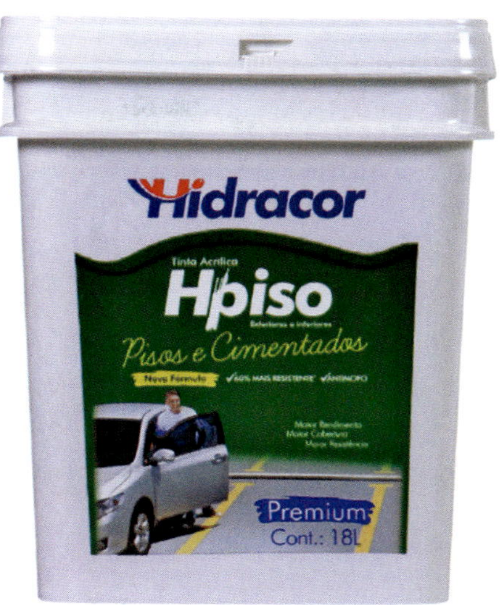

É uma tinta acrílica premium especial de acabamento fosco para áreas externas e internas de pisos cimentados e paredes. Hpiso é um produto fácil de aplicar e com ótima resistência as intempéries e ao tráfego. Produto classificado conforme norma NBR-11702 de julho de 2010 da ABNT tipo 4.5.6. A fórmula possui 60% a mais de resistência mecânica em relação à formula antiga, conforme resultados de laboratório. Tinta à base de emulsão acrílica modificada, pigmentos ativos, cargas minerais, coalescentes, espessantes acrílicos, microbicidas não metálicos e água. É indicada para pintar pisos e paredes externas e internas de áreas de lazer, escadas, quadras poliesportivas, garagens, concreto rústico, concreto liso e para repintura.

Embalagens/Rendimento por demão
Balde (18 L): Até 250 m²/demão.
Galão (3,6 L): Até 50 m²/demão.

Acabamento
Fosco.

Aplicação
Pincel, rolo de lã , trincha ou pistola.

Diluição
Sobre reboco novo diluir a primeira demão até 40% com água limpa. Demais demãos, até 20% com água limpa.

Cor
Amarelo Demarcação, Azul, Vermelho Segurança, Cinza, Branco Neve, Preto, Verde, Vermelho, Concreto.

Secagem
Ao toque: 30 minutos.
Entre demãos: 4 horas.
Final: 12 horas.
Tráfego de pedestre: 48 horas.
Tráfego de veículo: 72 horas.

Dicas e preparação de superfície

Para atingir o resultado esperado, cuidados prévios devem ser rigorosamente observados. A superfície deve estar firme, coesa, limpa, seca, sem poeira, gordura ou graxa, sabão ou mofo. Conforme norma ABNT NBR 13245, antes de iniciar a pintura, observe as seguintes orientações: **Reboco ou concreto novo**: Aguardar secagem e cura (28 dias no mínimo). **Reboco fraco (baixa coesão) ou altamente absorvente (fibrocimento)**: Aguardar secagem e cura (28 dias no mínimo).Aplicar uma demão de Hidracor Fundo Preparador de Paredes, conforme a recomendação da embalagem. **Imperfeições rasas**: Aplicar uma demão de Hidracor Fundo Preparador de Paredes, conforme a recomendação da embalagem. Corrigir com Hidracor Massa Acrílica (superfícies externas ou internas), ou Hidracor Massa Corrida (superfícies internas). **Imperfeições profundas**: Corrigir com reboco e aguardar. **Superfícies caiadas e superfícies c/ partículas soltas ou mal-aderidas**: Raspar ou escovar a superfície eliminando as partes soltas. Aplicar uma demão de Hidracor Fundo Preparador de Paredes, conforme recomendação da embalagem. **Manchas de gordura ou graxa**: Lavar com solução de água e detergente, enxaguar e aguardar a secagem. **Partes mofadas**: Lavar com água sanitária, enxaguar e aguardar a secagem.

Outros produtos relacionados

Massa Acrílica
Indicada para correção e nivelamento de superfícies externas e internas de reboco, concreto, fibrocimento e gesso.

Selador Acrílico
É indicado para uniformizar absorção em superfícies externas e internas de alvenaria, concreto e fibrocimento. Proporcionando um maior rendimento aos produtos de acabamento.

Corante HX

O Corante HX Hidracor é uma solução composta de pigmentos desenvolvido para tingir tintas à base de látex PVA e acrílicas. Possui alto poder de tingimento, fácil homogeneização, resistente ao intemperismo e raios ultravioletas. Corante à base de pigmentos orgânicos e/ ou inorgânicos isentos de metais pesados, tenso-ativos, coalescentes, microbicidas e água. Produto classificado conforme norma NBR-11702 de julho de 2010 da ABNT, tipo 4.7.6. É indicada para tingir diversos tipos de tintas à base d'água: Tintas PVA, vinil-acrílica, tinta em pó e Supercal. Utilizar no máximo um frasco de 50 mL de corante por galão de 3,6 L, para cada pacote de tinta em pó de 2 kg. Adicionar o corante aos poucos homogemeizando junto à tinta até atingir a tonalidade desejada.

Embalagens/Rendimento por demão
Frasco (0,05 L): Um frasco para cada galão de 3,6 L.

Acabamento
De acordo com a tinta aplicada.

Aplicação
Adicionar o conteúdo do frasco na tinta até conseguir a cor desejada.

Diluição
Correspondente à tinta usada.

Cor
Amarelo, Ocre, Verde, Azul, Vermelho, Violeta, Preto e Laranja.

Secagem
Correspondente à tinta usada.

Dicas e preparação de superfície

Para atingir o resultado esperado, cuidados prévios devem ser rigorosamente observados. A superfície deve estar firme, coesa, limpa, seca, sem poeira, gordura ou graxa, sabão ou mofo. Conforme norma ABNT NBR 13245, antes de iniciar a pintura, observe as seguintes orientações: **Reboco ou concreto novo**: Aguardar secagem e cura (28 dias no mínimo). **Reboco fraco (baixa coesão) ou altamente absorvente (fibrocimento)**: Aguardar secagem e cura (28 dias no mínimo).Aplicar uma demão de Hidracor Fundo Preparador de Paredes, conforme a recomendação da embalagem. **Imperfeições rasas**: Aplicar uma demão de Hidracor Fundo Preparador de Paredes, conforme a recomendação da embalagem. Corrigir com Hidracor Massa Acrílica (superfícies externas ou internas), ou Hidracor Massa Corrida (superfícies internas). **Imperfeições profundas**: Corrigir com reboco e aguardar. **Superfícies caiadas e superfícies c/ partículas soltas ou mal-aderidas**: Raspar ou escovar a superfície eliminando as partes soltas. Aplicar uma demão de Hidracor Fundo Preparador de Paredes, conforme recomendação da embalagem. **Manchas de gordura ou graxa**: Lavar com solução de água e detergente, enxaguar e aguardar a secagem. **Partes mofadas**: Lavar com água sanitária, enxaguar e aguardar a secagem.

Outros produtos relacionados

Extraturbo
Tinta acrílica concentradíssima indicada para superfície de alvenaria, bloco de concreto ou cimento amianto em áreas externas e internas de fino acabamento.

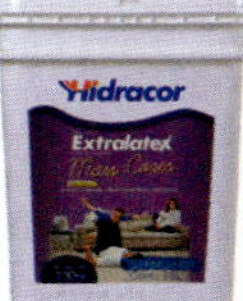

Extralatex
Tinta acrílica fosca indicada para superfície de alvenaria, bloco de concreto ou cimento amianto em áreas externas e internas de fino acabamento.

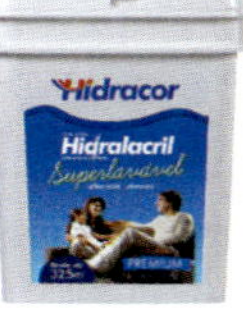

Hidralacril
Tinta acrílica super lavável indicada para superfície de alvenaria, bloco de concreto ou cimento amianto em áreas externas e internas de fino acabamento.

Hraz

Embalagens/Rendimento
Lata (5 L).
Lata (0,9 L).

Diluição
Pronto para uso.

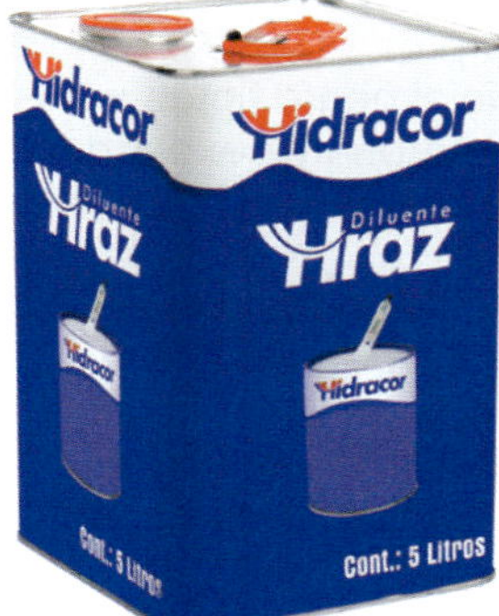

Aplicação
Para diluição de esmaltes sintéticos, tintas a óleo, vernizes e para limpeza de equipamentos de pintura utilizados com produtos à base de resinas alquídicas.

Secagem
Rápida.

Hthinner

Embalagens/Rendimento
Lata (5 L).
Lata (0,9 L).

Diluição
Pronto para uso.

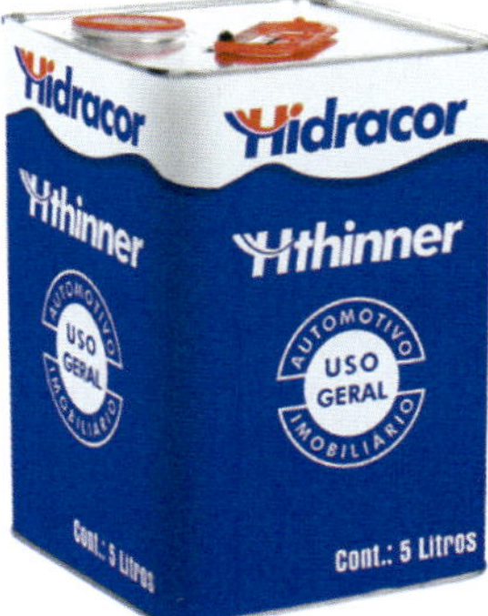

Aplicação
Indicado para diluição de tintas sintéticas imobiliárias e industriais nas aplicações com pistola.

Secagem
Rápida.

Outros produtos relacionados

Hidralit Eco
Esmalte Premium à base d'água indicado para superfícies externas e internas de madeira, metais ferrosos, galvanizados, alumínio e PVC.

Hidra +
Esmalte Ultrarrápido indicado para pintura de superfícies externas e internas de metal ferroso, PVC, madeira, cerâmica não vitrificada e alvenaria.

Hidralar
Esmalte secagem rápida indicado para pintura de superfície externas e internas de metal ferroso, madeira, cerâmica não vitrificada e alvenaria.

A Hidrotintas - Indústria e Comércio de Tintas Ltda., localizada no Distrito Industrial de Maracanaú-Ceará, é uma empresa 100% brasileira com trajetória de mais de três décadas na fabricação de tintas imobiliárias. Produzindo inicialmente tintas à base de água, rapidamente assumiu a liderança no mercado regional. Uma década depois, a Hidrotintas expandia a sua produção com uma nova fábrica destinada à produção e comercialização de tintas de base acrílica e sintética.

Tendo como conceito e missão desenvolver tintas com Qualidade e Tecnologia, a Hidrotintas logo diversificou a sua produção com tintas látex, esmaltes sintéticos, texturas e massas niveladoras.

Mas foi nesta última década que a Hidrotintas alcançou extraordinário desempenho industrial, com o desenvolvimento das suas atuais 15 linhas de produtos em seu moderno parque industrial, e assim expandindo o seu mercado para todo o Norte e Nordeste do Brasil. Em 2010 foi inaugurada a sua unidade fabril no vizinho município de Pacatuba, com área de 20 mil m^2, para a produção de tintas à base de água.

Para culminar suas conquistas, a Hidrotintas Indústria e Comércio de Tintas Ltda. acaba de obter a Certificação ISO 9001 e a qualificação no Programa Setorial de Qualidade – Tintas Imobiliárias, do PBQP-H, gerenciado pela ABRAFATI, colocando-se assim entre as principais fabricantes de tintas nacionais, preocupada em oferecer aos clientes e fornecedores produtos de qualidade e com excelência tecnológica.

Certificações

Informações de Serviço ao Consumidor:

A empresa dispõe de Serviço de Atendimento ao Consumidor

85 4009 1666 ou site www.hidrotintas.com.br

Ambients Tinta Acrílica

PREMIUM ★★★★★

Ambients é uma tinta à base de Resina Acrílica, sua formulação oferece um alto padrão de qualidade. É de fácil aplicação, excelente cobertura, secagem rápida, baixo odor e mínimo respingamento. Possui dois tipos de acabamento: Semibrilho que tem um grau de brilho moderado e o Fosco aveludado.

Embalagens/Rendimento
Lata (18 L): Reboco: 150 a 200 m².
Repintura: 150 a 250 m²; Massa: 200 a 300 m².
Galão (3,6 L): Reboco: 30 a 40 m².
Repintura: 30 a 50 m²; Massa: 40 a 60 m².

Acabamento
Fosco aveludado.
Semibrilho.

Aplicação
Usar rolo de lã de pelos curtos ou pincéis de cerdas macias.

Diluição
Diluir na proporção máxima de 20% de água.

Cor
Catálogo com 16 tonalidades.

Secagem
Ao toque: 1 hora.
Entre demãos: 4 horas.
Final:18 a 24 horas.

Dicas e preparação de superfície

É indicado para pinturas em alvenarias, fibrocimentos, cerâmica não vitrificada, telhas e blocos de cimento em ambientes externos e internos.
Concreto, Gesso e Blocos de Cimentos: Aplicar Fundo Preparador de Paredes Hidrotintas.
Reboco Novo: Aguardar a cura por no mínimo 30 dias, em seguida aplicar o Selador Acrílico Hidrotintas. Caso não seja possível aguardar a cura total do reboco, aplicar o Fundo Preparador de Paredes Hidrotintas.
Reboco Fraco, Caiação, Desagregado ou com Partes Soltas: Lixar a superfície retirando e eliminando o pó, em seguida aplicar o Fundo Preparador de Paredes Hidrotintas.
Superfícies com mofo: Lavar com uma solução de água e água sanitária em partes iguais, aplique a solução, aguardar 5 horas, então enxágue com água a superfície e aguarde a secagem.
Superfície com gordura: Lavar com água e sabão neutro, enxaguar em seguida. Aguardar a secagem da superfície.

Outros produtos relacionados

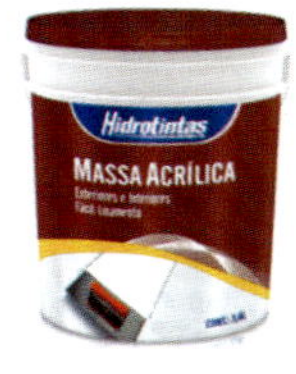

Massa Acrílica
Produto de alta qualidade, excelente poder de enchimento, aderência, cobertura, fácil lixamento e baixo odor.

Selador Acrílico
Produto a base de resina acrílica com excelente qualidade e rendimento.

Extra Látex Acrílica

STANDARD ★★★

Látex Extra é uma tinta Látex Acrílica Standard de finíssimo acabamento, fácil aplicação, secagem rápida, baixo odor e mínimo respingamento. Com uma boa impermeabilidade, com ótimo rendimento e cobertura.

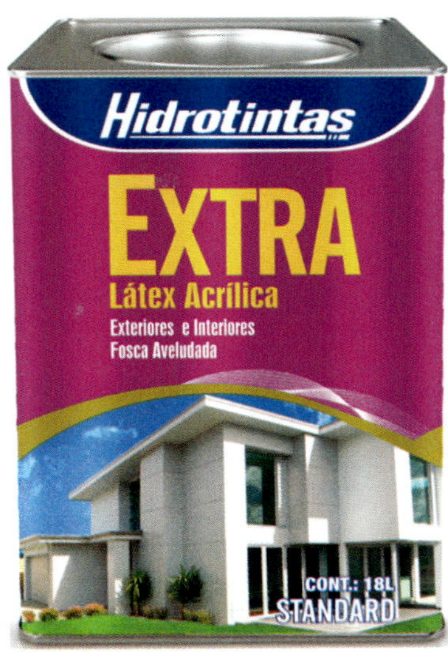

Embalagens/Rendimento por demão
Lata (18 L): Reboco: 100 a 150 m².
Repintura: 150 a 200 m². Massa: 150 a 200 m².
Galão (3,6 L): Reboco: 20 a 30 m².
Repintura: 30 a 40 m²; Massa: 30 a 40 m².

Acabamento
Fosco aveludado.

Aplicação
Usar rolo de lã de pelos curtos ou pincéis de cerdas macias.

Diluição
Diluir na proporção máxima de 20% de água.

Cor
Catálogo com 34 tonalidades.

Secagem
Ao toque: 30 minutos.
Entre demãos: 4 horas.
Final: 24 horas.

Dicas e preparação de superfície

É indicado para pinturas em alvenarias, fibrocimentos, cerâmica não vitrificada, telhas e blocos de cimento em ambientes externos e internos.
Concreto, Gesso e Blocos de Cimentos: Aplicar Fundo Preparador de Paredes Hidrotintas.
Reboco Novo: Aguardar a cura por no mínimo 30 dias, em seguida aplicar o Selador Acrílico Hidrotintas. Caso não seja possível aguardar a cura total do reboco, aplicar o Fundo Preparador de Paredes Hidrotintas.
Reboco Fraco, Caiação, Desagregado ou com Partes Soltas: Lixar a superfície retirando e eliminando o pó, em seguida aplicar o Fundo Preparador de Paredes Hidrotintas.
Superfícies com mofo: Lavar com uma solução de água e água sanitária em partes iguais, aplique a solução, aguardar 5 horas, então enxágue com água a superfície e aguarde a secagem.
Superfície com gordura: Lavar com água e sabão neutro, enxaguar em seguida. Aguardar a secagem da superfície.

Outros produtos relacionados

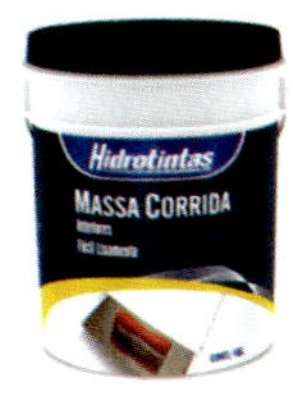

Massa Corrida
Produto de alta qualidade, excelente poder de enchimento, aderência, cobertura, fácil lixamento e baixo odor.

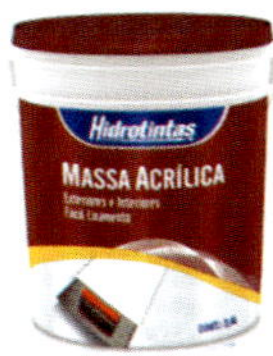

Massa Acrílica
Produto de alta qualidade, excelente poder de enchimento, aderência, cobertura, fácil lixamento e baixo odor.

Selador Acrílico
Produto a base de resina acrílica com excelente qualidade e rendimento.

Demais Látex Acrílica

ECONÔMICA ★

É uma tinta de boa qualidade, oferecendo um fino acabamento. Produto de fácil aplicação, secagem rápida, baixo odor e mínimo respingamento.

Embalagens/Rendimento

Lata (18 L): Reboco: 125 a 175 m²;
Repintura: 125 a 175 m²; Massa: 150 a 200 m².
Galão (3,6 L): Reboco: 25 a 35 m²;
Repintura: 25 a 35 m²; Massa: 30 a 40 m².

Acabamento

Fosco aveludado.

Aplicação

Usar rolo de lã de pelos curtos ou pincéis de cerdas macias.

Diluição

Diluir na proporção máxima de 5% de água.

Cor

Catálogo com 24 tonalidades.

Secagem

Ao toque: 30 minutos.
Entre demãos: 4 horas.
Total: 4 horas.

Dicas e preparação de superfície

É indicado para pinturas em alvenarias, fibrocimentos, cerâmica não vitrificada, telhas e blocos de cimento em ambientes internos.
Concreto, Gesso e Blocos de Cimentos: Aplicar Fundo Preparador de Paredes Hidrotintas.
Reboco Novo: Aguardar a cura por no mínimo 30 dias, em seguida aplicar o Selador Acrílico Hidrotintas. Caso não seja possível aguardar a cura total do reboco, aplicar o Fundo Preparador de Paredes Hidrotintas.
Reboco Fraco, Caiação, Desagregado ou com Partes Soltas: Lixar a superfície retirando e eliminando o pó, em seguida aplicar o Fundo Preparador de Paredes Hidrotintas.
Superfícies com mofo: Lavar com uma solução de água e água sanitária em partes iguais, aplique a solução, aguardar 5 horas, então enxágue com água a superfície e aguarde a secagem.
Superfície com gordura: Lavar com água e sabão neutro, enxaguar em seguida. Aguardar a secagem da superfície.

Outros produtos relacionados

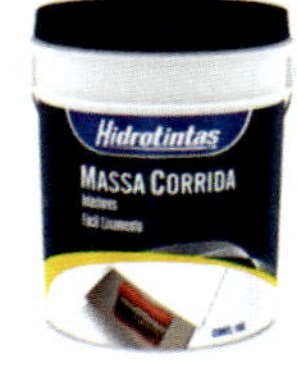

Massa Corrida

Produto de alta qualidade, excelente poder de enchimento, aderência, cobertura, fácil lixamento e baixo odor.

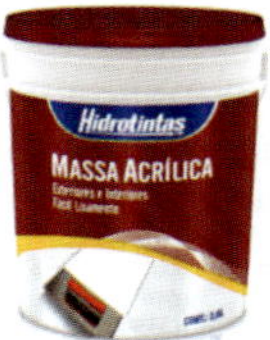

Massa Acrílica

Produto de alta qualidade, excelente poder de enchimento, aderência, cobertura, fácil lixamento e baixo odor.

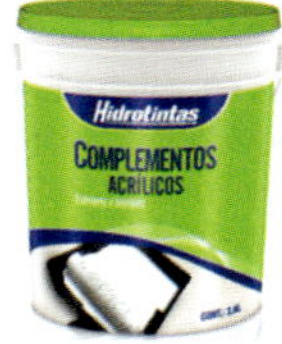

Selador Acrílico

Produto a base de resina acrílica com excelente qualidade e rendimento.

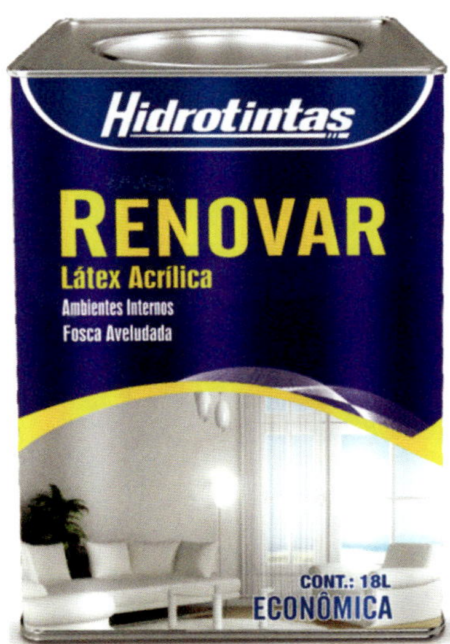

Renovar Látex Acrílica

ECONÔMICA ★

Tinta à base de Resina Acrílica de excelente acabamento, fácil aplicação, secagem rápida, baixo odor e mínimo respingamento. Produto com bom rendimento e cobertura. Melhor Custo × Benefício.

Embalagens/Rendimento por demão
Lata (18 L): Reboco: 100 a 150 m²;
Repintura: 150 a 200 m²; Massa: 150 a 200 m².
Galão (3,6 L): Reboco: 20 a 30 m²;
Repintura: 30 a 40 m²; Massa: 30 a 40 m².

Acabamento
Fosco aveludado.

Aplicação
Usar rolo de lã de pelos curtos ou pincéis de cerdas macias.

Diluição
Diluir na proporção máxima de 20% de água.

Cor
Catálogo com 29 tonalidades.

Secagem
Ao toque: 30 minutos.
Entre demãos: 4 horas.
Final: 24 horas.

Dicas e preparação de superfície

É indicado para pinturas em alvenarias, fibrocimentos, cerâmica não vitrificada, telhas e blocos de cimento em ambientes internos.
Concreto, Gesso e Blocos de Cimentos: Aplicar Fundo Preparador de Paredes Hidrotintas.
Reboco Novo: Aguardar a cura por no mínimo 30 dias, em seguida aplicar o Selador Acrílico Hidrotintas. Caso não seja possível aguardar a cura total do reboco, aplicar o Fundo Preparador de Paredes Hidrotintas.
Reboco Fraco, Caiação, Desagregado ou com Partes Soltas: Lixar a superfície retirando e eliminando o pó, em seguida aplicar o Fundo Preparador de Paredes Hidrotintas.
Superfícies com mofo: Lavar com uma solução de água e água sanitária em partes iguais, aplique a solução, aguardar 5 horas, então enxágue com água a superfície e aguarde a secagem.
Superfície com gordura: Lavar com água e sabão neutro, enxaguar em seguida. Aguardar a secagem da superfície.

Outros produtos relacionados

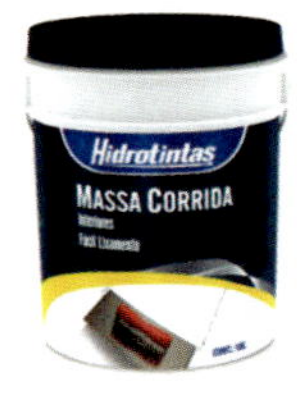

Massa Corrida
Produto de alta qualidade, excelente poder de enchimento, aderência, cobertura, fácil lixamento e baixo odor.

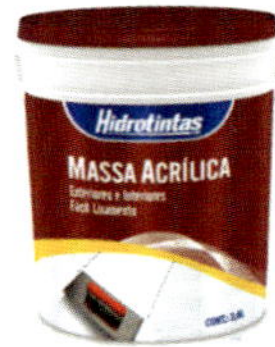

Massa Acrílica
Produto de alta qualidade, excelente poder de enchimento, aderência, cobertura, fácil lixamento e baixo odor.

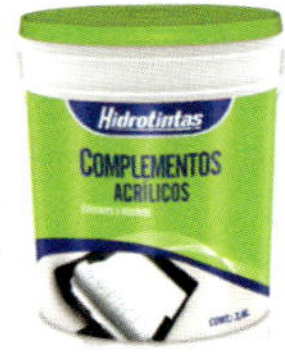

Selador Acrílico
Produto a base de resina acrílica com excelente qualidade e rendimento.

Massa Acrílica

A Massa Acrílica Hidrotintas é um produto de alta qualidade, excelente poder de enchimento, aderência, cobertura, fácil lixamento e baixo odor. É cremosa e mais econômica.

Embalagens/Rendimento

Galão (3,6 L): Reboco Fino: 6 a 8 m²;
Reboco Grosso: 5 a 6 m².

Acabamento

Não aplicável.

Aplicação

A aplicação deve ser feita em camadas finas, utilizando espátula ou desempenadeira de aço, até que seja atingindo o nivelamento esperado.

Diluição

Diluir na proporção máxima de 10% de água.

Cor

Branca.

Secagem

Ao toque: 1 hora.
Manuseio: 3 horas.
Total: 5 horas.

Dicas e preparação de superfície

É indicado para corrigir pequenas imperfeições, nivelar e uniformizar superfícies de gesso, fibrocimento e concreto em ambientes externos e internos.
Concreto, Gesso e Blocos de Cimentos: Aplicar Fundo Preparador de Paredes Hidrotintas.
Reboco Novo: Aguardar a cura por no mínimo 30 dias, em seguida aplicar o Selador Acrílico Hidrotintas para exteriores.
Reboco Fraco, Caiação, Desagregado ou com Partes Soltas: Lixar a superfície retirando e eliminando o pó, em seguida aplicar o Fundo Preparador de Paredes Hidrotintas.
Superfícies com mofo: Lavar com uma solução de água e água sanitária em partes iguais, aplique a solução, aguardar 5 horas, então enxágue com água a superfície e aguarde a secagem.
Superfície com gordura: Lavar com água e sabão neutro, enxaguar em seguida. Aguardar a secagem da superfície.
Reboco Novo: Aguardar a cura por no mínimo 30 dias, em seguida aplicar o Selador Acrílico Hidrotintas. Caso não seja possível aguardar a cura total do reboco, aplicar o Fundo Preparador de Paredes Hidrotintas.
Reboco Fraco, Caiação, Desagregado ou com Partes Soltas: Lixar a superfície retirando e eliminando o pó, em seguida aplicar o Fundo Preparador de Paredes Hidrotintas.
Superfícies com mofo: Lavar com uma solução de água e água sanitária em partes iguais, aplique a solução, aguardar 5 horas, então enxágue com água a superfície e aguarde a secagem.
Superfície com gordura: Lavar com água e sabão neutro, enxaguar em seguida. Aguardar a secagem da superfície.

Outros produtos relacionados

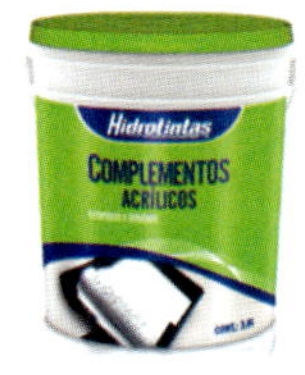

Selador Acrílico Pigmentado

Produto a base de resina acrílica com excelente qualidade e rendimento.

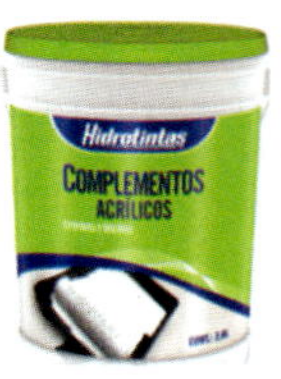

Selador Acrílico Incolor

Produto a base de resina acrílica com excelente qualidade e rendimento.

Massa Corrida

A Massa Corrida Hidrotintas é um produto de alta qualidade, excelente poder de enchimento, aderência, cobertura, fácil lixamento e baixo odor. É cremosa e mais econômica.

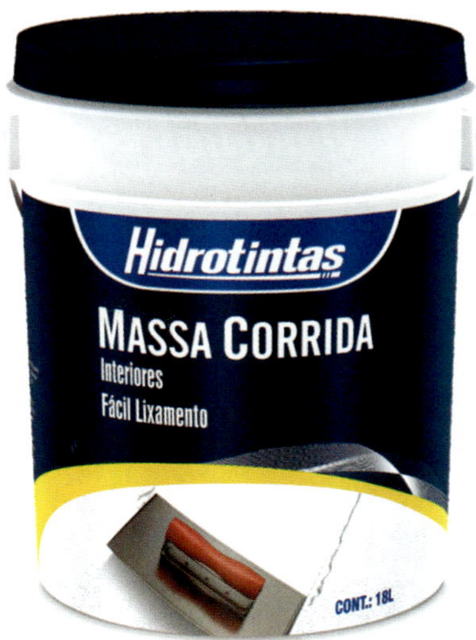

Embalagens/Rendimento por demão
Lata (18 L): Reboco Fino: 30 a 40 m²;
Reboco Grosso: 25 a 30 m².

Acabamento
Não aplicável.

Aplicação
Em camadas finas, utilizando espátula ou desempenadeira de aço, até que seja atingido o nivelamento esperado.

Diluição
Produto pronto para uso, quando necessário diluir em até 5%.

Cor
Branca.

Secagem
Ao toque: 1 hora.
Entre demãos: 3 horas.
Total: 5 horas.

Dicas e preparação de superfície

É indicado para corrigir pequenas imperfeições internas e externas, nivelar e uniformizar superfícies de gesso, fibrocimento e concreto em ambientes internos.
Concreto, Gesso e Blocos de Cimentos: Aplicar Fundo Preparador de Paredes Hidrotintas.
Reboco Novo: Aguardar a cura por no mínimo 30 dias, em seguida aplicar o Selador Acrílico Hidrotintas para exteriores.
Reboco Fraco, Caiação, Desagregado ou com Partes Soltas: Lixar a superfície retirando e eliminando o pó, em seguida aplicar o Fundo Preparador de Paredes Hidrotintas.
Superfícies com mofo: Lavar com uma solução de água e água sanitária em partes iguais, aplique a solução, aguardar 5 horas, então enxágue com água a superfície e aguarde a secagem.
Superfície com gordura: Lavar com água e sabão neutro, enxaguar em seguida. Aguardar a secagem da superfície.
Reboco Novo: Aguardar a cura por no mínimo 30 dias, em seguida aplicar o Selador Acrílico Hidrotintas. Caso não seja possível aguardar a cura total do reboco, aplicar o Fundo Preparador de Paredes Hidrotintas.
Reboco Fraco, Caiação, Desagregado ou com Partes Soltas: Lixar a superfície retirando e eliminando o pó, em seguida aplicar o Fundo Preparador de Paredes Hidrotintas.
Superfícies com mofo: Lavar com uma solução de água e água sanitária em partes iguais, aplique a solução, aguardar 5 horas, então enxágue com água a superfície e aguarde a secagem.
Superfície com gordura: Lavar com água e sabão neutro, enxaguar em seguida. Aguardar a secagem da superfície.

Outros produtos relacionados

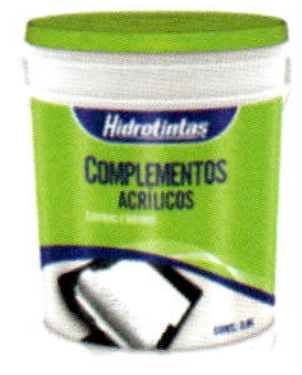

Selador Acrílico Incolor
Produto a base de resina acrílica com excelente qualidade e rendimento.

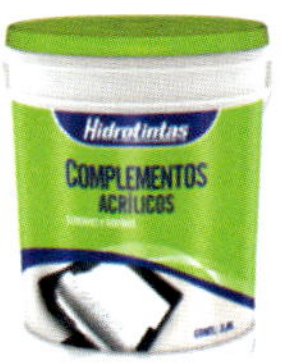

Selador Acrílico Pigmentado
Produto a base de resina acrílica com excelente qualidade e rendimento.

Maxlit Esmalte Sintético

STANDARD ★★★

Esmalte Sintético de uma boa qualidade. Com ótimo rendimento e bom poder de cobertura. É de fácil aplicação e oferece a resistência que você precisa. Produto com ótimo Custo × Benefício.

Embalagens/Rendimento
Galão (3,6 L): Demão: 40 a 48 m².
Quarto (0,9 L): Demão: 10 a 12 m².

Acabamento
Alto Brilho.

Aplicação
Usar pincel, rolo de espuma ou pistola.

Diluição
Diluir na proporção máxima de 5% de água.

Cor
Catálogo com 27 tonalidades.

Secagem
Ao toque: 1 a 2 horas.
Manuseio: 6 a 8 horas.
Total: 18 a 24 horas.

Dicas e preparação de superfície

É indicado para pinturas de superfície de metal ferroso, madeira, cerâmica não vitrificada e alvenaria, em ambientes externos e internos. Para obter o resultado esperado, cuidados devem ser observados. A superfície deve estar seca e limpa de resíduos, eliminar poeira, partes soltas, mofo e gordura.
Metais ferrosos: Lixe a superfície retirando a ferrugem, em seguida aplique uma ou duas demãos de Hidrofer Fundo Anticorrosivo.
Galvanizados e Alumínio: Aplicar um Fundo para Galvanizados ou um Fundo Fosfatizante.
Imperfeições: Aplicar Massa para Madeira Hidrotintas; e para repintura, lixar a superfície até a perda total do brilho.
Alvenaria: Aplicar a Massa Acrílica Hidrotintas, e como fundo o Selador Acrílico.
Madeira: Lixe a superfície retirando as farpas, então aplique uma demão de Fundo Branco Fosco Hidrotintas. Para repintura lixar a superfície até a perda total do brilho.

Outros produtos relacionados

Hidrofer/Zarcão
Fundo antiferrugem para proteger as superfícies de metal.

Fundo Branco Fosco
Fundo nivelador para madeiras de alta qualidade.

Verniz Extra Rápido

O Verniz Sintético Hidrotintas é um produto à base de resina alquídica, que protege e realça a superfície da madeira. Produto de fácil aplicação, rendimento e de alta durabilidade.

Embalagens/Rendimento por demão
Galão (3,6 L): De 25 a 30 m² por demão.
Quarto (0,9 L): De 6,25 a 7,5 m² por demão.

Acabamento
Alto Brilho.

Aplicação
Usar pincel, rolo de espuma ou pistola.

Diluição
Diluir na proporção máxima de 10% de aguarrás.

Cor
Catálogo com 8 tonalidades.

Secagem
Ao toque: 15 minutos.
Entre demãos: 2 a 4 horas.
Final: 24 horas.

Dicas e preparação de superfície

É indicado para pinturas e revestimento de madeiras em ambientes internos e externos. Para obter o resultado esperado, cuidados devem ser observados. A superfície deve estar seca e limpa de resíduos, eliminar poeira, partes soltas, mofo e gordura.
Mancha de gordura e mofo: Limpar a superfície com Thinner. Aguardar a secagem, corrigir as imperfeições com uma lixa grana 150, no desbaste. Em seguida lixar com lixa grana 220, para acabamento, em seguida remover o pó.
Selagem: Utilizar uma Laca Seladora Nitrocelulose abrandando com lixa para madeira grana 400.

Outros produtos relacionados

Fundo Branco Fosco
Fundo nivelador para madeiras de alta qualidade.

Criada a partir de uma Fábrica de Tintas Hidrossolúveis, a Nacional Arco Íris, hoje conhecida como Hipercor, já detém um dos mais modernos parques industriais do segmento. Seu portfólio dispõe de tintas imobiliárias que vão desde as bases para a pintura, como Seladores e Massas, até os produtos para acabamento, como Texturas, Látex, Esmaltes e Vernizes.

Hipercor é uma das empresas do tradicional Grupo Edson Queiroz, que também atua em outras áreas através de empresas como: Nacional Gás, Esmaltec, Sistema Verdes Mares de Comunicação, Cascaju, Indaiá, Minalba. A responsabilidade de pertencer a um grupo que preza pela qualidade em tudo que faz e pelo respeito ao consumidor, levou a Hipercor a entrar no Programa Brasileiro da Qualidade e Produtividade no Habitat, conseguindo em apenas um ano, o Atestado de Qualificação do Programa Setorial da Qualidade – Tintas Imobiliárias, gerenciado pela ABRAFATI (Associação Brasileira dos Fabricantes de Tintas).

Seguindo a filosofia e o exemplo das outras empresas do grupo, a Hipercor está em constante expansão, focando sempre a consolidação de uma significativa participação no mercado. E é exatamente neste grande ciclo que a Hipercor contribui para o crescimento de todos, gerando milhares de empregos diretos e indiretos e, claro, levando muito mais vida a diversos ambientes.

Certificações

GRUPO
EDSON
QUEIROZ
60
ANOS

hipercor

Tinta Látex Acrílica

PREMIUM ★★★★★

É uma tinta acrílica com excelente poder de cobertura, altíssima resistência e baixo odor. Foi formulada para proporcionar um finíssimo acabamento semibrilhante que destaca e embeleza o ambiente. É indicada para superfície de alvenaria, bloco de concreto ou fibrocimento em áreas externas e internas.

Embalagens/Rendimento
Lata (18 L): 200 a 300 m² por demão.
Galão (3,6 L): 40 a 60 m² por demão.

Acabamento
Semibrilho.

Aplicação
Rolo de lã de pelo baixo ou pincel de cerdas macias.
Aplicar 2 a 3 demãos.

Diluição
Diluir com água potável até 20%.
Superfícies não seladas: diluir a primeira demão com água potável até 50%.

Cor
Consultar nosso catálogo de cores.

Secagem
Ao toque: 1 hora.
Entre demãos: 4 horas.
Final: 5 horas.

Dicas e preparação de superfície

Superfícies em mau estado de conservação: Remover as partes soltas e sem aderência, aplicando, em seguida, uma demão de Fundo Acrílico Preparador de Paredes Hipercor.
Superfícies com gordura ou graxa: Lavar com água e detergente neutro e enxaguar logo em seguida. Aguardar a secagem.
Superfícies mofadas: Limpar com uma solução de água sanitária, diluída em água potável, em partes iguais, aguardar duas horas e enxaguar com bastante água.
Pequenas imperfeições: Para ambientes externos, corrigir com Massa Acrílica Hipercor e em ambientes internos, aplicar Massa Corrida Hipercor.
Reboco novo: Aguardar no mínimo 30 dias para a cura total, aplicando, em seguida, uma demão de Selador Acrílico Hipercor.
Superfícies com umidade: Identificar a origem e tratar de maneira adequada.

Outros produtos relacionados

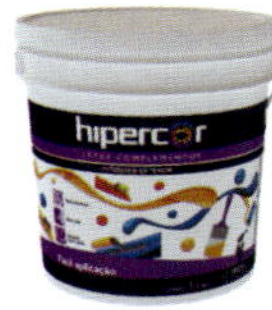

Selador Acrílico Pigmentado

É indicado para uniformizar a absorção em superfícies externas e internas de alvenaria, concreto e fibrocimento, proporcionando maior rendimento dos produtos de acabamento.

Massa Acrílica

É indicada para corrigir e nivelar pequenas imperfeições de superfícies externas e internas de alvenaria, fibrocimento e concreto, proporcionando um acabamento liso.

Tinta Látex Acrílica Standard

Tinta acrílica com ótimo rendimento e cobertura, indicada para pintura de alvenaria em ambientes internos e externos.

Tinta Látex Acrílica

STANDARD ★★★

É uma tinta acrílica standard com ótimo rendimento e cobertura. Este produto foi desenvolvido para proporcionar um finíssimo acabamento fosco aveludado, conferindo à superfície maior resistência. É indicada para superfície de alvenaria, bloco de concreto ou fibrocimento em áreas externas e internas.

Embalagens/Rendimento
Lata (18 L): 200 a 275 m² por demão.
Galão (3,6 L): 40 a 55 m² por demão.

Acabamento
Fosco.

Aplicação
Rolo de lã de pelo baixo ou pincel de cerdas macias.
Aplicar 2 a 3 demãos.

Diluição
Diluir com água potável até 20%.
Superfícies não seladas: diluir a primeira demão com água potável até 50%.

Cor
Consultar nosso catálogo de cores.

Secagem
Ao toque: 30 minutos.
Entre demãos: 3 horas.
Final: 4 horas.

Dicas e preparação de superfície

Superfícies em mau estado de conservação: Remover as partes soltas e sem aderência, aplicando, em seguida, uma demão de Fundo Acrílico Preparador de Paredes Hipercor.
Superfícies com gordura ou graxa: Lavar com água e detergente neutro e enxaguar logo em seguida. Aguardar a secagem.
Superfícies mofadas: Limpar com uma solução de água sanitária, diluída em água potável, em partes iguais, aguardar duas horas e enxaguar com bastante água.
Pequenas imperfeições: Para ambientes externos, corrigir com Massa Acrílica Hipercor e em ambientes internos, aplicar Massa Corrida Hipercor.
Reboco novo: Aguardar no mínimo 30 dias para a cura total, aplicando, em seguida, uma demão de Selador Acrílico Hipercor.
Superfícies com umidade: Identificar a origem e tratar de maneira adequada.

Outros produtos relacionados

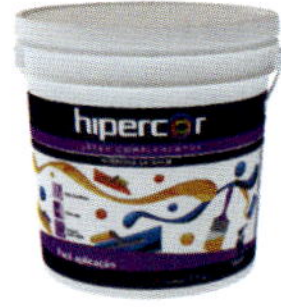

Selador Acrílico Pigmentado

É indicado para uniformizar a absorção em superfícies externas e internas de alvenaria, concreto e fibrocimento, proporcionando maior rendimento dos produtos de acabamento.

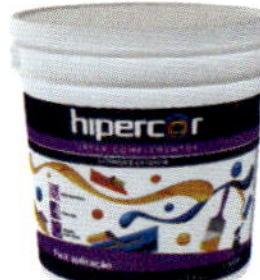

Massa Acrílica

É indicada para corrigir e nivelar pequenas imperfeições de superfícies externas e internas de alvenaria, fibrocimento e concreto, proporcionando um acabamento liso.

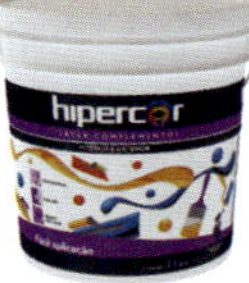

Massa Corrida

É indicada para corrigir e nivelar pequenas imperfeições de superfícies internas de alvenaria, fibrocimento e concreto, proporcionando um acabamento liso.

Tinta Látex Acrílica

ECONÔMICA ★

É uma tinta acrílica de boa qualidade com economia. Este produto foi desenvolvido para proporcionar um acabamento fosco com boa cobertura e rendimento. É indicada para pintar e decorar superfícies de alvenaria em áreas internas.

Embalagens/Rendimento
Lata (18 L): 200 a 240 m² por demão.
Galão (3,6 L): 40 a 48 m² por demão.

Acabamento
Fosco.

Aplicação
Rolo de lã de pelo baixo ou pincel de cerdas macias.
Aplicar 2 a 3 demãos.

Diluição
Diluir com água potável até 20%.
Superfícies não seladas: diluir a primeira demão com água potável até 50%.

Cor
Consultar nosso catálogo de cores.

Secagem
Ao toque: 30 minutos.
Entre demãos: 3 horas.
Final: 4 horas.

Dicas e preparação de superfície

Superfícies em mau estado de conservação: Remover as partes soltas e sem aderência, aplicando, em seguida, uma demão de Fundo Acrílico Preparador de Paredes Hipercor.
Superfícies com gordura ou graxa: Lavar com água e detergente neutro e enxaguar logo em seguida. Aguardar a secagem.
Superfícies mofadas: Limpar com uma solução de água sanitária, diluída em água potável, em partes iguais, aguardar duas horas e enxaguar com bastante água.
Pequenas imperfeições: Para ambientes externos, corrigir com Massa Acrílica Hipercor e em ambientes internos, aplicar Massa Corrida Hipercor.
Reboco novo: Aguardar no mínimo 30 dias para a cura total, aplicando, em seguida, uma demão de Selador Acrílico Hipercor.
Superfícies com umidade: Identificar a origem e tratar de maneira adequada.

Outros produtos relacionados

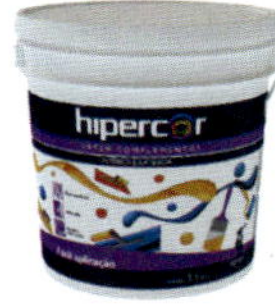

Selador Acrílico Pigmentado

É indicado para uniformizar a absorção em superfícies externas e internas de alvenaria, concreto e fibrocimento, proporcionando maior rendimento dos produtos de acabamento.

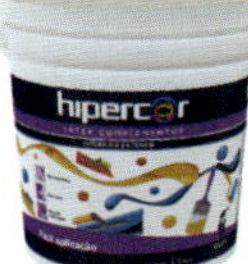

Massa Acrílica

É indicada para corrigir e nivelar pequenas imperfeições de superfícies externas e internas de alvenaria, fibrocimento e concreto, proporcionando um acabamento liso.

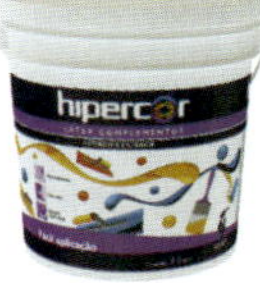

Massa Corrida

É indicada para corrigir e nivelar pequenas imperfeições de superfícies internas de alvenaria, fibrocimento e concreto, proporcionando um acabamento liso.

Tinta para Gesso e Drywall

ECONÔMICA ★

Produto desenvolvido para aplicação sobre gesso que age como fixador de partículas soltas promovendo uma ótima aderência.
É indicado para aplicação sobre gesso comum ou acartonado (drywall) em ambientes internos.

Embalagens/Rendimento
Lata (18 L): 200 a 240 m² por demão.
Galão (3,6 L): 40 a 48 m² por demão.

Acabamento
Fosco.

Aplicação
Rolo de lã de pelo baixo ou pincel de cerdas macias.
Aplicar 2 a 3 demãos.

Diluição
Diluir com água potável até 20%.
Superfícies não seladas: diluir a primeira demão com água potável até 50%.

Cor
Branca.

Secagem
Ao toque: 30 minutos.
Entre demãos: 3 horas.
Final: 4 horas.

Dicas e preparação de superfície

Superfícies em mau estado de conservação: Remover as partes soltas e sem aderência, aplicando, em seguida, uma demão de Fundo Acrílico Preparador de Paredes Hipercor.
Superfícies com gordura ou graxa: Lavar com água e detergente neutro e enxaguar logo em seguida. Aguardar a secagem.
Superfícies mofadas: Limpar com uma solução de água sanitária, diluída em água potável, em partes iguais, aguardar duas horas e enxaguar com bastante água.
Pequenas imperfeições: Para ambientes externos, corrigir com Massa Acrílica Hipercor e em ambientes internos, aplicar Massa Corrida Hipercor.
Reboco novo: Aguardar no mínimo 30 dias para a cura total, aplicando, em seguida, uma demão de Selador Acrílico Hipercor.
Superfícies com umidade: Identificar a origem e tratar de maneira adequada.

Outros produtos relacionados

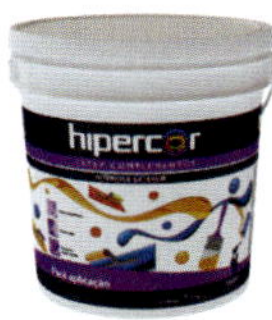

Selador Acrílico Pigmentado

É indicado para uniformizar a absorção em superfícies externas e internas de alvenaria, concreto e fibrocimento, proporcionando maior rendimento dos produtos de acabamento.

Corante Líquido

O Corante Hipercor é indicado para tingir tintas à base de água (PVA, vinil-acrílicas e acrílicas). Possui alto poder de tingimento, resistência e é de fácil homogeneização.

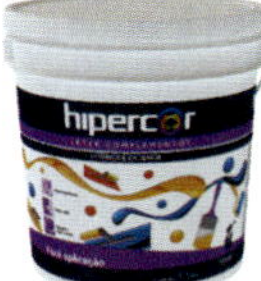

Massa Corrida

É indicada para corrigir e nivelar pequenas imperfeições de superfícies internas de alvenaria, fibrocimento e concreto, proporcionando um acabamento liso.

Textura Acrílica Rústica Premium

PREMIUM ★★★★★

É um revestimento texturizado rústico hidrorrepelente à base de emulsão acrílica, de elevada consistência e altíssima resistência à abrasão que disfarça as pequenas imperfeições da superfície. O produto é fácil de aplicar e possui secagem hiper-rápida. Apresenta em sua formulação partículas maiores que conferem um efeito arranhado com riscos em baixo-relevo É indicado para personalização de ambientes externos e internos de alvenaria.

Embalagens/Rendimento
Lata (18 L): 8 a 12 m² por demão.

Acabamento
Fosco em relevo.

Aplicação
Desempenadeira de aço e desempenadeira de plástico.

Diluição
Produto pronto para uso.

Cor
Consultar nosso catálogo de cores.

Secagem
Ao toque: 1 horas.
Final: 4 horas.
Total: 4 dias.

Dicas e preparação de superfície

Superfícies em mau estado de conservação: Remover as partes soltas e sem aderência, aplicando, em seguida, uma demão de Fundo Acrílico Preparador de Paredes Hipercor.
Superfícies com gordura ou graxa: Lavar com água e detergente neutro e enxaguar logo em seguida. Aguardar a secagem.
Superfícies mofadas: Limpar com uma solução de água sanitária, diluída em água potável, em partes iguais, aguardar duas horas e enxaguar com bastante água.
Pequenas imperfeições: Para ambientes externos, corrigir com Massa Acrílica Hipercor e em ambientes internos, aplicar Massa Corrida Hipercor.
Reboco novo: Aguardar no mínimo 30 dias para a cura total, aplicando, em seguida, uma demão de Selador Acrílico Hipercor.
Superfícies com umidade: Identificar a origem e tratar de maneira adequada.

Outros produtos relacionados

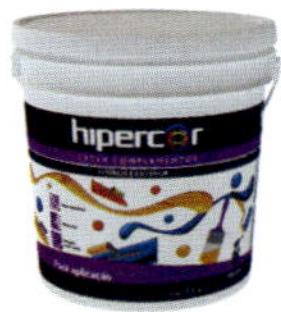

Selador Acrílico Pigmentado

É indicado para uniformizar a absorção em superfícies externas e internas de alvenaria, concreto e fibrocimento, proporcionando maior rendimento dos produtos de acabamento.

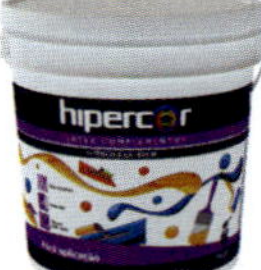

Líquido para Brilho

Indicado para aplicação sobre tintas látex e texturas, proporcionando efeito brilhante e maior durabilidade aos produtos. É indicado para aplicação em ambientes internos e externos.

Textura Acrílica Lisa Premium

É um revestimento texturizado hidrorrepelente à base de emulsão acrílica, de elevada consistência e altíssima resistência que disfarça as pequenas imperfeições da superfície. É indicado para personalização de ambientes externos e internos de alvenaria.

Textura Acrílica Lisa Premium

PREMIUM ★★★★★

É um revestimento texturizado hidrorrepelente à base de emulsão acrílica, de elevada consistência e altíssima resistência que disfarça as pequenas imperfeições da superfície. O produto é fácil de aplicar e possui secagem hiper-rápida. É indicado para personalização de ambientes externos e internos de alvenaria.

Embalagens/Rendimento
Lata (18 L): 18 a 35 m² por demão.

Acabamento
Fosco.

Aplicação
Rolo texturizador, rolo de lã, desempenadeira e espátula de aço, trincha, escova, brocha etc.

Diluição
Diluir com água potável conforme relevo desejado.
Relevos altos: sem diluição.
Relevos baixos: diluir com até 10% de água potável.

Cor
Consultar nosso catálogo de cores.

Secagem
Ao toque: 2 horas.
Final: 5 horas.

Dicas e preparação de superfície

Superfícies em mau estado de conservação: Remover as partes soltas e sem aderência, aplicando, em seguida, uma demão de Fundo Acrílico Preparador de Paredes Hipercor.
Superfícies com gordura ou graxa: Lavar com água e detergente neutro e enxaguar logo em seguida. Aguardar a secagem.
Superfícies mofadas: Limpar com uma solução de água sanitária, diluída em água potável, em partes iguais, aguardar duas horas e enxaguar com bastante água.
Pequenas imperfeições: Para ambientes externos, corrigir com Massa Acrílica Hipercor e em ambientes internos, aplicar Massa Corrida Hipercor.
Reboco novo: Aguardar no mínimo 30 dias para a cura total, aplicando, em seguida, uma demão de Selador Acrílico Hipercor.
Superfícies com umidade: Identificar a origem e tratar de maneira adequada.

Outros produtos relacionados

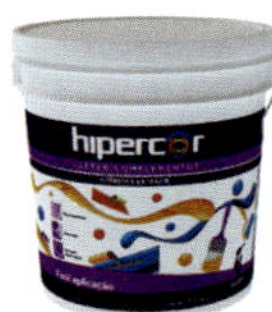

Selador Acrílico Pigmentado

É indicado para uniformizar a absorção em superfícies externas e internas de alvenaria, concreto e fibrocimento, proporcionando maior rendimento dos produtos de acabamento.

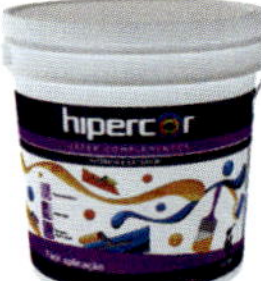

Líquido para Brilho

Indicado para aplicação sobre tintas látex e texturas, proporcionando efeito brilhante e maior durabilidade aos produtos. É indicado para aplicação em ambientes internos e externos.

Textura Acrílica Rústica Premium

É um revestimento texturizado rústico hidrorrepelente à base de emulsão acrílica, de elevada consistência e altíssima resistência à abrasão que disfarça as pequenas imperfeições da superfície. Apresenta em sua formulação partículas maiores que conferem um efeito arranhado com riscos em baixo-relevo.

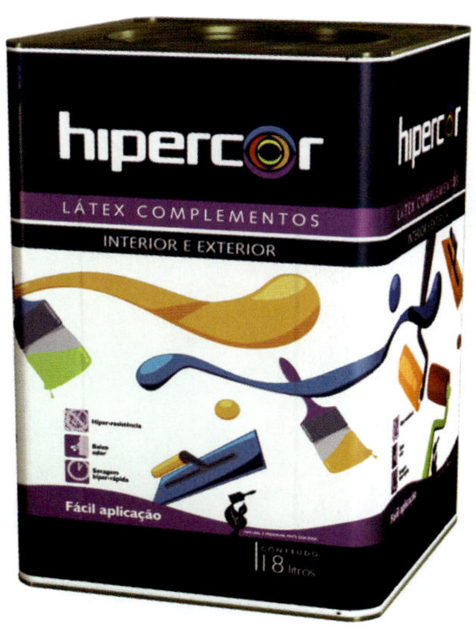

Líquido para Brilho

Indicado para aplicação sobre tintas látex, proporcionando efeito brilhante e maior durabilidade às tintas látex em ambientes internos e externos, ou como regulador de brilho, quando adicionado gradualmente às mesmas tintas na última demão.

Embalagens/Rendimento
Lata (18 L): 175 a 225 m² por demão.
Galão (3,6 L): 35 a 45 m² por demão.

Acabamento
Brilhante.

Aplicação
Rolo de lã de pelo baixo e pincel de cerdas macias.

Diluição
Diluir com água potável na proporção de 10%.

Cor
Incolor.

Secagem
Ao toque: 1 hora.
Entre demãos: 4 horas.
Final: 6 horas.

Dicas e preparação de superfície

Superfícies em mau estado de conservação: Remover as partes soltas e sem aderência, aplicando, em seguida, uma demão de Fundo Acrílico Preparador de Paredes Hipercor.
Superfícies com gordura ou graxa: Lavar com água e detergente neutro e enxaguar logo em seguida. Aguardar a secagem.
Superfícies mofadas: Limpar com uma solução de água sanitária, diluída em água potável, em partes iguais, aguardar duas horas e enxaguar com bastante água.
Pequenas imperfeições: Para ambientes externos, corrigir com Massa Acrílica Hipercor e em ambientes internos, aplicar Massa Corrida Hipercor.
Reboco novo: Aguardar no mínimo 30 dias para a cura total, aplicando, em seguida, uma demão de Selador Acrílico Hipercor.
Superfícies com umidade: Identificar a origem e tratar de maneira adequada.

Outros produtos relacionados

Tinta Látex Acrílica Standard

Tinta acrílica com ótimo rendimento e cobertura, indicada para pintura de alvenaria em ambientes internos e externos.

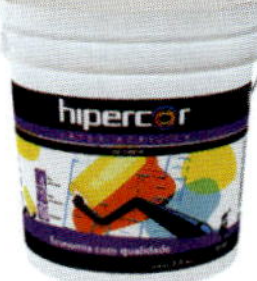

Tinta Látex Acrílica Econômica

Produto indicado para pintar e decorar superfícies de alvenaria em ambientes internos.

Textura Acrílica Lisa Premium

É um revestimento texturizado hidrorrepelente à base de emulsão acrílica, de elevada consistência e resistência, disfarçando as pequenas imperfeições da superfície e dispensando o uso de massa fina. É indicado para aplicação em ambientes internos e externos.

Massa Acrílica

Massa à base de emulsão acrílica modificada, de ótima aderência e alto poder de enchimento, excelente consistência, secagem rápida e fácil de lixar e aplicar. É indicada para corrigir e nivelar pequenas imperfeições de superfícies externas e internas de alvenaria, fibrocimento e concreto, proporcionando um acabamento liso.

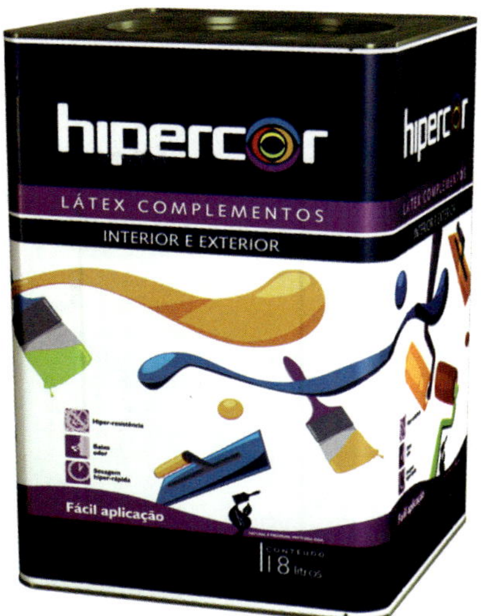

Embalagens/Rendimento
Lata (18 L): 25 a 60 m² por demão.
Galão (3,6 L): 5 a 12 m² por demão.

Acabamento
Fosco.

Aplicação
Utilizar desempenadeira ou espátula. Limpe as ferramentas com água e sabão.
Aplicar 2 a 3 demãos até o perfeito nivelamento da superfície.

Diluição
Pronto para uso.

Cor
Branca.

Secagem
Ao toque: 30 minutos
Entre demãos: 3 horas
Final: 5 horas.

Dicas e preparação de superfície

Superfícies em mau estado de conservação: Remover as partes soltas e sem aderência, aplicando, em seguida, uma demão de Fundo Acrílico Preparador de Paredes Hipercor.
Superfícies com gordura ou graxa: Lavar com água e detergente neutro e enxaguar logo em seguida. Aguardar a secagem.
Superfícies mofadas: Limpar com uma solução de água sanitária, diluída em água potável, em partes iguais, aguardar duas horas e enxaguar com bastante água.
Pequenas imperfeições: Para ambientes externos, corrigir com Massa Acrílica Hipercor e em ambientes internos, aplicar Massa Corrida Hipercor.
Reboco novo: Aguardar no mínimo 30 dias para a cura total, aplicando, em seguida, uma demão de Selador Acrílico Hipercor.
Superfícies com umidade: Identificar a origem e tratar de maneira adequada.

Outros produtos relacionados

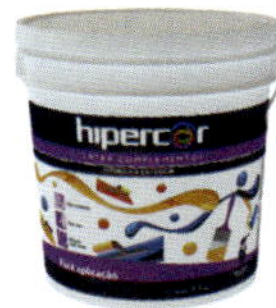

Selador Acrílico Pigmentado

É indicado para uniformizar a absorção em superfícies externas e internas de alvenaria, concreto e fibrocimento, proporcionando maior rendimento dos produtos de acabamento.

Tinta Látex Acrílica Premium

É uma tinta acrílica com excelente poder de cobertura e altíssima resistência. Foi formulada para proporcionar um finíssimo acabamento semibrilhante que destaca e embeleza o ambiente.

Tinta Látex Acrílica Standard

Tinta acrílica com ótimo rendimento e cobertura, indicada para pintura de alvenaria em ambientes internos e externos.

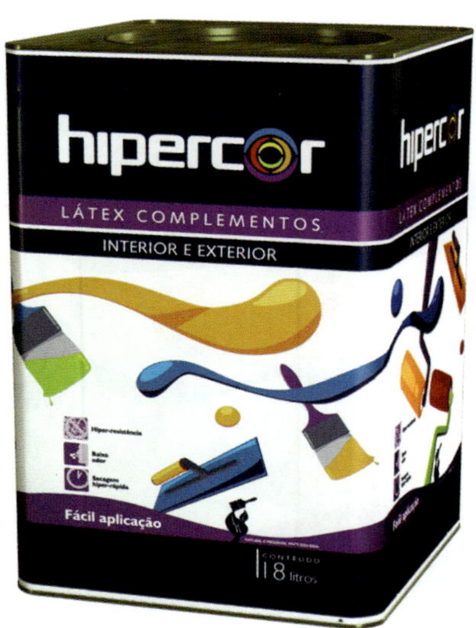

Massa Corrida

Massa Corrida de ótima aderência e poder de enchimento, boa consistência, secagem rápida e fácil aplicação.
É indicada para corrigir e nivelar pequenas imperfeições de superfícies internas de alvenaria, fibrocimento e concreto, proporcionando um acabamento liso.

Embalagens/Rendimento
Lata (18 L): 25 a 60 m² por demão.
Galão (3,6 L): 5 a 12 m² por demão.
Quarto (0,9 L): 1,25 a 3 m² por demão.

Acabamento
Fosco.

Aplicação
Utilizar desempenadeira ou espátula. Limpe as ferramentas com água. Aplicar 2 a 3 demãos até o perfeito nivelamento da superfície.

Diluição
Pronto para uso.

Cor
Branca.

Secagem
Ao toque: 30 minutos.
Entre demãos: 3 horas.
Final: 5 horas.

Dicas e preparação de superfície

Superfícies em mau estado de conservação: Remover as partes soltas e sem aderência, aplicando, em seguida, uma demão de Fundo Acrílico Preparador de Paredes Hipercor.
Superfícies com gordura ou graxa: Lavar com água e detergente neutro e enxaguar logo em seguida. Aguardar a secagem.
Superfícies mofadas: Limpar com uma solução de água sanitária, diluída em água potável, em partes iguais, aguardar duas horas e enxaguar com bastante água.
Pequenas imperfeições: Para ambientes externos, corrigir com Massa Acrílica Hipercor e em ambientes internos, aplicar Massa Corrida Hipercor.
Reboco novo: Aguardar no mínimo 30 dias para a cura total, aplicando, em seguida, uma demão de Selador Acrílico Hipercor.
Superfícies com umidade: Identificar a origem e tratar de maneira adequada.

Outros produtos relacionados

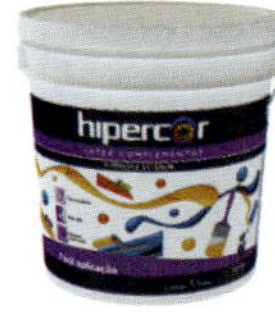

Selador Acrílico Pigmentado

É indicado para uniformizar a absorção em superfícies externas e internas de alvenaria, concreto e fibrocimento, proporcionando maior rendimento dos produtos de acabamento.

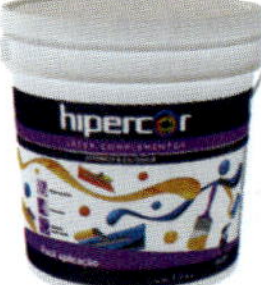

Massa Acrílica

É indicada para corrigir e nivelar pequenas imperfeições de superfícies externas e internas de alvenaria, fibrocimento e concreto, proporcionando um acabamento liso.

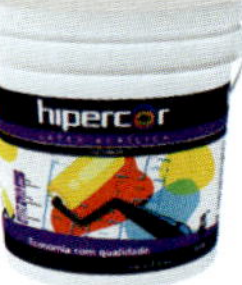

Tinta Látex Acrílica Econômica

Produto indicado para pintar e decorar superfícies de alvenaria em ambientes internos.

Selador Acrílico Pigmentado

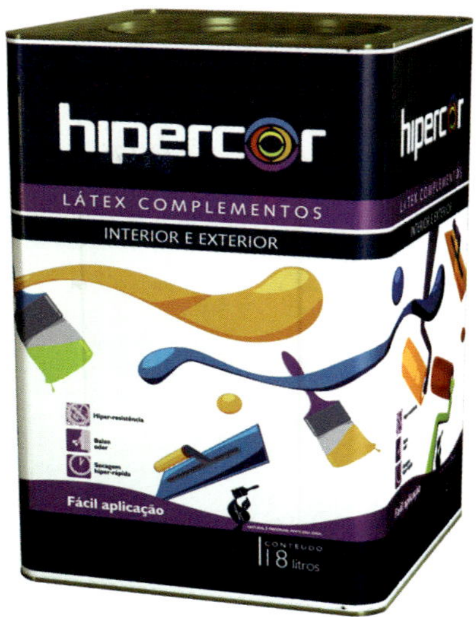

É indicado para uniformizar a absorção em superfícies externas e internas de alvenaria, concreto e fibrocimento, proporcionando maior rendimento dos produtos de acabamento. Possui elevado poder selante e excelente aderência às mais diversas superfícies.

Embalagens/Rendimento
Lata (18 L): 125 a 150 m² por demão.
Galão (3,6 L): 25 a 30 m² por demão.

Acabamento
Fosco.

Aplicação
Rolo de lã ou pincel.

Diluição
Diluir com água potável na proporção de 10%.

Cor
Branca.

Secagem
Ao toque: 30 minutos
Entre demãos: 4 horas
Final: 6 horas.

Dicas e preparação de superfície

Superfícies em mau estado de conservação: Remover as partes soltas e sem aderência, aplicando, em seguida, uma demão de Fundo Acrílico Preparador de Paredes Hipercor.
Superfícies com gordura ou graxa: Lavar com água e detergente neutro e enxaguar logo em seguida. Aguardar a secagem.
Superfícies mofadas: Limpar com uma solução de água sanitária, diluída em água potável, em partes iguais, aguardar duas horas e enxaguar com bastante água.
Pequenas imperfeições: Para ambientes externos, corrigir com Massa Acrílica Hipercor e em ambientes internos, aplicar Massa Corrida Hipercor.
Reboco novo: Aguardar no mínimo 30 dias para a cura total, aplicando, em seguida, uma demão de Selador Acrílico Hipercor.
Superfícies com umidade: Identificar a origem e tratar de maneira adequada.

Outros produtos relacionados

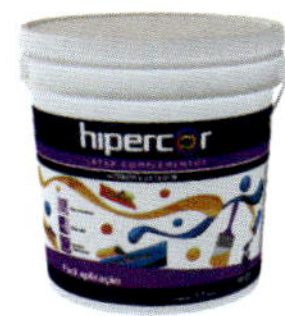

Massa Corrida
É indicada para corrigir e nivelar pequenas imperfeições de superfícies internas de alvenaria, fibrocimento e concreto, proporcionando um acabamento liso.

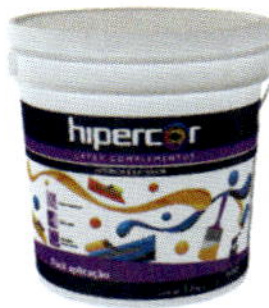

Massa Acrílica
É indicada para corrigir e nivelar pequenas imperfeições de superfícies externas e internas de alvenaria, fibrocimento e concreto, proporcionando um acabamento liso.

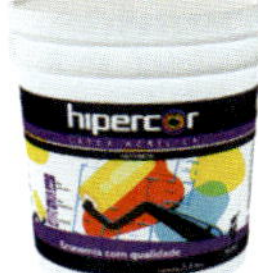

Tinta Látex Acrílica Econômica
Produto indicado para pintar e decorar superfícies de alvenaria em ambientes internos.

Esmalte Base Água

PREMIUM ★★★★★

Hipercor Eco é o Esmalte Ecológico da Hipercor, um produto à base de água com ótimo rendimento, secagem hiper-rápida e fino acabamento, por ser à base de água, substitui o cheiro característico das tintas à óleo, trazendo conforto e bem-estar durante e após a aplicação, evitando os transtornos de uma pintura convencional, pois na sua composição não contém aguarrás. Hipercor Eco garante mais saúde e segurança para você e o meio ambiente. É indicado para aplicação em superfícies internas e externas de madeiras e metais, podendo ser aplicado diretamente sobre superfícies de aço galvanizado e alumínio, dispensando o uso de fundo preparador.

Embalagens/Rendimento
Galão (3,6 L): 48 a 56 m² por demão.
Quarto (0,9 L): 12 a 14 m² por demão.

Acabamento
Brilhante e acetinado.

Aplicação
Rolo de lã ou de espuma, pincel ou pistola.
Aplicar 2 a 3 demãos.

Diluição
Diluir com água potável.
Aplicação pincel/rolo: diluir com 10%.
Aplicação pistola: diluir com 20%.

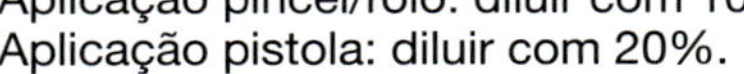

Cor
Consultar nosso catálogo de cores.

Secagem
Ao toque: 30 minutos.
Entre demãos: 4 horas.
Final: 5 horas.

Dicas e preparação de superfície

Madeira: Lixar e eliminar o pó com um pano úmido. Remover as farpas, as partes soltas e sem aderência. Corrigir pequenas imperfeições com Massa para Madeira Hipecor, aplicar Fundo Sintético Nivelador Hipercor, aguardar a secagem e, em seguida, aplicar de duas a três demãos de Esmalte Base Água Hipercor.
Metal ferroso: Eliminar pontos de ferrugem com lixa e/ou escova de aço, limpar com um pano seco, depois aplicar uma a duas demãos de Fundo Anticorrosivo Hipercor, aguardar a secagem e em seguida aplicar de duas a três demãos de Esmalte Base Água Hipercor.
Alumínio e galvanizado: Não é necessário aplicar fundo anticorrosivo. Limpar com pano úmido, aguardar a secagem. Aplicar de duas a três demãos de Esmalte Base Água Hipercor.
Madeira e Metal ferroso (repintura): Lixar até eliminar o brilho, limpar com um pano úmido, aguardar a secagem. Aplicar de duas a três demãos de Esmalte Base Água Hipercor.

Outros produtos relacionados

Fundo Sintético Nivelador

Produto indicado para uniformizar a absorção em superfícies externas e internas de madeira, proporcionando maior rendimento dos produtos de acabamento.

Massa para Madeira

Massa para madeira à base de emulsão acrílica, possui alto poder de enchimento e ótima lixabilidade. É indicada para corrigir e nivelar pequenas imperfeições de superfícies internas e externas de madeira, proporcionando um acabamento liso.

Fundo Anticorrosivo

Fundo sintético à base de resina alquídica, de fácil aplicação, secagem rápida, boa lixabilidade e excelente cobertura. É indicado para proteger superfícies internas e externas de metal ferroso.

Esmalte Sintético

PREMIUM ★★★★★

Esmalte sintético à base de resina alquídica, de fácil aplicação, excelente cobertura e secagem hiper-rápida. É indicado para superfícies internas e externas de madeira, metal ferroso, alumínio, galvanizados e alvenaria.

Embalagens/Rendimento
Galão (3,6 L): 40 a 55 m² por demão.
Quarto (0,9 L): 10 a 14 m² por demão.

Acabamento
Brilhante, acetinado e fosco.

Aplicação
Rolo de espuma, pincel ou pistola.
Aplicar 2 a 3 demãos.

Diluição
Diluir com aguarrás.
Aplicação pincel/rolo: diluir com 10%.
Aplicação pistola: diluir até atingir a viscosidade ideal.

Cor
Consultar nosso catálogo de cores.

Secagem
Ao toque: 30 minutos.
Entre demãos: 2 a 4 horas.
Final: 12 horas.

Dicas e preparação de superfície

Madeira: Lixar e eliminar o pó com um pano úmido. Remover as farpas, as partes soltas e sem aderência. Corrigir pequenas imperfeições com Massa para Madeira Hipecor, aplicar Fundo Sintético Nivelador Hipercor, aguardar a secagem e, em seguida, aplicar de duas a três demãos de Esmalte Sintético Premium Hipercor.
Metal ferroso: Eliminar pontos de ferrugem com lixa e/ou escova de aço, limpar com um pano seco, depois aplicar uma a duas demãos de Fundo Anticorrosivo Hipercor, aguardar a secagem e, em seguida, aplicar de duas a três demãos de Esmalte Sintético Premium Hipercor.
Alumínio e galvanizado: Limpar com pano úmido, aguardar a secagem. Aplicar uma demão de Fundo para Galvanizados, aguardar a secagem e, em seguida, aplicar de duas a três demãos de Esmalte Sintético Premium Hipercor.
Madeira e Metal ferroso (repintura): Lixar até eliminar o brilho, limpar com um pano úmido, aguardar a secagem. Aplicar de duas a três demãos de Esmalte Sintético Premium Hipercor.

Outros produtos relacionados

Fundo Sintético Nivelador

Produto indicado para uniformizar a absorção em superfícies externas e internas de madeira, proporcionando maior rendimento dos produtos de acabamento.

Massa para Madeira

Massa para madeira à base de emulsão acrílica, possui alto poder de enchimento e ótima lixabilidade. É indicada para corrigir e nivelar pequenas imperfeições de superfícies internas e externas de madeira, proporcionando um acabamento liso.

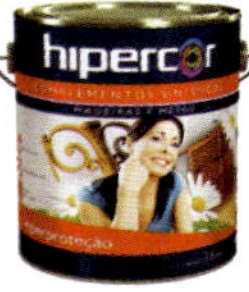

Fundo Anticorrosivo

Fundo sintético à base de resina alquídica, de fácil aplicação, secagem rápida, boa lixabilidade e excelente cobertura. É indicado para proteger superfícies internas e externas de metal ferroso.

Esmalte Sintético

STANDARD ★★★

Esmalte sintético à base de resina alquídica, de fácil aplicação, ótima cobertura e secagem rápida. É indicado para superfícies internas e externas de madeira, metal ferroso, alumínio, galvanizados e alvenaria.

Embalagens/Rendimento
Galão (3,6 L): 40 a 50 m² por demão.
Quarto (0,9 L): 10 a 12 m² por demão.
Lata (0,112 L): 1,25 a 1,60 m² por demão.

Acabamento
Brilhante.

Aplicação
Rolo de espuma, pincel ou pistola.
Aplicar 2 a 3 demãos.

Diluição
Diluir com aguarrás.
Aplicação pincel/rolo: diluir com 10%.
Aplicação pistola: diluir até atingir a viscosidade ideal.

Cor
Consultar nosso catálogo de cores.

Secagem
Ao toque: 30 minutos.
Entre demãos: 2 a 4 horas.
Final: 12 horas.

Dicas e preparação de superfície

Madeira: Lixar e eliminar o pó com um pano úmido. Remover as farpas, as partes soltas e sem aderência. Corrigir pequenas imperfeições com Massa para Madeira Hipecor, aplicar Fundo Sintético Nivelador Hipercor, aguardar a secagem e em seguida aplicar de duas a três demãos de Esmalte Sintético Standard Hipercor.
Metal ferroso: Eliminar pontos de ferrugem com lixa e/ou escova de aço, limpar com um pano seco, depois aplicar uma a duas demãos de Fundo Anticorrosivo Hipercor, aguardar a secagem e, em seguida, aplicar de duas a três demãos de Esmalte Sintético Standard Hipercor.
Alumínio e galvanizado: Limpar com pano úmido, aguardar a secagem. Aplicar uma demão de Fundo para Galvanizados, aguardar a secagem e, em seguida, aplicar de duas a três demãos de Esmalte Sintético Premium Hipercor.
Madeira e Metal ferroso (repintura): Lixar até eliminar o brilho, limpar com um pano úmido, aguardar a secagem. Aplicar de duas a três demãos de Esmalte Sintético Standard Hipercor.

Outros produtos relacionados

Fundo Sintético Nivelador

Produto indicado para uniformizar a absorção em superfícies externas e internas de madeira, proporcionando maior rendimento dos produtos de acabamento.

Massa para Madeira

Massa para madeira à base de emulsão acrílica, possui alto poder de enchimento e ótima lixabilidade. É indicada para corrigir e nivelar pequenas imperfeições de superfícies internas e externas de madeira, proporcionando um acabamento liso.

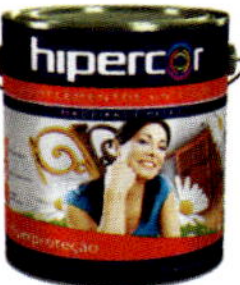

Fundo Anticorrosivo

Fundo sintético à base de resina alquídica, de fácil aplicação, secagem rápida, boa lixabilidade e excelente cobertura. É indicado para proteger superfícies internas e externas de metal ferroso.

Massa para Madeira

Embalagens/Rendimento
Galão (3,6 L): 10 a 15 m² por demão.
Quarto (0,9 L): 2,50 a 3,75 m² por demão.

Diluição
Pronto para uso.

Aplicação
Pronto para uso.

Secagem
Entre demãos: 3 horas.
Final: 6 horas.

Fundo Sintético Nivelador

Embalagens/Rendimento
Galão (3,6 L): 25 a 30 m² por demão.
Quarto (0,9 L): 6,25 a 7,50 m² por demão.

Diluição
Diluir com Aguarrás. Pincel/rolo: diluir com até 10%. Aplicação pistola: Diluir até atingir a viscosidade ideal.

Aplicação
Rolo de espuma, pincel ou pistola.
Aplicar 1 a 2 demãos.

Secagem
Ao toque: 2 a 4 horas.
Entre demãos: 6 a 8 horas.
Final: 18 a 24 horas.

Fundo Anticorrosivo

Embalagens/Rendimento
Galão (3,6 L): 30 a 40 m² por demão.
Quarto (0,9 L): 7,50 a 10 m² por demão.

Diluição
Diluir com Aguarrás. Pincel/rolo: diluir com até 10%. Aplicação pistola: Diluir até atingir a viscosidade ideal.

Aplicação
Rolo de espuma, pincel ou pistola.
Aplicar 1 a 2 demãos.

Secagem
Ao toque: 2 a 4 horas.
Entre demãos: 6 a 8 horas.
Final: 18 a 24 horas.

Dicas e preparação de superfície

Esta linha Complementos Sintéticos foi desenvolvida para auxiliar na preparação das superfícies e melhorar o desempenho dos produtos de acabamento. Ela é composta por Massa para Madeira, Fundo Sintético Nivelador e Fundo Anticorrosivo. É indicada para ambientes internos e externos de madeiras e metais.

Madeira: Lixar e eliminar o pó com um pano úmido. Remover as farpas, as partes soltas e sem aderência. Corrigir pequenas imperfeições com Massa para Madeira Hipecor, aplicar Fundo Sintético Nivelador Hipercor, aguardar a secagem e, em seguida, o produto de acabamento.

Metal ferroso: Eliminar pontos de ferrugem com lixa e/ou escova de aço, limpar com um pano seco, depois aplicar uma a duas demãos de Fundo Anticorrosivo Hipercor, aguardar a secagem e, em seguida, aplicar o produto de acabamento.
Madeira e Metal ferroso (repintura): Lixar até eliminar o brilho, limpar com um pano úmido, aguardar a secagem e, em seguida, aplicar o produto de acabamento.

Verniz Sintético Copal

Verniz à base de resina alquídica, de fácil aplicação, excelente brilho e secagem hiper-rápida. É indicado para superfícies internas de madeira e proporciona boa durabilidade, grande poder de penetração e um fino acabamento.

Embalagens/Rendimento Galão (3,6 L): 32 a 40 m² por demão. Quarto (0,9 L): 8 a 10 m² por demão.	**Acabamento** Brilhante.
Aplicação Pincel, rolo de espuma ou pistola.	**Diluição** Produto pronto para uso. Se necessário, utilizar Aguarrás Hipercor até 10%. Para pincel e rolo de espuma; e, para pistola, diluir com Aguaráz Hipercor até atingir a viscosidade ideal.
Cor Incolor.	**Secagem** Ao toque: 2 horas. Manuseio: 6 a 8 horas. Final: 18 horas.

Dicas e preparação de superfície

Madeira nova: Lixar e eliminar o pó com um pano úmido. Remover as farpas, as partes soltas e sem aderência. Aplicar de duas a três demãos de Verniz Sintético Hipercor.

Repintura: Lixar até eliminar o brilho, limpar com um pano úmido, aguardar a secagem. Aplicar de duas a três demãos de Verniz Sintético Hipercor.

Outros produtos relacionados

Massa para Madeira

Massa para madeira à base de emulsão acrílica, possui alto poder de enchimento e ótima lixabilidade. É indicada para corrigir e nivelar pequenas imperfeições de superfícies internas e externas de madeira, proporcionando um acabamento liso.

Tinta Acrílica Pisos e Cimentados

PREMIUM ★★★★★

É uma tinta acrílica com hiper-resistência ao tráfego de pessoas e carros, apresentando ótima cobertura e fácil aplicação, ideal para embelezar pisos e cimentados em geral, em ambientes internos e externos de quadras poliesportivas, pisos comerciais, demarcação de garagens, áreas de recreação, podendo também ser aplicado sobre concreto aparente.

Embalagens/Rendimento
Lata (18 L): 175 a 250 m² por demão.
Galão (3,6 L): 35 a 50 m² por demão.

Acabamento
Fosco.

Aplicação
Rolo de lã de pelo baixo ou pincel de cerdas macias.
Aplicar 2 a 3 demãos.

Diluição
Diluir com água potável até 20%.
Superfícies não seladas: diluir a primeira demão com água potável até 40%.

Cor
Consultar nosso catálogo de cores.

Secagem
Ao toque: 2 horas.
Entre demãos: 4 horas.
Final: 12 horas.
Tráfego de pessoas: 24 horas.
Tráfego de veículos: 72 horas.

Dicas e preparação de superfície

Piso Antigo liso/queimado: Lavar com ácido muriático diluído em água, na proporção de 4:1 e enxaguar. Aguardar a secagem.
Piso novo: Aguardar no mínimo 30 dias para a cura total, aplicando, em seguida, o produto.
Superfícies com gordura ou graxa: Lavar com água e detergente neutro e enxaguar logo em seguida. Aguardar a secagem.
Superfícies mofadas: Limpar com uma solução de água sanitária, diluída em água potável, em partes iguais, aguardar duas horas e enxaguar com bastante água.
Pequenas imperfeições: Corrigir com argamassa de areia e cimento, aguardar no mínimo 30 dias para a cura total, em seguida, aplicar o produto.
Superficies com umidade: Identificar a origem e tratar de maneira adequada.

Corante Líquido

O Corante Hipercor é indicado para tingir tintas à base de água (PVA, vinil-acrílicas e acrílicas). Disponível em várias cores que combinadas permite obter milhares de tonalidades. Possui alto poder de tingimento, resistência e é de fácil homogeneização.

Embalagens/Rendimento
Frasco (50 mL): Utilize no máximo um frasco de corante por galão (3,6 L) ou por saco (2 kg) de tinta em pó à base de cal.

Acabamento
Não aplicável.

Aplicação
Agite o produto antes de usar. Adicione o corante aos poucos e mexa até alcançar a cor desejada.

Diluição
Não diluir.

Cor
Consultar nosso catálogo de cores.

Secagem
Não aplicável.

Dicas e preparação de superfície

Utilize no máximo um frasco de 50 mL de corante para cada galão de 3,6 litros ou para cada pacote de tinta em pó de 2 kg à base de cal. Aconselhamos adicionar o corante aos poucos e mexer até alcançar a cor desejada.

Outros produtos relacionados

Tinta Látex Acrílica Standard

Tinta acrílica com ótimo rendimento e cobertura, indicada para pintura de alvenaria em ambientes internos e externos. É um produto que oferece excelente acabamento fosco e baixíssimo respingo.

Tinta Látex Acrílica Econômica

Produto indicado para pintar e decorar superfícies de alvenaria em ambientes internos.

Tinta Látex Acrílica Premium

É uma tinta acrílica com excelente poder de cobertura e altíssima resistência. Foi formulada para proporcionar um finíssimo acabamento semibrilhante que destaca e embeleza o ambiente.

Hydronorth: uma história de pioneirismo e liderança

A história da Hydronorth comemora seus 30 anos de existência com os títulos de líder nacional e pioneira do mercado de resinas impermeabilizantes, detentora de marcas como Graffiato é definitivamente a empresa mais especializada na preservação de ambientes e superfícies.

Seu parque fabril está situado a 13 km de Londrina, a segunda cidade mais importante do Paraná. Associada a ABRAFATI e participante do Programa Setorial de Qualidade – Tintas Imobiliárias do PBQP-H, a Hydronorth é uma empresa brasileira, fundada em 1981 e que desde então vem aprimorando continuamente seus produtos e serviços, sempre apoiada em inovação e boas práticas de sistema de gestão da qualidade ISO 9001: 2008. Além de programas mundiais de preservação ao meio ambiente como o Coatings Care. Sempre valorizando seus colaboradores, parceiros, clientes e consumidores, a Hydronorth vem marcando presença no Guia Exame – Você S/A das 150 melhores empresas para se trabalhar premiada durante os anos de 2002, 2004, 2005 e 2006. Em 2010 tornou-se membro do Green Building Council (GBC) Brasil, reafirmando seu compromisso de desenvolver soluções tecnológicas que reduzam o impacto no meio ambiente e melhore o bem estar das pessoas.

Infraestrutura

Com um parque fabril operando dentro dos mais rigorosos padrões de qualidade na industrialização de resinas, impermeabilizantes, tintas, texturas e vernizes, a empresa conta com uma estação de tratamento de resíduos em sua planta de Cambé – PR. Conta ainda com dois centros de distribuição instalados no Recife-PE e na cidade do Rio de Janeiro – RJ, que atendem com flexibilidade e pontualidade, respectivamente, as regiões Norte e Nordeste e os estados do Rio de Janeiro e Espírito Santo.

Qualidade assegurada

A Hydronorth está integrada ao Programa Setorial da Qualidade – Tintas Imobiliárias, gerenciado pela Associação Brasileira dos Fabricantes de Tintas – ABRAFATI. Este programa teve implantação em 2001, mudando o panorama das tintas no país, contribuindo para o aprimoramento dos produtos e o ordenamento do mercado. O PSQ – Tintas Imobiliárias integra o Programa Brasileiro de Qualidade e Produtividade do Habitat, do Ministério das Cidades, e conta com o aval de importantes programas do Governo relacionados à construção civil, como o Minha Casa, Minha Vida. Isso significa que somente as tintas em conformidade e as indústrias que as produzem podem participar destes programas.

Ao se tornar membro do GBC – ONG em prol do desenvolvimento de construções verdes ao redor do mundo – a Hydronorth passa a ser a primeira empresa brasileira a desenvolver um pacote de soluções em pinturas que contribuem diretamente com a performance da obra, atendendo aos requisitos LEED (*Leadership in Energy and Environmental Design*) e AQUA (Alta Qualidade Ambiental), dentre outros.

Missão e Valores

A Hydronorth tem missão prover soluções inovadoras na preservação de ambientes e superfícies para garantir o bem-estar das pessoas. Seguindo boas práticas de ética e conduta, a empresa evoluiu fundamentada em seus valores: espiritualidade, simplicidade, credibilidade, valorização das pessoas, foco para resultados e, mais recentemente, sustentabilidade.

Responsabilidade social

Ciente do seu papel, a empresa é associada à ABRINQ, realiza diversos projetos que envolvem os colaboradores e a comunidade local. Sua maior conquista encontra-se dentro de casa. Trata-se da Creche Rei Davi, instalada no parque fabril, que nasceu do sonho fundador Amado Góis e sua esposa Sra Enely, que desde 1999 acreditam no projeto. Atualmente a creche atende mais de 100 crianças de baixa renda, em período integral, proporcionando-lhes estudo, recreação, alimentação saudável, além de muito carinho e, essencialmente, desenvolvimento espiritual.

Sustentabilidade

Há quase duas décadas, a qualidade foi um diferencial e atender as exigências do consumidor foi o suficiente para uma marca tornar-se reconhecida e admirada. Atualmente, qualidade é requisito básico para existência. A vida cotidiana evolui de maneira tão rápida que somos diariamente bombardeados por muita informação e já não temos referencial do que é realmente verdade. Nós acreditamos que ser sustentável é tudo aquilo que pode ser mantido por longo prazo e sem prejuízos ao meio ambiente e ao homem, desenvolvido através de tecnologias e processos mais limpos e eficientes, aliados à alta qualidade e principalmente à redução dos impactos ambientais, proporcionando segurança e bem-estar para as pessoas de todas as gerações. Outro pilar relevante é o da educação das pessoas e conscientização de que o meio ambiente é o bem mais precioso da humanidade.

Certificações

Informações de Serviço ao Consumidor:

A empresa dispõe de Serviço de Atendimento ao Consumidor

0800 70433033 ou sites www.hydronorth.com.br
www.ecopinturaleed.com.br
www.telhadobranco.com.br

Tinta Acrílica Hydronorth

PREMIUM ★★★★★

Indicada para pintura externa (fachadas) e interna de paredes e tetos em geral. Sua fórmula é diferenciada e apresenta cheiro mais agradável durante a aplicação, além de proporcionar um excelente rendimento e acabamento final da pintura.

Embalagens/Rendimento
Lata (18 L): até 350 m² por demão.
Galão (3,6 L): até 70 m² por demão.

Acabamento
Fosco, semi-brilho e acetinado (versão Lave e Limpe).

Aplicação
Rolo de lã de pelo baixo, pincel ou trincha.

Diluição
Superfícies não seladas: primeira demão diluir em até 40%, demais demãos de 10% a 20%, com água limpa.
Superfícies seladas e repintura: diluir todas as demãos de 10% a 20%, com água limpa.

Cor
Fosco: 24 cores.
Semi-brilho: 17 cores.
Acetinado: 13 cores.

Secagem
Ao toque: 1 hora.
Final: 12 horas.

Dicas e preparação de superfície

A parede deve estar limpa e lixada, isenta de pó, graxa, óleo e/ou umidade. Se você identificar mofo, lave com solução de água sanitária e água em partes iguais. Se a parede estiver desgastada/desagregando, raspe ou escove as partes soltas, aplique previamente uma demão de **Base Protetora para Paredes Hydronorth: Fundo Preparador de Paredes**. Caso a parede seja de concreto novo, aguarde a cura total por 28 dias antes de pintar, caso necessário, corrija as imperfeições com **Massa Acrílica para Paredes Hydronorth**. Para alvenaria nova e curada aplique previamente **Base Protetora para Paredes Hydronorth: Hysoterm**.

Outros produtos relacionados

Base Protetora para Paredes Hydronorth: Fundo Preparador de Paredes

Indicado para selar, uniformizar a absorção das paredes e aumentar a coesão de superfícies porosas. Dado seu alto poder selante, reduz o número de camadas de tinta e possui cheiro agradável durante a aplicação.

Base Protetora para Paredes Hydronorth: Selador Acrílico

Atua na preparação da parede, como primeira camada em paredes não seladas, para melhorar a absorção da tinta e aumentar o rendimento de pinturas externas e internas.

Massa Acrílica para Paredes Hydronorth

Indicada para correção de imperfeições em paredes e tetos em ambientes internos e externos. Espalha com facilidade, tem secagem rápida e cheiro agradável durante a aplicação.

Tinta Acrílica Ecológica

PREMIUM ★★★★★

É indicada para pintura sustentável de fachadas, tetos, paredes externas e internas em geral. Sua fórmula especial reúne benefícios importantes para a construção civil, desde a produtividade na aplicação até suas funcionalidades nos ambientes e fachadas. Apresenta baixa emissão de COV, secagem ultrarrápida e alta luminosidade, refletindo muito mais luz que as tintas tradicionais. Seu principal benefício é a altíssima concentração, ou seja, rende quase 2 × mais que as tintas Premium tradicionais, diminuindo a emissão de CO_2.

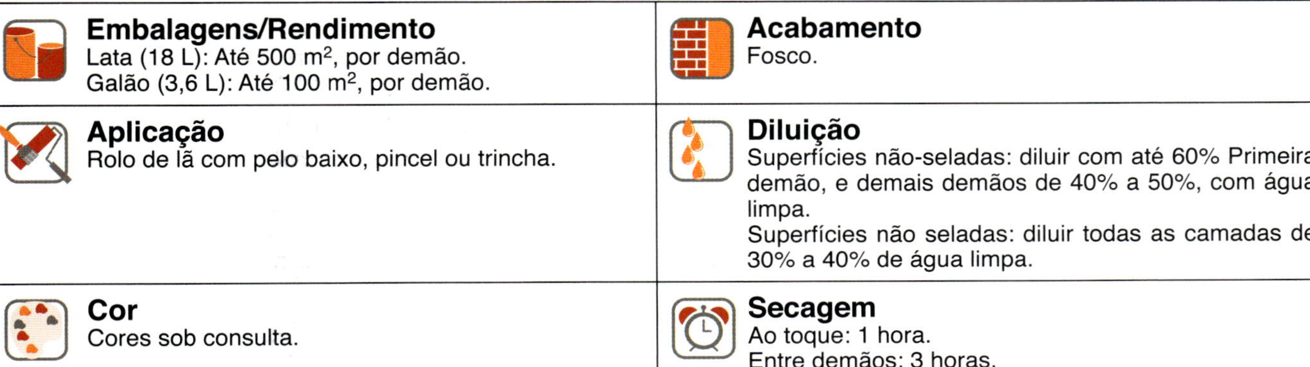

Embalagens/Rendimento
Lata (18 L): Até 500 m², por demão.
Galão (3,6 L): Até 100 m², por demão.

Acabamento
Fosco.

Aplicação
Rolo de lã com pelo baixo, pincel ou trincha.

Diluição
Superfícies não-seladas: diluir com até 60% Primeira demão, e demais demãos de 40% a 50%, com água limpa.
Superfícies não seladas: diluir todas as camadas de 30% a 40% de água limpa.

Cor
Cores sob consulta.

Secagem
Ao toque: 1 hora.
Entre demãos: 3 horas.
Final: 8 horas.

Dicas e preparação de superfície

A superfície deve estar limpa e lixada, isenta de pó, brilho, graxa, óleo e/ou umidade. Se você identificar mofo, lave com solução de água sanitária e água em partes iguais. Se a parede estiver desgastada/desagregando, raspe ou escove as partes soltas. Aplique previamente **Base Protetora para paredes Hydronorth: Fundo Preparador de Paredes**. Caso a parede seja de concreto novo, aguarde a cura total por 28 dias antes de pintar, caso contrário, corrija as imperfeições com **ECOPINTURA Massa Ecológica de Paredes**. Para alvenaria nova e curada, aplique previamente **ECOPINTURA Selador Acrílico**. Para demais superfícies aplique previamente **Base Protetora de Paredes Hydronorth: Fundo Preparador de Paredes**.

Outros produtos relacionados

Base Protetora para Paredes: Fundo Preparador de Paredes

Indicado para selar, uniformizar a absorção das paredes e aumentar a coesão de superfícies porosas. Dado seu alto poder selante, reduz o número de camadas de tinta. Possui cheiro agradável durante a aplicação.

ECOPINTURA: Massa Acrílica Ecológica

É indicada para a correção de imperfeições em paredes e tetos em ambientes internos e externos. Sua fórmula especial proporciona secagem ultrarrápida e baixa emissão de COV.

ECOPINTURA: Selador Acrílico Ecológico

É indicado para preparação de superfícies como primeira camada em alvenaria nova e sem pintura, melhorando o desempenho da ECOPINTURA que será utilizada como acabamento.

Tinta Acrilíca Hydronorth Rende+

STANDARD ★★★

Indicada para pintura interna e externa de paredes em geral, formulada especialmente para proteção e embelezamento de paredes. Sua fórmula apresenta alto rendimento (pinta até 400 m²/18 Litros), fino acabamento e ótima resistência às variações climáticas. É fácil aplicar, possui ótima cobertura e tem cheiro agradável durante a aplicação.

Embalagens/Rendimento

Fosco
Lata (18 L): até 400 m^2 por demão.
Galão (3,6 L): até 80 m^2 por demão.
Semi-brilho
Lata (18 L): até 300 m^2 por demão.
Galão (3,6 L): até 60 m^2 por demão.

Acabamento

Fosco e semi-brilho.

Aplicação

Rolo de lã com pelo baixo, pincel ou trincha.

Diluição

Superfícies não seladas: primeira demão diluir em até 60%, demais demãos de 30% a 40%, com água limpa. Superfícies seladas e repintura: diluir todas as demãos de 20% a 30%, com água limpa.

Cor

20 cores.

Secagem

Ao toque: 1 hora.
Final: 12 horas.

Dicas e preparação de superfície

A parede deve estar limpa e lixada, isenta de pó, graxa, óleo e/ou umidade. Se você identificar mofo, lave com solução de água sanitária e água em partes iguais. Se a parede estiver desgastada/desagregando, raspe ou escove as partes soltas, aplique previamente uma demão de **Base Protetora para Paredes Hydronorth: Fundo Preparador de Paredes**. Caso a parede seja de concreto novo, aguarde a cura total por 28 dias antes de pintar. Antes da pintura, caso necessário, corrija as imperfeições com **Massa para Paredes Hydronorth**. Para alvenaria, reboco novo e massa fina aplique previamente **Base Protetora para Paredes Hydronorth: Selador Acrílico.**

Outros produtos relacionados

Base Protetora para Paredes Hydronorth: Fundo Preparador de Paredes

Indicado para selar, uniformizar a absorção das paredes e aumentar a coesão de superfícies porosas. Dado seu alto poder selante, reduz o número de camadas de tinta e possui cheiro agradável durante a aplicação.

Base Protetora para Paredes Hydronorth: Selador Acrílico

Atua na preparação da parede, como primeira camada em paredes não seladas, para melhorar a absorção da tinta e aumentar o rendimento de pinturas externas e internas.

Massa Acrílica para Paredes Hydronorth

Indicada para correção de imperfeições em paredes e tetos em ambientes internos e externos. Espalha com facilidade, tem secagem rápida e cheiro agradável durante a aplicação.

Tinta Acrílica Ecológica

STANDARD ★★★

É indicada para pintura sustentável de fachadas, tetos, paredes externas e internas em geral. Sua fórmula especial proporciona maior produtividade da obra devido ao rendimento superior quando comparado as tintas tradicionais. Apresenta baixa emissão de COV, secagem ultrarrápida e alta luminosidade refletindo muito mais luz que as tintas tradicionais.

Embalagens/Rendimento
Lata (18 L): até 400 m^2 por demão.
Galão (3,6 L): até 80 m^2 por demão.

Acabamento
Fosco.

Aplicação
Rolo de lã com pelo baixo, pincel ou trincha.

Diluição
Superfícies não seladas: primeira demão diluir em até 60% demais demãos de 30 a 40% com água limpa.
Superfícies seladas e repintura: diluir todas as demãos 20% a 30% com água limpa.

Cor
Cores sob consulta.

Secagem
Ao toque: 1 hora.
Entre demãos: 3 horas.
Final: 8 horas.

Dicas e preparação de superfície

A superfície deve estar limpa e lixada, isenta de pó, brilho, graxa, óleo e/ou umidade. Se você identificar mofo, lave com solução de água sanitária e água em partes iguais. Se a parede estiver desgastada/desagregando, raspe ou escove as partes soltas. Aplique previamente **Base Protetora para paredes Hydronorth: Fundo Preparador de Paredes**. Caso a parede seja de concreto novo, aguarde a cura total por 28 dias antes de pintar, caso contrário, corrija as imperfeições com **ECOPINTURA Massa Ecológica de Paredes**. Para alvenaria nova e curada, aplique previamente **ECOPINTURA Selador Acrílico**. Para demais superfícies aplique previamente **Base Protetora de Paredes Hydronorth: Fundo Preparador de Paredes**.

Outros produtos relacionados

Base Protetora para Paredes: Fundo Preparador de Paredes

Indicado para selar, uniformizar a absorção das paredes e aumentar a coesão de superfícies porosas. Dado seu alto poder selante, reduz o número de camadas de tinta. Possui cheiro agradável durante a aplicação.

ECOPINTURA: Massa Acrílica Ecológica

É indicada para a correção de imperfeições em paredes e tetos em ambientes internos e externos. Sua fórmula especial proporciona secagem ultrarrápida e baixa emissão de COV.

ECOPINTURA: Selador Acrílico Ecológico

É indicado para preparação de superfícies como primeira camada em alvenaria nova e sem pintura, melhorando o desempenho da ECOPINTURA que será utilizada como acabamento.

Tinta Látex Hydronorth

STANDARD ★★★

Produto desenvolvido especialmente para proteção e embelezamento de superfícies. É indicada para pintura externa e interna de paredes e tetos em geral. Apresenta alta resistência e cobertura com acabamento superior. É de fácil aplicação, não respinga e tem cheiro agradável durante a aplicação.

Embalagens/Rendimento
Lata (18 L): até 300 m^2 por demão.
Galão (3,6 L): até 60 m^2 por demão.

Acabamento
Fosco.

Aplicação
Rolo de lã com pelo baixo, pincel ou trincha.

Diluição
Superfícies não seladas: primeira demão diluir até 40%, demais demãos de 10% a 20%, com água limpa.
Superfícies seladas e repintura: diluir todas as demãos de 10% a 20%, com água limpa.

Cor
21 cores.

Secagem
Ao toque: 1 hora.
Final: 12 horas.

Dicas e preparação de superfície

A parede deve estar limpa e lixada, isenta de pó, graxa, óleo e/ou umidade. Se você identificar mofo, lave com solução de água sanitária e água em partes iguais. Se a parede estiver desgastada/desagregando, raspe ou escove as partes soltas. Antes da pintura, caso necessário, corrija as imperfeições com **Massa para Paredes Hydronorth**. Caso a parede seja de concreto novo, aguarde a cura total por 28 dias antes de pintar. Para alvenaria, reboco novo e massa fina aplique previamente **Base Protetora para Paredes Hydronorth: Selador Acrílico**. Para demais superfícies aplique previamente **Base Protetora para Paredes Hydronorth: Fundo Preparador de Paredes.**

Outros produtos relacionados

Base Protetora para Paredes Hydronorth: Fundo Preparador de Paredes

Indicado para selar, uniformizar a absorção das paredes e aumentar a coesão de superfícies porosas. Dado seu alto poder selante, reduz o número de camadas de tinta e possui cheiro agradável durante a aplicação.

Base Protetora para Paredes Hydronorth: Selador Acrílico

Atua na preparação da parede, como primeira camada em paredes não seladas, para melhorar a absorção da tinta e aumentar o rendimento de pinturas externas e internas.

Massa Acrílica para Paredes Hydronorth

Indicada para correção de imperfeições em paredes e tetos em ambientes internos e externos. Espalha com facilidade, tem secagem rápida e cheiro agradável durante a aplicação.

Tinta Acrílica Hydronorth

ECONÔMICA ★

Indicada para pintura de paredes internas de alvenaria, reboco, concreto, massa corrida e massa acrílica, gesso, fibrocimento e tetos. Apresenta boa durabilidade e cobertura. É de fácil aplicação, confere excelente aderência à superfície e possui cheiro agradável durante a aplicação.

Embalagens/Rendimento
Lata (18 L): até 250 m^2 por demão.
Galão (3,6 L): até 50 m^2 por demão.

Acabamento
Fosco.

Aplicação
Rolo de lã com pêlo baixo, pincel ou trincha.

Diluição
Superfícies não seladas: primeira demão diluir em até 30%, demais demãos de 10% a 20%, com água limpa. Superfícies seladas e repintura: diluir todas as demãos de 10% a 20%, com água limpa.

Cor
18 cores.

Secagem
Ao toque: 1 hora.
Final: 12 horas.

Dicas e preparação de superfície

A parede deve estar limpa e lixada, isenta de pó, graxa, óleo e/ou umidade. Se você identificar mofo, lave com solução de água sanitária e água em partes iguais. Se a parede estiver desgastada/desagregando, raspe ou escove as partes soltas, aplique previamente uma demão de **Base Protetora para Paredes Hydronorth: Fundo Preparador de Paredes**. Caso a parede seja de concreto novo, aguarde a cura total por 30 dias antes de pintar. Antes da pintura, caso necessário corrija as imperfeições com **Massa para Paredes Hydronorth**. Para alvenaria nova e curada, aplique previamente **Base Protetora para Paredes Hydronorth: Selador Acrílico.**

Outros produtos relacionados

Base Protetora para Paredes Hydronorth: Fundo Preparador de Paredes

Indicado para selar, uniformizar a absorção das paredes e aumentar a coesão de superfícies porosas. Dado seu alto poder selante, reduz o número de camadas de tinta e possui cheiro agradável durante a aplicação.

Base Protetora para Paredes Hydronorth: Selador Acrílico

Atua na preparação da parede, como primeira camada em paredes não seladas, para melhorar a absorção da tinta e aumentar o rendimento de pinturas externas e internas.

Massa Corrida PVA Hydronorth

Indicada para correção de imperfeições em paredes e tetos em ambientes internos é fácil de lixar, tem secagem rápida e cheiro agradável durante a aplicação.

Tinta Acrílica Pinta Gesso

ECONÔMICA ★

Produto formulado especificamente para proteção e embelezamento de superfícies internas de gesso em geral. Sua aplicação, além de proporcionar ótimo acabamento, aumenta a coesão de superfícies porosas e ajuda na fixação de partículas soltas. Quando usada como fundo reduz o número de demãos de tinta de acabamento, proporcionando economia de tempo e dinheiro. Possui cheiro agradável durante a aplicação.

Embalagens/Rendimento
Lata (18 L): 160 m² a 220 m² por demão.
Galão (3,6 L): 34 m² a 44 m² por demão.

Acabamento
Fosco.

Aplicação
Rolo de lã, pincel ou trincha.

Diluição
Pintura direto sobre Gesso ou Massa: primeira demão: 30% a 50% - Demais demãos: 10% a 20%, com água limpa.
Reboco/Concreto/Repintura: 10% a 20% em todas as demãos, com água limpa.

Cor
Branco Neve.

Secagem
Ao toque: 1 hora.
Final: 12 Horas.

Dicas e preparação de superfície

A superfície deve estar limpa e lixada, isenta de pó, brilho, graxa, óleo e/ou umidade. Superfícies novas de reboco devem receber aplicação de **Base Protetora para Paredes Hydronorth: Selador Acrílico**. Para aplicações sobre superfícies com reboco "fraco", caiação, repintura com problemas, elimine as partes soltas, lixe e aplique a **Base Protetora Paredes: Fundo Preparador de Paredes**. As imperfeições rasas da superfície devem ser corrigidas com **Massa Acrílica para Paredes Hydronorth** (reboco externo e interno) e **Massa Corrida PVA Hydronorth** (reboco interno). Caso a superfície seja de concreto novo, aguarde a cura total por 28 dias antes de pintar.

Outros produtos relacionados

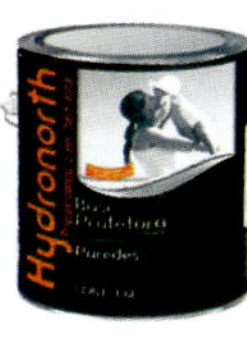

Base Protetora para Paredes Hydronorth: Fundo Preparador de Paredes

Indicado para selar, uniformizar a absorção das paredes e aumentar a coesão de superfícies porosas. Dado seu alto poder selante, reduz o número de camadas de tinta e possui cheiro agradável durante a aplicação.

Base Protetora para Paredes Hydronorth: Selador Acrílico

Atua na preparação da parede, como primeira camada em paredes não seladas, para melhorar a absorção da tinta e aumentar o rendimento de pinturas externas e internas.

Massa Acrílica para Paredes Hydronorth

Indicada para correção de imperfeições em paredes e tetos em ambientes internos e externos. Espalha com facilidade, tem secagem rápida e cheiro agradável durante a aplicação.

Tinta Acrílica Ecológica

ECONÔMICA ★

É indicada para pintura sustentável de tetos e paredes internas em geral com secagem ultrarrápida. Na versão Pinta Gesso® pode ser aplicada diretamente sobre o gesso, aumentando a coesão das superfícies porosas e contribuindo para fixação de partículas. Apresenta baixa emissão de COV (Compostos Orgânicos Voláteis) no processo de pintura, proporciona um ambiente isento de odores residuais de pintura após 3 horas da aplicação.

Embalagens/Rendimento
Lata (18 L): até 250 m^2 por demão.
Galão (3,6 L): até 50 m^2 por demão.

Acabamento
Fosco.

Aplicação
Rolo de lã com pelo baixo, pincel ou trincha.

Diluição
Superfícies não seladas: primeira demão diluir em até 30% demais demãos de 10 a 20% com água limpa.
Superfícies seladas e repintura: diluir todas as demãos 10% a 20% com água limpa.

Cor
Cores sob consulta.

Secagem
Ao toque: 1 hora.
Entre demãos: 3 horas.
Final: 8 horas.

Dicas e preparação de superfície

A superfície deve estar limpa e lixada, isenta de pó, brilho, graxa, óleo e/ou umidade. Se você identificar mofo, lave com solução de água sanitária e água em partes iguais. Se a parede estiver desgastada/desagregando, raspe ou escove as partes soltas. Aplique previamente **Base Protetora para paredes Hydronorth: Fundo Preparador de Paredes**. Caso a parede seja de concreto novo, aguarde a cura total por 28 dias antes de pintar, caso contrário, corrija as imperfeições com **ECOPINTURA Massa Ecológica de Paredes**. Para alvenaria nova e curada, aplique previamente **ECOPINTURA Selador Acrílico**. Para demais superfícies aplique previamente **Base Protetora de Paredes Hydronorth: Fundo Preparador de Paredes**.

Outros produtos relacionados

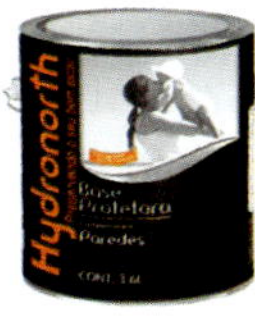

Base Protetora para Paredes: Fundo Preparador de Paredes

Indicado para selar, uniformizar a absorção das paredes e aumentar a coesão de superfícies porosas. Dado seu alto poder selante, reduz o número de camadas de tinta. Possui cheiro agradável durante a aplicação.

ECOPINTURA: Massa Acrílica Ecológica

É indicada para a correção de imperfeições em paredes e tetos em ambientes internos e externos. Sua fórmula especial proporciona secagem ultrarrápida e baixa emissão de COV.

ECOPINTURA: Selador Acrílico Ecológico

É indicado para preparação de superfícies como primeira camada em alvenaria nova e sem pintura, melhorando o desempenho da ECOPINTURA que será utilizada como acabamento.

Graffiato Premium

Trata-se de um revestimento acrílico texturizado de última geração, ideal para projetos decorativos que exigem arte, estilo e personalização. Indicado para decorar ambientes internos e externos criando belos efeitos decorativos e sofisticados. Pode ser aplicado em altas espessuras, dispensando assim o uso da massa fina. Devido a sua elevada consistência tem o poder de disfarçar imperfeições da superfície.

Embalagens/Rendimento
Riscado – Galão (3,2 L): 1,8 m² a 2,3 m² por demão.
Lata (14 L): 8 m² a 10 m² por demão.
Arte – Galão (3,2 L): 3,4 m² a 4,5 m² por demão.
Lata (14 L): 15 m² a 20 m² por demão.
Liso – Galão (3,2 L): 3,8 m² a 5 m² por demão.
Lata (14 L): 17 m² a 22 m² por demão.

Acabamento
Arte, liso e riscado.

Aplicação
Desempenadeira de aço e acrílico, espátula, rolo para texturas e ferramentas diversas para efeitos especiais.

Diluição
Riscado: diluir até 5% com água limpa.
Arte – desempenadeira: até 5%. Rolo de textura: até 30% 1ª demão e até 10% 2ª demão, com água limpa.
Liso – desempenadeira: até 5%. Rolo de textura: até 10% todas as demãos, com água limpa.

Cor
20 cores.

Secagem
Ao toque: 4 horas.
Final: 18 horas.
Cura: 7 dias.

Dicas e preparação de superfície

A parede deve estar limpa e lixada, isenta de brilho, pó, graxa, óleo e/ou umidade. Se você identificar mofo, lave com solução de água sanitária e água em partes iguais. Se a parede estiver desgastada/desagregando, raspe ou escove as partes soltas. Aplique uma demão de **Base Protetora para Paredes: Fundo Preparador**. Caso a parede seja de concreto novo, aguarde a cura total por 28 dias antes de aplicar o produto. Para aplicação do Graffiato Riscado, aplicar previamente a **Tinta Acrílica Econômica Hydronorth** ou **Látex Hydronorth** na mesma cor que será aplicada o Graffiato.

Outros produtos relacionados

Graffiato Gel de Efeitos Especiais

Proporciona um acabamento diferenciado, criando efeitos em texturas decorativas. É um produto de fácil aplicação, ótima aderência, rápida secagem e baixo odor. Sua formulação especial oferece excelente rendimento é repelente à água, decora aumentando a proteção da superfície.

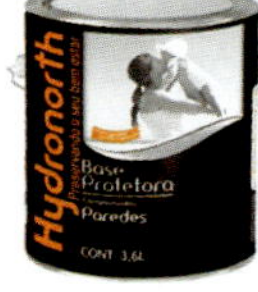

Base Protetora para Paredes Hydronorth: Fundo Preparador de Paredes

Indicado para selar, uniformizar a absorção das paredes e aumentar a coesão de superfícies porosas. Dado seu alto poder selante, reduz o número de camadas de tinta. Possui cheiro agradável durante a aplicação.

Tinta Acrílica Standard Hydronorth

Indicada para pintura interna e externa de paredes em geral. Sua fórmula apresenta fino acabamento e ótima resistência às variações climáticas. É fácil aplicar, possui ótima cobertura e tem cheiro agradável durante a aplicação.

Revestimento Ecológico Graffiato

É indicado para decorar ambientes internos e externos, criando efeitos especiais sofisticados. Devido a sua elevada consistência disfarça imperfeições da superfície e dispensa o uso de massas. Sua fórmula especial é hidrorrepelente e proporciona secagem ultrarrápida e baixa emissão de COV aumentando a produtividade da obra.

Embalagens/Rendimento

Revestimento Riscado
Lata (14 L/28 kg): Até 10 m^2, por demão.
Lata (25 kg): Até 9 m^2, por demão.
Saco (15 kg): Até 5,5 m^2, por demão.
Revestimento Rolado
Lata (14 L/28 kg): Até 20 m^2, por demão.
Lata (25 kg): Até 18 m^2, por demão.
Saco (15 kg): Até 11 m^2, por demão.

Acabamento

Fosco.

Aplicação

Revestimento Riscado: Espátula, desempenadeira de aço e desempenadeira de acrílico.
Revestimento Rolado: Rolo de espuma para textura.

Diluição

Revestimento Riscado: Diluir todas as demãos com 5% de água limpa.
Revestimento Rolado: Diluir todas as demãos com 5% de água limpa.

Cor

Cores sob consulta.

Secagem

Ao toque: 4 horas.
Final: 18 horas.

Dicas e preparação de superfície

A superfície deve estar e lixada, isenta de pó, brilho, graxa, óleo e/ou umidade. Se você identificar mofo, lave com solução de água sanitária em partes iguais. Se a parede estiver desgastada/desagregando, raspe ou escove as partes soltas e aplique **Base Protetora para Paredes Hydronorth: Fundo Preparador de Paredes**. Caso a parede seja de concreto novo, aguarde a cura total por 28 dias. Aplicar previamente **ECOPINTURA Tinta Acrílica Ecológica** ou **ECOPINTURA Selador Acrílico Ecológico** na mesma cor que será aplicado o Revestimento Texturizado Ecológico.

Outros produtos relacionados

Base Protetora para Paredes: Fundo Preparador de Paredes

Indicado para selar, uniformizar a absorção das paredes e aumentar a coesão de superfícies porosas. Dado seu alto poder selante, reduz o número de camadas de tinta. Possui cheiro agradável durante a aplicação.

ECOPINTURA: Selador Acrílico Ecológico

É indicado para preparação de superfícies como primeira camada em alvenaria nova e sem pintura, melhorando o desempenho da ECOPINTURA que será utilizada como acabamento.

Tinta Acrílica Ecológica Standard

É indicada para pintura sustentável de fachadas, tetos, paredes externas e internas em geral. Sua fórmula especial proporciona maior produtividade da obra devido ao rendimento superior quando comparado as tintas tradicionais

Tinta Impermeabilizante Paredes e Muros

Produto profissional de alta performance formulado a partir de resinas acrílicas. A Tinta Impermeabilizante Paredes e Muros Hydronorth, depois de aplicada diretamente sobre a superfície desejada, forma uma membrana elástica de alto desempenho que, além de proporcionar acabamento acetinado e diminuir a absorção de água, representa um ótimo custo/benefício por proporcionar um excelente rendimento, economia de tempo e de mão de obra, diminuindo o custo/m² pintado. Conta com a tecnologia Bio-Pruf™ desenvolvida pela Dow® para os produtos Hydronorth®, que combate o crescimento de mofo, algas e bactérias em superfícies como pisos, paredes e telhados.

Embalagens/Rendimento
Balde (18 L): 180 m² a 220 m² por demão.
Galão (3,6 L): 36 m² a 44 m² por demão.

Acabamento
Acetinado.

Aplicação
Rolo de lã, pincel ou trincha.

Diluição
Diluir em até 10% para todas as demãos, com água limpa.

Cor
10 cores.

Secagem
Ao toque: 1 hora.
Final: 72 horas.

Dicas e preparação de superfície

A superfície deve estar limpa e lixada, isenta de pó, brilho, graxa, óleo e/ou umidade. Para aplicações sobre superfícies com reboco "fraco", caiação, repintura com problemas, lixe e elimine as partes soltas e em seguida aplique **Base Protetora para Paredes Hydronorth: Fundo Preparador de Paredes**. As imperfeições rasas da superfície devem ser corrigidas com **Massa Acrílica para Paredes Hydronorth** (reboco externo e interno) e **Massa Corrida Hydronorth** (reboco interno). No caso de superfícies cerâmicas (não esmaltadas), aplicar solução de ácido muriático e água. Caso a superfície seja de concreto novo, aguarde a cura total por 28 dias antes de pintar.

Outros produtos relacionados

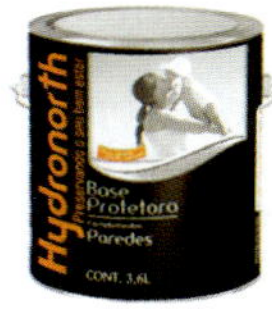

Base Protetora para Paredes Hydronorth: Fundo Preparador de Paredes

Indicado para selar, uniformizar a absorção das paredes e aumentar a coesão de superfícies porosas. Dado seu alto poder selante, reduz o número de camadas de tinta e possui cheiro agradável durante a aplicação.

Massa Acrílica para Paredes Hydronorth

Indicada para correção de imperfeições em paredes e tetos em ambientes internos e externos. Espalha com facilidade, tem secagem rápida e cheiro agradável durante a aplicação.

Base Protetora para Paredes: Selador Acrílico

Trata-se de um produto destinado à preparação da superfície com algum tipo de parte solta, desagregada ou caiação, melhorando o desempenho da tinta que será utilizada como acabamento. Sua aplicação proporciona grande economia no custo final da pintura.

Embalagens/Rendimento
Lata (18 L): até 125 m² por demão.
Galão (3,6 L): até 25 m² por demão.

Acabamento
Fosco.

Aplicação
Rolo de lã, pincel ou trincha.

Diluição
Diluir em até 10% com água limpa.

Cor
Incolor.

Secagem
Ao toque: 1 hora.
Final: 6 horas.

Dicas e preparação de superfície

A parede deve estar limpa e lixada, isenta de pó, brilho, graxa, óleo e/ou umidade. Se você identificar mofo, lave com solução de água sanitária e água em partes iguais. Se a parede estiver desgastada/desagregando, raspe ou escove as partes soltas. Caso a parede seja de concreto novo, aguarde a cura total por 28 dias antes de pintar.

Outros produtos relacionados

Massa Acrílica para Paredes Hydronorth

Indicada para correção de imperfeições em paredes e tetos em ambientes internos e externos. Espalha com facilidade, tem secagem rápida e cheiro agradável durante a aplicação.

Massa Corrida PVA Hydronorth

Indicada para correção de imperfeições em paredes e tetos em ambientes internos é fácil de lixar, tem secagem rápida e cheiro agradável durante a aplicação.

Selador Acrílico Ecológico

É indicado para preparação de superfícies como primeira camada em alvenaria nova e sem pintura, melhorando o desempenho da ECOPINTURA que será utilizada como acabamento. Sua fórmula especial proporciona baixa emissão de COV e secagem ultrarrápida, aumentando a produtividade da obra.

Embalagens/Rendimento Lata (18 L): até 125 m², por demão. Galão (3,6 L): até 25 m², por demão.	**Acabamento** Fosco.
Aplicação Rolo de lã, pincel ou trincha.	**Diluição** Diluir em até 10% com água limpa.
Cor Branco.	**Secagem** Ao toque: 1 hora. Entre demãos: 3 horas. Final: 8 horas.

Dicas e preparação de superfície

A superfície deve estar limpa e lixada, isenta de pó, brilho, graxa, óleo e/ou umidade. Se identificar mofo, lave com solução de água sanitária e água em partes iguais. As imperfeições rasas da superfície devem ser corrigidas com **ECOPINTURA: Massa Acrílica Ecológica**, reboco externo e interno e **ECOPINTURA: Massa Corrida PVA Ecológica** para reboco interno.

Outros produtos relacionados

ECOPINTURA: Massa Acrílica Ecológica

É indicada para a correção de imperfeições em paredes e tetos de ambientes internos e externos. Sua fórmula especial proporciona secagem ultra-rápida e baixa emissão de COV.

ECOPINTURA: Massa Corrida Ecológica

É indicada para a correção de imperfeições em paredes e tetos de ambientes internos. Sua fórmula especial proporciona secagem ultra-rápida e baixa emissão de COV.

Massa Acrílica Hydronorth

Produto destinado a correção de imperfeições de paredes e tetos em ambientes externos e internos em geral, para posterior aplicação do acabamento. Espalha com facilidade e tem cheiro agradável durante a aplicação.

Embalagens/Rendimento Lata (18 L): até 60 m² por demão. Galão (3,6 L): até 12 m² por demão.	**Acabamento** Não se aplica.
Aplicação Desempenadeira, espátula de aço e plástico.	**Diluição** Pronto para uso.
Cor Branco.	**Secagem** Ao toque: 1 hora. Final: 4 horas.

Dicas e preparação de superfície

A parede deve estar limpa e lixada, isenta de pó, graxa, óleo e/ou umidade. Se você identificar mofo, lave com solução de água sanitária e água em partes iguais. Se a parede estiver desgastada/desagregando, raspe ou escove as partes soltas. Aplique previamente uma demão de **Base Protetora para Paredes Hydronorth: Fundo Preparador de Paredes**. Caso a parede seja de concreto novo, aguarde a cura total por 30 dias antes de pintar.

Outros produtos relacionados

ECOPINTURA: Massa Corrida Ecológica

É indicada para a correção de imperfeições em paredes e tetos de ambientes internos. Sua fórmula especial proporciona baixa emissão de COV.

ECOPINTURA: Massa Acrílica Ecológica

É indicada para a correção de imperfeições em paredes e tetos em ambientes internos e externos. Sua fórmula especial baixa emissão de COV.

Base Protetora para Paredes Hydronorth: Selador Acrílico

Atua na preparação da parede, como primeira camada em paredes não seladas, para melhorar a absorção da tinta e aumentar o rendimento de pinturas externas e internas.

Massa Corrida PVA Hydronorth

Produto destinado a correção de imperfeições de paredes e tetos em ambientes internos em geral, para posterior aplicação do acabamento. Espalha com facilidade e tem cheiro agradável durante a aplicação.

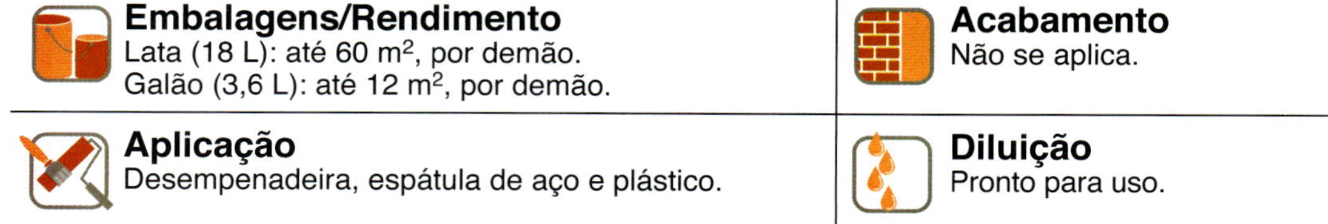

Embalagens/Rendimento Lata (18 L): até 60 m^2, por demão. Galão (3,6 L): até 12 m^2, por demão.	**Acabamento** Não se aplica.
Aplicação Desempenadeira, espátula de aço e plástico.	**Diluição** Pronto para uso.
 **Cor** Branco.	 **Secagem** Ao toque: 1 hora. Final: 4 horas.

Dicas e preparação de superfície

A parede deve estar limpa e lixada, isenta de pó, graxa, óleo e/ou umidade. Se você identificar mofo, lave com solução de água sanitária e água em partes iguais. Se a parede estiver desgastada/desagregando, raspe ou escove as partes soltas. Aplique previamente uma demão de **Base Protetora para Paredes Hydronorth: Fundo Preparador de Paredes**. Caso a parede seja de concreto novo, aguarde a cura total por 30 dias antes de pintar.

Outros produtos relacionados

ECOPINTURA: Massa Corrida Ecológica

É indicada para a correção de imperfeições em paredes e tetos de ambientes internos. Sua fórmula especial proporciona baixa emissão de COV.

ECOPINTURA: Massa Acrílica Ecológica

É indicada para a correção de imperfeições em paredes e tetos em ambientes internos e externos. Sua fórmula especial baixa emissão de COV.

Base Protetora para Paredes Hydronorth: Selador Acrílico

Atua na preparação da parede, como primeira camada em paredes não seladas, para melhorar a absorção da tinta e aumentar o rendimento de pinturas externas e internas.

Esmalte Multiuso para Metais e Madeiras

STANDARD ★★★

Produto de alta qualidade destinado a pintura de metais e madeiras. É indicado para proteger e embelezar janelas, portas, grades e portões. Pode ser aplicado em ambientes internos e externos. Apresenta bom poder de cobertura e alta resistência às variações climáticas. É fácil de aplicar e tem secagem rápida.

Embalagens/Rendimento
Galão (3,6L): até 50 m² por demão.
1/4 de galão (0,9 L): até 12 m² por demão.
1/16 de galão (0,225 L): até 3 m² por demão.

Acabamento
Alto-brilho, acetinado e fosco.

Aplicação
Pistola, rolo de espuma ou pincel com cerdas macias.

Diluição
Utilize aguarrás.
Pistola: diluir até 25%.
Pincel e rolo de espuma: diluir até 10%.

Cor
21 Cores.

Secagem
Ao toque: 2 a 4 horas.
Final: 24 horas.

Dicas e preparação de superfície

Em metais, remova a sujeira utilizando uma espátula e/ou lixa. Em madeiras, retire toda impureza, limpe as farpas e lixe até obter uma superfície lisa. A superfície deve estar limpa e lixada, isenta de pó, graxa, óleo e/ou umidade. Faça uma limpeza final com aguarrás embebida em pano. Em metais, aplique previamente uma ou duas camadas de **Base Protetora Metais e Madeiras Hydronorth: Zarcão**. Em madeiras aplique previamente uma ou duas camadas de **Base Protetora Metais e Madeiras Hydronorth: Fundo Nivelador**.

Outros produtos relacionados

Base Protetora Metais e Madeiras Hydronorth: Fundo Nivelador

Indicado para nivelar e proteger superfícies de madeira internas e externas para posterior aplicação de um acabamento. Confere alto poder de enchimento e penetração, sela e nivela superfícies. É fácil de aplicar e lixar.

Base Protetora Metais e Madeiras Hydronorth: Zarcão

Indicado para proteger e preparar metais novos ou com ferrugem em ambientes internos e externos. Inibe o processo de corrosão dos metais. É de fácil aplicação e lixamento.

Esmalte Base Água Ecológico

PREMIUM ★★★★★

É indicado para pintura sustentável de madeiras e metais como portas, grades, janelas e objetos em geral. Sua fórmula especial proporciona maior produtividade da obra devido à secagem ultrarrápida. É um esmalte higiênico que protege ambientes contra microorganismos. Proporciona um ambiente totalmente isento de odores residuais de pintura após 3 horas da aplicação. Apresenta baixa emissão de COV (Compostos Orgânicos Voláteis).

Embalagens/Rendimento
Lata (18 L): até 300 m^2, por demão.
Galão (3,6 L): até 60 m^2, por demão.

Acabamento
Acetinado e brilhante.

Aplicação
Pincel, rolo de espuma, rolo de lã ou pistola.

Diluição
Pistola: diluir todas as demãos com até 30% de água.
Pincel ou rolo: diluir todas as demãos com até 10% de água.

Cor
Cores sob consulta.

Secagem
Ao toque: 30 minutos.
Entre demãos: 3 horas.
Final: 6 horas.

Dicas e preparação de superfície

Em metais, remova a sujeira utilizando uma espátula. Em madeiras, retire toda impureza, limpe as farpas e lixe até obter uma superfície lisa. A superfície deve estar limpa e lixada, isenta de pó, graxa, óleo e/ou umidade. Faça uma limpeza final com aguarrás embebida em pano. Em metais, aplique previamente uma ou duas camadas de **Base Protetora Metais e Madeiras Hydronorth: Zarcão**. Em madeiras aplique previamente uma ou duas camadas de **Base Protetora Metais e Madeiras Hydronorth: Fundo Nivelador**. Em alumínios e galvanizados utilizar fundo recomendado.

Outros produtos relacionados

Base Protetora Metais e Madeiras Hydronorth: Zarcão

Indicado para proteger e preparar metais novos ou com ferrugem em ambientes internos e externos. Inibe o processo de corrosão dos metais. É de fácil aplicação e lixamento.

Base Protetora Metais e Madeiras Hydronorth: Fundo Nivelador

Indicado para nivelar e proteger superfícies de madeira internas e externas para posterior aplicação de um acabamento. Confere alto poder de enchimento e penetração, sela e nivela superfícies. É fácil de aplicar e lixar.

Verniz Base Água Ecológico

PREMIUM ★★★★★

É indicado para proteção e acabamento de madeiras em áreas externas e internas isentas de atrito, madeiras de demolição, portas, janelas e objetos de madeira em geral. Sua fórmula especial cria uma película que não descasca, hidrorrepelente de secagem ultrarrápida. Trata-se de um verniz higiênico, que protege ambientes contra microorganismos, apresenta baixa emissão de COV e proporciona um ambiente totalmente isento de odores residuais da pintura após 3 horas da aplicação do produto.

Embalagens/Rendimento
Lata (18 L): até 120 m², por demão.
Galão (3,6 L): até 60 m², por demão.

Acabamento
Brilhante.

Aplicação
Rolo de lã com pelo baixo, pincel ou pistola.

Diluição
Aplicação com pistola: Diluir todas as demãos com 30% de água.
Aplicação com pincel ou rolo: Diluir a primeira demão com 40% a 50% de água e as demais com 10% de água.

Cor
Incolor.

Secagem
Ao toque: 1 hora.
Final: 8 horas.

Dicas e preparação de superfície

Remova todas as impurezas e lixe as farpas até obter uma superfície lisa. A superfície deve estar isenta de pó, graxa, óleo e/ou umidade. Para aplicação com pincel ou rolo, seguir sempre os veios da madeira.

Resina Impermeabilizante Multiuso

1ª Resina Ecológica do Brasil.

Produto de alta performance que pode ser aplicado em diversos tipos de superfícies. É um produto pioneiro, formulado pela Hydronorth com a mais alta tecnologia em resinas impermeabilizantes. Tem como principal característica o poder de impermeabilização da superfície, conferindo alta resistência e durabilidade. O resultado final é um ambiente renovado e bem estar garantido. Conta com a tecnologia Bio-Pruf™ desenvolvida pela Dow® para os produtos Hydronorth®, que combate o crescimento de mofo, algas e bactérias em superfícies resinadas, como pisos, paredes e telhados.

Embalagens/Rendimento

Lata (18 L): 100 m² a 160 m² por demão.
Galão (3,6 L): 20 m² a 30 m² por demão.
1/16 Galão (0,9 L): 5 m² a 7,5 m² por demão.

Acabamento

Color: Brilhante.
Incolor: Fosco e Brilhante.

Aplicação

Pistola, rolo de lã ou pincel.

Diluição

Utilize o diluente Solvcryll, diluição apenas para versão em cores.
Primeira demão diluir com 20%.
Segunda demão diluir com 10%.

Cor

14 cores e incolor.

Secagem

Ao toque: 30 minutos.
Final: 120 horas.

Dicas e preparação de superfície

A superfície deve estar limpa, isenta de umidade, brilho, pó, graxa, óleo e/ou gordura antes da aplicação. Caso seja identificado mofo, resíduos de poluição ou algas na superfície, deve ser efetuado uma limpeza com lixa ou escova de aço e lavado com o **Limpador de Telhas Concentrado Hydronorth** ou uma solução de água sanitária e água em partes iguais com auxílio de hidrojateamento mecânico até a remoção total da sujidade. Após limpeza aguardar secagem de no mínimo 48 horas para iniciar a aplicação. Não utilize ácido muriático para limpeza. Caso a superfície seja nova, aguarde a cura total por 28 dias antes de impermeabilizá-la, com exceção a telhado. Para garantir aderência, melhor desempenho e durabilidade da Resina sobre a superfície, recomendamos aplicar previamente 1 camada de **Base Protetora para Resinas: Hysoterm**, ou no caso de telhas cerâmicas, cimento e fibrocimento aplicar a **Base Protetora para Telhas**. Aguardar no mínimo 6 horas para iniciar aplicação da Resina Multiuso.

Outros produtos relacionados

Base protetora Resinas Hydronorth: Hysoterm

É indicado para selar e preparar superfícies internas e externas de telha cerâmica, telha cimento, telha fibrocimento, tijolos à vista, pedras naturais, concreto aparente e pisos cimentados, para posterior aplicação de resina.

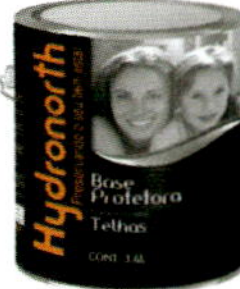

Base Protetora para Telhas Hydronorth

Sua função é selar telhas de cerâmica, cimento, amianto e fibrocimento. Seus principais atributos são selar e reduzir a porosidade da superfície, contribuindo assim para o aumento da aderência, brilho e rendimento das Resinas Hydronorth.

Limpador de Telhas Concentrado

Produto formulado especialmente para limpeza e manutenção de superfícies rígidas em geral. Oferece excelente rendimento com alto poder de limpeza, além de possuir excelente características de penetração mesmo em superfícies de baixíssima porosidade.

Resina Impermeabilizante Multiuso Acqua

Produto de alta performance, ecologicamente correto, que pode ser aplicado em diversos tipos de superfícies. Trata-se de um produto pioneiro, formulado pela Hydronorth com a mais alta tecnologia em resinas impermeabilizantes. Tem como principal característica o poder de impermeabilização da superfície, conferindo alta resistência e durabilidade. O resultado final é um ambiente renovado e bem estar garantido. Conta com a tecnologia Bio-Pruf™ desenvolvida pela Dow® para os produtos Hydronorth®, que combate o crescimento de mofo, algas e bactérias em superfícies resinadas, como paredes e telhados.

Embalagens/Rendimento
Balde (18 L): 90 m² a 160 m² por demão.
Galão (3,6 L): 25 m² a 32 m² por demão.

Acabamento
Brilhante.

Aplicação
Pistola, rolo de lã ou pincel.

Diluição
Apenas para versão em cores.
Diluir todas as demãos com 10% de água limpa.

Cor
Incolor.
14 cores.

Secagem
Ao toque: 30 minutos.
Final: 120 horas.

Dicas e preparação de superfície

A superfície deve estar limpa, isenta de umidade, brilho, pó, graxa, óleo e/ou gordura antes da aplicação. Caso seja identificado mofo, resíduos de poluição ou algas na superfície, deve ser efetuado uma limpeza com lixa ou escova de aço e lavado com o **Limpador de Telhas Concentrado Hydronorth** ou uma solução de água sanitária e água em partes iguais com auxílio de hidrojateamento mecânico até a remoção total da sujidade. Após limpeza aguardar secagem de no mínimo 48 horas para iniciar a aplicação. Não utilize ácido muriático para limpeza. Caso a superfície seja nova, aguarde a cura total por 28 dias antes de impermeabilizá-la, com exceção a telhado. Para garantir aderência, melhor desempenho e durabilidade da Resina sobre a superfície, recomendamos aplicar previamente 1 camada de **Base Protetora para Resinas: Hysoterm**, ou no caso de telhas cerâmicas, cimento e fibrocimento aplicar a **Base Protetora para Telhas**. Aguardar no mínimo 6 horas para iniciar aplicação da Resina Multiuso.

Outros produtos relacionados

Base protetora Resinas Hydronorth: Hysoterm

É indicado para selar e preparar superfícies internas e externas de telha cerâmica, telha cimento, telha fibrocimento, tijolos à vista, pedras naturais, concreto aparente e pisos cimentados, para posterior aplicação de resina.

Base Protetora para Telhas Hydronorth

Sua função é selar telhas de cerâmica, cimento, amianto e fibrocimento. Seus principais atributos são selar e reduzir a porosidade da superfície, contribuindo assim para o aumento da aderência, brilho e rendimento das Resinas Hydronorth.

Limpador de Telhas Concentrado

Produto formulado especialmente para limpeza e manutenção de superfícies rígidas em geral. Oferece excelente rendimento com alto poder de limpeza, além de possuir excelente características de penetração mesmo em superfícies de baixíssima porosidade.

Resina Impermeabilizante Super Multiuso (Northseal) – Base Solvente

Produto de alta resistência e durabilidade. Indicado para proteger e embelezar superfícies, pode ser aplicada interna e externamente em vários tipos de telhas, tijolos a vista, pedras naturais, concreto aparente, paredes e pisos, entre outros. Conta com a tecnologia Bio-Pruf™ desenvolvida pela Dow® para os produtos Hydronorth®, que combate o crescimento de mofo, algas e bactérias em superfícies resinadas, como pisos, paredes e telhados.

Embalagens/Rendimento
Lata (18 L): 120 m² a 180 m² por demão.
Galão (3,6 L): 34 m² a 36 m² por demão.

Diluição
Utilize o diluente para Resinas da Hydronorth Solvcryll.
Todas as camadas diluir com 10%.

Aplicação
Pistola, rolo de lã ou pincel.

Secagem
Ao toque: 30 minutos.
Final: 120 horas.

Resina Telha Cimento Acqua

Indicada exclusivamente para proteger e embelezar telhas de cimento. Está disponível em cores e incolor na versão Brilhante. Confere uma qualidade superior para aplicação neste tipo de superfície. Apresenta excelente poder de impermeabilização da telha, além de ótima resistência e durabilidade. É ecologicamente correto, tendo como diluente a água.

Embalagens/Rendimento
Balde (18 L): 75 m² a 125 m² por demão.
Galão (3,6 L): 15 m² a 25 m² por demão.

Diluição
Diluir todas as camadas com 30%, de água limpa.

Aplicação
Pistola, rolo de lã, pincel ou trincha.

Secagem
Ao toque: 30 minutos.
Final: 120 horas.

Dicas e preparação de superfície

RESINA IMPERMEABILIZANTE SUPER MULTIUSO (NORTHSEAL) A superfície deve estar limpa, isenta de umidade, brilho, pó, graxa, óleo e/ou gordura antes da aplicação. Caso seja identificado mofo, resíduos de poluição ou algas na superfície deve ser efetuado uma limpeza com lixa ou escova de aço e lavado com o **Limpador de Telhas Concentrado Hydronorth** ou uma solução de água sanitária e água em partes iguais com auxílio de hidrojateamento mecânico até a remoção total da sujidade. Caso a superfície seja nova, aguarde a cura total por 28 dias antes de impermeabilizá-la, com exceção a telhado. Para garantir aderência, melhor desempenho e durabilidade da Resina sobre a superfície, recomendamos aplicar previamente 01 camada de Base Protetora para Resinas: Selador Acrílico, ou no caso de telhas cerâmicas, cimento e fibrocimento aplicar a **Base Protetora para Telhas**. Aguardar no mínimo 6 horas para iniciar aplicação da Resina Acrílica Impermeabilizante Super Multiuso.

RESINA TELHA CIMENTO ACQUA: A superfície deve estar limpa, isenta de umidade, brilho, pó, graxa, óleo e/ou gordura antes da aplicação.Caso seja identificado mofo, resíduos de poluição ou algas na superfície deve ser efetuado uma limpeza com lixa ou escova de aço e lavado com o **Limpador de Telhas Concentrado Hydronorth** ou uma solução de água sanitária e água em partes iguais com auxilio de hidrojateamento mecânico até a remoção total da sujidade. Após limpeza aguardar secagem de no mínimo 48 horas para iniciar a aplicação. Não utilize ácido muriático para limpeza. Caso a superfície seja nova, aguarde a cura total por 30 dias antes de impermeabilizá-la, com exceção a telhado. Para garantir aderência, melhor desempenho e durabilidade da Resina sobre a superfície, recomendamos aplicar previamente 1 camada de **Base Protetora para Resinas: Selador Acrílico (Hysoterm)**, ou no caso de telhas cerâmicas, cimento e fibrocimento aplicar a Base Protetora para Telhas. Aguardar no mínimo 6 horas para iniciar aplicação da Resina Telha Cimento.

Base Protetora para Telhas

Desenvolvido exclusivamente para preparação de telhas para posterior aplicação de resina acrílica impermeabilizante. Sua função é selar telhas de cerâmica, cimento, amianto e fibrocimento. Seus principais atributos são selar e reduzir a porosidade da superfície, contribuindo assim para o aumento da aderência, brilho e rendimento das Resinas Hydronorth.

Embalagens/Rendimento

Lata (18 L): telha cerâmica: até 220 m²; telha cimento: até 170 m²; telha amianto e fibrocimento: até 115 m²; repintura: até 400 m², por demão.
Galão (3,6 L): telha cerâmica: até 44 m²; telha cimento: até 34 m², telha amianto e fibrocimento: até 23 m²; repintura: até m², por demão.

Diluição

Superfícies não seladas: pronto para uso.
Repintura: Diluir com 100% utilize água limpa.

Aplicação

Pistola, rolo, pincel ou trincha.

Secagem

Ao toque: 2 horas.
Final: 6 horas.

Resina Impermeabilizante Super Multiuso Acqua

Produto ecologicamente correto, que pode ser aplicado em diversos tipos de superfícies. É incolor e possui Alto Brilho. Trata-se de um produto de altíssima qualidade, a base de água e sem cheiro. É impermeabilizante e confere alta resistência e durabilidade. O resultado final é um ambiente renovado e bem estar garantido por mais tempo. Conta com a tecnologia Bio-Pruf™ desenvolvida pela Dow® para os produtos Hydronorth®, que combate o crescimento de mofo, algas e bactérias em superfícies resinadas, como pisos, paredes e telhados.

Embalagens/Rendimento

Lata (18 L): 110 m² a 200 m², por demão.
Galão (3,6 L): 22 m² a 34 m², por demão.

Diluição

Pronto para uso.

Aplicação

Pistola, rolo de lã ou pincel.

Secagem

Ao toque: 30 minutos.
Final: 12 horas.

Dicas e preparação de superfície

A superfície deve estar limpa, isenta de umidade, brilho, pó, graxa, óleo e/ou gordura antes da aplicação. Caso seja identificado mofo, resíduos de poluição ou algas na superfície deve ser efetuado uma limpeza com lixa ou escova de aço e lavado com o **Limpador de Telhas Concentrado Hydronorth** ou uma solução de água sanitária e água em partes iguais com auxilio de hidrojateamento mecânico até a remoção total da sujidade. Após limpeza aguardar secagem de no mínimo 48 horas para iniciar a aplicação. Não utilize ácido muriático para limpeza. Caso a superfície seja nova, aguarde a cura total por 28 dias antes de impermeabilizá-la, com exceção a telhado. Para garantir aderência, melhor desempenho e durabilidade da Resina sobre a superfície. Recomendamos aplicar previamente 1 camada de **Base Protetora para Resinas: Hysoterm**, ou no caso de telhas cerâmicas, cimento e fibrocimento aplicar a **Base Protetora para Telhas**. Aguardar no mínimo 6 horas para iniciar aplicação da Resina Multiuso.

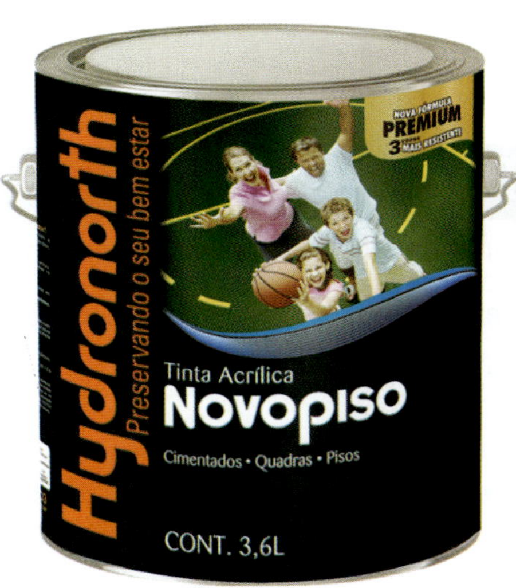

Novopiso

PREMIUM ★★★★★

É indicado para proteger e dar vida a pisos em geral. Pode ser aplicado em superfícies internas e externas. Oferece alta resistência ao atrito, tem ótimo poder de cobertura e cheiro agradável durante a aplicação. É facilmente lavável, e tem excelente rendimento.

Embalagens/Rendimento
Lata (18 L): até 275 m², por demão.
Galão (3,6 L): até 55 m², por demão
¼ de galão (0,9 L): até 13 m², por demão.

Acabamento
Fosco.

Aplicação
Pistola, rolo de lã, trincha ou pincel.

Diluição
Superfícies não seladas: primeira demão diluir em até 40%, demais de 10% a 20%, com água limpa.
Superfícies seladas e repintura: diluir todas as demãos de 10% a 20%, com água limpa.

Cor
12 Cores.

Secagem
Ao toque: 1 hora.
Final: 72 horas.

Dicas e preparação de superfície

O piso deve estar limpo e lixado, isento de pó, brilho, graxa, óleo e/ou umidade. Se você identificar mofo, lave com solução de água sanitária e água em partes iguais. Se o piso estiver desgastado/desagregando, raspe ou escove as partes soltas. Em pisos impregnados de cera, lixe e remova a cera antes da pintura. Caso o piso seja de concreto novo, aguarde a cura total por 28 dias antes de pintar.

Super Novopiso

PREMIUM ★★★★★

É indicado para proteger e dar vida a pisos em geral. Pode ser aplicado em superfícies internas e externas. Oferece alta resistência ao atrito, tem ótimo poder de cobertura e cheiro agradável durante a aplicação. É facilmente lavável, e tem excelente rendimento. Também disponível na versão antiderrapante.

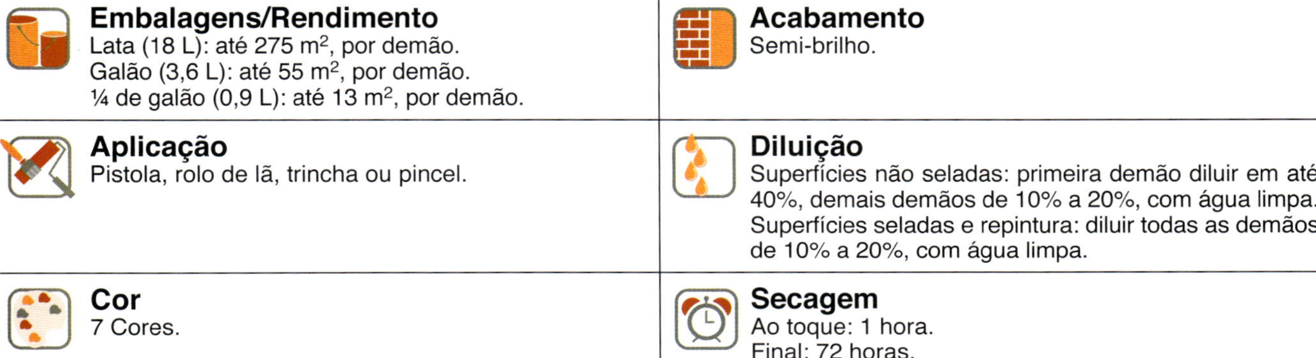

Embalagens/Rendimento
Lata (18 L): até 275 m^2, por demão.
Galão (3,6 L): até 55 m^2, por demão.
¼ de galão (0,9 L): até 13 m^2, por demão.

Acabamento
Semi-brilho.

Aplicação
Pistola, rolo de lã, trincha ou pincel.

Diluição
Superfícies não seladas: primeira demão diluir em até 40%, demais demãos de 10% a 20%, com água limpa. Superfícies seladas e repintura: diluir todas as demãos de 10% a 20%, com água limpa.

Cor
7 Cores.

Secagem
Ao toque: 1 hora.
Final: 72 horas.

Dicas e preparação de superfície

O piso deve estar limpo e lixado, isento de pó, brilho, graxa, óleo e/ou umidade. Se você identificar mofo, lave com solução de água sanitária e água em partes iguais. Se o piso estiver desgastado/desagregando, raspe ou escove as partes soltas. Em pisos impregnados de cera, lixe e remova a cera antes da pintura. Caso o piso seja de concreto novo, aguarde a cura total por 28 dias antes de pintar.

Impermeabilizante Telhados e Lajes

Produto profissional de alta performance formulado a partir de resinas acrílicas, especialmente criado para impermeabilização e proteção de superfícies externas. O Impermeabilizante Telhados e Lajes Hydronorth depois de aplicado diretamente sobre a superfície desejada, forma uma membrana elástica de alto desempenho que diminui a absorção de água. Representa ótimo custo/benefício por proporcionar excelente rendimento, economia de tempo e de mão de obra, diminuindo o custo/m² pintado. Pode ser utilizado como selador elastomérico. Conta com a tecnologia Bio-Pruf™ desenvolvida pela Dow® para os produtos Hydronorth®, que combate o crescimento de mofo, algas e bactérias em superfícies como pisos, paredes e telhados

Embalagens/Rendimento
Balde (16 kg): 60 m² a 100 m² por demão.
Galão (5 kg): 18 m² a 31 m² por demão.

Acabamento
Fosco.

Aplicação
Rolo de lã, pincel, trincha e vassoura de poliéster (grandes superfícies).

Diluição
Lajes – primeira demão: 20%, demais demãos sem diluição, com água limpa.
Outros Substratos – primeira demão: 20%, demais demãos 10%, com água limpa.

Cor
5 Cores.

Secagem
Ao toque: 1 hora.
Final: 72 horas.

Dicas e preparação de superfície

A superfície deve estar limpa e isenta de poeira e poluição, graxa, óleo e/ou umidade. Para aplicações sobre superfícies com reboco "fraco", caiação, repintura com problemas, lixe e elimine as partes soltas. No caso de superfícies cerâmicas (não esmaltadas) aplicar solução de ácido muriático e água. Caso a superfície seja de concreto novo, aguarde a cura total por 30 dias antes de impermeabilizar.

Outros produtos relacionados

Base Protetora para Telhas Hydronorth

Sua função é selar telhas de cerâmica, cimento, amianto e fibrocimento. Seus principais atributos são selar e reduzir a porosidade da superfície, contribuindo assim para o aumento da aderência, brilho e rendimento das Resinas Hydronorth.

Limpador de Telhas Concentrado

Produto formulado especialmente para limpeza e manutenção de superfícies rígidas em geral. Oferece excelente rendimento com alto poder de limpeza, além de possuir excelente características de penetração mesmo em superfícies de baixíssima porosidade.

Telhado Branco®

Telhado Branco é um revestimento refletivo e impermeabilizante para lajes, telhados e coberturas que atende aos principais requisitos de qualidade e desempenho de acordo com normas nacionais (ABNT: NBR 13321) e internacionais (ASTM E1980; California Energy Commission Title 24; Energy Star) de refletância e emissividade (SRI)*.

*Ensaios realizados por PRI Construction Materials Technologies (FL, USA) encomendados por Hydronorth® e validados por DOW® no período de jun/2010 a jun/2011. SRI ≥ 78% antes do envelhecimento do revestimento impermeabilizante.

Embalagens/Rendimento

Alta camada: Lata (18 L): até 135 m², por demão.
Galão (3,6 L): até 27 m², por demão.
Baixa camada: Lata (18 L): até 120 m², por demão.
Galão (3,6 L): até 24 m², por demão.

Acabamento

Alta Camada: Acetinado.
Baixa Camada: Brilhante.

Aplicação

Alta Camada: Rolo de lã, pincel, trincha ou vassoura de poliéster (grandes superfícies).
Baixa Camada: Pistola, rolo de lã, pincel ou trincha.

Diluição

Alta Camada:
Laje: primeira demão diluir com até 20% de água. E demais demãos não diluir.
Outros substratos: primeira demão diluir com até 20% de água, demais demãos com até 10% de água.
Baixa Camada: Diluir todas as camadas com até 10% de água.

Cor

Branco.

Secagem

Alta camada: ao toque: 1 hora.
Entre demãos: 4 horas.
Final: 72 horas.
Baixa camada: ao toque: 1 hora.
Entre demãos: 3 horas.

Dicas e preparação de superfície

A superfície deve estar limpa de pó, brilho, graxa, óleo e/ou umidade. Se você identificar mofo, lave com solução de água sanitária e água em partes iguais. Se a superfície estiver desgastada/desagregando, raspe ou escove as partes soltas. No caso de superfícies cerâmicas (não esmaltadas), utilize o **Limpador de Telhas Hydronorth**. Após a limpeza aguardar completa secagem antes de impermeabilizar. Evite pintar em dias chuvosos, em superfícies aquecidas pelo sol ou sob ventos fortes. No caso de aplicação em lajes, recomenda-se utilizar tela de poliéster para potencializar a impermeabilização: fixe a tela imediatamente antes de aplicar a segunda demão do Revestimento Impermeabilizante Alta Camada.

Outros produtos relacionados

Limpador de Telhas Hydronorth

Produto base água com alto poder de limpeza, utilizado para limpeza geral e remoção de sujeiras em geral tais como: poluição, poeira, algas, mofo, fuligem e bolores.

Spray Pinta Fácil Uso Geral

Produto formulado especialmente para proteção e embelezamento dos mais diversos tipos de superfícies, conferindo ótima cobertura, com alto rendimento e excelente secagem. É indicada para diversos tipos de superfícies, tais como; madeira, ferro, gesso, cerâmica, metais e em objetos artesanais.

Embalagens/Rendimento
Tubo 400 mL: 1 m^2 a 1,3 m^2 por demão.

Acabamento
Fosco.

Aplicação
Faça um pequeno teste do aplicador pressionando a válvula algumas vezes em qualquer superfície verificando o formato do jato.

Diluição
Pronto para uso.

Cor
14 cores.

Secagem
Ao toque: 15 minutos.
Entre demãos: 1 a 4 minutos.
Final: 24 horas.

Dicas e preparação de superfície

A Superfície deve estar limpa e lixada, isenta de pó, graxa, óleo e/ou umidade. Superfícies de metais não ferrosos (Galvanizado, alumínio, cobre, latão): A superfície deverá ser tratada previamente com fundo específico para este tipo de superfície. Em superfícies de madeira para um melhor acabamento aconselha-se aplicar previamente **Base protetora metais e madeira Hydronorth: Fundo Nivelador.**

Outros produtos relacionados

Spray Pinta Fácil Alta Temperatura

Produto formulado especialmente para proteção e embelezamento dos mais diversos tipos de superfícies metálicas externas submetidas à alta temperatura resistindo a temperaturas de até 600 °C. É indicada para diversos tipos de superfícies, tais como; escapamentos de motocicletas, peças, motores e escapamentos de carros, lareiras, chaminés etc.

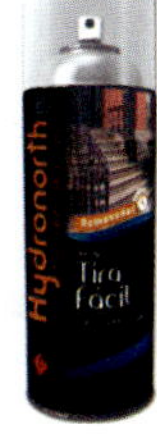

Spray Removedor Tira Fácil

Indicado para remoção de tintas e vernizes, em poucos minutos, amolece e provoca enrugamento da película de pintura, facilitando a remoção com auxilio de uma espátula, palha de aço ou ferramenta similar. Remove películas de tintas dos mais variados tipos de superfícies, apresentando excelente desempenho na remoção das tintas sobre acabamentos cerâmicos, cimentados, metais ferrosos, e não ferrosos.

Solvcryll

1° Solvente Ecológico do Brasil, o Solvcryll é um diluente a base de compostos aromáticos, desenvolvido exclusivamente para diluir as Resinas Multiuso Hydronorth ou similar e auxiliar na limpeza de ferramentas em geral. Evita inconvenientes como demora na secagem da Resina, bolhas, craqueamento e melhora a aplicabilidade e o acabamento de Resinas.

Embalagens/Rendimento
Lata (5 L): dilui até 18 litros de resina multiuso.
Lata (1 L): dilui até 5 litros de resina multiuso.

Diluição
Pronto para uso.

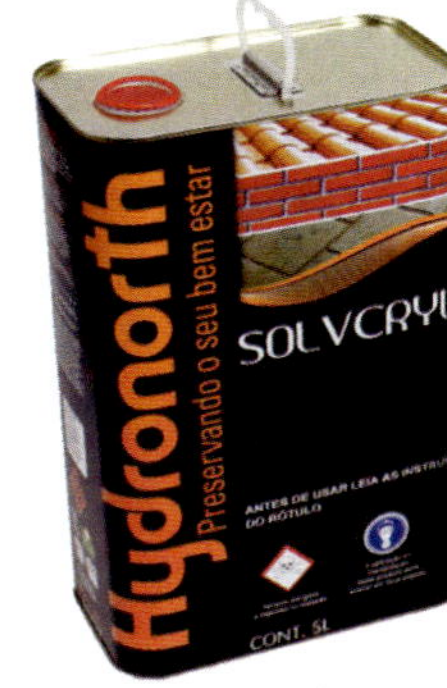

Aplicação
Não utilizar recipientes plásticos para dosar e transportar produtos.

Secagem
Quando não misturado a resina, produto extremamente volátil, secando logo que exposto fora da embalagem.

Limpador de Telhas Concentrado

Produto a base de água formulado especialmente para limpeza e manutenção de superfícies rígidas em geral. Sua nova fórmula é diferenciada e apresenta baixo odor. Oferece excelente rendimento com alto poder de limpeza, além de possuir excelente características de penetração mesmo em superfícies de baixíssima porosidade.

Embalagens/Rendimento
Embalagem de 1 L:
Sujidade pesadas: até 8 m^2, por demão
Sujidade Média: até 25 m^2, por demão
Sujidade leve: até 70 m^2, por demão.

Diluição
Sujidades pesadas: até 3 L de água.
Sujidades médias: até 5 L de água.
Sujidades leves: até 10 L de água.

Aplicação
Equipamentos automatizados ou manuais.

Secagem
Não se aplica.

Dicas e preparação de superfície

SOLVCRYLL: E importante observar as instruções de uso de cada produto para cada tipo de aplicação. Adicione o diluente Solvcryll na quantidade determinada. Antes e depois da diluição, mecha a resina com uma ferramenta adequada até tornar homogênea.

LIMPADOR DE TELHAS CONCENTRADO: Retirar o excesso de sujidades, molhar o local a ser limpo com água em abundância, aplicar a solução do produto sobre a superfície, deixando-a agir por aproximadamente 3 minutos e em seguida fazer esfregação de acordo com o tipo e quantidade de sujeira. Enxaguar abundantemente com água, para neutralizar o excesso do produto sobre a superfície, pois, qualquer resíduo do produto pode comprometer a aderência de tratamentos posteriores (resinas, tintas, acabamentos acrílicos em geral etc.). Aguardar secar, no mínimo 48 horas.

A Iquine é a maior indústria de tintas 100% brasileira e uma das 5 maiores da América Latina, produzindo mais de 60 milhões de litros por ano. A indústria, que sempre teve como princípio maior produzir qualidade, é líder do segmento de tintas no Norte e Nordeste. Em sua trajetória, a Iquine já conquistou mais de 10 mil pontos de venda em todo o país, para os quais fornece tintas imobiliárias premium, standard e econômica, tintas industriais, vernizes, tintas automotivas, adesivos e produtos auxiliares, resultando num portfólio com mais de 1.300 itens.

As fábricas da Iquine obedecem aos mais rígidos e avançados controles de segurança, com respeito ao meio ambiente e funcionalidade. Através das instalações industriais do Recife, localizadas no município de Jaboatão dos Guararapes, e da unidade do Espírito Santo, na cidade de Serra, a marca produz mais de 100 produtos.

A Tintas Iquine possui o certificado de aprovação na NBR ISO 9001:2000, que atesta a conformidade do Sistema de Gestão da Qualidade da empresa. Essa conquista reforça o compromisso da indústria com a busca contínua da excelência dos processos, produtos e serviços.

Certificações

Informações de Serviço ao Consumidor:

A empresa dispõe de Serviço de Atendimento ao Consumidor

0800 9709089 ou site www.iquine.com.br

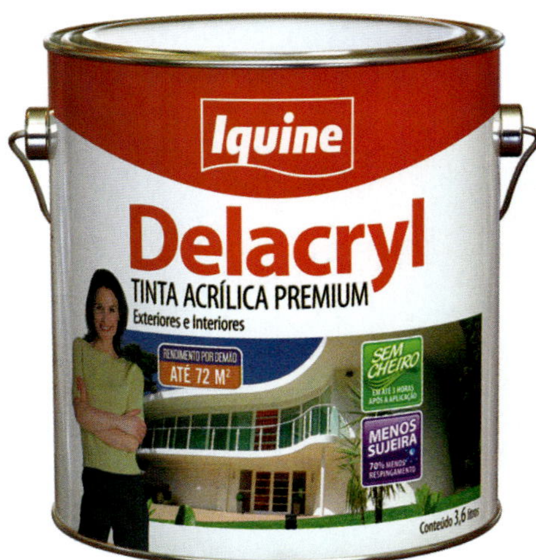

Delacryl Tinta Acrílica

PREMIUM ★★★★★

É uma tinta acrílica com excepcional poder de cobertura e resistência, além de um finíssimo acabamento fosco-aveludado e semibrilhante, que realça a beleza do ambiente. Sua fórmula exclusiva confere, à película, alta durabilidade. É indicada para superfície de alvenaria, bloco de concreto ou cimento amianto em áreas externas e internas.

Embalagens/Rendimento

Galão (3,6 L): Acabamento Fosco: Superfície Selada: 60 a 66 m²/3,6 L. Sobre Massa Corrida: 66 a 72 m²/3,6 L. Acabamento Semibrilhante: Superfície Selada: 50 a 60 m²/3,6 L. Sobre Massa Corrida: 54 a 64 m²/3,6 L. Latão (18 L): Acabamento Fosco: Superfície Selada: 300 a 330 m²/18 L. Sobre Massa Corrida: 330 a 360 m²/18 L. Acabamento Semibrilhante: Superfície Selada: 250 a 300 m²/18 L. Sobre Massa Corrida: 270 a 320 m²/18 L.

Acabamento

Fosco e Semibrilho.

Aplicação

A tinta precisa estar bem homogênea e na diluição correta. Normalmente, duas a três demãos são suficientes, mas, dependendo do estado da superfície, esse número pode ser maior. Aplicar com pincel, rolo de lã (pelo baixo), pistola ou air less.

Diluição

Dilua até 30% para a primeira demão e até 20% para as demais.

Cor

Branco Neve, Branco Gelo, Amarelo Terra, Salmon, Cravo, Champagne, Praia do Forte, Água Marinha, Erva Doce, Verde Musgo, Amarelo Terra e Marfim. Disponível em mais de 1.000 cores no sistema tintométrico.

Secagem

Ao toque: 30 minutos.
Entre demãos: 3 a 4 horas.
Final: 12 horas.

Dicas e preparação de superfície

Importante: Após a limpeza da superfície, aplique uma demão de Selador PVA Iquine, em interiores; ou Selador Acrílico Iquine, em exteriores. Isso dará uma maior durabilidade a sua pintura. **Manchas de gordura**: Limpe com água e sabão ou detergente neutro, enxague logo em seguida. Aguarde a secagem. **Manchas de mofo**: Limpe a superfície com uma solução de água sanitária diluída em água potável na proporção de 1:1, aguarde 2 horas e enxague. **Partes soltas ou malconservada**: Remova as partes sem aderência e aplique em seguida uma demão de Fundo Preparador de Paredes (base água). Essa aplicação serve também para aumentar a coesão e diminuir a alcalinidade. Aguarde a secagem. **Reboco novo sem pintura**: Aguarde no mínimo 30 dias para a cura total, depois, aplique uma demão de Selador Acrílico Iquine. Se a cura não estiver completa, aplicar uma demão de Fundo Preparador de Paredes (base água). **Pequenas imperfeições**: Utilize Massa Acrílica Iquine em exteriores e, em interiores, Massa Corrida Iquine.

Outros produtos relacionados

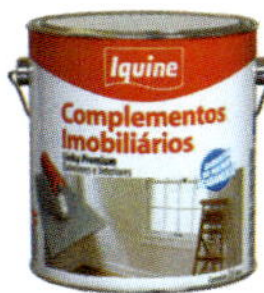

Decorama Selador PVA

À base de emulsão vinil acrílica, é fácil de aplicar e tem um bom alastramento. É indicado para selar superfícies internas de reboco e massa corrida.

Delacryl Fundo Acrílico Preparador de Paredes

Indicado em superfícies externas e internas de reboco, reboco fraco, concreto, fibrocimento, gesso, superfícies caiadas e não curadas.

Delacryl Massa Acrílica

Massa à base de emulsão acrílico-estirenada, de grande aderência e excelente resistência às intempéries. Tem alto poder de enchimento, secagem rápida e é de fácil aplicação.

Delacryl Tinta Acrílica Toque Suave

PREMIUM ★★★★★

É uma tinta acrílica com excepcional poder de cobertura e resistência, além de uma fórmula exclusiva que confere à película um finíssimo acabamento, transmitindo assim uma sensação de requinte e sofisticação. É indicada para superfície de alvenaria, bloco de concreto ou cimento amianto em áreas externas e internas.

Embalagens/Rendimento por demão

Galão (3,6 L): superfície selada: 40 a 50 m^2/3,6 L.
Superfície com massa corrida: 45 a 55 m^2/3,6 L.
Latão (18 L): superfície selada: 200 a 250 m^2/18 L.
Superfície com massa corrida: 225 a 275 m^2/18 L.

Acabamento

Acetinado.

Aplicação

A superfície deve estar firme, limpa, seca, sem poeira, partes soltas, gordura, graxa ou mofo. A tinta precisa estar bem homogênea e na diluição correta. Normalmente, duas demãos, com intervalos de 3 a 4 horas, são suficientes, mas, dependendo do estado da superfície, esse número pode ser maior. Aplicar com pincel, rolo de lã (pelo baixo), pistola ou air less.

Diluição

Superfície com condições ideais: dilua em até 20% de água limpa.

Cor

Branco Neve, Branco Gelo, Erva Mate, Cravo, Gengibre, Maçarico, Rebouças, Magnólia, Pérola, Sálvia, Diamante e Caruru. Disponível em mais de 1.000 cores no sistema tintométrico.

Secagem

Ao toque: 2 horas.
Final: 12 horas.

Dicas e preparação de superfície

Manchas de gordura: Limpe com água e sabão ou detergente neutro, enxague logo em seguida. Aguarde a secagem. **Manchas de mofo**: Limpe a superfície com uma solução de água sanitária diluída em água potável na proporção de 1:1, aguarde 2 horas e enxague. **Partes soltas ou malconservada**: Remova as partes sem aderência e aplique em seguida uma demão de Fundo Preparador de Paredes (base água). Essa aplicação serve também para aumentar a coesão e diminuir a alcalinidade. Aguarde a secagem. **Reboco novo sem pintura**: Aguarde no mínimo 30 dias para a cura total, depois, aplique uma demão de Selador Acrílico Iquine. Se a cura não estiver completa, aplicar uma demão de Fundo Preparador de Paredes (base água). **Pequenas imperfeições**: Utilize Massa Acrílica Iquine.

Outros produtos relacionados

Decorama Selador PVA

À base de emulsão vinil acrílica, é fácil de aplicar e tem um bom alastramento. É indicado para selar superfícies internas de reboco e massa corrida.

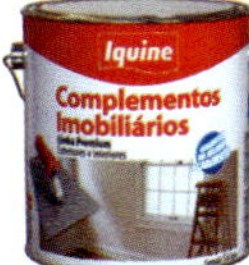

Delacryl Fundo Acrílico Preparador de Paredes

Indicado em superfícies externas e internas de reboco, reboco fraco, concreto, fibrocimento, gesso, superfícies caiadas e não curadas.

Delacryl Massa Acrílica

Massa à base de emulsão acrílico-estirenada, de grande aderência e excelente resistência às intempéries. Tem alto poder de enchimento, secagem rápida e é de fácil aplicação.

Decorama – Tinta Látex

PREMIUM ★★★★★

É uma tinta látex, formulada à base de resina acrílica modificada de alto rendimento e excepcional resistência às intempéries. De fácil aplicação, ótimo alastramento e secagem rápida, é indicada para superfícies de alvenaria em áreas externas e internas, oferecendo um finíssimo acabamento fosco aveludado.

Embalagens/Rendimento por demão
Galão (3,6 L): superfície selada: 72 m²/galão.
Latão (18 L): superfície selada: 360 m²/latão.

Acabamento
Fosco aveludado.

Aplicação
A superfície deve estar firme, limpa, seca, sem poeira, partes soltas, gordura, graxa ou mofo. A tinta precisa estar bem homogênea e na diluição correta. Normalmente, duas a três demãos, são suficientes, mas, dependendo do estado da superfície, esse número pode ser maior. Aplicar com pincel, rolo de lã ou pistola.

Diluição
Em superfícies com condições ideais, diluir com água limpa até 50%.

Cor
Branco Neve, Branco Gelo, Gengibre, Pérola, Maçarico, Erva Mate, Rebouças, Sálvia, Cravo, Magnólia e Diamante.

Secagem
Ao toque: 1 hora.
Entre demãos: 3 a 4 horas.
Final: 12 horas.

Dicas e preparação de superfície

Manchas de gordura: Limpe com água e sabão ou detergente neutro, enxague logo em seguida. Aguarde a secagem. **Manchas de mofo**: Limpe a superfície com uma solução de água sanitária diluída em água potável na proporção de 1:1, aguarde 2 horas e enxague. **Partes soltas ou malconservada**: Remova as partes sem aderência e aplique em seguida uma demão de Fundo Preparador de Paredes (base água). Essa aplicação serve também para aumentar a coesão e diminuir a alcalinidade. Aguarde a secagem. **Reboco novo sem pintura**: Aguarde no mínimo 30 dias para a cura total, depois, aplique uma demão de Selador Acrílico Iquine. Se a cura não estiver completa, aplicar uma demão de Fundo Preparador de Paredes (base água). **Pequenas imperfeições**: Utilize Massa Acrílica Iquine em exteriores e, em interiores, Massa Corrida Iquine.

Outros produtos relacionados

Decorama Selador PVA
À base de emulsão vinil acrílica, é fácil de aplicar e tem um bom alastramento. É indicado para selar superfícies internas de reboco e massa corrida.

Delacryl Fundo Acrílico Preparador de Paredes
Indicado em superfícies externas e internas de reboco, reboco fraco, concreto, fibrocimento, gesso, superfícies caiadas e não curadas.

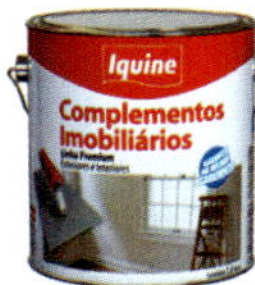

Delacryl Massa Acrílica
Massa à base de emulsão acrílico-estirenada, de grande aderência e excelente resistência às intempéries. Tem alto poder de enchimento, secagem rápida e é de fácil aplicação.

Decoratto Textura Acrílica Qualitá

PREMIUM ★★★★★

É um revestimento texturizado de elevada consistência e resistência. Apresenta em sua formulação partículas maiores de quartzo, que, ao serem friccionadas sobre a superfície, conferem um aspecto arranhado de baixo-relevo. Possui também um grande poder de dureza e aderência, além de ser hidrorrepelente. Sua aplicação é simples, mas recomenda-se mão de obra qualificada. É indicado para personalização de ambientes externos e internos, em alvenaria e blocos de concreto.

Embalagens/Rendimento

Latão (30 kg): sobre reboco: 7,5 a 8,5 m^2/latão.

Acabamento

Fosco em relevo.

Aplicação

A textura precisa estar bem homogênea e na diluição correta. Depois com rolo de lã, aplique uma demão de Selador Acrílico Pigmentado Iquine, diluído em 10% de água, aguarde a completa secagem do produto e depois com uma desempenadeira de aço aplique Decoratto Qualitá, sem diluição, em áreas de até 2 m^2. Aguarde de 5 a 10 minutos e, com uma desempenadeira de plástico, repasse diversas vezes, na vertical, para conferir o efeito "arranhado". Outros acabamentos poderão ser criados, dependendo de sua criatividade e do instrumento utilizado.

Diluição

Água limpa até 10%, se necessário.

Cor

Branco Neve, Branco Gelo, Palha, Marfim, Colatina, Caranguejo, Boi Garantido, Caruaru, Tropical, Avelós, Verde Jade, Amarelo Terra, Areia, Ourinhos, Caju, Cacoal, Cerâmica, Rosa Antigo, Boi Caprichoso, Arara Azul, Laranja Cítirco, Baía do Sancho e Verde Limão. Disponível em mais de 1.000 cores no sistema Tintométrico.

Secagem

Ao toque: 1 a 2 horas.
Final: 4 a 6 horas.
Cura total: 4 dias.

Dicas e preparação de superfície

Manchas de gordura: Limpe com água e sabão ou detergente neutro, enxague logo em seguida. Aguarde a secagem. **Manchas de mofo**: Limpe a superfície com uma solução de água sanitária diluída em água potável na proporçãode 1:1, aguarde 2 horas e enxague. **Partes soltas ou malconservada**: Remova as partes sem aderência e aplique em seguida uma demão de Fundo Preparador De Paredes (Base Água). Essa solução serve também para aumentar a coesão e diminuir a alcalinidade. Aguarde a secagem. **Reboco novo sem Pintura**: Aguarde no mínimo 30 dias para a cura total, depois, aplique uma demão de Selador Acrílico Iquine. Se a cura não estiver completa, aplicar uma demão de Fundo Preparador De Paredes (Base Água). **Blocos de concreto**: Nivele os rejuntes e, em seguida, aplique uma demão de Fundo Preparador De Paredes (Base Água).

Outros produtos relacionados

Delacryl Selador Pigmentado

É indicado para uniformizar a absorção em superfícies externas e internas de alvenaria concreto e fibrocimento, proporcionando maior rendimento dos produtos de acabamento.

Delacryl Fundo Acrílico Preparador de Paredes

Indicado em superfícies externas e internas de reboco, reboco fraco, concreto, fibrocimento, gesso, superfícies caiadas e não curadas.

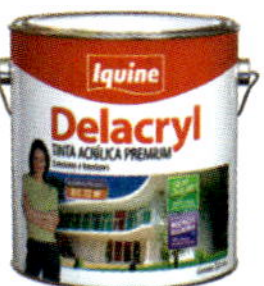

Delacryl Tinta Acrílica

Tinta látex acrílica, com ótimo rendimento e cobertura. De baixo respingamento e fácil aplicação, possui um acabamento semibrilho.

Decoratto Clássico

PREMIUM ★★★★★

É um revestimento texturizado à base de emulsão acrílica estirenada, de elevada consistência e resistência que disfarça as imperfeições da superfície e dispensa o uso de massa fina. Possui grande poder de dureza e aderência. Sua aplicação é simples, mas recomenda-se mão de obra qualificada. É indicado para a personalização de ambientes internos e externos,em alvenaria e blocos de concreto.

Embalagens/Rendimento

Latão (18 L): sobre reboco: 20 a 30 m^2/latão.

Acabamento

Fosco em relevo.

Aplicação

A textura precisa estar bem homogênea e na diluição correta. Primeiro, com rolo de lã, aplique uma demão de Selador Acrílico Pigmentado Iquine, diluído em 15% de água, aguarde a completa secagem do produto e depois com um rolo texturizador aplique Decoratto Clássico. Dependendo de sua criatividade e do instrumento utilizado, você pode criar outros tipos de acabamentos.

Diluição

Água limpa até 10%, se necessário.

Cor

Branco Neve, Branco Gelo, Palha, Marfim, Colatina, Caranguejo, Boi Garantido, Caruaru, Tropical, Avelós, Verde Jade, Amarelo Terra, Areia, Ourinhos, Caju, Cacoal, Cerâmica, Rosa Antigo, Boi Caprichoso, Arara Azul, Laranja Cítrico, Baía do Sancho e Verde Limão. Disponível em mais de 1.000 cores no sistema tintométrico.

Secagem

Ao toque: 1 a 2 horas.
Final: 4 a 6 horas.
Cura total: 4 dias.

Dicas e preparação de superfície

Manchas de gordura: Limpe com água e sabão ou detergente neutro, enxague logo em seguida. Aguarde a secagem. **Manchas de mofo**: Limpe a superfície com uma solução de água sanitária diluída em água potável na proporçãode 1:1, aguarde 2 horas e enxague. **Partes soltas ou malconservada**: Remova as partes sem aderência e aplique em seguida uma demão de Fundo Preparador De Paredes (Base Água). Essa solução serve também para aumentar a coesão e diminuir a alcalinidade. Aguarde a secagem. **Reboco novo sem Pintura**: Aguarde no mínimo 30 dias para a cura total, depois, aplique uma demão de Selador Acrílico Iquine. Se a cura não estiver completa, aplicar uma demão de Fundo Preparador De Paredes (Base Água). **Blocos de concreto**: Nivele os rejuntes e, em seguida, aplique uma demão de Fundo Preparador De Paredes (Base Água).

Outros produtos relacionados

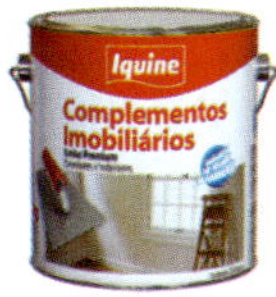

Delacryl Selador Acrílico

É indicado para uniformizar a absorção em superfícies externas e internas de alvenaria devidamente curadas, concreto e fibrocimento, proporcionando maior rendimento dos produtos de acabamento.

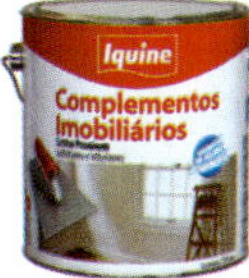

Delacryl Fundo Acrílico Preparador de Paredes

Indicado em superfícies externas e internas de reboco, reboco fraco, concreto, fibrocimento, gesso, superfícies caiadas e não curadas.

Delacryl Tinta Acrílica

Tinta látex acrílica, com ótimo rendimento e cobertura. De baixo respingamento e fácil aplicação, possui um acabamento semibrilho.

Icores Pinturas Especiais

Icores Pinturas Especiais permite a utilização de diversas técnicas de pintura diferenciadas, com muito mais segurança, praticidade e qualidade, conferindo um toque de charme e requinte aos ambientes. Com ela, você cria efeitos como Pátina, Esponjado, Escovado e muitos outros, de acordo com a sua imaginação. Essa linha é composta dos produtos Gel Perolizado e Gel Envelhecedor, que devem ser aplicados sobre Icores Quartos e Salas – Tinta Acrílica Standard no acabamento acetinado ou sobre Textura Decoratto Iquine.

Embalagens/Rendimento

Quarto (0,8 L): sobre tinta acrílica: 10 a 12,5 m².
Galão (3,6 L): sobre texturas: 8 a 10 m².

Acabamento

Perolizado e envelhecedor.

Aplicação

Aplicação sobre texturas decorativas: Aplicar uma demão de Icores Pinturas Especiais na cor desejada, usar rolo de lã de pelo baixo, após a aplicação e, com o gel ainda úmido, retirar o excesso do produto, utilizando um pano seco de cor branca, criando um efeito manchado. Outros efeitos também podem ser conseguidos, dependendo da criatividade do aplicador, como efeitos de pátina, esponjado, escovado, manchado, trapeado, espatulado, entre outros.

Diluição

Produto pronto para uso.

Cor

Conforme leque do Icores.

Secagem

Ao toque: 30 minutos.
Entre demãos: 2 horas.
Final: 4 horas.

Dicas e preparação de superfície

Alvenaria: Preparar a superfície com Diatex Massa Corrida ou Delacryl Massa Acrílica. **Madeira**: Lixar e corrigir as imperfeições da superfície com Massa a Óleo ou Fundo Nivelador Branco Fosco. **Metais**: Em metais ferrosos, utilizar Zarcofer Fundo Anticorrosivo. Em galvanizados, utilizar Galvomax Fundo Anticorrosivo para galvanizados. **Texturas**: Aplicar uma demão Icores Quartos e Salas – Tinta Acrílica Standard na cor desejada e aguardar a secagem.

Outros produtos relacionados

Diatex Massa Corrida

Massa à base de emulsão copolímera, de boa aderência. Tem bom poder de enchimento, secagem rápida e fácil aplicação. É indicada para correção e nivelamento de superfícies internas de alvenaria.

Decoratto Qualitá

É um revestimento texturizado de elevada consistência e resistência. Apresenta em sua formulação partículas maiores de quartzo, que, ao serem friccionadas sobre a superfície, conferem um aspecto arranhado de baixo-relevo.

Delanil Tinta Acrílica

Tinta Acrílica Standard que cria uma película de finíssimo acabamento nas versões acetinado e fosco-aveludado. Indicada para superfícies de alvenaria, blocos de concreto ou cimento amianto, em áreas internas.

Delanil Tinta Acrílica

STANDARD ★★★

À base de emulsão acrílica, com aditivos antimofo e bactericida. Confere à superfície maior resistência e secagem rápida. De fácil aplicação, possui uma película com acabamento fosco, levemente aveludado, que proporciona um toque agradável e semibrilhante, realçando a beleza do ambiente. Indicada para pintura de alvenaria em ambientes internos e externos.

Embalagens/Rendimento

Galão (3,6 L): Acabamento Fosco: Até 80 m²/3,6 L.
Acabamento Semibrilhante: Até 56 m²/3,6 L.
Latão (18 L): Acabamento Fosco: Até 400 m²/18 L.
Acabamento Semibrilhante: Até 280 m²/18 L.

Acabamento

Fosco aveludado ou semibrilho.

Aplicação

A superfície deve estar firme, limpa, seca, sem poeira, partes soltas, gordura, graxa ou mofo. A tinta precisa estar bem homogênea e na diluição correta. Normalmente, de duas a quatro demãos, são suficientes, mas, dependendo do estado da superfície, esse número pode ser maior. Aplicar com pincel, rolo de lã ou pistola.

Diluição

Acabamento Fosco:
Dilua com até 60% de água limpa.
Acabamento Semibrilhante:
Dilua até 30% para primeira demão e até 20% para as demais.

Cor

Branco Neve, Branco Gelo, Cerâmica, Coroados, Pérola, Concreto, Palha, Cromo, Flamingo, Itatiaia, Diamante, Verde Jade, Laranja Cítrico, Boi Caprichoso, Marfim, Colatina, Caranguejo, Boi Garantido, Cacoal, Verde Limão, Caju, Tropical, Caruaru, Ourinhos, Colatina, Baía do Sancho, Boi Garantido, Arara Azul, Avelós e Caranguejo. Disponível em mais de 1.000 cores no sistema tintométrico.

Secagem

Ao toque: 30 minutos.
Entre demãos: 2 a 4 horas.
Final: 12 horas.

Dicas e preparação de superfície

Manchas de gordura: Limpe com água e sabão ou detergente neutro, enxague logo em seguida. Aguarde a secagem. **Manchas de mofo**: Limpe a superfície com uma solução de água sanitária diluída em água potável na proporção de 1:1, aguarde 2 horas e enxague. **Partes soltas ou malconservada**: Remova as partes sem aderência e aplique em seguida uma demão de Fundo Preparador De Paredes (Base Água). Essa aplicação serve também para aumentar a coesão e diminuir a alcalinidade. Aguarde a secagem. **Reboco novo sem pintura**: Aguarde no mínimo 30 dias para a cura total, depois, aplique uma demão de Selador Acrílico Iquine. Se a cura não estiver completa, aplicar uma demão de Fundo Preparador De Paredes (Base Água). **Pequenas Imperfeições**: Utilize Massa Acrílica Iquine em exteriores e, em interiores, Massa Corrida Iquine.

Outros produtos relacionados

Decorama Selador PVA

À base de emulsão vinil acrílica, é fácil de aplicar e tem um bom alastramento. É indicado para selar superfícies internas de reboco e massa corrida.

Delacryl Fundo Acrílico Preparador de Paredes

Indicado para superfícies externas e internas de reboco, reboco fraco, concreto, fibrocimento, gesso, superfícies caiadas e não curadas.

Delanil Massa Acrílica

Indicada para correção e nivelamento de superfície externas e internas de alvenaria, gesso, fibrocimento e concreto.

Diagesso Tinta Acrílica

STANDARD ★★★

Tinta Acrílica com fórmula exclusiva, especialmente desenvolvida para a pintura em ambientes internos de Gesso e Dry Wall. Com acabamento fosco, que disfarça pequenas imperfeições da superfície, possui baixo índice de respingamento e secagem rápida, facilitando sua aplicação. Contém aditivos antimofo e bactericida.

Embalagens/Rendimento por demão

Galão (3,6 L): De 30 a 56 m²/3,6 L
Latão (18 L): De 150 a 200 m²/3,6 L

Acabamento

Fosco.

Aplicação

A superfície deve estar firme, limpa, seca, sem poeira, partes soltas, gordura, graxa ou mofo. A tinta precisa estar bem homogênea e na diluição correta. Normalmente, duas a três demãos são suficientes, mas, dependendo do estado da superfície, esse número pode ser maior. Aplicar com pincel, rolo de lã, rolo de lã antigota, pistola ou air less.

Diluição

Dilua a primeira demão com 30% de água limpa.
Para as demais dilua com 20% de água limpa.

Cor

Branco Neve.

Secagem

Ao toque: 30 minutos.
Entre demãos: 2 a 4 horas.
Final: 4 horas.

Dicas e preparação de superfície

Gesso em bom estado: Lixe e elimine o pó. **Manchas de gordura**: Limpe com água e sabão ou detergente neutro. Enxague logo em seguida e aguarde a secagem. **Manchas de mofo**: Limpe a superfície com uma solução de água sanitária diluída em água potável na proporção de 1:1, aguarde 6 horas e enxague. **Com umidade**: Antes de pintar resolva a causa do problema. **Imperfeições acentuadas**: Lixe e elimine o pó. Corrija com massa acrílica, massa corrida ou argamassa de gesso. Se for utilizar massa, aplique antes, uma demão de Diagesso Iquine diluído com 40% de água, para selar. **Pequenas imperfeições**: Corrija utilizando Massa Corrida Iquine. **Repintura**: Lixe a superfície com lixa para massa corrida e madeira grana 280 em seguida remova o pó, aplique uma demão de Selador Acrílico Iquine.

Outros produtos relacionados

Delacryl Fundo Acrílico Preparador de Paredes

Indicado para superfícies externas e internas de reboco, reboco fraco, concreto, fibrocimento, gesso, superfícies caídas e não curadas.

Diatex Tinta Acrílica

ECONÔMICA ★

Tinta látex formulada à base de emulsão copolímera, aditivada com antimofo, proporcionando boa resistência, rendimento e cobertura superior. De fácil aplicação, ótimo alastramento e secagem rápida. É indicada para superfícies de alvenaria em áreas internas, oferecendo um acabamento fosco aveludado.

Embalagens/Rendimento

Galão (3,6 L): Sobre Reboco: 35 a 45 m^2/3,6 L.
Sobre Massa Corrida: 40 a 50 m^2/3,6 L.
Latão (18 L): Sobre Reboco: 175 a 225 m^2/18 L.
Sobre Massa Corrida: 200 a 250 m^2/18 L.

Acabamento

Fosco aveludado.

Aplicação

A superfície deve estar firme, limpa, seca, sem poeira, partes soltas, gordura, graxa ou mofo. A tinta precisa estar bem homogênea e na diluição correta. Normalmente, duas a três demãos, com intervalos de 2 a 4 horas, são suficientes, mas, dependendo do estado da superfície, esse número pode ser maior. Aplicar com pincel, rolo de lã, pistola ou air less.

Diluição

Em superfícies com condições ideais, diluir com água limpa até 20%. Em superfícies não seladas, diluir a primeira demão em água na proporção de até 50%.

Cor

Branco Neve, Branco Gelo, Rio das Ostras, Pérola, Marfim, Cromo, Amarelo Canário, Hortelã, Camarão, Melancia, Azul Céu, Ipanema, Pêssego, Areia, Maracujá, Verde Piscina, Vanilla e Verde Primavera.

Secagem

Ao toque: 30 minutos.
Entre demãos: 2 a 4 horas.
Final: 4 horas.

Dicas e preparação de superfície

Manchas de gordura: Limpe com água e sabão ou detergente neutro, enxague logo em seguida. Aguarde a secagem. **Manchas de mofo**: Limpe a superfície com uma solução de água sanitária diluída em água potável na proporção de 1:1, aguarde 6 horas e enxague. **Partes soltas ou malconservada**: Remova as partes sem aderência e aplique em seguida uma demão de Fundo Preparador De Paredes (Base Água). Essa aplicação serve também para aumentar a coesão e diminuir a alcalinidade. Aguarde a secagem. **Reboco novo sem pintura**: Aguarde no mínimo 30 dias para a cura total, depois, aplique uma demão de Selador Acrílico Iquine. Se a cura não estiver completa, aplicar uma demão de Fundo Preparador de Paredes (Base Água). **Pequenas Imperfeições**: Utilize Massa Acrílica Iquine.

Outros produtos relacionados

Decorama Selador PVA

À base de emulsão vinil acrílica, é fácil de aplicar e tem um bom alastramento. É indicado para selar superfícies internas de reboco e massa corrida.

Delacryl Fundo Acrílico Preparador de Paredes

Indicado em superfícies externas e internas de reboco, reboco fraco, concreto, fibrocimento, gesso, superfícies caiadas e não curadas.

Diatex Massa Corrida

Massa à base de emulsão copolímera, de boa aderência. Tem bom poder de enchimento, secagem rápida e fácil aplicação. É indicada para correção e nivelamento de superfícies internas.

Pintalar Látex Vinil-Acrílica

ECONÔMICA ★

Tinta látex à base de emulsão vinil-acrílica, de boa qualidade e rendimento com economia. Produto indicado para pintura e decoração de superfícies de alvenaria em ambientes internos.

Embalagens/Rendimento
Galão (3,6 L): Sobre Reboco: 35 a 45 m^2/3,6 L.
Sobre Massa Corrida: 40 a 48 m^2/3,6 L.
Latão (18 L): Sobre Reboco: 175 a 225 m^2/18 L.
Sobre Massa Corrida: 200 a 240 m^2/18 L.

Acabamento
Fosco aveludado.

Aplicação
A superfície deve estar firme, limpa, seca, sem poeira, partes soltas, gordura, graxa ou mofo. A tinta precisa estar bem homogênea e na diluição correta. Normalmente, duas a três demãos, com intervalos de 2 a 4 horas, são suficientes, mas, dependendo do estado da superfície, esse número pode ser maior. Aplicar com pincel, rolo de lã, pistola ou air less.

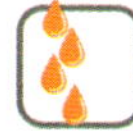

Diluição
Diluir na proporção de 15% a 20% de água limpa.

Cor
Branco Neve, Branco Gelo, Palha, Areia, Pérola, Marfim, Rosa Pétala, Pêssego, Azul Céu, Verde Piscina, Siri, Verde Primavera, Amarelo Canário, Pitanga.

Secagem
Ao toque: 30 minutos.
Entre demãos: 2 a 4 horas.
Final: 4 horas.

Dicas e preparação de superfície

Manchas de gordura: Limpe com água e sabão ou detergente neutro, enxague logo em seguida. Aguarde a secagem. **Manchas de mofo**: Limpe a superfície com uma solução de água sanitária diluída em água potável na proporção de 1:1, aguarde 6 horas e enxague. **Partes soltas ou malconservada**: Remova as partes sem aderência e aplique em seguida uma demão de Fundo Preparador De Paredes (Base Água). Essa aplicação serve também para aumentar a coesão e diminuir a alcalinidade. Aguarde a secagem. **Reboco novo sem pintura**: Aguarde no mínimo 30 dias para a cura total, depois, aplique uma demão de Selador Acrílico Iquine. Se a cura não estiver completa, aplicar uma demão de Fundo Preparador de Paredes (Base Água). **Pequenas Imperfeições**: Utilize Massa Acrílica Iquine.

Outros produtos relacionados

Decorama Selador PVA
À base de emulsão vinil acrílica, é fácil de aplicar e tem um bom alastramento. É indicado para selar superfícies internas de reboco curado e massa corrida.

Delacryl Fundo Acrílico Preparador de Paredes
Indicado em superfícies externas e internas de reboco, reboco fraco, concreto, fibrocimento, gesso, superfícies caiadas e não curadas.

Diatex Massa Corrida
Massa à base de emulsão copolímera, de boa aderência. Tem bom poder de enchimento, secagem rápida e fácil aplicação. É indicada para correção e nivelamento de superfícies internas.

Delanil Textura Acrílica

Formulada à base de emulsão acrílico-estirenada, de alto poder de enchimento, secagem rápida e fácil aplicação. É indicada para superfícies externas e internas de alvenaria, gesso, fibrocimento e concreto, proporcionando efeito decorativo de alto-relevo, dispensando o uso de massa corrida.

Embalagens/Rendimento

Galão (3,6 L): 5 a 7 m^2/galão.
Latão (18 L): 20 a 28 m^2/latão.

Acabamento

Proporciona efeito decorativo de alto-relevo, dispensando o uso de massa corrida.

Aplicação

Após homogeneizar bem o produto na embalagem, com instrumento adequado, certifique-se de que a superfície está seca, limpa e preparada para receber o produto. Em seguida aplique uma demão com rolo texturizador. Se necessário, diluir em água limpa na proporção de 5% a 10%.
Observação: O Delanil Textura Acrílica não é um produto para acabamento, portanto, é necessária a aplicação de uma tinta látex ou acrílica para finalizar a pintura.

Diluição

Produto pronto para uso. Se necessário, utilizar água limpa na proporção de 5% a 10%.

Cor

Branco.

Secagem

Ao toque: 6 horas.
Final: 12 horas.

Dicas e preparação de superfície

Manchas de gordura: Limpe com água e sabão ou detergente neutro, enxague logo em seguida. Aguarde a secagem. **Manchas de mofo**: Limpe a superfície com uma solução de água sanitária diluída em água potável na proporção de 1:1, aguarde 2 horas e enxague. **Partes soltas ou malconservadas**: Remova as partes sem aderência e aplique em seguida uma demão de FUNDO PREPARADOR DE PAREDES (BASE ÁGUA). Essa solução serve também para aumentar a coesão e diminuir a alcalinidade. Aguarde a secagem. **Reboco novo sem Pintura**: Aguarde no mínimo 30 dias para a cura total, depois, aplique uma demão de SELADOR ACRÍLICO IQUINE. Se a cura não estiver completa, aplicar uma demão de FUNDO PREPARADOR DE PAREDES (BASE ÁGUA).

Outros produtos relacionados

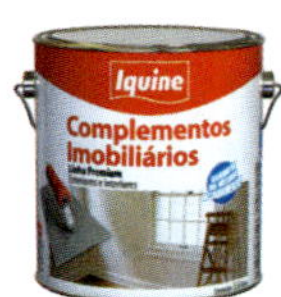

Decorama Selador PVA

À base de emulsão vinil acrílica, é fácil de aplicar e tem um bom alastramento. É indicado para selar superfícies internas de reboco e massa corrida.

Delacryl Fundo Acrílico Preparador de Paredes

Indicado em superfícies externas e internas de reboco, reboco fraco, concreto, fibrocimento, gesso, superfícies caiadas e não curadas.

Delacryl Tinta Acrílica

Tinta látex acrílica, com ótimo rendimento e cobertura. De baixo respingamento e fácil aplicação, possui um acabamento semibrilho.

Delacryl Textura Acrílica

Formulada à base de emulsão acrílico-estirenada, de alto poder de enchimento, secagem rápida e fácil aplicação. É indicada para superfícies externas e internas de alvenaria, gesso, fibrocimento e concreto, proporcionando efeito decorativo de alto-relevo, dispensando o uso da massa corrida.

Embalagens/Rendimento

Galão (3,6 L): 5 a 7 m²/galão.
Latão (18 L): 25 a 35 m²/latão.

Acabamento

Proporciona efeito decorativo de alto-relevo, dispensando o uso de massa corrida.

Aplicação

Após homogeneizar bem o produto na embalagem, com instrumento adequado, certifique-se de que a superfície está seca, limpa e preparada para receber o produto. Aplicar uma demão com rolo texturizador. **Observação**: O DELACRYL TEXTURA ACRÍLICA não é um produto para acabamento, portanto, é necessária a aplicação de uma tinta látex ou acrílica, para finalizar a pintura.

Diluição

Produto pronto para uso, se necessário, usar água potável na proporção de até 10%.

Cor

Branco.

Secagem

Ao toque: 6 horas.
Final: 12 horas.

Dicas e preparação de superfície

A superfície deve estar seca, limpa de qualquer resíduo, eliminando partes soltas, poeira, gordura, mofo; e devem ser corrigidas imperfeições, rachaduras e furos. **Mancha de gordura**: Limpar com uma solução de água e sabão ou detergente neutro e enxaguar logo em seguida. Aguardar a secagem. **Mancha de mofo**: Limpar com uma solução de água sanitária, diluída em água potável, na proporção de 1:1, aguardar 2 horas e enxaguar. **Descascamento/Desagregamento e alvenaria malconservada**: Remover as partes soltas e sem aderência, aplicando, em seguida, uma demão de FUNDO PREPARADOR DE PAREDES (base água), que serve também para aumentar a coesão e inibir a alcalinidade. Aguardar a secagem. **Alvenaria nova**: Aguardar no mínimo 30 dias para cura total, aplicando em seguida uma demão de DELACRYL SELADOR ACRÍLICO PIGMENTADO. Se a cura não estiver completa, aplicar uma demão de FUNDO PREPARADOR DE PAREDES (base água).

Outros produtos relacionados

Delacryl Selador Acrílico

É indicado para uniformizar a absorção em superfícies externas e internas de alvenaria devidamente curadas, concreto e fibrocimento, proporcionando maior rendimento dos produtos de acabamento.

Delacryl Fundo Acrílico Preparador de Paredes

Indicado em superfícies externas e internas de reboco, reboco fraco, concreto, fibrocimento, gesso, superfícies caiadas e não curadas.

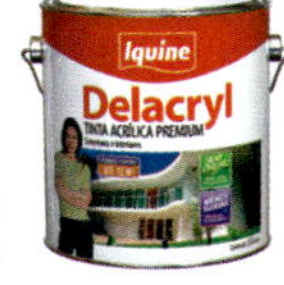

Delacryl Tinta Acrílica

Tinta látex acrílica, com ótimo rendimento e cobertura. De baixo respingamento e fácil aplicação, possui um acabamento semibrilho.

Decorama Esmalte Base Água

PREMIUM ★★★★★

Esmalte à base de água de secagem rápida. Sua fórmula apresenta baixo odor e dispensa o uso de aguarrás. Proporciona uma película extremamente lisa que dificulta a aderência de sujeiras e facilita a limpeza. É resistente a fungos, possui bom alastramento e boa aderência, confere às superfícies beleza e proteção duradoura. É indicado para madeiras, metais ferrosos, galvanizados, alumínio e PVC, em superfícies externas e internas.

Embalagens/Rendimento

Quarto (0,9 L): de 15 a 18 m²/quarto por demão.
Galão (3,6 L): até 72 m²/galão por demão

Acabamento

Alto-brilho e acetinado.

Aplicação

Após homogeneizar bem o produto na embalagem com instrumento adequado, certifique-se de que a superfície está seca, limpa, livre de partes soltas ou mal aderidas e preparada para receber a tinta. Em seguida, aplique Decorama Esmalte Base Água Premium com pincel, rolo de espuma ou rolo de lã de carneiro, diluído com água potável até 10%. Para aplicação com pistola, dilua com água potável até 30%. Em geral, duas a três demãos, com intervalos de 4 horas, são suficientes.

Diluição

Utilizar água potável até 10%. Para aplicação com pistola, diluir com água potável até 30%, com pressão entre 2,2 e 2,8 kgf/cm² ou 30 a 35 lbs/pol².

Cor

Branco Neve, Branco Gelo, Platina, Marfim, Marron Tabaco, Azul Del Rey, Vermelho, Verde Folha, Amarelo, Preto, Laranja, Cinza Médio Disponível em mais de 1.000 cores no Sistema Tintométrico.

Secagem

Ao toque: 30 minutos.
Manuseio: 4 horas.
Final: 5 horas.

Dicas e preparação de superfície

Para melhor resultado observar cuidados prévios. A superfície deve estar seca e limpa, eliminando partes soltas, poeira, farpas e ferrugem. **Alumínio, galvanizados e PVC (nova)**: Não é necessário aplicação de fundo. **Alumínio, galvanizados e PVC (repintura)**: Remover resíduos mal aderidos e lixar até eliminar o brilho. **Madeira (nova)**: Utilize a lixa para retirar farpas. Aplique uma demão de Iquine Fundo Nivelador Branco Fosco. Caso deseje nivelar a superfície, aplique Iquine Massa para Madeira e lixe após secar. **Madeira (repintura)**: Lixar até eliminar totalmente o brilho e corrigir as imperfeições da superfície. **Zincado (novo)**: Aplicar Iquine Galvomax Fundo para Galvanizados. **Zincado (repintura)**: Remover resíduos mal aderidos e lixar até eliminar o brilho. **Metais ferrosos**: Remova pontos de ferrugem com lixa e/ou escova de aço, depois aplique 1 ou 2 demãos de Zarcofer Fundo Anticorrosivo.

Outros produtos relacionados

Zarcofer – Fundo Anticorrosivo

Para preparação de superfícies metálicas em ambientes internos e externos. À base de resina alquídica forma uma película com alto poder de dureza que protege o metal e melhora o desempenho do produto de acabamento.

Gavolmax – Fundo para Galvanizados

Para preparação de superfícies galvanizadas em ambientes internos e externos. À base de resina alquídica forma uma película com poder de aderência que melhora o desempenho do produto de acabamento.

Massa a óleo

Massa sintética à base de resina alquídica, com alto poder de enchimento e boa lixabilidade. Indicada para nivelamento e correção de superfícies de madeira (internas e externas).

Dialine Esmalte Sintético

PREMIUM ★★★★★

Esmalte Sintético Premium de secagem rápida. Sua fórmula exclusiva cria uma película extremamente lisa que dificulta riscos e a aderência de sujeiras, ajudando a limpeza. Fácil de aplicar e de alta cobertura e resistência, garante um fino acabamento, elevando o padrão e a qualidade da pintura. Indicado para metais ferrosos, galvanizados, madeiras e alvenarias, em ambientes externos e internos.

Embalagens/Rendimento

Lata (0,112 L): 1,25 a 1,41 m² por demão.
Lata (0,225 L): 2.50 a 2,82 m² por demão.
Quarto (0,9 L): 10 a 11,25 m² por demão.
Galão (3,6 L): 40 a 50 m² por demão.

Acabamento

Alto-brilho, acetinado e fosco.

Aplicação

Após homogeneizar bem o produto na embalagem, com instrumento adequado, certifique-se de que a superfície de aplicação está seca, limpa e preparada para receber a tinta. Em seguida, aplique Dialine Esmalte Sintético Premium, com pincel ou rolo de espuma. Em geral, duas a três demãos, com intervalos de 2 a 4 horas, são suficientes.

Diluição

Produto pronto para uso. Aplicação com pincel ou rolo de espuma: diluir em até 10% de SOLVENTE 1030 IQUINE (se necessário). Aplicação com pistola: diluir com THINNER 1010 IQUINE até atingir a viscosidade ideal (se necessário).

Cor

Conforme Cartela de Cores.

Secagem

Ao toque: 30 minutos.
Entre demãos: 2 a 4 horas.
Final: 6 a 8 horas.

Dicas e preparação de superfície

Para atingir o resultado esperado, cuidados prévios devem ser rigorosamente observados. A superfície deve estar seca e limpa de qualquer resíduo, eliminando partes soltas, poeira, farpas, ferrugem e gordura. **Alumínio**: Utilizar Wash Primer. **Galvanizados**: Utilizar Galvomax Fundo para Galvanizados. **Alvenaria**: Para aplicações sobre Decorama Massa Corrida, utilizar como fundo Decorama Selador PVA; sobre Delacryl Massa Acrílica, utilizar como fundo Delacryl Selador Acrílico Pigmentado. **Metais ferrosos**: Retire a ferrugem, utilizando lixa e/ou escova de aço, em seguida, aplique uma ou duas demãos de Zarcofer Fundo Anticorrosivo. **Madeira**: Utilize lixa para retirar as farpas e, para eliminar a sujeira, use um pano umedecido em Solvente 1030 Iquine. Aplique uma demão de Fundo Nivelador Branco Fosco, diluído com Solvente 1030 Iquine a 20%. **Pequenas imperfeições**: Aplicar Massa a Óleo Iquine, em seguida, aplicar sobre a massa uma nova demão de Fundo Nivelador Branco Fosco. Para repintura, lixar a superfície até a perda total do brilho. **Superfície engordurada**: Desengraxar esfregando um pano embebido com Thinner 1010 Iquine.

Outros produtos relacionados

Zarcofer – Fundo Anticorrosivo

Para preparação de superfícies metálicas em ambientes internos e externos. À base de resina alquídica forma uma película com alto poder de dureza que protege o metal e melhora o desempenho do produto de acabamento.

Gavolmax – Fundo para Galvanizados

Para preparação de superfícies galvanizadas em ambientes internos e externos. À base de resina alquídica forma uma película com poder de aderência que melhora o desempenho do produto de acabamento.

Massa a óleo

Massa sintética à base de resina alquídica, com alto poder de enchimento e boa lixabilidade. Indicada para nivelamento e correção de superfícies de madeira (internas e externas).

Dialine Esmalte Sintético Spray

PREMIUM ★★★★★

Esmalte sintético em spray. Sua fórmula proporciona uma película extremamente lisa, dificultando a aderência de sujeiras e riscos e facilitando a limpeza da superfície. De fácil aplicação e secagem rápida. É indicado para o revestimento (pintura) de metal ferroso, alumínio, galvanizados, madeira e alvenaria, em ambientes externos e internos.

Embalagens/Rendimento
(0,35 L): 1,1 até 1,3 m²/embalagem

Acabamento
Alto-brilho.

Aplicação
A superfície deve estar seca e limpa de qualquer resíduo, eliminando partes soltas, poeira, farpas e ferrugem. Antes de aplicar, agite vigorosamente o tubo até ouvir o impacto da esfera de vidro no fundo da embalagem. Em seguida, aplique Dialine Esmalte Sintético Premium Spray em demãos finas e cruzadas, à distância de 20 cm a 25 cm, para evitar escorrimento. O intervalo entre demãos é de 5 a 10 minutos. Não exponha a superfície pintada a esforços durante 20 dias. Não indicamos a utilização combinada ou em mistura com outros produtos não especificados nesta embalagem.

Diluição
Produto pronto para uso.

Cor
Branco Neve, Amarelo, Laranja, Laranja Cítrico, Vermelho, Vermelho Vinho, Verde Folha, Marron Tabaco, Azul França, Azul Celeste, Verde Limão, Marron Conhaque, Preto e Preto Fosco.

Secagem
Ao toque: 15 minutos.
Entre demãos: 2 a 4 horas.
Final: 6 a 8 horas

Dicas e preparação de superfície

Alumínio e galvanizados: Utilizar Wash Primer ou Galvomax Fundo para galvanizados. **Alvenaria**: Para aplicação sobre Decorama Massa Corrida, utilizar como fundo Decorama Selador PVA; Sobre Delacryl Massa Acrílica, utilizar como fundo Delacryl Selador Acrílico Pigmentado. **Metais ferrosos**: Retire a ferrugem utilizando lixa e/ou escova de aço; em seguida, aplique uma ou duas demãos de Zarcofer Fundo Anticorrosivo. **Madeira**: Utilize lixa para retirar as farpas e, para eliminar a sujeira, use um pano umedecido em Solvente 1030 Iquine. Aplique uma demão de Fundo Nivelador Branco Fosco diluído com Solvente 1030 Iquine a 20%. **Pequenas Imperfeições**: Aplicar Massa A Óleo Iquine. Em seguida, aplicar sobre a massa uma nova demão de Fundo Nivelador Branco Fosco. Para repintura, lixar a superfície até a perda total do brilho

Outros produtos relacionados

Zarcofer – Fundo Anticorrosivo
Para preparação de superfícies metálicas em ambientes internos e externos. À base de resina alquídica forma uma película com alto poder de dureza que protege o metal e melhora o desempenho do produto de acabamento.

Gavolmax – Fundo para Galvanizados
Para preparação de superfícies galvanizadas em ambientes internos e externos. À base de resina alquídica forma uma película com poder de aderência que melhora o desempenho do produto de acabamento.

Massa a óleo
Massa sintética à base de resina alquídica, com alto poder de enchimento e boa lixabilidade. Indicada para nivelamento e correção de superfícies de madeira (internas e externas).

Delanil Esmalte Sintético

STANDARD ★★★

Esmalte sintético à base de resina alquídica, de fácil aplicação, secagem rápida, boa cobertura e alto brilho. Produto indicado para pintura de superfícies externas e internas de metal, madeira e alvenaria.

Embalagens/Rendimento

Lata (0,1125 L): De 1,25 a 1,41 m²/112,5 mL.
Lata (0,225 L): De 2,5 a 2,82 m²/225 mL.
Quarto (0,9 L): De 10 a 11,25 m²/900 mL.
Galão (3,6 L): De 40 a 45 m²/3,6 L.

Acabamento

Alto-brilho.

Aplicação

A superfície deve estar firme, limpa, seca, sem poeira, partes soltas, gordura, graxa ou mofo. A tinta precisa estar bem homogênea e na diluição correta. Normalmente, de duas a três demãos, são suficientes, mas, dependendo do estado da superfície, esse número pode ser maior. Aplicar com pincel, rolo de lã e espuma ou pistola.

Diluição

Produto pronto para uso.
Pincel ou rolo de espuma: diluir em até 10% de SOLVENTE 1030 IQUINE ou AGUARRÁS IQUINE (se necessário).
Pistola: diluir com THINNER 1010 IQUINE até atingir a viscosidade ideal.

Cor

Conforme Cartela de Cores.

Secagem

Ao toque: 1 a 2 horas.
Entre demãos: 2 a 4 horas.
Final: 8 a 10 horas.

Dicas e preparação de superfície

Para melhor resultado observar cuidados prévios. A superfície deve estar seca e limpa, eliminando partes soltas, com poeira, farpas e ferrugem. **Alumínio/galvanizados**: Utilizar Galvomax (Fundo para Galvanizados). **Alvenaria**: Para aplicações sobre Decorama Massa Corrida ou Diatex Massa Corrida, utilizar como fundo Decorama Selador PVA; sobre Delacryl Massa Acrílica ou Delanil Massa Acrílica, utilizar como fundo Delacryl Selador Acrílico ou Delanil Selador Acrílico. **Metais ferrosos**: Retire a ferrugem utilizando lixa e/ou escova de aço, em seguida, aplique uma ou duas demãos de Zarcofer Fundo Anticorrosivo. **Madeira**: Utilize lixa para retirar as farpas e, para eliminar a sujeira, use um pano umedecido em Solvente 1030. Aplique uma demão de Fundo Nivelador Branco Fosco, diluído com Solvente 1030 à 20%. **Pequenas imperfeições**: Aplicar Massa a Óleo, em seguida, aplicar sobre a massa uma nova demão de Fundo Nivelador Branco Fosco. **Repintura**: Lixar a superfície até a perda total do brilho.

Outros produtos relacionados

Zarcofer – Fundo Anticorrosivo

Para preparação de superfícies metálicas em ambientes internos e externos. À base de resina alquídica forma uma película com alto poder de dureza que protege o metal e melhora o desempenho do produto de acabamento.

Gavolmax – Fundo para Galvanizados

Para preparação de superfícies galvanizadas em ambientes internos e externos. À base de resina alquídica forma uma película com poder de aderência que melhora o desempenho do produto de acabamento.

Massa a óleo

Massa sintética à base de resina alquídica, com alto poder de enchimento e boa lixabilidade. Indicada para nivelamento e correção de superfícies de madeira (internas e externas).

Verniz Duplo Filtro Solar

Verniz à base de resina poliuretânica com filtro solar, que protege e realça a superfícies de madeira, impedindo a ação danosa dos raios ultravioletas. O Verniz Duplo Filtro Solar Iquine possui boa durabilidade, baixo odor, secagem rápida, excepcional poder de penetração e fácil aplicação. Sua formulação exclusiva proporciona proteção contra água, fungos e intemperismo, além de um duradouro acabamento brilhante. É indicado para o revestimento de superfícies externas e internas de madeira.

Embalagens/Rendimento
Galão (3,6 L): 30 a 40 m²/galão por demão.
Quarto (0,9 L): 7,5 a 10 m²/quarto por demão.

Acabamento
Brilhante.

Aplicação
Após homogeneizar bem o produto na embalagem, com o instrumento adequado, certifique-se de que a superfície de aplicação está seca, limpa e preparada para receber o verniz. Em seguida, aplique o Verniz Duplo Filtro Solar, utilizando rolo de espuma, pincel ou pistola, diluído com Solvente 1030 Iquine em até 10%. Em geral, duas a três demãos, com intervalos de 16 a 24 horas, são suficientes.

Diluição
Para aplicação com pincel ou rolo de espuma diluir com Solvente 1030 Iquine até 10%. Para aplicação com pistola, diluir com Solvente 1030 Iquine até atingir a viscosidade ideal.

Cor
Incolor.

Secagem
Ao toque: 1 a 2 horas.
Manuseio: 6 a 8 horas.
Completa: 16 a 24 horas.

Dicas e preparação de superfície

Para atingir o resultado esperado, cuidados prévios devem ser rigorosamente observados. A superfície deve estar seca e limpa de qualquer resíduo, eliminando partes soltas, poeira, gordura, óleos vegetais e mofo. **Manchas de gordura/mofo**: Limpar utilizando Thinner 1010. Aguardar a secagem. **Correção de imperfeições**: Utilizar lixa para madeira grana 150 no desbaste e, em seguida, lixa para madeira grana 220 no acabamento. Remover o pó.

Outros produtos relacionados

Verniz Extra Rápido
Verniz à base de resina alquídica que protege e realça a superfície da madeira. O Verniz Extra-rápido Iquine, possui boa durabilidade, secagem extrarápida, grande poder de penetração, fácil aplicação e acabamento Brilhante. Indicado para o revestimento de superfícies Internas de Madeira.

Verniz Copal
Verniz à base de resina alquídica, que protege e realça a superfície da madeira. O Verniz Copal Iquine possui boa durabilidade, grande poder de penetração, fácil aplicação e excelente rendimento, além de um duradouro acabamento brilhante.

Massa a óleo
Massa sintética à base de resina alquídica, com alto poder de enchimento e boa lixabilidade. Indicada para nivelamento e correção de superfícies de madeira (internas e externas).

Verniz Extra-Rápido

Verniz à base de resina alquídica que protege e realça a superfície da madeira. O Verniz Extra-rápido Iquine, possui boa durabilidade, secagem extrarrápida, grande poder de penetração e fácil aplicação. Sua formulação com alto teor de sólidos proporciona um excelente rendimento, além de um duradouro acabamento brilhante. É indicado para o revestimento de superfícies internas de madeira.

Embalagens/Rendimento

Galão (3,6 L): 25 a 30 m²/galão por demão.
Quarto (0,9 L): 6,25 a 7,5 m²/quarto por demão.

Acabamento

Alto-brilho.

Aplicação

Após homogeneizar bem o produto na embalagem, com o instrumento adequado, certifique-se de que a superfície de aplicação está seca, limpa e preparada para receber o verniz. Aplique o Verniz Copal Iquine utilizando rolo de espuma ou pincel, diluído com Solvente 1030 Iquine até 10%. Para aplicação em pistola, diluir com Thinner 1010 Iquine até atingir a viscosidade ideal. Em geral, duas a três demãos, com intervalos de 6 a 8 horas, são suficientes.

Diluição

Diluir com Solvente 1030 até 10% para pincel ou rolo de espuma e, para pistola, diluir com Thinner 1010 até atingir a viscosidade ideal.

Cor

Incolor, Citin, Carejeira, Mogno, Mogno Colonial, Vinho, Imbuia, Nogueira e Cedro.

Secagem

Ao toque: 15 minutos.
Manuseio: 2 a 4 horas.
Completa: 8 horas.

Dicas e preparação de superfície

Após homogeneizar bem o produto na embalagem, com o instrumento adequado, certifique-se de que a superfície de aplicação está seca, limpa e preparada para receber o verniz. Em seguida, aplique o Verniz Extra-rápido Iquine com rolo de espuma ou pincel, diluído com Solvente 1030 até 10%. Para aplicação com pistola, diluir com Thinner 1010 até atingir a viscosidade ideal. Em geral, duas a três demãos, com intervalos de 6 a 8 horas, são suficientes.

Outros produtos relacionados

Laca Seladora Nitrocelulose

Laca seladora à base de resina alquídica e solução de nitrocelulose, que proporciona um melhor desempenho e uma maior aderência ao produto de acabamento. Possui formulação com alto teor de sólidos, secagem ultrarrápida, fácil aplicação e excelente rendimento.

Verniz Duplo Filtro Solar

Verniz à base de resina poliuretânica com filtro solar, que protege e realça superfícies de madeira, impedindo a ação dos raios ultravioletas. Possui boa durabilidade, baixo odor, secagem rápida, excepcional poder de penetração e fácil aplicação. Sua formulação exclusiva proporciona proteção contra água, fungos e intemperismo, além de um acabamento brilhante.

Massa óleo

Massa sintética à base de resina alquídica, com alto poder de enchimento e boa lixabilidade. Indicada para nivelamento e correção de superfícies de madeira (internas e externas).

Verniz Copal

Verniz à base de resina alquídica, que protege e realça a superfície da madeira. O Verniz Copal Iquine possui boa durabilidade, grande poder de penetração, fácil aplicação e excelente rendimento, além de um duradouro acabamento brilhante. É indicado para o revestimento de superfícies internas de madeira.

Embalagens/Rendimento

Galão (3,6 L): 25 a 30 m²/galão por demão.
Quarto (0,9 L): 6,25 a 7,5 m²/quarto por demão.

Acabamento

Alto-brilho.

Aplicação

Após homogeneizar bem o produto na embalagem, com o instrumento adequado, certifique-se de que a superfície de aplicação está seca, limpa e preparada para receber o verniz. Aplique o Verniz Copal Iquine utilizando rolo de espuma ou pincel, diluído com Solvente 1030 Iquine até 10%. Para aplicação em pistola, diluir com Thinner 1010 Iquine até atingir a viscosidade ideal. Em geral, duas a três demãos, com intervalos de 8 a 12 horas, são suficientes.

Diluição

Diluir com Solvente 1030 até 10%, para pincel ou rolo de espuma, e, para pistola, diluir com Thinner 1010 até atingir a viscosidade ideal.

Cor

Incolor.

Secagem

Ao toque: 1 a 2 horas.
Manuseio: 6 a 8 horas.
Completa: 24 horas.

Dicas e preparação de superfície

Para atingir o resultado esperado, cuidados prévios devem ser rigorosamente observados. A superfície deve estar seca, limpa de qualquer resíduo, eliminando partes soltas, poeira, gordura, óleos vegetais e mofo. **Manchas de gordura/mofo**: limpar utilizando THINNER 1010. Aguardar secagem. **Pequenas Imperfeições**: limpar utilizando lixa para madeira grana 150 no desbaste e, em seguida, lixa para madeira grana 220 no acabamento. Remover o pó. **Observação**: Na aplicação do VERNIZ COPAL, a selagem da superfície deve ser feita com o uso de LACA SELADORA NITROCELULOSE IQUINE, abrandando com lixa para madeira grana 400.

Outros produtos relacionados

Laca Seladora Nitrocelulose

Laca seladora à base de resina alquídica e solução de nitrocelulose, que proporciona um melhor desempenho e uma maior aderência ao produto de acabamento. A Laca Seladora Nitroceluilose Iquine possui formulação com alto teor de sólidos, secagem ultra-rápida, fácil aplicação e excelente rendimento.

Verniz Extra-Rápido

Verniz à base de resina alquídica que protege e realça a superfície da madeira. O Verniz Extra-rápido Iquine possui boa durabilidade, secagem extrarrápida, grande poder de penetração e fácil aplicação. Sua formulação com alto teor de sólidos proporciona um excelente rendimento, além de um duradouro acabamento altobrilho.

Verniz Duplo Filtro Solar

À base de resina poliuretânica com filtro solar, que protege e realça a superfícies de madeira, impedindo a ação danosa dos raios ultravioletas. Possui boa durabilidade, baixo odor, secagem rápida, excepcional poder de penetração e fácil aplicação. Mantém um duradouro acabamento brilhante.

Laca Seladora Nitrocelulose

Laca seladora à base de resina alquídica e solução de nitrocelulose, que proporciona um melhor desempenho e uma maior aderência ao produto de acabamento. A Laca Seladora Nitrocelulose Iquine possui formulação com alto teor de sólidos, secagem ultrarrápida, fácil aplicação e excelente rendimento. É indicada para selar e uniformizar superfícies internas de madeira em geral.

Embalagens/Rendimento

Galão (3,6 L): 30 a 40 m^2/galão por demão.
Quarto (0,9 L): 7,5 a 10 m^2/quarto por demão.

Acabamento

Acetinado.

Aplicação

Após homogeneizar bem o produto na embalagem, com instrumento adequado, certifique-se de que a superfície de aplicação está seca, limpa e preparada para receber a laca. Em seguida, aplique a Laca Seladora Nitrocelulose Iquine, utilizando pincel, boneca, pistola ou cortina, diluíndo com Thinner 1010 Iquine. Em geral são necessárias de 2 a 3 demãos, com intervalo de 2 a 3 horas, usando nesses intervalos lixa para madeira grana 320 ou grana 400.

Diluição

Pincel/Boneca: THINNER 1010 Iquine até 100% e Cortina/Pistola: THINNER 1010 Iquine até atingir a viscosidade ideal.

Cor

Incolor, Imbuia e Nogueira.

Secagem

Ao toque: 10 minutos.
Manuseio: 1 hora.
Lixamento: 2 horas.

Dicas e preparação de superfície

Para atingir o resultado esperado, cuidados prévios devem ser rigorosamente observados. A superfície deve estar seca e limpa de qualquer resíduo, eliminando partes soltas, poeira, gordura, óleos vegetais e mofo. **Manchas de gordura/mofo**: Limpar utilizando Thinner 1010 Iquine. Aguardar a secagem. **Correção de imperfeições**: Utilizar lixa para madeira grana 150 no desbaste e, em seguida, lixa para madeira grana 220 no acabamento. Remover o pó.

Outros produtos relacionados

Verniz Copal

Laca seladora à base de resina alquídica e solução de nitrocelulose, que proporciona um melhor desempenho e uma maior aderência ao produto de acabamento. A Laca Seladora Nitrocelulose Iquine possui formulação com alto teor de sólidos, secagem ultrarrápida, fácil aplicação e excelente rendimento.

Verniz Extra-Rápido

Verniz à base de resina alquídica que protege e realça a superfície da madeira. O Verniz Extra-rápido Iquine possui boa durabilidade, secagem extrarrápida, grande poder de penetração e fácil aplicação. Sua formulação com alto teor de sólidos proporciona um excelente rendimento, além de um duradouro acabamento altobrilho.

Verniz Duplo Filtro Solar

À base de resina poliuretânica com filtro solar, que protege e realça a superfícies de madeira, impedindo a ação danosa dos raios ultravioletas. Possui boa durabilidade, baixo odor, secagem rápida, excepcional poder de penetração e fácil aplicação. Mantém um duradouro acabamento brilhante.

Delacryl Pisos e Cimentados Tinta Acrílica

PREMIUM ★★★★★

É uma tinta látex à base de dispersão aquosa acrílico-estirenada, com elevado rendimento e cobertura. Delacryl Pisos e Cimentados Tinta Acrílica Premium é facilmente lavável e de fácil aplicação. Sua fórmula exclusiva, com alto teor de sólidos, confere à película excepcional durabilidade e resistência ao intemperismo. É indicada para o revestimento de pisos e cimentados, em ambientes externos e internos.

Embalagens/Rendimento

Quarto (0,9 L): 8,75 a 13,75 m²/quarto.
Galão (3,6 L): 35 a 55 m²/ 3,6 L.
Latão (18 L): 175 a 275 m²/18 L.

Acabamento

Fosco.

Aplicação

Após homogeneizar o produto na embalagem, com instrumento adequado, certifique-se de que a superfície de aplicação está seca, limpa e preparada para receber a tinta. Em seguida, aplique uma primeira demão de com pincel ou rolo de lã com a tinta diluída em 40% de água. Depois, aplique uma segunda demão diluída em 20% a 30% de água. Em geral, duas demãos, com intervalos de 3 a 4 horas, são suficientes. No caso de uma terceira demão, diluir em 10% de água.

Diluição

Água de 20% a 30% em superfícies com condições ideais. Em superfícies não seladas, diluir na proporção de até 40% na primeira demão.

Cor

Branco, Concreto, Cinza Médio, Cinza Escuro, Vermelho, Preto, Amarelo Demarcação, Verde Folha, Azul Profundo e Cerâmica.

Secagem

Ao toque: 2 horas.
Tráfego de pessoas: 24 horas.
Tráfego de veículos leves: 48 horas.
Tráfego de veículos pesados: 72 horas.

Dicas e preparação de superfície

Para melhor resultado observar cuidados prévios. A superfície deve estar seca e limpa, eliminando partes soltas, poeira, gordura e mofo. **Manchas de gordura**: Limpar com água e sabão ou detergente neutro, enxaguar logo em seguida. Aguardar a secagem. **Manchas de mofo**: Limpar com uma solução de água sanitária, diluída em água potável, na proporção de 1:1. Enxaguar após 2 horas. Aguardar a secagem. **Descascamento/desagregamento e alvenaria mal conservada**: Remover as partes soltas e sem aderência, aplicando depois uma demão de Delacryl Fundo Acrílico Preparador de Paredes, diluído com Solvente 1030 na proporção de 1:1., serve também para aumentar a coesão e inibir a alcalinidade. Aguardar a secagem. **Cimento novo/queimado**: Aguardar no mínimo 30 dias para a secagem e cura total. Lavar com ácido muriático diluído em água na proporção de 4:1, e enxaguar em seguida. Aguardar a secagem. **Cimento antigo liso/queimado ou pouco absorvente**: Lavar com ácido muriático diluído em água, na proporção de 4:1, e enxaguar. Aguardar a secagem. **Cimento novo rústico/não queimado**: Aguardar no mínimo 30 dias para a secagem e cura total. **Pequenas imperfeições**: Corrigi-las utilizando argamassa de areia e cimento. Aguardar no mínimo 30 dias para secagem e cura total. Lavar com ácido muriático diluído em água, na proporção de 4:1, e enxaguar. Aguardar a secagem. **Observação**: Não aplicar esse produto em superfícies não porosas (vitrificadas, esmaltadas, enceradas, lajotas lisas etc.).

Resina Acrílica

É produto que embeleza, facilita a limpeza e protege as superfícies externas e internas de pedras, telhas, tijolos à vista e concreto aparente. De fácil aplicação, tem ótimo rendimento e proporciona um excelente acabamento, além de ter uma secagem rápida. Sua aparência transparente, depois da secagem completa, forma uma camada espessa, brilhante, impermeável e resistente às intempéries.

Embalagens/Rendimento

Lata (5 L): 48 a 60 m².
Latão (18 L): 144 a 180 m².

Acabamento

Alto-brilho.

Aplicação

Antes de começar a aplicação, certifique-se de que a superfície está seca, limpa e preparada para receber o produto. Em seguida, deve-se homogeneizar a Resina Acrílica Concentrada Iquine com ferramenta adequada. Geralmente duas demãos, com intervalo de 6 horas, são suficientes para se obter um bom acabamento. Esse número poderá ser maior, dependendo das condições da superfície.

Diluição

Produto pronto para uso.

Cor

Incolor.

Secagem

Ao toque: 2 horas.
Entre Demãos: 4 e 6 horas.
Final: 12 horas.

Dicas e preparação de superfície

Para atingir o resultado esperado, cuidados prévios devem ser rigorosamente observados. A superfície deve estar seca e limpa de qualquer resíduo, eliminando partes soltas e poeira. **Manchas de gordura**: Limpar com água e sabão ou detergente neutro e enxaguar logo em seguida. Aguardar a secagem. **Mancha de mofo**: Limpar com uma solução de água sanitária, diluída em água potável, na proporção de 1:1, e enxaguar após 2 horas. Aguardar a secagem. **Superfície de piso em pedra**: Escovar até eliminar toda a sujeira acumulada. Lavar com água e aguardar a secagem.
ATENÇÃO: A resina acrílica deverá ser aplicada sobre superfícies porosas, que permitam boa fixação, não devendo ser aplicada em superfícies lisas como cimento queimado ou cerâmica vitrificada.

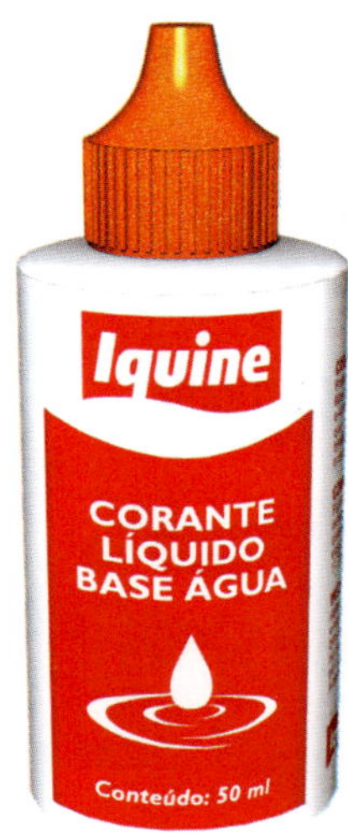

Corante líquido

Indicado para tingimento de tintas látex à base de água (PVA, vinil-acrílica e Acrílica). Disponível em diversas cores que permitem a obtenção de várias tonalidades. Tem alto poder de tingimento e resistência e é de fácil homogeneização.

Embalagens/Rendimento
Use, no máximo, um frasco de corante (50 mL) por galão de 3,6 L, mantendo essa proporção para as demais embalagens.

Acabamento
Não Aplicável.

Aplicação
Agite o produto antes de usar. Adicione o corante aos poucos à tinta, misturando bem até atingir a tonalidade desejada.

Diluição
Não diluir.

Cor
Amarelo, Ocre, Laranja, Vermelho, Marrom, Violeta, Azul, Verde e Preto.

Secagem
Não Aplicável.

Dicas e preparação de superfície

Use no máximo um frasco de corante (50 mL) por galão de 3,6 L, mantendo essa proporção para demais embalagens. Aconselhamos antes da aplicação, fazer um teste aplicando a tinta sobre um papel branco.

Outros produtos relacionados

Delanil Tinta Acrílica
Tinta Acrílica Standard que cria uma película de finíssimo acabamento nas versões acetinado e foscoaveludado. Indicada para superfícies de alvenaria, blocos de concreto ou cimento amianto, em áreas internas.

Delacryl Tinta Acrílica
Tinta látex acrílica, com ótimo rendimento e cobertura. De baixo respingamento e fácil aplicação, possui um acabamento semibrilho.

Killing Tintas e Adesivos

A Killing é uma indústria química brasileira e destaca-se entre as dez maiores fabricantes de tintas do país. A empresa atua desde 1962 no mercado de Tintas Imobiliárias, Industriais e Adesivos com foco na qualidade e no atendimento das necessidades dos clientes. Conta hoje com três unidades fabris e mais de 500 colaboradores.

UNIDADE TINTAS IMOBILIÁRIAS

Produtos e Serviços
- Tintas
- Texturas
- Massas
- Vernizes

- Equipe comercial qualificada
- Atendimento técnico em projetos e obras
- Treinamento e capacitação das equipes dos clientes
- Sistema Tintométrico

De pintor a produtor de tintas

A Killing foi fundada por Leopoldo Celestino Killing, que começou a trabalhar com o irmão como pintor, letrista, decorador e cenógrafo. Durante oito anos, aprendeu a profissão de pintor e decorador e nesse período teve seu primeiro contato com as tintas, onde aprendeu as características do produto e como aglutinar os pigmentos para chegar à cor desejada.

Em 1949, Celestino iniciou sua própria empresa, a L. Celestino Killing, onde pintava letreiros e confeccionava *outdoors*. Seu senso comercial e a prática de novas técnicas foram sendo aperfeiçoadas. A industrialização começou a crescer e com isso uma demanda maior surgia.

Nesse período, Celestino começou a se envolver com o processo de fabricação de tintas para decoração e para couro. A partir daí, a empresa se desenvolveu e hoje representa uma grande força nos mercados em que atua, possuindo um exemplar processo de gestão e profissionalismo.

Certificações

Informações de Serviço ao Consumidor:

A empresa dispõe de Serviço de Atendimento ao Consumidor

0800 8863434 ou site www.killing.com.br

Kisacril Tinta Acrílica Sem Cheiro

PREMIUM ★★★★★

Indicada para acabamento em superfícies externas e internas de reboco, concreto, massa acrílica, texturas, repinturas e superfícies internas de massa corrida e gesso. Proporciona excelente acabamento e extraordinária resistência ao intemperismo. É um produto de fácil aplicação, ótima cobertura, excelente alastramento e durabilidade. Apresenta acabamento semibrilho, acetinado ou fosco.

Embalagens/Rendimento
Lata (18 L): 200 a 275 m² por demão.
Galão (3,6 L): 40 a 55 m² por demão.
Quarto de galão (0,9 L): 10 a 14 m² por demão.

Acabamento
Semibrilho, acetinado e fosco.

Aplicação
Rolo de lã de pelo baixo ou pincel de cerdas macias.

Diluição
Massa corrida/acrílica, reboco, concreto: primeira demão 20% a 30% água; 2ª demão 10 a 20% água.
Repintura: todas demãos de 10 a 20% água.

Cor
Conforme catálogo de cores e mais de 2.000 cores no Sistema Tintométrico Colorline.

Secagem
Completa: 6 horas.

Dicas e preparação de superfície

A superfície deverá estar firme, seca, limpa, isenta de pó, gordura, graxa, mofo ou qualquer outro material que possa comprometer a aderência da tinta. O reboco novo deverá estar completamente seco com, no mínimo, 30 dias de cura. Sobre reboco fraco, superfícies de gesso, pintura antiga calcinada, pintura descascando ou paredes caiadas, após a adequada preparação e limpeza, aplicar em toda a superfície uma demão de Kisacril Fundo Preparador de Paredes.
Produtos complementares:
KISACRIL Selador Acrílico: Fundo pigmentado indicado para uniformizar a absorção de superfícies externas e internas de alvenaria.
TEXTURA Acrílica Original: Textura para alvenaria.
KISACRIL Fundo Preparador de Paredes: Fundo incolor para uniformizar a absorção e aumentar a coesão de rebocos fracos, gesso, paredes caiadas, etc.

Outros produtos relacionados

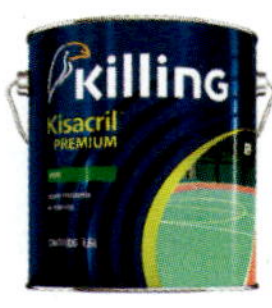

Kisacril Tinta Piso

Tinta antiderrapante indicada para pintura externa e interna de pisos cimentados de quadras poliesportivas, áreas de lazer etc.

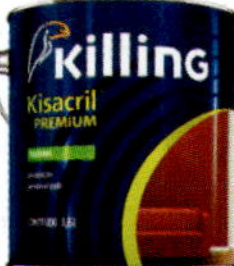

Kisacril Textura Acrílica

São produtos indicados para texturar superfícies externas e internas de reboco, concreto e repintura.

Kisacril Resina Acrílica Base Água

Acabamento incolor, brilhante para superfícies externas e internas de tijolo, concreto aparente, telhas cerâmicas, pedras e paredes pintadas com tintas acrílica e PVA.

Bellacasa Pinta Mais
Tinta Acrílica

STANDARD ★★★

Tinta acrílica fosca indicada para acabamento em superfícies externas e internas de reboco, concreto, massa acrílica, massa corrida, texturas e repintura. Permite uma diluição maior o que resulta em rendimento superior, boa cobertura, fácil aplicação e baixo respingamento.

Embalagens/Rendimento
Lata (18 L): 400 m^2 por demão.
Galão (3,6 L): 80 m^2 por demão.

Acabamento
Fosco.

Aplicação
Rolo de lã de pelo baixo ou pincel de cerdas macias.

Diluição
Massa Corrida/Acrílica, reboco. Concreto, repintura, diluir até 60% com água potável.

Cor
Conforme catálogo de cores e mais de 1.500 cores no Sistema Tintométrico Colorline.

Secagem
Completa: 6 horas.

Dicas e preparação de superfície

A superfície deverá estar firme, seca, limpa, isenta de pó, gordura, graxa, mofo ou qualquer outro material que possa comprometer a aderência da tinta. O reboco novo deverá estar completamente seco com, no mínimo, 30 dias de cura. Sobre reboco fraco, pintura antiga calcinada, pintura descascando ou paredes caiadas, após a adequada preparação e limpeza, aplicar em toda superfície uma demão de Kisacril Fundo Preparador de Paredes.

Outros produtos relacionados

Bellacasa Textura Rústica

Indicadas para texturar e proporcionar desenhos decorativos em superfícies externas e internas de reboco, concreto e repintura.

Bellacasa Textura Clássica

Indicadas para texturar superfícies externas e internas de reboco, concreto, repintura, proporciona efeitos decorativos, corrige pequenas imperfeições.

Bellacasa Textura Original

Fundo pigmentado indicado para uniformizar a absorção de superfícies externas e internas de alvenaria.

Bellacasa Tinta Acrílica

ECONÔMICA ★

Indicada para acabamento em superfícies internas de reboco, concreto, massa corrida e repinturas. É um produto de fácil aplicação, ótima cobertura e alto rendimento.

	**Embalagens/Rendimento** Lata (18 L): 125 m² a 175 m² por demão. Galão (3,6 L): 25 a 35 m² por demão.		**Acabamento** Fosco.
	**Aplicação** Rolo de lã de pelo baixo ou pincel de cerdas macias.		**Diluição** Primeira demão: 20% de água. Demais demãos: 10% a 20% de água.
	**Cor** Conforme catálogo de cores e mais de 200 cores no Sistema Tintométrico Colorline 500.		**Secagem** Completa: 6 horas.

Dicas e preparação de superfície

A superfície deverá estar firme, seca, limpa, isenta de pó, gordura, graxa, mofo ou qualquer outro material que possa comprometer a aderência da tinta. O reboco novo deverá estar completamente seco com, no mínimo, 30 dias de cura. Sobre reboco fraco, pintura antiga calcinada, pintura descascando ou paredes caiadas, após a adequada preparação e limpeza, aplicar em toda superfície uma demão de Kisacril Fundo Preparador de Paredes.

Outros produtos relacionados

Bellacasa Selador Acrílico

Fundo pigmentado indicado para uniformizar a absorção de superfícies externas e internas de alvenaria.

Bellacasa Massa Corrida

Massa indicada para nivelar e corrigir imperfeições em superfícies de reboco e concreto, em interiores.

Bellacasa Massa Acrílica

Massa indicada para nivelar e corrigir imperfeições em superfície de reboco e concreto, em exteriores e interiores.

Bellacasa Massa Acrílica

Indicada para nivelar e corrigir imperfeições em superfícies de reboco em exterior e interior. Exige acabamento.

Embalagens/Rendimento

Galão (3,6 L): 5 a 10 m²/demão.
Balde Plástico (18 L): 25 a 50 m²/demão.

Acabamento

Não aplicável.

Aplicação

Desempenadeira de aço em camadas finas.

Diluição

Pronta para uso.

Cor

Branco.

Secagem

Completa: 5 horas.

Dicas e preparação de superfície

Não aplicar em condições adversas: temperatura abaixo de 10 °C e umidade relativa do ar superior a 90%. Limpar o material de pintura, logo após o uso, com água. O desempenho e a performance da pintura dependem da preparação e uniformidade da superfície. Fatores externos, alheios ao controle do fabricante, como conhecimentos técnicos ou práticos do aplicador, entre outros, também podem comprometer a performance.

Outros produtos relacionados

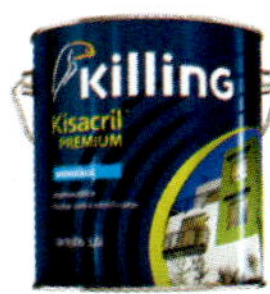

Kisacril Emborrachada

Tinta acrílica elástica, forma uma película flexível e impermeável, indicada para proteger superfícies externas e internas de alvenaria e concreto contra a ação do sol, chuvas e maresia.

Kisacril Esmalte base água

Para pintura de superfícies externas e internas de Madeira e metal. Apresenta baixo odor, secagem rápida, grande durabilidade.

Kisacril Massa para Madeira Base Água

Indicada para nivelar e corrigir imperfeições em superfícies de madeira, em interiores e exteriores. Fácil de aplicar e de lixar, possui secagem rápida e boa cobertura.

Bellacasa Massa Corrida

Indicada para nivelar e corrigir imperfeições em superfícies de reboco e concreto em interior. Exige acabamento.

Embalagens/Rendimento Galão (3,6 L): 5 a 10 m²/demão. Balde Plástico (18 L): 25 a 50 m²/demão.	**Acabamento** Não aplicável.
Aplicação Desempenadeira de aço em camadas finas.	**Diluição** Pronta para uso.
Cor Branco.	**Secagem** Completa: 5 horas.

Dicas e preparação de superfície

Não aplicar em condições adversas: temperatura abaixo de 10 °C e umidade relativa do ar superior a 90%. Limpar o material de pintura, logo após o uso, com água. O desempenho e a performance da pintura dependem da preparação e uniformidade da superfície. Fatores externos, alheios ao controle do fabricante, como conhecimentos técnicos ou práticos do aplicador, entre outros, também podem comprometer a performance.

Outros produtos relacionados

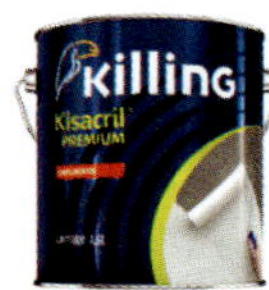

Kisacril Fundo Preparador Paredes

Para uniformizar a absorção, selar e aumentar a coesão de superficies externas e internas com reboco fraco, pintura calcinada, paredes caiadas, gesso e fibrocemento

Kisacril Selador Acrílico

Para uniformizar a absorção de superficies externas e internas de alvenaria.

Kisacril Impermeabilizante Acrílico

Para impermeabilização de lages e marquises onde não ocorra trânsito. Também é utilizado como impermeabilizante para paredes de reboco e concreto expostas à chuva.

Bellacasa Esmalte Sintético

STANDARD ★★★

Indicado para acabamento em superfícies externas e internas de madeira, ferro, alumínio e galvanizado. Também pode ser aplicado em alvenaria, observando a adequada preparação da superfície. Apresenta fácil aplicação, secagem rápida e grande durabilidade.

Embalagens/Rendimento
Galão (3,6 L): 35 a 50 m² por demão.
Quarto de galão (0,9 L): 9 a 12,5 m² por demão.

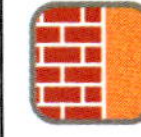

Acabamento
Brilhante.

Aplicação
Aplicar duas a três demãos, com pincel de cerdas macias, rolo ou pistola.

Diluição
Pincel ou Rolo: 10% com Kisa-Rás.
Pistola: 15% com Kisa-Rás.

Cor
Conforme catálogo de cores e mais de 1.500 cores no Sistema Tintométrico Colorline.

Secagem
Manuseio: 4 a 6 horas.
Completa: 10 a 12 horas.

Dicas e preparação de superfície

A superfície deverá estar firme, seca, limpa, isenta de pó, gordura, graxa, ferrugem ou qualquer outro material que possa comprometer a aderência da tinta. Em caso de repintura, remover completamente pinturas em estado de descascamento, bolhas ou mofos.
SISTEMA DE PINTURA: antes de aplicar o acabamento, observe as recomendações abaixo:
Madeira interna: corrigir as imperfeições com MASSA a ÓLEO para PONÇAR. Lixar. Aplicar uma demão de BELLACASA BASE MADEIRA. Lixar.
Madeira externa: aplicar direto sobre a superfície, diluindo mais na primeira demão, ou aplicar uma demão de BELLACASA BASE MADEIRA.
Madeiras resinosas: aplicar duas a três demãos de KISALACK SELADORA PARA MADEIRA.
Ferro: aplicar uma demão de ZARCOLIT.
Alumínio e Galvanizado: aplicar uma demão de KISACRIL FUNDO PARA GALVANIZADO.
Alvenaria: aplicar 2 demãos de KISACRIL FUNDO PREPARADOR DE PAREDES.

Outros produtos relacionados

Kisacril Fundo para Galvanizado

Fundo branco promotor de aderência para metais não ferrosos; indicado para superfícies de aço galvanizado e alumínio, em exteriores e interiores.

Kisacril Zarcolit

Fundo anticorrosivo recomendado para superfícies ferrosas em exteriores e interiores de baixa agressividade.

Kisacril Resina Acrílica Impregnante

Acabamento brilhante incolor para superfícies de reboco e concreto, telhas de cerâmica e cimento amianto, em exteriores e interiores.

Kisacril Esmalte Sintético

PREMIUM ★★★★★

Indicado para acabamento em superfícies externas e internas de madeira, ferro, alumínio e galvanizado. Também pode ser aplicado em superfícies de alvenaria, observando a adequada preparação da superfície. Proporciona excelente acabamento e extraordinária durabilidade.

Embalagens/Rendimento
Galão (3,6 L): 35 a 50 m^2 por demão.
Quarto de galão (0,9 L): 8,5 a 12,5 m^2 por demão.

Acabamento
Brilhante e acetinado.

Aplicação
Usar pincel de cerdas macias, rolo ou pistola.
Aplicar de duas a três demãos.

Diluição
Pincel de cerdas macias ou rolo: usar Kisa-Rás com uma diluição de 10 a15%.
Pistola: usar Kisa-Rás , com uma diluição de 15 a 20%.

Cor
Conforme catálogo de cores e mais de 2.000 cores no Sistema Tintométrico Colorline.

Secagem
Manuseio: 4 a 6 horas.
Completa: 10 a 12 horas.

Dicas e preparação de superfície

A superfície deverá estar firme, seca, limpa, isenta de pó, gordura, graxa, ferrugem ou qualquer outro material que possa comprometer a aderência da tinta. Em caso de repintura, remover completamente pinturas em estado de descascamento, bolhas ou mofos.
SISTEMA DE PINTURA: antes de aplicar o acabamento, observe as recomendações abaixo:
Madeira interna: corrigir as imperfeições com MASSA a ÓLEO para PONÇAR. Lixar. Aplicar uma demão de BELLACASA BASE MADEIRA. Lixar.
Madeira externa: aplicar direto sobre a superfície, diluindo mais na primeira demão, ou aplicar uma demão de BELLACASA BASE MADEIRA.
Madeiras resinosas: aplicar duas a três demãos de KISALACK SELADORA PARA MADEIRA.
Ferro: aplicar uma demão de ZARCOLIT.
Alumínio e Galvanizado: aplicar uma demão de KISACRIL FUNDO PARA GALVANIZADO.
Alvenaria: aplicar 2 demãos de KISACRIL FUNDO PREPARADOR DE PAREDES.

Outros produtos relacionados

Kisacril Fundo Branco Fosco

Para selar e nivelar superfícies de madeira em ambientes externos e internos.

Kisacril Grafite Dupla Ação

Indicada para pinturas de superfícies externas e internas de ferro, atua como fundo anticorrosivo e acabamento.

Esmalte Poliuretano

tinta bicomponente, elevada resistência e dureza, oferece excelente proteção na pintura de paredes de banheiros, cozinhas, áreas hospitalares e de circulação geral.

Bellacasa Tinta a Óleo

STANDARD ★★★

Indicada para acabamento em superfícies externas e internas de madeira e ferro. Apresenta fácil aplicação e secagem rápida.

Embalagens/Rendimento
Lata (18 L): 150 a 200 m^2 por demão.
Galão (3,6 L): 30 a 40 m^2 por demão.
Quarto de galão (0,9 L): 7,5 a 10 m^2 por demão.

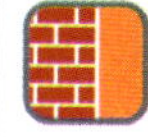

Acabamento
Brilhante.

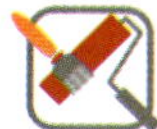

Aplicação
Aplicar duas a três demãos, com pincel de cerdas macias, rolo ou pistola.

Diluição
Pincel ou Rolo: 10% com Kisa-Rás.
Pistola: 15% com Kisa-Rás.

Cor
Conforme catálogo, e mais de 200 cores no sistema Tintométrico Colorline 500.

Secagem
Manuseio: 4 a 6 horas.
Completa: 10 a 12 horas.

Dicas e preparação de superfície

A superfície deverá estar firme, seca, limpa, isenta de pó, gordura, graxa, ferrugem ou qualquer outro material que possa comprometer a aderência da tinta. Em caso de repintura, remover completamente pinturas em estado de descascamento, bolhas ou mofos.
SISTEMA DE PINTURA: antes de aplicar o acabamento, observe as recomendações abaixo:
Madeira interna: corrigir as imperfeições com MASSA a ÓLEO para PONÇAR. Lixar. Aplicar uma demão de BELLACASA BASE MADEIRA. Lixar.
Madeira externa: aplicar direto sobre a superfície, diluindo mais na primeira demão, ou aplicar uma demão de BELLACASA BASE MADEIRA.
Madeiras resinosas: aplicar duas a três demãos de KISALACK SELADORA PARA MADEIRA.
Ferro: aplicar uma demão de ZARCOLIT.
Alumínio e Galvanizado: aplicar uma demão de KISACRIL FUNDO PARA GALVANIZADO.
Alvenaria: aplicar 2 demãos de KISACRIL FUNDO PREPARADOR DE PAREDES.

Outros produtos relacionados

Bellacasa Esmalte para Assoalho
Para pinturas de assoalhos de madeiras em interiores. Apresenta fácil aplicação, secagem rápida e grande durabilidade.

Kisacril Massa a Óleo para Ponçar
Massa branca para nivelar e corrigir imperfeições internas de madeira, para posterior acabamento.

Bellacasa Base Madeira
Fundo branco fosco indicado para selar e nivelar superfícies de madeira. Fácil de aplicar e lixar, possui secagem rápida e boa cobertura.

Kisalack Verniz Filtro Solar

Verniz base água, com tripla proteção, levemente tingido, indicado para proteger e embelezar superfícies de madeira em exterior e interior. Contém aditivos que atuam como filtro solar, proporcionando uma excelente resistência às intempéries e aos raios ultravioletas.

Embalagens/Rendimento
Galão (3,6L): 40 a 50 m² por demão.
Quarto de galão (0,9 L): 10 a 12,5 m² por demão.

Acabamento
Brilhante e acetinado.

Aplicação
Pincel de cerdas macias ou pistola.

Diluição
1ª demão: 20% com água.
Demais demãos: 10% com água.
Repintura: todas as demãos 10% com água.

Cor
Levemente amarelado.

Secagem
Manuseio: 1 hora.
Completa: 10 a 12 horas.

Dicas e preparação de superfície

A superfície deverá estar firme, seca, limpa, isenta de pó, gordura, graxa ou qualquer outro material que possa comprometer a derência do produto
Madeira nova: Promover o lixamento com lixa grana 100, em seguida com lixa grana 150 e, por último, com lixa grana 220. Remover todo o pó e aplicar o Verniz Filtro Solar.
Madeira Repintura: remover completamente o acabamento velho através de raspagem e lixamento.

Outros produtos relacionados

Kisalack Stain Impregnante Base Água

É indicado para embelezamento e proteção de superfícies de madeira em exteriores e interiores. Para o revestimento de casas e fachadas de madeira, esquadrias, lambris, forros e demais estruturas de madeira.

Kisalack Seladora para Madeira Base Água

Formulado para prevenir a migração de manchas através da tinta de acabamento de superfícies de madeiras. Além da função de bloqueador de manchas, desempenha também a função de Selador Acabamento para superfícies internas de madeira, conferindo acabamento transparente acetinado.

Kisalack Verniz para Deck Base Água

Para proteção e embelezamento de decks de madeira. Formulado com resinas de alto desempenho que proporcionam maior flexibilidade ao acabamento, o que protege contra trincas e fissuras resultantes da movimentação da madeira Recomenda-se aplicar nos seis lados da madeira.

Kisalack Verniz Sintético

Acabamento incolor, brilhante ou acetinado, indicado para proteger superfícies de madeira em interiores.

Embalagens/Rendimento
Galão (3,6 L): 25 a 35 m² por demão.
Quarto de galão (0,9 L): 6,25 a 8,75 m² por demão.

Acabamento
Brilhante e acetinado.

Aplicação
Pincel de cerdas macias ou pistola.

Diluição
10% – 15% com KISA-RÁS.

Cor
Marítimo, Sintético: Incolor
Tingido: Cerejeira, Mogno, Imbuia, Ipê, Canela.

Secagem
Manuseio: 4 a 6 horas.
Completa 10 a 12 horas.

Dicas e preparação de superfície

A superfície deverá estar firme, seca, limpa, isenta de pó, gordura, graxa ou qualquer outro material que possa comprometer a aderência do produto. Em caso de repintura remover completamente pinturas em estado de descascamento.

Outros produtos relacionados

Kisalack Seladora Base Água

Formulado para prevenir a migração de manchas através da tinta de acabamento de superfícies de madeiras. Além da função de bloqueador de manchas, desempenha também a função de Selador Acabamento para superfícies internas de madeira, conferindo acabamento transparente acetinado

Kisalack Verniz Marítimo

Acabamento incolor brilhante, indicado para proteger superfícies de madeira, mantendo sua cor natural. Proporciona excelente desempenho em exteriores e interiores.

Kisalack Esmalte Transparente

Acabamento brilhante, levemente amarelado, indicado para proteger e embelezar superfícies internas e externas de madeira. Contém aditivos que atuam como filtro solar, proporcionando excelente resistência às intempéries e raios ultravioletas.

Histórico da empresa

Fundada em 1977, a empresa enfrenta em seus primeiros anos de existência o desafio de permanecer e vencer em um mercado relativamente novo, disputado por marcas tradicionais e empresas multinacionais, com capacidade produtiva superior a sua.

A princípio, a estratégia adotada pela empresa foi o estabelecimento de outro canal de distribuição de seus produtos além dos vendedores externos, visando a consolidação de bases seguras no mercado e uma relativa sustentação de seu crescimento nesta fase inicial. Com este intuito, foram fundadas em Goiânia três lojas próprias que muito contribuíram para a divulgação da marca e para o atendimento da crescente demanda por seus produtos. Seu desenvolvimento ganha forças e a empresa passa por um crescimento gradual e constante.

Com a chegada da década de 90, novas estratégias são adotadas: percebe-se que as lojas já haviam cumprido com sua função, decidindo-se fechá-las. Alguns produtos, como o esmalte sintético, são descartados e voltam a ser fabricados apenas no final do ano de 2007 pela busca incessante do mercado atuante. As linhas látex, PVA e acrílica são priorizadas e enriquecidas com lançamentos.

O foco da empresa passa a ser a expansão tanto de sua atuação no mercado como do alcance de seus produtos aos diferentes segmentos do mesmo.

O novo milênio traz consigo novos desafios, novos progressos: com o rápido crescimento da empresa, bem como da equipe que a compõe, surge a necessidade da construção de uma nova unidade industrial. Com sua inauguração, o aumento quantitativo e qualitativo da produção veio rapidamente.

A fim de buscar novos mercados e atendê-los com eficiência e eficácia, a Leinertex passou a ter uma frota própria de caminhões, e em 2005 foi inaugurada a primeira filial da indústria na cidade de Palmas, no estado do Tocantins, com localização estratégica por estar situada na região Norte do país.

Em 2010, nossa empresa foi certificada com o selo 9001:2008, e no ano de 2011 comemoramos uma nova conquista: A primeira empresa goiana a receber o selo do Programa Setorial da Qualidade – Tintas Imobiliárias, do PBQP-H, gerenciado pela ABRAFATI.

O rótulo de empresa regional fica para trás; a presença dos produtos Leinertex agora é nacional. Espalhados em canteiros de obras por todo o país, é reflexo da consolidação da marca como uma das melhores junto a você.

Certificações

Informações de Serviço ao Consumidor:

A empresa dispõe de Serviço de Atendimento ao Consumidor

0800 70 44244 ou site www.leinertex.com.br

Super Premium

PREMIUM ★★★★★

Tinta à base de resinas acrílicas, indicada para pintura de superfícies internas e externas de reboco, massa acrílica, texturas, concreto, blocos, fibrocimento e superfícies internas de massa corrida e gesso. Tem ótimo nivelamento e espalhamento com excelente cobertura. Possui finíssimo acabamento, alta durabilidade e resistência às intempéries. Contém antimofo.

Embalagens/Rendimento
Lata (18 L): até 380 m² por demão.
Galão (3,6 L): até 75 m² por demão.

Acabamento
Fosco, acetinado ou semibrilho.

Aplicação
Rolo de lã, pincel ou pistola.
Aplicar de 2 a 3 demãos.

Diluição
20% a 40% com água potável.

Cor
Conforme cartela de cores.

Secagem
Ao toque: 1 hora.
Entre demãos: 4 horas.
Final: 12 horas.
Cura: 72 horas.

Dicas e preparação de superfície

A preparação da superfície é indispensável e fundamental para se obter uma pintura econômica, uniforme e durável. Toda superfície deve estar firme, coesa, limpa, seca, sem poeira, gordura, graxa, sabão ou mofo.
Reboco e Concreto Novo: Aguardar secagem e cura total até 28 dias no mínimo. Aplicar o Selador Plástico Acrílico ou Pigmentado LEINERTEX, conforme instruções de uso de cada produto. **Reboco Fraco e de Baixa Coesão**: Remover o que estiver solto e aplicar a Selador Plástico Acrílico LEINERTEX, conforme instruções de uso de cada produto. **Superfícies altamente absorventes como gesso e fibrocimento**: Aplicar Fundo Preparador de Paredes ou Selador Plástico Acrílico LEINERTEX, conforme instruções de uso de cada produto. **Superfícies caiadas, descascadas, muito porosas ou calcinadas**: Raspar, lixar, escovar e aplicar o Selador Plástico Acrílico LEINERTEX, conforme instruções de uso de cada produto. **Imperfeições rasas**: Superfícies Externas e Internas: Corrigir com Massa acrílica LEINERTEX. Superfícies Internas: Use Massa Corrida LEINERTEX. **Imperfeições profundas**: Corrigir com reboco e aguardar secagem e cura total até 28 dias, no mínimo. Aplicar o Selador Plástico Acrílico LEINERTEX. **Manchas de gordura ou graxa**: Lavar com solução de água potável e detergente doméstico. Enxaguar e aguardar a secagem antes de pintar. **Áreas mofadas**: Eliminar a causa da umidade relativa. Ex: infiltrações, goteiras ou vazamentos. Lavar a área mofada com solução de água potável (18 litros) com água sanitária (3 copos). Enxaguar bem e aguardar a secagem antes de pintar. **Superfícies brilhantes e acetinadas**: Necessitam de lixamento até a eliminação total do brilho. **Superfícies metálicas**: Necessitam de prévio tratamento antioxidante como jateamento ou fosfatização. Também é necessário Fundo Anticorrosivo, antes de receber a aplicação da tinta látex. É aconselhável utilizar uma tinta específica para metais.

Outros produtos relacionados

Selador Acrílico Pigmentado
Fundo branco fosco indicado para corrigir e uniformizar a absorção de superfícies externas e internas de reboco, concreto, bloco e fibrocimento.

Massa PVA
Massa corrida indicada para nivelar e corrigir imperfeições rasas, de superfícies internas de alvenaria, reboco, concreto, gesso e fibrocimento.

Massa Acrílica
Para nivelar e corrigir imperfeições rasas em superfícies externas e internas. Indicada para reboco, concreto, fibrocimento, pinturas de látex PVA e Acrílico.

Evolution Acrílica

STANDARD ★★★

Tinta à base de resinas acrílicas para exteriores e interiores, fácil aplicação e excelente cobertura. Tem ótimo nivelamento e espalhamento com excelente cobertura úmida ou seca, além de aderência, dureza e resistência às intempéries. Contém antimofo.

Embalagens/Rendimento
Lata (18 L): até 350 m² por demão.
Galão (3,6 L): até 70 m² por demão.

Acabamento
Fosco ou semibrilho.

Aplicação
Rolo de lã, pincel ou pistola.
Aplicar 2 a 3 demãos.

Diluição
20% a 40% com água potável.

Cor
Conforme cartela de cores.

Secagem
Ao toque 1 hora.
Entre demãos: 4 horas.
Final: 12 horas.
Cura: 72 horas.

Dicas e preparação de superfície

A preparação da superfície é indispensável e fundamental para se obter uma pintura econômica, uniforme e durável. Toda superfície deve estar firme, coesa, limpa, seca, sem poeira, gordura, graxa, sabão ou mofo.
Reboco e Concreto Novo: Aguardar secagem e cura total até 28 dias no mínimo. Aplicar o Selador Plástico Acrílico ou Pigmentado LEINERTEX, conforme instruções de uso de cada produto. **Reboco Fraco e de Baixa Coesão**: Remover o que estiver solto e aplicar a Selador Plástico Acrílico LEINERTEX, conforme instruções de uso de cada produto. **Superfícies altamente absorventes como gesso e fibrocimento**: Aplicar Fundo Preparador de Paredes ou Selador Plástico Acrílico LEINERTEX, conforme instruções de uso de cada produto. **Superfícies caiadas, descascadas, muito porosas ou calcinadas**: Raspar, lixar, escovar e aplicar o Selador Plástico Acrílico LEINERTEX, conforme instruções de uso de cada produto. **Imperfeições rasas**: Superfícies Externas e Internas: Corrigir com Massa acrílica LEINERTEX. Superfícies Internas: Use Massa Corrida LEINERTEX. **Imperfeições profundas**: Corrigir com reboco e aguardar secagem e cura total até 28 dias, no mínimo. Aplicar o Selador Plástico Acrílico LEINERTEX. **Manchas de gordura ou graxa**: Lavar com solução de água potável e detergente doméstico. Enxaguar e aguardar a secagem antes de pintar. **Áreas mofadas**: Eliminar a causa da umidade relativa. Ex: infiltrações, goteiras ou vazamentos. Lavar a área mofada com solução de água potável (18 litros) com água sanitária (3 copos). Enxaguar bem e aguardar a secagem antes de pintar. **Superfícies brilhantes e acetinadas**: Necessitam de lixamento até a eliminação total do brilho. **Superfícies metálicas**: Necessitam de prévio tratamento antioxidante como jateamento ou fosfatização. Também é necessário Fundo Anticorrosivo, antes de receber a aplicação da tinta látex. É aconselhável utilizar uma tinta específica para metais.

Outros produtos relacionados

Selador Acrílico Pigmentado

Fundo branco fosco indicado para corrigir e uniformizar a absorção de superfícies externas e internas de reboco, concreto, bloco e fibrocimento.

Massa PVA

Massa corrida indicada para nivelar e corrigir imperfeições rasas, de superfícies internas de alvenaria, reboco, concreto, gesso e fibrocimento.

Massa Acrílica

Para nivelar e corrigir imperfeições rasas em superfícies externas e internas. Indicada para reboco, concreto, fibrocimento, pinturas de látex PVA e Acrílico.

Vivacor Acrílica

ECONÔMICA ★

Tinta acrílica com acabamento liso fosco, indicada para pintura de superfícies internas de reboco, massa acrílica, texturas, concreto, blocos, fibrocimento, massa corrida e gesso. Vivacor é de fácil aplicação, secagem rápida, ótimo nivelamento e espalhamento. Com excelente cobertura úmida e seca, oferece aderência, dureza. Vivacor dispõe de uma variada gama de cores modernas, vivas e decorativas. Contém antimofo.

Embalagens/Rendimento
Lata (18 L): até 240 m² por demão.
Galão (3,6 L): até 45 m² por demão.

Acabamento
Fosco.

Aplicação
Rolo de lã, pincel ou pistola.
Aplicar de 2 a 3 demãos.

Diluição
20% a 40% com água potável.

Cor
Conforme cartela de cores.

Secagem
Ao toque: 1 hora.
Entre demãos: 4 horas.
Final: 12 horas.
Cura: 72 horas.

Dicas e preparação de superfície

A preparação da superfície é indispensável e fundamental para se obter uma pintura econômica, uniforme e durável. Toda superfície deve estar firme, coesa, limpa, seca, sem poeira, gordura, graxa, sabão ou mofo.
Reboco e Concreto Novo: Aguardar secagem e cura total até 28 dias no mínimo. Aplicar o Selador Plástico Acrílico ou Pigmentado LEINERTEX, conforme instruções de uso de cada produto. **Reboco Fraco e de Baixa Coesão**: Remover o que estiver solto e aplicar a Selador Plástico Acrílico LEINERTEX, conforme instruções de uso de cada produto. **Superfícies altamente absorventes como gesso e fibrocimento**: Aplicar Fundo Preparador de Paredes ou Selador Plástico Acrílico LEINERTEX, conforme instruções de uso de cada produto. **Superfícies caiadas, descascadas, muito porosas ou calcinadas**: Raspar, lixar, escovar e aplicar o Selador Plástico Acrílico LEINERTEX, conforme instruções de uso de cada produto. **Imperfeições rasas**: Superfícies Externas e Internas: Corrigir com Massa acrílica LEINERTEX. Superfícies Internas: Use Massa Corrida LEINERTEX. **Imperfeições profundas**: Corrigir com reboco e aguardar secagem e cura total até 28 dias, no mínimo. Aplicar o Selador Plástico Acrílico LEINERTEX. **Manchas de gordura ou graxa**: Lavar com solução de água potável e detergente doméstico. Enxaguar e aguardar a secagem antes de pintar. **Áreas mofadas**: Eliminar a causa da umidade relativa. Ex: infiltrações, goteiras ou vazamentos. Lavar a área mofada com solução de água potável (18 litros) com água sanitária (3 copos). Enxaguar bem e aguardar a secagem antes de pintar. **Superfícies brilhantes e acetinadas**: Necessitam de lixamento até a eliminação total do brilho. **Superfícies metálicas**: Necessitam de prévio tratamento antioxidante como jateamento ou fosfatização. Também é necessário Fundo Anticorrosivo, antes de receber a aplicação da tinta látex. É aconselhável utilizar uma tinta específica para metais.

Outros produtos relacionados

Selador Acrílico Pigmentado

Fundo branco fosco indicado para corrigir e uniformizar a absorção de superfícies externas e internas de reboco, concreto, bloco e fibrocimento.

Massa PVA

Massa corrida indicada para nivelar e corrigir imperfeições rasas, de superfícies internas de alvenaria, reboco, concreto, gesso e fibrocimento.

Massa Acrílica

Para nivelar e corrigir imperfeições rasas em superfícies externas e internas. Indicada para reboco, concreto, fibrocimento, pinturas de látex PVA e Acrílico.

Savana Acrílica

ECONÔMICA ★

Tinta acrílica de ótimo rendimento, excelente cobertura e acabamento fosco. Indicada para pinturas internas em alvenarias, reboco, amianto etc., garantindo também um ótimo desempenho nas repinturas. Contém antimofo.

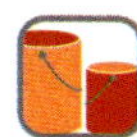

Embalagens/Rendimento
Lata (18 L): até 180 m² por demão.
Galão (3,6 L): até 35 m² por demão.

Acabamento
Fosco.

Aplicação
Rolo de lã, pincel ou pistola.
Aplicar 2 a 3 demãos.

Diluição
20% a 40% com água potável.

Cor
Conforme cartela de cores.

Secagem
Ao toque 1 hora.
Entre demãos: 4 horas.
Final: 12 horas.
Cura: 72 horas.

Dicas e preparação de superfície

A preparação da superfície é indispensável e fundamental para se obter uma pintura econômica, uniforme e durável. Toda superfície deve estar firme, coesa, limpa, seca, sem poeira, gordura, graxa, sabão ou mofo.
Reboco e Concreto Novo: Aguardar secagem e cura total até 28 dias no mínimo. Aplicar o Selador Plástico Acrílico ou Pigmentado LEINERTEX, conforme instruções de uso de cada produto. **Reboco Fraco e de Baixa Coesão**: Remover o que estiver solto e aplicar o Selador Plástico Acrílico LEINERTEX, conforme instruções de uso de cada produto. **Superfícies altamente absorventes como gesso e fibrocimento**: Aplicar Fundo Preparador de Paredes ou Selador Plástico Acrílico LEINERTEX, conforme instruções de uso de cada produto. **Superfícies caiadas, descascadas, muito porosas ou calcinadas**: Raspar, lixar, escovar e aplicar o Selador Plástico Acrílico LEINERTEX, conforme instruções de uso de cada produto. **Imperfeições rasas**: Superfícies Internas: Use Massa Corrida LEINERTEX. **Imperfeições profundas**: Corrigir com reboco e aguardar secagem e cura total até 28 dias, no mínimo. Aplicar o Selador Plástico Acrílico LEINERTEX. **Manchas de gordura ou graxa**: Lavar com solução de água potável e detergente doméstico. Enxaguar e aguardar a secagem antes de pintar. **Áreas mofadas**: Eliminar a causa da umidade relativa. Ex: infiltrações, goteiras ou vazamentos. Lavar a área mofada com solução de água potável (18 litros) com água sanitária (3 copos). Enxaguar bem e aguardar a secagem antes de pintar. **Superfícies brilhantes e acetinadas**: Necessitam de lixamento até a eliminação total do brilho.

Outros produtos relacionados

Selador Acrílico Pigmentado

Fundo branco fosco indicado para corrigir e uniformizar a absorção de superfícies externas e internas de reboco, concreto, bloco e fibrocimento.

Massa PVA

Massa corrida indicada para nivelar e corrigir imperfeições rasas, de superfícies internas de alvenaria, reboco, concreto, gesso e fibrocimento.

Massa Acrílica

Para nivelar e corrigir imperfeições rasas em superfícies externas e internas. Indicada para reboco, concreto, fibrocimento, pinturas de látex PVA e Acrílico.

Revestimentos Hidrorrepelentes Rústico e Textura

Produto à base de resina acrílica, hidrorrepelente, para aplicações em ambientes internos e externos. Possibilita vários efeitos decorativos, combinando criatividade e equipamento de aplicação. A grande consistência permite disfarçar imperfeições da superfície.

Embalagens/Rendimento

Lata (30 kg): Textura Acrílica: 13 a 17 m² por demão.
Revestimento rústico: 8 a 10 m² por demão.
Galão (3,6 L): Textura acrílica: 2,5 a 4 m² por demão.
Revestimento rústico: 1,5 a 2 m² por demão.

Acabamento

Textura Acrílica: Alto relevo.
Revestimento Rústico: efeito Riscado e Decorativo.

Aplicação

Textura Acrílica: rolo para textura.
Revestimento Rústico: desempenadeira metálica e plástica.

Diluição

Textura Acrílica: se necessário, até 5% de água potável. Revestimento Rústico: se necessário, até 3% de água potável.

Cor

Conforme cartela de cores.

Secagem

Ao toque: 1 hora.
Final: 8 horas.
Cura: 72 horas.

Dicas e preparação de superfície

A preparação da superfície é indispensável e fundamental para se obter uma pintura econômica, uniforme e durável. Toda superfície deve estar firme, coesa, limpa, seca, sem poeira, gordura, graxa, sabão ou mofo.
Reboco e Concreto Novo: Aguardar secagem e cura total até 28 dias no mínimo. Aplicar o Selador Plástico Acrílico ou Pigmentado LEINERTEX, conforme instruções de uso de cada produto. **Reboco Fraco e de Baixa Coesão**: Remover o que estiver solto e aplicar o Selador Plástico Acrílico LEINERTEX, conforme instruções de uso de cada produto. **Superfícies altamente absorventes como gesso e fibrocimento**: Aplicar o Selador Plástico Acrílico LEINERTEX, conforme instruções de uso de cada produto. **Superfícies caiadas, descascadas, muito porosas ou calcinadas**: Raspar, lixar, escovar e aplicar o Selador Plástico Acrílico LEINERTEX, conforme instruções de uso de cada produto. **Imperfeições rasas**: Superfícies Externas e Internas: Corrigir com Massa Acrílica LEINERTEX. Superfícies Internas: Use Massa Corrida LEINERTEX. **Imperfeições profundas**: Corrigir com reboco e aguardar secagem e cura total até 28 dias, no mínimo. Aplicar o Selador Plástico Acrílico LEINERTEX. **Manchas de gordura ou graxa**: Lavar com solução de água potável e detergente doméstico. Enxaguar e aguardar a secagem antes de pintar. **Áreas mofadas**: Eliminar a causa da umidade relativa. Ex: infiltrações, goteiras ou vazamentos. Lavar a área mofada com solução de água potável (18 litros) com água sanitária (3 copos). Enxaguar bem e aguardar a secagem antes de pintar. **Superfícies brilhantes e acetinadas**: Necessitam de lixamento até a eliminação total do brilho. **Superfícies metálicas**: Necessitam de prévio tratamento antioxidante como jateamento ou fosfatização. Também é necessário Fundo Anticorrosivo, antes de receber a aplicação da tinta látex. É aconselhável utilizar uma tinta específica para metais. **Superfícies que não aceitam pinturas Látex ou Acrílicas à base de água**: Esmaltadas, vitrificadas, envernizadas, enceradas, plastificadas, emborrachadas e brilhantes. Nestas superfícies não haverá aderência e ancoragem eficientes da tinta.

Outros produtos relacionados

Massa Acrílica

Para nivelar e corrigir imperfeições rasas em superfícies externas e internas. Indicada para reboco, concreto, fibrocimento, pinturas de látex PVA e Acrílico.

Selador Acrílico Pigmentado

Fundo branco fosco indicado para corrigir e uniformizar a absorção de superfícies externas e internas de reboco, concreto, bloco e fibrocimento.

Massa Acrílica

Para nivelar e corrigir imperfeições em superfícies externas e internas, indicada para reboco, concreto, fibrocimento, pinturas de látex PVA e Acrílico. Também para superfícies internas de gesso e massa corrida.

Embalagens/Rendimento
Lata (18 L): 30 a 50 m² por demão.
Caixa (28 kg): 30 a 50 m² por demão.
Galão (3,6 L): 8 a 12 m² por demão.
Lata (0,9 L): 2 a 3 m² por demão.

Acabamento
Fosco.

Aplicação
Espátula ou desempenadeira de aço.

Diluição
Pronta para uso.

Cor
Branca.

Secagem
Ao toque 30 a 60 minutos.
Entre demãos: 1 a 3 horas.
Para lixamento: no máximo até 3 horas após a aplicação, em virtude da alta dureza do produto.

Dicas e preparação de superfície

A preparação da superfície é indispensável e fundamental para se obter uma pintura econômica, uniforme e durável. Toda superfície deve estar firme, coesa, limpa, seca, sem poeira, gordura, graxa, sabão ou mofo.
Reboco e Concreto Novo: Aguardar secagem e cura total até 28 dias no mínimo. Aplicar o Selador Plástico Acrílico ou Pigmentado LEINERTEX, conforme instruções de uso de cada produto. **Reboco Fraco e de Baixa Coesão**: Remover o que estiver solto e aplicar a Selador Plástico Acrílico LEINERTEX, conforme instruções de uso de cada produto. **Superfícies altamente absorventes como gesso e fibrocimento**: Aplicar Fundo Preparador de Paredes ou Selador Plástico Acrílico LEINERTEX, conforme instruções de uso de cada produto. **Superfícies caiadas, descascadas, muito porosas ou calcinadas**: Raspar, lixar, escovar e aplicar o Selador Plástico Acrílico LEINERTEX, conforme instruções de uso de cada produto. **Imperfeições rasas**: Superfícies Externas e Internas: Corrigir com Massa Acrílica LEINERTEX. Superfícies Internas: Use Massa Corrida LEINERTEX.. **Imperfeições profundas**: Corrigir com reboco e aguardar secagem e cura total até 28 dias, no mínimo. Aplicar o Selador Plástico Acrílico LEINERTEX. **Manchas de gordura ou graxa**: Lavar com solução de água potável e detergente doméstico. Enxaguar e aguardar a secagem antes de pintar. **Áreas mofadas**: Eliminar a causa da umidade relativa. Ex: infiltrações, goteiras ou vazamentos. Lavar a área mofada com solução de água potável (18 litros) com água sanitária (3 copos). Enxaguar bem e aguardar a secagem antes de pintar. **Superfícies brilhantes e acetinadas**: Necessitam de lixamento até a eliminação total do brilho. **Superfícies metálicas**: Necessitam de prévio tratamento antioxidante como jateamento ou fosfatização. Também é necessário Fundo Anticorrosivo, antes de receber a aplicação da tinta látex.

Outros produtos relacionados

Selador Acrílico Pigmentado

Fundo branco fosco indicado para corrigir e uniformizar a absorção de superfícies externas e internas de reboco, concreto, bloco e fibrocimento.

Selador Plásstico Acrílico

Fundo incolor transparente indicado para uma maior absorção do produto na superfície a ser corrigida.

Savana Acrílica

Tinta acrílica, solúvel com água, de ótimo rendimento, excelente cobertura e acabamento fosco. Indicada para pinturas internas.

Massa PVA

Massa corrida indicada para nivelar e corrigir imperfeições rasas, de superfícies internas de alvenaria, reboco, concreto, gesso e fibrocimento, proporcionando um acabamento liso e melhor rendimento da tinta de acabamento. Produto com grande poder de enchimento, fácil aplicação, ótimo rendimento e aderência, elevada consistência e macia para lixar.

Embalagens/Rendimento

Lata (28 kg): 30 a 50 m² por demão.
Caixa (28 kg): 30 a 50 m² por demão.
Caixa (20 kg): 20 a 35 m² por demão.
Balde (3,6 L): 8 a 12 m² por demão.
Lata (0,9 L): 2 a 3 m² por demão.

Acabamento

Fosco.

Aplicação

Espátula ou desempenadeira de aço.

Diluição

Pronta para uso.

Cor

Branca.

Secagem

Ao toque: 30 a 60 minutos.
Manuseio: 1 a 3 horas.
Para lixamento: 1 a 3 horas.

Dicas e preparação de superfície

Alvenaria Interna:
Superfícies novas: aguarde a cura/secagem de reboco que é de 30 a 45 dias, lixe a superfície utilizando uma lixa para massa grana 100 a 180, limpe e remova o pó com uma escova ou pano umedecido em água. Para melhor uniformizar a absorção da superfície, aplique uma demão de selador plástico acrílico LEINERTEX diluído em até 30% com água e aplique com rolo de lã ou pincel aguardando sua secagem que é de até 4 horas.
Superfícies já pintadas: limpe-as eliminando partes soltas, poeira, manchas gordurosas (lavando com água e sabão) e o mofo (limpando com solução de água sanitária e água na proporção de 1/1, molhando constantemente a superfície com a solução durante um período de 6 horas, enxaguando bem e aguardando a secagem).
Superfícies que apresentam caiação/gesso/reboco fraco/descascamento/calcinação/desagregamento ou tempo insuficiente de cura/secagem: efetue a raspagem para remoção das partes soltas, escovando e limpando com pano úmido em água para eliminar o pó. Para estes casos deverá ser aplicada uma demão do selador plástico acrílico LEINERTEX, utilizando rolo de lã ou pincel. Caso deseje um acabamento mais fino ou necessite corrigir pequenas imperfeições, aplicar duas a três demãos da Massa Corrida LEINERTEX com desempenadeira de aço em camadas finas e sucessivas, tornando a superfície lisa. Espere secar por 5 horas, lixe com lixa para massa grana 150 a 180 e elimine o pó com pano umedecido em água.
Repinturas: Não recomendado aplicar sobre superfícies brilhantes. Devido a características próprias das massas de nivelamento, a aplicação de uma camada muito fina (raspada) deste produto sobre paredes já pintadas, pode causar a formação de bolhas após a repintura.

Outros produtos relacionados

Selador Acrílico Pigmentado

Fundo branco fosco indicado para corrigir e uniformizar a absorção de superfícies externas e internas de reboco, concreto, bloco e fibrocimento.

Selador Plásstico Acrílico

Fundo incolor transparente indicado para uma maior absorção do produto na superfície a ser corrigida.

Vivacor Acrílica

Tinta acrílica com acabamento liso fosco. Indicada para pintura de superfícies internas de reboco, massa acrílica, texturas, concreto, blocos, fibrocimento, massa corrida e gesso.

Selador Acrílico Pigmentado

Fundo branco fosco indicado para corrigir e uniformizar a absorção de superfícies externas e internas de reboco, concreto, bloco e fibrocimento, melhorando o rendimento e a aderência da tinta de acabamento.

Embalagens/Rendimento

Lata (18 L): até 175 m² por demão.
Balde (16 L): até 150 m² por demão.
Galão (3,6 L): até 35 m² por demão.

Diluição

Primeira e segunda demãos com 30% a 40% de água limpa e demais com 10% a 15% de água limpa.

Aplicação

Rolo de lã ou pincel.
Aplicar 1 ou mais demãos

Secagem

Ao toque 1 hora.
Entre demãos: 4 horas.
Final: 12 horas.

Selador Plástico Acrílico

Fundo incolor transparente indicado para uma maior absorção do produto na superfície a ser corrigida.

Embalagens/Rendimento

Lata (18 L): até 175 m² por demão.
Balde (16 L): até 150 m² por demão.
Galão (3,6 L): até 35 m² por demão.

Diluição

Primeira e segunda demãos com 30% a 40% de água limpa e demais com 10% a 15% de água limpa.

Aplicação

Rolo de lã ou pincel.
Aplicar 1 ou mais demãos

Secagem

Ao toque 1 hora.
Entre demãos: 4 horas.
Final: 12 horas.

Dicas e preparação de superfície

A preparação da superfície é indispensável e fundamental para se obter uma pintura econômica, uniforme e durável. Toda superfície deve estar firme, coesa, limpa, seca, sem poeira, gordura, graxa, sabão ou mofo.
Reboco e Concreto Novo: Aguardar secagem e cura total até 28 dias no mínimo. Aplicar o Selador Plástico Acrílico ou Pigmentado LEINERTEX, conforme instruções de uso de cada produto. **Reboco Fraco e de Baixa Coesão**: Remover o que estiver solto e aplicar o Selador Plástico Acrílico LEINERTEX, conforme instruções de uso de cada produto. **Superfícies altamente absorventes como gesso e fibrocimento**: Aplicar Fundo Preparador de Paredes ou Selador Plástico Acrílico LEINERTEX, conforme instruções de uso de cada produto. **Superfícies caiadas, descascadas, muito porosas ou calcinadas**: Raspar, lixar, escovar e aplicar o Selador Plástico Acrílico LEINERTEX, conforme instruções de uso de cada produto. **Imperfeições rasas**: Superfícies Externas e Internas: Corrigir com Massa Acrílica LEINERTEX. Superfícies Internas: Use Massa Corrida LEINERTEX. **Imperfeições profundas**: Corrigir com reboco e aguardar secagem e cura total até 28 dias, no mínimo. Aplicar o Selador Plástico Acrílico LEINERTEX. **Manchas de gordura ou graxa**: Lavar com solução de água potável e detergente doméstico. Enxaguar e aguardar a secagem antes de pintar. **Áreas mofadas**: Eliminar a causa da umidade relativa. Ex: infiltrações, goteiras ou vazamentos. Lavar a área mofada com solução de água potável (18 litros) com água sanitária (3 copos). Enxaguar bem e aguardar a secagem antes de pintar. **Superfícies brilhantes e acetinadas**: Necessitam de lixamento até a eliminação total do brilho. **Superfícies metálicas**: Necessitam de prévio tratamento antioxidante como jateamento ou fosfatização. Também é necessário Fundo Anticorrosivo, antes de receber a aplicação da tinta látex. É aconselhável utilizar uma tinta específica para metais. **Superfícies que não aceitam pinturas Látex ou Acrílicas à base de água**: Esmaltadas, vitrificadas, envernizadas, enceradas, plastificadas, emborrachadas e brilhantes. Nestas superfícies não haverá aderência e ancoragem eficientes da tinta.

Outros produtos relacionados

Massa Acrílica

Para nivelar e corrigir imperfeições rasas em superfícies externas e internas. Indicada para reboco, concreto, fibrocimento, pinturas de látex PVA e Acrílico.

Massa PVA

Massa corrida indicada para nivelar e corrigir imperfeições rasas, de superfícies internas de alvenaria, reboco, concreto, gesso e fibrocimento.

Esmalte Sintético

STANDARD ★★★

É um produto elaborado com resinas alquídicas especialmente selecionadas, proporcionando um elevado padrão de qualidade, boa resistência, excelente poder de cobertura e secagem rápida. Indicado para metais ferrosos, galvanizados, madeiras e alvenarias, em ambientes externos e internos.

Embalagens/Rendimento
Galão (3,6 L): 30 a 40 m² por demão.
Lata (0,9 L(: 10 a 12,5 m² por demão.

Acabamento
Brilhante, Fosco ou Acetinado.

Aplicação
Rolo de espuma, pincel ou pistola.

Diluição
Até 30% com Aguarrás.

Cor
Conforme tabela de cores.

Secagem
Ao toque: 2 horas.
Entre demãos: 4 a 8 horas.
Final: 24 horas.
Cura total: dureza máxima 10 dias.

Dicas e preparação de superfície

A superfície deve estar seca, sem sujeira, poeira e depósitos superficiais. Deve estar isenta de óleos, graxas, ferrugem, sabão ou mofo. Remover depósitos superfícies com escova de aço, palha de aço ou lixa. Remover resíduos de graxas, óleos ou gorduras, esfregando a superfície com pano embebido em aguarrás. O brilho deve ser eliminado através de lixamento.

METAIS

Metal novo: Lixar a superfície com lixa grana 180 a 320. Remover a poeira da superfície com ar comprimido e/ou pano embebido em aguarrás. Aplicar primer anticorrosivo.

Metal com ferrugem:
Remover totalmente a ferrugem usando lixa e/ou escova de aço. Limpar com aguarrás. Aplicar uma demão de zarcão ou fundo anticorrosivo. Após a secagem, lixar.

Metal – Repintura: Lixar a superfície. Tratar os pontos com ferrugem conforme indicação acima.

ALUMINIO E GALVANIZADOS:

Novo: Aplicar uma demão de fundo para galvanizado.

Repintura: Raspar e lixar para remoção da tinta antiga e mal aderida.

MADEIRA:

Lixar a superfície para eliminar farpas e fiapos. Limpar a poeira com pano umedecido com aguarrás. Aplicar selador de madeira.

Outros produtos relacionados

Esmalte metálico

É um produto elaborado com pigmentos metálicos, com elevado padrão de qualidade, definido pelo acabamento superior, boa resistência, excelente poder de cobertura e grande rendimento.

Esmalte Metálico

É um produto elaborado com pigmentos metálicos, com elevado padrão de qualidade, definido pelo acabamento superior, boa resistência, excelente poder de cobertura e grande rendimento. Quando aplicado a pistola, origina uma película de aspécto metálico. É indicado para aplicação em superfícies de metais ferrosos.

Embalagens/Rendimento
Galão (3,6 L): 30 a 40 m² por demão.
Lata (0,9 L): 10 a 12 m² por demão.

Acabamento
Metalizado.

Aplicação
Pistola.

Diluição
Até 50% com aguarrás.

Cor
Conforme tabela de cores.

Secagem
Ao toque 1 hora.
Entre demãos: 4 a 8 horas.
Final: 72 horas.

Dicas e preparação de superfície

O resultado final de uma boa pintura depende completamente da preparação adequada da superfície, e de fatores como diluição, técnica de aplicação, temperatura, umidade, tempo de secagem etc., a superfície deve estar limpa, seca e livre de gordura, graxa e mofo.
METAIS
Metal novo: Lixar e limpar com Aguarrás. Aplicar Zarcão ou fundo anti-corrosivo (sobre metais ferrosos) e fundo para galvanizado (para alumínios e galvanizados).
Metal com ferrugem:
Lixar e remover toda a ferrugem; limpar com Aguarrás. Aplicar Zarcão ou fundo anticorrosivo (sobre metais ferrosos) e fundo para galvanizado (para alumínios e galvanizados).
Metal – Repintura: Lixar até eliminar o brilho e limpar com Aguarrás.

Outros produtos relacionados

Esmalte sintético

É um produto elaborado com resinas alquídicas especialmente selecionadas, proporcionando um elevado padrão de qualidade, boa resistência, excelente poder de cobertura e secagem rápida.

Verniz Copal

De bom rendimento e fácil aplicação, o verniz Copal possui acabamento brilhante e é indicado para aplicações em móveis de madeira e madeiras decorativas em geral de uso interno.

Embalagens/Rendimento
Galão de (3,6 L): 32 a 48 m² por demão.
Lata de (0,9 L): 8 a 12 m² por demão.

Acabamento
Brilhante.

Aplicação
Rolo de espuma, pincel ou pistola.
Aplicar 2 a 3 demãos.

Diluição
Usar somente Aguarrás.
A pincel/rolo diluir no máximo 10%.
A pistola diluir no máximo 30%. Misture bem o verniz Leinertex, com espátula de plástico, metal ou madeira, antes, durante e depois da diluição.

Cor
Incolor.

Secagem
Condições normais de temperatura e umidade:
Ao toque: 2 a 4 horas.
Entre demãos: 6 horas.
Final: 24 horas.

Dicas e preparação de superfície

Madeiras novas:
Lixar e remover todo e qualquer tipo de resíduo. Em madeiras que estejam impregnadas com produto à base de óleo, remova-o com thinner adequado para esta finalidade. Promova um lixamento adequado, no sentido das fibras da madeira. Remover o pó resultante do lixamento. Selar a superfície com o próprio verniz diluído 1:1 com aguarrás, ou com fundo selador (base solvente – tipo 4.1.1.8 NBR 11702). Vãos e fendas devem ser atentamente envernizados. Aplicar as demais demãos, diluído conforme recomendação, respeitando o intervalo entre demãos e repassando uma lixa grana 320 a 400 antes da demão subseqüente.
Madeira resinosa: Selar com duas demãos de produto fabricado para este fim, evitando assim manchas e alterações na secagem.
Repintura:
Em pinturas em boas condições, lixar com lixa 240 ou 280; remover resíduos de pó e aplicar o verniz. Em caso de superfícies brilhantes, lixar até a eliminação total do brilho. Para repinturas que apresentam fissuras, partículas soltas, descascamentos, sem aderência, camada muito espessa, ou ataque de fungos, remover completamente o acabamento anterior.

Outros produtos relacionados

Verniz Restaurador

Verniz sintético, de acabamento brilhante. Indicado para decorar e proteger superfícies de madeira em ambientes externos e internos. Disponível nas cores Mogno e Imbuia, altera a tonalidade da superfície e valoriza os veios naturais de madeiras menos nobres. Possui alta resistência à intempéries.

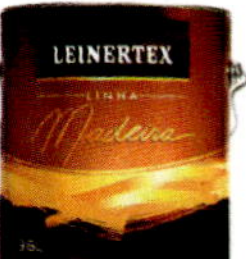

Verniz Marítimo

Produto de fácil aplicação, boa aderência, bom alastramento. Indicado para acabamento de portas, janelas e madeiras decorativas em geral, de uso interior e exterior, conferindo boa resistência a intempéries. Contém filtro solar.

Pisos e Cimentados

Tinta à base de resina acrílica especial para pisos cimentados, telhas cerâmicas e de fibrocimento, mesmo que já tenham sido pintados anteiormente. Indicada para quadras poliesportivas, demarcação de garagens, pisos e cimentados, áreas de recreação etc. Tem grande poder de cobertura, alta durabilidade e efeito antiderrapante. Por isso, é muito resistente ao tráfego de pessoas, carros e intempéries, quando aplicada sobre superfícies corretamente preparadas e conservadas.

Embalagens/Rendimento
Lata (18 L): até 200 m² por demão.
Galão (3,6 L): até 40 m² por demão.

Acabamento
Fosco antiderrapante.

Aplicação
Rolo de lã ou pincel.
Aplicar 2 a 3 demãos.

Diluição
20% a 40% com água potável.

Cor
Conforme cartela de cores.

Secagem
Ao toque 1 hora.
Entre demãos: 4 horas.
Tráfego de pessoas: 24 horas.
Veículos leves: 48 horas.
Veículos pesados: 72 horas.

Dicas e preparação de superfície

A preparação da superfície é indispensável e fundamental para se obter uma pintura econômica, uniforme e durável. Recomenda-se ainda limpeza e extração total de todo e qualquer elemento capaz de comprometer a aderência da Tinta Piso no solo, tais como: poeira, gordura, graxa, sabão, mofo, areia etc.
Não aplicar LEINERTEX Piso e Cimentados em superfícies com fungo, bolor, cimento queimado, cimento novo não queimado (piso em processo de cura inferior a 40 dias), argamassa de cimento, piso de granito, pisos esmaltados, vitrificados ou porcelanizados, cerâmica e qualquer superfície polida ou com brilho.

Outros produtos relacionados

Selador Plástico Acrílico

Fundo incolor transparente indicado para uma maior absorção do produto na superfície a ser corrigida.

O grupo, que iniciou suas atividades em 1949 sob a visão e talento de seu fundador Domingos Potomati, conquistou a confiança do mercado por uma razão simples: respeito ao consumidor. Investindo continuamente em pesquisas de novas tecnologias e processos – sempre buscando contribuir com o mercado priorizando a excelência em todas as suas atividades e produtos.

A LUKSCOLOR foi a primeira empresa a estampar em todas as suas embalagens o selo "SEMPRE PRODUTOS DE PRIMEIRA QUALIDADE", como expressão da sua filosofia de, desde o início, fabricar exclusivamente produtos de alta performance.

Em 1999, lançou o LUKSCOLOR SYSTEM, seu moderno e completo sistema tintométrico.

Em 2000, introduziu no mercado brasileiro um novo conceito em efeitos especiais de pintura: o LUKSGLAZE.

Em 2001, a Lukscolor, preocupada com o conforto e bem-estar do aplicador e do consumidor final, lançou no mercado TINTAS COM SUAVE PERFUME; inaugurou o maior e mais completo centro de referência em tintas no Brasil o ESPAÇO LUKSCOLOR: um espaço criado especialmente para oferecer informações, cursos, orientações e esclarecer dúvidas sobre produtos e cores. Além disso, assumiu em todas as suas embalagens a categoria PREMIUM, o que mais tarde se mostraria uma visão de vanguarda.

Com o intuito de manter o consumidor informado e atualizado sobre o uso das cores nos ambientes, em 2002 a Lukscolor torna-se a primeira e única empresa brasileira a fazer parte do Color Marketing Group, organização internacional que dita tendências de cores, em nível mundial, para todos os segmentos do design.

A Lukscolor, motivada pela busca incessante de produtos inovadores e de alto desempenho, que atendam as necessidades de um consumidor moderno, muito mais informado, extremamente exigente e que sabe comparar, lança alguns produtos inéditos no mercado brasileiro: o LUKSCLEAN – o único ACRÍLICO Ultra Lavável do mercado, em acabamento fosco; a Textura REMOV FÁCIL – com tecnologia inovadora, essa textura pode ser removida com grande facilidade, usando apenas vapor e espátula; a Nova-Raz Innovation – com Suave Perfume; e o POUPA TEMPO – Selador e Condicionador Acrílico LUKSCOLOR, reduzindo o tempo de espera para cura do reboco novo, de 28 para 7 dias.

Com a sua essência na busca da qualidade e foco nas necessidades do consumidor de hoje sem comprometer as necessidades da geração futura, a LUKSCOLOR foi a primeira empresa do setor a se autorregulamentar no quesito VOC, baseada nos parâmetros internacionais de limites de emissão de Componentes orgânicos Voláteis, lançando assim o selo LUKSCOLOR GREEN.

Em 2010, a LUKSCOLOR inova em embalagens, lançando o LUKSBOX. Com design diferenciado, esta embalagem plástica, com régua de medidas, foi desenvolvida para ser reutilizada como ferramenta prática de trabalho, facilitando a diluição das tintas.

Em 2011, com grande ousadia, a LUKSCOLOR inicia um projeto de Branding 360°, evoluindo sua logomarca e criando um novo conceito de embalagens, que proporcionam ao consumidor a facilidade de escolher a tinta certa para suas necessidades.

Investir maciçamente em pesquisas e no desenvolvimento de novos produtos, gerar ideias, criar soluções para um consumidor moderno: esta é a essência da LUKSCOLOR.

Certificações

Informações de Serviço ao Consumidor:

A empresa dispõe de Serviço de Atendimento ao Consumidor

0800 144234 ou no site www.lukscolor.com.br

Acrílico Premium Plus Lukscolor

PREMIUM ★★★★★

Com o Acrílico Premium Plus Lukscolor você protege e decora superfícies externas e internas, em geral. Com Suave Perfume, proporciona conforto e bem-estar, permitindo a sua permanência no ambiente do início ao fim da pintura. Produto de baixíssimo respingo, o que significa menos sujeira durante a aplicação. Este produto apresenta alta durabilidade e resistência às ações do tempo e a fungos (mofo) e cobertura e rendimento superior.

Embalagens/Rendimento
Lata (18 L): até 400 m²/demão (Fosco).
Lata (18 L): até 320 m²/demão (Semibrilho).
Galão (3,6 L): até 80 m²/demão (Fosco).
Galão (3,6 L): até 64 m²/demão (Semibrilho).

Acabamento
Fosco e Semibrilho.

Aplicação
Rolo de Lã, Trincha, Pincel ou Revólver. Duas a três demãos com intervalo mínimo de 4 horas.

Diluição
Rolo de Lã, Trincha ou Pincel: Dilua 10 medidas de Acrílico Premium Plus Lukscolor com 1 a 2 medidas de água. Revólver e Superfícies não seladas e/ou emassadas: Dilua 10 medidas de Acrílico Premium Plus Lukscolor com 2 a 3 medidas de água.

Cor
Cores Prontas acabamento Fosco: 28. Cores Prontas acabamento Semibrilho: 15. Disponível em mais de 2.000 cores no Lukscolor System.

Secagem
Ao toque: 1 hora.
Final: 4 Horas depois da última demão.

Dicas e preparação de superfície

Repintura: Lixe, remova o pó e aplique o Acrílico Premium Plus Lukscolor; **Poeira e pó de lixamento**: Remova com pano limpo umedecido com água e deixe secar; **Superfícies brilhantes**: Lixe até a perda total do brilho e remova o pó de lixamento; **Manchas gordurosas e graxas**: Lave com água e detergente, enxágue e deixe secar; **Mofo**: Limpe com água sanitária e deixe agir por alguns minutos. Enxágue e deixe secar; **Umidade**: Identifique a causa e trate adequadamente; **Pinturas soltas, reboco fraco e caiação**: Raspe e lixe as partes soltas, remova o pó e aplique uma demão prévia de Fundo Preparador Lukscolor; **Gesso corrido, placas de gesso e gesso acartonado**: Aguarde a secagem total e remova o pó. Utilize o Luksgesso ou Fundo Preparador Lukscolor; **Fribocimento ou substratos cerâmicos porosos**: Lave com água e detergente, enxágue e deixe secar. Em seguida, aplique o Poupa Tempo Selador Acrílico Lukscolor; **Imperfeições rasas**: Corrija com Massa Acrílica ou com Massa Corrida Lukscolor; **Superfícies novas de reboco, emboço ou concreto**: Após 7 dias da execução do reboco ou concreto, aplicar Poupa Tempo Selador Acrílico Lukscolor. Em seguida aplicar Acrílico Premium Plus Lukscolor no acabamento fosco. Para um acabamento liso, após o uso do Selador, aplique Massa Acrílica ou Massa Corrida Lukscolor. Para utilizar o Acrílico Premium Plus Lukscolor no acabamento semibrilho, você pode aplicar o Poupa Tempo Selador Acrílico Lukscolor após 7 dias da execução do reboco, em seguida emassar a superfície e aguardar 21 dias para realizar a pintura. **Imperfeições profundas**: Repare com reboco e proceda como em "Reboco Novo".

Outros produtos relacionados

Massa Acrílica Lukscolor

Nivela e corrige imperfeições rasas, proporcionando fino acabamento. Alta resistência em áreas externas.

Fundo Preparador de Paredes Base Água Lukscolor

Aglutina e fixa partículas soltas. Muito utilizado para condicionar reboco fraco, caiação, gesso e pintura calcinada.

Poupa Tempo Selador Acrílico Lukscolor

Condiciona bloqueando a alcalinidade. Sela e uniformiza a absorção da superfície.

LuksSeda Acrílico Premium Plus Lukscolor

PREMIUM ★★★★★

Com LuksSeda Acrílico Premium Plus Lukscolor, você protege e decora superfícies externas e internas, em geral. LuksSeda possui um finíssimo acabamento acetinado, como a maciez e sofisticação da seda que deixa seus ambientes elegantes e requintados. Com Suave Perfume, proporciona conforto e bem-estar, permitindo a sua permanência no ambiente do início ao fim da pintura.

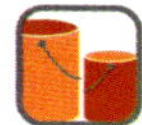

Embalagens/Rendimento

Lata (18 L): até 330 m²/demão.
Galão (3,6 L): até 66 m²/demão.

Acabamento

Acetinado.

Aplicação

Rolo de Lã, Trincha, Pincel ou Revólver. Duas a três demãos com intervalo mínimo de 4 horas.

Diluição

Pincel, Trincha ou Rolo de lã: Dilua 10 medidas de LuksSeda Acrílico Premium Plus Lukscolor com 1 a 2 medidas de água.
Revólver e Superfícies não seladas e/ou emassadas: Dilua 10 medidas de LuksSeda Acrílico Premium Plus Lukscolor com 2 a 3 medidas de água.

Cor

Cores Prontas: 9.
Disponível em mais de 2.000 cores no Lukscolor System.

Secagem

Ao Toque: 1 hora.
Final: 4 horas depois da última demão.

Dicas e preparação de superfície

Repintura: Lixe, remova o pó e aplique o LuksSeda Acrílico Premium Plus Lukscolor; **Poeira e pó de lixamento**: Remova com escova de pelos e pano limpo umedecido com água e deixe secar; **Superfícies brilhantes**: Lixe até a perda total do brilho e remova o pó de lixamento; **Manchas gordurosas e graxas**: Lave com água e detergente, enxágue e deixe secar; **Mofo**: Limpe com água sanitária e deixe agir por alguns minutos. Enxágue e deixe secar; **Umidade**: Identifique a causa e trate adequadamente; **Pinturas soltas, blocos de concreto, reboco fraco, superfícies porosas e caiação**: Raspe e lixe as partes soltas, remova o pó e aplique uma demão prévia de Fundo Preparador Lukscolor; **Gesso corrido, placas de gesso e gesso acartonado**: Aguarde a secagem total e remova o pó. Utilize o Luksgesso ou Fundo Preparador Lukscolor; **Imperfeições rasas**: Corrija com Massa Acrílica ou com Massa Corrida Lukscolor; **Superfícies novas de reboco, emboço ou concreto**: Após 7 dias da execução do reboco ou concreto, aplicar Poupa Tempo Selador Acrílico Lukscolor. Para um acabamento liso, após o uso do Selador, aplique Massa Acrílica ou Massa Corrida Lukscolor, aguarde 21 dias e aplique o LuksSeda. **Imperfeições profundas**: Repare com reboco e proceda como em "Reboco Novo".

Outros produtos relacionados

Massa Corrida Lukscolor

Nivela e corrige imperfeições rasas, em áreas internas, proporcionando fino acabamento. Fácil de lixar.

Fundo Preparador de Paredes Base Água Lukscolor

Aglutina e fixa partículas soltas. Muito utilizado para condicionar reboco fraco, caiação, gesso e pintura calcinada.

Poupa Tempo Selador Acrílico Lukscolor

Condiciona bloqueando a alcalinidade. Sela e uniformiza a absorção da superfície.

LuksClean Acrílico Premium Plus Lukscolor

PREMIUM ★★★★★

Com o LuksClean Acrílico Premium Plus Lukscolor você protege e decora superfícies de alvenaria em geral, em áreas externas e internas. É ultra lavável: tem excepcional resistência à limpeza. Sua tecnologia inovadora permite que você limpe até manchas mais difíceis sem alterar o aspecto da pintura. Você limpa as paredes com muita facilidade e o LuksClean fica sempre novo, sem as marcas de limpeza. Com Suave Perfume, proporciona conforto e bem-estar, permitindo a sua permanência no ambiente do início ao fim da pintura.

Embalagens/Rendimento

Lata (18 L): até 350 m²/demão.
Galão (3,6 L): até 70 m²/demão.

Acabamento

Fosco.

Aplicação

Rolo de lã, Trincha, Pincel e Revólver. Duas a três demãos com intervalo mínimo de 4 horas.

Diluição

Rolo de Lã, Trincha ou Pincel: 10 medidas Luksclean Acrílico Premium Plus Lukscolor com 1 a 2 medidas de água.
Revólver e Superfícies não seladas e/ou emassadas: Dilua 10 medidas de Luksclean Acrílico Premium Plus Lukscolor com 2 a 3 medidas de água.

Cor

Cores Prontas: 8. Disponível em mais de 2.000 cores no Lukscolor System

Secagem

Ao toque: 1 hora.
Final: 4 Horas depois da última demão.
Limpeza: 15 dias.

Dicas e preparação de superfície

Repintura: Lixe, remova o pó e aplique o LuksClean Acrílico Premium Plus Lukscolor; **Poeira e pó de lixamento**: Remova com pano limpo umedecido com água e deixe secar; **Superfícies brilhantes**: Lixe até a perda total do brilho e remova o pó de lixamento; **Manchas gordurosas e graxas**: Lave com água e detergente, enxágue e deixe secar; **Mofo**: Limpe com água sanitária e deixe agir por alguns minutos. Enxágue e deixe secar; **Umidade**: Identifique a causa e trate adequadamente; **Pinturas soltas, reboco fraco e caiação**: Raspe e lixe as partes soltas, remova o pó e aplique uma demão prévia de Fundo Preparador Lukscolor; **Gesso corrido, placas de gesso e gesso acartonado**: Aguarde a secagem total e remova o pó. Utilize o LuksGesso ou Fundo Preparador Lukscolor; **Fibrocimento ou substratos cerâmicos porosos**: Lave com água e detergente, enxágue e deixe secar. Em seguida, aplique o Poupa Tempo Selador Acrílico Lukscolor; **Imperfeições rasas**: Corrija com Massa Acrílica ou com Massa Corrida Lukscolor; **Superfícies novas de reboco, emboço ou concreto**: Após 7 dias da execução do reboco ou concreto, aplicar Poupa Tempo Selador Acrílico Lukscolor. Em seguida aplicar LuksClean Acrílico Premium Plus Lukscolor. Para um acabamento liso, após o uso do Selador, aplique Massa Acrílica ou Massa Corrida Lukscolor. **Imperfeições profundas**: Repare com reboco e proceda como em “Reboco Novo”.

Outros produtos relacionados

Massa Acrílica Lukscolor

Nivela e corrige imperfeições rasas, proporcionando fino acabamento. Alta resistência em áreas externas.

Fundo Preparador de Paredes Base Água Lukscolor

Aglutina e fixa partículas soltas. Muito utilizado para condicionar reboco fraco, caiação, gesso e pintura calcinada.

Poupa Tempo Selador Acrílico Lukscolor

Condiciona bloqueando a alcalinidade. Sela e uniformiza a absorção da superfície.

Látex Premium Plus Lukscolor

PREMIUM ★★★★★

Com o Látex Premium Plus Lukscolor você protege e decora superfícies externas e internas, em geral. Proporciona um fino acabamento fosco aveludado que valoriza ainda mais seus ambientes. Com Suave Perfume, proporciona conforto e bem-estar, permitindo a sua permanência no ambiente do início ao fim da pintura. É um produto com alto poder de cobertura e rendimento, apresentando durabilidade e resistência às ações do tempo e a fungos (mofo).

Embalagens/Rendimento
Lata (18 L): até 350 m²/demão.
Galão (3,6 L): até 70 m²/demão.
¼ de Galão (0,9 L): até 18 m²/demão.

Acabamento
Fosco aveludado.

Aplicação
Rolo de lã, trincha, pincel ou Revólver. Duas a três demãos com intervalo de 2 horas.

Diluição
Pincel, Trincha ou Rolo de lã: 10 medidas de Látex Premium Plus com 2 a 5 medidas de água.
Revólver: 10 medidas de Látex Premium com 3 a 5 medidas de água.

Cor
Cores prontas: 26. Disponível em mais de 2.000 cores no Lukscolor System.

Secagem
Ao toque 1 hora.
Final: 4 horas depois da última demão.

Dicas e preparação de superfície

Repintura: Lixe, remova o pó e aplique o Látex Premium Plus Lukscolor; **Poeira e pó de lixamento**: Remova com pano limpo umedecido com água e deixe secar; **Superfícies brilhantes**: Lixe até a perda total do brilho e remova o pó de lixamento; **Manchas gordurosas e graxas**: Lave com água e detergente, enxágue e deixe secar; **Mofo**: Limpe com água sanitária e deixe agir por alguns minutos. Enxágue e deixe secar; **Umidade**: Identifique a causa e trate adequadamente; **Pinturas soltas, reboco fraco e caiação**: Raspe e lixe as partes soltas, remova o pó e aplique uma demão prévia de Fundo Preparador Lukscolor; **Gesso corrido, placas de gesso e gesso acartonado**: Aguarde a secagem total e remova o pó. Utilize o LuksGesso ou Fundo Preparador Lukscolor; **Fibrocimento ou substratos cerâmicos porosos**: Lave com água e detergente, enxágue e deixe secar. Em seguida, aplique o Poupa Tempo Selador Acrílico Lukscolor; **Imperfeições rasas**: Corrija com Massa Acrílica ou com Massa Corrida Lukscolor; **Superfícies novas de reboco, emboço ou concreto**: Após 7 dias da execução do reboco ou concreto, aplicar Poupa Tempo Selador Acrílico Lukscolor. Em seguida aplicar Látex Premium Plus Lukscolor. Para um acabamento liso, após o uso do Selador, aplique Massa Acrílica ou Massa Corrida Lukscolor. **Imperfeições profundas**: Repare com reboco e proceda como em “Reboco Novo”.

Outros produtos relacionados

Massa Corrida Lukscolor

Nivela e corrige imperfeições rasas, em áreas internas, proporcionando fino acabamento. Fácil de lixar.

Fundo Preparador de Paredes Base Água Lukscolor

Aglutina e fixa partículas soltas. Muito utilizado para condicionar reboco fraco, caiação, gesso e pintura calcinada.

Poupa Tempo Selador Acrílico Lukscolor

Condiciona bloqueando a alcalinidade. Sela e uniformiza a absorção da superfície.

LuksGesso: Tinta para Gesso Lukscolor

PREMIUM ★★★★★

É uma tinta acrílica premium com suave perfume, para aplicação diretamente sobre o gesso corrido, placas de gesso e gesso acartonado - drywall. Com seu alto poder de penetração e aderência, LuksGesso age fixando partículas soltas, proporcionando um ótimo efeito decorativo e de proteção à superfície, sobre os mais diversos tipos de gesso, sem a necessidade do uso de um fundo específico. Indicado para pinturas de superfícies com gesso em ambientes internos.

Embalagens/Rendimento

Lata (18 L): até 225 m²/demão.
Galão (3,6 L): até 45 m²/demão.

Acabamento

Fosco.

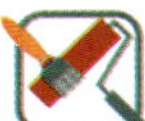

Aplicação

Rolo de lã de pelos baixos ou pincel de cerdas macias. Três demãos, uma para selagem da superfície e as outras para acabamento, com intervalo mínimo de 2 horas.

Diluição

Primeira demão: Dilua 10 medidas de LuksGesso Lukscolor com 3 a 5 medidas de água
Demais: Dilua 10 medidas de LuksGesso Lukscolor com 1 a 2 medidas de água.

Cor

Branco.

Secagem

Ao toque: 30 minutos.
Final: 4 horas depois da última demão.

Dicas e preparação de superfície

Pó de lixamento: Remover com escovas de pelos e pano limpo umedecido com água; **Imperfeições rasas**: Corrigir com Massas Acrílica ou Corrida Lukscolor em ambientes externos ou internos, respectivamente; **Manchas gordurosas e graxas**: lavar com água e detergente neutro, enxaguar e deixar secar; **Mofo**: Lavar com solução de água e água sanitária em partes iguais, esperar 6 horas e enxaguar bem. Aguardar a secagem; **Superfície com umidade**: Identificar a origem e tratar de maneira adequada; **Gesso corrido, placas de gesso e gesso acartonado – Drywall**: Remover o pó e utilizar o LuksGesso Lukscolor. Eventualmente placas de gesso podem conter contaminantes (desmoldante não adequados) que podem provocar manchas amareladas na pintura. Para eliminá-las, deve-se aplicar uma demão de Fundo Nivelador Branco Lukscolor ou Esmalte Sintético Branco Fosco Lukscolor, e em seguida, uma demão de LuksGesso Lukscolor.

Outros produtos relacionados

Massa Corrida Lukscolor

Nivela e corrige imperfeições rasas, em áreas internas, proporcionando fino acabamento. Fácil de lixar.

Fundo Preparador de Paredes Base Água Lukscolor

Aglutina e fixa partículas soltas. Muito utilizado para condicionar reboco fraco, caiação, gesso e pintura calcinada.

Acrílico Premium Plus Lukscolor

Tinta de acabamento, com suave perfume, indicada para proteção de superfícies externas e internas.

Textura Acrílica LuksArte Ateliê Lukscolor

PREMIUM ★★★★★

Textura lisa, sem cristais de quartzo. Seus efeitos são um pouco mais sutis, oferecendo aos ambientes um acabamento aconchegante e suave. Indicada para ambientes internos, em ambientes externos, deve receber no mínimo duas demãos de tinta de acabamento. Para se obter efeitos envelhecidos, aplique sobre a textura o LuksGel Envelhecedor.

Embalagens/Rendimento

Galão (3,6 L): até 8 m²/demão.
Lata (18 L): até 40 m²/demão.

Acabamento

Liso.

Aplicação

Após preparação e tratamento das superfícies aplique uma demão de LuksArte Ateliê, sem diluição, com rolo de espuma rígida para texturas, desempenadeira ou espátula de aço, dependendo do aspecto final ou efeito desejado.
Trabalhe áreas verticais de até 1 m de largura por vez.

Diluição

Pronto para uso. Se houver necessidade de diluição utilizar 10 medidas de LuksArte Ateliê com até 1 medida de água.

Cor

Branco. Disponível também em diversas cores no Sistema Tintométrico Lukscolor.

Secagem

Ao toque: 2 horas.
Final: 12 horas.
Cura total: 7 dias.

Dicas e preparação de superfície

Emboço, Reboco ou Concreto novo: Aguardar cura (mínimo 30 dias). Porém, para que você não tenha que esperar os 30 dias para a cura, a Lukscolor desenvolveu um produto inovador, o Selador e Condicionador Acrílico Poupa Tempo Lukscolor, que pode ser aplicado após 7 dias de execução do reboco ou concreto. Após aplicação de uma demão do Poupa Tempo Lukscolor, aplicar como acabamento o LuksArte Ateliê Lukscolor. **Poeira e pó de lixamento**: Remova com escova de pelos e pano limpo umedecido com água; **Superfícies brilhantes**: Lixe até a perda total do brilho e remova o pó de lixamento; **Manchas gordurosas e graxas**: Lave com água e detergente, enxágue e deixe secar, ou utilize um pano limpo umedecido com Nova-Raz Innovation ou Nova-Raz 260 LuksNova; **Mofo**: Limpe com água sanitária e deixe agir por alguns minutos. Enxágue e deixe secar; **Umidade**: Identifique a causa e trate adequadamente; **Pinturas soltas, Blocos de cimento, Reboco fraco, Superfícies porosas, Caiação**: Raspe e lixe as partes soltas, remova o pó e aplique uma demão prévia de Fundo Preparador LUKSCOLOR; **Gesso corrido, Placas de Gesso e Gesso Acartonado – Drywall**: Remova o pó e utilize o LuksGesso Lukscolor ou aplique uma demão do Fundo Preparador Lukscolor;

Outros produtos relacionados

Fundo Preparador de Paredes Base Água Lukscolor

Aglutina e fixa partículas soltas. Muito utilizado para condicionar reboco fraco, caiação, gesso e pintura calcinada.

Poupa Tempo Selador Acrílico Lukscolor

Condiciona bloqueando a alcalinidade. Sela e uniformiza a absorção da superfície.

Textura Acrílica LuksArte Creative Lukscolor

PREMIUM ★★★★★

Textura de maior consistência, pois contém cristais de quartzo de tamanho médio. Proporciona efeitos um pouco mais rústicos e sofisticados. Devido à sua hidrorrepelência, oferece alta resistência as intempéries, indicada para ambientes externos e internos. Para se obter efeitos envelhecidos, aplique sobre a textura o LuksGel Envelhecedor.

Embalagens/Rendimento
Lata (15 L): até 30 m²/demão.
Galão (3,2 L): até 6 m²/demão.

Acabamento
Textura em relevo.

Aplicação
Aplique uma demão de Látex Premium Plus Lukscolor tingido na mesma cor da textura a ser aplicada. Após secagem, aplique uma demão de LuksArte Creative, sem diluição, com rolo de espuma rígida para texturas, desempenadeira ou espátula de aço, dependendo do aspecto final ou efeito desejado. Trabalhe áreas verticais de até 1 m de largura por vez.

Diluição
Pronto para uso.

Cor
Branco. Disponível também em diversas cores no Sistema Tintométrico Lukscolor.

Secagem
Ao toque: 2 horas.
Final: 12 horas.
Cura Total: 7 dias.

Dicas e preparação de superfície

Antes de iniciar a pintura certifique-se de que a superfície esteja coesa e limpa. Preparar a superfície a ser pintada eliminando pinturas soltas, ferrugem, mofo, umidade, manchas gordurosas, pó e outros contaminantes. Observar as recomendações gerais: **Reboco e Concreto novo, fibrocimento**: aguardar cura total (mínimo de 7 dias) e, em seguida aplicar o Poupa Tempo Selador Acrílico Lukscolor. **Reboco fraco**: Aplicar uma demão de Fundo Preparador Lukscolor. **Gesso**: Aplicar uma demão de Fundo Preparador Lukscolor. **Imperfeições rasas**: corrigir com Massa Acrílica ou Massa Corrida Lukscolor em ambientes externos ou internos respectivamente. **Manchas gordurosas**: lavar com água e detergente, enxaguar e deixar secar. **Mofo**: limpar com água misturada com a mesma quantidade de água sanitária, enxaguar e deixar secar. **Superfícies caiadas, desagregadas e com partículas soltas**: eliminar ao máximo utilizando espátula ou escova de aço. Remover o pó e aplicar uma demão de Fundo Preparador Lukscolor. **Imperfeições profundas**: reparar com reboco e aguardar cura total (mínimo de 7 dias) e, em seguida aplicar o Poupa Tempo Selador Acrílico Lukscolor. **Blocos de concreto**: aguardar a secagem da massa de assentamento e aplicar uma demão de Fundo Preparador Lukscolor.

Outros produtos relacionados

LuksGel Envelhecedor Lukscolor

Proporciona efeitos de envelhecimento, sobre as texturas LuksArte, realçando ainda mais os desenhos e relevos dos efeitos criados.

Fundo Preparador Base Água Lukscolor

Aglutina e fixa partículas soltas. Muito utilizado para condicionar reboco fraco, caiação, gesso e pintura calcinada.

Textura Acrílica LuksArte Graf Lukscolor

PREMIUM ★★★★★

Textura encorpada, de alta consistência, pois contém cristais de quartzo de tamanho grande. Seus efeitos rústicos, fortes e peculiares remetem a beleza encontrada nas antigas fachadas da Europa. Devido à sua hidrorrepelência, oferece alta resistência às intempéries, indicada para ambientes externos e internos. Para se obter efeitos envelhecidos, aplique sobre a textura o LuksGel Envelhecedor Lukscolor.

Embalagens/Rendimento

Lata (14 L): até 17 m²/demão.
Galão (3,2 L): até 4 m²/demão.

Acabamento

Rústico.

Aplicação

Aplique uma demão de Látex Premium Plus Lukscolor tingido na mesma cor da textura a ser aplicada. Após secagem, aplique LuksArte Graf, com desempenadeira de aço, espalhando o produto de maneira uniforme em áreas verticais de até 1 metro de largura, retirando o excesso de material.

Diluição

Pronto para uso.

Cor

Branco. Disponível também em diversas cores no Sistema Tintométrico Lukscolor.

Secagem

Ao toque: 2 horas.
Final: 12 horas depois da última demão.
Cura total: 7 dias.

Dicas e preparação de superfície

Repintura: Lixe, remova o pó; **Poeira e pó de lixamento**: Remova com pano limpo umedecido com água; **Superfícies brilhantes**: Lixe até a perda total do brilho e remova o pó de lixamento; **Manchas gordurosas e graxas**: Lave com água e detergente, enxágue e deixe secar; **Mofo**: Limpe com água sanitária e deixe agir por alguns minutos. Enxágue e deixe secar; **Umidade**: Identifique a causa e trate adequadamente; **Imperfeições rasas**: Corrija com Massa Acrílica ou com Massa Corrida Lukscolor; **Pinturas soltas, reboco fraco e caiação**: Raspe e lixe as partes soltas, remova o pó e aplique uma demão prévia de Fundo Preparador Lukscolor; **Gesso corrido, placas de gesso e gesso acartonado**: Aguarde a secagem total e remova o pó. Utilize o LuksGesso ou Fundo Preparador Lukscolor; **Fibrocimento ou substratos cerâmicos porosos**: Lave com água e detergente, enxágue e deixe secar. Em seguida, aplique o Poupa Tempo Selador Acrílico Lukscolor; **Superfícies novas de reboco, emboço ou concreto**: Após 7 dias da execução do reboco ou concreto, aplicar Poupa Tempo Selador Acrílico Lukscolor. Em seguida aplicar LuksArte Lukscolor; **Imperfeições profundas**: Repare com reboco e proceda como em "Reboco Novo".

Outros produtos relacionados

LuksGel Envelhecedor Lukscolor

Proporciona efeitos de envelhecimento, sobre as texturas LuksArte, realçando ainda mais os desenhos e relevos dos efeitos criados.

Fundo Preparador Base Água Lukscolor

Aglutina e fixa partículas soltas. Muito utilizado para condicionar reboco fraco, caiação, gesso e pintura calcinada.

Textura Acrílica LuksArte Remov Fácil Lukscolor

PREMIUM ★★★★★

Textura Acrílica de tecnologia inovadora, apresentada nas versões de acabamento Ateliê, Creative e Graf, possibilita a decoração de ambientes internos, permitindo a criação de inúmeros efeitos que tornam seus ambientes únicos, modernos e sofisticados. Produto inédito no Brasil difere das texturas convencionais por possuir uma tecnologia inovadora que permite a sua remoção com grande rapidez e facilidade.

Embalagens/Rendimento

Ateliê (lata 14 L): até 31 m²/por demão.
Ateliê (galão 3,2 L): até 7 m²/por demão.
Creative (lata 14 L): até 28 m²/por demão.
Creative (galão 3,2 L): até 6 m²/por demão.
Graf (lata 14 L): até 17 m²/demão.
Graf (galão 3,2 L): até 4 m²/demão.

Acabamento

Ateliê, Creative e Graf.

Aplicação

Rolo de Espuma rígida para texturas.
Desempenadeira ou Espátula de aço.

Diluição

Pronto para uso, não diluir.

Cor

Branco.

Secagem

Ao toque: 2 horas.
Final: 12 horas.

Dicas e preparação de superfície

Emboço, Reboco ou Concreto novo: Aguardar cura (mínimo 30 dias). Porém, para que você não tenha que esperar os 30 dias para a cura, a Lukscolor desenvolveu um produto inovador, o Poupa Tempo Selador Acrílico Lukscolor, que pode ser aplicado após 7 dias de execução do reboco ou concreto. Após aplicação de uma demão do Poupa Tempo Lukscolor, aplicar como acabamento o LuksArte Remov Fácil Lukscolor. **Repintura**: Observe o estado geral da pintura antiga. Estando em boas condições, lixe, remova o pó, e aplique a tinta de acabamento; **Poeira e pó de lixamento**: Remova com escova de pelos e pano limpo umedecido com água; **Superfícies brilhantes**: Lixe até a perda total do brilho e remova o pó de lixamento; **Manchas gordurosas e graxas**: Lave com água e detergente, enxágue e deixe secar, ou utilize um pano limpo umedecido com Nova-Raz Innovation ou Nova-Raz 260 LuksNova; **Mofo**: Limpe com água sanitária e deixe agir por alguns minutos. Enxágue e deixe secar; **Umidade**: Não inicie a pintura sobre superfícies com problemas de umidade. Identifique a causa e trate adequadamente; **Superfícies rasas**: Corrija com Massas Acrílica ou Corrida Lukscolor em ambientes externos ou internos, respectivamente; **Pinturas soltas, Blocos de cimento, Reboco fraco, Superfícies porosas, Caiação**: Raspe e lixe as partes soltas, remova o pó e aplique uma demão prévia de Fundo Preparador Lukscolor; **Gesso corrido, Placas de Gesso e Gesso Acartonado – Drywall**: Remova o pó e utilize o LuksGesso Lukscolor ou aplique uma demão do Fundo Preparador Lukscolor; **Fibrocimento ou substratos cerâmicos porosos**: Lave com solução de água e detergente neutro, enxágue e aguarde a secagem. Em seguida aplique uma demão do Poupa Tempo Selador Acrílico Lukscolor; **Imperfeições profundas**: Reparar com reboco e proceder como em "Reboco Novo".

Outros produtos relacionados

LuksGel Envelhecedor Lukscolor

Proporciona efeitos de envelhecimento, sobre as texturas LuksArte, realçando ainda mais os desenhos e relevos dos efeitos criados.

Látex Premium Plus Lukscolor

Tinta de acabamento fosco aveludado, com Suave Perfume, indicada para proteção de superfícies externas e internas.

Poupa Tempo Selador Acrílico Lukscolor

Condiciona bloqueando a alcalinidade. Sela e uniformiza a absorção da superfície.

LuksGel Envelhecedor Lukscolor

PREMIUM ★★★★★

Especialmente desenvolvido para proporcionar efeitos envelhecidos, decora e embeleza superfícies externas e internas quando aplicado sobre as texturas LuksArte Ateliê, LuksArte Creative e LuksArte Graf. Produto hidrorrepelente, que oferece elevada resistência ao tempo, aumenta a proteção das superfícies, além de possuir secagem rápida e ótima aderência. Realça e enriquece os relevos e desenhos obtidos com as texturas.

Embalagens/Rendimento
Galão (3,26 kg): até 48 m²/demão.
Quarto (0,826 kg): até 12 m²/demão.

Acabamento
Envelhecido.

Aplicação
Rolo de lã.
Uma demão.

Diluição
Pronto para uso.

Cor
Disponível em diversas cores no Lukscolor System.

Secagem
Ao toque: 1 hora.
Final: 12 horas depois da última demão.

Dicas e preparação de superfície

Repintura: Observe o estado geral da pintura antiga. Estando em boas condições, lixe, remova o pó, e aplique a tinta de acabamento; **Poeira e pó de lixamento**: Remova com escova de pelos e pano limpo umedecido com água; **Superfícies brilhantes**: Lixe até a perda total do brilho e remova o pó de lixamento; **Manchas gordurosas e graxas**: Lave com água e detergente, enxágue e deixe secar, ou utilize um pano limpo umedecido com Nova-Raz Innovation ou Nova-Raz 260 LuksNova; **Mofo**: Limpe com água sanitária e deixe agir por alguns minutos. Enxágue e deixe secar; **Umidade**: Não inicie a pintura sobre superfícies com problemas de umidade. Identifique a causa e trate adequadamente; **Pinturas soltas, Blocos de cimento, Reboco fraco, Superfícies porosas, Caiação**: Raspe e lixe as partes soltas, remova o pó e aplique uma demão prévia de Fundo Preparador Lukscolor; **Gesso corrido, Placas de Gesso e Gesso Acartonado – Drywall**: Remova o pó e utilize o LuksGesso Lukscolor ou aplique uma demão do Fundo Preparador Lukscolor; **Fibrocimento ou substratos cerâmicos porosos**: Lave com solução de água e detergente neutro, enxágue e aguarde a secagem. Em seguida aplique uma demão do Poupa Tempo Selador Acrílico Lukscolor.

Outros produtos relacionados

Acrílico Premium Plus Lukscolor

Tinta de acabamento, com Suave Perfume, indicada para proteção de superfícies externas e internas.

Textura Acrílica LuksArte Ateliê Lukscolor

Textura lisa, sem cristais de quartzo. Seus efeitos são sutis, oferecendo aos ambientes um acabamento aconchegante e suave.

Textura Acrílica LuksArte Graf Lukscolor

Textura encorpada, de alta consistência, contém cristais de quartzo de tamanho grande. Proporciona efeitos rústicos, fortes e peculiares.

LuksGlaze Lukscolor

PREMIUM ★★★★★

É uma tinta à base d'água formulada para a criação de infinitos e exclusivos efeitos decorativos, devido à sua transparência e secagem lenta. LuksGlaze Lukscolor é um produto para interior, indicado para superfícies de alvenaria, madeira, gesso, cerâmica, tais como: paredes, tetos, mobília, artefatos de decoração etc.

Embalagens/Rendimento
Pote (0,5 L): até 18 m²/demão.
Pote (0,9 L): até 33 m²/demão.

Acabamento
Vários efeitos decorativos.

Aplicação
Rolo de lã. Para atingir o efeito desejado, pode-se usar todo o tipo de ferramenta: panos, espátulas de celulose, escovas, trincha, pentes, esponjas etc.

Diluição
Pronto para uso.

Cor
Disponível nas cores Incolor, Pérola, Ouro, Prata, Ouro Velho, Platina Furta-cor e Blonde Furta-cor.

Secagem
Final: 24 horas.

Dicas e preparação de superfície

Antes de iniciar a pintura certifique-se de que a superfície esteja seca e limpa. Preparar a superfície a ser pintada eliminando pinturas soltas, ferrugem, mofo, umidade, manchas gordurosas, pó e outros contaminantes.
Sobre superfícies novas, aplicar uma demão de fundo adequado. Aplicar uma ou duas demãos de **Acrílico Fosco Premium Plus Lukscolor** ou **LuksSeda Acrílico Premium Plus Lukscolor** na cor desejada e aguardar a secagem (24 horas). Após a escolha do efeito desejado aplicar o LuksGlaze. O LuksGlaze permite trabalhar o efeito por um período de até 30 minutos. LuksGlaze incolor é indicado para a mistura com LuksGlaze colorido e com tintas látex base acrílica, para incremento do tempo de trabalho e da transparência possibilitando a execução de infinitos efeitos decorativos. Pratique suas técnicas de efeitos especiais em um quadro de amostra antes do início do trabalho.

Outros produtos relacionados

LuksSeda Acrílico Premium Plus Lukscolor

Tinta com finíssimo acabamento acetinado. Com Suave Perfume, indicada para proteção de superfícies externas e internas.

Látex Premium Plus Lukscolor

Tinta de acabamento fosco aveludado, com Suave Perfume, indicada para proteção de superfícies externas e internas.

Verniz Premium Plus Base Água Lukscolor

Verniz Base Água, com Suave Perfume, que proporciona um grande conforto na hora da aplicação e contribui para a preservação do meio ambiente.

Verniz Acrílico Lukscolor

PREMIUM ★★★★★

Com o Verniz Acrílico Lukscolor você protege, impermeabiliza e decora superfícies externas e internas de concreto aparente, tijolos à vista, pedras naturais, telhas cerâmicas e paredes pintadas com tintas de acabamento fosco. Este produto forma uma película brilhante resistente às ações do tempo e a fungos (mofo), realça o aspecto natural da superfície e facilita a sua limpeza. Apresenta secagem rápida e ótimo rendimento. Não é indicado para áreas de piso.

Embalagens/Rendimento
Lata (18 L): até 275 m²/demão.
Galão (3,6 L): até 55 m²/demão.

Acabamento
Brilhante.

Aplicação
Rolo de lã, Trincha, Pincel ou Revólver
Duas a três demãos com intervalo de 4 horas.

Diluição
Pincel, Trincha ou Rolo de Lã (pelo baixo): dilua 10 medidas de Verniz Acrílico Lukscolor com 1 a 2 medidas de água.
Revólver: dilua 10 medidas de Verniz Acrílico Lukscolor com 2 a 3 medidas de água.

Cor
Incolor.

Secagem
Toque: 1 hora.
Final: 4 horas depois da última demão.

Dicas e preparação de superfície

Repintura: Observe o estado geral da pintura antiga. Estando em boas condições, lixe, remova o pó e aplique a tinta de acabamento; **Poeira e pó de lixamento**: Remova com escova de pelos e pano limpo umedecido com água e deixe secar; **Superfícies brilhantes**: Lixe até a perda total do brilho e remova o pó de lixamento; **Manchas gordurosas e graxas**: Lave com água e detergente, enxágue e deixe secar; **Mofo**: Limpe com água sanitária e deixe agir por alguns minutos. Enxágue e deixe secar; **Umidade**: Não inicie a pintura sobre superfícies com problemas de umidade. Identifique a causa e trate adequadamente; **Pinturas soltas, blocos de concreto, reboco fraco, superfícies porosas e caiação**: Raspe e lixe as partes soltas, remova o pó e aplique uma demão prévia de Fundo Preparador Lukscolor; **Gesso corrido, placas de gesso e gesso acartonado - Drywall**: Aguarde a secagem total e remova o pó. Utilize o LuksGesso Lukscolor ou Fundo Preparador Lukscolor, conforme orientação nas respectivas embalagens; **Fibrocimento, Telhas cerâmicas e tijolos à vista**: Lave com solução de água e detergente neutro, enxágue e aguarde a secagem. Em seguida, aplique o Verniz Acrílico Lukscolor; **Concreto aparente novo**: Aguarde a cura por, no mínimo, 30 dias. Remova o pó e aplique o Verniz Acrílico Lukscolor; **Imperfeições rasas**: Corrija com Massa Acrílica Lukscolor (ambientes externos ou internos) ou com Massa Corrida Lukscolor (em ambientes internos); **Imperfeições profundas**: Repare com reboco e proceda como em "Concreto Aparente Novo".

Outros produtos relacionados

Massa Acrílica Lukscolor

Nivela e corrige imperfeições rasas, proporcionando fino acabamento. Alta resistência em áreas externas.

Fundo Preparador Base Água Lukscolor

Aglutina e fixa partículas soltas. Muito utilizado para condicionar reboco fraco, caiação, gesso e pintura calcinada.

LuksClean Acrílico Premium Plus Lukscolor

Tinta com tecnologia avançada. Com Suave Perfume, acabamento fosco e ultra lavável.

Massa Corrida Lukscolor

PREMIUM ★★★★★

Com a Massa Corrida Lukscolor você nivela e corrige imperfeições rasas em áreas internas, em geral. Deixa a superfície lisa, proporcionando uma pintura com acabamento perfeito. É um produto fácil de aplicar e de lixar, que apresenta rendimento superior, elevada consistência e grande poder de enchimento.

Embalagens/Rendimento

Lata (18 L): até 60 m^2/demão.
Galão (3,6 L): até 12 m^2/demão.
1/4 de Galão (0,9 L): até 3 m^2/demão.

Acabamento

Fosco.

Aplicação

Desempenadeira ou espátula de aço. Aplicar em camadas finas. Duas a três demãos, observando um intervalo mínimo de 1 hora entre demãos.

Diluição

Pronto para uso.

Cor

Branco.

Secagem

Ao toque: 30 minutos.
Para lixamento: 3 horas no mínimo.

Dicas e preparação de superfície

Repintura: Lixe, remova o pó e aplique a tinta de acabamento; **Poeira e pó de lixamento**: Remova com escova de pelos e pano limpo umedecido com água e deixe secar; **Superfícies brilhantes**: Lixe até a perda total do brilho e remova o pó de lixamento; **Manchas gordurosas e graxas**: Lave com água e detergente, enxágue e deixe secar; **Mofo**: Limpe com água sanitária e deixe agir por alguns minutos. Enxágue e deixe secar; **Umidade**: Identifique a causa e trate adequadamente; **Pinturas soltas, blocos de concreto, reboco fraco, superfícies porosas e caiação**: Raspe e lixe as partes soltas, remova o pó e aplique uma demão prévia de Fundo Preparador Lukscolor; **Gesso corrido, Placas de gesso e Gesso acartonado – Drywall**: Aguarde a secagem total e remova o pó. Utilize o LuksGesso Lukscolor ou Fundo Preparador Lukscolor; **Fibrocimento ou Substratos cerâmicos porosos**: Lave com água e detergente neutro, enxágue e deixe secar. Em seguida, aplique o Poupa Tempo Selador Acrílico Lukscolor; **Imperfeições rasas**: Corrija com Massa Corrida Lukscolor; **Superfícies novas de reboco, emboço ou concreto**: Após 7 dias da execução do reboco ou concreto, aplicar Poupa Tempo Selador Acrílico Lukscolor. Para um acabamento liso, após o uso do Selador, aplique Massa Corrida Lukscolor. Antes de pintar, consulte instruções de aplicação do Selador verificar como proceder com cada um dos diferentes tipos de acabamento. **Imperfeições profundas**: Repare com reboco e proceda como em “Reboco Novo”.

Outros produtos relacionados

Fundo Preparador de Paredes Base Água Lukscolor

Aglutina e fixa partículas soltas. Muito utilizado para condicionar reboco fraco, caiação, gesso e pintura calcinada.

Poupa Tempo Selador Acrílico Lukscolor

Condiciona bloqueando a alcalinidade. Sela e uniformiza a absorção da superfície.

Acrílico Premium Plus Lukscolor

Tinta de acabamento, com Suave Perfume, indicada para proteção de superfícies externas e internas.

Massa Acrílica Lukscolor

PREMIUM ★★★★★

Com a Massa Acrílica Lukscolor você nivela e corrige imperfeições rasas em superfícies externas e internas, em geral. Deixa a superfície lisa, proporcionando uma pintura com acabamento perfeito. É um produto fácil de aplicar e de lixar, que apresenta grande resistência às ações do tempo e à alcalinidade, apresentando rendimento superior, elevada consistência e grande poder de enchimento.

Embalagens/Rendimento
Lata (18 L): até 60 m²/demão.
Galão (3,6 L): até 12 m²/demão.
1/4 de Galão (0,9 L): até 3 m²/demão.

Acabamento
Fosco.

Aplicação
Desempenadeira ou espátula de aço. Aplicar em camadas finas. Duas a três demãos, observando um intervalo mínimo de 2 horas entre demãos.

Diluição
Pronta para uso.

Cor
Branco.

Secagem
Ao toque: 30 minutos.
Para lixamento: 3 horas no mínimo.

Dicas e preparação de superfície

Repintura: Observe o estado geral da pintura antiga. Estando em boas condições, lixe, remova o pó e aplique a tinta de acabamento; **Poeira e pó de lixamento**: Remova com escova de pelos e pano limpo umedecido com água e deixe secar; **Superfícies brilhantes**: Lixe até a perda total do brilho e remova o pó de lixamento; **Manchas gordurosas e graxas**: Lave com água e detergente, enxágue e deixe secar; **Mofo**: Limpe com água sanitária e deixe agir por alguns minutos. Enxágue e deixe secar; **Umidade**: Não inicie a pintura sobre superfícies com problemas de umidade, identifique a causa e trate adequadamente; **Pinturas soltas, blocos de concreto, reboco fraco, superfícies porosas e caiação**: Raspe e lixe as partes soltas, remova o pó e aplique uma demão prévia de Fundo Preparador Lukscolor; **Gesso corrido, Placas de gesso e Gesso acartonado – Drywall**: Aguarde a secagem total e remova o pó. Utilize o LuksGesso Lukscolor ou Fundo Preparador Lukscolor; **Fibrocimento ou Substratos cerâmicos porosos**: Lave com água e detergente neutro, enxágue e deixe secar. Em seguida, aplique o Poupa Tempo Selador Acrílico Lukscolor; **Imperfeições rasas**: Corrija com Massa Acrílica Lukscolor; **Superfícies novas de reboco, emboço ou concreto**: Após 7 dias da execução do reboco ou concreto, aplicar Poupa Tempo Selador Acrílico Lukscolor. Para um acabamento liso, após o uso do Selador, aplique Massa Acrílica Lukscolor. Antes de pintar, consulte instruções de aplicação do Selador verificar como proceder com cada um dos diferentes tipos de acabamento. **Imperfeições profundas**: Repare com reboco e proceda como em "Reboco Novo".

Outros produtos relacionados

LuksClean Acrílico Premium Plus Lukscolor

Tinta com tecnologia avançada. Com Suave Perfume, acabamento fosco e ultra lavável.

Acrílico Premium Plus Lukscolor

Tinta de acabamento, com Suave Perfume, indicada para proteção de superfícies externas e internas.

Poupa Tempo Selador Acrílico Lukscolor

Condiciona bloqueando a alcalinidade. Sela e uniformiza a absorção da superfície.

Primer LuksMagnetic Lukscolor

PREMIUM ★★★★★

Trata as paredes transformando-as em áreas criativas para a fixação de magnetos, eliminando a necessidade de alfinetes, percevejos e fitas, evitando marcas na parede. Indicado para quartos de crianças, salas de aula, salas de reunião, estúdios, escritórios etc. Este produto, de cor cinza, necessita sempre de uma tinta de acabamento, evitando sua oxidação com o passar do tempo. Recomenda-se utilizar a LuksClean Acrílico Premium Plus, proporcionando maior durabilidade, além de facilitar e resistir melhor à limpeza.

Embalagens/Rendimento
Galão (2,4 L): até 28 m²/demão.
¼ de Galão (0,9 L): até 7 m²/demão.

Acabamento
Fundo fosco magnetizado.

Aplicação
Rolo de lã e Pincel. Duas demãos com intervalo entre demãos de 4 horas.

Diluição
Pronto para uso.

Cor
Cinza.

Secagem
Ao toque: 1 hora.
Final: 12 horas depois da última demão.

Dicas e preparação de superfície

Emboço, Reboco ou Concreto novo: Aguardar cura (mínimo de 30 dias) e em seguida, aplicar Poupa Tempo Selador Acrílico Lukscolor. Após aplicação de uma demão do Poupa Tempo Lukscolor, aplique o Primer LuksMagnetic Lukscolor e em seguida um dos acabamentos Lukscolor ou ainda qualquer produto da linha LuksArte Lukscolor. Caso queira eliminar o aspecto rústico, antes da aplicação, utilize a Massa Corrida Lukscolor exclusivamente em ambientes internos; **Repintura**: Observe o estado geral da pintura antiga. Estando em boas condições, lixe, remova o pó, e aplique a tinta de acabamento; **Poeira e pó de lixamento**: Remova com escova de pelos e pano limpo umedecido com água; **Superfícies brilhantes**: Lixe até a perda total do brilho e remova o pó de lixamento; **Manchas gordurosas e graxas**: Lave com água e detergente, enxágue e deixe secar, ou utilize um pano limpo umedecido com Nova-Raz Innovation ou Nova-Raz 260 LuksNova; **Mofo**: Limpe com água sanitária e deixe agir por alguns minutos. Enxágue e deixe secar; **Umidade**: Não inicie a pintura sobre superfícies com problemas de umidade. Identifique a causa e trate adequadamente; **Pinturas soltas, Blocos de cimento, Reboco fraco, Superfícies porosas, Caiação**: Raspar e lixar as partes soltas, remover o pó e aplicar uma demão prévia de Fundo Preparador Lukscolor; **Gesso corrido, Placas de Gesso e Gesso Acartonado – Drywall**: Remover o pó e utilizar o LuksGesso Lukscolor ou aplicar uma demão do Fundo Preparador Lukscolor; **Fibrocimento ou substratos cerâmicos porosos**: Lavar com solução de água e detergente neutro, enxaguar e aguardar a secagem. Em seguida aplicar uma demão do Poupa Tempo Selador Acrílico Lukscolor; **Imperfeições profundas**: Reparar com reboco e proceder como em “Reboco Novo”; **Madeira Nova**: Lixe até eliminar as farpas e remova o pó. Aplique uma demão de Primer LuksMagnetic Lukscolor e em seguida aplique um dos acabamentos Lukscolor desejado.

Outros produtos relacionados

Acrílico Premium Plus Lukscolor

Tinta de acabamento, com Suave Perfume, indicada para proteção de superfícies externas e internas.

LuksClean Acrílico Premium Plus Lukscolor

Tinta com tecnologia avançada. Com Suave Perfume, acabamento fosco e ultra lavável.

Textura Acrílica LuksArte Ateliê Lukscolor

Textura lisa, sem cristais de quartzo. Seus efeitos são sutis, oferecendo aos ambientes um acabamento aconchegante e suave.

Fundo Preparador Base Água Lukscolor

PREMIUM ★★★★★

O Fundo Preparador Base Água Lukscolor aglutina partículas soltas, uniformiza a absorção, reforça a coesão das superfícies e melhora a aderência das tintas e massas, em ambientes externos e internos. Produto de fácil aplicação, secagem rápida e elevado poder penetrante. Apresenta aspecto leitoso, tornando-se incolor após secagem. Com Suave Perfume, proporciona conforto e bem-estar, permitindo a sua permanência no ambiente do início ao fim da pintura.

Embalagens/Rendimento

Lata (18 L): até 275 m²/demão.
Galão (3,6 L): até 55 m²/demão.
¼ de Galão (0,9 L): até 14 m²/demão.

Acabamento

Transparente.

Aplicação

Rolo de lã, Trincha ou Pincel.
Uma demão.

Diluição

Pincel Trincha ou Rolo de Lã: Dilua 10 medidas de Fundo Preparador Base Água Lukscolor com 1 a 2 medidas de água.
Gesso: Dilua 10 medidas de Fundo Preparador Base Água Lukscolor com 1 a 10 medidas de água.

Cor

Branca que após seca torna-se Incolor.

Secagem

4 horas para a aplicação do acabamento.

Dicas e preparação de superfície

Repintura: Lixe, remova o pó e aplique a tinta de acabamento; **Poeira e pó de lixamento**: Remova com pano limpo umedecido com água e deixe secar; **Superfícies brilhantes**: Lixe até a perda total do brilho e remova o pó de lixamento; **Manchas gordurosas e graxas**: Lave com água e detergente, enxágue e deixe secar; **Mofo**: Limpe com água sanitária e deixe agir por alguns minutos. Enxágue e deixe secar; **Umidade**: Não inicie a pintura sobre superfícies com problemas de umidade. Identifique a causa e trate adequadamente; **Pinturas soltas, blocos de concreto, reboco fraco, superfícies porosas e caiação**: Raspe e lixe as partes soltas, remova o pó e aplique uma demão prévia de Fundo Preparador Base Água Lukscolor; **Gesso corrido, placas de gesso e gesso acartonado - Drywall**: Aguarde a secagem total e remova o pó. Utilize o LuksGesso ou Fundo Preparador Base Água Lukscolor; **Imperfeições rasas**: Corrija com Massa Acrílica ou com Massa Corrida Lukscolor.

Outros produtos relacionados

LuksSeda Acrílico Premium Plus Lukscolor

Tinta com finíssimo acabamento acetinado. Com Suave Perfume, indicada para proteção de superfícies externas e internas.

Massa Corrida Lukscolor

Nivela e corrige imperfeições rasas, em áreas internas, proporcionando fino acabamento. Fácil de lixar.

LuksClean Acrílico Premium Plus Lukscolor

Tinta com tecnologia avançada. Com Suave Perfume, acabamento fosco e ultra lavável.

Poupa Tempo Selador Acrílico Lukscolor

PREMIUM ★★★★★

É um produto inovador indicado para superfícies novas de reboco ou concreto em geral. Multifuncional: - Uniformiza a absorção da superfície, portanto aumenta o rendimento da tinta de acabamento, o que significa que com menos tinta você pinta muito mais; - Bloqueia a ação da alcalinidade, portanto pode ser aplicado diretamente após 7 dias da execução do reboco ou do concreto, sem a necessidade de aguardar os 30 dias de cura. Isto significa uma grande redução de tempo da obra. Com Suave Perfume, proporciona conforto e bem-estar, permitindo a sua permanência no ambiente do início ao fim da pintura.

Embalagens/Rendimento

Lata (18 L): até 175 m²/demão.
Galão (3,6 L): até 35 m²/demão.

Acabamento

Fosco.

Aplicação

Rolo de lã, Trincha ou Pincel.
Uma a duas demãos com intervalo de 4 horas.

Diluição

Pincel, Trincha ou Rolo de Lã:10 medidas de Poupa Tempo Selador Acrílico Lukscolor com 1 a 2 medidas de água.

Cor

Branco.

Secagem

Ao toque: 1 hora.
Final: 4 horas depois da última demão.

Dicas e preparação de superfície

Repintura: Lixe, remova o pó; **Poeira e pó de lixamento**: Remova com escova de pelos e pano limpo umedecido com água e deixe secar; **Superfícies brilhantes**: Lixe até a perda total do brilho e remova o pó de lixamento; **Manchas gordurosas e graxas**: Lave com água e detergente, enxágue e deixe secar; **Mofo**: Limpe com água sanitária e deixe agir por alguns minutos. Enxágue e deixe secar; **Umidade**: Identifique a causa e trate adequadamente; **Pinturas soltas, blocos de concreto, reboco fraco, superfícies porosas e caiação**: Raspe e lixe as partes soltas, remova o pó e aplique uma demão prévia de Fundo Preparador Lukscolor; **Gesso corrido, placas de gesso e gesso acartonado – Drywall**: Aguarde a secagem total e remova o pó. Utilize LuksGesso ou Fundo Preparador Lukscolor; **Fibrocimento ou substratos cerâmicos porosos**: Lave com água e detergente neutro, enxágue e deixe secar. Em seguida, aplique o Poupa Tempo Selador Acrílico Lukscolor; **Superfícies novas de reboco, emboço ou concreto**: Acabamento fosco: Após 7 dias da execução do reboco ou concreto, aplicar Poupa Tempo Selador Acrílico Lukscolor. Para um acabamento liso, após o uso do Selador, aplique Massa Acrílica ou Massa Corrida Lukscolor e pinte com um dos produtos Lukscolor: Látex Premium Plus, Acrílico Fosco Premium Plus, LuksClean Acrílico Premium Plus, LuksPiso Premium Plus ou com a linha LuksArte Lukscolor. Acabamento acetinado ou brilhante: você pode aplicar o Poupa Tempo Selador Acrílico Lukscolor após 7 dias da execução do reboco, em seguida emassar a superfície e aguardar 21 dias para realizar a pintura com um dos seguintes produtos Lukscolor: Acrílico Semibrilho Premium Plus, LuksSeda Acrílico Premium Plus, Esmalte Base Água Premium Plus ou Esmalte Premium Plus. **Imperfeições profundas**: Repare com reboco e proceda como em "Reboco Novo".

Outros produtos relacionados

Látex Premium Plus Lukscolor

Tinta de acabamento fosco aveludado, com Suave Perfume, indicada para proteção de superfícies externas e internas.

Massa Corrida Lukscolor

Nivela e corrige imperfeições rasas, em áreas internas, proporcionando fino acabamento. Fácil de lixar.

Massa Acrílica Lukscolor

Nivela e corrige imperfeições rasas, proporcionando fino acabamento. Alta resistência em áreas externas.

Fundo Especial para Texturização Lukscolor

PREMIUM ★★★★★

Foi especialmente desenvolvido para selar e nivelar superfícies externas e internas de reboco, concreto, fibrocimento, gesso, blocos de concreto e preparadas com massas niveladoras PVA ou Acrílicas, uniformizando a absorção das superfícies e eliminando o contraste entre as cores dos substratos e os acabamentos a serem aplicados, aumentando o rendimento da textura de acabamento.

Embalagens/Rendimento
Lata (16,2 L.): até 120 m²/demão.
Galão (3,2 L): até 30 m²/demão.

Acabamento
Fosco.

Aplicação
Pincel, Rolo de lã ou Trincha.
Uma a duas demãos com intervalo de 4 horas.

Diluição
Diluir 10 medidas de Fundo Especial para Texturização Lukscolor com até 1,5 medidas de água.

Cor
Disponível em diversas cores no Lukscolor System.

Secagem
Ao Toque: 30 minutos.
Final: 24 Horas depois da última demão.

Dicas e preparação de superfície

Reboco ou concreto novo e fibrocimento: aguardar cura total (mínimo de 28 dias). **Reboco fraco**: Aplicar uma demão de Fundo Preparador Lukscolor. **Gesso**: aguardar cura total (mínimo de 28 dias). Aplicar uma demão de Fundo Preparador Lukscolor. **Imperfeições rasas**: corrigir com Massa Acrílica ou Massa Corrida Lukscolor em ambientes externos ou internos respectivamente. **Manchas gordurosas**: lavar com água e detergente, enxaguar e deixar secar. **Mofo**: limpar com água misturada com a mesma quantidade de água sanitária, enxaguar e deixar secar. **Superfícies caiadas, desagregadas e com partículas soltas**: eliminar ao máximo utilizando espátula ou escova de aço. Remover o pó e aplicar uma demão de Fundo Preparador Lukscolor. **Imperfeições profundas**: reparar com reboco e aguardar cura total (mínimo de 28 dias). **Blocos de concreto**: aguardar a secagem da massa de assentamento e aplicar uma demão de Fundo Preparador Lukscolor.

Outros produtos relacionados

Textura Acrílica LuksArte Ateliê Lukscolor

Textura lisa, sem cristais de quartzo. Seus efeitos são sutis, oferecendo aos ambientes um acabamento aconchegante e suave.

Textura Acrílica LuksArte Creative Lukscolor

Textura de maior resistência, contém cristais de quartzo de tamanho médio. Proporciona efeitos mais rústicos e sofisticados.

Textura Acrílica LuksArte Graf Lukscolor

Textura encorpada, de alta consistência, contém cristais de quartzo de tamanho grande. Proporciona efeitos rústicos, fortes e peculiares.

Esmalte Premium Plus Lukscolor

PREMIUM ★★★★★

Com o Esmalte Premium Plus Lukscolor você protege e decora superfícies de madeira e metal, em geral. Indicado para pintura de portas, janelas, portões, móveis, objetos etc. Disponível nos acabamentos alto brilho e acetinado para ambientes externos ou internos e no acabamento fosco para ambientes internos. Produto de alta durabilidade e resistência, fácil limpeza, não descasca e oferece máxima proteção às superfícies. Apresenta ultra rendimento, excelente cobertura e acabamento impecável.

Embalagens/Rendimento

Galão (3,6 L): até 75 m²/demão.
¼ de Galão (0,9 L): até 20 m²/demão.
1/16 de Galão (0,225 L): até 5 m²/demão.

Acabamento

Alto Brilho, Acetinado e Fosco.

Aplicação

Rolo de Espuma, Pincel ou Revólver. Duas a três demãos com intervalo mínimo de 8 horas.

Diluição

Pincel ou Rolo de Espuma: Dilua 10 medidas de Esmalte com 1 medida de Nova-Raz Innovation. Revólver: Dilua 10 medidas de Esmalte com 3 medidas de Nova-Raz Innovation.

Cor

Cores Prontas Alto brilho: 44.
Cores Prontas Acetinado: 9.
Cores Prontas Fosco: 2.
Disponível em mais de 2.000 cores no Lukscolor System.

Secagem

Ao Toque: 1 a 3 horas
Final: 18 horas depois da última demão.

Dicas e preparação de superfície

Repintura: Lixe, remova o pó; **Poeira e pó de lixamento**: Remova com pano limpo umedecido com Nova-Raz Innovation ou Nova-Raz 260 LuksNova e deixe secar; **Superfícies brilhantes**: Lixe até a perda total do brilho e remova o pó de lixamento; **Manchas gordurosas e graxas**: Limpe com um pano limpo umedecido com Nova-Raz Innovation ou Nova-Raz 260 LuksNova; **Mofo**: Limpe com água sanitária e deixe agir por alguns minutos. Enxágue e deixe secar; **Umidade**: Identifique a causa e trate adequadamente; **Pinturas soltas, reboco fraco e caiação**: Raspe e lixe as partes soltas, remova o pó e aplique uma demão prévia de Fundo Preparador Lukscolor; **Superfícies novas de reboco, emboço ou concreto**: Após 7 dias da execução do reboco ou concreto, aplicar Poupa Tempo Selador Acrílico Lukscolor. Para um acabamento liso, após o uso do Selador, aplique Massa Acrílica ou Massa Corrida Lukscolor. Aguarde 21 dias e aplique o Esmalte Premium Plus Lukscolor. **Imperfeições profundas**: Repare com reboco e proceda como em "Reboco Novo". **Madeira nova**: Lixe até eliminar as farpas e remova o pó. Aplique uma demão de Fundo Nivelador Lukscolor; **Metais ferrosos novos**: Lixe e elimine o pó. Em seguida, aplique de 1 a 2 demãos de Fundo Zarcão ou Fundo Cromato de Zinco Verde. Lixe, remova o pó; **Metais enferrujados**: Lixe para eliminar completamente a ferrugem e proceda como em "Metais Ferrosos Novos"; **Aço galvanizado e alumínio**: Lixe e elimine o pó. Aplique uma demão de LuksGalv Lukscolor ou Fundo Universal Base Água Lukscolor. Lixe, remova o pó; **PVC**: Lixe, elimine o pó.

Outros produtos relacionados

Nova Raz Innovation

Com inovadora tecnologia que proporciona um leve perfume ao produto, é indicada para diluir esmaltes e vernizes sintéticos imobiliários.

Protetor de Metais Ferrosos Zarcão

Fundo inibidor do processo de corrosão em metais ferrosos.

Fundo Nivelador Lukscolor

Sela e uniformiza a absorção das superfícies de madeira. Fácil de lixar e melhora o rendimento dos esmaltes de acabamento.

Ferroluks Lukscolor

PREMIUM ★★★★★

Com Ferroluks Lukscolor você protege superfícies de metais ferrosos, em ambientes externos e internos. É um produto que possui dupla função: fundo e acabamento, isto é, além de decorar a superfície, oferece ampla proteção anticorrosiva sem a necessidade de aplicação prévia de fundos. Possui alto rendimento, ótima cobertura e superior durabilidade e resistência às ações do tempo.

Embalagens/Rendimento
Galão (3,6 L): até 60 m²/demão.
¼ de Galão (0,9 L): até 15 m²/demão.

Acabamento
Brilhante.

Aplicação
Rolo de Espuma, Pincel ou Revólver. Duas a três demãos com intervalo mínimo de 8 horas.

Diluição
Pincel ou Rolo de Espuma: 10 medidas do produto com 1 a 2 medidas de Nova-Raz Innovation ou NOVA-RAZ 260 LuksNova.
Revólver: 10 medidas do produto com 2 a 3 medidas de Nova-Raz Innovation ou NOVA-RAZ 260 LuksNova.

Cor
Cinza, Preto e Vermelho óxido.

Secagem
Ao Toque: 2 a 4 horas.
Final: 24 horas depois da última demão.

Dicas e preparação de superfície

Repintura: Observe o estado geral da pintura antiga. Estando em boas condições, lixe, remova o pó, e aplique a tinta de acabamento; **Poeira e pó de lixamento**: Remova com escova de pelos e pano limpo umedecido com Nova-Raz Innovation ou Nova-Raz 260 LuksNova; **Superfícies brilhantes**: Lixe até a perda total do brilho e remova o pó de lixamento; **Manchas gordurosas e graxas**: Lave com água e detergente, enxágue e deixe secar, ou utilize um pano limpo umedecido com Nova-Raz Innovation ou Nova-Raz 260 LuksNova; **Mofo**: Limpe com água sanitária e deixe agir por alguns minutos. Enxágue e deixe secar; **Umidade**: Não inicie a pintura sobre superfícies com problemas de umidade. Identifique a causa e trate adequadamente; **Metais ferrosos novos**: Lixe e elimine o pó. Em seguida, aplique de 1 a 2 demãos de Fundo Zarcão Lukscolor ou Fundo Cromato de Zinco Verde Lukscolor. Lixe, remova o pó e aplique o Esmalte Premium Plus Lukscolor ou o Esmalte Base Água Premium Plus Lukscolor. Se você optar por utilizar Ferroluks ou Tinta Grafite Lukscolor, não há necessidade da aplicação de fundos. Esses produtos têm dupla função (fundo/acabamento), portanto, após lixar e remover o pó, aplique de 2 a 3 demãos de Ferroluks Lukscolor ou Tinta Grafite Lukscolor; **Metais enferrujados**: Lixe para eliminar completamente a ferrugem e proceda como em "Metais Ferrosos Novos". **Aço galvanizado e alumínio**: Lixe e elimine o pó. Aplique uma demão de LuksGalv Lukscolor. Lixe, remova o pó e aplique o Esmalte Premium Plus Lukscolor ou o Esmalte Base Água Premium Plus Lukscolor; **Madeira nova**: Lixe até eliminar as farpas e remova o pó. Aplique uma demão de Fundo Nivelador Lukscolor. Lixe, remova o pó e aplique o Esmalte Premium Plus Lukscolor ou o Esmalte Base Água Premium Plus Lukscolor.

Outros produtos relacionados

Nova Raz Innovation

Com inovadora tecnologia que proporciona um leve perfume ao produto, é indicada para diluir esmaltes e vernizes sintéticos imobiliários.

LuksGalv Lukscolor

Fundo indicado como pré-tratamento para a promoção de aderência sobre superfícies de metais não ferrosos ou tratamento superficial, como aço galvanizado, alumínio e chapas zincadas.

Tinta Grafite Lukscolor

PREMIUM ★★★★★

Com a Tinta Grafite Lukscolor você protege superfícies de metais ferrosos, em ambientes externos e internos. É um produto que possui dupla função: fundo e acabamento, isto é, além de decorar a superfície, oferece ampla proteção anticorrosiva sem a necessidade de aplicação prévia de fundos. Possui alto rendimento, ótima cobertura e superior durabilidade e resistência às ações do tempo.

Embalagens/Rendimento
Galão (3,6 L): até 75 m²/demão.
¼ de Galão (0,9 L): até 20 m²/demão.

Acabamento
Fosco.

Aplicação
Rolo de espuma, Pincel ou Revólver. Duas a três demãos com intervalo mínimo de 8 horas.

Diluição
Pincel ou Rolo de Espuma: 10 medidas do produto com 1 a 2 medidas de Nova-Raz Innovation ou NOVA-RAZ 260 LuksNova.
Revólver: 10 medidas do produto com 2 a 3 medidas de Nova-Raz Innovation ou NOVA-RAZ 260 LuksNova.

Cor
Grafite claro e Grafite escuro.

Secagem
Ao toque: 1 a 2 horas.
Final: 18 horas depois da última demão.

Dicas e preparação de superfície

Repintura: Lixe, remova o pó; **Poeira e pó de lixamento**: Remova com pano limpo umedecido com Nova-Raz Innovation ou Nova-Raz 260 LuksNova; **Superfícies brilhantes**: Lixe até a perda total do brilho e remova o pó de lixamento; **Manchas gordurosas e graxas**: Lave com água e detergente, enxágue e deixe secar, ou utilize um pano limpo umedecido com Nova-Raz Innovation ou Nova-Raz 260 LuksNova; **Metais ferrosos novos**: Lixe e elimine o pó. Se você optar por utilizar Tinta Grafite Lukscolor, não há necessidade da aplicação de fundos. Esse produto tem dupla função (fundo/acabamento), portanto, após lixar e remover o pó, aplique de 2 a 3 demãos de Tinta Grafite Lukscolor; **Metais enferrujados**: Lixe para eliminar completamente a ferrugem e proceda como em "Metais Ferrosos Novos". **Aço galvanizado e alumínio**: Lixe e elimine o pó. Aplique uma demão de LuksGalv Lukscolor. Lixe, remova o pó e aplique Tinta Grafite Lukscolor. **Madeira nova**: Lixe até eliminar as farpas e remova o pó. Aplique uma demão de Fundo Nivelador Lukscolor ou Fundo Universal Base Água Lukscolor. Lixe, remova o pó e aplique Tinta Grafite Lukscolor; **PVC**: Lixe, elimine o pó e aplique o Tinta Grafite Lukscolor.

Outros produtos relacionados

Nova Raz Innovation

Com inovadora tecnologia que proporciona um leve perfume ao produto, é indicada para diluir esmaltes e vernizes sintéticos imobiliários.

Protetor de Metais Ferrosos Zarcão

Fundo inibidor do processo de corrosão em metais ferrosos.

Fundo Nivelador

Sela e uniformiza a absorção das superfícies de madeira. Fácil de lixar e melhora o rendimento dos esmaltes de acabamento.

Esmalte Base Água Premium Plus Lukscolor

PREMIUM ★★★★★

Com o Esmalte Base Água Premium Plus Lukscolor você protege e decora superfícies de madeira e metal, em geral. Produto base água e com Suave Perfume, proporciona conforto e bem-estar, permitindo a sua permanência no ambiente do início ao fim da pintura. Produto de alta durabilidade e resistência, excelente preservação do brilho, não descasca, não amarelece com o tempo e oferece máxima proteção às superfícies.

Embalagens/Rendimento
Galão (3,6 L): até 75 m²/demão.
¼ de Galão (0,9 L): até 20 m ²/demão.

Acabamento
Brilhante, Acetinado e Fosco.

Aplicação
Rolo de Espuma, Pincel ou Revólver. Duas a três demãos com intervalo mínimo de 4 horas.

Diluição
Pincel ou Rolo de Espuma: Dilua 10 medidas de Esmalte Base Água Premium Plus Lukscolor com 1 medida de água.
Revólver: Dilua 10 medidas de Esmalte Base Água Premium Plus Lukscolor com 3 medidas de água.

Cor
Cores Prontas Brilhante: 12.
Cores Prontas Acetinado: 5.
Cores Prontas Fosco: 2.
Disponível em mais de 2.000 cores no Lukscolor System.

Secagem
Ao Toque: 30 minutos.
Final: 5 horas depois da última demão.

Dicas e preparação de superfície

Repintura: Lixe, remova o pó; **Poeira e pó de lixamento**: Remova com pano limpo umedecido com água e deixe secar; **Superfícies brilhantes**: Lixe até a perda total do brilho e remova o pó de lixamento; **Manchas gordurosas e graxas**: Lave com água e detergente, enxágue e deixe secar; **Mofo**: Limpe com água sanitária e deixe agir por alguns minutos. Enxágue e deixe secar; **Umidade**: Identifique a causa e trate adequadamente; **Pinturas soltas, Reboco fraco e caiação**: Raspe e lixe as partes soltas, remova o pó e aplique uma demão prévia de Fundo Preparador Lukscolor; **Superfícies novas de reboco, emboço ou concreto**: Após 7 dias da execução do reboco ou concreto, aplicar Poupa Tempo Selador Acrílico Lukscolor. Para um acabamento liso, após o uso do Selador, aplique Massa Acrílica ou Massa Corrida Lukscolor. Aguarde 21 dias e aplique o Esmalte Base Água Premium Plus Lukscolor. **Imperfeições profundas**: Repare com reboco e proceda como em "Reboco Novo". **Madeira nova**: Lixe até eliminar as farpas e remova o pó. Aplique uma demão de Fundo Universal Base Água Lukscolor; **Metais ferrosos novos**: Lixe e elimine o pó. Em seguida, aplique 2 demãos de Fundo Universal Base Água Lukscolor. Lixe, remova o pó; **Metais enferrujados**: Lixe para eliminar completamente a ferrugem e proceda como em "Metais Ferrosos Novos". **Aço galvanizado e alumínio**: Lixe e elimine o pó. Aplique uma demão de Fundo Universal Base Água Lukscolor. Lixe, remova o pó; **PVC**: Lixe, elimine o pó.

Outros produtos relacionados

Massa para Madeira Lukscolor

Indicada para nivelar e corrigir imperfeições rasas de superfícies de madeira maciça e folheada, em ambientes internos e externos.

Fundo Universal Lukscolor

Prepara superfícies para receber a pintura. Sela e uniformiza superfícies de madeira e protege os metais contra a ferrugem.

Esmalte Sintético Extra Rápido Lukscolor

PREMIUM ★★★★★

Tinta de acabamento de excelente cobertura, grande resistência ao tempo e de secagem extra-rápida. Oferece total segurança na pintura de veículos automotivos, máquinas, implementos agrícolas, carrocerias, estruturas metálicas, geladeiras, lavadoras, móveis de aço ou madeira e outros equipamentos domésticos, utilitários.

Embalagens/Rendimento
Galão (3,6 L): até 40 m²/demão.
¼ de Galão (0,9 L): até 10 m²/demão.

Acabamento
Brilhante.

Aplicação
Revólver.
Uma a duas demãos.

Diluição
Dilua 10 medidas de Esmalte Sintético Extra Rápido Lukscolor com 2 a 2,5 medidas de Thinner 206 Luks-Nova.

Cor
Cores Prontas: 25.

Secagem
Livre de pó: 20 a 30 minutos.
Ao manuseio: 6 a 8 horas.
Em estufa a 80 °C: 30 a 40 minutos.

Dicas e preparação de superfície

Antes de iniciar a pintura certifique-se de que a superfície esteja coesa e limpa. Preparar a superfície a ser pintada eliminando pinturas soltas, ferrugem, mofo, umidade, manchas gordurosas, pó e outros contaminantes. Observar as recomendações gerais: Superfícies já pintadas devem ser lixadas. Sobre metal, aplicar uma demão de Primer Universal ou Primer Sintético. Se necessário, corrigir eventuais defeitos de superfície com Massa Rápida, não se esquecendo de aparelhá-los com Primer. Lixar e aplicar de uma a duas demãos de Esmalte Sintético Extra Rápido Lukscolor.

Outros produtos relacionados

Primer Cromato de Zinco Verde Lukscolor

Fundo inibidor do processo de corrosão. Indicado para proteção de superfícies de metais ferrosos, em áreas externas e internas.

Protetor de Metais Primer Cromato de Zinco Verde Lukscolor

PREMIUM ★★★★★

O fundo Primer Cromato de Zinco Verde proporciona ampla proteção anticorrosiva às superfícies de metais ferrosos, em ambientes externos e internos. Possui alto rendimento, fácil aplicação, secagem rápida e prolonga a durabilidade da pintura.

Embalagens/Rendimento
Galão (3,6 L): até 60 m²/demão.
¼ de Galão (0,9 L): até 15 m²/demão.

Acabamento
Fosco.

Aplicação
Rolo de espuma, Pincel ou Revólver. Uma a duas demãos com intervalo mínimo de 8 horas.

Diluição
Pincel ou Rolo de Espuma: 10 medidas do produto com 1 a 2 medidas de Nova-Raz Innovation ou Nova-Raz 260 LuksNova.
Revólver: 10 medidas do produto com 2 a 3 medidas de Nova-Raz Innovation ou Nova-Raz 260 LuksNova.

Cor
Verde.

Secagem
Ao Toque: 2 a 4 horas.
Final: 24 horas depois da última demão.

Dicas e preparação de superfície

Repintura: Lixe, remova o pó; **Poeira e pó de lixamento**: Remova com escova de pelos e pano limpo umedecido com Nova-Raz Innovation ou Nova-Raz 260 LuksNova; **Superfícies brilhantes**: Lixe até a perda total do brilho e remova o pó de lixamento; **Manchas gordurosas e graxas**: Lave com água e detergente, enxágue e deixe secar, ou utilize um pano limpo umedecido com Nova-Raz Innovation ou Nova-Raz 260 LuksNova; **Metais ferrosos novos**: Lixe e elimine o pó. Em seguida, aplique de 1 a 2 demãos de Fundo Zarcão ou Fundo Cromato de Zinco Verde Lukscolor. Lixe, remova o pó e aplique o Esmalte Premium Plus ou o Esmalte Base Água Premium Plus Lukscolor. Se você optar por utilizar Ferroluks ou Tinta Grafite Lukscolor, não há necessidade da aplicação de fundos. Esses produtos têm dupla função (fundo/acabamento), portanto, após lixar e remover o pó, aplique de 2 a 3 demãos de Ferroluks ou Tinta Grafite Lukscolor; **Metais enferrujados**: Lixe para eliminar completamente a ferrugem e proceda como em "Metais Ferrosos Novos". **Aço galvanizado e alumínio**: Lixe e elimine o pó. Aplique uma demão de LuksGalv Lukscolor. Lixe, remova o pó e aplique o Esmalte Premium Plus ou o Esmalte Base Água Premium Plus Lukscolor.

Outros produtos relacionados

Nova Raz Innovation

Com inovadora tecnologia que proporciona um leve perfume ao produto, é indicada para diluir esmaltes e vernizes sintéticos imobiliários.

Esmalte Premium Plus Base Água Lukscolor

Indicado para proteger e decorar superfícies de metal, madeira, alvenaria, PVC e cerâmicas não vitrificadas. Para ambientes externos e internos. Com Suave Perfume.

Esmalte Premium Plus Lukscolor

Indicado para proteger e decorar superfícies de metal, madeira, alvenaria, PVC e cerâmicas não vitrificadas. Para ambientes externos e internos.

LuksGalv Lukscolor

PREMIUM ★★★★★

É um produto que promove a aderência da tinta de acabamento em superfícies de aço galvanizado, alumínio e chapas zincadas, em ambientes externos e internos. Possui alto rendimento, fácil aplicação e secagem rápida.

Embalagens/Rendimento

Galão (3,6 L): até 60 m²/demão.
¼ de Galão (0,9 L): até 15 m²/demão.

Acabamento

Fosco.

Aplicação

Rolo de Espuma, Pincel ou Revólver. Uma a duas demãos com intervalo mínimo de 8 horas.

Diluição

Pincel ou Rolo de Espuma: 10 medidas do produto com 1 a 2 medidas de Nova-Raz Innovation ou Nova-Raz 260 LuksNova.
Revólver: 10 medidas do produto com 2 a 3 medidas de Nova-Raz Innovation ou Nova-Raz 260 LuksNova.

Cor

Branco.

Secagem

Ao toque: 2 a 4 horas.
Final: 24 horas depois da última demão.

Dicas e preparação de superfície

Repintura: Observe o estado geral da pintura antiga. Estando em boas condições, lixe, remova o pó, e aplique a tinta de acabamento; **Poeira e pó de lixamento**: Remova com escova de pelos e pano limpo umedecido com Nova-Raz Innovation ou Nova-Raz 260 LuksNova; **Superfícies brilhantes**: Lixe até a perda total do brilho e remova o pó de lixamento; **Manchas gordurosas e graxas**: Lave com água e detergente, enxágue e deixe secar, ou utilize um pano limpo umedecido com Nova-Raz Innovation ou Nova-Raz 260 LuksNova; **Mofo**: Limpe com água sanitária e deixe agir por alguns minutos. Enxágue e deixe secar; **Umidade**: Não inicie a pintura sobre superfícies com problemas de umidade. Identifique a causa e trate adequadamente; **Metais ferrosos novos**: Lixe e elimine o pó. Em seguida, aplique de 1 a 2 demãos de Fundo Zarcão Lukscolor ou Fundo Cromato de Zinco Verde Lukscolor. Lixe, remova o pó e aplique o Esmalte Premium Plus Lukscolor ou o Esmalte Base Água Premium Plus Lukscolor. Se você optar por utilizar Ferroluks ou Tinta Grafite Lukscolor, não há necessidade da aplicação de fundos. Esses produtos têm dupla função (fundo/acabamento), portanto, após lixar e remover o pó, aplique de 2 a 3 demãos de Ferroluks Lukscolor ou Tinta Grafite Lukscolor; **Metais enferrujados**: Lixe para eliminar completamente a ferrugem e proceda como em "Metais Ferrosos Novos". **Aço galvanizado e alumínio**: Lixe e elimine o pó. Aplique uma demão de LuksGalv Lukscolor. Lixe, remova o pó e aplique o Esmalte Premium Plus Lukscolor ou o Esmalte Base Água Premium Plus Lukscolor; **Madeira nova**: Lixe até eliminar as farpas e remova o pó. Aplique uma demão de Fundo Nivelador Lukscolor. Lixe, remova o pó e aplique o Esmalte Premium Plus Lukscolor ou o Esmalte Base Água Premium Plus Lukscolor.

Outros produtos relacionados

Nova Raz Innovation

Com inovadora tecnologia que proporciona um leve perfume ao produto, é indicada para diluir esmaltes e vernizes sintéticos imobiliários.

Esmalte Premium Plus Lukscolor

Indicado para proteger e decorar superfícies de metal, madeira, alvenaria, PVC e cerâmicas não vitrificadas. Para ambientes externos e internos.

Protetor de Metais Zarcão Lukscolor

PREMIUM ★★★★★

O fundo Zarcão proporciona ampla proteção anticorrosiva às superfícies de metais ferrosos, em ambientes externos e internos. Possui alto rendimento, fácil aplicação, secagem rápida e prolonga a durabilidade da pintura.

Embalagens/Rendimento
Galão (3,6 L): até 60 m²/demão.
¼ de Galão (0,9 L): até 15 m²/demão.

Acabamento
Fosco.

Aplicação
Rolo de espuma, Pincel ou Revólver. Uma a duas demãos com intervalo mínimo de 8 horas.

Diluição
Pincel ou Rolo de Espuma: 10 medidas do produto com 1 a 2 medidas de Nova-Raz Innovation ou Nova--Raz 260 LuksNova.
Revólver: 10 medidas do produto com 2 a 3 medidas de Nova-Raz Innovation ou Nova-Raz 260 LuksNova.

Cor
Laranja.

Secagem
Ao toque: 2 a 4 horas.
Final: 24 horas depois da última demão.

Dicas e preparação de superfície

Repintura: Lixe, remova o pó; **Poeira e pó de lixamento**: Remova com pano limpo umedecido com Nova-Raz Innovation ou Nova-Raz 260 LuksNova; **Superfícies brilhantes**: Lixe até a perda total do brilho e remova o pó de lixamento; **Manchas gordurosas e graxas**: Lave com água e detergente, enxágue e deixe secar, ou utilize um pano limpo umedecido com Nova-Raz Innovation ou Nova-Raz 260 LuksNova; **Metais ferrosos novos**: Lixe e elimine o pó. Em seguida, aplique de 1 a 2 demãos de Fundo Zarcão Lukscolor ou Fundo Cromato de Zinco Verde Lukscolor. Lixe, remova o pó e aplique o Esmalte Premium Plus ou o Esmalte Base Água Premium Plus Lukscolor. Se você optar por utilizar Ferroluks ou Tinta Grafite Lukscolor, não há necessidade da aplicação de fundos. Esses produtos têm dupla função (fundo/acabamento), portanto, após lixar e remover o pó, aplique de 2 a 3 demãos de Ferroluks ou Tinta Grafite Lukscolor; **Metais enferrujados**: Lixe para eliminar completamente a ferrugem e proceda como em "Metais Ferrosos Novos". **Aço galvanizado e alumínio**: Lixe e elimine o pó. Aplique uma demão de LuksGalv Lukscolor. Lixe, remova o pó e aplique o Esmalte Premium Plus ou o Esmalte Base Água Premium Plus Lukscolor.

Outros produtos relacionados

Nova Raz Innovation

Com inovadora tecnologia que proporciona um leve perfume ao produto, é indicada para diluir esmaltes e vernizes sintéticos imobiliários.

Esmalte Premium Plus Base Água Lukscolor

Indicado para proteger e decorar superfícies de metal, madeira, alvenaria, PVC e cerâmicas não vitrificadas. Para ambientes externos e internos. Com Suave Perfume.

Esmalte Premium Plus Lukscolor

Indicado para proteger e decorar superfícies de metal, madeira, alvenaria, PVC e cerâmicas não vitrificadas. Para ambientes externos e internos.

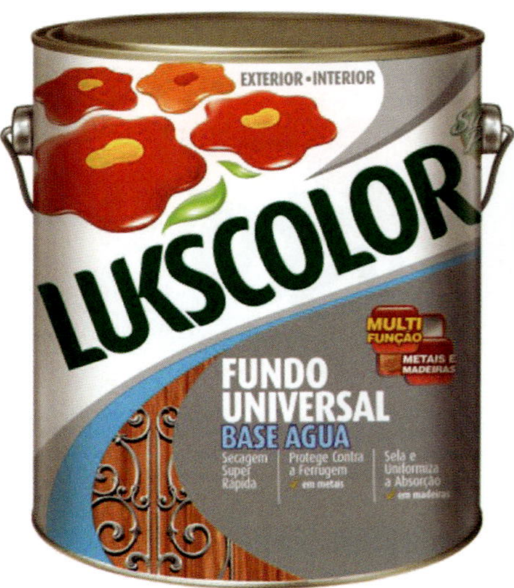

Fundo Universal Base Água Lukscolor

PREMIUM ★★★★★

É um produto de alta tecnologia que prepara diversas superfícies, externas e internas, para receber a tinta de acabamento. Tem dupla função: sela e uniformiza superfícies de madeira e protege os metais contra a ferrugem. Possui alto rendimento, ótima aderência e secagem muito rápida. Produto base água, portanto dispensa o uso de Nova-Raz para diluição. Com Suave Perfume, proporciona conforto e bem-estar, permitindo a sua permanência no ambiente do início ao fim da pintura.

Embalagens/Rendimento
Galão (3,6 L): até 65 m²/demão.
¼ de Galão (0,9 L): até 16 m²/demão.

Acabamento
Fosco.

Aplicação
Rolo de espuma, Trincha, Pincel ou Revólver. Uma a duas demãos com intervalo mínimo de 3 horas.

Diluição
Pincel, Trincha ou Rolo de Espuma: Dilua 10 medidas de Fundo Universal Base Água Lukscolor com 1 a 2 medidas de água.
Revólver e Superfícies não seladas: Dilua 10 medidas de Fundo Universal Base Água Lukscolor com 3 a 4 medidas de água.

Cor
Cinza.

Secagem
Ao toque: 30 minutos.
Final: 4 horas depois da ultima demão.

Dicas e preparação de superfície

Repintura: Lixe, remova o pó; **Poeira e pó de lixamento**: Remova com pano limpo umedecido com água e deixe secar. Em madeiras, limpe com pano limpo umedecido com água e deixe secar; em metais, limpe com pano limpo umedecido com Nova-Raz Innovation ou Nova-Raz 260 LuksNova; **Superfícies brilhantes**: Lixe até a perda total do brilho e remova o pó de lixamento; **Manchas gordurosas e graxas**: Lave com água e detergente, enxágue e deixe secar; **Mofo**: Limpe com água sanitária e deixe agir por alguns minutos. Enxágue e deixe secar; **Umidade**: Identifique a causa e trate adequadamente; **Madeira nova**: Lixe até eliminar as farpas e remova o pó. Aplique uma demão de Fundo Universal Base Água Lukscolor. Lixe, remova o pó e aplique o Esmalte Premium Plus ou Esmalte Base Água Premium Plus Lukscolor; **Madeira, imperfeições rasas**: Aplique Massa Para Madeira Lukscolor, lixe e remova o pó; **Metais ferrosos novos**: Lixe e elimine o pó. Em seguida, aplique 2 demãos de Fundo Universal Base Água Lukscolor. Lixe, remova o pó e aplique o Esmalte Premium Plus ou Esmalte Base Água Lukscolor; **Metais enferrujados**: Lixe para eliminar completamente a ferrugem e proceda como em "Metais Ferrosos Novos". **Aço galvanizado e alumínio**: Lixe e elimine o pó. Aplique uma demão de Fundo Universal Base Água ou LuksGalv Lukscolor. Lixe, remova o pó e aplique o Esmalte Premium Plus ou Esmalte Base Água Lukscolor.

Outros produtos relacionados

Nova Raz Innovation

Com inovadora tecnologia que proporciona um leve perfume ao produto, é indicada para diluir esmaltes e vernizes sintéticos imobiliários.

Esmalte Premium Plus Base Água Lukscolor

Indicado para proteger e decorar superfícies de metal, madeira, alvenaria, PVC e cerâmicas não vitrificadas. Para ambientes externos e internos. Com Suave Perfume.

Esmalte Premium Plus Lukscolor

Indicado para proteger e decorar superfícies de metal, madeira, alvenaria, PVC e cerâmicas não vitrificadas. Para ambientes externos e internos.

Verniz Premium Plus Power Plus Lukscolor

PREMIUM ★★★★★

Indicado para superfícies de Madeira que sofram intensa ação solar e maresia como: casas de madeira, portas, janelas, lambris, móveis para piscina e jardins, esquadrias e madeiras decorativas em geral, evitando sua deterioração prematura. Realça os veios e preserva o aspecto natural da madeira, em ambientes externos e internos. Produto hidrorrepelente de elevado poder de penetração, excepcional resistência ao intemperismo e raios ultra violeta, garantindo um perfeito acabamento, por no mínimo, 6 anos. Sua fórmula confere tripla proteção: dupla ação contra raios solares e ação fungicida (anti mofo).

Embalagens/Rendimento
Galão (3,6 L): até 120 m²/demão.
¼ de Galão (0,9 L): até 30 m²/demão.

Acabamento
Brilhante e acetinado.

Aplicação
Pincel. Três demãos no mínimo, com intervalo de 12 horas.

Diluição
Pronto para uso.

Cor
Disponível nas cores Canela, Cedro, Imbuia, Ipê e Mogno.

Secagem
Ao toque: 4 a 6 horas.
Final: 24 horas depois da última demão.

Dicas e preparação de superfície

Madeira nova: Lixe até eliminar suas farpas. Remover o pó com pano limpo umedecido em Nova-Raz Innovation ou Nova-Raz 260 LuksNova. **Madeira já envernizada**: Observe o estado geral da pintura antiga. Estando em boas condições, lixe, remova o pó e aplique o acabamento. **Poeira e pó de lixamento**: Remova com escova de pelos e pano limpo umedecido com Nova-Raz Innovation ou Nova-Raz 260 LuksNova; **Superfícies brilhantes**: Lixe até a perda total do brilho e remova o pó de lixamento; **Manchas gordurosas e graxas**: Lave com água e detergente, enxágue e deixe secar, ou utilize um pano limpo umedecido com Nova-Raz Innovation ou Nova-Raz 260 LuksNova; **Mofo**: Limpe com água sanitária e deixe agir por alguns minutos. Enxágue e deixe secar; **Umidade**: Não inicie a pintura sobre superfícies com problemas de umidade. Identifique a causa e trate adequadamente; **Partes soltas ou sem aderência**: Raspe com espátula e lixe até total remoção; **IMPORTANTE**: **Nunca aplicar o Verniz Premium Plus Power Plus Lukscolor sobre superfícies onde tenha sido aplicada Seladora**.

Outros produtos relacionados

Nova Raz Innovation

Com inovadora tecnologia que proporciona um leve perfume ao produto, é indicada para diluir esmaltes e vernizes sintéticos imobiliários.

Verniz Premium Plus Duplo Filtro Solar Lukscolor

PREMIUM ★★★★★

Indicado para proteção e decoração de superfícies de madeira em regiões de grande ação solar e maresia, em ambientes externos e internos. Sua fórmula confere tripla proteção: dupla ação contra os raios solares e ação fungicida (anti mofo). Realça os veios e preserva o aspecto natural da madeira. Produto de elevado poder de penetração, excelente resistência ao intemperismo e raios ultra violeta, garantindo um perfeito acabamento por, no mínimo, 3 anos.

Embalagens/Rendimento

Galão (3,6 L): até 110 m²/demão.
¼ de Galão (0,9 L): 28 m²/demão.

Acabamento

Brilhante e acetinado.

Aplicação

Rolo de Espuma, Pincel e Revólver. Três demãos no mínimo, com intervalo de 12 horas.

Diluição

Rolo de Espuma e Pincel: Dilua 10 medidas de Verniz Premium Plus Duplo Filtro Solar Lukscolor com 1 medida de Nova-Raz Innovation ou Nova-Raz 260 LuksNova.
Revólver: Dilua 10 medidas de Verniz Premium Plus Duplo Filtro Solar Lukscolor com 3 medidas de Nova-Raz Innovation ou Nova-Raz 260 LuksNova.

Cor

Disponível na versão natural e também nas cores: Mogno, Imbuia, Nogueira, Cedro, Canela e Ipê no Lukscolor System.

Secagem

Toque: 4 a 6 horas.
Final: 24 horas depois da última demão.

Dicas e preparação de superfície

Madeira nova: Lixe até eliminar suas farpas. Remover o pó com pano limpo umedecido em Nova-Raz Innovation ou Nova-Raz 260 LuksNova. **Madeira já envernizada**: Observe o estado geral da pintura antiga. Estando em boas condições, lixe, remova o pó e aplique o acabamento. **Poeira e pó de lixamento**: Remova com escova de pelos e pano limpo umedecido com Nova-Raz Innovation ou Nova-Raz 260 LuksNova; **Superfícies brilhantes**: Lixe até a perda total do brilho e remova o pó de lixamento; **Manchas gordurosas e graxas**: Lave com água e detergente, enxágue e deixe secar, ou utilize um pano limpo umedecido com Nova-Raz Innovation ou Nova-Raz 260 LuksNova; **Mofo**: Limpe com água sanitária e deixe agir por alguns minutos. Enxágue e deixe secar; **Umidade**: Não inicie a pintura sobre superfícies com problemas de umidade. Identifique a causa e trate adequadamente; **Partes soltas ou sem aderência**: Raspe com espátula e lixe até total remoção; **IMPORTANTE**: **Nunca aplicar o Verniz Premium Plus Duplo Filtro Solar Lukscolor sobre superfícies onde tenha sido aplicada Seladora**.

Outros produtos relacionados

Nova Raz Innovation

Com inovadora tecnologia que proporciona um leve perfume ao produto, é indicada para diluir esmaltes e vernizes sintéticos imobiliários.

Verniz Premium Plus Restaurador Lukscolor

PREMIUM ★★★★★

Indicado para proteger e tingir madeiras novas ou recuperar madeiras desbotadas e degradadas pela ação do tempo. Com filtro solar e ação fungicida, confere altíssima proteção à madeira, em ambientes internos e externos, garantindo fino acabamento por, no mínimo, 3 anos.

Embalagens/Rendimento
Galão (3,6 L): até 120 m²/demão.
¼ de galão (0,9 L): até 30 m²/demão.

Acabamento
Brilhante.

Aplicação
Rolo de Espuma, Pincel ou Revólver.
Três demãos no mínimo, com intervalo de 12 horas.

Diluição
Rolo de Espuma e Pincel: Dilua 10 medidas de Verniz Premium Plus Restaurador Lukscolor com 1 medida de Nova-Raz Innovation ou Nova-Raz 260 LuksNova.
Revólver: Dilua 10 medidas de Verniz Premium Plus Restaurador Lukscolor com 3 medidas de Nova-Raz Innovation ou Nova-Raz 260 LuksNova.

Cor
Disponível nas cores Imbuia e Mogno.

Secagem
Toque: 4 a 6 horas.
Final: 24 horas depois da última demão.

Dicas e preparação de superfície

Madeira nova: Lixe até eliminar suas farpas. Remover o pó com pano limpo umedecido em Nova-Raz Innovation ou Nova-Raz 260 LuksNova. **Madeira já envernizada**: Observe o estado geral da pintura antiga. Estando em boas condições, lixe, remova o pó e aplique o acabamento. **Poeira e pó de lixamento**: Remova com escova de pelos e pano limpo umedecido com Nova-Raz Innovation ou Nova-Raz 260 LuksNova; **Superfícies brilhantes**: Lixe até a perda total do brilho e remova o pó de lixamento; **Manchas gordurosas e graxas**: Lave com água e detergente, enxágue e deixe secar, ou utilize um pano limpo umedecido com Nova-Raz Innovation ou Nova-Raz 260 LuksNova; **Mofo**: Limpe com água sanitária e deixe agir por alguns minutos. Enxágue e deixe secar; **Umidade**: Não inicie a pintura sobre superfícies com problemas de umidade. Identifique a causa e trate adequadamente. **Partes soltas ou sem aderência**: Raspe com espátula e lixe até total remoção.

Outros produtos relacionados

Nova Raz Innovation

Com inovadora tecnologia que proporciona um leve perfume ao produto, é indicada para diluir esmaltes e vernizes sintéticos imobiliários.

Seladora Premium Plus Lukscolor

Indicada para selar e uniformizar superfícies novas de madeira, em ambientes internos. Fácil aplicação, ótimo poder de enchimento e secagem rápida.

Verniz Premium Plus Tingidor Lukscolor

PREMIUM ★★★★★

Indicado para envernizar e alterar a tonalidade de madeiras novas ou recuperar a tonalidade de madeiras desbotadas pela ação do tempo, em áreas internas e externas, garantindo fino acabamento por, no mínimo, 2 anos.

Embalagens/Rendimento
Galão (3,6 L): até 120 m²/demão.
¼ de Galão (0,9 L): 30 m²/demão.

Acabamento
Brilhante.

Aplicação
Rolo de Espuma, Pincel ou Revólver. Três demãos no mínimo, com intervalo de 12 horas.

Diluição
Rolo de Espuma e Pincel: Dilua 10 medidas de Verniz Premium Plus Tingidor Lukscolor com 1 medida de Nova-Raz Innovation ou Nova-Raz 260 LuksNova.
Revólver: Dilua 10 medidas de Verniz Premium Plus Tingidor Lukscolor com 3 medidas de Nova-Raz Innovation ou Nova-Raz 260 LuksNova.

Cor
Disponível nas cores Imbuia e Mogno.

Secagem
Toque: 4 a 6 horas.
Final: 24 horas depois da última demão.

Dicas e preparação de superfície

Madeira nova: Lixe até eliminar suas farpas. Remover o pó com pano limpo umedecido em Nova-Raz Innovation ou Nova-Raz 260 LuksNova. **Madeira já envernizada**: Observe o estado geral da pintura antiga. Estando em boas condições, lixe, remova o pó e aplique o acabamento. **Poeira e pó de lixamento**: Remova com escova de pelos e pano limpo umedecido com Nova-Raz Innovation ou Nova-Raz 260 LuksNova; **Superfícies brilhantes**: Lixe até a perda total do brilho e remova o pó de lixamento; **Manchas gordurosas e graxas**: Lave com água e detergente, enxágue e deixe secar, ou utilize um pano limpo umedecido com Nova-Raz Innovation ou Nova-Raz 260 LuksNova; **Mofo**: Limpe com água sanitária e deixe agir por alguns minutos. Enxágue e deixe secar; **Umidade**: Não inicie a pintura sobre superfícies com problemas de umidade. Identifique a causa e trate adequadamente; **Partes soltas ou sem aderência**: Raspe com espátula e lixe até total remoção.

Outros produtos relacionados

Nova Raz Innovation

Com inovadora tecnologia que proporciona um leve perfume ao produto, é indicada para diluir esmaltes e vernizes sintéticos imobiliários.

Stain Premium Plus Lukscolor

PREMIUM ★★★★★

É um impregnante, que valoriza os veios e desenhos naturais da Madeira. Produto de alto poder de penetração, repelente à água, com ação fungicida (anti mofo) e de excelente resistência ao intemperismo. Penetra nas fibras da madeira, sem formar filme, conferindo maior durabilidade e proteção à madeira, evitando falhas como trincas, descascamento e formação de bolhas. Indicado para ambientes externos e internos.

Embalagens/Rendimento
Galão (3,6 L): até 100 m² /demão.
¼ de galão (0,9 L): até 25 m²/demão.

Acabamento
Acetinado.

Aplicação
Pincel. Aplique com pinceladas longas e contínuas. Duas demãos para Interior e três demãos para Exterior, com intervalo de 6 a 12 horas.

Diluição
Pronto para uso.

Cor
Disponível na versão Natural e nas cores: Canela, Cedro, Imbuia, Ipê, Mogno e Nogueira. (Versão Natural, indicado só para interiores).

Secagem
Final: 24 horas depois da última demão.

Dicas e preparação de superfície

Madeira nova: Lixe até eliminar suas farpas. Remover o pó com pano limpo umedecido em Nova-Raz Innovation ou Nova-Raz 260 LuksNova. **Madeira já envernizada**: Observe o estado geral da pintura antiga. Estando em boas condições, lixe, remova o pó e aplique o acabamento. **Poeira e pó de lixamento**: Remova com escova de pelos e pano limpo umedecido com Nova-Raz Innovation ou Nova-Raz 260 LuksNova; **Superfícies brilhantes**: Lixe até a perda total do brilho e remova o pó de lixamento; **Manchas gordurosas e graxas**: Lave com água e detergente, enxágue e deixe secar, ou utilize um pano limpo umedecido com Nova-Raz Innovation ou Nova-Raz 260 LuksNova; **Mofo**: Limpe com água sanitária e deixe agir por alguns minutos. Enxágue e deixe secar; **Umidade**: Não inicie a pintura sobre superfícies com problemas de umidade. Identifique a causa e trate adequadamente; **Partes soltas ou sem aderência**: Raspe com espátula e lixe até total remoção.

Outros produtos relacionados

Nova Raz Innovation

Com inovadora tecnologia que proporciona um leve perfume ao produto, é indicada para diluir esmaltes e vernizes sintéticos imobiliários.

Verniz Premium Plus Marítimo Lukscolor

PREMIUM ★★★★★

Indicado para proteção e decoração de superfícies de madeira em ambientes externos e internos. Produto de alto rendimento e grande resistência ao intemperismo, preserva e mantém o aspecto natural da madeira, em ambientes internos e externos. Garante um fino acabamento por, no mínimo, 2 anos.

Embalagens/Rendimento

Galão (3,6 L): até 110 m²/demão.
1/4 de galão (0,9 L): até 28 m²/demão.
1/16 de galão (0,225 L): somente brilhante 7 m²/demão.

Acabamento

Brilhante e acetinado.

Aplicação

Rolo de Espuma, Pincel e Revólver.
Três demãos no mínimo, com intervalo de 4 horas.

Diluição

Rolo de Espuma e Pincel: Dilua 10 medidas de Verniz Premium Plus Marítimo Lukscolor com 1 medida de Nova-Raz Innovation ou Nova-Raz 260 LuksNova.
Revólver: Dilua 10 medidas de Verniz Premium Plus Marítimo Lukscolor com 3 medidas de de Nova-Raz Innovation ou Nova-Raz 260 LuksNova.

Cor

Incolor.

Secagem

Toque: 4 a 6 horas.
Final: 24 horas depois da última demão.

Dicas e preparação de superfície

Madeira Nova: Lixe até eliminar suas farpas. Remover o pó com pano limpo umedecido em Nova-Raz Innovation ou Nova-Raz 260 LuksNova. **Madeira já envernizada**: Observe o estado geral da pintura antiga. Estando em boas condições, lixe, remova o pó e aplique o acabamento. **Poeira e pó de lixamento**: Remova com escova de pelos e pano limpo umedecido com Nova-Raz Innovation ou Nova-Raz 260 LuksNova; **Superfícies brilhantes**: Lixe até a perda total do brilho e remova o pó de lixamento; **Manchas gordurosas e graxas**: Lave com água e detergente, enxágue e deixe secar, ou utilize um pano limpo umedecido com Nova-Raz Innovation ou Nova-Raz 260 LuksNova; **Mofo**: Limpe com água sanitária e deixe agir por alguns minutos. Enxágue e deixe secar; **Umidade**: Não inicie a pintura sobre superfícies com problemas de umidade. Identifique a causa e trate adequadamente; **Partes soltas ou sem aderência**: Raspe com espátula e lixe até total remoção.

Outros produtos relacionados

Nova Raz Innovation

Com inovadora tecnologia que proporciona um leve perfume ao produto, é indicada para diluir esmaltes e vernizes sintéticos imobiliários.

Verniz Premium Plus Copal Lukscolor

PREMIUM ★★★★★

Indicado para proteger e embelezar superfícies de madeira em áreas internas, realçando sua cor natural. Proporciona finíssimo acabamento.

Embalagens/Rendimento
Galão (3,6 L): até 108 m²/demão.
¼ de Galão (0,9 L): até 27 m²/demão.

Acabamento
Brilhante.

Aplicação
Rolo de Espuma, Pincel e Revólver.
Duas a três demãos com intervalo de 12 horas.

Diluição
Rolo de Espuma e Pincel: Dilua 10 medidas de Verniz Premium Plus Copal Lukscolor com 1 medida de Nova-Raz Innovation 260 LuksNova.
Revólver: Dilua 10 medidas de Verniz Premium Plus Copal Lukscolor com 3 medidas de Nova-Raz Innovation 260 LuksNova.

Cor
Incolor.

Secagem
Toque: 4 a 6 horas.
Final: 24 horas depois da última demão.

Dicas e preparação de superfície

Madeira Nova: Lixe até eliminar suas farpas. Remover o pó com pano limpo umedecido em Nova-Raz Innovation ou Nova-Raz 260 LuksNova. **Madeira já envernizada**: Observe o estado geral da pintura antiga. Estando em boas condições, lixe, remova o pó e aplique o acabamento. **Poeira e pó de lixamento**: Remova com escova de pelos e pano limpo umedecido com Nova-Raz Innovation ou Nova-Raz 260 LuksNova; **Superfícies brilhantes**: Lixe até a perda total do brilho e remova o pó de lixamento; **Manchas gordurosas e graxas**: Lave com água e detergente, enxágue e deixe secar, ou utilize um pano limpo umedecido com Nova-Raz Innovation ou Nova-Raz 260 LuksNova; **Mofo**: Limpe com água sanitária e deixe agir por alguns minutos. Enxágue e deixe secar; **Umidade**: Não inicie a pintura sobre superfícies com problemas de umidade. Identifique a causa e trate adequadamente; **Partes soltas ou sem aderência**: Raspe com espátula e lixe até total remoção.

Outros produtos relacionados

Nova Raz Innovation

Com inovadora tecnologia que proporciona um leve perfume ao produto, é indicada para diluir esmaltes e vernizes sintéticos imobiliários.

Seladora Premium Plus Lukscolor

Indicada para selar e uniformizar superfícies novas de madeira, em ambientes internos. Fácil aplicação, ótimo poder de enchimento e secagem rápida.

Verniz Premium Plus Base Água Duplo Filtro Solar Lukscolor

PREMIUM ★★★★★

Indicado para proteção e decoração de superfícies de madeira em regiões de intensa ação solar e maresia. Sua fórmula confere tripla proteção: dupla ação contra os raios solares e ação fungicida (anti mofo). Realça os veios e preserva o aspecto natural da madeira, em ambientes externos e internos. Produto de excepcional resistência e durabilidade, garantindo um perfeito acabamento por no mínimo, 3 anos.

Embalagens/Rendimento

Galão (3,6 L): até 110 m² /demão.
¼ de Galão (0,9 L): até 28 m²/demão.

Acabamento

Brilhante e acetinado.

Aplicação

Rolo de Espuma, Pincel ou Revólver.
Três demãos no mínimo, com intervalo de 4 horas.

Diluição

Rolo de Espuma e Pincel: Dilua 10 medidas de Verniz Premium Plus Duplo Filtro Solar Lukscolor com 1 medida de água.
Revólver: Dilua 10 medidas de Verniz Premium Plus Duplo Filtro Solar Lukscolor com 3 medidas de água.

Cor

Disponível na versão natural e também nas cores: Mogno, Imbuia, Nogueira, Cedro, Canela e Ipê no Lukscolor System.

Secagem

Ao toque: 30 minutos.
Final: 5 horas depois da última demão.

Dicas e preparação de superfície

Madeira Nova: Lixe até eliminar suas farpas. Remover o pó com pano limpo umedecido em Água; **Madeira já envernizada**: Observe o estado geral da pintura antiga. Estando em boas condições, lixe, remova o pó e aplique o acabamento. **Poeira e pó de lixamento**: Remova com escova de pelos e pano limpo umedecido em água; **Superfícies brilhantes**: Lixe até a perda total do brilho e remova o pó de lixamento; **Manchas gordurosas e graxas**: Lave com água e detergente, enxágue e deixe secar, ou utilize um pano limpo umedecido com Nova-Raz Innovation ou Nova-Raz 260 LuksNova; **Mofo**: Limpe com água sanitária e deixe agir por alguns minutos. Enxágue e deixe secar; **Umidade**: Não inicie a pintura sobre superfícies com problemas de umidade. Identifique a causa e trate adequadamente; **Partes soltas ou sem aderência**: Raspe com espátula e lixe até total remoção. Para selar e uniformizar a absorção: aplicar a 1ª demão com o próprio verniz, diluído com igual quantidade de Água Potável. Não aplicar sobre madeiras, impregnadas com produtos a base de silicone e/ou óleo (linhaça). Em madeiras resinosas recomendamos não aplicar este produto. Nunca utilizar Seladora.

Outros produtos relacionados

Verniz Premium Plus Base Água Interior Lukscolor

Indicado para a proteção e decoração de superfícies de madeira, preservando e valorizando-as.

Verniz Premium Plus Base Água Tingidor Lukscolor

Indicado para tingir e alterar a tonalidade em madeiras novas ou na recuperação da tonalidade de madeiras desbotadas pela ação do tempo, em ambientes externos e internos.

Verniz Premium Plus Base Água Interior Lukscolor

PREMIUM ★★★★★

Indicado para a proteção e decoração de superfícies de madeira, preservando e valorizando-as. Produto de alto rendimento, fácil aplicação e que proporciona um acabamento com textura lisa e homogênea, de grande durabilidade, resistente a formação de fungos (mofo), com excelente preservação de brilho e que ainda, não amarelece. Verniz incolor, que valoriza e realça a cor natural da madeira, para uso em áreas internas.

Embalagens/Rendimento

Galão (3,6 L): até 110 m²/demão
¼ de galão (0,9 L): 28 m²/demão

Acabamento

Brilhante e acetinado.

Aplicação

Rolo de Espuma, Pincel ou Revólver.
Duas a três demãos com intervalo de 4 horas.

Diluição

Rolo de Espuma e Pincel: Dilua 10 medidas de Verniz Premium Plus Base Água Interior Lukscolor com 1 medida de água.
Revólver: Dilua 10 medidas de Verniz Premium Plus Base Água Interior Lukscolor com 3 medidas de água.

Cor

Disponível na versão: Incolor.

Secagem

Toque: 30 minutos.
Final: 5 horas depois da última demão.

Dicas e preparação de superfície

Madeira Nova: Lixe até eliminar suas farpas. Remover o pó com pano limpo umedecido em Água; **Madeira já envernizada**: Observe o estado geral da pintura antiga. Estando em boas condições, lixe, remova o pó e aplique o acabamento. **Poeira e pó de lixamento**: Remova com escova de pelos e pano limpo umedecido em água; **Superfícies brilhantes**: Lixe até a perda total do brilho e remova o pó de lixamento; **Manchas gordurosas e graxas**: Lave com água e detergente, enxágue e deixe secar, ou utilize um pano limpo umedecido com Nova-Raz Innovation ou Nova-Raz 260 LuksNova; **Mofo**: Limpe com água sanitária e deixe agir por alguns minutos. Enxágue e deixe secar; **Umidade**: Não inicie a pintura sobre superfícies com problemas de umidade. Identifique a causa e trate adequadamente; **Partes soltas ou sem aderência**: Raspe com espátula e lixe até total remoção. Para selar e uniformizar a absorção: aplicar a 1ª demão com o próprio verniz, diluído com igual quantidade de Água Potável. Não aplicar sobre madeiras, impregnadas com produtos a base de silicone e/ou óleo (linhaça). Em madeiras resinosas recomendamos não aplicar este produto. Nunca utilizar Seladora.

Outros produtos relacionados

Verniz Premium Plus Base Água Duplo Filtro Solar Lukscolor

Indicado para proteção e decoração de superfícies de madeira em regiões de intensa ação solar e maresia.

Verniz Premium Plus Base Água Tingidor Lukscolor

Indicado para tingir e alterar a tonalidade em madeiras novas ou na recuperação da tonalidade de madeiras desbotadas pela ação do tempo, em ambientes externos e internos.

Verniz Premium Plus Base Água Tingidor Lukscolor

PREMIUM ★★★★★

Indicado para tingir e alterar a tonalidade em madeiras novas ou na recuperação da tonalidade de madeiras desbotadas pela ação do tempo, em ambientes externos e internos. Com filtro solar, confere alta proteção às intempéries, garantindo um fino acabamento por, no mínimo, 2 anos.

Embalagens/Rendimento
Galão (3,6 L): até 110 m²/demão.
¼ de Galão (0,9 L): 28 m²/demão.

Acabamento
Brilhante.

Aplicação
Rolo de Espuma, Pincel ou Revólver.
Três demãos no mínimo, com intervalo de 4 horas.

Diluição
Rolo de Espuma e Pincel: Dilua 10 medidas de Verniz Premium Plus Base Água Tingidor Lukscolor com 1 medida de água.
Revólver: Dilua 10 medidas de Verniz Premium Plus Base Água Tingidor Lukscolor com 3 medidas de água.

Cor
Disponível nas cores: Imbuia e Mogno.

Secagem
Toque: 30 minutos.
Final: 5 horas depois da última demão.

Dicas e preparação de superfície

Madeira Nova: Lixe até eliminar suas farpas. Remover o pó com pano limpo umedecido em Água; **Madeira já envernizada**: Observe o estado geral da pintura antiga. Estando em boas condições, lixe, remova o pó e aplique o acabamento. **Poeira e pó de lixamento**: Remova com escova de pelos e pano limpo umedecido em água; **Superfícies brilhantes**: Lixe até a perda total do brilho e remova o pó de lixamento; **Manchas gordurosas e graxas**: Lave com água e detergente, enxágue e deixe secar, ou utilize um pano limpo umedecido com Nova-Raz Innovation ou Nova-Raz 260 LuksNova; **Mofo**: Limpe com água sanitária e deixe agir por alguns minutos. Enxágue e deixe secar; **Umidade**: Não inicie a pintura sobre superfícies com problemas de umidade. Identifique a causa e trate adequadamente; **Partes soltas ou sem aderência**: Raspe com espátula e lixe até total remoção. Para selar e uniformizar a absorção: aplicar a 1ª demão com o próprio verniz, diluído com igual quantidade de Água Potável. Não aplicar sobre madeiras, impregnadas com produtos a base de silicone e/ou óleo (linhaça). Em madeiras resinosas recomendamos não aplicar este produto. Nunca utilizar Seladora.

Outros produtos relacionados

Verniz Premium Plus Base Água Duplo Filtro Solar Lukscolor

Indicado para proteção e decoração de superfícies de madeira em regiões de intensa ação solar e maresia.

Verniz Premium Plus Base Água Interior Lukscolor

Indicado para a proteção e decoração de superfícies de madeira, preservando e valorizando-as.

Seladora Premium Plus Lukscolor

PREMIUM ★★★★★

Sela e uniformiza a absorção das superfícies de madeira. Facilita o lixamento e melhora o rendimento dos vernizes de acabamento. Indicada para superfícies novas de madeiras e aglomerados/compensados, portas, janelas, armários, lambris, móveis em geral, apenas em ambientes internos.

Embalagens/Rendimento
Galão (3,6 L): até 85 m²/demão.
¼ de Galão (0,9 L): até 21 m²/demão.

Acabamento
Acetinado.

Aplicação
Pincel, Boneca ou Revólver
Duas a três demãos com intervalo mínimo de 1 hora.

Diluição
Diluir 10 medidas de Seladora Premium Plus Lukscolor com 3 a 10 medidas de Thinner 228 LuksNova.

Cor
Incolor.

Secagem
Ao toque: 10 minutos.
Para lixamento: 1 hora.
Final: 24 horas depois da última demão.

Dicas e preparação de superfície

Madeira Nova: Lixe até eliminar suas farpas. Remover o pó com pano limpo umedecido em Nova-Raz Innovation ou Nova-Raz 260 LuksNova. **Madeira já envernizada**: Observe o estado geral da pintura antiga. Estando em boas condições, lixe, remova o pó e aplique o acabamento. **Poeira e pó de lixamento**: Remova com escova de pelos e pano limpo umedecido com Nova-Raz Innovation ou Nova-Raz 260 LuksNova; **Superfícies brilhantes**: Lixe até a perda total do brilho e remova o pó de lixamento; **Manchas gordurosas e graxas**: Lave com água e detergente, enxágue e deixe secar, ou utilize um pano limpo umedecido Nova-Raz Innovation ou Nova-Raz 260 LuksNova; **Mofo**: Limpe com água sanitária e deixe agir por alguns minutos. Enxágue e deixe secar; **Umidade**: Não inicie a pintura sobre superfícies com problemas de umidade. Identifique a causa e trate adequadamente; **Partes soltas ou sem aderência**: Raspe com espátula e lixe até total remoção.

Outros produtos relacionados

Verniz Premium Plus Copal Lukscolor

Verniz brilhante e incolor que proporciona um fino acabamento. Indicado para proteger, realçar e embelezar o aspecto natural de madeiras em áreas internas.

Fundo Nivelador Lukscolor

PREMIUM ★★★★★

É um produto que sela, nivela e uniformiza a absorção de superfícies de madeira nova, em áreas externas e internas. Possui alto rendimento, grande poder de enchimento e é fácil de aplicar e de lixar.

Embalagens/Rendimento
Galão (3,6 L): até 60 m²/demão.
¼ de galão (0,9 L): até 15 m²/demão.

Acabamento
Fosco.

Aplicação
Rolo de Espuma, Pincel ou Revólver.
Uma a duas demãos com intervalo mínimo de 8 horas.

Diluição
Pincel ou Rolo de Espuma: 10 medidas do produto com 1 a 2 medidas de Nova-Raz Innovation ou Nova-Raz 260 LuksNova.
Revólver: 10 medidas do produto com 2 a 3 medidas de Nova-Raz Innovation ou Nova-Raz 260 LuksNova.

Cor
Branco.

Secagem
Toque: 4 a 6 horas.
Final: 24 horas depois da última demão.

Dicas e preparação de superfície

Repintura: Lixe, remova o pó; **Poeira e pó de lixamento**: Remova com pano limpo umedecido com Nova-Raz Innovation ou Nova-Raz 260 LuksNova; **Superfícies brilhantes**: Lixe até a perda total do brilho e remova o pó de lixamento; **Manchas gordurosas e graxas**: Lave com água e detergente, enxágue e deixe secar, ou utilize um pano limpo umedecido com Nova-Raz Innovation ou Nova-Raz 260 LuksNova; **Mofo**: Limpe com água sanitária e deixe agir por alguns minutos. Enxágue e deixe secar; **Umidade**: Identifique a causa e trate adequadamente; **Madeira Nova**: Lixe até eliminar as farpas e remova o pó. Aplique uma demão de Fundo Nivelador Lukscolor. Lixe, remova o pó e aplique o Esmalte Premium Plus ou o Esmalte Base Água Premium Plus Lukscolor.

Outros produtos relacionados

Nova Raz Innovation
Com inovadora tecnologia que proporciona um leve perfume ao produto, é indicada para diluir esmaltes e vernizes sintéticos imobiliários.

Esmalte Premium Plus Lukscolor
Indicado para proteger e decorar superfícies de metal, madeira, alvenaria, PVC e cerâmicas não vitrificadas. Para ambientes externos e internos.

Esmalte Premium Plus Base Água Lukscolor
Indicado para proteger e decorar superfícies de metal, madeira, alvenaria, PVC e cerâmicas não vitrificadas. Para ambientes externos e internos. Com Suave Perfume.

Massa para Madeira Lukscolor

PREMIUM ★★★★★

A Massa para Madeira Lukscolor nivela e corrige imperfeições rasas em superfícies de madeira maciça e folheada, em áreas externas e internas, preparando portas, janelas, lambris, esquadrias, móveis e madeiras decorativas em geral, para receber a tinta de acabamento. Não deve ser aplicada sobre madeira impregnada com produtos à base de silicone e óleos (linhaça). Produto de grande poder de enchimento, secagem rápida, fácil de aplicar e de lixar.

Embalagens/Rendimento
Galão (3,6 L): até 12 m²/demão.
¼ de Galão (0,9 L): até 3 m²/demão.

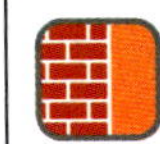

Acabamento
Fosco.

Aplicação
Desempenadeira ou Espátula de aço. Uma a duas demãos com intervalo mínimo de 2 horas.

Diluição
Pronto para uso.

Cor
Branco.

Secagem
Ao toque: 30 minutos.
Lixamento: 3 horas no mínimo.

Dicas e preparação de superfície

Repintura: Observe o estado geral da pintura antiga. Estando em boas condições, lixe, remova o pó e aplique a tinta de acabamento; **Poeira e pó de lixamento**: Remova com escova de pelos e limpe com pano limpo umedecido com Nova-Raz Innovation ou Nova-Raz 260 LuksNova; **Superfícies brilhantes**: Lixe até a perda total do brilho e remova o pó de lixamento; **Manchas gordurosas e graxas**: Lave com água e detergente, enxágue e deixe secar, ou utilize um pano limpo umedecido com Nova-Raz Innovation ou Nova-Raz 260 LuksNova; **Mofo**: Limpe com água sanitária e deixe agir por alguns minutos. Enxágue e deixe secar; **Madeira, imperfeições rasas**: Aplique Massa para Madeira Lukscolor, lixe e remova o pó. Não aplique sobre madeira impregnada com produtos à base de silicone e óleos (linhaça). **Madeira Nova**: Lixe até eliminar as farpas e remova o pó. Corrija pequenas imperfeições com Massa para Madeira Lukscolor, lixe e remova o pó. Aplique uma demão de Fundo Universal Base Água Lukscolor. Lixe, remova o pó e aplique o Esmalte premium Plus Lukscolor ou Esmalte premium Plus Base Água Lukscolor.

Outros produtos relacionados

Esmalte Premium Plus Lukscolor

Indicado para proteger e decorar superfícies de metal, madeira, alvenaria, PVC e cerâmicas não vitrificadas. Para ambientes externos e internos.

Esmalte Premium Plus Base Água Lukscolor

Indicado para proteger e decorar superfícies de metal, madeira, alvenaria, PVC e cerâmicas não vitrificadas. Para ambientes externos e internos. Com Suave Perfume.

Seladora Premium Plus Lukscolor

Indicada para selar e uniformizar superfícies novas de madeira, em ambientes internos. Fácil aplicação, ótimo poder de enchimento e secagem rápida.

LuksPiso Acrílico Premium Plus Lukscolor

PREMIUM ★★★★★

Com o LuksPiso Acrílico Premium Plus Lukscolor você protege, decora e demarca pisos cimentados, em geral. Indicado para pintura de quadras poliesportivas, calçadas, estacionamentos, garagens, pisos industriais e comerciais, em ambientes externos e internos. É fácil de aplicar, seca rápido e apresenta cobertura e rendimento superior. Com Suave Perfume, proporciona conforto e bem-estar, permitindo a sua permanência no ambiente do início ao fim da pintura.

Embalagens/Rendimento

Lata (18 L): até 350 m²/demão.
Galão (3,6 L): até 70 m²/demão.
¼ de Galão (0,9 L): até 18 m²/demão.

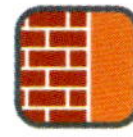

Acabamento

Fosco.

Aplicação

Rolo de Lã, Trincha ou Pincel.
Duas a três demãos com intervalo de 4 horas.

Diluição

Pincel, trincha ou rolo de lã: Dilua 10 medidas de LuksPiso Acrílico Premium Plus com 1 a 2 medidas de água.
Superfícies não seladas: Dilua 10 medidas de LuksPiso Acrílico Premium Plus com 2 a 3 medidas de água.

Cor

Cores Prontas: 13.

Secagem

Ao Toque: 30 minutos.
Final: 4 Horas depois da última demão.
Para tráfego de pessoas aguardar secagem de 24 horas e 48 horas para tráfegos de veículos leves.

Dicas e preparação de superfície

Repintura: Lixe, remova o pó e aplique o LuksPiso Acrílico Premium Plus Lukscolor; **Poeira e pó de lixamento**: Remova com escova de pelos e pano limpo umedecido com água e deixe secar; **Superfícies brilhantes**: Lixe até a perda total do brilho e remova o pó de lixamento; **Manchas gordurosas, ceras e graxas**: Lave com água e detergente, enxágue e deixe secar; **Mofo**: Limpe com água sanitária e deixe agir por alguns minutos. Enxágue e deixe secar; **Umidade**: Identifique a causa e trate adequadamente; **Pinturas soltas, piso cimentado fraco e superfícies porosas**: Raspe e lixe as partes soltas, remova o pó e aplique uma demão prévia de Fundo Preparador Lukscolor; **Fibrocimento ou substratos cerâmicos porosos**: Lave com água e detergente neutro, enxágue e deixe secar. Em seguida, aplique o Poupa Tempo Selador Acrílico Lukscolor; **Pisos novos de concreto e cimento não queimado**: Após 7 dias da execução do concreto, aplicar Poupa Tempo Selador Acrílico Lukscolor. Em seguida aplique LuksPiso Acrílico Premium Plus Lukscolor. No entanto, se você optar por aplicar Resina Acrílica Lukscolor sobre o LuksPiso, será necessário aguardar os 30 dias de cura após a aplicação do LuksPiso. **Cimento queimado**: Lave com uma mistura de 4 medidas de água e 1 medida de ácido muriático. Repita o procedimento até a superfície tornar-se porosa, enxágue e deixe secar. Importante: para cimento queimado novo, aguarde 30 dias de cura. **Imperfeições profundas**: Repare com argamassa e proceda como em "Pisos Novos de Concreto e Cimento Não Queimado".

Outros produtos relacionados

Resina Acrílica Base Água Lukscolor

Indicado para impermeabilizar superfícies de concreto aparente, telhas cerâmicas, pedras naturais, fibrocimento, tijolos à vista e pisos cimentados, em áreas externas e internas.

Fundo Preparador de Paredes Base Água Lukscolor

Aglutina e fixa partículas soltas. Muito utilizado para condicionar reboco fraco, caiação, gesso e pintura calcinada.

Fundo Epóxi Catalisável Lukscolor

Indicado para áreas externas e internas, confere proteção anticorrosiva e proporciona ótima aderência e alto poder de enchimento.

Resina Acrílica Impermeabilizante Base Água Lukscolor

PREMIUM ★★★★★

Indicada para superfícies de concreto aparente, telhas cerâmicas, pedras naturais, tijolo à vista, fibrocimento e pisos cimentados, em ambientes externos e internos. Confere alta resistência ao tempo e ao desgaste causado por atrito. Pode ser aplicada sobre LuksPiso. Com Suave Perfume, proporciona conforto e bem-estar, permitindo a sua permanência no ambiente do início ao fim da pintura. Alto poder de proteção e impermeabilização, alta resistência.

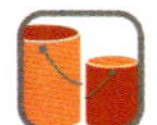

Embalagens/Rendimento
Lata (16,68 kg) (Lukscolor System): até 183 m²/demão.
Lata (3,29 kg) (Lukscolor System): até 36 m²/demão.

Acabamento
Brilhante.

Aplicação
Rolo de lã sintética, Pincel ou Revólver. Duas a três demãos com intervalo mínimo de 3 horas.

Diluição
Pronta para uso.

Cor
Incolor. Disponível também em 11 cores no Lukscolor System.

Secagem
Ao toque: 30 minutos.
Final: 24 horas depois da última demão.
Cura total: 7 dias.

Dicas e preparação de superfície

Repintura: Observe o estado geral da pintura antiga. Estando em boas condições, lixe, remova o pó, e aplique a tinta de acabamento; **Poeira e pó de lixamento**: Remova com escova de pelos e pano limpo umedecido com água. **Superfícies brilhantes**: Lixe até a perda total do brilho e remova o pó de lixamento; **Manchas gordurosas e graxas**: Lave com água e detergente, enxágue e deixe secar, ou utilize um pano limpo umedecido com Nova-Raz Innovation ou Nova-Raz 260 Luksnova; **Mofo**: Limpe com água sanitária e deixe agir por alguns minutos. Enxágue e deixe secar; **Umidade**: Não inicie a pintura sobre superfícies com problemas de umidade. Identifique a causa e trate adequadamente; **Ceras e Resinas**: Remova com pano umedecido com Thinner ref. 206 Luksnova, lave com água e detergente, enxágue e deixe secar. **Emboço, Reboco ou Concreto novo**: Aguarde cura (mínimo 30 dias). **Pinturas soltas, Blocos de cimento, Reboco fraco, Superfícies porosas, Caiação**: Raspe e lixe as partes soltas, remova o pó e aplique uma demão prévia de Fundo Preparador Lukscolor; **Fibrocimento, Telhas e/ou substratos cerâmicos porosos**: Lave com solução de água e detergente, enxágue e aguarde a secagem; **Imperfeições profundas**: Repare com reboco e proceda como em "Reboco Novo"; **Cimentado novo liso/queimado ou de difícil limpeza**: Aguarde a secagem e cura por 30 dias. Após esse período, lave com solução de ácido muriático e água na proporção de 1:4, e enxágue bem. Aguarde a secagem e certifique-se que a limpeza efetuada na superfície provocou poros para a aderência. Caso contrário, repita o procedimento. Enxágue bem e deixe secar.

Outros produtos relacionados

LuksPiso Acrílico Premium Plus Lukscolor

Produto de grande poder de cobertura, alto rendimento, secagem rápida e de excelente resistência ao tempo e desgastes provocados por atrito.

Resina Acrílica Impermeabilizante Lukscolor

PREMIUM ★★★★★

Indicada para superfícies de concreto aparente, telhas cerâmicas, pedras naturais, tijolo à vista, fibrocimento e pisos cimentados, em ambientes externos e internos. Confere alta resistência ao tempo e ao desgaste causado por atrito. Pode ser aplicada sobre LuksPiso. Alto poder de proteção e impermeabilização, alta resistência.

Embalagens/Rendimento
Lata (16,10 kg): até 177 m²/demão.
Lata (4,47 kg): até 49 m²/demão.
Lata (0,895 kg): até 10 m²/demão.

Acabamento
Brilhante.

Aplicação
Rolo de lã para epóxi, Pincel ou Revólver. Duas a três demãos com intervalo mínimo de 6 horas.

Diluição
Pronta para uso.

Cor
Incolor.

Secagem
Ao toque: 10 minutos.
Final: 24 horas depois da última demão.
Cura total: 7 dias.

Dicas e preparação de superfície

Repintura: Observe o estado geral da pintura antiga. Estando em boas condições, lixe, remova o pó, e aplique a tinta de acabamento; **Poeira e pó de lixamento**: Remova com escova de pelos e pano limpo umedecido com Nova-Raz Innovation ou Nova-Raz 260 Luksnova; **Superfícies brilhantes**: Lixe até a perda total do brilho e remova o pó de lixamento; **Manchas gordurosas e graxas**: Lave com água e detergente, enxágue e deixe secar, ou utilize um pano limpo umedecido com Nova-Raz Innovation ou Nova-Raz 260 Luksnova; **Mofo**: Limpe com água sanitária e deixe agir por alguns minutos. Enxágue e deixe secar; **Umidade**: Não inicie a pintura sobre superfícies com problemas de umidade. Identifique a causa e trate adequadamente; **Ceras e Resinas**: Remova com pano umedecido com Thinner ref. 206 Luksnova, lave com água e detergente, enxágue e deixe secar. **Emboço, Reboco ou Concreto novo**: Aguarde cura (mínimo 30 dias). **Pinturas soltas, Blocos de cimento, Reboco fraco, Superfícies porosas, Caiação**: Raspe e lixe as partes soltas, remova o pó e aplique uma demão prévia de Fundo Preparador Lukscolor; **Fibrocimento, Telhas e/ou substratos cerâmicos porosos**: Lave com solução de água e detergente, enxágue e aguarde a secagem; **Imperfeições profundas**: Repare com reboco e proceda como em “Reboco Novo”; **Cimentado novo liso/ queimado ou de difícil limpeza**: Aguarde a secagem e cura por 30 dias. Após esse período, lave com solução de ácido muriático e água na proporção de 1:4, e enxágue bem. Aguarde a secagem e certifique-se que a limpeza efetuada na superfície provocou poros para a aderência. Caso contrário, repita o procedimento. Enxágue bem e deixe secar.

Outros produtos relacionados

LuksPiso Acrílico Premium Plus Lukscolor

Produto de grande poder de cobertura, alto rendimento, secagem rápida e de excelente resistência ao tempo e desgastes provocados por atrito.

Esmalte Epóxi Catalisável Lukscolor

PREMIUM ★★★★★

Esmalte Catalisável (Parte A), é um produto com ótima aderência, alto poder de cobertura e excelente resistência e durabilidade, conferindo às superfícies um revestimento de alta dureza, que embeleza e ao mesmo tempo protege contra a abrasão, corrosão, agentes químicos, solventes e umidade em áreas externas e internas.

Embalagens/Rendimento
Galão (2,7 L): até 50 m²/demão.

Acabamento
Alto brilho.

Aplicação
Pincel, Trincha, Rolo de lã (especial para epóxi) ou Revólver. Duas a três demãos com intervalo de 12 a 48 horas.

Diluição
A diluição deverá ser feita 20 minutos após a mistura da parte A com a parte B, utilizando o Diluente para Epóxi Lukscolor, conforme segue: Rolo ou Revólver: Dilua 10 medidas de mistura com 2 medidas de Diluente para Epóxi Lukscolor. Pincel ou Trincha: Dilua 10 medidas de MISTURA com 1 medida de Diluente para Epóxi Lukscolor. Após a mistura, a reação é irreversível preparar somente a quantidade que será utilizada.

Cor
Cores prontas: 11. Disponível em mais de 2.000 cores no Lukscolor System.

Secagem
Ao toque: 2 horas.
Final: 24 horas depois da última demão.
Cura total: 7 dias.

Dicas e preparação de superfície

Madeira Nova: Deverá estar seca. Madeiras verdes não deverão ser pintadas. Lixe até eliminar suas farpas. Remover o pó com pano limpo umedecido em Diluente para Epóxi Lukscolor. Para melhor acabamento, aplique uma demão de Fundo Epóxi Lukscolor antes e após a aplicação da Massa para Madeira Lukscolor, lixe e remova o pó; **Metais Ferrosos Novos**: Lixe a superfície e elimine o pó com pano limpo umedecido em Diluente para Epóxi Lukscolor. Aplique prontamente uma a duas demãos de Fundo Epóxi Lukscolor; **Metais Enferrujados**: Lixe até total remoção da ferrugem, limpe e remova o pó de lixamento. Aplique prontamente uma a duas demãos de Fundo Epóxi Lukscolor, lixe e remova o pó; **Aço galvanizado e Alumínio**: lixe, elimine o pó com pano limpo e umedecido em Diluente para Epóxi Lukscolor. Aplique uma demão prévia de Fundo Epóxi Lukscolor, lixe e remova o pó. **Emboço, Reboco ou Concreto novo**: Aguardar cura (mínimo 30 dias); **Azulejo**: Lave bem a superfície e rejuntes com água e detergente removendo toda a gordura e mofo, enxágue e deixe secar totalmente; **Repintura**: Teste previamente se a pintura antiga resiste ao sistema de solventes do Esmalte Epóxi Lukscolor; **Poeira e pó de lixamento**: Remova com escova de pelos e pano limpo umedecido com Diluente para Epóxi Lukscolor; **Superfícies brilhantes**: Lixe até a perda total do brilho e remova o pó de lixamento; **Manchas gordurosas e graxas**: Lave com água e detergente, enxágue e deixe secar, ou utilize um pano limpo umedecido com Diluente para Epóxi Lukscolor; **Mofo**: Limpe com água sanitária e deixe agir por alguns minutos. Enxágue e deixe secar; **Umidade**: Identifique a causa e trate adequadamente;

Outros produtos relacionados

Fundo Epóxi Catalisável Lukscolor

Fundo catalisável indicado para áreas externas e internas, confere proteção anticorrosiva e proporciona ótima aderência e alto poder de enchimento.

Catalisador para Epóxi Lukscolor

Agente de cura poliamida é a parte B que deve obrigatoriamente ser adicionado ao Esmalte Epóxi Catalisável e ao Fundo Epóxi Catalisável.

Fundo Epóxi Catalisável Lukscolor

PREMIUM ★★★★★

Fundo cinza (Parte A) que confere proteção anticorrosiva e alto poder de enchimento, garantindo a integridade de superfícies de metais ferrosos, não ferrosos (galvanizados e alumínio) e a uniformidade da absorção em superfícies de alvenaria e madeira, em áreas externas e internas.

Embalagens/Rendimento

Galão (2,7 L): até 54 m²/demão.

Acabamento

Fosco.

Aplicação

Pincel, Trincha, Rolo de lã (especial para epóxi) ou Revólver. Duas a três demãos com intervalo de 12 a 48 horas.

Diluição

A diluição deverá ser feita 20 minutos após a mistura da parte A com a parte B, utilizando o Diluente para Epóxi Lukscolor, conforme segue: Rolo ou Revólver: Dilua 10 medidas de mistura com 2 medidas de Diluente para Epóxi Lukscolor. Pincel ou Trincha: Dilua 10 medidas de mistura com 1 medida de Diluente para Epóxi Lukscolor.

Cor

Cinza.

Secagem

Ao toque: 2 horas.
Manuseio: 5 horas.
Final: 24 horas depois da última demão.
Cura total: 7 dias.

Dicas e preparação de superfície

Madeira nova: Lixe até eliminar suas farpas. Remover o pó com pano limpo umedecido em Diluente para Epóxi Lukscolor. Aplique uma demão de Fundo Epóxi Lukscolor antes e após a aplicação da Massa para Madeira Lukscolor, lixe e remova o pó. **Metais ferrosos novos (aço galvanizado e alumínio)**: Lixe a superfície e elimine o pó com pano limpo umedecido em Diluente para Epóxi Lukscolor. Aplique o Fundo Epóxi Lukscolor; **Metais enferrujados**: Lixe para eliminar a ferrugem e proceda como em "Metais Ferrosos Novos"; **Emboço, reboco, cimentado ou concreto novo**: Aguardar cura (mínimo 30 dias). **Azulejo e cimentado antigo**: Lave com água e detergente, enxágue e deixe secar; **Repintura**: Teste previamente se a pintura antiga resiste ao Esmalte Epóxi Lukscolor. Estando em boas condições, lixe, remova o pó e aplique o Esmalte Epóxi Lukscolor; **Poeira e pó de lixamento**: Remova com escova de pelos e pano limpo umedecido com Diluente para Epóxi Lukscolor; **Superfícies brilhantes**: Lixe até a perda total do brilho e remova o pó de lixamento; **Manchas gordurosas e graxas**: Lave com água e detergente, enxágue e deixe secar; **Mofo**: Limpe com água sanitária e deixe agir por alguns minutos. Enxágue e deixe secar; **Umidade**: Identifique a causa e trate adequadamente; **Imperfeições profundas**: Reparar com reboco e proceda como em "Reboco Novo".

Outros produtos relacionados

Esmalte Epóxi Catalisável Lukscolor

Tinta de acabamento alto brilho, de elevada resistência à agentes químicos, solventes e umidade. Proporciona um revestimento de alta dureza.

Catalisador para Epóxi Lukscolor

Agente de cura poliamida é a parte B que deve obrigatoriamente ser adicionado ao Esmalte Epóxi Catalisável e ao Fundo Epóxi Catalisável.

Diluente para Epóxi Lukscolor

Indicado para diluição de sistemas epóxi catalisáveis (esmaltes e fundos), facilitando sua aplicação. Pode ser empregado também para limpeza de ferramentas.

Catalisador para Epóxi Lukscolor

PREMIUM ★★★★★

Catalisador (Parte B) é um agente de cura que deve obrigatoriamente ser adicionado ao Esmalte Epóxi Catalisável Lukscolor e ao Fundo Epóxi Catalisável Lukscolor. A mistura resultante constitui um produto pronto para diluição e uso e proporciona o máximo de resistência ao filme.

Catalisador para Epóxi Poliamida Lukscolor – Maior resistência à água, melhor adesão e flexibilidade.

Catalisador para Epóxi Poliamina Lukscolor – Alta resistência química (solventes, álcalis, sais e óleos).

Embalagens/Rendimento
(0,9 L).

Acabamento
Não aplicável.

Aplicação
Para ser utilizado com o Fundo ou o Esmalte Epóxi Catalisável.

Diluição
A diluição deverá ser feita 20 minutos após a mistura da parte A com a parte B, utilizando o Diluente para Epóxi Lukscolor, conforme segue:
Rolo ou Revólver: Dilua 10 medidas de mistura com 2 medidas de Diluente para Epóxi Lukscolor.
Pincel ou Trincha: Dilua 10 medidas de mistura com 1 medida de Diluente para Epóxi Lukscolor.

Cor
Não aplicável.

Secagem
Não aplicável.

Dicas e preparação de superfície

Por ser este produto um componente indispensável de tintas Epóxi, as instruções referentes à preparação de superfícies, encontram-se nas: Esmalte Epóxi Catalisável Lukscolor, Fundo Epóxi Catalisável Lukscolor e Diluente para Epóxi Lukscolor.

Outros produtos relacionados

Esmalte Epóxi Catalisável Lukscolor

Tinta de acabamento alto brilho, de elevada resistência à agentes químicos, solventes e umidade. Proporciona um revestimento de alta dureza.

Fundo Epóxi Catalisável Lukscolor

Fundo catalisável indicado para áreas externas e internas, confere proteção anticorrosiva e proporciona ótima aderência e alto poder de enchimento.

Diluente para Epóxi Lukscolor

Indicado para diluição de sistemas epóxi catalisáveis (esmaltes e fundos), facilitando sua aplicação. Pode ser empregado também para limpeza de ferramentas.

Lukscolor Spray Premium Multiuso

PREMIUM ★★★★★

É uma tinta desenvolvida para ser aplicada em superfícies de metal (aço e ferro), madeira, gesso e cerâmica. É indicada para pintura de geladeiras, bicicletas, móveis de aço, brinquedos, objetos artesanais e decoração em geral, em ambientes externos e internos. Possui excelente acabamento, ótima aderência, secagem rápida, durabilidade e resistência ao sol e a chuva.

Embalagens/Rendimento
Tubo (0,400 mL): 1,8 a 2,4 m².

Acabamento
Metálico, Brilhante e Fosco.

Aplicação
Tinta e verniz: de 2 a 3 demãos.
Fundos: de 1 a 2 demãos.
Com intervalo de 5 a 10 minutos.

Diluição
Pronto para uso.

Cor
Cores do Catálogo.

Secagem
Tinta e verniz: ao toque: até 30 minutos.
Final: 24 horas.
Fundos: Final: após 3 horas.

Dicas e preparação de superfície

Proteja a parte que não será pintada com papelão ou plástico. Restos de pintura velha, partes soltas ou mal aderidas: remover com espátula, lixa ou escova de aço. **Sobre pintura com brilho**: lixar até o fosqueamento. **Sobre metais ferrosos sem oxidação**: aplique Lukscolor Spray Premium Multiuso Primer Rápido Cinza ou Lukscolor Spray Premium Multiuso Primer Rápido Óxido. Aguarde secagem, lixe (lixa d'água 400) e elimine o pó. **Sobre metais ferrosos com oxidação**: Lixe bem até remover a oxidação e elimine o pó. Aplique Lukscolor Spray Premium Multiuso Primer Rápido Óxido. Aguarde secagem, lixe (lixa d'água 400) e elimine o pó. **Sobre metais não ferrosos (alumínio galvanizado, cobre, latão, prata.)**: aplique Lukscolor Spray Premium Multiuso Fundo para Alumínio. Aguarde secagem, lixe (lixa d'água 400) e elimine o pó. **Sobre madeira e gesso**: Lixe bem. Aplique Lukscolor Spray Premium Multiuso Primer Rápido Cinza. Aguarde secagem, lixe (lixa d'água 400) e elimine o pó.

Outros produtos relacionados

Lukscolor Spray Premium Metalizada

É uma tinta indicada para valorizar superfícies de ferro, gesso, madeira, cerâmica, papel e metal proporcionando acabamento metálico.

Lukscolor Spray Premium Alumínio

É uma tinta resistente às intempéries, especialmente desenvolvida para pintura de portas, grades, portões, janelas e esquadrias de alumínio anodizado e alumínio comum não polido (sem tratamento).

Lukscolor Spray Premium Luminosa

É uma tinta indicada para uso escolar, decoração de vitrines, salões e artesanatos em geral, em superfícies de madeira, ferro, gesso, papel, vidro, isopor e folhagens, exclusivamente em ambientes internos

Lukscolor Spray Premium Metalizada

PREMIUM ★★★★★

É uma tinta indicada para valorizar superfícies de ferro, gesso, madeira, cerâmica, papel e metal proporcionando acabamento metálico. *Disponível em seis cores de uso exclusivamente interno e em quatro cores para exterior.

Embalagens/Rendimento
Tubo (0,350 mL) Tinta: 1,4 a 2,0 m².
Tubo (0,350 mL) Verniz: 1,1 a 1,8 m².

Acabamento
Metálico.

Aplicação
De 2 a 3 demãos com intervalo de 1 a 3 minutos.

Diluição
Pronto para uso.

Cor
Disponível em 6 cores de uso exclusivamente interno e em 4 cores para exterior.

Secagem
Ao toque: até 30 minutos.
Final: após 24 horas.

Dicas e preparação de superfície

Proteja a parte que não será pintada com papelão ou plástico.
Restos de pintura velha, partes soltas ou mal aderidas: remover com espátula, lixa ou escova de aço. **Sobre pintura com brilho**: lixar até o fosqueamento. **Sobre metais ferrosos sem oxidação**: aplique Lukscolor Spray Premium Multiuso Primer Rápido Cinza ou Lukscolor Spray Premium Multiuso Primer Rápido Óxido. Aguarde secagem, lixe (lixa d'água 400) e elimine o pó. **Sobre metais ferrosos com oxidação**: aplique Lukscolor Spray Premium Multiuso Primer Rápido Óxido. Aguarde secagem, lixe (lixa d'água 400) e elimine o pó. **Sobre metais não ferrosos (alumínio galvanizado, cobre, latão, prata.)**: aplique Lukscolor Spray Premium Multiuso Fundo para Alumínio. Aguarde secagem, lixe (lixa d'água 400) e elimine o pó. **Sobre madeira**: aplique Lukscolor Spray Premium Seladora para Madeira. **Sobre gesso e isopor**: aplique Lukscolor Spray Premium Fundo Branco para Luminosas que atuará como fundo isolante. **Sobre papel**: aplique Lukscolor Spray Premium Metalizada diretamente sobre o papel, porém a aderência sobre este tipo de superfície varia de acordo com o grau de absorção do material utilizado. Recomenda-se realizar um teste em uma amostra do papel antes da execução do trabalho.

Outros produtos relacionados

Lukscolor Spray Premium Alumínio

É uma tinta resistente às intempéries, especialmente desenvolvida para pintura de portas, grades, portões, janelas e esquadrias de alumínio anodizado e alumínio comum não polido (sem tratamento).

Lukscolor Spray Premium Luminosa

É uma tinta indicada para uso escolar, decoração de vitrines, salões e artesanatos em geral, em superfícies de madeira, ferro, gesso, papel, vidro, isopor e folhagens, exclusivamente em ambientes internos

Lukscolor Spray Premium Madeira e Móveis

Realça e embeleza superfícies de madeira tais como portas, janelas, móveis, tampos de mesa, componentes de lancha e outros objetos em ambientes externos e internos.

Lukscolor Spray Premium Alumínio

PREMIUM ★★★★★

É uma tinta resistente às intempéries, especialmente desenvolvida para pintura de portas, grades, portões, janelas e esquadrias de alumínio anodizado e alumínio comum não polido (sem tratamento). Para aplicação sobre outros metais, consulte as instruções na embalagem.

Embalagens/Rendimento
Tubo (350 mL): 1,0 a 1,5 m².

Acabamento
Fosco, Brilhante e Metálico.

Aplicação
De 2 a 3 demãos com intervalo de 2 a 4 minutos.

Diluição
Pronto para uso.

Cor
Fosco: Preto.
Acabamento brilhante: Branco.
Metálico: Alumínio, Bronze Claro e Bronze Escuro.

Secagem
Ao toque: até 30 minutos.
Final: após 24 horas.

Dicas e preparação de superfície

Restos de pintura velha, partes soltas ou mal aderidas: remover com espátula, lixa ou escova de aço. **Sobre pintura com brilho**: lixar até o fosqueamento. **Sobre alumínio anodizado ou alumínio não polido**: aplique Lukscolor Spray Premium Alumínio diretamente sobre a superfície. **Sobre alumínio polido**: aplique duas demãos de wash primer. **Sobre metais não ferrosos (alumínio galvanizado, cobre, latão, prata.)**: aplique Lukscolor Spray Premium Fundo para Alumínio. Aguarde secagem, lixe (lixa d'água 400) e elimine o pó.

Outros produtos relacionados

Lukscolor Spray Premium Luminosa

É uma tinta indicada para uso escolar, decoração de vitrines, salões e artesanatos em geral, em superfícies de madeira, ferro, gesso, papel, vidro, isopor e folhagens, exclusivamente em ambientes internos

Lukscolor Spray Premium Madeira e Móveis

Realça e embeleza superfícies de madeira tais como portas, janelas, móveis, tampos de mesa, componentes de lancha e outros objetos em ambientes externos e internos.

Lukscolor Spray Premium Alta Temperatura

É uma tinta indicada para pintura de partes externas de objetos ou superfícies metálicas que serão expostas a altas temperaturas, como: escapamentos de motos, chaminés, lareiras e partes externas de churrasqueiras e fogões.

Lukscolor Spray Premium Luminosa

PREMIUM ★★★★★

É uma tinta indicada para uso escolar, decoração de vitrines, salões e artesanatos em geral, em superfícies de madeira, ferro, gesso, papel, vidro, isopor e folhagens, exclusivamente em ambientes internos. Suas cores proporcionam efeito luminoso com a incidência da luz negra.

Embalagens/Rendimento
Tubo (350 mL): 1,2 a 1,6 m².

Acabamento
Fosco.

Aplicação
Tinta: de 2 a 3 demãos.
Fundo e Verniz: 2 demãos.
Com intervalo de 1 a 3 minutos.

Diluição
Pronto para uso.

Cor
Magenta, Amarelo, Laranja, Verde, Vermelho, Azul e Violeta.

Secagem
Tinta e verniz: Ao toque: até 30 minutos.
Final: 24 horas.
Fundo: Ao toque: até 15 minutos.
Final: após 1 hora.
Verniz: Final: após 1 hora.

Dicas e preparação de superfície

Proteja a parte que não será pintada com papelão ou plástico.
Restos de pintura velha, partes soltas ou mal aderidas: remover com espátula, lixa ou escova de aço. **Sobre pintura com brilho**: lixar até o fosqueamento. **Sobre metais ferrosos sem oxidação**: aplique Lukscolor Spray Premium Multiuso Primer Rápido Cinza ou Lukscolor Spray Premium Multiuso Primer Rápido Óxido. Aguarde secagem, lixe (lixa d'água 400), elimine o pó e em seguida aplique Lukscolor Spray Premium Fundo Branco para Luminosas. **Sobre metais ferrosos com oxidação**: aplique Lukscolor Spray Premium Multiuso Primer Rápido Óxido. Aguarde secagem, lixe (lixa d'água 400) e elimine o pó e em seguida aplique Lukscolor Spray Premium Fundo Branco para Luminosas. **Sobre madeira, gesso e isopor**: aplique Lukscolor Spray Premium Fundo Branco para Luminosas.

Outros produtos relacionados

Lukscolor Spray Premium Madeira e Móveis

Realça e embeleza superfícies de madeira tais como portas, janelas, móveis, tampos de mesa, componentes de lancha e outros objetos em ambientes externos e internos.

Lukscolor Spray Premium Alta Temperatura

É uma tinta indicada para pintura de partes externas de objetos ou superfícies metálicas que serão expostas a altas temperaturas, como: escapamentos de motos, chaminés, lareiras e partes externas de churrasqueiras e fogões.

Lukscolor Spray Premium Lubrificante

É um produto que repele a umidade e evita a ferrugem, facilita a remoção de parafusos e porcas, lubrifica e protege dobradiças, ferramentas, rolamentos, fechaduras, motores, máquinas, brinquedos e utensílios domésticos em geral.

Lukscolor Spray Premium Madeira e Móveis

PREMIUM ★★★★★

Realça e embeleza superfícies de madeira tais como portas, janelas, móveis, tampos de mesa, componentes de lancha e outros objetos em ambientes externos e internos. Sua fórmula especial protege a madeira contra os raios ultravioleta e proporciona boa resistência à água e abrasão. Disponível nas tonalidades imbuia e mogno com duplo filtro solar e na versão natural com filtro solar, nos acabamentos fosco e brilhante.

Embalagens/Rendimento
Tubo (0,350 mL) Verniz: 1,2 a 1,5 m².
Tubo (0,350 mL) Seladora: 1,2 a 1,4 m².

Acabamento
Fosco e Brilhante.

Aplicação
Aplicar demãos necessárias com intervalo de 5 a 10 minutos.

Diluição
Pronto para uso.

Cor
Disponível nas tonalidades imbuia e mogno com duplo filtro solar e na versão natural com filtro solar.

Secagem
Verniz: Ao toque: até 4 horas.
Final: após 24 horas.
Seladora: Ao toque: até 30 minutos
Final: após 3 horas.

Dicas e preparação de superfície

Madeira nova: Lixar (lixa grana 220 até 360) e remover o pó. **Madeira previamente pintada**: Remover toda a pintura antiga com lixa ou LuksNova Removedor Gel e tratar como madeira nova. Aplicar as demãos necessárias da Seladora Lukscolor Spray Premium Madeira & Móveis, observando um intervalo de 5 a 10 minutos entre uma demão e outra. Deixar secar por 3 horas. Após secagem da Seladora, lixar (lixa grana 360/400) e aplicar as demãos necessárias do verniz, com intervalo de 5 a 10 minutos entre elas.

Outros produtos relacionados

Lukscolor Spray Premium Alta Temperatura

É uma tinta indicada para pintura de partes externas de objetos ou superfícies metálicas que serão expostas a altas temperaturas, como: escapamentos de motos, chaminés, lareiras e partes externas de churrasqueiras e fogões.

Lukscolor Spray Premium Lubrificante

É um produto que repele a umidade e evita a ferrugem, facilita a remoção de parafusos e porcas, lubrifica e protege dobradiças, ferramentas, rolamentos, fechaduras, motores, máquinas, brinquedos e utensílios domésticos em geral.

Lukscolor Spray Premium Multiuso

É indicada para pintura de geladeiras, bicicletas, móveis de aço, brinquedos, objetos artesanais e decoração em geral, em ambientes externos e internos.

Lukscolor Spray Premium Alta Temperatura

PREMIUM ★★★★★

É uma tinta indicada para pintura de partes externas de objetos ou superfícies metálicas que serão expostas a altas temperaturas, como: escapamentos de motos, chaminés, lareiras e partes externas de churrasqueiras e fogões. Resiste a temperaturas de até 600 °C, desde que sejam seguidas corretamente as instruções de uso do produto.

Embalagens/Rendimento
Tubo (300 mL): 1,0 a 1,3 m².

Acabamento
Fosco e Metálico.

Aplicação
De 2 a 3 demãos com intervalo de 5 a 10 minutos.

Diluição
Pronto para uso.

Cor
Fosco: Preto.
Metálico: Alumínio.

Secagem
Ao toque: até 30 minutos.
Final: após 24 horas.

Dicas e preparação de superfície

A superfície a ser pintada deverá estar limpa, seca, sem poeira, gordura, graxa, ferrugem, sabão, mofo, restos de pintura velha, brilho, resina etc.

Outros produtos relacionados

Lukscolor Spray Premium Lubrificante

É um produto que repele a umidade e evita a ferrugem, facilita a remoção de parafusos e porcas, lubrifica e protege dobradiças, ferramentas, rolamentos, fechaduras, motores, máquinas, brinquedos e utensílios domésticos em geral.

Lukscolor Spray Premium Multiuso

É indicada para pintura de geladeiras, bicicletas, móveis de aço, brinquedos, objetos artesanais e decoração em geral, em ambientes externos e internos.

Lukscolor Spray Premium Metalizada

É uma tinta indicada para valorizar superfícies de ferro, gesso, madeira, cerâmica, papel e metal proporcionando acabamento metálico.

Lukscolor Spray Premium Lubrificante

PREMIUM ★★★★★

É um produto que repele a umidade e evita a ferrugem, facilita a remoção de parafusos e porcas, lubrifica e protege dobradiças, ferramentas, rolamentos, fechaduras, motores, máquinas, brinquedos e utensílios domésticos em geral. Não ataca pinturas, plástico e borrachas.

Embalagens/Rendimento Tubo (300 mL).	**Acabamento** Não aplicável.
Aplicação Não aplicável.	**Diluição** Pronto para uso.
Cor Incolor.	**Secagem** Não aplicável.

Dicas e preparação de superfície

Agite bem a lata antes e durante o uso.

Outros produtos relacionados

Lukscolor Spray Premium Multiuso

É indicada para pintura de geladeiras, bicicletas, móveis de aço, brinquedos, objetos artesanais e decoração em geral, em ambientes externos e internos.

Lukscolor Spray Premium Metalizada

É uma tinta indicada para valorizar superfícies de ferro, gesso, madeira, cerâmica, papel e metal proporcionando acabamento metálico.

Lukscolor Spray Premium Alumínio

É uma tinta resistente às intempéries, especialmente desenvolvida para pintura de portas, grades, portões, janelas e esquadrias de alumínio anodizado e alumínio comum não polido (sem tratamento).

Nova-Raz Innovation Lukscolor

Nova-Raz Innovation é recomendado para diluição de: Tintas a Óleo, Esmaltes e Vernizes Sintéticos Imobiliários. O produto também é recomendado para limpeza de máquinas, pisos, ladrilhos, cerâmicas, removendo ceras, graxas e gorduras. Durante a utilização deste produto, o ambiente ficará agradavelmente perfumado.

Embalagens/Rendimento
Lata (5 L).
Lata (0,9 L).

Diluição
Pronto para uso.

Aplicação
Para dissolver tintas a óleo, esmaltes sintéticos imobiliários, limpeza de equipamentos, entre outros acima.

Secagem
Rápida.

Diluente para Epóxi Lukscolor

Diluente para Epóxi Indicado para diluição de sistemas epóxi catalisáveis (esmaltes e fundos), facilitando sua aplicação a pincel, trincha, rolo e revólver. Pode ser empregado também, na limpeza de ferramentas e utensílios de pintura, de respingos de superfícies, assim como na remoção de contaminantes do tipo graxas, óleos e gorduras, durante o preparo prévio das superfícies a serem pintadas.

Embalagens/Rendimento
Lata (5 L).
Lata (0,9 L).

Diluição
Pronto para uso.

Aplicação
Indicado para diluição de sistemas epóxi catalisáveis (esmaltes e fundos).

Secagem
De acordo com o produto utilizado.

MAZA PRODUTOS QUÍMICOS LTDA.

Há 18 anos no mercado localizada na cidade de Mococa, estado de São Paulo, a Tintas Maza destaca-se na fabricação de tintas, vernizes e solventes de alta qualidade; o seu principal foco é superar as necessidades de seus consumidores e clientes. A premissa básica de seus produtos é baseada em alta tecnologia, inovação e garantia assegurada por processos de controle de qualidade de matéria-prima e fabril.

Com este conceito a empresa busca contínuo crescimento, garantindo ética e respeito com o meio ambiente.

A Tintas Maza possui uma completa linha de produtos na linha decorativa, constituída de acrílicos premium, standard, econômico, texturas, massas, complementos e esmaltes. Além de uma completa linha de tintas automotivas e industriais.

Em 2006, a Tintas Maza lançou seu projeto para sistema tintométrico Maza Colors com mais de 2.000 cores.

Em 2009, ampliou sua unidade fabril em mais 10.000 m^2 de área construída, aumentando sua capacidade produtiva, atendendo todo o território nacional.

Em 2010, mais uma inovação foi conquistada, tornando toda a linha imobiliária base água SEM CHEIRO.

A Tintas Maza faz investimentos contínuos em treinamento de colaboradores e aperfeiçoamento dos processos utilizados, buscando a excelência em serviços e produtos, aprimorando cada vez mais seu negócio.

A estratégia para o crescimento da Tintas Maza é feita através de muito trabalho, desenvolvido por pessoas qualificadas e qualidade em tudo que faz.

Tintas Maza – Paixão por Qualidade

Certificações

Qualidade - Tecnologia
Inovação

Informações de Serviço ao Consumidor:

A empresa dispõe de Serviço de Atendimento ao Consumidor

site www.maza.com.br

Acrílico Premium

PREMIUM ★★★★★

Tinta Acrílica Premium, indicada para pinturas de superfícies externas e internas de reboco, massa PVA, massa acrílica, texturas, concreto, fibrocimento, gesso etc. É uma tinta de altíssimo desempenho, durabilidade, máxima cobertura e resistência a intempéries. Totalmente Sem Cheiro.

Embalagens/Rendimento

Lata (0,9 L): até 16 m² por demão.
Lata (3,6 L): até 65 m² por demão.
Lata (18 L): até 325 m² por demão.

Acabamento

Fosco, Acetinado e Semibrilho.

Aplicação

Rolo de lã, pincel ou pistola.

Diluição

Acabamento Fosco: 50% com água limpa.
Acabamento Acetinado/Semibrilho: 20% com água limpa.

Cor

Cores prontas no acabamento Fosco: 29.
Cores prontas no acabamento Acetinado/Semibrilho: 10.
Disponível no sistema tintométrico.

Secagem

Ao toque: 2 horas.
Entre demãos: 4 horas.
Final: 12 horas.

Dicas e preparação de superfície

Qualquer superfície a ser pintada deve estar limpa, seca, lixada, sem poeira, livre de gordura ou graxa, ferrugem, resto de pintura velha, brilho etc. Antes de iniciar a pintura, observe todas as orientações:
Reboco Novo: Respeitar secagem e cura (mínimo 30 dias). Aplicar MAZA Selador Acrílico.
Concreto Novo: Aguardar secagem e cura (mínimo 30 dias). Aplicar MAZA Fundo Preparador de Paredes.
Reboco Fraco (baixa coesão): Respeitar secagem e cura (mínimo 30 dias). Aplicar MAZA Fundo Preparador de Paredes.
Imperfeições Rasas: Corrigir com MAZA Massa Acrílica (externo-interna) ou MAZA Massa Corrida (interna).
Imperfeições Profundas: Corrigir com reboco e aguardar secagem e cura (mínimo 30 dias).
Superfícies Caiadas, Partículas Soltas ou Mal Aderidas: Raspar e/ou escovar superfície para eliminar a cal ao máximo possível. Aplicar MAZA Fundo Preparador de Paredes.
Manchas de Gordura ou Graxa: Lavar com uma solução de água e detergente, enxaguar e aguardar a secagem.
Partes Mofadas: Lavar com solução de água e água sanitária em partes iguais, esperar 6 horas e enxaguar bem.

Outros produtos relacionados

Acrílico Elástico

Produto 5x1, Pinta e Sela, Impermeável, Reduz Barulho e calor.

Superflex Parede

Sela, Impermeabiliza, Cobre fissuras, Super Flexível e protege contra batida de chuva.

Superflex Laje

Veda fissuras e infiltrações, Reduz temperatura, Ultra flexível.

Acrílico Ultra

STANDARD ★★★

Tinta Acrílico Ultra, indicada para pinturas de superfícies externas e internas de reboco, massa PVA, massa acrílica, texturas, concreto, fibrocimento, gesso etc. É uma tinta de alto desempenho e durabilidade e máximo rendimento. Totalmente Sem Cheiro.

Embalagens/Rendimento
Lata (3,6 L): até 55 m² por demão.
Lata (18 L): até 275 m² por demão.

Acabamento
Fosco e Semibrilho.

Aplicação
Rolo de lã, pincel ou pistola.

Diluição
Acabamento Fosco: 50% com água limpa.
Acabamento Semibrilho: 20% com água limpa.

Cor
Cores prontas no acabamento Fosco: 27.
Cores prontas no acabamento Semibrilho: 8.
Disponível no sistema tintométrico.

Secagem
Ao toque: 2 horas.
Entre: demãos 4 horas.
Final: 12 horas.

Dicas e preparação de superfície

Qualquer superfície a ser pintada deve estar limpa, seca, lixada, sem poeira, livre de gordura ou graxa, ferrugem, resto de pintura velha, brilho etc. Antes de iniciar a pintura, observe todas as orientações:
Reboco Novo: Respeitar secagem e cura (mínimo 30 dias). Aplicar Maza Selador Acrílico.
Concreto Novo: Aguardar secagem e cura (mínimo 30 dias). Aplicar Maza Fundo Preparador de Paredes.
Reboco Fraco (baixa coesão): Respeitar secagem e cura (mínimo 30 dias). Aplicar Maza Fundo Preparador de Paredes.
Imperfeições Rasas: Corrigir com Maza Massa Acrílica (externo-interna) ou Maza Massa Corrida (interna).
Imperfeições Profundas: Corrigir com reboco e aguardar secagem e cura (mínimo 30 dias).
Superfícies Caiadas, Partículas Soltas ou Mal Aderidas: Raspar e/ou escovar superfície para eliminar a cal ao máximo possível. Aplicar Maza Fundo Preparador de Paredes.
Manchas de Gordura ou Graxa: Lavar com uma solução de água e detergente, enxaguar e aguardar a secagem.
Partes Mofadas: Lavar com solução de água e água sanitária em partes iguais, esperar 6 horas e enxaguar bem.

Outros produtos relacionados

Fundo Preparador Base Água
Reforçar, uniformizar e selar a absorção em paredes internas e externas.

Fundo Preparador Base Solvente
Tratar superfícies de alvenaria que apresentam baixa coesão, calcinação e ou alcalinidade.

Verniz Acrílico
Realça, renova e protege as superfícies tanto internas quanto externas.

Acrílico Extra

ECONÔMICA ★

Tinta Acrílica Extra, indicada para pinturas de superfícies internas de reboco, massa PVA, massa acrílica, texturas, concreto, fibrocimento, gesso etc. É uma tinta de bom desempenho e durabilidade, excelente aplicação e rendimento. Totalmente Sem Cheiro.

Embalagens/Rendimento
Lata (3,6 L): até 45 m² por demão.
Lata (18 L): até 225 m² por demão.

Acabamento
Somente Fosco.

Aplicação
Rolo de lã, pincel ou pistola.

Diluição
Acabamento Fosco: 50% com água limpa.

Cor
Cores prontas no acabamento Fosco: 21
Disponível no sistema tintométrico, somente base (A).

Secagem
Ao toque: 2 horas.
Entre demãos: 4 horas.
Final: 12 horas.

Dicas e preparação de superfície

Qualquer superfície a ser pintada deve estar limpa, seca, lixada, sem poeira, livre de gordura ou graxa, ferrugem, resto de pintura velha, brilho etc. Antes de iniciar a pintura, observe todas as orientações:
Reboco Novo: Respeitar secagem e cura (mínimo 30 dias). Aplicar Maza Selador Acrílico.
Concreto Novo: Aguardar secagem e cura (mínimo 30 dias). Aplicar Maza Fundo Preparador de Paredes.
Reboco Fraco (baixa coesão): Respeitar secagem e cura (mínimo 30 dias). Aplicar Maza Fundo Preparador de Paredes.
Imperfeições Rasas: Corrigir com Maza Massa Acrílica (externo-interna) ou Maza Massa Corrida (interna).
Imperfeições Profundas: Corrigir com reboco e aguardar secagem e cura (mínimo 30 dias).
Superfícies Caiadas, Partículas Soltas ou Mal Aderidas: Raspar e/ou escovar superfície para eliminar a cal ao máximo possível. Aplicar Maza Fundo Preparador de Paredes.
Manchas de Gordura ou Graxa: Lavar com uma solução de água e detergente, enxaguar e aguardar a secagem.
Partes Mofadas: Lavar com solução de água e água sanitária em partes iguais, esperar 6 horas e enxaguar bem.

Outros produtos relacionados

Massa Corrida PVA

Indicada para nivelar e corrigir imperfeições de superfícies internas.

Massa Acrílica

Indicada para nivelar e corrigir imperfeições de superfícies internas e externas.

Selador Acrílico

Indicado para selar e uniformizar a absorção de superfícies externas e internas.

Acrílico Profissional

ECONÔMICA ★

Tinta Látex Acrílico Profissional, indicada para pinturas de superfícies internas de reboco, massa PVA, massa acrílica, texturas, concreto, fibrocimento, gesso etc. É uma tinta de excelente aplicação. Totalmente Sem Cheiro.

Embalagens/Rendimento
Lata (3,6 L): até 45 m² por demão.
Lata (18 L): até 225 m² por demão.

Acabamento
Somente Fosco.

Aplicação
Rolo de lã, pincel ou pistola.

Diluição
Acabamento Fosco: 50% com água limpa.

Cor
Cores prontas no acabamento Fosco: 15.

Secagem
Ao toque: 2 horas.
Entre demãos: 4 horas.
Final: 12 horas.

Dicas e preparação de superfície

Qualquer superfície a ser pintada deve estar limpa, seca, lixada, sem poeira, livre de gordura ou graxa, ferrugem, resto de pintura velha, brilho etc. Antes de iniciar a pintura, observe todas as orientações:
Reboco Novo: Respeitar secagem e cura (mínimo 30 dias). Aplicar Maza Selador Acrílico.
Concreto Novo: Aguardar secagem e cura (mínimo 30 dias). Aplicar Maza Fundo Preparador de Paredes.
Reboco Fraco (baixa coesão): Respeitar secagem e cura (mínimo 30 dias). Aplicar Maza Fundo Preparador de Paredes.
Imperfeições Rasas: Corrigir com Maza Massa Acrílica (externo-interna) ou Maza Massa Corrida (interna).
Imperfeições Profundas: Corrigir com reboco e aguardar secagem e cura (mínimo 30 dias).
Superfícies Caiadas, Partículas Soltas ou Mal Aderidas: Raspar e/ou escovar superfície para eliminar a cal ao máximo possível. Aplicar Maza Fundo Preparador de Paredes.
Manchas de Gordura ou Graxa: Lavar com uma solução de água e detergente, enxaguar e aguardar a secagem.
Partes Mofadas: Lavar com solução de água e água sanitária em partes iguais, esperar 6 horas e enxaguar bem.

Outros produtos relacionados

Massa Corrida PVA
Indicada para nivelar e corrigir imperfeições de superfícies internas.

Massa Acrílica
Indicada para nivelar e corrigir imperfeições de superfícies internas e externas.

Selador Acrílico
Indicado para selar e uniformizar a absorção de superfícies externas e internas.

Textura Riscada Original Premium

PREMIUM ★★★★★

É ideal para revestir superfícies externas e internas de reboco, blocos de cimento, concreto aparente etc. A Textura Riscada é um produto Hidrorrepelente, que impede a penetração de água na superfície, oferecendo maior durabilidade e resistência; sua formulação contém grãos de quartzo maiores, proporcionando mais beleza à superfície, dispensando o uso de tinta e outros acabamentos. Totalmente Sem Cheiro.

Embalagens/Rendimento

Lata (2,8 L/5,6 kg): até 1,8 m².
Lata (14 L/28 kg): até 9 m².
Lata (25 kg): até 8 m².

Acabamento

Somente Fosco.

Aplicação

Desempenadeira de aço lisa e espátula de aço, para grafiar utilizar desempenadeira de PVC.

Diluição

Pronto para uso. Caso o aplicador deseje diluir, no máximo 5% com água limpa.

Cor

Cores prontas no acabamento Fosco: 16.

Secagem

Ao toque: 2 horas.
Entre demãos: 4 horas.
Final: 72 horas.

Dicas e preparação de superfície

Reboco Novo: Respeitar secagem e cura (mínimo 30 dias). Lixar e eliminar o pó e aplicar uma demão de **Líquido Selador**. Caso não seja possível aguardar a cura, espere a secagem da superfície e aplique uma demão de MAZA Fundo Preparador de Paredes Base Solvente ou Água.
Superfície em bom estado: Lixar e eliminar o pó.
Reboco Fraco, desagregado, caiação, com partes soltas ou paredes com tinta antiga em mau estado: Lixar e eliminar o pó e as partes soltas. Aplicar previamente uma demão de MAZA Fundo Preparador de Paredes Base Solvente ou Base Água.
Superfície com umidade: Identificar a origem e tratar de maneira adequada.
Manchas de Gordura ou Graxa: Lavar com uma solução de água e detergente, enxaguar e aguardar a secagem.
Partes Mofadas: Lavar com solução de água e água sanitária em partes iguais, esperar 6 horas e enxaguar bem.

Outros produtos relacionados

Gel Envelhecedor

Proporciona efeito envelhecido sobre texturas.

Selador Pigmentado

Indicado para selar e uniformizar a absorção de superfícies externas e internas.

Massa Niveladora

Indicada para nivelar e corrigir imperfeições de superfícies internas.

Massa Acrílica

PREMIUM ★★★★★

Indicada para nivelar e corrigir imperfeições de superfícies internas de reboco, concreto, fibro cimento, gesso e superfícies pintadas. Zero Odor.

Embalagens/Rendimento
Lata (0,9 L): até 3 m².
Lata (3,6 L): até 12 m².
Lata (14 L): até 46 m².
Lata (18 L): até 60 m².

Acabamento
Não Aplicável.

Aplicação
Aplique o produto com desempenadeira ou espátula de aço.

Diluição
Pronto para uso.

Cor
Branca.

Secagem
Ao toque: 30 minutos.
Entre demãos: 3 horas.
Final: 5 horas.

Dicas e preparação de superfície

Qualquer superfície a ser pintada deve estar limpa, seca, lixada, sem poeira, livre de gordura ou graxa, ferrugem, resto de pintura velha, brilho e etc. Antes de iniciar a pintura, observe todas as orientações abaixo:
Reboco Novo: Respeitar secagem e cura (mínimo 30 dias). Aplicar Maza Selador Acrílico.
Concreto Novo: Aguardar secagem e cura (mínimo 30 dias). Aplicar Maza Fundo Preparador de Paredes.
Reboco Fraco (baixa coesão): Respeitar secagem e cura (mínimo 30 dias). Aplicar Maza Fundo Preparador de Paredes.
Imperfeições Rasas: Corrigir com Maza Massa Acrílica (externo-interna) ou Maza Massa Corrida (interna).
Imperfeições Profundas: Corrigir com reboco e aguardar secagem e cura (mínimo 30 dias).
Superfícies Caiadas, Partículas Soltas ou Mal Aderidas: Raspar e/ou escovar superfície para eliminar a cal ao máximo possível. Aplicar Maza Fundo Preparador de Paredes.
Manchas de Gordura ou Graxa: Lavar com uma solução de água e detergente, enxaguar e aguardar a secagem.
Partes Mofadas: Lavar com água sanitária, enxaguar e aguardar secagem.

Outros produtos relacionados

Gel Envelhecedor
Proporciona efeito envelhecido sobre texturas.

Selador Pigmentado
Indicado para selar e uniformizar a absorção de superfícies externas e internas.

Massa Niveladora
Indicada para nivelar e corrigir imperfeições de superfícies internas.

Paixão por Qualidade

Massa Corrida

PREMIUM ★★★★★

Indicada para nivelar e corrigir imperfeições de superfícies internas de reboco, concreto, fibro cimento, gesso e superfícies pintadas. Zero Odor.

Embalagens/Rendimento

Lata (0,9 L): até 3 m².
Lata (3,6 L): até 12 m².
Lata (14 L): até 46 m².
Lata (18 L): até 60 m².

Acabamento

Não aplicável.

Aplicação

Aplique o produto com desempenadeira ou espátula de aço.

Diluição

Pronto para uso.

Cor

Branca.

Secagem

Ao toque: 30 minutos.
Entre demãos: 3 horas.
Final: 5 horas.

Dicas e preparação de superfície

Qualquer superfície a ser pintada deve estar limpa, seca, lixada, sem poeira, livre de gordura ou graxa, ferrugem, resto de pintura velha, brilho e etc. Antes de iniciar a pintura, observe todas as orientações abaixo:

Reboco Novo: Respeitar secagem e cura (mínimo 30 dias). Aplicar Maza Selador Acrílico.
Concreto Novo: Aguardar secagem e cura (mínimo 30 dias). Aplicar Maza Fundo Preparador de Paredes.
Reboco Fraco (baixa coesão): Respeitar secagem e cura (mínimo 30 dias). Aplicar Maza Fundo Preparador de Paredes.
Imperfeições Rasas: Corrigir com Maza Massa Acrílica (externo-interna) ou Maza Massa Corrida (interna).
Imperfeições Profundas: Corrigir com reboco e aguardar secagem e cura (mínimo 30 dias).
Superfícies Caiadas, Partículas Soltas ou Mal Aderidas: Raspar e/ou escovar superfície para eliminar a cal ao máximo possível. Aplicar Maza Fundo Preparador de Paredes.
Manchas de Gordura ou Graxa: Lavar com uma solução de água e detergente, enxaguar e aguardar a secagem.
Partes Mofadas: Lavar com água sanitária, enxaguar e aguardar secagem.

Outros produtos relacionados

Gel Envelhecedor

Proporciona efeito envelhecido sobre texturas.

Selador Pigmentado

Indicado para selar e uniformizar a absorção de superfícies externas e internas.

Massa Niveladora

Indicada para nivelar e corrigir imperfeições de superfícies internas.

Esmalte Sintético Madeira e Metais

STANDARD ★★★

É um produto de alta qualidade, acabamento superior e super-resistência. Fácil de aplicar, possuindo excelente poder de cobertura e rendimento. Sua película com alta resistência garante maior proteção e facilidade de limpeza, reduzindo a aderência de sujeira. Ideal para superfícies externas e internas de metais ferrosos, galvanizados, alumínio e madeira.

 **Embalagens/Rendimento** Lata (0,9 L): até 10 m². Lata (3,6 L): até 40 m².	 **Acabamento** Brilhante, Fosco e Acetinado.
 **Aplicação** Rolo, pincel ou pistola.	 **Diluição** Rolo e pincel: Máximo 15% com aguarrás. Pistola: Máximo 30% com aguarrás.
 **Cor** Cores prontas no acabamento Brilhante: 26. Cores prontas no acabamento Fosco/Acetinado: 6. Disponível no sistema tintométrico.	 **Secagem** Ao toque: 2 horas. Entre demãos: 4 horas. Final: 12 horas.

Dicas e preparação de superfície

Metais Novos: Limpar e lixar com um pano umedecido com Aguarrás. Aplicar uma demão de MAZA Zarcão (metais ferrosos), ou MAZA Fundo Galvanizado (alumínio e galvanizados).
Metais com ferrugem: Lixar e remover toda a ferrugem, limpar com um pano umedecido com MAZA Aguarrás. Aplicar uma demão de MAZA Zarcão (metais ferrosos), ou MAZA Fundo Galvanizado (alumínio e galvanizados).
Madeiras novas: Lixar as farpas e limpar a poeira com um pano umedecido com MAZA Aguarrás. Aplicar uma demão de MAZA Fundo Sintético Nivelador. Em caso de fissuras ou imperfeições, utilizar MAZA Massa para Madeira e em seguida mais uma demão de MAZA Fundo Sintético Nivelador.
Repintura: Lixar até eliminar o brilho e limpar toda a superfície com um pano umedecido com MAZA Aguarrás.

Outros produtos relacionados

Primer Acabamento Zarcão

Indicado para proteção de superfícies ferrosas.

Mazaraz Premium

Indicado para diluição de esmaltes sintéticos e para limpeza das ferramentas de pintura.

Thinner Premium

Solvente indicado para diluição de Primes, Tintas Imobiliárias, Automotivas e limpeza etc.

Verniz Copal

STANDARD ★★★

É indicado para proteção e embelezamento de superfícies de madeira, como portas, forros, rodapés, balcões, móveis etc., em ambientes internos.

Embalagens/Rendimento
Lata (0,9 L):até 10 m².
Lata (3,6 L): até 40 m².

Acabamento
Brilhante.

Aplicação
Rolo, Pincel ou Pistola.

Diluição
Rolo e Pincel: Máximo 15% com aguarrás.
Pistola: Máximo 30% com aguarrás.

Cor
Transparente.

Secagem
Ao toque: 2 horas.
Entre demãos: 4 horas.
Final: 12 horas.

Dicas e preparação de superfície

Madeiras novas: Lixar as farpas e limpar a poeira com um pano umedecido com MAZA Aguarrás. Aplicar uma demão de MAZA Fundo Sintético Nivelador. Em caso de fissuras ou imperfeições, utilizar MAZA Massa para Madeira de em seguida mais uma demão de MAZA Fundo Sintético Nivelador; **Repintura**: Lixar até eliminar o brilho e limpar toda a superfície com um pano umedecido com MAZA Aguarrás.

Outros produtos relacionados

Fundo Nivelador

Indicado para correção de fissuras e imperfeições.

Mazaraz Premium

Indicado para diluição de esmaltes sintéticos e para limpeza das ferramentas de pintura.

Thinner Premium

Solvente indicado para diluição de Primes, Tintas Imobiliárias, Automotivas e limpeza etc.

Acrílico Premium

PREMIUM ★★★★★

Tinta Acrílica Premium, indicada para pinturas de superfícies externas e internas de reboco, massa PVA, massa acrílica, texturas, concreto, fibrocimento, gesso etc. É uma tinta de altíssimo desempenho, durabilidade, máxima cobertura e resistência a intempéries. Totalmente Sem Cheiro.

Embalagens/Rendimento

Lata (0,9 L): até 16 m² por demão.
Lata (3,6 L): até 65 m² por demão.
Lata (18 L): até 325 m² por demão.

Acabamento

Fosco, Acetinado e Semibrilho.

Aplicação

Rolo de lã, pincel ou pistola.

Diluição

Acabamento Fosco: 50% com água limpa.
Acabamento Acetinado/Semibrilho: 20% com água limpa.

Cor

Cores prontas no acabamento Fosco: 29.
Cores Prontas no acabamento Acetinado/Semibrilho: 10.
Disponível no sistema tintométrico.

Secagem

Ao toque: 2 horas.
Entre demãos: 4 horas.
Final: 12 horas.

Dicas e preparação de superfície

Qualquer superfície a ser pintada deve estar limpa, seca, lixada, sem poeira, livre de gordura ou graxa, ferrugem, resto de pintura velha, brilho etc. Antes de iniciar a pintura, observe todas as orientações:
Reboco Novo: Respeitar secagem e cura (mínimo 30 dias). Aplicar SV Selador Acrílico.
Concreto Novo: Aguardar secagem e cura (mínimo 30 dias). Aplicar SV Fundo Preparador de Paredes.
Reboco Fraco (baixa coesão): Respeitar secagem e cura (mínimo 30 dias). Aplicar SV Fundo Preparador de Paredes.
Imperfeições Rasas: Corrigir com SV Massa Acrílica (externo-interna) ou SV Massa Corrida (interna).
Imperfeições Profundas: Corrigir com reboco e aguardar secagem e cura (mínimo 30 dias).
Superfícies Caiadas, Partículas Soltas ou Mal Aderidas: Raspar e/ou escovar superfície para eliminar a cal ao máximo possível. Aplicar SV Fundo Preparador de Paredes.
Manchas de Gordura ou Graxa: Lavar com uma solução de água e detergente, enxaguar e aguardar a secagem.
Partes Mofadas: Lavar com solução de água e água sanitária em partes iguais, esperar 6 horas e enxaguar bem.

Outros produtos relacionados

Acrílico Elástico

Produto 5x1, Pinta e Sela, Impermeável, Reduz Barulho e calor.

Superflex Parede

Sela, Impermeabiliza, Cobre fissuras, Super Flexível e protege contra batida de chuva.

Superflex Laje

Veda fissuras e infiltrações, Reduz Temperatura, Ultra Flexível.

Acrílico Standard

STANDARD ★★★

Tinta Acrílico Standard, indicada para pinturas de superfícies externas e internas de reboco, massa PVA, massa acrílica, texturas, concreto, fibrocimento, gesso etc. É uma tinta de alto desempenho e durabilidade e Máximo rendimento. Totalmente Sem Cheiro.

Embalagens/Rendimento
Lata (3,6 L): até 55 m² por demão.
Lata (18 L): até 275 m² por demão.

Acabamento
Fosco e Semibrilho.

Aplicação
Rolo de lã, pincel ou pistola.

Diluição
Acabamento Fosco: 50% com água limpa.
Acabamento Semibrilho: 20% com água limpa.

Cor
Cores prontas no acabamento Fosco: 27.
Cores Prontas no acabamento Semibrilho: 8.
Disponível no sistema tintométrico.

Secagem
Ao toque: 2 horas.
Entre demãos: 4 horas.
Final: 12 horas.

Dicas e preparação de superfície

Qualquer superfície a ser pintada deve estar limpa, seca, lixada, sem poeira, livre de gordura ou graxa, ferrugem, resto de pintura velha, brilho etc. Antes de iniciar a pintura, observe todas as orientações:
Reboco Novo: Respeitar secagem e cura (mínimo 30 dias). Aplicar SV Selador Acrílico.
Concreto Novo: Aguardar secagem e cura (mínimo 30 dias). Aplicar SV Fundo Preparador de Paredes.
Reboco Fraco (baixa coesão): Respeitar secagem e cura (mínimo 30 dias). Aplicar SV Fundo Preparador de Paredes.
Imperfeições Rasas: Corrigir com SV Massa Acrílica (externo-interna) ou SV Massa Corrida (interna).
Imperfeições Profundas: Corrigir com reboco e aguardar secagem e cura (mínimo 30 dias).
Superfícies Caiadas, Partículas Soltas ou Mal Aderidas: Raspar e/ou escovar superfície para eliminar a cal ao máximo possível. Aplicar SV Fundo Preparador de Paredes.
Manchas de Gordura ou Graxa: Lavar com uma solução de água e detergente, enxaguar e aguardar a secagem.
Partes Mofadas: Lavar com solução de água e água sanitária em partes iguais, esperar 6 horas e enxaguar bem.

Outros produtos relacionados

Fundo Preparador Base Água

Reforçar, uniformizar e selar a absorção em paredes internas e externas.

Fundo Preparador Base Solvente

Tratar superfícies de alvenaria que apresentam baixa coesão, calcinação e ou alcalinidade..

Verniz Acrílico

Realça, renova e protege as superfícies tanto internas quanto externas.

Acrílico Renova

ECONÔMICA ★

Tinta Acrílico Renova, indicada para pinturas de superfícies internas de reboco, massa PVA, massa acrílica, texturas, concreto, fibrocimento, gesso etc. É uma tinta de bom desempenho e durabilidade, excelente aplicação e rendimento. Totalmente Sem Cheiro.

Embalagens/Rendimento
Lata (3,6 L): até 45 m² por demão.
Lata (18 L): até 225 m² por demão.

Acabamento
Somente Fosco.

Aplicação
Rolo de lã, pincel ou pistola.

Diluição
Acabamento Fosco: 50% com água limpa.

Cor
Cores prontas no acabamento Fosco: 21.
Disponível no sistema tintométrico, somente base (A).

Secagem
Ao toque: 2 horas.
Entre demãos: 4 horas.
Final: 12 horas.

Dicas e preparação de superfície

Qualquer superfície a ser pintada deve estar limpa, seca, lixada, sem poeira, livre de gordura ou graxa, ferrugem, resto de pintura velha, brilho etc. Antes de iniciar a pintura, observe todas as orientações:
Reboco Novo: Respeitar secagem e cura (mínimo 30 dias). Aplicar SV Selador Acrílico.
Concreto Novo: Aguardar secagem e cura (mínimo 30 dias). Aplicar SV Fundo Preparador de Paredes.
Reboco Fraco (baixa coesão): Respeitar secagem e cura (mínimo 30 dias). Aplicar SV Fundo Preparador de Paredes.
Imperfeições Rasas: Corrigir com SV Massa Acrílica (externo-interna) ou SV Massa Corrida (interna).
Imperfeições Profundas: Corrigir com reboco e aguardar secagem e cura (mínimo 30 dias).
Superfícies Caiadas, Partículas Soltas ou Mal Aderidas: Raspar e/ou escovar superfície para eliminar a cal ao máximo possível. Aplicar SV Fundo Preparador de Paredes.
Manchas de Gordura ou Graxa: Lavar com uma solução de água e detergente, enxaguar e aguardar a secagem.
Partes Mofadas: Lavar com solução de água e água sanitária em partes iguais, esperar 6 horas e enxaguar bem.

Outros produtos relacionados

Massa Corrida PVA
Indicada para nivelar e corrigir imperfeições de superfícies internas.

Massa Acrílica
Indicada para nivelar e corrigir imperfeições de superfícies internas e externas.

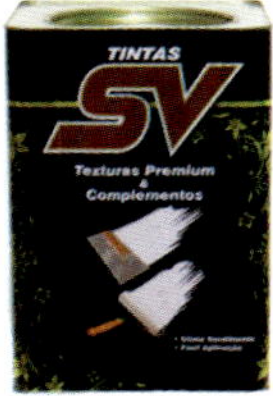

Selador Acrílico
Indicado para selar e uniformizar a absorção de superfícies externas e internas.

Textura Riscada Criativa Premium

PREMIUM ★★★★★

É ideal para revestir superfícies externas e internas de reboco, blocos de cimento, concreto aparente etc. A Textura Riscada é um produto Hidrorrepelente, que impede a penetração de água na superfície, oferecendo maior durabilidade e resistência; sua formulação contém grãos de quartzo maiores, proporcionando mais beleza à superfície, dispensando o uso de tinta e outros acabamentos. Totalmente Sem Cheiro.

Embalagens/Rendimento
Lata (2,8 L/5,6 kg): até 1,8 m².
Lata (14 L/28 kg): até 9 m².
Lata (25 kg): até 8 m².

Acabamento
Somente Fosco.

Aplicação
Desempenadeira de aço lisa e espátula de aço; para grafiar utilizar desempenadeira de PVC.

Diluição
Pronto para uso. Caso o aplicador deseje diluir, no máximo 5% com água limpa.

Cor
Cores prontas no acabamento Fosco: 16.

Secagem
Ao toque: 2 horas.
Entre demãos: 4 horas.
Final: 72 horas.

Dicas e preparação de superfície

Reboco Novo: Respeitar secagem e cura (mínimo 30 dias). Lixar e eliminar o pó e aplicar uma demão de Líquido Selador. Caso não seja possível aguardar a cura, espere a secagem da superfície e aplique uma demão de SV Fundo Preparador de Paredes Base Solvente ou Água.
Superfície em bom estado: Lixar e eliminar o pó.
Reboco Fraco, desagregado, caiação, com partes soltas ou paredes com tinta antiga em mau estado: Lixar e eliminar o pó e as partes soltas. Aplicar previamente uma demão de SV Fundo Preparador de Paredes Base Solvente ou Base Água.
Superfície com umidade: Identificar a origem e tratar de maneira adequada.
Manchas de Gordura ou Graxa: Lavar com uma solução de água e detergente, enxaguar e aguardar a secagem.
Partes Mofadas: Lavar com solução de água e água sanitária em partes iguais, esperar 6 horas e enxaguar bem.

Outros produtos relacionados

Gel Envelhecedor
Proporciona efeito envelhecido sobre texturas.

Selador Pigmentado
Indicado para selar e uniformizar a absorção de superfícies externas e internas.

Massa Niveladora
Indicada para nivelar e corrigir imperfeições de superfícies internas.

Massa Acrílica

PREMIUM ★★★★★

Indicada para nivelar e corrigir imperfeições de superfícies internas e externas de reboco, concreto, fibro cimento, gesso e superfícies pintadas. Zero Odor.

Embalagens/Rendimento

Lata (0,9 L): até 3 m².
Lata (3,6 L): até 12 m².
Lata (14 L): até 46 m².
Lata (18 L): até 60 m².

Acabamento

Não Aplicável.

Aplicação

Aplique o produto com desempenadeira ou espátula de aço.

Diluição

Pronto para uso.

Cor

Branca.

Secagem

Ao toque: 30 minutos.
Entre demãos: 4 horas.
Final: 5 horas.

Dicas e preparação de superfície

Qualquer superfície a ser pintada deve estar limpa, seca, lixada, sem poeira, livre de gordura ou graxa, ferrugem, resto de pintura velha, brilho e etc. Antes de iniciar a pintura, observe todas as orientações abaixo:
Reboco Novo: Respeitar secagem e cura (mínimo 30 dias). Aplicar SV Selador Acrílico.
Concreto Novo: Aguardar secagem e cura (mínimo 30 dias). Aplicar SV Fundo Preparador de Paredes.
Reboco Fraco (baixa coesão): Respeitar secagem e cura (mínimo 30 dias). Aplicar SV Fundo Preparador de Paredes.
Imperfeições Rasas: Corrigir com SV Massa Acrílica (externo-interna) ou SV Massa Corrida (interna).
Imperfeições Profundas: Corrigir com reboco e aguardar secagem e cura (mínimo 30 dias).
Superfícies Caiadas, Partículas Soltas ou Mal Aderidas: Raspar e/ou escovar superfície para eliminar a cal ao máximo possível. Aplicar SV Fundo Preparador de Paredes.
Manchas de Gordura ou Graxa: Lavar com uma solução de água e detergente, enxaguar e aguardar a secagem.
Partes Mofadas: Lavar com água sanitária, enxaguar e aguardar secagem.

Outros produtos relacionados

Gel Envelhecedor

Proporciona efeito envelhecido sobre texturas.

Selador Pigmentado

Indicado para selar e uniformizar a absorção de superfícies externas e internas.

Massa Niveladora

Indicada para nivelar e corrigir imperfeições de superfícies internas.

Massa Corrida

PREMIUM ★★★★★

Indicada para nivelar e corrigir imperfeições de superfícies internas e externas de reboco, concreto, fibro cimento, gesso e superfícies pintadas. Zero Odor.

Embalagens/Rendimento

Lata (0,9 L): até 3 m².
Lata (3,6 L): até 12 m².
Lata (14 L): até 46 m².
Lata (18 L): até 60 m².

Acabamento

Não Aplicável.

Aplicação

Aplique o produto com desempenadeira ou espátula de aço.

Diluição

Pronto para uso.

Cor

Branca.

Secagem

Ao toque: 30 minutos.
Entre demãos: 4 horas.
Final: 5 horas.

Dicas e preparação de superfície

Qualquer superfície a ser pintada deve estar limpa, seca, lixada, sem poeira, livre de gordura ou graxa, ferrugem, resto de pintura velha, brilho e etc. Antes de iniciar a pintura, observe todas as orientações abaixo:
Reboco Novo: Respeitar secagem e cura (mínimo 30 dias). Aplicar SV Selador Acrílico.
Concreto Novo: Aguardar secagem e cura (mínimo 30 dias). Aplicar SV Fundo Preparador de Paredes.
Reboco Fraco (baixa coesão): Respeitar secagem e cura (mínimo 30 dias). Aplicar SV Fundo Preparador de Paredes.
Imperfeições Rasas: Corrigir com SV Massa Acrílica (externo-interna) ou SV Massa Corrida (interna).
Imperfeições Profundas: Corrigir com reboco e aguardar secagem e cura (mínimo 30 dias).
Superfícies Caiadas, Partículas Soltas ou Mal Aderidas: Raspar e/ou escovar superfície para eliminar a cal ao máximo possível. Aplicar SV Fundo Preparador de Paredes.
Manchas de Gordura ou Graxa: Lavar com uma solução de água e detergente, enxaguar e aguardar a secagem.
Partes Mofadas: Lavar com água sanitária, enxaguar e aguardar secagem.

Outros produtos relacionados

Gel Envelhecedor

Proporciona efeito envelhecido sobre texturas.

Selador Pigmentado

Indicado para selar e uniformizar a absorção de superfícies externas e internas.

Massa Niveladora

Indicada para nivelar e corrigir imperfeições de superfícies internas.

Esmalte Sintético Madeiras e Metais

STANDARD ★★★

É um produto de alta qualidade, acabamento superior e super resistência. Fácil de aplicar, possuindo excelente poder de cobertura e rendimento. Sua película com alta resistência garante maior proteção e facilidade de limpeza, reduzindo a aderência de sujeira. Ideal para superfícies externas e internas de metais ferrosos, galvanizados, alumínio e madeira.

Embalagens/Rendimento
Lata (0,9 L): até 10 m².
Lata (3,6 L): até 40 m².

Acabamento
Brilhante, Fosco e Acetinado.

Aplicação
Rolo, pincel ou pistola.

Diluição
Rolo e pincel: Máximo 15% com aguarrás.
Pistola: Máximo 30% com aguarrás.

Cor
Cores prontas no acabamento Brilhante: 26.
Cores Prontas no acabamento Fosco/Acetinado: 6.
Disponível no sistema tintométrico.

Secagem
Ao toque: 2 horas.
Entre demãos: 4 horas.
Final: 12 horas.

Dicas e preparação de superfície

Metais Novos: Limpar e lixar com um pano umedecido com Aguarrás. Aplicar uma demão de SV Zarcão (metais ferrosos), ou SV Fundo Galvanizado (alumínio e galvanizados).
Metais com ferrugem: Lixar e remover toda a ferrugem, limpar com um pano umedecido com SV Aguarrás. Aplicar uma demão de SV Zarcão (metais ferrosos), ou SV Fundo Galvanizado (alumínio e galvanizados).
Madeiras novas: Lixar as farpas e limpar a poeira com um pano umedecido com SV Aguarrás. Aplicar uma demão de SV Fundo Sintético Nivelador. Em caso de fissuras ou imperfeições, utilizar SV Massa para Madeira de em seguida mais uma demão de SV Fundo Sintético Nivelador.
Repintura: Lixar até eliminar o brilho e limpar toda a superfície com um pano umedecido com SV Aguarrás.

Outros produtos relacionados

Primer Acabamento Zarcão

Indicado para proteção de superfícies ferrosas.

SV Raz

Indicado para diluição de esmalte sintéticos e para limpeza das ferramentas de pintura.

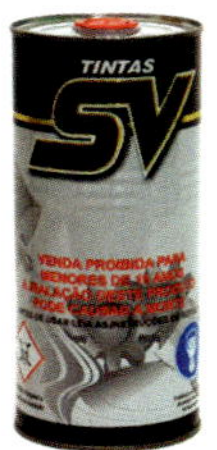

Thinner Premium

Solvente indicado para diluição de Primes, Tintas Imobiliárias, Automotivas e limpeza etc.

Montana – Produtos Inovadores para Madeira

A Montana Química tem o DNA da inovação. É uma empresa brasileira, com mais de 50 anos de atividades nos mercados brasileiro e internacional. Investe sistematicamente no desenvolvimento de tecnologia e geração de produtos inovadores, eficazes na proteção e acabamento de madeiras. Para isso, conta com pessoal qualificado e modernos laboratórios próprios.

A tecnologia exclusiva da Montana proporciona melhor aproveitamento e durabilidade para a madeira, matéria-prima nobre e naturalmente original em suas tonalidades e texturas. Ao mesmo tempo é um material de incomparável beleza e, também, o único recurso construtivo 100% renovável.

Hoje, a Montana tem sede em São Paulo, filial em Porto Alegre, revendas, equipes comerciais e representantes estrategicamente localizados em todo o Brasil e no exterior. Disponibiliza uma completa linha de produtos para seus clientes, com assistência técnica gratuita. Mantém foco em três importantes segmentos: construção civil, indústria moveleira e preservação de madeiras.

Líder em tecnologia para madeiras no Brasil, a Montana foi a responsável pela introdução no mercado nacional de conceitos inovadores, como o de Stain.

São exemplos marcantes dessa inovação produtos como o Osmocolor, stain preservativo, o Osmose K33, o preservativo mais utilizado no mundo para tratamento industrial de madeira, e Goffrato, o acabamento texturizado de alto padrão para móveis, que fizeram da Montana uma referência nacional em preservação e acabamento para madeiras.

Ativista em princípios éticos, a Montana tem na pesquisa e no capital humano suas principais fontes para desenvolver soluções que inovam e introduzem melhorias nas cadeias produtivas existentes, ajudando a abrir novos mercados.

A empresa valoriza a responsabilidade socioambiental. É associada ao Instituto Ethos e também participa dos programas Atuação Responsável, da Abiquim; Coatings Care e Programa Setorial da Qualidade, da Abrafati. Foi a primeira indústria na América do Sul a obter a distinção do selo WoodCover, atribuído pela Bayer, empresa de categoria mundial no suprimento de insumos para fabricantes de tintas e vernizes. O selo é um reconhecimento à qualidade, à segurança ambiental e à saúde ocupacional dos produtos fabricados pela Montana para acabamento de móveis de alto padrão.

Certificações

Acompanhe a Montana nas redes sociais:

Informações de Serviço ao Consumidor:

A empresa dispõe de Serviço de Atendimento ao Consumidor

0800 167667 ou site www.montana.com.br

Osmocolor Stain Castanho UV Deck

Osmocolor Stain Castanho UV Deck é ideal para áreas como decks de piscina, móveis de jardim, cercas e pergolados, pois oferece proteção para superfícies que sofrem intensa exposição aos raios ultravioleta, além de dar à madeira um tom nobre. Osmocolor já é sinônimo de qualidade e possui registro no IBAMA como stain preservativo, o que comprova sua ação prolongada e eficiente na proteção contra fungos que mancham e diminuem a vida útil da madeira. Contém triplo filtro solar. Possui aditivo que dificulta a adesão de sujeira e ajuda a prolongar a durabilidade da película protetora. Contém resinas que repelem água e evitam o empenamento da madeira.

Embalagens/Rendimento
Lata (18 L): 270 a 360 m² por demão.
Galão (3,6 L): 54 a 72 m² por demão.
Lata (0,9 L): 13 a 18 m² por demão.

Acabamento
Acetinado.

Aplicação
Trincha (pincel chato) de cerdas macias ou PAD.

Diluição
Pronto pra uso.

Cor
Castanho UV Deck.

Secagem
Toque: até 12 horas.
Manuseio: 24 horas.
Cura total: 7 dias.

Dicas e preparação de superfície

Para aplicação do produto, a peça deve estar limpa, livre de partículas e gordura, crua e seca (teor de umidade abaixo de 20%). Fornecido pronto para uso, deve ser bem misturado (homogeneizado) e aplicado com trincha em três demãos ou PAD em quatro demãos, nos seis lados da madeira.
Pode ser utilizado em ambientes externos ou internos, em estruturas de madeira em geral, aplainadas, lixadas ou rústicas, como decks, portas, janelas, portões, beirais, forros, estruturas de telhado, gazebos, varandas, pérgulas, móveis rústicos e de jardim, cercas, guarda corpos e afins. Algumas das grandes vantagens do Osmocolor são o rendimento e a manutenção. Dependendo das circunstâncias de renovação de acabamento, não é necessária a retirada total do stain. Importante:
A – No caso de madeiras moles (exemplo: Pinus), faça uma aplicação prévia de Pentox® Super para tratamento contra insetos (brocas e cupins). **B** – Madeiras resinosas, como Ipê tabaco e nó de Pinus, possuem extrativos (resinas/óleos) que podem causar manchas ou dificultar a secagem do acabamento. Nestes casos, a Montana Química recomenda a aplicação prévia de Isolare®, verniz isolante para madeiras resinosas. Quando a aplicação for sobre decks de Ipê, faça teste prévio ou consulte o departamento técnico da Montana. Mais informações sobre tipos de madeiras resinosas para aplicação de Isolare, consultar o Serviço de Atendimento ao Cliente pelo 0800 167667.

Outros produtos relacionados

Pentox Super
De ação preventiva contra cupins e brocas. Possui resinas hidrorrepelentes e longo efeito residual.

Isolare
Verniz Isolante para madeiras resinosas.

Linha Deck
NovoDeck, ClariDeck e AlgiDeck - linha composta por removedor de acabamentos, clareador e removedor de algas e fungos.

Osmocolor Stain Preservativo

Osmocolor é o stain preservativo que protege e embeleza a madeira, realçando seus veios e desenhos naturais. Osmocolor penetra nas fibras e acompanha os movimentos da madeira. Não forma a película rígida dos acabamentos convencionais, que se deterioram rapidamente sob intempéries. As cores podem ser misturadas entre si ou com o Natural UV Gold, Incolor UV Glass ou ainda Transparente, para se obter novas tonalidades e/ou maior transparência. Contém fungicida, resinas e pigmentos que protegem a madeira dos raios UV, dos fungos manchadores e emboloradores, além de reduzir o empenamento por ser hidrorrepelente.

Embalagens/Rendimento

Lata (18 L): 270 a 360 m² por demão.
Galão (3,6 L): 54 a 72 m² por demão.
Lata (0,9 L): 13 a 18 m² por demão.

Acabamento

Acetinado.

Aplicação

Para as versões **Clear** e **Semitransparente** – trincha (pincel chato) de cerdas macias.

Diluição

Pronto para uso.

Cor

Clear: Natural UV Gold, Incolor UV Glass e Transparente.
Cores semitransparentes: Castanheira, Canela, Cedro, Imbuía, Nogueira, Mogno e Ipê.

Secagem

Toque: até 12 horas.
Manuseio: 24 horas.
Cura total: 7 dias.
Intervalo entre demãos: 12 horas.

Dicas e preparação de superfície

Para aplicação do produto, a peça deve estar limpa, livre de partículas e gordura, crua e seca (teor de umidade abaixo de 20%). Fornecido pronto para uso, deve ser bem misturado (homogeneizado) e aplicado com trincha.
Pode ser utilizado em ambientes externos ou internos, em estruturas de madeira em geral, aplainadas, lixadas ou rústicas, como portas, janelas, portões, beirais, forros, estruturas de telhado, gazebos, varandas, pérgulas, móveis rústicos e de jardim, cercas, guarda corpos e afins. Algumas das grandes vantagens do Osmocolor são o rendimento e a manutenção. Dependendo das circunstâncias de renovação de acabamento, não é necessária a retirada total do stain. No caso de manutenção das versões Semitransparente e Clear, por exemplo, e desde que se deseje manter a mesma cor ou tonalidade do acabamento, basta leve lixamento, limpeza e reaplicação. As cores e versões do Osmocolor Semitransparente e Clear podem ser misturadas entre si. Se preferir manter o tom o mais próximo do original da madeira, utilize o Osmocolor Stain Incolor UV Glass, com alta resistência aos raios ultravioleta, ação fungicida e hidrorrepelente. Em caso de dúvidas, consulte o Serviço de Atendimento ao Cliente pelo 0800 167667. **Obs.**: A Montana recomenda que a versão Transparente seja aplicada em ambiente interno ou sob média exposição ao sol, como varandas, gazebos, lambris de forros e beirais.

Outros produtos relacionados

Pentox Super

De ação preventiva contra cupins e brocas. Possui resinas hidrorrepelentes e longo efeito residual.

Striptizi Gel

Removedor de fácil aplicação. De consistência gel, é ideal para remoção de películas na vertical.

Linha Deck

NovoDeck, ClariDeck e AlgiDeck - linha composta por removedor de acabamentos, clareador e removedor de algas e fungos.

Osmocolor Stain Cores Sólidas

É a melhor opção para quem deseja, além de proteger, ainda colorir a madeira. Possui alto poder de cobertura da cor da madeira sem esconder seus desenhos naturais. Osmocolor Cores Sólidas e suas misturas chegaram para transformar a percepção sobre acabamentos de madeira. Disponível em tons coloniais e pastel. Osmocolor já é sinônimo de qualidade e possui registro no IBAMA como stain preservativo, o que comprova sua ação prolongada e eficiente na proteção contra fungos que mancham e diminuem a vida útil da madeira. Contém duplo filtro solar.

Embalagens/Rendimento
Lata (18 L): 180 a 270 m² por demão.
Galão (3,6 L): 36 a 54 m² por demão.
Lata (0,9 L): 9 a 13,5 m² por demão.

Acabamento
Acetinado.

Aplicação
Trincha (pincel chato) de cerdas macias ou rolo de lã (baixa espessura) resistente a solvente.

Diluição
Pronto para uso.

Cor
Tons Coloniais: Branco Neve, Amarelo Taiúva, Azul del Rey, Verde Floresta, Vermelho Cerâmica; Tons pastel: Verde Acqua, Marfim e Pêssego.

Secagem
Toque: até 12 horas.
Manuseio: 24 horas.
Cura total: 7 dias.
Intervalo entre demãos: 12 horas.

Dicas e preparação de superfície

Para aplicação do produto, a peça deve estar limpa, livre de partículas e gordura, crua e seca (teor de umidade abaixo de 20%). Fornecido pronto para uso, deve ser bem misturado (homogeneizado) e aplicado com trincha. Pode ser utilizado em ambientes externos ou internos, em estruturas de madeira em geral, aplainadas, lixadas ou rústicas, como decks, portas, janelas, portões, beirais, forros, estruturas de telhado, gazebos, varandas, pérgulas, móveis rústicos e de jardim, cercas, guarda corpos e afins. A grande diferença do Osmocolor Cores Sólidas para os esmaltes sintéticos é que ele confere acabamento e protege a madeira contra ataque de fungos e umidade (hidrorrepelente). Algumas das grandes vantagens do Osmocolor são o rendimento e a manutenção. Dependendo das circunstâncias de renovação de acabamento, não é necessária a retirada total do stain.. As cores do Osmocolor Cores Sólidas podem ser misturadas entre si ou com Osmocolor Incolor UV Glass . Dessa forma, é possível, por exemplo, clarear Azul Del Rey misturando-a ao Branco Neve. A versão Cores Sólidas mantém a textura da madeira com cobertura dos veios. Em caso de dúvidas, consulte o Serviço de Atendimento ao Cliente pelo 0800 167667.

Outros produtos relacionados

Pentox Super

De ação preventiva contra cupins e brocas. Possui resinas hidrorrepelentes e longo efeito residual.

Striptizi Gel

Removedor de fácil aplicação. De consistência gel, é ideal para remoção de películas na vertical.

Linha Deck

NovoDeck, ClariDeck e AlgiDeck - linha composta por removedor de acabamentos, clareador e removedor de algas e fungos.

Solare Premium
Verniz Duplo Filtro Solar

Verniz premium, com duplo filtro solar e alta resistência à radiação ultravioleta. Contém resina modificada com polietileno tereftalato, obtida a partir da reciclagem de garrafas PET, que confere mais resistência e durabilidade ao acabamento. A conjunção de matérias-primas de elevada qualidade garante desempenho superior em flexibilidade, aderência e umectação da madeira. Especialmente formulado para uso externo, pode ser utilizado também em ambientes internos com ótimos resultados.

Embalagens/Rendimento
Galão (3,6 L): 30 a 36 m² por demão.
Lata (0,9 L): 7 a 9 m² por demão.

Acabamento
Brilhante ou acetinado.

Aplicação
Trincha (pincel chato) de cerdas macias, rolo de lã de baixa espessura ou pistola.

Diluição
Trincha e rolo: pronto para uso.
Pistola: máximo 15% com aguarrás.

Cor
Transparente, Mogno Antico e Imbuía Mel.

Secagem
Toque: até 12 horas.
Manuseio: 24 horas.
Cura total: 7 dias.
Intervalo entre demãos: 12 horas.

Dicas e preparação de superfície

Solare Premium é fornecido com viscosidade que facilita a aplicação. Pode ser diluído de acordo com a necessidade do aplicador, apresentando um excelente alastramento e repasse da trincha. Seu elevado teor de sólidos possibilita a obtenção de uma camada espessa. A peça ou superfície a ser envernizada deverá estar limpa, livre de partículas e gordura, crua e seca (teor de umidade abaixo de 20%).
Madeiras envernizadas com baixa degradação poderão ser apenas lixadas. Se a degradação for intensa ou no caso de existirem camadas de verniz envelhecidas, deverá ser feita uma remoção (utilize Striptizi Gel ou NovoDeck/ClariDeck). Madeiras envelhecidas (acinzentadas) sem nenhum tipo de pintura, devem receber pré-tratamento com ClariDeck que devolve a cor natural da madeira. Em ambientes internos, a superfície poderá receber previamente uma camada de seladora. Para uso interno aplicar 2 demãos, para uso externo aplicar no mínimo 3 demãos e para máxima proteção com o produto diluído, recomenda-se aplicar 4 demãos.
Em caso de dúvidas, consulte o Serviço de Atendimento ao Cliente pelo SAC 0800 167667.

Outros produtos relacionados

Pentox Super

De ação preventiva contra cupins e brocas. Possui resinas hidrorrepelentes e longo efeito residual.

Striptizi Gel

Removedor de fácil aplicação. De consistência gel, é ideal para remoção de películas na vertical.

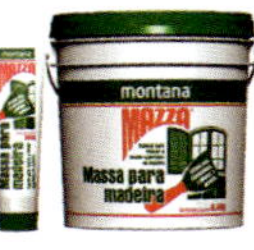

Mazza

Massa acrílica à base de água, para reparos de imperfeições e nivelamento de superfícies de madeira.

Goffrato Esmalte PU Texturizado

O genuíno Goffrato, referência no segmento industrial moveleiro, é o melhor esmalte texturizado para o acabamento de móveis para diferentes ambientes. Formulado com resinas de superior qualidade e plásticos de engenharia, proporciona a mais elevada resistência a produtos de limpeza e riscos, características amplamente apreciadas para móveis de cozinhas, escritórios, tampos de mesas, dormitórios, banheiros, portas internas e também no inovador e exclusivo processo de laqueação em vidros planos para interiores. Goffrato não contém metais pesados, atendendo aos mais exigentes padrões de qualidade e segurança na movelaria da alta decoração. Disponível nas versões base solvente ou base água, média e micro textura.

Embalagens/Rendimento
Balde (20 kg): 140 a 180 m² por demão.
Galão (4 kg): 30 a 35 m² por demão.

Acabamento
Micro e média textura.
Fosco (10 ub).

Aplicação
Pistola com baixa pressão.

Diluição
Catalisador LNB19: 50% em peso ou 60% em volume.
Diluente para PU: 30% em peso ou em volume.

Cor
Sistema tintométrico MCS – Montana Color System – mais de 720 opções de cores (base solvente).
Base água – branco.

Secagem
Temperatura ambiente. Livre de pó: 20 minutos.
Ao toque: 60 minutos.
Secagem: 10 horas.

Dicas e preparação de superfície

Indicado para ambientes que exigem um diferencial de resistência a risco, abrasão e a produtos de limpeza de uso doméstico, como móveis de escritório e cozinhas, portas e batentes internos, balcões, entre outros. Sistema PU composto por catalisador com baixo teor de isocianato livre (TDIs), podendo ser aplicado em cabine de pintura com exaustão. A aplicação deve ser feita em local limpo e ventilado, a pistola regulada com pressão de 30 lbf/in², com gramatura média de 150 g/m². A superfície deve ser preparada com primer poliuretânico LBR30, previamente lixado e isento de poeiras ou contaminantes. Goffrato é inovador por também permitir a repintura do móvel, possibilitando a renovação do acabamento. Isto pode ser feito alternando a coloração, repaginando o ambiente de acordo com interesse do cliente e projetista.
Além de madeira, Goffrato também pode ser aplicado sobre metal e vidro, e para tais aplicações, a Montana recomenda o contato com seu departamento técnico – telefone (11) 3201-0200.

Outros produtos relacionados

Striptizi Gel

Removedor de fácil aplicação. De consistência gel, é ideal para remoção de películas na vertical.

Mazza

Massa acrílica à base de água, para reparos de imperfeições e nivelamento de superfícies de madeira.

Pentox Preservativo Cupinicida

Pentox é mais proteção para a madeira. Linha de imunizantes, com excelente poder de fixação e longo efeito residual contra cupins e brocas. Duas versões: Pentox Super Dupla Ação e Pentox Cupim Aerossol.
PENTOX SUPER Dupla Ação é um produto de ação preventiva contra cupins e brocas, de longo efeito residual. Possui resinas hidrorrepelentes que evitam a absorção de umidade e previne o empenamento.
Pentox Cupim Aerossol é indicado para o combate ao ataque localizado de cupins e brocas. Ajuda no controle de infestações, principalmente no início, quando é mais fácil eliminar os focos. Além disso, tem baixíssimo odor.

Embalagens/Rendimento

Pentox Super
Lata (18 L): 126 a 180 m² por demão.
Galão (3,6 L): 25 a 36 m² por demão.
Lata (0,9 L): 6,3 a 9 m² por demão.
Pentox Cupim Aerossol: 400 mL.

Acabamento

Não aplicável.

Aplicação

Trincha ou imersão.

Diluição

Pronto para uso.

Cor

Pentox Super: incolor e marrom.
Pentox Cupim Aerossol: incolor.

Secagem

De 48 a 72 horas, com tempo seco.

Dicas e preparação de superfície

Para aplicação do Pentox Super, a madeira deve estar limpa, seca e sem acabamento. O produto deve ser aplicado em todos os lados da madeira. Recomenda-se aguardar 72 horas para o acabamento com Osmocolor Stain ou o verniz Solare Premium. No caso do Pentox Cupim Aerossol, o bico injetor deve ser introduzido nos orifícios deixados pelos insetos.
Pentox é um produto de Classificação IV, pouco tóxico para manipulação. Oferece facilidade e segurança para aplicação. Pentox Super possui ação hidrorrepelente: protege temporariamente a madeira em situações de breve exposição à umidade, evitando danos como empenamentos, rachaduras e até deformações permanentes. Durante a obra, protege a madeira na fase de colocação de esquadrias, batentes, forros, ou no deslocamento de partes e peças no canteiro de obras em períodos chuvosos (desde que a permanência não seja prolongada).
Pentox Super aceita pinturas de acabamento de base solvente, como *stains*, vernizes e esmaltes sintéticos.
Em caso de dúvidas, entre em contato com o Serviço de Atendimento ao Cliente pelo 0800 167667.

Outros produtos relacionados

Solare Premium

Verniz com duplo filtro solar e alta resistência à radiação ultravioleta.

Osmocolor Stain

Stain preservativo para madeiras, com ação fungicida, hidrorrepelência e proteção contra raios UV.

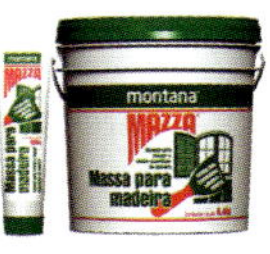

Mazza

Massa acrílica à base de água, para reparos de imperfeições e nivelamento de superfícies de madeira.

Mazza – Massa para Nivelar e Calafetar

Mazza é a massa acrílica da Montana Química especialmente formulada para o reparo de imperfeições e nivelamento de superfícies de madeira em móveis, lambris, compensados, tacos, assoalhos (calafetação) e marcenaria em geral. À base de água e resina acrílica, possui baixo odor e secagem rápida, além de facilidade de aplicação e de lixamento. Qualquer tipo de acabamento pode ser aplicado sobre a superfície reparada com Mazza, tais como: stains, vernizes, esmaltes, lacas etc., sendo compatível com seladores ou fundos niveladores.

Embalagens/Rendimento
Bisnaga (220 g): 0,44 a 0,88 m².
Lata (1,6 kg): 3,2 a 6,4 m².
Galão (6,4 kg): 12,8 a 25,6 m².

Acabamento
Fosco.

Aplicação
Espátula ou desempenadeira.

Diluição
Pronto para uso.

Cor
Branco, Marfim, Cerejeira, Ipê, Mogno e Imbuia.

Secagem
Camadas finas: até 3 horas.

Dicas e preparação de superfície

Para receber Mazza, a madeira deve estar limpa e seca (teor de umidade abaixo de 20%). Acabamentos anteriores - ceras e pinturas envelhecidas e/ou sobrepostas - devem ser totalmente removidas. Na remoção de tintas, aplique Striptizi Gel da Montana. Para acabamentos finos, passe a lixa (280 a 320) no sentido dos veios da madeira. Concluída a operação, limpe a peça eliminando todo o vestígio de poeira.
Mazza é um produto fornecido pronto para uso. Deve ser aplicado com espátula ou desempenadeira e em camadas finas, evitando, deste modo, a possibilidade de trincas e permitindo uma rápida secagem.
Para rejuntamento de assoalhos, tacos e parquetes é muito importante que a madeira esteja seca e firmemente ancorada à base, o que impedirá a ocorrência de trincas e de estufamentos ao longo da calafetação.
O acabamento final sobre a Mazza deve ser executado logo após o lixamento e a limpeza da superfície.
Evite utilizá-la sob luz solar direta ou em temperaturas abaixo de 5 °C. Não aplique em dias chuvosos ou com umidade relativa do ar elevada. Em acabamentos com stains semitransparentes ou vernizes é importante escolher ou preparar a Mazza com a tonalidade mais próxima da madeira a receber o reparo ou preenchimento. Faça sempre um teste.
Em caso de dúvidas, consulte o Serviço de Atendimento ao Cliente pelo 0800 167667.

Outros produtos relacionados

Solare Premium
Verniz com duplo filtro solar e alta resistência à radiação ultravioleta.

Osmocolor Stain
Stain preservativo para madeiras, com ação fungicida, hidrorrepelência e proteção contra raios UV.

Pentox Super
De ação preventiva contra cupins e brocas. Possui resinas hidrorrepelentes e longo efeito residual.

Linha Deck – Removedores e Restauradores

Composta por NovoDeck, ClariDeck e AlgiDeck, esta é a solução ideal para preparação e renovação de superfícies horizontais de madeira. NovoDeck é o removedor de acabamentos como stains, vernizes e tintas a óleo em geral (exceto tintas epóxi, poliuretânicas bicomponentes e acrílicas).
ClariDeck é o clareador, que deve ser usado após o NovoDeck para neutralizar e renovar o aspecto da madeira. Também pode ser utilizado com ótimo resultado para clareamento de pisos cimentícios e pisos de pedra.
AlgiDeck é o removedor de algas e fungos para madeiras, alvenarias e pedras.

Embalagens/Rendimento
Bombona (5 L): 18 m^2 a 24 m^2 (NovoDeck).
Bombona (5 L): 20 m^2 a 25 m^2 (ClariDeck).
Bombona (5 L): 24 m^2 a 30 m^2 (AlgiDeck).

Acabamento
Concluído o processo de remoção, a Montana recomenda a aplicação do Stain Osmocolor.

Aplicação
Escovão, escova, vassoura com cerdas de *nylon* ou piaçava para NovoDeck.
Vassoura de pelo para ClariDeck.
Escova ou esponja para AlgiDeck.

Diluição
Pronto para uso.

Cor
Não aplicável.

Secagem
Não aplicável.

Dicas e preparação de superfície

Os produtos da Linha Deck são próprios para uso em ambientes externos que permitam lavagem final com água. **NovoDeck** é indicado para preparação de superfícies horizontais de madeira - como decks, degraus, móveis rústicos e de jardins. Pode ser aplicado também em peças maciças, entalhadas ou almofadadas, como portas, molduras etc, bastando que sejam dispostas na horizontal, sobre cavaletes, em local que permita a utilização de água para limpeza e enxágue. **ClariDeck** deve ser utilizado em seguida ao NovoDeck, para neutralização de resíduos e renovação do aspecto da madeira. Usado isoladamente, renova madeiras expostas às intempéries, reduz manchas e ferrugem causados por pregos ou peças metálicas, além de eliminar manchas de argamassa de cimento. Pode também ser utilizado com ótimos resultados na limpeza e clareamento de pisos cimentícios e pisos de pedra, com exceção de mármore. **AlgiDeck** elimina algas, bolor e manchas causadas pela umidade em superfícies de madeira, pedras, alvenaria, azulejos, cerâmica e pinturas. Aplicação: Umedeça a superfície de madeira. Com o auxílio de uma vassoura, espalhe NovoDeck sobre o acabamento. Aguarde entre 15 e 20 minutos e faça esfregação constante e vigorosa. Mantenha uma bacia com água para molhar a escova ou vassoura. Enxágue com água. Se necessário, reaplique. Em seguida, com a madeira ainda molhada, aplique ClariDeck para devolver a cor natural da madeira. Espere 15 minutos e lave bem com água. Aguarde secagem e aplique um acabamento, preferencialmente Osmocolor Stain. Consulte rótulos e boletins técnicos para aplicação de produtos da Linha Deck. Em caso de dúvidas, entre em contato com o Serviço de Atendimento ao Cliente pelo 0800 167667.

Outros produtos relacionados

Solare Premium
Verniz com duplo filtro solar e alta resistência à radiação ultravioleta.

Osmocolor Stain
Stain preservativo para madeiras, com ação fungicida, hidrorrepelência e proteção contra raios UV.

Mazza
Massa acrílica à base de água, para reparos de imperfeições e nivelamento de superfícies de madeira.

Striptizi Gel Removedor para Stains, Tintas e Texturas

Striptizi Gel é ideal para remoção de esmaltes, stains, primers, vernizes e seladoras, além de texturas de parede e pintura automotiva. Remove produtos de base alquídica, nitrocelulósica, acrílica, poliuretânica e epóxi de uso imobiliário. Em forma de gel, é especialmente indicado para remoção em áreas verticais, como portas e janelas, pois não escorre. Possui excelente alastramento também em superfícies horizontais. Remove, com eficiência, a maioria dos produtos disponíveis no mercado, mesmo que a pintura já esteja envelhecida. Não contém componentes corrosivos em sua fórmula.

Embalagens/Rendimento Galão (4 kg): 10 a 21 m² por demão. Lata (1 kg): 2 a 5 m² por demão.	**Acabamento** Pronto para uso.
Aplicação Trincha.	**Diluição** Pronto para uso.
Cor	**Secagem**

Dicas e preparação de superfície

Para receber Striptizi Gel, a superfície não necessita de qualquer preparação. Após ser homogeneizado (bem misturado), o removedor deve ser espalhado com uma trincha até formar uma camada farta para facilitar a remoção da película.
Não deixe que o produto seque sobre a superfície. Após aplicação do Striptizi Gel, aguarde entre 3 e 15 minutos (máximo). Assim que apresentar enrugamento ou amolecimento do revestimento, remova com uma espátula. Repita toda a aplicação, se necessário. A remoção da película deixa resíduos que devem ser limpos com um pano ou papel toalha. Use luvas e óculos de segurança. Em seguida, limpe a superfície com tíner, para não comprometer a secagem e aderência da nova pintura. Papel toalha e panos devem ser descartados após o uso. Deixe secar entre 3 e 5 horas. Lixe a superfície, limpe e aplique acabamento assim que estiver seco. Molduras e cantos podem ser limpos, com o auxílio de uma escova ou palha de aço.
Atenção: Siga as instruções de uso contidas no rótulo e na etiqueta da tampa do produto.
Em caso de dúvidas, consulte o Serviço de Atendimento ao Cliente pelo SAC 0800 167667.

Outros produtos relacionados

Pentox Super

De ação preventiva contra cupins e brocas. Possui resinas hidrorrepelentes e longo efeito residual.

Osmocolor Stain

Stain preservativo para madeiras, com ação fungicida, hidrorrepelência e proteção contra raios UV.

Mazza

Massa acrílica à base de água, para reparos de imperfeições e nivelamento de superfícies de madeira.

Histórico da empresa

A PPG é líder global em manufatura de tintas, vidros, fibras de vidro e produtos químicos. São mais de 125 anos desenvolvendo produtos voltados para o consumidor final e industrial. A matriz da PPG está sediada em Pittsburgh, estado da Pennsylvania, nos Estados Unidos. Líder mundial em tecnologia e inovação no segmento de tintas, a PPG está presente em mais de 60 países, com cerca de 38.000 mil colaboradores e em mais de 140 fábricas espalhadas pela Europa, Ásia, África e Américas do Sul e Central.

Em 2007, a Tintas Renner passou a fazer parte do Grupo PPG, representando um marco na história da PPG e uma grande virada para a Tintas Renner, estando presente nos países Brasil, Argentina, Chile e Uruguai. Enquanto a PPG agregou Inovação, Modernidade e Tecnologia às Tintas Renner, ganhou em troca Tradição, Qualidade e Credibilidade.

Somando-se às tintas decorativas, a linha Majestic oferece ao mercado soluções para proteção e embelezamento da madeira. São Stains, Vernizes e Complementos de alta tecnologia que valorizam e asseguram a proteção de todos os tipos de madeira por muito mais tempo. Outro destaque é o revolucionário sistema tintométrico "The Voice of Color" que sugere ao cliente nove coleções de cores adequadas a sua personalidade, sempre em sintonia com o que há de mais moderno no mercado de tintas decorativas. São mais de 1.800 cores de tons claros a escuros.

Tintas Renner vêm investindo na satisfação do consumidor, oferecendo produtos diferenciados e de qualidade superior. E agora, com a força do grupo PPG, Tintas Renner ganha mais inovação, tecnologia, modernidade e dinamismo. Uma marca que tem pela frente um caminho de conquistas, com o objetivo de dar cada vez mais vida à vida das pessoas.

Certificações

PPG Sumaré - SP
Rod. Anhanguera Km 106 S/N

PPG Gravataí - RS
Rod. Estadual Rs118, km18, 5200

Informações de Serviço ao Consumidor:

A empresa dispõe de Serviço de Atendimento ao Consumidor

0800 512 380 ou sites www.tintasrenner-deco.com.br
www.ppg.com

Tinta Acrílica Ecológica

PREMIUM ★★★★★

Ecológica é uma Tinta Acrílica amiga do meio ambiente com zero VOC – Compostos Orgânicos Voláteis, eliminando o impacto negativo na qualidade do ar e não agredindo a camada de ozônio. Tinta Acrílica Ecológica é um produto de excepcional cobertura, além de proporcionar garantia de paredes sempre limpas e bonitas, pois sua resina 100% acrílica de superior resistência a abrasão confere altíssima lavabilidade às superfícies, facilitando a limpeza e dificultando a aderência de sujeira nas paredes de alvenaria, externas ou internas. É também indicada para pessoas com sensibilidade a alergias, sendo recomendada para ambientes antialérgicos como Hospitais, Restaurantes, Quartos de Criança e muitos outros ambientes. Por ser totalmente sem cheiro durante e depois da aplicação, permite que o ambiente seja ocupado no mesmo dia. Não respinga, garantindo ambientes limpos durante e após a pintura e oferecendo excepcional qualidade do acabamento final.

Tinta Acrílica Ecológica a tinta preferida do meio ambiente.

Embalagens/Rendimento

Galão (3,6 L): até 76 m² por demão.
Lata (18 L): até 380 m² por demão.

Acabamento

Fosco e semibrilho.

Aplicação

Utilizar pincel, rolo de lã ou pistola. Limpe as ferramentas com água.

Diluição

Pincel/Rolo de lã: até 20%.
Pistola: 25%.

Cor

Branco. Disponível no Sistema “The Voice of Color”.

Secagem

Ao toque: 1 hora.
Entre demãos: 4 horas.
Final: 4 horas.

Dicas e preparação de superfície

Gesso, concreto e blocos de cimento: Lixe e elimine o pó. Aplicar previamente Fundo Preparador de Paredes Renner Base Água Base Água. **Reboco Novo**: Aguardar a cura e secagem por no mínimo 28 dias, lixar e eliminar o pó. Aplicar Selador Acrílico Renner. Caso não seja possível, aguardar a cura, esperar a secagem da superfície e aplicar uma demão de Fundo Preparador de Paredes Renner Base Água. Para uma parede bem nivelada/lisa, aplicar Massa Acrílica Renner (exterior) ou Massa Corrida Renner (interior). **Reboco fraco, caiação e partes soltas**: Lixar e eliminar o pó e partes soltas. Aplicar Fundo Preparador de Paredes Renner Base Água. **Imperfeições acentuadas na superfície**: Lixar e eliminar o pó. Corrigir com Massa Acrílica Renner (exteriores) ou Massa Corrida Renner (interiores). **Partes mofadas**: Lavar com solução de água e água sanitária em partes iguais, esperar 6 horas e enxaguar bem. Aguardar a secagem para pintar. **Superfícies com brilho**: Lixe até retirar o brilho. Eliminar o pó existente. Limpar com pano umedecido com água e aguardar a secagem. **Superfícies com gordura ou graxa**: Lavar com solução de água e detergente neutro, e enxaguar. Aguardar a secagem para pintar. **Superfícies em bom estado**: Lixar e eliminar o pó. **Superfícies com umidade**: Identificar a origem e tratar de maneira adequada.

Outros produtos relacionados

Selador Acrílico Pigmentado

Indicado como fundo para superfícies como reboco curado, concreto e semelhantes em ambiente externo ou interno.

Massa Corrida

Indicada para nivelar e corrigir pequenas imperfeições de superfícies de reboco/alvenaria e semelhantes em ambiente interno.

Massa Acrílica

Indicada para nivelar e corrigir pequenas imperfeições de superfícies de reboco/alvenaria e semelhantes em ambiente externo e interno.

Tinta Acrílica Dura Mais

PREMIUM ★★★★★

Dura Mais é uma Tinta Acrílica de excepcional desempenho. Foi especialmente formulada para ter excelente resistência a aderência de Sujeira e Poluição, que deixam as paredes externas de sua residência com aspecto ruim. É ideal para aqueles locais de constante exposição às sujeiras e manchamentos, comuns em paredes externas e muros que sofrem com a poluição, escorrimento de água da chuva, terra, marcas de bola, marcas de dedo etc., pois sua fórmula contém aditivo siliconado que reduz a aderência de sujeiras e permanência de manchas, mantendo a parede limpa por Muito Mais Tempo.

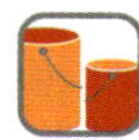

Embalagens/Rendimento
Galão (3,6 L): até 76 m² por demão.
Lata (18 L): até 380 m² por demão.

Acabamento
Fosco.

Aplicação
Utilizar pincel cerdas macias, rolo de lã com pelo baixo ou pistola. Limpe as ferramentas com água.

Diluição
Pincel/rolo de lã: 20%.
Pistola: 25%.

Cor
Branco. Disponível no Sistema "The Voice of Color".

Secagem
Ao toque: 1 hora.
Entre demãos: 4 horas.
Final: 4 horas.

Dicas e preparação de superfície

Gesso, concreto e blocos de cimento: Lixe e elimine o pó. Aplicar previamente Fundo Preparador de Paredes Renner Base Água Base Água. **Reboco Novo**: Aguardar a cura e secagem por no mínimo 28 dias, lixar e eliminar o pó. Aplicar Selador Acrílico Renner. Caso não seja possível, aguardar a cura, esperar a secagem da superfície e aplicar uma demão de Fundo Preparador de Paredes Renner Base Água. Para uma parede bem nivelada/lisa, aplicar Massa Acrílica Renner (exterior) ou Massa Corrida Renner (interior). **Reboco fraco, caiação e partes soltas**: Lixar e eliminar o pó e partes soltas. Aplicar Fundo Preparador de Paredes Renner Base Água. **Imperfeições acentuadas na superfície**: Lixar e eliminar o pó. Corrigir com Massa Acrílica Renner (exteriores) ou Massa Corrida Renner (interiores). **Partes mofadas**: Lavar com solução de água e água sanitária em partes iguais, esperar 6 horas e enxaguar bem. Aguardar a secagem para pintar. **Superfícies com brilho**: Lixe até retirar o brilho. Eliminar o pó existente. Limpar com pano umedecido com água e aguardar a secagem. **Superfícies com gordura ou graxa**: Lavar com solução de água e detergente neutro, e enxaguar. Aguardar a secagem para pintar. **Superfícies em bom estado**: Lixar e eliminar o pó. **Superfícies com umidade**: Identificar a origem e tratar de maneira adequada.

Outros produtos relacionados

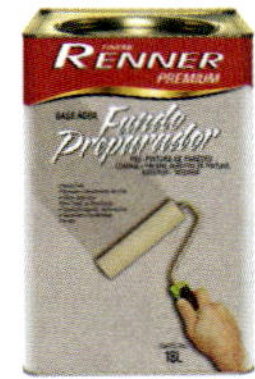

Fundo Preparador de Paredes Base Água

Fundo indicado para superfícies de alvenaria e semelhantes, em ambiente interno e externo.

Massa Corrida

Indicada para nivelar e corrigir pequenas imperfeições de superfícies de reboco/alvenaria e semelhantes em ambiente interno.

Massa Acrílica

Indicada para nivelar e corrigir pequenas imperfeições de superfícies de reboco/alvenaria e semelhantes em ambiente externo e interno.

Rekolor Acrílico Praia e Campo

PREMIUM ★★★★★

Tinta Acrílica Rekolor de acabamentos fosco ou semibrilho, especialmente formulada com algicidas e fungicidas que proporcionam alta resistência em ambientes com forte ação da maresia e umidade, prolongando a vida útil da pintura. Ideal para regiões de praia, campo e urbana. As cores ficam firmes durante muito tempo. Possui baixo VOC (Compostos Orgânicos Voláteis) não agredindo o meio ambiente e pode ser lavada diversas vezes sem prejudicar a pintura. Garante sofisticação e harmonia aos ambientes com finíssimo acabamento e baixíssimo odor. Possui máximo poder de cobertura, ótimo rendimento, boa resistência à alcalinidade, ao mofo e à formação de algas. Fácil de aplicar e seca rápido, proporciona boa impermeabilização da superfície. Indicada para paredes externas e internas de alvenaria, massa corrida ou acrílica, reboco, concreto, fibrocimento, cerâmica não vitrificada, gesso, texturas e repintura sobre tinta látex.

Embalagens/Rendimento
Quarto (0,9 L): Até 19 m² por demão.
Galão (3,6 L): Até 76 m² por demão.
Lata (18 L): Até 380 m² por demão.

Acabamento
Fosco e semibrilho.

Aplicação
Utilizar pincel, rolo de lã ou pistola. Limpe as ferramentas com água.

Diluição
Pincel/Rolo de lã: 20%.
Pistola: 25%.

Cor
Cores do catálogo e disponível no sistema "The Voice of Color".

Secagem
Ao toque: 1 hora.
Entre demãos: 4 horas.
Final: 4 horas.

Dicas e preparação de superfície

Gesso, concreto e blocos de cimento: Lixe e elimine o pó. Aplicar previamente Fundo Preparador de Paredes Renner Base Água Base Água. **Reboco Novo**: Aguardar a cura e secagem por no mínimo 28 dias, lixar e eliminar o pó. Aplicar Selador Acrílico Renner. Caso não seja possível, aguardar a cura, esperar a secagem da superfície e aplicar uma demão de Fundo Preparador de Paredes Renner Base Água. Para uma parede bem nivelada/lisa, aplicar Massa Acrílica Renner (exterior) ou Massa Corrida Renner (interior). **Reboco fraco, caiação e partes soltas**: Lixar e eliminar o pó e partes soltas. Aplicar Fundo Preparador de Paredes Renner Base Água. **Imperfeições acentuadas na superfície**: Lixar e eliminar o pó. Corrigir com Massa Acrílica Renner (exteriores) ou Massa Corrida Renner (interiores). **Partes mofadas**: Lavar com solução de água e água sanitária em partes iguais, esperar 6 horas e enxaguar bem. Aguardar a secagem para pintar. **Superfícies com brilho**: Lixe até retirar o brilho. Eliminar o pó existente. Limpar com pano umedecido com água e aguardar a secagem. **Superfícies com gordura ou graxa**: Lavar com solução de água e detergente neutro, e enxaguar. Aguardar a secagem para pintar. **Superfícies em bom estado**: Lixar e eliminar o pó. **Superfícies com umidade**: Identificar a origem e tratar de maneira adequada.

Outros produtos relacionados

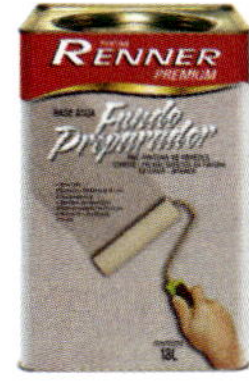

Fundo Preparador de Paredes Base Água
Fundo indicado para superfícies de alvenaria e semelhantes, em ambiente interno e externo.

Massa Corrida
Indicada para nivelar e corrigir pequenas imperfeições de superfícies de reboco/alvenaria e semelhantes em ambiente interno.

Massa Acrílica
Indicada para nivelar e corrigir pequenas imperfeições de superfícies de reboco/alvenaria e semelhantes em ambiente externo e interno.

Tinta Acrílica Sempre Limpo

PREMIUM ★★★★★

Tinta Acrílica Sempre Limpo é uma tinta acrílica especialmente desenvolvida para quem deseja as paredes de sua casa com aspecto SEMPRE LIMPO e com aparência de nova. Sua alta performance de lavabilidade e resistência, permite que as paredes de corredores, quartos de crianças, cozinhas, salas de estar, sala de jantar, muros, sejam facilmente limpas, eliminando manchas e sujeiras, proporcionando um ambiente limpo, confortável e mantendo a aparência original da pintura. Sua formulação permite fácil limpeza de áreas manchadas por alimentos, bebidas, café, chocolate, gordura, graxas, batom, lápis de cor, marcas de dedos, solados de sapato etc., mantendo o finíssimo acabamento acetinado de toque macio. Possui excelente cobertura e rendimento, permitindo ainda que o ambiente fique sem cheiro após 3 horas da aplicação. Indicada para uso em superfícies internas e externas de alvenaria em geral, massa corrida, massa acrílica, texturas e concretos.

Embalagens/Rendimento
Galão (3,6 L): até 76 m² por demão.
Lata (18 L): até 380 m² por demão.

Acabamento
Acetinado.

Aplicação
Utilizar pincel cerdas macias, rolo de lã com pêlo baixo ou pistola. Limpe as ferramentas com água.

Diluição
Pincel/rolo de lã: 20%.
Pistola: 25%.

Cor
Branco. Disponível no Sistema "The Voice of Color".

Secagem
Ao toque: 1 hora.
Entre demãos: 4 horas.
Final: 4 horas.

Dicas e preparação de superfície

Gesso, concreto e blocos de cimento: Lixe e elimine o pó. Aplicar previamente Fundo Preparador de Paredes Renner Base Água Base Água. **Reboco Novo**: Aguardar a cura e secagem por no mínimo 28 dias, lixar e eliminar o pó. Aplicar Selador Acrílico Renner. Caso não seja possível, aguardar a cura, esperar a secagem da superfície e aplicar uma demão de Fundo Preparador de Paredes Renner Base Água. Para uma parede bem nivelada/lisa, aplicar Massa Acrílica Renner (exterior) ou Massa Corrida Renner (interior). **Reboco fraco, caiação e partes soltas**: Lixar e eliminar o pó e partes soltas. Aplicar Fundo Preparador de Paredes Renner Base Água. **Imperfeições acentuadas na superfície**: Lixar e eliminar o pó. Corrigir com Massa Acrílica Renner (exteriores) ou Massa Corrida Renner (interiores). **Partes mofadas**: Lavar com solução de água e água sanitária em partes iguais, esperar 6 horas e enxaguar bem. Aguardar a secagem para pintar. **Superfícies com brilho**: Lixe até retirar o brilho. Eliminar o pó existente. Limpar com pano umedecido com água e aguardar a secagem. **Superfícies com gordura ou graxa**: Lavar com solução de água e detergente neutro, e enxaguar. Aguardar a secagem para pintar. **Superfícies em bom estado**: Lixar e eliminar o pó. **Superfícies com umidade**: Identificar a origem e tratar de maneira adequada.

Outros produtos relacionados

Selador Acrílico Pigmentado

Indicado como fundo para superfícies como reboco curado, concreto e semelhantes em ambiente externo ou interno.

Massa Corrida

Indicada para nivelar e corrigir pequenas imperfeições de superfícies de reboco/alvenaria e semelhantes em ambiente interno.

Massa Acrílica

Indicada para nivelar e corrigir pequenas imperfeições de superfícies de reboco/alvenaria e semelhantes em ambiente externo e interno.

Frentes & Fachadas Elástica

PREMIUM ★★★★★

Frentes & Fachadas Elástica é um produto com máxima elasticidade de acabamento fosco e semi brilho que cobre e previne trincas e fissuras em paredes e em diversas outras superfícies. Possui máxima resistência ao sol, chuva e a maresia com alta durabilidade. Impermeabiliza a superfície impedindo a penetração de água evitando problemas como mofo, umidade e descascamento. Especialmente desenvolvida com uma formulação elástica permite que o filme da tinta acompanhe os movimentos de retração e dilatação da parede evitando que surjam rachaduras e deformações. Fácil de aplicar é indicada para proteção de pinturas externas de alvenaria, cimento amianto, gesso, tijolos à vista, telhas de fibrocimento e barro, alumínio, galvanizado e zinco.

Embalagens/Rendimento

Galão (3,6 L): Até 58 m² por demão.
Lata (18 L): Até 290 m² por demão.

Acabamento

Fosco e semibrilho.

Aplicação

Utilizar pincel, trincha, rolo de lã ou pistola. Limpe as ferramentas com água.

Diluição

Pincel/Trincha/Rolo de Lã: 10%*.
Pistola: 20-30%.
*Lajes: Versão semibrilho – Pronto para uso.

Cor

Branco. Disponível no Sistema "The Voice of Color".

Secagem

Ao toque: 1 hora.
Entre demãos: 4 horas.
Final: 4 horas.

Dicas e preparação de superfície

Gesso, concreto e blocos de cimento: Lixe e elimine o pó. Aplicar previamente Fundo Preparador de Paredes Base Água. **Reboco Novo**: Aguardar a cura e secagem por no mínimo 28 dias, lixar e eliminar o pó. Aplicar Selador Acrílico. Caso não seja possível, aguardar a cura, esperar a secagem da superfície e aplicar uma demão de Fundo Preparador de Paredes Base Água. Para uma parede bem nivelada/lisa, aplicar Massa Acrílica (exterior) ou Massa Corrida (interior). **Reboco fraco, caiação e partes soltas**: Lixar e eliminar o pó e partes soltas. Aplicar Fundo Preparador de Paredes Base Água. **Imperfeições acentuadas na superfície**: Lixar e eliminar o pó. Corrigir com Massa Acrílica (exteriores) ou Massa Corrida (interiores). **Partes mofadas**: Lavar com solução de água e água sanitária em partes iguais, esperar 6 horas e enxaguar bem. Aguardar a secagem para pintar. **Superfícies com brilho**: Lixe até retirar o brilho. Eliminar o pó existente. Limpar com pano umedecido com água e aguardar a secagem. **Superfícies com gordura ou graxa**: Lavar com solução de água e detergente neutro, e enxaguar. Aguardar a secagem para pintar. **Superfícies em bom estado**: Lixar e eliminar o pó. **Superfícies com umidade**: Identificar a origem e tratar de maneira adequada. **Alumínio, Galvanizado e Zinco**: Lixar e remover o pó. Aplicar Galvacryl. **Trincas de 1 a 2,5 mm de abertura**: Abrir a fissura em forma de (V) com 10 mm de largura, limpar eliminando toda a sujeira e partículas soltas, e preencher completamente, sem deixar bolhas de ar, com massa elastomérica; ocorrendo retração, aplicar várias demãos desta massa até que se obtenha uma superfície perfeitamente nivelada; selar e aplicar acabamento. **Trincas superiores a 2,5 mm de abertura:** Abrir a trinca, verificando a extensão da mesma e se não compromete a integridade da estrutura. Corrigir com obra civil, se necessário, deixando um rebaixamento. Após a cura do reboco, aplicar acabamento utilizando Massa Acrílica (ou massa elastomérica, dependendo da extensão do problema), selar e aplicar acabamento.

Outros produtos relacionados

Multiselador Aquoso

Indicado como fundo para superfícies como reboco curado, concreto e semelhante em ambiente externo ou interno.

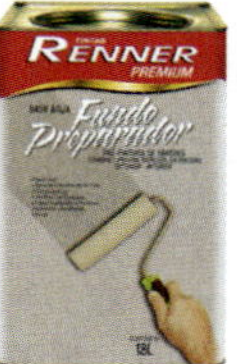

Fundo Preparador de Paredes Base Água

Fundo indicado para superfícies de alvenaria e semelhantes, em ambiente interno e externo.

Galvacryl

Fundo indicado para superfícies de metais galvanizados como caneletas, chapas, forros, esquadrias e painéis de publicidade para ambiente externo e interno.

Tinta Acrílica Emborrachada

PREMIUM ★★★★★

Tinta acrílica flexível, de acabamento fosco, que age cobrindo trincas e fissuras, formando uma película impermeável que impede a penetração de umidade. Possui alta resistência contra a alcalinidade, mofo e ao descascamento da parede. Acompanha a dilatação e retração da parede sob mudança de temperatura, assegurando proteção total contra a ação do sol, chuva e maresia com excelente resistência e durabilidade. Apresenta aspecto emborrachado na parede permitindo um acabamento bonito e eficaz durante muito tempo. Indicado para paredes externas de alvenaria, gesso e tijolos à vista, telhas de fibrocimento e barro, galvanizado, alumínio e zinco.

Embalagens/Rendimento
Galão (3,6 L): até 58 m² por demão.
Lata (18 L): até 290 m² por demão.

Acabamento
Fosco.

Aplicação
Utilizar pincel, trincha, rolo de lã ou pistola. Limpe as ferramentas com água.

Diluição
Pincel/rolo de lã: 10%.
Pistola: 20% a 30% .

Cor
Branco. Disponível no Sistema "The Voice of Color".

Secagem
Ao toque: 1 hora.
Entre demãos: 4 horas.
Final: 4 horas.

Dicas e preparação de superfície

Gesso, concreto e blocos de cimento: Lixe e elimine o pó. Aplicar previamente Fundo Preparador de Paredes Renner Base Água. **Reboco Novo**: Aguardar a cura e secagem por no mínimo 28 dias, lixar e eliminar o pó. Aplicar Selador Acrílico Renner. Caso não seja possível, aguardar a cura, esperar a secagem da superfície e aplicar uma demão de Fundo Preparador de Paredes Renner Base Água. Para uma parede bem nivelada/lisa, aplicar Massa Acrílica Renner (exterior) ou Massa Corrida Renner (interior). **Reboco fraco, caiação e partes soltas**: Lixar e eliminar o pó e partes soltas. Aplicar Fundo Preparador de Paredes Renner Base Água. **Imperfeições acentuadas na superfície**: Lixar e eliminar o pó. Corrigir com Massa Acrílica Renner (exteriores) ou Massa Corrida Renner (interiores). **Partes mofadas**: Lavar com solução de água e água sanitária em partes iguais, esperar 6 horas e enxaguar bem. Aguardar a secagem para pintar. **Superfícies com brilho**: Lixe até retirar o brilho. Eliminar o pó existente. Limpar com pano umedecido com água e aguardar a secagem. **Superfícies com gordura ou graxa**: Lavar com solução de água e detergente neutro, e enxaguar. Aguardar a secagem para pintar. **Superfícies em bom estado**: Lixar e eliminar o pó. **Superfícies com umidade**: Identificar a origem e tratar de maneira adequada. **Alumínio, Galvanizado e Zinco**: Lixar e remover o pó. Aplicar Fundo Galvacryl Renner. **Fissuras e Trincas**: Eliminar todas as fissuras ou trincas conforme segue:
Fissuras (pequenas aberturas no reboco, rasas e sem continuidade, até 0,2 mm de largura): limpar e escovar a superfície, eliminando o pó e as partes soltas. Aplicar Fundo Preparador de Paredes Renner Base Água Base Água.
Trincas (aberturas contínuas no reboco acima de 0,2 mm de largura, causadas por movimentos estruturais): abrir a trinca em forma de "V", limpar e escovar a superfície, eliminando o pó e as partes soltas. Aplicar Fundo Preparador de Paredes Base Água, preencher as trincas com uma mistura de 1 parte de Tinta Acrílica Emborrachada para 2 a 3 partes de areia fina. Aplicar 1 demão de Tinta Acrílica Emborrachada afixando tela de poliéster. Aplicar 1 demão da mistura de areia e Tinta Acrílica Emborrachada para preencher a tela. Aplicar 3 demãos de Tinta Acrílica Emborrachada para acabamento.

Outros produtos relacionados

Multiselador Aquoso

Indicado como fundo para superfícies como reboco curado, concreto e semelhante em ambiente externo ou interno.

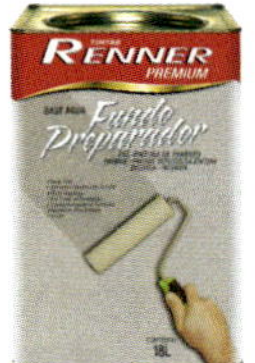

Fundo Preparador de Paredes Base Água

Fundo indicado para superfícies de alvenaria e semelhantes, em ambiente interno e externo.

Galvacryl

Fundo indicado para superfícies de metais galvanizados como caneletas, chapas, forros, esquadrias e painéis de publicidade para ambiente externo e interno.

Extravinil Acrílico Sem Cheiro

PREMIUM ★★★★★

Extravinil Acrílico Sem Cheiro é uma tinta de alta performance que proporciona finíssimo acabamento fosco ou semibrilho deixando os ambientes muito mais charmosos e bonitos. Possui excelente nivelamento e ótima resistência às ações do tempo, à alcalinidade e ao mofo. Sua formulação possibilita que o ambiente fique sem cheiro após 3 horas após a aplicação, tornando sua utilização muito mais segura e agradável. Oferece super lavabilidade facilitando muito a limpeza e ainda tem ótimo rendimento e excelente cobertura. É de fácil aplicação e com baixo respingamento, minimizando desperdícios e sujeira durante a aplicação. Indicada para superfícies internas e externas de alvenaria de acabamento muito sofisticado e com excelente nivelamento e rendimento.

Embalagens/Rendimento
Galão (3,6 L): Até 76 m² por demão.
Lata (18 L): Até 380 m² por demão.

Acabamento
Fosco e Semibrilho.

Aplicação
Utilizar pincel, rolo de lã ou pistola. Limpe as ferramentas com água.

Diluição
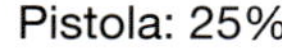
Pincel/Rolo de lã: 20%.
Pistola: 25%.

Cor
Cores do catálogo e disponível no sistema "The Voice of Color".

Secagem
Ao toque: 1 hora.
Entre demãos: 4 horas.
Final: 4 horas.

Dicas e preparação de superfície

Gesso, concreto e blocos de cimento: Lixe e elimine o pó. Aplicar previamente Fundo Preparador de Paredes Renner Base Água Base Água. **Reboco Novo**: Aguardar a cura e secagem por no mínimo 28 dias, lixar e eliminar o pó. Aplicar Selador Acrílico Renner. Caso não seja possível, aguardar a cura, esperar a secagem da superfície e aplicar uma demão de Fundo Preparador de Paredes Renner Base Água. Para uma parede bem nivelada/lisa, aplicar Massa Acrílica Renner (exterior) ou Massa Corrida Renner (interior). **Reboco fraco, caiação e partes soltas**: Lixar e eliminar o pó e partes soltas. Aplicar Fundo Preparador de Paredes Renner Base Água. **Imperfeições acentuadas na superfície**: Lixar e eliminar o pó. Corrigir com Massa Acrílica Renner (exteriores) ou Massa Corrida Renner (interiores). **Partes mofadas**: Lavar com solução de água e água sanitária em partes iguais, esperar 6 horas e enxaguar bem. Aguardar a secagem para pintar. **Superfícies com brilho**: Lixe até retirar o brilho. Eliminar o pó existente. Limpar com pano umedecido com água e aguardar a secagem. **Superfícies com gordura ou graxa**: Lavar com solução de água e detergente neutro, e enxaguar. Aguardar a secagem para pintar. **Superfícies em bom estado**: Lixar e eliminar o pó. **Superfícies com umidade**: Identificar a origem e tratar de maneira adequada.

Outros produtos relacionados

Selador Acrílico Pigmentado
Indicado como fundo para superfícies como reboco curado, concreto e semelhantes em ambiente externo ou interno.

Massa Corrida
Indicada para nivelar e corrigir pequenas imperfeições de superfícies de reboco/alvenaria e semelhantes em ambiente interno.

Massa Acrílica
Indicada para nivelar e corrigir pequenas imperfeições de superfícies de reboco/alvenaria e semelhantes em ambiente externo e interno.

Tinta Acrílica Toque de Classe

PREMIUM ★★★★★

Tinta Acrílica Toque de Classe é uma tinta acrílica de finíssimo acabamento acetinado que deixa seu ambiente muito mais confortável e refinado. Especialmente desenvolvida para oferecer um acabamento de toque macio que enobrece a parede deixando sua casa mais aconchegante e as paredes muito mais sofisticadas. Sua formulação oferece altíssima lavabilidade facilitando a limpeza, excelente resistência e permite que o ambiente esteja sem cheiro em até 3 horas após a aplicação. Fácil de aplicar, de excelente cobertura e com ótimo nivelamento e rendimento. Indicada para uso em superfícies internas e externas de alvenaria em geral, massa corrida, massa acrílica, texturas e concretos.

Embalagens/Rendimento
Galão (3,6 L): até 76 m² por demão.
Lata (18 L): até 380 m² por demão.

Acabamento
Acetinado.

Aplicação
Utilizar pincel cerdas macias, rolo de lã com pelo baixo ou pistola. Limpe as ferramentas com água.

Diluição
Pincel/rolo de lã: 20%.
Pistola: 25%.

Cor
Cores do catálogo e disponível no Sistema "The Voice of Color".

Secagem
Ao toque: 1 hora.
Entre demãos: 4 horas.
Final: 4 horas.

Dicas e preparação de superfície

Gesso, concreto e blocos de cimento: Lixe e elimine o pó. Aplicar previamente Fundo Preparador de Paredes Renner Base Água Base Água. **Reboco Novo**: Aguardar a cura e secagem por no mínimo 28 dias, lixar e eliminar o pó. Aplicar Selador Acrílico Renner. Caso não seja possível, aguardar a cura, esperar a secagem da superfície e aplicar uma demão de Fundo Preparador de Paredes Renner Base Água. Para uma parede bem nivelada/lisa, aplicar Massa Acrílica Renner (exterior) ou Massa Corrida Renner (interior). **Reboco fraco, caiação e partes soltas**: Lixar e eliminar o pó e partes soltas. Aplicar Fundo Preparador de Paredes Renner Base Água. **Imperfeições acentuadas na superfície**: Lixar e eliminar o pó. Corrigir com Massa Acrílica Renner (exteriores) ou Massa Corrida Renner (interiores). **Partes mofadas**: Lavar com solução de água e água sanitária em partes iguais, esperar 6 horas e enxaguar bem. Aguardar a secagem para pintar. **Superfícies com brilho**: Lixe até retirar o brilho. Eliminar o pó existente. Limpar com pano umedecido com água e aguardar a secagem. **Superfícies com gordura ou graxa**: Lavar com solução de água e detergente neutro, e enxaguar. Aguardar a secagem para pintar. **Superfícies em bom estado**: Lixar e eliminar o pó. **Superfícies com umidade**: Identificar a origem e tratar de maneira adequada.

Outros produtos relacionados

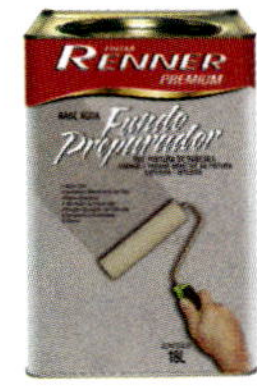

Fundo Preparador de Paredes Base Água

Fundo indicado para superfícies de alvenaria e semelhantes, em ambiente interno e externo.

Massa Corrida

Indicada para nivelar e corrigir pequenas imperfeições de superfícies de reboco/alvenaria e semelhantes em ambiente interno.

Massa Acrílica

Indicada para nivelar e corrigir pequenas imperfeições de superfícies de reboco/alvenaria e semelhantes em ambiente externo e interno.

Extravinil Látex Híper

PREMIUM ★★★★★

Extravinil Látex Híper é uma tinta látex de acabamento fosco com super consistência e de altíssima qualidade. Possibilita finíssimo acabamento deixando o ambiente muito mais charmoso e bonito. Possui maior cobertura e super rendimento 40% mais. Possui baixo VOC (Compostos Orgânicos Voláteis) com baixíssimo odor e duas vezes mais lavabilidade, facilitando a limpeza. Para facilitar a aplicação, sua formulação especial permite retoques na pintura com secagem muito rápida e boa resistência à ação do tempo. Indicada para paredes externas e internas de alvenaria, massa corrida ou acrílica, reboco, concreto, fibrocimento, cerâmica não vitrificada, gesso e texturas.

Embalagens/Rendimento
Quarto (0,9 L): Até 19 m² por demão.
Galão (3,6 L): Até 76 m² por demão.
Lata (18 L): Até 380 m² por demão.

Acabamento
Fosco.

Aplicação
Utilizar pincel, rolo de lã ou pistola. Limpe as ferramentas com água.

Diluição
Pincel/Rolo de lã/Pistola: 50%.

Cor
Cores do catálogo e disponível no sistema "The Voice of Color".

Secagem
Ao toque: 1 hora.
Entre demãos: 4 horas.
Final: 4 horas.

Dicas e preparação de superfície

Gesso, concreto e blocos de cimento: Lixe e elimine o pó. Aplicar previamente Fundo Preparador de Paredes Renner Base Água Base Água. **Reboco Novo**: Aguardar a cura e secagem por no mínimo 28 dias, lixar e eliminar o pó. Aplicar Selador Acrílico Renner. Caso não seja possível, aguardar a cura, esperar a secagem da superfície e aplicar uma demão de Fundo Preparador de Paredes Renner Base Água. Para uma parede bem nivelada/lisa, aplicar Massa Acrílica Renner (exterior) ou Massa Corrida Renner (interior). **Reboco fraco, caiação e partes soltas**: Lixar e eliminar o pó e partes soltas. Aplicar Fundo Preparador de Paredes Renner Base Água. **Imperfeições acentuadas na superfície**: Lixar e eliminar o pó. Corrigir com Massa Acrílica Renner (exteriores) ou Massa Corrida Renner (interiores). **Partes mofadas**: Lavar com solução de água e água sanitária em partes iguais, esperar 6 horas e enxaguar bem. Aguardar a secagem para pintar. **Superfícies com brilho**: Lixe até retirar o brilho. Eliminar o pó existente. Limpar com pano umedecido com água e aguardar a secagem. **Superfícies com gordura ou graxa**: Lavar com solução de água e detergente neutro, e enxaguar. Aguardar a secagem para pintar. **Superfícies em bom estado**: Lixar e eliminar o pó. **Superfícies com umidade**: Identificar a origem e tratar de maneira adequada.

Outros produtos relacionados

Selador Acrílico Pigmentado

Indicado como fundo para superfícies como reboco curado, concreto e semelhantes em ambiente externo ou interno.

Massa Corrida

Indicada para nivelar e corrigir pequenas imperfeições de superfícies de reboco/alvenaria e semelhantes em ambiente interno.

Massa Acrílica

Indicada para nivelar e corrigir pequenas imperfeições de superfícies de reboco/alvenaria e semelhantes em ambiente externo e interno.

Látex Nivelador

Látex Nivelador tem alto poder de enchimento, especialmente desenvolvido para preencher superfícies bastante porosas como blocos de concreto, blocos de cimento e paredes de alvenaria bruta, tanto em exteriores quanto em interiores. Fácil de aplicar e não respingando durante a aplicação, o Látex Nivelador tem um excelente resultado final de nivelamento e cobertura, superior aos sistemas convencionais de pintura. É mais economia para o seu bolso, poupando dinheiro com produto, tempo e mão de obra.

Embalagens/Rendimento
Balde (18,3 L): Até 150 m² por demão.

Acabamento
Fosco.

Aplicação
Utilizar pincel, rolo de lã ou pistola. Limpe as ferramentas com água.

Diluição
Pincel/rolo de lã: 10%.
Pistola: 25%.

Cor
Branco.

Secagem
Ao toque: 1 hora.
Entre demãos: 3 horas.
Final: 6 horas.

Dicas e preparação de superfície

Gesso, concreto e blocos de cimento: Lixe e elimine o pó. Aplicar previamente Fundo Preparador de Paredes Renner Base Água Base Água. **Reboco Novo**: Aguardar a cura e secagem por no mínimo 28 dias, lixar e eliminar o pó. Aplicar Selador Acrílico Renner. Caso não seja possível, aguardar a cura, esperar a secagem da superfície e aplicar uma demão de Fundo Preparador de Paredes Renner Base Água. Para uma parede bem nivelada/lisa, aplicar Massa Acrílica Renner (exterior) ou Massa Corrida Renner (interior). **Reboco fraco, caiação e partes soltas**: Lixar e eliminar o pó e partes soltas. Aplicar Fundo Preparador de Paredes Renner Base Água. **Imperfeições acentuadas na superfície**: Lixar e eliminar o pó. Corrigir com Massa Acrílica Renner (exteriores) ou Massa Corrida Renner (interiores). **Partes mofadas**: Lavar com solução de água e água sanitária em partes iguais, esperar 6 horas e enxaguar bem. Aguardar a secagem para pintar. **Superfícies com brilho**: Lixe até retirar o brilho. Eliminar o pó existente. Limpar com pano umedecido com água e aguardar a secagem. **Superfícies com gordura ou graxa**: Lavar com solução de água e detergente neutro, e enxaguar. Aguardar a secagem para pintar. **Superfícies em bom estado**: Lixar e eliminar o pó. **Superfícies com umidade**: Identificar a origem e tratar de maneira adequada.

Outros produtos relacionados

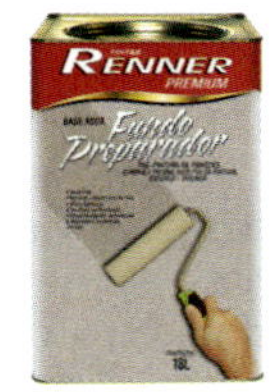

Fundo Preparador de Paredes Base Água

Fundo indicado para superfícies de alvenaria e semelhantes, em ambiente interno e externo.

Tinta Acrílica Gesso

Tinta Acrílica para Gesso especialmente desenvolvida para aplicar diretamente sobre o gesso, proporcionando menor custo da pintura por dispensar o uso de fundo, reduzindo também e mão de obra. É uma tinta para facilitar o processo de aplicação. Protege e decora superfícies de gesso e drywall (gesso acartonado) podendo ser aplicada diretamente sobre estes substratos, atuando como fundo e acabamento, que aliado à sua boa cobertura e rendimento, proporciona maior economia na sua pintura sem abrir mão da qualidade final. Tinta para Gesso possui acabamento fosco de fácil retoque, podendo ser aplicado diretamente sobre os substratos indicados sem que a tinta fique amarelada com o tempo, além de sua excelente aderência e penetração no substrato fixarem o pó solto e impedirem que a superfície sofra descascamentos. Indicada para uso em superfícies internas de gesso, drywall (gesso acartonado), reboco e massa corrida.

Embalagens/Rendimento
Galão (3,6 L): até 45 m² por demão.
Lata (18 L): até 225 m² por demão.

Acabamento
Fosco.

Aplicação
Utilizar pincel, rolo de lã ou pistola. Limpe as ferramentas com água.

Diluição
Pincel/Rolo de Lã: 20% com água.
Pistola: 35% com água.

Cor
Branco e poderá obter outras cores fazendo misturas com o Corante Renner.

Secagem
Ao toque: 30 minutos.
Entre demãos: 4 horas.
Final: 4 horas.

Dicas e preparação de superfície

Gesso: Lixe e elimine o pó. **Concreto e blocos de cimento**: Lixe e elimine o pó. Aplicar previamente Fundo Preparador de Paredes Renner Base Água. **Reboco Novo**: Aguardar a cura e secagem por no mínimo 28 dias, lixar e eliminar o pó. Aplicar Selador Acrílico Renner. Caso não seja possível, aguardar a cura, esperar a secagem da superfície e aplicar uma demão de Fundo Preparador de Paredes Renner Base Água. Para uma parede bem nivelada/lisa, aplicar Massa Acrílica Renner (exterior) ou Massa Corrida Renner (interior). **Reboco fraco, caiação e partes soltas**: Lixar e eliminar o pó e partes soltas. Aplicar Fundo Preparador de Paredes Renner Base Água. **Imperfeições acentuadas na superfície**: Lixar e eliminar o pó. Corrigir com Massa Acrílica Renner (exteriores) ou Massa Corrida Renner (interiores). **Partes mofadas**: Lavar com solução de água e água sanitária em partes iguais, esperar 6 horas e enxaguar bem. Aguardar a secagem para pintar. **Superfícies com brilho**: Lixe até retirar o brilho. Eliminar o pó existente. Limpar com pano umedecido com água e aguardar a secagem. **Superfícies com gordura ou graxa**: Lavar com solução de água e detergente neutro, e enxaguar. Aguardar a secagem para pintar. **Superfícies em bom estado**: Lixar e eliminar o pó. **Superfícies com umidade**: Identificar a origem e tratar de maneira adequada.

Outros produtos relacionados

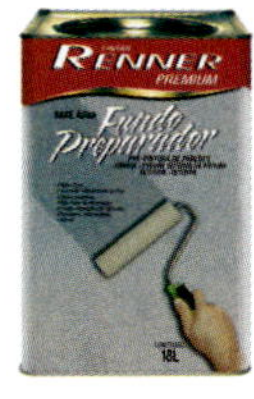

Fundo Preparador de Paredes Base Água

Fundo indicado para superfícies de alvenaria e semelhantes, em ambiente interno e externo.

Massa Corrida

Indicada para nivelar e corrigir pequenas imperfeições de superfícies de reboco/alvenaria e semelhantes em ambiente interno.

Massa Acrílica

Indicada para nivelar e corrigir pequenas imperfeições de superfícies de reboco/alvenaria e semelhantes em ambiente externo e interno.

Textura Acrílica Adornare Lisa

PREMIUM ★★★★★

Textura Acrílica Adornare Lisa proporciona efeito decorativo que valoriza ambientes externos e internos. A partir da massa aplicada na superfície é possível criar diversos efeitos utilizando ferramentas especiais de forma versátil deixando o ambiente elegante e sofisticado. Possui grande poder de enchimento e fácil de aplicar. Tem secagem rápida e alta resistência à abrasão sobre superfícies de reboco curado, concreto e superfícies semelhantes.

Embalagens/Rendimento
Galão (3,6 L): Até 6 m² por demão.
Lata (18 L): Até 30 m² por demão.

Acabamento
Fosco, em relevo texturizado.

Aplicação
Utilizar rolo para textura, desempenadeira ou espátula. Limpe as ferramentas com água.

Diluição
Rolo para textura, desempenadeira ou espátula: Pronto para uso. Se necessário obter um relevo mais baixo, pode-se diluir em 5 a 10% de água.

Cor
Branco. Disponível no Sistema "The Voice of Color".

Secagem
Ao toque: 1 hora.
Entre demãos: 6 horas.
Final: 6 horas.

Dicas e preparação de superfície

Gesso, concreto e blocos de cimento: Lixe e elimine o pó. Aplicar previamente Fundo Preparador de Paredes Renner Base Água Base Água. **Reboco Novo**: Aguardar a cura e secagem por no mínimo 28 dias, lixar e eliminar o pó. Aplicar Selador Acrílico Renner. Caso não seja possível, aguardar a cura, esperar a secagem da superfície e aplicar uma demão de Fundo Preparador de Paredes Renner Base Água. Para uma parede bem nivelada/lisa, aplicar Massa Acrílica Renner (exterior) ou Massa Corrida Renner (interior). **Reboco fraco, caiação e partes soltas**: Lixar e eliminar o pó e partes soltas. Aplicar Fundo Preparador de Paredes Renner Base Água. **Imperfeições acentuadas na superfície**: Lixar e eliminar o pó. Corrigir com Massa Acrílica Renner (exteriores) ou Massa Corrida Renner (interiores). **Partes mofadas**: Lavar com solução de água e água sanitária em partes iguais, esperar 6 horas e enxaguar bem. Aguardar a secagem para pintar. **Superfícies com brilho**: Lixe até retirar o brilho. Eliminar o pó existente. Limpar com pano umedecido com água e aguardar a secagem. **Superfícies com gordura ou graxa**: Lavar com solução de água e detergente neutro, e enxaguar. Aguardar a secagem para pintar. **Superfícies em bom estado**: Lixar e eliminar o pó. **Superfícies com umidade**: Identificar a origem e tratar de maneira adequada.

Outros produtos relacionados

Selador Acrílico Pigmentado
Indicado como fundo para superfícies como reboco curado, concreto e semelhantes em ambiente externo ou interno.

Fundo Preparador de Paredes Base Água
Fundo indicado para superfícies de alvenaria e semelhantes, em ambiente interno e externo.

Gel de Efeitos
Produto indicado para obtenção de efeito envelhecido sobre texturas, em ambientes externo e interno protegidos das intempéries.

Textura Acrílica Adornare Média

PREMIUM ★★★★★

Textura Acrílica Adornare Média é um acabamento que proporciona um suave efeito decorativo moderno realçando a textura, valorizando ambientes de forma versátil, elegante e com sofisticação. Possibilita a criação de diversos efeitos decorativos de acordo com os utensílios, pois tem partículas médias de quartzo que permite usar a imaginação e desenhar diferentes relevos dando muito mais charme aos ambientes. Possui secagem rápida e alta resistência à abrasão e as intempéries, indicada para aplicação sobre superfícies de reboco curado, fibrocimento, concreto aparente, massa corrida ou acrílica e repintura sobre PVA ou acrílico em ambientes internos e externos.

Embalagens/Rendimento

Lata (18 L): Até 30 m² por demão.

Acabamento

Fosco, em relevo texturizado.

Aplicação

Utilizar rolo para textura, desempenadeira ou espátula. Limpe as ferramentas com água.

Diluição

Rolo para textura, desempenadeira ou espátula: Pronto para uso.

Cor

Branco. Disponível no Sistema "The Voice of Color".

Secagem

Ao toque: 1 hora.
Entre demãos: 6 horas.
Final: 6 horas.

Dicas e preparação de superfície

Gesso, concreto e blocos de cimento: Lixe e elimine o pó. Aplicar previamente Fundo Preparador de Paredes Renner Base Água Base Água. **Reboco Novo**: Aguardar a cura e secagem por no mínimo 28 dias, lixar e eliminar o pó. Aplicar Selador Acrílico Renner. Caso não seja possível, aguardar a cura, esperar a secagem da superfície e aplicar uma demão de Fundo Preparador de Paredes Renner Base Água. Para uma parede bem nivelada/lisa, aplicar Massa Acrílica Renner (exterior) ou Massa Corrida Renner (interior). **Reboco fraco, caiação e partes soltas**: Lixar e eliminar o pó e partes soltas. Aplicar Fundo Preparador de Paredes Renner Base Água. **Imperfeições acentuadas na superfície**: Lixar e eliminar o pó. Corrigir com Massa Acrílica Renner (exteriores) ou Massa Corrida Renner (interiores). **Partes mofadas**: Lavar com solução de água e água sanitária em partes iguais, esperar 6 horas e enxaguar bem. Aguardar a secagem para pintar. **Superfícies com brilho**: Lixe até retirar o brilho. Eliminar o pó existente. Limpar com pano umedecido com água e aguardar a secagem. **Superfícies com gordura ou graxa**: Lavar com solução de água e detergente neutro, e enxaguar. Aguardar a secagem para pintar. **Superfícies em bom estado**: Lixar e eliminar o pó. **Superfícies com umidade**: Identificar a origem e tratar de maneira adequada.

Outros produtos relacionados

Selador Acrílico Pigmentado

Indicado como fundo para superfícies como reboco curado, concreto e semelhantes em ambiente externo ou interno.

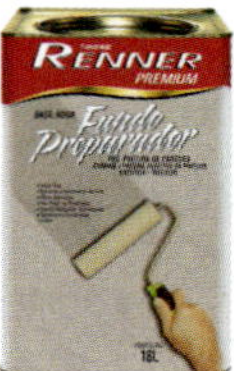

Fundo Preparador de Paredes Base Água

Fundo indicado para superfícies de alvenaria e semelhantes, em ambiente interno e externo.

Gel de Efeitos

Produto indicado para obtenção de efeito envelhecido sobre texturas, em ambientes externo e interno protegidos das intempéries.

Textura Acrílica Adornare Rústica

PREMIUM ★★★★★

Textura Acrílica Adornare Rústica proporciona um efeito decorativo rústico, valorizando ambientes externos e internos de forma versátil, elegante e com sofisticação. Possui grande poder de enchimento, fácil aplicação, secagem rápida e alta resistência à abrasão sobre superfícies de reboco curado, concreto e superfícies semelhantes. Possibilita diversos efeitos decorativos, de acordo com os utensílios utilizados.

Embalagens/Rendimento
Galão (2,8 L): Até 3 m² por demão.
Lata (14 L): Até 15 m² por demão.

Acabamento
Fosco, em relevo texturizado.

Aplicação
Utilizar desempenadeira ou espátula. Limpe as ferramentas com água.

Diluição
Pronto para uso.

Cor
Branco. Disponível no Sistema "The Voice of Color".

Secagem
Ao toque: 1 hora.
Entre demãos: 6 horas.
Final: 6 horas.

Dicas e preparação de superfície

Gesso, concreto e blocos de cimento: Lixe e elimine o pó. Aplicar previamente Fundo Preparador de Paredes Renner Base Água Base Água. **Reboco Novo**: Aguardar a cura e secagem por no mínimo 28 dias, lixar e eliminar o pó. Aplicar Selador Acrílico Renner. Caso não seja possível, aguardar a cura, esperar a secagem da superfície e aplicar uma demão de Fundo Preparador de Paredes Renner Base Água. Para uma parede bem nivelada/lisa, aplicar Massa Acrílica Renner (exterior) ou Massa Corrida Renner (interior). **Reboco fraco, caiação e partes soltas**: Lixar e eliminar o pó e partes soltas. Aplicar Fundo Preparador de Paredes Renner Base Água. **Imperfeições acentuadas na superfície**: Lixar e eliminar o pó. Corrigir com Massa Acrílica Renner (exteriores) ou Massa Corrida Renner (interiores). **Partes mofadas**: Lavar com solução de água e água sanitária em partes iguais, esperar 6 horas e enxaguar bem. Aguardar a secagem para pintar. **Superfícies com brilho**: Lixe até retirar o brilho. Eliminar o pó existente. Limpar com pano umedecido com água e aguardar a secagem. **Superfícies com gordura ou graxa**: Lavar com solução de água e detergente neutro, e enxaguar. Aguardar a secagem para pintar. **Superfícies em bom estado**: Lixar e eliminar o pó. **Superfícies com umidade**: Identificar a origem e tratar de maneira adequada.

Outros produtos relacionados

Selador Acrílico Pigmentado

Indicado como fundo para superfícies como reboco curado, concreto e semelhantes em ambiente externo ou interno.

Fundo Preparador de Paredes Base Água

Fundo indicado para superfícies de alvenaria e semelhantes, em ambiente interno e externo.

Gel de Efeitos

Produto indicado para obtenção de efeito envelhecido sobre texturas, em ambientes externo e interno protegidos das intempéries.

Efeitos Especiais Supreme

Supreme Efeitos Especiais é diferente de tudo que você já viu: uma linha de revestimentos decorativos com qualidade superior e muito fácil de aplicar, possibilitando você mesmo criar os mais variados, sofisticados e belos efeitos texturizados na parede de sua casa.

Supreme Efeitos Especiais é moda, tendência, beleza e estilo. São oito produtos de efeito, todos inovadores e de excelente performance para valorizar ambientes com a elegância e sofisticação do acabamento final, ideal para decoração de interiores em salas de estar, salas de jantar, quartos, corredores, escritórios, e muitos outros ambientes que permitam o embelezamento. Retire aquela antiga e desgastada pintura da parede da sua sala e vista ela com os belos efeitos da linha Supreme, aquele que melhor combina com você e sua família.

Faça Fácil, Você Mesmo. Faça Fácil, Do Seu Jeito.

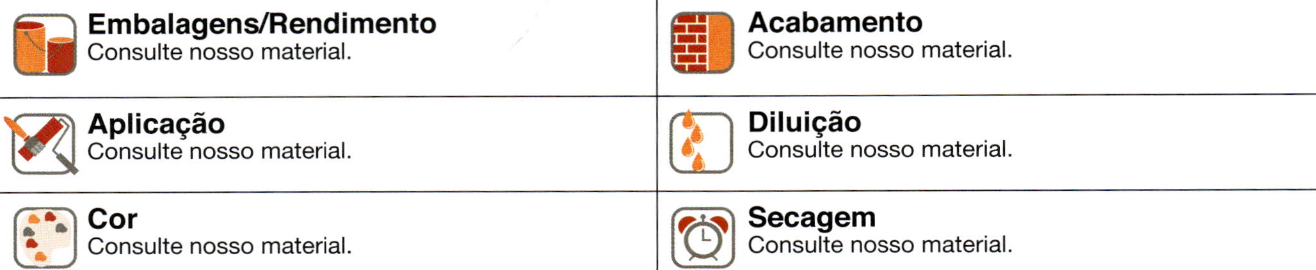

Embalagens/Rendimento
Consulte nosso material.

Acabamento
Consulte nosso material.

Aplicação
Consulte nosso material.

Diluição
Consulte nosso material.

Cor
Consulte nosso material.

Secagem
Consulte nosso material.

Dicas e preparação de superfície

Linha Efeitos Especiais Supreme: Camurça: A maciez, delicadeza e naturalidade são marcas do tecido Camurça, que sempre esteve presente proporcionando conforto através das vestimentas e calçados, hoje muito presente na indústria da moda. Acabamento final com aspecto original do tecido, de toque macio. **Luninoso**: A luz é fator importantíssimo na decoração de interiores quando se trata do revestimento da parede, pois sua presença e intensidade podem nos revelar e compor diferentes imagens. Gel incolor e transparente que aplicado sobre tintas de acabamento Fosco ou Acetinado, proporciona fantásticas mudanças estéticas em função da luz. **Marmorizado**: Presente em diversas grandes obras e esculturas ao longo de toda a história, o Mármore sempre representou nobreza, requinte e sofisticação, agregando valor aos mais variados estilos de projetos arquitetônicos por sua beleza proporcionada pelas diferenças de tonalidade de cor e brilho característico. Acabamento final pedra de mármore. **Metalizado**: O metal está presente em tudo que de mais rico, tecnológico e futurístico o homem já desenvolveu. O brilho intenso e vibrante gera a sensação de espaço em movimento, enquanto sua cor reflete nobreza e luxo. Acabamento final metálico brilhante. **Shaggy Travertino**: Irregularidades, buracos e defeitos na parede sempre causam muitas dores de cabeça quando vamos decorar o interior de nossas casas. Mas agora com o Shaggy Travertino você corrige isso: um revestimento acrílico de suaves relevos que permitem mascarar as imperfeições da parede, proporcionando um belo efeito final rústico de toque macio. **Stucatto Natural**: A Natureza é uma rica e inesgotável fonte inspiradora aos projetos contemporâneos de decoração de interiores por sua beleza e originalidade que remetem ao conceito de sustentabilidade. Estilos naturais que orientam tendências ao desejo do simples pelo prazer do conforto. Acabamento final: Estriado e Espatulado. **Stucatto Pietro**: Com o Stucatto Pietro da linha Supreme você irá transformar sua casa revestindo as paredes e colunas com belos e sutis efeitos de tons sobre tons, muito semelhantes às rochas e pedras naturais. **Stucatto Veneziano**: A tradicional arquitetura Italiana é fonte inspiradora dos mais diversos projetos contemporâneos de ambientação de interiores com seus estilos naturais, rústicos e muito aconchegantes. Acabamento final de aspecto rústico com traços em relevo.

Outros produtos relacionados

Pintura Nobre

Tinta acrílica de acabamento acetinado super sofisticado, especialmente desenvolvida para compor projetos de decoração em interiores, valorizando ainda mais o efeito final.

Selador Acrílico Pigmentado

Indicado como fundo para superfícies como reboco curado, concreto e semelhantes em ambiente externo ou interno.

Massa Corrida

Indicada para nivelar e corrigir pequenas imperfeições de superfícies de reboco/alvenaria e semelhantes em ambiente interno.

Massa Acrílica

Massa Acrílica uniformiza, corrige e nivela imperfeições em superfícies de reboco, concreto e superfícies semelhantes. Possui alta resistência ao intemperismo e é fácil de aplicar. Possui ótima aderência e tem aspecto cremoso com grande poder de enchimento permitindo um melhor acabamento final. Secagem rápida e fácil de lixar. Indicado tanto para uso em interiores quanto em exteriores.

Embalagens/Rendimento
Quarto (0,9 L): Até 3 m² por demão.
Galão (3,6 L): Até 12 m² por demão.
Lata (18 L): Até 60 m² por demão.

Acabamento
Fosco.

Aplicação
Utilizar desempenadeira ou espátula. Limpe as ferramentas com água.

Diluição
Pronto para uso.

Cor
Branco.

Secagem
Ao toque: 1 hora.
Entre demãos: 3 horas.
Final: 4 horas.

Dicas e preparação de superfície

Gesso, concreto e blocos de cimento: Lixe e elimine o pó. Aplicar previamente Fundo Preparador de Paredes Renner Base Água Base Água. **Reboco Novo**: Aguardar a cura e secagem por no mínimo 28 dias, lixar e eliminar o pó. Aplicar Selador Acrílico Renner. Caso não seja possível, aguardar a cura, esperar a secagem da superfície e aplicar uma demão de Fundo Preparador de Paredes Renner Base Água. Para uma parede bem nivelada/lisa, aplicar Massa Acrílica Renner (exterior) ou Massa Corrida Renner (interior). **Reboco fraco, caiação e partes soltas**: Lixar e eliminar o pó e partes soltas. Aplicar Fundo Preparador de Paredes Renner Base Água. **Imperfeições acentuadas na superfície**: Lixar e eliminar o pó. Corrigir com Massa Acrílica Renner (exteriores) ou Massa Corrida Renner (interiores). **Partes mofadas**: Lavar com solução de água e água sanitária em partes iguais, esperar 6 horas e enxaguar bem. Aguardar a secagem para pintar. **Superfícies com brilho**: Lixe até retirar o brilho. Eliminar o pó existente. Limpar com pano umedecido com água e aguardar a secagem. **Superfícies com gordura ou graxa**: Lavar com solução de água e detergente neutro, e enxaguar. Aguardar a secagem para pintar. **Superfícies em bom estado**: Lixar e eliminar o pó. **Superfícies com umidade**: Identificar a origem e tratar de maneira adequada.

Outros produtos relacionados

Rekolor Praia e Campo

Tinta acrílica Super Premium de alta resistência a maresia e umidade de baixo VOC indicada para ambiente externo e interno com garantia de 5 a 10 anos

Extravinil Acrílico Sem Cheiro

Tinta acrílica Premium de alta performance sem cheiro em até 3 horas após aplicação. Indicada para finíssimo acabamento em ambiente externo e interno.

Extravinil Híper

Tinta látex Premium com baixo VOC e odor, de finíssimo acabamento em ambiente interno e externo. Com rendimento 40% superior.

Massa Corrida

Massa Corrida uniformiza, corrige e nivela pequenas imperfeições em paredes e tetos de reboco e concreto. É fácil de aplicar, ótima aderência e aspecto cremoso que permite um ótimo poder de enchimento, permitindo um acabamento liso e sofisticado. Possui secagem rápida e é fácil de lixar. Indicada apenas para uso em interiores.

Embalagens/Rendimento
Quarto (0,9 L): Até 3 m² por demão.
Galão (3,6 L): Até 12 m² por demão.
Lata (18 L): Até 60 m² por demão.

Acabamento
Fosco.

Aplicação
Utilizar desempenadeira ou espátula. Limpe as ferramentas com água.

Diluição
Pronto para uso.

Cor
Branco.

Secagem
Ao toque: 1 hora.
Entre demãos: 3 horas.
Final: 4 horas.

Dicas e preparação de superfície

Gesso, concreto e blocos de cimento: Lixe e elimine o pó. Aplicar previamente Fundo Preparador de Paredes Renner Base Água Base Água. **Reboco Novo**: Aguardar a cura e secagem por no mínimo 28 dias, lixar e eliminar o pó. Aplicar Selador Acrílico Renner. Caso não seja possível, aguardar a cura, esperar a secagem da superfície e aplicar uma demão de Fundo Preparador de Paredes Renner Base Água. Para uma parede bem nivelada/lisa, aplicar Massa Acrílica Renner (exterior) ou Massa Corrida Renner (interior). **Reboco fraco, caiação e partes soltas**: Lixar e eliminar o pó e partes soltas. Aplicar Fundo Preparador de Paredes Renner Base Água. **Imperfeições acentuadas na superfície**: Lixar e eliminar o pó. Corrigir com Massa Acrílica Renner (exteriores) ou Massa Corrida Renner (interiores). **Partes mofadas**: Lavar com solução de água e água sanitária em partes iguais, esperar 6 horas e enxaguar bem. Aguardar a secagem para pintar. **Superfícies com brilho**: Lixe até retirar o brilho. Eliminar o pó existente. Limpar com pano umedecido com água e aguardar a secagem. **Superfícies com gordura ou graxa**: Lavar com solução de água e detergente neutro, e enxaguar. Aguardar a secagem para pintar. **Superfícies em bom estado**: Lixar e eliminar o pó. **Superfícies com umidade**: Identificar a origem e tratar de maneira adequada.

Outros produtos relacionados

Tinta Acrílica Ecológica

Tinta acrílica Super Premium amiga do meio ambiente, única sem cheiro, não respinga e zero VOC. Indicada para acabamento sofisticado em ambiente interno externo.

Tinta Acrílica Toque de Classe

Tinta acrílica Premium de acabamento acetinado sofisticado para ambiente interno e externo.

Extravinil Acrílico Sem Cheiro

Tinta acrílica Premium de alta performance sem cheiro em até 3 horas após aplicação. Indicada para finíssimo acabamento em ambiente externo e interno.

Selador Acrílico

Selador Acrílico sela e uniformiza a absorção das superfícies com excelente aderência, proporcionando um melhor desempenho e maior rendimento dos produtos de acabamento. Possui secagem rápida e é de fácil aplicação. Indicado para superfícies de reboco curado, concreto e superfícies semelhantes, tanto em interiores quanto em exteriores.

Embalagens/Rendimento
Galão (3,6 L): Até 30 m² por demão.
Lata (18 L): Até 150 m² por demão.

Acabamento
Fosco.

Aplicação
Utilizar pincel, rolo de lã ou pistola. Limpe as ferramentas com água.

Diluição
Pincel/Rolo de Lã: 20% com água.
Pistola: 25% com água.

Cor
Branco.

Secagem
Ao toque: 1 hora.
Entre demãos: 6 horas.
Final: 6 horas.

Dicas e preparação de superfície

Concreto, reboco novo e blocos de cimento: Aguardar a cura e secagem por no mínimo 28 dias. **Partes mofadas**: Lavar com solução de água e água sanitária em partes iguais, esperar 6 horas e enxaguar bem. Aguardar a secagem para pintar. **Superfícies com brilho**: Lixe até retirar o brilho. Eliminar o pó existente. Limpar com pano umedecido com água e aguardar a secagem. **Superfícies com gordura ou graxa**: Lavar com solução de água e detergente neutro, e enxaguar. Aguardar a secagem para pintar. **Superfícies em bom estado**: Lixar e eliminar o pó. **Superfícies com umidade**: Identificar a origem e tratar de maneira adequada.

Outros produtos relacionados

Rekolor Praia e Campo

Tinta acrílica Super Premium de alta resistência a maresia e umidade de baixo VOC indicada para ambiente externo e interno com garantia de 5 a 10 anos

Sempre Limpo

Indicada para quem deseja as paredes de sua casa com aspecto SEMPRE LIMPO e com aparência de nova.

Massa Acrílica

Indicada para nivelar e corrigir pequenas imperfeições de superfícies de reboco/alvenaria e semelhantes em ambiente externo e interno.

Esmalte Base Água Ultra-Rápido

PREMIUM ★★★★★

Esmalte Base Água Ultra-Rápido, acabamentos alto brilho e acetinado, é um produto amigo da natureza com baixo VOC – Compostos Orgânicos Voláteis, eliminando o impacto negativo na qualidade do ar. Proporciona extrema rapidez na secagem. Em apenas 20 minutos é possível tocar a superfície. Por ter baixíssimo Odor oferece conforto durante e após a pintura, permitindo que o ambiente seja ocupado no mesmo dia. Oferece durabilidade, conferindo maior resistência ao sol e à chuva, pois retém o brilho e a cor. Não amarela com o passar do tempo e possui ótima cobertura, rendimento e excelente nivelamento. Indicado para exterior e interior em superfícies de madeira e metais. Aplicação direta sobre galvanizado, alumínio e PVC, dispensando o uso de fundo. As ferramentas de pintura podem ser lavadas com água. Esmalte Base Água Ultra-Rápido, a tinta mais preferida do meio ambiente.
Pinte consciente sua família e natureza agradecem.

Embalagens/Rendimento

Quarto (0,9 L): Até 15 m² por demão.
Lata (18 L): Até 60 m² por demão.

Acabamento

Acetinado e Alto brilho.

Aplicação

Utilizar pincel, rolo de lã para epóxi, rolo de espuma ou pistola. Limpe as ferramentas com água.

Diluição

Pincel/Rolo de Lã para Epóxi/Rolo de Espuma: até 10% com água.
Pistola: até 20% com água.

Cor

Cores do catálogo e disponível no sistema "The Voice of Color".

Secagem

Ao toque: 1 hora.
Entre demãos: 6 horas.
Final: 6 horas.

Dicas e preparação de superfície

Madeiras novas: Lixar e remover completamente o pó. Se necessário, lixar após a primeira aplicação do Fundo Branco Fosco Renner. Em caso de fissuras ou imperfeições, utilizar Massa para Madeira Renner e em seguida aplicar mais uma demão de Fundo Branco Fosco Renner. **Metais novos**: Lixar e limpar. Aplicar Fundo Zarcão Renner. Sobre alumínio e galvanizados, para um melhor resultado final, recomendamos a aplicação de Galvacryl Renner. **Metais com ferrugem**: Lixar e remover toda a ferrugem. Limpar a superfície e aplicar Fundo Zarcão Renner. **Repintura**: Lixar para eliminar o brilho e ferrugem. Remover o pó. Nas partes com problema de bolha e descascamento, remover a pintura. Aplicar Fundo Zarcão Renner. **PVC**: Lixar e desengordurar com detergente neutro. Lavar para remover o resíduo.

Outros produtos relacionados

Fundo Branco Fosco

Recomendado como primeira demão sobre superfície de Madeira (resinosa e não resinosa) e gesso em ambiente interno e externo.

Massa para Madeira

Produto base água indicado para corrigir imperfeições em superfícies de madeira em ambiente externo e interno.

Fundo Zarcão

Primer anticorrosivo para metais ferrosos em ambiente interno e externo.

Extra Esmalte Rápido

PREMIUM ★★★★★

A fórmula inovadora de ***Extra Esmalte Rápido*** deixa as superfícies protegidas e com belíssimos acabamentos Brilhante, Acetinado ou Fosco. Desenvolvido com alta qualidade, possui secagem 40% mais rápida sendo possível a aplicação de 2 demãos no mesmo dia. Possui ótimo rendimento e excelente cobertura. Oferece super proteção com maior durabilidade, pois é super resistente às ações do tempo. Contém silicone que garante a facilidade de limpeza, reduzindo a aderência de sujeira. Indicada para superfícies externas e internas de metais ferrosos, galvanizados, alumínio, madeira e cerâmica não vitrificada deixando portas, grades e janelas bonitas por muito mais tempo. No acabamento Fosco uso somente em interior.

Embalagens/Rendimento
1/16 (0,225 L): Até 5 m² por demão.
Quarto (0,9 L): Até 19 m² por demão.
Galão (3,6 L): Até 75 m² por demão.

Acabamento
Brilhante, acetinado e fosco.

Aplicação
Utilizar pincel, rolo de espuma ou pistola.

Diluição
Pincel/Rolo de Espuma: até 10% com aguarrás.
Pistola: até 20% com aguarrás.

Cor
Cores do catálogo e disponível no sistema "The Voice of Color".

Secagem
Ao toque: 2 horas.
Entre demãos: 8 horas.
Final: 18 horas.

Dicas e preparação de superfície

Madeiras novas: Lixar e remover completamente o pó. Se necessário, lixar após a primeira aplicação do Fundo Branco Fosco Renner. Em caso de fissuras ou imperfeições, utilizar Massa para Madeira Renner e em seguida aplicar mais uma demão de Fundo Branco Fosco Renner. **Metais novos**: Lixar e limpar. Aplicar Fundo Zarcão Renner. Sobre alumínio e galvanizados, para um melhor resultado final, recomendamos a aplicação de Galvacryl Renner. **Metais com ferrugem**: Lixar e remover toda a ferrugem. Limpar a superfície e aplicar Fundo Zarcão Renner. **Repintura**: Lixar para eliminar o brilho e ferrugem. Remover o pó. Nas partes com problema de bolha e descascamento, remover a pintura. Aplicar Fundo Zarcão Renner.

Outros produtos relacionados

Fundo Branco Fosco
Recomendado como primeira demão sobre superfície de Madeira (resinosa e não resinosa) e gesso em ambiente interno e externo.

Galvacryl
Fundo indicado para superfícies de metais galvanizados como caneletas, chapas, forros, esquadrias e painéis de publicidade para ambiente externo e interno.

Fundo Zarcão
Primer anticorrosivo para metais ferrosos em ambiente interno e externo.

Tinta Óleo Reko

STANDARD ★★★

Tinta Óleo Reko Brilhante especialmente formulada para proporcionar alta proteção em superfícies metálicas e principalmente de madeiras. Fácil de aplicar e possui excelente aderência. É resistente a ação do tempo possibilitando um acabamento bonito e duradouro. Proporciona ótimo enchimento e alastramento com excelente cobertura e ótimo rendimento. Indicada para superfícies externas e internas de madeiras e metais, como: portas, janelas, esquadrias, grades, lambris etc.

Embalagens/Rendimento

Quarto (0,9 L): Até 18 m² por demão.
Galão (3,6 L): Até 70 m² por demão.

Acabamento

Brilhante.

Aplicação

Utilizar pincel, rolo de espuma ou pistola.

Diluição

Pincel/Rolo de Espuma: até 10% com aguarrás.
Pistola: até 25% com aguarrás.

Cor

Consulte catálogo de cores.

Secagem

Ao toque: 2 horas.
Entre demãos: 8 horas.
Final: 18 horas.

Dicas e preparação de superfície

Madeiras novas: Lixar e remover completamente o pó. Se necessário, lixar após a primeira aplicação do Fundo Branco Fosco Renner. Em caso de fissuras ou imperfeições, utilizar Massa para Madeira Renner e em seguida aplicar mais uma demão de Fundo Branco Fosco Renner. **Metais novos**: Lixar e limpar. Aplicar Fundo Zarcão Renner. Sobre alumínio e galvanizados, para um melhor resultado final, recomendamos a aplicação de Galvacryl Renner. **Metais com ferrugem**: Lixar e remover toda a ferrugem. Limpar a superfície e aplicar Fundo Zarcão Renner. **Repintura**: Lixar até eliminar o brilho e remover o pó com um pano umedecido em Aguarrás Renner

Outros produtos relacionados

Fundo Branco Fosco

Recomendado como primeira demão sobre superfície de Madeira (resinosa e não resinosa) e gesso em ambiente interno e externo.

Galvacryl

Fundo indicado para superfícies de metais galvanizados como caneletas, chapas, forros, esquadrias e painéis de publicidade para ambiente externo e interno.

Fundo Zarcão

Primer anticorrosivo para metais ferrosos em ambiente interno e externo.

Tinta Óleo Triunfo

STANDARD ★★★

Tinta Óleo Triunfo Brilhante especialmente formulada para alta proteção de superfícies metálicas e principalmente de madeiras. Fácil de aplicar e com excelente poder de aderência, possibilita um acabamento bonito e duradouro e de alta resistência às intempéries. Proporciona ótimo enchimento e alastramento oferecendo maior economia. Possui excelente cobertura e rendimento. Indicada para superfícies externas e internas de madeiras e metais, como: portas, janelas, esquadrias, grades, lambris etc.

Embalagens/Rendimento
Quarto (0,9 L): Até 18 m² por demão.
Galão (3,6 L): Até 70 m² por demão.

Acabamento
Brilhante.

Aplicação
Utilizar pincel, rolo de espuma ou pistola.

Diluição
Pincel/Rolo de Espuma: até 10% com aguarrás.
Pistola: até 25% com aguarrás.

Cor
Cores do catálogo e disponível no sistema "The Voice of Color".

Secagem
Ao toque: 2 horas.
Entre demãos: 8 horas.
Final: 18 horas.

Dicas e preparação de superfície

Madeiras novas: Lixar e remover completamente o pó. Se necessário, lixar após a primeira aplicação do Fundo Branco Fosco Renner. Em caso de fissuras ou imperfeições, utilizar Massa para Madeira Renner e em seguida aplicar mais uma demão de Fundo Branco Fosco Renner. **Metais novos**: Lixar e limpar. Aplicar Fundo Zarcão Renner. Sobre alumínio e galvanizados, para um melhor resultado final, recomendamos a aplicação de Galvacryl Renner. **Metais com ferrugem**: Lixar e remover toda a ferrugem. Limpar a superfície e aplicar Fundo Zarcão Renner. **Repintura**: Lixar até eliminar o brilho e remover o pó com um pano umedecido em Aguarrás Renner

Outros produtos relacionados

Fundo Branco Fosco

Recomendado como primeira demão sobre superfície de Madeira (resinosa e não resinosa) e gesso em ambiente interno e externo.

Galvacryl

Fundo indicado para superfícies de metais galvanizados como caneletas, chapas, forros, esquadrias e painéis de publicidade para ambiente externo e interno.

Fundo Zarcão

Primer anticorrosivo para metais ferrosos em ambiente interno e externo.

Verniz Copal

PREMIUM ★★★★★

Verniz Copal proporciona um acabamento brilhante totalmente incolor que não altera o aspecto natural da madeira. Protege e realça os veios da madeira oferecendo beleza e resistência, proporcionado sofisticação aos ambientes.

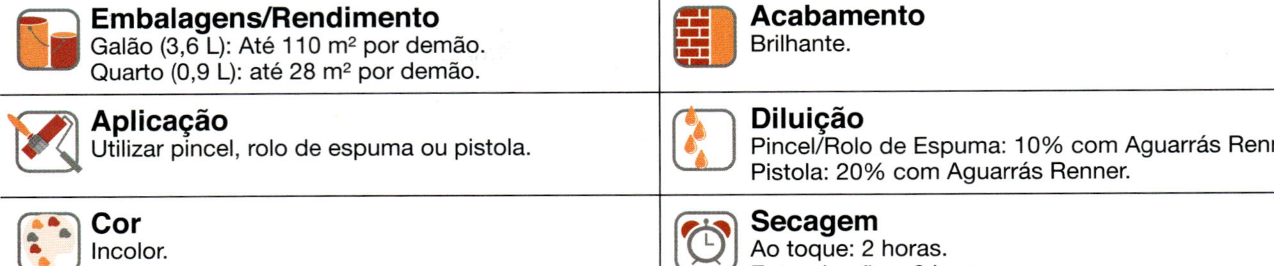

Embalagens/Rendimento Galão (3,6 L): Até 110 m² por demão. Quarto (0,9 L): até 28 m² por demão.	**Acabamento** Brilhante.
Aplicação Utilizar pincel, rolo de espuma ou pistola.	**Diluição** Pincel/Rolo de Espuma: 10% com Aguarrás Renner. Pistola: 20% com Aguarrás Renner.
Cor Incolor.	**Secagem** Ao toque: 2 horas. Entre demãos: 8 horas. Final: 18 horas.

Dicas e preparação de superfície

Madeira nova: Lixar e remover completamente o pó. Nunca Pintar sobre madeira verde e ou úmida. Tratar contra fungos, mofos e insetos.
Madeiras velhas: Lavar com solução de cloro ativo ou com restauradores de madeiras. Tratar contra fungos, mofos e insetos. Lixar e remover completamente o pó.
Repintura: Lixar até eliminar o brilho e remover o pó com um pano umedecido em Aguarrás Renner.

Outros produtos relacionados

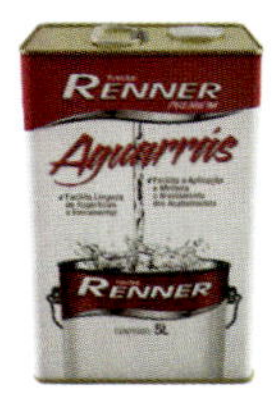

Aguarrás

É indicado para diluição de tinta esmalte, tinta á óleo, vernizes e também para a limpeza dos equipamentos utilizados durante o processo de pintura.

Majestic Stain

Indicado para proteção, impermeabilização e embelezamento de madeiras e derivados, em interiores e exteriores

Majestic Seladora Extra

Indicado como acabamento para superfícies de madeiras em geral em ambiente interno.

Linha Spray Color Jet

PREMIUM ★★★★★

Color Jet Esmalte Sintético, indicado para pinturas de móveis de aço, madeiras, geladeiras, armários e objetos de superfícies de madeira e metal.
Color Jet Auto, ideal para retoques em automóveis, motocicletas, motos, chaminés, churrasqueiras e lareiras.
Color Jet Alta Temperatura, indicado para superfícies metálicas expostas a temperatura de até 600 °C.
Color Jet Luminescente, ideal para decoração de vitrines, trabalhos escolares e enfeites de isopor.
Color Jet Metálico, ideal para decoração de castiçais, molduras, enfeites de natal e outros objetos.

Embalagens/Rendimento
Tubo (400 mL): até 2,1 m² por embalagem.

Acabamento
Conforme catálogo.

Aplicação
Spray.

Diluição
Pronto para uso.

Cor
Consulte nosso catálogo de cores.

Secagem
Conforme catálogo.

Dicas e preparação de superfície

Agitar a embalagem antes e durante o uso.
Aplicar em demãos finas e cruzadas à distância de 20 a 25 cm.
Aplicar com movimentos uniformes e constantes.
Após o uso, limpar a válvula virando a lata para baixo e pressionando até sair apenas gás.

Metais ferrosos: Zarcão Renner ou Fundo Universal Color Jet.
Metais não ferrosos: Galvacryl Renner.
Madeiras: Fundo Branco Fosco Renner ou Fundo Universal Color Jet.

Outros produtos relacionados

Galvacryl

Fundo indicado para superfícies de metais galvanizados como caneletas, chapas, forros, esquadrias e painéis de publicidade para ambiente externo e interno.

Fundo Zarcão

Primer anticorrosivo para metais ferrosos em ambiente interno e externo.

Fundo Branco Fosco

Recomendado como primeira demão sobre superfície de Madeira (resinosa e não resinosa) e gesso em ambiente interno e externo.

Tinta Acrílica Pisos

PREMIUM ★★★★★

Tinta Acrílica Pisos é uma tinta com super resistência à abrasão ao tráfego de pessoas e carros. Possui alta proteção contra a ação do tempo com ótima cobertura e aderência em diversos tipos de pisos. É fácil de aplicar e possui secagem rápida possibilitando utilizar o ambiente no mesmo dia. Indicada para pintura e proteção de quadras poliesportivas à base de cimento, pisos cimentados, varandas, calçadas, escadas, áreas de lazer e comerciais, lajotas não vitrificadas e demarcações em áreas de concreto rústico. Renova e embeleza superfícies externas e internas com máxima proteção.

Embalagens/Rendimento
Galão (3,6 L): Até 40 m² por demão.
Lata (18 L): Até 200 m² por demão.

Acabamento
Fosco.

Aplicação
Utilizar pincel, rolo de lã ou pistola. Limpe as ferramentas com água.

Diluição
Pincel/Rolo de Lã: 20% com água.
Pistola: 25% com água.
A primeira demão deverá ser diluída a 40% com água.

Cor
Consulte catálogo de cores.

Secagem
Ao toque: 30 minutos.
Entre demãos: 4 horas.
Final: 4 horas.

Dicas e preparação de superfície

O piso deverá ser preparado com areia média peneirada e cimento. A superfície deve ser sarrafeada, desempenada ou feltrada.
Piso Novo: Aguardar a cura e secagem por no mínimo 28 dias antes de efetuar a pintura. **Partes mofadas**: Lavar com solução de água e água sanitária em partes iguais, esperar 6 horas e enxaguar bem. Aguardar a secagem para pintar. **Superfícies com brilho**: Lixe até retirar o brilho. Eliminar o pó existente. Limpar com pano umedecido com água e aguardar a secagem. **Superfícies com gordura ou graxa**: Lavar com solução de água e detergente neutro, e enxaguar. Aguardar a secagem para pintar. **Superfícies em bom estado**: Lixar e eliminar o pó. **Superfícies com umidade**: Identificar a origem e tratar de maneira adequada. **Superfícies de cimento queimado**: Lixar para provocar ranhuras e em seguida lavar com solução de ácido muriático a 10% em água para abertura dos poros ou eliminação dos sais solúveis. Deixar a solução agir por 40 minutos e logo após enxaguar com água em abundância. Aguardar a secagem para pintar.

Outros produtos relacionados

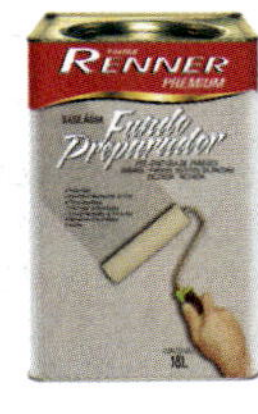

Fundo Preparador de Paredes Base Água

Fundo indicado para superfícies de alvenaria e semelhantes, em ambiente interno e externo.

Tinta Térmica para Telhas

PREMIUM ★★★★★

Tinta Térmica para Telhas, especialmente desenvolvida para reduzir a temperatura interna de sua casa, proporcionando sensação de maior conforto térmico: no verão age refletindo os raios solares com conseqüente redução da temperatura e menos calor interno. É conforto, economia e proteção juntos: conforto por regular a temperatura do ambiente interno para uma sensação térmica mais agradável, economia por contribuir na redução do consumo de energia pelo uso de ar condicionado, ventiladores e condicionadores de ar e proteção do telhado pela impermeabilização e flexibilidade do filme da tinta e evitando a formação de limo. É um produto amigo da natureza. Produto de alta durabilidade, fácil de aplicar, com excelente cobertura e rendimento, além de rápida secagem. Indicada para uso em telhados de cerâmica porosa, concreto, fibrocimento, galvanizado, alumínio e zinco.

Embalagens/Rendimento
Galão (3,6 L): Até 40 m² por demão.
Lata (18 L): Até 200 m² por demão.

Acabamento
Brilhante.

Aplicação
Utilizar pincel, rolo de lã ou pistola. Limpe as ferramentas com água.

Diluição
Pincel/Rolo de Lã: 10% com água.
Pistola: 25% com Água.
A 1° demão diluída 30% a 40% com água.

Cor
Branco.

Secagem
Ao toque: 30 minutos.
Entre demãos: 4 horas.
Final: 4 horas.

Dicas e preparação de superfície

Telhas de cerâmica porosa, concreto e fibrocimento: Eliminar incrustações, lavar e aplicar o produto conforme recomendado. **Alumínio, Galvanizado e Zinco**: Lixar e remover o pó. Aplicar Galvacryl Renner. **Partes mofadas**: Lavar com solução de água e água sanitária em partes iguais, esperar 6 horas e enxaguar bem. Aguardar a secagem para pintar. **Superfícies com brilho**: Lixe até retirar o brilho. Eliminar o pó existente. Limpar com pano umedecido com água e aguardar a secagem. **Superfícies com gordura ou graxa**: Lavar com solução de água e detergente neutro, e enxaguar. Aguardar a secagem para pintar. **Superfícies em bom estado**: Lixar e eliminar o pó. **Superfícies com umidade**: Identificar a origem e tratar de maneira adequada. **Repintura**: Lixar e eliminar o pó e partes soltas.

Outros produtos relacionados

Galvacryl

Fundo indicado para superfícies de metais galvanizados como caneletas, chapas, forros, esquadrias e painéis de publicidade para ambiente externo e interno.

Tinta Acrílica Telhas

PREMIUM ★★★★★

Tinta Acrílica Telhas é uma tinta a base de água de acabamento super brilhante com alta durabilidade. Desenvolvida especialmente para proteger, renovar e embelezar telhados de cerâmica e concreto. Imperrmeabiliza a telha e proporciona um perfeito acabamento que evita a formação de limo. É fácil de aplicar e é indicada para uso em exteriores e interiores.

 **Embalagens/Rendimento** Galão (3,6 L): Até 36 m² por demão. Lata (18 L): Até 180 m² por demão.	 **Acabamento** Brilhante.
 **Aplicação** Utilizar pincel, rolo de lã ou pistola. Limpe as ferramentas com água.	 **Diluição** Pincel/Rolo de Lã: 10% com água. Pistola: 20% com água. A 1° demão deverá ser diluída a 50% com água.
 **Cor** Consulte catálogo de cores.	 **Secagem** Ao toque: 1 hora. Entre demãos: 4 horas. Final: 6 horas.

Dicas e preparação de superfície

Partes mofadas: Lavar com solução de água e água sanitária em partes iguais, esperar 6 horas e enxaguar bem. Aguardar a secagem para pintar. **Superfícies com brilho**: Lixe até retirar o brilho. Eliminar o pó existente. Limpar com pano umedecido com água e aguardar a secagem. **Superfícies com gordura ou graxa**: Lavar com solução de água e detergente neutro, e enxaguar. Aguardar a secagem para pintar. **Superfícies em bom estado**: Lixar e eliminar o pó.

Outros produtos relacionados

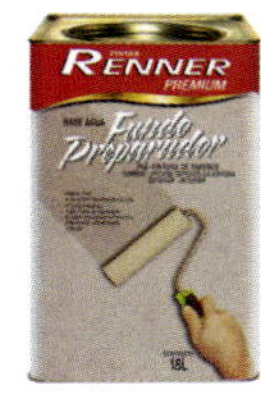

Fundo Preparador de Paredes Base Água

Fundo indicado para superfícies de alvenaria e semelhantes, em ambiente interno e externo.

Silicone Hidrorrepelente

PREMIUM ★★★★★

Silicone Hidrorrepelente é um produto especialmente desenvolvido à base de silicone para promover a hidrorrepelência e impermeabilização das superfícies. Oferece proteção contra a umidade, às ações do tempo, aos fungos e as bactérias. Reduz a capacidade de absorção da água das superfícies e não modifica seu aspecto natural, pois não forma filme. Pode ser utilizado como fundo devido a ser resistente à alcalinidade (eflorescência) em superfícies de reboco cru (reboco novo). É pronto para uso e é recomendado para superfícies de concreto aparente, reboco e tijolos à vista, tanto em interiores quanto em exteriores.

Embalagens/Rendimento
Lata (5 L): até 35 m² por demão, 2 demãos.
Lata (18 L): até 126 m² por demão, 2 demãos.

Acabamento
Não aplicável.

Aplicação
Utilizar pincel e trincha.

Diluição
Pronto para uso.

Cor
Incolor.

Secagem
Entre 24 e 48 horas, variando de acordo com a umidade e temperatura do ambiente.

Dicas e preparação de superfície

Superfícies com brilho: Lixe até retirar o brilho. Eliminar o pó existente. Limpar com pano umedecido com água e aguardar a secagem.
Superfícies com eflorescência: Recomendada a limpeza da superfície com ácido muriático, diluído com água na proporção de 1:1. Após a limpeza, lavar a superfície com água em abundância, aguardar a secagem (mínimo 72 horas) e aplicar o Silicone Hidrorrepelente.
Superfícies novas: Aguardar a cura do reboco e aplicar o produto. Caso o Silicone Hidrorrepelente seja aplicado como fndo em reboco novo, aguardar 24 horas para aplicar o acabamento. Aplicar duas demãos carregadas do produto, cruzadas, úmida sobre úmida. Para limpeza do material utilizado na pintura, utilizar Aguarrás Renner.

Outros produtos relacionados

Stonelack Resina Acrílica para Pedras

Produto de alta perfomance que protege contra as ações do tempo. Embeleza e realça superfícies de pedras naturais decorativas e tijolos a vista mantendo sua aparência natural.

Corante Tingidor

Corante Tingidor é indicado para tingir tintas látex PVA e Acrílicas, massas e seladores (conforme os produtos indicados nos produtos auxiliares). Possui alto poder de tingimento, resistência e fácil homogeneização. Disponível em 9 cores.

Embalagens/Rendimento
Tubo (50 mL): Utilizar no máximo 1 tubo de Corante Tingidor por galão de 3,6 litros.

Acabamento
Depende da tinta tingida pelo corante.

Aplicação
Agite bem o frasco. Adicionar o conteúdo do tubo na tinta.

Diluição
Pronto para uso.

Cor
Disponível em nove cores básicas que possibilitam a obtenção de diversas tonalidades.

Secagem
Depende da tinta tingida pelo corante.

Dicas e preparação de superfície

Agitar vigorosamente o Corante Tingidor antes de sua utilização. Adicionar aos poucos mexendo a tinta até atingir a tonalidade desejada. Seguir o sistema de pintura do produto a ser tingido.

Outros produtos relacionados

Tinta Acrílica Dura Mais

Tinta acrílica Super Premium de excepcional desempenho, resistente a aderência de sujeira e poluição.

Tinta Acrílica Toque de Classe

Tinta acrílica Premium de acabamento acetinado sofisticado para ambiente interno e externo.

Extravinil Híper

Tinta látex Premium com baixo VOC e odor, de finíssimo acabamento em ambiente interno e externo. Com rendimento 40% superior.

Aquabloc

PREMIUM ★★★★★

Aquabloc Bloqueador de Umidade é um revestimento impermeabilizante especialmente formulado para bloquear o surgimento de umidade evitando o aparecimento de manchas e bolhas causadas pela eflorescência. Possui excelente ação antimofo permitido que o ambiente fique muito mais protegido e saudável. Indicado para superfícies de alvenaria, reboco e concreto em superfícies internas e externas como: paredes de conteção, paredes externas de fontes de água, floreiras, porões, sótãos, adegas, cisternas, muros de arrimo, casas de bombas, tanques de concreto, poços de elevadores, armazéns, garagens e pinturas externas de caixas d'água.

Embalagens/Rendimento
Galão (3,6 L): Até 25 m² por demão, 2 a 3 demãos.

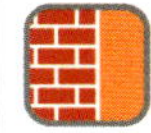

Acabamento
Lisa e fosca.

Aplicação
Utilizar pincel, rolo de lã ou pistola.

Diluição
Pincel/Rolo de Lã: Acabamento: 10%. Selador: 20%.
Pistola: 20%.

Cor
Branco.

Secagem
Ao toque: 1 hora.
Entre demãos: 4 horas.
Final: 4 horas.

Dicas e preparação de superfície

Reboco novo: Aguardar a cura e secagem por 10 dias, aplicar o Aquabloc em contato direto com o reboco/concreto. **Repintura**: Remover totalmente a tinta anterior e aplicar Aquabloc em contato direto com o reboco/concreto. **Superfícies pouco porosas ou com eflorescência**: Lavar com ácido muriático a 10% em água, enxaguar e aguardar secagem. Após, aplicar o Aquabloc em contato direto com o reboco/concreto.

Outros produtos relacionados

Rekolor Praia e Campo

Tinta acrílica Super Premium de alta resistência a maresia e umidade de baixo VOC indicada para ambiente externo e interno com garantia de 5 a 10 anos.

Tinta Acrílica Toque de Classe

Tinta acrílica Premium de acabamento acetinado sofisticado para ambiente interno e externo.

Massa Acrílica

Indicada para nivelar e corrigir pequenas imperfeições de superfícies de reboco/alvenaria e semelhantes em ambiente externo e interno.

Esmalte PU Piscinas

PREMIUM ★★★★★

Esmalte PU Piscinas é um esmalte poliuretano bicomponente impermeável ideal para pintura de piscinas de concreto e fibra, deixando-as muito mais bonitas e duráveis. Desenvolvido com a mais moderna tecnologia possui excelente aderência e alta durabilidade, pois oferece total proteção contra a umidade e excelente resistência química que protege contra as intempéries. Com o passar do tempo, a cor não desbota, deixando sempre uma aparência de nova. Para renovar, embelezar e proteger a sua piscina use Esmalte PU Piscinas e fique tranquilo.

Embalagens/Rendimento
Galão (2,7 L): Verniz até 40 m² por demão, 2 a 3 demãos.

Acabamento
Lisa e brilhante.

Aplicação
Utilizar pincel, rolo para epóxi ou pistola.

Diluição
Pincel/Rolo para Epóxi: 10-20%.
Pistola: 20%.

Cor
Azul.

Secagem
Ao toque: 2 horas.
Entre demãos: 10-24 horas.
Final: 72 horas.

Dicas e preparação de superfície

Concreto novo: Aguardar a cura do concreto 28 dias. Após a cura do concreto, deixar a piscina com água por 15 dias. Retirar a água e aguardar secagem da superfície antes da pintura. Aplicar 1 demão do Esmalte PU Piscinas como fundo a pincel e diluída 30%. **Fibra de vidro (Gel Coat)**: Lixar e remover completamente o pó. Lavar bem a superfície com água em abundância para remover resíduos solúveis em água. Limpar com thinner para remover resíduos de óleos ou gorduras. **Repintura sobre próprio produto**: Lixar e remover completamente o pó. Lavar bem a superfície com água em abundância para remover resíduos solúveis em água. Limpar com thinner para remover resíduos de óleos ou gorduras. **Repintura sobre outros produtos**: Remover produtos antigos, proceder como pintura nova.
Catálise: 3 partes de A (tinta) para 1 parte de B (catalisador). Adicionar componente B no A, agitando e homogeneizando bem. Após efetuar a mistura aguardar 15 minutos para proceder a diluição recomendada agitando e homogeneizando bem. Somente 15 minutos após estes procedimentos iniciar a aplicação. Utilizar a tinta em até no máximo 6 horas após a catálise (mistura dos componentes A e B).

Outros produtos relacionados

Catalisador Renner

É um produto chamado de componente B que deve ser misturado com a tinta, chamada de componente A, e que tem o objetivo de fazer com que a tinta de acabamento atinja seu máximo desempenho quanto à resistência, durabilidade, aparência e secagem, deixando as superfícies muito mais bonitas e protegidas.

Diluente Renner

É um solvente de alta qualidade que possibilita melhor nivelamento0 dos produtos, ressaltando a beleza da pintura e facilitando a aplicação.

Polipar Multiuso

PREMIUM ★★★★★

Esmalte PU Polipar e ***Verniz Polipar*** são produtos bicomponentes de alta tecnologia especialmente desenvolvido para proteger as mais diversas superfícies como pisos e paredes em áreas residenciais, comerciais e industriais. Possuem excelente resistência química que permite a limpeza com produtos químicos e esterilização deixando os ambientes limpos por muito mais tempo. Suas formulações proporcionam um filme de alta dureza com elevada resistência a riscos e alta resistência às ações do tempo. Com o sistema Polipar fica muito mais fácil renovar áreas com azulejos com economia, embelazar e proteger pisos internos de madeira, dar maior resistência a quadras de madeira e concreto, renovar pisos de garagens, manter hospitais e clínicas mais limpos e seguros e facilitar a limpeza em muros e paredes. Indicado para pintura de azulejos (exceto piscinas), madeira (em interiores), alvenaria e fibra de vido.

Selador Polipar é um produto auxiliar que atua em conjunto com o Esmalte PU e o Verniz. É de fácil aplicação, proporcionando excelente resistência à alcalinidade e também uniformiza a absorção do acabamento. Indicado para superfícies de reboco, concreto, cimento amianto, tijolos à vista, em interiores e exteriores.

Embalagens/Rendimento

Galão (2,7 L): Verniz até 50 m² por demão.
Selador até 40 m² por demão.

Acabamento

Lisa, brilhante ou acetinada.

Aplicação

Utilizar pincel, rolo para epóxi ou pistola.

Diluição

Pincel/Rolo para Epóxi: 10-20%.
Pistola: 20%.

Cor

Conforme catálogo de cores.

Secagem

Ao toque: 2 horas.
Entre demãos: 10 horas.
Final: 4 horas.

Dicas e preparação de superfície

Reboco/concreto novo: Lixar e remover completamente o pó. Aplicar 1 demão de Selador Polipar preparado conforme instruções. **Fibra de vidro**: Lixar e remover completamente o pó. **Azulejos**: Limpar a superfície com detergente neutro. Efetuar nova limpeza com álcool ou com solvente da diluição da tinta. Aplicar 1 demão de Selador Polipar preparado conforme instruções. **Madeira Resinosa em interiores**: Lixar e remover completamente o pó. Aplicar 1 demão de Verniz Polipar preparado conforme instruções. **Madeira não resinosa em interiores**: Lixar e remover completamente o pó. **Madeira Velha**: Lavar com solução de cloro ativo ou com restauradores de madeiras. Tratar contra fungos, mofos e insetos. Lixar e remover completamente o pó. **Repintura**: Sobre outros produtos remover produtos antigos e proceder como pintura nova. Sobre o próprio produto lixar e remover completamente o pó. **Verniz em Madeira Nova**: Lixar e remover completamente o pó. Nunca pintar sobre madeira verde e ou úmida. **Verniz em Madeira Velha**: Lavar com solução de cloro ativo ou com restauradores de madeiras. Tratar contra fungos, mofos e insetos. Lixar e remover completamente o pó. **Verniz em Reboco/concreto novo**: Aguardar cura do concreto 28 dias. **Catálise**: 3 partes de A (Acabamento/Verniz/Selador) para 1 parte B (Catalisador). Adicionar o componente B no A, agitando e homogeneizando bem. Após efetuar a mistura aguardar 15 minutos para proceder a diluição recomendada agitando e homogeneizando bem. Somente 15 minutos após estes procedimentos iniciar a aplicação. Utilizar o Polipar no máximo até 6 horas após a mistura dos componentes A e B.

Outros produtos relacionados

Catalisador Renner

É um produto chamado de componente B que deve ser misturado com a tinta, chamada de componente A, e que tem o objetivo de fazer com que a tinta de acabamento atinja seu máximo desempenho quanto à resistência, durabilidade, aparência e secagem, deixando as superfícies muito mais bonitas e protegidas.

Diluente Renner

É um solvente de alta qualidade que possibilita melhor nivelamento0 dos produtos, ressaltando a beleza da pintura e facilitando a aplicação.

Multimassa Tapa-Tudo

Multimassa Tapa-Tudo é um produto inovador e de alta tecnologia que preenche e nivela imperfeições dos mais diversos tipos de superfícies. Possibilita a correção de forma extra-rápida e em uma única aplicação. Não racha, não retrai e é muito prática, pois devido a sua textura leve permite grande facilidade de manuseio. Indicada para substratos de madeira, gesso, alvenaria e semelhantes, tanto em interiores quanto exteriores, aceitando qualquer tipo de acabamento base água ou base solvente.

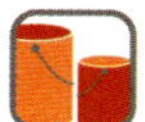

Embalagens/Rendimento
Embalagem plástica (340 e 90 gr): Variável de acordo com rugosidade, preparação da superfície, método e técnicas de aplicação

Acabamento
Fosco.

Aplicação
Utilizar desempenadeira ou espátula. Limpe as ferramentas com água.

Diluição
Pronto para uso.

Cor
Branco.

Secagem
Ao toque: 1 hora.
Entre demãos: 6 horas.
Final: 6 horas.

Dicas e preparação de superfície

Gesso, concreto e blocos de cimento: Lixe e elimine o pó. Aplicar previamente Fundo Preparador de Paredes Renner. **Reboco Novo**: Aguardar a cura e secagem por no mínimo 28 dias, lixar e eliminar o pó. Aplicar Selador Acrílico Renner. Caso não seja possível, aguardar a cura, esperar a secagem da superfície e aplicar uma demão de Fundo Preparador de Paredes Renner. **Reboco fraco, caiação e partes soltas**: Lixar e eliminar o pó e partes soltas. Aplicar Fundo Preparador de Paredes Renner. **Partes mofadas**: Lavar com solução de água e água sanitária em partes iguais, esperar 6 horas e enxaguar bem. Aguardar a secagem para pintar. **Superfícies com brilho**: Lixe até retirar o brilho. Eliminar o pó existente. Limpar com pano umedecido com água e aguardar a secagem. **Superfícies com gordura ou graxa**: Lavar com solução de água e detergente neutro, e enxaguar. Aguardar a secagem para pintar. **Superfícies em bom estado**: Lixar e eliminar o pó. **Superfícies com umidade**: Identificar a origem e tratar de maneira adequada.

Outros produtos relacionados

Rekolor Praia e Campo

Tinta acrílica Super Premium de alta resistência a maresia e umidade de baixo VOC indicada para ambiente externo e interno com garantia de 5 a 10 anos.

Extravinil Acrílico Sem Cheiro

Tinta acrílica Premium de alta performance sem cheiro em até 3 horas após aplicação. Indicada para finíssimo acabamento em ambiente externo e interno.

Extravinil Híper

Tinta látex Premium com baixo VOC e odor, de finíssimo acabamento em ambiente interno e externo. Com rendimento 40% superior.

Majestic Stain

Acabamento impregnante e impermeabilizante que atua nas fibras da madeira com tripla proteção UV e excelente resistência a intempéries. Não forma película ou filme, realçando intensamente os veios naturais da madeira. Proporciona acabamento acetinado com toque sedoso. É indicado para proteção, impermeabilização e embelezamento de madeiras e derivados, em interiores e exteriores. Possui ação fungicida, evitando o aparecimento de fungos (mofos e bolores). Possui ação hidrorrepelente, protegendo a madeira contra a umidade. Produto ideal para decorar ambientes e uniformizar padrões de cor mantendo o aspecto natural da madeira.

Embalagens/Rendimento
Galão (3,6 L): até 20 m² demão.
Quarto (0,9 L): até 5 m² por demão.

Acabamento
Não forma filme/película.

Aplicação
Pincel.

Diluição
Pronto para uso.

Cor
Incolor.

Secagem
Entre demãos: 8 horas.

Dicas e preparação de superfície

Madeira nova: Imunizar contra insetos (Cupins, brocas etc.). Lixar e remover o pó com pano úmido. A superfície a ser pintada deverá estar limpa, seca (umidade menor que 15%) e isenta de partículas soltas. Lixar sempre após a aplicação da primeira demão para eliminar farpas. **Repintura sobre outros produtos**: Remover e lixar até remoção total e raspagem até exposição da madeira. Após proceder como pintura nova. **Repintura sobre o próprio Majestic Stain**: Efetuar lixamento simples e proceder como pintura nova.

Outros produtos relacionados

Majestic Verniz Duplo Filtro

Resistência às ações do tempo que protege madeiras por muito mais tempo. Contém silicone que reduz a aderência de sujeira garantindo a facilidade de limpeza.

Majestic Verniz Copal

Verniz com super proteção contra sol e chuva. Enobrece e revitaliza a madeira, não retém sujeira, contém silicone e com secagem rápida.

Majestic Marítimo

Acabamento sofisticado com extra proteção, contém filtro solar e secagem rápida.

Majestic Verniz Triplo Filtro Solar

Acabamento transparente com tripla proteção UV e excelente resistência às intempéries. Forma película transparente, brilhante ou acetinada. É indicado para envernizamento de madeiras e derivados como portas, janelas, esquadrias em interiores e exteriores. Não pode ser aplicado em assoalhos. Possui ação fungicida, evitando o aparecimento de fungos (mofos e bolores).

Embalagens/Rendimento
Galão (3,6 L): até 18 m² demão.
Quarto (0,9 L): até 5 m² por demão.

Acabamento
Brilhante e Acetinado.

Aplicação
Pincel e Rolo de espuma.

Diluição
Pronto para uso.

Cor
Transparente levemente amarelado e disponível no sistema "The Voice of Color".

Secagem
Entre demãos: 8 horas.
Final: 18 horas.

Dicas e preparação de superfície

Madeira nova: Imunizar contra insetos (Cupins, brocas etc.). Lixar e remover o pó com pano úmido. A superfície a ser pintada deverá estar limpa, seca (umidade menor que 15%) e isenta de partículas soltas. Lixar sempre após a aplicação da primeira demão para eliminar farpas. **Repintura sobre outros produtos**: Remover e lixar até remoção total e raspagem até exposição da madeira. Após proceder como pintura nova. **Repintura sobre o próprio Majestic Triplo Filtro Solar**: Efetuar lixamento simples e proceder como pintura nova.

Outros produtos relacionados

Majestic Seladora Extra

Indicado como acabamento para superfícies de madeiras em geral em ambiente interno.

Majestic Verniz Copal

Verniz com super proteção contra sol e chuva. Enobrece e revitaliza a madeira, não retém sujeira, contém silicone e com secagem rápida.

Majestic Seladora Concentrada

Produto indicado para superfícies de madeira em interiores, ótimo poder de enchimento dos poros da madeira. Secagem rápida e excelente acabamento final.

Majestic Verniz PU Flex

PREMIUM ★★★★★

Acabamento transparente com tripla proteção UV e excelente resistência às intempéries. Forma película transparente, brilhante ou acetinada. É indicado para envernizamento de madeiras e derivados como portas, janelas, esquadrias em interiores e exteriores. Não pode ser aplicado em assoalhos. Possui ação fungicida, evitando o aparecimento de fungos (mofos e bolores).

Embalagens/Rendimento
Galão (3,6 L): até 18 m^2 demão.
Quarto (0,9 L): até 5 m^2 por demão.

Acabamento
Brilhante e Acetinado.

Aplicação
Pincel e Rolo de espuma.

Diluição
Até 5% na primeira demão.
Pronto para uso.

Cor
Canela, Imbuia, Mogno, Cedro e Ipê.

Secagem
Entre demãos: 8 horas.
Final: 18 horas.

Dicas e preparação de superfície

Madeira nova: Imunizar contra insetos (Cupins, brocas etc.). Lixar e remover o pó com pano úmido. A superfície a ser pintada deverá estar limpa, seca (umidade menor que 15%) e isenta de partículas soltas. Lixar sempre após a aplicação da primeira demão para eliminar farpas. **Repintura sobre outros produtos**: Remover e lixar até remoção total e raspagem até exposição da madeira. Após proceder como pintura nova. **Repintura sobre o próprio Majestic PU Flex**: Efetuar lixamento simples e proceder como pintura nova.

Outros produtos relacionados

Majestic Seladora Extra

Indicado como acabamento para superfícies de madeiras em geral em ambiente interno.

Majestic PU Piso

Verniz monocomponente com excelente resistência à abrasão, impermeabilizante e não altera a cor da madeira. Pronto para uso residencial interno.

Majestic Seladora Concentrada

Produto indicado para superfícies de madeira em interiores, ótimo poder de enchimento dos poros da madeira. Secagem rápida e excelente acabamento final.

Majestic Verniz Copal

PREMIUM ★★★★★

Acabamento brilhante levemente amarelado que não altera o aspecto natural da madeira. Protege e realça os veios da madeira oferecendo beleza e alta resistência, proporcionando sofisticação aos ambientes. É indicado para uso em interiores sobre diversas superfícies de madeira como: portas balcões, móveis e outras.

Embalagens/Rendimento
Galão (3,6 L): até 110 m² demão.
Quarto (0,9 L): até 28 m² por demão.

Acabamento
Brilhante.

Aplicação
Pincel e Rolo de espuma.

Diluição
Pincel/Rolo de Espuma: 10% com Aguarrás Renner.
Pistola: 20% com Aguarrás Renner.

Cor
Incolor.

Secagem
Ao toque: 2 horas.
Entre demãos: 8 horas.
Final: 18 horas.

Dicas e preparação de superfície

Madeiras novas: Lixar e remover completamente o pó. Nunca pintar sobre madeira verde e/ou úmida. Tratar contra fungos, mofos e insetos.
Madeiras velhas: Lavar com solução de cloro ativo ou com restauradores de madeiras. Tratar contra fungos, mofos e insetos. Lixar e remover completamente o pó.
Repintura: Lixar até eliminar o brilho e remover e remover o pó com um pano umedecido em Aguarrás.

Outros produtos relacionados

Majestic Verniz Duplo Filtro

Resistência às ações do tempo que protege madeiras por muito mais tempo. Contém silicone que reduz a aderência de sujeira garantindo a facilidade de limpeza.

Majestic Verniz Triplo Filtro Solar

indicado para envernizamento de madeiras e derivados como portas, janelas, esquadrias em interiores e exteriores.

Majestic Marítimo

Acabamento sofisticado com extra proteção, contém filtro solar e secagem rápida.

Ducryl Mais Tinta Acrílica Fosca

STANDARD ★★★

A ***Tinta Acrílica Ducryl Mais***, acabamento fosco, foi especialmente formulada para oferecer ***40% MAIS rendimento*** e ***2 vezes MAIS lavabilidade*** em relação a fórmula antiga. Sua formulação apresenta ***MAIS*** consistência e permite ***MAIS*** diluição, com ***MAIS*** poder de cobertura. Além disso, é uma tinta acrílica de fácil aplicação, baixo odor que proporciona um acabamento Fosco superior e beleza única para a sua pintura. Indicada para superfícies externas e internas de alvenaria, reboco, cerâmica não vitrificada e blocos de cimento.

Embalagens/Rendimento
Quarto (0,9 L): até 17,5 m² por demão.
Galão (3,6 L): até 70 m² por demão.
Flexipack (7,2 L): até 140 m² por demão.
Lata (18 L): até 350 m² por demão.

Acabamento
Fosco.

Aplicação
Utilizar pincel, rolo de lã ou pistola. Limpe as ferramentas com água.

Diluição
Pincel/Rolo de Lã/Pistola: 60% com água.

Cor
Cores do catálogo e disponível no sistema "The Voice of Color".

Secagem
Ao toque: 1 hora.
Entre demãos: 4 horas.
Final: 6 horas.

Dicas e preparação de superfície

Gesso, concreto e blocos de cimento: Lixe e elimine o pó. Aplicar previamente Fundo Preparador de Paredes Renner Base Água. **Reboco Novo**: Aguardar a cura e secagem por no mínimo 28 dias, lixar e eliminar o pó. Aplicar Selador Acrílico Renner. Caso não seja possível, aguardar a cura, esperar a secagem da superfície e aplicar uma demão de Fundo Preparador de Paredes Renner Base Água. Para uma parede bem nivelada/lisa, aplicar Massa Acrílica Renner (exterior) ou Massa Corrida Renner (interior). **Reboco fraco, caiação e partes soltas**: Lixar e eliminar o pó e partes soltas. Aplicar Fundo Preparador de Paredes Renner Base Água. **Imperfeições acentuadas na superfície**: Lixar e eliminar o pó. Corrigir com Massa Acrílica Renner (exteriores) ou Massa Corrida Renner (interiores). **Partes mofadas**: Lavar com solução de água e água sanitária em partes iguais, esperar 6 horas e enxaguar bem. Aguardar a secagem para pintar. **Superfícies com brilho**: Lixe até retirar o brilho. Eliminar o pó existente. Limpar com pano umedecido com água e aguardar a secagem. **Superfícies com gordura ou graxa**: Lavar com solução de água e detergente neutro, e enxaguar. Aguardar a secagem para pintar. **Superfícies em bom estado**: Lixar e eliminar o pó. **Superfícies com umidade**: Identificar a origem e tratar de maneira adequada.

Outros produtos relacionados

Selador Acrílico Pigmentado

Indicado como fundo para superfícies como reboco curado, concreto e semelhante em ambiente externo ou interno.

Massa Corrida

Indicada para nivelar e corrigir pequenas imperfeições de superfícies de reboco/alvenaria e semelhantes em ambiente interno.

Massa Acrílica

Indicada para nivelar e corrigir pequenas imperfeições de superfícies de reboco/alvenaria e semelhantes em ambiente externo e interno.

Ducryl Tinta Acrílica Semibrilho

STANDARD ★★★

A ***Tinta Acrílica Ducryl Semibrilho*** foi especialmente formulada para oferecer superior lavabilidade, facilidade em remoção de sujeira, maior cobertura e ótimo acabamento. É de fácil aplicação, baixo odor e mínimo respingamento. Indicada para pintura de superfícies externas e internas de alvenaria, reboco, cerâmica não vitrificada e blocos de cimento.

Embalagens/Rendimento
Quarto (0,9 L): até 19 m² por demão.
Galão (3,6 L): até 76 m² por demão.
Lata (18 L): até 380 m² por demão.

Acabamento
Semibrilho.

Aplicação
Utilizar pincel, rolo de lã ou pistola. Limpe as ferramentas com água.

Diluição
Pincel/Rolo de Lã: 20% com água.
Pistola: 25% com água.

Cor
Cores do catálogo e disponível no sistema "The Voice of Color".

Secagem
Ao toque: 1 hora.
Entre demãos: 4 horas.
Final: 6 horas.

Dicas e preparação de superfície

Gesso, concreto e blocos de cimento: Lixe e elimine o pó. Aplicar previamente Fundo Preparador de Paredes Renner Base Água Base Água. **Reboco Novo**: Aguardar a cura e secagem por no mínimo 28 dias, lixar e eliminar o pó. Aplicar Selador Acrílico Renner. Caso não seja possível, aguardar a cura, esperar a secagem da superfície e aplicar uma demão de Fundo Preparador de Paredes Renner Base Água. Para uma parede bem nivelada/lisa, aplicar Massa Acrílica Renner (exterior) ou Massa Corrida Renner (interior). **Reboco fraco, caiação e partes soltas**: Lixar e eliminar o pó e partes soltas. Aplicar Fundo Preparador de Paredes Renner Base Água. **Imperfeições acentuadas na superfície**: Lixar e eliminar o pó. Corrigir com Massa Acrílica Renner (exteriores) ou Massa Corrida Renner (interiores). **Partes mofadas**: Lavar com solução de água e água sanitária em partes iguais, esperar 6 horas e enxaguar bem. Aguardar a secagem para pintar. **Superfícies com brilho**: Lixe até retirar o brilho. Eliminar o pó existente. Limpar com pano umedecido com água e aguardar a secagem. **Superfícies com gordura ou graxa**: Lavar com solução de água e detergente neutro, e enxaguar. Aguardar a secagem para pintar. **Superfícies em bom estado**: Lixar e eliminar o pó. **Superfícies com umidade**: Identificar a origem e tratar de maneira adequada.

Outros produtos relacionados

Selador Acrílico Pigmentado
Indicado como fundo para superfícies como reboco curado, concreto e semelhante em ambiente externo ou interno.

Massa Corrida
Indicada para nivelar e corrigir pequenas imperfeições de superfícies de reboco/alvenaria e semelhantes em ambiente interno.

Massa Acrílica
Indicada para nivelar e corrigir pequenas imperfeições de superfícies de reboco/alvenaria e semelhantes em ambiente externo e interno.

Dulit Esmalte Sintético

STANDARD ★★★

O ***Esmalte Sintético Dulit*** foi especialmente desenvolvido para quem busca ***alta proteção e resistência*** com belíssimo acabamento para suas portas, janelas, grades e portões. Possui ***secagem rápida***, fácil aplicação e ótima aderência. Disponível em acabamentos ***Brilhante***, ***Acetinado*** e ***Fosco***. Indicado para uso externo e interno em superfícies de metais ferrosos, alumínio, galvanizados, madeiras e cerâmica não vitrificada. No acabamento Fosco uso somente em interior.

Embalagens/Rendimento

1/32 (0,1125 L): até 3 m² por demão.
1/16 (0,225 L): até 5 m² por demão.
Quarto (0,9 L): até 18 m² por demão.
Galão (3,6 L): até 70 m² por demão.

Acabamento

Brilhante, Acetinado ou Fosco.

Aplicação

Utilizar pincel, rolo de espuma ou pistola.

Diluição

Pincel/Rolo de Espuma: até 10% com aguarrás.
Pistola: 20% com aguarrás.

Cor

Cores do catálogo e disponível no sistema "The Voice of Color".

Secagem

Ao toque: 2 horas.
Entre demãos: 8 horas.
Final: 18 horas.

Dicas e preparação de superfície

Madeiras novas: Lixar e remover completamente o pó. Se necessário, lixar após a primeira aplicação do Fundo Branco Fosco Renner. Em caso de fissuras ou imperfeições, utilizar Massa para Madeira Renner e em seguida aplicar mais uma demão de Fundo Branco Fosco Renner. **Metais novos**: Lixar e limpar com um pano umedecido em Aguarrás Renner. Aplicar uma demão de Fundo Zarcão Renner (metais ferrosos) ou Galvacryl Renner (alumínio e galvanizados). **Metais com ferrugem**: Lixar e remover toda a ferrugem, limpar com um pano umedecido em Aguarrás Renner. Aplicar uma demão de Fundo Zarcão Renner. **Repintura**: Lixar até eliminar o brilho e remover o pó com um pano umedecido em Aguarrás Renner.

Outros produtos relacionados

Fundo Branco Fosco

Recomendado como primeira demão sobre superfície de Madeira (resinosa e não resinosa) e gesso em ambiente interno e externo.

Galvacryl

Fundo indicado para superfícies de metais galvanizados como caneletas, chapas, forros, esquadrias e painéis de publicidade para ambiente externo e interno.

Fundo Zarcão

Primer anticorrosivo para metais ferrosos em ambiente interno e externo.

Profissional ACR

ECONÔMICA ★

A ***Tinta Acrílica Profissional ACR*** foi especialmente formulada para quem deseja **economia com qualidade**. Proporciona a **maior durabilidade**, **cobertura** e a **cor branca mais limpa** em tintas nesta categoria. Tem uma boa resistência ao sol e chuva, além de oferecer excelente rendimento e ótima lavabilidade. Indicada para superfícies internas de alvenaria, reboco curado, gesso e concreto.

Embalagens/Rendimento
Galão (3,6 L): até 54 m² por demão.
Flexipack (7,2 L): até 108 m² por demão.
Lata (18 L): até 270 m² por demão.

Acabamento
Fosco e Semibrilho.

Aplicação
Utilizar pincel, rolo de lã ou pistola. Limpe as ferramentas com água.

Diluição
Pincel/Rolo de Lã: 20% com água.
Pistola: 25% com água.

Cor
Cores do catálogo e disponível no sistema "The Voice of Color".

Secagem
Ao toque: 1 hora.
Entre demãos: 4 horas.
Final: 6 horas.

Dicas e preparação de superfície

Gesso, concreto e blocos de cimento: Lixe e elimine o pó. Aplicar previamente Fundo Preparador de Paredes Renner Base Água. **Reboco Novo**: Aguardar a cura e secagem por no mínimo 28 dias, lixar e eliminar o pó. Aplicar Selador Acrílico Renner. Caso não seja possível, aguardar a cura, esperar a secagem da superfície e aplicar uma demão de Fundo Preparador de Paredes Renner Base Água. Para uma parede bem nivelada/lisa, aplicar Massa Acrílica Renner ou Massa Corrida Renner. **Reboco fraco, caiação e partes soltas**: Lixar e eliminar o pó e partes soltas. Aplicar Fundo Preparador de Paredes Renner Base Água. **Imperfeições acentuadas na superfície**: Lixar e eliminar o pó. Corrigir com Massa Acrílica Renner ou Massa Corrida Renner. **Partes mofadas**: Lavar com solução de água e água sanitária em partes iguais, esperar 6 horas e enxaguar bem. Aguardar a secagem para pintar. **Superfícies com brilho**: Lixe até retirar o brilho. Eliminar o pó existente. Limpar com pano umedecido com água e aguardar a secagem. **Superfícies com gordura ou graxa**: Lavar com solução de água e detergente neutro, e enxaguar. Aguardar a secagem para pintar. **Superfícies em bom estado**: Lixar e eliminar o pó. **Superfícies com umidade**: Identificar a origem e tratar de maneira adequada.

Outros produtos relacionados

Selador Acrílico Pigmentado

Indicado como fundo para superfícies como reboco curado, concreto e semelhantes em ambiente externo ou interno.

Massa Corrida

Indicada para nivelar e corrigir pequenas imperfeições de superfícies de reboco/alvenaria e semelhantes em ambiente interno.

Massa Acrílica

Indicada para nivelar e corrigir pequenas imperfeições de superfícies de reboco/alvenaria e semelhantes em ambiente externo e interno.

Profissional Látex PVA

ECONÔMICA ★

O ***Látex Profissional PVA*** é um Látex Vinil Acrílico Fosco de boa cobertura e rendimento, além de ser de fácil aplicação e baixo respingamento. Indicada para superfícies internas de alvenaria, reboco curado e concreto.

Embalagens/Rendimento
Galão (3,6 L): até 54 m² por demão.
Lata (18 L): até 270 m² por demão.

Acabamento
Fosco.

Aplicação
Utilizar pincel, rolo de lã ou pistola. Limpe as ferramentas com água.

Diluição
Pincel/Rolo de Lã: 20% com água.
Pistola: 25% com água.

Cor
Consulte catálogo de cores.

Secagem
Ao toque: 1 hora.
Entre demãos: 4 horas.
Final: 6 horas.

Dicas e preparação de superfície

Gesso, concreto e blocos de cimento: Lixe e elimine o pó. Aplicar previamente Fundo Preparador de Paredes Renner Base Água. **Reboco Novo**: Aguardar a cura e secagem por no mínimo 28 dias, lixar e eliminar o pó. Aplicar Selador Acrílico Renner. Caso não seja possível, aguardar a cura, esperar a secagem da superfície e aplicar uma demão de Fundo Preparador de Paredes Renner Base Água. Para uma parede bem nivelada/lisa, aplicar Massa Acrílica Renner ou Massa Corrida Renner. **Reboco fraco, caiação e partes soltas**: Lixar e eliminar o pó e partes soltas. Aplicar Fundo Preparador de Paredes Renner Base Água. **Imperfeições acentuadas na superfície**: Lixar e eliminar o pó. Corrigir com Massa Acrílica Renner ou Massa Corrida Renner. **Partes mofadas**: Lavar com solução de água e água sanitária em partes iguais, esperar 6 horas e enxaguar bem. Aguardar a secagem para pintar. **Superfícies com brilho**: Lixe até retirar o brilho. Eliminar o pó existente. Limpar com pano umedecido com água e aguardar a secagem. **Superfícies com gordura ou graxa**: Lavar com solução de água e detergente neutro, e enxaguar. Aguardar a secagem para pintar. **Superfícies em bom estado**: Lixar e eliminar o pó. **Superfícies com umidade**: Identificar a origem e tratar de maneira adequada.

Outros produtos relacionados

Selador Acrílico Pigmentado

Indicado como fundo para superfícies como reboco curado, concreto e semelhantes em ambiente externo ou interno.

Massa Corrida

Indicada para nivelar e corrigir pequenas imperfeições de superfícies de reboco/alvenaria e semelhantes em ambiente interno.

Massa Acrílica

Indicada para nivelar e corrigir pequenas imperfeições de superfícies de reboco/alvenaria e semelhantes em ambiente externo e interno.

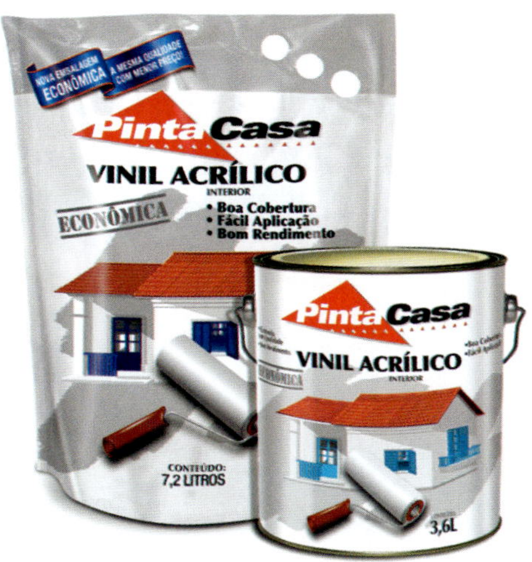

Pinta Casa Vinil Acrílico

ECONÔMICA ★

Pinta Casa Vinil Acrílico é uma tinta acrílica de fácil aplicação, custo econômico e boa qualidade. Proporciona boa cobertura e rendimento. Indicado para superfícies internas de reboco curado, concreto, cimento amianto e semelhantes.

Embalagens/Rendimento
Galão (3,6 L): até 36 m² por demão.
Flexipack (7,2 L): até 72 m² por demão.
Lata (18 L): até 180 m² por demão.

Acabamento
Fosco.

Aplicação
Utilizar pincel, rolo de lã ou pistola. Limpe as ferramentas com água.

Diluição
Pincel/Rolo de Lã: 20% com água.
Pistola: 25% com água.

Cor
Branco.

Secagem
Ao toque: 1 hora.
Entre demãos: 4 horas.
Final: 6 horas.

Dicas e preparação de superfície

Gesso, concreto e blocos de cimento: Lixe e elimine o pó. Aplicar previamente Fundo Preparador de Paredes Renner Base Água. **Reboco Novo**: Aguardar a cura e secagem por no mínimo 28 dias, lixar e eliminar o pó. Aplicar Selador Acrílico Renner. Caso não seja possível, aguardar a cura, esperar a secagem da superfície e aplicar uma demão de Fundo Preparador de Paredes Renner Base Água. Para uma parede bem nivelada/lisa, aplicar Massa Acrílica Renner ou Massa Corrida Renner. **Reboco fraco, caiação e partes soltas**: Lixar e eliminar o pó e partes soltas. Aplicar Fundo Preparador de Paredes Renner Base Água. **Imperfeições acentuadas na superfície**: Lixar e eliminar o pó. Corrigir com Massa Acrílica Renner ou Massa Corrida Renner. **Partes mofadas**: Lavar com solução de água e água sanitária em partes iguais, esperar 6 horas e enxaguar bem. Aguardar a secagem para pintar. **Superfícies com brilho**: Lixe até retirar o brilho. Eliminar o pó existente. Limpar com pano umedecido com água e aguardar a secagem. **Superfícies com gordura ou graxa**: Lavar com solução de água e detergente neutro, e enxaguar. Aguardar a secagem para pintar. **Superfícies em bom estado**: Lixar e eliminar o pó. **Superfícies com umidade**: Identificar a origem e tratar de maneira adequada.

Outros produtos relacionados

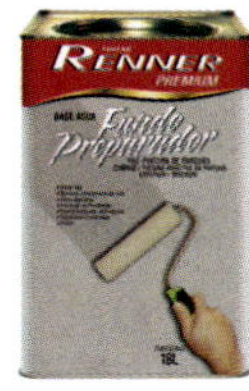

Fundo Preparador de Paredes Base Água

Fundo indicado para superfícies de alvenaria e semelhantes, em ambiente interno e externo.

Pinta Casa Selador Acrílico

Indicado como fundo para superfícies como reboco curado, concreto e semelhante em ambiente externo ou interno.

Pinta Casa Massa Corrida

Indicada para nivelar e corrigir superfícies de reboco, concreto e paredes pintadas com tinta látex. Produto recomendado somente para ambientes internos.

Pinta Casa Massa Corrida

Pinta Casa Massa Corrida é um produto para quem busca economia com qualidade. Possui grande poder de enchimento, boa aderência, seca rápido, é fácil de aplicar e lixar. Indicada para nivelar e corrigir superfícies de reboco, concreto e paredes pintadas com tinta látex. Produto recomendado somente para ambientes internos.

Embalagens/Rendimento
Galão (3,6 L): até 10 m² por demão.
Saco Valvulado (15 kg): até 23 m² por demão.
Lata (18 L): até 50 m² por demão.

Acabamento
Fosco.

Aplicação
Utilizar desempenadeira ou espátula. Limpe as ferramentas com água.

Diluição
Pronto para uso.

Cor
Branco.

Secagem
Ao toque: 1 hora.
Entre demãos: 3 horas.
Final: 4 horas.

Dicas e preparação de superfície

Gesso, concreto e blocos de cimento: Lixe e elimine o pó. Aplicar previamente Fundo Preparador de Paredes Renner. **Reboco Novo**: Aguardar a cura e secagem por no mínimo 28 dias, lixar e eliminar o pó. Aplicar Pinta Casa Selador Acrílicor. Caso não seja possível, aguardar a cura, esperar a secagem da superfície e aplicar uma demão de Fundo Preparador de Paredes Renner. **Reboco fraco, caiação e partes soltas**: Lixar e eliminar o pó e partes soltas. Aplicar Fundo Preparador de Paredes Renner. **Partes mofadas**: Lavar com solução de água e água sanitária em partes iguais, esperar 6 horas e enxaguar bem. Aguardar a secagem para pintar. **Superfícies com brilho**: Lixe até retirar o brilho. Eliminar o pó existente. Limpar com pano umedecido com água e aguardar a secagem. **Superfícies com gordura ou graxa**: Lavar com solução de água e detergente neutro, e enxaguar. Aguardar a secagem para pintar. **Superfícies em bom estado**: Lixar e eliminar o pó. **Superfícies com umidade**: Identificar a origem e tratar de maneira adequada.

Outros produtos relacionados

Pinta Casa Vinil Acrílico
Indicado para acabamento de superfícies internas de reboco curado, concreto, cimento amianto e semelhantes

Pinta Casa Selador Acrílico
Indicado como fundo para superfícies como reboco curado, concreto e semelhante em ambiente externo ou interno.

Fundo Preparador de Paredes Base Água
Fundo indicado para superfícies de alvenaria e semelhantes, em ambiente interno e externo.

Top Gun

Top Gun é uma linha de produtos selantes acrílicos de altíssima performance no mercado que asseguram o seu alto padrão de excelência. Indicados para a vedação de juntas, trincas, fissuras e aberturas nos mais diversos tipos de substratos e de difícil acesso em alvenaria, madeira, metal, vidro, plástico, drywall, azulejos e muitos outros, podendo receber sobre ele acabamentos base água ou solvente.

Top Gun 300 – Selante Acrílico Siliconado Elastomérico. 60 anos de garantia. Cor branca

Top Gun 200 – Selante Acrílico Siliconado. 50 anos de garantia. Transparente.

Top Gun 140 – Selante 100% Acrílico. 40 anos de garantia. Cor branca.

Embalagens/Rendimento

Tubo (300 mL): Abertura de 3 × 6 mm: aproximadamente 18 metros lineares por tubo.

Acabamento

Lisa, com baixo brilho.

Aplicação

Espátula de aço ou com aplicador no eixo da trinca.

Diluição

Pronto para uso.

Cor

Top Gun 300: Branco.
Top Gun 200: Transparente.
Top Gun 140: Branco.

Secagem

Ao toque: Top Gun 300: 2 horas.
Top Gun 200: 1 horas.
Top Gun 140: 30 minutos.
Entre demãos: 4 horas.
Final: 24 horas.

Dicas e preparação de superfície

A superfície a ser selada deverá estar limpa, seca, curada, lisa e nivelada, isenta de partículas soltas, óleos, ceras, graxas, mofo, sais solúveis ou qualquer outra sujidade.

Aplicação:

1. Recomendada para aberturas até 12 mm de largura × 12 mm de profundidade.
2. Cortar o bico em um ângulo de 45°, na largura que se deseja preencher.
3. Aplicar Top Gun 200 mantendo o bico na abertura e encher completamente o espaço vazio. Produto pronto para uso.
4. Remova material em excesso com pano úmido. Após curado, raspar ou cortar para retirada do excesso.

Outros produtos relacionados

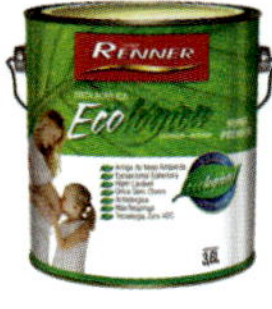

Tinta Acrílica Ecológica

Tinta acrílica Super Premium amiga do meio ambiente, única sem cheiro, não respinga e zero VOC. Indicada para acabamento sofisticado em ambiente interno externo.

Tinta Acrílica Toque de Classe

Tinta acrílica Premium de acabamento acetinado sofisticado para ambiente interno e externo.

Extravinil Híper

Tinta látex Premium com baixo VOC e odor, de finíssimo acabamento em ambiente interno e externo. Com rendimento 40% superior.

ESTRUTURA INDUSTRIAL E TECNOLOGIA

1992 – Fundação da Indústria Química Resicolor Tintas.

1995 – Primeira empresa catarinense a produzir resinas.

2010 – Inauguração da nova planta em Palmeiras de Goiás - GO

PRODUTOS E SERVIÇOS

1994 – Líder na produção de impermeabilizantes

1998 – Inovação tecnológica- Telhabril Acqualine

2001 – Lançamento do Sistema Tintométrico – Resicolor System

2010 – 7° ano consecutivo premiado com o troféu Rui Otake na categoria Resina Acrílica

2010 – Lançamento da linha spray GRAFFJET

RESPONSABILIDADE AMBIENTAL

2010 – Certificação ISO 14001 – Sistema de Gestão Ambiental que promove o crescimento sustentável da empresa e a conscientização ambiental de seus colaboradores.

COLABORADORES

Investe no desenvolvimento e na capacitação técnica de seus colaboradores educando e conscientizando para a melhoria contínua da eficácia dos produtos, processos e serviços

QUALIDADE ASSEGURADA

2002 - Certificação ISO 9001 – Sistema De Gestão da Qualidade que garante a padronização de processos e serviços.

2006 – Atestado de Qualificação no Programa Setorial da Qualidade – Tintas Imobiliárias

SAÚDE E SEGURANÇA

Implementação de ações destinadas à melhoria dos ambientes e das condições de trabalho voltadas para a promoção da segurança e saúde dos trabalhadores

Certificações

Informações de Serviço ao Consumidor:

A empresa dispõe de Serviço de Atendimento ao Consumidor

0800 6438000 ou site www.resicolor.com.br

Tinta Acrílica Ouro Toque de Arte/Bases

PREMIUM ★★★★★

Acrílico Ouro Toque de Arte é uma tinta aditivada com silicone que confere acabamento requintado e um efeito impermeabilizante, garantindo que a pintura se mantenha como nova por muito mais tempo. Sua máxima cobertura proporciona recobrimento total da superfície. Produto sem cheiro após 3 horas de aplicação.

Embalagens/Rendimento
Lata (18 L): 250 a 380 m^2/demão.
Galão (3,6 L): 50 a 76 m^2/demão.
Quarto (0,9 L): 12 a 19 m^2/demão.

Acabamento
Fosco, semibrilho e acetinado.

Aplicação
Rolo de lã de pelo baixo ou pincel de cerdas macias.

Diluição
10% a 30% com água potável.

Cor
Cores conforme o catálogo ou em 1.039 cores que podem ser tingidas no Resicolor System. Outros tons podem ser obtidos adicionando Corante Resitok, em até 1 frasco por galão de 3,6 L.

Secagem
Ao toque: 2 horas.
Final: 12 horas.
Intervalo entre demãos: 4 horas.

Dicas e preparação de superfície

Para se obter o resultado desejado é necessário que a superfície a ser pintada esteja limpa, coesa, firme, seca, sem poeira, gordura ou graxa, sabão ou mofo. **Reboco novo**: Aguardar secagem de 28 dias no mínimo. Aplicar uma demão de selador Acrílico Resicolor. Superfícies próximas ao rodapé devem ser rigorosamente observadas quanto à cura e a secagem, mesmo após 28 dias. **Concreto novo altamente absorvente (gesso e fibrocimento)**: Aplicar Fundo Preparador de Parede Resicolor conforme instruções contidas na embalagem do produto. **Microfissuras**: Corrigir com Vedasim lage ou parede microfissuras até 0,3 mm conforme instruções contidas na embalagem do produto. **Trincas e fissuras**: Devem ser avaliadas e corrigidas, podendo requerer produtos específicos para este caso. **Imperfeições/Fissuras profundas**: Corrigir com reboco e aguardar secagem de no mínimo 28 dias. **Superfícies caiadas ou com partículas soltas**: Eliminar as partes soltas. Aplicar Preparador de Paredes Resicolor conforme instruções contidas na embalagem do produto. **Mancha de gordura ou graxas**: Lavar com água e detergente, enxaguar e aguardar secagem. **Paredes Mofadas**: Lavar com água sanitária, enxaguar e aguardar secagem. **Repintura**: Raspar e lixar até eliminar o brilho e remover a tinta antiga mal aderida. **Superfície com umidade**: Identificar a origem e tratar de maneira adequada. **Dicas**: Evite aplicar em dias chuvosos, com temperatura abaixo de 10°C e umidade relativa do ar superior a 90%. Pingos de chuva podem provocar manchas na superfície até 30 dias de aplicação. Caso ocorra o problema lave toda a superfície com água em abundância imediatamente. Para melhor acabamento recomendamos maior número de demãos em cores escuras com características de transparência, como amarelos, laranjas e vermelhos. Cores produzidas com pigmentos orgânicos (amarelos, vermelhos, violetas e laranjas) podem apresentar desbotamento quando utilizadas em exterior.

Outros produtos relacionados

Preparador de Parede Acqua line

É um produto base água altamente penetrante, usado para uniformizar absorção, "reforçar" superfícies porosas externas e internas.

Selador Acrílico Ouro

Quando usado como primeira demão proporciona surpreendente redução na porosidade do substrato (paredes novas de concreto e reboco cru, tanto interno quanto externo). Aumentando o rendimento e resistência do acabamento final.

Massa Acrílica

Excelente resistência ao intemperismo e a alcalinidade, alto poder de enchimento, ótima aderência, fácil aplicação, secagem rápida e ótimo lixamento. Indicado para nivelar superfícies de alvenaria internas e externas.

Acrílico Classic Inverno & Verão/Bases

PREMIUM ★★★★★

Acrílico Classic Inverno & Verão é uma tinta de alta qualidade, indicada para exteriores e interiores. Seu sofisticado acabamento acrílico proporciona superior resistência à abrasão, lavabilidade e ações do intemperismo que o meio ambiente causa no dia a dia, mantendo a cor por mais tempo. Especialmente desenvolvido nas linhas semi brilho, acetinado e fosco, com altíssima cobertura e rendimento. Produto sem cheiro, após 3 horas de aplicação.

Embalagens/Rendimento
Lata (18 L): 225 a 380 m²/demão.
Galão (3,6 L): 45 a 76 m²/demão.
Quarto (0,9 L): 11 a 19 m²/demão.

Acabamento
Semibrilho, fosco e acetinado.

Aplicação
Rolo de lã de pelo baixo ou pincel de cerdas macias.

Diluição
10% a 30% com água potável.

Cor
Cores conforme catálogo ou 1039 cores que podem ser tingidas no Resicolor System.
Outros tons podem ser obtidos adicionando corante Resitok em até um frasco por galão de 3,6 L.

Secagem
Ao toque: 2 horas.
Intervalo entre demãos: 4 horas.
Final: 12 horas.

Dicas e preparação de superfície

Para se obter o resultado desejado é necessário que a superfície a ser pintada esteja limpa, coesa, firme, seca, sem poeira, gordura ou graxa, sabão ou mofo. **Reboco novo**: Aguardar secagem de 28 dias no mínimo. Aplicar uma demão de selador Acrílico Resicolor. Superfícies próximas ao rodapé devem ser rigorosamente observadas quanto à cura e a secagem, mesmo após 28 dias. **Concreto novo altamente absorvente (gesso e fibrocimento)**: Aplicar Fundo Preparador de Parede Resicolor conforme instruções contidas na embalagem do produto. **Microfissuras**: Corrigir com Vedasim lage ou parede microfissuras até 0,3 mm conforme instruções contidas na embalagem do produto. **Trincas e fissuras**: Devem ser avaliadas e corrigidas, podendo requerer produtos específicos para este caso. **Imperfeições/Fissuras profundas**: Corrigir com reboco e aguardar secagem de no mínimo 28 dias. **Superfícies caiadas ou com partículas soltas**: Eliminar as partes soltas. Aplicar Preparador de Paredes Resicolor conforme instruções contidas na embalagem do produto. **Mancha de gordura ou graxas**: Lavar com água e detergente, enxaguar e aguardar secagem. **Paredes Mofadas**: Lavar com água sanitária, enxaguar e aguardar secagem. **Repintura**: Raspar e lixar até eliminar o brilho e remover a tinta antiga mal aderida. **Superfície com umidade**: Identificar a origem e tratar de maneira adequada. **Dicas**: Evite aplicar em dias chuvosos, com temperatura abaixo de 10°C e umidade relativa do ar superior a 90%. Pingos de chuva podem provocar manchas na superfície até 30 dias de aplicação. Caso ocorra o problema lave toda a superfície com água em abundância imediatamente. Para melhor acabamento recomendamos maior número de demãos em cores escuras com características de transparência, como amarelos, laranjas e vermelhos. Cores produzidas com pigmentos orgânicos (amarelos, vermelhos, violetas e laranjas) podem apresentar desbotamento quando utilizadas em exterior.

Outros produtos relacionados

Preparador de Parede Acqua line

É um produto base água altamente penetrante, usado para uniformizar absorção, "reforçar" superfícies porosas externas e internas.

Vedasim Parede

Fundo usado para selar e nivelar superfícies novas de concreto e reboco externas e internas. Previne infiltrações de água, acompanha a dilatação natural do reboco assegurando um perfeito acabamento e corrigindo microfissuras.

Massa Acrílica

Excelente resistência ao intemperismo e a alcalinidade, alto poder de enchimento, ótima aderência, fácil aplicação, secagem rápida e ótimo lixamento. Indicado para nivelar superfícies de alvenaria internas e externas.

Acrilatex Super Cobertura/Bases

STANDARD ★★★

Proporciona embelezamento exclusivo na sua pintura, ótima resistência a intempéries como Sol e Chuva e efeito plus na resistência a lavabilidade. Especialmente aditivado com biocidas que proporcionam proteção contra fungos e mofo. Produto sem cheiro, após 3 horas de aplicação.

Embalagens/Rendimento

Lata (18 L): 200 a 300 m²/demão.
Galão (3,6 L): 40 a 60 m²/demão.
Quarto (0,9 L): 10 a 15 m²/demão.

Acabamento

Semibrilho e fosco

Aplicação

Rolo de lã de pelo baixo ou pincel de cerdas macias.

Diluição

10% a 20% com água potável.

Cor

Cores conforme catálogo ou 1039 cores que podem ser tingidas no Resicolor System.
Outros tons podem ser obtidos adicionando corante Resitok em até um frasco por galão de 3,6 L.

Secagem

Ao toque: 2 horas.
Intervalo entre demãos: 4 horas.
Final: 12 horas.

Dicas e preparação de superfície

Para se obter o resultado desejado é necessário que a superfície a ser pintada esteja limpa, coesa, firme, seca, sem poeira, gordura ou graxa, sabão ou mofo. **Reboco novo**: Aguardar secagem de 28 dias no mínimo. Aplicar uma demão de selador Acrílico Resicolor. Superfícies próximas ao rodapé devem ser rigorosamente observadas quanto à cura e a secagem, mesmo após 28 dias. **Concreto novo altamente absorvente (gesso e fibrocimento)**: Aplicar Fundo Preparador de Parede Resicolor conforme instruções contidas na embalagem do produto. **Microfissuras**: Corrigir com Vedasim lage ou parede microfissuras até 0,3 mm conforme instruções contidas na embalagem do produto. **Trincas e fissuras**: Devem ser avaliadas e corrigidas, podendo requerer produtos específicos para este caso. **Imperfeições/Fissuras profundas**: Corrigir com reboco e aguardar secagem de no mínimo 28 dias. **Superfícies caiadas ou com partículas soltas**: Eliminar as partes soltas. Aplicar Preparador de Paredes Resicolor conforme instruções contidas na embalagem do produto. **Mancha de gordura ou graxas**: Lavar com água e detergente, enxaguar e aguardar secagem. **Paredes Mofadas**: Lavar com água sanitária, enxaguar e aguardar secagem. **Repintura**: Raspar e lixar até eliminar o brilho e remover a tinta antiga mal aderida. **Superfície com umidade**: Identificar a origem e tratar de maneira adequada. **Dicas**: Evite aplicar em dias chuvosos, com temperatura abaixo de 10°C e umidade relativa do ar superior a 90%. Pingos de chuva podem provocar manchas na superfície até 30 dias de aplicação. Caso ocorra o problema lave toda a superfície com água em abundância imediatamente. Para melhor acabamento recomendamos maior número de demãos em cores escuras com características de transparência, como amarelos, laranjas e vermelhos. Cores produzidas com pigmentos orgânicos (amarelos, vermelhos, violetas e laranjas) podem apresentar desbotamento quando utilizadas em exterior.

Outros produtos relacionados

Preparador de Parede Acqua line

É um produto base água altamente penetrante, usado para uniformizar absorção, "reforçar" superfícies porosas externas e internas.

Selador Acrílico Ouro

Quando usado como primeira demão proporciona surpreendente redução na porosidade do substrato (paredes novas de concreto e reboco cru, tanto interno quanto externo). Aumentando o rendimento e resistência do acabamento final.

Massa Acrílica

Excelente resistência ao intemperismo e a alcalinidade, alto poder de enchimento, ótima aderência, fácil aplicação, secagem rápida e ótimo lixamento. Indicado para nivelar superfícies de alvenaria internas e externas.

Acrílico Pinta Mais/Bases

ECONÔMICA ★

É uma tinta com alto rendimento, aspecto fosco aveludado, com excelente cobertura úmida, indicada para uso interno com baixo respingo, proporcionando um ótimo acabamento. Produto sem cheiro após 3 horas de aplicação.

 **Embalagens/Rendimento** Lata (18 L): 150 a 250 m^2/demão. Galão (3,6 L): 30 a 50 m^2/demão. Quarto (0,9 L): 7 a 12 m^2/demão.	 **Acabamento** Fosco aveludado.
 **Aplicação** Rolo de lã de pelo baixo ou pincel de cerdas macias.	 **Diluição** 10% a 20% com água potável.
 **Cor** Cores conforme o catálogo ou em 180 cores que podem ser tingidas no Resicolor System. Outros tons podem ser obtidos adicionando Corante Resitok, em até 1 frasco por galão de 3,6 L.	 **Secagem** Ao toque: 2 horas. Intervalo entre demãos: 4 horas. Final: 12 horas.

Dicas e preparação de superfície

Para se obter o resultado desejado é necessário que a superfície a ser pintada esteja limpa, coesa, firme, seca, sem poeira, gordura ou graxa, sabão ou mofo. **Reboco novo**: Aguardar secagem de 28 dias no mínimo. Aplicar uma demão de selador Acrílico Resicolor. Superfícies próximas ao rodapé devem ser rigorosamente observadas quanto à cura e a secagem, mesmo após 28 dias. **Concreto novo altamente absorvente (gesso e fibrocimento)**: Aplicar Fundo Preparador de Parede Resicolor conforme instruções contidas na embalagem do produto. **Microfissuras**: Corrigir com Vedasim lage ou parede microfissuras até 0,3 mm conforme instruções contidas na embalagem do produto. **Trincas e fissuras**: Devem ser avaliadas e corrigidas, podendo requerer produtos específicos para este caso. **Imperfeições/Fissuras profundas**: Corrigir com reboco e aguardar secagem de no mínimo 28 dias. **Superfícies caiadas ou com partículas soltas**: Eliminar as partes soltas. Aplicar Preparador de Paredes Resicolor conforme instruções contidas na embalagem do produto. **Mancha de gordura ou graxas**: Lavar com água e detergente, enxaguar e aguardar secagem. **Paredes Mofadas**: Lavar com água sanitária, enxaguar e aguardar secagem. **Repintura**: Raspar e lixar até eliminar o brilho e remover a tinta antiga mal aderida. **Superfície com umidade**: Identificar a origem e tratar de maneira adequada. **Dicas**: Evite aplicar em dias chuvosos, com temperatura abaixo de 10°C e umidade relativa do ar superior a 90%. Pingos de chuva podem provocar manchas na superfície até 30 dias de aplicação. Caso ocorra o problema lave toda a superfície com água em abundância imediatamente. Para melhor acabamento recomendamos maior número de demãos em cores escuras com características de transparência, como amarelos, laranjas e vermelhos. Cores produzidas com pigmentos orgânicos (amarelos, vermelhos, violetas e laranjas) podem apresentar desbotamento quando utilizadas em exterior.

Outros produtos relacionados

Preparador de Parede Acqua line

É um produto base água altamente penetrante, usado para uniformizar absorção, "reforçar" superfícies porosas externas e internas.

Selador Acrílico Pigmentado

É um fundo de cor branca que Impermeabiliza e uniformiza diversos tipos de superfície de alvenaria. Indicado como primeira demão em superfícies novas – não pintadas proporcionando maior rendimento do acabamento.

Massa Corrida PVA

Alto poder de enchimento, ótima aderência, cremosa, de fácil aplicação e ótimo lixamento. Indicado para nivelar superfícies internas, proporcionando um aspecto liso e ambiente elegante.

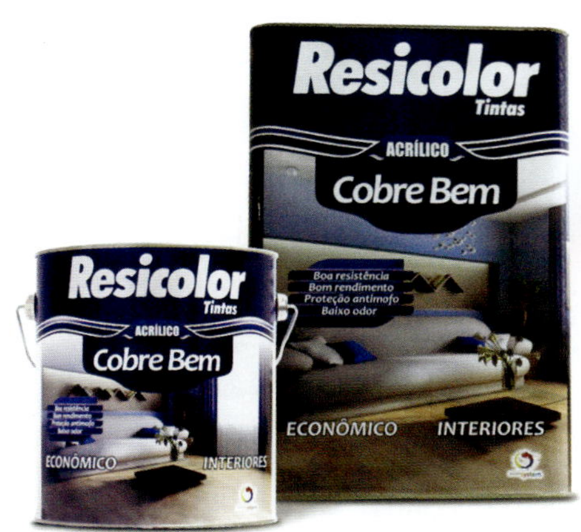

Látex Cobre Bem/Bases

ECONÔMICA ★

Especialmente desenvolvido para você que deseja baixo custo aliado à boa qualidade de revestimento. Indicado para ambientes internos com características de fácil aplicação, com baixo respingo, secagem rápida e baixo odor.

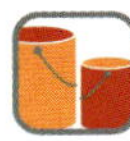

Embalagens/Rendimento
Lata (18 L): 125 a 215 m²/demão.
Galão (3,6 L): 25 a 43 m²/demão.
Quarto (0,9 L): 6 a 11 m²/demão.

Acabamento
Fosco.

Aplicação
Rolo de lã de pelo baixo ou pincel de cerdas macias.

Diluição
10% a 20% com água potável.

Cor
Cores conforme catálogo ou em 91 cores que podem ser tingidas no Resicolor System.
Outros tons podem ser obtidos adicionando corante Resitok em até um frasco por galão de 3,6 L.

Secagem
Ao toque: 2 horas.
Intervalo entre demãos: 4 horas.
Final: 12 horas.

Dicas e preparação de superfície

Para se obter o resultado desejado é necessário que a superfície a ser pintada esteja limpa, coesa, firme, seca, sem poeira, gordura ou graxa, sabão ou mofo. **Reboco novo**: Aguardar secagem de 28 dias no mínimo. Aplicar uma demão de selador Acrílico Resicolor. Superfícies próximas ao rodapé devem ser rigorosamente observadas quanto à cura e a secagem, mesmo após 28 dias. **Concreto novo altamente absorvente (gesso e fibrocimento)**: Aplicar Fundo Preparador de Parede Resicolor conforme instruções contidas na embalagem do produto. **Microfissuras**: Corrigir com Vedasim lage ou parede microfissuras até 0,3 mm conforme instruções contidas na embalagem do produto. **Trincas e fissuras**: Devem ser avaliadas e corrigidas, podendo requerer produtos específicos para este caso. **Imperfeições/Fissuras profundas**: Corrigir com reboco e aguardar secagem de no mínimo 28 dias. **Superfícies caiadas ou com partículas soltas**: Eliminar as partes soltas. Aplicar Preparador de Paredes Resicolor conforme instruções contidas na embalagem do produto. **Mancha de gordura ou graxas**: Lavar com água e detergente, enxaguar e aguardar secagem. **Paredes Mofadas**: Lavar com água sanitária, enxaguar e aguardar secagem. **Repintura**: Raspar e lixar até eliminar o brilho e remover a tinta antiga mal aderida. **Superfície com umidade**: Identificar a origem e tratar de maneira adequada. **Dicas**: Evite aplicar em dias chuvosos, com temperatura abaixo de 10°C e umidade relativa do ar superior a 90%. Pingos de chuva podem provocar manchas na superfície até 30 dias de aplicação. Caso ocorra o problema lave toda a superfície com água em abundância imediatamente. Para melhor acabamento recomendamos maior número de demãos em cores escuras com características de transparência, como amarelos, laranjas e vermelhos. Cores produzidas com pigmentos orgânicos (amarelos, vermelhos, violetas e laranjas) podem apresentar desbotamento quando utilizadas em exterior.

Outros produtos relacionados

Preparador de Parede Acqua line

É um produto base água altamente penetrante, usado para uniformizar absorção, "reforçar" superfícies porosas externas e internas.

Selador Acrílico Pigmentado

É um fundo de cor branca que Impermeabiliza e uniformiza diversos tipos de superfície de alvenaria. Indicado como primeira demão em superfícies novas – não pintadas proporcionando maior rendimento do acabamento.

Massa Corrida PVA

Alto poder de enchimento, ótima aderência, cremosa, de fácil aplicação e ótimo lixamento. Indicado para nivelar superfícies internas, proporcionando um aspecto liso e ambiente elegante.

Textura Quartzo Hidrorrepelente/Bases

Massa texturizada com alta resistência a abrasão, de fácil aplicação e ótimo enchimento. Possui um acabamento fosco. Utilizada em paredes de alvenaria em exteriores e interiores conferindo um alto efeito decorativo e hidrorrepelente.

Embalagens/Rendimento
Lata (28 kg): 18,5 a 28 m^2/demão.
Galão (7 kg): 4,5 a 7 m^2/demão.

Acabamento
Fosco texturizado.

Aplicação
Rolo texturizado, desempenadeira ou espátula.

Diluição
Produto pronto para uso. Se necessário, diluir até 5% com água limpa.

Cor
Branco e em bases que podem ser tingidas em 164 cores no Resicolor System.

Secagem
Ao toque: 1 hora.
Final: 6 horas.
Cura total: 24 horas.

Dicas e preparação de superfície

Para se obter o resultado desejado, é necessário que a superfície a ser pintada esteja limpa, coesa, firme, seca, sem poeira, gordura ou graxa, sabão ou mofo. **Reboco novo**: Aguardar secagem e cura de 28 dias no mínimo. **Concreto novo altamente absorvente (gesso e fibrocimento)**: Aplicar Fundo Preparador de Parede Resicolor conforme recomendações da embalagem. **Reboco Fraco (baixa coesão)**: Lixar a superfície a ser aplicada e escovar para eliminar a poeira. **Imperfeições rasas**: Corrigir com Massa Acrílica Resicolor exterior e interior e com Massa Corrida PVA Resicolor interior. **Microfissuras**: Corrigir com Vedasim Laje ou Vedasim Parede Resicolor microfissuras até 0,3 mm conforme instruções na embalagem do produto. **Imperfeições/Fissuras profundas**: Corrigir com reboco e aguardar secagem e cura de 28 dias no mínimo. **Superfícies caiadas ou com partículas soltas/mal aderidas**: Raspar e/ou escovar eliminando as partes soltas. Aplicar Preparador de Paredes Resicolor conforme recomendações da embalagem. **Mancha de gordura ou graxas**: Lavar com água e detergente, enxaguar e aguardar secagem. **Paredes Mofadas**: Lavar com água sanitária, enxaguar e aguardar secagem. Se necessário nivelar a superfície com Massa Acrílica Resicolor exterior e interior e com Massa Corrida PVA interior, eliminando as microcavidades onde os fungos se alojam. **Repintura**: Raspar e lixar até eliminar o brilho e remover a tinta antiga mal aderida. **Superfície com umidade**: Identificar a origem e tratar de maneira adequada. **Dicas**: Evite aplicar em dias chuvosos, sobre superfícies quentes ou em ambientes com temperatura abaixo de 10°C e umidade relativa do ar superior a 90%; Pingos de chuva podem provocar manchas na superfície até 30 dias de aplicação. Caso ocorra o problema lave toda a superfície com água em abundância imediatamente. A superfície pintada só poderá ser lavada após 30 dias da sua aplicação. As cores formuladas com corantes a base de pigmentos orgânicos, de maneira especial amarelos, vermelhos e violetas, podem apresentar desbotamento quando utilizadas em exterior. Recomendamos utilizar o mesmo lote e máquina tintométrica.

Outros produtos relacionados

Preparador de Parede Acqua line

É um produto base água altamente penetrante, usado para uniformizar absorção, "reforçar" superfícies porosas externas e internas.

Selador Acrílico Pigmentado

É um fundo de cor branca que Impermeabiliza e uniformiza diversos tipos de superfície de alvenaria. Indicado como primeira demão em superfícies novas – não pintadas proporcionando maior rendimento do acabamento.

Gel Envelhecedor

Produto versátil, desenvolvido para valorizar ambientes internos e externos, não expostos diretamente as imtempéries. Preparado para proporcionar efeitos esponjado, espatulado, escovado, entre outros.

Massa Corrida

Massa Corrida é um produto com alto poder de enchimento, ótima aderência, cremosa, de fácil aplicação e ótimo lixamento. Indicado para nivelar superfícies internas, proporcionando um aspecto liso e ambiente elegante.

Embalagens/Rendimento
Balde (30 kg): 40 a 62 m²/demão.
Galão (6 kg): 8 a 12,4 m²/demão.

Acabamento
Fosco.

Aplicação
Desempenadeira ou espátula de aço.
Aplicar em camadas finas até obter o nivelamento desejado.

Diluição
Produto pronto para uso. Se necessário diluir até 5% com água limpa.

Cor
Branco.

Secagem
Ao toque: 1 hora.
Final: 6 horas.
Cura total: 24 horas.

Dicas e preparação de superfície

Para se obter o resultado desejado é necessário que a superfície a ser pintada esteja limpa, coesa, firme, seca, sem poeira, gordura ou graxa, sabão ou mofo. **Reboco novo**: Aguardar secagem de 28 dias no mínimo. Aplicar uma demão de selador Acrílico Resicolor. Superfícies próximas ao rodapé devem ser rigorosamente observadas quanto à cura e a secagem, mesmo após 28 dias. **Concreto novo altamente absorvente (gesso e fibrocimento)**: Aplicar Fundo Preparador de Parede Resicolor conforme instruções contidas na embalagem do produto. **Microfissuras**: Corrigir com Vedasim lage ou parede microfissuras até 0,3 mm conforme instruções contidas na embalagem do produto. **Trincas e fissuras**: Devem ser avaliadas e corrigidas, podendo requerer produtos específicos para este caso. **Imperfeições/Fissuras profundas**: Corrigir com reboco e aguardar secagem de no mínimo 28 dias. **Superfícies caiadas ou com partículas soltas**: Eliminar as partes soltas. Aplicar Preparador de Paredes Resicolor conforme instruções contidas na embalagem do produto. **Mancha de gordura ou graxas**: Lavar com água e detergente, enxaguar e aguardar secagem. **Paredes Mofadas**: Lavar com água sanitária, enxaguar e aguardar secagem. **Repintura**: Raspar e lixar até eliminar o brilho e remover a tinta antiga mal aderida. **Superfície com umidade**: Identificar a origem e tratar de maneira adequada. **Dicas**: Evite aplicar em dias chuvosos, com temperatura abaixo de 10°C e umidade relativa do ar superior a 90%. Pingos de chuva podem provocar manchas na superfície até 30 dias de aplicação. Caso ocorra o problema lave toda a superfície com água em abundância imediatamente. Para melhor acabamento recomendamos maior número de demãos em cores escuras com características de transparência, como amarelos, laranjas e vermelhos. Cores produzidas com pigmentos orgânicos (amarelos, vermelhos, violetas e laranjas) podem apresentar desbotamento quando utilizadas em exterior.

Outros produtos relacionados

Acrilatex Super Cobertura

Proporciona embelezamento exclusivo na sua pintura, ótima resistência a intempéries como sol e chuva e resistência a lavabilidade.

Selador Acrílico Pigmentado

É um fundo de cor branca que Impermeabiliza e uniformiza diversos tipos de superfície de alvenaria. Indicado como primeira demão em superfícies novas – não pintadas proporcionando maior rendimento do acabamento.

Tinta para Gesso

A tinta para Gesso Resicolor foi especialmente desenvolvida para aplicação direta sobre o Gesso e placas de gesso comum ou acartonado.

Massa Acrílica

Massa Acrílica é um produto com excelente resistência ao intemperismo e a alcalinidade, alto poder de enchimento, ótima aderência, cremosa, de fácil aplicação, secagem rápida e ótimo lixamento. Indicado para nivelar e corrigir superfícies externas e internas de reboco, gesso, fibrocimento, concreto aparente, paredes já pintadas com látex, proporcionando um aspecto liso e ambiente elegante.

Embalagens/Rendimento
Balde (30 kg): 40 a 62 m²/demão.
Galão (6 kg): 8 a 12,4 m²/demão.

Acabamento
Fosco.

Aplicação
Desempenadeira ou espátula de aço.
Aplicar em camadas finas até obter o nivelamento desejado.

Diluição
Produto pronto para uso. Se necessário diluir até 5% com água limpa.

Cor
Branco.

Secagem
Ao toque: 1 hora.
Final: 6 horas.
Cura total: 24 horas.

Dicas e preparação de superfície

Para se obter o resultado desejado é necessário que a superfície a ser pintada esteja limpa, coesa, firme, seca, sem poeira, gordura ou graxa, sabão ou mofo. **Reboco novo**: Aguardar secagem de 28 dias no mínimo. Aplicar uma demão de selador Acrílico Resicolor. Superfícies próximas ao rodapé devem ser rigorosamente observadas quanto à cura e a secagem, mesmo após 28 dias. **Concreto novo altamente absorvente (gesso e fibrocimento)**: Aplicar Fundo Preparador de Parede Resicolor conforme instruções contidas na embalagem do produto. **Microfissuras**: Corrigir com Vedasim lage ou parede microfissuras até 0,3 mm conforme instruções contidas na embalagem do produto. **Trincas e fissuras**: Devem ser avaliadas e corrigidas, podendo requerer produtos específicos para este caso. **Imperfeições/Fissuras profundas**: Corrigir com reboco e aguardar secagem de no mínimo 28 dias. **Superfícies caiadas ou com partículas soltas**: Eliminar as partes soltas. Aplicar Preparador de Paredes Resicolor conforme instruções contidas na embalagem do produto. **Mancha de gordura ou graxas**: Lavar com água e detergente, enxaguar e aguardar secagem. **Paredes Mofadas**: Lavar com água sanitária, enxaguar e aguardar secagem. **Repintura**: Raspar e lixar até eliminar o brilho e remover a tinta antiga mal aderida. **Superfície com umidade**: Identificar a origem e tratar de maneira adequada. **Dicas**: Evite aplicar em dias chuvosos, com temperatura abaixo de 10°C e umidade relativa do ar superior a 90%. Pingos de chuva podem provocar manchas na superfície até 30 dias de aplicação. Caso ocorra o problema lave toda a superfície com água em abundância imediatamente. Para melhor acabamento recomendamos maior número de demãos em cores escuras com características de transparência, como amarelos, laranjas e vermelhos. Cores produzidas com pigmentos orgânicos (amarelos, vermelhos, violetas e laranjas) podem apresentar desbotamento quando utilizadas em exterior.

Outros produtos relacionados

Acrílico Ouro Toque de Arte

Acrílico Ouro Toque de Arte é uma tinta aditivada com silicone que confere acabamento requintado e um efeito impermeabilizante, garantindo que a pintura se mantenha nova por muito mais tempo.

Selador Acrílico Ouro

Quando usado como primeira demão proporciona surpreendente redução na porosidade do substrato (paredes novas de concreto e reboco cru, tanto interno quanto externo). Aumentando o rendimento e resistência do acabamento final.

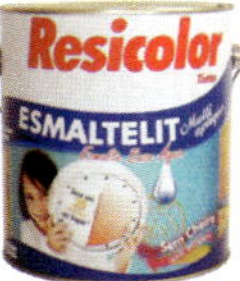

Esmaltelit

Esmaltelit é um produto desenvolvido especialmente para garantir o bem estar de quem aplica. A base de água, com baixo odor e indicado para aplicação em superfícies de alvenaria, madeiras, metais ferrosos, galvanizados, alumínio, em exteriores e interiores.

Esmalte Sintético/Bases

PREMIUM ★★★★★

Indicado para aplicação em superfícies de madeira, PVC, metal, alumínio e galvanizados, podendo ser aplicado tanto em exteriores quanto em interiores. Possui excelente cobertura, ótimo rendimento, alta proteção e durabilidade ao longo do tempo, podendo ser encontrado no acabamento brilhante ou acetinado.

Embalagens/Rendimento
Galão (3,6 L): 40 a 50 m^2/demão.
Quarto (0,9 L): 10 a 12,5 m^2/demão.

Acabamento
Alto brilho.

Aplicação
Pincel, rolo ou pistola.

Diluição
Pincel e rolo: até 10% com Resicolor Raz.
Pistola: até 30% com Resicolor Raz.

Cor
28 cores conforme catálogo ou 1039 cores que podem ser tingidas no Resicolor System.

Secagem
Ao toque: 3.
Intervalo entre demãos: 8 horas.
Final: 24 horas.

Dicas e preparação de superfície

A superfície a ser pintada deverá estar limpa, coesa, firme, seca, sem poeira, gordura ou graxa, sabão ou mofo. **Madeira Nova**: Lixar para eliminar farpas. Aplicar uma demão de Fundo Nivelador Resicolor diluído 10% com Resicolor Raz. Corrigir as imperfeições com Massa à Óleo Resicolor ou Mulitimassa Tapa Furo Resicolor. Após secagem, lixar novamente e eliminar o pó. **Ferro novo ou com ferrugem**: Remover totalmente a ferrugem usando lixa ou escova de aço. Aplicar uma demão de Zarcão Resicolor. Após secagem lixar. **Galvanizados**: Aplicar uma demão de Fundo para Galvanizado Resicolor. **Paredes vitrificadas, muito lisas, com brilho, ou com baixa porosidade**: Lixar até criar uma boa aderência. **Paredes com manchas de gorduras**: Lavar com uma solução de água e detergente, enxaguar abundantemente com água e deixar secar. **Paredes mofadas/repintura**: Se estiver em boas condições, lixar até remover o brilho. Caso contrário, remover toda a pintura e corrigir a superfície. Lavar com água sanitária, enxaguar e esperar até secar. No caso da invasão de fungo ser muito profunda, lave novamente e espere sete dias antes de pintar. **Repintura**: Raspar e lixar até eliminar o brilho e remover a tinta antiga mal aderida. **Superfície com umidade**: Identificar a origem e tratar de maneira adequada. **Dicas**: Evite aplicar em dias chuvosos, sobre superfícies quentes ou em ambientes com temperatura abaixo de 10 °C e umidade relativa do ar superior a 90%; Pingos de chuva podem provocar manchas na superfície até 30 dias de aplicação. Caso ocorra o problema lave toda a superfície com água em abundância imediatamente. A superfície pintada só poderá ser lavada após 30 dias da sua aplicação. Para limpeza da superfície pintada, usar detergente líquido neutro e esponja macia. A limpeza deverá ser efetuada de forma suave e homogênea, em toda a superfície pintada. Enxaguar com água limpa. O uso de produtos abrasivos pode danificar a superfície pintada. Para melhor acabamento, recomendamos maior número de demãos em cores escuras com características de transparência como: amarelos, laranjas e vermelhos.

Outros produtos relacionados

Fundo Nivelador

Fundo sintético com excelente aderência sobre madeiras. Indicado para nivelar e uniformizar a absorção em superfícies de madeira para exteriores e interiores.

Resicolor Raz

Reduz a viscosidade de tintas a óleo e esmalte sintéticos. Pode ser utilizado para limpeza geral.

Fundo Galvanizado

Primer para aderência de qualquer acabamento galvanizado em exteriores e interiores. Possui acabamento fosco.

Esmalte Color

STANDARD ★★★

É um Esmalte Sintético indicado para pinturas de superfícies de madeira, metal, alumínio e galvanizado para exteriores e interiores. Confere alta cobertura, brilho intenso, maior rendimento, alta proteção e durabilidade ao longo do tempo.

Embalagens/Rendimento
Galão (3,6 L): 40 a 50 m²/demão.
Quarto (0,9 L): 10 a 12,5 m²/demão.
Lata (0,225 L): 2,5 a 3,12 m²/demão.

Acabamento
Alto brilho.

Aplicação
Pincel, rolo ou pistola.

Diluição
Pincel e rolo: até 10% com Resicolor Raz.
Pistola: até 30% com Resicolor Raz.

Cor
31 cores conforme catálogo.

Secagem
Ao toque: 3 horas
Intervalo entre demãos: 10 horas.
Final: 24 horas.

Dicas e preparação de superfície

Para se obter o resultado desejado, é necessário que a superfície a ser pintada esteja limpa, coesa, firme, seca, sem poeira, gordura ou graxa, sabão ou mofo. **Madeira Nova**: Lixar para eliminar farpas. Aplicar uma demão de Fundo Nivelador Resicolor diluído 10% com Resicolor Raz. Corrigir as imperfeições com Massa à Óleo Resicolor ou Mulitimassa Tapa Furo Resicolor. Após secagem, lixar novamente e eliminar o pó.**Ferro novo ou com ferrugem**: Remover totalmente a ferrugem usando lixa ou escova de aço. Aplicar uma demão de Zarcão Resicolor. Após secagem lixar. **Galvanizados**: Aplicar uma demão de Fundo para Galvanizado Resicolor. **Paredes vitrificadas, muito lisas, com brilho, ou com baixa porosidade**: Lixar até criar uma boa aderência. **Paredes com manchas de gorduras**: Lavar com uma solução de água e detergente, enxaguar abundantemente com água e deixar secar. **Paredes mofadas/repintura**: Se estiver em boas condições, lixar até remover o brilho. Caso contrário, remover toda a pintura e corrigir a superfície. Lavar com água sanitária, enxaguar e esperar até secar. No caso da invasão de fungo ser muito profunda, lave novamente e espere sete dias antes de pintar. **Repintura**: Raspar e lixar até eliminar o brilho e remover a tinta antiga mal aderida. **Superfície com umidade**: Identificar a origem e tratar de maneira adequada. **Dicas**: Evite aplicar em dias chuvosos, sobre superfícies quentes ou em ambientes com temperatura abaixo de 10 °C e umidade relativa do ar superior a 90%; Pingos de chuva podem provocar manchas na superfície até 30 dias de aplicação. Caso ocorra o problema lave toda a superfície com água em abundância imediatamente. A superfície pintada só poderá ser lavada após 30 dias da sua aplicação. Para limpeza da superfície pintada, usar detergente líquido neutro e esponja macia. A limpeza deverá ser efetuada de forma suave e homogênea, em toda a superfície pintada. Enxaguar com água limpa. O uso de produtos abrasivos pode danificar a superfície pintada. Para melhor acabamento, recomendamos maior número de demãos em cores escuras com características de transparência como: amarelos, laranjas e vermelhos.

Outros produtos relacionados

Fundo Nivelador

Fundo sintético com excelente aderência sobre madeiras. Indicado para nivelar e uniformizar a absorção em superfícies de madeira para exteriores e interiores.

Resicolor Raz

Reduz a viscosidade de tintas a óleo e esmalte sintéticos. Pode ser utilizado para limpeza geral.

Zarcão

Primer com propriedades anti corrosivas, para aplicação em superfícies de metal.

Tinta a Óleo

STANDARD ★★★

Acabamento a óleo brilhante indicado para pinturas de superfícies de metal em geral e principalmente madeiras para exteriores e interiores. Confere boa cobertura e resistência ao intemperismo.

Embalagens/Rendimento
Galão (3,6 L): 40 a 50 m^2/demão.
Quarto (0,9 L): 10 a 12,5 m^2/demão.

Acabamento
Brilhante.

Aplicação
Pincel, rolo ou pistola.

Diluição
Pincel e rolo: até 10% com Resicolor Raz.
Pistola: até 30% com Resicolor Raz.

Cor
31 cores conforme catálogo.

Secagem
Ao toque: 3 horas.
Intervalo entre demãos: 10 horas.
Final: 24 horas.

Dicas e preparação de superfície

Para se obter o resultado desejado, é necessário que a superfície a ser pintada esteja limpa, coesa, firme, seca, sem poeira, gordura ou graxa, sabão ou mofo. **Madeira Nova**: Lixar para eliminar farpas. Aplicar uma demão de Fundo Nivelador Resicolor diluído 10% com Resicolor Raz. Corrigir as imperfeições com Massa à Óleo Resicolor ou Mulitimassa Tapa Furo Resicolor. Após secagem, lixar novamente e eliminar o pó.**Ferro novo ou com ferrugem**: Remover totalmente a ferrugem usando lixa ou escova de aço. Aplicar uma demão de Zarcão Resicolor. Após secagem lixar. **Galvanizados**: Aplicar uma demão de Fundo para Galvanizado Resicolor. **Paredes vitrificadas, muito lisas, com brilho, ou com baixa porosidade**: Lixar até criar uma boa aderência. **Paredes com manchas de gorduras**: Lavar com uma solução de água e detergente, enxaguar abundantemente com água e deixar secar. **Paredes mofadas/repintura**: Se estiver em boas condições, lixar até remover o brilho. Caso contrário, remover toda a pintura e corrigir a superfície. Lavar com água sanitária, enxaguar e esperar até secar. No caso da invasão de fungo ser muito profunda, lave novamente e espere sete dias antes de pintar. **Repintura**: Raspar e lixar até eliminar o brilho e remover a tinta antiga mal aderida. **Superfície com umidade**: Identificar a origem e tratar de maneira adequada. **Dicas**: Evite aplicar em dias chuvosos, sobre superfícies quentes ou em ambientes com temperatura abaixo de 10 °C e umidade relativa do ar superior a 90%; Pingos de chuva podem provocar manchas na superfície até 30 dias de aplicação. Caso ocorra o problema lave toda a superfície com água em abundância imediatamente. A superfície pintada só poderá ser lavada após 30 dias da sua aplicação. Para limpeza da superfície pintada, usar detergente líquido neutro e esponja macia. A limpeza deverá ser efetuada de forma suave e homogênea, em toda a superfície pintada. Enxaguar com água limpa. O uso de produtos abrasivos pode danificar a superfície pintada. Para melhor acabamento, recomendamos maior número de demãos em cores escuras com características de transparência como: amarelos, laranjas e vermelhos.

Outros produtos relacionados

Fundo a óleo

Reduz a viscosidade de tintas a óleo e esmalte sintéticos. Pode ser utilizado para limpeza geral.

Resicolor Raz

Reduz a viscosidade de tintas a óleo e esmalte sintéticos. Pode ser utilizado para limpeza geral.

Multimassa Tapa Furo

Massa ultraleve para preenchimento/nivelamento de imperfeições, fissuras, espaços deixados por pregos e parafusos e também fendas de nó de madeira. Possui secagem rápida, para aplicação em interiores e exteriores.

Verniz Copal

Verniz para uso em madeiras internas. Forma uma película incolor e levemente amarelada, brilhante e lisa. Em interior pode-se aplicar seladora nitro para melhor acabamento.

Embalagens/Rendimento
Galão (3,6 L): 30 a 48 m^2/demão.
Quarto (0,9 L): 8 a 12 m^2/demão.

Acabamento
Alto brilho.

Aplicação
Pincel, rolo ou pistola.

Diluição
Primeira demão: 40% com Resicolor Raz
Segunda e terceira: 10% com Resicolor Raz.

Cor
Transparente.

Secagem
Ao toque: 6 horas.
Intervalo entre demãos: 12 horas.
Final: 24 horas.

Dicas e preparação de superfície

Para se obter o resultado desejado, é necessário que a superfície a ser pintada esteja limpa, coesa, firme, seca, sem poeira, gordura ou graxa, sabão ou mofo. **Madeira nova**: Lixar para eliminar farpas. Aplicar uma demão de Seladora Nitro Resicolor (interior) diluída 50% com thinner 020 ou 030 Resicolor. Após secagem, lixar novamente e eliminar o pó. **Madeira já envernizada**: Remova o verniz anterior com o auxílio de lixa grana 120 a 180 até que o mesmo desapareça completamente. Remova a poeira com pano ou estopa antes da aplicação. **Paredes vitrificadas, muito lisas, com brilho ou com baixa porosidade**: Lixar até criar uma boa aderência. **Paredes com manchas de gorduras**: Lavar com uma solução de água e detergente, enxaguar abundantemente com água e deixar secar. **Paredes mofadas/repintura**: Se estiver em boas condições, lixar até remover o brilho. Caso contrário, remover toda a pintura e corrigir a superfície. Lavar com água sanitária, enxaguar e esperar até secar. No caso da invasão de fungo ser muito profunda, lave novamente e espere sete dias antes de pintar. **Superfícies com umidade**: Identificar a origem e tratar de maneira adequada. **Dicas**: As diferenças de temperatura, associadas a diferentes espessuras, devem interferir na secagem final do produto. Evite aplicar em dias chuvosos com temperatura abaixo de 10 °C e umidade relativa do ar superior a 90%. A superfície pintada só poderá ser lavada após 30 dias da sua aplicação. Para limpeza da superfície pintada, usar detergente líquido neutro e esponja macia. Enxaguar com água limpa. O uso de produtos abrasivos pode danificar a superfície pintada. A cor da madeira interfere na tonalidade final do acabamento, por se tratar de produto transparente.

Outros produtos relacionados

Seladora Nitro

Indicada para selar e uniformizar superfícies internas de madeira.

Resicolor Raz

Reduz a viscosidade de tintas a óleo e esmalte sintéticos. Pode ser usado como desengordurante e desengraxante.

Telhabril Acqua Line/Bases

PREMIUM ★★★★★

É um impermeabilizante acrílico solúvel em água. Sua fórmula inovadora aliada ao seu elevado teor de sólidos proporciona um acabamento de alto brilho, garantindo um ótimo grau de impermeabilização, retenção de brilho e cor por muito mais tempo. Indicado para todos os tipos de telhas, pedras, tijolos a vista, onde provoca redução do crescimento de limo, pois impede que a telha retenha água em seus poros. Dispersa a luz do sol, mantendo o ambiente interno com sensação térmica agradável.

Embalagens/Rendimento

Balde (18 L): Coloridos 90 a 200 m²/demão.
Galão (3,6 L): Coloridos 18 a 40 m²/demão.
Balde (18 L): Incolor 70 a 160 m²/demão.
Galão (3,6 L): Incolor 14 a 32 m²/demão.

Acabamento

Alto brilho

Aplicação

Rolo de lã de pêlo baixo, pincel de cerdas macias ou pistola.

Diluição

Coloridos: primeira demão 30% com água. Segunda e terceira demão 20% com água.
Incolor: primeira demão 25% com água. Segunda e terceira demão 20% com água.

Cor

Incolor e 11 cores conforme o catálogo ou em 1039 cores que podem ser tingidas no Resicolor System.

Secagem

Ao toque: 2 horas.
Intervalo entre demãos: 3 horas.
Final: 12 horas.

Dicas e preparação de superfície

Para se obter o resultado desejado é necessário que a superfície a ser pintada esteja limpa, coesa, firme, seca, sem poeira, gordura ou graxa, sabão ou mofo. Quanto mais demão maior será o brilho e o grau de impermeabilização. Telhabril Acqualine Incolor quando aplicado em tijolos à vista apresentará branqueamento se houver infiltração de água em algum ponto da parede. Telhas com variação de porosidade ou diferenças de queima, podem apresentar falta de aderência. Isto é muito comum em telhas de cerâmica branca. Nestes casos não aplique Telhabril Acqualine sem consultar nosso serviço de atendimento ao cliente – SAC. **Limos, incrustações de concreto e demais sujeiras**: Remover com Remonox em proporção de 1:1 a 1:10 com água, dependendo do grau de incrustação e limo do telhado, logo após lavar com água e deixar secar. **Mancha de gordura ou graxas**: Lavar com água e detergente, enxaguar e aguardar secagem. **Repintura**: Raspar e lixar até eliminar o brilho e remover a tinta antiga mal aderida. **Superfície com umidade**: Identificar a origem e tratar de maneira adequada. Evite aplicar em dias chuvosos, sobre superfícies quentes ou em ambientes com temperatura abaixo de 10 °C e umidade relativa do ar superior a 90%.

Outros produtos relacionados

Remonox

Muito útil em limpeza de piscinas, pisos de concreto, tijolos à vista, telhados e pedras.

Pisos e Cimentados

PREMIUM ★★★★★

Pisos & cimentados multiuso, foi especialmente desenvolvido com alto efeito antiderrapante que confere resistência absoluta ao tráfego de pessoas, carros, bicicletas, motos, com segurança. Sua aplicação nos diferentes tipos de pisos confere excepcional resistência ao desgaste por tráfego, e as variações do clima (intemperismo). Sua excelente cobertura possibilita a renovação e proteção a pisos como: Cimentados, Lajotas, calçadas, estacionamentos, garagens, pisos comerciais, quadras esportivas, escadarias.

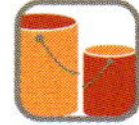

Embalagens/Rendimento
Lata (18 L): 175 a 275 m²/demão.
Galão (3,6 L): 35 a 55 m²/demão.
Quarto (0,9 L): 9 a 14 m²/demão.

Acabamento
Acetinado.

Aplicação
Rolo de lã pêlo baixo, pincel ou trincha.

Diluição
10 a 20% com água potável.

Cor
12 cores conforme catálogo.

Secagem
Ao toque: 30 minutos.
Intervalo entre demãos: 3 horas.
Final: 6 horas.

Dicas e preparação de superfície

Para se obter o resultado desejado é necessário que a superfície a ser pintada esteja limpa, coesa, firme, seca, sem poeira, gordura ou graxa, sabão ou mofo. Certifique-se que a superfície a ser pintada tenha absorção.
Esmaltadas, vitrificadas, enceradas ou qualquer outra área não porosa: Não deve ser aplicado Resicolor piso. Consultar o departamento técnico.
Reboco novo: Aguardar secagem e cura de 28 dias no mínimo.
Reboco Fraco (baixa coesão): Lixar a superfície a ser aplicada e escovar para eliminar a poeira.
Imperfeições/Fissuras profundas: Corrigir com reboco e aguardar secagem e cura de 28 dias no mínimo.
Reboco de baixa porosidade, tipo queimado: Fazer tratamento prévio com Remonox para abrir porosidade. Consulte nosso departamento técnico.
Mancha de gordura ou graxas: Lavar com água e detergente, enxaguar e aguardar secagem.
Paredes Mofadas: Lavar com água sanitária, enxaguar e aguardar secagem.
Repintura: Raspar e lixar até eliminar o brilho e remover a tinta antiga mal aderida.
Superfície com umidade: Identificar a origem e tratar de maneira adequada.
Dicas: Evite aplicar em dias chuvosos, sobre superfícies quentes ou em ambientes com temperatura abaixo de 10 °C e umidade relativa do ar superior a 90%; Não limpar a superfície pintada com pano seco, pois poderá ocorrer o polimento da mesma. A superfície pintada só poderá ser lavada após 30 dias da sua aplicação. Para limpeza da superfície pintada, usar detergente líquido neutro e esponja macia. A limpeza deverá ser efetuada de forma suave e homogênea, em toda a superfície pintada. Enxaguar com água limpa. O uso de produtos abrasivos pode danificar a superfície pintada e causar manchas com diferença de tonalidade. Aguardar pelo menos 24 horas para permitir o tráfego de pessoas e automóveis. Para tráfego de veículos pesados, aguardar 72 horas.

Outros produtos relacionados

Remonox

Muito útil em limpeza de piscinas, pisos de concreto, tijolos à vista, telhados e pedras.

Esmalte – Base Água – Aquaris

PREMIUM ★★★★★

Indicado para superfície de madeira, ferro, alumínio e galvanizado, possui secagem super rápida, elevada retenção de brilho e cor, durabilidade superior, baixíssimo odor e excelente resistência às intempéries.

Embalagens/Rendimento
Galão (3,6 L) e QT (0,9 L).
Pincel/rolo: 54 m²/galão/demão.
Pistola: 25 m²/galão/demão.

Acabamento
Fosco, Acetinado e Brilhante.

Aplicação
Pincel, rolo ou pistola: Aplicar 3 demãos.

Diluição
Pincel/rolo: Pronto para uso.
Pistola: Diluir até 15% com água.

Cor
Disponível em várias cores.

Secagem
Entre demãos: 4 horas.
Completa: 6 horas.

Dicas e preparação de superfície

Primeira pintura para Madeira: Observar se é necessário aplicar massa em buracos ou fissuras na madeira. Utilize a massa YL 1425 NTR e promova o lixamento com lixas apropriadas, seguindo sempre os veios da madeira. Deixar limpa, seca e isenta de partículas soltas. Em madeiras que estejam impregnadas com produtos à base de óleo (ex. óleo de linhaça), remova-o com Thinner DN 4280, DN 4288 ou Remolack DD 491. Promova um lixamento adequado. Aplique 1 demão do fundo Base Água YL 1160 02.

Primeira pintura Metal: Remover o resíduo com Thinner Profissional DN 4288 ou Especial DN 4280. Em caso de ferrugem, aplicar removedor de ferrugem e aplicar 1 demão do fundo Base Água YL 1160 02. É imprescindível a utilização do fundo preparador YL 1160 02 para garantir boa aderência e proteção contra ferrugem.

Repintura – Madeira e Metal: Pinturas em boas condições, lixar com lixas 240 ou 280, remover resíduos de pó e aplicar o produto. Pinturas que apresentam fissuras ou partículas soltas recomendamos a completa remoção com Remolack DD 491 e proceder conforme pintura nova.

Outros produtos relacionados

Massa para Madeira base água

Indicado para corrigir imperfeições em todos os tipos de madeira em exterior e interior, com secagem rápida e maior facilidade na aplicação.

Fundo base água

Indicado para preparação de superfícies de madeira, ferro, alumínio e galvanizado. Com secagem rápida, bloqueia o tanino e promove aderência.

Esmalte Sintético – Poliesmalte

PREMIUM ★★★★★

Indicado para superfícies de madeira e metal em exterior e interior. Produto de fácil aplicação, com alto rendimento e cobertura, boa retenção de brilho e cor, secagem rápida com baixo odor e livre de chumbo e outros metais pesados e ótima durabilidade.

Embalagens/Rendimento
Galão (3,6 L) e QT (0,9 L).
Pincel/rolo: 60 m²/galão/demão.
Pistola: 30 m²/galão/demão.

Acabamento
Acetinado, Fosco e Brilhante.

Aplicação
Pincel, rolo ou pistola. Aplicar 3 demãos.

Diluição
Pincel/rolo: pronto para uso.
Pistola: diluir até 20% com Sayerraz DS 451.

Cor
Disponível em várias cores.

Secagem
Entre demãos: 8 horas.
Completa: 18 horas.

Dicas e preparação de superfície

Primeira pintura para Madeira: Observar se é necessário aplicar massa em buracos ou fissuras na madeira. Utilize a massa (YL 1425 NTR), aguarde tempo de secagem e promova o lixamento com lixas apropriadas, seguindo sempre os veios da madeira. Deixar limpa, seca e isenta de partículas soltas. Em madeiras que estejam impregnadas com produtos à base de óleo (ex. óleo de linhaça), remova-o com Thinner DN 4280, DN 4288 ou Remolack DD 491. Promova um lixamento adequado.

Primeira pintura Metal: Remover o resíduo com Thinner Profissional DN 4288 ou Especial DN 4280. Em caso de ferrugem, aplicar removedor de ferrugem e aplicar 1 demão do fundo Base Água YL 1160 02. É imprescindível a utilização do fundo preparador para garantir a aderência e proteção contra ferrugem.

Repintura – Madeira e Metal: Pinturas em boas condições, lixar com lixas 240 ou 280, remover resíduos de pó e aplicar o produto. Pinturas que apresentam fissuras ou partículas soltas recomendamos a completa remoção com Remolack DD 491 e proceder conforme pintura nova.

Outros produtos relacionados

Massa para Madeira base água

Indicado para corrigir imperfeições em todos os tipos de madeira em exterior e interior, com secagem rápida e maior facilidade na aplicação.

Fundo base água

Indicado para preparação de superfícies de madeira, ferro, alumínio e galvanizado. Com secagem rápida, bloqueia o tanino e promove aderência.

Verniz Alto Desempenho Polikol

Indicado para portas, janelas, lambris, casas pré-fabricadas e madeiras decorativas em geral em exterior e interior. Tingido transparente, ultrabloqueador solar + triplo filtro, resistente a mofo e fungos, ótima resistência a intempéries, secagem rápida, flexível: não descasca nem trinca. Com 6 anos de proteção garantida.

Embalagens/Rendimento
Galão (3,6 L) e QT (0,9 L).
Pincel/rolo: 60 m²/galão/demão.

Acabamento
Brilhante e Acetinado.

Aplicação
Pincel, rolo. Aplicar 3 demãos com leve lixamento após a primeira demão; demãos seguintes sem lixamento.

Diluição
Pronto para uso.

Cor
Mogno, imbuia, canela e incolor.

Secagem
Entre demãos: 8 horas.
Completa: 24 horas.

Dicas e preparação de superfície

Primeira pintura: Observar se é necessário aplicar massa em buracos ou fissuras na madeira. Utilize a massa (YL 1424 – cores) com a cor próxima da madeira, aguarde tempo de secagem e promova o lixamento com lixas apropriadas, seguindo sempre os veios da madeira. Deixar limpa, seca e isenta de partículas soltas. Em madeiras que estejam impregnadas com produtos à base de óleo (ex. óleo de linhaça), remova-o com Thinner DN 4280, DN 4288 ou Remolack Gel DD 491.

Repintura: Em pinturas em boas condições, lixar com lixa 240 ou 280, remover resíduos de pó e aplicar o verniz. Para pinturas que apresentam fissuras ou partículas soltas, recomendamos remover completamente o acabamento anterior com Remolack Gel DD 491, seguindo o boletim de aplicação do produto.

Dicas: Por se tratar de um produto semitransparente, a cor final do acabamento sofre influência da cor do substrato e do número das demãos aplicadas. A 1ª demão do produto garante a aderência, portanto recomendamos o uso de pincel, as demais podem ser com pincel ou rolo.

Outros produtos relacionados

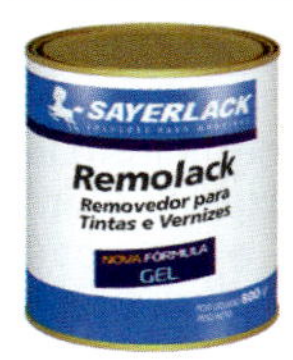

Remolack Gel

Remove tintas e vernizes, fácil de aplicar, rápido e eficente, disponível em embalagem de 900 ml.

Sayermassa

Indicada para corrigir defeitos em madeiras maciças e folheadas em geral. Disponível em 9 cores, miscíveis entre si.

Verniz Restaurador – Polirex

Indicado para acabamento de portas, batentes, beirais, janelas, esquadrias, em exterior e interior. É um verniz tingido, com filtro solar de alto desempenho e com grande resistência a sol e chuva. Renova e restaura a madeira com ação fungicida, com 3 anos de proteção garantida.

	**Embalagens/Rendimento** Lata (18 L),Galão (3,6 L), lata (0,225 L), QT (0,9 L). Pincel/rolo: 60 m^2/galão/demão.		**Acabamento** Brilhante.
	**Aplicação** Pincel, rolo: Aplicar 3 demãos com leve lixamento após a primeira. demão; demãos seguintes sem lixamento.		**Diluição** Pronto para uso. Se necessário diluir até 10% com Sayerraz
	**Cor** Imbuia e mogno.		**Secagem** Entre demãos: 12 horas. Completa: 24 horas.

Dicas e preparação de superfície

Primeira pintura: Observar se é necessário aplicar massa em buracos ou fissuras na madeira. Utilize a massa (YL 1424 – cores) com a cor próxima da madeira, aguarde tempo de secagem e promova o lixamento com lixas apropriadas, seguindo sempre os veios da madeira. Deixar limpa, seca e isenta de partículas soltas. Em madeiras que estejam impregnadas com produtos à base de óleo (ex. óleo de linhaça), remova-o com Thinner DN 4280, DN 4288 ou Remolack Gel DD 491. Promova um lixamento adequado.

Repintura: Em pinturas em boas condições, lixar com lixa 240 ou 280, remover resíduos de pó e aplicar o verniz. Para pinturas que apresentam fissuras ou partículas soltas, recomendamos remover completamente o acabamento anterior com Remolack Gel DD 491.

Outros produtos relacionados

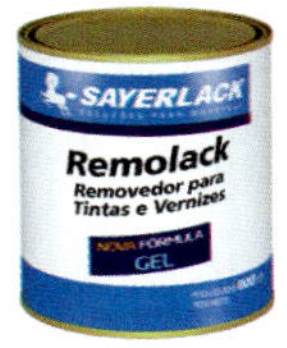

Remolack Gel

Remove tintas e vernizes, fácil de aplicar, rápido e eficente.

Sayerraz

Indicado para diluição e limpeza de equipamentos.

Sayermassa

Indicada para corrigir defeitos em madeiras maciças e folheadas em geral. Disponível em 9 cores, miscíveis entre si.

Verniz Marítimo – Poliulack

Indicado para acabamento de portas, janelas, lambris e madeiras decorativas em geral em exterior e interior. Com triplo filtro solar, de fácil aplicação, oferece maior proteção contra sol e chuva com alto rendimento e secagem rápida, com 2 anos de proteção garantida.

Embalagens/Rendimento
Lata (18 L), galão (3,6 L), Lata (0,225 L) e QT (0,9 L).
Pincel/rolo: 68 m²/galão/demão.

Acabamento
Brilhante e Acetinado.

Aplicação
Pincel ou Rolo: Aplicar 3 demãos com leve lixamento após a primeira demão; demãos seguintes sem lixamento.

Diluição
Pronto para uso, Se necessário diluir com Sayerraz DS 451 até 10%.

Cor
Incolor.

Secagem
Entre demãos: 12 horas.
Completa: 24 horas.

Dicas e preparação de superfície

Primeira pintura: Observar se é necessário aplicar massa em buracos ou fissuras na madeira. Utilize a massa (YL 1424 – cores) com a cor próxima da madeira, aguarde tempo de secagem e promova o lixamento com lixas apropriadas, seguindo sempre os veios da madeira. Deixar limpa, seca e isenta de partículas soltas. Em madeiras que estejam impregnadas com produtos à base de óleo (ex. óleo de linhaça), remova-o com Thinner DN 4280, DN 4288 ou Remolack Gel DD 491. Promova um lixamento adequado.

Repintura: Em pinturas que estão em boas condições, lixar com lixa 240 ou 280, remover os resíduos de pó e aplicar o verniz. Para pinturas que apresentam fissuras ou partículas soltas, recomendamos remover completamente o acabamento anterior com Remolack Gel DD 491, seguindo o boletim de instruções de aplicação do produto.

Dicas: Caso queira tingi-lo, usar Tingilack XP 3000 (cores).

Outros produtos relacionados

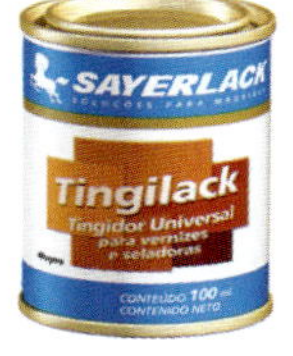

Tingilack – Tingidor Universal

Tingimento super concentrado para tingir produto à base de nitro, poliuretano ou sintético, disponível em 3 cores: cedro, imbuia escura e mogno.

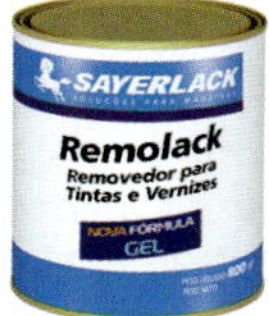

Remolack Gel

Remove tintas e vernizes, fácil de aplicar, rápido e eficente.

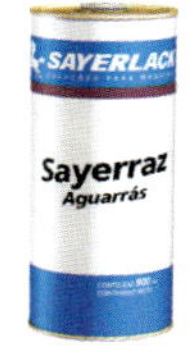

Sayerraz

Indicado para diluição e limpeza de equipamentos.

Verniz Marítimo – Base Água Aquaris

Indicado para portas, janelas, casas pré-fabricadas e madeiras decorativas em geral em exterior e interior. Com filtro solar, fácil de aplicar, secagem rápida, baixíssimo odor com durabilidade de até 2 anos.

Embalagens/Rendimento
Galão (3,6 L) e QT (0,9 L).
Pincel/rolo: 68 m²/galão/demão.

Acabamento
Acetinado.

Aplicação
Pincel ou rolo. Aplicar 3 demãos com leve lixamento após a primeira demão; demãos seguintes sem lixamento.

Diluição
Diluir de 10 a 15% com água.

Cor
Incolor.

Secagem
Entre demãos: 6 horas.
Completa: 24 horas.

Dicas e preparação de superfície

Primeira pintura: Observar se é necessário aplicar massa em buracos ou fissuras na madeira. Utilize a massa (YL 1424 – cores) com a cor próxima da madeira, aguarde tempo de secagem e promova o lixamento com lixas apropriadas, seguindo sempre os veios da madeira. Deixar limpa, seca e isenta de partículas soltas. Em madeiras que estejam impregnadas com produtos à base de óleo (ex. óleo de linhaça), remova-o com Thinner DN 4280, DN 4288 ou Remolack Gel DD 491.

Repintura: Remover toda a pintura com Remolack Gel DD 491, até a exposição da madeira e proceder conforme pintura nova.

Outros produtos relacionados

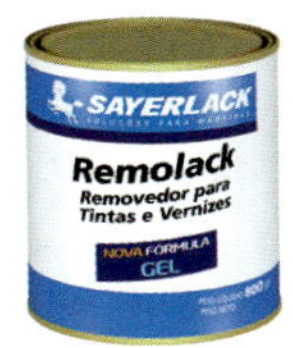

Remolack Gel

Remove tintas e vernizes, fácil de aplicar, rápido e eficente.

Sayermassa

Indicada para corrigir defeitos em madeiras maciças e folheadas em geral. Disponível em 9 cores, miscíveis entre si.

Stain Impregnante – Polisten

Indicado para acabamento de portas, portões, janelas, esquadrias, cercas, lambris, móveis de jardim e casas pré-fabricadas de madeira em exterior e interior. Fácil aplicação com ação fungicida e inseticida e repelente a água. Realça os veios sem formar filme, dando maior durabilidade e proteção com fácil manutenção.

Embalagens/Rendimento
Galão (3,6 L) e QT (0,9 L).
Pincel/rolo: 68 m²/galão/demão.

Acabamento
Não aplicável.

Aplicação
Pincel ou rolo. Aplicar 3 demãos com pinceladas longas e contínuas. Retirar o excesso com um pano limpo.

Diluição
Pronto para uso.

Cor
Disponível nas cores Castanheira, Mogno Inglês, Cerejeira, Canela, Nogueira, Branco, Ipê, Imbuia, Natural e Incolor.

Secagem
Entre demãos: 10 horas.
Completa: 24 horas.

Dicas e preparação de superfície

Primeira pintura: Observar se é necessário aplicar massa em buracos ou fissuras na madeira. Utilize a massa (YL 1424 – cores) com a cor próxima da madeira, aguarde tempo de secagem e promova o lixamento com lixas apropriadas, seguindo sempre os veios da madeira. Deixar limpa, seca e isenta de partículas soltas. Em madeiras que estejam impregnadas com produtos à base de óleo (ex. óleo de linhaça), remova-o com Thinner DN 4280, DN 4288 ou Remolack Gel DD 491. Promova um lixamento adequado.

Repintura em madeiras com Polisten: Lixar levemente com lixas grana 240 ou 280, lavar com detergente neutro e deixar secar. Após aplicar novamente uma demão do Polisten.

Repintura em madeiras com outros acabamentos: Remover completamente o acabamento com Remolack Gel DD 491, lixar com lixas 180/220 e proceder conforme pintura nova.

Dicas: As versões coloridas têm maior durabilidade e a cor final é obtida dependendo da cor do substrato aplicado. O Polisten transparente quando aplicado em madeiras claras pode alterar a tonalidade da cor da madeira. Misture bem o produto antes e durante a aplicação.

Outros produtos relacionados

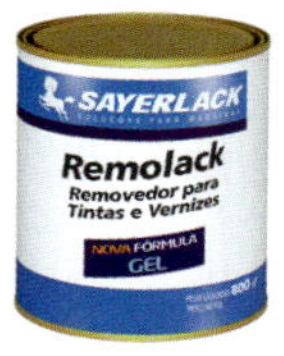

Remolack Gel

Remove tintas e vernizes, fácil de aplicar, rápido e eficente.

Sayermassa

Indicada para corrigir defeitos em madeiras maciças e folheadas em geral. Disponível em 9 cores, miscíveis entre si.

Verniz para Deck – Polideck

Indicado para Deck de madeiras, repelente a água, com ultrabloqueador solar + triplo filtro solar, resistente a mofo e fungos, alta durabilidade, flexível: não descasca e nem trinca, seu acabamento semibrilho transparente tingido, preserva os veios da madeira sem laquear, com 6 anos de proteção garantida.

 **Embalagens/Rendimento** Galão (3,6 L) e QT (0,9 L). Pincel/rolo: 45 m²/galão/demão.	 **Acabamento** Semibrilho.
 **Aplicação** Pincel ou rolo. Aplicar 3 demãos nos 6 lados da madeira para garantir a aderência do produto e a durabilidade do acabamento, sem lixamento entre demãos.	 **Diluição** Pronto para uso.
 **Cor** Ipê e Canela.	 **Secagem** Entre demãos: 8 horas. Completa: 24 horas.

Dicas e preparação de superfície

Primeira pintura: Observar se é necessário aplicar massa em buracos ou fissuras na madeira. Utilize a massa (YL 1424 – cores) com a cor próxima da madeira, aguarde tempo de secagem e promova o lixamento com lixas apropriadas, seguindo sempre os veios da madeira. Deixar limpa, seca e isenta de partículas soltas. Em madeiras que estejam impregnadas com produtos à base de óleo (ex. óleo de linhaça), remova-o com Thinner DN 4280, DN 4288 ou Remolack Gel DD 491. Promova um lixamento adequado.

Repintura: Remover toda a pintura com Remolack Gel DD 491, até a exposição da madeira, e proceder conforme pintura nova.

Outros produtos relacionados

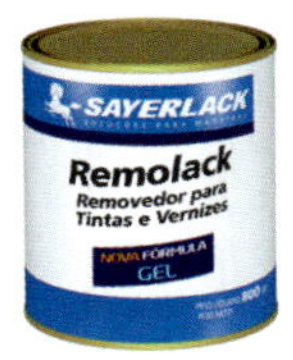

Remolack Gel

Remove tintas e vernizes, fácil de aplicar, rápido e eficente.

Sayermassa

Indicada para corrigir defeitos em madeiras maciças e folheadas em geral. Disponível em 9 cores, miscíveis entre si.

Verniz para Piso – Base Água Aquaris

Indicado para todos os tipos de pisos e assoalhos de madeira maciça ou folheada de uso em interior, fácil de aplicar, baixíssimo odor, super resistente a risco e abrasão, em duas versões monocomponente para área de baixo tráfego e bicomponente para área de alto tráfego.

Embalagens/Rendimento
Bombona (5 L).
Pincel/Rolo: 50 a 90 m²/5 litros/demão.

Acabamento
Semibrilho e Fosco.

Aplicação
Pincel ou rolo de veludo rebaixado. Aplicar 1 demão, aguardar 4 horas, lixar e aplicar mais 2 a 4 demãos com intervalo de 2 horas, sem diluir e sem lixar.

Diluição
Bicomponente: primeira demão – 5% de água.
Monocomponente: pronto para uso.

Cor
Incolor.

Secagem
Primeira demão: 4 horas.
Segunda demão: 2 horas.
Completa: 24 horas.

Dicas e preparação de superfície

Primeira pintura: Observar se é necessário aplicar massa em buracos ou fissuras na madeira. Utilize a massa (YL 1424 – cores) com a cor próxima da madeira, aguarde tempo de secagem e promova o lixamento com lixas apropriadas, seguindo sempre os veios da madeira. Deixar limpa, seca e isenta de partículas soltas. Em madeiras que estejam impregnadas com produtos à base de óleo (ex. óleo de linhaça), remova-o com Thinner DN 4280, DN 4288 ou Remolack Gel DD 491. Promova um lixamento adequado.

Repintura: Remover toda a pintura com Remolack Gel DD 491, até a exposição da madeira e proceder conforme pintura nova.

Preparação do produto:

Monocomponente: Pronto para uso.

Bicomponente: catalisar com YC 1400 a 10%, agitar bem o produto, aguardar 5 minutos para aplicação. Aplicar a 1ª demão diluído.

Dicas: O tempo de vida útil da mistura é de 4 horas, não utilize o produto catalisado depois de excedido este tempo.

Outros produtos relacionados

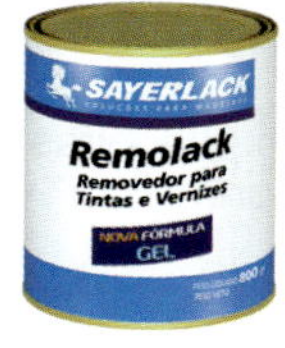

Remolack
Remove tintas e vernizes, fácil de aplicar, rápido e eficente.

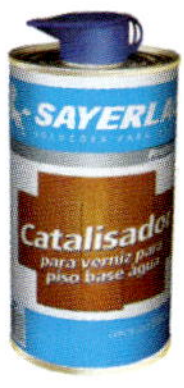

Catalisador
Para catalisar quando utilizar como bicomponente.

Sayermassa
Indicada para corrigir defeitos em madeiras maciças e folheadas em geral. Disponível em 9 cores, miscíveis entre si.

Verniz Copal

Indicado para móveis e madeiras decorativas em geral de uso interior. Fácil de aplicar com ótimo rendimento e secagem rápida.

Embalagens/Rendimento

Galão (3,6 L) e QT (0,9 L).
Pincel/rolo: 40 m²/galão/demão.
Pistola: 20 m²/galão/demão.

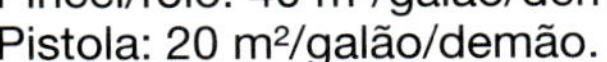

Acabamento

Alto brilho.

Aplicação

Pincel, pistola ou rolo. Aplicar 1 a 3 demãos, sem lixamento entre demãos.

Diluição

Diluir de 10% a 20% com Sayerraz DS 451.

Cor

Incolor.

Secagem

Entre demãos: 8 horas.
Completa: 48 horas.

Dicas e preparação de superfície

Primeira pintura: Observar se é necessário aplicar massa em buracos ou fissuras na madeira. Utilize a massa (YL 1424 – cores) com a cor próxima da madeira, aguarde tempo de secagem e promova o lixamento com lixas apropriadas, seguindo sempre os veios da madeira. Deixar limpa, seca e isenta de partículas soltas. Em madeiras que estejam impregnadas com produtos à base de óleo (ex. óleo de linhaça), remova-o com Thinner DN 4280, DN 4288 ou Remolack Gel DD 491. Promova um lixamento adequado. Aplicar uma de nossas seladoras à base de nitrocelulose NL 592, NL 596, NL 597 e NL 600.

Repintura: Em pinturas em boas condições, lixar com lixa 240 ou 280, remover resíduos de pó e aplicar o verniz. Para pinturas que apresentam fissuras ou partículas soltas, recomendamos remover completamente o acabamento anterior com Remolack Gel DD 491.

Outros produtos relacionados

Sayermassa

Indicada para corrigir defeitos em madeiras maciças e folheadas em geral. Disponível em 9 cores, miscíveis entre si.

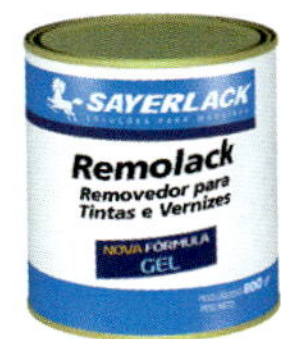

Remolack Gel

Remove tintas e vernizes, fácil de aplicar, rápido e eficente.

Sayerraz

Indicado para diluição e limpeza de equipamentos.

Sintelack – Verniz Sintético

Indicado para móveis e madeiras decorativas em geral de uso interior. Fácil de aplicar com ótimo rendimento e boa secagem.

Embalagens/Rendimento

Galão (3,6 L): e QT (0,9 L) e (18 L).
Pincel: 40 m²/galão/demão.
Pistola: 20 m²/galão/demão.

Acabamento

Brilhante.

Aplicação

Pincel, pistola. Aplicar 1 a 3 demãos de verniz, com lixamento entre demãos.

Diluição

Diluir de 10 a 20% com Sayerraz DS 451.

Cor

Incolor.

Secagem

Entre demãos: 8 horas.
Completa: 24 horas.

Dicas e preparação de superfície

Primeira pintura: Observar se é necessário aplicar massa em buracos ou fissuras na madeira. Utilize a massa (YL 1424-cores) com a cor próxima da madeira, aguarde tempo de secagem e promova o lixamento com lixas apropriadas, seguindo sempre os veios da madeira. Deixar limpa, seca e isenta de partículas soltas. Em madeiras que estejam impregnadas com produtos a base de óleo (ex. óleo de linhaça) remova-o com Thinner DN 4280, DN 4288 ou Remolack Gel DD 491. Promova um lixamento adequado. Aplicar uma de nossas seladoras base nitrocelulose NL 592, NL 596, NL 597 e NL 600.

Repintura: Em pinturas em boas condições, lixar com lixa 240 ou 280, remover resíduos de pó e aplicar o verniz. Para pinturas que apresentam fissuras ou partículas soltas, recomendamos remover completamente o acabamento anterior com Remolack Gel DD 491.

Outros produtos relacionados

Sayermassa

Indicada para corrigir defeitos em madeiras maciças e folheadas em geral. Disponível em 9 cores, miscíveis entre si.

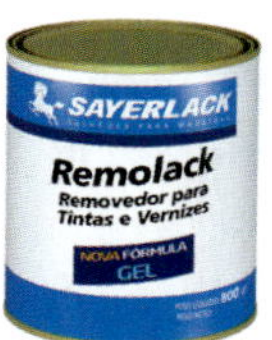

Remolack

Remove tintas e vernizes, fácil de aplicar, rápido e eficente.

Sayerraz

Indicado para diluição e limpeza de equipamentos.

Tinta para Azulejos Sayerdur Acqua

Tinta base água para pintar ou substituir azulejos em ambientes como: hospitais, banheiros, cozinhas residenciais e industriais e lavanderias, produto monocomponente, fácil de aplicar, com baixíssimo odor, durável e lavável, com secagem rápida, excelente adesão e proteção contra mofo e fungos. Não é indicado para pisos, piscinas e saunas.

Embalagens/Rendimento
Galão (3,6 L) e QT (0,9 L).
Rolo: 25 m²/galão/3 demãos.
Pistola: 12 m²/galão/3 demãos.

Acabamento
Semibrilho.

Aplicação
Rolo de espuma ou pistola: aplicar 2 ou 3 demãos.

Diluição
Azulejo: pronto para uso.
Reboco: diluir a primeira demão em 40% com água.

Cor
Branco. Pode ser tingido com os tingidores Acquacolor TY1480 (cores) em até 5%.

Secagem
Entre demãos: 2 horas.
Completa: 72 horas.
(A área pintada deve ficar sem uso.)

Dicas e preparação de superfície

Azulejo: Revisar os rejuntes e possíveis vazamentos. Lavar bem a superfície com água quente e detergente neutro. Eliminar qualquer tipo de sujeira e resíduos de gordura ou sabão.

Reboco: Lixar com lixa 240 ou 280 e remover o pó. Aplicar 1 demão de massa acrílica para exterior, lixar com lixa 240 ou 280 e remover o pó.

Área úmida: A superfície a ser pintada deve estar 48 horas sem uso (completamente seca).

Outro produto relacionado

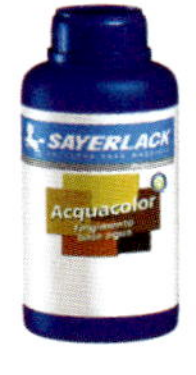

Acquacolor

Tingidor à base de água Disponível nas cores: preto, vermelho, amarelo, jacarandá, mogno, nogueira, castanho, vinho e tabaco. As cores são miscíveis entre si.

A Sherwin-Williams, fundada nos Estados Unidos pelos americanos Henry Sherwin e Edwar Porter Williams, está presente no Brasil há mais de 60 anos, inovando e produzindo tintas. Tem como objetivo trazer ao mercado as melhores opções em revestimento e proteção, com tintas para as mais diversas finalidades.

A empresa atua nos segmentos imobiliário, industrial, automotivo e tinta em pó, sempre com produtos reconhecidos por sua durabilidade, qualidade e inovação. Está localizada no estado de São Paulo, onde possui escritório e fábrica no município de Taboão da Serra, no segmento imobiliário. Também fazem parte do grupo as unidades de tintas industriais e aerosol em Sumaré; a divisão Lazzuril, voltada para a indústria automotiva e instalada em São Bernardo do Campo; e a divisão Pulverlack, que produz tinta em pó, localizada em Caxias do Sul (RS). Todas as empresas adquiridas pela Sherwin-Williams possuem, hoje, a certificação do ISO 9001, inclusive aquelas situadas no Chile e Argentina.

Entre suas principais marcas estão Metalatex, Novacor, KemTone, Aquacryl e Colorgin.

Sempre com o foco em inovação, foi a primeira a introduzir a Tinta PVA à base d'água com a marca Kem Tone. Na década de 70, foi a primeira indústria do setor a utilizar a técnica de mistura de tintas em lojas e a lançar a primeira Tinta Acrílica do mercado brasileiro, a marca Metalatex.

Certificações

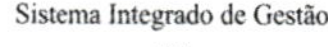

Informações de Serviço ao Consumidor:

A empresa dispõe de Serviço de Atendimento ao consumidor

0800 7024037 ou site www.sherwinwilliams.com.br

Metalatex Tinta Acrílica Premium Sem Cheiro

PREMIUM ★★★★★

METALATEX ACRÍLICO SEM CHEIRO é uma tinta acrílica Premium, que além da excelente cobertura, da alta resistência e durabilidade, secagem rápida e ótimo rendimento, reforça o compromisso e respeito da Sherwin-Williams com o meio ambiente. Desenvolvida com matérias primas de alta tecnologia, sua formulação permite que a pintura seja feita em áreas internas ocupadas, garantindo que o ambiente permaneça sem cheiro em até tres horas após aplicação.
Principais atributos: sem cheiro, melhor lavabilidade, excelente rendimento, alta durabilidade e antimofo.

Embalagens/Rendimento

Lata (18 L): 225 m² a 325 m² por demão.
Lata (16 L): 212 m² a 289 m² por demão.
Galão (3,6 L): 45 m² a 65 m² por demão.
Galão (3,2 L): 42 m² a 58 m² por demão.
Quarto (0,8 L): 10 m² a 14 m² por demão.

Acabamento

Semibrilho e fosco.

Aplicação

Utilizar rolo de lã, pincel ou pistola.
Aplicar 2 a 3 demãos.

Diluição

Pintura e repintura: rolo de lã ou pincel: 30% de água limpa para todas as demãos.
Pintura e repintura: Pistola: 35% de água limpa.

Cor

Conforme cartela de cores nos acabamentos semibrilho e fosco. Também disponível no sistema Tintométrico Color.

Secagem

Toque: 30 minutos.
Entre demãos: 2 a 4 horas.
Final: 4 horas.

Dicas e preparação de superfície

(Norma ABNT NBR 13.245 de 02/95) Qualquer que seja a superfície a ser pintada sempre deverá estar limpa, seca, lixada, isenta de partículas soltas e completamente livre de gordura, ferrugem, restos de pintura velha, pó, brilho etc.
METALATEX ACRILICO SEM CHEIRO pode ser aplicado em reboco, massa corrida ou acrílica, gesso, concreto e fibrocimento, considerando as especificações abaixo. Para outras superfícies entrar em contato com nosso SAC.
Reboco, concreto e fibrocimento novos: aguarde secagem e cura completa por 30 dias (no mínimo). Após este cuidado, aplique uma demão de METALATEX SELADOR ACRÍLICO.
Reboco fraco, caiação, gesso, pintura velha calcinada, superfícies com partículas soltas e/ou mal aderidas: raspe e/ou lixe a superfície e trate com METALATEX ECO FUNDO PREPARADOR DE PAREDES (base d'água) ou METALATEX FUNDO PREPARADOR DE PAREDES (base solvente).
Superfícies com fungos ou bolor: lave com mistura de cloro e água em partes iguais. Deixe agir por 15 minutos e em seguida enxágue com água limpa. Se necessário, repita a operação. Aguarde secagem completa antes de iniciar a pintura.
Imperfeições rasas: corrija com METALATEX MASSA ACRÍLICA (indicado para áreas externas e internas) ou METALATEX MASSA CORRIDA (indicado somente para áreas internas) em camadas finas, lixando e eliminando a poeira entre demãos.
Precauções de uso: leia atentamente as instruções da embalagem antes de manusear e/ou utilizar o produto. Para maiores informações, solicite a Ficha Técnica e/ou a ficha de segurança do produto (FISPQ), através do SAC - 0800 702 4037 ou pelo site: www.sherwinwilliams.com.br.

Outros produtos relacionados

Metalatex Fundo Preparador de Parede

Fundo com alto poder de penetração e aglutinação das partículas soltas.

Metalatex Massa Corrida

Alto poder de enchimento e nivelamento em superfícies internas.

Metalatex Massa Acrílica

Alto poder de enchimento e nivelamento, em ambientes externos e internos.

Metalatex Requinte Superlavável Sem Cheiro

PREMIUM ★★★★★

METALATEX REQUINTE SUPERLAVÁVEL SEM CHEIRO é uma tinta acrílica com acabamento acetinado, indicada principalmente para ambientes que necessitem de limpeza frequente como corredores, quartos de criança, salas de jantar, salas de aula, entre outros. Sua fórmula exclusiva facilita a remoção de manchas na pintura causadas por alimentos, bebidas, lápis de cores e marcas de dedos, mantendo o efeito decorativo das superfícies pintadas após a limpeza.
Principais Atributos: sem cheiro, fácil de aplicar e limpa sem deixar manchas.

Embalagens/Rendimento

Lata (18 L): 225 m² a 325 m² por demão.
Lata (16 L): 210 m² a 290 m² por demão.
Galão (3,6 L): 45 m² a 65 m² por demão.
Galão (3,2 L): 42 m² a 58 m² por demão.
Quarto (0,8 L): 10 m² a 14 m² por demão.

Acabamento

Acetinado.

Aplicação

Utilizar rolo de lã, pincel ou pistola.
Aplicar 2 a 3 demãos.

Diluição

Pintura e repintura: rolo de lã ou pincel: 30% de água limpa para todas as demãos.
Pistola: 35% de água limpa.

Cor

Conforme cartela de cores no acabamento acetinado. Também disponível no sistema Tintométrico Color.

Secagem

Toque: 30 minutos.
Entre demãos: 2 a 4 horas.
Final: 4 horas.

Dicas e preparação de superfície

(Norma ABNT NBR 13.245 de 02/95) Qualquer que seja a superfície, sempre deverá estar limpa, seca, lixada, isenta de partículas soltas e completamente livre de gordura, restos de pintura velha, pó, brilho etc.
Reboco, concreto e fibrocimento novos: aguarde secagem e cura completa por 30 dias (no mínimo), após este cuidado aplique uma demão de METALATEX SELADOR ACRÍLICO (indicado para áreas externas e internas).
Reboco fraco, caiação, gesso, pintura velha calcinada, superfícies com partículas soltas e/ou mal aderidas: raspe e/ou lixe a superfície e trate com METALATEX ECO FUNDO PREPARADOR DE PAREDES (base d'água) ou METALATEX FUNDO PREPARADOR DE PAREDES (base solvente).
Superfícies com fungos ou bolor: lave com solução de cloro e água misturadas em partes iguais. Após aplicação, enxague com água limpa. Aguarde secagem completa antes de iniciar a pintura.
Imperfeições rasas: corrija com METALATEX MASSA ACRÍLICA (indicado para áreas externas e internas) ou METALATEX MASSA CORRIDA (indicado somente para áreas internas.) em camadas finas, lixando e eliminando a poeira entre demãos.
Precauções de uso: leia atentamente as instruções da embalagem antes de manusear e/ou utilizar o produto. Para maiores informações, solicite a Ficha Técnica e/ou a Ficha de Segurança do Produto (FISPQ), através do SAC 0800 702 4037 ou pelo site www.sherwinwilliams.com.br.

Outros produtos relacionados

Metalatex Fundo Preparador de Parede

Fundo com alto poder de penetração e aglutinação das partículas soltas.

Metalatex Massa Corrida

Alto poder de enchimento e nivelamento em superfícies internas.

Metalatex Massa Acrílica

Alto poder de enchimento e nivelamento, em ambientes externos e internos.

Metalatex Litoral Sem Cheiro

PREMIUM ★★★★★

METALATEX LITORAL SEM CHEIRO é uma tinta de alta qualidade à base de resina acrílica e acabamentos acetinado e fosco, indicada para áreas externas e internas ou para aplicação em superfícies que apresentem umidade excessiva, pois contém poderoso algicida e antimofo. Mantém as cores firmes por mais tempo e não desbota, pois resiste à ação do sol pela exposição aos raios U.V.

Principais atributos: sem cheiro, alta resistência a desbotamento de cores, sol e chuva, umidade e maresia, contém fungicida e algicida.

Embalagens/Rendimento

Lata (18 L): 225 m^2 a 325 m^2 por demão.
Lata (16 L): 212 m^2 a 289 m^2 por demão.
Galão (3,6 L): 45 m^2 a 65 m^2 por demão.
Galão (3,2 L): 42 m^2 a 58 m^2 por demão.

Acabamento

Acetinado e fosco.

Aplicação

Utilizar rolo de lã, pincel ou pistola.
Aplicar 2 a 3 demãos.

Diluição

Pintura e repintura: rolo de lã ou pincel: 30% de água limpa para todas as demãos.
Pistola: 35% de água limpa.

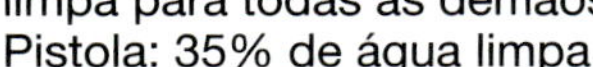

Cor

Conforme cartela de cores nos acabamentos acetinado e fosco. Também disponível no sistema Tintométrico Color no acabamento acetinado.

Secagem

Toque: 30 minutos.
Entre demãos: 2 a 4 horas.
Final: 4 horas.

Dicas e preparação de superfície

(Norma ABNT NBR 13.245 de 02/95) Qualquer que seja a superfície, sempre deverá estar limpa, seca, lixada, isenta de partículas soltas e completamente livre de gordura, restos de pintura velha, pó, brilho etc.

Reboco, concreto e fibrocimento novos: aguarde secagem e cura completa por 30 dias (no mínimo). Após este cuidado, aplique uma demão de METALATEX SELADOR ACRÍLICO antes da pintura.

Reboco fraco, caiação, gesso, pintura velha calcinada, superfícies com partículas soltas e/ou mal aderidas: raspe e/ou lixe a superfície e trate com METALATEX ECO FUNDO PREPARADOR DE PAREDES (base d'água) ou METALATEX FUNDO PREPARADOR DE PAREDES (base solvente).

Superfícies com fungos ou bolor: lave com mistura de cloro e água em partes iguais. Deixe agir por 15 minutos e em seguida enxágue com água limpa. Se necessário, repita a operação. Aguarde secagem completa antes de iniciar a pintura.

Imperfeições rasas: corrija com METALATEX MASSA ACRÍLICA (indicado para áreas externas e internas) ou METALATEX MASSA CORRIDA (indicado somente para áreas internas.) em camadas finas, lixando e eliminando a poeira entre demãos.

Precauções de uso: leia atentamente as instruções da embalagem antes de manusear e/ou utilizar o produto. Para maiores informações, solicite a Ficha Técnica e/ou a Ficha de Segurança do Produto (FISPQ), através do SAC 0800 702 4037 ou pelo site www.sherwinwilliams.com.br.

Outros produtos relacionados

Metalatex Fundo Preparador de Parede

Fundo com alto poder de penetração e aglutinação das partículas soltas.

Metalatex Selador Acrílico

Indicado para uniformizar a porosidade da superfície.

Metalatex Massa Acrílica

Alto poder de enchimento e nivelamento, em ambientes externos e internos.

Metalatex Bacterkill Banheiros e Cozinhas Sem Cheiro

PREMIUM ★★★★★

METALATEX BACTERKILL BANHEIROS & COZINHAS SEM CHEIRO é uma tinta acrílica com fórmula inovadora, recomendada para banheiros, cozinhas, adegas, saunas, lavanderias, garagens, telhas de fibrocimento, indústrias, hospitais, hotéis, câmaras frias, restaurantes etc., ou seja, ambientes externos e internos propensos a umidade e vapores. Excelente na prevenção da proliferação de fungos e mofo, pois contém poderoso fungicida.
Principais atributos: sem cheiro, contém antimofo, agente fungicida, alta lavabilidade e resistência superior à umidade.

Embalagens/Rendimento

Lata (18 L): 225 m² a 325 m² por demão.
Galão (3,6 L): 45 m² a 65 m² por demão.
Quarto (0,9 L):11 m² a 16 m² por demão.

Acabamento

Semibrilho e Acetinado.

Aplicação

Utilizar rolo de lã, pincel ou pistola.
Aplique de 2 a 3 demãos.

Diluição

Pintura e repintura: rolo de lã ou pincel: 30% de água limpa para todas as demãos.
Pistola: 35% de água limpa.

Cor

Disponível na cor branca e nos acabamentos semi-brilho e acetinado (apenas 3,6L e 0,9 L). Para adquirir uma tonalidade extra, é só misturar até o máximo de 1 bisnaga de 50 mL de CORANTE LÍQUIDO XADREZ® ou GLOBO COR para galão de 3,6 L XADREZ® marca registrada da Lanxess Deutschland GmbH, Germany.

Secagem

Ao toque: 30 minutos.
Entre demãos: 2 a 4 horas.
Final: 4 horas.

Dicas e preparação de superfície

(Norma ABNT NBR 13.245 de 02/95) Qualquer que seja a superfície, sempre deverá estar limpa, seca, lixada, isenta de partículas soltas e completamente livre de gordura, restos de pintura velha, pó, brilho etc.
Reboco, concreto e fibrocimento novos: aguarde secagem e cura completa por 30 dias (no mínimo). Após este cuidado, aplique uma demão de METALATEX SELADOR ACRÍLICO.
Reboco fraco, caiação, gesso, pintura velha calcinada, superfícies com partículas soltas ou mal aderidas: deverão ser obrigatoriamente raspados e/ou lixados e tratados com METALATEX ECO FUNDO PREPARADOR DE PAREDES (base d'água) ou METALATEX FUNDO PREPARADOR DE PAREDES (base solvente).
Superfícies com fungos ou bolor: lave com mistura de cloro e água em partes iguais. Deixe agir por 15 minutos e em seguida enxágue com água limpa. Se necessário, repita a operação. Aguarde secagem completa antes de iniciar a pintura.
Imperfeições rasas: corrija com METALATEX MASSA ACRÍLICA (indicado para áreas externas e internas) ou METALATEX MASSA CORRIDA (indicado somente para áreas internas) em camadas finas, lixando e eliminando a poeira entre demãos.
Precauções de uso: leia atentamente as instruções da embalagem antes de manusear e/ou utilizar o produto. Para maiores informações, solicite a Ficha Técnica e/ou a Ficha de Segurança do Produto (FISPQ), através do SAC 0800 702 4037 ou pelo site www.sherwinwilliams.com.br.

Outros produtos relacionados

Metalatex Fundo Preparador de Parede

Fundo com alto poder de penetração e aglutinação das partículas soltas.

Metalatex Selador Acrílico

Indicado para uniformizar a porosidade da superfície.

Metalatex Massa Acrílica

Alto poder de enchimento e nivelamento, em ambientes externos e internos.

Metalatex Eco Acrílico

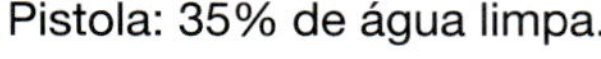

METALATEX ECO ACRÍLICO é uma tinta de odor muito baixo, formulada com componentes exclusivos de baixa emissão de substâncias orgânicas responsáveis pelo odor durante a aplicação e após a secagem – COV (Compostos Orgânicos Voláteis), permitindo sua utilização em áreas internas ocupadas. É um produto que cobre muito mais e possui alta resistência e durabilidade, secagem rápida e excelente rendimento. **Principais atributos**: sem cheiro e baixa taxa de COV.

Embalagens/Rendimento

Lata (18 L): 225 m² a 325 m² por demão.
Galão (3,6 L): 45 m² a 65 m² por demão.

Acabamento

Fosco e semibrilho.

Aplicação

Utilizar rolo de lã, pincel ou pistola.
Aplicar 2 a 3 demãos.

Diluição

Pintura e repintura: rolo de lã ou pincel: 30% de água limpa para todas as demãos.
Pistola: 35% de água limpa.

Cor

Conforme cartela de cores nos acabamentos fosco e semibrilho.

Secagem

Ao toque: 30 minutos.
Entre demãos: 2 a 4 horas.
Final: 4 horas.

Dicas e preparação de superfície

(Norma ABNT NBR 13.245 de 02/95) Qualquer que seja a superfície, sempre deverá estar limpa, seca, lixada, isenta de partículas soltas e completamente livre de gordura, restos de pintura velha, pó, brilho etc.
Reboco, concreto e fibrocimento novos: aguarde secagem e cura completa por 30 dias (no mínimo). Após este cuidado, aplique uma demão de METALATEX SELADOR ACRÍLICO.
Reboco fraco, caiação, gesso, pintura velha calcinada, superfícies com partículas soltas e/ou mal aderidas: raspe e/ou lixe a superfície e trate com METALATEX ECO FUNDO PREPARADOR DE PAREDES (base d'água).
Superfícies com fungos ou bolor: lave com mistura de cloro e água em partes iguais. Deixe agir por 15 minutos e em seguida enxágue com água limpa. Se necessário, repita a operação. Aguarde secagem completa antes de iniciar a pintura.
Imperfeições rasas: corrija com METALATEX MASSA ACRÍLICA (indicado para áreas externas e internas) ou METALATEX MASSA CORRIDA (indicado somente para áreas internas) em camadas finas, lixando e eliminando a poeira entre demãos.
Precauções de uso: leia atentamente as instruções da embalagem antes de manusear e/ou utilizar o produto. Para maiores informações, solicite a Ficha Técnica e/ou a Ficha de Segurança do Produto (FISPQ), através do SAC 0800 702 4037 ou pelo site www.sherwinwilliams.com.br.

Outros produtos relacionados

Metalatex Eco Fundo Preparador de Parede

Fundo à base d'água com alto poder de penetração e aglutinação das partículas soltas.

Metalatex Massa Corrida

Alto poder de enchimento e nivelamento em superfícies internas.

Metalatex Massa Acrílica

Alto poder de enchimento e nivelamento, em ambientes externos e internos.

Metalatex Eco Flex Microfissuras

PREMIUM ★★★★★

METALATEX ECO FLEX MICROFISSURAS é uma tinta acrílica impermeabilizante de alta refletância ideal para aplicação em lajes e paredes, pois é elastomérico capaz de acompanhar a dilatação e retração da superfície.

Principais atributos: alta refletância, impermeabilizante, corrige microfissuras.

Embalagens/Rendimento

Parede: Lata (18 L): 250 m² a 350 m² por demão.
Galão (3,6 L): 50 m² a 70 m² por demão.
Laje: Lata (18 L): 90 m² a 150 m² por demão.
Galão (3,6 L): 18 m² a 30 m² por demão.

Acabamento

Acetinado.

Aplicação

Utilizar rolo de lã, pincel ou pistola.
Parede: 3 demãos.
Laje: 6 demãos.

Diluição

Para Tratamento de trincas: 10% de água limpa para todas as demãos. Sobre a tela de poliéster, não é necessário diluir. Pintura/repintura de paredes: 1ª demão 30% de água limpa e 10% para as demais demãos. Pintura e repintura de lajes: 1ª demão 30% de água limpa, 2ª e demais demãos: não é necessário diluir. Pintura/repintura de paredes com Pistola: 35% de água limpa.

Cor

Conforme cartela de cores no acabamento acetinado.

Secagem

Ao toque: 30 minutos.
Entre demãos: 6 horas.
Final: 2 dias.

Dicas e preparação de superfície

(Norma ABNT NBR 13.245 de 02/95) Qualquer que seja a superfície a ser pintada sempre deverá estar limpa, seca, lixada, isenta de partículas soltas e completamente livre de gordura, ferrugem, restos de pintura velha, pó, brilho etc.
Reboco, concreto e fibrocimento novos: aguarde secagem e cura completa por 30 dias (no mínimo). Após este cuidado, aplique uma demão de METALATEX SELADOR ACRÍLICO.
Reboco, concreto e fibrocimento novos: aguarde secagem e cura completa por 30 dias (no mínimo). Após este cuidado, aplique uma demão de METALATEX SELADOR ACRÍLICO.
Reboco fraco, caiação, gesso, pintura velha calcinada, superfícies com partículas soltas e/ou mal aderidas: raspe e/ou lixe a superfície e trate com METALATEX ECO FUNDO PREPARADOR DE PAREDES (base d'água) ou METALATEX FUNDO PREPARADOR DE PAREDES (base solvente).
Superfícies com fungos ou bolor: lave com mistura de cloro e água em partes iguais. Deixe agir por 15 minutos e em seguida enxágue com água limpa. Se necessário, repita a operação. Aguarde secagem completa antes de iniciar a pintura.
Imperfeições rasas: corrija com METALATEX MASSA ACRÍLICA (indicado para áreas externas e internas) ou METALATEX MASSA CORRIDA (indicado somente para áreas internas) em camadas finas, lixando e eliminando a poeira entre demãos.
Precauções de uso: leia atentamente as instruções da embalagem antes de manusear e/ou utilizar o produto. Para maiores informações, solicite a Ficha Técnica e/ou a ficha de segurança do produto (FISPQ), através do SAC - 0800 702 4037 ou pelo site: www.sherwinwilliams.com.br

Outros produtos relacionados

Metalatex Selador Acrílico

Indicado para uniformizar a porosidade da superfície.

Metalatex Massa Acrílica

Alto poder de enchimento e nivelamento, em ambientes externos e internos.

Metalatex Eco Fundo Preparador de Parede

Fundo à base d´água com alto poder de penetração e aglutinação das partículas soltas.

Metalatex Texturarte

METALATEX TEXTURARTE é uma base acrílica hidrorepelente que proporciona belíssimos efeitos decorativos. Pode ser encontrado nas versões:

- Riscado (ideal para áreas externas e internas)
- Relevo (ideal para áreas externas e internas)
- Liso (ideal para áreas internas)

Principais atributos: efeitos decorativos exclusivos, excelente acabamento e alta durabilidade.

Embalagens/Rendimento
(Riscado) Lata (18 L): 10,5 m^2 a 11,5 m^2 por demão.
Lata (14 L): 8 m^2 a 9 m^2 por demão.
Galão (3,6 L): 2 m^2 a 2,3 m^2 por demão.
(Relevo) Lata (14 L): 13 m^2 a 17 m^2 por demão.
(Liso) Lata (14 L): 21 m^2 a 28 m^2 por demão.

Acabamento
Fosco.

Aplicação
(Riscado) Desempenadeira de aço para aplicação e de plástico para acabamento. (Relevo e Liso) Desempenadeira de aço para aplicação e ferramentas diversas para acabamento como desempenadeira de plástico, rolo especial para textuização e espátula. Aplicar 1 demão.

Diluição
Não é necessário diluir.

Cor
(Riscado) Conforme cartela e também disponível no sistema Tintométrico Color. (Relevo e Liso) Disponível no sistema Tintométrico Color.

Secagem
Toque: 4 horas.
Final: 4 dias.

Dicas e preparação de superfície

Norma ABNT NBR 13.245 de 02/95) Qualquer que seja a superfície, sempre deverá estar limpa, seca, lixada, isenta de partículas soltas e completamente livre de gordura, restos de pintura velha, pó, brilho etc.
Reboco, concreto e fibrocimento novos: aguarde secagem e cura completa por 30 dias, no mínimo. Após este cuidado, aplique uma demão de METALATEX SELADOR ACRÍLICO.
Reboco fraco, caiação, gesso, pintura velha calcinada, superfícies com partículas soltas ou mal aderidas: raspe e/ou lixe a superfície e trate com METALATEX ECO FUNDO PREPARADOR DE PAREDES (base d'água) ou METALATEX FUNDO PREPARADOR DE PAREDES (base solvente)
Superfícies com fungos ou bolor: lave com mistura de cloro e água em partes iguais. Deixe agir por 15 minutos e em seguida enxágue com água limpa. Se necessário, repita a operação. Aguarde secagem completa antes de iniciar a pintura.
Precauções de uso: leia atentamente as instruções da embalagem antes de manusear e/ou utilizar o produto. Para maiores informações, solicite a Ficha Técnica e/ou a Ficha de Segurança do Produto (FISPQ), através do SAC 0800 702 4037 ou pelo site www.sherwinwilliams.com.br.

Outros produtos relacionados

Metalatex Selador Acrílico

Indicado para uniformizar a porosidade da superfície.

Metalatex Eco Fundo Preparador de Parede

Fundo à base d´água com alto poder de penetração e aglutinação das partículas soltas.

Aquacryl Látex Mais Rendimento

STANDARD ★★★

AQUACRYL LÁTEX MAIS RENDIMENTO é uma tinta à base de resina vinil acrílica de acabamento fosco, de fácil aplicação, baixo odor, melhor cobertura e possui antimofo. Embeleza e protege superfícies internas e externas de alvenaria, concreto, reboco, massa corrida e acrílica.

Principais Atributos: mais rendimento, baixo odor, antimofo e melhor cobertura.

Embalagens/Rendimento

Galão (3,6 L): 60 m² a 76 m² por demão.
Galão (3,2 L): 53 m² a 67 m² por demão.
Lata (18 L): 300 m² a 380 m² por demão.
Lata (16 L) : 265 m² a 335 m² por demão.

Acabamento

Fosco.

Aplicação

Utilizar rolo de lã, pincel ou pistola.
Aplicar 2 a 3 demãos.

Diluição

Pintura/repintura: Rolo de lã/pincel: 50% de água limpa para todas as demãos.
Pintura/repintura: Pistola: 35% de água limpa.

Cor

Conforme cartela de cores no acabamento fosco.
Também disponível no sistema Tintométrico Color.

Secagem

Toque: 30 minutos.
Entre demãos: 2 a 4 horas.
Final: 4 horas.

Dicas e preparação de superfície

(Norma ABNT NBR 13.245 de 02/95) Qualquer que seja a superfície a ser pintada sempre deverá estar limpa, seca, lixada, isenta de partículas soltas e completamente livre de gordura, ferrugem, restos de pintura velha, pó, brilho etc.

Reboco, concreto e fibrocimento novos: aguarde secagem e cura completa por 30 dias (no mínimo). Após este cuidado, aplique uma demão de AQUACRYL SELADOR ACRÍLICO.

Reboco fraco, caiação, gesso, pintura velha calcinada, superfícies com partículas soltas e/ou mal aderidas: raspe e/ou lixe a superfície e trate com METALATEX ECO FUNDO PREPARADOR DE PAREDES (base d'água) ou METALATEX FUNDO PREPARADOR DE PAREDES (base solvente).

Superfícies com fungos ou bolor: lave com mistura de cloro e água em partes iguais. Deixe agir por 15 minutos e em seguida enxágue com água limpa. Se necessário, repita a operação. Aguarde secagem completa antes de iniciar a pintura.

Imperfeições rasas: corrija com AQUACRYL MASSA ACRÍLICA (indicado para áreas externas e internas) ou AQUACRYL MASSA CORRIDA (indicado somente para áreas internas) em camadas finas, lixando e eliminando a poeira entre demãos.

Precauções de uso: leia atentamente as instruções da embalagem antes de manusear e/ou utilizar o produto. Para maiores informações, solicite a Ficha Técnica e/ou a ficha de segurança do produto (FISPQ), através do SAC - 0800 702 4037 ou pelo site: www.sherwinwilliams.com.br

Outros produtos relacionados

Aquacryl Massa Corrida

Ótimo rendimento e fácil aplicação.

Aquacryl Selador Acrílico

Indicado para selar superfícies.

Aquacryl Massa Acrílica

Ótima resistência para ambientes externos e internos.

Novacor Parede Acrílico Sem Cheiro Mais Rendimento

STANDARD ★★★

NOVACOR PAREDE ACRÍLICO SEM CHEIRO MAIS RENDIMENTO é uma tinta acrílica indicada para exteriores e interiores, que em sua nova formulação apresenta 20% mais rendimento. Por ser sem cheiro, permite que a pintura seja feita em áreas internas ocupadas e garante que o ambiente permaneça sem cheiro em até 3 horas após aplicação.
Principais atributos: mais rendimento, rende até 380 m² (lata 18 L/demão), sem cheiro.

Embalagens/Rendimento

Quarto (0,8 L): 13 m² a 17 m² por demão.
Galão (3,6 L): 60 m² a 76 m² por demão.
Galão (3,2 L): 53 m² a 67 m² por demão.
Lata (18 L): 300 m² a 380 m² por demão.
Lata (16 L): 265 m² a 335 m² por demão.

Acabamento

Acetinado, semibrilho e fosco.

Aplicação

Utilizar rolo de lã, pincel ou pistola.
Aplicar 2 a 3 demãos.

Diluição

Pintura/repintura: Rolo de lã/pincel: Acabamento fosco 50% de água limpa.
Pintura/repintura: Rolo de lã/pincel: Acabamentos acetinado e semibrilho 30% de água limpa.
Pintura/repintura: Pistola: 35% de água limpa.

Cor

Conforme cartela de cores nos acabamentos acetinado, semibrilho e fosco. Também disponível no sistema Tintométrico Color.

Secagem

Toque: 30 minutos.
Entre demãos: 2 a 4 horas.
Final: 4 horas.

Dicas e preparação de superfície

(Norma ABNT NBR 13.245 de 02/95) Qualquer que seja a superfície a ser pintada sempre deverá estar limpa, seca, lixada, isenta de partículas soltas e completamente livre de gordura, ferrugem, restos de pintura velha, pó, brilho etc.
Reboco, concreto e fibrocimento novos: aguarde secagem e cura completa por 30 dias (no mínimo). Após este cuidado, aplique uma demão de METALATEX SELADOR ACRÍLICO.
Reboco fraco, caiação, gesso, pintura velha calcinada, superfícies com partículas soltas e/ou mal aderidas: raspe e/ou lixe a superfície e trate com METALATEX ECO FUNDO PREPARADOR DE PAREDES (base d'água) ou METALATEX FUNDO PREPARADOR DE PAREDES (base solvente).
Superfícies com fungos ou bolor: lave com mistura de cloro e água em partes iguais. Deixe agir por 15 minutos e em seguida enxágue com água limpa. Se necessário, repita a operação. Aguarde secagem completa antes de iniciar a pintura.
Imperfeições rasas: corrija com METALATEX MASSA ACRÍLICA (indicado para áreas externas e internas) ou METALATEX MASSA CORRIDA (indicado somente para áreas internas) em camadas finas, lixando e eliminando a poeira entre demãos.
Precauções de uso: leia atentamente as instruções da embalagem antes de manusear e/ou utilizar o produto. Para maiores informações, solicite a Ficha Técnica e/ou a ficha de segurança do produto (FISPQ), através do SAC - 0800 702 4037 ou pelo site: www.sherwinwilliams.com.br

Outros produtos relacionados

Metalatex Selador Acrílico

Indicado para uniformizar a porosidade da superfície.

Metalatex Massa Corrida

Alto poder de enchimento e nivelamento em superfícies internas.

Metalatex Massa Acrílica

Alto poder de enchimento e nivelamento, em ambientes externos e internos.

Novacor Látex Mais Rendimento

STANDARD ★★★

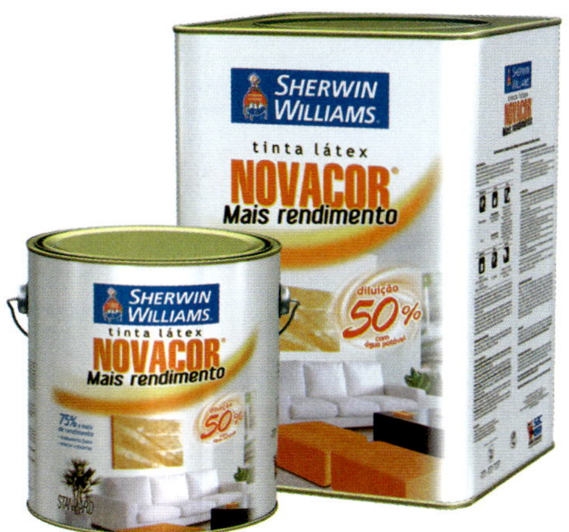

NOVACOR LÁTEX MAIS RENDIMENTO é uma tinta à base de resina vinil acrílica de acabamento fosco, indicada para aplicação em ambientes internos e externos. Sua nova formulação além de maior cobertura, rende até 75% mais, proporcionando mais qualidade e economia.
Principais atributos: 75% a mais de rendimento, 50% de diluição.

Embalagens/Rendimento

Lata (18 L): 300 m² a 380 m² por demão.
Lata (16 L): 265 m² a 338 m² por demão.
Galão (3,6 L): 60 m² a 76 m² por demão.
Galão (3,2 L): 53 m² a 67 m² por demão.

Acabamento

Fosco.

Aplicação

Utilizar rolo de lã, pincel ou pistola.
Aplique 2 a 3 demãos.

Diluição

Pintura/Repintura: Rolo de lã/pincel: 50% de água limpa para todas as demãos.
Pintura/repintura: Pistola 35% de água limpa.

Cor

Conforme cartela de cores no acabamento fosco.
Também disponível no sistema Tintométrico Color.

Secagem

Toque: 30 minutos.
Entre demãos: 2 a 4 horas.
Final: 4 horas.

Dicas e preparação de superfície

(Norma ABNT NBR 13.245 de 02/95) Qualquer que seja a superfície a ser pintada sempre deverá estar limpa, seca, lixada, isenta de partículas soltas e completamente livre de gordura, ferrugem, restos de pintura velha, pó, brilho etc.
Reboco, concreto e fibrocimento novos: aguarde secagem e cura completa por 30 dias (no mínimo). Após este cuidado, aplique uma demão de METALATEX PAREDE SELADOR ACRÍLICO.
Reboco fraco, caiação, gesso, pintura velha calcinada, superfícies com partículas soltas e/ou mal aderidas: raspe e/ou lixe a superfície e trate com METALATEX ECO FUNDO PREPARADOR DE PAREDES (base d'água) ou METALATEX FUNDO PREPARADOR DE PAREDES (base solvente).
Superfícies com fungos ou bolor: lave com mistura de cloro e água em partes iguais. Deixe agir por 15 minutos e em seguida enxágue com água limpa. Se necessário, repita a operação. Aguarde secagem completa antes de iniciar a pintura.
Imperfeições rasas: corrija com METALATEX MASSA ACRÍLICA (indicado para áreas externas e internas) ou METALATEX MASSA CORRIDA (indicado somente para áreas internas) em camadas finas, lixando e eliminando a poeira entre demãos.
Precauções de uso: leia atentamente as instruções da embalagem antes de manusear e/ou utilizar o produto. Para maiores informações, solicite a Ficha Técnica e/ou a ficha de segurança do produto (FISPQ), através do SAC - 0800 702 4037 ou pelo site: www.sherwinwilliams.com.br

Outros produtos relacionados

Metalatex Selador Acrílico

Indicado para uniformizar a porosidade da superfície.

Metalatex Massa Corrida

Alto poder de enchimento e nivelamento em superfícies internas.

Metalatex Massa Acrílica

Alto poder de enchimento e nivelamento, em ambientes externos e internos.

Novacor Gesso & Drywall

ECONÔMICA ★

NOVACOR GESSO & DRYWALL é uma tinta à base de emulsão acrílica desenvolvida especialmente para aplicação direta sobre gesso e drywall (gesso acartonado), proporcionando efeito decorativo e de proteção à superfície. Também pode ser aplicado em superfícies internas de reboco e massa corrida. Possui ótima aderência e poder de penetração. Economiza tempo e mão de obra, pois atua como fundo e acabamento, fixando partículas soltas e secando rapidamente.
Principais atributos: fixa partículas soltas, tem ótima aderência e possui secagem rápida.

Embalagens/Rendimento

Lata (18 L): 150 m² a 225 m² por demão.
Galão (3,6 L): 30 m² a 45 m² por demão.

Acabamento

Fosco.

Aplicação

Utilizar rolo de lã, pincel ou pistola.
Aplicar 2 a 3 demãos.

Diluição

Pintura: rolo ou pincel: primeira demão: 30% a 50% de água limpa, segunda e demais demãos: 20% a 30% de água limpa. Repintura: primeira e demais demãos: 20% a 30% de água limpa.
Pintura e repintura: pistola: 35% de água limpa.

Cor

Disponível na cor branca no acabamento fosco. Para adquirir uma tonalidade extra, é só misturar até o máximo de 1 bisnaga de 50 mL de CORANTE LÍQUIDO XADREZ® ou GLOBO COR por galão de 3,6 L XADREZ® marca registrada da Lanxess Deutschland GmbH, Germany.

Secagem

Toque: 30 minutos.
Entre demãos: 2 a 4 horas.
Final: 4 horas.

Dicas e preparação de superfície

(Norma ABNT NBR 13.245 de 02/95) Qualquer que seja a superfície a ser pintada sempre deverá estar limpa, seca, lixada, isenta de partículas soltas e completamente livre de gordura, ferrugem, restos de pintura velha, pó, brilho etc.
Pequenas imperfeições: aplique uma demão de Novacor Gesso em toda a superfície e posteriormente efetuar correção das imperfeições com METALATEX MASSA CORRIDA ou METALATEX MASSA ACRÍLICA.
Partes mofadas: lave com mistura de cloro e água em partes iguais. Deixe agir por 6 horas e em seguida enxágue com água limpa. Se necessário, repita a operação. Aguarde secagem completa antes de iniciar a pintura.
Repintura: lixe, limpe e escove a superfície, eliminando o pó, brilho e partes soltas.
Precauções de uso: leia atentamente as instruções da embalagem antes de manusear e/ou utilizar o produto. Para maiores informações, solicite a Ficha Técnica e/ou a Ficha de Segurança do Produto (FISPQ), através do SAC 0800 702 4037 ou pelo site www.sherwinwilliams.com.br.

Outros produtos relacionados

Corante Líquido Globocor

Indicado para tingir tintas à base d'água.

Corante Líquido Xadrez

Indicado para tingir tintas à base d'água.

Kem Tone Tinta Acrílica

ECONÔMICA ★

KEM TONE TINTA ACRÍLICA é uma tinta de fácil aplicação que garante um acabamento fosco perfeito, com excelente rendimento. Suas cores realçam, embelezam e protegem superfícies internas.
Principais atributos: rende até 300 m² (lata 18 L/demão), mais encorpado e durável.

Embalagens/Rendimento
Lata (18 L): 200 m² a 300 m² por demão.
Galão (3,6 L): 40 m² a 60 m² por demão.

Acabamento
Fosco.

Aplicação
Utilizar rolo de lã, pincel ou pistola.
Aplicar 2 a 3 demãos.

Diluição
Pintura/repintura: Rolo de lã/pincel: 20% a 30% de água limpa para todas as demãos.
Pintura/repintura: Pistola: 35% de água limpa.

Cor
Conforme cartela de cores no acabamento fosco. Para adquirir uma tonalidade extra, além das cores disponíveis em cartela, misture as cores do KEM TONE TINTA ACRÍLICA entre si, ou até o máximo de 1 bisnaga de 50 mL de CORANTE LÍQUIDO XADREZ® ou GLOBO COR para cada galão de 3,6 litros. XADREZ® marca registrada da Lanxess Deutschland GmbH, Germany.

Secagem
Toque: 30 minutos.
Entre demãos: 2 a 4 horas.
Final: 4 horas.

Dicas e preparação de superfície

(Norma ABNT NBR 13.245 de 02/95) Qualquer que seja a superfície a ser pintada sempre deverá estar limpa, seca, lixada, isenta de partículas soltas e completamente livre de gordura, ferrugem, restos de pintura velha, pó, brilho etc.
Reboco, concreto e fibrocimento novos: aguarde secagem e cura completa por 30 dias (no mínimo). Após este cuidado, aplique uma demão de METALATEX SELADOR ACRÍLICO.
Reboco fraco, caiação, gesso, pintura velha calcinada, superfícies com partículas soltas e/ou mal aderidas: raspe e/ou lixe a superfície e trate com METALATEX ECO FUNDO PREPARADOR DE PAREDES (base d'água) ou METALATEX FUNDO PREPARADOR DE PAREDES (base solvente).
Superfícies com fungos ou bolor: lave com mistura de cloro e água em partes iguais. Deixe agir por 15 minutos e em seguida enxágue com água limpa. Se necessário, repita a operação. Aguarde secagem completa antes de iniciar a pintura.
Imperfeições rasas: corrija com METALATEX MASSA ACRÍLICA (indicado para áreas externas e internas) ou METALATEX MASSA CORRIDA (indicado somente para áreas internas) em camadas finas, lixando e eliminando a poeira entre demãos.
Precauções de uso: leia atentamente as instruções da embalagem antes de manusear e/ou utilizar o produto. Para maiores informações, solicite a Ficha Técnica e/ou a ficha de segurança do produto (FISPQ), através do SAC - 0800 702 4037 ou pelo site: www.sherwinwilliams.com.br

Outros produtos relacionados

Corante Líquido Globocor
Indicado para tingir tintas à base d'água.

Corante Líquido Xadrez
Indicado para tingir tintas à base d'água.

Metalatex Massa Corrida
Alto poder de enchimento e nivelamento em superfícies internas.

Duraplast Acrílico

ECONÔMICA ★

DURAPLAST ACRÍLICO é uma tinta à base de resina acrílica modificada, indicada para áreas internas, podendo ser aplicada sobre reboco, massa corrida ou acrílica, concreto, fibrocimento, gesso e repinturas, mesmo que já tenham sido pintadas com tinta látex. Produto de fácil aplicação e ótima cobertura.
Principais atributos: antimofo, fácil aplicação e qualidade Sherwin-Williams.

Embalagens/Rendimento
Lata (18 L): 150 m² a 225 m² por demão.
Galão (3,6 L): 30 m² a 45 m² por demão.

Acabamento
Fosco.

Aplicação
Utilizar rolo de lã, pincel ou pistola.
Aplicar 2 a 3 demãos.

Diluição
Pintura/repintura: Rolo de lã/pincel: 25% de água limpa para todas as demãos.
Pintura/repintura: Pistola: 30% de água limpa.

Cor
Conforme cartela de cores no acabamento fosco. Para adquirir uma tonalidade extra, além das cores disponíveis em cartela, misture as cores do DURAPLAST ACRÍLICO entre si, ou até o máximo de 1 bisnaga de 50 mL de CORANTE LÍQUIDO XADREZ® ou GLOBO COR para cada galão de 3,6 litros. XADREZ® marca registrada da Lanxess Deutschland GmbH, Germany.

Secagem
Toque: 30 minutos.
Entre demãos: 2 a 4 horas.
Final: 4 horas.

Dicas e preparação de superfície

(Norma ABNT NBR 13.245 de 02/95) Qualquer que seja a superfície a ser pintada sempre deverá estar limpa, seca, lixada, isenta de partículas soltas e completamente livre de gordura, ferrugem, restos de pintura velha, pó, brilho etc.
Reboco, concreto e fibrocimento novos: aguarde secagem e cura completa por 30 dias (no mínimo). Após este cuidado, aplique uma demão de METALATEX SELADOR ACRÍLICO.
Reboco fraco, caiação, gesso, pintura velha calcinada, superfícies com partículas soltas e/ou mal aderidas: raspe e/ou lixe a superfície e trate com METALATEX ECO FUNDO PREPARADOR DE PAREDES (base d'água) ou METALATEX FUNDO PREPARADOR DE PAREDES (base solvente).
Superfícies com fungos ou bolor: lave com mistura de cloro e água em partes iguais. Deixe agir por 15 minutos e em seguida enxágue com água limpa. Se necessário, repita a operação. Aguarde secagem completa antes de iniciar a pintura.
Imperfeições rasas: corrija com METALATEX MASSA ACRÍLICA (indicado para áreas externas e internas) ou METALATEX MASSA CORRIDA (indicado somente para áreas internas) em camadas finas, lixando e eliminando a poeira entre demãos.
Precauções de uso: leia atentamente as instruções da embalagem antes de manusear e/ou utilizar o produto. Para maiores informações, solicite a Ficha Técnica e/ou a ficha de segurança do produto (FISPQ), através do SAC - 0800 702 4037 ou pelo site: www.sherwinwilliams.com.br

Outros produtos relacionados

Corante Líquido Globocor
Indicado para tingir tintas à base d'água.

Corante Líquido Xadrez
Indicado para tingir tintas à base d'água.

Metalatex Massa Corrida
Alto poder de enchimento e nivelamento em superfícies internas.

SW Obras Tinta Látex

ECONÔMICA ★

SHERWIN-WILLIAMS OBRAS TINTA LÁTEX é uma tinta à base polímero acrílico modificado de acabamento fosco, indicada para áreas internas, podendo ser aplicada sobre reboco, massa corrida ou acrílica, concreto, fibrocimento e madeira.

Embalagens/Rendimento
Lata (18 L): 200 m² a 300 m² por demão.

Acabamento
Fosco.

Aplicação
Utilizar rolo de lã, pincel ou pistola.
Aplicar 2 a 3 demãos.

Diluição
Pintura/repintura: Rolo de lã/pincel: 15% de água limpa para todas as demãos.
Pintura/repintura: Pistola: 35% de água limpa.

Cor
Disponível na cor branca no acabamento fosco.

Secagem
Ao toque: 30 minutos.
Entre demãos: 2 a 4 horas.
Final: 4 horas.

Dicas e preparação de superfície

(Norma ABNT NBR 13.245 de 02/95) Qualquer que seja a superfície a ser pintada sempre deverá estar limpa, seca, lixada, isenta de partículas soltas e completamente livre de gordura, ferrugem, restos de pintura velha, pó, brilho etc.
SW OBRAS LÁTEX pode ser aplicado em reboco, massa corrida ou acrilica, gesso, concreto e fibrocimento, considerando as especificacoes abaixo. Para outras superficies entrar em contato com nosso SAC.
Reboco fraco, caiação, pintura velha calcinada, superfícies com partículas soltas e/ou mal aderidas: raspe e/ou lixe a superfície e trate com METALATEX ECO FUNDO PREPARADOR DE PAREDES (base d'água).
Reboco, concreto, gesso e fibrocimento novos: aguarde secagem e cura completa por 30 dias (no mínimo). Após este cuidado, aplique uma demão de SW OBRAS FUNDO PARA GESSO.
Superfícies com fungos ou bolor: lave com mistura de cloro e água em partes iguais. Deixe agir por 15 minutos e em seguida enxágue com água limpa. Se necessário, repita a operação. Aguarde secagem completa antes de iniciar a pintura.
Imperfeições rasas: corrija com METALATEX MASSA ACRÍLICA (indicado para áreas externas e internas) ou METALATEX MASSA CORRIDA (indicado somente para áreas internas) em camadas finas, lixando e eliminando a poeira entre demãos.
Precauções de uso: leia atentamente as instruções da embalagem antes de manusear e/ou utilizar o produto. Para maiores informações, solicite a Ficha Técnica e/ou a ficha de segurança do produto (FISPQ), através do SAC - 0800 702 4037 ou pelo site: www.sherwinwilliams.com.br

Outros produtos relacionados

SW Fundo para Gesso

Fundo indicado para aplicação direta sobre gesso e drywall.

Metalatex Massa Corrida

Alto poder de enchimento e nivelamento em superfícies internas.

SW Restauração Complemento Flexível

Desenvolvido especialmente para restauração de superfícies com trincas e fissuras.

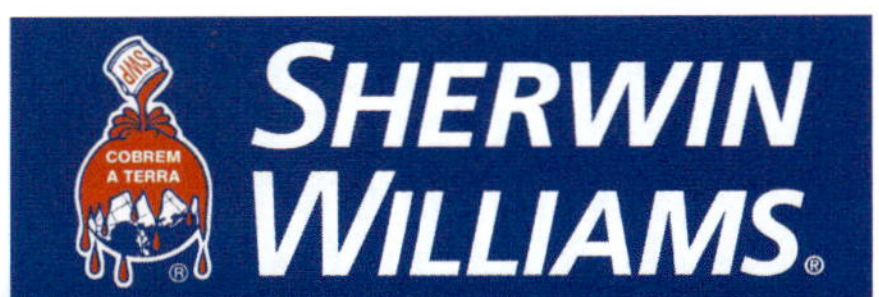

Prolar Acrílico

ECONÔMICA ★

PROLAR ACRÍLICO é uma tinta de fácil aplicação e que garante um acabamento fosco às superfícies. Suas cores realçam, protegem e embelezam superfícies internas de alvenaria, concreto, reboco, massa corrida e acrílica, tijolo aparente, fibrocimento e gesso (devidamente preparado).
Principais atributos: Tinta acrílica, antimofo e nova fórmula.

Embalagens/Rendimento
Lata (18 L): 150 m² a 225 m² por demão.
Galão (3,6 L): 30 m² a 45 m² por demão.

Acabamento
Fosco.

Aplicação
Utilizar rolo de lã, pincel ou pistola.
Aplicar 2 a 3 demãos.

Diluição
Pintura/repintura: Rolo de lã ou pincel: 20% a 30% de água limpa para todas as demãos.
Pintura/repintura: Pistola: 35% de água limpa.

Cor
Conforme cartela de cores no acabamento fosco.

Secagem
Toque: 30 minutos.
Entre demãos: 2 a 4 horas.
Final: 4 horas.

Dicas e preparação de superfície

(Norma ABNT NBR 13.245 de 02/95) Qualquer que seja a superfície a ser pintada sempre deverá estar limpa, seca, lixada, isenta de partículas soltas e completamente livre de gordura, ferrugem, restos de pintura velha, pó, brilho etc.
Reboco, concreto e fibrocimento novos: aguarde secagem e cura completa por 30 dias (no mínimo). Após este cuidado, aplique uma demão de AQUACRYL SELADOR ACRÍLICO.
Reboco fraco, caiação, gesso, pintura velha calcinada, superfícies com partículas soltas e/ou mal aderidas: raspe e/ou lixe a superfície e trate com METALATEX ECO FUNDO PREPARADOR DE PAREDES (base d'água) ou METALATEX FUNDO PREPARADOR DE PAREDES (base solvente).
Superfícies com fungos ou bolor: lave com mistura de cloro e água em partes iguais. Deixe agir por 15 minutos e em seguida enxágue com água limpa. Se necessário, repita a operação. Aguarde secagem completa antes de iniciar a pintura.
Imperfeições rasas: corrija com AQUACRYL MASSA ACRÍLICA (indicado para áreas externas e internas) ou AQUACRYL MASSA CORRIDA (indicado somente para áreas internas) em camadas finas, lixando e eliminando a poeira entre demãos.
Precauções de uso: leia atentamente as instruções da embalagem antes de manusear e/ou utilizar o produto. Para maiores informações, solicite a Ficha Técnica e/ou a ficha de segurança do produto (FISPQ), através do SAC – 0800 702 4037 ou pelo site: www.sherwinwilliams.com.br.

Outros produtos relacionados

Aquacryl Massa Corrida

Ótimo rendimento e fácil aplicação.

Aquacryl Massa Acrílica

Ótima resistência para ambientes externos e internos.

Aquacryl Selador Acrílico

Indicado para selar superfícies.

Metalatex Massa Corrida

METALATEX MASSA CORRIDA é um produto à base de emulsão vinil acrílica que nivela e corrige pequenas imperfeições, proporcionando aspecto liso e agradável em superfícies internas de reboco, gesso, fibrocimento, concreto etc. Possui excelente rendimento, secagem rápida, fácil aplicação, facilita o lixamento e proporciona economia da tinta de acabamento.
Principais atributos: economiza tinta de acabamento, é fácil de lixar, fácil de aplicar e tem rápida secagem.

Embalagens/Rendimento

Lata (18 L): 40 m² a 65 m² por demão.
Galão (3,6 L): 8 m² a 13 m² por demão.
Quarto (0,9 L): 2 m² a 4 m² por demão.

Acabamento

Fosco.

Aplicação

Utilizar desempenadeira ou espátula.
Aplicar 2 a 3 demãos até o perfeito nivelamento da superfície.

Diluição

Não é necessário diluir.

Cor

Disponível na cor branca.

Secagem

Toque: 1 hora.
Entre demãos/para lixamento: 2 horas.
Final: 4 horas.

Dicas e preparação de superfície

(Norma ABNT NBR 13.245 de 02/95) Qualquer que seja a superfície, sempre deverá estar limpa, seca, lixada, isenta de partículas soltas e completamente livre de gordura, restos de pintura velha, pó, brilho etc.
Reboco, concreto e fibrocimento novos: aguarde secagem e cura completa por 30 dias (no mínimo). Após este cuidado, aplique uma demão de METALATEX SELADOR ACRÍLICO.
Reboco fraco, caiação, gesso, pintura velha calcinada, superfícies com partículas soltas e/ou mal aderidas: raspe e/ou lixe a superfície e trate com METALATEX ECO FUNDO PREPARADOR DE PAREDES (base d'água) ou METALATEX FUNDO PREPARADOR DE PAREDES (base solvente).
Superfícies com fungos ou bolor: lave com solução de cloro e água misturadas em partes iguais. Após aplicação, enxágue com água limpa. Aguarde secagem completa antes de iniciar a aplicação do produto.
Aplicar o produto sempre em camadas finas.
Precauções de uso: leia atentamente as instruções da embalagem antes de manusear e/ou utilizar o produto. Para maiores informações, solicite a Ficha Técnica e/ou a Ficha de Segurança do Produto (FISPQ), através do SAC 0800 702 4037 ou pelo site www.sherwinwilliams.com.br.

Outros produtos relacionados

Metalatex Selador Acrílico

Indicado para uniformizar a porosidade da superfície.

Metalatex Eco Fundo Preparador de Paredes

Fundo à base d'água com alto poder de penetração e aglutinação das partículas soltas.

Metalatex Requinte Superlavável Sem Cheiro

Tinta acrílica com alta resistência à lavabilidade com acabamento acetinado.

Metalatex Massa Acrílica

METALATEX MASSA ACRÍLICA é um produto à base de resina acrílica, formulado com alto teor de sólidos, indicado para corrigir, alisar e uniformizar superfícies de reboco, concreto, argamassas em geral, em ambientes externos e internos, proporcionando um acabamento liso.
Principais atributos: corrige imperfeições e possui secagem rápida.

Embalagens/Rendimento
Lata (18 L): 40 m² a 60 m² por demão.
Galão (3,6 L): 8 m² a 12 m² por demão.
Quarto (0,9 L): 2 m² a 3 m² por demão.

Acabamento
Fosco.

Aplicação
Desempenadeira e espátula.
Aplicar 2 a 3 demãos até o perfeito nivelamento da superfície.

Diluição
Não é necessário diluir.

Cor
Disponível na cor branca.

Secagem
Ao toque: 1 hora.
Entre demãos e para lixamento: 4 horas.
Final: 6 horas.

Dicas e preparação de superfície

(Norma ABNT NBR 13.245 de 02/95) Qualquer que seja a superfície, sempre deverá estar limpa, seca, lixada, isenta de partículas soltas e completamente livre de gordura, restos de pintura velha, pó, brilho etc.
Reboco, concreto e fibrocimento novos: aguarde secagem e cura completa por 30 dias (no mínimo). Após este cuidado, aplique uma demão de METALATEX SELADOR ACRÍLICO.
Reboco fraco, caiação, gesso, pintura velha calcinada, superfícies com partículas soltas e/ou mal aderidas: raspe e/ou lixe a superfície e trate com METALATEX ECO FUNDO PREPARADOR DE PAREDES (base d'água) ou METALATEX FUNDO PREPARADOR DE PAREDES (base solvente).
Superfícies com fungos ou bolor: lave com mistura de cloro e água em partes iguais. Deixe agir por 15 minutos e em seguida enxágue com água limpa. Se necessário, repita a operação. Aguarde secagem completa antes de iniciar a pintura. Aplicar o produto sempre em camadas finas.
Precauções de uso: leia atentamente as instruções da embalagem antes de manusear e/ou utilizar o produto. Para maiores informações, solicite a Ficha Técnica e/ou a Ficha de Segurança do Produto (FISPQ), através do SAC 0800 702 4037 ou pelo site www.sherwinwilliams.com.br.

Outros produtos relacionados

Metalatex Requinte Superlavável Sem Cheiro

Tinta acrílica com alta resistência à lavabilidade com acabamento acetinado.

Metalatex Litoral Sem Cheiro

Sua fórmula de última geração mantém as cores firmes por mais tempo, evitando assim o desbotamento e a palidez da pintura, causados pela ação dos raios solares.

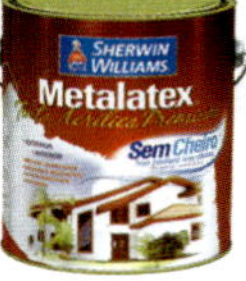

Metalatex Tinta Acrílica Premium Sem Cheiro

Beleza e resistência, com um acabamento inigualável.

Metalatex Selador Acrílico

METALATEX SELADOR ACRÍLICO é um fundo à base de emulsão acrílica, destinado a selar superfícies de reboco, concreto, fibrocimento, argamassas em geral, em áreas externas e internas. Proporciona maior economia na pintura final pela redução do número de demãos do acabamento, principalmente sobre superfícies novas e porosas.
Principais atributos: economiza tinta de acabamento e possui secagem rápida.

Embalagens/Rendimento
Lata (18 L): 125 m² a 175 m² por demão.
Galão (3,6 L): 25 m² a 35 m² por demão.

Acabamento
Fosco.

Aplicação
Rolo de lã, pincel ou pistola.
Aplicar 1 demão.

Diluição
Pintura e repintura: rolo de lã ou pincel: 10% de água limpa.
Pistola: 20% de água limpa.

Cor
Disponível na cor branca.

Secagem
Toque: 30 minutos.
Final: 4 horas.

Dicas e preparação de superfície

(Norma ABNT NBR 13.245 de 02/95) Qualquer que seja a superfície, sempre deverá estar limpa, seca, lixada, isenta de partículas soltas e completamente livre de gordura, restos de pintura velha, pó, brilho etc.
Reboco, concreto e fibrocimento novos: aguarde secagem e cura completa por 30 dias (no mínimo). Após este cuidado, aplique uma demão de METALATEX SELADOR ACRÍLICO.
Reboco fraco, caiação, gesso, pintura velha calcinada, superfícies com partículas soltas e/ou mal aderidas: raspe e/ou lixe a superfície e trate com METALATEX ECO FUNDO PREPARADOR DE PAREDES (base d'água) ou METALATEX FUNDO PREPARADOR DE PAREDES (base solvente).
Superfícies com fungos ou bolor: lave com mistura de cloro e água em partes iguais. Deixe agir por 15 minutos e em seguida enxágue com água limpa. Se necessário, repita a operação. Aguarde secagem completa antes de iniciar a pintura.
Aplicar o produto sempre em camadas finas.
Precauções de uso: leia atentamente as instruções da embalagem antes de manusear e/ou utilizar o produto. Para maiores informações, solicite a Ficha Técnica e/ou a Ficha de Segurança do Produto (FISPQ), através do SAC 0800 702 4037 ou pelo site www.sherwinwilliams.com.br.

Outros produtos relacionados

Metalatex Massa Corrida
Alto poder de enchimento e nivelamento em superfícies internas.

Metalatex Massa Acrílica
Alto poder de enchimento e nivelamento, em ambientes externos e internos.

Metalatex Tinta Acrílica Premium Sem Cheiro
Beleza e resistência, com um acabamento inigualável.

Metalatex Textura Acrílica

METALATEX TEXTURA ACRÍLICA é um produto levemente encorpado com excelentes propriedades de resistência. Proporciona belo efeito decorativo em superfícies de alvenaria, blocos de concreto ou reboco. Indicado para ambientes internos, podendo ser aplicado em ambientes externos desde que, com 2 demãos de tinta acrílica como acabamento.

Principais atributos: corrige imperfeições e possui secagem rápida.

Embalagens/Rendimento

Textura alta: Lata (18 L): 20 m² a 45 m² por demão.
Galão (3,6 L): 4 m² a 9 m² por demão.
Textura baixa: Lata (18 L): 30 m² a 55 m² por demão.
Galão (3,6 L): 6 m² a 11 m² por demão.

Acabamento

Fosco.

Aplicação

Desempenadeira/espátula e rolo para texturização.
1 a 2 demãos dependendo do estado da superfície e efeito desejado.

Diluição

Não é necessário diluir.

Cor

Disponível na cor branca com acabamento texturizado.

Secagem

Toque: 8 horas.
Final: 4 dias.

Dicas e preparação de superfície

(Norma ABNT NBR 13.245 de 02/95) Qualquer que seja a superfície, sempre deverá estar limpa, seca, lixada, isenta de partículas soltas e completamente livre de gordura, restos de pintura velha, pó, brilho etc.

Reboco, concreto e fibrocimento novos: aguarde secagem e cura completa por 30 dias (no mínimo). Após este cuidado, aplique uma demão de METALATEX SELADOR ACRÍLICO.

Reboco fraco, caiação, gesso, pintura velha calcinada, superfícies com partículas soltas e/ou mal aderidas: raspe e/ou lixe a superfície e trate com METALATEX ECO FUNDO PREPARADOR DE PAREDES (base d'água) ou METALATEX FUNDO PREPARADOR DE PAREDES (base solvente).

Superfícies com fungos ou bolor: lave com mistura de cloro e água em partes iguais. Deixe agir por 15 minutos e em seguida enxágue com água limpa. Se necessário, repita a operação. Aguarde secagem completa antes de iniciar a pintura. Aplicar o produto sempre em camadas finas.

Precauções de uso: leia atentamente as instruções da embalagem antes de manusear e/ou utilizar o produto. Para maiores informações, solicite a Ficha Técnica e/ou a Ficha de Segurança do Produto (FISPQ), através do SAC 0800 702 4037 ou pelo site www.sherwinwilliams.com.br.

Outros produtos relacionados

Metalatex Selador Acrílico

Indicado para uniformizar a porosidade da superfície.

Metalatex Eco Fundo Preparador de Paredes

Fundo à base d'água com alto poder de penetração e aglutinação das partículas soltas.

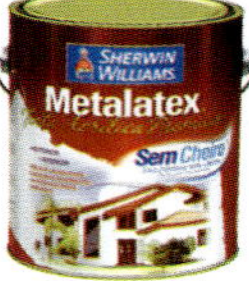

Metalatex Tinta Acrílica Premium Sem Cheiro

Beleza e resistência, com um acabamento inigualável.

Metalatex Verniz Acrílico Incolor

METALATEX VERNIZ ACRÍLICO INCOLOR é um verniz à base de emulsão acrílica para revestimento e proteção de concreto aparente, tijolos à vista, pedra mineira (em paredes) e telhas de cerâmica, quando se desejar manter a aparência original da superfície, assim como selagem de gesso. Disponível no acabamento brilhante, possui fácil aplicação proporcionando um filme elástico e resistente de grande durabilidade.
Principais atributos: possui secagem rápida.

Embalagens/Rendimento
Lata (18 L): 150 m² a 225 m² por demão.
Galão (3,6 L): 30 m² a 45 m² por demão.

Acabamento
Brilhante.

Aplicação
Utilizar rolo de lã, pincel ou pistola.
Aplicar 2 ou mais demãos.

Diluição
Rolo de lã ou pincel ou pistola: primeira demão: 50% de água limpa. Segunda e demais demãos: 30% de água limpa.

Cor
Incolor no acabamento brilhante.

Secagem
Ao toque: 30 minutos.
Entre demãos: 1 hora.
Final: 4 horas.

Dicas e preparação de superfície

(Norma ABNT NBR 13.245 de 02/95) Qualquer que seja a superfície, sempre deverá estar limpa, seca, lixada, isenta de partículas soltas e completamente livre de gordura, restos de pintura velha, pó, brilho etc.
Reboco, concreto e fibrocimento novos: aguarde secagem e cura completa por 30 dias (no mínimo). Após este cuidado, aplique uma demão de METALATEX SELADOR ACRÍLICO.
Reboco fraco, caiação, gesso, pintura velha calcinada, superfícies com partículas soltas e/ou mal aderidas: raspe e/ou lixe a superfície e trate com METALATEX ECO FUNDO PREPARADOR DE PAREDES (base d'água) ou METALATEX FUNDO PREPARADOR DE PAREDES (base solvente).
Superfícies com fungos ou bolor: lave com mistura de cloro e água em partes iguais. Deixe agir por 15 minutos e em seguida enxágue com água limpa. Se necessário, repita a operação. Aguarde secagem completa antes de iniciar a pintura. Aplicar o produto sempre em camadas finas.
Precauções de uso: leia atentamente as instruções da embalagem antes de manusear e/ou utilizar o produto. Para maiores informações, solicite a Ficha Técnica e/ou a Ficha de Segurança do Produto (FISPQ), através do SAC 0800 702 4037 ou pelo site www.sherwinwilliams.com.br.

Outros produtos relacionados

Metalatex Selador Acrílico

Indicado para uniformizar a porosidade da superfície.

Metalatex Eco Fundo Preparador de Paredes

Fundo à base d'água com alto poder de penetração e aglutinação das partículas soltas.

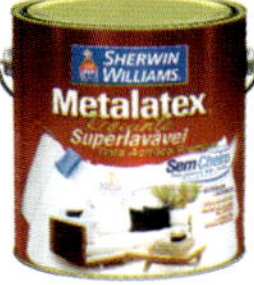

Metalatex Requinte Superlavável Sem Cheiro

Tinta acrílica com alta resistência à lavabilidade com acabamento acetinado.

Aquacryl Massa Corrida

AQUACRYL MASSA CORRIDA é um produto à base de emulsão vinil acrílica que possui ótimo nivelamento, facilitando a aplicação e o lixamento. Use as massas corridas SHERWIN-WILLIAMS para nivelar e corrigir pequenas imperfeições em paredes e tetos, e proporcionar aspecto liso e agradável em superfícies internas de reboco, gesso, fibrocimento e concreto.

Principais atributos: ótimo nivelamento, fácil de aplicar e de lixar.

Embalagens/Rendimento

Lata (18 L): 40 m² a 65 m² por demão.

Acabamento

Fosco.

Aplicação

Utilizar desempenadeira/espátula.

Aplicar 2 a 3 demãos, até o perfeito nivelamento da superfície.

Diluição

Não é necessário diluir.

Cor

Disponível na cor branca.

Secagem

Toque: 1 hora.

Entre demãos: 2 horas.

Final: 4 horas.

Dicas e preparação de superfície

(Norma ABNT NBR 13.245 de 02/95) Qualquer que seja a superfície, sempre deverá estar limpa, seca, lixada e completamente livre de gordura, ferrugem, restos de pintura velha, pó, brilho etc.

Reboco, concreto e fibrocimento novos: aguardar secagem e cura completa por 30 dias (no mínimo). Após este cuidado, aplicar uma demão de AQUACRYL SELADOR ACRÍLICO.

Reboco fraco, caiação, gesso, pintura velha calcinada, superfícies com partículas soltas e/ou mal aderidas: deverão ser obrigatoriamente raspadas e/ou lixadas e tratadas com METALATEX ECO FUNDO PREPARADOR DE PAREDES (base d'água) ou METALATEX FUNDO PREPARADOR DE PAREDES (base solvente).

Superfícies com fungos ou bolor: lavar com solução de cloro e água misturadas em partes iguais. Após aplicação, enxaguar com água limpa. Aguardar secagem completa antes de iniciar a aplicação do produto.

Precauções de uso: leia atentamente as instruções da embalagem antes de manusear e/ou utilizar o produto. Para maiores informações, solicite a Ficha Técnica e/ou a ficha de segurança do produto (FISPQ), através do SAC - 0800 702 4037 ou pelo site: www.sherwinwilliams.com.br

Outros produtos relacionados

Aquacryl Massa Acrílica

Ótima resistência para ambientes externos e internos.

Aquacryl Látex

Fácil aplicação, baixo odor e ótima cobertura.

Aquacryl Selador Acrílico

Indicado para selar superfícies.

Aquacryl Massa Acrílica

AQUACRYL MASSA ACRÍLICA é um produto à base de resina acrílica, de maior resistência, rápida secagem e fácil lixamento, formulada para corrigir, uniformizar e preparar superfícies externas e internas de concreto ou reboco, proporcionando um acabamento liso e delicado. **Principais atributos**: maior resistência, fácil de lixar e possui rápida secagem.

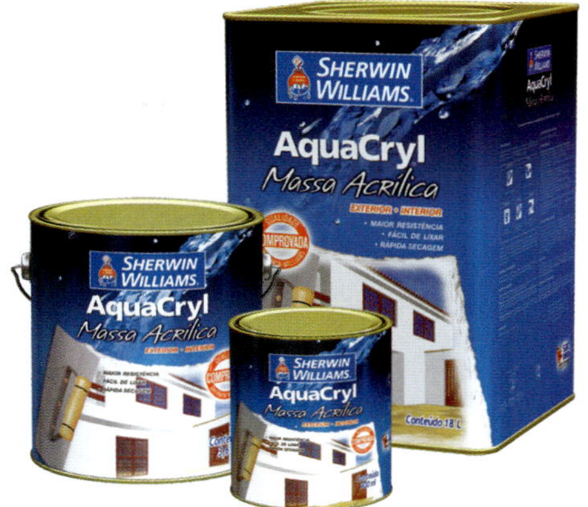

Embalagens/Rendimento

Lata (18 L): 40 m² a 60 m² por demão.
Galão (3,6 L): 8 m² a 12 m² por demão.
Quarto (0,9 L): 2 m² a 3 m² por demão.

Acabamento

Fosco.

Aplicação

Utilizar desempenadeira/espátula.
Aplicar 2 a 3 demãos até o perfeito nivelamento da superfície.

Diluição

Não é necessário diluir.

Cor

Disponível na cor branca.

Secagem

Toque: 1 hora.
Entre demãos: 4 horas.
Final: 6 horas.

Dicas e preparação de superfície

(Norma ABNT NBR 13.245 de 02/95) Qualquer que seja a superfície, sempre deverá estar limpa, seca, lixada, isenta de partículas soltas e completamente livre de gordura, restos de pintura velha, pó, brilho etc.
Reboco, concreto e fibrocimento novos: aguarde secagem e cura completa por 30 dias (no mínimo). Após este cuidado, aplique uma demão de METALATEX SELADOR ACRÍLICO.
Reboco fraco, caiação, gesso, pintura velha calcinada, superfícies com partículas soltas e/ou mal aderidas: devem ser obrigatoriamente raspadas e/ou lixadas e tratadas com METALATEX ECO FUNDO PREPARADOR DE PAREDES (base d'água) ou METALATEX FUNDO PREPARADOR DE PAREDES (base solvente).
Superfícies com fungos ou bolor: lave com solução de cloro e água misturadas em partes iguais. Após aplicação, enxágue com água limpa. Aguarde secagem completa antes de iniciar a aplicação do produto.
Precauções de uso: leia atentamente as instruções da embalagem antes de manusear e/ou utilizar o produto. Para maiores informações, solicite a Ficha Técnica e/ou a Ficha de Segurança do Produto (FISPQ), através do SAC 0800 702 4037 ou pelo site www.sherwinwilliams.com.br.

Outros produtos relacionados

Aquacryl Massa Corrida

Ótimo rendimento e fácil aplicação.

Aquacryl Látex

Fácil aplicação, baixo odor e ótima cobertura.

Aquacryl Selador Acrílico

Indicado para selar superfícies.

Aquacryl Selador Acrílico

AQUACRYL SELADOR ACRÍLICO é um produto à base de resina acrílica, de fácil aplicação, destinado especialmente a selar superfícies de concreto, reboco, fibrocimento e sobre pinturas, em áreas externas e internas. Pigmentado na cor branca, incrementa o poder de cobertura, promovendo economia da tinta de acabamento.
Principais atributos: ótimo poder selante, fácil de aplicar e possui secagem rápida.

Embalagens/Rendimento
Lata (18 L): 120 m^2 a 170 m^2 por demão.
Galão (3,6 L): 24 m^2 a 34 m^2 por demão.

Acabamento
Fosco.

Aplicação
Utilizar rolo de lã, pincel ou pistola.
Aplicar 1 a 2 demãos.

Diluição
Pintura e repintura: rolo de lã ou pincel: 10% de água limpa para todas as demãos.
Pistola: 20% de água limpa.

Cor
Disponível na cor branca.

Secagem
Toque: 30 minutos.
Entre demãos: 2 horas.
Final: 4 horas.

Dicas e preparação de superfície

(Norma ABNT NBR 13.245 de 02/95) Qualquer que seja a superfície, sempre deverá estar limpa, seca, lixada, isenta de partículas soltas e completamente livre de gordura, restos de pintura velha, pó, brilho etc.
Reboco e concreto novo: aguarde secagem e cura completa por 30 dias (no mínimo). Após este cuidado, aplique uma demão de AQUACRYL SELADOR ACRÍLICO.
Reboco fraco, caiação, gesso, pintura velha calcinada, superfícies com partículas soltas e/ou mal aderidas: raspe e/ou lixe a superfície e trate com METALATEX ECO FUNDO PREPARADOR DE PAREDES (base d'água) ou METALATEX FUNDO PREPARADOR DE PAREDES (base solvente).
Superfícies com fungos ou bolor: lave com mistura de cloro e água em partes iguais. Deixe agir por 15 minutos e em seguida enxágue com água limpa. Se necessário, repita a operação. Aguarde secagem completa antes de iniciar a pintura.
Precauções de uso: leia atentamente as instruções da embalagem antes de manusear e/ou utilizar o produto. Para maiores informações, solicite a Ficha Técnica e/ou a Ficha de Segurança do Produto (FISPQ), através do SAC 0800 702 4037 ou pelo site www.sherwinwilliams.com.br.

Outros produtos relacionados

Aquacryl Massa Corrida

Ótimo rendimento e fácil aplicação.

Aquacryl Látex

Fácil aplicação, baixo odor e ótima cobertura.

Aquacryl Massa Acrílica

Ótima resistência para ambientes externos e internos.

Sherwin-Williams Massa Corrida

SHERWIN-WILLIAMS MASSA CORRIDA é um produto à base de resina copolímero que nivela e corrige pequenas imperfeições, proporcionando aspecto liso e agradável em superfícies internas de reboco, gesso, fibrocimento, concreto, etc. Possui excelente rendimento, secagem rápida, fácil aplicação, facilita o lixamento e proporciona economia da tinta de acabamento.

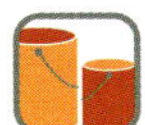

Embalagens/Rendimento
Lata (18 L): 30 m^2 a 40 m^2 por demão.

Acabamento
Fosco.

Aplicação
Utilizar desempenadeira e/ou espátula.
Aplicar 2 a 3 demãos até o perfeito nivelamento da superfície.

Diluição
Não é necessário diluir.

Cor
Disponível na cor branca.

Secagem
Toque: 1 hora.
Entre demãos/para lixamento: 2 horas.
Final: 4 horas.

Dicas e preparação de superfície

(Norma ABNT NBR 13.245 de 02/95) Qualquer que seja a superfície, sempre deverá estar limpa, seca, lixada, isenta de partículas soltas e completamente livre de gordura, restos de pintura velha, pó, brilho etc.
Reboco, concreto e fibrocimento novos: aguarde secagem e cura completa por 30 dias (no mínimo). Após este cuidado, aplique uma demão de METALATEX SELADOR ACRÍLICO.
Reboco fraco, caiação, gesso, pintura velha calcinada, superfícies com partículas soltas e/ou mal aderidas: raspe e/ou lixe a superfície e trate com METALATEX ECO FUNDO PREPARADOR DE PAREDES (base d'água) ou METALATEX FUNDO PREPARADOR DE PAREDES (base solvente).
Superfícies com fungos ou bolor: lave com mistura de cloro e água em partes iguais. Deixe agir por 15 minutos e em seguida enxágue com água limpa. Se necessário, repita a operação. Aguarde secagem completa antes de iniciar a pintura.
Precauções de uso: leia atentamente as instruções da embalagem antes de manusear e/ou utilizar o produto. Para maiores informações, solicite a Ficha Técnica e/ou a Ficha de Segurança do Produto (FISPQ), através do SAC 0800 702 4037 ou pelo site www.sherwinwilliams.com.br.

Outros produtos relacionados

SW Massa Acrílica

Ótima resistência para ambientes externos e internos.

SW Obras Tinta Látex

Tinta de acabamento fosco indicada par áreas internas.

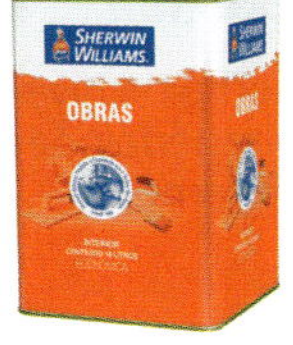

SW Obras Fundo para Gesso

Fundo indicado para aplicação direta sobre gesso e drywall.

Sherwin-Williams Massa Acrílica

SHERWIN-WILLIAMS PAREDE MASSA ACRÍLICA é formulada à base de resinas acrílicas, apresentando excepcional resistência, alto poder de enchimento e ótima aderência. É indicada para nivelar e corrigir pequenas imperfeições nas paredes internas e especialmente em áreas externas. Possui baixo teor de absorção, assegurando um elevado rendimento da tinta de acabamento.

Embalagens/Rendimento
Lata (18 L): 40 m^2 a 50 m^2 por demão.

Acabamento
Fosco.

Aplicação
Utilizar desempenadeira e/ou espátula.
Aplicar 2 a 3 demãos até o perfeito nivelamento da superfície.

Diluição
Não é necessário diluir.

Cor
Disponível na cor branca.

Secagem
Toque: 1 hora.
Entre demãos/para lixamento: 4 horas.
Final: 6 horas.

Dicas e preparação de superfície

(Norma ABNT NBR 13.245 de 02/95) Qualquer que seja a superfície, sempre deverá estar limpa, seca, lixada, isenta de partículas soltas e completamente livre de gordura, restos de pintura velha, pó, brilho etc.
Reboco, concreto e fibrocimento novos: aguarde secagem e cura completa por 30 dias (no mínimo). Após este cuidado, aplique uma demão de METALATEX SELADOR ACRÍLICO.
Reboco fraco, caiação, gesso, pintura velha calcinada, superfícies com partículas soltas e/ou mal aderidas: raspe e/ou lixe a superfície e trate com METALATEX ECO FUNDO PREPARADOR DE PAREDES (base d'água) ou METALATEX FUNDO PREPARADOR DE PAREDES (base solvente).
Superfícies com fungos ou bolor: lave com mistura de cloro e água em partes iguais. Deixe agir por 15 minutos e em seguida enxágue com água limpa. Se necessário, repita a operação. Aguarde secagem completa antes de iniciar a pintura.
Precauções de uso: leia atentamente as instruções da embalagem antes de manusear e/ou utilizar o produto. Para maiores informações, solicite a Ficha Técnica e/ou a Ficha de Segurança do Produto (FISPQ), através do SAC 0800 702 4037 ou pelo site www.sherwinwilliams.com.br.

Outros produtos relacionados

SW Massa Corrida

Perfeito para corrigir e nivelar pequenas imperfeições de ambientes internos.

SW Obras Tinta Látex

Tinta de acabamento fosco indicada par áreas internas.

SW Obras Fundo para Gesso

Fundo indicado para aplicação direta sobre gesso e drywall.

Metalatex Eco Fundo Preparador de Paredes

METALATEX ECO FUNDO PREPARADOR DE PAREDES é um produto acrílico à base d'água, de alto poder de penetração, desenvolvido para superfícies de alvenaria arenosas, calcinadas com restos de cal, reboco fraco, tinta velha e/ou descascadas, fibrocimento e gesso. A aplicação deste produto sobre estas superfícies aglutina as partículas soltas, deixando-as em condições para receber o acabamento. Sua fórmula exclusiva não utiliza aguarrás como solvente, fazendo com que o seu grande diferencial seja o BAIXO ODOR durante a aplicação e menor agressividade ao meio ambiente. É prático, fácil de aplicar e de secagem rápida.

Principais atributos: alto poder de penetração e aglutinação e melhora a aderência da tinta de acabamento.

Embalagens/Rendimento

Lata (18 L): 175 m² a 275 m² por demão.
Galão (3,6 L): 35 m² a 55 m² por demão.
Quarto (0,9 L): 9 m² a 14 m² por demão.

Acabamento

Fosco.

Aplicação

Rolo de lã ou pincel.
Aplicar 1 demão.

Diluição

De 10% a 100% de água limpa dependendo da porosidade da superfície. Faça um teste aplicando o produto diluído com 10% de água limpa em uma pequena parte da superfície. Aumente a diluição, se necessário, até que a superfície não apresente brilho após a secagem.

Cor

Incolor.

Secagem

Toque: 30 minutos.
Final: 4 horas.

Dicas e preparação de superfície

(Norma ABNT NBR 13.245 de 02/95) Qualquer que seja a superfície, sempre deverá estar limpa, seca, lixada, isenta de partículas soltas e completamente livre de gordura, ferrugem, restos de pintura velha, pó, brilho etc.

Elimine completamente o pó resultante do lixamento, antes da aplicação do produto.

Reboco, concreto e fibrocimento novos: aguarde secagem e cura completa por 30 dias (no mínimo).

Reboco fraco, caiação, gesso, pintura velha calcinada, superfícies com partículas soltas e/ou mal aderidas: deverão ser obrigatoriamente raspadas e/ou lixadas para eliminação de partículas soltas e mal aderidas.

Superfícies com fungos ou bolor: lave com mistura de cloro e água em partes iguais. Deixe agir por 15 minutos e em seguida enxágue com água limpa. Se necessário, repita a operação. Aguarde secagem completa antes de iniciar a pintura.

Importante: em superfícies de baixa porosidade, é necessária adequar a diluição do METALATEX ECO FUNDO PREPARADOR DE PAREDES até total aglutinação e penetração na superfície com água.

Precauções de uso: leia atentamente as instruções da embalagem antes de manusear e/ou utilizar o produto. Para maiores informações, solicite a Ficha Técnica e/ou a Ficha de Segurança do Produto (FISPQ), através do SAC 0800 702 4037 ou pelo site www.sherwinwilliams.com.br.

Outros produtos relacionados

Metalatex Selador Acrílico

Indicado para uniformizar a porosidade da superfície.

Metalatex Massa Acrílica

Alto poder de enchimento e nivelamento, em ambientes externos e internos.

Metalatex Requinte Superlavável Sem Cheiro

Tinta acrílica com alta resistência à lavabilidade com acabamento acetinado.

Sherwin-Williams Restauração Complemento Acrílico Flexível

COMPLEMENTO ACRÍLICO FLEXÍVEL é um produto formulado à base de resina acrílica, de alta performance, desenvolvido especialmente para restauração de superfícies com trincas e fissuras, impermeabilização de paredes expostas à chuva, superfícies de concreto ou fibrocimento, ou ainda lajes onde não haja trânsito. É um produto flexível que acompanha o movimento de dilatação e retração das superfícies que causam as pequenas trincas e fissuras. Como impermeabilizante, evita a infiltração e consequente deterioração das superfícies e pinturas. Ideal para aplicação sobre SELATRINCA no tratamento de trincas e fissuras.

Principais atributos: impermeabiliza a superfície.

Embalagens/Rendimento

Lata (18 L): 125 m² a 150 m² por demão.
Galão (3,6 L): 25 m² a 30 m² por demão.

Acabamento

Fosco.

Aplicação

Utilizar rolo de lã de pelo alto ou pincel:
- Tratamento de trincas: 2 demãos.
- Impermeabilização de lajes: 4 a 6 demãos.
- Superfícies com fissuras: 3 demãos.

Diluição

Tratamento de trincas e restauração de superfícies com fissuras: 10% de água limpa para todas as demãos. Impermeabilização de lajes: primeira demão: 30% de água limpa. Segunda e demais demãos: não é necessário diluir. Aplicação sobre o SELATRINCA: sobre a trinca já vedada, diluir com 10% de água limpa. Sobre a tela de poliéster, não é necessário diluir

Cor

Disponível na cor branca.

Secagem

Toque: 2 horas.
Entre demãos: 6 horas.
Final: 48 horas.

Dicas e preparação de superfície

(Norma ABNT NBR 13.245 de 02/95) Qualquer que seja a superfície, sempre deverá estar limpa, seca, lixada, isenta de partículas soltas e completamente livre de gordura, restos de pintura velha, pó, brilho etc.
Reboco, concreto e fibrocimento novos: aguarde secagem e cura completa por 30 dias (no mínimo). Após este cuidado, aplique uma demão de METALATEX SELADOR ACRÍLICO.
Reboco fraco, caiação, gesso, pintura velha calcinada, superfícies com partículas soltas e/ou mal aderidas: raspe e/ou lixe a superfície e trate com METALATEX ECO FUNDO PREPARADOR DE PAREDES (base d'água) ou METALATEX FUNDO PREPARADOR DE PAREDES (base solvente).
Superfícies com fungos ou bolor: lave com mistura de cloro e água em partes iguais. Deixe agir por 15 minutos e em seguida enxágue com água limpa. Se necessário, repita a operação. Aguarde secagem completa antes de iniciar a pintura.
Precauções de uso: leia atentamente as instruções da embalagem antes de manusear e/ou utilizar o produto. Para maiores informações, solicite a Ficha Técnica e/ou a Ficha de Segurança do Produto (FISPQ), através do SAC 0800 702 4037 ou pelo site www.sherwinwilliams.com.br.

Outros produtos relacionados

Metalatex Eco Fundo Preparador de Paredes

Fundo à base d'água com alto poder de penetração e aglutinação das partículas soltas.

Sherwin-Williams Restauração Selatrinca

É um produto flexível, que acompanha o movimento de dilatação e retração das superfícies.

Metalatex Tinta Acrílica Premium Sem Cheiro

Beleza e resistência, com um acabamento inigualável.

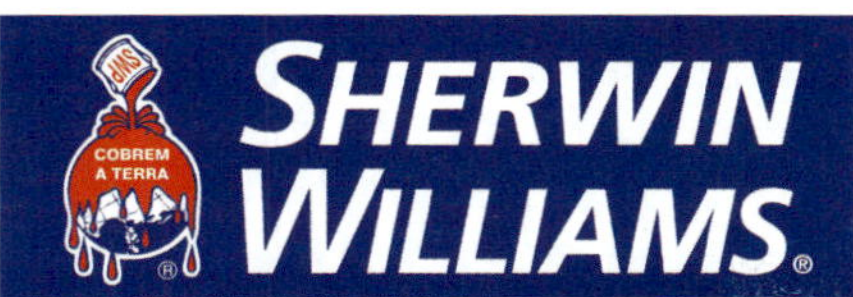

Sherwin-Williams Restauração Selatrinca

SELATRINCA é um produto formulado à base de resina acrílica, indicado para vedação de trincas em superfícies de alvenaria, concreto ou fibrocimento com dimensões de até 10 mm × 10 mm. Apresenta repelência à água, tem alto poder de enchimento, ótima aderência e de fácil aplicação. É um produto flexível, que acompanha o movimento de dilatação e retração das superfícies que causam as pequenas trincas e fissuras.
Principais atributos: alto poder de enchimento e ótima aderência.

Embalagens/Rendimento

Galão (3,6 L): 2 m² a 3 m² para trincas com 10 mm × 10 mm.

Acabamento

Fosco.

Aplicação

Utilizar espátula de aço.
Aplicar 2 demãos.

Diluição

Pronto para uso, não é necessário diluir.

Cor

Disponível na cor branca.

Secagem

Toque: 4 horas.
Entre demãos: 12 horas.
Final: 48 horas.

Dicas e preparação de superfície

(Norma ABNT NBR 13.245 de 02/95) Qualquer que seja a superfície, sempre deverá estar limpa, seca, lixada, isenta de partículas soltas e completamente livre de gordura, restos de pintura velha, pó, brilho etc.
Reboco, concreto e fibrocimento novos: aguarde secagem e cura completa por 30 dias (no mínimo). Após este cuidado, aplique uma demão de METALATEX SELADOR ACRÍLICO.
Reboco fraco, caiação, gesso, pintura velha calcinada, superfícies com partículas soltas e/ou mal aderidas: raspe e/ou lixe a superfície e trate com METALATEX ECO FUNDO PREPARADOR DE PAREDES (base d'água) ou METALATEX FUNDO PREPARADOR DE PAREDES (base solvente).
Superfícies com fungos ou bolor: lave com mistura de cloro e água em partes iguais. Deixe agir por 15 minutos e em seguida enxágue com água limpa. Se necessário, repita a operação. Aguarde secagem completa antes de iniciar a pintura.
Precauções de uso: leia atentamente as instruções da embalagem antes de manusear e/ou utilizar o produto. Para maiores informações, solicite a Ficha Técnica e/ou a Ficha de Segurança do Produto (FISPQ), através do SAC 0800 702 4037 ou pelo site www.sherwinwilliams.com.br.

Outros produtos relacionados

Metalatex Eco Fundo Preparador de Paredes

Fundo à base d'água com alto poder de penetração e aglutinação das partículas soltas.

SW Restauração Complemento Flexível

Desenvolvido especialmente para restauração de superfícies com trincas e fissuras.

Metalatex Tinta Acrílica Premium Sem Cheiro

Beleza e resistência, com um acabamento inigualável.

Sherwin-Williams Obras Fundo Para Gesso

Sherwin-Williams OBRAS FUNDO PARA GESSO é uma fundo à base polímero acrílico modificado de acabamento fosco, indicado para aplicação direta sobre gesso e drywall. Possui ótima aderência e poder de penetração nos diversos tipos de gesso, fixando as partículas soltas e secando rapidamente.

Embalagens/Rendimento
Lata (18 L): 250 m² a 350 m² por demão.

Acabamento
Fosco.

Aplicação
Utilizar rolo de lã, pincel ou pistola.
Aplicar 1 demão.

Diluição
Pintura/repintura: Rolo de lã/pincel: 20% de água limpa.
Pintura/repintura: Pistola: 35% de água limpa.

Cor
Disponível na cor branca no acabamento fosco.

Secagem
Final: 4 horas.

Dicas e preparação de superfície

(Norma ABNT NBR 13.245 de 02/95) Qualquer que seja a superfície a ser pintada sempre deverá estar limpa, seca, lixada, isenta de partículas soltas e completamente livre de gordura, ferrugem, restos de pintura velha, pó, brilho etc.
Reboco fraco, caiação, pintura velha calcinada, superfícies com partículas soltas e/ou mal aderidas: raspe e/ou lixe a superfície e trate com METALATEX ECO FUNDO PREPARADOR DE PAREDES (base d'água).
Reboco, concreto, gesso e fibrocimento novos: aguarde secagem e cura completa por 30 dias (no mínimo). Após este cuidado, aplique uma demão de SW OBRAS FUNDO PARA GESSO.
Superfícies com fungos ou bolor: lave com mistura de cloro e água em partes iguais. Deixe agir por 15 minutos e em seguida enxágue com água limpa. Se necessário, repita a operação. Aguarde secagem completa antes de iniciar a pintura.
Imperfeições rasas: corrija com METALATEX MASSA ACRÍLICA (indicado para áreas externas e internas) ou METALATEX MASSA CORRIDA (indicado somente para áreas internas) em camadas finas, lixando e eliminando a poeira entre demãos.
Precauções de uso: leia atentamente as instruções da embalagem antes de manusear e/ou utilizar o produto. Para maiores informações, solicite a Ficha Técnica e/ou a ficha de segurança do produto (FISPQ), através do SAC - 0800 702 4037 ou pelo site: www.sherwinwilliams.com.br

Outros produtos relacionados

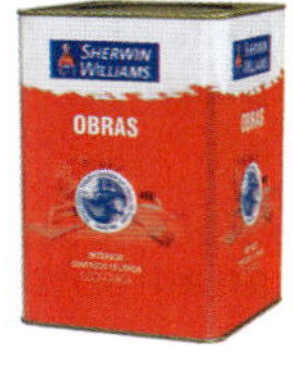

SW Obras Tinta Látex

Tinta de acabamento fosco indicada para áreas internas.

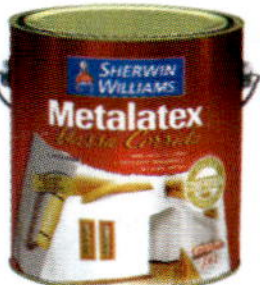

Metalatex Massa Corrida

Alto poder de enchimento e nivelamento em superfícies internas.

Sherwin-Williams Restauração Selatrinca

É um produto flexível, que acompanha o movimento de dilatação e retração das superfícies.

Metalatex Fundo Preparador de Paredes

METALATEX FUNDO PREPARADOR DE PAREDES é um produto a base de resina acrílica e solventes alifático pronto para uso, que dispensa diluição, possui alto poder de penetração e baixíssimo odor. Especialmente desenvolvido para tratar as superfícies de alvenaria arenosas, calcinadas que possuem restos de cal, reboco fraco, tinta velha e/ou descascadas, como também fibrocimento e gesso. A aplicação deste produto sobre estes tipos de superfícies aglutina as partículas soltas, deixando-as em condições apropriadas para receber o acabamento.

Principais atributos: ideal para gesso, alto poder de penetração e pronto para uso.

Embalagens/Rendimento

Lata (18 L): 200 m² a 250 m² por demão.
Galão (3,6 L): 40 m² a 55 m² por demão.

Acabamento

Fosco.

Aplicação

Utilizar rolo de lã, pincel ou pistola.
Aplique 1 demão.

Diluição

Pronto para uso. Se necessário diluir, utilize METALATEX AGUARRÁS como diluente e para manter a característica de baixo odor. Nunca utilize thinner, gasolina, benzina ou outros solventes.

Cor

Incolor.

Secagem

Toque: 2 horas.
Final: 24 horas.

Dicas e preparação de superfície

(Norma ABNT NBR 13.245 de 02/95) Qualquer que seja a superfície a ser pintada sempre deverá estar limpa, seca, lixada e completamente livre de gordura, ferrugem, restos de pintura velha, pó, brilho etc. Após remover pintura velha com removedores especiais, prepare a superfície com METALATEX AGUARRÁS. Elimine completamente o pó resultante do lixamento, antes da aplicação do produto.

Reboco, concreto e fibrocimento novos: aguarde secagem e cura completa por 30 dias (no mínimo).

Reboco fraco, caiação, gesso, pintura velha calcinada, superfícies com partículas soltas e/ou mal aderidas: deverão ser obrigatoriamente raspadas e/ou lixadas para eliminação de partículas soltas e mal aderidas.

Superfícies com fungos ou bolor: lave com mistura de cloro e água em partes iguais. Deixe agir por 15 minutos e em seguida enxágue com água limpa. Se necessário, repita a operação. Aguarde secagem completa antes de iniciar a pintura.

Importante: em superfícies de baixa porosidade, é necessária a diluição do METALATEX FUNDO PREPARADOR DE PAREDES até total aglutinação e penetração na superfície com METALATEX AGUARRÁS.

Precauções de uso: leia atentamente as instruções da embalagem antes de manusear e/ou utilizar o produto. Para maiores informações, solicite a Ficha Técnica e/ou a Ficha de Segurança do Produto (FISPQ), através do SAC 0800 702 4037 ou pelo site www.sherwinwilliams.com.br.

Outros produtos relacionados

Metalatex Selador Acrílico

Indicado para uniformizar a porosidade da superfície.

Metalatex Massa Acrílica

Alto poder de enchimento e nivelamento, em ambientes externos e internos.

Metalatex Requinte Superlavável Sem Cheiro

Tinta acrílica com alta resistência à lavabilidade com acabamento acetinado

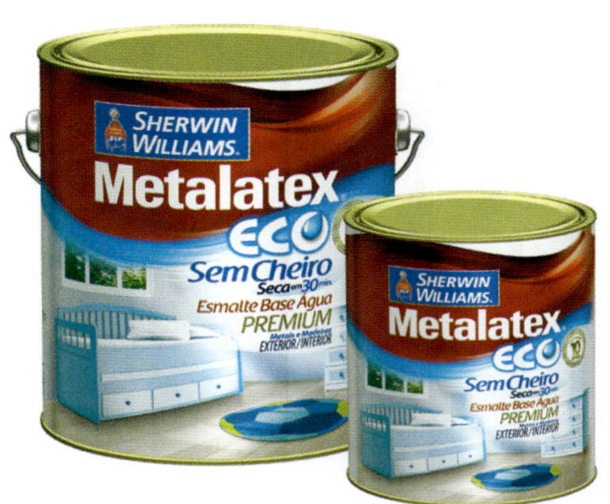

Metalatex Eco Esmalte

PREMIUM ★★★★★

METALATEX ECO ESMALTE à base d'água é uma tinta com excelente cobertura e de fino acabamento, que proporciona embelezamento e super proteção de superfícies externas e internas de metais, madeiras (exceto para tipo naval) e vimes. Sua fórmula exclusiva não deixa a cor branca amarelar e garante uma secagem ultra rápida.
Principais atributos: sem cheiro, seca em 30 minutos, durabilidade de 10 anos.

Embalagens/Rendimento

Galão (3,6 L): 40 m² a 55 m² por demão.
Quarto (0,9 L): 10 m² a 13 m² por demão.
Galão (3,2 L): 35 m² a 48 m² por demão.
Quarto (0,8 L): 9 m² a 11 m² por demão.

Acabamento

Alto brilho e acetinado.

Aplicação

Utilizar rolo de espuma ou lã, pincel ou pistola. Aplique 2 a 3 demãos.

Diluição

Pintura/repintura: Rolo de espuma ou lã/pincel: primeira demão: 20 a 30% de água limpa, Segunda e demais demãos: 10 a 20% de água limpa.
Pintura/Repintura: Pistola: até 30% de água limpa.

Cor

Conforme cartela de cores nos acabamentos alto brilho e acetinado. Base: conforme cartela de cores do Sistema Tintométrico.

Secagem

Ao toque: 30 minutos.
Entre demãos: 4 horas.
Final: 5 horas.

Dicas e preparação de superfície

(Norma ABNT NBR 13.245 de 02/95) Qualquer que seja a superfície a ser pintada sempre deverá estar limpa, seca, lixada, isenta de partículas soltas e completamente livre de gordura, ferrugem, restos de pintura velha, pó, brilho, resina natural da madeira etc. Em locais de baixa porosidade, como esquadrias com pintura eletrostática, consulte o departamento técnico através do SAC para indicações de procedimentos de aplicação.
Superfícies novas: devem receber uma demão de fundo, conforme especificado no item FUNDO RECOMENDADO.
Pinturas velhas em bom estado de conservação e bem aderidas: servem de base para repintura, após o lixamento e cuidados acima.
Pinturas velhas ou em mau estado de conservação: devem ser totalmente removidas com removedores especiais ou thinner, preparadas com METALATEX AGUARRÁS e após isto, o procedimento deverá ser o mesmo que o para superfície nova.
Superfícies com fungos ou bolor: lave com mistura de cloro e água em partes iguais. Deixe agir por 15 minutos e em seguida enxágue com água limpa. Se necessário, repita a operação. Aguarde secagem completa antes de iniciar a pintura.
Imperfeições rasas: para obter um fino acabamento e deixar a superfície lisa, utilize METALATEX ECO MASSA NIVELADORA em camadas finas e sucessivas.
Precauções de uso: leia atentamente as instruções da embalagem antes de manusear e/ou utilizar o produto. Para maiores informações, solicite a Ficha Técnica e/ou a ficha de segurança do produto (FISPQ), através do SAC - 0800 702 4037 ou pelo site: www.sherwinwilliams.com.br

Outros produtos relacionados

Metalatex Eco Massa Niveladora

A base d'água, proporciona excelente acabamento final à madeira.

Metalatex Eco Fundo Branco para Madeira

Tinta de fundo, elaborada para a preparação de superfícies, selando os poros e oferecendo boa base de adesão às demãos de acabamento.

Metalatex Eco Fundo Antiferrugem

Indicado para superfícies metálicas, é fácil de aplicar, tem secagem rápida e impede a formação de ferrugem.

Metalatex Esmalte Sintético

PREMIUM ★★★★★

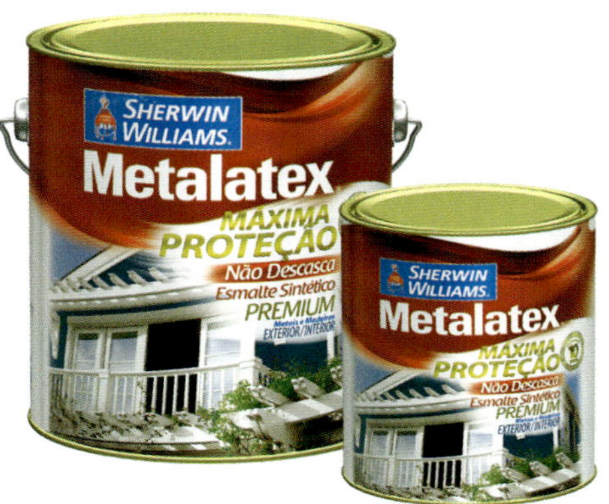

Metalatex Esmalte Sintético alquídico, com sua fórmula inovadora e de altíssima qualidade proporciona um belíssimo acabamento para superfícies externas e internas de madeira, metais e vimes. Possui máxima proteção e não descasca.
Principais atributos: máxima proteção, não descasca e durabilidade de 10 anos.

Embalagens/Rendimento

Galão (3,6 L) = 40 m² a 55 m² por demão.
Galão (3,2 L) = 35 m² a 48 m² por demão.
Quarto (0,9 L) = 10 m² a 14 m² por demão.
Quarto (0,8 L) = 9 m² a 12 m² por demão.

Acabamento

Alto brilho, acetinado e fosco.

Aplicação

Utilizar rolo de espuma, pincel ou pistola.
Aplique 2 a 3 demãos.

Diluição

Pintura: primeira demão 15% de Metalatex Aguarrás.
Demais demãos até 10% de Metalatex Aguarrás.
Repintura: Rolo de espuma: 10% de Metalatex Aguarrás. Pistola: 20% de Metalatex Aguarrás.
Nunca utilize thinner, gasolina, benzina ou outros solventes.

Cor

Ready Mix: conforme cartela de cores nos acabamentos alto brilho, acetinado e fosco.
Base: conforme cartela de cores do Sistema Tintométrico.

Secagem

Toque: 1 a 4 horas.
Entre demãos: 8 a 12 horas.
Final: 24 horas.

Dicas e preparação de superfície

(Norma ABNT NBR 13.245 de 02/95) Qualquer que seja a superfície a ser pintada sempre deverá estar limpa, seca, lixada, isenta de partículas soltas e completamente livre de gordura, ferrugem, restos de pintura velha, pó, brilho, resina natural da madeira etc. Em locais de baixa porosidade, como esquadrias com pintura eletrostática, consulte o departamento técnico através do SAC para indicações de procedimentos de aplicação.
Superfícies novas: devem receber uma demão de fundo, conforme especificado no item FUNDO RECOMENDADO.
Pinturas velhas em bom estado de conservação e bem aderidas: servem de base para repintura, após o lixamento e cuidados acima.
Pinturas velhas ou em mau estado de conservação: após remover a pintura velha com removedores especiais, prepare a superfície com METALATEX AGUARRÁS e após isto, o procedimento deverá ser o mesmo que o para superfícies novas.
Superfícies com fungos ou bolor: lave com mistura de cloro e água em partes iguais. Deixe agir por 15 minutos e em seguida enxágue com água limpa. Se necessário, repita a operação. Aguarde secagem completa antes de iniciar a pintura.
Imperfeições rasas: para obter um fino acabamento e deixar a superfície lisa, utilize METALATEX MASSA ÓLEO em camadas finas e sucessivas.
Precauções de uso: leia atentamente as instruções da embalagem antes de manusear e/ou utilizar o produto. Para maiores informações, solicite a Ficha Técnica e /ou a ficha de segurança do produto (FISPQ), através do SAC - 0800 702 4037 ou pelo site: www.sherwinwilliams.com.br

Outros produtos relacionados

Metalatex Aguarrás

Solvente com baixo odor, indicado para diluição e manutenção dos equipamentos de pintura.

Metalatex Massa Óleo para Madeiras

Massa destinada a nivelar e corrigir imperfeições em superfícies de madeira.

Metalatex Fundo Óxido para Metais

Anticorrosivo de alta qualidade. Protege e proporciona melhor aderência à tinta de acabamento.

Novacor Esmalte Sintético

STANDARD ★★★

Novacor Esmalte Sintético é um produto alquídico de alta qualidade, recomendado para uso em ambientes externos e internos. Possui fácil aplicação, superior durabilidade e secagem rápida, podendo ser aplicado em metais, madeiras e vimes, formando uma película aderente e flexível de grande resistência a intempéries, óleos, graxas e gorduras. **Principais atributos**: super durável, secagem rápida e durabilidade de 10 anos.

Embalagens/Rendimento

Galão (3,6 L): 40 m² a 50 m² por demão.
Quarto (0,9 L): 10 m² a 12 m² por demão.
1/16 galão (0,225 L): 2,5 m² a 3,5 m² por demão.

Acabamento

Alto brilho, acetinado e fosco.

Aplicação

Utilizar rolo de espuma, pincel ou pistola.
Aplique 2 a 3 demãos.

Diluição

Pintura: Rolo de espuma/pincel: 10% de Metalatex Aguarrás. Repintura: Rolo de espuma/pincel: 10% de Metalatex Aguarrás. Pintura/Repintura: Pistola: 25% de Metalatex Aguarrás. Nunca utilize thinner, gasolina, benzina ou outros solventes.

Cor

Conforme cartela de cores no acabamentos alto brilho, acetinado e fosco.

Secagem

Toque: 4 horas.
Entre demãos: 12 horas.
Final: 24 horas.

Dicas e preparação de superfície

(Norma ABNT NBR 13.245 de 02/95) Qualquer que seja a superfície a ser pintada sempre deverá estar limpa, seca, lixada, isenta de partículas soltas e completamente livre de gordura, ferrugem, restos de pintura velha, pó, brilho, resina natural da madeira etc. Em locais de baixa porosidade, como esquadrias com pintura eletrostática, consulte o departamento técnico através do SAC para indicações de procedimentos de aplicação.
Superfícies novas: devem receber uma demão de fundo, conforme especificado no item FUNDO RECOMENDADO.
Pinturas velhas em bom estado de conservação e bem aderidas: servem de base para repintura, após o lixamento e cuidados acima.
Pinturas velhas ou em mau estado de conservação: devem ser totalmente removidas com removedores especiais ou thinner, preparadas com METALATEX AGUARRÁS e após isto, o procedimento deverá ser o mesmo que o para superfície nova.
Superfícies com fungos ou bolor: lave com mistura de cloro e água em partes iguais. Deixe agir por 15 minutos e em seguida enxágue com água limpa. Se necessário, repita a operação. Aguarde secagem completa antes de iniciar a pintura.
Imperfeições rasas: para obter um fino acabamento e deixar a superfície lisa, utilize NOVACOR MASSA NIVELADORA/ ÓLEO em camadas finas e sucessivas.
Precauções de uso: leia atentamente as instruções da embalagem antes de manusear e/ou utilizar o produto. Para maiores informações, solicite a Ficha Técnica e/ou a ficha de segurança do produto (FISPQ), através do SAC - 0800 702 4037 ou pelo site: www.sherwinwilliams.com.br

Outros produtos relacionados

Metalatex Aguarrás

Solvente com baixo odor, indicado para diluição e manutenção dos equipamentos de pintura.

Novacor Fundo Antiferrugem

Tinta anticorrosiva para aplicação em superfícies de ferro e aço, protegendo-os contra ferrugem.

Novacor Massa Óleo

Ideal para correção de imperfeições e nivelamento de superfícies de madeira.

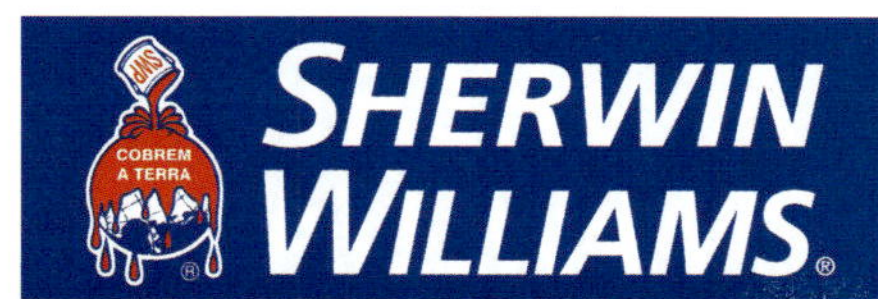

Metalatex Eco Super Galvite

METALATEX ECO SUPER GALVITE é um fundo à base d'água indicado para promover aderência sobre superfícies de aço galvanizado, chapas zincadas e alumínio, canaletas, condutores, calhas, rufos, chapas lisas e onduladas e painéis de propaganda. Por ser a base d'água, facilita a limpeza e a reutilização de pincéis e rolos de espuma. Sua fórmula exclusiva não utiliza aguarrás como solvente, fazendo com que o seu grande diferencial seja o BAIXO ODOR durante a aplicação e menor agressividade ao meio ambiente.
Principais atributos: é prático, fácil de aplicar e possui secagem rápida.

Embalagens/Rendimento
Galão (3,6 L): 50 m² a 70 m² por demão.
Quarto (0,9 L): 12,5 m² a 17,5 m² por demão.

Acabamento
Fosco.

Aplicação
Utilizar rolo de espuma ou lã, pincel ou pistola.
Aplicar 1 demão.

Diluição
Até 10% de água limpa.

Cor
Branco.

Secagem
Toque: 1 hora.
Final: 4 horas.

Dicas e preparação de superfície

(Norma ABNT NBR 13.245 de 02/95) Qualquer que seja a superfície a ser pintada sempre deverá estar limpa, seca, lixada, isenta de partículas soltas e completamente livre de gordura, ferrugem, restos de pintura velha, pó, brilho etc.
Em locais de baixa porosidade, como esquadrias com pintura eletrostática, consulte o departamento técnico através do SAC para indicações de procedimentos de aplicação.
Superfícies novas: efetue leve lixamento com lixa para metais grana. Retirar o pó resultante com pano umedecido com thinner. Repita a operação quantas vezes forem necessárias. Aplique o produto homogeneamente sobre a superfície fria.
Superfícies já pintadas: remova pinturas velhas que estejam soltas ou mal aderidas, remover pontos de ferrugem até a exposição do metal e tratá-los com METALATEX FUNDO ÓXIDO antes da aplicação do METALATEX ECO SUPER GALVITE.
Precauções de uso: leia atentamente as instruções da embalagem antes de manusear e/ou utilizar o produto. Para maiores informações, solicite a Ficha Técnica e/ou a Ficha de Segurança do Produto (FISPQ), através do SAC 0800 702 4037 ou pelo site www.sherwinwilliams.com.br.

Outros produtos relacionados

Metalatex Eco Esmalte

Esmalte à base d´água, voltado para o bem-estar de quem o usa e do meio ambiente.

Metalatex Eco Fundo Antiferrugem

Indicado para superfícies metálicas, é fácil de aplicar, tem secagem rápida e impede a formação de ferrugem.

Metalatex Eco Fundo Antiferrugem

METALATEX ECO FUNDO ANTIFERRUGEM, à base d'água, é indicado para superfícies metálicas. É fácil de aplicar, tem secagem ultra-rápida e impede a formação de ferrugem.
Principais atributos: possui baixo odor e secagem rápida.

Embalagens/Rendimento Galão (3,6 L): 30 m² a 45 m² por demão. Quarto (0,9 L): 8 m² a 11 m² por demão.	**Acabamento** Fosco.
Aplicação Utilizar rolo de espuma ou pincel. Aplicar 1 a 2 demãos.	**Diluição** 10% a 20% de água limpa.
Cor Vermelho óxido.	**Secagem** Toque: 30 minutos. Entre demãos: 3 horas. Final: 3 a 4 horas.

Dicas e preparação de superfície

(Norma ABNT NBR 13.245 de 02/95) Qualquer que seja a superfície a ser pintada sempre deverá estar limpa, seca, lixada, isenta de partículas soltas e completamente livre de gordura, ferrugem, restos de pintura velha, pó, brilho, resina natural da madeira etc.
Em locais de baixa porosidade, como esquadrias com pintura eletrostática, consultar o departamento técnico através do SAC para indicações de procedimentos de aprovação.
Superfícies de madeira: Limpar no sentido dos veios da madeira, passar pano umedecido com aguarrás para remover a oleosidade natural. Remova o pó após o lixamento.
Superfícies de metal: Usar lixa para ferro, limpar usando pano umedecido com aguarrás e aplicar METALATEX ECO FUNDO ANTIFERRUGEM. Áreas com ferrugens deverão ser lixadas até a exposição do metal. No caso de ferragens novas remover o fundo proveniente do serralheiro.
Precauções de uso: leia atentamente as instruções da embalagem antes de manusear e/ou utilizar o produto. Para maiores informações, solicite a Ficha Técnica e/ou a Ficha de Segurança do Produto (FISPQ), através do SAC 0800 702 4037 ou pelo site www.sherwinwilliams.com.br.

Outros produtos relacionados

Metalatex Eco Esmalte

Esmalte à base d'água, voltado para o bem-estar de quem o usa e do meio ambiente.

Metalatex Eco Super Galvite

Fundo à base d'água que possui baixo odor e é menos agressivo ao meio ambiente.

Metalatex Eco Fundo Branco para Madeira

METALATEX ECO FUNDO BRANCO PARA MADEIRA à base d'água, é recomendado para promover aderência e regular a absorção da tinta do acabamento.
Principais atributos: possui baixo odor e secagem rápida.

Embalagens/Rendimento
Galão (3,6 L): 35 m² a 50 m²/demão.
Quarto (0,9 L): 9 m² a 13 m²/demão.

Acabamento
Fosco.

Aplicação
Utilizar rolo de espuma ou pincel.
Aplicar 1 a 2 demãos.

Diluição
10% a 20% de água limpa.

Cor
Branco.

Secagem
Toque: 30 minutos.
Entre demãos: 3 horas.
Final: 3 a 4 horas.

Dicas e preparação de superfície

(Norma ABNT NBR 13.245 de 02/95) Qualquer que seja a superfície a ser pintada sempre deverá estar limpa, seca, lixada, isenta de partículas soltas e completamente livre de gordura, ferrugem, restos de pintura velha, pó, brilho, resina natural da madeira etc.
Em locais de baixa porosidade, como esquadrias com pintura eletrostática, consultar o departamento técnico através do SAC para indicações de Superfícies de madeira: Limpar no sentido dos veios da madeira, passar pano umedecido com aguarrás para remover a oleosidade natural. Remova o pó após o lixamento.
Superfícies de metal: Usar lixa para ferro, limpar usando pano umedecido com aguarrás e aplicar METALATEX ECO FUNDO ANTIFERRUGEM. Áreas com ferrugens deverão ser lixadas até a exposição do metal. No caso de ferragens novas remover o fundo proveniente do serralheiro.
Precauções de uso: leia atentamente as instruções da embalagem antes de manusear e/ou utilizar o produto. Para maiores informações, solicite a Ficha Técnica e/ou a Ficha de Segurança do Produto (FISPQ), através do SAC 0800 702 4037 ou pelo site www.sherwinwilliams.com.br.

Outros produtos relacionados

Metalatex Eco Massa Niveladora

A base d'agua, proporciona excelente acabamento final a madeira.

Metalatex Eco Esmalte

Esmalte à base d´água, voltado para o bem-estar de quem o usa e do meio ambiente.

Novacor Fundo Antiferrugem

NOVACOR FUNDO ANTIFERRUGEM é uma tinta anticorrosiva para aplicação em superfícies de ferro ou aço, que, assim como o zarcão, protege contra a ferrugem.
Principal atributo: proteção contra ferrugem.

Embalagens/Rendimento
Galão (3,6 L): 30 m² a 40 m² por demão.
Quarto (0,9 L): 7,5 m² a 10 m² por demão.

Acabamento
Fosco.

Aplicação
Utilizar rolo de espuma ou pincel.
Aplicar 1 demão.

Diluição
Até 10% de Metalatex Aguarrás.
Nunca utilizar thinner, gasolina, benzina ou outros solventes.

Cor
Vermelho óxido.

Secagem
Repintura: 8 horas.
Final: 24 horas.

Dicas e preparação de superfície

(Norma ABNT NBR 13.245 de 02/95) Qualquer que seja a superfície a ser pintada, sempre deverá estar limpa, seca, lixada, isenta de partículas soltas e completamente livre de gordura, ferrugem, restos de pintura velha, pó, brilho etc.
Superfícies de madeira: Limpar no sentido dos veios da madeira, passar pano umedecido com aguarrás para remover a oleosidade natural. Remova o pó após o lixamento.
Superfícies de metal: Usar lixa para ferro, limpar usando pano umedecido com aguarrás e aplicar Fundo NOVACOR ANTIFERRUGEM. Áreas com ferrugens deverão ser lixadas até a exposição do metal. No caso de ferragens novas remover o fundo proveniente do serralheiro e aplicar o Fundo Novacor Antiferrugem.
Precauções de uso: leia atentamente as instruções da embalagem antes de manusear e/ou utilizar o produto. Para maiores informações, solicite a Ficha Técnica e/ou a Ficha de Segurança do Produto (FISPQ), através do SAC 0800 702 4037 ou pelo site www.sherwinwilliams.com.br.

Outros produtos relacionados

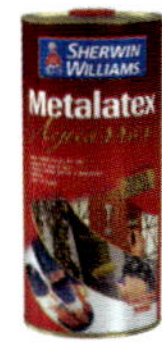

Metalatex Aguarrás

Solvente com baixo odor, indicado para diluição e manutenção dos equipamentos de pintura.

Novacor Esmalte Sintético

Esmalte de alta qualidade, podendo ser aplicado em metais, madeiras, vimes etc., em ambientes externos e internos.

Metalatex Esmalte Sintético

Esmalte com fórmula inovadora e de altíssima qualidade, proporciona belíssimo acabamento em superfícies externas e internas.

Metalatex Aguarrás

METALATEX AGUARRÁS é um solvente alifático indicado para diluição de esmaltes sintéticos, vernizes, tinta à óleo, e complementos a base de resinas alquídicas. Também usado para retirada dos resíduos de tinta dos materiais utilizados em pinturas com produtos base solvente. Tem como principal atributo o baixo odor, diferenciando-se dos produtos similares disponíveis no mercado.

Embalagens/Rendimento Disponível em latas de 0,9 L e de 5 L.	**Acabamento** Não aplicável.
Aplicação Não aplicável.	**Diluição** Não aplicável.
Cor Não aplicável.	**Secagem** Não aplicável.

Dicas e preparação de superfície

Preparação da superfície: Eliminar completamente o pó resultante do lixamento, antes da aplicação do produto. Manter o ambiente ventilado durante a preparação, aplicação e secagem do produto.
Precauções de uso: leia atentamente as instruções da embalagem antes de manusear e/ou utilizar o produto. Para maiores informações, solicite a Ficha Técnica e/ou a Ficha de Segurança do Produto (FISPQ), através do SAC 0800 702 4037 ou pelo site www.sherwinwilliams.com.br.

Outros produtos relacionados

Metalatex Esmalte Sintético

Esmalte com fórmula inovadora e de altíssima qualidade, proporciona belíssimo acabamento em superfícies externas e internas.

Novacor Esmalte Sintético

Esmalte de alta qualidade, podendo ser aplicado em metais, madeiras, vimes etc., em ambientes externos e internos.

Sherwin-Williams Super Galvite

SUPER GALVITE é um fundo especial, indicado para promover aderência sobre superfícies de aço galvanizado e chapas zincadas, canaletas, condutores, calhas, rufos, chapas lisas e onduladas, painéis de propaganda etc.
Principais atributos: previne o descascamento da tinta e garante longa durabilidade ao acabamento final.

Embalagens/Rendimento
Galão (3,6 L): 50 m² a 70 m² por demão.
Quarto (0,9 L): 12,5 m² a 17,5 m² por demão.

Acabamento
Fosco.

Aplicação
Utilizar rolo de espuma, trincha ou pistola.
Aplique 1 demão.

Diluição
Rolo de espuma ou trincha: 10% de Metalatex Aguarrás.
Pistola: 30% de Metalatex Aguarrás.

Cor
Branco gelo.

Secagem
Toque: 2 horas.
Final: 24 horas.

Dicas e preparação de superfície

(Norma ABNT NBR 13.245 de 02/95). Qualquer que seja a superfície a ser pintada sempre deverá estar limpa, seca, lixada, isenta de partículas soltas e completamente livre de gordura, ferrugem, restos de pintura velha, pó, brilho etc.
Superfícies Novas: efetuar leve lixamento com lixa p/ metais grana 400, retirar o pó resultante do lixamento com pano umedecido com METALATEX AGUARRAS afim de preparar a superfície para aplicação do produto. Repetir a operação quantas vezes forem necessárias. Aplique o produto homogeneamente sobre a chapa fria.
Superfícies já Pintadas: remover pinturas velhas que estejam soltas ou mal aderidas, remover pontos de ferrugem até a exposição do metal e tratá-los com METALATEX FUNDO ÓXIDO, somente depois aplique o SUPER GALVITE homogeneamente.
Precauções de uso: leia atentamente as instruções da embalagem antes de manusear e/ou utilizar o produto. Para maiores informações, solicite a Ficha Técnica e/ou a Ficha de Segurança do Produto (FISPQ), através do SAC 0800 702 4037 ou pelo site www.sherwinwilliams.com.br.

Outros produtos relacionados

Novacor Esmalte Sintético

Esmalte de alta qualidade, podendo ser aplicado em metais, madeiras, vimes etc., em ambientes externos e internos.

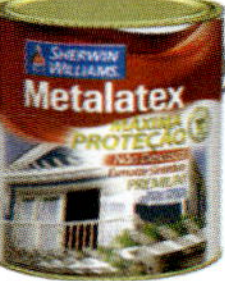

Metalatex Esmalte Sintético

Esmalte com fórmula inovadora e de altíssima qualidade, proporciona belíssimo acabamento em superfícies externas e internas.

Metalatex Eco Esmalte

Esmalte à base d'água, voltado para o bem-estar de quem o usa e do meio ambiente.

Sherwin-Williams Verniz Premium

O VERNIZ PREMIUM SHERWIN-WILLIAMS é um produto a base de resina alquídica, de ultra ação, sendo o produto ideal para proporcionar o melhor aspecto decorativo e de proteção para superfícies de madeira, oferecendo como diferencial o fato de ser o único produto com baixo odor de sua categoria. Sua formulação superior proporciona excepcional durabilidade, realçando as características naturais da madeira com um acabamento inigualável. Enobrece o aspecto das madeiras, protegendo-as da ação degenerativa dos raios solares, maresia e das intempéries em geral, com seu superior Duplo Filtro Solar e sua capacidade hidrorrepelente. Este produto também proporciona proteção superior contra a proliferação de mofo, fungos e algas.

Embalagens/Rendimento

Galão (3,6 L): 50 m² a 65 m² por demão.
Quarto (0,9 L): 12 m² a 16 m² por demão.

Acabamento

Brilhante e acetinado.

Aplicação

O envernizamento só deverá ser efetuado em madeiras cuja umidade se situe entre 8% e 12%. Caso se opte pela aplicação direta do verniz, sem recorrer à selagem, a primeira demão deverá ser diluída em até 50% de METALATEX AGUARRÁS. Aplique 2 a 3 demãos.

Diluição

Pintura: Rolo de espuma ou pincel: Madeira Nova Interna: 30% a 50% na primeira demão e 15% nas demais de Metalatex Aguarrás. Madeira Nova Externa: 1:1 na primeira demão e 15% nas demais de Metalatex Aguarrás. Pintura/Repintura: Pistola: diluir 30%, pressão entre 30 a 35 lbs/pol² de Metalatex Aguarrás. Nunca utilize thinner, gasolina, benzina ou outros solventes.

Cor

Conforme cartela de cores nas cores mogno, imbuia, cedro, ipê e canela nos acabamentos brilhante e acetinado.

Secagem

Toque: 3 horas.
Entre demãos: 12 horas.
Final: 24 horas.

Dicas e preparação de superfície

(Norma ABNT NBR 13.245 de 02/95) Qualquer que seja a superfície a ser pintada sempre deverá estar limpa, seca, lixada, isenta de partículas soltas e completamente livre de gordura, ferrugem, restos de pintura velha, pó, brilho etc.

Madeiras resinosas: lixe até remover a película superficial, eliminando as farpas. Em seguida, efetue lavagem com thinner de boa qualidade e aguarde até sua evaporação a fim de extrair a resina natural da madeira. Efetue novo lixamento. Caso necessário repita a operação.

Madeiras já envernizadas com SW Verniz Premium em bom estado: efetue lixamento. Sobre outro tipo de verniz, remova-o completamente e siga o mesmo procedimento para madeira nova.

Madeiras envernizadas com indícios de deterioração: remova o verniz antigo, usando espátula, lixa, raspador ou ainda removedores disponíveis no mercado, tendo apenas o cuidado de eliminar totalmente os seus resíduos para não comprometer a durabilidade do novo acabamento. Em seguida, prepare a superfície com METALATEX AGUARRÁS.

Precauções de uso: leia atentamente as instruções da embalagem antes de manusear e/ou utilizar o produto. Para maiores informações, solicite a Ficha Técnica e/ou a ficha de segurança do produto (FISPQ), através do SAC - 0800 702 4037 ou pelo site: www.sherwinwilliams.com.br

Outros produtos relacionados

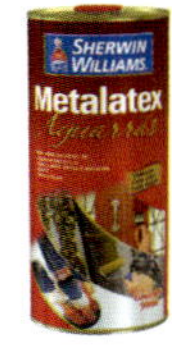

Metalatex Aguarrás

Solvente com baixo odor, indicado para diluição e manutenção dos equipamentos de pintura.

Sherwin-Williams Seladora para Madeira

Fundo nivelador com rápida secagem e grande poder de enchimento proporcionando melhoria do rendimento dos vernizes de acabamento, em ambientes internos.

Sherwin-Williams Verniz Filtro Solar

O VERNIZ FILTRO SOLAR SHERWIN-WILLIAMS é um produto a base de resina alquídica, desenvolvido para dar acabamento e proteção principalmente a superfícies externas e internas de madeira. É resistente a ação nociva de raios ultra violeta sobre a madeira, além de proporcionar maior proteção contra os efeitos da chuva e da maresia, dando uma durabilidade superior a superfície. Sua variedade de cores e de acabamentos (acetinado ou brilhante) permite combinações com diversos estilos de decoração, proporcionando ambientes diferenciados.

Embalagens/Rendimento

Galão (3,6 L): 40 m² a 60 m² por demão.
Quarto (0,9 L): 10 m² a 15 m² por demão.

Acabamento

Brilhante e acetinado.

Aplicação

O envernizamento só deverá ser efetuado em madeiras cuja umidade se situe entre 8% e 12%. Caso se opte pela aplicação direta do verniz, sem recorrer à selagem, a primeira demão deverá ser diluída em até 50% de METALATEX AGUARRÁS.
Aplique 2 a 3 demãos.

Diluição

Pintura: Rolo de espuma ou pincel: Madeira Nova Interna: 30% a 50% na primeira demão e 15% nas demais de Metalatex Aguarrás. Madeira Nova Externa: 1:1 na primeira demão e 15% nas demais de Metalatex Aguarrás. Repintura ou madeira já selada: Rolo de espuma ou pincel: 15% em todas as demãos de Metalatex Aguarrás." Pintura/Repintura: Pistola: diluir 30%, pressão entre 30 a 35 lbs/pol² de Metalatex Aguarrás. Nunca utilize thinner, gasolina, benzina.

Cor

Conforme cartela de cores nas cores mogno, imbuia e incolor.

Secagem

Toque: 3 horas.
Entre demãos: 12 horas.
Final: 24 horas.

Dicas e preparação de superfície

(Norma ABNT NBR 13.245 de 02/95) Qualquer que seja a superfície a ser pintada sempre deverá estar limpa, seca, lixada, isenta de partículas soltas e completamente livre de gordura, ferrugem, restos de pintura velha, pó, brilho etc.
Madeiras resinosas: lixe até remover a película superficial, eliminando as farpas. Em seguida, efetue lavagem com thinner de boa qualidade e aguarde até sua evaporação a fim de extrair a resina natural da madeira. Efetue novo lixamento. Caso necessário repita a operação.
Madeiras já envernizadas em bom estado: efetue lixamento.
Madeiras envernizadas com indícios de deterioração: remova o verniz antigo, usando espátula, lixa, raspador ou ainda removedores disponíveis no mercado, tendo apenas o cuidado de eliminar totalmente os seus resíduos para não comprometer a durabilidade do novo acabamento. Em seguida, prepare a superfície com METALATEX AGUARRÁS.
Precauções de uso: leia atentamente as instruções da embalagem antes de manusear e/ou utilizar o produto. Para maiores informações, solicite a Ficha Técnica e /ou a ficha de segurança do produto (FISPQ), através do SAC - 0800 702 4037 ou pelo site: www.sherwinwilliams.com.br

Outros produtos relacionados

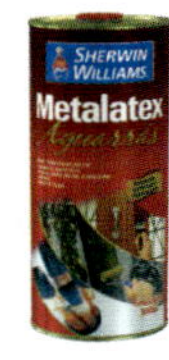

Metalatex Aguarrás

Solvente com baixo odor, indicado para diluição e manutenção dos equipamentos de pintura.

Sherwin-Williams Seladora para Madeira

Fundo nivelador com rápida secagem e grande poder de enchimento proporcionando melhoria do rendimento dos vernizes de acabamento, em ambientes internos.

Sherwin-Williams Verniz Marítimo

O VERNIZ MARÍTIMO SHERWIN-WILLIAMS é um produto a base de resina alquídica, indicado para realçar e enobrecer as superfícies de diversos tipos de madeira. Sua variedade de cores e de acabamentos (fosco ou brilhante) permite combinações com diversos estilos de decoração, proporcionando ambientes diferenciados. É um produto de fácil aplicação, boa aderência e de secagem rápida. No acabamento brilhante, é resistente ao atrito e ao intemperismo, sendo uma ótima opção para áreas externas. O acabamento fosco é indicado para aplicação em superfícies internas de madeira.

Embalagens/Rendimento

Galão (3,6 L): 38 m² a 50 m² por demão.
Quarto (0,9 L): 9,5 m² a 12,5 m² por demão.

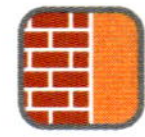

Acabamento

Brilhante e fosco.

Aplicação

O envernizamento só deverá ser efetuado em madeiras cuja umidade se situe entre 8% e 12%. Caso se opte pela aplicação direta do verniz, sem recorrer à selagem, a primeira demão deverá ser diluída em até 50% de METALATEX AGUARRÁS;
Aplique 2 a 3 demãos.

Diluição

Pintura: Rolo de espuma ou pincel: Madeira Nova Interna: 30% a 50% na primeira demão e 15% nas demais de Metalatex Aguarrás. Madeira Nova Externa: 1:1 na primeira demão e 15% nas demais de Metalatex Aguarrás. Repintura ou madeira já selada: Rolo de espuma ou pincel: 15% em todas as demãos e Metalatex Aguarrás. Pintura/Repintura: Pistola: diluir 30%, pressão entre 30 a 35 lbs/pol² de Metalatex Aguarrás. Nunca utilize thinner, gasolina, benzina ou outros solventes.

Cor

Conforme cartela de cores nas cores mogno, imbuia e incolor nos acabamentos brilhante e fosco.

Secagem

Toque: 3 horas.
Entre demãos: 12 horas.
Final: 24 horas.

Dicas e preparação de superfície

(Norma ABNT NBR 13.245 de 02/95) Qualquer que seja a superfície a ser pintada sempre deverá estar limpa, seca, lixada, isenta de partículas soltas e completamente livre de gordura, ferrugem, restos de pintura velha, pó, brilho etc.

Madeiras resinosas: lixe até remover a película superficial, eliminando as farpas. Em seguida, efetue lavagem com thinner de boa qualidade e aguarde até sua evaporação a fim de extrair a resina natural da madeira. Efetue novo lixamento. Caso necessário repita a operação.

Madeiras já envernizadas em bom estado: efetue lixamento.

Madeiras envernizadas com indícios de deterioração: remova o verniz antigo, usando espátula, lixa, raspador ou ainda removedores disponíveis no mercado, tendo apenas o cuidado de eliminar totalmente os seus resíduos para não comprometer a durabilidade do novo acabamento. Em seguida, prepare a superfície com METALATEX AGUARRÁS.

Precauções de uso: leia atentamente as instruções da embalagem antes de manusear e/ou utilizar o produto. Para maiores informações, solicite a Ficha Técnica e/ou a ficha de segurança do produto (FISPQ), através do SAC - 0800 702 4037 ou pelo site: www.sherwinwilliams.com.br.

Outros produtos relacionados

Metalatex Aguarrás

Solvente com baixo odor, indicado para diluição e manutenção dos equipamentos de pintura.

Sherwin-Williams Seladora para Madeira

Fundo nivelador com rápida secagem e grande poder de enchimento proporcionando melhoria do rendimento dos vernizes de acabamento, em ambientes internos.

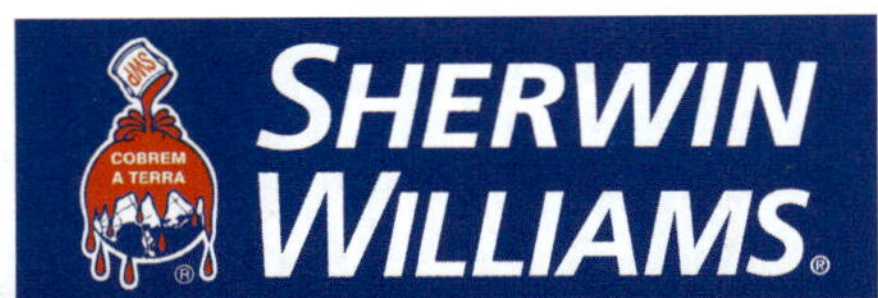

Sherwin-Williams Verniz Copal

VERNIZ COPAL é um produto a base de resina alquídica para dar acabamento a superfícies de madeira em ambientes internos. É fácil de aplicar, possui bom nivelamento e rápida secagem. Seu acabamento é brilhante, o que realça as superfícies de madeira, sem alterar a sua cor original, pois é incolor.

Embalagens/Rendimento
Galão (3,6 L): 35 m² a 45 m² por demão.
Quarto (0,9 L): 9 m² a 11 m² por demão.

Acabamento
Brilhante.

Aplicação
O envernizamento só deverá ser efetuado em madeiras cuja umidade se situe entre 8% e 12%. Caso se opte pela aplicação direta do verniz, sem recorrer à selagem, a primeira demão deverá ser diluída em até 50% de METALATEX AGUARRÁS.
Aplique 2 a 3 demãos

Diluição
Rolo de espuma/pincel: Pintura: Madeira Nova Interna: 30% a 50% na primeira demão e 15% nas demais de Metalatex Aguarrás. Pistola: diluir 30%, pressão entre 30 a 35 lbs/pol² de Metalatex Aguarrás. Nunca utilize thinner, gasolina, benzina ou outros solventes.

Cor
Incolor.

Secagem
Toque: 3 horas.
Entre demãos: 12 horas.
Final: 24 horas.

Dicas e preparação de superfície

(Norma ABNT NBR 13.245 de 02/95) Qualquer que seja a superfície a ser pintada sempre deverá estar limpa, seca, lixada, isenta de partículas soltas e completamente livre de gordura, ferrugem, restos de pintura velha, pó, brilho etc.
Madeiras resinosas: lixe até remover a película superficial, eliminando as farpas. Em seguida, efetue lavagem com thinner de boa qualidade e aguarde até sua evaporação a fim de extrair a resina natural da madeira. Efetue novo lixamento. Caso necessário re
Madeiras já envernizadas em bom estado: efetue lixamento.
Madeiras envernizadas com indícios de deterioração: remova o verniz antigo, usando espátula, lixa, raspador ou ainda removedores disponíveis no mercado, tendo apenas o cuidado de eliminar totalmente os seus resíduos para não comprometer a durabilidade do
Precauções de uso: leia atentamente as instruções da embalagem antes de manusear e/ou utilizar o produto. Para maiores informações, solicite a Ficha Técnica e/ou a ficha de segurança do produto (FISPQ), através do SAC - 0800 702 4037 ou pelo site: www.sherwinwilliams.com.br.

Outros produtos relacionados

Sherwin-Williams Seladora para Madeira

Fundo nivelador com rápida secagem e grande poder de enchimento proporcionando melhoria do rendimento dos vernizes de acabamento, em ambientes internos.

Metalatex Aguarrás

Solvente com baixo odor, indicado para diluição e manutenção dos equipamentos de pintura.

Novacor Fundo Branco Fosco para Madeira

NOVACOR FUNDO BRANCO FOSCO PARA MADEIRA é uma tinta de fundo, elaborada para a preparação de superfícies de madeira em exteriores e interiores, selando os poros e oferecendo boa base de adesão às demãos de acabamento.

Embalagens/Rendimento
Galão (3,6 L): 28 m² a 40 m² por demão.
Quarto (0,9 L): 7 m² a 10 m² por demão.

Acabamento
Fosco.

Aplicação
Utilizar rolo de espuma ou pincel.
Aplicar 1 a 2 demãos.

Diluição
Até 10% de Metalatex Aguarrás.
Nunca utilizar thinner, gasolina, benzina ou outros solventes.

Cor
Branco.

Secagem
Toque: 24 horas.
Entre demãos: 24 horas.
Final: 24 horas.

Dicas e preparação de superfície

(Norma ABNT NBR 13.245 de 02/95) Qualquer que seja a superfície a ser pintada, sempre deverá estar limpa, seca, lixada, isenta de partículas soltas e completamente livre de gordura, ferrugem, restos de pintura velha, pó, brilho etc.
Superfícies de madeira: Limpar no sentido dos veios da madeira, passar pano umedecido com aguarrás para remover a oleosidade natural. Remova o pó após o lixamento.
Superfícies de metal: Usar lixa para ferro, limpar usando pano umedecido com aguarrás e aplicar Fundo NOVACOR ANTIFERRUGEM. Áreas com ferrugens deverão ser lixadas até a exposição do metal. No caso de ferragens novas remover o fundo proveniente do serralheiro e aplicar o Fundo Novacor Antiferrugem.
Precauções de uso: leia atentamente as instruções da embalagem antes de manusear e/ou utilizar o produto. Para maiores informações, solicite a Ficha Técnica e/ou a Ficha de Segurança do Produto (FISPQ), através do SAC 0800 702 4037 ou pelo site www.sherwinwilliams.com.br.

Outros produtos relacionados

Metalatex Aguarrás

Solvente com baixo odor, indicado para diluição e manutenção dos equipamentos de pintura.

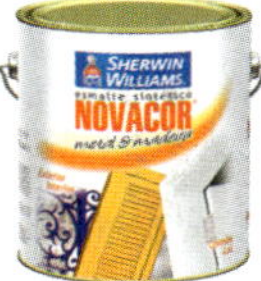

Novacor Fundo Branco Fosco para Madeira

Tinta de fundo, elaborada para a preparação de superfícies, selando os poros e oferecendo boa base de adesão às demãos de acabamento.

Metalatex Esmalte Sintético

Esmalte com fórmula inovadora e de altíssima qualidade, proporciona belíssimo acabamento em superfícies externas e internas.

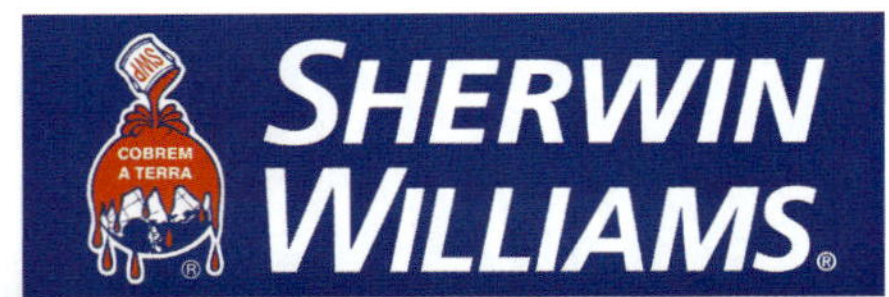

Novacor Massa Óleo

NOVACOR MASSA ÓLEO é uma massa à base de resina alquídica longa em óleo, é ideal para correção de imperfeições e nivelamento de superfícies de madeira, preparando-as para as demãos de acabamento.

Embalagens/Rendimento Galão (3,6 L): 8 m² a 12 m² por demão. Quarto (0,9 L): 2 m² a 3 m² por demão.	**Acabamento** Fosco.
Aplicação Utilizar espátula ou desempenadeira. Aplicar 1 a 2 demãos.	**Diluição** Até 5% de Metalatex Aguarrás. Nunca utilizar thinner, gasolina, benzina ou outros solventes.
Cor Branco.	**Secagem** Toque: 24 horas. Entre demãos: 24 horas. Final: 24 horas.

Dicas e preparação de superfície

(Norma ABNT NBR 13.245 de 02/95) Qualquer que seja a superfície a ser pintada, sempre deverá estar limpa, seca, lixada, isenta de partículas soltas e completamente livre de gordura, ferrugem, restos de pintura velha, pó, brilho etc.
Superfícies de madeira: Limpar no sentido dos veios da madeira, passar pano umedecido com aguarrás para remover a oleosidade natural. Remova o pó após o lixamento.
Superfícies de metal: Usar lixa para ferro, limpar usando pano umedecido com aguarrás e aplicar Fundo NOVACOR ANTIFERRUGEM. Áreas com ferrugens deverão ser lixadas até a exposição do metal. No caso de ferragens novas remover o fundo proveniente do serralheiro e aplicar o Fundo Novacor Antiferrugem.
Precauções de uso: leia atentamente as instruções da embalagem antes de manusear e/ou utilizar o produto. Para maiores informações, solicite a Ficha Técnica e/ou a Ficha de Segurança do Produto (FISPQ), através do SAC 0800 702 4037 ou pelo site www.sherwinwilliams.com.br.

Outros produtos relacionados

Metalatex Aguarrás

Solvente com baixo odor, indicado para diluição e manutenção dos equipamentos de pintura.

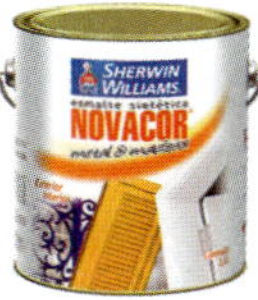

Novacor Fundo Branco Fosco para Madeira

Tinta de fundo, elaborada para a preparação de superfícies, selando os poros e oferecendo boa base de adesão às demãos de acabamento.

Novacor Esmalte Sintético

Esmalte de alta qualidade, podendo ser aplicado em metais, madeiras, vimes etc., em ambientes externos e internos.

Metalatex Eco Massa Niveladora

METALATEX ECO MASSA NIVELADORA à base d'água, nivela as superfícies de madeiras ao ser aplicada em camadas finas e sucessivas.
Principais atributos: possui baixo odor e secagem rápida.

Embalagens/Rendimento
Galão (3,6 L): 8 m² a 12 m²/demão.
Quarto (0,9 L): 2 m² a 3 m²/demão.

Acabamento
Fosco.

Aplicação
Utilizar espátula ou desempenadeira.
Aplicar 2 a 3 demãos até o perfeito nivelamento da superfície.

Diluição
Pronto para uso, não é necessário diluir.

Cor
Branco.

Secagem
Toque: 1 hora.
Entre demãos: 4 horas.
Final: 4 a 6 horas.

Dicas e preparação de superfície

(Norma ABNT NBR 13.245 de 02/95) Qualquer que seja a superfície a ser pintada sempre deverá estar limpa, seca, lixada, isenta de partículas soltas e completamente livre de gordura, ferrugem, restos de pintura velha, pó, brilho, resina natural da madeira etc.
Em locais de baixa porosidade, como esquadrias com pintura eletrostática, consultar o departamento técnico através do SAC para indicações de procedimentos de aprovação.
Superfícies de madeira: Limpar no sentido dos veios da madeira, passar pano umedecido com aguarrás para remover a oleosidade natural. Remova o pó após o lixamento.
Superfícies de metal: Usar lixa para ferro, limpar usando pano umedecido com aguarrás e aplicar METALATEX ECO FUNDO ANTIFERRUGEM. Áreas com ferrugens deverão ser lixadas até a exposição do metal. No caso de ferragens novas remover o fundo proveniente do serralheiro.
Precauções de uso: leia atentamente as instruções da embalagem antes de manusear e/ou utilizar o produto. Para maiores informações, solicite a Ficha Técnica e/ou a Ficha de Segurança do Produto (FISPQ), através do SAC 0800 702 4037 ou pelo site www.sherwinwilliams.com.br.

Outros produtos relacionados

Metalatex Eco Fundo Branco para Madeira
Tinta de fundo, elaborada para a preparação de superfícies, selando os poros e oferecendo boa base de adesão às demãos de acabamento.

Metalatex Eco Esmalte
Esmalte à base d'água, voltado para o bem-estar de quem o usa e do meio ambiente.

Metalatex Eco Fundo Antiferrugem
Indicado para superfícies metálicas, é fácil de aplicar, tem secagem rápida e impede a formação de ferrugem.

Sherwin-Williams Seladora para Madeira

A SELADORA PARA MADEIRA SHERWIN-WILLIAMS é um produto incolor a base de nitrocelulose, indicado como fundo nivelador em superfícies de madeira maciças ou compensadas, aglomerados, e laminados, etc. Possui rápida secagem e grande poder de enchimento, proporcionando melhoria do rendimento dos vernizes de acabamento, em ambientes internos.

Embalagens/Rendimento
Galão (3,6 L): 25 m² a 35 m² por demão.
Quarto (0,9 L): 6 m² a 9 m² por demão.

Acabamento
Fosco.

Aplicação
Utilizar trincha, boneca ou pistola.
Aplique 2 demãos.

Diluição
30% a 50% de thinner de boa qualidade.
Pistola: 1:1 com thinner de boa qualidade.

Cor
Incolor.

Secagem
Toque: 15 minutos.
Entre demãos: 1 hora.
Final: 2 horas.

Dicas e preparação de superfície

(Norma ABNT NBR 13.245 de 02/95) Qualquer que seja a superfície a ser pintada sempre deverá estar limpa, seca, lixada, isenta de partículas soltas e completamente livre de gordura, ferrugem, restos de pintura velha, pó, brilho etc.
Madeiras resinosas: lixe até remover a película superficial, eliminando as farpas. Em seguida, efetue lavagem com thinner de boa qualidade e aguarde até sua evaporação a fim de extrair a resina natural da madeira. Efetue novo lixamento. Caso necessário repita a operação.
Madeiras já envernizadas em bom estado: efetue lixamento.
Madeiras envernizadas com indícios de deterioração: remova o verniz antigo, usando espátula, lixa, raspador ou ainda removedores disponíveis no mercado, tendo apenas o cuidado de eliminar totalmente os seus resíduos para não comprometer a durabilidade do novo acabamento. Em seguida, prepare a superfície com METALATEX AGUARRÁS.
Precauções de uso: leia atentamente as instruções da embalagem antes de manusear e/ou utilizar o produto. Para maiores informações, solicite a Ficha Técnica e/ou a ficha de segurança do produto (FISPQ), através do SAC - 0800 702 4037 ou pelo site: www.sherwinwilliams.com.br

Outros produtos relacionados

Sherwin-Williams Verniz Copal

Proporciona um bom nivelamento, é fácil de aplicar e possui secagem rápida. Ideal para ambientes internos.

Metalatex Aguarrás

Solvente com baixo odor, indicado para diluição e manutenção dos equipamentos de pintura.

Novacor Epóxi Base Água

NOVACOR EPÓXI BASE ÁGUA é uma tinta epóxi à base d'água, de grande resistência e durabilidade, de secagem rápida, com acabamento brilhante, desenvolvido especialmente para aplicação em pisos, vidros, metais e azulejos em banheiros, cozinhas, lavanderias e outras. Possui alta resistência à limpeza frequente e umidade. Possui o diferencial de ser um produto monocomponente e de baixo odor por ser à base d'água.
Principais atributos: fácil de aplicar, alta durabilidade, base d'agua e baixo odor.

Embalagens/Rendimento
Galão (3,2 L): 33 m² a 42 m² por demão.
Galão (3,6 L): 40 m² a 50 m² por demão.

Acabamento
Brilhante.

Aplicação
Rolo especial para epóxi/pincel e pistola.
Aplicar 3 demãos.

Diluição
Pintura: 20% de água limpa na primeira demão e 10% nas demais.
Repintura: 10% de água limpa para todas as demãos.
Pistola: 35% de água limpa para todas as demãos.

Cor
Conforme cartela de cores no acabamento brilhante. Base: conforme cartela de cores do Sistema Tintométrico. Pouco antes de abrir a embalagem para efetuar o tingimento, vire-a de cabeça para baixo para umedecer todo seu interior, inclusive a tampa.

Secagem
Ao toque: 1 hora.
Entre demãos: 2 a 4 horas.
Final: 7 dias.
Deve-se esperar pelo menos 48 horas após a pintura para permitir o tráfego de pessoas e 72 horas para veículos.

Dicas e preparação de superfície

(Norma ABNT NBR 13.245 de 02/95) Qualquer que seja a superfície a ser pintada sempre deverá estar limpa, seca, lixada, isenta de partículas soltas e completamente livre de gordura, ferrugem, restos de pintura velha, pó, brilho etc.
Em locais de baixa porosidade, como esquadrias com pintura eletrostática, consulte o departamento técnico através do SAC para indicações de procedimentos de aplicação.
Superfícies novas: devem receber uma demão de fundo, conforme especificado no item FUNDO RECOMENDADO.
Azulejos, vidros e pastilhas: remova todos os resíduos de gordura e outros contaminantes usando água quente com limpador multi-uso e esfregue com esponja principalmente nas áreas, com azulejos ou pastilhas, de box e pias. Repita este processo de duas a três vezes até a limpeza total. Enxágue bem e seque com pano limpo. Finalmente passe um pano embebido em alcóol em toda a superfície a ser pintada.
Metais: pinturas velhas em bom estado de conservação e bem aderidas servem de base para repintura, após o lixamento. Pinturas velhas ou em mau estado de conservação devem ser totalmente removidas.
Pisos: **Cimento novo:** aguarde cura completa por no mínimo 30 dias e efetue limpeza. Após estes cuidados, aplique a primeira demão de NOVACOR EPOXI, com diluição de 30%, para selar a superfície. Demais demãos, diluir normalmente.
Pisos: Cimento queimado: aguarde cura completa por no mínimo 30 dias e efetue limpeza conforme preparação da superfície.
O NOVACOR EPÓXI não deve ser aplicado sobre superfícies de concreto usinado e superfícies imersas em água.
Precauções de uso: leia atentamente as instruções da embalagem antes de manusear e/ou utilizar o produto. Para maiores informações, solicite a Ficha Técnica e/ou a ficha de segurança do produto (FISPQ), através do SAC - 0800 702 4037 ou pelo site: www.sherwinwilliams.com.br.

Outros produtos relacionados

Novacor Piso Premium

Tinta para pisos com grande poder de cobertura e alta durabilidade.

Novacor Acrílica Sem Cheiro Mais Rendimento

Tinta acrílica indicada para exteriores e interiores, apresenta 20% a mais de rendimento e é sem cheiro.

Metalatex Eco Resina Impermeabilizante

METALATEX ECO RESINA IMPERMEABILIZANTE é um produto desenvolvido para proteger e realçar a tonalidade natural de superfícies porosas como: pedras naturais (ardósia, pedra mineira, pedra goiana etc.), concreto aparente, telhas de barro ou fibrocimento, tijolo aparente, cerâmicas. É a primeira que possui característica antiderrapante. Deixa a superfície repelente à água e umidade, impedindo a formação de limo, manchas, escurecimento de rejuntes ou qualquer ação de intempéries. Por ser à base de água, apresenta baixo odor, proporcionando bem estar a quem o usa e minimizando a agressão ao meio ambiente.
Principais atributos: antiderrapante, alta durabilidade, rápida secagem, diluível em água e baixo odor.

Embalagens/Rendimento
Lata (18 L): 175 m² a 275 m² por demão.
Galão (3,6 L): 35 m² a 55 m² por demão.
Quarto (0,9 mL): 9 m² a 14 m² por demão.

Acabamento
Não aplicável.

Aplicação
Utilizar rolo de espuma, pincel ou pistola.
Aplique 2 a 3 demãos.

Diluição
Pintura: rolo de espuma ou pincel: primeira demão: 50% de água limpa, segunda demão e demais demãos: 15% de água limpa.
Repintura: primeira e demais demãos: 15% de água limpa.
Pintura e repintura: pistola: 25% a 30% de água limpa.

Cor
Incolor.

Secagem
Toque: 30 minutos.
Entre demãos: 3 horas.
Final: 6 horas.
Deve-se esperar pelo menos 48 horas após a pintura, para permitir o tráfego de pessoas, e 72 horas para veículos.

Dicas e preparação de superfície

(Norma ABNT NBR 13.245 de 02/95) Qualquer que seja a superfície a ser pintada, sempre deverá estar limpa, seca, lixada, isenta de partículas soltas e completamente livre de gordura, ferrugem, restos de pintura velha, pó, brilho etc.
Pisos queimados: para aumentar a porosidade, lave-os com uma solução de água e ácido muriático (2 partes de água e 1 parte de ácido muriático), deixando agir por 30 minutos. Enxágüe com água em abundância e aguarde a secagem total.
Superfícies cimentadas novas: devem aguardar 30 dias para a cura completa antes de se efetuar a pintura.
Áreas mais antigas ou de difícil limpeza: (pisos, fachadas em tijolo aparente, etc.), devem ser lixadas e lavadas com água e detergente neutro.
Superfícies com mofo, fungo ou limo: remova-os com uma solução composta de água sanitária e água limpa, ambas na mesma proporção. Não deve ser aplicado sobre superfícies esmaltadas, vitrificadas, enceradas ou qualquer área não porosa.
Precauções e uso: leia atentamente as instruções da embalagem antes de manusear e/ou utilizar o produto. Para maiores informações, solicite a Ficha Técnica e/ou a Ficha de Segurança do Produto (FISPQ), através do SAC 0800 702 4037 ou pelo site www.sherwinwilliams.com.br.

Outros produtos relacionados

Metalatex Fundo Preparador de Parede

Fundo com alto poder de penetração e aglutinação das partículas soltas.

Metalatex Eco Super Galvite

Fundo à base d'água de baixo odor e é menos agressivo ao meio ambiente.

Metalatex Eco Acrílico

É uma tinta de baixo odor, com baixa emissão de COV e de alta resistência.

Metalatex Eco Telha Térmica

PREMIUM ★★★★★

METALATEX ECO TELHA TÉRMICA é o primeiro produto do mercado que além de colorir e proteger, mantém sua casa mais fresca no verão e quente no inverno, promovendo sensação de conforto térmico no ambiente. No verão reflete a energia solar mantendo sua casa com temperatura mais amena, e no inverno transfere a energia absorvida pela telha para o ambiente interno, mantendo sua casa mais aquecida. É uma tinta que além de ser a base d'água, tem secagem rápida e excelente rendimento, reduz o consumo de energia pelo uso de ventiladores e condicionadores de ar.
Principais atributos: conforto térmico, secagem ultra rápida, diluível em água.

Embalagens/Rendimento
Lata (18 L): 140 m² a 180 m² por demão.
Galão (3,6 L): 30 m² a 40 m² por demão.

Acabamento
Brilhante.

Aplicação
Utilizar rolo de espuma, pincel ou pistola.
Aplique 2 a 3 demãos.

Diluição
Pintura e repintura: rolo de lã ou pincel: primeira demão: 20% a 30% de água limpa, segunda e demais demãos: 10% a 20% de água limpa.
Pintura e repintura: pistola: 20% a 30% de água limpa.

Cor
Conforme cartela de cores no acabamento brilhante.

Secagem
Toque: 30 minutos.
Entre demãos: 4 horas.
Final: 8 horas.

Dicas e preparação de superfície

(Norma ABNT NBR 13.245 de 02/95) Qualquer que seja a superfície a ser pintada, sempre deverá estar limpa, seca, lixada, isenta de partículas soltas e completamente livre de gordura, ferrugem, restos de pintura velha, pó, brilho etc.
Superfícies com manchas de mofo, fungo ou limo: remova-os com uma solução composta de água sanitária e água limpa, ambas na mesma proporção.
Telhas e superfícies mais antigas ou de difícil limpeza: devem ser lixadas e lavadas com água e detergente neutro.
Repintura: remover as partes soltas ou mal aderidas, retirar o pó proveniente do lixamento e efetuar a nova pintura.
Telhas siliconadas, esmaltadas, vitrificadas, enceradas ou não porosas: lixe até a perda do brilho para evitar problemas de aderência. Remover o pó resultante e efetuar a pintura.
Precauções de uso: leia atentamente as instruções da embalagem antes de manusear e/ou utilizar o produto. Para maiores informações, solicite a Ficha Técnica e/ou a Ficha de Segurança do Produto (FISPQ), através do SAC 0800 702 4037 ou pelo site www.sherwinwilliams.com.br.

Outros produtos relacionados

Metalatex Fundo Preparador de Parede
Fundo com alto poder de penetração e aglutinação das partículas soltas.

Metalatex Eco Fundo Preparador de Paredes
Fundo à base d'água, com alto poder de penetração e aglutinação das partículas soltas.

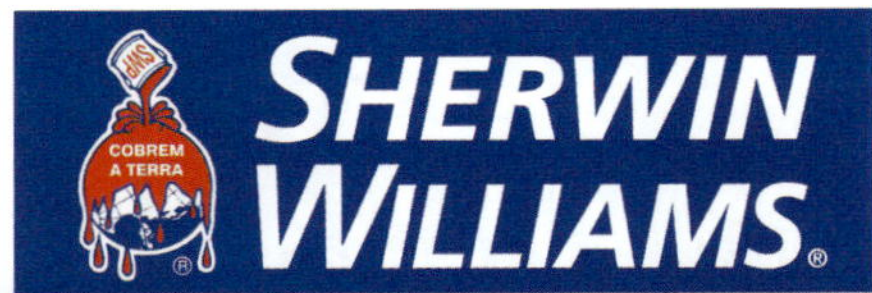

Novacor Piso

PREMIUM ★★★★★

NOVACOR PISO é uma tinta à base de resina acrílica especial para pisos cimentados, mesmo que já tenham sido pintados anteriormente. Indicada para quadras poliesportivas, demarcação de garagens, pisos comerciais, áreas de recreação etc. Tem grande poder de cobertura e alta durabilidade. Por isso, é muito resistente ao tráfego de pessoas, carros e intempéries, quando aplicada sobre superfícies corretamente preparadas e conservadas.
Principais atributos: superior resistência, excelente durabilidade e ótimo rendimento.

Embalagens/Rendimento

Lata (18 L): 250 m² a 350 m² por demão.
Galão (3,6 L): 50 m² a 70 m² por demão.
Quarto (0,9 L): 12,5 m² a 17,5 m² por demão.

Acabamento

Fosco.

Aplicação

Utilizar rolo de lã, pincel ou pistola.
Aplique 2 a 3 demãos.

Diluição

Pintura e repintura: rolo de lã ou pincel: primeira demão: 30% a 40% de água limpa. Segunda e demais demãos: 30% de água limpa.
Pintura e repintura: pistola: 35% de água limpa.

Cor

Conforme cartela de cores no acabamento fosco.

Secagem

Toque: 2 horas.
Entre demãos: 4 horas.
Final: 12 horas.
Deve-se esperar pelo menos 48 horas após a pintura, para permitir o tráfego de pessoas, e 72 horas para veículos.

Dicas e preparação de superfície

(Norma ABNT NBR 13.245 de 02/95) Qualquer que seja a superfície a ser pintada sempre deverá estar coesa, limpa, seca, lixada, isenta de partículas soltas, sem esfarelamento de cimento (soltando pó) e completamente livre de gordura, ferrugem, restos de pintura velha, pó, brilho, partículas de borracha etc. NOVACOR PISO não deve ser aplicado sobre superfícies metálicas, esmaltadas, vitrificadas, enceradas ou qualquer outra área não porosa.
Cimento não queimado, concreto e fibrocimento novos: aguarde secagem e cura completa por 30 dias (no mínimo).
Cimento fraco e desagregado: deverão ser obrigatoriamente raspadas e/ou lixadas e tratadas com METALATEX ECO FUNDO PREPARADOR DE PAREDES (base d'água) ou METALATEX FUNDO PREPARADOR DE PAREDES (base solvente).
Superfícies com fungos ou bolor: lave com mistura de cloro e água em partes iguais. Deixe agir por 15 minutos e em seguida enxágue com água limpa. Se necessário, repita a operação. Aguarde secagem completa antes de iniciar a pintura.
Cimento queimado: aplique solução de ácido muriático sendo: 2 partes de água e 1 parte de ácido muriático. Deixe agir por 30 minutos e em seguida enxague com água em abundância. Aguarde secagem completa antes de iniciar a pintura.
Concreto usinado: remover completamente a nata pulverulenta (pó) através de lixamento e lavagem da superfície, eliminando qualquer partícula solta.
Precauções de uso: leia atentamente as instruções da embalagem antes de manusear e/ou utilizar o produto. Para maiores informações, solicite a Ficha Técnica e/ou a Ficha de Segurança do Produto (FISPQ), através do SAC 0800 702 4037 ou pelo site www.sherwinwilliams.com.br.

Outros produtos relacionados

Metalatex Fundo Preparador de Parede

Fundo com alto poder de penetração e aglutinação das partículas soltas.

Metalatex Eco Fundo Preparador de Paredes

Fundo à base d'água, com alto poder de penetração e aglutinação das partículas soltas.

Novacor Piso Ultra

PREMIUM ★★★★★

NOVACOR PISO ULTRA é uma tinta à base de resina acrílica, indicada para aplicação em superfícies que necessitem de grande resistência ao tráfego de pessoas e automóveis, como pisos cimentados e quadras esportivas. Sua fórmula permite resistência a produtos de limpeza, gasolina, graxas e óleos, podendo ser aplicado em pisos de postos de gasolina, oficinas mecânicas, entre outros. Possui excelente durabilidade, grande poder de cobertura e acabamento semibrilho.
Principal atributo: ultra resistência.

Embalagens/Rendimento

Lata (18 L): 300 m² a 400 m² por demão.
Galão (3,6 L): 60 m² a 80 m² por demão.
Quarto (0,9 L): 15 m² a 20 m² por demão.

Acabamento

Semibrilho.

Aplicação

Rolo de lã, pincel e pistola.
Aplique 2 a 3 demãos.

Diluição

Pintura e repintura: rolo de lã ou pincel: primeira demão: 30% a 40% de água limpa. segunda e demais demãos: 30% de água limpa. Pintura e repintura: pistola: 35% de água limpa.

Cor

Conforme cartela de cores no acabamento semibrilho.

Secagem

Toque: 2 horas.
Entre demãos: 4 horas.
Final: 12 horas.
Deve-se esperar pelo menos 48 horas após a pintura, para permitir o tráfego de pessoas, e 72 horas para veículos.

Dicas e preparação de superfície

(Norma ABNT NBR 13.245 de 02/95) Qualquer que seja a superfície a ser pintada sempre, deverá estar coesa, limpa, seca, lixada, isenta de partículas soltas, sem esfarelamento de cimento (soltando pó) e completamente livre de gordura, ferrugem, restos de pintura velha, pó, brilho, partículas de borracha etc. NOVACOR PISO ULTRA não deve ser aplicado sobre superfícies metálicas, esmaltadas, vitrificadas, enceradas ou qualquer outra área não porosa. Certifique-se que a superfície tenha absorção. Faça o teste com uma gota de água sobre a superfície seca. Se ela for rapidamente absorvida, a superfície está em condições de ser pintada.
Cimento não queimado, concreto e fibrocimento novos: aguarde secagem e cura completa por 30 dias (no mínimo).
Cimento fraco e desagregado: deverão ser obrigatoriamente raspadas e/ou lixadas e tratadas com METALATEX ECO FUNDO PREPARADOR DE PAREDES (base d'água) ou METALATEX FUNDO PREPARADOR DE PAREDES (base solvente).
Superfícies com fungos ou bolor: lave com mistura de cloro e água em partes iguais. Deixe agir por 15 minutos e em seguida enxágue com água limpa. Se necessário, repita a operação. Aguarde secagem completa antes de iniciar a pintura
Cimento queimado: aplique solução de ácido muriático sendo: 2 partes de água e 1 parte de ácido muriático. Deixe agir por 30 minutos e em seguida enxague com água em abundância. Aguarde secagem completa antes de iniciar a pintura.
Concreto usinado: remover completamente a nata pulverulenta (pó) através de lixamento e lavagem da superfície, eliminando qualquer partícula solta.
Precauções de uso: leia atentamente as instruções da embalagem antes de manusear e/ou utilizar o produto. Para maiores informações, solicite a Ficha Técnica e/ou a Ficha de Segurança do Produto (FISPQ), através do SAC 0800 702 4037 ou pelo site www.sherwinwilliams.com.br.

Outros produtos relacionados

Metalatex Fundo Preparador de Parede

Fundo com alto poder de penetração e aglutinação das partículas soltas.

Metalatex Eco Fundo Preparador de Paredes

Fundo à base d'água, com alto poder de penetração e aglutinação das partículas soltas.

Novacor Azulejo

NOVACOR AZULEJO é uma tinta acrílica muito prática, desenvolvida para possibilitar a mudança e a renovação das cores de azulejos e pastilhas, sem reformas. Proporciona alta aderência na superfície e um ótimo rendimento. Diluir somente com água, o que evita gastos adicionais com diluentes químicos, além de ser menos agressivo ao meio ambiente. É recomendado para paredes internas e externas azulejadas de cozinhas, banheiros, lavanderias, estabelecimentos comerciais e industriais, dispensando mão de obra especializada. Não deve ser aplicado em pisos, piscinas, saunas, banheiras e locais imersos em água.

Principais atributos: mais prático e dispensa diluente químico.

Embalagens/Rendimento

Galão (3,6 L): 40 m² a 50 m² por demão.

Acabamento

Acetinado.

Aplicação

Utilizar rolo de lã, pincel ou pistola.
Aplicar 2 a 3 demãos.

Diluição

Pintura e repintura: rolo de lã ou pincel: 10% de água limpa para todas as demãos.
Pintura e repintura: pistola: 10% de água limpa para todas as demãos.

Cor

Conforme cartela de cores no acabamento acetinado. Para adquirir uma tonalidade extra, além das cores disponíveis em cartela, é só misturar até o máximo de 1 bisnaga de 50 mL de CORANTE LÍQUIDO XADREZ® ou GLOBO COR para galão de 3,6 L XADREZ® marca registrada da Lanxess Deutschland GmbH, Germany.

Secagem

Toque: 1 hora.
Entre demãos: 4 horas.
Final: 6 horas.

Dicas e preparação de superfície

(Norma ABNT NBR 13.245 de 02/95) Qualquer que seja a superfície, sempre deverá estar limpa, seca, lixada, isenta de partículas soltas e completamente livre de gordura, restos de pintura velha, pó, brilho etc.
Remova todos os resíduos de gordura e outros contaminantes usando água quente com limpador multiúso (preferencialmente que contenha amônia) e esfregue com esponja de aço principalmente nas áreas, com azulejos ou pastilhas, de box e pias. Repita este processo de duas a três vezes até a limpeza total. Enxágue bem e seque com pano limpo. Finalmente passe um pano embebido em álcool doméstico em toda a superfície a ser pintada.
Não use na limpeza: removedor, álcool, palha de aço ou produto abrasivo. Evite sempre qualquer ranhura na película da tinta. O produto NOVACOR AZULEJO pode ser aplicado em paredes internas e externas azulejadas de cozinhas, banheiros e lavanderias.
Precauções de uso: leia atentamente as instruções da embalagem antes de manusear e/ou utilizar o produto. Para maiores informações, solicite a Ficha Técnica e/ou a Ficha de Segurança do Produto (FISPQ), através do SAC 0800 702 4037 ou pelo site www.sherwinwilliams.com.br.

Outros produtos relacionados

Corante Líquido Globocor

Indicado para tingir tintas à base d'água.

Corante Líquido Xadrez

Indicado para tingir tintas à base d'água.

Prove e Aprove

PROVE E APROVE é uma base para testar cores em superficies internas e externas como reboco, gesso, massa corrida ou acrílica, não deve ser aplicado sobre madeiras e metais, deve ser utilizada apenas como demonstração de cor e não como tinta de acabamento.

Embalagens/Rendimento
400 mL: 4 m² a 6 m² por demão.

Acabamento
Fosco.

Aplicação
Rolo de lã ou pincel. Aplicar 2 demãos (para cores intensas/vibrantes pode ser necessário um número maior de demãos).

Diluição
Pronto para uso, não é necessário diluir.

Cor
Disponível somente no sistema Tintométrico Color.

Secagem
Toque: 30 minutos.
Entre demãos: 2 a 4 horas.
Final: 4 horas.

Dicas e preparação de superfície

Para melhor visualização da cor o ideal é aplicar em uma superficie branca. Aplique sobre superfície limpa, seca, firme, sem particulas soltas. Evite aplicar em dias chuvosos. OBS: pode ocorrer alteração na percepção da cor escolhida ao adquirir tintas com brilho e/ou textura.
Precauções de uso: leia atentamente as instruções da embalagem antes de manusear e/ou utilizar o produto. Para mais informações, solicite a Ficha Técnica e/ou a Ficha de Segurança do Produto (Fispq), por meio do SAC 0800 702 4037 ou pelo site: www.sherwinwilliams.com.br.

Outros produtos relacionados

Metalatex Tinta Acrílica Premium Sem Cheiro

Beleza e resistência, com um acabamento inigualável.

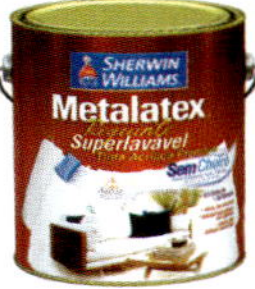

Metalatex Requinte Superlavável Sem Cheiro

Tinta acrílica com alta resistência à lavabilidade com acabamento acetinado.

Metalatex Litoral Sem Cheiro Sem Cheiro

Sua fórmula de última geração mantém as cores firmes por mais tempo, evitando assim o desbotamento e a palidez da pintura, causados pela ação dos raios solares.

Corante Líquido Xadrez

CORANTE LÍQUIDO XADREZ é um pigmento corante de alto poder de tingimento e resistência para colorir tintas à base d'água. São 9 cores prontas misturáveis entre si.

Embalagens/Rendimento 50 mL – para 3,6 L de tinta.	**Acabamento** Não aplicável.
Aplicação Agite bem o frasco.	**Diluição** Não aplicável.
Cor Conforme cartela de cores. Importante: a cor da tampa apenas indica a tonalidade do produto, que sofrerá alteração quando misturado à tinta.	**Secagem** Não aplicável.

Dicas e preparação de superfície

Precauções de uso: leia atentamente as instruções da embalagem antes de manusear e/ou utilizar o produto. Para mais informações, solicite a Ficha Técnica e/ou a Ficha de Segurança do Produto (Fispq), por meio do SAC 0800 702 4037 ou pelo site: www.sherwinwilliams.com.br.

Outros produtos relacionados

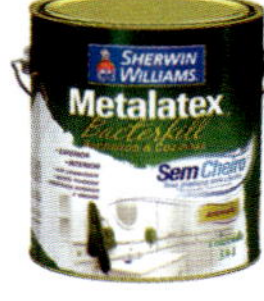

Metalatex Bacterkill & Banheiros e Cozinhas Sem Cheiro

Indicada para ambientes propensos à umidades e vapores.

Kem Tone Tinta Acrílica

Tinta de acabamento fosco com excelente rendimento.

Duraplast Acrílico

Possui fácil aplicação e ótima cobertura.

Colorgin Uso Geral Premium

Colorgin Uso Geral Premium é uma tinta acrílica em spray indicada para reparos, pinturas e decoração de objetos em geral. Possui secagem rápida, alta resistência, ótimo rendimento e grande variedade de cores.

Indicada para: madeira, papel, gesso, cerâmica, ferro e alumínio.

Embalagens/Rendimento
Lata (400 mL): de 1,8 m² a 2,3 m² por embalagem, por demão.

Acabamento
Metálico, brilhante e fosco.

Aplicação
Aplique o fundo certo para cada tipo de superfície e depois aplique de 2 a 3 demãos de Colorgin Uso Geral na cor desejada. Aplique o produto em camadas finas, a uma distância de 25 cm da superfície. Ao final do uso, limpe a válvula virando a lata para baixo e pressione até que saia apenas gás.

Diluição
Pronto para uso.

Cor
Conforme cartela de cores.

Secagem
Entre demãos: 5 a 10 minutos.
Toque: 30 minutos.
Total: 24 horas.
Para testes mecânicos recomenda-se aguardar 72 horas.

Dicas e preparação de superfície

Elimine a poeira, gordura ou qualquer contaminante.
Sobre metal sem oxidação: aplique COLORGIN PRIMER RÁPIDO CINZA ou COLORGIN PRIMER RÁPIDO ÓXIDO. Aguarde secagem e lixe com lixa d água 400 até a superfície ficar homogênea e lisa.
Sobre metal com oxidação: lixe bem até remover a oxidação. Aplique COLORGIN PRIMER RÁPIDO ÓXIDO. Aguarde secagem e lixe com lixa d'água 400 até a superfície ficar homogênea e lisa.
Sobre metal não ferroso (alumínio galvanizado, cobre, latão, prata): aplique COLORGIN FUNDO PARA ALUMÍNIO. Aguarde a secagem e lixe com lixa d'água 400 até a superfície ficar homogênea e lisa.
Importante: Sobre CORES METÁLICAS do COLORGIN USO GERAL recomendamos a aplicação de 2 demãos de COLORGIN VERNIZ USO GERAL.
Não aplicar sobre superfícies de isopor, plástico ou acrílico ou que terão contato com vinil, couro e tecidos emborrachados.
Precauções de Uso: Leia atentamente as instruções da embalagem antes de manusear e/ou utilizar o produto. Para mais informações, solicite a Ficha de Segurança do Produto através do SAC 0800 702 3569, ou através do site www.colorgin.com.br.

Outros produtos relacionados

Colorgin Verniz Uso Geral Premium
Verniz em spray indicado para acabamento sobre cores metálicas do Colorgin Uso Geral Premium.

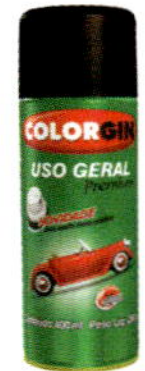

Colorgin Uso Geral Premium Fundo Para Alumínio
Fundo preparador em spray para superfícies metálicas não ferrosas (alumínio galvanizado, cobre, latão e prata).

Colorgin Uso Geral Premium Primer Rápido Cinza
Fundo preparador em spray para superfícies metálicas sem oxidação.

Colorgin Esmalte Sintético

Colorgin Esmalte Sintético é uma tinta em spray resistente a intempéries, com excelente acabamento, alto rendimento, secagem rápida e fácil aplicação. Possui acabamento alto brilho e fosco.

Indicada para: objetos artesanais, ferro, gesso, papel, cerâmica, madeira e metal.

Embalagens/Rendimento

Lata (350 mL): de 1,1 m² a 1,3 m² por embalagem, por demão.

Acabamento

Brilhante e fosco.

Aplicação

Aplique de 2 a 3 demãos de Colorgin Esmalte Sintético na cor desejada. Aguarde de 1 a 3 minutos entre demãos. Aplicar em camadas finas, evitando concentração e escorrimentos. Aplique a uma distância de 25 cm da superfície. Ao final do uso, limpe a válvula virando a lata para baixo e pressione até que saia apenas gás.

Diluição

Pronto para uso.

Cor

Conforme cartela de cores.

Secagem

Entre demãos: 1 a 3 minutos.
Toque: 50 minutos.
Total: 24 horas.
Para testes mecânicos recomenda-se aguardar 72 horas.

Dicas e preparação de superfície

Na repintura de objetos, lixe bem a superfície e remova toda a poeira.
Sobre metal: aplique COLORGIN PRIMER RÁPIDO CINZA. Aguarde secagem e lixe com lixa d`água 400 até a superfície ficar bem homogênea e lisa.
Sobre metais não ferrosos (alumínio, cobre, latão, galvanizado): aplique COLORGIN FUNDO PARA ALUMÍNIO e aguarde secagem.
Sobre madeira e gesso: aplique COLORGIN FUNDO BRANCO PARA LUMINOSA.
Importante: Não aplicar sobre isopor, superfícies de plástico ou acrílico. É necessário que o intervalo de aplicação entre as demãos, não exceda 10 minutos.
Precauções de Uso: Leia atentamente as instruções da embalagem antes de manusear e/ou utilizar o produto. Para mais informações, solicite a Ficha de Segurança do Produto através do SAC 0800 702 3569, ou através do site www.colorgin.com.br.

Outros produtos relacionados

Colorgin Uso Geral Premium Primer Rápido Cinza

Fundo preparador em spray para superfícies metálicas sem oxidação.

Colorgin Uso Geral Premium Fundo Para Alumínio

Fundo preparador em spray para superfícies metálicas não ferrosas (alumínio galvanizado, cobre, latão e prata).

Colorgin Fundo Branco Para Luminosa

Fundo branco em spray para luminosa.

Colorgin Metallik Interior

Colorgin Metallik Interior é uma tinta acrílica em spray especialmente desenvolvida para proporcionar efeitos metálicos que valorizam objetos artesanais e decorações internas.

Indicada para: madeira, ferro, gesso, papel, cerâmica, isopor e metal.

Embalagens/Rendimento

Lata (0,35 L): de 1,2 m² a 1,5 m² por embalagem por demão.
Quarto (0,9 L): de 9 m² a 11 m² por embalagem.
Quarto (0,1125 L): de 1,2 m² a 1,7 m² por embalagem.

Acabamento

Metálico.

Aplicação

Lata (350 mL): Aplique de 2 a 3 demãos do produto a uma distância de 25 cm da superfície. Ao final do uso, limpe a válvula virando a lata para baixo e pressione até que saia apenas gás. Quarto (0,9 L) e Quarto (0,1125 L): Aplique de 2 a 3 demãos do produto, utilizando pincel, rolo de espuma ou revólver de pintura.

Diluição

Pronto para uso.

Cor

Conforme cartela de cores.

Secagem

Lata (0,35 L) Entre demãos: 1 a 3 minutos.
Toque: 30 minutos. Total: 24 horas.
Quarto (0,9 L) e Quarto (0,1125 L)
Entre demãos: 30 minutos.
Toque: 1 hora. Total: 24 horas.
Para testes mecânicos aguardar 72 horas.

Dicas e preparação de superfície

Elimine a poeira, gordura ou qualquer contaminante.
Sobre metal: aplique COLORGIN PRIMER RÁPIDO CINZA. Aguarde secagem e lixe com lixa d'água 400 até a superfície ficar bem homogênea e lisa. **Sobre metais não ferrosos (alumínio sem tratamento ou galvanizado, cobre, latão, prata)**: aplique COLORGIN FUNDO PARA ALUMÍNIO. **Sobre madeira**: aplique COLORGIN SELADORA PARA MADEIRA. **Sobre gesso e isopor**: aplique COLORGIN FUNDO BRANCO PARA LUMINOSA. **Importante**: As cores cromado e dourado não devem ser aplicadas sobre objetos que serão manuseados, sofrerão atrito ou ação das intempéries. A aderência do produto sobre o papel varia em função do grau de absorção de cada tipo de papel utilizado. Recomenda-se testar em um pedaço pequeno de papel antes de realizar o trabalho completo.
Precauções de Uso: Leia atentamente as instruções da embalagem antes de manusear e/ou utilizar o produto. Para mais informações, solicite a Ficha de Segurança do Produto através do SAC 0800 702 3569, ou através do site www.colorgin.com.br.

Outros produtos relacionados

Colorgin Metallik Interior Verniz Incolor

Verniz em spray indicado para acabamento de superfícies previamente pintadas com Colorgin Metallik Interior.

Colorgin Uso Geral Premium Fundo Para Alumínio

Fundo preparador em spray para superfícies metálicas não ferrosas (alumínio galvanizado, cobre, latão e prata).

Colorgin Seladora para Madeira Incolor

Fundo selador indicado para superfícies de madeira que receberão acabamento.

Colorgin Arts

Colorgin Arts é uma tinta em spray de alta qualidade, indicada para pinturas artísticas em geral, como telas, grafites etc. Pode ser usada em áreas externas e internas, tem excelente cobertura e rendimento, secagem super rápida, acabamento alto brilho e cores diferenciadas.

Indicada para: alvenaria, madeira, papel, grafites, gesso, telas e metal.

Embalagens/Rendimento

Lata (0,35 L): de 1,2 m^2 a 1,4 m^2 por embalagem, por demão.

Acabamento

Brilhante.

Aplicação

Aplique o fundo certo para cada tipo de superfície e depois aplique de 2 a 3 demãos de Colorgin Arts na cor desejada. Ao final do uso, limpe a válvula virando a lata para baixo e pressione até que saia apenas gás.

Diluição

Pronto para uso.

Cor

Conforme cartela de cores.

Secagem

Entre demãos: 2 a 3 minutos.
Toque: 30 minutos.
Total: 24 horas.
Para testes mecânicos recomenda-se aguardar 72 horas.

Dicas e preparação de superfície

Elimine a poeira, gordura ou qualquer contaminante.
Em superfícies de metal sem oxidação: aplique de uma a duas demãos de Colorgin Primer Rápido Cinza. Aguarde secagem e lixe com lixa d'água 400 até a superfície ficar homogênea e lisa.
Em superfícies de metal com oxidação: aplique Colorgin Primer Rápido Óxido. Aguarde secagem e lixe com lixa d'água 400 até a superfície ficar homogênea e lisa.
Sobre metais não ferrosos (alumínio, cobre, latão e galvanizado): aplique Colorgin Fundo Para Alumínio. Aguarde secagem e lixe com lixa d'água 400 até a superfície ficar homogênea e lisa.
Sobre madeira e gesso: aplique Colorgin Fundo Branco Para Luminosa.
Precauções de Uso: Leia atentamente as instruções da embalagem antes de manusear e/ou utilizar o produto. Para mais informações, solicite a Ficha de Segurança do Produto através do SAC 0800 702 3569, ou através do site www.colorgin.com.br.

Outros produtos relacionados

Colorgin Uso Geral Premium Primer Rápido Óxido

Fundo preparador em spray para superfícies metálicas sem oxidação.

Colorgin Fundo Branco para Luminosa

Fundo branco em spray para luminosa.

Colorgin Plastilac

Verniz em spray que tem a função de impermeabilizar objetos em geral. Protege fotos, desenhos, pinturas, gravuras, layouts, documentos, artigos de madeira, metais, gesso, cerâmica, entre outros, contra desbotamento, oxidação, corrosão e ferrugem.

Colorgin Eco Esmalte

Colorgin Eco Esmalte é uma tinta em spray a base d'água de secagem rápida e baixo odor. Pode ser usada em ambientes internos ou externos.

Indicada para: alumínio galvanizado, isopor, madeira, gesso, cerâmica e metal.

Embalagens/Rendimento
Lata (0,35 L): de 1,2 m^2 a 1,5 m^2 por embalagem, por demão.

Acabamento
Acetinado, brilhante e fosco.

Aplicação
Aplique de 2 a 3 demãos pulverizando a tinta em camadas sucessivas. Ao final do uso, limpe a válvula virando a lata para baixo e pressione até que saia apenas gás.

Diluição
Pronto para uso.

Cor
Conforme cartela de cores.

Secagem
Entre demãos: 5 a 10 minutos.
Toque: 30 minutos.
Manuseio: 2 horas.
Total: 24 horas.
Para testes mecânicos recomenda-se aguardar 72 horas.

Dicas e preparação de superfície

Elimine a poeira, gordura ou qualquer contaminante. Em superfícies não coesas, será necessário aplicar fundo preparador de paredes. Para metais ferrosos, não ferrosos, madeira e galvanizado é necessário utilizar o Colorgin Eco Primer.
Importante: Em temperaturas abaixo de 18 °C e elevada umidade relativa, a pulverização será comprometida e o filme da tinta pode vir a trincar. Não aplicar o produto sobre madeiras resinosas, deterioradas ou infectadas por fungos ou cupins. No momento da aplicação, podem aparecer bolhas de ar na superfície da tinta, mas desaparecem antes da secagem. O excesso pode ser removido com água morna e sabão por até 20 minutos após a aplicação.
Precauções de Uso: Leia atentamente as instruções da embalagem antes de manusear e/ou utilizar o produto. Para mais informações, solicite a Ficha de Segurança do Produto através do SAC 0800 702 3569, ou através do site www.colorgin.com.br.

Outros produtos relacionados

Colorgin Eco Primer
Fundo em spray utilizado na preparação de pinturas para proteger, inibir corrosão e promover a aderência em superfícies metálicas, ferrosas e não ferrosas, madeira e galvanizado que receberão acabamento com Colorgin Eco Esmalte.

Colorgin Linha Artística Glitter
Verniz com purpurina em spray, que proporciona um toque especial para decorações em geral, com excelente variedade de cores que criam um acabamento cintilante em diversas superfícies.

Colorgin Fosforescente
Tinta spray com pigmentos especiais, desenvolvida para brilhar no escuro.

Colorgin Alta Temperatura

Colorgin Alta Temperatura é uma tinta em spray especialmente desenvolvida para pintura de partes externas de objetos ou superfícies metálicas, expostas a altas temperaturas, apresentando resistência de até 600 °C.

Indicada para: escapamentos, chaminés, lareiras, caldeiras, tubulações e parte externa de churrasqueiras e fogões.

Embalagens/Rendimento

Lata (0,35 L): de 1,0 m² a 1,2 m² por embalagem, por demão.

Acabamento

Fosco e metálico.

Aplicação

Aplique de 2 a 3 demãos bem finas do produto, em movimentos constantes e uniformes, no sentido horizontal e vertical. Aplique a uma distância de 30 cm da superfície. Ao final do uso, limpe a válvula virando a lata para baixo e pressione até que saia apenas gás.

Diluição

Pronto para uso.

Cor

Conforme cartela de cores.

Secagem

Entre demãos: 5 a 10 minutos.
Toque: 30 minutos.
Manuseio: 3 horas.
Total: 24 horas.
Para testes mecânicos recomenda-se aguardar 72 horas.

Dicas e preparação de superfície

Lixe a superfície e remova toda a tinta já existente na superfície que será pintada.
Elimine a poeira, gordura ou qualquer contaminante.
Importante: Este produto não deve ser aplicado em locais que terão contato com alimentos, como a parte interna de fogões e microondas. Durante o aquecimento da peça, a película aplicada poderá apresentar um leve amolecimento, porém, com o resfriamento, a tinta volta a suas características normais; Não aplicar sobre isopor, superfícies de plástico ou acrílico. O produto na cor alumínio poderá liberar partículas de pigmento no manuseio da peça aplicada.
Precauções de Uso: Leia atentamente as instruções da embalagem antes de manusear e/ou utilizar o produto. Para mais informações, solicite a Ficha de Segurança do Produto através do SAC 0800 702 3569, ou através do site www.colorgin.com.br.

Outros produtos relacionados

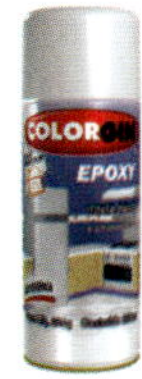

Colorgin Epoxy

Colorgin Epoxy é uma tinta em spray formulada para utilização em superfícies que exijam proteção contra atritos, riscos, umidade, descascamentos, corrosão, óleo, álcool e intempéries.

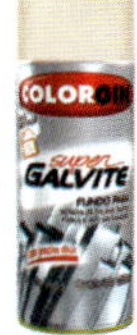

Colorgin Super Galvite

Fundo especial com coloração branco gelo fosco, indicado para promover aderência. Este produto não precisa ser diluído e deve ser aplicado diretamente sobre a superfície.

Colorgin Móveis & Madeira

Linha de produtos de excelente qualidade, formulada com pigmentos transparentes para rejuvenescer ou modificar cores de madeiras novas ou envelhecidas, e protegê-las contra os raios ultravioletas, pois contém filtro solar.

Colorgin Plásticos

Colorgin Plásticos é uma tinta em spray desenvolvida para pintura de plásticos, PVC, acrílico, cerâmica, telha, madeira, metal, vime e outros tipos de superfícies lisas. Sua alta tecnologia proporciona total e permanente aderência, dispensando o uso de primer ou fundo especial. Pode ser usado em superfícies externas e internas.

Indicada para: superfícies de plásticos em geral, PVC, acrílicos, cerâmica, telha, madeira, metal, vime e outros tipos de superfícies lisas.

Embalagens/Rendimento
Lata (0,35 L): de 1,1 m² a 1,3 m² por embalagem, por demão.

Acabamento
Brilhante, acetinado e fosco.

Aplicação
Aplique de 2 a 3 demãos de Colorgin Plásticos na cor desejada respeitando uma distância de 25 cm da superfície. Ao final do uso, limpe a válvula virando a lata para baixo e pressione até que saia apenas gás.

Diluição
Pronto para uso.

Cor
Conforme cartela de cores.

Secagem
Entre demãos: 2 a 3 minutos.
Toque: 30 minutos.
Manuseio: 3 horas.
Total: 72 horas.

Dicas e preparação de superfície

Elimine a poeira, gordura ou qualquer contaminante.
Importante: Alguns tipos de plásticos podem comprometer a aderência do produto. Faça um teste em uma pequena área da superfície a ser aplicada, aguarde secagem. Ocorrendo incompatibilidade, remova o produto. Não aplicar em superfícies flexíveis como lonas, toldos, vinil etc.
Precauções de Uso: Leia atentamente as instruções da embalagem antes de manusear e/ou utilizar o produto. Para mais informações, solicite a Ficha de Segurança do Produto através do SAC 0800 702 3569, ou através do site www.colorgin.com.br.

Outros produtos relacionados

Colorgin Eco

Tinta spray a base d'água de secagem rápida e baixo odor. Pode ser usada em ambientes internos ou externos.

Colorgin Arts

Tinta em spray de alta qualidade, indicada para pinturas artísticas em geral, como telas, grafites etc.

Colorgin Linha Artística Vidros

Proporciona um visual sofisticado e divertido a qualquer superfície de vidro. Apresenta variedade de cores e dois tipos de acabamento: translúcido e fosco.

Colorgin Luminosa

Colorgin Luminosa é uma tinta acrílica fosca em spray, que se evidencia nos ambientes utilizados, proporcionando efeito luminoso com a incidência da luz. É indicada somente para uso interno.

Indicada para: decoração de vitrines, salões, artesanatos e uso escolar. Pode ser usada em superfícies de madeira, ferro, gesso, papel, vidro, isopor e em folhagens.

Embalagens/Rendimento

Lata (0,35 L): de 1,2 m² a 1,4 m²/embalagem/demão.
Quarto (0,9 L): de 12 m² a 15 m² por embalagem, por demão.
Quarto (0,1125 L): de 1,2 m² a 1,5 m²/embalagem/demão.

Acabamento

Fosco.

Aplicação

Lata (0,35 L): Aplique de 2 a 3 demãos do produto na cor desejada a uma distância de 25 cm da superfície. Ao final do uso, limpe a válvula virando a lata para baixo e pressione até que saia apenas gás. Quarto (0,9 L) e Quarto (0,1125 L): Aplique de 2 a 3 demãos do produto na cor desejada utilizando revólver de pintura.

Diluição

Pronto para uso.

Cor

Conforme cartela de cores.

Secagem

Lata (0,35 L): Entre demãos: 1 a 3 minutos. Toque: até 30 minutos. Total: 24 horas. Para testes mecânicos recomenda-se aguardar 72 horas.
Quarto (0,9 L) e Quarto (0,1125 L). Entre demãos: 30 minutos. Toque: 1 hora. Total: 24 horas.

Dicas e preparação de superfície

Elimine a poeira, gordura ou qualquer contaminante.
Sobre metal: aplique COLORGIN PRIMER RÁPIDO CINZA. Aguarde secagem e lixe com lixa d'água 400 até a superfície ficar bem homogênea e lisa, em seguida aplique COLORGIN FUNDO BRANCO PARA LUMINOSA. **Sobre metais não ferrosos (alumínio, cobre, latão e galvanizado)**: aplique COLORGIN FUNDO PARA ALUMÍNIO. Aguarde a secagem e em seguida aplique COLORGIN FUNDO BRANCO PARA LUMINOSA. **Sobre madeira**: aplique COLORGIN SELADORA PARA MADEIRA. Aguarde a secagem e em seguida aplique COLORGIN FUNDO BRANCO PARA LUMINOSA. **Sobre gesso e isopor**: aplique COLORGIN FUNDO BRANCO PARA LUMINOSA.
Importante: A aplicação do FUNDO BRANCO PARA LUMINOSA é realmente necessária, pois somente assim será obtida a tonalidade ideal da TINTA LUMINOSA. As cores do Colorgin Luminosa brilham com a incidência de luz negra (exceto a cor Violeta).

Outros produtos relacionados

Colorgin Verniz Protetor para Luminosa

Verniz em spray indicado para aplicação sobre tintas luminosas, protegendo os pigmentos contra desbotamento precoce e melhorando a fixação destes pigmentos sobre a superfície.

Colorgin Fundo Branco para Luminosa

Fundo branco em spray para luminosa.

Colorgin Linha Artística Glitter

Verniz com purpurina em spray, que proporciona um toque especial para decorações em geral, com excelente variedade de cores que criam um acabamento cintilante em diversas superfícies.

Colorgin Metallik Exterior

Colorgin Metallik Exterior é uma tinta em spray que proporciona efeitos metálicos para decorar objetos de gesso, madeira, cerâmica, papel e metal, além de proteger contra ferrugem. Indicada para pinturas externas e internas, apresenta secagem rápida e excelente acabamento.

Indicada para: ferro, papel, madeira, gesso, cerâmica e metal.

Embalagens/Rendimento

Lata (0,35 L): de 1,2 m² a 1,4 m² por embalagem, por demão.

Acabamento

Metálico.

Aplicação

Aplique de 2 a 3 demãos do produto a uma distância de 25 cm da superfície. Ao final do uso, limpe a válvula virando a lata para baixo e pressione até que saia apenas gás.

Diluição

Pronto para uso.

Cor

Conforme cartela de cores.

Secagem

Entre demãos: 1 a 3 minutos.
Toque: 1 hora.
Total: 24 horas.
Para testes mecânicos, recomenda-se aguardar 72 horas.

Dicas e preparação de superfície

Elimine a poeira, gordura ou qualquer contaminante. Lixe ou limpe bem a superfície e aguarde secagem para aplicação no fundo correto para cada tipo de superfície.
Sobre metal sem oxidação: aplique diretamente o produto.
Sobre metal com oxidação: aplique COLORGIN PRIMER RÁPIDO ÓXIDO.
Sobre metais não ferrosos (alumínio sem tratamento ou galvanizado, cobre, latão e prata): aplique o COLORGIN FUNDO PARA ALUMÍNIO.
Sobre madeira e gesso: aplique COLORGIN FUNDO BRANCO PARA LUMINOSA.
Importante: COLORGIN METALLIK EXTERIOR possui 4 cores com tonalidades diferentes do COLORGIN METALLIK INTERIOR, por isso não utilize na mesma pintura os dois produtos.
Precauções de Uso: Leia atentamente as instruções da embalagem antes de manusear e/ou utilizar o produto. Para mais informações, solicite a Ficha de Segurança do Produto através do SAC 0800 702 3569, ou através do site www.colorgin.com.br.

Outros produtos relacionados

Colorgin Fundo Branco para Luminosa

Fundo branco em spray para luminosa.

Colorgin Metallik Interior

Tinta acrílica em spray especialmente desenvolvida para proporcionar efeitos metálicos que valorizam objetos artesanais e decorações internas.

Colorgin Plásticos

Tinta em spray desenvolvida para pintura de plásticos, PVC, acrílico, cerâmica, telha, madeira, metal, vime e outros tipos de superfícies lisas.

Colorgin Alumen

Colorgin Alumen é uma tinta acrílica em spray, de secagem rápida, com excelente poder de cobertura e alta resistência a intempéries. Especialmente formulada para pintura de alumínio anodizado, alumínio comum (sem tratamento) e não polido. Pode ser utilizada em áreas internas e externas.

Indicada para: portas, grades, portões, janelas, esquadrias, outros objetos em alumínio anodizado e outros metais.

Embalagens/Rendimento

Lata (0,35 L): de 1,0 m² a 1,4 m² por embalagem, por demão.
Quarto (0,9 L): de 7,0 m² a 7,5 m² por embalagem, por demão.

Acabamento

Metálico, brilhante e fosco.

Aplicação

Lata (0,35 L): Aplique de 2 a 3 demãos bem finas do produto, em movimentos constantes e uniformes, no sentido horizontal e vertical. Aplique a uma distância de 25 cm da superfície. Aguarde de 2 a 4 minutos entre demãos. Ao final do uso, limpe a válvula virando a lata para baixo e pressione até que saia apenas gás.
Quarto (0,9 L): Misture a tinta para que fique homogênea. Aplique de 2 a 3 demãos bem finas do produto, utilizando pistola de pulverização. Aplique a uma distância de 20 cm a 25 cm da superfície.

Diluição

Pronto para uso.

Cor

Conforme cartela de cores.

Secagem

Lata (0,35 L): Entre demãos: 2 a 4 minutos;
Toque: 30 minutos. Total: 24 horas.
Quarto (0,9 L): Entre demãos: 2 a 3 minutos.
Toque: 30 minutos. Total: 24 horas.
Para testes mecânicos recomenda-se aguardar 72 horas.

Dicas e preparação de superfície

Lixe a superfície. Elimine a poeira, gordura ou qualquer contaminante.
Importante: Quando se tratar de retoque em alumínio já colorido, a cor irá apresentar variação devido incidência de luz. A cor branca deste produto pode apresentar um leve amarelamento com o tempo de uso, devido às intempéries. Não aplicar sobre isopor, superfícies de plástico ou acrílico.
Precauções de Uso: Leia atentamente as instruções da embalagem antes de manusear e/ou utilizar o produto. Para mais informações, solicite a Ficha de Segurança do Produto através do SAC 0800 702 3569, ou através do site www.colorgin.com.br.

Outros produtos relacionados

Colorgin Eco

Tinta em spray a base d'água de secagem rápida e baixo odor. Pode ser usada em ambientes internos ou externos.

Colorgin Plásticos

Tinta em spray desenvolvida para pintura de plásticos, PVC, acrílico, cerâmica, telha, madeira, metal, vime e outros tipos de superfícies lisas.

Colorgin Arts

Tinta em spray de alta qualidade, indicada para pinturas artísticas em geral, como telas, grafites etc.

Colorgin Esmalte Anti Ferrugem 3 em 1

Colorgin Esmalte Anti Ferrugem 3 em 1 é uma tinta em spray com tripla ação: anti ferrugem, fundo e acabamento. Seu excelente acabamento alto brilho dá proteção e durabilidade, além de efeito decorativo à superfície pintada. Pode ser usada em ambientes internos ou externos.

Indicada para: superfícies de ferro ou metal, que já estejam enferrujadas ou que estejam sujeitas a corrosão, devido a exposição constante a sol, chuva e umidade

Embalagens/Rendimento
Lata (0,35 L): de 1,1 m² a 1,3 m² por embalagem, por demão.

Acabamento
Brilhante e metálico.

Aplicação
Aplique a uma distância de 25 cm da superfície. Ao final do uso, limpe a válvula virando a lata para baixo e pressione até que saia apenas gás.

Diluição
Pronto para uso.

Cor
Conforme cartela de cores.

Secagem
Entre demãos: 2 a 3 minutos.
Toque: 4 horas.
Total: 24 horas.
Para testes mecânicos recomenda-se aguardar 72 horas.

Dicas e preparação de superfície

Remova o excesso de ferrugem da superfície utilizando uma escova de aço ou lixa. Elimine a poeira, gordura ou qualquer contaminante.
Importante: Não é necessária a aplicação de fundo anticorrosivo, primer ou zarcão.
Precauções de Uso: Leia atentamente as instruções da embalagem antes de manusear e/ou utilizar o produto. Para mais informações, solicite a Ficha de Segurança do Produto através do SAC 0800 702 3569, ou através do site www.colorgin.com.br.

Outros produtos relacionados

Colorgin Eco

Tinta em spray a base d'água de secagem rápida e baixo odor. Pode ser usada em ambientes internos ou externos.

Colorgin Plásticos

Tinta em spray desenvolvida para pintura de plásticos, PVC, acrílico, cerâmica, telha, madeira, metal, vime e outros tipos de superfícies lisas.

Colorgin Arts

Tinta em spray de alta qualidade, indicada para pinturas artísticas em geral, como telas, grafites etc.

Histórico da empresa

Em 1961 o empresário paulista Olócio Bueno decidiu investir no desenvolvimento de uma tinta à base de látex PVA, também conhecida popularmente como Vinil. Bueno passou então a chamar sua fábrica de tintas de Suvinil, formado por "Su", de Super e "Vinil", devido à tinta de PVA. Na Alemanha, a BASF entrava no ramo de tintas, adquirindo a Glasurit Werke, uma das maiores companhias europeias do setor. Ao saber que a Glasurit pretendia instalar-se no Brasil, Bueno dirigiu-se à BASF buscando um sócio que o ajudasse a expandir seu negócio. Em 1969, a BASF fundou a Glasurit do Brasil S.A., que mais tarde incorporou a fábrica de tintas Suvinil.

A década de 1970 foi empregada na expansão da Suvinil e da Glasurit para outras regiões do País. Foram instalados escritórios de vendas no Sul, no Nordeste e no Rio de Janeiro. Após o fantástico período de crescimento, veio a diversificação.

Ao entrar na década de 1980, a Basf percebeu que precisava inovar e surgiu a primeira tinta não destinada a paredes: a Suvinil Piso. Era o resultado de avanços tecnológicos que permitiram produzir uma tinta tão resistente que se podia pisar nela. Um ano depois foi lançada a tinta acrílica.

A década de 1990 foi marcada pelo lançamento do Sistema SelfColor, um leque com mais de 1.200 opções em cores nos diversos acabamentos.

A década de 2000 foi marcada por lançamentos como Suvinil Esmalte Seca Rápido, Color Test, Suvinil Acrílicos Sem Cheiro, Acrílicos Menos Sujeira, Látex Maxx, nova linha de Vernizes, novo Esmalte Sintético, Tendências de Cores, Efeitos Decorativos, Texturas e novo Suvinil Piso, sempre buscando inovar e surpreender seus consumidores. Destaque para o lançamento da linha de Acrílicos Menos Sujeira, que facilita o processo da pintura, fazendo com que os incômodos sejam minimizados e também para o Suvinil Spray Multiuso. A marca inovou e desenvolveu o anel colorido com a tampa transparente, que facilita a identificação da cor, além da embalagem de 400 mL com ilustração exclusiva.

A Suvinil é a marca de tintas imobiliárias da BASF e tem conquistado cada vez mais a preferência dos consumidores que buscam renovação, bem-estar e qualidade de vida por meio das sensações que as cores proporcionam. No segmento premium, a Suvinil prova a liderança e confiança adquiridas. Com fábrica em São Bernardo do Campo (SP) e Jaboatão dos Guararapes (PE), a Suvinil produz uma completa linha de produtos, constituída por Látex PVA, acrílicos, esmaltes, vernizes, epóxi e complementos para pintura, que atendem o mercado nacional, além de exportar para países como Paraguai, Uruguai, Cuba, Panamá, Venezuela, Bolívia e alguns países da África.

No mercado econômico, possui a marca Glasurit, que oferece portfólio completo de tintas imobiliárias com produtos de preparação de superfícies e acabamentos. As embalagens desta marca possuem uma comunicação adequada para os consumidores dessa categoria. Com destaque para a linha Econômica e Standard, testados e aprovados pelo PSQ (Programa Setorial de Qualidade) da Abrafati.

Certificações

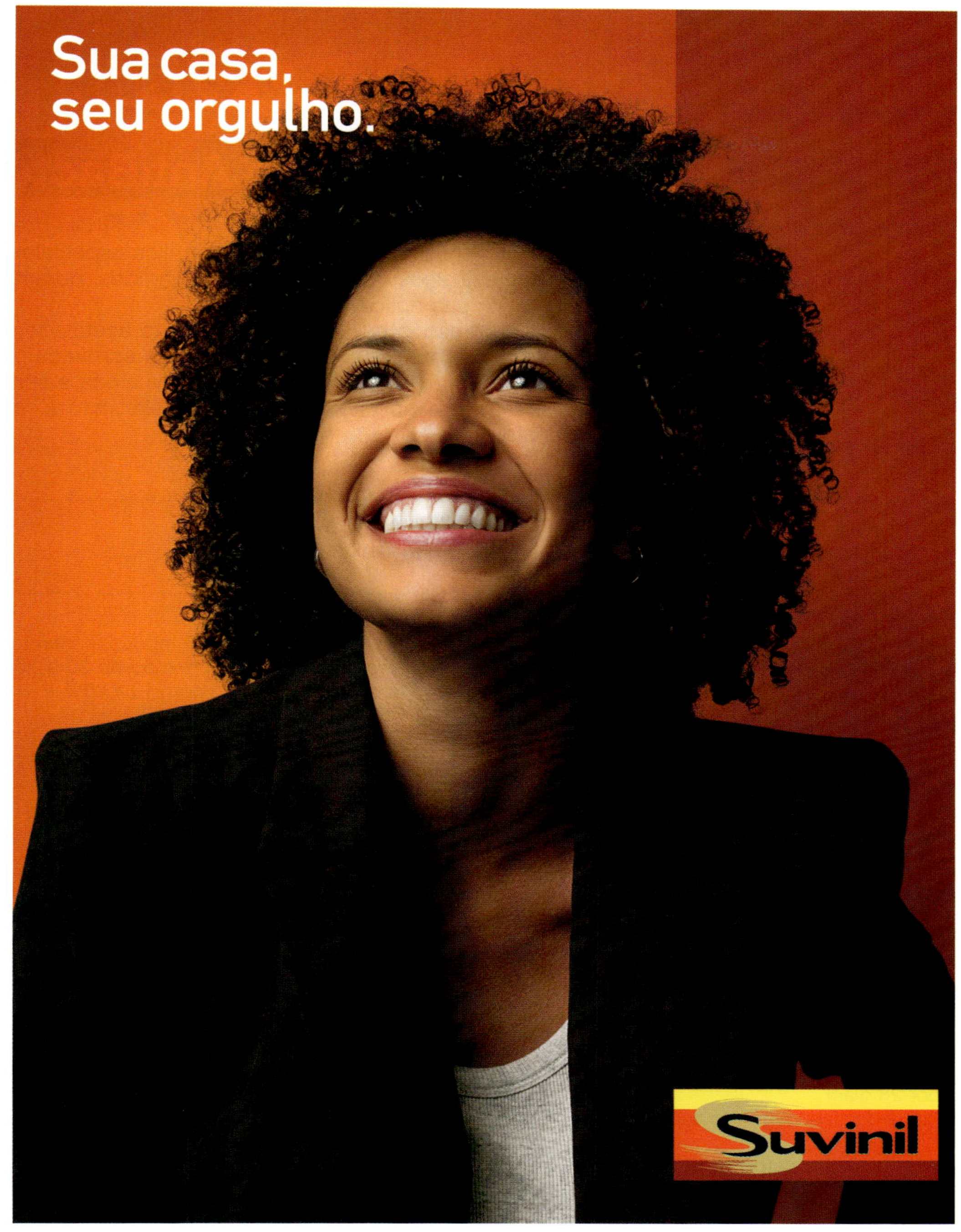
Sua casa,
seu orgulho.
Suvinil

Suvinil Acrílico AntiBactéria

PREMIUM ★★★★★

Suvinil Acrílico AntiBactéria é uma tinta acrílica especialmente formulada para reduzir 99% das bactérias das paredes, durante o período de 2 anos após sua aplicação.
É indicada para uso interno, tem acabamento acetinado, e é lavável: "A sujeira sai, a proteção fica". É a única tinta aprovada pela Agência de Vigilância Sanitária/Ministério da Saúde, e ainda é sem cheiro em até 3 horas após a aplicação e menos sujeira, isto é, possui baixo respingamento.

Embalagens/Rendimento

Lata (18 L): 180 a 330 m^2.
Galão (3,6 L): 36 a 66 m^2.

Acabamento

Acetinado.

Aplicação

Rolo de lã (pelo baixo para epóxi), pincel, trincha ou pistola. 2 a 3 demãos com intervalo de 4 horas.

Diluição

Massa corrida/acrílica, reboco, concreto, fibrocimento e gesso: primeira demão de 20 a 30% com água potável e as demais com 10 a 20%.
Repintura: diluir de 10 a 20%.
Pistola: diluir com 30% de água.

Cor

Além da cor branca, pode-se obter outros tons, adicionando até 1 bisnaga de Suvinil Corante por galão de 3,6 litros. Disponível também no sistema Suvinil SelfColor.

Secagem

Ao toque: 2 horas.
Final: 12 horas.

Dicas e preparação de superfície

A superfície deve estar firme, coesa, seca, limpa, sem poeira, gordura ou graxa, sabão ou mofo. Na preparação das superfícies, partes soltas ou mal aderidas, devem ser eliminadas, raspando, lixando ou escovando a superfície. Manchas de gordura ou graxa devem ser eliminadas com solução de água e detergente. Em seguida, enxaguar e aguardar a secagem. Partes mofadas devem ser eliminadas, lavando a superfície com água sanitária. Em seguida, enxaguar e aguardar secagem. Imperfeições profundas do reboco/cimentado devem ser corrigidas com argamassa de cimento: areia média, traço 1:3 (aguardar cura por 28 dias).
Reboco novo: aguardar a secagem e cura (28 dias no mínimo). Após a secagem, aplicar uma demão de Suvinil Selador Acrílico.
Concreto novo e reboco fraco (baixa coesão): após aguardar secagem e cura, superfícies altamente absorventes (gesso, fibrocimento e tijolo), superfícies caiadas e superfícies com partículas soltas ou mal aderidas, raspar e/ou escovar a superfície eliminando as partes soltas, aplicar uma demão de Suvinil Fundo Preparador de Paredes, diluído com 10% de água limpa.
Superfícies não molháveis de baixa aderência (azulejos, cerâmicas vitrificadas, cimento queimado, pastilhas etc): aplicar Suvinil Fundo Branco Epóxi conforme indicações na sua embalagem. As imperfeições rasas da superfície devem ser corrigidas com Suvinil Massa Acrílica (superfícies internas em áreas molháveis); Suvinil Massa Corrida (superfície interna).
Repintura: Eliminar qualquer espécie de brilho, usando lixa de grana 360/400 e eliminar o pó.
Dica: Ao aplicar tintas de acabamento acetinado na cor branca ou em cores muito claras sobre paredes de cor intensa ou muito contraste, é recomendável a aplicação prévia de uma demão do produto Suvinil Acrílico Premium Fosco.

Outros produtos relacionados

Suvinil Massa Corrida

Indicada para nivelar e corrigir imperfeições em superfícies internas.

Suvinil Fundo Preparador de Paredes

Garante a boa aderência da tinta em superfícies de reboco fraco e poroso.

Suvinil Selador Acrílico

Fundo branco indicado para selar e uniformizar a absorção de superfícies internas e externas.

Suvinil Acrílico Premium Fosco

PREMIUM ★★★★★

Suvinil Acrílico Premium Fosco é uma tinta acrílica de alto desempenho. Fácil de aplicar, proporciona acabamento fosco, ótima cobertura e excelente alastramento. Sem cheiro em até 3 horas após a aplicação e *Menos Sujeira*, isto é, baixo respingamento. Indicada para pintura de superfícies externas e internas de reboco, massa acrílica, texturas, concreto, fibrocimento e superfícies internas de massa corrida e gesso.

Embalagens/Rendimento

Lata (18 L): Até 380 m^2.
Galão (3,6 L): Até 76 m^2.

Acabamento

Fosco.

Aplicação

Rolo, pincel e pistola. 2 a 3 demãos com intervalo mínimo de 4 horas.

Diluição

Sobre a massa corrida/acrílica, reboco, concreto, fibrocimento: diluir a primeira demão de 20 a 30% com água potável e as demais com 10 a 20%.
Pistola: diluir com 30% de água.

Cor

Além das cores disponíveis no catálogo, existem mais de 1.500 cores no Sistema Selfcolor.

Secagem

Ao toque: 2 horas.
Final: 12 horas.

Dicas e preparação de superfície

A superfície deve estar firme, coesa, seca, limpa, sem poeira, gordura ou graxa, sabão ou mofo. Antes de iniciar a pintura, observe as orientações a seguir:
Na preparação das superfícies, partes soltas ou mal aderidas, devem ser eliminadas, raspando, lixando ou escovando a superfície. Manchas de gordura ou graxa devem ser eliminadas com solução de água e detergente. Em seguida, enxaguar e aguardar a secagem. Partes mofadas devem ser eliminadas, lavando a superfície com água sanitária. Em seguida, enxaguar e aguardar secagem. Imperfeições profundas do reboco/cimentado devem ser corrigidas com argamassa de cimento: areia média, traço 1:3 (aguardar cura por 28 dias).
Reboco novo: aguardar a secagem e cura (28 dias no mínimo).
Concreto novo e reboco fraco (baixa coesão): após aguardar secagem e cura, superfícies altamente absorventes (gesso, fibrocimento e tijolo), superfícies caiadas e superfícies com partículas soltas ou mal aderidas, raspar e/ou escovar a superfície eliminando as partes soltas, aplicar uma demão de Suvinil Fundo Preparador de Paredes, diluído com 10% de água limpa.
Superfícies não molháveis de baixa aderência: (azulejos, cerâmicas vitrificadas, cimento queimado, pastilhas etc) aplicar Suvinil Fundo Branco Epóxi conforme indicações na sua embalagem. As imperfeições rasas da superfície devem ser corrigidas com Suvinil Massa Acrílica (reboco externo e interno); Suvinil Massa Corrida (reboco interno).
Repintura: Eliminar qualquer espécie de brilho, usando lixa de grana 360/400 e eliminar o pó.

Outros produtos relacionados

Suvinil Massa Acrílica

Massa indicada para nivelar e corrigir imperfeições em superfícies interiores e exteriores. Ótimo rendimento e aderência.

Suvinil Fundo Preparador de Paredes

Essencial para garantir a boa aderência da tinta em superfícies de reboco fraco e poroso.

Suvinil Selador Acrílico

Fundo branco indicado para selar e uniformizar a absorção de superfícies internas e externas. Ótimo poder de enchimento e fácil aplicação.

Suvinil Acrílico Premium Toque de Seda

PREMIUM ★★★★★

Suvinil Acrílico Premium Toque de Seda é uma tinta acrílica de acabamento acetinado, que tem alta durabilidade. Seu brilho suave proporciona extrema facilidade de limpeza e seu fino acabamento confere requinte e sofisticação aos ambientes. Sem cheiro em até 3 horas após a aplicação e *Menos Sujeira*, isto é, baixo respingamento. É indicada para pintura de superfícies internas e externas de reboco, massa acrílica, texturas, concreto, fibrocimento e superfícies internas de massa corrida e gesso.

Embalagens/Rendimento

Lata (18 L): 180 a 330 m^2.
Galão (3,6 L): 36 a 66 m^2.

Acabamento

Acetinado.

Aplicação

Rolo, pincel e pistola. 2 a 3 demãos com intervalo mínimo de 4 horas.
Para melhor acabamento em paredes com gesso, massa corrida ou acrílica, recomendamos o uso de pelo baixo (ex: rolo para epóxi).

Diluição

Sobre a massa corrida/acrílica, reboco, concreto, fibrocimento: diluir a primeira demão de 20 a 30% com água potável e as demais com 10 a 20%.

Cor

Além das cores disponíveis no catálogo, existem mais de 1.500 cores no Sistema Selfcolor.

Secagem

Ao toque: 2 horas.
Final: 12 horas.

Dicas e preparação de superfície

A superfície deve estar firme, coesa, seca, limpa, sem poeira, gordura ou graxa, sabão ou mofo. Antes de iniciar a pintura, observe as orientações a seguir:
Na preparação das superfícies, partes soltas ou mal aderidas, devem ser eliminadas, raspando, lixando ou escovando a superfície. Manchas de gordura ou graxa devem ser eliminadas com solução de água e detergente. Em seguida, enxaguar e aguardar a secagem. Partes mofadas devem ser eliminadas, lavando a superfície com água sanitária. Em seguida, enxaguar e aguardar secagem. Imperfeições profundas do reboco/cimentado devem ser corrigidas com argamassa de cimento: areia média, traço 1:3 (aguardar cura por 28 dias).
Reboco novo: aguardar a secagem e cura (28 dias no mínimo).
Concreto novo e reboco fraco (baixa coesão): após aguardar secagem e cura, superfícies altamente absorventes (gesso, fibrocimento e tijolo), superfícies caiadas e superfícies com partículas soltas ou mal aderidas, raspar e/ou escovar a superfície, eliminando as partes soltas, aplicar uma demão de Suvinil Fundo Preparador de Paredes, diluído com 10% de água limpa.
Superfícies não molháveis de baixa aderência: (azulejos, cerâmicas vitrificadas, cimento queimado, pastilhas etc.) aplicar Suvinil Fundo Branco Epóxi conforme indicações na sua embalagem. As imperfeições rasas da superfície devem ser corrigidas com Suvinil Massa Acrílica (reboco externo e interno); Suvinil Massa Corrida (reboco interno).
Repintura: eliminar qualquer espécie de brilho, usando lixa de grana 360/400 e eliminar o pó.

Outros produtos relacionados

Suvinil Massa Corrida

Massa indicada para nivelar e corrigir imperfeições em superfícies internas. Ótimo rendimento, fácil aplicação, boa aderência e fácil lixação.

Suvinil Fundo Preparador de Paredes

Essencial para garantir a boa aderência da tinta em superfícies de reboco fraco e poroso.

Suvinil Selador Acrílico

Fundo branco indicado para selar e uniformizar a absorção de superfícies internas e externas. Ótimo poder de enchimento e fácil aplicação.

Suvinil Acrílico Premium Semibrilho

PREMIUM ★★★★★

Suvinil Acrílico Premium Semibrilho é uma tinta acrílica, que por seu acabamento proporciona alta impermeabilidade quando aplicada em ambientes externos, e em superfícies internas oferece grande facilidade de limpeza. Sem cheiro em até 3 horas após a aplicação e Menos Sujeira, isto é, baixo respingamento.

Embalagens/Rendimento
Lata (18 L): Até 320 m^2.
Galão (3,6 L): Até 64 m^2.

Acabamento
Semibrilho.

Aplicação
Rolo, pincel e pistola. 2 a 3 demãos com intervalo mínimo de 4 horas.

Diluição
Sobre a massa corrida/acrílica, reboco, concreto, fibrocimento: diluir a primeira demão de 20 a 30% com água potável e as demais com 10 a 20%.
Pistola: diluir com 30% de água.

Cor
Além das cores disponíveis no catálogo, existem mais de 1.500 cores no Sistema Selfcolor.

Secagem
Ao toque: 2 horas.
Final: 12 horas.

Dicas e preparação de superfície

A superfície deve estar firme, coesa, seca, limpa, sem poeira, gordura ou graxa, sabão ou mofo. Antes de iniciar a pintura, observe as orientações a seguir:
Na preparação das superfícies, partes soltas ou mal aderidas, devem ser eliminadas, raspando, lixando ou escovando a superfície. Manchas de gordura ou graxa devem ser eliminadas com solução de água e detergente. Em seguida, enxaguar e aguardar a secagem. Partes mofadas devem ser eliminadas, lavando a superfície com água sanitária. Em seguida, enxaguar e aguardar secagem. Imperfeições profundas do reboco/cimentado devem ser corrigidas com argamassa de cimento: areia média, traço 1:3 (aguardar cura por 28 dias).
Reboco novo: aguardar a secagem e cura (28 dias no mínimo).
Concreto novo e reboco fraco (baixa coesão): após aguardar secagem e cura, superfícies altamente absorventes (gesso, fibrocimento e tijolo), superfícies caiadas e superfícies com partículas soltas ou mal aderidas, raspar e/ou escovar a superfície, eliminando as partes soltas, aplicar uma demão de Suvinil Fundo Preparador de Paredes, diluído com 10% de água limpa.
Superfícies não molháveis de baixa aderência: (azulejos, cerâmicas vitrificadas, cimento queimado, pastilhas etc.) aplicar Suvinil Fundo Branco Epóxi conforme indicações na sua embalagem. As imperfeições rasas da superfície devem ser corrigidas com Suvinil Massa Acrílica (reboco externo e interno); Suvinil Massa Corrida (reboco interno).
Repintura: Eliminar qualquer espécie de brilho, usando lixa de grana 360/400 e eliminar o pó.

Outros produtos relacionados

Suvinil Massa Acrílica

Massa indicada para nivelar e corrigir imperfeições em superfícies interiores e exteriores. Ótimo rendimento e aderência.

Suvinil Fundo Preparador de Paredes

Essencial para garantir a boa aderência da tinta em superfícies de reboco fraco e poroso.

Suvinil Selador Acrílico

Fundo branco indicado para selar e uniformizar a absorção de superfícies internas e externas. Ótimo poder de enchimento e fácil aplicação.

Suvinil Acrílico Contra Mofo & Maresia

PREMIUM ★★★★★

Alta durabilidade em uso externo. É uma tinta acrílica fosca de alta performance com maior resistência à ação da chuva, sol, maresia e umidade do ar. Evita o crescimento de fungos e algas em regiões úmidas. Oferece também grande poder de cobertura e rendimento. É indicada para pintura de superfícies externas de reboco, massa acrílica, texturas, concreto e fibrocimento.

Embalagens/Rendimento
Lata (18 L): 175 a 380 m²/demão.
Galão (3,6 L): 35 a 76 m²/demão.

Acabamento
Fosco.

Aplicação
Rolo, pincel, trincha ou pistola.
De 2 a 3 demãos com intervalo mínimo de 4 horas.

Diluição
Sobre a massa corrida/acrílica, reboco, concreto, fibrocimento: diluir a primeira demão de 20% a 30% com água potável e as demais com 10% a 20%.
Repintura: de 10% a 20% em todas as demãos.
Pistola: diluir com 30% de água.

Cor
Além das cores disponíveis no catálogo, existem mais de 1.500 cores no Sistema Selfcolor.

Secagem
Ao toque: 2 horas.
Final: 12 horas.

Dicas e preparação de superfície

A superfície deve estar firme, coesa, seca, limpa, sem poeira, gordura ou graxa, sabão ou mofo. Antes de iniciar a pintura, observe as orientações a seguir:
Na preparação das superfícies, partes soltas ou mal aderidas, devem ser eliminadas, raspando, lixando ou escovando a superfície. Manchas de gordura ou graxa devem ser eliminadas com solução de água e detergente. Em seguida, enxaguar e aguardar a secagem. Partes mofadas devem ser eliminadas, lavando a superfície com água sanitária. Em seguida, enxaguar e aguardar secagem. Imperfeições profundas do reboco/cimentado devem ser corrigidas com argamassa de cimento: areia média, traço 1:3 (aguardar cura por 28 dias). **Reboco novo**: aguardar a secagem e cura (28 dias no mínimo). **Concreto novo e reboco fraco (baixa coesão)**: após aguardar secagem e cura, superfícies altamente absorventes (gesso, fibrocimento e tijolo), superfícies caiadas e superfícies com partículas soltas ou mal aderidas, raspar e/ou escovar a superfície, eliminando as partes soltas, aplicar uma demão de Suvinil Fundo Preparador de Paredes, diluído com 10% de água limpa. **Superfícies não molháveis de baixa aderência**: (azulejos, cerâmicas vitrificadas, cimento queimado, pastilhas etc.) aplicar Suvinil Fundo Branco Epóxi conforme indicações na sua embalagem. As imperfeições rasas da superfície devem ser corrigidas com Suvinil Massa Acrílica (reboco externo e interno); Suvinil Massa Corrida (reboco interno). **Repintura**: eliminar qualquer espécie de brilho, usando lixa de grana 360/400 e eliminar o pó.
Não se deve aplicar o Suvinil Contra Mofo e Maresia em substratos sem a correta preparação da superfície. Portanto certifique-se que a superfície esteja perfeitamente preparada e isenta de mofo e algas.

Outros produtos relacionados

Suvinil Massa Acrílica
Massa indicada para nivelar e corrigir imperfeições em superfícies interiores e exteriores. Ótimo rendimento e aderência.

Suvinil Fundo Preparador de Paredes
Essencial para garantir a boa aderência da tinta em superfícies de reboco fraco e poroso.

Suvinil Selador Acrílico
Fundo branco indicado para selar e uniformizar a absorção de superfícies internas e externas. Ótimo poder de enchimento e fácil aplicação.

Suvinil Acrílico Contra Microfissuras

PREMIUM ★★★★★

Suvinil contra Microfissuras é uma tinta com película protetora 100% elástica que acompanha as microfissuras protegendo a parede contra infiltrações de água de fora para dentro, causadas por fissuras de até 0,2 mm. Com esta propriedade, não sofre com deformações ou rompimentos. Ação e prevenção no combate à infiltrações na parede como chuva, umidade, mofo e descascamento. Especialmente indicada para pinturas em áreas externas, pode ser aplicada sobre reboco, massa acrílica, texturas sem hidrorrepelência, concreto e fibrocimento.

Embalagens/Rendimento
Lata (18 L): 255 a 275 m^2.
Galão (3,6 L): 45 a 75 m^2.

Acabamento
Fosco.

Aplicação
Rolo de lã, pistola, pincel ou trincha.
Mínimo de 3 demãos com intervalo de 4 horas.

Diluição
Sobre a massa corrida/acrílica, reboco, concreto, fibrocimento: diluir a primeira demão de 20 a 30% com água potável e as demais com 10 a 20%.
Repintura: 10 a 20% em todas as demãos.
Pistola: diluir com 30% de água.

Cor
Disponível em mais de 1.500 cores no Sistema Selfcolor.

Secagem
Ao toque: 2 horas.
Final: 12 horas.

Dicas e preparação de superfície

A superfície deve estar firme, coesa, seca, limpa, sem poeira, gordura ou graxa, sabão ou mofo. Partes soltas ou mal aderidas, devem ser eliminadas, raspando, lixando ou escovando a superfície. Manchas de gordura ou graxa devem ser eliminadas com solução de água e detergente. Enxaguar e aguardar a secagem. Partes mofadas devem ser eliminadas, lavando a superfície com água sanitária. Enxaguar e aguardar secagem. Imperfeições profundas do reboco/cimentado devem ser corrigidas com argamassa de cimento: areia média, traço 1:3 (aguardar cura por 28 dias). **Reboco novo**: aguardar a secagem e cura (28 dias no mínimo). **Concreto novo e reboco fraco (baixa coesão)**: após aguardar secagem e cura, superfícies altamente absorventes (gesso, fibrocimento e tijolo), superfícies caiadas e superfícies com partículas soltas ou mal aderidas, raspar e/ou escovar a superfície eliminando as partes soltas, aplicar uma demão de Suvinil Fundo Preparador de Paredes, diluído com 10% de água limpa. As imperfeições rasas da superfície devem ser corrigidas com Suvinil Massa Acrílica (reboco externo e interno). **Repintura**: Eliminar qualquer espécie de brilho, usando lixa de grana 360/400 e eliminar o pó. Recomendações: não recomendamos a aplicação de Suvinil Fachada em trincas ou fissuras acima de 0,3 mm. Devido à sua característica elástica e impermeabilizante, não se deve aplicar o Suvinil Contra Microfissura em substratos com: baixa coesão, desagregamento, descascamento, caiação, umidade interna etc, sem a correta preparação da superfície. Certifique-se que a superfície esteja perfeitamente agregada, isenta de pó e umidade para evitar problemas de aderência do produto. **Umidade**: quando detectadas infiltrações de água, devem ser corrigidas antes da preparação da superfície. A umidade vinda do interior do substrato para a película da tinta exerce uma pressão na mesma, com a formação de bolhas e destruição das pinturas. É indispensável a aplicação de 3 demãos para atingir a proteção e a resistência às trincas e fissuras mencionadas. Não aplicar acabamentos e/ou complementos à base de resina PVA sobre este produto. Não aplicar Suvinil contra Microfissura sobre texturas hidrorrepelentes recém aplicadas ou que ainda apresentem o efeito hidrorrepelente.

Outros produtos relacionados

Suvinil Selatrinca

Indicado para o tratamento de fissuras em alvenaria.

Suvinil Fundo Preparador de Paredes

Essencial para garantir a boa aderência da tinta em superfícies de reboco fraco e poroso.

Suvinil Massa Acrílica

Massa indicada para nivelar e corrigir imperfeições em superfícies interiores e exteriores.

Suvinil Látex Premium MAXX

PREMIUM ★★★★★

O Suvinil Látex Maxx premium traz uma fórmula com nanopartículas que garantem 2 vezes mais resistência e 40% mais rendimento. Possui finíssimo acabamento fosco aveludado e é indicado para áreas externas e internas de reboco, massa acrílica, texturas, concreto, fibrocimento e internas de massa corrida e gesso. Possui 2 vezes mais resistência à lavabilidade em relação a fórmula antiga. Em 2011, o produto comemorou 50 anos e todo esse tempo transformou o látex MAXX no produto mais admirado do mercado e sinônimo de qualidade e tradição.

Embalagens/Rendimento
Lata (18 L): Até 380 m^2.
Galão (3,6 L): Até 76 m^2.

Acabamento
Fosco.

Aplicação
Rolo, pincel e pistola. 2 a 3 demãos com intervalo mínimo de 4 horas.

Diluição
50% para todos os substratos.

Cor
Além das cores disponíveis no catálogo, existem mais de 1.500 cores no Sistema Selfcolor.

Secagem
Ao toque: 1 hora.
Final: 12 horas.

Dicas e preparação de superfície

A superfície deve estar firme, coesa, seca, limpa, sem poeira, gordura ou graxa, sabão ou mofo. Antes de iniciar a pintura, observe as orientações a seguir:
Na preparação das superfícies, partes soltas ou mal aderidas, devem ser eliminadas, raspando, lixando ou escovando a superfície. Manchas de gordura ou graxa devem ser eliminadas com solução de água e detergente. Em seguida, enxaguar e aguardar a secagem. Partes mofadas devem ser eliminadas, lavando a superfície com água sanitária. Em seguida, enxaguar e aguardar secagem. Imperfeições profundas do reboco/cimentado devem ser corrigidas com argamassa de cimento: areia média, traço 1:3 (aguardar cura por 28 dias).
Reboco novo: aguardar a secagem e cura (28 dias no mínimo).
Concreto novo e reboco fraco (baixa coesão): após aguardar secagem e cura, superfícies altamente absorventes (gesso, fibrocimento e tijolo), superfícies caiadas e superfícies com partículas soltas ou mal aderidas, raspar e/ou escovar a superfície, eliminando as partes soltas, aplicar uma demão de Suvinil Fundo Preparador de Paredes, diluído com 10% de água limpa.
Superfícies não molháveis de baixa aderência: (azulejos, cerâmicas vitrificadas, cimento queimado, pastilhas etc.) aplicar Suvinil Fundo Branco Epóxi conforme indicações na sua embalagem. As imperfeições rasas da superfície devem ser corrigidas com Suvinil Massa Acrílica (reboco externo e interno); Suvinil Massa Corrida (reboco interno).
Repintura: eliminar qualquer espécie de brilho, usando lixa de grana 360/400 e eliminar o pó.

Outros produtos relacionados

Suvinil Massa Corrida

Massa indicada para nivelar e corrigir imperfeições em superfícies internas. Ótimo rendimento, fácil aplicação, boa aderência e fácil lixação.

Suvinil Fundo Preparador de Paredes

Essencial para garantir a boa aderência da tinta em superfícies de reboco fraco e poroso.

Suvinil Selador Acrílico

Fundo branco indicado para selar e uniformizar a absorção de superfícies internas e externas. Ótimo poder de enchimento e fácil aplicação.

Suvinil Texturatto Rústico

PREMIUM ★★★★★

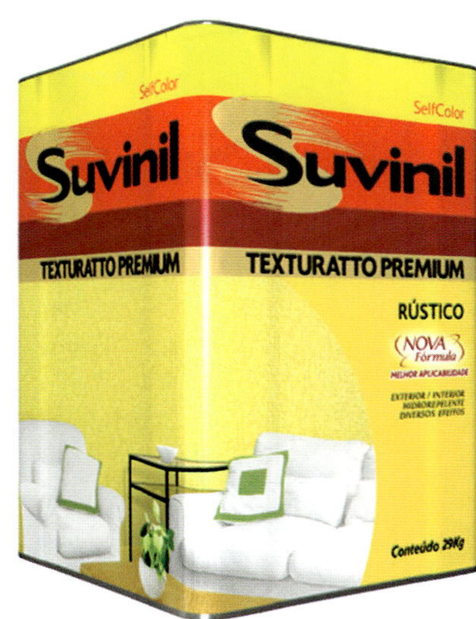

Suvinil Texturatto Rústico traz em sua formulação grãos de quartzo em tamanho médio que dão à parede um acabamento riscado especial. Traz em sua fórmula também a hidrorrepelência que confere maior durabilidade à pintura, por impedir a penetração da umidade. Dispensa a aplicação de tinta de acabamento.

Embalagens/Rendimento
Lata (30 kg): 9 a 14 m²/demão.
Galão (6 kg): 1,4 a 2,6 m²/demão.

Acabamento
Textura em relevo.

Aplicação
Para texturizar: desempenadeira de aço.

Diluição
Pronto para uso.

Cor
Branco. Disponível também no Sistema Selfcolor.

Secagem
Ao toque: 4 horas.
Final: 16 horas.
Cura total: 4 dias.

Dicas e preparação de superfície

A superfície deve estar firme, coesa, seca, limpa, sem poeira, gordura ou graxa, sabão ou mofo. Antes de iniciar a pintura, observe as orientações a seguir:
Na preparação das superfícies, partes soltas ou mal aderidas, devem ser eliminadas, raspando, lixando ou escovando a superfície. Manchas de gordura ou graxa devem ser eliminadas com solução de água e detergente. Em seguida, enxaguar e aguardar a secagem. Partes mofadas devem ser eliminadas, lavando a superfície com água sanitária. Em seguida, enxaguar e aguardar secagem. Imperfeições profundas do reboco/cimentado devem ser corrigidas com argamassa de cimento: areia média, traço 1:3 (aguardar cura por 28 dias). **Reboco novo**: aguardar a secagem e cura (28 dias no mínimo). **Concreto novo e reboco fraco (baixa coesão)**: após aguardar secagem e cura, superfícies altamente absorventes (gesso, fibrocimento e tijolo), superfícies caiadas e superfícies com partículas soltas ou mal aderidas, raspar e/ou escovar a superfície eliminando as partes soltas, aplicar uma demão de Suvinil Fundo Preparador de Paredes, diluído com 10% de água limpa. As imperfeições rasas da superfície devem ser corrigidas com Suvinil Massa Acrílica (reboco externo e interno) e Suvinil Massa Corrida (reboco interno). **Repintura**: Eliminar qualquer espécie de brilho, usando lixa de grana 360/400 e eliminar o pó. Dicas: Emendas de aplicação podem se tornar visíveis em produtos dessa natureza. Para evitar ou minimizar estas ocorrências, recomendamos a aplicação do produto em pequenos painéis, evitando que as emendas ocorram após a secagem da aplicação anterior.

Outros produtos relacionados

Suvinil Gel

Preparado para proporcionar grande variedade de efeitos: pátina, esponjado, trapeado, manchado, espatulado, escovado, jeans, entre outros.

Suvinil Fundo Preparador de Paredes

Essencial para garantir a boa aderência da tinta em superfícies de reboco fraco e poroso.

Suvinil Selador Acrílico

Fundo branco indicado para selar e uniformizar a absorção de superfícies internas e externas. Ótimo poder de enchimento e fácil aplicação.

Suvinil Texturatto Clássico

PREMIUM ★★★★★

Texturatto Clássico tem em sua formulação pequenos grãos de quartzo que dão a parede um acabamento clássico capaz de criar os mais diversos efeitos, tornando desnecessária a aplicação de tinta de acabamento. Sua característica hidrorrepelente confere maior durabilidade à pintura, por impedir a penetração de umidade. É indicado para texturizar superfícies externas e internas de reboco, blocos de concreto, fibrocimento, concreto aparente, massa corrida ou acrílica e repintura sobre tinta látex PVA ou tinta acrílica.

Embalagens/Rendimento

Lata (26 kg): 12 a 28 m²/demão.
Galão (5,2 kg): 2,5 a 5,5 m²/demão.

Acabamento

Textura em relevo.

Aplicação

Para selar: rolo de lã, pincel ou trincha.
Para texturizar: rolo de espuma rígida para texturas, desempenadeira de aço ou rolos especiais para textura. Uma demão para selar e uma para texturizar, com intervalo de 4 horas.

Diluição

Para selar: 20% a 30% com água potável.
Para texturar: Pronto para uso.

Cor

Branco. Disponível também no Sistema Selfcolor.

Secagem

Ao toque: 6 horas.
Final: 12 horas.
Cura total: 4 dias.

Dicas e preparação de superfície

A superfície deve estar firme, coesa, seca, limpa, sem poeira, gordura ou graxa, sabão ou mofo. Antes de iniciar a pintura, observe as orientações a seguir:
Na preparação das superfícies, partes soltas ou mal aderidas, devem ser eliminadas, raspando, lixando ou escovando a superfície. Manchas de gordura ou graxa devem ser eliminadas com solução de água e detergente. Em seguida, enxaguar e aguardar a secagem. Partes mofadas devem ser eliminadas, lavando a superfície com água sanitária. Em seguida, enxaguar e aguardar secagem. Imperfeições profundas do reboco/cimentado devem ser corrigidas com argamassa de cimento: areia média, traço 1:3 (aguardar cura por 28 dias).
Reboco novo: aguardar a secagem e cura (28 dias no mínimo).
Concreto novo e reboco fraco (baixa coesão): após aguardar secagem e cura, superfícies altamente absorventes (gesso, fibrocimento e tijolo), superfícies caiadas e superfícies com partículas soltas ou mal aderidas, raspar e/ou escovar a superfície, eliminando as partes soltas, aplicar uma demão de Suvinil Fundo Preparador de Paredes, diluído com 10% de água limpa.
Superfícies não molháveis de baixa aderência: (azulejos, cerâmicas vitrificadas, cimento queimado, pastilhas etc.) aplicar Suvinil Fundo Branco Epóxi conforme indicações na sua embalagem.
As imperfeições rasas da superfície devem ser corrigidas com Suvinil Massa Acrílica (reboco externo e interno); Suvinil Massa Corrida (reboco interno).
Repintura: eliminar qualquer espécie de brilho, usando lixa de grana 360/400 e eliminar o pó.

Outros produtos relacionados

Suvinil Gel

Preparado para proporcionar grande variedade de efeitos: pátina, esponjado, trapeado, manchado, espatulado, escovado, jeans, entre outros.

Suvinil Fundo Preparador de Paredes

Essencial para garantir a boa aderência da tinta em superfícies de reboco fraco e poroso.

Suvinil Selador Acrílico

Fundo branco indicado para selar e uniformizar a absorção de superfícies internas e externas. Ótimo poder de enchimento e fácil aplicação.

Suvinil Texturatto Liso

PREMIUM ★★★★★

Suvinil Texturatto Liso não contém grãos em sua formulação resultando em um acabamento mais delicado. Traz componentes que realçam a textura, permitindo a obtenção de diversos efeitos. É um produto de fácil aplicação, secagem rápida, boa aderência e ótima homogeneidade. Indicado para texturizar superfícies externas e internas de reboco, blocos de concreto, fibrocimento, concreto aparente, massa corrida ou acrílica e repintura sobre tinta látex PVA ou tinta acrílica.

Embalagens/Rendimento
Lata (25 kg): 15 a 22 m²/demão.
Galão (5 kg): 3 a 4,5 m²/demão.

Acabamento
Textura em relevo.

Aplicação
Para selar: rolo de lã, pincel ou trincha.
Para texturizar: rolo de espuma rígida para texturas, desempenadeira de aço ou rolos especiais para textura. Uma demão para selar e uma para texturizar, com intervalo de 4 horas.

Diluição
20 a 30% se aplicado com rolo de lã. Para demais ferramentas, diluir com 10% de água.

Cor
Branco. Disponível também no Sistema Selfcolor.

Secagem
Ao toque: 2 horas.
Final: 12 horas.

Dicas e preparação de superfície

A superfície deve estar firme, coesa, seca, limpa, sem poeira, gordura ou graxa, sabão ou mofo. Antes de iniciar a pintura, observe as orientações a seguir:
Na preparação das superfícies, partes soltas ou mal aderidas, devem ser eliminadas, raspando, lixando ou escovando a superfície. Manchas de gordura ou graxa devem ser eliminadas com solução de água e detergente. Em seguida, enxaguar e aguardar a secagem. Partes mofadas devem ser eliminadas, lavando a superfície com água sanitária. Em seguida, enxaguar e aguardar secagem. Imperfeições profundas do reboco/cimentado devem ser corrigidas com argamassa de cimento: areia média, traço 1:3 (aguardar cura por 28 dias).
Reboco novo: aguardar a secagem e cura (28 dias no mínimo).
Concreto novo e reboco fraco (baixa coesão): após aguardar secagem e cura, superfícies altamente absorventes (gesso, fibrocimento e tijolo), superfícies caiadas e superfícies com partículas soltas ou mal aderidas, raspar e/ou escovar a superfície, eliminando as partes soltas, aplicar uma demão de Suvinil Fundo Preparador de Paredes, diluído com 10% de água limpa.
Superfícies não molháveis de baixa aderência: (azulejos, cerâmicas vitrificadas, cimento queimado, pastilhas etc.) aplicar Suvinil Fundo Branco Epóxi conforme indicações na sua embalagem.
As imperfeições rasas da superfície devem ser corrigidas com Suvinil Massa Acrílica (reboco externo e interno); Suvinil Massa Corrida (reboco interno).
Repintura: eliminar qualquer espécie de brilho, usando lixa de grana 360/400 e eliminar o pó.

Outros produtos relacionados

Suvinil Massa Acrílica
Massa indicada para nivelar e corrigir imperfeições em superfícies interiores e exteriores. Ótimo rendimento e aderência.

Suvinil Fundo Preparador de Paredes
Essencial para garantir a boa aderência da tinta em superfícies de reboco fraco e poroso.

Suvinil Selador Acrílico
Fundo branco indicado para selar e uniformizar a absorção de superfícies internas e externas. Ótimo poder de enchimento e fácil aplicação.

Suvinil Texturatto Liso Interiores

PREMIUM ★★★★★

Suvinil Texturatto Liso Interiores é uma textura acrílica desenvolvida exclusivamente para interiores. Permite dar acabamento texturizado em superfícies internas possibilitando a execução de diversos efeitos e disfarça algumas imperfeições do substrato, podendo dispensar o uso de massa fina.

Embalagens/Rendimento
Lata (26 kg): 18 a 31 m²/demão.
Galão (5,2 kg): 2,7 a 6,3 m²/demão.

Acabamento
Textura em relevo.

Aplicação
Para selar: rolo de lã, pincel ou trincha.
Para texturizar: rolo de espuma rígida para texturas, desempenadeira de aço ou rolos especiais para textura. Uma demão para selar e uma para texturizar, com intervalo de 4 horas.

Diluição
20 a 30% se aplicado com rolo de lã. Para demais ferramentas, diluir com 10% de água.

Cor
Branco. Disponível também no Sistema Selfcolor.

Secagem
Ao toque: 2 horas.
Final: 12 horas.

Dicas e preparação de superfície

A superfície deve estar firme, coesa, seca, limpa, sem poeira, gordura ou graxa, sabão ou mofo. Antes de iniciar a pintura, observe as orientações a seguir:
Na preparação das superfícies, partes soltas ou mal aderidas, devem ser eliminadas, raspando, lixando ou escovando a superfície. Manchas de gordura ou graxa devem ser eliminadas com solução de água e detergente. Em seguida, enxaguar e aguardar a secagem. Partes mofadas devem ser eliminadas, lavando a superfície com água sanitária. Em seguida, enxaguar e aguardar secagem. Imperfeições profundas do reboco/cimentado devem ser corrigidas com argamassa de cimento: areia média, traço 1:3 (aguardar cura por 28 dias). **Reboco novo**: aguardar a secagem e cura (28 dias no mínimo). **Concreto novo e reboco fraco (baixa coesão)**: após aguardar secagem e cura, superfícies altamente absorventes (gesso, fibrocimento e tijolo), superfícies caiadas e superfícies com partículas soltas ou mal aderidas, raspar e/ou escovar a superfície, eliminando as partes soltas, aplicar uma demão de Suvinil Fundo Preparador de Paredes, diluído com 10% de água limpa. **Superfícies não molháveis de baixa aderência**: (azulejos, cerâmicas vitrificadas, cimento queimado, pastilhas etc.) aplicar Suvinil Fundo Branco Epóxi conforme indicações na sua embalagem. As imperfeições rasas da superfície devem ser corrigidas com Suvinil Massa Acrílica (reboco externo e interno); Suvinil Massa Corrida (reboco interno). **Repintura**: eliminar qualquer espécie de brilho, usando lixa de grana 360/400 e eliminar o pó.

Outros produtos relacionados

Suvinil Gel

Preparado para proporcionar grande variedade de efeitos: pátina, esponjado, trapeado, manchado, espatulado, escovado, jeans, entre outros.

Suvinil Fundo Preparador de Paredes

Essencial para garantir a boa aderência da tinta em superfícies de reboco fraco e poroso.

Suvinil Selador Acrílico

Fundo branco indicado para selar e uniformizar a absorção de superfícies internas e externas. Ótimo poder de enchimento e fácil aplicação.

Suvinil Acrílico com Microesferas

Suvinil Acrílico com Microesferas é uma tinta acrílica especial para áreas internas que confere um luxuoso toque texturizado de camurça. Indicado para pintura e repintura que além de proteger embeleza o ambiente tornando-o aconchegante.

Embalagens/Rendimento
Quarto (0,81 L): 15 m^2.

Acabamento
Toque texturizado de camurça.

Aplicação
Rolo de lã natural de pelos baixos e pincel de cerdas macias de 3". 2 demãos com intervalo de 4 horas.

Diluição
15% em todas as demãos.

Cor
Disponível no Sistema Selfcolor.

Secagem
Toque: 2 horas.
Final: 24 horas.

Dicas e preparação de superfície

A superfície deve estar firme, coesa, limpa, sem poeira, gordura ou graxa. Partes soltas ou mal aderidas devem ser eliminadas, raspando, lixando ou escovando. Manchas de gordura ou graxa devem ser eliminadas, lavando com água sanitária. Enxaguar e aguardar. Imperfeições devem ser corrigidas com argamassa de cimento (aguardar cura por 28 dias). Para garantir o acabamento desejado com duas demãos do Suvinil Acrílico com Microesferas, recomendamos a aplicação da primeira demão com Látex Premium ou Acrílico Fosco como fundo, na mesma cor que será aplicado o Suvinil com Microesferas, mantendo-se o rendimento indicado na embalagem. Imperfeições profundas do reboco/cimentado devem ser corrigidas com cimento: areia média, traço 1:3 (aguardar cura por 28 dias). **Reboco novo**: aguardar a secagem e cura (28 dias no mínimo). **Concreto novo e reboco fraco (baixa coesão)**: após secagem e cura, superfícies absorventes, superfícies caiadas e superfícies com partículas soltas ou mal aderidas, raspar e/ou escovar, eliminando as partes soltas, aplicar uma demão de Fundo Preparador de Paredes, diluído com 10% de água limpa. As imperfeições rasas da superfície devem ser corrigidas com Massa Corrida (internas). **Repintura**: eliminar brilho, usando lixa 360/400 e eliminar o pó.

OBTENDO O EFEITO CAMURÇA

1. Aplique com rolo de lã de carneiro de pelo baixo 1 demão do Suvinil Acrílico Microesferas NO TOM MAIS CLARO, diluído em até 20% de água. 2. Deixe secar por no mínimo 4 horas. 3. Divida a superfície em faixas verticais de 70 cm de largura, e aplique na primeira faixa, com o auxílio de rolo de lã de carneiro de pelo baixo, uma demão do Suvinil Acrílico Microesferas NO TOM MAIS ESCURO, diluído em até 20% em água. 4. Logo em seguida, ainda na primeira faixa, com o produto mais úmido possível, aplique o tecido de algodão dobrado desigualmente e levemente umedecido em água, batendo-o sucessivamente, a fim de retirar um pouco do produto e mostrar o desenho dos vincos do tecido e um pouco da cor que está embaixo. OBS.: É importante que os intervalos entre a aplicação com o rolo de lã e a utilização do tecido seja o mais breve possível, para que o produto não seque e forme "emendas" (itens 3 e 4). A cada faixa finalizada, lave rapidamente o tecido em balde com água, para remover o excesso do produto e torça-o bem. O ideal é trabalhar em 2 pessoas, a primeira aplica com o rolo de lã de carneiro e a segunda faz o efeito com o tecido. 5. Repita a operação na segunda faixa e assim sucessivamente, sem parada até o final da superfície.

Outros produtos relacionados

Suvinil Acrílico Premium Fosco

Tinta de alta performance indicada para pintura de superfícies internas e externas.

Suvinil Gel

O Suvinil Gel é um produto versátil que proporciona uma variedade de efeitos decorativos, e pode ser aplicado em superfícies internas de alvenaria, madeira e metal. Possibilita uma proposta inovadora de decoração com a criação do efeito linho, além de uma proposta moderna com o efeito jeans e jeans lavado e um efeito aconchegante com o efeito pátina.

Embalagens/Rendimento
Galão (3,24 L): 60 m².
Quarto (0,81 L): 15 m².

Acabamento
Vários efeitos de pintura.

Aplicação
Rolo de lã, trincha ou brocha. Pode-se usar ferramentas diversas para atingir o efeito desejado: panos, esponjas, escovas, espátulas de celulóide etc.

Diluição
10% a 40% com água potável. Outras diluições podem ser indicadas pela técnica de pintura.

Cor
Disponível no Sistema Selfcolor. As técnicas de pintura indicarão o produto e a cor que cobrirá o fundo.

Secagem
Ao toque: 2 horas.
Final: 24 horas.

Dicas e preparação de superfície

A superfície deve estar firme, coesa, seca, limpa, sem poeira, gordura ou graxa, sabão ou mofo.
Alvenaria: aplicar Suvinil Massa Corrida ou Acrílica. Aplicar, sobre a massa, uma demão de Suvnil Liqui-base.
Gesso: aplicar uma demão de Suvinil Fundo Preparador de Paredes.
Metal ferroso: aplicar uma demão de Suvinil Zarcão Universal.
Texturas novas: aguardar um período mínimo de 24 horas antes de aplicar o Suvinil Gel de Efeitos Especiais.
Texturas já aplicadas: utilizar detergente ou sabão neutro para a remoção de gordura ou graxa. Nas partes mofadas, aplicar água sanitária e deixar agir por 1 hora. Enxaguar e aguardar a secagem antes da aplicação do Suvinil Gel de Efeitos **Especiais.**
Madeira: aplicar uma demão de Suvinil Fundo Branco Fosco.
OBTENDO EFEITO DE ENVELHECIMENTO/MANCHAMENTO
1. Aplica Suvinil Gel sobre a superfície, em faixas de aproximadamente 50 cm, deixando o contorno irregular para disfarçar as emendas. 2. Em seguida, ainda úmido, remover o excesso de gel com um tecido, esponja ou espátula de celulóide, criando efeito.

Outros produtos relacionados

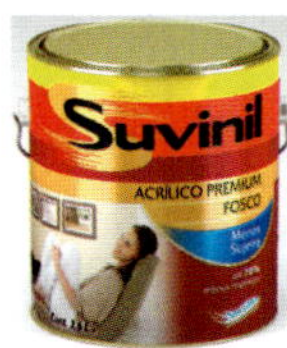

Suvinil Acrílico Premium Fosco

Tinta de alta performance indicada para pintura de superfícies internas e externas.

Suvinil Texturatto Especial

Revestimento liso com efeito marmorizado para superfícies internas de alvenaria. Faz os efeitos: mármore, bambu e concreto.

Suvinil Acrílico Metalizado

Tinta acrílica de finíssimo acabamento metalizado para superfícies internas de gesso, massa corrida, acrílica, texturas etc. Faz os efeitos: aço escovado, palha e lunar.

Suvinil Texturatto Especial

Acabamento inovador, permitindo um efeito de mármore, concreto, bambu e madeira como decoração para seu ambiente. O efeito mármore traz o brilho espelhado do mármore polido, que é tendência de decoração. O efeito bambu traz um conceito de resistência e flexibilidade aos ambientes, enquanto o efeito concreto traz a contemporaneidade e a modernidade aos ambientes.

Embalagens/Rendimento
Galão (2,88 L): 8 a 12 m^2.

Acabamento
Vários efeitos (ex: mármore, bambu, concreto aparente e madeira).

Aplicação
Espátula de aço, desempandeira com cantos arredondados.

Diluição
Pronto para uso, não diluir.

Cor
Disponível no Sistema Selfcolor.

Secagem
Entre demãos 6 a 8 horas.
Final: 24 horas.

Dicas e preparação de superfície

A superfície deve estar firme, coesa, seca, limpa, sem poeira, gordura ou graxa, sabão ou mofo. Antes de iniciar a pintura, observe as orientações a seguir:
Na preparação das superfícies, partes soltas ou mal aderidas, devem ser eliminadas, raspando, lixando ou escovando a superfície. Manchas de gordura ou graxa devem ser eliminadas com solução de água e detergente. Em seguida, enxaguar e aguardar a secagem. Partes mofadas devem ser eliminadas, lavando a superfície com água sanitária. Em seguida, enxaguar e aguardar secagem. Imperfeições profundas do reboco/cimentado devem ser corrigidas com argamassa de cimento: areia média, traço 1:3 (aguardar cura por 28 dias). **Reboco novo**: aguardar a secagem e cura (28 dias no mínimo). **Concreto novo e reboco fraco (baixa coesão)**: após aguardar secagem e cura, superfícies altamente absorventes (gesso, fibrocimento e tijolo), superfícies caiadas e superfícies com partículas soltas ou mal aderidas, raspar e/ou escovar a superfície, eliminando as partes soltas, aplicar uma demão de Suvinil Fundo Preparador de Paredes, diluído com 10% de água limpa. As imperfeições rasas da superfície devem ser corrigidas com Suvinil Massa Corrida (superfícies internas). **Repintura**: eliminar qualquer espécie de brilho, usando lixa de grana 360/400 e eliminar o pó.
OBTENDO O EFEITO MÁRMORE
1. Nivelamento: após a preparação da superfície, aplique Suvinil Texturatto Especial com uma desempenadeira de aço inoxidável de cantos arredondados, livre de rebarbas. Aplique 1 ou 2 demãos finas, até obter uma camada nivelada. Após um intervalo de 6 a 8 horas, lixe toda superfície com uma lixa número 360 a 400, removendo todo o pó. **2. Efeito manchado**: aplique pequenas porções do Suvinil Texturatto Especial com a desempenadeira, em movimentos aleatórios. Remova imediatamente o produto que acabou de ser depositado, de forma a provocar manchamento, sem prejudicar o nivelamento da superfície. Se necessário a repetição desta operação, após um intervalos de 6 a 8 horas, lixar toda superfície removendo pequenas rebarbas de pó. A repetição torna o efeito mais intenso. **3. Polimento**: para obter brilho máximo e uniforme, além da proteção hidrorrepelente, aplique uma camada de cera para mármore ou cera de abelhas. Esta aplicação deverá ser feita usando uma espuma ou flanela macia, com movimentos suaves e circulares. Com uma flanela macia ou uma boina de polimento limpas, dê polimento à superfície, 15 minutos após aplicar a cera, usando movimentos circulares.

Outros produtos relacionados

Suvinil Acrílico Premium Fosco
Tinta de alta performance indicada para pintura de superfícies internas e externas.

Suvinil Acrílico Metalizado
Tinta acrílica de finíssimo acabamento metalizado para superfícies internas de massa corrida, acrílica, texturas, gesso etc.

Suvinil Gel
Preparado para proporcionar grande variedade de efeitos: linho, jeans pátina, esponjado, trapeado, manchado, espatulado, escovado, entre outros.

Suvinil Acrílico Metalizado

Com o Suvinil Acrílico Metalizado a linha de Efeitos Decorativos ganha mais uma inovação. Os efeitos metalizados refletem tecnologia, e o aço escovado ganha vibração e destaque. O efeito palha é versátil e mostra a naturalidade da fibra nas paredes, enquanto o efeito lunar traz o relevo as paredes. Tinta acrílica de finíssimo acabamento metalizado para superfícies internas de gesso, massa corrida, acrílica, texturas etc.

Embalagens/Rendimento
Quarto (0,81 L): 8 a 13 m^2.

Acabamento
Metalizado.

Aplicação
Rolo de lã natural de pelos baixos, pincel de cerdas macias ou pistola.

Diluição
Diluir com 10% a 20% de água potável.
Para uso em pistola diluir com até 30%.

Cor
Base prateada, tingida no Sistema Selfcolor.
A base sem tingimento pode ser aplicada em superfícies preparadas com massas ou pintadas com tinta látex PVA, ou acrílica na cor branca, dando as paredes um acabamento de aspecto prateado.

Secagem
Ao toque: 2 horas.
Final: 24 horas.

Dicas e preparação de superfície

A superfície deve estar firme, coesa, seca, limpa, sem poeira, gordura ou graxa, sabão ou mofo. Antes de iniciar a pintura, observe as orientações a seguir:
Na preparação das superfícies, partes soltas ou mal aderidas, devem ser eliminadas, raspando, lixando ou escovando a superfície. Manchas de gordura ou graxa devem ser eliminadas com solução de água e detergente. Em seguida, enxaguar e aguardar a secagem. Partes mofadas devem ser eliminadas, lavando a superfície com água sanitária. Em seguida, enxaguar e aguardar secagem. Imperfeições profundas do reboco/cimentado devem ser corrigidas com argamassa de cimento: areia média, traço 1:3 (aguardar cura por 28 dias). **Reboco novo**: aguardar a secagem e cura (28 dias no mínimo). **Concreto novo e reboco fraco (baixa coesão)**: após aguardar secagem e cura, superfícies altamente absorventes (gesso, fibrocimento e tijolo), superfícies caiadas e superfícies com partículas soltas ou mal aderidas, raspar e/ou escovar a superfície, eliminando as partes soltas, aplicar uma demão de Suvinil Fundo Preparador de Paredes, diluído com 10% de água limpa. As imperfeições rasas da superfície devem ser corrigidas com Suvinil Massa Corrida (superfícies internas). **Repintura**: eliminar qualquer espécie de brilho, usando lixa de grana 360/400 e eliminar o pó.

Outros produtos relacionados

Suvinil Acrílico Premium Fosco

Tinta de alta performance indicada para pintura de superfícies internas e externas.

Suvinil Texturatto Especial

Revestimento liso com efeito marmorizado para superfícies internas de alvenaria. Faz os efeitos: mármore, bambu e concreto.

Suvinil Gel

Preparado para proporcionar grande variedade de efeitos como: pátina, jeans, jeans lavado e linho.

Suvinil Construções Acrílico

ECONÔMICO ★

A linha Suvinil Construções foi especialmente desenvolvida para atender às necessidades do mercado de construção civil. São produtos para aplicação específica nos mais diversos tipos de superfície, como: alvenaria, gesso, blocos de concreto, concreto ou paredes já pintadas. Desenvolvida para uso interno, esta tinta tem grande poder de cobertura e rendimento. Sua fórmula foi especialmente desenvolvida para proporcionar alto poder de retoque, atendendo assim às exigências dos profissionais.

Embalagens/Rendimento
Lata (18 L): Até 320 m²/demão.

Acabamento
Fosco.

Aplicação
Rolo, pincel ou trincha. 2 a 3 demãos com intervalo de 4 horas. Equipamentos airless: diluição de acordo com o equipamento utilizado.

Diluição
Sobre a massa corrida/acrílica, reboco, concreto, fibrocimento: diluir a primeira demão de 20 a 30% com água potável e as demais com 10 a 20%.
Repintura: 10 a 20% em todas as demãos.
Pistola: diluir com 30% de água potável.

Cor
Branca. Pode-se obter outras cores adicionando o Suvinil Corante em até 1 frasco por galão.

Secagem
Ao toque: 2 horas.
Final: 12 horas.

Dicas e preparação de superfície

Na preparação das superfícies, partes soltas ou mal aderidas, devem ser eliminadas, raspando, lixando ou escovando a superfície. Manchas de gordura ou graxa devem ser eliminadas com solução de água e detergente. Em seguida, enxaguar e aguardar a secagem. Partes mofadas devem ser eliminadas, lavando a superfície com água sanitária. Em seguida, enxaguar e aguardar secagem. Imperfeições profundas do reboco/cimentado devem ser corrigidas com argamassa de cimento: areia média, traço 1:3 (aguardar cura por 28 dias). **Reboco novo**: aguardar a secagem e cura (28 dias no mínimo). **Concreto novo e reboco fraco (baixa coesão)**: após aguardar secagem e cura, superfícies altamente absorventes (gesso, fibrocimento e tijolo), superfícies caiadas e superfícies com partículas soltas ou mal aderidas, raspar e/ou escovar a superfície, eliminando as partes soltas, aplicar uma demão de Suvinil Fundo Preparador de Paredes, diluído com 10% de água limpa. **Superfícies não molháveis de baixa aderência**: (azulejos, cerâmicas vitrificadas, cimento queimado, pastilhas etc.) aplicar Suvinil Fundo Branco Epóxi conforme indicações na sua embalagem. As imperfeições rasas da superfície devem ser corrigidas com Suvinil Construções Massa Corrida (reboco interno). **Repintura**: eliminar qualquer espécie de brilho, usando lixa de grana 360/400 e eliminar o pó.

Outros produtos relacionados

Suvinil Construções Selador Acrílico

Para uso externo e interno, indicado para selar superfícies de alvenaria.

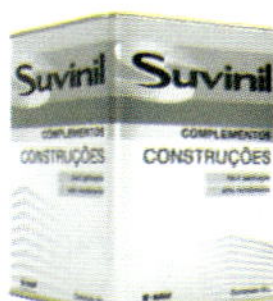

Suvinil Construções Fundo para Reboco, Gesso e Drywall

Indicado para selar superfícies internas de reboco, gesso, drywall, blocos de concreto, fibrocimento e concreto.

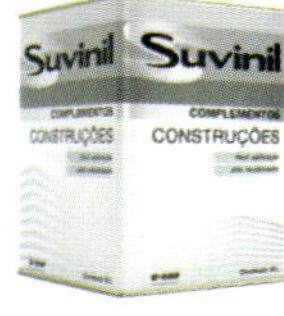

Suvinil Construções Massa Corrida

Para uso interno, indicada para nivelar e corrigir imperfeições, propiciando um acabamento uniforme e liso.

Suvinil Fundo Magnético

Suvinil Fundo Magnético é um produto de alta tecnologia que transforma paredes de alvenaria em paredes divertidas para fixação de magnetos. Inovação, com a tecnologia que permite a fixação de magnetos na parede. Decoração para seu ambiente, possibilitando a aplicação de fotos, postais, etc. Pode ser aplicado em superfícies internas de reboco, concreto, gesso, fibrocimento e sobre pinturas com tinta látex PVA e tintas acrílicas.
Obs.: O produto é um Primer, necessitando de tinta de acabamento.

Embalagens/Rendimento
Quarto (0,9 L): 10 a 11 m^2.

Acabamento
Fundo fosco magnetizado.

Aplicação
Rolo de lã e pincel.
Duas demãos com intervalo de 4 horas.

Diluição
Pronto para uso, não diluir.

Cor
Cinza.

Secagem
Toque: 2 horas.
Final: 24 horas.

Dicas e preparação de superfície

A superfície deve estar firme, coesa, seca, limpa, sem poeira, gordura ou graxa, sabão ou mofo. Antes de iniciar a pintura, observe as orientações a seguir:
Na preparação das superfícies, partes soltas ou mal aderidas, devem ser eliminadas, raspando, lixando ou escovando a superfície. Manchas de gordura ou graxa devem ser eliminadas com solução de água e detergente. Em seguida, enxaguar e aguardar a secagem. Partes mofadas devem ser eliminadas, lavando a superfície com água sanitária. Em seguida, enxaguar e aguardar secagem. Imperfeições profundas do reboco/cimentado devem ser corrigidas com argamassa de cimento: areia média, traço 1:3 (aguardar cura por 28 dias). **Reboco novo**: aguardar a secagem e cura (28 dias no mínimo). A aplicação de uma demão fina de Suvinil Massa Acrílica sobre o Suvinil Fundo Magnético proporciona um finíssimo acabamento ao Suvinil Fundo Magnético.
DICA: A aplicação de uma demão fina de Suvinil Massa Acrílica sobre o Suvinil Fundo Magnético proporciona um finíssimo acabamento final.
MAGNETOS: A colocação de magnetos na parede pintada deve ser feita 72 horas após a aplicação da última demão de Suvinil Fundo Magnético.
ADVERTÊNCIAS: Este produto não é destinado ao acabamento final. A falta de tinta de acabamento causará a oxidação do produto e tornará a parede condutiva à eletricidade. O Suvinil Fundo Magnético não é magnético, é um produto à base de água e metal atóxico, que não oferece riscos a cartões magnéticos, computadores, marcapassos e outros equipamentos eletrônicos.

Outros produtos relacionados

Suvinil Acrílico Premium Fosco

Tinta de alta performance indicada para pintura de superfícies internas e externas.

Suvinil Acrílico Metalizado

Tinta acrílica de finíssimo acabamento metalizado para superfícies internas de massa corrida, acrílica, texturas, gesso etc.

Suvinil Gel

Preparado para proporcionar grande variedade de efeitos: linho, jeans pátina, esponjado, trapeado, manchado, espatulado, escovado, entre outros.

Suvinil Massa Acrílica

Suvinil Massa Acrílica é indicada para nivelar e corrigir imperfeições da superfície, proporcionando um acabamento mais liso e requintado. Pode ser aplicado em paredes externas e internas de reboco, gesso, fibrocimento, concreto aparente, blocos de concreto e paredes pintadas com tinta látex PVA ou acrílica. Tem alta resistência ao intemperismo e secagem rápida.

Embalagens/Rendimento
Galão (3,6 L): 8 a 12 m^2.
Lata (18 L): 40 a 60 m^2.

Acabamento
Fosco.

Aplicação
Desempenadeira ou espátula de aço. Aplicar em camadas finas e sucessivas até obter o nivelamento desejado. Duas a três demãos com intervalo de 4 horas.

Diluição
Pronta para uso.

Cor
Branco.

Secagem
Ao toque: 1 hora.
Final: 6 horas.

Dicas e preparação de superfície

A superfície deve estar firme, coesa, seca, limpa, sem poeira, gordura ou graxa, sabão ou mofo. Antes de iniciar a pintura, observe as orientações a seguir:

Na preparação das superfícies, partes soltas ou mal aderidas, devem ser eliminadas, raspando, lixando ou escovando a superfície. Manchas de gordura ou graxa devem ser eliminadas com solução de água e detergente. Em seguida, enxaguar e aguardar a secagem. Partes mofadas devem ser eliminadas, lavando a superfície com água sanitária. Em seguida, enxaguar e aguardar secagem. Imperfeições profundas do reboco/cimentado devem ser corrigidas com argamassa de cimento: areia média, traço 1:3 (aguardar cura por 28 dias).

Reboco novo: aguardar a secagem e cura (28 dias no mínimo).

Concreto novo e reboco fraco (baixa coesão): após aguardar secagem e cura, eliminar partes soltas, superfícies de fibrocimento, reboco, concreto, blocos de concreto e massa fina, aplicar uma demão de Suvinil Fundo Preparador, diluído com 10% de água limpa.

Repintura: eliminar qualquer espécie de brilho, usando lixa de grana 360/400 e eliminar o pó.

Outros produtos relacionados

Suvinil Acrílico Contra Mofo e Maresia

Tinta acrílica fosca de alta performance, especialmente desenvolvida para exteriores. Alta durabilidade, resistência às intempéries, excelente cobertura são algumas de suas propriedades.

Suvinil Acrílico Premium

Tinta de alta qualidade para superfícies externas e internas de reboco, massa acrílica, texturas, concreto, fibrocimento, massa corrida e gesso.

Suvinil Selador Acrílico

Fundo branco indicado para selar superfícies internas e externas. Ótimo poder de enchimento e fácil aplicação

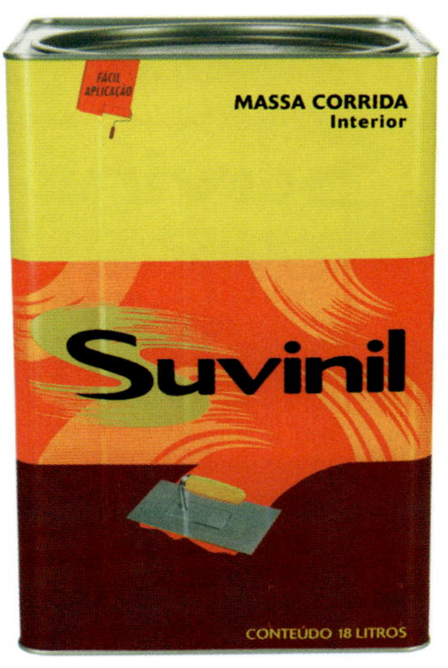

Suvinil Massa Corrida

Suvinil Massa Corrida é indicada para nivelar e corrigir imperfeições das superfícies internas, proporcionando um acabamento mais liso e requintado. Tem fácil aplicação e ótima lixabilidade. Pode ser aplicada em paredes internas (não molháveis) de reboco, gesso, fibrocimento, concreto aparente, blocos de concreto e paredes pintadas com tinta látex PVA ou acrílica.

Embalagens/Rendimento

alão (3,6 L): 8 a 12 m^2.
Lata (18 L): 40 a 60 m^2.

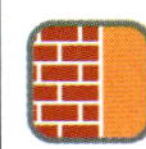

Acabamento

Fosco.

Aplicação

Desempenadeira ou espátula de aço. Aplicar em camadas finas e sucessivas até obter o nivelamento desejado. Duas a três demãos com intervalo de 1 hora.

Diluição

Pronta para uso.

Cor

Branco.

Secagem

Ao toque: 40 minutos.
Final: 3 horas.

Dicas e preparação de superfície

A superfície deve estar firme, coesa, seca, limpa, sem poeira, gordura ou graxa, sabão ou mofo. Antes de iniciar a pintura, observe as orientações a seguir:
Na preparação das superfícies, partes soltas ou mal aderidas, devem ser eliminadas, raspando, lixando ou escovando a superfície. Manchas de gordura ou graxa devem ser eliminadas com solução de água e detergente. Em seguida, enxaguar e aguardar a secagem. Partes mofadas devem ser eliminadas, lavando a superfície com água sanitária. Em seguida, enxaguar e aguardar secagem. Imperfeições profundas do reboco/cimentado devem ser corrigidas com argamassa de cimento: areia média, traço 1:3 (aguardar cura por 28 dias).
Reboco novo: aguardar a secagem e cura (28 dias no mínimo).
Concreto novo e reboco fraco (baixa coesão): após aguardar secagem e cura, eliminar partes soltas, superfícies de fibrocimento, reboco, concreto, blocos de concreto e massa fina, aplicar uma demão de Suvinil Fundo Preparador, diluído com 10% de água limpa.
Repintura: eliminar qualquer espécie de brilho, usando lixa de grana 360/400 e eliminar o pó.

Outros produtos relacionados

Suvinil Massa Acrílica

Massa indicada para nivelar e corrigir imperfeições em superfícies internas e externas. Ótimo rendimento e aderência.

Suvinil Fundo Preparador de Paredes

Essencial para garantir a boa aderência da tinta em superfícies de reboco fraco e poroso.

Suvinil Acrílico Premium

Tinta de alta qualidade para superfícies externas e internas de reboco, massa acrílica, texturas, concreto, fibrocimento, massa corrida e gesso.

Suvinil Liqui-Base

Suvinil Liqui-Base é indicado para selar paredes internas de reboco e massa corrida, uniformizando a absorção da superfície para aplicação da tinta de acabamento. É um produto de fácil aplicação, secagem rápida e possui ótimo alastramento.

Embalagens/Rendimento
Galão (3,6 L): 35 a 45 m².
Lata (18 L): 175 a 225 m².

Acabamento
Fosco.

Aplicação
Rolo, pincel ou trincha.
1 demão farta com cura de 4 horas.

Diluição
Reboco e massa corrida 50% a 100% com água potável.

Cor
Leitoso, torna-se incolor após a secagem.

Secagem
Ao toque: 30 minutos.
Final: 4 horas.

Dicas e preparação de superfície

A superfície deve estar firme, coesa, seca, limpa, sem poeira, gordura ou graxa, sabão ou mofo. Antes de iniciar a pintura, observe as orientações a seguir:
Na preparação das superfícies, partes soltas ou mal aderidas, devem ser eliminadas, raspando, lixando ou escovando a superfície. Manchas de gordura ou graxa devem ser eliminadas com solução de água e detergente. Em seguida, enxaguar e aguardar a secagem. Partes mofadas devem ser eliminadas, lavando a superfície com água sanitária. Em seguida, enxaguar e aguardar secagem. Imperfeições profundas do reboco/cimentado devem ser corrigidas com argamassa de cimento: areia média, traço 1:3 (aguardar cura por 28 dias). **Reboco novo**: aguardar a secagem e cura (28 dias no mínimo). **Concreto novo e reboco fraco (baixa coesão)**: após aguardar secagem e cura, superfícies altamente absorventes (gesso, fibrocimento e tijolo), superfícies caiadas e superfícies com partículas soltas ou mal aderidas, raspar e/ou escovar a superfície, eliminando as partes soltas, aplicar uma demão de Suvinil Fundo Preparador de Paredes, diluído com 10% de água limpa. **Superfícies não molháveis de baixa aderência**: (azulejos, cerâmicas vitrificadas, cimento queimado, pastilhas etc.) aplicar Suvinil Fundo Branco Epóxi conforme indicações na sua embalagem. As imperfeições rasas da superfície devem ser corrigidas com Suvinil Massa Corrida (reboco interno). **Repintura**: eliminar qualquer espécie de brilho, usando lixa de grana 360/400 e eliminar o pó.

Outro produto relacionado

Suvinil Massa Corrida

Massa indicada para nivelar e corrigir imperfeições em superfícies interiores. Ótimo rendimento, fácil aplicação, boa aderência e fácil lixação.

Suvinil Liqui-Brilho

Suvinil Liqui-Brilho é indicado para conferir brilho e maior lavabilidade às tintas látex PVA em superfícies internas e externas. Dependendo da quantidade adicionada ao látex PVA, proporciona um acabamento de acetinado a semi-brilho.

Embalagens/Rendimento
Galão (3,6 L).
Lata (18 L).

Acabamento
O brilho aumenta proporcionalmente a quantidade de produto adicionado a tinta.

Aplicação
Para regular a intensidade do brilho é necessário controlar a quantidade de Suvinil Liqui-Brilho que é misturada à tinta (quanto maior for à quantidade, maior será o brilho).

Diluição
Pronta para uso. Nunca utilizar o produto com água.

Cor
Leitoso. Torna-se incolor após a aplicação.

Dicas e preparação de superfície

A superfície deve estar firme, coesa, seca, limpa, sem poeira, gordura ou graxa, sabão ou mofo. Antes de iniciar a pintura, observe as orientações a seguir:
Prepare a superfície conforme recomendação da tinta Suvinil Látex. Sua adição a pinturas brancas (PVA/Acrílica) torna a superfície ligeiramente amarelada com o passar do tempo.

Outros produtos relacionados

Suvinil Fundo Preparador de Paredes

Essencial para garantir a boa aderência da tinta em superfícies de reboco fraco e poroso.

Suvinil Massa Corrida

Massa indicada para nivelar e corrigir imperfeições em superfícies interiores. Ótimo rendimento, fácil aplicação, boa aderência e fácil lixação.

Suvinil Látex Premium

Produto de fácil aplicação e baixo odor, que proporciona finíssimo acabamento fosco aveludado.

Suvinil Selador Acrílico

Suvinil Selador Acrílico é utilizado como primeira demão em superfícies não seladas, proporcionando uniformidade na absorção e devido ao seu alto poder de enchimento, diminui a porosidade do substrato, proporcionando maior rendimento aos produtos de acabamento. É indicado para selar e uniformizar a absorção em superfícies novas externas e internas de reboco, blocos de concreto, concreto aparente, fibrocimento e massa fina.

Embalagens/Rendimento
Galão (3,6 L): 16 a 24 m^2.
Lata (18 L): 80 a 120 m^2.

Acabamento
Fundo fosco branco.

Aplicação
Rolo de lã, pincel ou trincha.
Uma demão.

Diluição
10% com água potável.

Cor
Branco.

Secagem
Toque: 2 horas.
Final: 6 horas.

Dicas e preparação de superfície

A superfície deve estar firme, coesa, seca, limpa, sem poeira, gordura ou graxa, sabão ou mofo. Antes de iniciar a pintura, observe as orientações a seguir:
Na preparação das superfícies, partes soltas ou mal aderidas, devem ser eliminadas, raspando, lixando ou escovando a superfície. Manchas de gordura ou graxa devem ser eliminadas com solução de água e detergente. Em seguida, enxaguar e aguardar a secagem. Partes mofadas devem ser eliminadas, lavando a superfície com água sanitária. Em seguida, enxaguar e aguardar secagem. Imperfeições profundas do reboco/cimentado devem ser corrigidas com argamassa de cimento: areia média, traço 1:3 (aguardar cura por 28 dias). **Reboco novo**: aguardar a secagem e cura (28 dias no mínimo). **Concreto novo e reboco fraco (baixa coesão)**: após aguardar secagem e cura, eliminar partes soltas, superfícies de fibrocimento, reboco, concreto, blocos de concreto e massa fina, aplicar uma demão de Suvinil Fundo Preparador Para Paredes, diluído com 10% de água limpa. Devido ao seu alto poder de enchimento, não recomendamos a aplicação deste produto em superfícies com Massa Acrílica ou Corrida, pois pode prejudicar o aspecto final. **Repintura**: eliminar qualquer espécie de brilho, usando lixa de grana 360/400 e eliminar o pó.

Outros produtos relacionados

Suvinil Massa Acrílica

Massa indicada para nivelar e corrigir imperfeições em superfícies internas e externas. Ótimo rendimento e aderência.

Suvinil Fundo Preparador de Paredes

Essencial para garantir a boa aderência da tinta em superfícies de reboco fraco e poroso.

Suvinil Acrílico Premium

Tinta de alta qualidade para superfícies externas e internas de reboco, massa acrílica, texturas, concreto, fibrocimento, massa corrida e gesso.

Suvinil Verniz Acrílico

Suvinil Verniz Acrílico é um verniz à base de água que proporciona proteção, impermeabilização e realça o aspecto natural de superfícies internas e externas de tijolo ou telhas de barro, concreto aparente, fibrocimento e paredes pintadas com tintas látex PVA ou tintas acrílicas.

Embalagens/Rendimento
Galão (3,6 L): 40 a 50 m².
Lata (18 L): 200 a 250 m².

Acabamento
Brilhante.

Aplicação
Rolo de lã, pincel ou trincha.
2 a 3 demãos com intervalo de 4 horas.

Diluição
20% na primeira demão e 10% nas demais demãos com água potável.

Cor
Leitoso. Torna-se incolor após a aplicação.

Secagem
Toque: 2 horas.
Final: 12 horas.

Dicas e preparação de superfície

A superfície deve estar firme, coesa, seca, limpa, sem poeira, gordura ou graxa, sabão ou mofo. Antes de iniciar a pintura, observe as orientações a seguir:
Na preparação das superfícies, partes soltas ou mal aderidas, devem ser eliminadas, raspando, lixando ou escovando a superfície. Manchas de gordura ou graxa devem ser eliminadas com solução de água e detergente. Em seguida, enxaguar e aguardar a secagem. Partes mofadas devem ser eliminadas, lavando a superfície com água sanitária. Em seguida, enxaguar e aguardar secagem. Imperfeições profundas do reboco/cimentado devem ser corrigidas com argamassa de cimento: areia média, traço 1:3 (aguardar cura por 28 dias). **Reboco novo**: aguardar a secagem e cura (28 dias no mínimo). **Concreto novo e reboco fraco (baixa coesão)**: após aguardar secagem e cura, superfícies altamente absorventes (gesso, fibrocimento e tijolo), superfícies caiadas e superfícies com partículas soltas ou mal aderidas, raspar e/ou escovar a superfície, eliminando as partes soltas, aplicar uma demão de Suvinil Fundo Preparador de Paredes, diluído com 10% de água limpa. **Superfícies não molháveis de baixa aderência**: (azulejos, cerâmicas vitrificadas, cimento queimado, pastilhas etc.) aplicar Suvinil Fundo Branco Epóxi conforme indicações na sua embalagem. As imperfeições rasas da superfície devem ser corrigidas com: Suvinil Massa Acrílica (reboco externo e interno); Suvinil Massa Corrida (reboco interno). **Repintura**: eliminar qualquer espécie de brilho, usando lixa de grana 360/400 e eliminar o pó.

Outros produtos relacionados

Suvinil Massa Acrílica

Massa indicada para nivelar e corrigir imperfeições em superfícies internas e externas. Ótimo rendimento e aderência.

Suvinil Fundo Preparador de Paredes

Essencial para garantir a boa aderência da tinta em superfícies de reboco fraco e poroso.

Suvinil Acrílico Premium

Tinta de alta qualidade para superfícies externas e internas de reboco, massa acrílica, texturas, concreto, fibrocimento, massa corrida e gesso.

Suvinil Suviflex

Suvinil Suviflex é indicado para impermeabilização de marquises e lajes onde não haja trânsito. Pode ser usado como fundo impermeabilizante para superfícies expostas à chuva, como reboco, concreto, fibrocimento e paredes pintadas com tinta látex PVA ou acrílica. Por ser um produto elástico, acompanha os movimentos de dilatação e retração da superfície, evitando infiltração de água.

Embalagens/Rendimento
Galão (3,6 L): 12 a 16 m^2.
Lata (18 L): 60 a 80 m^2.

Acabamento
Fosco.

Aplicação
Paredes: 3 demãos.
Lajes: 4 a 6 demãos cruzadas.
Utilizar rolo de lã pelo alto, pincel ou trinchinha.

Diluição
Impermeabilização de lajes: primeira demão com 10% de água potável e demais demãos sem diluição. Impermeabilização de paredes/restauração de fissuras: 10% em todas as demãos.

Cor
Branco.

Secagem
Ao toque: 4 a 6 horas.
Final: 24 horas.

Dicas e preparação de superfície

Na preparação das superfícies, partes soltas ou mal aderidas, devem ser eliminadas, raspando, lixando ou escovando a superfície. Manchas de gordura ou graxa devem ser eliminadas com solução de água e detergente, partes mofadas devem ser eliminadas, lavando a superfície com água sanitária, em seguida enxaguar e aguardar a secagem.
Para impermeabilizações: verificar se os caimentos são adequados, sem formação de poças de água e com cantos arredondados. Se necessário, regularize com argamassa de traço 1:3 (cimento-areia) e aguardar cura por 28 dias. Em seguida, aplicar uma demão de Suvinil Fundo Preparador para paredes à base de água. Após 4 horas, aplicar uma demão de Suvinil Suviflex diluído com 10% de água potável. Aguardar de 4 a 6 horas, fixar Tela de Poliéster com rolo de lã embebido com Suvinil Suviflex diluído a 10%. Após secagem de 4 a 6 horas, aplicar Suvinil Suviflex (cerca de 4 demãos cruzadas) sem diluição usando vassoura de pelo macio ou trincha, perfazendo uma camada final de no mínimo 1mm (seca). **Concreto novo e reboco fraco (baixa coesão)**: após aguardar secagem e cura, superfícies altamente absorventes (gesso, fibrocimento e tijolo), superfícies caiadas e superfícies com partículas soltas ou mal aderidas, raspar e/ou escovar a superfície, eliminando as partes soltas, aplicar uma demão de Suvinil Fundo Preparador de Paredes, diluído com 10% de água limpa. As imperfeições rasas da superfície devem ser corrigidas com: Suvinil Massa Acrílica (reboco externo e interno); Suvinil Massa Corrida (reboco interno). **Repintura**: eliminar qualquer espécie de brilho, usando lixa de grana 360/400 e eliminar o pó.

Outros produtos relacionados

Suvinil Massa Corrida

Massa indicada para nivelar e corrigir imperfeições em superfícies internas. Ótimo rendimento, fácil aplicação, boa aderência e fácil lixação.

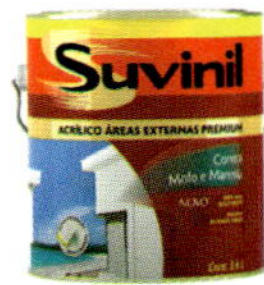

Suvinil Acrílico Contra Mofo e Maresia

Tinta acrílica fosca de alta performance, especialmente desenvolvida para exteriores. Alta durabilidade, resistência às intempéries, excelente cobertura são algumas de suas propriedades.

Suvinil Fundo Preparador de Paredes

Essencial para garantir a boa aderência da tinta em superfícies de reboco fraco e poroso.

Suvinil Selatrinca

É um vedante acrílico parte de um sistema de tratamento de trincas e fissuras em alvenaria. Possui ótima aderência, fácil aplicação, grande poder de enchimento e elasticidade permanente, o que possibilita acompanhar a movimentação natural das trincas e fissuras.

Embalagens/Rendimento
Cartucho (0,31 L): 2,5 a 3 m^2.
Galão (3,6 L): 25 a 30 m^2.

Acabamento
N/A.

Aplicação
Espátula de aço no eixo da trinca.
Duas demãos com intervalo mínimo de 24 horas entre elas.

Diluição
Produto pronto para uso. Não diluir.

Cor
Branco.

Secagem
Ao toque: 4 horas.
Final: 24 horas.

Dicas e preparação de superfície

A superfície deve estar firme, coesa, seca, limpa, sem poeira, gordura ou graxa, sabão ou mofo. Antes de iniciar os trabalhos, deve-se raspar e/ou escovar a superfície com escova de aço.
Na preparação das superfícies, partes soltas ou mal aderidas, devem ser eliminadas, raspando, lixando ou escovando a superfície. Manchas de gordura ou graxa devem ser eliminadas com solução de água e detergente. Em seguida, enxaguar e aguardar a secagem. Partes mofadas devem ser eliminadas, lavando a superfície com água sanitária. Em seguida, enxaguar e aguardar secagem.
É indispensável a utilização do Suvinil Fundo Preparador para Paredes, antes da aplicação do Suvinil Selatrinca.
Por se tratar de um produto elástico, o período de secagem é maior se comparado a produtos que complementarão o sistema de tratamento de trincas. Portanto, deve-se aguardar os tempos indicados, para melhor performance do sistema.
Não aplicar a segunda demão do produto, sem observar o intervalo mínimo de 24 horas, que é o tempo necessário para a retração (murchamento) do produto.
Quando envasado em cartucho, utilizar aplicador específico, retirando o excesso com espátula de aço. Quando envasado em galão, utilizar apenas a espátula de aço.

Outros produtos relacionados

Suvinil Acrílico Contra Microfissuras

Tinta especialmente produzida para proteger as paredes contra a umidade. É 100% elástica, proporcionando uma vedação total contra a entrada de água pelas fissuras que eventualmente se formarem na parede.

Suvinil Acrílico Premium

Tinta de alta qualidade para superfícies externas e internas de reboco, massa acrílica, texturas, concreto, fibrocimento, massa corrida e gesso.

Suvinil Massa Acrílica

Massa indicada para nivelar e corrigir imperfeições em superfícies internas e externas. Ótimo rendimento e aderência.

Suvinil Construções Massa Acrílica

A linha Suvinil Construções foi especialmente desenvolvida para atenderàs necessidades do mercado de construção civil. São produtos para aplicação específica nos mais diversos tipos de superfície, como alvenaria, gesso, blocos de concreto, concreto ou paredes já pintadas. Indicada para nivelar e corrigir imperfeições rasas de superfícies externas de reboco, gesso, massa fina, fibrocimento, concreto, blocos de concreto e paredes pintadas com látex PVA ou acrílico.

Embalagens/Rendimento
Lata (18 L): superfícies seladas – 50 a 60 m^2.
Superfícies não-seladas – 40 a 50 m^2.

Acabamento
Fosco.

Aplicação
Desempenadeira ou espátula de aço.
2 a 3 camadas com intervalo de 1 hora. Aplicar em camadas finas para obter o nivelamento ideal.
Lixar logo após a secagem entre demãos: 1 hora.

Diluição
Pronto para uso. Não misturar com água para usar como fundo para pintura.

Cor
Branco.

Secagem
Ao toque: 40 minutos.
Final: 2 horas.

Dicas e preparação de superfície

A superfície deve estar firme, coesa, seca, limpa, sem poeira, gordura ou graxa, sabão ou mofo. Antes de iniciar a pintura, observe as orientações a seguir:
Na preparação das superfícies, partes soltas ou mal aderidas, devem ser eliminadas, raspando, lixando ou escovando a superfície. Manchas de gordura ou graxa devem ser eliminadas com solução de água e detergente. Em seguida, enxaguar e aguardar a secagem. Partes mofadas devem ser eliminadas, lavando a superfície com água sanitária. Em seguida, enxaguar e aguardar secagem. Imperfeições profundas do reboco/cimentado devem ser corrigidas com argamassa de cimento: areia média, traço 1:3 (aguardar cura por 28 dias). **Reboco novo**: aguardar a secagem e cura (28 dias no mínimo). **Concreto novo e reboco fraco (baixa coesão)**: após aguardar secagem e cura, superfícies altamente absorventes (gesso, fibrocimento e tijolo), superfícies caiadas e superfícies com partículas soltas ou mal aderidas, raspar e/ou escovar a superfície, eliminando as partes soltas, aplicar uma demão de Suvinil Fundo Preparador de Paredes, diluído com 10% de água limpa. **Superfícies não molháveis de baixa aderência**: (azulejos, cerâmicas vitrificadas, cimento queimado, pastilhas etc.) aplicar Suvinil Fundo Branco Epóxi conforme indicações na sua embalagem. As imperfeições rasas da superfície devem ser corrigidas com Suvinil Construções Massa Corrida (reboco interno).

Outros produtos relacionados

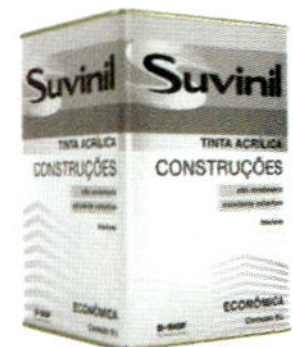

Suvinil Construções Acrílico Econômico

Desenvolvida para uso interno, esta tinta tem grande poder de cobertura e rendimento.

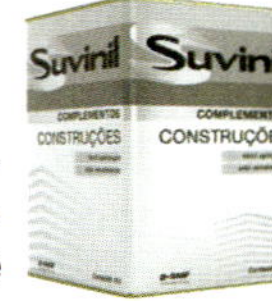

Suvinil Construções Fundo para Reboco, Gesso e Drywall

Indicado para selar superfícies internas de reboco, gesso, *drywall*, blocos de concreto, fibrocimento e concreto.

Suvinil Construções Selador Acrílico

Para uso externo e interno e indicado para selar superfícies de alvenaria.

Suvinil Construções Massa Corrida

A linha Suvinil Construções foi especialmente desenvolvida para atender às necessidades do mercado de construção civil. São produtos para aplicação específica nos mais diversos tipos de superfície, como alvenaria, gesso, blocos de concreto, concreto ou paredes já pintadas. Indicada para nivelar e corrigir imperfeições rasas de superfícies internas de reboco, gesso, massa fina, fibrocimento, concreto, blocos de concreto e paredes pintadas com látex PVA ou acrílico, proporcionando um acabamento liso.

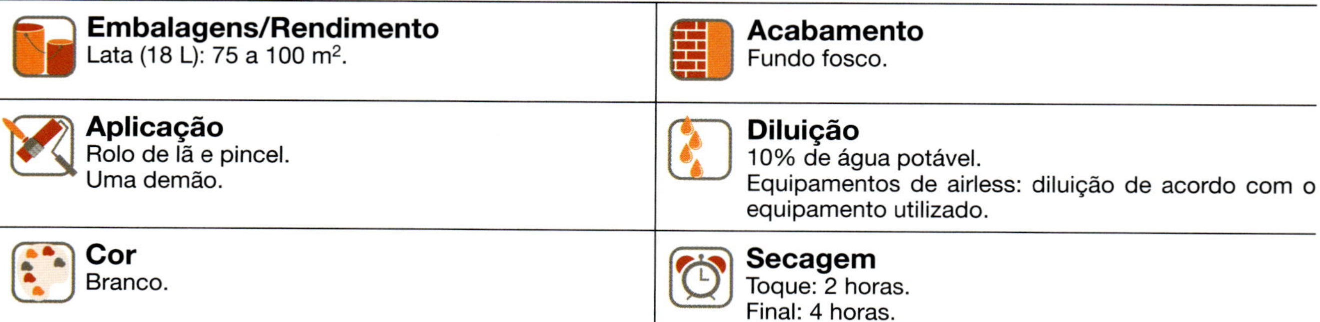

Embalagens/Rendimento Lata (18 L): 75 a 100 m^2.	**Acabamento** Fundo fosco.
Aplicação Rolo de lã e pincel. Uma demão.	**Diluição** 10% de água potável. Equipamentos de airless: diluição de acordo com o equipamento utilizado.
Cor Branco.	**Secagem** Toque: 2 horas. Final: 4 horas.

Dicas e preparação de superfície

A superfície deve estar firme, coesa, seca, limpa, sem poeira, gordura ou graxa, sabão ou mofo. Antes de iniciar a pintura, observe as orientações a seguir:

Na preparação das superfícies, partes soltas ou mal aderidas, devem ser eliminadas, raspando, lixando ou escovando a superfície. Manchas de gordura ou graxa devem ser eliminadas com solução de água e detergente. Em seguida, enxaguar e aguardar a secagem. Partes mofadas devem ser eliminadas, lavando a superfície com água sanitária. Em seguida, enxaguar e aguardar secagem. Imperfeições profundas do reboco/cimentado devem ser corrigidas com argamassa de cimento: areia média, traço 1:3 (aguardar cura por 28 dias). **Reboco novo**: aguardar a secagem e cura (28 dias no mínimo). **Concreto novo e reboco fraco (baixa coesão)**: após aguardar secagem e cura, superfícies altamente absorventes (gesso, fibrocimento e tijolo), superfícies caiadas e superfícies com partículas soltas ou mal aderidas, raspar e/ou escovar a superfície, eliminando as partes soltas, aplicar uma demão de Suvinil Fundo Preparador de Paredes, diluído com 10% de água limpa. **Superfícies não molháveis de baixa aderência**: (azulejos, cerâmicas vitrificadas, cimento queimado, pastilhas etc.) aplicar Suvinil Fundo Branco Epóxi conforme indicações na sua embalagem. As imperfeições rasas da superfície devem ser corrigidas com Suvinil Construções Massa Corrida (reboco interno).

Outros produtos relacionados

Suvinil Construções Acrílico Econômico

Desenvolvida para uso interno, esta tinta tem grande poder de cobertura e rendimento.

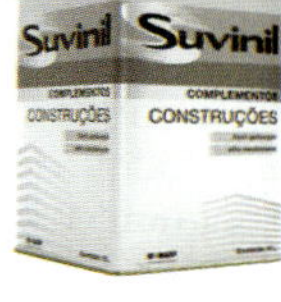

Suvinil Construções Fundo para Reboco, Gesso e Drywall

Indicado para selar superfícies internas de reboco, gesso, *drywall*, blocos de concreto, fibrocimento e concreto.

Suvinil Construções Selador Acrílico

Para uso externo e interno e indicado para selar superfícies de alvenaria.

Suvinil Construções Fundo para Reboco, Gesso e Drywall

A linha Suvinil Construções foi especialmente desenvolvida para atender às necessidades do mercado de construção civil. São produtos para aplicação específica nos mais diversos tipos de superfície, como alvenaria, gesso, blocos de concreto, concreto ou paredes já pintadas. De cor branca, é indicado para selar superfícies internas de reboco, gesso, drywall, blocos de concreto, fibrocimento e concreto aparente. É um produto de fácil aplicação, secagem rápida, boa aderência e ótimo poder de enchimento.

Embalagens/Rendimento
Lata (18 L): Reboco – 75 a 100 m^2.
Gesso e Drywall – 120 a 150 m^2.

Acabamento
Fundo fosco.

Aplicação
Rolo de lã ou pincel para reboco.
Rolo de lã, pincel ou trincha para gesso e *drywall*.

Diluição
Reboco: diluir com até 10% de água potável.
Gesso e *drywall*: diluir com 30% a 50% de água potável. Equipamentos de *airless*: diluição de acordo com o equipamento utilizado.

Cor
Branco.

Secagem
Ao toque: 2 horas.
Final reboco: 4 horas.
Gesso e *drywall*: 2 horas.

Dicas e preparação de superfície

A superfície deve estar firme, coesa, seca, limpa, sem poeira, gordura ou graxa, sabão ou mofo. Antes de iniciar a pintura, observe as orientações a seguir:
Na preparação das superfícies, partes soltas ou mal aderidas, devem ser eliminadas, raspando, lixando ou escovando a superfície. Manchas de gordura ou graxa devem ser eliminadas com solução de água e detergente. Em seguida, enxaguar e aguardar a secagem. Partes mofadas devem ser eliminadas, lavando a superfície com água sanitária. Em seguida, enxaguar e aguardar secagem. Imperfeições profundas do reboco/cimentado devem ser corrigidas com argamassa de cimento: areia média, traço 1:3 (aguardar cura por 28 dias). **Reboco novo**: aguardar a secagem e cura (28 dias no mínimo). **Concreto novo e reboco fraco (baixa coesão)**: após aguardar secagem e cura, superfícies altamente absorventes (gesso, fibrocimento e tijolo), superfícies caiadas e superfícies com partículas soltas ou mal aderidas, raspar e/ou escovar a superfície, eliminando as partes soltas, aplicar uma demão de Suvinil Fundo Preparador de Paredes, diluído com 10% de água limpa. **Superfícies não molháveis de baixa aderência**: (azulejos, cerâmicas vitrificadas, cimento queimado, pastilhas etc.) aplicar Suvinil Fundo Branco Epóxi conforme indicações na sua embalagem. As imperfeições rasas da superfície devem ser corrigidas com Suvinil Construções Massa Corrida (reboco interno). **Repintura**: eliminar qualquer espécie de brilho, usando lixa de grana 360/400 e eliminar o pó.

Outro produto relacionado

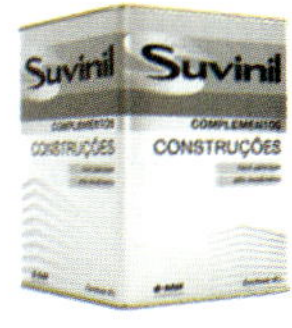

Suvinil Construções Acrílico Econômico

Desenvolvida para uso interno, esta tinta tem grande poder de cobertura e rendimento.

Suvinil Construções Selador Acrílico

A linha Suvinil Construções foi especialmente desenvolvida para atender às necessidades do mercado de construção civil. São produtos para aplicação específica nos mais diversos tipos de superfície, como alvenaria, gesso, blocos de concreto, concreto ou paredes já pintadas. É indicado para selar e uniformizar a absorção das superfícies novas externas e internas de reboco, blocos de concreto, concreto aparente, fibrocimento e massa fina.

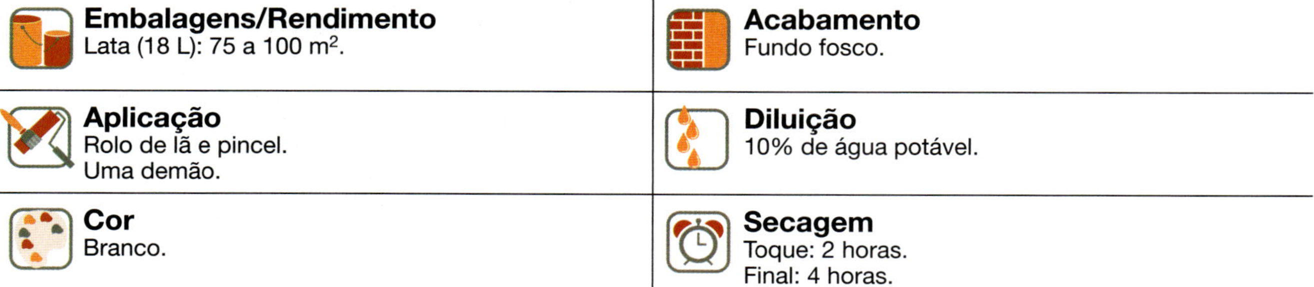

Embalagens/Rendimento Lata (18 L): 75 a 100 m^2.	**Acabamento** Fundo fosco.
Aplicação Rolo de lã e pincel. Uma demão.	**Diluição** 10% de água potável.
Cor Branco.	**Secagem** Toque: 2 horas. Final: 4 horas.

Dicas e preparação de superfície

Na preparação das superfícies, partes soltas ou mal aderidas, devem ser eliminadas, raspando, lixando ou escovando a superfície. Manchas de gordura ou graxa devem ser eliminadas com solução de água e detergente. Em seguida, enxaguar e aguardar a secagem. Partes mofadas devem ser eliminadas, lavando a superfície com água sanitária. Em seguida, enxaguar e aguardar secagem. Imperfeições profundas do reboco/cimentado devem ser corrigidas com argamassa de cimento: areia média, traço 1:3 (aguardar cura por 28 dias). **Reboco novo**: aguardar a secagem e cura (28 dias no mínimo). **Concreto novo e reboco fraco (baixa coesão)**; após aguardar secagem e cura, eliminar partes soltas, superfícies de fibrocimento, reboco, concreto, blocos de concreto e massa fina, aplicar uma demão de Suvinil Fundo Preparador Para Paredes, diluído com 10% de água limpa. Devido ao seu alto poder de enchimento não recomendamos a aplicação deste produto em superfícies com Massa Acrílica ou Corrida, pois pode prejudicar o aspecto final. **Repintura**: eliminar qualquer espécie de brilho, usando lixa de grana 360/400 e eliminar o pó.

Outros produtos relacionados

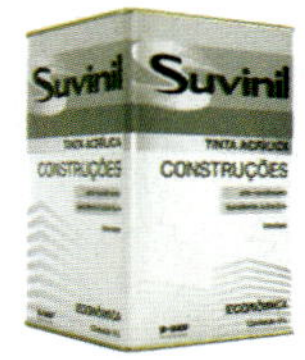

Suvinil Construções Acrílico Econômico

Desenvolvida para uso interno, esta tinta tem grande poder de cobertura e rendimento.

Suvinil Construções Massa Corrida

Para uso interno, é indicada para nivelar e corrigir imperfeições, propiciando um acabamento uniforme e liso.

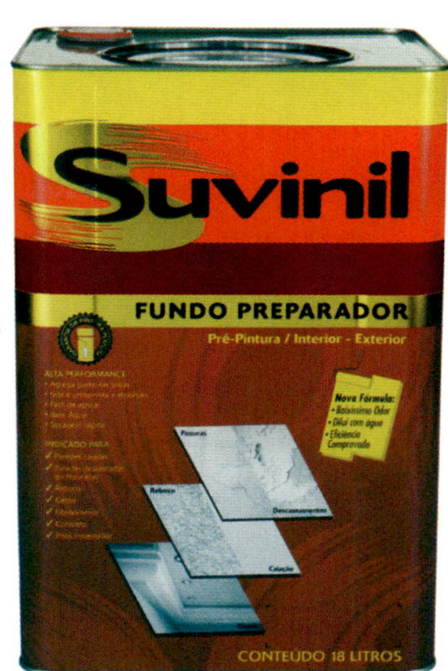

Suvinil Fundo Preparador Base Água

Suvinil Fundo Preparador Base Água é um produto à base de água com baixíssimo odor, indicado para uniformizar a absorção, selar e aumentar a coesão de superfícies porosas externas e internas, como reboco fraco concreto ou reboco novo, pintura descascada ou calcinada, paredes caiadas, gesso e fibrocimento. É um produto de grande poder de penetração e de fácil aplicação que proporciona ótima aderência para os acabamentos.

Embalagens/Rendimento

Galão (3,6 L): 30 a 55 m^2.
Lata (18 L): 150 a 275 m^2.

Acabamento

Fundo incolor.

Aplicação

Rolo de lã ou pincel.
Uma demão.

Diluição

A diluição deve ser testada diluindo-se um pouco do produto com 10% de água e aplicá-lo em uma pequena área da superfície a ser tratada. Após a secagem, verificar se o local apresenta brilho. A diluição ideal é aquela que não causa brilho.
Gesso: diluir com 10% a 100% de água potável.
Outras superfícies: 10% a 20% de água potável.

Cor

Leitoso. Torna-se incolor após a secagem.

Secagem

Ao toque: 30 minutos.
Final: 4 horas.

Dicas e preparação de superfície

A superfície deve estar firme, coesa, seca, limpa, sem poeira, gordura ou graxa, sabão ou mofo. Antes de iniciar a pintura, observe as orientações a seguir:
Na preparação das superfícies, partes soltas ou mal aderidas, devem ser eliminadas, raspando, lixando ou escovando a superfície. Manchas de gordura ou graxa devem ser eliminadas com solução de água e detergente. Em seguida, enxaguar e aguardar a secagem. Partes mofadas devem ser eliminadas, lavando a superfície com água sanitária. Em seguida, enxaguar e aguardar secagem. Imperfeições profundas do reboco/cimentado devem ser corrigidas com argamassa de cimento: areia média, traço 1:3 (aguardar cura por 28 dias). **Reboco novo**: aguardar a secagem e cura (28 dias no mínimo). **Concreto novo e reboco fraco (baixa coesão)**: após aguardar secagem e cura, superfícies altamente absorventes (gesso, fibrocimento e tijolo), superfícies caiadas e superfícies com partículas soltas ou mal aderidas, raspar e/ou escovar a superfície, eliminando as partes soltas, aplicar uma demão de Suvinil Fundo Preparador de Paredes, diluído com 10% de água limpa. **Superfícies não molháveis de baixa aderência**: (azulejos, cerâmicas vitrificadas, cimento queimado, pastilhas etc.) aplicar Suvinil Fundo Branco Epóxi conforme indicações na sua embalagem. As imperfeições rasas da superfície devem ser corrigidas com: Suvinil Massa Acrílica (reboco externo e interno); Suvinil Massa Corrida (reboco interno.). **Repintura**: eliminar qualquer espécie de brilho, usando lixa de grana 360/400 e eliminar o pó.

Outros produtos relacionados

Suvinil Toque de Seda

Seu brilho suave proporciona extrema facilidade de limpeza, e seu fino acabamento confere requinte e sofisticação aos ambientes.

Suvinil Massa Corrida

Massa indicada para nivelar e corrigir imperfeições em superfícies internas. Ótimo rendimento, fácil aplicação, boa aderência e fácil lixação.

Suvinil Acrílico Premium

Tinta de alta qualidade para superfícies externas e internas de reboco, massa acrílica, texturas, concreto, fibrocimento, massa corrida e gesso.

Suvinil Esmalte Sintético

PREMIUM ★★★★★

O Suvinil Esmalte Sintético oferece fácil aplicação com características de alta resistência às intempéries. Possui ótima secagem, excelente acabamento e sua fórmula siliconada permite uma menor aderência de sujeira facilitando a limpeza.

Embalagens/Rendimento
Galão (3,6 L: 70 m².
Quarto (0,9 L): 18 m².

Acabamento
Fosco, acetinado e brilhante.

Aplicação
Rolo de espuma, pincel ou pistola.
2 a 3 demãos com intervalo mínimo de 8 horas.

Diluição
Com Suvinil Aguarrás.
Madeiras Novas: 15% na primeira demão e 10% nas demais. Em outras superfícies, diluir com 10% de aguarrás.

Cor
Além das cores disponíveis no catálogo, existem mais de 1.000 cores no Sistema Selfcolor.

Secagem
Ao toque: 1 a 2 horas.
Final: 24 horas.

Dicas e preparação de superfície

Madeira:
Madeira nova: lixar com grana 180/240 para eliminar farpas. Aplicar uma demão de Suvinil Fundo Branco Fosco. Corrigir imperfeições com Suvinil Massa para Madeira. Após a secagem, lixar com grana 240/400 e eliminar o pó. **Madeira nova resinosa**: lavar toda a superfície com solvente (thinner), deixar secar e repetir a operação. Aplicar uma demão de Suvinil Fundo Branco Fosco, aguardar secagem e lixar com grana 360/400. Corrigir as imperfeições com Suvinil Massa para Madeira. Após secagem, lixar com grana 360/400 e eliminar o pó. **Madeira repintura**: lixar com grana 360/400. Corrigir as imperfeições com Suvinil Massa para Madeira. Após secagem, lixar com grana 360/400 e eliminar o pó.
Metais:
Ferro sem indícios de ferrugem: lixar a superfície, aplicar uma demão de Suvinil Zarcão Universal. Após secagem, lixar novamente. **Ferro com indícios de ferrugem**: remover totalmente a ferrugem, utilizando lixa com grana 80 a 150 e/ou escova de aço. Aplicar uma demão de Suvinil Zarcão Universal, após secagem, lixar com grana 360/400 e eliminar o pó. **Ferro repintura**: lixar com grana 360/400 a superfície e eliminar o pó. Tratar os pontos de ferrugem conforme descrito acima. **Superfícies galvanizadas/zincadas/alumínio (nova)**: lixar e/ou escovar os pontos de ferrugem, limpar a superfície com Suvinil Aguarrás e aplicar Suvinil Fundo para Galvanizados conforme indicação na sua embalagem. **Superfícies galvanizadas/zincadas/alumínio (repintura)**: raspar e lixar para remoção da tinta antiga mal aderida, aplicar Suvinil Fundo para Galvanizados conforme indicação na sua embalagem.

Outros produtos relacionados

Suvinil Aguarrás

Solvente para diluição de esmalte sintético, tinta a óleo e vernizes. Para limpeza de equipamentos de pintura.

Suvinil Zarcão Universal

Para superfícies ferrosas, internas e externas, novas ou com vestígios de ferrugem.

Suvinil Seladora para Madeira

Fácil de aplicar, possui ótimo poder de enchimento e secagem rápida.

Suvinil Esmalte Seca Rápido Base Água

PREMIUM ★★★★★

É um produto de secagem rápida, fácil aplicação bom alastramento e aderência. Oferece resistência a fungos, além de não amarelar. É a base de água, oferecendo baixo odor e grande facilidade na limpeza, já que dispensa o uso de aguarrás, também dispensa o uso de fundo em alumínios e galvanizados.

Embalagens/Rendimento
Galão (3,6 L): 55 a 75 m^2.
Quarto (0,9 L): 14 a 19 m^2.

Acabamento
Acetinado ou brilhante.

Aplicação
Rolo de espuma, rolo de lã de carneiro, pincel ou pistola. 2 a 3 demãos com intervalo de 4 horas.

Diluição
Pistola: 30% de água potável.
Rolo ou pincel: 10% de água potável.

Cor
Além das cores disponíveis no catálogo, existe uma grande variedade de cores no Sistema Selfcolor.

Secagem
Ao toque: 30 a 40 minutos.
Entre demãos: 4 horas.
Final: 5 horas.

Dicas e preparação de superfície

Madeira:
Madeira nova: lixar com grana 180/240 para eliminar farpas. Aplicar uma demão de Suvinil Fundo Branco Fosco. Corrigir imperfeições com Suvinil Massa para Madeira. Após a secagem, lixar com grana 240/400 e eliminar o pó.
Madeira nova resinosa: lavar toda a superfície com solvente (thinner), deixar secar e repetir a operação. Aplicar uma demão de Suvinil Fundo Branco Fosco, aguardar secagem e lixar com grana 360/400. Corrigir as imperfeições com Suvinil Massa para Madeira. Após secagem, lixar com grana 360/400 e eliminar o pó. **Madeira repintura**: lixar com grana 360/400. Corrigir as imperfeições com Suvinil Massa para Madeira. Após secagem, lixar com grana 360/400 e eliminar o pó.
Metais:
Ferro sem indícios de ferrugem: lixar a superfície, aplicar uma demão de Suvinil Zarcão Universal. Após secagem, lixar novamente. **Ferro com indícios de ferrugem**: remover totalmente a ferrugem, utilizando lixa com grana 80 a 150 e/ou escova de aço. Aplicar uma demão de Suvinil Zarcão Universal, após secagem, lixar com grana 360/400 e eliminar o pó. **Ferro repintura**: lixar com grana 360/400 a superfície e eliminar o pó. Tratar os pontos de ferrugem conforme descrito acima. **Superfícies galvanizadas/zincadas/alumínio (nova)**: lixar e/ou escovar os pontos de ferrugem, limpar a superfície com Suvinil Aguarrás e aplicar Suvinil Fundo para Galvanizados conforme indicação na sua embalagem. **Superfícies galvanizadas/zincadas/alumínio (repintura)**: raspar e lixar para remoção da tinta antiga mal aderida, aplicar Suvinil Fundo para Galvanizados conforme indicação na sua embalagem.

Outros produtos relacionados

Suvinil Massa para Madeira
Para superfícies internas e externas de madeira. Nivela e corrige imperfeições.

Suvinil Zarcão Universal
Para superfícies ferrosas, internas e externas, novas ou com vestígios de ferrugem.

Suvinil Seladora para Madeira
Fácil de aplicar, possui ótimo poder de enchimento e secagem rápida.

Suvinil Esmalte Grafite

PREMIUM ★★★★★

Suvinil Esmalte Grafite é indicado para a pintura de superfícies externas e internas de ferro, alumínio e galvanizados. Sua fórmula dupla ação permite que o produto atue como fundo protetor contra a corrosão além de proporcionar um belíssimo acabamento.

Embalagens/Rendimento
Galão (3,6 L): 70 m^2.
Quarto (0,9 L): 18 m^2.

Acabamento
Fosco.

Aplicação
Rolo de espuma, pincel ou pistola.
2 a 3 demãos com intervalo de 8 horas.

Diluição
Pistola: 30% com Suvinil Aguarrás.
Rolo ou pincel: 10% com Suvinil Aguarrás.

Cor
Grafite claro e grafite escuro.

Secagem
Ao toque: 1 a 2 horas.
Final: 24 horas.

Dicas e preparação de superfície

Madeira:
Madeira nova: lixar com grana 180/240 para eliminar farpas. Aplicar uma demão de Suvinil Fundo Branco Fosco. Corrigir imperfeições com Suvinil Massa para Madeira. Após a secagem, lixar com grana 240/400 e eliminar o pó.
Madeira nova resinosa: lavar toda a superfície com solvente (thinner), deixar secar e repetir a operação. Aplicar uma demão de Suvinil Fundo Branco Fosco, aguardar secagem e lixar com grana 360/400. Corrigir as imperfeições com Suvinil Massa para Madeira. Após secagem, lixar com grana 360/400 e eliminar o pó. **Madeira repintura**: lixar com grana 360/400. Corrigir as imperfeições com Suvinil Massa para Madeira. Após secagem, lixar com grana 360/400 e eliminar o pó.
Metais:
Ferro sem indícios de ferrugem: lixar a superfície, aplicar uma demão de Suvinil Zarcão Universal. Após secagem, lixar novamente. **Ferro com indícios de ferrugem**: remover totalmente a ferrugem, utilizando lixa com grana 80 a 150 e/ou escova de aço. Aplicar uma demão de Suvinil Zarcão Universal, após secagem, lixar com grana 360/400 e eliminar o pó. **Ferro repintura**: lixar com grana 360/400 a superfície e eliminar o pó. Tratar os pontos de ferrugem conforme descrito acima. **Superfícies galvanizadas/zincadas/alumínio (nova)**: lixar e/ou escovar os pontos de ferrugem, limpar a superfície com Suvinil Aguarrás e aplicar Suvinil Fundo para Galvanizados conforme indicação na sua embalagem. **Superfícies galvanizadas/zincadas/alumínio (repintura)**: raspar e lixar para remoção da tinta antiga mal aderida, aplicar Suvinil Fundo para Galvanizados conforme indicação na sua embalagem.

Outros produtos relacionados

Suvinil Aguarrás

Indicado para diluição de esmaltes sintéticos e para limpeza das ferramentas de pintura.

Suvinil Zarcão Universal

Para superfícies ferrosas, internas e externas, novas ou com vestígios de ferrugem.

Suvinil Fundo Branco Fosco

Indicado para regularizar superfícies externas e internas de madeiras novas.

Suvinil Tinta a Óleo

STANDARD ★★★

Fácil aplicação, boa resistência a intempéries, alto brilho, bom alastramento, boa aderência e economia.

Embalagens/Rendimento
Galão (3,6 L): 40 a 50 m^2.
Quarto (0,9 L): 10 a 12 m^2.

Acabamento
Brilhante.

Aplicação
Rolo de espuma, pincel ou pistola.
2 a 3 demãos com intervalo de 12 horas.

Diluição
Produto pronto para uso; se necessário, diluir a 10% com aguarrás.

Cor
Disponíveis no catálogo de cores.

Secagem
Toque: 6 a 8 horas.
Final: 24 horas.

Dicas e preparação de superfície

Madeiras:
Madeira nova: lixar com grana 220 para eliminar farpas. Aplicar uma demão de Suvinil Fundo Branco Fosco. Se desejar corrigir imperfeições e que a superfície fique nivelada, aplicar Suvinil Massa para Madeira. Após a secagem, lixar com grana 240 e eliminar o pó. **Madeira nova resinosa**: lavar toda a superfície com solvente (thinner), deixar secar e repetir a operação. Aplicar uma demão de Suvinil Fundo Branco Fosco, aguardar secagem e lixar com grana 220/240. Corrigir as imperfeições com Suvinil Massa para Madeira. Após secagem, lixar com grana 220/240 e eliminar o pó. **Madeira repintura**: lixar com grana 220/240 até eliminar o brilho. Corrigir as imperfeições com Suvinil Massa para Madeira. Após secagem, lixar com grana 220/240 e eliminar o pó.
Metais:
Ferro sem indícios de ferrugem: lixar a superfície, aplicar uma demão de Suvinil Zarcão Universal. Após secagem, lixar novamente. **Ferro com indícios de ferrugem**: remover totalmente a ferrugem, utilizando lixa com grana 80 a 150 e/ou escova de aço. Aplicar uma demão de Suvinil Zarcão Universal, após secagem, lixar com grana 220/240 e eliminar o pó.
Ferro repintura: lixar com grana 220/240 a superfície até eliminar o brilho e remover o pó. Tratar os possíveis pontos de ferrugem conforme descrito acima. **Superfícies galvanizadas/alumínio (nova)**: não é necessária a aplicação de fundo. **Superfícies galvanizadas/alumínio (repintura)**: raspar e lixar até eliminar o brilho e remover a tinta antiga mal aderida. **Superfícies zincadas (nova)**: aplicar Suvinil Fundo para Galvanizados. **Superfícies zincadas (repintura)**: raspar e lixar até eliminar o brilho e remover a tinta antiga mal aderida.

Outros produtos relacionados

Suvinil Aguarrás

Solvente para diluição de esmalte sintético, tinta a óleo e vernizes. Para limpeza de equipamentos de pintura.

Suvinil Zarcão Universal

Para superfícies ferrosas, internas e externas, novas ou com vestígios de ferrugem.

Suvinil Fundo para Galvanizados

Para superfícies galvanizadas ou zincadas. Uso em pinturas novas ou repintura. Protege e dá aderência ao esmalte.

Suvinil Fundo para Galvanizados

Para superfícies galvanizadas ou zincadas. Uso em pinturas novas ou repintura. Protege e dá aderência ao esmalte.

Embalagens/Rendimento
Galão (3,6 L): 50 a 60 m^2.

Acabamento
Fosco.

Aplicação
Rolo de espuma, rolo para tintas epóxi, pincel, trincha e pistola.
Uma demão.

Diluição
Pistola: 30% com Suvinil Aguarrás no máximo.
Pincel e rolo de espuma: 10% de Suvinil Aguarrás.

Cor
Branco.

Secagem
Ao toque: 2 a 4 horas.
Final: 18 a 24 horas.

Dicas e preparação de superfície

Ferro sem indícios de ferrugem: lixar a superfície, aplicar uma demão de Suvinil Zarcão Universal. Após secagem, lixar novamente. **Ferro com indícios de ferrugem**: remover totalmente a ferrugem, utilizando lixa com grana 80 a 150 e/ou escova de aço. Aplicar uma demão de Suvinil Zarcão Universal, após secagem, lixar com grana 360/400 e eliminar o pó. **Ferro repintura**: lixar com grana 360/400 a superfície e eliminar o pó. Tratar os pontos de ferrugem conforme descrito acima. **Superfícies galvanizadas/zincadas**: lixar e/ou escovar os pontos de ferrugem, limpar a superfície com Suvinil Aguarrás e aplicar Suvinil Fundo para Galvanizados conforme indicação na sua embalagem. **Superfícies galvanizadas/zincadas (repintura)**: raspar e lixar para remoção da tinta antiga mal aderida, aplicar Suvinil Fundo para Galvanizados conforme indicação na sua embalagem. A existência de uma grande quantidade de pintura descascada ou mal aderida sobre superfícies de aço galvanizado indica a necessidade de se remover toda a pintura antiga antes da aplicação de fundo para repintura.

Outros produtos relacionados

Suvinil Aguarrás

Solvente para diluição de esmalte sintético, tinta a óleo e vernizes. Para limpeza de equipamentos de pintura.

Tinta a Óleo

Fácil aplicação, boa resistência a intempéries, alto brilho, bom alastramento, boa aderência e economia.

Suvinil Esmalte Sintético

alta resistência às intempéries. Possui ótima secagem, ideal para pinturas internas e externas. Também com acabamento fosco, brilhante e acetinado.

Suvinil Zarcão Universal

Para superfícies ferrosas, internas e externas, novas ou com vestígios de ferrugem. Proteção anticorrosiva e antioxidante.

Embalagens/Rendimento
Galão (3,6 L): 25 a 30 m^2.
Quarto (0,9 L): 6 a 8 m^2.

Acabamento
Fundo fosco.

Aplicação
Rolo de espuma, pincel ou pistola.
1 a 2 demãos com intervalo de 12 horas.

Diluição
Pistola: 30% a 40% com Suvinil Aguarrás.
Pincel ou rolo de espuma: 10% de Suvinil Aguarrás.

Cor
Alaranjado.

Secagem
Ao toque: 4 horas.
Final: 24 horas.

Dicas e preparação de superfície

A superfície deve estar firme, coesa, limpa, seca sem poeira, gordura ou graxa, sabão ou mofo. As partes soltas ou mal aderidas deverão ser raspadas e/ou escovadas. O brilho deve ser eliminado por meio de lixamento.

Metais:

Ferro com ou sem ferrugem: remover totalmente a ferrugem, utilizando lixa com grana 80 a 150 e/ou escova de aço. Aplicar uma demão de Suvinil Zarcão Universal. Após a secagem, lixar com grana 360/400 e eliminar o pó. **Ferro repintura**: lixar com grana 360/400 a superfície e eliminar o pó. Tratar os pontos de ferrugem conforme descrito acima. Após a utilização de qualquer removedor de tinta, atentar para que a superfície esteja isenta de resíduos do removedor utilizado, antes da aplicação do Suvinil Zarcão Universal. Essa remoção deve ser feita com pano embebido em thinner. Com a finalidade de melhorar aderência e garantir maior durabilidade da pintura, lixar e eliminar o pó, antes e depois da aplicação do Suvinil Zarcão Universal.

Outros produtos relacionados

Suvinil Aguarrás

Solvente para diluição de esmalte sintético, tinta a óleo e vernizes. Para limpeza de equipamentos de pintura.

Suvinil Esmalte Sintético

alta resistência às intempéries. Possui ótima secagem, ideal para pinturas internas e externas. Também com acabamento fosco, brilhante e acetinado.

Suvinil Esmalte Seca Rápido Base Água

Oferece resistência a fungos, não amarela. É a base de água, baixo odor e facilidade na limpeza.

Suvinil Fundo Branco Epóxi

Fundo selador catalizável para superfícies externas e internas. Possui ótimo poder selante, assim como grande poder de enchimento e é fácil de aplicar.

Embalagens/Rendimento
Galão (2,7 L): até 54 m^2.

Acabamento
Fundo fosco.

Aplicação
Pincel, rolo de lã (especial para epóxi) e pistola.

Diluição
Pistola: máximo 20% de Suvinil Dilente Epóxi.
Pincel ou rolo de espuma: máximo 15% de Suvinil Diluente Epóxi.

Cor
Branco.

Secagem
Ao toque: 2 horas.
Manuseio: 4 horas.
Emtre demãos: 16 a 48 horas.

Dicas e preparação de superfície

A superfície deverá estar isenta de cal e umidade (aguardar secagem e cura por 28 dias no mínimo).
Adicionar o Suvinil Catalisador Epóxi (poliamida), componente B, (1 parte em volume) ao Suvinil Fundo Branco Epóxi, Componente A, previamente homogeneizado, (3 partes em volume) sob constante agitação. Aguardar 20 a 30 minutos. Diluir com Suvinil Diluente Epóxi conforme indicações acima e homogeneizar. A reação química, após a adição do catalisador, é irreversível, portanto prepare apenas o volume a ser utilizado. A vida útil da mistura, a 25 °C, é de 6 a 8 horas (Pot-Life). Para obter um bom resultado, é necessário observar a mistura do produto, diluição, aplicação, bem como a temperatura. Agite, bem os produtos antes e após a mistura e a diluição, até sua perfeita homogeneização. É fundamental observar o intervalo de 16 a 48 horas entre a aplicação dos diferentes produtos que compõem o sistema de pintura epóxi. Pode-se obter outras cores por meio do Suvinil SelfColor, porém, quando pigmentado neste sistema, o produto passa a ser indicado apenas para áreas internas e o produto deve ser utilizado em no máximo 180 dias.

Outros produtos relacionados

Suvinil Esmalte Epóxi

Esmalte catalizável, grande durabilidade, resistente à umidade e abrasão. Ótima dureza e aderência

Suvinil Catalizador Epóxi

Agente de cura e deve ser sempre adicionado ao Esmalte Epóxi.

Suvinil Diluente Epóxi

Solvente de alto poder para diluição de tintas epóxi – catalisáveis. Usado também na limpeza de equipamentos e acessórios de pintura.

Suvinil Fundo Branco Fosco

Para superfícies internas e externas de madeira nova. Melhora o rendimento e a qualidade dos esmaltes. Boa aderência e alastramento, ótimo enchimento e proteção contra oxidação e corrosão.

Embalagens/Rendimento
Galão (3,6 L): 25 a 30 m^2.

Acabamento
Fosco.

Aplicação
Rolo de espuma, pincel ou pistola.
1 a 2 demãos com intervalo de 12 horas.

Diluição
Pistola: 30% a 40% com Suvinil Aguarrás.
Rolo e pincel: 20% com Suvinil Aguarrás.

Cor
Branco.

Secagem
Ao toque: 4 horas.
Final: 24 horas.

Dicas e preparação de superfície

Madeira:
Madeira nova: lixar com grana 180/240 para eliminar farpas. Aplicar uma demão de Suvinil Fundo Branco Fosco. Corrigir imperfeições com Suvinil Massa para Madeira. Após a secagem, lixar com grana 240/400 e eliminar o pó. **Madeira nova resinosa**: lavar toda a superfície com solvente (thinner), deixar secar e repetir a operação. Aplicar uma demão de Suvinil Fundo Branco Fosco, aguardar secagem e lixar com grana 360/400. Corrigir as imperfeições com Suvinil Massa para Madeira. Após secagem, lixar com grana 360/400 e eliminar o pó. **Madeira repintura**: lixar com grana 360/400. Corrigir as imperfeições com Suvinil Massa para Madeira. Após secagem, lixar com grana 360/400 e eliminar o pó.
Recomendação: além da utilização tradicional do Suvinil Fundo Branco Fosco, podemos utilizá-lo como Fundo Isolante sobre manchas que tenham migrado da alvenaria para a película de látex. Exemplo: manchas amareladas nas emendas de placas de gesso utilizadas para o rebaixamento de tetos ou manchas de riscos de canetas.

Outros produtos relacionados

Suvinil Aguarrás

Solvente para diluição de esmalte sintético, tinta a óleo e vernizes. Para limpeza de equipamentos de pintura.

Suvinil Esmalte Sintético

Alta resistência às intempéries. Possui ótima secagem, ideal para pinturas internas e externas. Acabamento fosco, brilhante e acetinado.

Suvinil Verniz Copal

Indicado para superfícies internas de madeira realçando seu aspecto natural.

Suvinil Verniz Premium Ultra Proteção

Sua película flexível acompanha os movimentos da madeira proporcionando maior durabilidade. É repelente a água e confere maior proteção contra a ação do sol, fungos e umidade, deixando a madeira brilhante por muito mais tempo.

Embalagens/Rendimento
Galão (3,6 L): 40 a 65 m^2.
Quarto (0,9 L): 10 a 16 m^2.

Acabamento
Brilhante.

Aplicação
Pincel ou trincha de cerdas longas e macias.
3 demãos com intervalo de 12 horas.

Diluição
Pronto para uso.

Cor
Disponível nas cores natural, canela, mogno, imbuia e ipê.

Secagem
Toque: 4 a 6 horas.
Final: 24 horas.

Dicas e preparação de superfície

A superfície deve estar firme, coesa, seca, limpa, sem poeira, gordura ou graxa, sabão ou mofo. Antes de iniciar a pintura, observe as orientações a seguir:
Madeira nova: lixar para eliminar farpas e eliminar o pó, aplicar 3 demãos de Suvinil Verniz Ultra Proteção, garantindo contato direto do produto com a superfície de madeira. Importante: nunca selar as madeiras novas antes do uso do Suvinil Ultra Proteção. **Madeira repintura**: lixar até eliminar o brilho e retirar o pó e em seguida aplicar o Suvinil Ultra Proteção. Outros vernizes e resíduos de removedores deverão ser eliminados completamente por meio de raspagem e lixamento. **Manchas de gordura ou graxa**: lavar com solução de água e detergente, enxaguar e aguardar a completa secagem. **Partes mofadas**: lavar com água sanitária e aguardar a secagem.

Outro produto relacionado

Suvinil Aguarrás

Solvente para diluição de esmalte sintético, tinta a óleo e vernizes. Para limpeza de equipamentos de pintura.

Suvinil Verniz Premium Tingidor

Poder de tingimento, nos padrões mogno e imbuia que realça os veios naturais da madeira nova e excelente resistência às agressões do tempo.

Embalagens/Rendimento

Galão (3,6 L): 65 a 120 m².
Quarto (0,9 L): 16 a 30 m².

Acabamento

Brilhante.

Aplicação

Rolo de espuma, pincel ou pistola.
3 demãos com inervalo de 12 horas.

Diluição

Pronto para uso. Se necessário, diluir com no máximo 10% de Suvilnil Aguarrás.

Cor

Disponível nas cores imbuia e mogno.

Secagem

Toque: 4 a 6 horas.
Final: 24 horas.

Dicas e preparação de superfície

A superfície deve estar firme, coesa, seca, limpa, sem poeira, gordura ou graxa, sabão ou mofo. Antes de iniciar a pintura, observe as orientações a seguir:
Madeira: Eliminar qualquer espécie de brilho, usando lixa de grana 360/400. Partes soltas ou mal aderidas devem ser eliminadas raspando ou escovando a superfície. **Manchas de gordura ou graxa em repinturas**: devem ser eliminadas com solução de água e detergente, enxaguar e aguardar secagem. Em madeiras novas, utilizar estopa embebida em aguarrás ou thinner. Partes mofadas devem ser eliminadas limpando a superfície com água sanitária, em seguida passar um pano úmido e aguardar a secagem. **Madeira nova**: lixar com grana 180/240 para eliminar farpas. Aplicar uma demão de Suvinil Seladora para Madeira (somente para superfícies internas). Após a secagem, lixar com grana 360/400 e eliminar o pó. **Madeira nova resinosa**: lavar toda a superfície com solvente (thinner), deixar secar e repetir a operação. Lixar com grana 180/240 para eliminar farpas. Aplicar uma demão de Suvinil Seladora para Madeira (somente para superfícies internas). Após secagem, lixar com grana 360/400 eliminar o pó. **Madeira repintura**: lixar com grana 360/400 e eliminar o pó.

Outros produtos relacionados

Suvinil Aguarrás

Solvente para diluição de esmalte sintético, tinta a óleo e vernizes. ara limpeza de equipamentos de pintura.

Suvinil Seladora para Madeira

Fácil de aplicar, possui ótimo poder de enchimento e secagem rápida.

Suvinil Verniz Premium Triplo Filtro Solar

É um produto de fácil aplicação, bom alastramento, boa aderência, secagem rápida. Elaborado com três filtros solares, proporciona à madeira excelente resistência ao intemperismo natural e aos raios ultravioleta.

Embalagens/Rendimento
Galão (3,6 L): 65 a 120 m^2.
Quarto (0,9 L): 16 a 30 m^2.

Acabamento
Fosco ou brilhante.

Aplicação
Rolo de lã, pincel ou trincha.
3 demãos com intervalo de 12 horas.

Diluição
Pronto para uso. Se necessário, diluir com no máximo 10% de Suvilnil Aguarrás.

Cor
Disponível nas cores natural, mogno, imbuia, canela, nogueira e também no sistema Suvinil SelfColor.

Secagem
Toque: 4 a 6 horas.
Final: 24 horas.

Dicas e preparação de superfície

A superfície deve estar firme, coesa, seca, limpa, sem poeira, gordura ou graxa, sabão ou mofo. Antes de iniciar a pintura, observe as orientações a seguir:
Madeira: Eliminar qualquer espécie de brilho, usando lixa de grana 360/400. Partes soltas ou mal aderidas devem ser eliminadas raspando ou escovando a superfície. **Manchas de gordura ou graxa**: devem ser eliminadas com solução de água e detergente, enxaguar e aguardar secagem. Em madeiras novas, utilizar estopa embebida em aguarrás ou thinner. Partes mofadas devem ser eliminadas limpando a superfície com água sanitária, em seguida passar um pano úmido e aguardar a secagem. **Madeira nova**: lixar com grana 180/240 para eliminar farpas. Aplicar uma demão de Suvinil Seladora para Madeira (somente para superfícies internas). Após a secagem, lixar com grana 360/400 e eliminar o pó. **Madeira nova resinosa**: lavar toda a superfície com solvente (thinner), deixar secar e repetir a operação. Lixar com grana 180/240 para eliminar farpas. Aplicar uma demão de Suvinil Seladora para Madeira (somente para superfícies internas). Após secagem, lixar com grana 360/400 eliminar o pó. **Madeira repintura**: lixar com grana 360/400 e eliminar o pó.

Outros produtos relacionados

Suvinil Aguarrás

Solvente para diluição de esmalte sintético, tinta a óleo e vernizes. ara limpeza de equipamentos de pintura.

Suvinil Seladora para Madeira

Fácil de aplicar, possui ótimo poder de enchimento e secagem rápida.

Suvinil Verniz Premium Copal

Indicado para superfícies internas de madeira realçando seu aspecto natural. Fácil aplicação, bom alastramento, boa aderência, secagem rápida, ótimo acabamento brilhante e boa homogeneidade.

 **Embalagens/Rendimento** Galão (3,6 L: 65 a 105 m^2. Quarto (0,9 L): 16 a 26 m^2.	 **Acabamento** Brilhante.
 **Aplicação** Rolo de lã ou pincel 3 demãos com intervalo de 12 horas.	 **Diluição** Pronto para uso. Se necessário, diluir com no máximo 10% de Suvilnil Aguarrás.
 **Cor** Incolor.	 **Secagem** Toque: 4 a 6 horas. Final: 24 horas.

Dicas e preparação de superfície

A superfície deve estar firme, coesa, seca, limpa, sem poeira, gordura ou graxa, sabão ou mofo. Antes de iniciar a pintura, observe as orientações a seguir:
Madeira: Eliminar qualquer espécie de brilho, usando lixa de grana 360/400. Partes soltas ou mal aderidas devem ser eliminadas raspando ou escovando a superfície. **Manchas de gordura ou graxa em repinturas**: devem ser eliminadas com solução de água e detergente, enxaguar e aguardar secagem. Em madeiras novas, utilizar estopa embebida em aguarrás ou thinner. Partes mofadas devem ser eliminadas limpando a superfície com água sanitária, em seguida passar um pano úmido e aguardar a secagem. **Madeira nova**: lixar com grana 180/240 para eliminar farpas. Aplicar uma demão de Suvinil Seladora para Madeira (somente para superfícies internas). Após a secagem, lixar com grana 360/400 e eliminar o pó. **Madeira nova resinosa**: lavar toda a superfície com solvente (thinner), deixar secar e repetir a operação. Lixar com grana 180/240 para eliminar farpas. Aplicar uma demão de Suvinil Seladora para Madeira (somente para superfícies internas). Após secagem, lixar com grana 360/400 eliminar o pó. **Madeira repintura**: lixar com grana 360/400 e eliminar o pó.

Outros produtos relacionados

Suvinil Aguarrás

Solvente para diluição de esmalte sintético, tinta a óleo e vernizes. ara limpeza de equipamentos de pintura.

Suvinil Seladora para Madeira

Fácil de aplicar, possui ótimo poder de enchimento e secagem rápida.

Suvinil Verniz Premium Stain Impregnante

Suvinil Stain Impregnante possui formulação especialmente desenvolvida para penetrar profundamente na madeira, evitando assim rachaduras, trincas e a formação de bolhas, protegendo-a contra fungos, raios solares e dos efeitos da água, que provocam envelhecimento precoce, o desbotamento e a deterioração. Possui um belíssimo acabamento acetinado e semitransparente, que deixa à mostra os veios naturais da madeira.

Embalagens/Rendimento
Galão (3,6 L): 60 a 90 m².
Quarto (0,9 L): 15 a 22 m².

Acabamento
Acetinado.

Aplicação
Rolo de espuma, pincel ou pistola.
3 demãos com intervalo de 12 horas.

Diluição
Pronto para uso.

Cor
Disponível nas cores natural, mogno, imbuia, canela, nogueira e também no sistema Suvinil SelfColor.

Secagem
Toque: 4 a 6 horas.
Final: 24 horas.

Dicas e preparação de superfície

A superfície deve estar firme, coesa, seca, limpa, sem poeira, gordura ou graxa, sabão ou mofo. Antes de iniciar a pintura, observe as orientações a seguir:
Madeira: Eliminar qualquer espécie de brilho, usando lixa de grana 360/400. Partes soltas ou mal aderidas devem ser eliminadas raspando ou escovando a superfície. **Manchas de gordura ou graxa em repinturas**: devem ser eliminadas com solução de água e detergente, enxaguar e aguardar secagem. Em madeiras novas, utilizar estopa embebida em aguarrás ou thinner. Partes mofadas devem ser eliminadas limpando a superfície com água sanitária, em seguida passar um pano úmido e aguardar a secagem. **Madeira nova**: lixar com grana 180/240 para eliminar farpas. Aplicar uma demão de Suvinil Seladora para Madeira (somente para superfícies internas). Após a secagem, lixar com grana 360/400 e eliminar o pó. **Madeira nova resinosa**: lavar toda a superfície com solvente (thinner), deixar secar e repetir a operação. Lixar com grana 180/240 para eliminar farpas. Aplicar uma demão de Suvinil Seladora para Madeira (somente para superfícies internas). Após secagem, lixar com grana 360/400 eliminar o pó. **Madeira repintura**: lixar com grana 360/400 e eliminar o pó.

Outros produtos relacionados

Suvinil Aguarrás

Solvente para diluição de esmalte sintético, tinta a óleo e vernizes. ara limpeza de equipamentos de pintura.

Suvinil Seladora para Madeira

Fácil de aplicar, possui ótimo poder de enchimento e secagem rápida.

Suvinil Verniz Premium Marítimo

É indicado para superfícies internas e externas de madeira. Sua fina camada transparente protege contra ações das intempéries conferindo maior durabilidade ao aspecto natural da madeira.

 **Embalagens/Rendimento** Galão (3,6 L): 70 a 110 m^2. Quarto (0,9 L): 18 a 28 m^2.	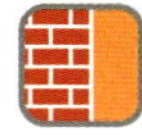 **Acabamento** Brilhante, acetinado e fosco.
 **Aplicação** Rolo de espuma, pincel ou pistola. 3 demãos com intervalo de 12 horas.	 **Diluição** Pronto para uso. Se necessário, diluir com no máximo 10% de Suvilnil Aguarrás.
 **Cor** Incolor.	 **Secagem** Toque: 4 a 6 horas. Final: 24 horas.

Dicas e preparação de superfície

A superfície deve estar firme, coesa, seca, limpa, sem poeira, gordura ou graxa, sabão ou mofo. Antes de iniciar a pintura, observe as orientações a seguir:
Madeira: Eliminar qualquer espécie de brilho, usando lixa de grana 360/400. Partes soltas ou mal aderidas devem ser eliminadas raspando ou escovando a superfície. **Manchas de gordura ou graxa**; em Repinturas: devem ser eliminadas com solução de água e detergente, enxaguar e aguardar secagem. Em madeiras novas, utilizar estopa embebida em aguarrás ou thinner. Partes mofadas devem ser eliminadas limpando a superfície com água sanitária, em seguida passar um pano úmido e aguardar a secagem. **Madeira nova**: lixar com grana 180/240 para eliminar farpas. Aplicar uma demão de Suvinil Seladora para Madeira (somente para superfícies internas). Após a secagem, lixar com grana 360/400 e eliminar o pó. **Madeira nova resinosa**: lavar toda a superfície com solvente (thinner), deixar secar e repetir a operação. Lixar com grana 180/240 para eliminar farpas. Aplicar uma demão de Suvinil Seladora para Madeira (somente para superfícies internas). Após secagem, lixar com grana 360/400 eliminar o pó. **Madeira repintura**: lixar com grana 360/400 e eliminar o pó.

Outros produtos relacionados

Suvinil Aguarrás

Solvente para diluição de esmalte sintético, tinta a óleo e vernizes. ara limpeza de equipamentos de pintura.

Suvinil Seladora para Madeira

Fácil de aplicar, possui ótimo poder de enchimento e secagem rápida.

Suvinil Massa para Madeira

Para superfícies internas e externas de madeira. Nivela e corrige imperfeições. Seu alto poder de enchimento esconde os veios naturais da madeira.

Embalagens/Rendimento
Galão (3,6 L): 10 A 15 m^2.
Quarto (0,9 L): 2 a 4 m^2.

Acabamento
Fosco.

Aplicação
Desempenadeira ou espátula de aço.
1 a 2 demãos com intervalo de 4 horas.

Diluição
Pronto para uso.

Cor
Branco.

Secagem
Ao toque: 1 hora.
Final: 6 horas.

Dicas e preparação de superfície

Madeira nova para pintura: lixar para eliminar farpas e eliminar o pó. Aplicar Suvinil Fundo Branco Fosco. Corrigir as imperfeições ou nivelar toda a superfície com Suvinil Massa para Madeira. Após secagem, lixar novamente e eliminar o pó. **Repintura**: lixar toda a superfície e eliminar o pó. Corrigir as imperfeições ou nivelar toda a superfície com Suvinil Massa para Madeira. Após secagem, lixar novamente e eliminar o pó. **Manchas de gordura ou graxa**: lavar com uma solução de água e detergente. Enxaguar e aguardar a secagem. Seguir orientação específica do tipo de superfície. **Partes mofadas**: lavar com água sanitária, enxaguar e aguardar a secagem. Seguir orientação específica do tipo de superfície.

Outros produtos relacionados

Suvinil Seladora para Madeiras

Fácil de aplicar, possui ótimo poder de enchimento e secagem rápida.

Suvinil Esmalte Sintético

alta resistência às intempéries. Possui ótima secagem, ideal para pinturas internas e externas. Também com acabamento fosco, brilhante e acetinado.

Suvinil Esmalte Seca Rápido Base Água

Oferece resistência a fungos, não amarela. É a base de água, baixo odor e facilidade na limpeza.

Suvinil Seladora Premium para Madeiras

Melhora o rendimento e a qualidade do acabamento dos vernizes, proporcionando ótimo poder de enchimento, maior maciez no lixamento e uma película transparente, homogênea e flexível. Pode ser usada tanto para dar acabamento encerado, como para selar superfícies internas de madeira antes da aplicação de um dos Vernizes Suvinil.

Embalagens/Rendimento
Galão (3,6 L): 15 a 85 m².
Quarto (0,9 L): 4 a 20 m².

Acabamento
Encerado.

Aplicação
Pincel, boneca e pistola.
Para selar: 1 demão.
Para acabamento encerado: 2 a 3 demãos.

Diluição
Com thinner para laca nitrocelulose.
Para acabamento encerado: 80% a 100%.
Para madeira nova: o mesmo sendo até 30% de diluição.
Pistola: diluir com 80% a 100% de thinner para laca nitrocelulose.

Cor
Incolor.

Secagem
Ao toque: 20 minutos.
Para lixamento: 1 hora.
Final: 2 horas.

Dicas e preparação de superfície

Para envernizar:
Madeira Nova: utilizar lixa grana 180-240 para eliminar farpas. Aplicar uma demão de Suvinil Seladora para Madeira (somente para superfícies internas). Após a secagem, lixar com grana 360/400 e eliminar o pó. **Madeira resinosa**: lavar toda a superfície com solvente (thinner), deixar secar e repetir a operação. Lixar com grana 180 a 240 para eliminar farpas. Aplicar uma demão de Suvinil Seladora para Madeira (superfícies internas), após secagem, lixar com grana 360/400 e eliminar o pó. **Madeira repintura**: lixar com grana 360/400 e eliminar o pó.
Recomendações:
Lixar e eliminar o pó entre as demãos e antes de aplicar o acabamento. Para a diluição, é fundamental a utilização de thinner para laca nitrocelulose. Em dias úmidos ou frios, a película poderá apresentar branqueamento (característica de produtos à base de nitrocelulose). Recomendamos, neste caso, a adição de 5% de retardador universal para laca nitrocelulose.
Dica: Você tem à sua disposição uma grande variedade de acabamentos para madeira, utilizando as opções de brilho e tonalidade dadas pela Linha de Vernizes da Suvinil.

Outros produtos relacionados

Suvinil Verniz Marítimo

Indicado para superfícies internas e externas de madeira. Sua fina camada protege contra ações das intempéries conferindo maior durabilidade.

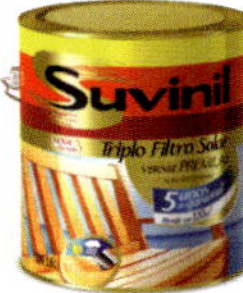

Suvinil Verniz Filtro Solar

Possui três filtros solares, impedindo a ação dos raios ultravioletas, evitando os prejuizos provocados pelo sol, chuva e maresia.

Suvinil Verniz Tingidor

Envernizar e altera a tonalidade de superfícies novas de madeira ou para recuperar madeiras que sofreram desbotamento pela ação do tempo.

Suvinil Piso Premium

PREMIUM ★★★★★

Suvinil Piso é uma tinta acrílica de fácil aplicação e secagem rápida, especial para pintura de pisos externos e internos. Pode ser utilizada em cimentados, áreas de lazer, escadas, varandas, quadras poliesportivas e em outras superfícies de concreto rústico ou liso. É um produto que proporciona resistência à abrasão com excelente cobertura e aderência.

Embalagens/Rendimento

Galão (3,6 L): 35 a 55 m^2.
Lata (18 L): 175 a 275 m^2.

Acabamento

Fosco.

Aplicação

Rolo de lã, pincel ou trincha.
2 a 3 demãos com intervalo de 4 horas.

Diluição

Cimento novo queimado: 10% com água potável em todas as demãos.
Cimento novo não queimado: 30% com água potável na primeira demão e 10% nas demais.

Cor

Disponível nas cores do catálogo ou pode-se obter outros tons, adicionando Suvinil Corante em até 1 frasco por galão de 3,6 L.

Secagem

Ao toque: 2 horas.
Entre demãos: 4 horas.
Final: 72 horas.

Dicas e preparação de superfície

A superfície deve estar firme, coesa, seca, limpa, sem poeira, gordura ou graxa, sabão ou mofo. Antes de iniciar a pintura, observe as orientações a seguir:
Cimentado novo não queimado: aguardar secagem e cura (28 dias no mínimo). Aplicar Suvinil Fundo Preparador de Paredes, conforme recomendação da embalagem. **Cimentado novo queimado**: aguardar secagem e cura (28 dias no mínimo). Aplicar uma demão de Suvinil Fundo Branco Epóxi, catalisado com Suvinil Catalizador para Esmalte e Fundo Epóxi (seguir instruções da embalagem). Aplicar com rolo para tinta epóxi. Aguardar secagem por 24 a 48 horas. **Imperfeições profundas**: corrigir com argamassa e aguardar secagem e cura (28 dias no mínimo). **Superfícies com partes soltas ou mal aderidas**: raspar e/ou escovar a superfície eliminando as partes soltas, Aplicar Suvinil Fundo Preparador de Paredes, conforme recomendação da embalagem. **Piso cerâmico fosco**: aplicar uma demão de Suvinil Fundo Branco Epóxi, catalisado com Suvinil Catalizador para Esmalte e Fundo Epóxi (seguir instruções da embalagem). Aplicar com rolo de lã para tinta epóxi. Aguardar secagem por 24 a 48 horas. **Manchas de gordura ou graxa**: lavar com solução de água e detergente, enxaguar e aguardar a secagem. **Partes mofadas**: lavar com água sanitária, enxaguar e aguardar a secagem.

Outros produtos relacionados

Suvinil Acrílico Premium

Tinta de alta qualidade para superfícies externas e internas de reboco, massa acrílica, texturas, concreto, fibrocimento, massa corrida e gesso.

Suvinil Látex Premium

Produto de fácil aplicação e baixo odor, que proporciona finíssimo acabamento fosco aveludado.

Suvinil Fundo Preparador de Paredes

Essencial para garantir a boa aderência da tinta em superfícies de reboco fraco e poroso.

Resina Acrílica Base Água

Ideal para proteger e embelezar telhas, a nova resina Acrílica Base Água é utilizada também sobre pedras naturais, cerâmicas, concreto aparente, tijolos à vista e paredes porosas. Se destaca pelo altíssimo brilho, pela durabilidade e impermeabilização. A opção incolor já vem em uma consistência perfeita para aplicação em pistola, dispensando ajustes de diluição e sem que escorra durante a aplicação. Tem baixo odor, ótimo acabamento e facilita a limpeza das ferramentas por ser um produto à base de água.

Embalagens/Rendimento
Galão (3,6 L): até 45 m².
Lata (18 L): até 225 m².

Acabamento
Brilhante.

Aplicação
Rolo de lã, pincel, trincha ou pistola.
2 demãos com intervalo de 4 horas.

Diluição
Incolor: pronto para uso.
Cores: 20% com água.

Cor
Incolor, branco, cinza, cerâmica telha, cerâmica ônix, vermelho óxido e marfim.

Secagem
Toque: 1 hora.
Final: 24 horas.
Atrito/limpeza: 120 horas.

Dicas e preparação de superfície

A superfície deve estar firme, coesa, limpa, seca sem poeira, gordura ou graxa, sabão ou mofo. Atenção às impermeabilizações: bolhas e descascamentos certamente ocorrerão se houver falhas na impermeabilização das paredes. Superfícies brilhantes ou muito lisas devem ser lixadas até a eliminação total do brilho. Antes de iniciar a pintura, observe as orientações abaixo para diferentes superfícies:

Nova (pedras naturais, telhas, tijolos etc.): as partes soltas ou mal aderidas deverão ser raspadas e/ou escovadas. Em seguida, aplicar no mínimo, 3 demãos do produto suvinil resina acrílica base água.

Envernizada (pedras naturais, telhas, tijolos etc.): lixar até a eliminação total do brilho e, em seguida, eliminar o pó.

Encerada ou polida (pedras naturais, telhas, tijolos etc.): eliminar a cera raspando com escova de aço e com estopa embebida em thinner 5000 glasurit. Aguardar 24 horas antes de aplicar o suvinil resina acrílica base água.

Manchas de gordura ou graxa: lavar com solução de água e detergente, enxaguar e aguardar a secagem.

Partes mofadas: lavar com água sanitária, enxaguar e aguardar a secagem.

Outros produtos relacionados

Suvinil Silicone

Produto de secagem rápida e excelente repelência à água. É indicado para superfícies externas e internas de tijolos à vista, concreto aparente, tijolo cerâmico e telha de barro.

Suvinil Resina Acrílica

Produto de fácil aplicação, excelente rendimento e manutenção de brilho, proporciona acabamento brilhante e transparente de grande durabilidade para pisos e paredes.

Suvinil Resina Acrílica

É um produto de fácil aplicação, excelente rendimento e manutenção de brilho, proporciona acabamento brilhante e transparente de grande durabilidade para pisos e paredes. Sua fórmula à base de resina acrílica impermeabiliza a superfície protegendo-a contra a ação do tempo devido a sua excelente resistência.

Embalagens/Rendimento
Lata (5 L): 30 a 50 m^2.
Lata (18 L): 126 a 180 m^2.

Acabamento
Brilhante.

Aplicação
Rolo de lã para epóxi, pincel ou trincha.
2 a 3 demãos com intervalo de 6 horas.

Diluição
Pronto para uso.

Cor
Incolor.

Secagem
Circulação de pessoas: 48 horas.
Circulação de veículos: 120 horas.

Dicas e preparação de superfície

Recomendações:
Na preparação das superfícies, partes soltas ou mal aderidas, devem ser eliminadas, raspando, lixando ou escovando a superfície. Manchas de gordura ou graxa devem ser eliminadas com solução de água e detergente. Em seguida, enxaguar e aguardar a secagem. Partes mofadas devem ser eliminadas, lavando a superfície com água sanitária. Em seguida, enxaguar e aguardar secagem. O contato imediato com o piso após a aplicação do produto pode ocasionar danos à pintura, portanto recomendamos aguardar 48 horas para utilização do mesmo para tráfego de pessoas ou 72 horas para tráfego de veículos. Muita atenção à correta preparação superfície, pois devido ao alto poder de penetração, a aplicação direta do produto poderá alterar a cor natural dos substratos. Para substratos com ceras, polidores, gorduras e manchas de óleos, recomendamos: utilizar palha de aço, e/ou estopa embebida em thinner. Observar atentamente para que não permaneçam resíduos desses materiais, pois podem comprometer a aderência da resina. A repetição do processo por duas ou três vezes garante a completa remoção desses materiais. Certifique-se de que o piso esteja livre de água ou umidade, pois tais ocorrências comprometem a performance do produto.
Atenção!
Não é recomendada a aplicação sobre superfícies vitrificadas.

Outros produtos relacionados

Suvinil Resina Acrílica Base Água

Ideal para proteger e embelezar telhas, a nova resina Acrílica Base Água é utilizada também sobre pedras naturais, cerâmicas, concreto aparente, tijolos à vista e paredes porosas.

Suvinil Silicone

Produto de secagem rápida e excelente repelência à água. É indicado para superfícies externas e internas de tijolos à vista, concreto aparente, tijolo cerâmico e telha de barro.

Suvinil Silicone

Protege a superfície inibindo a infiltração de água e evitando assim, umidade, manchas e o escurecimento precoce dos rejuntes, mantendo inalterada a aparência da superfície, permitindo que ela "respire" normalmente. É um produto de fácil aplicação, secagem rápida e excelente repelência à água. É indicado para superfícies externas e internas de tijolos à vista, concreto aparente, tijolo cerâmico e telha de barro.

Embalagens/Rendimento
Lata (5 L): 6 a 17 m^2.

Acabamento
Transparente.

Aplicação
Rolo de lã de pelos altos, pincel, trincha ou pistola.
1 demão bem farta.

Diluição
Pronto para uso.

Cor
Incolor.

Secagem
1 a 2 horas.

Dicas e preparação de superfície

A superfície deve estar firme, coesa, seca, limpa, sem poeira, gordura ou graxa, sabão ou mofo. Antes de iniciar a pintura, observe as orientações a seguir:
Na preparação das superfícies, partes soltas ou mal aderidas, devem ser eliminadas, raspando, lixando ou escovando a superfície. Manchas de gordura ou graxa devem ser eliminadas com solução de água e detergente. Em seguida, enxaguar e aguardar a secagem. Partes mofadas devem ser eliminadas, lavando a superfície com água sanitária. Em seguida, enxaguar e aguardar secagem. Certificar-se de que a superfície esteja livre de água ou umidade, pois tais ocorrências comprometem a performance do produto. Este produto não forma película, como em tinta convencional, permanecendo depositado na superfície. Em função disso, é possível que sejam necessárias manutenções mais frequentes. Se houver necessidade de aplicação de tintas convencionais na superfície com Suvinil Silicone, é muito importante a remoção total do produto, por meio de lixamento. O produto pode ser melhor aproveitado, aplicando-se de cima para baixo, evitando o respingamento.

Suvinil Acrílico Tetos

STANDARD ★★★

Suvinil Acrílico Tetos é uma tinta acrílica com grande ação fungicida que protege contra a proliferação de fungos e, por isso, é indicada para ambientes úmidos, propícios ao alastramento de vapores ou condensamento. Indicada para pintura de tetos de reboco, massa corrida e acrílica, textura, concreto, telha de fibrocimento, gesso e teto pintados com tinta látex PVA ou acrílica. Possui alto poder de cobertura (máximo duas demãos) e baixíssimo respingamento, tornando a aplicação ainda mais fácil.

Embalagens/Rendimento
Galão (3,6 L): 30 a 50 m^2.
Quarto (0,9 L): 8 a 12 m^2.

Acabamento
Fosco.

Aplicação
Rolo de lã, pincel, trincha ou pintola.
2 demãos com intervalo de 4 horas.

Diluição
Pistola: diluir com 30% de água potável.
Superfícies novas (sem pintura): diluir com 20% a primeira demão e as demais com 10%.
Repintura: 10% em todas as demãos.

Cor
Branco. Pode-se obter outros tons adicionando Suvinil Corante em até 2 frascos por galão.

Secagem
Ao toque: 2 horas.
Final: 12 horas.

Dicas e preparação de superfície

A superfície deve estar firme, coesa, seca, limpa, sem poeira, gordura ou graxa, sabão ou mofo. Antes de iniciar a pintura, observe as orientações a seguir:
Reboco novo: aguardar a secagem e cura no mínimo 28 dias. **Concreto novo/reboco fraco (baixa coesão)**: aguardar a secagem e cura no mínimo 28 dias. Aplicar Suvinil Fundo Preparador de Paredes, conforme recomendação da embalagem. **Superfícies altamente absorventes (gesso, fibrocimento)**: aplicar Suvinil Fundo Preparador de Paredes, conforme recomendação do fabricante. **Imperfeições rasas**: corrigir com Suvinil Massa Acrílica. **Imperfeições profundas**: corrigir com reboco e aguardar secagem e cura no mínimo 28 dias. **Superfícies caiadas e superfícies com partículas soltas ou mal aderidas**: raspar e/ou escovar a superfície, eliminando as partes soltas. Aplicar Fundo Preparador de Paredes, conforme recomendação da embalagem. **Manchas de gordura ou graxa**: lavar com solução de água e detergente, enxaguar e aguardar a completa secagem. **Partes mofadas**: lavar com água sanitária, enxaguar e aguardar a secagem. **Manchas (nicotina, fumaça, infiltrações já eliminadas)**: aplicar uma demão de Suvinil Fundo Branco Fosco, diluído com 30% de Suvinil Aguarrás.

Outros produtos relacionados

Suvinil Massa Corrida

Massa indicada para nivelar e corrigir imperfeições em superfícies interiores e exteriores. Ótimo rendimento e aderência.

Suvinil Acrílico Premium

Tinta de alta qualidade para superfícies externas e internas de reboco, massa acrílica, texturas, concreto, fibrocimento, massa corrida e gesso.

Suvinil Látex Premium

Produto de fácil aplicação e baixo odor, que proporciona finíssimo acabamento fosco aveludado.

Suvinil Tinta para Gesso

STANDARD ★★★

Possui acabamento fosco e tem excelente poder de aderência e penetração sobre placas de gesso comum ou acartonado (drywall). Tem dupla função: fundo e acabamento, e é facil de aplicar e retocar. Age como fixadora de partículas soltas e quando usada como fundo sobre o gesso, permite a aplicação de acabamento de tintas Suvinil Látex PVA ou Acrílicos da Suvinil.

Embalagens/Rendimento
Galão (3,6 L): 24 a 44 m^2.
Lata (18 L): 120 a 220 m^2.

Acabamento
Fosco.

Aplicação
Rolo de lã ou pincel.
2 a 3 demãos com intervalo de 4 horas.

Diluição
Massa corrida/fundo para gesso: primeira demão diluir com 30 a 50% de água e as demais com 10 a 20%.
Reboco/concreto: diluir com 10 a 20% de água.

Cor
Branco. Pode-se obter outros tons adicionando Suvinil Corante em até 2 frasco por galão.

Secagem
Ao toque: 2 horas.
Final: 12 horas.

Dicas e preparação de superfície

A superfície deve estar firme, coesa, seca, limpa, sem poeira, gordura ou graxa, sabão ou mofo. Antes de iniciar a pintura, observe as orientações a seguir:
Reboco novo: aguardar a secagem e cura no mínimo 28 dias. **Concreto novo/reboco fraco (baixa coesão)**: aguardar a secagem e cura no mínimo 28 dias. Aplicar Suvinil Fundo Preparador de Paredes, conforme recomendação da embalagem. **Superfícies altamente absorventes (gesso, fibrocimento)**: aplicar Suvinil Fundo Preparador de Paredes, conforme recomendação do fabricante. **Imperfeições rasas**: corrigir com Suvinil Massa Acrílica. **Imperfeições profundas**: corrigir com reboco e aguardar secagem e cura no mínimo 28 dias. **Superfícies caiadas e superfícies com partículas soltas ou mal aderidas**: raspar e/ou escovar a superfície, eliminando as partes soltas. Aplicar Fundo Preparador de Paredes, conforme recomendação da embalagem. **Manchas de gordura ou graxa**: lavar com solução de água e detergente, enxaguar e aguardar a completa secagem. **Partes mofadas**: lavar com água sanitária, enxaguar e aguardar a secagem.

Outros produtos relacionados

Suvinil Látex Premium

Produto de fácil aplicação e baixo odor, que proporciona finíssimo acabamento fosco aveludado.

Suvinil Fundo Preparador de Paredes

Essencial para garantir a boa aderência da tinta em superfícies de reboco fraco e poroso.

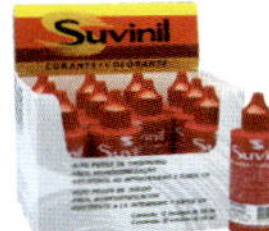

Suvinil Corante

Indicado para tingir tintas à base de água, PVA e acrílica. Fácil mistura e grande resistência às intempéries.

Suvinil Spray Multiuso

Indicado para pinturas artísticas em geral, grafites, artesanato, decoração, reparos e uso profissional. Excelente acabamento, boa aderência, secagem rápida e resistência extra à ação do sol e da chuva.

Embalagens/Rendimento Lata (0,40 L): 1,2 a 2 m^2/demão.	**Acabamento** Fosco, brilhante e metalizado.
Aplicação 2 a 3 demãos com intervalo 5 a 10 minutos.	**Diluição** Pronto para uso.
Cor Cores do Catálogo.	**Secagem** Ao toque: até 30 minutos. Final: 24 horas. Testes mecânicos: mínimo 72 horas.

Dicas e preparação de superfície

Pintura nova, metal: lixar a superfície e aplicar uma demão de Suvinil Zarcão. Após a secagem, lixar novamente e eliminar o pó.

Metais não ferrosos:

Galvanizado: lixar a superfície e aplicar uma demão de Suvinil Fundo Galvanizado. Após a secagem, lixar novamente e eliminar o pó. **Alumínio**: aplicar uma demão de Fundo Fostatizante Glasurit 5244. **Madeira**: lixar para eliminar as farpas, aplicar uma demão de Suvinil Fundo Branco Fosco para madeira. Após a secagem, lixar novamente e eliminar o pó.

Repintura:

Madeira e metal: lixar a superfície até o fosqueamento e eliminar o pó. **Metal com ferrugem**: remover totalmente a ferrugem, usando a lixa e/ou escova de aço, e em seguida proceder como a pintura nova. **Alumínio**: raspar e lixar para remoção de tinta antiga e mal aderida e em seguida proceder como pintura nova.

Outros produtos relacionados

Suvinil Aguarrás

Solvente para diluição de esmalte sintético, tinta a óleo e vernizes. Para limpeza de equipamentos de pintura.

Suvinil Zarcão Universal

Para superfícies ferrosas, internas e externas, novas ou com vestígios de ferrugem.

Suvinil Fundo Branco Fosco

Indicado para regularizar superfícies externas e internas de madeiras novas.

Suvinil Esmalte Epóxi

Esmalte catalisável, para superfícies de reboco, concreto, azulejos, pisos, metais ferrosos e madeiras não resinosas. Grande durabilidade, resistente à umidade e abrasão, ótima dureza e aderência.

Embalagens/Rendimento
Galão (2,7 L): Até 50 m^2.

Acabamento
Brilhante.

Aplicação
Rolo, pincel ou pistola.
2 a 3 demão com intervalo de aplicação 16 a 48 horas.

Diluição
Com Suvinil Diluente Epóxi, rolo e pincel de 15% a 20%.
Pistola máximo 20%.
Atenção: a reação química do produto depois de misturado, é irreversível. Prepare somente a quantidade que será usada.

Cor
Disponível no Sistema Suvinil Selfcolor.

Secagem
Ao toque: 2 horas.
Manuseio: 9 horas.
Final: 7 dias.

Dicas e preparação de superfície

A superfície deve estar firme, coesa, limpa, seca sem poeira, gordura ou graxa, sabão ou mofo. Antes de iniciar a pintura, observe as orientações abaixo:
Alvenaria – Concreto e reboco novos: A superfície deverá estar limpa e isenta de cal e umidade (aguardar secagem e cura por 28 dias no mínimo). Aplicar uma demão de Suvinil Fundo Branco Epóxi. Após a secagem eliminar o pó. **Azulejo**: Deverá estar limpo, seco e desengordurado, principalmente nos rejuntes, caso seja necessário; pré-lavar com detergente enxaguando bem. Aplicar uma demão de Suvinil Fundo Branco Epóxi. Após a secagem eliminar o pó. **Piso – Novo**: A superfície deverá estar isenta de cal e umidade (aguardar secagem e cura por 28 dias no mínimo). Aplicar uma demão de Suvinil Fundo Branco Epóxi. Após a secagem eliminar o pó. **Antigo ou cimentado queimado**: Lavar com uma solução de água e ácido muriático na proporção de 9 partes de água para uma parte de ácido. Enxaguar abundantemente com água. Deixar secar por no máximo 72 horas. **Repintura**: Verificar se a pintura antiga resiste ao Suvinil Esmalte Epóxi sem apresentar enrugamento. **Caso resista**: Lixar a fim de abrir a porosidade (ou fosquear caso a pintura anterior apresente brilho) e eliminar o pó. Aplicar diretamente Suvinil Esmalte Epóxi ou o sistema de pintura epóxi. **Caso não resista**: A pintura antiga deverá ser totalmente removida. Aplicar uma demão de Suvinil Esmalte Epóxi Suvinil Fundo Branco Epóxi. Após a secagem lixar, eliminar o pó e aplicar o restante de pintura epóxi.

Outros produtos relacionados

Suvinil Epóx Fundo Branco

Fundo selador catalisável para superfícies externas e internas de ferro e aço. Alta resistência e protege as superfícies da oxidação.

Suvinil Catalizador Epóxi

Agente de cura e deve ser sempre adicionado ao Esmalte Epóxi.

Suvinil Diluente Epóxi

Solvente de alto poder para diluição de tintas epóxi – catalisáveis. Usado também na limpeza de equipamentos e acessórios de pintura.

Suvinil Selacril Textura Acrílica

Suvinil Selacril é uma textura acrílica indicada para texturizar superfícies externas e internas de reboco, blocos de concreto, fibrocimento, concreto aparente, massa corrida ou acrílica e repintura sobre paredes pintadas com látex PVA ou tinta acrílica. É um produto de fácil aplicação, secagem rápida, boa aderência e ótima homogeneidade.

Embalagens/Rendimento

Galão (3,6 L): 8 a 12 m^2.
Lata (18 L): 40 a 60 m^2.

Acabamento

Textura em relevo.

Aplicação

Para selar: rolo de lã, pincel ou trincha.
Para textuizrar: desempenadeira de aço ou rolos especiais para textura.
Uma demão para selar e uma para texturar com intervalo de 4 horas.

Diluição

Primeira demão para selar: 30% a 40% com água potável.
Segunda demão para texturar: até 10% com água potável.

Cor

Branca. Para obter outras cores, após a secagem final, pintar a parede texturizada com Suvinil Látex Premium ou Suvinil Acrílico Premium na cor desejada.

Secagem

Ao toque: 2 horas.
Final: 24 horas.

Dicas e preparação de superfície

A superfície deve estar firme, coesa, seca, limpa, sem poeira, gordura ou graxa, sabão ou mofo. Antes de iniciar a pintura, observe as orientações a seguir:
Reboco novo: aguardar a secagem e cura no mínimo 28 dias. **Concreto novo/reboco fraco (baixa coesão)**: aguardar a secagem e cura no mínimo 28 dias. Aplicar Suvinil Fundo Preparador de Paredes, conforme recomendação da embalagem. **Superfícies altamente absorventes (gesso, fibrocimento)**: aplicar Suvinil Fundo Preparador de Paredes, conforme recomendação do fabricante. **Imperfeições rasas**: corrigir com suvinil massa acrílica. Imperfeições profundas: corrigir com reboco e aguardar secagem e cura no mínimo 28 dias. **Superfícies caiadas e superfícies com partículas soltas ou mal aderidas**: raspar e/ou escovar a superfície, eliminando as partes soltas. Aplicar Fundo Preparador de Paredes, conforme recomendação da embalagem. **Manchas de gordura ou graxa**: lavar com solução de água e detergente, enxaguar e aguardar a completa secagem. **Partes mofadas**: lavar com água sanitária, enxaguar e aguardar a secagem. O Suvinil Selacril não é um produto de acabamento, portanto, é necessário a aplicação de um látex ou acrílico para finalizar o sistema de pintura.
Dicas: Diversificando o sistema, métodos e ferramentas para aplicação do produto, é possível obter efeitos decorativos muito apreciados.

Outros produtos relacionados

Suvinil Fundo Preparador de Paredes

Essencial para garantir a boa aderência da tinta em superfícies de reboco fraco e poroso.

Suvinil Liqui-base

Indicado para selar paredes internas de reboco e massa corrida, uniformizando a absorção da superfície para a aplicação da tinta de acabamento.

Suvinil Látex Premium

Produto de fácil aplicação e baixo odor, que proporciona finíssimo acabamento fosco aveludado.

Suvinil Catalisador Epóxi

Este agente de cura deve ser adicionado ao Esmalte Epóxi ou Fundo Anticorrosivo Epóxi, resultando no produto final para uso. Use sempre o Catalisador Suvinil.

Embalagens/Rendimento
Quarto (0,9 L).

Acabamento
Não aplicável.

Aplicação
Para ser utilizado nas tintas epóxi.

Diluição
Após a mistura com Suvinil Esmalte Epóxi, Suvinil Fundo Branco Epóxi ou Suvinil Fundo Anticorrosivo Epóxi, diluir com Suvinil Diluente para Epóxi, nas proporções indicadas no produto.

Cor
Não aplicável.

Secagem
Não aplicável.

Dicas e preparação de superfície

Por ser este produto um componente indispensável de tintas Epóxi, as instruções referentes à preparação de superfícies, encontram-se nas: Suvinil Esmalte Epóxi, Suvinil Fundo Branco Epóxi e Suvinil Diluente Epóxi.

Outros produtos relacionados

Suvinil Esmalte Epóxi

Esmalte catalizável de alto brilho, excelente dureza, resistência a umidade, a abrasão e com ótima aderência.

Suvinil Epóxi Fundo Branco

Fundo selador catalisável para superfícies externas e internas de ferro e aço. Alta resistência e protege as superfícies da oxidação.

Suvinil Diluente Epóxi

Solvente de alto poder para diluição de tintas epóxi – catalisáveis. Usado também na limpeza de equipamentos e acessórios de pintura.

Suvinil Aguarrás

Embalagens/Rendimento
Lata (5 L).
Quarto (0,9 L).

Acabamento
Não aplicável.

Aplicação
Para diluir tintas a óleo e esmaltes sintéticos e limpeza de equipamento.

Diluição
Pronta para uso.

Cor
N/A.

Secagem
Rápida.

Suvinil Diluente Epóxi

Embalagens/Rendimento
Quarto (0,9 L).

Acabamento
Não aplicável.

Aplicação
Para ser utilizado em esmaltes e fundos epóxi.

Diluição
Suvinil Esmalte Epóxi:
rolo ou pincel 15% no máximo.
Suvinil Fundo Branco Epóxi:
pistola 20% no máximo.

Cor
Não aplicável.

Secagem
De acordo com o produto usado.

Dicas e preparação de superfície

Suvinil Aguarrás. Indicada para diluição de esmaltes sintéticos, tintas a óleo, vernizes e complementos à base de resina alquídica. Também é indicado para a limpeza de equipamentos de pintura, utilizados com tais produtos.

Suvinil Diluente Epóxi. Solvente de alto poder. Para diluição de tintas epóxi catalisáveis. Usado também na limpeza de equipamentos e acessórios de pintura utilizados com tais produtos.

Suvinil Colortest

Suvinil Colortest é uma base para testar cores em superfícies internas e externas de reboco, texturas, concreto, fibrocimento, massa corrida ou acrílica e gesso. Não deve ser utilizada como tinta de acabamento pois é indicada exclusivamente para demonstração de cor.

Embalagens/Rendimento
Frasco (202,5 mL): 1 m^2.

Acabamento
Fosco.

Aplicação
Rolo, pincel ou trincha.

Diluição
Pronto para uso.

Cor
Disponível no Sistema Suvinil Selfcolor.

Secagem
Ao toque: 1 hora.
Final: 12 horas.

Dicas e preparação de superfície

A superfície deve estar firme, coesa, seca, limpa, sem poeira, gordura ou graxa, sabão ou mofo. Antes de iniciar a pintura, observe as orientações a seguir:
Reboco novo: aguardar a secagem e cura no mínimo 28 dias. **Concreto novo/reboco fraco (baixa coesão)**: aguardar a secagem e cura no mínimo 28 dias. Aplicar Suvinil Fundo Preparador de Paredes, conforme recomendação da embalagem. **Superfícies altamente absorventes (gesso, fibrocimento)**: aplicar Suvinil Fundo Preparador de Paredes, conforme recomendação do fabricante. **Imperfeições rasas**: corrigir com Suvinil Massa Acrílica. **Imperfeições profundas**: corrigir com reboco e aguardar secagem e cura no mínimo 28 dias. **Superfícies caiadas e superfícies com partículas soltas ou mal aderidas**: raspar e/ou escovar a superfície, eliminando as partes soltas. Aplicar Fundo Preparador de Paredes, conforme recomendação da embalagem. **Manchas de gordura ou graxa**: lavar com solução de água e detergente, enxaguar e aguardar a completa secagem. **Partes mofadas**: lavar com água sanitária, enxaguar e aguardar a secagem.

Outros produtos relacionados

Suvinil Acrílico Premium

Tinta de alta performance e indicada para pintura de superfícies internas e externas.

Suvinil Látex Premium

Produto de fácil aplicação e baixo odor, que proporciona finíssimo acabamento fosco aveludado.

Suvinil Fundo Preparador de Paredes

Essencial para garantir a boa aderência da tinta em superfícies de reboco fraco e poroso.

Suvinil Corante

Suvinil Corante é indicado para tingir tintas látex PVA e acrílicas. Possibilita a obtenção das mais diversas tonalidades e podem ser misturadas em tinta branca ou colorida. Possui alto poder de tingimento, fácil homogeneização, alta resistência ao intemperismo e raios ultravioleta.

Embalagens/Rendimento
Frasco (50 mL): um frasco para cada galão (3,6 L)

Acabamento
Depende da tinta tingida pelo corante.

Aplicação
Adicionar lentamente o conteúdo do frasco na tinta, até conseguir a cor desejada.

Diluição
Pronto para uso.

Cor
Amarelo, Ocre, Vermelho, Preto, Castanho, Verde, Azul, Laranja, Violeta.

Secagem
De acordo com a tinta a ser tingida.

Dicas e preparação de superfície

Por ser este produto um tingidor de tintas, devem-se seguir as instruções da tinta a ser usada.

Outro produto relacionado

Suvinil Latex Premium

Produto de fácil aplicação e baixo odor, que proporciona finíssimo acabamento fosco aveludado.

Glasurit Acrílico Standard

STANDARD ★★★

Disponível nos acabamentos fosco e semibrilho, Glasurit Acílico Standard é uma tinta indicada para superfícies internas e externas. Com um dos melhores rendimentos na sua categoria, é um excelente custo/benefício, trazendo uma variada oferta de cor.

Embalagens/Rendimento
Lata (18 L): 175 a 300 m^2.
Galão (3,6 L): 35 a 40 m^2.

Acabamento
Fosco ou semibrilho.

Aplicação
Aplicar 2 ou 3 demãos, usando rolo, pincel ou trincha.

Diluição
Pintura: diluir primeira demão de 20 a 30% com água potável.
Para repintura: todas as demãos de 10 a 20% com água potável.

Cor
16 cores vibrantes disponíveis no catálogo.

Secagem
Ao toque: 2 horas.
Final: 12 horas.

Dicas e preparação de superfície

A superfície deve estar firme, coesa, seca, limpa, sem poeira, gordura ou graxa, sabão ou mofo. Antes de iniciar a pintura, observe as orientações a seguir:
Na preparação das superfícies, partes soltas ou mal aderidas, devem ser eliminadas, raspando, lixando ou escovando a superfície. Manchas de gordura ou graxa devem ser eliminadas com solução de água e detergente. Em seguida, enxaguar e aguardar a secagem. Partes mofadas devem ser eliminadas, lavando a superfície com água sanitária. Em seguida, enxaguar e aguardar secagem. Imperfeições profundas do reboco/cimentado devem ser corrigidas com argamassa de cimento: areia média, traço 1:3 (aguardar cura por 28 dias).
Reboco novo: aguardar a secagem e cura (28 dias no mínimo). **Concreto novo e reboco fraco (baixa coesão)**: após aguardar secagem e cura, superfícies altamente absorventes (gesso, fibrocimento e tijolo), superfícies caiadas e superfícies com partículas soltas ou mal aderidas, raspar e/ou escovar a superfície, eliminando as partes soltas, aplicar uma demão de Suvinil Fundo Preparador de Paredes, diluído com 10% de água limpa. As imperfeições rasas da superfície devem ser corrigidas com: Glasurit Massa Acrílica (reboco externo e interno); Glasurit Massa Corrida (reboco interno). **Repintura**: eliminar qualquer espécie de brilho, usando lixa de grana 360/400 e eliminar o pó.

Outros produtos relacionados

Glasurit Esmalte Sintético

indicado para pintura de superfícies de madeira, metal, alumínio e galvanizados, para ambientes internos e externos.

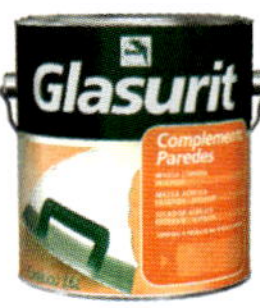

Glasurit Massa Acrílica

indicada para nivelar e corrigir imperfeições de superfícies internas e externas de reboco.

Glasurit Selador Acrílico

indicado para selar superfícies internas e externas, aumentando o rendimento da tinta.

Glasurit Acrílico Econômico

ECONÔMICA ★

Glasurit Acrílico Econômico oferece mais por menos. Disponível em 24 cores, com antimofo e alta resistência. Rende até 240 m^2 por lata/demão. Recomendado para áreas internas.

Embalagens/Rendimento
Lata (18 L): 175 a 240 m^2.
Galão (3,6 L): 30 a 48 m^2.

Acabamento
Fosco.

Aplicação
Rolo, pincel, trincha ou pistola.
2 a 3 demãos com intervalo mínimo de 4 horas.

Diluição
Pintura: 50% na primeira demão e 40% nas demais.
Para repintura: todas as demãos com 40% de água potável.

Cor
24 cores vibrantes disponíveis no catálogo.

Secagem
Ao toque: 1 hora.
Final: 12 horas.

Dicas e preparação de superfície

A superfície deve estar firme, coesa, seca, limpa, sem poeira, gordura ou graxa, sabão ou mofo. Antes de iniciar a pintura, observe as orientações a seguir:
Na preparação das superfícies, partes soltas ou mal aderidas, devem ser eliminadas, raspando, lixando ou escovando a superfície. Manchas de gordura ou graxa devem ser eliminadas com solução de água e detergente. Em seguida, enxaguar e aguardar a secagem. Partes mofadas devem ser eliminadas, lavando a superfície com água sanitária. Em seguida, enxaguar e aguardar secagem. Imperfeições profundas do reboco/cimentado devem ser corrigidas com argamassa de cimento: areia média, traço 1:3 (aguardar cura por 28 dias).
Reboco novo: aguardar a secagem e cura (28 dias no mínimo). **oncreto novo e reboco fraco (baixa coesão)**: após aguardar secagem e cura, superfícies altamente absorventes (gesso, fibrocimento e tijolo), superfícies caiadas e superfícies com partículas soltas ou mal aderidas, raspar e/ou escovar a superfície, eliminando as partes soltas, aplicar uma demão de Suvinil Fundo Preparador de Paredes, diluído com 10% de água limpa. As imperfeições rasas da superfície devem ser corrigidas com: Glasurit Massa Acrílica (reboco externo e interno); Glasurit Massa Corrida (reboco interno). **Repintura**: eliminar qualquer espécie de brilho, usando lixa de grana 360/400 e eliminar o pó.

Outros produtos relacionados

Glasurit Massa Corrida

Glasurit Massa Corrida é indicada para nivelar e corrigir imperfeições internas de reboco.

Glasurit Acrílico Standard

Disponível nos acabamentos fosco e semibrilho, Glasurit Acílico Standard é uma tinta indicada para superfícies internas e externas.

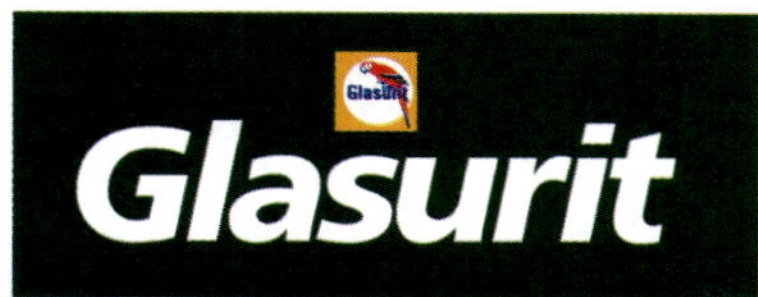

Glasurit Massa Acrílica

Glasurit Massa acrílica é indicada para nivelar e corrigir imperfeições de superfícies internas e externas de reboco, oferecendo alta resistência e durabilidade.

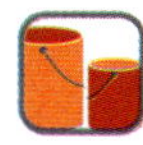

Embalagens/Rendimento
Lata (18 L): 40 a 60 m^2.
Galão (3,6 L): 8 a 12 m^2.

Acabamento
Fosco.

Aplicação
Desempenadeira e espátula de aço.

Diluição
Pronto para uso.

Cor
Branca.

Secagem
Ao toque: 40 minutos.
Final: 4 horas.

Dicas e preparação de superfície

A superfície deve estar firme, coesa, seca, limpa, sem poeira, gordura ou graxa, sabão ou mofo. Antes de iniciar a pintura, observe as orientações a seguir:
Na preparação das superfícies, partes soltas ou mal aderidas, devem ser eliminadas, raspando, lixando ou escovando a superfície. Manchas de gordura ou graxa devem ser eliminadas com solução de água e detergente. Em seguida, enxaguar e aguardar a secagem. Partes mofadas devem ser eliminadas, lavando a superfície com água sanitária. Em seguida, enxaguar e aguardar secagem. Imperfeições profundas do reboco/cimentado devem ser corrigidas com argamassa de cimento: areia média, traço 1:3 (aguardar cura por 28 dias). **Reboco novo**: aguardar a secagem e cura (28 dias no mínimo). **Concreto novo e reboco fraco (baixa coesão)**: após aguardar secagem e cura, superfícies altamente absorventes (gesso, fibrocimento e tijolo), superfícies caiadas e superfícies com partículas soltas ou mal aderidas, raspar e/ou escovar a superfície, eliminando as partes soltas, aplicar uma demão de Suvinil Fundo Preparador de Paredes, diluído com 10% de água limpa. **Repintura**: eliminar qualquer espécie de brilho, usando lixa de grana 360/400 e eliminar o pó.

Outros produtos relacionados

Glasurit Selador Acrílico

Glasurit Selador Acrílico é indicado para selar superfícies internas e externas, aumentando o rendimento da tinta.

Glasurit Acrílico Standard

Disponível nos acabamentos fosco e semibrilho, Glasurit Acílico Standard é uma tinta indicada para superfícies internas e externas.

Glasurit Massa Corrida

Glasurit Massa Corrida é indicada para nivelar e corrigir imperfeições internas de reboco. Assim, a parede fica preparada para receber uma das tintas da linha de acabamentos da Glasurit.

Embalagens/Rendimento
Lata (18 L): 40 a 60 m².
Galão (3,6 L); 8 a 12 m².

Acabamento
Fosco.

Aplicação
Desempenadeira e espátula de aço.

Diluição
Pronto para uso.

Cor
Branca.

Secagem
Ao toque: 40 minutos.
Final: 4 horas.

Dicas e preparação de superfície

A superfície deve estar firme, coesa, seca, limpa, sem poeira, gordura ou graxa, sabão ou mofo. Antes de iniciar a pintura, observe as orientações a seguir:
Na preparação das superfícies, partes soltas ou mal aderidas, devem ser eliminadas, raspando, lixando ou escovando a superfície. Manchas de gordura ou graxa devem ser eliminadas com solução de água e detergente. Em seguida, enxaguar e aguardar a secagem. Partes mofadas devem ser eliminadas, lavando a superfície com água sanitária. Em seguida, enxaguar e aguardar secagem. Imperfeições profundas do reboco/cimentado devem ser corrigidas com argamassa de cimento: areia média, traço 1:3 (aguardar cura por 28 dias).
Reboco novo: aguardar a secagem e cura (28 dias no mínimo). **Concreto novo e reboco fraco (baixa coesão)**: após aguardar secagem e cura, superfícies altamente absorventes (gesso, fibrocimento e tijolo), superfícies caiadas e superfícies com partículas soltas ou mal aderidas, raspar e/ou escovar a superfície, eliminando as partes soltas, aplicar uma demão de Suvinil Fundo Preparador de Paredes, diluído com 10% de água limpa. **Repintura**: eliminar qualquer espécie de brilho, usando lixa de grana 360/400 e eliminar o pó.

Outros produtos relacionados

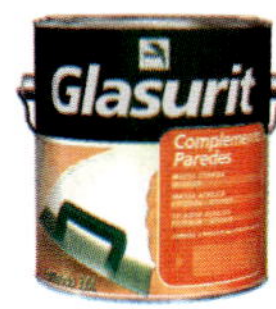

Glasurit Selador Acrílico

Glasurit Selador Acrílico é indicado para selar superfícies internas e externas, aumentando o rendimento da tinta.

Glasurit Acrílico Econômico

indicado para ambientes internos, oferece mais por menos. Rende até 240 m² por lata/demão.

Glasurit Selador Acrílico

Glasurit Selador Acrílico é indicado para selar superfícies internas e externas, proporcionando acabamento mais uniforme e maior rendimento ao acabamento.

Embalagens/Rendimento Lata (18 L): 75 a 100 m^2. Galão (3,6 L): 15 a 20 m^2.	**Acabamento** Fosco.
Aplicação Rolo, pincel, trincha ou pistola.	**Diluição** Diluir até 10% de água potável.
Cor Branco.	**Secagem** Ao toque: 40 minutos. Final: 4 horas.

Dicas e preparação de superfície

A superfície deve estar firme, coesa, seca, limpa, sem poeira, gordura ou graxa, sabão ou mofo. Antes de iniciar a pintura, observe as orientações a seguir:

Na preparação das superfícies, partes soltas ou mal aderidas, devem ser eliminadas, raspando, lixando ou escovando a superfície. Manchas de gordura ou graxa devem ser eliminadas com solução de água e detergente. Em seguida, enxaguar e aguardar a secagem. Partes mofadas devem ser eliminadas, lavando a superfície com água sanitária. Em seguida, enxaguar e aguardar secagem. Imperfeições profundas do reboco/cimentado devem ser corrigidas com argamassa de cimento: areia média, traço 1:3 (aguardar cura por 28 dias).

Reboco novo: aguardar a secagem e cura (28 dias no mínimo). **Concreto novo e reboco fraco (baixa coesão)**: após aguardar secagem e cura, eliminar partes soltas, superfícies de fibrocimento, reboco, concreto, blocos de concreto e massa fina, aplicar uma demão de Suvinil Fundo Preparador, diluído com 10% de água limpa. Devido ao seu alto poder de enchimento, não recomendamos a aplicação deste produto em superfícies com Massa Acrílica ou Corrida, pois pode prejudicar o aspecto final.

Repintura: eliminar qualquer espécie de brilho, usando lixa de grana 360/400 e eliminar o pó.

Outros produtos relacionados

Glasurit Acrílico Econômico

indicado para ambientes internos, oferece mais por menos. Rende até 240 m^2 por lata/demão.

Glasurit Acrílico Standard

disponível nos acabamentos fosco e semibrilho, Glasurit Acílico Standard é uma tinta indicada para superfícies internas e externas.

Glasurit Esmalte Sintético

STANDARD ★★★

Glasurit Esmalte Sintético é indicado para pintura de superfícies de madeira, metal, alumínio e galvanizados, para ambientes internos e externos. É um produto de fácil aplicação, que oferece durabilidade e alta proteção.

Embalagens/Rendimento
Galão (3,6 L): 40 a 50 m^2.
Quarto: 10 a 12 m^2.

Acabamento
Brilhante, acetinado e fosco.

Aplicação
Aplicar duas ou três demãos com intervalo de no mínimo 8 horas, usando rolo de espuma, pincel ou pistola.

Diluição
Rolo ou pincel: 10% de aguarrás.
Pistola: depois de coado, diluir 30%.

Cor
26 cores vibrantes disponíveis no catálogo.

Secagem
Ao toque: 2 hora.
Final: 24 horas.

Dicas e preparação de superfície

A superfície deve estar firme, coesa, seca, limpa, sem poeira, gordura ou graxa, sabão ou mofo. Antes de iniciar a pintura, observe as orientações a seguir:

Madeira:

Madeira nova: lixar com grana 180/240 para eliminar farpas. Aplicar uma demão de Suvinil Fundo Branco Fosco. Corrigir imperfeições com Suvinil Massa para Madeira. Após a secagem, lixar com grana 240/400 e eliminar o pó. **Madeira nova resinosa**: lavar toda a superfície com solvente (thinner), deixar secar e repetir a operação. Aplicar uma demão de Suvinil Fundo Branco Fosco, aguardar secagem e lixar com grana 360/400. Corrigir as imperfeições com Suvinil Massa para Madeira. Após secagem, lixar com grana 360/400 e eliminar o pó. **Madeira repintura**: lixar com grana 360/400. Corrigir as imperfeições com Suvinil Massa para Madeira. Após secagem, lixar com grana 360/400 e eliminar o pó.

Metais:

Ferro sem indícios de ferrugem: lixar a superfície, aplicar uma demão de Suvinil Zarcão Universal. Após secagem, lixar novamente. **Ferro com indícios de ferrugem**: remover totalmente a ferrugem utilizando lixa com grana 80 a 150 e/ou escova de aço. Aplicar uma demão de Suvinil Zarcão Universal, após secagem, lixar com grana 360/400 e eliminar o pó. **Ferro repintura**: lixar com grana 360/400 a superfície e eliminar o pó. Tratar os pontos de ferrugem conforme descrito acima. **Superfícies galvanizadas/zincadas/alumínio (nova)**: lixar e/ou escovar os pontos de ferrugem, limpar a superfície com Suvinil Aguarrás e aplicar Suvinil Fundo para Galvanizados conforme indicação na sua embalagem. **Superfícies galvanizadas/zincadas/alumínio (repintura)**: raspar e lixar para remoção da tinta antiga mal aderida, aplicar Suvinil Fundo para Galvanizados conforme indicação na sua embalagem.

Outros produtos relacionados

Glasurit Acrílico Standard

Disponível nos acabamentos fosco e semibrilho, Glasurit Acílico Standard é uma tinta indicada para superfícies internas e externas.

Glasurit na Medida Certa

ECONÔMICA ★

A mesma tinta acrílica econômica que você já conhece também está disponível numa prática e inédita embalagem de 1 litro. Por ser de plástico flexível, ela é leve e fácil de carregar. Além disso, também tem uma janela transparente para facilitar a visualização da cor da tinta. Indicado para ambientes internos.

Embalagens/Rendimento
Sachê (1 L): 6,25 m^2.

Acabamento
Fosco.

Aplicação
Rolo, pincel, trincha ou pistola.
2 a 3 demãos com intervalo mínimo de 4 horas.

Diluição
Pintura: 50% na primeira demão e 40% nas demais.
Para repintura: todas as demãos com 40% de água potável.

Cor
24 cores vibrantes disponíveis no catálogo.

Secagem
Ao toque: 1 hora.
Final: 12 horas.

Dicas e preparação de superfície

A superfície deve estar firme, coesa, seca, limpa, sem poeira, gordura ou graxa, sabão ou mofo. Antes de iniciar a pintura, observe as orientações a seguir:
Na preparação das superfícies, partes soltas ou mal aderidas, devem ser eliminadas, raspando, lixando ou escovando a superfície. Manchas de gordura ou graxa devem ser eliminadas com solução de água e detergente. Em seguida, enxaguar e aguardar a secagem. Partes mofadas devem ser eliminadas, lavando a superfície com água sanitária. Em seguida, enxaguar e aguardar secagem. Imperfeições profundas do reboco/cimentado devem ser corrigidas com argamassa de cimento: areia média, traço 1:3 (aguardar cura por 28 dias).
Reboco novo: aguardar a secagem e cura (28 dias no mínimo). **Concreto novo e reboco fraco (baixa coesão)**: após aguardar secagem e cura, superfícies altamente absorventes (gesso, fibrocimento e tijolo), superfícies caiadas e superfícies com partículas soltas ou mal aderidas, raspar e/ou escovar a superfície, eliminando as partes soltas, aplicar uma demão de Suvinil Fundo Preparador de Paredes, diluído com 10% de água limpa. As imperfeições rasas da superfície devem ser corrigidas com: Glasurit Massa Acrílica (reboco externo e interno); Glasurit Massa Corrida (reboco interno). **Repintura**: eliminar qualquer espécie de brilho, usando lixa de grana 360/400 e eliminar o pó.

Outros produtos relacionados

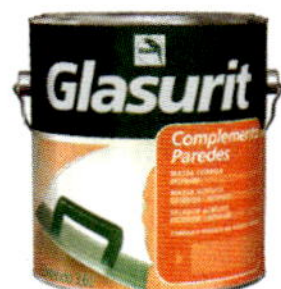

Glasurit Massa Corrida
indicada para nivelar e corrigir imperfeições internas de reboco.

Glasurit Acrílico Econômico
indicado para ambientes internos, oferece mais por menos. Rende até 240 m^2 por lata/demão.

Glasurit Teste em Casa
teste de cor da Glasurit. Disponível nas mesmas cores da cartela.

Glasurit Teste em Casa

Agora ficou mais fácil, prático e divertido testar e decidir a cor das paredes. Com o Glasurit Teste em Casa, é fácil escolher as tonalidades e ter sua casa nova de novo!

Embalagens/Rendimento Tubo (30 mL).	**Acabamento** Fosco.
Aplicação N/A.	**Diluição** Pronto para uso.
Cor 22 cores vibrantes disponíveis no catálogo.	**Secagem** Ao toque: 1 hora. Final: 12 horas.

Dicas e preparação de superfície

Retire a tampa e pressione a espuma contra a parede várias vezes até que a espuma esteja bem úmida com tinta. A tinta sairá pela espuma aplicadora. Espalhe a tinta na parede, desenhe um quadrado para facilitar a visualização da cor. Para melhores resultados, aplique 2 demãos.

Outros produtos relacionados

Glasurit na Medida Certa

com o Glasurit na Medida Certa você pode ter uma parede colorida em casa por um preço que cabe no bolso.

Glasurit Acrílico Econômico

indicado para ambientes internos, oferece mais por menos. Rende até 240 m^2 por lata/demão.

Histórico Universo Tintas

A Universo Tintas é uma empresa familiar, 100% nacional, que foi fundada em 1943. Na década de 70, a empresa se instalou na cidade de Diadema (SP), onde está até hoje, ocupando uma área de 50 mil m^2.

Sua extensa linha de produtos, vendida em todo o Brasil, está voltada para o segmento imobiliário e conta com tintas à base de água, texturas, esmaltes, tintas para piso e gesso, além de vernizes nas linhas premium, standard e econômica. A Universo Tintas também fabrica complementos, tais como massa acrílica, massa corrida, fundo preparador de parede, selador acrílico, corantes e fundo nivelador, entre outros.

No ano passado, a empresa lançou a sua linha de Tintas Higiênicas – um produto diferenciado no mercado, pois elimina a proliferação de bactérias como *Staphylococcus aureus*, *Escherichia coli* e a *Pseudomonas aeruginosa*, esta, uma das principais causadoras das infecções hospitalares. Indicada para ambientes de grande circulação, como clínicas e hospitais, as Tintas Higiênicas Universo impedem a proliferação destes seres nos ambientes.

Sempre muito voltada à saúde e bem-estar da comunidade, dos seus colaboradores e dos consumidores em geral, a Universo Tintas ao longo destes quase 68 anos de atividades vem participando de diversos programas e ações voltadas à sustentabilidade.

No sistema tintométrico Unicolors, estão disponíveis 900 cores, sendo que na linha acrílica econômica somente no acabamento Fosco, na linha acrílica Standard, acabamento Fosco e Semibrilho e na linha acrílica Premium, acabamento Fosco, Acetinado e Semibrilho.

Recentemente a Universo Tintas recebeu a certificação ISO 9001:2008 sem nenhuma "não conformidade". Foi implantado na empresa um sistema de gestão de qualidade e sustentabilidade.

No mês de julho, a Universo tornou-se membro do Green Building Council (GBC) Brasil – uma organização não governamental, que surgiu para auxiliar no desenvolvimento da indústria da construção sustentável no País, utilizando as forças de mercado para conduzir a adoção de práticas de Green Building em um processo integrado de concepção, construção e operação de edificações e espaços construídos. Desta forma, reitera o seu comprometimento com toda a indústria da construção civil e, principalmente, com os consumidores, no que se refere às práticas de sustentabilidade.

Certificações

Informações de Serviço ao Consumidor:

A empresa dispõe de Serviço de Atendimento ao Consumidor

0800 7711655 ou site www.universotintas.com.br

Tinta Higiênica Acrílica Premium Universo

PREMIUM ★★★★★

Tinta Higiênica Acrílica Premium Universo é desenvolvida através de uma composição de cloreto de prata em dióxido de titânio. Uma das teorias do modo de ação do complexo de titânio com a prata é que se forme um campo eletromagnético que repele os microorganismos da superfície, é indicada para pintura de superfícies externas e internas de clínicas e centros hospitalares, odontológicos, pediátricos, áreas de circulação, salas de espera e enfermaria. É ideal para quarto de recém nascidos.

Embalagens/Rendimento

Balde (18 L): 280 m^2 por demão.
Galão (3,6 L): 56 m^2 por demão.

Acabamento

Acetinado/Semibrilho.

Aplicação

Rolo de lã/Pincel/Air less.
Aplicar 2 a 3 demãos.

Diluição

Primeira demão sobre massa corrida ou acrílica: diluir de 30% a 40% de água, demais 10% a 20%.
Repintura: 10% a 20% de água em todas as demãos.
Air less: diluir 30% com água.

Cor

8 cores prontas conforme catálogo.

Secagem

Ao toque: 30 minutos.
Entre demãos: 4 horas.
Final: 4 horas.

Dicas e preparação de superfície

A superfície deve estar firme, coesa, limpa, seca e sem poeira, gordura ou graxa, sabão ou mofo.
Reboco Novo: Aguardar a cura e secagem por 30 dias. Aplicar Selador Acrílico Universo antes da tinta.
Concreto novo: Aguardar a cura e secagem por 30 dias. Aplicar Fundo Preparador de Paredes Universo antes da tinta.
Gesso, Drywall: Por se tratarem de superfícies altamente absorventes, aplicar Unilar Tinta para Gesso antes da tinta.
Superfície caiada, ou com partículas soltas/fibrocimento: Raspar ou escovar para eliminar as partes soltas, aplicar Fundo Preparador de Paredes Universo antes da tinta.
Imperfeições rasas: Corrigir com Massa Corrida Universo para interior ou Massa acrílica Universo para exterior, lixar para nivelar e aplicar Fundo Preparador de Paredes Universo antes da tinta.
Machas de Gordura ou Graxa: Lavar com uma mistura de água e detergente neutro, enxaguar e aguardar secagem antes de pintar.
Mofo: Lavar com solução de água sanitária e água (proporção de 1:1), enxaguar bem, aguardar a secagem e pintar.

Outros produtos relacionados

Selador Acrílico Universo

Fundo pigmentado, de cor branca ou colorido, utilizado como base na preparação de superfícies de reboco novo externo ou interno.

Massa Acrílica Universo

Massa de grande poder de enchimento e nivelando corrigindo pequenas imperfeições externas e internas.

Fundo Preparador Universo

Produto à base de água, que proporciona a aglutinação de partículas soltas, fixando-as.

Acrílico Premium Universo

PREMIUM ★★★★★

Acrílico Premium Universo é uma tinta de alta qualidade SEM CHEIRO*, em até 3 horas após a aplicação. É indicada para pintura de superfícies externas e internas de reboco, massa acrílica, texturas, concretos, fibrocimento, superfícies internas de massa corrida e gesso.
ALTA COBERTURA: Com menos demãos, você economiza tempo e esforço na aplicação.
FUNGICIDA: Minimiza a proliferação do mofo nas paredes, além de dar maior durabilidade à pintura.

Embalagens/Rendimento
Lata (18 L): 380 m² por demão.
Galão (3,6 L): 76 m² por demão.

Acabamento
Fosco/Acetinado/Semi Brilho.

Aplicação
Rolo de lã/pincel/Air less.
Aplicar 3 demãos.

Diluição
Primeira demão sobre massa corrida ou acrílica diluir com 50% de água, demais 20% a 30%.
Repintura: 20% a 30% de água em todas as demãos.
Air less: Diluir 30% de água.

Cor
30 cores acetinadas e semi brilho.
18 cores foscas.

Secagem
Ao toque: 1 a 2 horas.
Entre demãos: 4 horas.
Final: 24 horas.

Dicas e preparação de superfície

A superfície deve estar firme, coesa, limpa, seca e sem poeira, gordura ou graxa, sabão ou mofo.
Reboco Novo: Aguardar a cura e secagem por 30 dias. Aplicar Selador Acrílico Universo antes da tinta.
Concreto novo: Aguardar a cura e secagem por 30 dias. Aplicar Fundo Preparador de Paredes Universo antes da tinta.
Gesso, Drywall: Por se tratarem de superfícies altamente absorventes, aplicar Unilar Tinta para Gesso Universo antes da tinta.
Superfície caiada, ou com partículas soltas/fibrocimento: Raspar ou escovar para eliminar as partes soltas, aplicar Universo Fundo Preparador de Paredes Universo antes da tinta.
Imperfeições rasas: Corrigir com Massa Corrida Universo para interior ou Massa acrílica Universo para exterior, lixar para nivelar e aplicar Fundo Preparador de Paredes Universo antes da tinta.
Imperfeições profundas: Corrigir com argamassa e aguardar cura e secagem por 30 dias, aplique o Selador Acrílico Universo antes da tinta.
Machas de Gordura ou Graxa: Lavar com uma mistura de água e detergente neutro, enxaguar e aguardar secagem antes de pintar.
Mofo: Lavar com solução de água sanitária e água (proporção de 1:1), enxaguar bem, aguardar a secagem e pintar.

Outros produtos relacionados

Selador Acrílico Universo

Fundo pigmentado, de cor branca ou colorido, utilizado como base na preparação de superfícies de reboco novo externo ou interno.

Massa Acrílica Universo

Massa de grande poder de enchimento e nivelando corrigindo pequenas imperfeições externas e internas.

Fundo Preparador Universo

Produto à base de água, que proporciona a aglutinação de partículas soltas, fixando-as.

Acrílico Standard Universo

STANDARD ★★★

Acrílico Standard Universo é uma tinta acrílica de alta qualidade, indicada para pintura de superfícies externas e internas de reboco, massa acrílica, texturas, concretos, fibrocimento, superfícies internas de massa corrida e gesso.
ALTA COBERTURA: Com menos demãos, você economiza tempo e esforço na aplicação.
FUNGICIDA: Minimiza a proliferação do mofo nas paredes, além de dar maior durabilidade à pintura.

Embalagens/Rendimento

Lata (18 L): 320 m² por demão.
Galão (3,6 L): 64 m² por demão.
Quarto (900 mL): 16 m² por demão.

Acabamento

Fosco/Semi Brilho.

Aplicação

Rolo de lã/pincel/Air less.
Aplicar 3 demãos.

Diluição

Primeira demão sobre massa corrida ou acrílica diluir com 40% de água, demais 20% a 30%.
Repintura: 20% a 30% de água em todas as demãos.
Air less: Diluir 30% de água.

Cor

28 cores semi brilho.

Secagem

Ao toque: 1 a 2 horas.
Entre demãos: 4 horas.
Final: 24 horas.

Dicas e preparação de superfície

A superfície deve estar firme, coesa, limpa, seca e sem poeira, gordura ou graxa, sabão ou mofo.
Reboco Novo: Aguardar a cura e secagem por 30 dias. Aplicar Selador Acrílico Universo antes da tinta.
Concreto novo: Aguardar a cura e secagem por 30 dias. Aplicar Fundo Preparador de Paredes Universo antes da tinta.
Gesso, Drywall: Por se tratarem de superfícies altamente absorventes, aplicar Unilar Tinta para Gesso Universo antes da tinta.
Superfície caiada, ou com partículas soltas/fibrocimento: Raspar ou escovar para eliminar as partes soltas, aplicar Universo Fundo Preparador de Paredes Universo antes da tinta.
Imperfeições rasas: Corrigir com Massa Corrida Universo para interior ou Massa acrílica Universo para exterior, lixar para nivelar e aplicar Fundo Preparador de Paredes Universo antes da tinta.
Imperfeições profundas: Corrigir com argamassa e aguardar cura e secagem por 30 dias, aplique o Selador Acrílico Universo antes da tinta.
Machas de Gordura ou Graxa: Lavar com uma mistura de água e detergente neutro, enxaguar e aguardar secagem antes de pintar.
Mofo: Lavar com solução de água sanitária e água (proporção de 1:1), enxaguar bem, aguardar a secagem e pintar.

Outros produtos relacionados

Selador Acrílico Universo

Fundo pigmentado, de cor branca ou colorido, utilizado como base na preparação de superfícies de reboco novo externo ou interno.

Massa Acrílica Universo

Massa de grande poder de enchimento e nivelando corrigindo pequenas imperfeições externas e internas.

Fundo Preparador Universo

Produto à base de água, que proporciona a aglutinação de partículas soltas, fixando-as.

Unilar Acrílico Econômico Universo

ECONÔMICA ★

Unilar Acrílico Econômico Universo é uma tinta acrílica de alta qualidade, indicada para pintura de superfícies internas de reboco, texturas, concretos, fibrocimento, massa corrida ou acrílica e gesso.
ALTA COBERTURA: Com menos demãos, você economiza tempo e esforço na aplicação.
FUNGICIDA: Minimiza a proliferação do mofo nas paredes, além de dar maior durabilidade à pintura.

Embalagens/Rendimento
Lata (18 L): 216 m² por demão.
Galão (3,6 L): 44 m² por demão.

Acabamento
Fosco.

Aplicação
Rolo de lã/pincel/Air less.
Aplicar 3 demãos.

Diluição
Primeira demão sobre massa corrida ou acrílica diluir com 40% de água, demais 20% a 30%.
Repintura: 20% a 30% de água em todas as demãos.
Air less: Diluir 30% com água.

Cor
20 Cores.

Secagem
Ao toque: 1 a 2 horas.
Entre demãos: 4 horas.
Final: 24 horas.

Dicas e preparação de superfície

A superfície deve estar firme, coesa, limpa, seca e sem poeira, gordura ou graxa, sabão ou mofo.
Reboco Novo: Aguardar a cura e secagem por 30 dias. Aplicar Selador Acrílico Universo antes da tinta.
Concreto novo: Aguardar a cura e secagem por 30 dias. Aplicar Fundo Preparador de Paredes Universo antes da tinta.
Gesso, Drywall: Por se tratarem de superfícies altamente absorventes, aplicar Unilar Tinta para Gesso Universo antes da tinta.
Superfície caiada, ou com partículas soltas/fibrocimento: Raspar ou escovar para eliminar as partes soltas, aplicar Universo Fundo Preparador de Paredes Universo antes da tinta.
Imperfeições rasas: Corrigir com Massa Corrida Universo para interior ou Massa acrílica Universo para exterior, lixar para nivelar e aplicar Fundo Preparador de Paredes Universo antes da tinta.
Imperfeições profundas: Corrigir com argamassa e aguardar cura e secagem por 30 dias, aplique o Selador Acrílico Universo antes da tinta.
Machas de Gordura ou Graxa: Lavar com uma mistura de água e detergente neutro, enxaguar e aguardar secagem antes de pintar.
Mofo: Lavar com solução de água sanitária e água (proporção de 1:1), enxaguar bem, aguardar a secagem e pintar.

Outros produtos relacionados

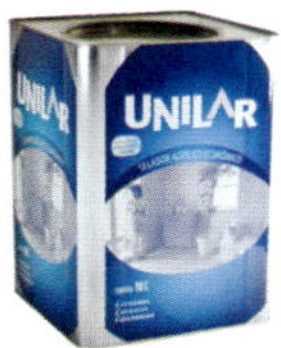

Unilar Selador Acrílico Econômico Universo
Fundo pigmentado, de cor branca, utilizado como base na preparação de superfícies de reboco novo externo ou interno.

Massa Acrílica Universo
Massa de grande poder de enchimento e nivelando corrigindo pequenas imperfeições externas e internas.

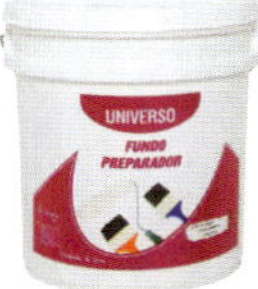

Fundo Preparador Universo
Produto à base de água, que proporciona a aglutinação de partículas soltas, fixando-as.

Unilar Acrílico Econômico para Gesso Universo

ECONÔMICA ★

Unilar Acrílico Econômico para Gesso Universo é uma tinta acrílica, que pode ser aplicada diretamente sobre o gesso, é indicado para pintura, decoração e proteção de superfícies internas. Sua formulação proporciona ótimo poder de aderência e penetração sobre os mais variados tipos de gesso, sem a necessidade prévia de aplicar qualquer produto de fundo.

Embalagens/Rendimento
Lata (18 L): 216 m² por demão.
Galão (3,6 L): 44 m² por demão.

Acabamento
Fosco.

Aplicação
Rolo de lã/pincel/Air less.
Aplicar 3 demãos.

Diluição
Primeira demão em superfícies não seladas diluir de 30% a 50% de água, demais 10% a 20%.
Air less: Diluir com 30% com água.

Cor
Branco.

Secagem
Ao toque: 1 a 2 horas.
Entre demãos: 4 horas.
Final: 24 horas.

Dicas e preparação de superfície

A superfície deve estar firme, coesa, limpa, seca e sem poeira, gordura ou graxa, sabão ou mofo.
Superfície novas: Aguardar a secagem total (quando não apresentar manchas escuras), aplicar uma demão diluida para selar.
Pequenas imperfeições: Aplicar uma demão para selar, em seguida corrigir com Massa Corrida Universo ou Massa Acrílica Universo e repetir o processo.
Partes mofadas: Lavar com solução de água e água sanitária na proporção de 1/1, enxaguar e aguardar a secagem.
Manchas de gordura ou graxa: Lavar com água e detergente neutro, enxaguar bem e deixar secar.
Obs.: Nos casos de manchas amarelas após a aplicação, recomendamos como fundo isolante a aplicação de Esmalte Sintético Premium Branco Fosco Universo.
Para obter um fino acabamento sobre a superfície de gesso, recomendamos utilizar rolo de lã de pelo baixo (anti-respingo).

Outros produtos relacionados

Massa Acrílica Universo

Massa de grande poder de enchimento e nivelando corrigindo pequenas imperfeições externas e internas.

Massa Corrida Universo

Massa para uso interno, com grande poder de enchimento, auxiliando na correção de pequenas imperfeições

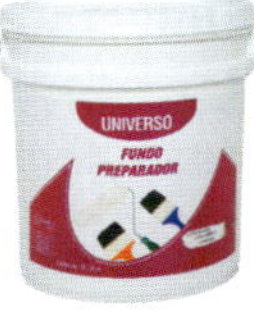

Fundo Preparador Universo

Produto à base de água, que proporciona a aglutinação de partículas soltas, fixando-as.

Textura Acrílica Premium Universo

PREMIUM ★★★★★

Textura Rústica Premium Universo e **Textura Média Premium Universo** são hidrorrepelentes, indicadas para revestimento externo e interno de superfícies de alvenaria e blocos de concreto, proporcionando um efeito texturizado e dispensando o uso da massa corrida. **Textura Lisa Premium Universo** é um produto acrílico isento de cristais, possibilitando a criação de diversos efeitos decorativos. Pode ser utilizado em superfícies de alvenaria e blocos de concreto internas e externas (nesse caso) deverão ser aplicadas, 2 demãos de tinta de acabamento externo. É de fácil aplicação, possui grande poder de enchimento, disfarçando e corrigindo as imperfeições da superfície.

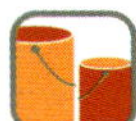

Embalagens/Rendimento

Rústica Lata (24 kg): 5 m² a 9 m²/demão.
Rústica Lata (18 L): 10 m² a 15 m²/demão.
Rústica Galão (3,6 L): 2 m² a 3 m²/demão.
Média Lata (24 kg): 12 m² a 20 m²/demão.
Média Lata (18 L): 15 m² a 25 m²/demão.
Média Galão (3,6 L): 3 m² a 5 m²/demão.
Lisa Lata (24 kg): 15 m² a 25 m²/demão.
Lisa Lata (18 L): 20 m² a 35 m²/demão.
Lisa Galão (3,6 L): 4 m² a 7 m²/demão.

Acabamento

Rústico ou diversos efeitos decorativos.

Aplicação

Espátula e desempenadeira de aço ou rolo para textura.

Diluição

Pronta para uso, se necessário diluir até 5% com água.

Cor

12 cores prontas conforme catálogo.

Secagem

Ao toque: 1 a 4 horas.
Cura total de 3 a 6 dias.
Final: varia conforme a espessura da camada.

Dicas e preparação de superfície

A superfície deve estar firme, coesa, limpa, seca e sem poeira, gordura ou graxa, sabão ou mofo.
Reboco novo: Aguardar secagem e cura no mínimo 30 dias e aplicar Selador Acrílico Universo Brancoo ou colorido.
Concreto e Blocos de Cimentos: Nivelar os espaços formados pelas juntas com argamassa, após secagem e cura, aplicar Selador Acrílico Universo.
Superfícies brilhantes ou acetinadas: Lixar até a perda total do brilho, eliminar o pó e aplicar Fundo Nivelador de Paredes Universo.
Reboco fraco, superfícies caiadas, superfícies com partes soltas: Raspar e remover o máximo possível as partes soltas, lixar e eliminar o pó e aplicar Fundo Preparador de Paredes Universo.
Partes mofadas: Lavar com solução de água sanitária e água na proporção de 1:1, enxaguar e aguardar a secagem.
Manchas de gordura ou graxa: Lavar com solução de água e detergente neutro, enxaguar bem e aguardar secagem.

Outros produtos relacionados

Acrílico Premium Universo

é uma tinta de alta cobertura com qualidade e sem cheiro, indicada para superfícies externas e internas.

Selador Acrílico Universo

Fundo pigmentado, de cor branca ou colorido, utilizado como base na preparação de superfícies de reboco novo externo ou interno.

Fundo Preparador Universo

Produto à base de água, que proporciona a aglutinação de partículas soltas, fixando-as.

Tinta Higiênica Epóxi Base Água Premium Universo

PREMIUM ★★★★★

Tinta Higiênica Epoxi Base Água Premium Universo é um epóxi a base d'água monocomponente de alta resistência, ideal para pinturas deterioradas por repetidas operações de limpeza. É desenvolvida através de uma composição de cloreto de prata em dióxido de titânio. Uma das teorias do modo de ação do complexo de titânio com a prata é que se forme um campo eletromagnético que repele os microorganismos da superfície é indicada para pintura de superfícies externas e internas de clínicas e centros hospitalares, cirúrgicos, salas de espera, enfermaria, U.T.Is., áreas de circulação e cozinhas industriais.

Embalagens/Rendimento
Galão (3,6 L): 56 m² por demão.

Acabamento
Semi Brilho.

Aplicação
Rolo de lã/pincel/Air less.
Aplicar 2 a 3 demãos.

Diluição
Primeira demão sobre massa corrida ou acrílica diluir de 30% a 40% com água, demais 10% a 20%.
Repintura: 10% a 20% de água em todas as demãos
Air less: Diluir com 30% com água.

Cor
5 Cores prontas conforme catálogo.

Secagem
Ao toque: 30 minutos.
Entre demãos: 4 horas.
Final: 4 horas.

Dicas e preparação de superfície

A superfície deve estar firme, coesa, limpa, seca e sem poeira, gordura ou graxa, sabão ou mofo.
Reboco novo: Aguardar a cura e secagem por 30 dias. Aplicar Selador Acrílico Universo antes da tinta. **Concreto novo**: Aguardar a cura e secagem no mínimo 30 dias. Aplicar Fundo Preparador de Paredes Universo antes da tinta. **Gesso/ Drywall**: Por se tratarem de superfícies altamente absorventes, aplicar Unilar Tinta para Gesso Universo antes da tinta. **Imperfeições rasas**: Corrigir com Massa Corrida Universo para interior ou Massa Acrílica Universo para exterior, lixar para nivelar e aplicar Fundo Preparador de Paredes Universo antes da tinta. **Imperfeições profundas**: Corrigir com argamassa e aguardar cura e secagem por 30 dias, aplique o Selador Acrílico Universo antes da tinta. **Manchas de gordura ou graxa**: Lavar com uma mistura de água e detergente neutro, enxaguar e aguardar secagem antes de pintar. **Mofo**: Lavar com solução de água sanitária e água (proporção de 1:1), enxaguar bem aguardar a secagem e pintar. **Azulejos, pastilhas e superfícies vitrificadas**: Remova todos os resíduos de contaminantes usando água quente com limpador multiuso. Repita o processo 2 a 3 vezes até a total limpeza da superfície. Enxaguar bem e secar com pano limpo. Em seguida passar um pano umedecido com álcool doméstico em toda a superfície a ser pintada. **Cimento queimado**: Lavar com ácido muriatico e água (proporção de 1:2), deixe agir por 30 minutos, enxaguar com água em abundância e aguarde secagem. Aplicar Fundo Preparador de Paredes Universo antes da tinta.

Outros produtos relacionados

Selador Acrílico Universo

Fundo pigmentado, de cor branca ou colorido, utilizado como base na preparação de superfícies de reboco novo externo ou interno.

Massa Acrílica Universo

Massa de grande poder de enchimento e nivelando corrigindo pequenas imperfeições externas e internas.

Fundo Preparador Universo

Produto à base de água, que proporciona a aglutinação de partículas soltas, fixando-as.

Massa Corrida Universo

PREMIUM ★★★★★

Massa Corrida Premium Universo é uma massa à base de emulsão acrílica estirenada para uso interno (áreas não molháveis) com grande poder de enchimento, ótima aderência, fácil aplicação e lixamento. Indicada para corrigir e nivelar pequenas imperfeições de paredes internas, proporcionando um acabamento liso.

Embalagens/Rendimento

Lata (24 kg): 28,8 m^2 a 38,4 m^2.
Lata (18 L): 40 m^2 a 50 m^2 por demão.
Galão (3,6 L): 8 m^2 a 10 m^2 por demão.
Quarto (900 mL): 2 m^2 a 2,5 m^2 por demão.

Acabamento

Fosco.

Aplicação

Aplicar em camadas finas e sucessivas utilizando desempenadeira ou espátula de aço, lixando entre demãos quando necessário. Duas a três demãos com Intervalo de 2 a 3 horas.

Diluição

Pronta para uso.

Cor

Branco.

Secagem

Ao toque: 30 minutos.
Final: varia conforme a espessura da camada.

Dicas e preparação de superfície

A superfície deve estar firme, coesa, limpa, seca e sem poeira, gordura ou graxa, sabão ou mofo.
Reboco novo: Aguardar secagem e cura no mínimo 30 dias e aplicar direto sobre o reboco em camada finas.
Superfícies pintadas, brilhantes ou acetinadas: Lixar até a perda total do brilho e eliminar o pó.
Concreto, tijolo aparente, gesso, blocos de concreto: Aguardar secagem e cura no mínimo 30 dias. Aplicar Fundo Preparador de Paredes Universo, seguindo as orientações contidas na embalagem.
Reboco fraco, superfícies caiadas, superfícies com partes soltas: Raspar e remover o máximo possível as partes soltas, eliminar o pó e aplicar Fundo Preparador de Paredes Universo, seguindo as orientações contidas na embalagem.
Partes mofadas: Lavar com solução de água sanitária e água na proporção de 1:1, enxaguar e aguardar a secagem.
Manchas de gordura ou graxa: Lavar com solução de água e detergente neutro, enxaguar bem e aguardar secagem.

Outros produtos relacionados

Acrílico Premium Universo

é uma tinta de alta cobertura com qualidade e sem cheiro, indicada para superfícies externas e internas.

Selador Acrílico Universo

Fundo pigmentado, de cor branca ou colorido, utilizado como base na preparação de superfícies de reboco novo externo ou interno.

Fundo Preparador Universo

Produto à base de água, que proporciona a aglutinação de partículas soltas, fixando-as.

Massa Acrílica Universo

PREMIUM ★★★★★

Massa Acrílica Universo Premium é uma massa a base de emulsão acrílica estirenada de grande poder de enchimento, ótima aderência fácil aplicação. Resistente a ação de intempéries, indicado para superfícies externas e internas.

Embalagens/Rendimento

Lata (18 L): 40 a 50 m^2 por demão.
Galão (3,6 L): 8 a 10 m^2 por demão.
Galão (900 mL): 2 a 2,5 m^2 por demão.

Acabamento

Fosco.

Aplicação

Aplicar em camadas finas e sucessivas utilizando desempenadeira ou espátula de aço, lixando entre demãos quando necessário. Duas a três demãos com Intervalo de 2 a 3 horas.

Diluição

Pronto para uso.

Cor

Branca.

Secagem

Ao toque: 30 minutos.
Final: varia conforme a espessura da camada.

Dicas e preparação de superfície

A superfície deve estar firme, coesa, limpa, seca e sem poeira, gordura ou graxa, sabão ou mofo.
Reboco novo: Aguardar secagem e cura no mínimo 30 dias e aplicar direto sobre o reboco em camada finas.
Superfícies pintadas, brilhantes ou acetinadas: Lixar até a perda total do brilho e eliminar o pó.
Concreto, tijolo aparente, gesso, blocos de concreto: Aguardar secagem e cura no mínimo 30 dias. Aplicar Fundo Preparador de Paredes Universo, seguindo as orientações contidas na embalagem.
Reboco fraco, superfícies caiadas, superfícies com partes soltas: Raspar e remover o máximo possível as partes soltas, eliminar o pó e aplicar Fundo Preparador de Paredes Universo, seguindo as orientações contidas na embalagem.
Partes mofadas: Lavar com solução de água sanitária e água na proporção de 1:1, enxaguar e aguardar a secagem.
Manchas de gordura ou graxa: Lavar com solução de água e detergente neutro, enxaguar bem e aguardar secagem.

Outros produtos relacionados

Acrílico Premium Universo

é uma tinta de alta cobertura com qualidade e sem cheiro, indicada para superfícies externas e internas.

Selador Acrílico Universo

Fundo pigmentado, de cor branca ou colorido, utilizado como base na preparação de superfícies de reboco novo externo ou interno.

Fundo Preparador Universo

Produto à base de água, que proporciona a aglutinação de partículas soltas, fixando-as.

Selador Acrílico Universo

PREMIUM ★★★★★

Selador Acrílico Universo é um selador acrílico pigmentado, de cor branca ou colorido (fosco), utilizado como base (fundo) na preparação de superfícies novas externas e internas de reboco, fibrocimento, concreto, blocos de concreto e massa fina, promovendo o enchimento de poros para aplicação posterior dos produtos de acabamento final.

 **Embalagens/Rendimento** Lata (18 L): 125 m² a 150 m² por demão. Galão (3,6 L): 25 m² a 30 m² por demão.	 **Acabamento** Fosco.
 **Aplicação** Aplicar com rolo de lã, pincel ou trincha.	 **Diluição** 10% a 30% de água.
 **Cor** 9 cores prontas conforme catálogos.	 **Secagem** Ao toque: 1 hora. Final: 4 a 6 horas.

Dicas e preparação de superfície

A superfície a ser aplicada, deve estar completamente limpa, seca, isenta de poeira, mofo ,cera e manchas gordurosas.
Superfícies brilhantes: Lixar até eliminação total do brilho.
Superfícies mofadas: Lavar com solução de água sanitária e água na proporção de 1/1 enxaguar bem e aguardar a secagem.
Superfícies com cera e manchas gordurosas: Lavar com sabão ou detergente neutro, enxaguar bem e aguardar a secagem.
Superfície nova: Aguardar secagem no mínimo 30 dias e aplicar direto.
Obs.: Devido ao seu alto poder de enchimento não recomendamos a aplicação deste produto em superfícies com massa acrílica, ou corrida, pois pode prejudicar o aspecto final da pintura.

Outros produtos relacionados

Acrílico Premium Universo

é uma tinta de alta cobertura com qualidade e sem cheiro, indicada para superfícies externas e internas.

Massa Acrílica Universo

Massa de grande poder de enchimento e nivelando corrigindo pequenas imperfeições externas e internas.

Fundo Preparador Universo

Produto à base de água, que proporciona a aglutinação de partículas soltas, fixando-as.

Tinta Higiênica Esmalte Base Água Premium Universo

PREMIUM ★★★★★

Tinta Higiênica Esmalte Base Água Premium Universo é um esmalte diluível com água potável, que proporciona baixo odor durante a aplicação e secagem, permite aplicação em áreas internas ocupadas, é desenvolvida através de uma composição de cloreto de prata em dióxido de titânio. Uma das teorias do modo de ação do complexo de titânio com a prata é que se forme um campo eletromagnético que repele os microorganismos da superfície é indicado para pintura de superfícies hospitalares externas e internas de madeiras, metais ferrosos e alvenaria.

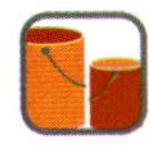

Embalagens/Rendimento
Galão (3,6 L): 56 m² por demão.

Acabamento
Brilhante/Acetinado.

Aplicação
Rolo de lã/pincel/pistola.
Aplicar 2 a 3 demãos.

Diluição
Rolo ou pincel: 10% a 15% de água em todas as demãos.
Pistola: 30% de água.

Cor
5 cores prontas conforme catálogo.

Secagem
Ao toque: 30 a 45 minutos.
Entre demãos: 4 horas.
Final: 5 horas.

Dicas e preparação de superfície

A superfície deve estar firme, coesa, limpa, seca e sem poeira, gordura ou graxa, sabão ou mofo.
Superfícies novas: Deverão receber uma demão de fundo apropriado para cada tipo de superfície.
Pinturas velhas: Pinturas velhas em bom estado de conservação e bem aderidas servem de base para repintura, após lixamento observando os cuidados acima. As em mau estado de conservação deverão ser totalmente removidas e, após isso, o procedimento deverá ser o mesmo para superfícies novas.
Superfícies contaminadas: com bolor, mofo e fungos, deveram ser previamente tratadas com solução de cloro e água na proporção de 1:1, enxaguar bem e aguardar secagem.
Superfícies brilhantes: Lixar até eliminação total do brilho.
Superfícies com gordura, graxa ou cera: Limpar com sabão ou detergente neutro, enxaguar bem e aguardar a secagem.
Superfícies oxidadas (ferrugem): Escovar e lixar até completa remoção.
Madeira: lixar para eliminar farpas, aplicar uma demão de Fundo Nivelador para Madeira Universo. Se necessário aplicar Massa à Óleo Universo em camadas finas para corrigir pequenas imperfeições e aguardar completa secagem, lixar e aplicar novamente Fundo Nivelador para Madeira Universo.
Metais: Aplicar uma demão de Zarcão Ferrolin Universo, Zarcão Laranja Universo ou Primer Sintético Cinza Universo.

Outros produtos relacionados

Fundo Nivelador Universo

Indicado para aplicação em superfícies externas e internas de madeiras

Massa p/ Madeira Universo

É uma massa a base de óleo sintético, de grande poder de enchimento e fácil aplicação.

Zarcão Laranja Universo

Fundo anti-corrosivo para superfícies ferrosas, externas e internas,novas ou com indícios de corrosão

Esmalte Base Água Premium Universo

PREMIUM ★★★★★

Esmalte Base Água Premium Universo é um produto, diluível com ÁGUA potável, que proporciona baixo odor durante a aplicação e secagem. É fácil de aplicar e tem secagem rápida, o que permite a conclusão da pintura no mesmo dia. Possui excelente poder de cobertura, alastramento e rendimento, além de não amarelar. Por se a base d"água facilita, a limpeza e a reutilização das ferramentas para pintura. É indicado para pintura de superfícies externas e internas de madeiras, metais ferrosos e alvenaria.

Embalagens/Rendimento

Galão (3,6 L): 50 m² por demão.
Quarto (900 mL): 12,5 m² por demão.

Acabamento

Brilhante/Acetinado.

Aplicação

Aplicar com rolo de espuma, ou de lã de pelo baixo pincel ou pistola. Geralmente duas a três demãos com intervalo de 4 horas, dependendo da cor e do estado da superfície poderão ser necessárias demãos adicionais.

Diluição

Rolo ou pincel: primeira demão 15%/demais demãos10%
de água.
Pistola: 30% de água.

Cor

5 cores prontas conforme catálogo.

Secagem

Ao toque: 30 a 40 minutos.
Final: 5 horas.

Dicas e preparação de superfície

A superfície deve estar firme, coesa, limpa, seca e sem poeira, gordura ou graxa, sabão ou mofo.
Superfícies novas: Deverão receber uma demão de fundo apropriado para cada tipo de superfície.
Pinturas velhas: Pinturas velhas em bom estado de conservação e bem aderidas servem de base para repintura, após lixamento observando os cuidados acima. As em mau estado de conservação deverão ser totalmente removidas e, após isso, o procedimento deverá ser o mesmo para superfícies novas.
Superfícies contaminadas: com bolor, mofo e fungos, deveram ser previamente tratadas com solução de cloro e água na proporção de 1:1, enxaguar bem e aguardar secagem.
Superfícies brilhantes: Lixar até eliminação total do brilho.
Superfícies com gordura, graxa ou cera: Limpar com sabão ou detergente neutro, enxaguar bem e aguardar a secagem.
Superfícies oxidadas (ferrugem): Escovar e lixar até completa remoção.
Madeira: lixar para eliminar farpas, aplicar uma demão de Fundo Nivelador para Madeira Universo. Se necessário aplicar Massa à Óleo Universo em camadas finas para corrigir pequenas imperfeições e aguardar completa secagem, lixar e aplicar novamente Fundo Nivelador para Madeira Universo.
Metais: Aplicar uma demão de Zarcão Ferrolin Universo, Zarcão Laranja Universo ou Primer Sintético Cinza Universo.

Outros produtos relacionados

Fundo Nivelador Universo

Indicado para aplicação em superfícies externas e internas de madeiras

Massa p/ Madeira Universo

É uma massa a base de óleo sintético, de grande poder de enchimento e fácil aplicação.

Zarcão Laranja Universo

Fundo anti-corrosivo para superfícies ferrosas, externas e internas,novas ou com indícios de corrosão

Esmalte Sintético Premium Universo

PREMIUM ★★★★★

Esmalte Sintético Premium Universo é um esmalte a base de resina alquídica, diluível com Aguarrás Universo. É fácil de aplicar, possui secagem rápida, maior poder de cobertura e rendimento. É indicado para pintura de superfícies externas e internas de madeiras, metais ferrosos e alvenaria.

Obs.: Esmalte Ouro, aplicar preferencialmente com pistola e quando aplicado em área externa recomenda-se aplicar Esmalte Sintético Premium Transparente Universo para acabamento final.

Embalagens/Rendimento

Galão (3,6 L): 40 m² a 50 m² por demão.
Quarto (900 mL): 10 m² a 12,5 m² por demão.
1/16 (225 mL): 2,5 m² a 3,2 m² por demão.
1/32 (112,5 mL): 1,3 m² a 1,56 m² por demão.
Outros acabamentos rendimento conforme descrito na embalagem.

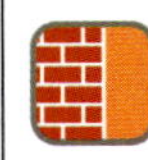

Acabamento

Brilhante/Acetinado.
Fosco (branco e preto).
Semi Brilhante (alumínio e ouro).

Aplicação

Rolo de espuma, pincel ou pistola.
Geralmente 2 a 3 demãos são suficientes, dependendo da cor e do estado da superfície poderão ser necessárias demãos adicionais.

Diluição

Rolo ou pincel: primeira demão 15%/demais demãos 10% com Aguarrás Universo.
Pistola: 30% com Aguarrás Universo, usar pressão entre 2,2 e 2,8 kgf/cm² ou 30 e 35 lbs/po².

Cor

30 cores (brilhante)/15 cores (acetinado)/2 cores (semi brilhante)/2 cores (fosco), conforme catálogo de cores prontas.

Secagem

Ao toque 4 a 6 horas.
Entre demãos 8 a 12 horas.
Final 18 a 24 horas.

Dicas e preparação de superfície

A superfície deve estar firme, coesa, limpa, seca e sem poeira, gordura ou graxa, sabão ou mofo.
Superfícies novas: Deverão receber uma demão de fundo apropriado para cada tipo de superfície.
Pinturas velhas: Pinturas velhas em bom estado de conservação e bem aderidas servem de base para repintura, após lixamento observando os cuidados acima. As em mau estado de conservação deverão ser totalmente removidas e, após isso, o procedimento deverá ser o mesmo para superfícies novas.
Superfícies contaminadas: com bolor, mofo e fungos, deveram ser previamente tratadas com solução de cloro e água na proporção de 1:1, enxaguar bem e aguardar secagem.
Superfícies brilhantes: Lixar até eliminação total do brilho.
Superfícies com gordura, graxa ou cera: Limpar com sabão ou detergente neutro, enxaguar bem e aguardar a secagem.
Superfícies oxidadas (ferrugem): Escovar e lixar até completa remoção.
Madeira: lixar para eliminar farpas, aplicar uma demão de Fundo Nivelador para Madeira Universo. Se necessário aplicar Massa à Óleo Universo em camadas finas para corrigir pequenas imperfeições e aguardar completa secagem, lixar e aplicar novamente Fundo Nivelador para Madeira Universo.
Metais: Aplicar uma demão de Zarcão Ferrolin Universo, Zarcão Laranja Universo ou Primer Sintético Cinza Universo.

Outros produtos relacionados

Uni-raz

É uma aguarrás
Indicada para diluir Tintas a Óleo, Esmaltes Sintéticos e Vernizes, e para limpeza de ferramentas utilizadas na pintura.

Massa p/ Madeira Universo

É uma massa a base de óleo sintético, de grande poder de enchimento e fácil aplicação.

Zarcão Laranja Universo

Fundo anti-corrosivo para superfícies ferrosas, externas e internas,novas ou com indícios de corrosão

Esmalte Sintético Standard Universo

STANDARD ★★★

Esmalte Sintético Standard Universo é um esmalte sintético, diluível com Aguarrás Universo, de fácil aplicação, secagem rápida, ótimo rendimento, bom poder de cobertura, proporcionando um acabamento de qualidade com economia. É indicado para pintura de superfícies externas e internas de madeiras, metais e alvenaria. O rendimento pode variar conforme o tipo de superfície e método de aplicação.

Embalagens/Rendimento

Galão (3,6 L): 40 m² a 48 m² por demão.
Quarto (900 mL): 10 m² a 12 m² por demão.
1/16 (225 mL): 2,5 m² a 3 m² por demão.
1/32 (112,5 mL): 1,3 m² a 1,5 m² por demão.
Outros acabamentos rendimento conforme descrito na embalagem.

Acabamento

Brilhante.
Semi Brilhante (alumínio).

Aplicação

Rolo de espuma, pincel ou pistola. Geralmente 2 a 3 demãos são suficientes, dependendo da cor e do estado da superfície poderão ser necessárias demãos adicionais.

Diluição

Rolo ou pincel: primeira demão 15%/demais demãos 10% com Aguarrás Universo.
Pistola: 20% com Aguarrás Universo, usar pressão entre 2,2 e 2,8 kgf/cm² ou 30 e 35 lbs/po².

Cor

21 cores (brilhante). 1 cor (semi brilhante), conforme catalogo de cores.

Secagem

Ao toque 4 a 6 horas.
Entre demãos 8 a 10 horas.
Final 16 a 20 horas.

Dicas e preparação de superfície

A superfície deve estar firme, coesa, limpa, seca e sem poeira, gordura ou graxa, sabão ou mofo.
Superfícies novas: Deverão receber uma demão de fundo apropriado para cada tipo de superfície.
Pinturas velhas: Pinturas velhas em bom estado de conservação e bem aderidas servem de base para repintura, após lixamento observando os cuidados acima. As em mau estado de conservação deverão ser totalmente removidas e, após isso, o procedimento deverá ser o mesmo para superfícies novas.
Superfícies contaminadas: com bolor, mofo e fungos, deveram ser previamente tratadas com solução de cloro e água na proporção de 1:1, enxaguar bem e aguardar secagem.
Superfícies brilhantes: Lixar até eliminação total do brilho.
Superfícies com gordura, graxa ou cera: Limpar com sabão ou detergente neutro, enxaguar bem e aguardar a secagem.
Superfícies oxidadas (ferrugem): Escovar e lixar até completa remoção.
Madeira: lixar para eliminar farpas, aplicar uma demão de Fundo Nivelador para Madeira Universo. Se necessário aplicar Massa à Óleo Universo em camadas finas para corrigir pequenas imperfeições e aguardar completa secagem, lixar e aplicar novamente Fundo Nivelador para Madeira Universo.
Metais: Aplicar uma demão de Zarcão Ferrolin Universo, Zarcão Laranja Universo ou Primer Sintético Cinza Universo.

Outros produtos relacionados

Uni-raz

É uma aguarrás
Indicada para diluir Tintas a Óleo, Esmaltes Sintéticos e Vernizes, e para limpeza de ferramentas utilizadas na pintura.

Massa p/ Madeira Universo

É uma massa a base de óleo sintético, de grande poder de enchimento e fácil aplicação.

Zarcão Laranja Universo

Fundo anti-corrosivo para superfícies ferrosas, externas e internas,novas ou com indícios de corrosão

Tinta Óleo Standard Universo

STANDARD ★★★

Tinta Óleo Standard Universo é uma tinta de acabamento brilhante a base de resina alquídica, diluível com Aguarrás Universo. É fácil de aplicar, possui boa secagem, bom poder de cobertura e rendimento. É indicado para pintura de superfícies internas e externas de madeira, metal ferroso e alvenaria. O rendimento pode variar conforme o tipo de superfície e método de aplicação.

Embalagens/Rendimento

Lata (18 L): 200 m² a 225 m² por demão.
Galão (3,6 L): 40 m² a 45 m² por demão.
Quarto (900 mL): 10 m² a 11,5 m² por demão.

Acabamento

Brilhante.

Aplicação

Rolo de espuma, pincel ou pistola. Geralmente 2 a 3 demãos são suficientes, dependendo da cor e do estado da superfície poderão ser necessárias demãos adicionais.

Diluição

Rolo ou pincel: primeira demão 15%/demais demãos 10% com Aguarrás Universo.
Pistola: 20% com Aguarrás Universo, usar pressão entre 2,2 e 2,8 kgf/cm² ou 30 e 35 lbs/po².

Cor

24 cores prontas conforme catálogo.

Secagem

Ao toque 6 a 10 horas.
Entre demãos 12 a 18 horas.
Final 20 a 26 horas.

Dicas e preparação de superfície

A superfície deve estar firme, coesa, limpa, seca e sem poeira, gordura ou graxa, sabão ou mofo.
Superfícies novas: Deverão receber uma demão de fundo apropriado para cada tipo de superfície.
Pinturas velhas: Pinturas velhas em bom estado de conservação e bem aderidas servem de base para repintura, após lixamento observando os cuidados acima. As em mau estado de conservação deverão ser totalmente removidas e, após isso, o procedimento deverá ser o mesmo para superfícies novas.
Superfícies contaminadas: com bolor, mofo e fungos, deveram ser previamente tratadas com solução de cloro e água na proporção de 1:1, enxaguar bem e aguardar secagem.
Superfícies brilhantes: Lixar até eliminação total do brilho.
Superfícies com gordura, graxa ou cera: Limpar com sabão ou detergente neutro, enxaguar bem e aguardar a secagem.
Superfícies oxidadas (ferrugem): Escovar e lixar até completa remoção.
Madeira: lixar para eliminar farpas, aplicar uma demão de Fundo Nivelador para Madeira Universo. Se necessário aplicar Massa à Óleo Universo em camadas finas para corrigir pequenas imperfeições e aguardar completa secagem, lixar e aplicar novamente Fundo Nivelador para Madeira Universo.
Metais: Aplicar uma demão de Zarcão Ferrolin Universo, Zarcão Laranja Universo ou Primer Sintético Cinza Universo.

Outros produtos relacionados

Uni-raz

É uma aguarrás Indicada para diluir Tintas a Óleo, Esmaltes Sintéticos e Vernizes, e para limpeza de ferramentas utilizadas na pintura.

Massa p/ Madeira Universo

É uma massa a base de óleo sintético, de grande poder de enchimento e fácil aplicação.

Zarcão Laranja Universo

Fundo anti-corrosivo para superfícies ferrosas, externas e internas,novas ou com indícios de corrosão

Verniz Copal Universo

Verniz Copal Universo é um verniz de acabamento brilhante a base de resina alquídica, diluível em Aguarrás Universo. Indicado para envernizamento interno é encontrado na sua cor natural.

Embalagens/Rendimento
Lata (18 L): 150 m² a 200 m² por demão.
Galão (3,6 L): 30 m² a 40 m² por demão.
Quarto (900 mL): 7,5 m² a 10 m² por demão.
1/16 (225 mL): 1,87 m² a 2,5 m² por demão.

Acabamento
Brilhante.

Aplicação
Rolo de espuma, pincel ou pistola.
Geralmente 2 a 3 demãos são suficientes, dependendo da cor e do estado da superfície poderão ser necessárias demãos adicionais.

Diluição
Rolo ou pincel, madeira nova: primeira demão 50%/ demais demãos 15% com Aguarrás Universo.
Pistola: 30% com Aguarrás Universo.

Cor
Natural.

Secagem
Ao toque 6 a 12 horas.
Entre demãos 8 a 10 horas.
Final 24 horas.

Dicas e preparação de superfície

A superfície a ser pintada deverá estar limpa e completamente livre de umidade, gordura, restos de pinturas velhas, pó, brilho, resina natural da madeira etc.
Superfícies novas: Deverão receber uma demão do produto diluído em 50% com Aguarrás Universo.
Pinturas velhas: pinturas velhas em bom estado de conservação e bem aderidas servem de base para repintura, após lixamento observando os cuidados acima em mau estado de conservação deverão ser totalmente removidas e, após isso, o procedimento deverá ser o mesmo para superfícies novas.
Superfícies contaminadas: com bolor, mofo e fungos, deveram ser previamente tratadas com solução de cloro e água na proporção de 1:1, enxaguar bem e aguardar secagem. Para obter fino acabamento e deixar a superfície lisa, use massa niveladora em camadas finas e sucessivas.
Superfícies com partes soltas: raspar, escovar, lixar até completa remoção.
Superfícies brilhantes: Lixar até eliminação total do brilho.
Superfícies com gordura ou graxa e cera: Limpar com sabão ou detergente neutro, enxaguar bem e aguardar a secagem.

Outros produtos relacionados

Uni-raz

É uma aguarrás Indicada para diluir Tintas a Óleo, Esmaltes Sintéticos e Vernizes e para limpeza de ferramentas utilizadas na pintura.

Verniz Poliuretânico Universo

Verniz Poliuretânico Universo é um verniz sintético de acabamento brilhante e fosco a base de resina alquídica e poliuretânica, diluível em Aguarrás Universo. Indicado para envernizamento externo e interno de madeira destacando o aspecto natural da madeira. É encontrado nas cores natural (fosco e brilhante), mogno, imbuia e carvalho (brilhante).

Embalagens/Rendimento

Lata (18 L): 150 m² a 200 m² por demão.
Galão (3,6 L): 30 m² a 40 m² por demão.
Quarto (900 mL): 7,5 m² a 10 m² por demão.
1/16 (225 mL): 1,87 m² a 2,5 m² por demão.

Acabamento

Fosco/Brilhante.

Aplicação

Rolo de espuma, pincel ou pistola.
Geralmente 2 a 3 demãos são suficientes, dependendo da cor e do estado da superfície poderão ser necessárias demãos adicionais.

Diluição

Rolo ou pincel, madeira nova: primeira demão 50%/ demais demãos 15% com Aguarrás Universo.
Pistola: 30% com Aguarrás Universo.

Cor

Cores natural, mogno, imbuia e carvalho.

Secagem

Ao toque 6 a 12 horas.
Entre demãos 8 a 10 horas.
Final 24 horas.

Dicas e preparação de superfície

A superfície a ser pintada deverá estar limpa e completamente livre de umidade, gordura, restos de pinturas velhas, pó, brilho, resina natural da madeira etc.
Superfícies novas: Deverão receber uma demão do produto diluído em 50% com Aguarrás Universo.
Pinturas velhas: pinturas velhas em bom estado de conservação e bem aderidas servem de base para repintura, após lixamento observando os cuidados acima em mau estado de conservação deverão ser totalmente removidas e, após isso, o procedimento deverá ser o mesmo para superfícies novas.
Superfícies contaminadas: com bolor, mofo e fungos, deveram ser previamente tratadas com solução de cloro e água na proporção de 1:1, enxaguar bem e aguardar secagem. Para obter fino acabamento e deixar a superfície lisa, use massa niveladora em camadas finas e sucessivas.
Superfícies com partes soltas: raspar, escovar, lixar até completa remoção.
Superfícies brilhantes: Lixar até eliminação total do brilho.
Superfícies com gordura ou graxa e cera: Limpar com sabão ou detergente neutro, enxaguar bem e aguardar a secagem.

Outros produtos relacionados

Uni-raz

É uma aguarrás Indicada para diluir Tintas a Óleo, Esmaltes Sintéticos e Vernizes e para limpeza de ferramentas utilizadas na pintura.

Tinta para Piso Premium Universo

PREMIUM ★★★★★

Tinta para Piso Premium Universo é indicada para pintura externa e interna de pisos cimentados, calçadas, telhados, quadras esportivas, varandas, escadas, áreas de lazer e outras superfícies de concreto rústico, liso e repintura. É de fácil aplicação, têm maior resistência a abrasão aos efeitos do sol, da chuva e da alcalinidade, quando aplicada sobre superfícies corretamente preparadas e conservadas.

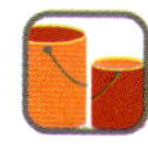

Embalagens/Rendimento

Lata (18 L): 340 m² por demão.
Galão (3,6 L): 68 m² por demão.

Acabamento

Fosco.

Aplicação

Rolo de lã, pincel ou trincha.
Aplicar 3 demãos.

Diluição

Primeira demão sobre superfícies novas 40% a 50% de água.
Demais demãos 30% de água.

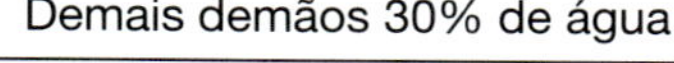

Cor

10 cores prontas conforme catálogo.

Secagem

Ao toque 1 a 2 horas.
Entre demãos 4 horas.
Final 24 horas.

Dicas e preparação de superfície

A superfície deve estar firme, coesa, limpa, seca e sem poeira, gordura ou graxa, sabão ou mofo.
Cimento novo Rústico e Liso: Aguardar secagem e cura (no mínimo 30 dias). Aplicar a tinta conforme instrução de diluição por demão, sendo a primeira demão utilizada como fundo.
Cimento Queimado Novo: Aguardar a secagem e cura (no mínimo 30 dias). Lavar a superfície com ácido muriático a 10% (para efetuar a abertura de poros na superfície). Enxaguar com água em abundância e aguardar a secagem por completo da superfície. Aplicar a tinta conforme instrução de diluição por demão, sendo a primeira demão utilizada como fundo.
Repintura: Eliminar as partes soltas, se necessário raspar e escovar até completa remoção, fazer a lavagem com água, sabão ou detergente neutro. Enxaguar até eliminação total do sabão. Aguardar a secagem por completo da superfície. Aplicar a tinta conforme instrução de diluição.
Obs.: não aplicar o produto sobre superfícies vitrificadas, esmaltadas, enceradas ou superfícies brilhante não porosas. Deve-se esperar pelo menos 24 horas após aplicações da tinta para permitir o tráfego de pessoas e 72 horas para tráfego de veículos.

Outros produtos relacionados

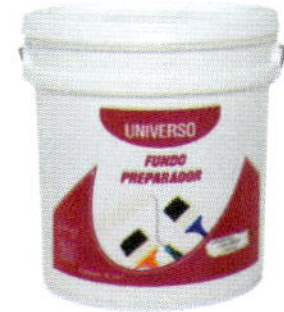

Fundo Preparador Universo

Produto à base de água, que proporciona a aglutinação de partículas soltas, fixando-as.

Selador Acrílico Universo

Fundo pigmentado, de cor branca ou colorido, utilizado como base na preparação de superfícies de reboco novo externo ou interno.

Corante Universo

Produto líquido à base de água, e fácil de homogeneizar, apropriado para tingir tintas látex, acrílica e esmalte a base de água.

A Empresa

A VERBRAS é uma empresa pioneira na fabricação de tintas no Piaui. Criada em 1986, nasceu do entusiasmo do seu fundador, um piauiense com vinte anos de experiência como executivo de uma multinacional do ramo de tintas sediada em São Paulo.

Apesar de um futuro promissor naquela empresa, optou pelo sonho de implementar na Terra Natal o seu projeto do "negócio próprio", e auxiliado por um único funcionário instalou a VERBRAS em Teresina – PI, um pequeno galpão de 200 m^2, acreditando na sua experiência e nas potencialidades do Estado.

Com o objetivo determinado de colocar no mercado produtos de qualidade nas Regiões Norte e Nordeste, a Verbras vem conquistando ano a ano a confiança crescente de distribuidores e consumidores, assegurando hoje a maior fatia do mercado local e parte significativa dos Estados vizinhos. Os resultados exigiram descentralização da produção da empresa, resultando na criação em 2001 de uma moderna filial no município de Benevides – PA (Grande Belém), onde produz sua própria resina, componente principal dos produtos finais.

Hoje, oferece mais de 200 empregos diretos, contribuindo com orgulho para o crescimento do Estado do Piaui e das Regiões Norte e Nordeste, consolidando a sua imagem no mercado pela preferência de profissionais e consumidores e ao mesmo tempo projetando-se para o futuro nas perspectivas de crescimento do País.

Certificações

Vercryl Acrílico Toque Suave Premium

PREMIUM ★★★★★

Vercryl Acrílico Toque Suave à base de resina acrílica vem com uma fórmula inovadora: sem cheiro. Seu acabamento final proporciona um toque de suavidade e requinte às paredes, com brilho acetinado, indicado para pinturas externas e internas em superfícies de: reboco, Massa Acrílica Vercryl (exterior) ou Massa Corrida Verlatex (interior), textura, concreto, gesso, fibrocimento, superfícies internas e repintura sobre tinta látex ou acrílica. Contém antimofo, garantindo uma melhor proteção às paredes. Com alto poder de cobertura e rendimento, proporciona alta resistência ao intemperismo natural e grande facilidade de limpeza. Produto sem cheiro.*

* Em testes de percepção de odor realizado com consumidores, pelo menos 80% avaliaram os produtos Verbras como "sem cheiro após aplicação entre 2 e 3 horas", ou seja, de intensidade de cheiro fraca ou sem cheiro.

Embalagens/Rendimento
Galão (3,6 L): 44 a 54 m²/demão.
Lata (18 L): 220 a 270 m²/demão.

Acabamento
Acetinado.

Aplicação
Homogeneizar bem o produto com espátula ou outra ferramenta isenta de impurezas. Aplicar com rolo de lã de pelo baixo tipo epóxi e pincel de cerdas macias, para um melhor acabamento. Duas a três demãos com intervalos de 4 horas.

Diluição
Para superfícies como: reboco, gesso, fibrocimento e concreto. Diluir a primeira demão em cerca de 40% a 50% de água potável. Para as demais superfícies, diluir em no máximo 30%, com água potável.

Cor
Conforme catálogo Verbras.

Secagem
Ao toque: 2 horas.
Entre demãos: 4 horas.
Final: 12 horas.

Dicas e preparação de superfície

A superfície deve estar firme, coesa, limpa, seca, sem poeira, gordura ou graxa e sabão ou mofo. Aplicar uma demão de Selador Acrílico Verbras, após a cura do reboco novo de no mínimo 28 dias. **Superfícies de caiação ou reboco fraco**: raspar e/ou escovar a superfície eliminando a cal e aplicar Fundo Preparador de Paredes Verbras. Para um melhor acabamento aplicar Massa Acrílica Vercryl. **Concreto Novo**: aguardar secagem por no mínimo 28 dias e aplicar Fundo Preparador de Paredes Verbras. **Superfícies de alta absorção (Gesso e Fibrocimento)**: aplicar Fundo Preparador de Paredes Verbras. **Imperfeições Rasas**: corrigir com Massa Acrílica Vercryl. **Imperfeições Profundas**: corrigir com reboco e aguardar secagem de no mínimo 28 dias. **Mofos**: lavar com água sanitária com água na proporção de 1:1, enxaguar e aguardar secagem. Seguir orientação da embalagem.
ADVERTÊNCIA: Evite pintar em dias chuvosos, com ventos fortes, temperaturas abaixo de 10 °C e umidade superior a 90%. A deposição de poeira e fuligem é mais acentuada em superfícies rústicas que em superfícies lisas e também depende de fatores alheios ao nosso controle, como localização, proteção (beiral, rufo e pingadeira) e posição da parede pintada, frequência de chuvas e direção dos ventos.

Outros produtos relacionados

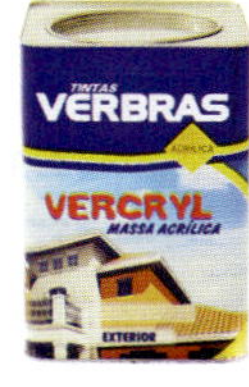

Vercryl Massa Acrílica

É indicada para nivelar e corrigir imperfeições externas e internas; tem alto poder de enchimento para superfícies de: reboco, gesso, fibrocimento, concreto aparente e paredes pintadas, proporcionando um acabamento liso e requintado.

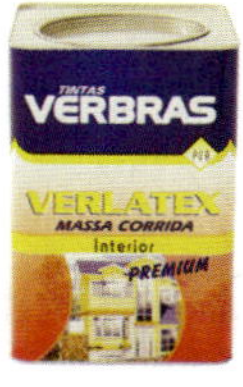

Verlatex Massa Corrida

É indicada para nivelar e corrigir imperfeições internas; tem alto poder de enchimento para superfícies de: reboco, gesso, fibrocimento, concreto aparente e paredes pintadas, proposcionando um acabamento liso e requintado.

Vercryl Acrílico Semi Brilho Premium

PREMIUM ★★★★★

Vercryl Acrílico Semi Brilho à base de resina acrílica é indicado para exterior e interior em superfícies de: reboco, Massa Acrílica Vercryl (exterior) ou Massa Corrida Verlatex (interior), textura, concreto, gesso, fibrocimento e repintura sobre tinta látex ou acrílica. Contém antimofo, garantindo uma melhor proteção às paredes, com alto poder de cobertura e elevado rendimento, com acabamento Semi Brilho, proporcionando alta impermeabilidade nas superfícies externas. Em superfícies internas, oferece grande facilidade de limpeza. Produto sem cheiro.*

Em testes de percepção de odor realizado com consumidores, pelo menos 80% avaliaram os produtos Verbras como "sem cheiro após aplicação entre 2 e 3 horas", ou seja, de intensidade de cheiro fraca ou sem cheiro.

Embalagens/Rendimento

Galão (3,6 L); 66 a 100 m²/demão.
Lata (18 L): 330 a 500 m²/demão.

Acabamento

Semi Brilho.

Aplicação

Homogeneizar bem o produto com espátula ou outra ferramenta isenta de impurezas. Aplicar com rolo de lã de pelo baixo tipo epóxi e pincel de cerdas macias, para um melhor acabamento. Duas a três demãos com intervalos de 4 horas.

Diluição

Para superfícies como: reboco, gesso, fibrocimento e concreto. Diluir a primeira demão em cerca de 40% a 50% de água potável. Para as demais superfícies, diluir em no máximo 30%, com água potável.

Cor

Conforme catálogo Verbras.

Secagem

Ao toque: 2 horas.
Entre demãos: 4 horas.
Final: 12 horas.

Dicas e preparação de superfície

A superfície deve estar firme, coesa, limpa, seca, sem poeira, gordura ou graxa e sabão ou mofo. Aplicar uma demão de Selador Acrílico Verbras, após a cura do reboco novo de no mínimo 28 dias. **Superfícies de caiação ou reboco fraco**: raspar e/ou escovar a superfície eliminando a cal e aplicar Fundo Preparador de Paredes Verbras. Para um melhor acabamento aplicar Massa Acrílica Vercryl. **Concreto Novo**: aguardar secagem por no mínimo 28 dias e aplicar Fundo Preparador de Paredes Verbras. **Superfícies de alta absorção (Gesso e Fibrocimento)**: aplicar Fundo Preparador de Paredes Verbras. **Imperfeições Rasas**: corrigir com Massa Acrílica Vercryl. **Imperfeições Profundas**: corrigir com reboco e aguardar secagem de no mínimo 28 dias. **Mofos**: lavar com água sanitária com água na proporção de 1:1, enxaguar e aguardar secagem. Seguir orientação da embalagem.

ADVERTÊNCIA: Evite pintar em dias chuvosos, com ventos fortes, temperaturas abaixo de 10 °C e umidade superior a 90%. A deposição de poeira e fuligem é mais acentuada em superfícies rústicas que em superfícies lisas e também depende de fatores alheios ao nosso controle, como localização, proteção (beiral, rufo e pingadeira) e posição da parede pintada, frequência de chuvas e direção dos ventos.

Outros produtos relacionados

Vercryl Massa Acrílica

É indicada para nivelar e corrigir imperfeições externas e internas; tem alto poder de enchimento para superfícies de: reboco, gesso, fibrocimento, concreto aparente e paredes pintadas, proporcionando um acabamento liso e requintado.

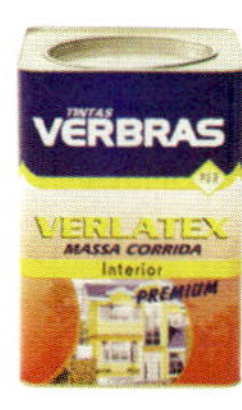

Verlatex Massa Corrida

É indicada para nivelar e corrigir imperfeições internas; tem alto poder de enchimento para superfícies de: reboco, gesso, fibrocimento, concreto aparente e paredes pintadas, proposcionando um acabamento liso e requintado.

Vercryl Acrílico Fosco

PREMIUM ★★★★★

Vercryl Acrílico Fosco à base de resina acrílica vem com uma fórmula diferenciada e inovadora, que garante mais qualidade, mais resistência, alta lavabilidade e um maior rendimento, pois é diluída com 50% de água potável. Possui acabamento fosco e é indicada para áreas externas e internas de: reboco, texturas, concreto, massa acrílica ou corrida, fibrocimento e gesso.

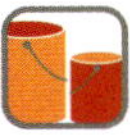

Embalagens/Rendimento

¼ (0,9 L): até 19 m²/demão.
Galão (3,6 L): até 76 m²/demão.
Lata (18 L): até 380 m²/demão.

Acabamento

Fosco.

Aplicação

Homogeneizar bem o produto com espátula ou outra ferramenta isenta de impurezas. Aplicar com rolo de lã de pelo baixo e pincel de cerdas macias, para um melhor acabamento. Duas a três demãos com intervalos de 4 horas.

Diluição

Diluição para todas as demãos até 50%.

Cor

Conforme catálogo Verbras.

Secagem

Ao toque: 1 hora.
Entre demãos: 4 horas.
Final: 12 horas.

Dicas e preparação de superfície

A superfície deve estar firme, coesa, limpa, seca, sem poeira, gordura ou graxa e sabão ou mofo. Aplicar uma demão de Selador Acrílico Verbras, após a cura do reboco novo de no mínimo 28 dias. **Superfícies de caiação ou reboco fraco**: raspar e/ou escovar a superfície eliminando a cal e aplicar Fundo Preparador de Paredes Verbras. Para um melhor acabamento aplicar Massa Acrílica Vercryl. **Concreto Novo**: aguardar secagem por no mínimo 28 dias e aplicar Fundo Preparador de Paredes Verbras. **Superfícies de alta absorção (Gesso e Fibrocimento)**: aplicar Fundo Preparador de Paredes Verbras. **Imperfeições Rasas**: corrigir com Massa Acrílica Vercryl. **Imperfeições Profundas**: corrigir com reboco e aguardar secagem de no mínimo 28 dias. **Mofos**: lavar com água sanitária com água na proporção de 1:1, enxaguar e aguardar secagem. Seguir orientação da embalagem.
ADVERTÊNCIA: Evite pintar em dias chuvosos, com ventos fortes, temperaturas abaixo de 10 °C e umidade superior a 90%. A deposição de poeira e fuligem é mais acentuada em superfícies rústicas que em superfícies lisas e também depende de fatores alheios ao nosso controle, como localização, proteção (beiral, rufo e pingadeira) e posição da parede pintada, frequência de chuvas e direção dos ventos.

Outros produtos relacionados

Vercryl Massa Acrílica

É indicada para nivelar e corrigir imperfeições externas e internas; tem alto poder de enchimento para superfícies de: reboco, gesso, fibrocimento, concreto aparente e paredes pintadas, proporcionando um acabamento liso e requintado.

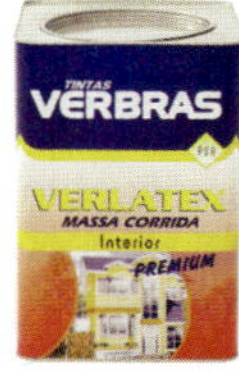

Verlatex Massa Corrida

É indicada para nivelar e corrigir imperfeições internas; tem alto poder de enchimento para superfícies de: reboco, gesso, fibrocimento, concreto aparente e paredes pintadas, proposcionando um acabamento liso e requintado.

Verlatex Max+ Premium

PREMIUM ★★★★★

Verlatex Max+ à base de Resina Acrílica vem com uma fórmula diferenciada e inovadora que garante mais qualidade, mais resistência, alta lavabilidade e um maior rendimento, pois é diluída com 50% de água potável. Possui acabamento fosco e é indicada para áreas externas e internas de reboco, texturas, concreto, massa acrílica ou corrida, fibrocimento e gesso.

Embalagens/Rendimento
¼ (0,9 L): até 19 m²/demão.
Galão (3,6 L): até 76 m²/demão.
Lata (18 L): até 380 m²/demão.

Acabamento
Fosco.

Aplicação
Homogeneizar bem o produto com espátula ou outra ferramenta isenta de impurezas. Aplicar com rolo de lã de pelo baixo e pincel de cerdas macias, para um melhor acabamento. Duas a três demãos com intervalos de 4 horas.

Diluição
Diluição para todas as demãos até 50%.

Cor
Conforme catálogo Verbras.

Secagem
Ao toque: 1 hora.
Entre demãos: 4 horas.
Final: 12 horas.

Dicas e preparação de superfície

A superfície deve estar firme, coesa, limpa, seca, sem poeira, gordura ou graxa e sabão ou mofo. Aplicar uma demão de Selador Acrílico Verbras, após a cura do reboco novo de no mínimo 28 dias. **Superfícies de caiação ou reboco fraco**: raspar e/ou escovar a superfície eliminando a cal e aplicar Fundo Preparador de Paredes Verbras. Para um melhor acabamento aplicar Massa Acrílica Vercryl. **Concreto Novo**: aguardar secagem por no mínimo 28 dias e aplicar Fundo Preparador de Paredes Verbras. **Superfícies de alta absorção (Gesso e Fibrocimento)**: aplicar Fundo Preparador de Paredes Verbras. **Imperfeições Rasas**: corrigir com Massa Acrílica Vercryl. **Imperfeições Profundas**: corrigir com reboco e aguardar secagem de no mínimo 28 dias. **Mofos**: lavar com água sanitária com água na proporção de 1:1, enxaguar e aguardar secagem. Seguir orientação da embalagem.
ADVERTÊNCIA: Evite pintar em dias chuvosos, com ventos fortes, temperaturas abaixo de 10 °C e umidade superior a 90%. A deposição de poeira e fuligem é mais acentuada em superfícies rústicas que em superfícies lisas e também depende de fatores alheios ao nosso controle, como localização, proteção (beiral, rufo e pingadeira) e posição da parede pintada, frequência de chuvas e direção dos ventos.

Outros produtos relacionados

Vercryl Massa Acrílica

É indicada para nivelar e corrigir imperfeições externas e internas; tem alto poder de enchimento para superfícies de: reboco, gesso, fibrocimento, concreto aparente e paredes pintadas, proporcionando um acabamento liso e requintado.

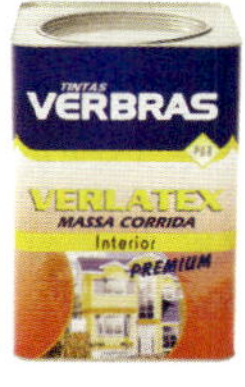

Verlatex Massa Corrida

É indicada para nivelar e corrigir imperfeições internas; tem alto poder de enchimento para superfícies de: reboco, gesso, fibrocimento, concreto aparente e paredes pintadas, proposcionando um acabamento liso e requintado.

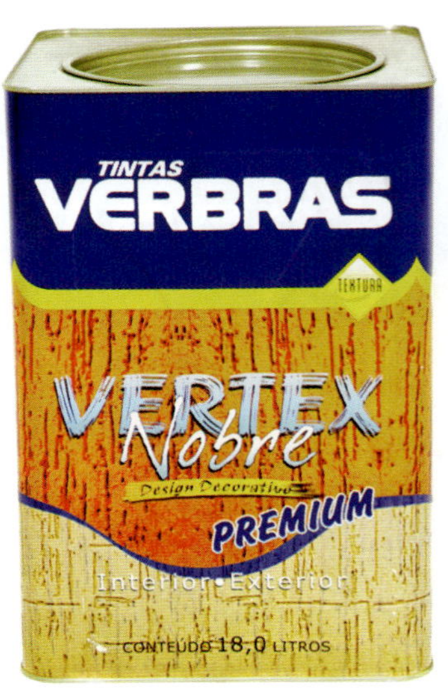

Vertex Textura Acrílica Nobre

PREMIUM ★★★★★

Revestimento decorativo texturizado acrílico com quartzo, hidrorrepelente, antimofo e de alta resistência e acabamento ranhurado (riscado). Produto à base de resina acrílica, para interiores e exteriores de reboco desempenado, placas de concreto, alvenaria, concreto aparente, fibrocimento, massa acrílica, massa corrida e repintura sobre Tintas látex. Produto com alto padrão de qualidade.

Embalagens/Rendimento
Lata (18 L): 6 a 10 m^2/demão.

Acabamento
Fosco.

Aplicação
Espátula de aço e desempenadeira de plástico para fazer o desenho desejado (efeito ranhurado).

Diluição
Pronto para uso.

Cor
Conforme catálogo Verbras.

Secagem
Ao toque: 4 horas.
Final: 4 dias.

Dicas e preparação de superfície

A superfície deve estar firme, coesa, limpa, seca, sem poeira, gordura ou graxa e sabão ou mofo. As partes soltas ou mal aderidas deverão ser raspadas e ou escovadas. Pinturas com brilho devem ser lixadas até o fosqueamento total, antes de iniciar a pintura, observe as orientações abaixo:
Reboco Novo: Aplicar uma demão de Selador Acrílico Verbras, após a cura de no mínimo 28 dias. **Concreto Novo**: Aplicar uma demão de Fundo Preparador de Paredes Verbras, após a cura de no mínimo 28 dias, conforme recomendação da embalagem. **Reboco Fraco**: Aplicar uma demão de Fundo Preparador de Paredes Verbras, após a cura de no mínimo 28 dias, conforme recomendação da embalagem. **Altamente absorvente (fibrocimento e gesso)**: aplicar uma demão de Fundo Preparador de Paredes Verbras. **Superfícies caiadas ou partículas soltas ou mal aderidas**: raspar e ou escovar a superfície, eliminando a cal e aplicar Fundo Preparador de Paredes Verbras. **Imperfeições Rasas**: corrigir com Massa Acrílica Vercryl. Imperfeições Profundas: corrigir com reboco e aguardar secagem de no mínimo 28 dias. **Mofos**: lavar com água sanitária com água na proporção de 1:1, enxaguar e aguardar secagem.
ADVERTÊNCIA: Evite pintar em dias chuvosos, com ventos fortes, temperaturas abaixo de 10 °C e ou umidade superior a 90%. Até mais ou menos duas semanas de pintado, pingos de chuva podem provocar manchas. Se ocorrer, lavar toda a superfície com água potável.

Outros produtos relacionados

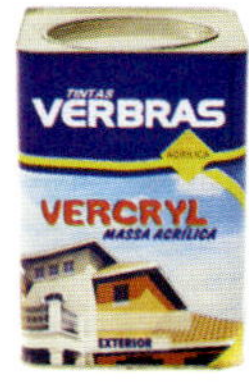

Vercryl Massa Acrílica

É indicada para nivelar e corrigir imperfeições externas e internas; tem alto poder de enchimento para superfícies de: reboco, gesso, fibrocimento, concreto aparente e paredes pintadas, proporcionando um acabamento liso e requintado.

Vertex Textura Design Decorativo Premium

PREMIUM ★★★★★

Revestimento decorativo texturizado acrílico com quartzo, hidrorrepelente, antimofo, alta resistência. À base de resina acrílica para interiores e exteriores de reboco desempenado, placas de concretos, alvenaria, concreto aparente, fibrocimento, massa acrílica, massa corrida, gesso e repintura. Produto com alto padrão de qualidade.

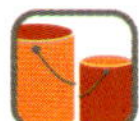

Embalagens/Rendimento
Lata (18 L): 17-28 m²/demão.

Acabamento
Fosco.

Aplicação
Desempenadeira, espátula de aço, rolo texturizador e rolo de espuma. Aplicar antes uma demão de Verlit ou a própria Textura diluída, esperar secar no mínimo até 6 horas. Espalhar o produto com rolo de textura e movimentos suaves. Repassar o rolo dando o acabamento. Aplicar o produto de preferência com as portas e janelas abertas. Manusear e aplicar com equipamentos de proteção e segurança.

Diluição
Usando o Verlit como fundo diluído de 30 a 40%.
Usando a Textura como fundo diluída de 5 a 10%.

Cor
Conforme catálogo Verbras.

Secagem
Ao toque: 6 horas.
Final: 12 horas.

Dicas e preparação de superfície

A superfície deve esta firme, coesa, limpa, seca, sem poeira, gordura ou graxa e sabão ou mofo. As partes soltas ou mal aderidas, deverão ser raspadas e ou escovadas. Pinturas com brilho devem ser lixadas até o fosqueamento total. Antes de iniciar a pintura observe as orientações abaixo:
Reboco Novo: Aplicar uma demão de Selador Acrílico Verbras, após a cura de no mínimo 28 dias. **Concreto Novo**: Aplicar uma demão de Fundo Preparador de Paredes Verbras, após a cura de no mínimo 28 dias, conforme recomendação da embalagem. **Reboco Fraco**: Aplicar uma demão de Fundo Preparador de Paredes Verbras, após a cura de no mínimo 28 dias, conforme recomendação da embalagem; **Altamente Absorvente (Fibrocimento e Gesso)**: aplicar uma demão de Fundo Preparador de Paredes Verbras. **Superfícies Caiadas ou Partículas Soltas ou Mal Aderidas**: raspar e/ou escovar a superfície, eliminando a cal e aplicar Fundo Preparador de Paredes Verbras. **Imperfeições Rasas**: corrigir com Massa Acrílcica Vercryl. **Imperfeições Profundas**: corrigir com reboco e aguardar secagem de no mínimo 28 dias. **Mofos**: Lavar com água na proporção de 1:1, enxaguar e aguardar secagem.
ADVERTÊNCIA: Evitar pintar em dias chuvosos, com ventos fortes, temperaturas abaixo de 10 °C e/ou umidade superior a 90%. Até mais ou menos duas semanas de pintado, pingos de chuva podem provocar manchas. Se ocorrer, lavar toda a superfície com água potável.

Outros produtos relacionados

Vercryl Massa Acrílica

É indicada para nivelar e corrigir imperfeições externas e internas; tem alto poder de enchimento para superfícies de: reboco, gesso, fibrocimento, concreto aparente e paredes pintadas, proporcionando um acabamento liso e requintado.

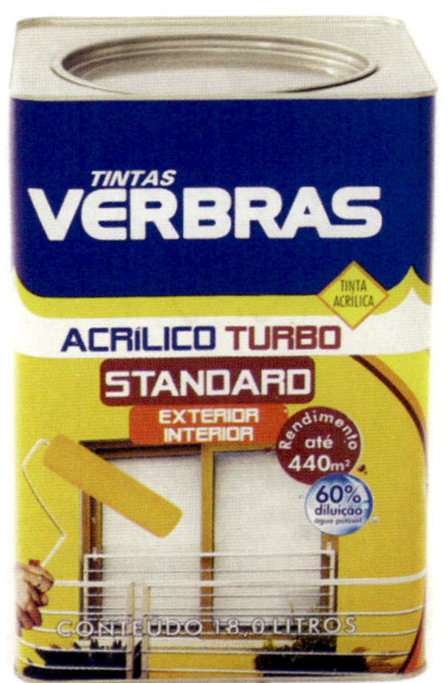

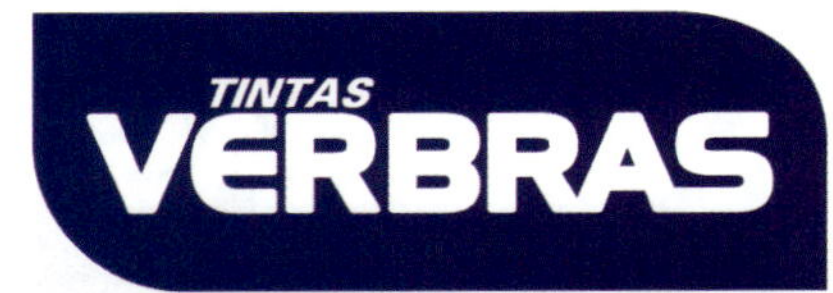

Acrílico Fosco Standard Turbo

STANDARD ★★★

Acrílico Fosco Turbo à base de resina acrílica vem com uma fórmula diferenciada, inovadora, muito mais concentrada, que garante mais qualidade, mais resistência e elevado rendimento. Possui bom acabamento e é indicado para áreas externas e internas de: reboco, texturas, concreto, massa acrílica ou corrida, fibrocimento e gesso. Possui excelente lavabilidade e bom acabamento; produto classificado conforme norma NBR 11702 da ABNT (Associação Brasileira de Normas Técnicas) tipo 4.5.2. Fórmula desenvolvida para ser diluída em até 60% de água potável.

Embalagens/Rendimento

Galão (3,6 L): até 88 m²/demão.
Lata (18 L): até 440 m²/demão.

Acabamento

Fosco.

Aplicação

Agitar bem o produto e aplicar com rolo de pelo médio, pincel e trincha.

Diluição

Diluir em 60% para todas as demãos.
Podemos considerar da seguinte forma a diluição, para:
Galão (3,6 L): adicionar +/– 3 L de água potável.
Lata (18 L): adicionar +/– 15 L de água potável.

Cor

Conforme catálogo Verbras.

Secagem

Ao toque: 1 hora.
Entre demãos: 4 horas.
Final: 12 horas.

Dicas e preparação de superfície

A superfície deve estar firme, coesa, limpa, seca, sem poeira, gordura ou graxa e sabão ou mofo. Aplicar uma demão de Selador Acrílico Verbras, após a cura do reboco novo de no mínimo 28 dias. Em superfícies de caiação ou reboco fraco, raspar e ou escovar a superfície, eliminando a cal e aplicar Fundo Preparador de Paredes Verbras. Para um melhor acabamento aplicar Massa Acrílica Vercryl. **Concreto Novo**: aguardar secagem por no mínimo 28 dias e aplicar Fundo Preparador de Paredes Verbras. **Superfícies de alta absorção (Gesso e Fibrocimento)**: aplicar Fundo Preparador de Paredes Verbras. **Imperfeições Rasas**: corrigir com Massa Acrílica Vercryl. **Imperfeições Profundas**: corrigir com reboco e aguardar secagem de no mínimo 28 dias. **Mofos**: lavar com água sanitária com água na proporção de 1:1, enxaguar e aguardar secagem.
ADVERTÊNCIA: Evite pintar em dias chuvosos, com ventos fortes, temperaturas abaixo de 10 °C e/ou umidade superior a 90%. Até mais ou menos duas semanas de pintado, pingos de chuva podem provocar manchas. Se ocorrer, lavar toda a superfície com água potável.
OBSERVAÇÃO: A luminosidade do ambiente, onde será aplicada a tinta, também pode interferir na tonalidade da cor escolhida. Fórmula desenvolvida para três ou quatro demãos, porém com um bom preparo da superfície, consegue-se o resultado com duas a três demãos. Mas considerando o tipo de cor ou estado da superfície a ser aplicado o produto, pode ser que haja a necessidade de mais demãos para um bom resultado e bom acabamento final.

Outros produtos relacionados

Vercryl Massa Acrílica

É indicada para nivelar e corrigir imperfeições externas e internas; tem alto poder de enchimento para superfícies de: reboco, gesso, fibrocimento, concreto aparente e paredes pintadas, proporcionando um acabamento liso e requintado.

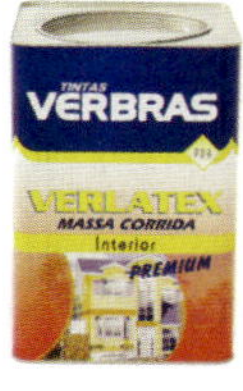

Verlatex Massa Corrida

É indicada para nivelar e corrigir imperfeições internas; tem alto poder de enchimento para superfícies de: reboco, gesso, fibrocimento, concreto aparente e paredes pintadas, proposcionando um acabamento liso e requintado.

Vertex Vinil Acrílica

ECONÔMICA ★

Vertex Vinil Acrílica à base de Resina Acrílica possui acabamento fosco e é indicada para áreas internas de: reboco, texturas, concreto, massa acrílica Vercryl ou corrida Verlatex, fibrocimento e gesso. Possui uma lavabilidade superior, conforme testes e de acordo com a norma NBR 11702 da ABNT (Associação Brasileira de Normas Técnicas) tipo 4.5.3.

Embalagens/Rendimento

Galão (3,6 L): 40 a 60 m²/demão.
Lata (18 L): 200 a 300 m²/demão.

Acabamento

Fosco.

Aplicação

Homogeneizar bem o produto, aplicar com rolo de pelo médio, pincel trincha. Aplicar o produto de preferência com as portas e janelas abertas. Manusear e aplicar com equipamentos de proteção e segurança. Demãos: de duas (2) a três (3) com intervalo de quatro (4) horas.

Diluição

Para superfícies como: reboco, gesso e fibrocimento, diluir a primeira demão em torno de 40 a 50% de água potável e para as demais superfícies diluir em no máximo 30% com água potável.

Cor

Conforme catálogo Verbras.

Secagem

Ao toque: 1 hora.
Entre demãos: 4 horas.
Final: 12 horas.

Dicas e preparação de superfície

A superfície deve estar firme, coesa, limpa, seca, sem poeira, gordura ou graxa e sabão ou mofo. Aplicar uma demão de Selador Acrílico Verbras, após a cura do reboco novo de no mínimo 28 dias. **Superfícies de caiação ou reboco fraco**: raspar e ou escovar a superfície eliminando a cal e aplicar Fundo Preparador de Paredes Verbras. Para um melhor acabamento aplicar Massa Acrílica Vercryl. **Concreto Novo**: aguardar secagem por no mínimo 28 dias e aplicar Fundo preparador de Paredes Verbras. **Superfícies de alta absorção (Gesso e Fibrocimento)**: aplicar Fundo Preparador de Paredes Verbras. **Imperfeições Rasas**: corrigir com Massa Acrílica Vercryl. **Imperfeições Profundas**: corrigir com reboco e aguardar secagem de no mínimo 28 dias. **Mofos**: lavar com água sanitária com água na proporção de 1:1, enxaguar e aguardar secagem.
ADVERTÊNCIA: Evite pintar em dias chuvosos, com ventos fortes, temperaturas abaixo de 10 °C e umidade relativa superior a 90%. A deposição de poeira e fuligem é mais acentuada em superfícies rústicas que em superfícies lisas; também depende de fatores alheios ao nosso controle, como localização, proteção (beiral, rufo e pingadeira) e posição da parede pintada, frequência de chuvas e direção dos ventos.

Outros produtos relacionados

Vercryl Massa Acrílica

É indicada para nivelar e corrigir imperfeições externas e internas; tem alto poder de enchimento para superfícies de: reboco, gesso, fibrocimento, concreto aparente e paredes pintadas, proporcionando um acabamento liso e requintado.

Verlatex Massa Corrida

É indicada para nivelar e corrigir imperfeições internas; tem alto poder de enchimento para superfícies de: reboco, gesso, fibrocimento, concreto aparente e paredes pintadas, proporcionando um acabamento liso e requintado.

Verbras Tinta Gesso Acrílica Econômico

ECONÔMICO ★

Tinta para gesso à base de resina acrílica, especialmente desenvolvida para aplicação diretamente sobre gesso, sem a necessidade do uso do fundo. Possui acabamento fosco. É um produto de boa cobertura, bom rendimento e com uso em ambientes internos. Atende a norma NBR 11702 da ABNT (Associação Brasileira de Normas Técnicas) tipo 4.5.5.

Embalagens/Rendimento

Gesso com cura total (seco).
Galão (3,6 L): 30 a 40 m²/demão.
Lata (18 L): 150 a 200 m²/demão.

Acabamento

Fosco.

Aplicação

Aplicar com uso de rolo de pelo baixo, pincel com cerdas macias e trincha de pelo macio. Durante a aplicação, mantenha portas e janelas abertas. Utilize equipamentos de proteção e segurança. Demãos: de duas (2) a três (3) com intervalo de 4 (quatro) horas.

Diluição

Até 10 a 30 % de água potável em todas as demãos.

Cor

Branco/Branco Gelo.

Secagem

Ao toque: 30 minutos.
Entre demãos: 4 horas.
Final: 12 horas.

Dicas e preparação de superfície

A superfície deve estar firme, coesa, limpa, seca, sem poeira, gordura ou graxa e sabão ou mofo. Aplicar uma demão de Selador Acrílico Verbras, após a cura do reboco novo de no mínimo 28 dias. **Superfícies de caiação ou reboco fraco**: raspar e ou escovar a superfície eliminando a cal e aplicar Fundo Preparador de Parede Verbras. Para um melhor acabamento, aplicar Massa Acrílica Vercryl. **Concreto Novo**: aguardar secagem por no mínimo 28 dias e aplicar Fundo Preparador de Paredes Verbras. **Superfícies de alta absorção (Gesso e Fibrocimento)**: aplicar Fundo Preparador de Paredes Verbras. **Imperfeições Rasas**: corrigir com Massa Acrílica Vercryl. **Imperfeições Profundas**: corrigir com reboco e aguardar secagem de no mínimo 28 dias. **Mofos**: lavar com água sanitária com água na proporção de 1:1, enxaguar e aguardar secagem. Aplicação só em interiores diretamente sobre o Gesso.
ADVERTÊNCIA: Evite pintar em dias chuvosos, com ventos fortes, temperaturas abaixo de 10 °C e umidade superior a 90%.

Outros produtos relacionados

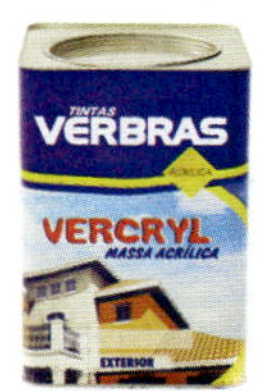

Vercryl Massa Acrílica

É indicada para nivelar e corrigir imperfeições externas e internas; tem alto poder de enchimento para superfícies de: reboco, gesso, fibrocimento, concreto aparente e paredes pintadas, proporcionando um acabamento liso e requintado.

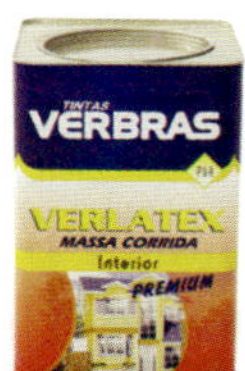

Verlatex Massa Corrida

É indicada para nivelar e corrigir imperfeições internas; tem alto poder de enchimento para superfícies de: reboco, gesso, fibrocimento, concreto aparente e paredes pintadas, proposcionando um acabamento liso e requintado.

Vercryl Massa Acrílica

Vercryl Massa Acrílica é indicada para nivelar e corrigir imperfeições externas e internas; tem alto poder de enchimento para superfícies de: reboco, gesso, fibrocimento, concreto aparente e paredes pintadas, proporcionando um acabamento liso e requintado. É de fácil aplicação, secagem rápida, permitindo assim uma boa aderência e resistência ao intemperísmo.

Embalagens/Rendimento
¼ (0,9 L): 2 a 3 m²/demão.
Galão (3,6 L): 8 a 12 m²/demão.
Lata (18 L): 40 a 60 m²/demão.

Acabamento
Fosco.

Aplicação
Desempenadeira ou espátula de aço. Aplicar em camadas finas e sucessivas até obter o nivelamento esperado. De duas a três demãos com intervalo de 3 horas.

Diluição
Pronto para uso.

Cor
Branco.

Secagem
Ao toque: 40 minutos.
Entre demãos: 3 horas.
Final: 4 horas.

Dicas e preparação de superfície

A superfície deve estar firme, coesa, limpa, seca, sem poeira, gordura ou graxa e sabão ou mofo. As partes soltas ou mal aderidas deverão ser raspadas e/ou escovadas. Pinturas com brilho devem ser lixadas até o fosqueamento total; antes de iniciar a pintura observe as orientações abaixo:
Reboco Novo: Aplicar uma demão de Selador Acrílico Verbras, após a cura de no mínimo 28 dias. **Concreto Novo**: Aplicar uma demão de Fundo Preparador de Paredes Verbras, após a cura de no mínimo 28 dias, conforme recomendação da embalagem. **Reboco Fraco**: Aplicar uma demão de Fundo Preparador de Paredes Verbras, após a cura de no mínimo 28 dias, conforme recomendação da embalagem. **Altamente absorvente (fibrocimento e gesso)**: aplicar uma demão de Fundo Preparador de Paredes Verbras. **Superfícies caiadas ou partículas soltas ou mal aderidas**: raspar e/ou escovar a superfície, eliminando a cal e aplicar Fundo Preparador de Paredes Verbras. **Imperfeições Rasas**: corrigir com Massa Acrílica Vercryl. Imperfeições Profundas: corrigir com reboco e aguardar secagem de no mínimo 28 dias. **Mofos**: lavar com água sanitária com água na proporção de 1:1, enxaguar e aguardar secagem.
ADVERTÊNCIA: Evite pintar em dias chuvosos, com ventos fortes, temperaturas abaixo de 10 °C e/ou umidade superior a 90%. Até mais ou menos duas semanas de pintado, pingos de chuva podem provocar manchas. Se ocorrer, lavar toda a superfície com água potável.

Outros produtos relacionados

Vercryl Acrílico Toque Suave Premium

Proporciona um toque de suavidade e requinte acetinado, para pinturas externas e internas de: reboco, Massa Acrílica Vercryl ou Massa Corrida Verlatex, textura, concreto, gesso, fibrocimento e repintura.

Vercryl Acrílico Semi Brilho Premium

É indicado para exterior e interior em superfícies de: reboco, Massa Acrílica Vercryl (exterior) ou Massa Corrida Verlatex (interior), textura, concreto, gesso, fibrocimento e repintura sobre tinta látex ou acrílica.

Vercryl Acrílico Fosco

Possui acabamento fosco e é indicada para áreas externas e internas de: reboco, texturas, concreto, massa acrílica ou corrida, fibrocimento e gesso.

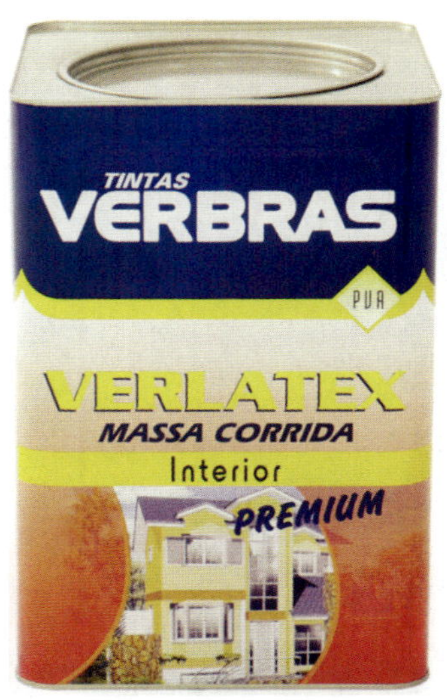

Verlatex Massa Corrida

Verlatex Massa Corrida é indicada para nivelar e corrigir imperfeições internas, tem alto poder de enchimento para superfícies de: reboco, gesso, fibrocimento, concreto aparente e paredes pintadas, proporcionando um acabamento liso e requintado. De fácil aplicação, secagem rápida, permitindo assim uma boa aderência e fácil lixabilidade.

Embalagens/Rendimento
¼ (0,9 L): 2 a 3 m²/demão.
Galão (3,6 L): 8 a 12 m²/demão.
Lata (18L): 40 a 60 m²/demão.

Acabamento
Fosco.

Aplicação
Desempenadeira ou espátula de aço. Aplicar em camadas finas e sucessivas até obter o nivelamento esperado. De duas a três demãos com intervalo de 3 horas.

Diluição
Pronto para uso.

Cor
Branco.

Secagem
Ao toque: 40 minutos.
Entre demãos: 3 horas.
Final: 4 horas.

Dicas e preparação de superfície

A superfície deve estar firme, coesa, limpa, seca, sem poeira, gordura ou graxa e sabão ou mofo. As partes soltas ou mal aderidas deverão ser raspadas e/ou escovadas. Pinturas com brilho devem ser lixadas até o fosqueamento total; antes de iniciar a pintura observe as orientações abaixo:
Reboco Novo: Aplicar uma demão de Selador Acrílico Verbras, após a cura de no mínimo 28 dias. **Concreto Novo**: Aplicar uma demão de Fundo Preparador de Paredes Verbras, após a cura de no mínimo 28 dias, conforme recomendação da embalagem. **Reboco Fraco**: Aplicar uma demão de Fundo Preparador de Paredes Verbras, após a cura de no mínimo 28 dias, conforme recomendação da embalagem. **Altamente absorvente (fibrocimento e gesso)**: aplicar uma demão de Fundo Preparador de Paredes Verbras. **Superfícies caiadas ou partículas soltas ou mal aderidas**: raspar e/ou escovar a superfície, eliminando a cal e aplicar Fundo Preparador de Paredes Verbras. **Imperfeições Rasas**: corrigir com Massa Acrílica Vercryl. Imperfeições Profundas: corrigir com reboco e aguardar secagem de no mínimo 28 dias. **Mofos**: lavar com água sanitária com água na proporção de 1:1, enxaguar e aguardar secagem.
ADVERTÊNCIA: Evite pintar em dias chuvosos, com ventos fortes, temperaturas abaixo de 10 °C e/ou umidade superior a 90%. Até mais ou menos duas semanas de pintado, pingos de chuva podem provocar manchas. Se ocorrer, lavar toda a superfície com água potável.

Outros produtos relacionados

Verlatex Max + Premium

Possui acabamento fosco e é indicada para áreas externas e internas de reboco, texturas, massa acrílica ou corrida, fibrocimento e gesso.

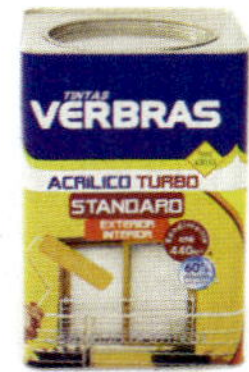

Acrílico Fosco Standard Turbo

Possui bom acabamento e é indicado para áreas internas e externas de: reboco, texturas, concreto, massa acrílica ou corrida, fibrocimento e gesso.

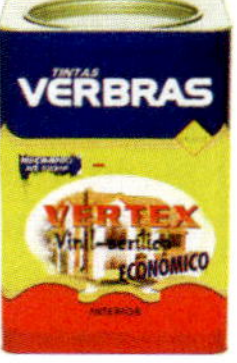

Vertex Vinil Acrílica

Possui acabamento fosco e é indicada para áreas internas de: reboco, texturas, concreto, massa acrílica Vercryl ou corrida Verlatex, fibrocimento e gesso.

Vertex Esmalte Sintético Premium

PREMIUM ★★★★★

Esmalte Sintético Premium à base de resina alquídica. Especialmente desenvolvido para proporcionar uma fácil aplicação, excelente cobertura, acabamento brilhante e secagem extra rápida. Aplicação em superfícies externas e internas de madeiras e metais.

Embalagens/Rendimento
1/32 (0,1125 L): até 2,5 m²/demão.
¼ (0,9 L): até 20 m²/demão.
Galão (3,6 L): até 80 m²/demão.

Acabamento
Brilhante, acetinado e fosco.

Aplicação
Homogeneizar bem o produto com espátula ou outra ferramenta isenta de impurezas. Aplicar com rolo de espuma, pincel de cerdas macias e pistola para um melhor acabamento. Duas a três demãos com intervalos de 4 horas.

Diluição
Com Aguarrás: 15% na primeira demão e 10% nas demais.
Pistola: Diluir com aguarrás em 30% com pressão entre 2,2 e 2,8 kgf/cm² ou 30 a 35 lbs/pol².

Cor
Conforme catálogo Verbras.

Secagem
Ao toque: 30 minutos.
Final: 12 horas.

Dicas e preparação de superfície

A superfície deve estar firme, coesa, limpa, seca, sem poeira, gordura ou graxa e sabão ou mofo. As partes soltas ou mal aderidas deverão ser raspadas e ou escovadas. O brilho deve ser eliminado através de lixamento. Antes de iniciar a pintura observar as orientações abaixo:
Madeira Nova: lixar para eliminar farpas. Aplicar uma demão de Fundo Branco Fosco Verbras, diluído com mais ou menos 35% de aguarrás. Corrigir as imperfeições com Massa para Madeira Verbras. Após secagem total, lixar e eliminar o pó.
Madeira com Repintura: mesmo tratamento da nova, porém sem o uso do Fundo Branco Fosco Verbras.
Ferro: remover totalmente a ferrugem, usando lixa e ou escova de aço. Aplicar uma demão de Zarcão Verbras. Após secagem, lixar.
Ferro com Repintura: Lixar a superfície e tratar os pontos com ferrugem conforme indicação anterior.
Alumínio: aplicar uma demão de Wash Primer.
Galvanizados: aplicar uma demão de fundo para galvanizados.
Manchas de gordura ou graxa: lavar com uma solução de água com detergente, enxaguar e aguardar secagem, seguir orientação específica do tipo de superfície.
Mofos: lavar com água sanitária na proporção de 1:1 com água potável, enxaguar e aguardar secagem, seguir orientação específica do tipo de superfície.

Outros produtos relacionados

Zarcão

Fundo sintético fosco de cor alaranjada.

Fundo Sintético Branco Fosco

Indicado para superfícies internas e externas de madeira para uniformizar a absorção e melhora no acabamento, rendimento e também para melhora dos esmaltes.

Ferrobras

Fundo sintético fosco inibidor de ferrugem em metais.

Esmalte Sintético Secagem Rápida Standard

STANDARD ★★★

Esmalte Sintético Standard à base de resina alquídica. Proporciona acabamento brilhante, uma fácil aplicação, boa cobertura, secagem rápida. Desenvolvido para aplicação em superfícies externas e internas de madeiras e metais.

Embalagens/Rendimento

Madeira nova:
1/32 (0,1125 L): até 2,7 m²/demão.
¼ (0,9 L): até 12,5 m²/demão.
Galão (3,6 L): até 50 m²/demão.

Acabamento

Brilhante.

Aplicação

Agite bem o produto antes da diluição até a sua completa homogeneização. Rolo de espuma, Pincel e Pistola. 2 a 3 demãos com intervalo de 12 horas.

Diluição

Para madeira nova, diluir com aguarrás na primeira demão com no máximo 15% e nas demais demãos diluir com no máximo 10%.
Pistola: diluir 30% com pressão entre 2,2 e 2,8 kgf/cm² ou 30 e 35 lbs/pol².

Cor

Conforme catálogo Verbras.

Secagem

Ao toque: 1 a 2 horas.
Final: 24 horas.

Dicas e preparação de superfície

A superfície deve estar firme, coesa, limpa, seca, sem poeira, gordura ou graxa e sabão ou mofo. As partes soltas ou mal aderidas deverão ser raspadas e/ou escovadas. O brilho deve ser eliminado através de lixamento. Antes de iniciar a pintura, observar as orientações abaixo:
Madeira Nova: lixar para eliminar farpas. Aplicar uma demão de Fundo Branco Fosco Verbras, diluído com mais ou menos 35% de aguarrás. Corrigir as imperfeições com Massa para Madeira Verbras. Após secagem total, lixar e eliminar o pó.
Madeira com Repintura: mesmo tratamento da nova, porém sem o uso do Fundo Branco Fosco Verbras.
Ferro: remover totalmente a ferrugem, usando lixa e ou escova de aço. Aplicar uma demão de Zarcão Verbras. Após secagem, lixar.
Ferro com Repintura: Lixar a superfície e tratar os pontos com ferrugem conforme indicação anterior.
Alumínio: aplicar uma demão de Wash Primer.
Galvanizados: aplicar uma demão de fundo para galvanizados.
Manchas de gordura ou graxa: lavar com uma solução de água com detergente, enxaguar e aguardar secagem, seguir orientação específica do tipo de superfície.
Mofos: lavar com água sanitária na proporção de 1:1 com água potável, enxaguar e aguardar secagem, seguir orientação específica do tipo de superfície.

Outros produtos relacionados

Zarcão

Fundo sintético fosco de cor alaranjada.

Fundo Sintético Branco Fosco

Indicado para superfícies internas e externas de madeira para uniformizar a absorção e melhora no acabamento, rendimento e também para melhora dos esmaltes.

Ferrobras

Fundo sintético fosco inibidor de ferrugem em metais.

Esmalte Base Água Secagem Rápida Premium

PREMIUM ★★★★★

Verbras Esmalte Acrílico é um produto mais amigável ao meio ambiente, solúvel em água e indicado para valorizar e proteger superfícies internas e externas de ferro, madeira, galvanizado, alumínio e PVC. Além da secagem rápida, inovadora formula sem cheiro*, proteção antifungos e não amarelece nas cores claras. Quando aplicado em superfícies de alumínio e galvanizados utilizar fundo fosco base água. Acabamento Brilhante e Acetinado.

Embalagens/Rendimento
Galão (3,6 L): 55 a 82 m²/demão.

Acabamento
Brilhante e Acetinado.

Aplicação
Homogeneizar bem o produto, aplicar com Rolo de Espuma, Rolo de Lã de Carneiro, pincel ou Pistola. 2 a 3 demãos com intervalo de 4 horas. Aplicar o produto de preferência com as portas e janelas abertas. Manusear e aplicar com equipamentos de proteção e segurança.

Diluição
Até 10 % de água potável em todas as demãos.
Pistola 30% água potável.

Cor
Conforme catálogo Verbras.

Secagem
Ao toque: 30 a 40 minutos.
Entre demãos: 4 horas.
Final: 5 horas.

Dicas e preparação de superfície

Madeira nova: lixar com lixa grana 220, eliminando as farpas. Aplicar Verbras Fundo Branco Fosco base água. Para corrigir imperfeições, aplique Verbras Massa para Madeira. Após a secagem, utilize lixa grana 240 e elimine o pó. **Madeira nova resinosa**: aplique thinner (solvente) em toda superfície, deixe secar e repita a operação. Aplique Verbras Fundo Sintético Branco Fosco, aguarde a secagem, lixe com grana 220/240 e elimine o pó. Imperfeições na madeira corrigir com Verbras Massa para Madeira. Após a secagem, lixar com grana 220/240 e eliminar o pó. **Repintura de Madeira**: lixar com grana 220/240 até eliminar o brilho. Corrigir as imperfeições com Verbras Massa para Madeira. Após a secagem, lixar com grana 220/240 e eliminar o pó. **Metais-Ferro sem pontos de ferrugem**: lixar, aplicar Verbras Zarcão. Após a secagem, lixar com grana 220/240. **Ferro com pontos de ferrugem**: remover a ferrugem com lixa grana 80 a 150 e/ou escova de aço. Aplicar Verbras Zarcão. Após a secagem, lixar com grana 220/240 para eliminar o pó. **Galvanizado/Alumínio (novo)**: utilizar fundo fosco base água. **Galvanizado/Alumínio (repintura)**: lixar até eliminar o brilho, removendo a tinta antiga e os pontos sem aderência. **Superfície zincada (nova)**: Aplicar fundo fosco base água. **Superfície zincada (repintura)**: lixar até eliminar o brilho, removendo a tinta antiga e pontos sem aderência. **Alvenaria (exclusivo para repintura de barra lisa)**: lixar a superfície com lixa grana 220/240, eliminando o brilho e o pó.

Outros produtos relacionados

Zarcão

Fundo sintético fosco de cor alaranjada.

Fundo Sintético Branco Fosco

Indicado para superfícies internas e externas de madeira para uniformizar a absorção e melhorar o acabamento, rendimento e também os esmaltes.

Ferrobras

Fundo sintético fosco inibidor de ferrugem em metais.

Verbras Tinta a Óleo

STANDARD ★★★

Tinta a óleo à base de resina alquídica, de fácil aplicação, boa cobertura e alto brilho. Indicada para superfícies externas e internas de madeira, metal e alvenaria. Atende a norma NBR 11702 da ABNT (Associação Brasileira de Normas Técnicas) tipo 4.2.1.3.

Embalagens/Rendimento
Madeiras Novas e Demais Superfícies.
Litro (0,9 L): 10 a 12,5 m²/demão.
Galão (3,6 L): 40 a 50 m²/demão.

Acabamento
Brilhante.

Aplicação
Rolo de espuma, pincel ou pistola. Pistola: diluir 30% com pressão entre 2,2 e 2,8 kgf/cm² ou 30 a 35 lbs/pol².

Diluição
Primeira demão: 15%; demais: 10% com aguarrás em todas as demãos.

Cor
Conforme catálogo Verbras.

Secagem
Ao toque: 1 a 2 horas.
Final: 12 horas.

Dicas e preparação de superfície

A superfície deve estar firme, coesa, limpa, seca, sem poeira, gordura ou graxa e sabão ou mofo. As partes soltas ou mal aderidas deverão ser raspadas e ou escovadas. O brilho deve ser eliminado através de lixamento. Antes de iniciar a pintura, observar as orientações abaixo:
Madeira Nova: lixar para eliminar farpas. Aplicar uma demão de Fundo Branco Fosco Verbras, diluído com mais ou menos 35% de aguarrás. Corrigir as imperfeições com Massa para Madeira Verbras. Após secagem total, lixar e eliminar o pó. **Madeira com Repintura**: mesmo tratamento da nova, porém sem o uso do Fundo Branco Fosco Verbras. **Ferro**: remover totalmente a ferrugem, usando lixa e/ou escova de aço. Aplicar uma demão de Zarcão Verbras. Após secagem, lixar. **Alumínio**: aplicar uma demão de Wash Primer. **Galvanizados**: aplicar uma demão de fundo para galvanizados. **Mofos**: lavar com água sanitária na proporção de 1:1 com água potável, enxaguar e aguardar secagem, seguir orientação específica do tipo de superfície.
RECOMENDAÇÕES: Evite pintar em dias chuvosos, com ventos fortes, temperaturas abaixo de 10 °C e/ou umidade superior a 90%. Condições climáticas menos favoráveis (temperaturas baixas e umidade relativa do ar elevada), podem causar o retardamento da secagem e sua cura final.

Outros produtos relacionados

Zarcão

Fundo sintético fosco de cor alaranjada.

Fundo Sintético Branco Fosco

Indicado para superfícies internas e externas de madeira para uniformizar a absorção e melhora no acabamento, rendimento e também para melhora dos esmaltes.

Ferrobras

Fundo sintético fosco inibidor de ferrugem em metais.

Verniz Copal

É um verniz sintético brilhante indicado para embelezar superfícies de madeira como: portas, rodapés, balcões, forros e móveis, em ambientes internos. De fácil aplicação, alta durabilidade, grande poder de penetração, fácil aplicação e excelente rendimento.

Embalagens/Rendimento
Madeiras novas:
¼ (0,9 L): 7,5 a 10 m²/demão.
Galão (3,6 L): 30 a 40 m²/demão.
Demais superfícies:
¼ (0,9 L): 7,5 a 10 m²/demão.
Galão (3,6 L): 30 a 40 m²/demão.

Acabamento
Brilhante.

Aplicação
Aplicar com Rolo de Espuma, Pincel ou Pistola. Homogeinização: Agite bem o produto antes da diluição até a sua completa homogeinização. Uso: Aplicar o produto de preferência com as portas e janelas abertas. Manusear e aplicar com equipamentos de proteção e segurança. 2 a 3 demãos com intervalo de 12 horas.

Diluição
Diluir 1:1 na primeira demão e nas demais 10%. Pistola: diluir 30% com pressão entre 2,2 e 2,8 kgf/cm² ou 30 e 35 lbs/pol².

Cor
Incolor.

Secagem
Ao toque: 4 a 6 horas.
Final: 24 horas.

Dicas e preparação de superfície

A superfície deve estar firme, coesa, limpa, seca, sem poeira, gordura ou graxa e sabão ou mofo. As partes soltas ou mal aderidas deverão ser raspadas e/ou escovadas. O brilho deve ser eliminado através de lixamento. Antes de iniciar a pintura, observar as orientações abaixo:
Madeira Nova: A superfície deve estar seca e bem limpa, livre de pó, gordura e partes soltas. Para uniformizar a absorção, aplicar a primeira demão de Duplo Filtro Solar diluído com aguarrás na proporção de 1:1, ou utilizar Seladora Concentrada para madeira somente em superfícies internas. Limpar o pó com um pano umedecido com aguarrás.
Madeira com Repintura: Lixar para eliminar o brilho e uniformizar a superfície. Limpar o pó com um pano umedecido com aguarrás.
RECOMENDAÇÕES: Evite pintar em dias chuvosos, com ventos fortes, temperaturas abaixo de 10 °C e/ou umidade superior a 90%. Condições climáticas menos favoráveis (temperaturas baixas e umidade relativa do ar elevada), podem causar o retardamento da secagem e sua cura final.

Outros produtos relacionados

Verniz Triplo Filtro Solar

Produto à base de resina alquídica de alta qualidade contra a ação do sol, fungos e umidade. É indicado para superfícies de madeira como portas, rodapés, balcões, forros, móveis, portões, janelas, lambris etc, em ambientes internos e externos.

Cimentados e Pisos Verbras

PREMIUM ★★★★★

Cimentados e Pisos à base de Resina acrílica. Fácil aplicação, secagem rápida, boa cobertura e aderência, bom alastramento, resistência a alcalinidade e abrasão. Possui acabamento fosco. Tinta indicada para áreas externas e internas de pisos e cimentados, quadras poliesportivas, varandas, calçadas, escadarias, demarcação de garagens e outras superfícies de concreto e repintura.

Embalagens/Rendimento
Galão (3,6 L): 35 a 55 m²/demão.
Lata (18 L): 175 a 275 m²/demão.

Acabamento
Fosco.

Aplicação
Homogeneizar bem o produto com espátula ou outra ferramenta isenta de impurezas. Aplicar com rolo de lã de pelo baixo e pincel de cerdas macias, para um melhor acabamento. 2 a 3 demãos com intervalo de 4 horas.

Diluição
Para a primeira demão, diluir com água potável em no máximo 30% de água potável para selar. As demais, diluir em no máximo 10%.

Cor
Conforma catálogo Verbras.

Secagem
Ao Toque: 2 horas.
Entre demãos: 4 horas.
Final: 72 horas.

Dicas e preparação de superfície

A superfície deve estar firme, coesa, limpa, seca, sem poeira, gordura ou graxa e sabão ou mofo. Aplicar uma demão de Selador Acrílico Verbras, após a cura do reboco novo de no mínimo 28 dias. Em superfícies de caiação ou reboco fraco, raspar e/ou escovar a superfície, eliminando a cal, e aplicar Fundo Preparador de Paredes Verbras. Para um melhor acabamento aplicar Massa Acrílica Vercryl. **Concreto Novo**: aguardar secagem por no mínimo 28 dias e aplicar Fundo Preparador de Paredes Verbras. **Superfícies de alta absorção (Gesso e Fibrocimento)**: aplicar Fundo Preparador de Paredes Verbras. **Imperfeições Rasas**: corrigir com Massa Acrílica Vercryl. **Imperfeições Profundas**: corrigir com reboco e aguardar secagem de no mínimo 28 dias. **Mofos**: lavar com água sanitária com água na proporção de 1:1, enxaguar e aguardar secagem. Seguir orientação da embalagem.
ADVERTÊNCIA: Evite pintar em dias chuvosos, com ventos fortes, temperaturas abaixo de 10 °C e umidade superior a 90%. A deposição de poeira e fuligem é mais acentuada em superfícies rústicas que em superfícies lisas e também depende de fatores alheios ao nosso controle, como localização, proteção (beiral, rufo e pingadeira) e posição da parede pintada, frequência de chuvas e direção dos ventos.

Outros produtos relacionados

Vercryl Massa Acrílica

É indicada para nivelar e corrigir imperfeições externas e internas; tem alto poder de enchimento para superfícies de: reboco, gesso, fibrocimento, concreto aparente e paredes pintadas, proporcionando um acabamento liso e requintado.

RR DONNELLEY

IMPRESSÃO E ACABAMENTO
Av Tucunaré 299 - Tamboré
Cep. 06460.020 - Barueri - SP - Brasil
Tel.: (55-11) 2148 3500 (55-21) 3906 2300
Fax: (55-11) 2148 3701 (55-21) 3906 2324

IMPRESSO EM SISTEMA CTP